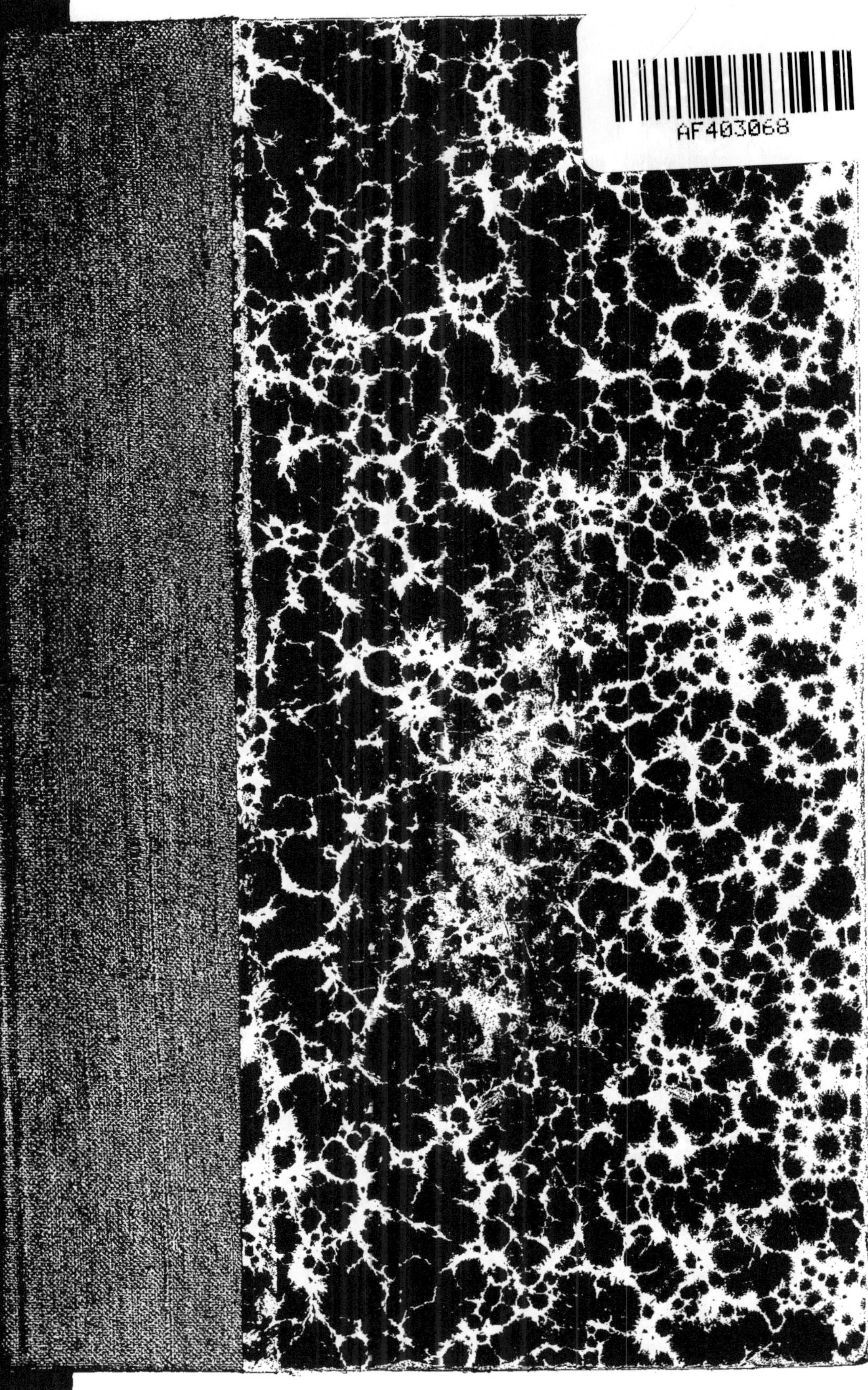

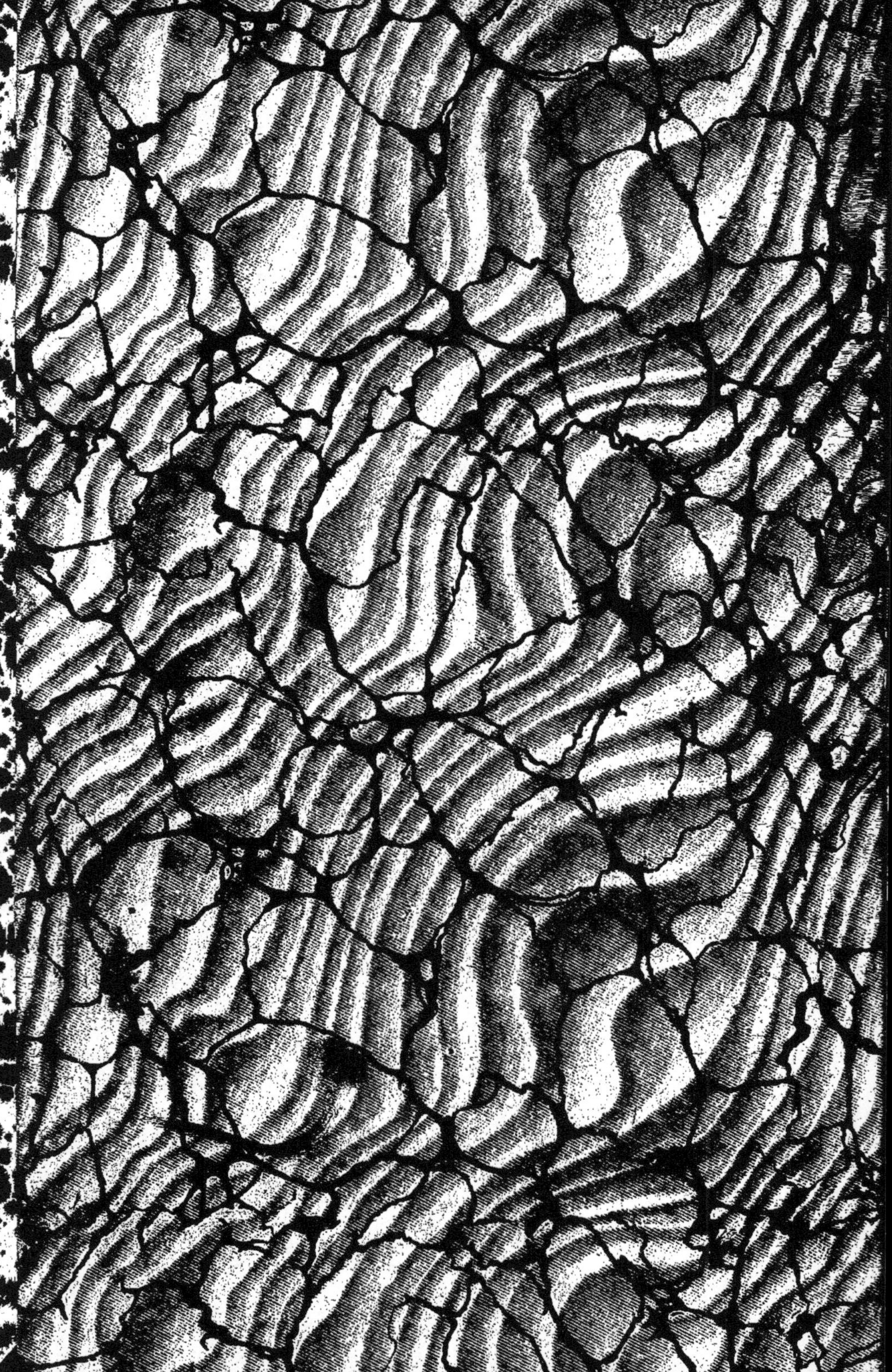

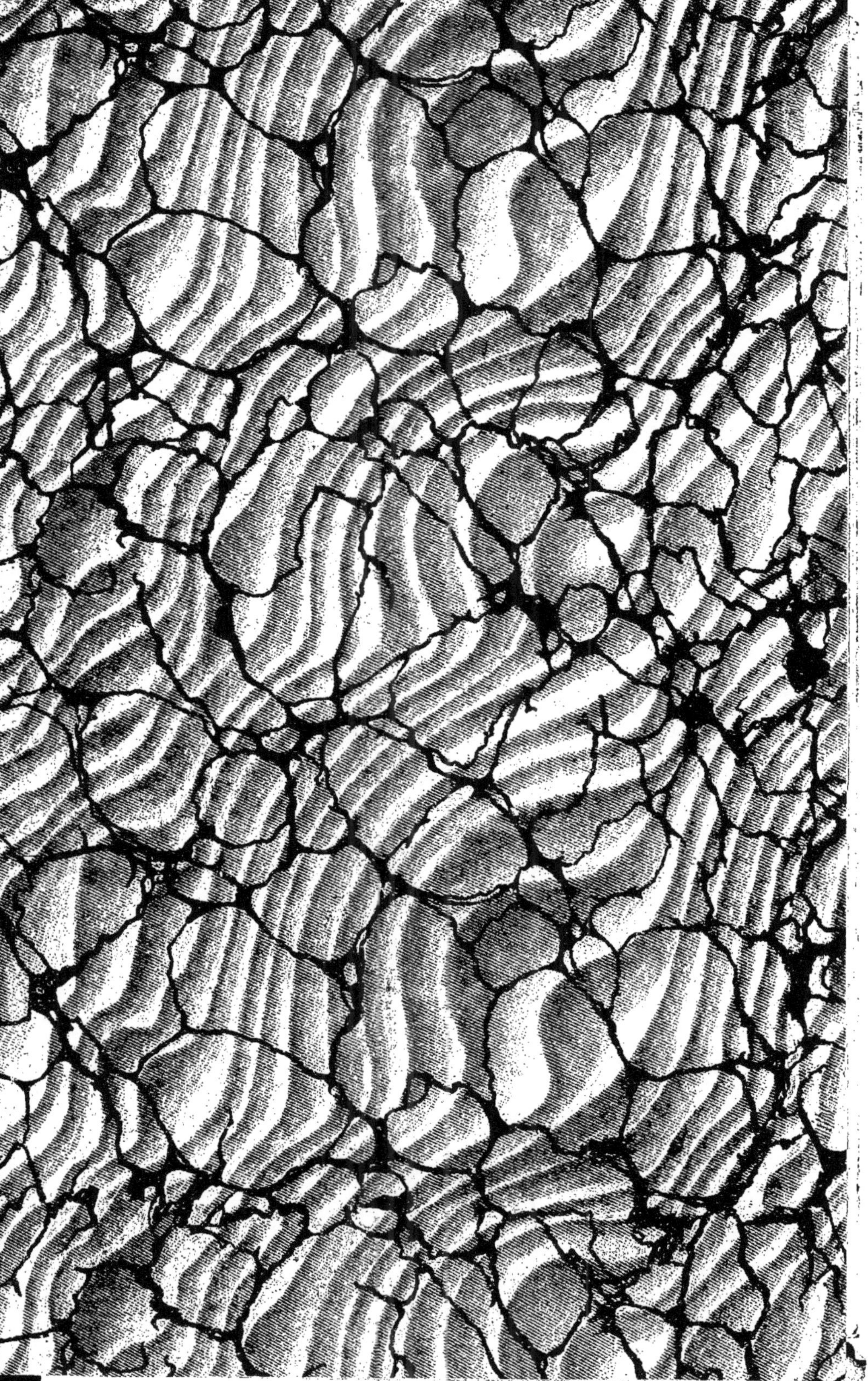

TRAITÉ ÉLÉMENTAIRE

DE

PHYSIOLOGIE

OUVRAGES DU PROFESSEUR E. GLEY

Essais de philosophie et d'histoire de la biologie. 1 vol. in-18 jésus de iv-341 pages, Paris, 1900.

Etudes de psychologie physiologique et pathologique. 1 vol. in-8 de viii-335 pages, Paris, 1903 (*Epuisé*).

Recherches sur l'action physiologique des ichtyotoxines. Contributions à l'étude de l'immunité. 1 vol. grand in-8 de viii-232 pages, Paris, 1912 (en collaboration avec L. CAMUS).

Les sécrétions internes, principes physiologiques, applications à la pathologie. 1 vol. in-16 de 96 pages, Paris, 1914. — Traduction anglaise, New-York, 1917. Traduction allemande, Berne, 1920.

Tratado de fisiologia, version española de la tercera edición francesa por el Dr J.-M. BELLIDO, Barcelona, 1914.

Quatre leçons sur les sécrétions internes. 1 vol. in-8 de 200 pages, Paris, 1920.

5476-18. — CORBEIL. Imprimerie CRÉTÉ.

TRAITÉ ÉLÉMENTAIRE

DE

PHYSIOLOGIE

PAR

E. GLEY

PROFESSEUR AU COLLÈGE DE FRANCE
PROFESSEUR AGRÉGÉ DE LA FACULTÉ DE MÉDECINE DE PARIS
MEMBRE DE L'ACADÉMIE DE MÉDECINE

Quatrième Édition revue et corrigée

DEUXIÈME PARTIE

Avec figures dans le texte.

PARIS

LIBRAIRIE J.-B. BAILLIÈRE ET FILS

19, RUE HAUTEFEUILLE, 19

1919

PRÉFACE
DE LA QUATRIÈME ÉDITION

La première édition de ce livre avait été publiée en trois parties, la première (p. 1-482) en 1906, la deuxième (p. 483-768) en 1907 et la troisième et dernière (p. 769-1151) en 1909. Dès 1910 paraissait la deuxième édition et en 1913 la troisième. L'édition présente était en préparation pour l'année 1915. La guerre en a retardé la publication.

Le succès des éditions antérieures et l'exceptionnel accueil que leur a fait la presse scientifique française et étrangère ont prouvé que les idées qui m'avaient inspiré dans la conception et dans la rédaction de ce Traité de Physiologie et qui sont exposées dans la préface de la première édition, n'étaient point erronées.

Les additions ou les modifications de cette nouvelle édition sont principalement relatives à l'étude des ferments (réversibilité des actions diastasiques), à la digestion (aliments, sensation de faim, sécrétions digestives, mouvements de l'estomac), à la circulation (étude de la pression artérielle, innervation des vaisseaux), aux sécrétions internes, aux échanges nutritifs et surtout aux échanges azotés, aux organes des sens, au système nerveux central (fonctions du cerveau, cervelet), etc. Quelques figures ont été supprimées, d'autres ont été ajoutées.

E. GLEY.

a

EXTRAITS DES PRÉFACES
DES DEUXIÈME ET TROISIÈME ÉDITIONS

La première édition de ce livre a paru sous les deux noms de Mathias Duval et de Gley.

En 1903, M. Duval, qui commençait à être atteint de cécité, m'avait demandé de rédiger la neuvième édition de son fameux *Cours de physiologie*. J'acceptai cette proposition. Mais je reconnus bien vite que, pour mettre l'ouvrage au courant des vastes progrès de la physiologie que déjà l'édition précédente (la huitième, en 1897) ne suivait plus, il était impossible de ne pas le remanier complètement. En fait, c'est un livre nouveau et par le plan et par le fond et par presque tous les détails qui fut écrit.

Les passages conservés de l'œuvre ancienne et que l'on peut encore retrouver dans le présent ouvrage ne concernaient guère que des descriptions de quelques phénomènes ou de mécanismes[1] et ne dépassaient pas cent cinq pages, presque toutes plus ou moins modifiées.

---

1. En voici l'énumération : mastication, deuxième temps de la déglutition, défécation, absorption par la peau ; mesure de la masse du sang, numération des hématies, description du spectre du sang, du réticulum fibrineux lors de la coagulation du sang, des hémodromomètres ; composition de l'air alvéolaire, mouvements respiratoires, jeu du poumon dans la cavité thoracique, rôle des voies aériennes dans la respiration, spirométrie ; piqûre diabétique, menstruation, fécondation, éjaculation, circulation rénale, miction, excrétion sudorale ; esthésiométrie, description de l'appareil auditif, orientation auditive, rôle des muscles de l'oreille et de la chaîne des osselets, conditions de l'olfaction, réfraction oculaire et ses anomalies, accommodation, action de la lumière sur la rétine, vision des couleurs, caractères des sensations visuelles, excrétion lacrymale, vertige, racines rachidiennes, description de quelques réflexes et énoncé des lois des réflexes, conduction dans la moelle, centres bulbaires, sommeil, sensibilité récurrente, quelques détails sur plusieurs nerfs craniens ; élasticité des muscles, myographie, onde musculaire, force de la contraction musculaire, rigidité cadavérique, rôle des tendons et ces os dans la mécanique animale ainsi que des articulations, marche, muscles du larynx et phonation.

Les choses étant ainsi, on a pensé qu'il convenait désormais de n'attribuer l'œuvre qu'à son véritable auteur.

. . . .

Il me semble **que l'épuisement** rapide des deux premières éditions prouve **que** ce livre satisfait ceux pour qui il a été écrit.

Comme je le disais dans la préface de la première édition, je n'ai pas hésité à laisser voir, à côté des nombreuses parties achevées et solidement bâties de la physiologie, ce qu'elle offre encore de provisoire ou d'hypothèses et à montrer non seulement les problèmes en suspens, mais même les discussions doctrinales en jeu. Pourquoi céler à l'étudiant tout cela qui révèle la vie et l'incessante évolution de la science? Il sent bien, s'il ne le sait pas toujours sûrement, que celle-ci n'est pas l'édifice régulier que dressent à tort trop de *manuels*. N'est-il pas temps de bannir de l'enseignement les formes rigides, la sécheresse et l'artificiel des résumés? Que partout, au premier rang, apparaissent les faits, expériences et données d'observation ; que l'on découvre largement les relations qui existent entre les faits; que l'on dévoile les idées qui en sortent et même les théories qui en surgissent, ces théories souvent décriées et si fécondes souvent, surtout pour les esprits en voie de développement. Ce n'est pas la lecture de deux ou trois cents pages de plus qui effrayera l'étudiant; si ces pages sont écrites de main d'ouvrier, il s'aperçoit vite de ce qu'il y gagne en connaissances et que son intelligence y profite.

E. GLEY.

EXTRAITS DE LA PRÉFACE
DE LA PREMIÈRE ÉDITION

... La nécessité s'impose maintenant de présenter, dès le début d'un ouvrage de physiologie, les données physico-chimiques essentielles qui ressortent du fonctionnement de tous les éléments cellulaires et qui constituent par conséquent les phénomènes les plus généraux et fondamentaux de la vie. Ce qui fait que cet ouvrage doit s'ouvrir sur une *physiologie cellulaire*. Et ce qui fait aussi que, par un curieux mais logique retour, on est conduit pour l'étude de la physiologie spéciale à l'ordonnance des anciens traités; de même, en effet, que les phénomènes de la physiologie cellulaire peuvent être répartis en deux groupes naturels, les échanges de matières et les transformations d'énergie, de même les fonctions des organismes supérieurs se divisent en fonctions de nutrition et fonctions de relation. Il convient, à la vérité, de ne pas oublier que toute classification est artificielle, et plus encore dans les sciences qui s'occupent des êtres vivants que dans les autres; mais on est contraint de diviser les faits pour pouvoir les exposer....

... On n'a pas pensé que la simplicité et la clarté de l'exposition dussent entraîner des simplifications systématiques. La physiologie n'est pas une science faite, mais une science en plein développement. A côté de la masse des faits solidement fixés et formant corps, il y en a qui paraissent moins sûrs ; il est aussi des théories hypothétiques, qui ne sont fondées que sur des expériences insuffisantes ou mal conduites ; par contre, il est des faits qui, incomplètement démontrés encore, donnent pourtant à penser qu'ils amèneront la modification et quelquefois le renversement d'une théorie admise ; ainsi, bien des questions qui ont pu paraître résolues se posent de nouveau, parce qu'une méthode nouvelle d'investigation ou un simple

perfectionnement de la technique ont fourni des résultats **qui**
en offrent une idée plus complète ou même différente; et,
d'autre part, fréquemment surgissent des questions neuves.
Comme l'on a observé des régions où la face de la mer se
modifie peu à peu par un double travail, puisqu'il est des
rivages' d'où l'eau s'éloigne et d'autres dont elle ronge les
terres et qu'elle envahit, de même la figure de la science
s'édifie lentement par un travail de construction et à la
fois de désagrégation; des traits nouveaux s'y ajoutent, des
parties mal venues s'en effacent. Bref, il y a une partie
mouvante de la science, et qui est plus étendue peut-être ici
que dans les autres sciences de la nature, en raison de la
complexité de l'objet à étudier. Il ne faut donc pas que la
rédaction d'un traité même élémentaire soit telle que l'étudiant
incline à considérer comme définitives toutes les notions qui
lui sont présentées; il ne faut pas que, pour des raisons
pédagogiques et sous prétexte de clarté, on passe par-dessus
les questions vacillantes ou indécises. Il importe, au contraire,
de faire remarquer les brumes qui enveloppent encore la
vérité et dont on est assuré que celle-ci se dégagera peu à
peu grâce au travail patient des chercheurs. Quiconque étudie
doit prendre connaissance de cette accession progressive,
lente, souvent tortueuse et pénible, de l'esprit à la vérité; et
puis doit se convaincre que la vérité ne saurait être tenue
pour immuable, mais qu'elle s'offre toujours loyalement à la
critique; rien n'est d'une plus saine discipline intellectuelle.

On n'a pas pensé non plus que la sécheresse fût une condition et une marque de précision; le souci exagéré de la
brièveté peut nuire à l'exactitude. On n'a pas craint, quand
cela paraissait utile, d'expliquer les choses avec quelques
détails. Un livre du genre de celui-ci n'est-il pas écrit pour
être aisément compris de tous?

Il y a d'ailleurs une autre raison pour laquelle il a paru que
ce livre ne saurait être un simple *compendium* des principaux
faits classiques sur chaque question, mais devait montrer la
signification de ces faits et aussi de quelques-uns de ceux qui,
quoique moins bien établis, apparaissent pourtant déjà comme
importants et les théories auxquelles ont conduit les uns et les
autres, indiquer la valeur de ces théories et surtout les idées

générales qui ressortent de l'ensemble des données acquises, bref, devait contenir une partie critique et doctrinale. Et cette raison, c'est que, sortis de l'Université, la plupart des praticiens n'ont souvent point d'autre ouvrage à leur disposition que celui à l'aide duquel ils ont, à l'Université et en dehors des cours qu'ils y pouvaient suivre, appris la physiologie. Or les rapports de cette science avec la médecine pratique sont devenus et tendent à devenir de plus en plus étroits ; ce ne sont point seulement, par exemple, les maladies du cœur et des vaisseaux, celles du système nerveux, etc., qu'on ne peut comprendre sans des notions physiologiques précises ; la diététique, qui dépend tout entière de nos connaissances sur les aliments et de la physiologie de la digestion, a pris une importance capitale dans le traitement des maladies de l'appareil digestif et d'une foule d'autres affections, et acquiert la même valeur dans l'hygiène et la prophylaxie générales ; d'autre part, l'énergétique animale a déjà des lois devenues assez précises pour être appliquées à l'homme ; on prévoit l'époque où le médecin apprendra à des clients bien portants, et justement pour préserver leur santé, à se nourrir et à travailler suivant les règles de la physiologie, et non plus de la coutume, de la tradition et de la mode ou d'une économie privée ou sociale mal entendue. Il faut donc que le médecin puisse trouver dans le seul ouvrage de physiologie qu'il emportera de l'École les principes établis et les idées maîtresses de la science, à côté des renseignements positifs dont il aura besoin.

On a été sobre d'indications bibliographiques et de noms d'auteurs. Mais on n'est point tombé dans l'excès contraire de n'en point donner du tout. Les noms des physiologistes qui, dans chaque question de quelque importance, ont trouvé un fait essentiel ou dominateur, ont été cités. Dans les questions controversées, on a jugé utile de donner parfois, outre le nom de l'auteur, l'indication du travail utilisé ; on a procédé de même quand il s'agissait d'une notion nouvelle, n'ayant pas encore été soumise à vérification ; les faits de ce genre, dont la place n'est pas tout de suite assurée dans la science, ne peuvent être présentés que sous les noms de ceux qui les ont découverts. La science, si elle est œuvre collective, n'est pas œuvre anonyme. Laisser le lecteur, quand on expose la circulation du sang, dans l'ignorance de ce qu'ont fait essentiellement Harvey, Chauveau et Marey, Claude Bernard, Ludwig, n'est-ce pas lui porter préjudice?...

On a indiqué la provenance des figures. De même qu'on ne fait pas une citation sans en fournir l'origine, il semble qu'on ne doive jamais reproduire une figure sans l'attribuer à son auteur. Les schémas et les tracés qui ne portent point de mention d'origine sont personnels.

Pour la composition matérielle de ce livre, deux sortes de caractères ont été employés. Je m'empresse de dire, contrairement à ce qui se lit dans beaucoup de préfaces, que les parties imprimées en petit texte ne sont pas moins importantes que les autres ; elles le sont même plus. Car ce sont les observations, les relations d'expériences, les discussions critiques. On les a imprimées en petit texte justement pour les bien distinguer et, par conséquent, pour en faciliter la lecture, en les séparant un peu du reste. Cet intérêt allait d'ailleurs de pair avec cet autre, qui est de maintenir un livre élémentaire dans des limites au delà desquelles il cesse d'être aisément maniable.

Je tiens à remercier ici mon collègue et ami, **V. Pachon,** maitre de conférences à l'École des Hautes-Études[1], des notes précieuses qu'il a bien voulu me remettre sur la mécanique de la circulation et sur la respiration.

E. GLEY.

(1) **Actuellement** professeur de physiologie à la **Faculté de** Médecine de Bordeaux.

TABLE DES MATIÈRES

INTRODUCTION

GÉNÉRALITÉS SUR LA PHYSIOLOGIE
SES PRINCIPALES DIVISIONS

PREMIÈRE PARTIE

PHYSIOLOGIE CELLULAIRE 9

DEUXIÈME PARTIE

GLEY. — Physiologie.   *b*

TROISIÈME PARTIE

PHYSIOLOGIE GÉNÉRALE........ 1186

TABLE DES FIGURES

ERRATA

Page 30, note 1, 1re ligne, *au lieu de* : Moléschott, *lire* : Moleschott;

Page 49, note 2, *lire* : Schmiedeberg, pharmacologue allemand contemporain très connu;

Page 99, 23e ligne, *au lieu de* : enzomoïdes, *lire* : enzymoïdes;

Page 141, 24e ligne, *au lieu de* : voy. p. 41, *lire* : p. 42;

Page 168, note 1, *au lieu de* : Chicago, *lire* : Boston;

Page 179, fig. 16, 2e ligne de la légende, *au lieu de* : Gp, *lire* : Go et 6e ligne, *au lieu de* : Gsm, *lire* : Glsm;

Page 226, 37e ligne, *au lieu de* : Grutzner, *lire* : Grützner;

Page 235, 37e ligne, *au lieu de* : voy. p. 174, *lire* : p. 175;

Page 248, passim, *au lieu de* : Kuhne, *lire* : Kühne et *au lieu de* : Purkinje, *lire* : Pürkinje;

Page 255, note 1, 1re ligne, *au lieu de* : Mac Mun, *lire* : Mac-Munn;

Page 478, 7e ligne, *au lieu de* : vaso-constricteurs, *lire* : vaso-dilatateurs et 11e ligne, *au lieu de* : vior, *lire* : voir;

Page 501, 18e ligne, *au lieu de* : voy. p. 344 et 478, *lire* : p. 378 et 444;

Page 621, note 2, 1re ligne, *au lieu de* : diabêtique, *lire* : diabétique;

Page 656, note 4, 1re ligne, *au lieu de* : on n en a trouvé, *lire* : on n'en a trouvé;

Page 689, 38e ligne, *après les mots* : voy. p. 680, *ajouter* un tiret —;

Page 967, 14e ligne, *au lieu de* : L'étude faites, *lire* : L'étude faite;

Page 1045, 8e ligne, *au lieu de* : les detructions, *lire* les destructions et 11e ligne, *au lieu de* : on constate, *lire* : on constata.

CHAPITRE V

ÉCHANGES DE MATIÈRES. FONCTIONS SÉCRÉTOIRES.
NUTRITION PROPREMENT DITE.

La *nutrition*, chez les animaux, comprend à la fois des actes préparatoires et des actes intimes qui se passent au niveau des tissus, des éléments anatomiques. Les actes préparatoires sont tellement distincts qu'ils ont été classés comme des fonctions particulières : *digestion*, ou actes de transformation des substances alimentaires ; *absorption*, ou pénétration dans le sang des substances transformées ; *circulation*, ou transport du sang et de ces substances jusqu'aux tissus, jusqu'aux éléments anatomiques. Et ce sont les fonctions qui viennent d'être étudiées. Au niveau des éléments anatomiques se produisent, au contact du sang et de la lymphe, les phénomènes auxquels il convient de réserver spécialement le nom de *nutrition*; ce sont les échanges qui s'établissent entre le sang et les tissus, les actes par lesquels diverses glandes modifient la composition du sang, etc.

Le sang oxygéné apporte à tous les tissus les matériaux nécessaires, soit à leur réparation et à leur développement, durant la période de croissance, soit à leur réparation seulement, durant la période d'état, soit à leur activité fonctionnelle. Mais chaque organe puise dans le fonds commun les substances minérales et organiques dont ses cellules ont besoin et qu'elles s'incorporent en les modifiant peu ou prou, et c'est là ce que l'on appelle l'*assimilation*. Il n'est pas de cellule vivante qui ne sépare du sang et n'élabore quelque substance, soit d'une façon continue, soit à divers moments de son existence ; et il n'en est pas qui ne rejette dans le sang des matériaux qui ne lui sont plus utiles (*désassimilation*). Ce sont ici les phénomènes les plus importants et vraiment caractéristiques de la nutrition proprement dite.

Mais parmi les cellules de l'organisme il s'en trouve un grand nombre, les cellules glandulaires, qui élaborent des produits qu'elles n'utilisent pas elles-mêmes, mais qu'elles rejettent au dehors, soit à la surface de quelque revêtement, épiderme ou muqueuse, soit dans le milieu intérieur. De ces produits, les uns sont directement éliminés de l'organisme, les autres agissent dans le tube digestif ; d'autres enfin (voy. p. 111), passant dans le sang, en quantité parfois très faible, deviennent partie constitutive du milieu dans lequel vivent les cellules, modifient la nutrition ou exercent une action souvent puissante sur le fonctionnement de divers organes. On voit donc les rapports étroits qui existent entre les fonctions sécrétoires et les phénomènes essentiels de la nutrition ; ceux-ci comme celles-là consistent dans le passage de matériaux du milieu intérieur dans les cellules et dans la transformation de ces matériaux en produits cellulaires. Il y a lieu conséquemment de présenter ici l'étude d'ensemble des fonctions sécrétoires, d'autant plus que l'étude des glandes offre les exemples les plus remarquables de cette activité spéciale des cellules par laquelle celles-ci extraient du sang les substances dont elles ont besoin et les retiennent à l'exclusion des autres.

Ce chapitre comprendra donc les fonctions sécrétoires, puis les échanges de matières proprement dits, formation des matières de réserve, assimilation, désassimilation.

I. — FONCTIONS SÉCRÉTOIRES.

Un des meilleurs moyens de savoir ce que sont exactement ces **fonctions** consiste à décrire, ne fût-ce que sommairement, l'évolu**tion qu'**ont subie nos idées sur la structure et sur le fonctionnement des glandes.

C'est à MALPIGHI que sont dues les premières notions exactes sur la structure des glandes. En découvrant les *acini* (de ἄκινος, grain de raisin) des glandes, nom sous lequel il décrivit du reste non pas les culs-de-sac terminaux aujourd'hui connus, mais bien les lobules primitifs formés par ces culs-de-sac, il considéra (1686) comme élément essentiel de la glande une série de petits grains disposés sur les ramifications des canaux excréteurs comme les grains d'une grappe de raisin sur leur tige, et arriva à définir la glande sous sa plus simple expression comme « une cavité close avec un conduit excréteur ». A ce moment peut-être on aurait pu se demander s'il ne fallait pas chercher dans cette cavité close le petit laboratoire où s'effectue la sécrétion ; mais les esprits étaient loin d'être préparés à cette idée.

Il faut attendre près de deux siècles et arriver à l'année 1830 pour que la conception malpighienne de la nature des organes glandulaires soit définitivement éclaircie par J. MÜLLER[1]. Par une série d'études anatomiques

---

1. J. MÜLLER (1801-1858), physiologiste et anatomiste allemand, un des fondateurs de la physiologie comparée, compte parmi les plus grands physiologistes du XIXᵉ siècle.

et embryologiques sur les diverses glandes de l'homme et des animaux,
J. MÜLLER jeta les bases de nos connaissances actuelles sur la morphologie
des appareils sécréteurs; fort de ces nouvelles notions anatomiques, il
aborda l'explication des phénomènes physiologiques en s'attachant à renverser les derniers restes de la théorie mécanique. Les phénomènes sécrétoires, dit-il, ne peuvent « être mis sérieusement sous la dépendance de la
force du cœur et de l'impulsion du sang. Une explication aussi mécanique
ne suffirait pas. Outre qu'on ne pourrait l'appliquer aux sécrétions des
végétaux, elle ne ferait pas non plus concevoir comment la sécrétion
augmente par l'effet d'irritations spécifiques locales, sans que le cœur y
prenne aucune part. On se demande, en outre, pourquoi le liquide qui a
subi un changement particulier ne s'épanche que d'un côté, et pourquoi le
mucus ne coule pas tout aussi aisément entre les tuniques du canal
intestinal qu'à la surface de l'interne; pourquoi la bile contenue dans les
conduits biliaires n'a pas la même facilité à se porter vers la surface du
foie qu'à suivre le trajet de ces canaux[1]. » — « D'ailleurs combien ne
serait-il pas facile de renverser toutes ces théories mécaniques par une
seule question. Pourquoi se produit-il là un cerveau, ici des muscles,
ailleurs des os?[2] » Ce ne sont donc pas, conclut MÜLLER, les vaisseaux qui
sécrètent, mais bien les parois des culs-de-sac glandulaires, parois sur
lesquelles se ramifient les vaisseaux. Les glandes, d'après leur morphologie,
représentent de vastes surfaces plissées et par cela même réduites à un
petit volume, et la sécrétion est due à l'activité de la *substance vivante*
qui recouvre cette vaste surface.

Mais la véritable nature, la nature cellulaire, des éléments sécréteurs ne
fut définitivement établie que par les travaux des histologistes. A l'expression vague de substance vivante on substitua la notion précise de *cellules
épithéliales*. On découvrit en même temps que des organes constitués par
ces cellules sortent des substances particulières, différentes pour chaque
organe. Il est en effet des glandes qui sécrètent un produit plus ou moins
épais dans lequel il est facile de reconnaître les divers états des cellules
glandulaires rompues et tombées en deliquium. Dès 1842, GOODSIR[3] s'était
beaucoup occupé d'études de ce genre. Avec le microscope, il constatait
dans le foie des Mollusques et des Crustacés la présence de la bile à
l'intérieur des cellules hépatiques; à la face interne de la poche à encre des
Seiches, il trouvait des cellules pleines de matière noire; enfin il voyait
dans les culs-de-sac terminaux des glandes mammaires une masse de
cellules à noyau renfermant un liquide dans lequel nagent un plus ou
moins grand nombre de globules graisseux parfaitement semblables à ceux
du lait. Il en conclut que les produits sécrétés ont pour origine la reproduction (prolifération) des cellules glandulaires, leur action métabolique

---

1. J. MÜLLER, *Manuel de physiol.*, trad. de l'allemand sur la 4ᵉ édition (1844) par
A.-J.-L. JOURDAN, Paris, 1845, t. I, p. 367.
2. Id. *Ibid.*, p. 370.
3. GOODSIR (JOHN) (1814-1867), anatomiste anglais, professeur à l'Université
d'Édimbourg, fut des premiers à adopter la théorie cellulaire de SCHWANN; VIR-
CHOW lui a dédié sa *Pathologie cellulaire* comme à « l'un des premiers et des plus
sages observateurs de la vie des cellules ».

et leur résolution en sécrétion. Cette théorie n'est d'ailleurs pas exacte pour toutes les sécrétions. Quoi qu'il en soit, les recherches ultérieures, et d'abord celles de Heidenhain (1868) et de Ranvier (1869), démontrèrent d'une façon irréfragable que les produits sécrétés par les glandes sont le résultat d'un travail chimique propre à ces organes, caractéristique de l'activité de leurs éléments cellulaires.

Toute sécrétion est donc le résultat du fonctionnement propre des éléments anatomiques glandulaires, c'est-à-dire des cellules qui tapissent les culs-de-sac sécréteurs. Les cellules sécrétantes (de *secernere*, séparer) séparent du sang des matériaux qu'elles accumulent et élaborent en elles, pour les laisser ensuite échapper dans la cavité centrale du cul-de-sac glandulaire.

Suffit-il, pour caractériser le phénomène sécrétoire, de dire qu'il consiste en une élaboration par les cellules de produits déterminés ? A ce compte, toute cellule serait glandulaire. Et c'est la conclusion devant laquelle Ranvier n'a pas reculé. « L'élaboration, dit-il [1], au sein du protoplasma, d'une substance définie est l'acte sécrétoire par excellence. A ce point de vue toute cellule vivante est une cellule glandulaire, car toute cellule vivante élabore dans son intérieur un certain produit qu'elle utilise ou qu'elle rejette. » Il n'est en effet point d'élément cellulaire qui ne transforme quelque substance qui lui vient du sang, soit d'une façon continue, soit à une phase seulement de son existence. C'est là une propriété commune à tous et dans le jeu de laquelle consiste la nutrition cellulaire. Mais si elle est ainsi générale, elle ne peut servir de caractéristique fonctionnelle. Alors, comment distinguer les cellules glandulaires ? Il n'est besoin que de remarquer que toutes ces cellules accomplissent une double opération : d'élaboration de substances chimiquement définies et d'excrétion des substances produites ; et c'est de l'intime union de ces deux opérations que résulte la fonction sécrétoire, la phase d'élaboration ou de sécrétion, pour la désigner par son nom usuel, n'existant qu'en vue de la phase d'excrétion. En effet, les cellules proprement glandulaires ne travaillent pas pour elles-mêmes ; elles subviennent sans doute, comme tous autres éléments, à leur vie par le renouvellement de leur protoplasma, mais, en outre, elles travaillent pour les autres ; car les principes qu'elles ont fabriqués, elles les rejettent hors d'elles-mêmes [2], soit à la surface d'un revêtement épidermique ou muqueux, soit dans le milieu intérieur.

1. Leçons sur le mécanisme de la sécrétion (*Journ. de micrographie*, 1887, t. XI, p. 14 ; voy. aussi p. 386).
2. « Partout ailleurs la substance élaborée est employée sur place et ne quitte à aucun moment la cellule qui lui a donné naissance, quels que soient d'ailleurs la manière dont elle est utilisée et le résultat de cette utilisation. Dans une cel-

Il suit de là qu'on donne à tort le nom de sécrétion à l'acte par lequel une cellule glandulaire expulse les produits qu'elle contient : la sécrétion, c'est essentiellement le travail intracellulaire formateur de produits spécifiques; et l'acte par lequel la cellule rejette ces produits, phénomène passif en comparaison du précédent, doit être appelé *excrétion cellulaire*. On le distinguera ainsi de l'*excrétion glandulaire*; cette dernière, émission en dehors de l'organisme, à la surface du tégument externe ou du revêtement interne, des produits formés par les cellules, n'est qu'un phénomène secondaire et d'ailleurs n'existe pas dans toutes les glandes, n'existe que dans celles qui ont un conduit excréteur. Pour les glandes dites *à sécrétion interne*, il n'y a qu'une excrétion cellulaire ; les produits élaborés par les cellules, dès que celles-ci les expulsent, passent directement dans le sang.

Nous pouvons maintenant définir les glandes des *organes épithéliaux de forme variable, qui par des opérations physico-chimiques séparent du sang des matières diverses ou élaborent aux dépens de leur propre substance des produits doués d'une action chimique spéciale qu'elles déversent hors d'elles-mêmes.* Et nous savons que dans la sécrétion il se trouve que l'activité de l'élément sécréteur (épithélial) ne sert pas à cet élément, soit pour un acte d'accroissement, soit pour un dégagement d'énergie répondant à une fonction spéciale, mais aboutit soit à la formation de matériaux solubles, utiles à des fonctions qui se passent ailleurs (telles sont les sécrétions digestives), ou de substances qui exercent une influence sur les échanges chimiques d'autres tissus ou sur l'activité de ces tissus (telles sont les sécrétions dites *internes*), ou de substances qui jouent un rôle mécanique, comme les larmes, les sécrétions séreuses, etc., soit à l'élimination du sang des divers déchets provenant du fonctionnement des organes; cette élimination, qui se termine en dehors de l'organisme, prend le nom d'*excrétion* et il importe de dire ici tout de suite que l'excrétion ne sert pas seulement à débarrasser les tissus des substances qui ont parcouru tout le cycle de leurs transformations et des matières usées, mais aussi à maintenir la composition et la concentration moléculaire constantes du sang (voy. p. 345).

1. — Mécanisme général du fonctionnement des glandes.

Le processus sécrétoire peut être divisé en deux phases, l'une physique, l'autre chimique.

lule glandulaire, au contraire, toujours cette substance sera expulsée au dehors pour aller exercer ses propriétés à distance de l'élément générateur » (A. NICOLAS, Contribution à l'étude des cellules glandulaires [*Journ. international d'anat. et de phys.*, 1891, t. VIII]).

Dans la cellule glandulaire, en effet, par filtration et par osmose, il entre des substances du milieu ambiant; c'est la *sécrétion*, au sens étymologique du mot; la cellule « choisit » dans le sang et en *sépare* diverses substances. Puis ces matériaux, elle les transforme en général ; c'est ici la phase chimique ; les produits de cette transformation s'accumulent peu à peu dans la cellule et deviennent apparents au microscope; la sécrétion[1] (de *secretum*) est formée. Il y a cependant des cellules glandulaires dont l'activité est essentiellement restreinte à la première phase et qui ne font guère que séparer du milieu ambiant diverses substances, inutiles ou nuisibles à l'organisme. Telles sont les cellules excréteuses, les cellules des reins par exemple.

C'est tantôt du milieu extérieur, tantôt du milieu intérieur, tantôt même de l'un et de l'autre, que les cellules extraient les matériaux avec lesquels elles travaillent. Ainsi les cellules de l'intestin prennent dans le contenu intestinal des matières assimilables; les cellules du rein prennent dans le sang les substances à éliminer de l'organisme ; les cellules du poumon prennent au milieu aérien l'oxygène en même temps qu'elles extraient du sang son acide carbonique.

Quant aux produits qu'elles ont élaborés, les cellules glandulaires ou bien les rejettent dans le milieu extérieur, comme font les cellules des reins ou des glandes sudoripares, où bien les déversent dans le milieu intérieur, comme font les cellules de la glande thyroïde et tant d'autres. De là la distinction entre *glandes à sécrétion externe* et *glandes à sécrétion interne*[2], conception très féconde dont on doit l'introduction dans la science à Claude Bernard (1855, 1859, 1867) et surtout à Brown-Séquard (1889-1891). — Il importe de noter que la réalité d'une sécrétion interne ne peut être considérée comme définitivement établie que quand, dans le sang veineux de la glande étudiée, puis dans le sang de la circulation générale au moment où la glande entre en activité, on a retrouvé le produit actif formé par cette glande (présence de glycose dans le sang sus-hépatique, de sécrétine dans les veines duodénales, etc., ainsi que dans le sang artériel). Seul, pourrait tenir lieu de cette preuve nécessaire un ensemble lié de démonstrations physiologiques et thérapeutiques, comme celui qui a été fourni sur le rôle de la glande thyroïde.

---

1. On voit que ce mot a deux acceptions différentes, suivant qu'il désigne l'activité glandulaire elle-même, le pouvoir sécréteur de la cellule, ou bien le produit de cette activité, le matériel sécrété.

2. Sur le rôle des produits sécrétés par ces glandes, voy. 3ᵉ partie, ch. v.

1° *Phénomènes généraux de l'activité glandulaire.*

Pour déterminer le mécanisme de la sécrétion, il faut analyser l'ensemble des phénomènes qui le constituent.

A. Phénomènes histologiques. — On a admis pendant long-temps avec RANVIER que les cellules glandulaires se divisent en deux classes ; dans le premier groupe dit des glandes *olocrines* (de ὅλος, entier ; glandes à fonte cellulaire totale), telles que la glande mammaire, les glandes sébacées de la peau, le produit de la sécrétion était considéré comme résultant de la destruction complète des cellules ; dans le second groupe, dit des glandes *mérocrines* (de μέρος, partie, parce qu'une partie seulement de la cellule devient produit sécrété), telles que les glandes salivaires, le foie, le rein, etc., les cellules sé-crétantes élaborent une substance spéciale qui forme le produit sécrété, mais elles subsistent, diminuées seulement de volume. En réalité, « il ne peut y avoir sécrétion olocrine au sens ancien attaché à ce mot. Il est certain cependant qu'une partie plus ou moins con-sidérable de la cellule peut tomber, être éliminée et constituer le produit glandulaire… Mais ces parties cellulaires tombent comme… des fruits mûrs et ce qu'elles emportent avec elles ne fait plus partie intégrante et vivante de la cellule et n'est plus qu'un produit. De telles cellules ne sont olocrines que parce qu'elles sont complète-ment mérocrines, et que l'élimination glandulaire s'y opère tout d'un bloc au lieu de se faire en détail.

« Il n'y a donc au fond et essentiellement qu'*un seul processus de sécrétion* : la transformation graduelle de la substance cellulaire, passant par plusieurs états, dont le dernier est le produit sécrété définitif [1]. »

Quels sont les faits caractéristiques de ce processus ?

1° Les plus importants consistent en des *modifications du protoplasma glandulaire.* Dans les cellules de diverses glandes on a décrit des filaments particuliers, situés dans leur partie basale, *filaments basaux* ou *ergasto-plasme* (de ἐργάζομαι, j'élabore) ou *protoplasma élaborateur*, colorable élec-tivement par les couleurs basiques d'aniline. Ces filaments, qui font partie du cytoplasme, précèdent l'apparition du produit de sécrétion et c'est peut-être à leurs dépens que se forme ce produit. D'autres formations, les mi-tochondries (voy. p. 289), ont été décrites dans les cellules glandulaires comme d'ailleurs dans beaucoup d'autres cellules; ces formations seraient en rapport avec l'activité sécrétoire de l'élément glandulaire [2]. D'autre

1. A. PRENANT, P. BOUIN et L. MAILLARD, *Traité d'histologie*, t. I, p. 490, Paris, 1904.
2. Cf. sur ce sujet A. PRENANT : Les mitochondries et l'ergastoplasme (*J. de l'anat. et de la physiol.*, 1910, XLVI, p. 217-285).

part, le noyau de la cellule présente des changements de forme et de coloration. Toute la cellule, cyto et karyoplasme, est donc active dans le processus sécrétoire.

2º Les autres faits consistent dans la *production et le dépôt du matériel sécrété*. On a reconnu l'existence, dans un grand nombre d'éléments glandulaires, de grains ou granulations qui grossissent peu à peu et acquièrent leur nature chimique, albuminoïde ou graisseuse ou autre, et tombent dans les mailles du réseau cellulaire. A ce moment le produit est parfait. Le noyau de la cellule, dans beaucoup de cas, contribue aussi à la formation de ce matériel, puisque celui-ci contient souvent des corps, comme le fer et le phosphore, qui ne sont abondants que dans le noyau ; on a d'ailleurs constaté directement que celui-ci abandonne une partie de sa substance au produit de sécrétion.

3º Le produit de sécrétion formé doit devenir libre à l'intérieur de la cellule. Pour cela les grains se frayent un passage à travers la couche périphérique ou la bordure ciliée de la cellule, ou bien ils se dissolvent à l'intérieur des cellules et s'en échappent à l'état liquide. C'est ici le mécanisme de l'*excrétion cellulaire* que les histologistes ont très bien étudié; ce n'est plus de la sécrétion, à proprement parler.

En somme, il se fait dans le protoplasma glandulaire, aux dépens de matériaux apportés par le sang, une élaboration ou transformation qui accumule dans la cellule la substance propre à la sécrétion correspondante (graisse, mucine, ferments albuminoïdes divers); puis c'est au moment où la glande manifeste extérieurement son activité par l'abondant écoulement de son produit, que les cellules sécrétantes empruntent au sang une quantité plus ou moins considérable d'eau, avec laquelle elles font passer, dans la cavité centrale des culs-de-sac glandulaires, la substance caractéristique résultant de leur travail chimique, en la laissant échapper soit par exosmose (il ne faut pas attribuer une valeur bien précise à ce mot exosmose appliqué à des cellules qui n'ont peut-être pas de membrane cellulaire distincte), soit par déhiscence et fonte d'une partie du corps cellulaire.

Il se passe donc dans les cellules glandulaires deux actes correspondant à ce qu'on peut concevoir en général pour les phénomènes de nutrition de tous les éléments anatomiques. Dans le premier acte, qu'on pourrait dire d'*assimilation*, le protoplasma de la cellule élabore de nouveaux composés ; dans le second, qu'on pourrait dire de *désassimilation*, il cède ces nouveaux composés, et le liquide sécrété prend ainsi naissance. Cette double série de phénomènes se conçoit très bien pour les glandes à sécrétion intermittente, comme celles de l'estomac et sans doute celles de l'intestin; pour les glandes à sécrétion plus ou moins continue, il est fort probable

que les mêmes modes d'activité ne se manifestent pas simultanément dans toutes les parties de la glande, c'est-à-dire que, grâce à
une certaine alternance dans les fonctions des culs-de-sac voisins,
l'épithélium des uns est en travail d'assimilation, tandis que celui
des autres est en travail de désassimilation, en donnant à ces deux
expressions, appliquées aux glandes, le sens ci-dessus indiqué.

B. Phénomènes physico-chimiques. — Ce sont ici, comme
on l'a dit tout à l'heure (p. 596), les phénomènes essentiels du
mécanisme sécréteur. Ce sont aussi les plus difficiles à connaître. Le
problème de la *sélection chimique* signalé p. 72 est particulièrement
saisissant dans les éléments glandulaires. Comment se fait-il que
les capillaires de la glande mammaire laissent passer la chaux du
sang en quantité beaucoup plus grande que les autres capillaires,
que ceux de la glande thyroïde laissent passer l'iode du sang, que
l'acide chlorhydrique ne soit formé que dans les cellules de la
muqueuse gastrique, etc.? Toutes questions auxquelles permettraient
seules de répondre la connaissance approfondie de la nature de
chaque membrane glandulaire et de ses propriétés et celle des propriétés des plasmas péri et endocellulaires et de toutes les conditions qui régissent leurs échanges réciproques.

Laissons de côté ce problème encore difficilement abordable.

En ce qui concerne les processus chimiques qui se passent à l'intérieur des cellules et qui aboutissent à la formation de principes
spécifiques, on ne peut les étudier d'une manière générale, puisqu'ils
diffèrent pour chaque glande, suivant la nature même des produits
que chacune élabore. A propos des diverses glandes digestives, on a
déjà vu des types de cette activité chimique spéciale.

L'excrétion des substances formées dans les cellules s'accompagne
de manifestations que l'on retrouve plus ou moins marquées dans
toutes les glandes : absorption d'une plus grande quantité d'oxygène, production d'une plus grande quantité d'acide carbonique,
augmentation de la température de l'organe, qui devient supérieure
à celle du sang arrivant à la glande, changement d'état électrique.
Ce dernier phénomène consiste en l'augmentation ou le renversement du courant électrique que l'on constate dans les glandes « en
état de repos » et qui va de la surface libre de ces organes à la profondeur.

Tous ces faits montrent l'importance de la consommation d'énergie qui s'effectue dans les cellules glandulaires quand celles-ci
mettent en liberté les produits de leur fonctionnement.

TRAVAIL DES GLANDES. — Tout acte sécréteur comprend deux
grandes phases : 1° l'élaboration de substances spécifiques dans le
protoplasma glandulaire; 2° la production d'un courant liquide qui,

traversant le protoplasma, entraîne au dehors ces substances. L'intégrité et l'activité de l'épithélium glandulaire ne paraissent pas moins nécessaires à l'accomplissement de la seconde phase qu'à celui de la première. Remarquons en effet que cet épithélium a à séparer d'un liquide commun, la lymphe, des liquides qui peuvent être plus concentrés, comme l'urine. ou moins concentrés, comme la salive (voy. p. 78), et qu'une telle séparation constitue un travail osmotique important; ce travail serait-il possible sans l'intégrité de l'élément actif?

C'est même en comparant la concentration moléculaire des sécrétions à celle du sérum sanguin que l'on peut avoir une idée du travail des glandes. La première phase de l'acte sécréteur, celle de l'élaboration des substances spécifiques, échappe encore à toute mesure énergétique.

Parmi les liquides *allotoniques* (voy. p. 79 il en est dont le point de congélation est supérieur, et d'autres dont le point de congélation est inférieur à celui du sérum. Force est, dans l'un et l'autre cas, d'admettre une intervention active du protoplasma glandulaire qui enlève au plasma sanguin soit une grande partie de ses sels, soit une grande partie de son eau ; dans ce second cas il se fait une sorte de distillation incomplète de l'eau du sang. Une quantité variable d'énergie est nécessaire pour faire passer ces diverses substances à travers la membrane épithéliale. Cette activité cellulaire, dont le mécanisme n'est d'ailleurs pas encore complètement connu (voy. p. 80), représente donc un véritable travail.

Le travail des glandes, comme celui de tout autre organe, peut être mesuré par la quantité d'énergie chimique produite. Il suffit pour cela de mesurer les échanges respiratoires avant et après enlèvement de l'organe étudié. Cette étude a été faite pour les reins (F. Tangl[1], 1911) sur des chiens curarisés (pour éviter tout travail musculaire) et maintenus à une température constante, sous respiration artificielle. Les reins ne représentent que 0,7 p. 100 du poids du corps; ils consomment cependant 8,7 p. 100 de l'oxygène total utilisé par l'organisme et produisent 5,1 p. 100 de l'anhydride carbonique éliminé.

Cette même méthode de Tangl a été appliquée au foie. L'organe est isolé (incomplètement, il est vrai) par la réunion de la veine cave à la veine porte. On a trouvé que le travail du foie représente environ 12 p. 100 du travail total de l'organisme.

C. **Phénomènes circulatoires.** — Quand les glandes expulsent le produit de leur sécrétion, la circulation y est beaucoup plus active; elles reçoivent dans l'unité de temps beaucoup plus de sang. Il y a

1. Physiologiste hongrois, mort en 1911.

là une condition importante de leur activité, puisque les produits
de la sécrétion doivent être, au moment de l'excrétion cellulaire,
dissous dans une grande quantité d'eau et que cette eau provient
du plasma sanguin. On a vu, à propos des glandes salivaires (p. 175),
un bel exemple des rapports entre la circulation et la sécrétion. Et
c'est là une donnée générale.

La quantité de lymphe qui revient des glandes en activité est, en
général, augmentée (voy. p. 497).

2° *Causes de l'activité glandulaire.*

Les glandes entrent en activité sous deux grandes influences, celle
d'excitants chimiques et celle du système nerveux.

1. Les excitants chimiques normaux sont, en général, différents
pour chaque glande; chacune, en effet, est mise en action par une
ou plusieurs substances déterminées dont le rôle est spécifique.
Exception doit être faite pour les albumoses qui, nous l'avons dit
(p. 223), provoquent à peu près toutes les sécrétions. — Il n'y a pas
à parler ici, bien entendu, des substances toxiques, telles que la pilocarpine, la physostigmine, etc., qui, introduites dans l'organisme,
agissent sur les glandes.

2. Les glandes reçoivent des nerfs qui se terminent à la surface
des cellules sécrétantes. L'activité de ces nerfs, dit *excito-sécréteurs*,
est, à l'état normal, mise en jeu par des réflexes divers; on a vu,
en particulier, à propos de la sécrétion salivaire (p. 186) et de la sécrétion gastrique (p. 208), l'importance des excitations psychiques.
— Il importe au plus haut point de remarquer que les nerfs glandulaires communément étudiés ne sont pas en réalité des nerfs
sécréteurs, au sens exact qu'il faut donner au mot sécrétion (voy.
p. 595), mais seulement des nerfs *excréteurs*, commandant à l'excrétion cellulaire et à l'excrétion glandulaire[1]; ce sont de véritables
nerfs moteurs, puisqu'ils provoquent le déplacement, le mouvement
d'un fluide.

Existe-t-il des nerfs proprement sécréteurs, c'est-à-dire commandant à la sécrétion elle-même, à cette activité épithéliale spécifique
qui aboutit à la formation dans les cellules de matières spéciales
(*fibres trophiques* de HEIDENHAIN)? Cette question, difficilement soluble à l'heure présente, a été posée lorsqu'il a été traité de l'innervation de la glande sous-maxillaire (voy. p. 181-182) et de l'innerva-
vation du pancréas (voy. p. 238).

1. On continue cependant à employer l'expression de *nerfs sécréteurs*, qui a
pour elle la force de l'usage.

Nerfs fréno-sécréteurs. — S'opposant aux nerfs excito-sécréteurs il
en est d'autres, dits *fréno-sécréteurs*, dont l'excitation provoque l'arrêt
d'une sécrétion. L'existence de tels filets fréno-sécréteurs, qui se trouvent
confondus avec leurs antagonistes dans les mêmes troncs sympathiques,
a été démontrée pour les glandes sudoripares, pour quelques glandes
sébacées et pour la glande lacrymale. — La question a été posée de savoir
si ces phénomènes d'arrêt sécrétoire sont bien dus toujours à l'excitation
de conducteurs nerveux spéciaux ou s'ils ne consistent pas parfois simplement en des « actions suspensives » s'exerçant par les mêmes conducteurs que les actions excito-sécrétoires et se produisant suivant des
conditions déterminées, relatives soit à l'état même de ces conducteurs,
soit à l'état des organes glandulaires. En fait, par exemple, on a montré
que l'excitation des nerfs excito-sécréteurs de la glande sous-maxillaire
reste inefficace ou provoque même un ralentissement ou un arrêt de la
sécrétion quand la glande a été préalablement mise en pleine activité[2].
Le sens des réactions ne tiendrait donc pas à un mode d'activité spécial
d'appareils nerveux distincts les uns des autres ; mais pour qu'une glande
répondît activement à une excitation nerveuse, il faudrait qu'elle fût sinon
à l'état de repos, du moins dans un état de sécrétion modérée ; dans l'état
inverse, c'est-à-dire en condition de sécrétion exagérée, la même excitation
pourrait amener une diminution ou une suspension de cette sécrétion.

2. — Classification des glandes.

Dans quel ordre doit-on étudier les diverses glandes? Les clas-
sifications morphologiques, quelque intéressantes qu'elles soient
pour l'anatomie générale, ne peuvent servir de guide au physiologiste. Pour établir une classification physiologique des glandes, le
plus rationnel est d'essayer de la fonder sur la notion de fonction.

Partant de ce principe on peut considérer que la plupart des
glandes servent à la nutrition et les répartir en trois grandes
classes : celle des glandes digestives, celle des glandes nutritives
proprement dites et celle des glandes excrétrices (*excrémentitielles*
des anciens auteurs).

Il en est cependant qui ne rentrent pas dans ce cadre. On pourrait
bien les ranger parmi les glandes excrétrices, mais les produits
qu'elles excrètent ne sont pas destinés à être simplement éliminés,
ils jouent un rôle ; ce ne sont pas de purs déchets, ce sont des
substances qui, par leur excrétion même, protègent des organes
contre des influences extérieures nuisibles ou aident à l'exercice
de fonctions et particulièrement des fonctions mécaniques ou physiques. On peut donc dire que ce sont des *glandes à rôle défensif*
et en faire un second groupe, à côté de celui des glandes à rôle

1. E. Gley, *Arch. de physiol.*, 1889, 5ᵉ série, t. I, p. 151-165.

nutritif. Telles sont les glandes annexées aux appareils sensoriels, glandes sébacées et sudoripares, cérumineuses, linguales, de la muqueuse nasale, lacrymales, etc., ou aux articulations (sécrétion de la synovie), ou à l'appareil respiratoire (glandes des muqueuses laryngée, trachéale et bronchique), ou à l'axe cérébro-spinal (sécrétion du liquide céphalo-rachidien). — Il n'est pas inutile de remarquer que rien ne prouve que ce soit en vertu de dispositions organiques préétablies, en vertu d'une finalité, pour employer le terme philosophique adéquat, que toutes ces glandes jouent un rôle défensif ou protecteur d'organes ou de fonctions. Quand donc on les qualifie de *défensives*, on entend par là constater seulement l'effet physiologique caractéristique de leur sécrétion et ainsi les distinguer par leur véritable fonction. De même, il n'y a pas de raisons de croire que celles des glandes nutritives, comme le foie, qui exercent de puissantes actions antitoxiques, se sont organisées en vue de cette fin ou s'y sont adaptées ; mais il se trouve que les cellules hépatiques, par cela même, par exemple, qu'en vertu des propriétés chimiques de leur protoplasma, elles transforment les sels ammoniacaux en urée, protègent l'organisme contre les effets toxiques de ces sels. On ne veut rien dire de plus quand on considère aussi de telles glandes comme défensives, non plus, comme les précédentes, en raison de leur rôle physique, mais en raison de leurs actions chimiques.

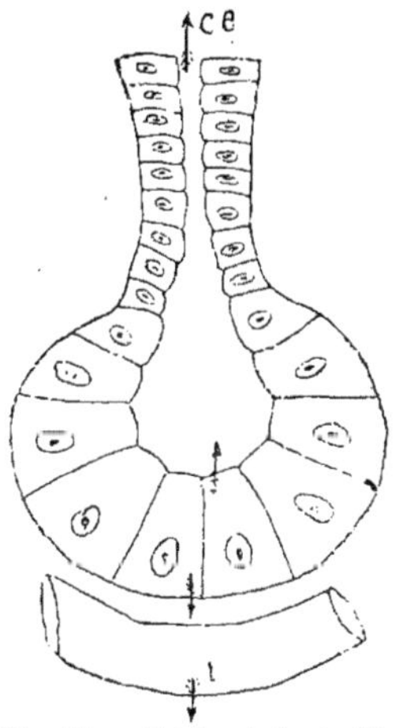

Nous ne traiterons pas ici des glandes défensives. Il nous semble, justement à cause de leur rôle très spécial, relatif à chacun des organes des sens, qu'il vaut mieux en reporter l'étude au moment où il sera parlé de ces divers organes.

Nous ne traiterons pas non plus des glandes excrétrices. Il nous semble plus logique d'exposer leur fonctionnement seulement quand aura été étudiée la désassimilation, dont ces glandes ont à éliminer les produits.

Nous n'avons donc à étudier, pour le moment, que les glandes nutritives.

Fig. 151. — Schéma de la sécrétion externe et de la sécrétion interne dans une même glande (d'après A. Prenant).

Ce schéma représente un acinus. Une des sécrétions s'écoule à l'extérieur par le canal excréteur *ce*. L'autre sécrétion (interne) s'écoule dans le vaisseau sanguin *i*, sorte de canal excréteur interne.

3. — Glandes digestives.

Les glandes digestives, leur sécrétion, leurs produits, leur rôle ont été étudiés dans le chapitre de la *Digestion* ; nous n'avons pas à y revenir.

4. — Glandes nutritives.

Ce sont, d'une part, les glandes qui servent aux mutations générales de matières, foie et pancréas, et, d'autre part, celles qui

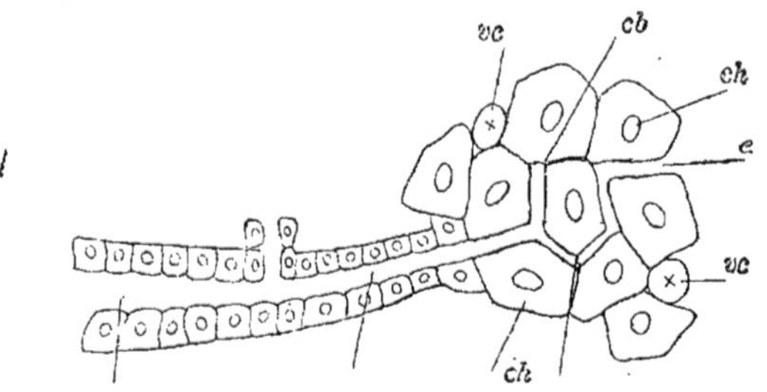

Fig. 152. — Schéma du foie sanguin et du foie biliaire (d'après W. H. PORTER [1]).
ch, ch, cellules hépatiques ; — *e*, espace lymphatique ; — *vc, vc*, vaisseaux capillaires intralobulaires ; — *cb*, canalicules biliaires extralobulaires ; — *cb'*, point de départ des canalicules biliaires intralobulaires ; — *cb''*, canalicule bordé de cellules hépatiques, communiquant librement avec les canalicules extralobulaires ; — *s*, substance fondamentale entre le canalicule biliaire et l'espace lymphatique.

servent à maintenir la composition du milieu intérieur. Les premières ont déjà été étudiées en tant que glandes digestives ; ce sont donc à la fois des glandes à sécrétion externe et à sécrétion interne (voy. fig. 151). Les secondes sont très nombreuses, comprenant d'abord en une première classe toutes les glandes qui jouent un rôle dans l'hématopoïèse, le foie, la moelle rouge des os, la rate et les ganglions lymphatiques ; mais celles-ci ont déjà été étudiées avec la formation du sang (voy. p. 329-331) ; puis dans une seconde classe se placent les capsules surrénales, l'appareil thyroïdien, la pituitaire, etc.

A ce grand groupe des glandes nutritives se rattacheraient encore les glandes qui servent à la reproduction (*nutrition continuée* [voy. p. 117]). Mais, en raison de la signification spéciale de la fonction

1. Médecin américain contemporain.

de reproduction, non moins que de son importance, il est préférable
de consacrer à l'étude de cette fonction un chapitre spécial.

5. — Foie sanguin. Le foie, glande nutritive.

Le foie est la glande la plus volumineuse de l'organisme; son
poids représente 2 à 4 p. 100 du poids total du corps, et cela dans
toutes les espèces animales à peu près. Dans ce simple fait il faut
voir un signe grossier sans doute, mais saisissant de son importance
fonctionnelle.

A côté du *foie biliaire* (à sécrétion externe) dont le rôle digestif se
trouve étudié p. 261, le *foie sanguin* (fig. 152) joue un rôle beaucoup
plus important à cause du nombre et de la haute signification fonctionnelle de ses sécrétions internes.

On pourrait, d'un point de vue très général, ramener l'action de
toutes celles-ci au maintien de la composition du milieu sanguin [1].
En effet, le foie agit sur le nombre même des hématies (*fonctions
hématolytique* et *hématopoiétique*); il fixe une matière minérale qu'il
cède au sang (*fonction ferrique*); il forme un hydrate de carbone
que ses cellules retiennent et emmagasinent et il forme, aux dépens
de cet hydrate de carbone, le sucre du sang (*fonctions glycogénique*
et *glycémique*); il forme de la graisse (*fonction adipogénique*); et
sous ces deux rapports il mérite tout à fait le nom de « laboratoire des produits alimentaires » (L. Fredericq); il forme une des
matières albuminoïdes du sang, la · substance fibrinogène, et il
forme aussi des substances anticoagulantes (*fonction fibrinogénique*
ou *coagulante* et *fonction anticoagulante*); peut-être fixe-t-il des
matières albuminoïdes; il s'y produit enfin toute une série de
réactions qui, aux dépens des matières azotées toxiques auxquelles
donne lieu la décomposition des protéides, engendrent des corps
azotés inoffensifs, et à cette *fonction uréopoiétique* et aux actions
analogues peut être rattachée la *fonction antitoxique* générale du
foie. Tous ces phénomènes chimiques s'accompagnent d'une notable
production de chaleur.

1. C'est de cette idée que semblent s'être inspirés A. Gilbert et P. Carnot (*Les
fonctions hépatiques*, in-18 de 287 p., Paris, 1902) pour leur intéressante classification des fonctions du foie sanguin, en distinguant l'action de cette glande :
1° vis-à-vis des éléments mêmes du sang (hématies, fibrine, ferment coagulant)
(*rôle sanguin*); et 2° vis-à-vis des éléments étrangers amenés par le sang, principalement du tube digestif, les uns assimilables (sucres, graisses, albumines)
(*rôle alimentaire*), les autres non assimilables ou toxiques (corps étrangers, microbes, poisons) (*rôle dépurateur*).

On a pu apprécier la grandeur du travail du foie en mesurant les échanges respiratoires sur un animal (chien) de la circulation duquel cet organe a été préalablement exclu (méthode de Tangl) ; nous avons déjà dit (voy. p. 600) que, dans cette condition, la diminution des combustions (absorption moindre d'oxygène et élimination moindre d'acide carbonique) montre que le travail du foie représente 12 p. 100 de l'énergie totale mise en jeu par l'animal. Bref, le rôle du foie dans le métabolisme matériel est aussi étendu qu'important. Aussi a-t-on pu dire que cet organe est « surtout, et presque uniquement, un organe *chimique* de transformation des matériaux du sang. Il est, pour employer une expression un peu vulgaire, le grand chimiste de l'économie [1] ».

On pourrait aussi classer les différentes fonctions du foie en remarquant que, outre le rôle de la cellule hépatique sur les éléments figurés du sang, elles concernent successivement son action sur les hydrates de carbone, sur les graisses et enfin sur les matières protéiques et sur leurs dérivés ; par cette dernière étude on est naturellement conduit, comme il a été indiqué tout à l'heure, à traiter de la fonction antitoxique du foie en général. — C'est cet ordre très simple qui sera suivi ici. Cette classification, aussi bien, aboutit à un résultat analogue à celui que nous avons obtenu en partant du principe que toutes les fonctions du foie, en tant que glande à sécrétion interne, servent à renouveler ou à maintenir la composition du milieu sanguin. Pour compléter l'exposé, il ne restera qu'à montrer les rapports de la circulation du sang dans le foie avec le fonctionnement de cet organe.

Avant de passer en revue ces diverses fonctions, faisons observer que l'on aurait tort de croire qu'elles sont sans rapport avec la sécrétion externe du même organe. La formation des pigments biliaires est liée à l'action du foie sur les hématies ; la formation de la taurine, c'est-à-dire d'un autre des éléments de la bile, l'acide taurocholique (voy. p. 251), aux dépens du soufre neutre qui provient de la destruction de la molécule albuminoïde, est une des phases de la sécrétion biliaire ; la fonction antitoxique serait liée à la fonction glycogénique, etc. C'est que « l'agent de toutes ces transformations, c'est la cellule hépatique ; toutes ses réactions sont connexes, si étroitement unies qu'on ne peut les dissocier, de telle sorte que, par une synergie dont les êtres vivants nous donnent si souvent l'étonnant exemple, la fonction antitoxique est en même temps une accumulation de réserves nutritives, une source de chaleur et une sécrétion digestive [2] ». On n'en est pas moins obligé,

1. Ch. Richet, *Dictionn. de physiol.*, article *Foie*, p. 634.
2. Ch. Richet, *Dictionn. de physiol.*, article *Foie*, p. 635.

pour les besoins de l'exposition, d'étudier les différentes fonctions de
la cellule hépatique suivant un ordre déterminé.

1° *Fonctions hématolytique et hématopoiétique du foie.*

Cette question a été traitée page 330, à propos de l'hématopoïèse.

2° *Fixation de fer par le foie. Fonction ferrique.*

Trois ordres de faits démontrent d'abord la propriété qu'a le foie
de fixer les sels de fer.

Les premiers ont trait à l'existence de réserves de fer dans le foie
de l'embryon ; il en a été parlé p. 136 et p. 330-331 ; des réserves analogues
se constituent dans le foie de la mère pendant la grossesse. — D'autre
part, à la suite des injections intraveineuses ou de l'ingestion de sels de
fer, le fer s'accumule dans le foie où on retrouve 60 p. 100 en moyenne et
même plus de la quantité injectée. Ce fer, une fois fixé, ne passe ensuite
dans le sang que très lentement et s'élimine par l'intestin. — Enfin,
dans divers cas pathologiques, le paludisme, le diabète bronzé, etc., on
trouve dans le foie une grande quantité de pigment ferrugineux, identique à celui que l'on a trouvé dans la rate (voy. p. 329) dans des cas analogues.

Tout ce fer hépatique, quelle qu'en soit l'origine, existe soit sous forme
d'hydrate ferrique, soit sous forme de combinaisons organiques, albumi-
nates, nucléo-albumines, etc.

Mais de nouveaux faits prouvent que cette propriété de fixation
du fer est en partie indépendante de la rénovation sanguine et y
donnent par conséquent plus d'extension.

Chez les Mollusques et les Crustacés le sang, en général, ne contient pas
de fer (il est remplacé souvent par le cuivre [voy. p. 317]), et cependant
le foie en contient beaucoup et cette teneur du tissu hépatique en fer est
indépendante des conditions extérieures; le métal s'élimine par la sécrétion biliaire ou sert à la constitution de la coquille (chez l'escargot) ou à la
constitution des œufs, et sa réserve se reforme par l'alimentation. Aussi
cette relation générale du foie avec le fer peut-elle être érigée en fonction
spéciale (A. DASTRE, 1897-98).

Quelle serait la signification de ce fer indépendant des transformations hématiques? DASTRE a émis l'hypothèse que ce métal, en
sa qualité d'agent oxydant, favoriserait les combustions organiques
qui s'effectuent dans le fois.

GLEY. — Physiologie   39

3° *Fixation et formation d'hydrates de carbone par le foie.*
Fonction glycogénique.

La principale réserve d'hydrocarbonés de l'organisme se trouve dans le foie. En découvrant dans cet organe une matière analogue à l'amidon des plantes et en montrant que les animaux comme les végétaux peuvent former du sucre, Claude Bernard établit un fait de la plus haute portée, tant au point de vue de la médecine que de la physiologie générale.

On savait (TIEDEMANN [1] et GMELIN, 1826) que le sang contient du sucre. D'où provient ce sucre ?

A. Le foie, organe formateur de glycose. — Le sucre du sang provient du foie. Voici par quelle série de brillantes expériences (1848-1855) CLAUDE BERNARD le démontra, démonstration qui, à l'époque, suscita un étonnement et un intérêt extraordinaires ; c'était là le premier exemple d'une réaction synthétique dans l'organisme des animaux [2].

1° Le sang qui sort du foie par les veines sus-hépatiques contient beaucoup plus de sucre que le sang de la veine porte, sauf après un repas très abondant en hydrocarbonés, auquel cas le sang porte est plus riche ; le sang sus-hépatique contient du sucre, alors même qu'on n'en trouve point dans le sang porte ; il en contient par exemple chez un animal à jeun ; il en contient *même quand les animaux d'expérience reçoivent une nourriture débarrassée de sucre.*

2° Le foie, *quelle que soit l'alimentation,* contient une quantité de sucre relativement considérable [3] ; les autres organes n'en contiennent pas. Mais cette teneur du foie en sucre varie suivant le moment où l'on examine l'organe ; celui-ci, au moment de la mort, contient beaucoup moins de sucre que quand on l'examine le lendemain. C'est que, comme la mort met fin à la circulation du sang, le sucre qui continue à se former dans le foie ne peut plus en être enlevé ; il s'y accumule donc. Si, tout de suite après qu'on a sacrifié un animal, on fait passer par la veine porte, à travers le foie, un courant d'eau qui revient par les veines sus-hépatiques (opération du *lavage du foie*), on entraîne, avec cette eau, tout le sucre qui se trouvait dans l'organe ; au bout de quarante minutes de ce lavage on constate que l'eau ne ramène plus de sucre ; mais le foie, abandonné à lui-même pendant

1. FR. TIEDEMANN (1781-1861), physiologiste allemand, ancien professeur à l'Université de Heidelberg (voy. p. 258, note 2).

2. Il est curieux de remarquer que la sécrétion du sucre de lait, chez les femelles de Mammifères, n'ait pas suffi à attirer l'attention dans ce sens, avant les recherches de CL. BERNARD.

3. On trouve en général 2 à 4 p. 1000 de glycose dans le foie. alors que le sang n'en contient que 1 à 1,5 p. 1000.

vingt-quatre heures, donne, si on le fait bouillir avec de l'eau, une liqueur riche en sucre. Il s'est donc formé du sucre dans le foie aux dépens d'une substance qui y préexistait et qui est difficilement soluble dans l'eau. Telle est la célèbre expérience du *foie lavé*.

3° Si le foie préalablement lavé est ensuite soumis à la coction, il ne s'y forme plus de sucre. De là l'opinion, émise par CLAUDE BERNARD, que la formation du sucre consiste en un phénomène de fermentation.

ORIGINE DE LA GLYCOSE DU FOIE. — Il doit y avoir dans le foie une substance qui donne naissance à la glycose. Dès 1855, Claude Bernard, supposant la nature de cette substance, l'appelait *une sorte de l'écule animale* [1]. Mais ce n'est que deux ans plus tard, en 1857, qu'il parvint à l'isoler et à l'extraire du foie et qu'il lui donna le nom de *glycogène*.

On peut extraire du foie une diastase qui agit sur ce glycogène, l'hydrate et le transforme en glycose, sans doute d'après l'équation : $(C^6H^{10}O^5)^n + nH^2O = nC^6H^{12}O^6$. Cette diastase opérerait donc un dédoublement plus profond que les amylases salivaire et pancréatique dont l'action s'arrête à la formation de maltose. On suppose généralement que tel est, sur l'animal vivant, le mécanisme suivant lequel se produit la glycose dans le foie.

B. **Le foie, organe formateur de glycogène.** — Le foie contient donc un hydrate de carbone, analogue à l'amidon ; il est facile de le prouver.

1° On peut retirer du foie de tous les animaux cette matière, la purifier et en déterminer les propriétés (voy. p. 24). Si on la fait bouillir avec un acide minéral étendu, elle s'hydrate et se transforme finalement en glycose soumise à l'action de l'amylase salivaire ou pancréatique, elle se transforme en maltose.

2° On peut caractériser la matière glycogène à l'intérieur même des cellules hépatiques. Il suffit de traiter par la liqueur iodo-iodurée (p. 24) un fragment de tissu hépatique préalablement dissocié pour voir au microscope apparaître des masses amorphes de couleur brun-acajou mélangées au protoplasma et plus ou moins abondantes. Dans le foie des animaux à jeun depuis longtemps on n'observe pas cette réaction et de ces mêmes foies on ne peut retirer de glycogène.

La quantité de glycogène du foie est très variable. Chez des chiens et des lapins bien nourris et recevant une nourriture abondante en

1. Après que BERNARD eut isolé le glycogène, on proposa aussi de l'appeler *amidon animal* (M. SCHIFF) ou *zoamyline* (Ch. ROUGET[*]).

[*] CH. ROUGET (1824-1904), anatomiste et physiologiste français, ancien professeur à la Faculté de médecine de Montpellier, puis au Muséum d'histoire naturelle, très connu par ses recherches sur l'appareil irido-choroïdien, sur le tissu et les organes érectiles, sur les terminaisons nerveuses motrices, sur la contractilité musculaire, etc.

hydrates de carbone, on en trouve en général 10 p. 100 du poids de l'organe frais et même plus[1]. Chez des animaux qui ont une nourriture moins riche on n'en trouve en général que 3 à 4 p. 100. — Le glycogène paraît être uniformément réparti dans tout le foie. Les différences que l'on a pu constater dans la teneur des divers lobes de l'organe seraient dues aux quantités inégales de tissu conjonctif mêlé au tissu hépatique (d'après les analyses d'un élève de PFLÜGER, K. GRUBE, 1905). — Le travail musculaire fait diminuer rapidement le glycogène du foie (ainsi que celui des muscles). Il en est de même du refroidissement. Dans ces deux cas tout le glycogène disponible de l'organe se transforme en glycose pour subvenir à la dépense énergétique ou à la consommation de chaleur. — Le jeûne fait disparaître à la longue tout le glycogène du foie.

On a trouvé dans le foie de l'homme, une et deux heures après la mort (sur des suppliciés), 2 à 4 p. 100 de glycogène (d'après une analyse de E. LAMBLING et deux analyses de L. GARNIER, 1897 et 1905).

ORIGINES DU GLYCOGÈNE. — Avec quels matériaux la cellule hépatique forme-t-elle cette substance?

1o En premier lieu avec les hydrates de carbone alimentaires. Nous savons que les matières amylacées se transforment, sous l'action de l'amylase salivaire et de l'amylase pancréatique, en maltose et que celle-ci et les sucres qui font usuellement partie de l'alimentation, le sucre de canne et le sucre de lait, sont transformés en glycose respectivement par la maltase, la sucrase ou la lactase. La glycose, qui est ainsi le résultat définitif de la digestion intestinale, est absorbée et portée au foie. Et le glycogène en provient, par simple déshydratation : $C^6H^{12}O^6 - H^2O = C^6H^{10}O^5$.

En effet, 1o l'ingestion de féculents ou de sucre augmente dans une forte proportion le glycogène hépatique ; chez des lapins recevant de l'amidon ou du sucre de canne ou du sucre de raisin, on a trouvé dans le foie jusqu'à 17 p. 100 de glycogène ; — 2o si on injecte une solution de glycose dans une veine, ce sucre en excès dans le sang s'élimine par les urines ; si on fait cette injection dans une branche de la veine porte, la glycose est alors utilisée par le foie pour la formation de glycogène, sauf dans le cas où la quantité injectée est trop forte ; dans ce cas, le foie ne peut arrêter l'excès de sucre qui *déborde* et passe dans les urines ; — 3o démonstration directe : on établit dans un foie isolé (de chien ou de lapin) une circulation artificielle avec du sang défibriné auquel on a ajouté une proportion déterminée de glycose ; après le passage de ce sang, on constate que la teneur du foie en glycogène est plus forte qu'au moment où l'on a commencé l'expérience (le dosage témoin ayant été fait dans un

1. SCHÖNDORFF (1900), dans le laboratoire de PFLÜGER, a trouvé chez des chiens un maximum de 18, 69 p. 100.

lobe séparé à ce moment même). On peut faire la même expérience sur le foie d'un chien préalablement soumis au jeûne pendant vingt jours au moins : on s'assure que ce foie ne contient plus de glycogène; puis on y fait passer pendant deux heures du sang défibriné additionné de glycose : au bout de ce temps on y trouve une petite quantité de glycogène; — 4° autre preuve directe : chez des chiens porteurs d'une *fistule d'Eck*[1] (communication artificielle entre la veine cave inférieure et la veine porte, après ligature de celle-ci à son entrée dans le foie [voy. plus loin, p. 627]) et auxquels on fait ingérer du sucre, on trouve dans les urines une portion de ce sucre, variant de 12 à 24 p. 100 (expériences de Pojelski[2]); c'est donc au moins cette quantité que, chez les animaux normaux, le foie retient et transforme en glycogène.

Les hydrates de carbone avec lesquels se forme du glycogène sont nombreux; ce sont la glycose, la galactose et la lévulose parmi les monosaccharides, la saccharose, la maltose et la lactose parmi les disaccharides, mais après transformation par les sucs digestifs; les pentoses seraient aussi une source de glycogène (voy. p. 20)[3]. Il est très remarquable que la lévulose, qui dévie à gauche la lumière polarisée, soit transformée dans le foie en glycogène qui dévie la lumière polarisée à droite. C'est surtout avec la glycose et la lévulose et, d'autre part, avec la saccharose et la maltose que la production de glycogène est abondante.

2° On a considéré les matières protéiques comme étant une autre source de glycogène. Voici les principales raisons invoquées en faveur de cette opinion.

1. Des chiens soumis au jeûne absolu pendant une vingtaine de jours, de façon à débarrasser autant que possible leur foie du glycogène qu'il contient, reçoivent, au bout de ce temps, une alimentation exclusivement carnée, et on a soin de faire bouillir la viande qu'on leur donne pour la dépouiller du glycogène qu'elle contient. On a fait la même expérience en donnant aux animaux, au lieu de viande, des albuminoïdes pures, telles que de la fibrine ou de la gélatine. Après trois ou quatre jours de ce régime, on sacrifie les animaux et on trouve dans le foie 3 à 4 grammes p. 100 de glycogène. Mêmes expériences avec le même résultat sur des poules ; un jeûne de six jours suffit, en général, pour que le foie de ces animaux ne contienne plus de glycogène; on les nourrit alors avec de la viande bouillie et pressée, de façon à en exprimer tout le glycogène, et, quand on les sacrifie au bout d'une huitaine de jours, on trouve dans le foie jusqu'à 3 gr. 5 p. 100 de glycogène.

Mais PFLÜGER contesta vivement que dans ces expériences le glycogène dût provenir des albuminoïdes. Entre autres choses, il fit remarquer que beaucoup de substances considérées comme des albumines véritables sont

1. N.-V. ECK, médecin russe de la seconde moitié du XIXe siècle
2. Professeur à l'Université de Lemberg.
3. Ce fait paraît actuellement très contestable. De même, l'arabinose ne pourrait donner de glycogène. Il en serait de même aussi de la glycosamine.

en réalité des combinaisons d'albumine (Pavy[1], 1894); par hydratation ces glycoprotéines donnent de l'albumine et du sucre aux dépens duquel se forme le glycogène. Les protéiques ne produisent du glycogène qu'autant qu'ils présentent dans leur molécule un groupe hydrocarboné. Ainsi sur des grenouilles à jeun depuis longtemps, auxquelles on donne de la caséine pure (protéique privé de noyau hydrocarboné), on ne constate pas de formation de glycogène (expérience de Schöndorff).

2. On pensa résoudre la question en étudiant la formation du sucre dans le diabète, soit chez l'homme, soit chez l'animal à la suite de l'extirpation complète du pancréas ou de l'injection de phlorizine[2]. On observe en effet, dans ces diverses formes de diabète, une élimination considérable de glycose (les urines en contiennent souvent plus de 100 grammes par jour), même quand l'alimentation est exclusivement carnée. Il résulte de là qu'il peut se produire de la glycose dans l'organisme aux dépens des albuminoïdes, mais il n'en résulte pas que cette glycose ait d'abord nécessairement passé par la forme glycogène. Cette remarque est d'autant plus justifiée que le foie des diabétiques paraît avoir perdu la propriété de faire du glycogène.

On voit donc que la question de l'origine du glycogène aux dépens des matières protéiques présentait des obscurités.

La plupart des physiologistes admettent actuellement cette origine. Mais comment la molécule protéique peut-elle fournir du glycogène? Il semble bien qu'il peut se former de la glycose, donc du glycogène, aux dépens des acides aminés (alanine, leucine, etc.) qui constituent une fraction si importante de la molécule protéique.

Ainsi des chiens diabétiques (par extirpation du pancréas) éliminent plus de sucre quand on leur fait ingérer les acides aminés constituants des matières protéiques, tels qu'alanine, glycocolle, etc. Dans ce cas l'alanine fournit de l'acide lactique (voy. p. 628) avec lequel l'organisme produirait synthétiquement de la glycose. De fait, l'injection sous-cutanée de lactate de soude augmente la quantité du sucre excrété chez des chiens sans pancréas. Lusk[3] et Ringer (1910) ont trouvé que le glycocolle est complètement transformé en glycose chez les chiens phlorizinés. Déjà Lusk avait vu avec Stiles (1903) que le mélange d'acides aminés résultant de la protéolyse pancréatique de la viande et dépourvu d'albumines augmente

1. Fr. W. Pavy, médecin et physiologiste anglais (1829-1916), connu surtout par ses recherches sur la physiologie du foie et sur le diabète.
2. La phlorizine $C^{21}H^{24}O^{10}$ est un glycoside extrait de la racine de divers arbres fruitiers (poiriers, pommiers, pruniers). Si l'on en fait ingérer à des chiens 1 gramme par kilogramme, l'urine de ces animaux contient de 10 à 12 p. 100 de glycose; la glycosurie cesse avec l'administration de la phlorizine (J. von Mering, 1886-1888). L'ingestion de phlorizine détermine aussi le diabète chez l'homme (J. von Mering). L'injection sous-cutanée la produit chez le lapin, le poulet, la grenouille (Max Cremer[*], 1883).
3. Graham Lusk, physiologiste américain, professeur à l'Université Cornell de New-York.

[*] Max Cremer, physiologiste allemand contemporain.

considérablement l'excrétion du sucre chez un chien phloriziné. — D'autres faits du même genre déposent en faveur de la théorie de la formation du sucre par désamination (voy. p. 632). On a même calculé théoriquement la quantité de sucre qui peut provenir de différents fragments de la molécule protéique, comme le montre le tableau suivant[1]. Ce tableau permet de se faire une idée de la grandeur du phénomène :

| | 100 gr. de protéine (muscle de bœuf [2]) fournissent : | |
Substances.	Amino-acide.	Glycose.
	gr.	gr.
Glycocolle............	4,0	3,2
Alanine...............	8,1	8,2
Acide aspartique......	10,6	7.2
Acide glutamique....	22.3	13,6
Proline...............	8,0	6,3
Arginine	11,5	5,9

3° Reste une troisième source de glycogène. En comparant à celle des sucres la formule des graisses neutres, on voit que par fixation d'oxygène celles-ci peuvent engendrer les premiers. Mais les expériences par lesquelles on a essayé de montrer la réalité de cette transformation dans et par le foie ne sont pas actuellement suffisantes. D'ailleurs on a constaté que, chez des chiens préalablement inanitiés et recevant ensuite pendant plusieurs jours une grande quantité de graisses, il ne se reforme pas de glycogène dans le foie ; la teneur de cet organe en glycogène continue au contraire à diminuer, comme dans l'inanition (Ch. Bouchard et A. Desgrez, 1900).

C. Relation entre le glycogène et la glycose du foie. — L'expérience du lavage du foie rapportée plus haut établit cette relation. Des dosages comparatifs de ces deux substances dans le foie extrait de l'organisme en ont montré toute la rigueur; il y a parallélisme entre la disparition du glycogène et la production de la glycose : la quantité produite de celle-ci correspond nettement à la quantité de glycogène disparu. D'autre part, dans un foie isolé, préalablement dépouillé de son glycogène (par l'inanition ou par le travail musculaire), il ne se produit pas de glycose.

D. Relation entre la glycose alimentaire, le glycogène hépatique et la glycose du sang. — On a vu que la principale source du glycogène hépatique est la glycose qui provient des aliments. Et on sait, d'autre part, que la glycose du sang provient du

---

1. Graham Lusk. *The elements of the science of nutrition*, 3e édition, Philadelphia and London, 1917, p. 207.
2. D'après les analyses de T. B. Osborne (en collaboration avec Jones).

glycogène du foie. Ainsi cette matière apparaît comme la forme sous laquelle les hydrates de carbone sont emmagasinés dans l'organisme et la glycose comme la forme sous laquelle ils sont utilisés. La preuve de ces relations réciproques entre glycose et glycogène a été donnée par Claude Bernard.

Si l'on injecte sur un chien ou sur un lapin une solution de glycose par une veine de la circulation générale, ce sucre, pour une concentration donnée de la solution, passe dans les urines ; il y a *glycosurie* ; c'est le fait qui a déjà été signalé plus haut, page 610. Si cette même injection est faite par une branche de la veine porte, le sucre ne passe pas dans les urines. Ce n'est pas le sang de la veine porte, ajoute Claude Bernard, qui détruit le sucre en plus grande proportion, c'est le foie qui agit comme organe spécial pour retenir le sucre. En effet, si l'on détermine chez des chiens l'oblitération lente de la veine porte à l'entrée du foie au moyen d'une traction graduée s'exerçant par une ligature autour du vaisseau, et que, quelque temps après l'opération, on mette ces animaux à un régime féculent ou sucré, on trouve pendant la digestion une quantité notable de glycose dans les urines. Qu'est-il arrivé ? A la suite de cette oblitération, la circulation complémentaire s'organise par les anastomoses qui relient les branches de la veine porte aux veines hémorroïdales, aux veines des parois abdominales, aux diaphragmatiques, de sorte que le sang venant de l'intestin ne passe plus par le foie, mais est versé par ces anastomoses dans la circulation générale. Que, dans ces conditions, on fasse ingérer à l'animal opéré 10 à 12 grammes de sucre, on trouve bientôt de la glycose dans les urines, tandis qu'il faut donner à un chien normal de même taille 50 ou 80 grammes de sucre pour qu'il y ait glycosurie.

C'est donc le foie qui retient le sucre alimentaire ; il l'emmagasine, le transforme et le restitue au sang sous la forme de glycose ; et ce sucre alimentaire ne peut être fixé que sous la forme de glycogène. — Ce pouvoir de fixation du foie n'est cependant pas illimité et si, dans la première expérience de Cl. Bernard relatée ci-dessus, la dose de glycose injectée par la veine porte devient trop considérable, alors le foie ne peut plus arrêter et transformer tout ce sucre; il y aura glycosurie.

C'est un phénomène que l'on peut observer aussi chez l'homme, à la suite de l'ingestion de grandes quantités de glycose (300 à 400 gr.) ; il y a dans ces cas *glycosurie* dite *alimentaire*. — La glycosurie alimentaire se produit plus facilement chez les malades atteints de cirrhose du foie, de pyléphlébite ou de toute autre affection dans laquelle la veine porte est plus ou moins oblitérée ; pour E. Colrat, médecin lyonnais qui décrivit ce fait en 1875, elle aurait même la valeur d'un « signe d'oblitération totale ou partielle de la veine porte ». On étendit cette conception et on fit de la glycosurie alimentaire un symptôme d'*insuffisance hépatique*. Ce qui était très exagéré, car, d'une part, ce symptôme ne se présente pas dans tous les cas d'altération, même profonde, du foie [1] et, d'autre part, on le trouve dans nombre d'affections où le foie ne paraît pas altéré, comme les affections médullaires, les névroses, etc. C'est que l'utilisation du sucre par l'organisme est un phénomène complexe, ne dépendant pas seulement de l'intégrité de la fonction glycogénique, mais aussi de l'absorption gastro-intestinale, de la fixation et de l'utilisation du sucre par les tissus (*glycolyse extra-hépatique*) et de la perméabilité rénale ; l'absorption étant ralentie, par exemple, le sucre peut être détruit en assez grande quantité par les microbes du tube intestinal ; la perméabilité rénale étant défectueuse, le passage du sucre ingéré dans les urines sera ralenti et l'organisme aura plus de temps pour en détruire l'excès ; voilà donc deux conditions qui peuvent empêcher la glycosurie alimentaire ; il en est évidemment de même en cas d'augmentation du pouvoir glycolytique des tissus. — Ce symptôme n'en conserve pas moins une valeur clinique, si on le constate, non pas accidentellement, mais d'une façon régulière, chez un sujet donné [2].

Voilà donc un ensemble de faits bien liés : la glycose formée dans la digestion des féculents et de divers sucres est absorbée et, arrivant au foie, est en partie [3] arrêtée par la cellule hépatique et, transformée en glycogène qui s'y dépose, y reste emmaganisée ; pour être utilisé ensuite dans l'organisme, le glycogène, sous l'influence d'une amylase hépatique, repasse à l'état de glycose, qui sort du foie par les veines sus-hépatiques ; c'est une sécrétion interne, c'est même le premier type de sécrétion interne qui fut découvert (Cl. Bernard). Mais le sang artériel contient toujours à peu près la même quantité de glycose, 1 gramme à 1 gr. 5 par litre. Comme le foie déverse constamment du sucre dans le sang, il est de toute nécessité, puisque la proportion de ce sucre n'augmente pas [4], que la consommation compense la production.

En effet, la glycose du sang disparaît dans les organes périphériques. Le sang qui revient des organes, à l'exception du foie, bien entendu, est toujours plus pauvre en sucre que le sang artériel (A. Chauveau, 1856) ; le sang veineux des muscles, par exemple, contient en moyenne 1 gr. 20 par litre, au lieu de 1 gr. 30 à 1 gr. 40,

1. Ce qui s'explique aisément, si l'on réfléchit que le foie n'est jamais détruit complètement dans les processus pathologiques observés et que les cellules restées intactes suffisent à la fonction, leur activité étant augmentée.

2. Voy. G. Linossier, Valeur clinique de l'épreuve de la glycosurie alimentaire (*Arch. gén. de méd.*, mai 1899).

3. Une partie est immédiatement brûlée, comme le prouve l'augmentation du quotient respiratoire, à la suite d'un repas riche en féculents ; une autre partie peut se transformer en graisse.

4. Il est plus exact de dire que la teneur du sang artériel en sucre ne varie pas, puisqu'elle ne diminue pas plus pendant le jeûne ou durant le travail musculaire qu'elle n'augmente pendant la digestion des hydrates de carbone.

chiffre trouvé d'habitude dans le sang artériel [1]. — On verra plus tard ce que devient le sucre qui disparaît ainsi.

De tous ces faits on peut conclure que le foie, parce qu'il est en même temps organe producteur de glycogène et de glycose, règle la distribution, dans le sang, du sucre absorbé dans l'intestin ; il en emmagasine plus ou moins sous la forme stable de glycogène ; ce dépôt est plus abondant quand, après un repas fortement amylacé, le sucre passe en excès dans le sang intestinal ; et il en livre plus ou moins au sang sous la forme labile de glycose.

Remarquons cependant que cette régulation n'est pas l'œuvre exclusive du foie. Quand le foie, à la suite d'un long jeûne, a été dépouillé de tout le glycogène qu'il contenait, le sang n'en conserve pas moins sa teneur normale en sucre ; il continue à en recevoir des quantités équivalentes à celles qui se détruisent dans les muscles. Est-ce le foie qui en fait aux dépens des matières albuminoïdes (voy. ci-dessus, p. 611-613)? En tout cas, on sait que d'autres tissus (les muscles) peuvent faire de la glycose aux dépens du glycogène qu'ils contiennent. Ainsi dans cette production et cette consommation du sucre le foie et les muscles sont fonctionnellement associés.

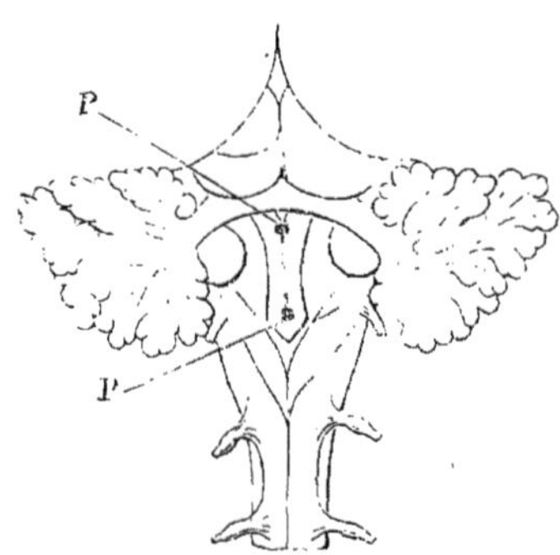

Fig. 153. — Piqûres expérimentales du quatrième ventricule, sur le lapin (CLAUDE BERNARD).

Les lobes du cervelet sont écartés. On voit, en bas, les corps restiformes dont l'écartement circonscrit le bec du *calamus scriptorius* et le quatrième ventricule. — La piqûre P', qui produit de la glycosurie, est située un peu au-dessus du *calamus*. — La piqûre P est située au niveau de l'origine des nerfs acoustiques.

Le maintien des proportions convenables entre le glycogène du foie et des muscles et la glycose du sang constitue un mécanisme régulateur ; par le fonctionnement de ce mécanisme se règle la teneur du sang en sucre, ce que l'on a appelé la *glycémie normale*. Il y a *hyper* ou *hypoglycémie*, suivant qu'augmente ou diminue cette teneur normale, quand l'équilibre est rompu entre la production et la consommation du sucre, soit que celui-ci soit produit en excès, soit que les tissus deviennent inaptes à le détruire en quantité suffisante.

1. Le sang artériel perd en moyenne par kilogramme, en traversant les muscles, 0gr,12 de sucre. Il en perd seulement 0gr,02 en traversant les glandes.

E. Influence du système nerveux sur la fonction glycogénique et sur la glycémie. — Ces fonctions sont sous la dépendance du système nerveux, qui peut : 1. en accroître, 2. en réduire l'activité.

1. Cette importante notion découle d'une expérience fondamentale de CLAUDE BERNARD (1855), celle de la piqûre du quatrième ventricule, dite aussi *piqûre diabétique*[1].

Si l'on pratique (vey. fig. 153) une piqûre sur le plancher du quatrième ventricule, entre les racines des nerfs acoustiques et celles des pneumogastriques, on trouve au bout de peu de temps (une heure au moins) du sucre dans les urines de l'animal ainsi piqué[2]; la quantité atteint en général 2 à 3 grammes p. 100 c.c. d'urine. Le phénomène ne dure que trois à quatre heures. Ce qui paraît bien prouver, d'ailleurs, qu'il est le résultat d'une excitation.

Cette glycosurie est due à un travail hépatique. En effet, elle ne se produit pas chez les grenouilles sur lesquelles on a lié les vaisseaux du foie ou dont on a enlevé le foie, pas plus que chez les oiseaux sur lesquels on a pratiqué l'extirpation de cet organe; une fois produite, elle cesse, si l'on enlève le foie (expérience sur des grenouilles). D'autre part, elle ne se produit pas davantage chez les grenouilles d'hiver, dont le foie est dépourvu de glycogène, ni chez les animaux inanitiés, pour la même raison. Enfin, l'altération des cellules hépatiques dans l'empoisonnement par l'arsenic ou par le phosphore empêche également son apparition; ainsi, dans l'empoisonnement lent par l'acide arsénieux, le foie, privé de glycogène, ne produit plus de sucre. Bref, l'intégrité du foie paraît nécessaire au phénomène.

Quel est le mécanisme par lequel la piqûre du quatrième ventricule agit sur le foie?

La glycosurie se produit encore après la piqûre, quand les pneumogastriques ont été coupés; ce ne sont donc pas ces nerfs qui transmettent l'excitation vers le foie.

Au contraire, après la section de la moelle cervicale, au-dessous de l'origine des nerfs phréniques (de façon à ne pas troubler la respiration), entre la septième vertebre cervicale et la première dorsale, la piqûre diabétique reste sans effet; même résultat si l'on pratique, au lieu de la section de la moelle, la section des racines rachidiennes à ce niveau (M. LAFFONT[3]). L'excitation déterminée par la piqûre se transmet donc au foie par la moelle, puis par les nerfs du système sympathique. De fait, 1° si on lie

---

1. Expression impropre d'ailleurs, car ce traumatisme ne détermine qu'une glycosurie passagère, et non un véritable diabète.
2. Une piqûre pratiquée un peu plus haut, en P (fig. 153), produit de la glycosurie accompagnée de polyurie; un peu plus haut encore, elle produit une albuminurie.
3. MARC LAFFONT, physiologiste français contemporain.

sur la grenouille tous les filets sympathiques qu vont au foie, on ne peut plus, par la piqûre du quatrième ventricule, provoquer de glycosurie (expériences de SCHIFF et MOOS); — 2o la section préalable des splanchniques empêche l'effet de la piqûre (CYON et ALADOFF, ECKHARD); — 3o l'excitation des mêmes nerfs donne lieu à de l'hyperglycémie. — Cette dernière expérience a été considérée comme une preuve de l'existence de filets *glyco-sécréteurs* dans le tronc des splanchniques (A. et E. CAVAZZANI[1], 1892, MORAT et DUFOURT, 1894). — Comme la piqûre diabétique s'accompagne d'une vaso-dilatation abdominale très marquée, on s'était demandé si, sous l'influence de cette augmentation de la circulation, le foie, fonctionnant plus activement, ne produirait pas par cela seul plus de sucre. Mais on sait (voy. p. 473) que l'excitation du bout périphérique des splanchniques, encore que ces nerfs contiennent très vraisemblablement des fibres vaso-dilatatrices, ne provoque que de la vaso-constriction.

On a donc été conduit à admettre l'existence de nerfs glyco-sécréteurs. Ces nerfs agiraient en accroissant la transformation du glycogène en glycose (MORAT). Mais cette interprétation a été remise en question. D'après des expériences de E. WERTHEIMER et G. BATTEZ (1909), en effet, l'atropine, cet agent paralysant des nerfs sécréteurs, n'empêche ni la glycosurie par piqûre du bulbe, ni la glycosurie asphyxique[2]. Or, si ce phénomène ne se produisait que par l'intermédiaire de nerfs proprement sécréteurs, ne serait-il pas supprimé par l'atropine à haute dose?

Plusieurs expérimentateurs ont cherché à prouver que la piqûre du quatrième ventricule est due à un tout autre mécanisme qu'à un mécanisme nerveux.

Cette piqûre, de même que l'excitation des splanchniques, provoquerait de la part des surrénales une hypersécrétion d'adrénaline et l'excès de cette substance dans le sang augmenterait la production du sucre hépatique, d'où l'hyperglycémie et la glycosurie (*diabète surrénal*; voy. p. 620). Outre que les expériences sur lesquelles a été fondée cette théorie (piqûre du quatrième ventricule à la suite de l'extirpation des surrénales) présentent de graves causes d'erreur, il a été montré (expériences de ALF. QUINQUAUD, 1915) que l'effet de la piqûre diabétique persiste après la ligature des deux troncs veineux lombo-surrénaux; il persiste d'ailleurs aussi après la surrénalectomie double (G.-N. STEWART et J.-M. ROGOFF[3], 1918), contrairement à ce que d'aucuns avaient vu d'abord; et c'est ce qu'avaient déjà observé antérieurement (en 1914) WERTHEIMER et BATTEZ, sur quelques-uns des animaux (chiens et chats) sur lesquels ils avaient pratiqué cette opération.

1. E. CAVAZZANI, physiologiste italien contemporain, professeur de physiologie à l'Université de Ferrare. — A. CAVAZZANI, frère du précédent.

2. L'asphyxie par simple oblitération de la trachée provoque en effet le passage du sucre dans les urines en excitant l'appareil nerveux du foie. Les propriétés excitantes du sang chargé d'acide carbonique ont été déjà signalées précédemment (voy. p. 486 et 589).

3. Physiologistes américains contemporains.

D'autres excitations que l'excitation asphyxique mettent en activité le centre bulbaire. Ainsi l'excitation du bout central du pneumogastrique amène la glycosurie. Tel est aussi l'effet de l'excitation des nerfs dépresseurs, du bout central du sciatique. Il peut donc y avoir, par des excitations réflexes, mise en activité du centre bulbaire, mais on ignore dans quelle mesure de telles excitations interviennent pour la régulation de la glycémie normale.

Quoi qu'il en soit, l'excitation due à la piqûre du quatrième ventricule fait entrer en jeu des centres qui sont en communication avec le foie par des fibres descendant dans la moelle cervico-dorsale et s'engageant dans les splanchniques ; par l'excitation de ces nerfs est augmentée la transformation du glycogène en glycose. Il y a donc, aussi bien par la piqûre du quatrième ventricule que par l'excitation des splanchniques, hyperglycémie et glycosurie par exagération de la production sucrée du foie. Et ainsi se trouvent encore corroborées les étroites relations entre le glycogène hépatique et la glycose du sang dont la réalité est par ailleurs démontrée.

2. Inversement, des influences nerveuses s'exercent pour diminuer la production hépatique du sucre. Ici encore se trouve une expérience de CLAUDE BERNARD.

A la suite de la section de la moelle entre la quatrième cervicale et la cinquième dorsale, le sang et le foie ne contiennent plus de sucre, mais il s'accumule une grande quantité de glycogène dans le foie. Ainsi, après cette opération, les cellules hépatiques ont gardé leur propriété de former du glycogène, mais elles ont perdu celle de le transformer en glycose.

Cette suppression de la glycogenèse hépatique entraîne un abaissement de température considérable, le foie ne fournissant plus aux muscles la glycose qui en est le combustible.

La section des splanchniques est suivie aussi d'hypoglycémie.

F. Troubles de la fonction glycogénique et de la glycémie. — Glycosuries et diabètes. — L'augmentation du sucre dans le sang ou hyperglycémie par action du foie donne lieu à la glycosurie. CLAUDE BERNARD estimait que le sucre ne passe dans l'urine que lorsque le sang en contient plus de 2 grammes pour 1000 (de 2 gr. 50 à 3 grammes[1]). Cependant il peut y avoir glycosurie malgré une glycémie très peu supérieure à la normale, si la perméabilité du rein est accrue.

Théoriquement, la glycosurie d'origine hépatique peut être due à deux causes : à ce que le foie a plus ou moins perdu la propriété de retenir et de fixer le sucre sous forme de glycogène (trouble de la fonction glycogé-

1. Le sang des diabétiques contient d'ordinaire 3 à 4 grammes et même 7 et jusqu'à 10 gr. (R. LÉPINE) pour 1000.

nique) ou à une production exagérée de glycose (trouble de la sécrétion glycémique). Dans le premier cas, il y a diminution de l'une des formes de l'activité hépatique, et, dans le second cas, exagération d'une autre forme de cette activité.

La glycosurie produite par diminution de la fonction glycogénique n'est qu'un phénomène passager[1], sans graves conséquences, si elle est modérée. — La glycosurie par exagération de la production du sucre par le foie peut n'être aussi que passagère. Telles sont les glycosuries dites *nerveuses* que l'on observe chez l'homme, et analogues à celles que l'on détermine chez les animaux par la piqûre du quatrième ventricule ou par diverses lésions du système nerveux. Telle est aussi la *glycosurie asphyxique*.

A côté de cette dernière, on peut ranger toute une série de *glycosuries toxiques*.

L'absorption d'un grand nombre de substances très diverses, oxyde de carbone, sels d'urane, chloroforme, chloral, morphine, strychnine, curare, adrénaline, iodothyrine, etc., amène en effet de la glycosurie. Le mode d'action de la plupart de ces substances n'a pas été suffisamment étudié pour qu'il soit possible d'assigner sûrement leur cause à ces glycosuries toxiques[2].

En ce qui concerne la glycosurie par l'adrénaline, plusieurs faits intéressants ont été établis. La substance agit après injection intrapéritonéale ou intraveineuse. La glycosurie s'accompagne d'hyperglycémie et d'une notable diminution ou même de la disparition du glycogène du foie. Elle est donc d'origine hépatique. — On a soutenu, d'autre part, que cette action de l'adrénaline est antagoniste de celle de la substance que sécrète le pancréas et qui diminue la production du sucre (voy. p. 645); ce serait en raison de cet antagonisme qu'un excès d'adrénaline dans le sang amènerait la glycosurie. Les faits sur lesquels a été fondée cette théorie sont insuffisants.

Mais toutes ces glycosuries doivent être distinguées du diabète[3] proprement dit, ou diabète vrai, affection chronique, mettant plus ou moins rapidement la vie en danger.

Le diabète a-t-il toujours pour cause ce trouble de l'activité hépatique caractérisé par une sécrétion exagérée de la glycose ? CHAUVEAU et

1. Quelquefois cependant elle est persistante et donne alors lieu à des manifestations nerveuses rappelant celles du diabète (narcolepsie, fatigue, impuissance. etc.), à des lésions cutanées, etc., tous désordres qui ne présentent d'ailleurs point l'intensité de ceux du diabète. Ces cas de « petit diabète curable » seraient dus à une insuffisance chronique du foie (A. GILBERT et EM. WEIL, 1899).

2. Encore convient-il de remarquer que plusieurs d'entre elles, le chloroforme, le chloral, la morphine, le curare. etc., feraient passer dans les urines non pas de la glycose, mais de l'acide glycuronique $C^6H^{10}O^7$ qui a également des propriétés réductrices.

3. De διαβήτης, incontinence d'urine, qui vient lui-même de διαβαίνειν, passer à travers.

M. KAUFMANN (1893-1895) l'ont soutenu en se fondant sur les résultats de leurs analyses comparatives du sucre dans le sang artériel et dans le sang veineux, d'après lesquelles la consommation du sucre est toujours la même chez les animaux diabétiques et chez les animaux sains. Il semble cependant qu'il puisse y avoir aussi diabète par diminution dans la consommation du sucre produit, par défaut du pouvoir de destruction de ce sucre dans les tissus (muscles et glandes plus particulièrement). Et voici par exemple par quels faits et quels raisonnements on s'est efforcé de l'établir (CH. BOUCHARD, 1898) : chez les diabétiques, après suppression complète des hydrates de carbone, on peut encore observer l'élimination d'une quantité considérable de glycose, de 100 à 200 grammes. Supposons que l'organisme ait dû, pour fournir à sa dépense énergétique et calorifique, brûler 500 grammes de glycose, chiffre d'ailleurs plutôt faible. Il s'ensuit que cet organisme avait 600 à 700 grammes de sucre à trouver par jour (500 + 100 à 200 de glycose excrétée). Pour produire cette quantité, il faudrait 6 kilogrammes de graisse ou 1 073 grammes de substances albuminoïdes, soit 5 kilogrammes de viande. « Cela supposerait, dit CH. BOUCHARD, une polyphagie invraisemblable ou une autophagie impossible. » Ainsi, « pour expliquer par l'augmentation de la production du sucre une glycosurie même modérée, on est obligé d'admettre comme conséquence une polyphagie ou une autophagie et une azoturie telles qu'on n'en a jamais vu[1] ». On voit que dans cette conception le diabète n'est pas sous la dépendance d'une lésion ou d'une altération fonctionnelle du foie, mais est lié à une incapacité des tissus en général à détruire le sucre[2] ; ce ne serait plus une maladie du tissu hépatique, ce serait une maladie des tissus, et spécialement des tissus musculaires et glandulaires.

Nous aurons à revenir sur cette question quand nous étudierons un peu plus loin le diabète causé par l'extirpation complète du pancréas ou *diabète pancréatique*.

On a distingué encore une autre forme de diabète, d'origine rénale.

Le type en paraît être le *diabète phlorizique* (voy. p. 612) qui s'accompagne d'une glycémie normale ou même d'hypoglycémie. Pour cette raison

1. CH. BOUCHARD, La théorie pathogénique du diabète (*Semaine médicale*, 4 mai 1898, p. 201). Cependant les chiffres donnés par Bouchard sont un peu majorés, car la destruction de la graisse ou de la viande produit par elle-même des calories dont il faut retrancher la somme de la quantité de glycose nécessaire (500 gr.) à la dépense énergétique et calorifique de l'organisme.

2. Cette incapacité du diabétique à détruire ou à consommer le sucre ne tient pas, comme on l'a cru souvent, à une diminution des oxydations. Les oxydations ne sont nullement diminuées dans l'organisme du diabétique. C'est ainsi que la lévulose, qui s'oxyde à peu près aussi facilement que la glycose, est utilisée dans le diabète et se transforme en grande partie dans le foie en glycogène. Même dans le diabète pancréatique, la lévulose se comporterait de cette façon. De même, l'organisme des diabétiques détruit très bien des corps plus ou moins apparentés à la glycose, comme les acides glycuronique et glyconique, la glycosamine, l'aldéhyde salicylique, etc.

on ne peut l'attribuer à une production exagérée du sucre dans le foie. Sous l'influence de la phlorizine le rein devient très perméable à la glycose, comme N. Zuntz (1895) l'a conclu d'une expérience consistant à injecter directement de la phlorizine dans l'artère rénale (expériences sur le chien); immédiatement la glycose apparaît dans l'uretère correspondant, et quelque temps après seulement dans l'uretère de l'autre rein. Il a été dit déjà (p. 612) que ce diabète prend fin dès que l'on cesse de faire ingérer de la phlorizine.

4° *Fixation et formation de graisses par le foie. Fonctions adipo-hépatiques.*

L'action du foie sur les graisses est complexe. Non seulement la cellule hépatique retient des graisses, mais elle peut en former et elle les détruit aussi. A côté de la fonction de fixation et de la fonction adipogénique, il y a donc une fonction adipolytique.

A. Le foie, organe fixateur de graisses. — La fixation au niveau du foie des graisses alimentaires [1] a été directement démontrée.

1° De nombreuses observations ont appris, depuis longtemps, que l'augmentation des matières grasses dans l'alimentation fait augmenter la graisse du foie.

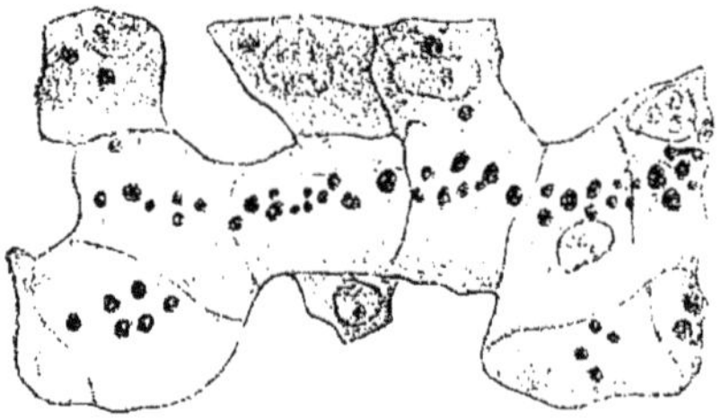

2° Chez les chiens, on trouve beaucoup plus de graisse, sous forme de savons (?), dans le sang de la veine porte que dans celui des veines sus-hépatiques.

3° En faisant ingérer à des cobayes divers corps gras, beurre, huile de foie de morue, huile de pied de bœuf, huile d'olive et sacrifiant les animaux sept heures après, on a trouvé dans les cellules hépatiques des granulations graisseuses en grande quantité (graisses neutres et savons); mais l'huile végétale

Fig. 154. — Fixation de la graisse alimentaire par le foie (d'après Mlle C. Deflandre, 1903).

Un chien de 11^kg,500 a reçu 250 centimètres cubes de lait cru et a été sacrifié six heures après l'ingestion de ce lait. Le foie est très riche en granulations graisseuses qui sont principalement réparties dans l'axe central de la cellule.

(huile d'olive) est fixée en bien moindres proportions. Mêmes constatations sur le foie de chiens sacrifiés après un fort repas de lait (voy. fig. 154). — Cependant les huiles végétales peuvent être retenues par le foie, comme le prouve une expérience bien connue (A. Lebedeff [2], 1883) consistant à

1. Le transport de ces graisses se ferait par les leucocytes (voy. p. 349).
2. Physiologiste russe contemporain.

donner à un chien de l'huile de lin et à l'intoxiquer ensuite par le phosphore ; le phosphore amène rapidement la *dégénérescence graisseuse* du foie et la mort ; et, dans ce cas, on retrouve dans le foie gras de l'animal des graisses, dont la majeure partie (les 4/5) est de l'huile de lin.

4• L'injection de savon par la veine porte est beaucoup moins toxique que par une veine de la circulation générale (voy. p. 247) ; la dose mortelle est alors de 0,40 à 0,50 par kilogramme (expériences sur le lapin) au lieu de 0gr,10 seulement. Le foie retient donc une forte proportion de la matière grasse injectée.

B. Le foie, organe formateur de graisse. — La formation de graisse par le foie n'est pas moins certaine.

1° On sait depuis fort longtemps que, chez les animaux bien nourris, le foie se charge de graisse. De cette observation est née, au détriment des Oiseaüx de basse-cour, Canards et Oies, l'industrie des « pâtés de foie gras »[1]. — Chez les animaux hibernants, avant l'hibernation, le foie s'enrichit en graisse. — Chez les Poissons, le foie contient aussi de grandes quantités de graisse (huile de foie de morue, par exemple) ; celui de la Loche n'est qu'une masse graisseuse.

2• Pendant la grossesse, et surtout durant la lactation, les cellules hépatiques sont remplies de gouttelettes graisseuses et cette graisse est identique à celle du lait.

3• Dans l'intoxication aiguë par l'alcool, par l'arsenic, etc., mais surtout dans l'intoxication par le phosphore, le foie se transforme en une masse de graisse (*stéatose hépatique*). A la vérité, on a soutenu (A. LEBEDEFF, 1884 ; ATHANASIU, 1899) que la totalité de cette graisse provient de celle des tissus, transportée au foie et retenue par cet organe. Mais on a montré (expériences sur des cobayes) que, chez les animaux ainsi empoisonnés, la quantité totale de graisse de l'organisme est à peu près le double de celle des animaux témoins ; il y a donc eu formation de graisse.

Aux dépens de quelles substances la cellule hépatique fabrique-t-elle des matières grasses ?

La transformation des hydrates de carbone en graisse est très probable. Nous avons cité plus haut l'observation de BOUSSINGAULT sur le foie d'oie ; or, le *gavage* des oies se fait surtout avec des féculents. Chez les chiens, nourris exclusivement de féculents, CL. BERNARD a trouvé beaucoup de graisse dans le foie. — Des observations plus méthodiques ont été faites sur le type suivant : on donne à des animaux une alimentation riche en hydrates de carbone et trop pauvre en graisse et en albuminoïdes pour que la formation de matières grasses puisse être attribuée à la fixation des graisses alimentaires ou à la destruction des albuminoïdes ; et l'on constate que le foie s'enrichit en graisse.

1. D'après BOUSSINGAULT, une oie forme 17 grammes de graisse par jour, avec des aliments autres que la graisse.

La production de graisses dans le foie peut-elle se faire aux dépens des matières protéiques ? Voici quelques arguments en faveur de cette opinion. On remarque que les Poissons et les Crustacés, dont le foie est si riche en graisse, ont une nourriture exclusivement azotée ; cette graisse hépatique ne peut donc provenir que de l'albumine, soit directement, soit indirectement, après qu'une partie de l'albumine s'est transformée en hydrates de carbone. — On a soumis à l'intoxication phosphorée des animaux recevant une alimentation aussi pauvre que possible en hydrocarbonés et graisses ; la surcharge graisseuse du foie ne s'en est pas moins produite.

C. Le foie, organe destructeur de graisse et d'acides gras. Fonction cétogène. — Que la graisse du foie ait été fixée ou formée dans cet organe, elle ne s'y emmagasine pas pour jamais. Mais est-elle utilisée dans le foie lui-même, ou est-elle de nouveau mobilisée ? Est-ce une réserve où l'organisme peut puiser pour ses besoins alimentaires ? Les deux processus, d'ailleurs, pourraient coexister. Ainsi, pendant le sommeil hibernal, la graisse accumulée dans le foie des animaux hibernants disparaît peu à peu, tout comme le glycogène ; ces deux éléments remplacent le matériel alimentaire que les animaux ne se procurent plus. D'autre part, chez le nouveauné, dont le foie est surchargé de graisse (accumulée pendant la vie intra-utérine), cette graisse hépatique disparaît en quelques jours, et l'on a constaté que le foie, déjà très riche en glycogène, s'enrichit encore. S'agit-il là d'une d'une transformation *in situ* de la graisse en glycogène ?

Des expériences directes montrent que la cellule hépatique peut manifester une action lipolytique

Quand on injecte une quantité donnée de graisse neutre dans une branche de la veine porte (expériences du médecin français F. RAMOND sur des chiens, 1904-1905), le tissu hépatique de l'animal sacrifié plus ou moins longtemps après l'injection manifeste une acidité très nette. — Cette décomposition intra-hépatique de la graisse paraît due à l'action d'une lipase, car elle diminue par le chauffage du tissu.

Le foie agit aussi sur les acides gras : il les détruit en partie en les transformant d'abord en produits cétoniques, acide acétylacétique ou diacétique et acétone, auxquels il faut rattacher l'acide β-oxybutyrique en raison de sa signification physiologique et quoique chimiquement il ne possède pas la fonction cétonique. Les faits qui démontrent ce rôle du foie sont exposés page 677. La même fonction *cétogène* du foie s'exerce sur divers acides aminés (voy. p. 678).

Quand les acides gras arrivent en excès au foie, même si cet organe est normal et *a fortiori* s'il ne l'est pas, leur transformation régulière devient impossible; elle s'arrête à ce stade des produits cétoniques qui, trop abondants, passent dans le sang et s'éliminent par les émonctoires; d'où l'acétonémie et l'acétonurie.

6° *Fixation et formation de matières protéiques par le foie.*

Le foie agit-il aussi sur les matières protéiques ?

A. Le foie, organe fixateur de matières albuminoïdes. —

Nous retrouvons ici le même pouvoir de fixation constaté pour les sucres et pour les graisses. Sur ce point cependant les faits sont moins nombreux.

1° C'est peut-être dans une observation de Claude Bernard qu'il faudrait placer l'origine de nos connaissances à cet égard. En injectant de l'ovalbumine dans la veine jugulaire d'un lapin, l'illustre physiologiste vit cette substance passer dans l'urine; mais en faisant l'injection dans la veine porte, il ne la retrouva pas dans l'urine; elle avait donc été retenue et probablement ensuite modifiée par le foie.

2° Des animaux, soumis d'abord au jeûne de façon qu'ils épuisent à peu près leur réserve de glycogène, sont nourris ensuite avec de l'albumine à peu près pure (chair de morue, qui est extrêmement pauvre en glycogène et en graisse [Pflüger]); on constate, au bout de trois à quatre semaines, que le poids du foie a presque doublé, ainsi que la quantité des matières azotées du foie, tandis que le poids du corps n'a pas changé.

De nouvelles recherches sont nécessaires en vue d'élucider cette importante question de la fixation des albuminoïdes par le foie.

B. Le foie, organe formateur de matière fibrinogène. —

On a vu page 335 que c'est dans le foie que se produit le fibrinogène. On ne sait pas encore avec quelles substances et par quel mécanisme la cellule hépatique forme cette globuline.

C. Le foie, organe formateur de substances anticoagulantes. —

Nous avons déjà étudié (voy. p. 361) la fonction anticoagulante du foie.

6° *Fonction uréopoiétique du foie.*

Parmi les produits de désassimilation des albuminoïdes, le principal, chez les Mammifères, est de beaucoup l'urée, puisque c'est sous cette forme que s'éliminent les 80 à 90 centièmes de l'azote de ces matières. Et comme la question de la désassimilation des albuminoïdes est une des plus importantes de la physiologie de la nutrition, il est manifeste que cette partie de la question qui concerne la formation de l'urée offre le plus grand intérêt. Or, l'urée est formée, sinon exclusivement, du moins pour la plus grande partie, par le foie.

Il y a longtemps que la question du rôle du foie dans la formation de l'urée a été posée. « Il existe certainement, écrivait Bouchardat[1] en 1846, dans son *Annuaire de thérapeutique*, une relation qu'on trouvera un jour entre les fonctions du foie et la production de l'urée. » Voyons d'abord comment on a démontré que le foie est le lieu de formation de l'urée, puis nous essaierons de déterminer le mécanisme de ce phénomène.

A. Formation de l'urée dans le foie. — Les preuves sont excellentes du rôle absolument prépondérant du foie dans la production de l'urée[2].

1° En faisant passer à plusieurs reprises du sang défibriné à travers le foie séparé du corps (application de la méthode des circulations artificielles [voy. p. 347 et 349]), on a vu que ce sang devient de plus en plus riche en urée (expériences faites pour la première fois par E. de Cyon en 1870). Dans une expérience, le sang qui contenait $0^{gr},08$ d'urée par litre, en contenait, après un passage à travers le foie, $0^{gr},14$ et, après quatre passages, $0^{gr},176$, c'est-à-dire plus du double. Si, comparativement, on fait de semblables circulations artificielles à travers des muscles ou à travers les reins, on ne constate que des variations insignifiantes dans la proportion d'urée (Waldemar von Schröder, 1882).

1. A. Bouchardat (1809-1886), médecin français, fut professeur d'hygiène à la Faculté de médecine de Paris.

2. Nous laisserons de côté quelques faits qui ont été souvent considérés comme très probants à cet égard. Telle est l'observation de Heynsius[*] (1859) sur la moindre proportion d'urée dans le foie frais que dans le foie séparé du corps et conservé pendant quelque temps. Cette expérience fut reprise et perfectionnée par Ch. Richet (1894) qui appliqua à la recherche de l'urée le procédé du *foie lavé* : en lavant le foie d'un animal tué par hémorragie et faisant passer par la veine porte une solution stérilisée de chlorure de sodium, il y trouve une faible proportion d'urée, $0^{gr},2$ par kilogramme d'organe ; mais plongeant un fragment de ce foie dans la paraffine à 100° pour détruire les germes extérieurs et refroidissant très rapidement, puis portant à l'étuve à 38°, il trouve, au bout de quatre heures, $0^{gr},8$ d'urée par kilogramme de tissu hépatique. La formation d'urée se continuerait donc, dans ces conditions, dans les cellules hépatiques. Mais, outre qu'il se pourrait que le corps décelé et dosé ainsi dans le foie ne fût pas de l'urée, mais un acide aminé dérivant du glycocolle (d'après les recherches de O. Loevi, 1898), la production d'urée, dans l'expérience de Ch. Richet, paraît être due à un phénomène d'*autolyse*. Nous savons en effet aujourd'hui que beaucoup d'organes contiennent des ferments protéolytiques qui manifestent leurs propriétés dès les premiers moments qui suivent la mort (*autolyse*), transformant les albuminoïdes de leurs cellules en produits de digestion, acides aminés, ammoniaque, urée. Et Richet lui-même, dans d'autres recherches faites aussi en 1894 et (avec A. Chassevant) en 1897 et 1898, a extrait du foie une *diastase uréopoiétique*.

[*] A. Heynsius (1831-1885), physiologiste hollandais.

2° La suppression de la fonction hépatique par ligature des vaisseaux de l'organe diminue la quantité d'urée des urines (expériences de W. von Schröder, 1882). Au contraire, l'extirpation des reins amène une accumulation d'urée dans le sang [1], puisque cette substance ne peut plus s'éliminer ; or, ce phénomène ne se produit plus, si on a préalablement lié les vaisseaux hépatiques ou extirpé le foie. Une modification intéressante de cette expérience est due à M. Kaufmann (1894) ; par la ligature de l'aorte et de la veine cave inférieure dans la poitrine, en avant du diaphragme, le foie et les reins sont simultanément supprimés [2] ; toutes les parties situées en avant de la ligature continuent naturellement à recevoir du sang ; mais ce sang, circulant exclusivement dans le train antérieur de l'animal, ne peut se débarrasser de son urée ; les changements de sa teneur en cette substance ne proviendront donc que des tissus. Or, on constate qu'après plus d'une heure de circulation la proportion d'urée de ce sang

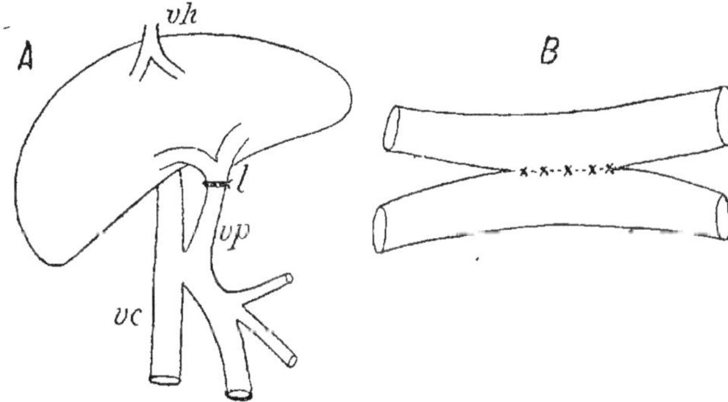

Fig. 155. — A, schéma de la fistule d'Eck ; B, mode d'abouchement des deux veines.

vc, veine cave inférieure ; — vp, veine porte ; — vh, veines sus-hépatiques ; — l, ligature de la veine porte contre le foie.

n'a presque pas augmenté. Il suit de là que, dans ces conditions, la plus grande partie de l'urée est formée dans un organe situé en arrière de la ligature, c'est-à-dire dans le foie.

3° Chez les animaux sur lesquels on a établi une *fistule d'Eck* [3] (voy.

1. Chez les animaux néphrectomisés, on trouve beaucoup plus d'urée dans le foie que dans n'importe quel autre organe. Ce qui peut encore servir de preuve du rôle du foie dans la formation de ce corps.
2. Les chiens ne survivent pas plus d'une heure à cette opération.
3. C'est en 1877 que le médecin russe N. V. Eck imagina cette remarquable opération. Le physiologiste russe J. J. Stolnikov la répéta en 1882. Ces deux expérimentateurs purent conserver pendant plusieurs jours quelques-uns de leurs opérés (chiens) ; un des chiens opérés par Eck survécut même deux mois et demi. Mais les phénomènes présentés par ces animaux ne furent pas étudiés. On doit cette étude aux recherches méthodiques, patientes et sagaces de Nencki et Pavlov, aidés de leurs élèves M. Hahn et V. Massen (1892) ou J. Zalesky (1894) et de Nencki et Pavlov (1897). Ce sont les résultats de ces recherches qui sont résumés ci-dessus et un peu plus loin (voy. p. 630).

fig. 155), c'est-à-dire pratiqué l'abouchement de la veine porte avec la veine cave inférieure, après ligature de la veine porte contre le foie, de manière à empêcher tout accès du sang veineux à cet organe, la quantité d'urée de l'urine diminue beaucoup. Chez les mêmes animaux, sur lesquels on a ensuite lié l'artère hépatique, la diminution de l'urée est encore plus considérable. Chez ceux sur lesquels on pratique l'extirpation du foie (un chien survit quatre heures environ à l'extirpation des 5/6 du foie), il en est de même. Ainsi, malgré la suppression de toute circulation hépatique, ce qui amène rapidement la quasi suppression des fonctions de l'organe, ou malgré l'ablation même du foie, il se produit encore un peu d'urée; cette production, à la vérité, est, dans ces deux conditions, très faible.

4° Dans les maladies du foie chez l'homme, dans celles du moins qui amènent une insuffisance fonctionnelle très marquée, l'hépatite interstitielle, la cirrhose atrophique, le cancer ou la dégénérescence amyloïde, la dégénérescence graisseuse, la quantité d'urée des urines diminue toujours et souvent diminue beaucoup. Il est clair que ce phénomène doit varier, suivant que la destruction du tissu hépatique est plus ou moins étendue.

B. **Modes de formation de l'urée.** — Si la question du lieu de formation de l'urée est importante, celle de savoir avec quelles substances et par quels processus le foie forme ce corps ne l'est pas moins. C'est là un problème étroitement lié à celui de la désintégration des matières albuminoïdes.

L'urée se produit dans le foie aux dépens de plusieurs substances, mais d'abord et principalement aux dépens des acides aminés et de l'ammoniaque qui en provient.

a. TRANSFORMATION DES ACIDES AMINÉS ET DE L'AMMONIAQUE EN URÉE DANS LE FOIE. — La décomposition des albuminoïdes de l'alimentation ou des tissus commence par un dédoublement hydrolytique qui scinde la molécule en fragments nombreux (voy. p. 221 et 248), dont les principaux sont constitués par les acides aminés, tant monoaminés (leucine, tyrosine, alanine, etc.) que diaminés (lysine, arginine, histidine); c'est là la très grosse fraction des morceaux que donne le clivage de l'albumine. Par quel mécanisme les acides aminés fournissent-ils de l'urée ?

1. On a trouvé que dans divers organes, et notamment dans le foie, il y a séparation de l'azote des acides aminés sous forme d'ammoniaque; cette « désamination »[1], dégage donc l'azote de l'amino-

1. Ainsi l'alanine introduite dans l'organisme est transformée en acide lactique :

$$CH^3 - CH - AzH^2 - COOH + H^2O = AzH^3 + CH^3 - CHOH - COOH.$$
Alanine.   Acide lactique.

Et cette réaction a été observée pour d'autres acides aminés. D'autre part, on a montré que la diastase « désaminante » du foie et d'autres organes sépare à l'état d'ammoniaque l'azote du glycocolle, de la leucine, de la tyrosine, etc. (S. LANG, 1904). L'existence de cette diastase est aujourd'hui contestée (voy. p. 694).

acide qui devient dès lors un simple acide gras dont la destinée
se confond avec celle des acides gras et des graisses; quant à
l'ammoniaque produite, elle va engendrer l'urée, soit qu'elle
s'unisse directement à de l'acide carbonique :

$$2 AzH^3 + CO^2 = CO{<}^{AzH^2}_{AzH^2} + H^2O,$$

soit que l'urée dérive de carbonate d'ammoniaque préalablement
formé :

$$CO{<}^{OAzH^4}_{OAzH^4} = CO{<}^{AzH^2}_{AzH^2} + 2H^2O.$$

Dans les deux cas, il y a *synthèse totale de l'urée avec déshydratation*.

2. D'autre part, on a obtenu *in vitro* du carbamate d'ammoniaque
par oxydation des acides aminés; il est donc possible que ceux-ci
donnent par oxydation dans le foie du carbamate d'où provient
ensuite l'urée par déshydratation :

$$CO{<}^{O.AzH^4}_{AzH^2} - H^2O = CO{<}^{AzH^2}_{AzH^3}$$

Il se pourrait aussi que sur le groupe :

$$= C{<}^{AzH^2}_{}$$

d'un amino-acide se fixât un autre AzH^2 et que par une oxydation
concomitante il se formât de l'urée (*synthèse partielle avec oxydation*);
on a par exemple montré que l'oxamate de sodium donne *in vitro*
de l'urée par oxydation par le permanganate de potassium :

$$CO{<}^{AzH^2}_{COONa} + AzH^3 + O = CO{<}^{AzH^2}_{AzH^2} + CO^3NaH.$$

Il faut chercher maintenant les preuves de cette transformation
dans le foie des acides aminés et de l'ammoniaque. Voici celles qui
concernent les acides aminés.

1° Chez des animaux en équilibre azoté l'ingestion ou l'injection intraveineuse de glycocolle ou de leucine (voy. ce que nous avons dit de ces
corps p. 32) ou d'acide aspartique détermine une augmentation de l'urée
des urines.

Le travail des bactéries de la putréfaction fournit de nombreux exemples de
la réaction désaminante. « Notons, dit LAMBLING (*Précis de Biochimie*, Paris, 1911,
p. 301), que les bactéries de la putréfaction combinent souvent la désamination
avec une « décarboxylation », c'est-à-dire l'amputation d'un groupe CO^2. C'est
d'ailleurs en ces deux procès, succédant au dédoublement hydrolytique, que
A. GAUTIER résumait, il y a vingt-cinq ans déjà, tout le travail de la putréfaction. »

2° En faisant circuler à travers le foie isolé du sang défibriné auquel on ajoute une proportion donnée d'un acide aminé, on constate que ce sang s'enrichit en urée, d'une quantité qui approche plus ou moins de la quantité théorique que fournit la transformation dudit acide en urée et qui peut même l'atteindre.

3° Dans l'atrophie aiguë du foie on a trouvé dans le sang et dans l'urine des acides mono et diaminés libres, en particulier de la leucine et de la lysine[1]. On a objecté, il est vrai, que ce fait peut n'être qu'une conséquence de troubles nutritifs profonds causés par cette maladie, puisqu'on n'a pu déceler ces corps dans l'urine normale et qu'on n'en a pas trouvé non plus jusqu'à présent dans l'urine des chiens avec fistule d'Eck.

Les preuves de l'action du foie sur l'ammoniaque ne sont pas moins convaincantes.

4° Dans ses belles expériences de circulation artificielle (voy. plus haut, p. 626), W. von Schröder a vu que, lorsqu'on ajoute du carbonate d'ammoniaque au sang qui circule dans le foie, ce sang, après plusieurs heures de passage à travers l'organe, contient beaucoup plus d'urée que quand il est dépourvu de sel ammoniacal[2] ; sa teneur en urée est plus du double, est souvent même le triple de sa teneur normale. Le résultat est le même avec tout sel ammoniacal à acide organique[3], formiate, acétate, tartrate, lactate, etc., à condition que ce sel soit par oxydation transformable en carbonate d'ammoniaque. — On pourrait donc penser avec W. von Schröder que ce corps, sous l'action de la cellule hépatique, fournit de l'urée par simple déshydratation

$$CO{<}_{OAzH^4}^{OAzH^4} - (H^2O)^2 = CO{<}_{AzH^2}^{AzH^2}$$

Mais la question est de savoir si normalement c'est du carbonate d'ammoniaque qui est transformé en urée par le mécanisme sus-indiqué. Nous allons voir que c'est sur un autre composé ammoniacal que travaille le foie.

5° La démonstration du fait résulte surtout des mémorables expériences de Nencki et Pavlov dont nous avons déjà parlé tout à l'heure. En effet, dans ces expériences, il fut trouvé que, en même temps que l'urée diminue chez les chiens opérés, l'ammoniaque augmente dans les urines ; chez les

1. Sur la lysine, voy. p. **32**.

2. Ce physiologiste a même soutenu que, seul, le passage à travers le foie de sang chargé de carbonate d'ammoniaque donne de l'urée ; avec du sang dépourvu de sel ammoniacal il n'y aurait pas formation de quantités appréciables d'urée.

3. Le foie des Carnivores ne transforme pas en urée les sels ammoniacaux à acide minéral, tels que le chlorhydrate ou le sulfate d'ammoniaque. Au contraire un sel ammoniacal quelconque produit toujours, chez les herbivores, une augmentation de l'urée des urines. C'est que la nourriture végétale fournit à l'organisme de ces animaux une grande quantité de sels alcalins à acides organiques (oxalates, citrates, malates, tartrates de potasse et de soude), transformables en carbonates, et que, par suite, il se fait entre ces derniers et les sels ammoniacaux qu'on a introduits des doubles décompositions qui donnent du carbonate d'ammoniaque.

chiens qui, outre la fistule d'Eck, ont subi la ligature de l'artère hépatique ou l'extirpation du foie, la quantité d'ammoniaque s'élève à 15 ou 20 p. 100 de l'azote total, alors qu'elle ne représente chez l'animal normal que 2 à 4 p. 100 de cet azote total.

Mais le plus intéressant, c'est que la nature de ce corps ammoniacal a pu être déterminée. On trouve dans le sang et dans l'urine, à l'état normal, des traces de carbamate d'ammoniaque (Drechsel [1], 1875). Le sang et l'urine des animaux avec fistule d'Eck en contiennent des quantités notables (Nencki et Pavlov). — Si l'on fait ingérer à des chiens ou à l'homme du carbamate d'éthyle, à dose modérée, la quantité d'urée des urines augmente (expériences de L. Garnier, 1898), d'après la réaction

$$CO\!\!<^{AzH^2}_{OC^2H^5} \ + \ AzH^3 \ = \ CO\!\!<^{AzH^2}_{AzH^2} \ + \ C^2H^5.OH$$

Carbamate d'éthyle.   Urée.   Alcool éthylique.

À côté de la preuve chimique, la preuve physiologique. Les animaux à fistule d'Eck présentent, une dizaine de jours après l'opération, un ensemble d'accidents que l'on peut reproduire par l'injection intraveineuse d'une solution d'un carbamate ($0^{gr},30$ à $0^{gr},60$ par kilogramme) : faiblesse et somnolence et, en même temps, irritation psychique et ataxie, puis agitation, crises de mobilité exagérée, perte de la vue, puis analgésie, puis convulsions cloniques et toniques, et enfin phase de coma. Les animaux meurent dans le coma ; quelques-uns peuvent se rétablir. — Il est important de noter que les chiens à fistule d'Eck, si on leur donne un repas de viande, ont tout de suite une crise convulsive. — D'autre part, les animaux normaux ne sont pas intoxiqués par le carbamate de soude, introduit dans l'estomac ; c'est que, sans contredit, leur foie maîtrise le poison amené par la veine porte, mais, et voilà la contre-épreuve, l'ingestion de ce sel chez un animal avec fistule d'Eck est mortelle.

Tous ces faits ne démontrent-ils pas que les troubles consécutifs à la fistule d'Eck sont dus à l'accumulation de carbamates dans le sang ? À l'état normal, le foie a pour fonction de transformer ces carbamates en urée, vraisemblablement d'après la réaction suivante (Nencki et Pavlov) que nous avons déjà indiquée [2] :

$$CO\!\!<^{AzH^2}_{O.AzH^4} \ - \ H^2O \ = \ CO\!\!<^{AzH^2}_{AzH^2}$$

Carbamate d'ammoniaque.   Urée.

1. E. Drechsel (1843-1897), chimiste-physiologiste allemand, a laissé d'excellents travaux sur les produits de décomposition des albuminoïdes, sur la formation de l'urée, sur les matières constitutives de la glande thyroïde, etc.

2. Il se peut que, dans l'action du foie sur le carbonate d'ammoniaque (voy. p. 629), la déshydratation de ce corps ne soit pas immédiate, mais se fasse en quelque sorte en deux temps :

$$CO\!\!<^{O.AzH^4}_{O.AzH^4} \ - \ H^2O \ = \ CO\!\!<^{AzH^2}_{O.AzH^4}$$

Carbonate d'ammoniaque.   Carbamate d'ammoniaque.

$$CO\!\!<^{AzH^2}_{O.AzH^4} \ - \ H^2O \ = \ CO\!\!<^{AzH^2}_{AzH^2}$$

Il est vrai que nous ne connaissons pas encore la grandeur de ce phénomène, c'est-à-dire la quantité d'urée qui se forme par ce processus. Mais cette quantité doit être importante, puisque les acides aminés représentent, on ne doit pas l'oublier, la grosse partie des fragments que donne la dégradation des albuminoïdes. « La preuve la plus décisive que l'on pourrait administrer ici, dit avec raison Lambling[1], ce serait la démonstration définitive d'une production régulière de sucre aux dépens des albuminoïdes, c'est-à-dire aux dépens des acides aminés résultant du dédoublement des albumines et ayant perdu par désamination leur groupe AzH^2 » (voy. sur ce point p. 612).

6° Dans les maladies du foie qui entraînent une destruction plus ou moins étendue du parenchyme, la proportion de l'ammoniaque urinaire augmente. Normalement, l'homme élimine en vingt-quatre heures, par ses urines, suivant le régime végétal ou carné, de $0^{gr},4$ à $0^{gr},9$ d'ammoniaque ; dans un cas de cirrhose hépatique, on en a trouvé jusqu'à $2^{gr},5$ par jour (observation du médecin allemand E. Hallervorden, 1880).

Cas particulier de l'arginine. — Parmi les acides diaminés, il en est un, l'arginine (voy. p. 33), qui donne de l'urée sans opération synthétique, par *simple hydrolyse*. Elle contient en effet un noyau constitué par deux atomes Az liés à un même carbone ; l'hydrolyse détache un noyau à l'état d'urée :

$$AzH : C \underset{AzH.C^3H^6.CH.AzH^2.COOH}{\overset{AzH^2}{<}} + H^2O =$$

Arginine.

$$CO \underset{AzH^2}{\overset{AzH^2}{<}} + AzH^2.C^3H^6.CH.AzH^2.COOH.$$

Ornithine.

La présence dans le tissu hépatique de l'arginase, ferment découvert par Kossel et Dakin (voy. p. 270) et qui dédouble l'arginine en urée et ornithine, explique ce mode tout à fait particulier de production de l'urée.

Nous allons d'ailleurs voir ce même mécanisme de l'hydrolyse s'apppliquer à d'autres corps.

b. Transformation de l'acide urique et des bases xanthiques et pyrimidiques en urée dans le foie. Fonction uricolytique du foie. — D'autres corps que l'arginine et résultant également de la désintégration des matières protéiques présentent un noyau où se trouvent deux atomes Az liés à un même atome de carbone. Cette condition est réalisée dans les noyaux puriques des nucléo-protéides et dans les bases pyrimidiques; les bases xanthiques ou puriques[2] (xanthine,

---

[1] *Précis de Biochimie*, Paris, 1911, p. 303.

[2] Les bases xanthiques dérivent toutes d'un noyau commun, la *purine*, par oxydation ou par addition de radicaux divers. L'acide urique est le dérivé le plus oxydé, c'est la *trioxypurine*.

hypoxanthine, etc.) contenues dans les nucléo-protéides sont en effet des *diuréides*, dont la simple hydrolyse peut donner de l'urée ; il en est de même des bases pyrimidiques (thymine, cytosine, uracile), présentes dans les nucléo-protéides à côté des bases puriques, et qui sont des *mono-uréides*.

Les faits suivants indiquent bien que le foie peut faire de l'urée avec tous ces corps.

1° Si à des animaux en équilibre azoté on fait ingerer des urates, on retrouve dans les urines, à l'état d'urée, une partie de cet acide urique.

2° En faisant circuler à travers le foie isolé du sang défibriné auquel on ajoute des urates, on constate que la proportion de ces sels dans le sang diminue peu à peu et que corrélativement l'urée augmente.

3° Chez les chiens à fistule d'Eck, l'acide urique augmente un peu dans les urines. Si, chez ces animaux, on pratique ensuite la ligature de l'artère hépatique, l'augmentation de l'acide urique est plus forte.

4° Les extraits de foie de chien dans l'eau salée ont la propriété de détruire l'acide urique. Des extraits semblables de rein n'ont pas ce pouvoir. — On a trouvé que le foie (ainsi que le rein et le muscle) d'enfants mort nés détruit énergiquement l'acide urique.

5° L'ingestion de bases nucléiques, quelles qu'elles soient, bases puriques ou pyrimidiques, donne lieu à une augmentation de l'urée excrétée.

Cette destruction de l'acide urique serait l'œuvre d'une diastase uricolytique ou *uricase*.

C. **Questions connexes.** — Pour compléter cet exposé, il reste à examiner trois questions : 1. Quelle est dans la formation de l'urée la part respective des processus que nous venons de décrire ? 2. Le foie est-il le seul organe formateur d'urée ? 3. Quelle est enfin la signification générale de ce phénomène ?

1. C'est surtout aux dépens des acides aminés et de l'ammoniaque que cet organe est formateur d'urée, les expériences faites sur les chiens à fistule d'Eck le démontrent surabondamment. Dans les quinze ou vingt heures qui suivent l'opération, si on a en même temps lié l'artère hépatique, on peut voir que l'animal ne produit même pas 1 gramme d'urée ; il est, à vrai dire, des animaux qui en produisent encore de 2 à 4 grammes. On peut donc affirmer que là est la source de la majeure partie de l'urée formée dans le foie, puisque là est la source de la majeure partie de l'urée formée dans l'organisme.

Aussi bien, ne sait-on rien sur l'importance de la production d'urée soit aux dépens des urates, soit aux dépens des bases nucléiques.

2. S'il a été démontré de façon directe qu'il se forme beaucoup d'urée dans le foie, cependant cet organe n'est pas le seul où se produise de l'urée, comme le prouvent les résultats des expériences

faites sur les chiens à fistule d'Eck (voy. p. 627 et 631), comme le montrent aussi les observations de Kaufmann (voy. p. 627) sur les chiens de la circulation desquels le foie et les reins ont été exclus et dans le sang desquels néanmoins (sang du train antérieur, partie à laquelle la circulation a été restreinte) la proportion d'urée augmente un peu.

On peut même avoir déjà une idée du mécanisme[1] par lequel, du moins dans quelques tissus, se forme l'urée en dehors du foie, puisque les recherches de Kossel et Dakin ont montré qu'il existe de l'arginase dans la muqueuse intestinale (voy. p. 270), dans les reins, dans les glandes lymphatiques et dans le thymus. Remarquons cependant que c'est le foie qui contient le plus d'arginase.

Le rôle du foie dans la production de l'urée n'en reste pas moins fondamental. Tous les faits passés ici en revue conduisent à cette conclusion, à savoir qu'il y a un rapport direct entre la quantité d'urée éliminée par les urines et l'intégrité du foie.

3. La fonction uréopoiétique du foie, qui occupe une place si importante dans les fonctions de cet organe et qui joue un si grand rôle dans la nutrition générale, doit encore être considérée à un autre point de vue. Elle apparaît comme exerçant une influence modificatrice profonde sur les produits de désassimilation, puisqu'elle annihile la toxicité des composés ammoniacaux en les transformant en un produit inoffensif. L'ammoniaque en effet est 40 fois plus toxique que l'urée (expériences de Ch. Bouchard, 1887). Les acides aminés sont également beaucoup plus toxiques que l'urée. Celle-ci d'ailleurs ne se montre toxique qu'à des doses énormes. Ainsi *la fonction uréopoiétique est une fonction antitoxique.*

<h3 style="text-align:center">7° Formation d'acide urique par le foie.
Fonction uricopoiétique.</h3>

On vient de voir que le foie est un organe destructeur d'acide urique (fonction uricolytique), ce corps se transformant, par l'activité hépatique, en urée. Mais ce n'est pas chez tous les animaux que les choses se passent de cette façon. Si, chez les Mammifères, l'acide urique est détruit par le foie, chez les Oiseaux c'est un processus inverse que l'on observe, et l'acide urique est formé par le foie[2].

1. Voy. plus loin (p. 691) pour cette question.

2. Cette différence profonde entre le foie de ces deux classes d'animaux ressort bien d'une expérience de Ch. Richet (1898). Faisant macérer un foie de canard avec une solution d'urate de soude qui contient $0^{gr},09$ d'acide urique, Ch. Richet retrouve, après vingt-quatre heures d'étuve, la même quantité d'acide urique ; mais si c'est un foie de chien qui a été porté à l'étuve avec l'urate de soude, après vingt-quatre heures l'acide urique a presque complètement disparu ; on n'en retrouve plus que $0^{gr},005$.

Processus aussi important que, chez les Mammifères, la fonction uréopoiétique, puisque, chez les Oiseaux, comme aussi chez les Reptiles, le principal produit de l'excrétion azotée et qui remplace l'urée est l'acide urique.

Les faits qui établissent la réalité de cette autre fonction du foie ont été observés sur des Oiseaux sur lesquels avait été pratiquée l'extirpation du foie[1], opération possible pour la raison dite page 251. Or, les Oies normales (ces belles expériences de Minkowski ont été faites sur des Oies [1886]) éliminent par jour une quantité d'acide urique, variable selon l'alimentation, mais qui représente toujours 60 à 70 p. 100 de l'azote total des urines. Après l'opération, cette quantité ne représente plus que 3 à 6 p. 100 de l'azote total excrété. Il y a donc un grand changement dans la composition des urines. — D'autre part, si à des Oies normales on fait ingérer de l'urée ou des acides aminés, ces corps s'éliminent sous forme d'acide urique; après l'extirpation du foie, on les retrouve dans l'urine.

Avec quelles substances le foie forme-t-il cet acide urique ?

Chez les Oies normales la proportion de l'ammoniaque urinaire ne dépasse pas 9 à 18 p. 100 de l'azote total des urines ; après l'extirpation du foie, cette proportion s'élève à plus de 60 p. 100 ; le composé ammoniacal qui s'accumule ainsi dans l'organisme est du lactate d'ammoniaque (Minkowski). — Le foie des Oiseaux peut aussi transformer l'urée en acide urique, comme le prouve l'expérience citée plus haut, par fixation peut-être d'acide lactique sur cette urée, c'est-à-dire par un processus synthétique, et par oxydation consécutive :

$$2CO\underset{AzH^2}{\overset{AzH^2}{<}} + C^3H^6O^3 + O^3 = C^5H^4Az^4O^3 + 5H^2O.$$

L'importance de l'acide lactique dans le processus de formation de l'acide urique est prouvée directement par des expériences de Salaskin, d'après lesquelles le passage de cet acide à travers le foie (expériences sur des Oies) donne lieu à la production d'acide urique.

8° *Formation de phényl-sulfates par le foie.*

Les matières albuminoïdes contiennent du soufre (voy. p. 30); au cours de leur décomposition la majeure partie de ce soufre (les 4/5) est complètement oxydée et transformée en acide sulfurique. Celui-ci

1. Cette opération entraîne la mort en moins de vingt-quatre heures. Les animaux cessent d'abord de manger ou bien vomissent les grains qu'ils avalent encore; ils sont pris d'une soif ardente ; la respiration devient irrégulière; ils tombent enfin en collapsus et meurent dans cet état ; quelquefois la mort est précédée de convulsions. Chez les pigeons l'anurie est absolue ; les oies urinent encore : leur urine, qui est normalement trouble et alcaline, devient claire et acide.

est combiné aux bases alcalines des tissus et du sang ; il se produit
ainsi des sulfates. Mais tout l'acide sulfurique n'est pas neutralisé
par ces bases alcalines ; il y en a une partie qui s'unit aux composés
aromatiques, phénol et indol, résultant de la décomposition intestinale (bactérienne) (voy. p. 279) des albuminoïdes ; de cette manière
se forment des phénylsulfates comme $C^6H^5.OSO^2.OK$ (phénylsulfate
de potassium) et indoxylsulfates, composés sulfo-conjugués qui s'éliminent par les urines, comme les sulfates alcalins. L'acide sulfurique uni aux phénols constituerait à peu près la dixième partie de
l'acide sulfurique total des urines.

Où s'accomplit cette combinaison des composés aromatiques formés
dans l'intestin avec l'acide sulfurique ? Quelques faits paraissent
montrer que le foie est le lieu de cette combinaison.

1° On a trouvé dans le foie plus de phényl-sulfates que dans le sang.

2° En ajoutant à de la bouillie de foie (foie haché) du sang défibriné
avec du phénol et du sulfate de soude, on constate qu'il se forme de
l'acide phénylsulfurique. — Il est vrai que l'on a obtenu le même résultat
avec de la bouillie de muscles.

Les phénols sont des corps très toxiques. Leur conjugaison avec
les sufates alcalins leur fait perdre cette toxicité. Par là encore
le foie exerce une fonction antitoxique.

9° *Fonction antitoxique du foie.*

Nous avons déjà vu deux grands exemples du rôle antitoxique du
foie en étudiant la formation de l'urée chez les Mammifères et celle
de l'acide urique chez les Oiseaux et, d'autre part, celle des phénylsulfates. D'autres faits permettent de généraliser et de penser que le
foie atténue ou annihile l'action des nombreux poisons qui se
produisent dans l'organisme, par le jeu des fermentations et des
putréfactions intestinales.

C'est la conclusion que l'on peut tirer, par exemple, des nombreuses
expériences, faites par divers médecins, qui montrent l'accroissement de
la toxicité des urines chez les malades atteints d'insuffisance hépatique.

A. Effets de l'extirpation partielle ou totale du foie. —
L'importance de cette action antitoxique générale ressort bien aussi
des expériences qui consistent en l'ablation ou la destruction du foie.

On peut enlever la moitié et même les trois quarts du foie sans que
les animaux meurent (chiens, lapins, etc.). C'est que l'organe se régénère très rapidement (PONFICK[1], 1889) ; trente heures après l'opération, les

1. E. PONFICK, pathologiste allemand contemporain, professeur à l'Université
de Breslau. Ces expériences ont montré la possibilité des larges résections du
foie chez l'homme.

cellules sont en voie de multiplication et en deux ou trois semaines le foie a repris son volume et son poids normaux. A côté de la preuve histologique, la preuve physiologique de ce processus de régénération a été donnée ; en effet, tout de suite après l'opération, l'urée et le rapport de l'azote uréique à l'azote total diminuent, en même temps qu'augmente l'azote dit *résiduel* ou des *matières extractives* (substances toxiques); puis progressivement le taux de l'urée se relève et le rapport de l'azote uréique à l'azote total se rapproche de la normale, au fur et à mesure que se fait la régénération. — On remarquera que c'est encore là une preuve du rôle du foie dans la formation de l'urée.

Au contraire, l'extirpation totale du foie amène promptement la mort. Les Mammifères succombent en quelques heures, souvent même en une heure, à cause des troubles circulatoires mécaniques qui suivent immédiatement la ligature de la veine porte (voy. plus loin, p. 640); l'opération ne doit donc être faite, pour acquérir sa signification propre, que sur des animaux sur lesquels on a préalablement établi une communication entre la veine cave et la veine porte (fistule d'Eck). Dans ces conditions, la survie peut être de quelques jours ; les animaux succombent avec des phénomènes d'intoxication lente qui ont été décrits (p. 631). — Chez les Oiseaux, chez lesquels il existe une communication naturelle entre la veine cave et la veine porte, le foie peut être enlevé complètement ; on a vu (p. 635) que ces animaux meurent en une vingtaine d'heures. — Chez les Batraciens, qui présentent une semblable anastomose porto-cave, la survie, après l'ablation du foie, est plus longue ; dans une eau mal renouvelée, les grenouilles opérées meurent en quelques jours (trois à sept)[1] ; dans une eau courante, elles peuvent survivre trois semaines.

D'autres expériences, non moins instructives, consistent en la destruction *in situ* du foie par injection dans le canal cholédoque d'acide acétique dilué (expériences de Denys[2] et Stubbe, 1893); il s'ensuit une nécrose des cellules qui amène la mort en six à vingt-quatre heures (chez le chien); au bout d'une dizaine d'heures, les animaux sont affaiblis, abattus, ils tombent peu à peu dans le coma et meurent après quelques convulsions.

B. Fonction antitoxique éventuelle du foie. — Le rôle antitoxique du foie s'exerce encore sur un grand nombre de poisons éventuellement introduits dans l'organisme, sels minéraux, diverses substances organiques (alcools, savons, antipyrine, etc.), alcaloïdes, ptomaïnes, venins, toxines microbiennes.

On détermine la valeur de cette action soit en recherchant les substances injectées dans le foie et dans les autres tissus comparativement (méthode chimique), soit en comparant la toxicité d'une même solution suivant qu'elle traverse ou non le foie[3] ou bien encore comparativement sur des

1. Dans l'urine de ces animaux on ne trouve plus d'urée.
2. Médecin et bactériologiste belge contemporain, professeur à l'Université de Louvain.
3. Cette méthode, qui repose sur des expériences faites pour la première fois par P. Heger en 1873, et desquelles par conséquent date cette question de la fonction antitoxique générale du foie, a été surtout mise en pratique depuis les recherches méthodiques de H. Roger (1887).

animaux normaux et sur d'autres auxquels on a enlevé le foie (méthodes physiologiques). On constate, par la méthode chimique, que le foie retient une quantité plus ou moins considérable des substances injectées, et souvent plus que n'importe quel autre tissu (arsenic, plomb, morphine, etc.). On constate, par la méthode physiologique, qu'il faut injecter par une branche de la veine porte deux fois plus de substance (résultat obtenu, par exemple, avec un grand nombre d'alcaloïdes, atropine, cocaïne, morphine, nicotine, quinine, strychnine) que par une veine périphérique pour obtenir le même effet toxique. Résultats analogues par comparaison de la toxicité de divers alcaloïdes sur des Grenouilles normales et sur des Grenouilles auxquelles le foie a été préalablement enlevé.

En quoi consiste cette action du foie? Les substances toxiques sont-elles simplement retenues et fixées dans le tissu hépatique ou s'y transforment-elles en partie? La question est en suspens.

Quant au mécanisme suivant lequel s'exerce l'action antitoxique du foie, il est également ignoré. D'après H. ROGER (1887), il y aurait parallélisme entre l'énergie de cette action et la fonction glycogénique (mesurée par la richesse de l'organe en glycogène).

Ainsi le foie ne défend pas seulement l'organisme contre lui-même, par la destruction des poisons qui résultent de la désassimilation protéique, mais aussi contre les poisons venus du dehors[1].

10° *Circulation hépatique.*

La circulation dans le foie est soumise à des condition spéciales. Ce point examiné, il faudra chercher quels sont les rapports de la circulation intra-hépatique avec le fonctionnement de l'organe.

A. Conditions de la circulation hépatique. — L'artère hépatique fournit au foie le sang oxygéné nécessaire à sa nutrition. Le diamètre de cette artère étant à celui de la veine porte comme 1 est à 5, la plus grande partie du sang du foie est constituée par le sang veineux venu des capillaires du tube gastro-intestinal, du pancréas et de la rate. On a constaté dans des expériences de circulation artificielle que le système veineux donne un débit plus de 60 fois supérieur à celui de l'artère, la pression à l'orifice d'afflux étant la même dans les deux systèmes. Aussi est-ce la circulation du sang veineux qui donne à la circulation intra-hépatique ses caractères particuliers.

Ces conditions sont d'ailleurs propres à la circulation dans tout organe pourvu d'un vaisseau ou d'un système porte (voy. p. 490),

1. A côté de cette fonction protectrice du foie, rappelons celle qu'exercent les leucocytes (voy. p. 127 et 350).

c'est-à-dire dans toute partie de l'appareil circulatoire dans laquelle le sang va des capillaires d'un organe vers les capillaires d'un autre organe. Quelles en sont les conséquences?

a. Pression du sang dans la veine porte et dans les veines sus-hépatiques. — Cette pression dans la veine porte est en général de 7 millimètres de mercure environ, mais elle peut s'élever à 15 ou 20 millimètres. Elle dépend de la facilité avec laquelle le sang peut passer à travers le réseau artériel des viscères abdominaux et, d'autre part, de la résistance que le sang éprouve à traverser les capillaires hépatiques; elle est donc grandement influencée par les phénomènes vaso-moteurs qui se produisent dans les intestins, le pancréas et la rate, ainsi que par ceux qui ont lieu dans le foie lui-même, tant du côté des ramifications de la veine porte (voy. p. 490) que du côté des rameaux artériels. Elle augmente au moment de l'inspiration, en raison de la compression des viscères abdominaux refoulés par la contraction du diaphragme. — Au contraire, dans les veines sus-hépatiques la pression du sang est souvent négative (elle peut descendre à — 7 ou — 8 millimètres de mercure) ou s'élève à peine au-dessus de zéro, à cause de l'aspiration thoracique qui s'exerce constamment sur le contenu de ces veines, et d'autant plus aisément que celles-ci sont maintenues béantes par leur adhérence au tissu du foie. Et cette pression diminue encore à chaque inspiration, en raison du renforcement inspiratoire de l'aspiration thoracique.

Il y a donc toujours une différence de pression dans la veine porte et dans les veines sus-hépatiques d'environ 7 millimètres, de telle sorte que le passage du sang à travers le foie est toujours largement assuré à l'état normal.

b. Vitesse du sang et durée de la circulation dans le foie. — La vitesse du sang dans le foie a été mesurée de la façon suivante. Du ferrocyanure de potassium injecté dans la veine porte commence à être décelé dans les veines sus-hépatiques (voy. p. 490) huit secondes après l'injection et cesse de l'être au bout d'une minute. On a calculé approximativement, d'après la longueur du trajet fait par la substance, que la vitesse du sang dans le système porte hépatique est d'environ 4 millimètres par seconde.

Quant à la durée de la circulation hépatique, évaluée par le procédé qui a été indiqué p. 490 (en comparant le temps mis par du ferrocyanure de potassium injecté dans une veine crurale à reparaître dans l'artère crurale au temps mis par la même substance injectée dans une branche de la veine porte à reparaître dans l'artère crurale, — étant supposé que la distance de cette racine de la veine porte au cœur et celle de la veine crurale au cœur sont les mêmes), elle a été trouvée de seize secondes. En d'autres termes, le sang met seize secondes à traverser tout le foie.

La circulation est donc ralentie par le passage du sang à travers le système porte. De ce ralentissement résulte une plus facile transsudation du plasma sanguin et une resorption plus active dans le foie.

c. QUANTITÉ DE SANG DU FOIE. — Cette quantité est considérable. On a calculé que, chez un chien de 10 kilogrammes, il passe 500 grammes de sang par minute dans le foie, ce qui fait 720 kilogrammes en vingt-quatre heures. En acceptant ces chiffres pour l'homme, il passerait dans le foie d'un homme de 70 kilogrammes 1750 grammes de sang par minute, soit près de 100 litres en une heure. Il est vrai que, d'après d'autres calculs, ces chiffres seraient un peu forts.

Quoi qu'il en soit, la quantité de sang que contient le foie est considérable. De là le rôle mécanique de cet organe dans la circulation, son action régulatrice sur cette fonction, en raison de l'extensibilité et de l'élasticité de son tissu. Celles-ci sont telles que le foie peut être considéré comme un réservoir veineux dans lequel, à l'occasion, se loge un excès de liquide. Cette action régulatrice s'exerce, par exemple, dans les cas d'absorption de grandes quantités de liquide par le tube digestif. Par suite, le cœur droit peut être protégé contre des afflux exagérés. « La valvule tricuspide constitue, pour ainsi dire, la valvule du foie... ; pour les cœurs forcés, l'ensemble des veines hépatiques devient une annexe de l'oreillette droite [1] ».

B. **Indépendance de la circulation dans les deux lobes du foie. Conséquences fonctionnelles.** — Les origines de la veine porte sont formées par deux branches : une droite, volumineuse, la grande mésaraïque, et une gauche, plus petite, la splénique, grossie des veines gastriques et de la petite mésaraïque. La branche gauche amène donc au foie le sang veineux de la rate, de l'estomac et de la plus grande partie du gros intestin ; par la branche droite arrive le sang du pancréas, de l'intestin grêle et de la première partie du gros intestin. Or, ces deux courants sanguins resteraient indépendants jusque dans le parenchyme hépatique et ainsi le foie gauche serait spécialement en rapport avec l'estomac et avec la rate (accouplement gastro-spléno-hépatique) et le foie droit avec l'intestin grêle et avec le pancréas (accouplement entéro-pancréatico-hépatique). Cette théorie est contestée.

C. **Effets de la ligature de la veine porte.** — La suppression de l'arrivée du sang porte au foie, chez les Mammifères, amène la mort en quelques heures (en une ou deux heures chez le chien. en moins d'une heure chez le chat et le lapin).

La cause de la mort est surtout d'ordre mécanique (voy. p. 253). Le sang, chassé par le cœur, s'accumule en arrière de la ligature, dans tout

---

1. A. GILBERT et P. CARNOT, *Les fonctions hépatiques*, Paris, 1902, p. 74.

le système d'origine de la veine porte ; les intestins et le péritoine sont
gorgés de sang. Il s'ensuit une anémie de toute la partie antérieure de
l'animal. Les animaux tombent dans une extrême dépression, comme lors
d'une grande hémorragie.

De cet arrêt de la circulation porte résulte aussi la suppression des
fonctions hépatiques ; par suite il se produit dans le sang une accumulation de substances toxiques. Mais celle-ci, comme on le voit par les effets
de la fistule d'Eck, opération qui équivaut à l'arrêt de la circulation hépatique, sans que soit entravée la circulation intestinale, ne peut entraîner
une mort aussi rapide que la ligature de la veine porte. La mort par intoxication, par les poisons de l'organisme, n'est jamais immédiate.

D. Effets de la ligature de l'artère hépatique. — La ligature de l'artère hépatique n'amène pas la suppression de la sécrétion biliaire (voy. p. 253). Mais elle diminue rapidement le glycogène
du foie ; il semble que les cellules hépatiques privées de sang artériel,
c'est-à-dire exposées à l'asphyxie, ne puissent reconstituer leur
réserve de glycogène. Quand on lie non seulement le tronc de l'artère,
mais aussi toutes ses collatérales, il survient une nécrose partielle
du foie (en moins de vingt-quatre heures chez le chien) et le rapport
de l'urée à l'azote total de l'urine diminue beaucoup.

6. — Le pancréas, glande nutritive.

Le pancréas, outre son rôle de glande digestive, c'est-à-dire de
glande produisant un suc digestif qui s'écoule dans l'intestin, a
encore pour fonction de verser dans le sang quelque produit sans
lequel l'organisme ne peut plus utiliser la glycose.

Cette fonction avait été soupçonnée par les médecins. Dès 1877, un
médecin français bien connu, Lancereaux, avait recueilli plusieurs observations de malades atteints d'un syndrome consistant en un amaigrissement rapide, une faim et une soif extrêmes et une élimination considérable de sucre ; la mort survenait en quelques mois ou en un ou deux ans
au plus ; à l'autopsie, il avait trouvé le pancréas plus ou moins complètement détruit. Aussi avait-il distingué une nouvelle forme de diabète
qu'il avait appelée *diabète pancréatique* ou *maigre*, à cause de la rapidité
effrayante de l'amaigrissement chez les malades, et qu'il avait opposée
aux deux autres formes de diabète qu'il reconnaissait, le *diabète gras* et
le *diabète nerveux*. Mais, comme d'autres cliniciens avaient observé des
altérations graves du pancréas sans diabète, cette conception restait
contestée.

Les mémorables expériences de J. von Mering et Minkowski (1889)
sur les effets de l'extirpation du pancréas, en même temps qu'elles

révélèrent le rôle important de cet organe dans l'utilisation du sucre, donnèrent l'explication des contradictions apparentes de la clinique au sujet du diabète pancréatique.

1° *Effets de l'extirpation du pancréas. Le diabète pancréatique.*

Ces expériences prouvent que le diabète est immédiatement consécutif à cette opération, mais à condition que l'extirpation soit totale. Quand l'extirpation n'est que partielle, la maladie ne survient pas, même si on n'a laissé dans l'abdomen que 1/50 de la glande. Rien donc d'étonnant à ce que l'on trouve, chez l'homme, des lésions du pancréas sans que pendant la vie le diabète ait été constaté ; il suffit d'une très petite portion de glande saine pour que la maladie ne se déclare pas.

La glycosurie apparaît quelques heures après l'extirpation du pancréas et devient maxima en moins de deux jours. La quantité de sucre éliminé varie de 5 à 11 gr. pour 100 c. c. d'urine. Il en est ainsi même chez les animaux à jeun ; il ne s'agit donc pas d'une glycosurie alimentaire. Cette glycosurie s'accompagne d'azoturie ; l'élimination d'azote est telle (le rapport du sucre à l'azote de l'urine est en moyenne de $2^{gr},8$ p. 1) que l'on peut penser que le sucre perdu provient d'une destruction exagérée des matières albuminoïdes. Très vite après l'opération, les animaux (chiens, chats, porcs)[1] deviennent très voraces et présentent de la polydypsie ; en même temps ils sont polyuriques : un chien de 7 kilogrammes excrète 1 000 à 1 200 c. c. d'urine, au lieu de 200 à 400 c. c., chiffre normal. A côté de la glycose, on peut trouver dans les urines de l'acide acétylacétique, de l'acide oxybutyrique, de l'acétone. Presque tout le glycogène du foie et des muscles disparaît. Malgré la suralimentation (des chiens de 10 à 12 kilogrammes mangent plus d'un kilogramme de viande maigre par jour), ils perdent en un ou deux mois le tiers de leur poids ; ils sont réduits à l'état de squelette (voy. fig. 156), ne peuvent plus se traîner, leurs poils tombent et la mort survient en général au bout de un ou deux mois, dans le marasme.

Tout cet ensemble de phénomènes dépend exclusivement de la suppression du pancréas.

En effet, il est certain d'abord que le diabète ainsi produit est indépendant de la sécrétion du suc pancréatique. Jamais la ligature des conduits excréteurs du pancréas ne détermine de glycosurie.

D'autre part, ce diabète ne tient pas au traumatisme et aux lésions nerveuses concomitantes, déchirures, ligatures et sections de filets sym-

---

1. On a provoqué aussi ce diabète chez le lapin, la grenouille, la tortue.

pathiques et lésions consécutives du plexus solaire. On peut détacher
tout le pancréas du duodénum, en respectant seulement une petite portion
au voisinage de la rate, opération qui entraîne le même traumatisme
nerveux que l'ablation complète, sans que se produise le diabète . Si,
.ensuite, au bout d'un temps plus ou moins long, on enlève cette portion
restante de l'organe, la maladie éclate.

L'expérience suivante est encore plus démonstrative, si possible. C'est

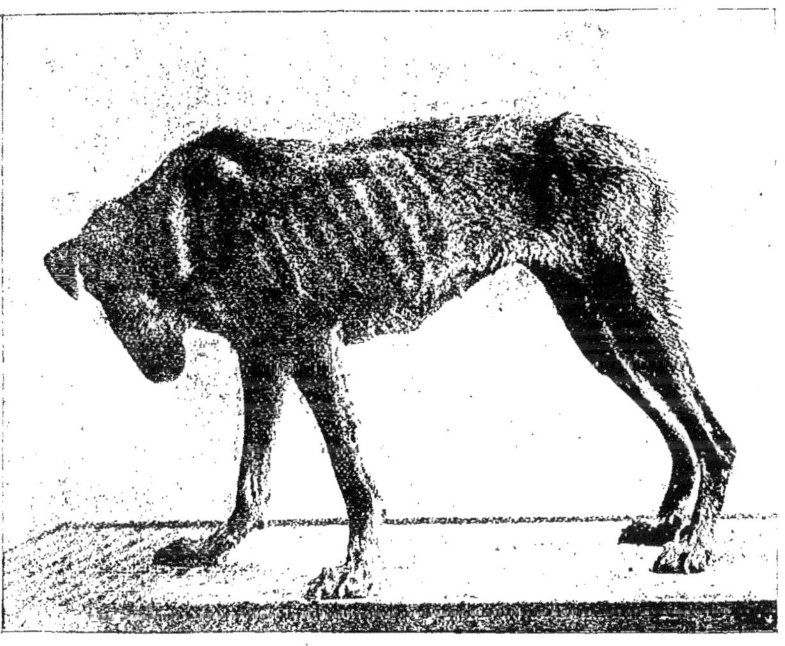

Fig. 156. — Chien diabétique.
Photographie 13 jours après l'extirpation du pancréas, 24 heures avant la mort.

l'expérience de la *greffe sous-cutanée du pancréas*, réalisée d'abord par
MINKOWSKI (1892) et, la même année, par HÉDON. On peut, chez le chien,
amener la portion dite verticale du pancréas vers la peau, dans le tissu
cellulaire sous-cutané de la paroi abdominale en respectant ses vaisseaux,
puis la séparer du reste de l'organe que l'on extirpe alors. L'animal se
rétablit vite et ne devient pas diabétique. Mais, si l'on enlève la greffe,
quelques heures après, la glycosurie et tous les troubles décrits plus haut
s'installent.

2° *Mécanisme du diabète pancréatique.*

Quelle explication donner de ces faits?

Il apparaît bien d'abord que le pancréas cède normalement au sang quelque principe qui intervient dans la régulation de la production ou de la consommation de la glycose. L'expérience de la greffe sous-cutanée de l'organe suffirait à le montrer. — Il y en a d'autres preuves.

Si on réunit deux animaux l'un à l'autre par une suture latérale du péritoine, des muscles et de la peau[1], ce pont devient bientôt assez solide pour que les deux animaux ne puissent se séparer. Cette opération étant pratiquée sur deux chiens, on enlève ensuite à l'un deux le pancréas; et on constate que la glycosurie de cet animal reste très faible, tant qu'il est en symbiose avec son conjoint (J. FORSCHBACH[2], 1908-1909). La substance sécrétée par le pancréas du chien normal et qui agit sur le métabolisme des sucres a donc passé dans l'organisme du chien sans pancréas. De même, durant la grossesse, cette substance passe du fœtus dans le sang maternel (expériences de CARLSON et DRENNAN, 1911), sur des chiennes pleines auxquelles le pancréas a été enlevé et qui néanmoins ne devinrent pas diabétiques). — D'autre part, dans des expériences de circulation carotidienne croisée entre chiens diabétiques et chiens normaux, HÉDON (1909) a vu se produire la diminution de la glycosurie sous l'action du mélange des deux sangs, opéré pendant plusieurs heures. Autre expérience de HÉDON (1911) : quand on injecte à un chien diabétique, dans une veinule mésaraïque, du sérum sanguin provenant du sang veineux du pancréas, la glycosurie diminue pour quelques heures (l'hyperglycémie ne subit qu'un léger fléchissement).

Il résulte de ces faits que c'est réellement comme glande à sécrétion interne que le pancréas exerce son action métabolique sur les sucres.

En deuxième lieu, c'est bien sur la glycose qu'il agit.

Qu'à un animal rendu diabétique par l'extirpation du pancréas on fasse ingérer du sucre, l'organisme ne doit plus pouvoir utiliser ce sucre, si l'action du pancréas sur les mutations de cette substance est bien spécifique. Or, supposons un chien de 7 à 8 kilogrammes auquel on a enlevé le pancréas; ses urines contiennent 30 grammes de glycose; administrons-lui 10 grammes de glycose; ses urines en contiennent 39 grammes ; tout le sucre ingéré a passé par les reins.

---

1. Cette opération, réalisée d'abord sur des lapins par deux chirurgiens allemands, F. SAUERBRUCH et M. HEYDE en 1908, a été désignée par ces auteurs sous le nom de *parabiose*; ils ont prouvé qu'il y a communication entre les systèmes circulatoires des deux animaux ainsi réunis.

2. Médecin allemand contemporain.

Ainsi l'organisme des animaux privés de pancréas devient incapable de retenir la glycose[1]; il a perdu son « pouvoir glycoso-régulateur ». De fait, le foie de ces animaux ne contient plus de glycogène.

En troisième lieu, dans l'exercice de cette action sur les sucres le pancréas, comme déjà le montre la constatation précédente sur la totale ou quasi totale disparition du glycogène hépatique, paraît associé au foie.

La glycosurie qui suit l'extirpation du pancréas ne se produit pas, en effet, si l'on enlève en même temps le foie (sur la grenouille) ou si on lie les vaisseaux de cet organe. Des expériences de J. DE MEYER[2] (1906-1910) ont montré que le foie isolé, dans lequel on fait passer du liquide de RINGER, perd moins de glycogène si on ajoute au liquide de passage un extrait de pancréas ; et, si ce foie provient d'un animal « dépancréaté », la propriété qu'il avait perdue d'emmagasiner le glycogène est rétablie quand on y fait passer des liquides contenant ce même extrait.

Peut-on de ces données tirer une conclusion ferme sur le mécanisme du diabète pancréatique ? Le pancréas verse-t-il dans le sang une substance nécessaire à la transformation de la glycose en glycogène dans le foie (GLEY, 1906, G. LAFON[3], 1906) ou bien une substance qui diminue normalement la production de la glycose par le foie ? Aucune de ces hypothèses n'est actuellement prouvée, encore que la première soit plus plausible.

Autre explication : le pancréas verserait dans le sang une substance grâce à laquelle se ferait la consommation du sucre, ferment glycolytique (voy. p. 91). Ici se placent d'autres faits.

On sait depuis longtemps que le sang sorti des vaisseaux perd du sucre (voy. p. 338 et 352). Cette destruction tient à l'action d'un ferment glycolytique dont les propriétés ont été bien étudiées par R. LÉPINE. Or, le pouvoir glycolytique du sang serait très diminué après l'extirpation du pancréas (expériences de R. LÉPINE).

Que l'on rapproche de ces faits celui qui a été découvert par O. COHNHEIM (1903) et qui a été mentionné p. 97 : la destruction du sucre dans les muscles ne se ferait que grâce à l'action d'une substance fournie par le pancréas. En l'absence de cet organe, par conséquent, le sucre ne serait plus utilisé par les muscles et s'accumulerait dans le sang.

On a également trouvé (J. DE MEYER, 1904, O. COHNHEIM, 1904) que du

1. La lévulose est encore utilisée par le foie de ces animaux et transformée en glycogène, du moins en grande partie (voy. p. 621, note 2).
2. Physiologiste belge contemporain.
3. Physiologiste français contemporain, professeur à l'Ecole vétérinaire de Toulouse.

sang, additionné d'un peu d'extrait aqueux de pancréas, détruit deux fois
plus de sucre que le sang normal et qu'il conserve cette action même
quand l'extrait pancréatique a été stérilisé à 115° (J. DE MEYER) : d'où l'on a
conclu que la sécrétion interne du pancréas fournirait seulement une
kinase qui agirait sur le ferment glycolytique du sang. — D'autre part,
J. DE MEYER (1908) a obtenu un *sérum antiglycolytique* dont l'injection amènerait, chez le chien, l'hyperglycémie et la glycosurie, par diminution du
pouvoir glycolytique.

Le diabète pancréatique aurait donc pour cause une diminution
dans la consommation de la glycose. Faisons remarquer cependant
que, chez les chiens privés de pancréas, la combustion du sucre au
niveau des capillaires se fait comme chez les chiens normaux,
puisqu'on trouve chez les uns et les autres la même différence dans
la teneur en sucre du sang artériel et du sang veineux (expériences
de CHAUVEAU et KAUFMANN, 1894). Quel que soit l'intérêt des faits
relatifs au mécanisme de la glycolyse, on voit que l'explication
du diabète pancréatique, fondée sur la diminution de ce processus,
ne peut guère actuellement être acceptée plutôt que les précédentes.

Il n'y a pas lieu de considérer en outre les faits d'après lesquels
il y aurait un rapport étroit entre le pancréas et les glandes surrénales, au point de vue de leur action sur la production du sucre
voy. ce qui a été dit à ce sujet p. 620).

3° *Les îlots de Langerhans et la sécrétion interne du pancréas.*

Il existe dans le pancréas des « amas cellulaires » décrits en 1869
par LANGERHANS[1]. La nature épithéliale de ces formations a été démontrée ; ce sont de « véritables petites glandes closes » (LAGUESSE[2],
1893). Or, après la ligature des canaux excréteurs du pancréas, cet
organe s'atrophie, tandis que persistent les « îlots de LANGERHANS »
avec tous leurs caractères ; d'autre part, on a trouvé ces mêmes îlots
altérés dans divers cas de diabète maigre. C'est pourquoi, depuis que
LAGUESSE a émis cette idée, on tend à attribuer à ces groupes cellulaires la sécrétion interne du pancréas.

1. R. LANGERHANS, histologiste allemand contemporain, professeur à l'Univ
sité de Berlin.
2. E. LAGUESSE, professeur d'histologie à la Faculté de médecine de Lille.

7. — Fonctions de l'appareil thyroïdien.

L'appareil thyroïdien comprend deux parties, la glande ou corps thyroïde et les glandes ou glandules parathyroïdes [1].

Chez le chien, le chat et le lapin, il existe pour chaque lobe de la thyroïde deux parathyroïdes, soit quatre en tout, situées au voisinage immédiat du lobe correspondant ou même accolées à celui-ci ou souvent enfoncées dans son tissu, sauf chez le lapin, dont les deux parathyroïdes *internes* présentent seules cette dernière disposition, les deux *externes* étant nettement séparées du corps thyroïde.

Ce sont les observations des chirurgiens qui ont attiré l'attention sur la glande thyroïde; les expériences de SCHIFF, qui, le premier, décrivit (1859) les graves accidents et la mort consécutifs à la thyroïdectomie totale, étaient restées comme ignorées jusqu'à la publication de ces observations.

1° *Effets de l'extirpation ou de la destruction de l'appareil thyroïdien.*

Quand on rapproche des symptômes observés par les chirurgiens à la suite des ablations de *goitre* et, d'autre part, de ceux décrits par les médecins dans les cas de *myxœdème*, les effets de l'extirpation totale de l'appareil thyroïdien sur les animaux, on s'aperçoit vite de la profonde identité de tous ces phénomènes. L'ablation du goitre, telle qu'on la pratiquait avant que l'on connût l'importance des organes thyroïdiens, entraînait très souvent la suppression de toute la glande. D'autre part, dans le myxœdème, celle-ci est fonctionnellement détruite par un processus pathologique.

1. L'ablation du goitre amène plus ou moins rapidement, d'ordinaire en quelques semaines, des troubles d'ordre musculaire et nerveux, et des troubles de la nutrition qui se développent progressivement : d'une part, affaiblissement musculaire, parésie, dépression de toutes les fonctions nerveuses et psychiques, et, d'autre part, œdème dur de la face, gonflement et déformation des mains et du visage, chute des poils, sécheresse de la peau, pâleur des muqueuses, et, chez les enfants, arrêt du développement, y compris le développement mental, de telle sorte que les petits opérés prennent peu à peu l'aspect des *crétins* de naissance. Parfois on observe des vertiges, des accès de dyspnée, des convulsions tétaniques; il y eut des opérés qui moururent de tétanie. L'importance de ce dernier fait est

1. La découverte anatomique des glandes parathyroïdes, faite en 1880 par IVAR SANDSTRÖM, anatomiste suédois, sur plusieurs espèces animales, l'homme compris, resta ignorée jusqu'à ce que GLEY (1891-1893) eût retrouvé ces organes et montré leur importance physiologique.

très grande, car on va voir que ce sont ces accidents convulsifs qui dominent la scène chez les animaux et amènent la mort le plus fréquemment à la suite de la thyroïdectomie complète. — Cet ensemble de symptômes, décrits par J.-L. Reverdin [1] en 1882, puis par J.-L. et A. Reverdin [2] et par

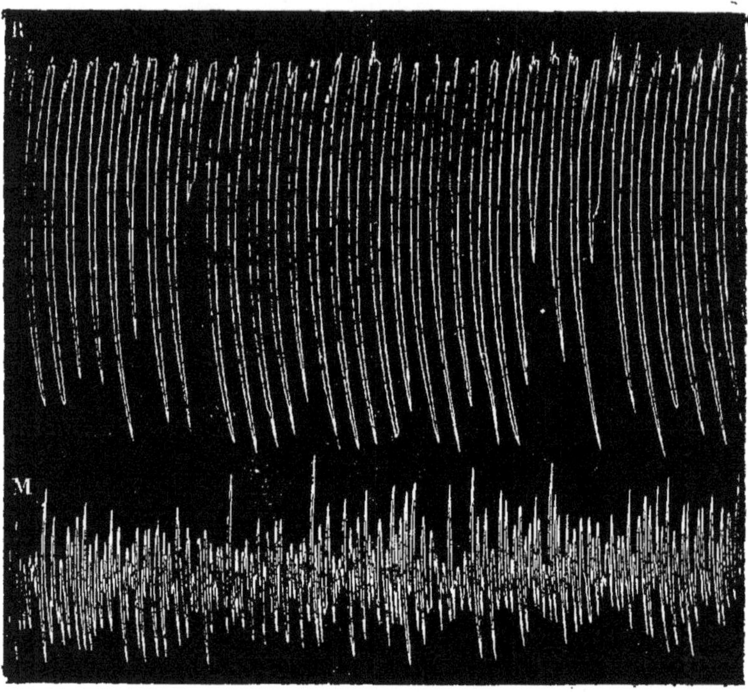

Fig. 157. — Secousses convulsives après la thyro-parathyroïdectomie chez le chien. Début des accidents soixante heures environ après l'opération.

M, contractions des muscles de l'épaule ; — R, mouvements respiratoires (polypnée), une heure après une grande attaque tétanique. La température rectale, une demi-heure après l'attaque, était de 41°,35 et, deux heures après, de 43°,1, ayant continué à monter, en raison des secousses musculaires incessantes

Kocher [3] en 1883, fut confirmé de toutes parts. A cause de l'analogie frappante entre ces symptômes et la maladie spontanée dite myxœdème on désigna sous le nom de *myxœdème post-opératoire* cet état pathologique.

1. Chirurgien suisse, professeur à l'Université de Genève.
2. Auguste Reverdin (1849-1908), cousin du précédent et chirurgien à Genève comme lui.
3. Th. Kocher (1841-1917) fut professeur de clinique chirurgicale à l'Université de Berne.

2. On peut en effet appliquer au myxœdème[1] la description résumée qui vient d'être donnée des troubles consécutifs à l'ablation du goitre (exception faite des accidents convulsifs). Et comme, dans un certain nombre de cas au moins, on constata l'atrophie de la glande thyroïde, on assimila à juste titre cette maladie à celle qui se développe chez les goitreux opérés.

3. Quant aux animaux auxquels on enlève tout l'appareil thyroïdien (on donne souvent aujourd'hui à cette opération le nom de *thyro-para-thyroïdectomie*), chiens, chats, renards, lapins, rats, etc., les accidents consécutifs à l'opération sont surtout d'ordre nerveux ; après une période d'apathie et d'abattement psychique, avec parésie et même avec paralysies partielles, surtout des extenseurs, surviennent des tremblements dans tous les muscles, puis une série d'attaques convulsives (voy. fig. 157) ; on observe en même temps de l'anorexie, souvent des vomissements, de la dyspnée, remplacée pendant les attaques convulsives par de la polypnée ; durant les convulsions la température s'élève beaucoup ; les urines sont rares et contiennent de l'albumine. C'est là le tableau, en raccourci, des

Fig. 158. — Myxœdémateuse (46 ans) guérie par des injections d'extrait thyroïdien
(G. R. Murray).

A, avant le traitement ; B, six mois après le traitement.

troubles observés particulièrement chez l'animal qui a le plus fréquemment servi de sujet à ces expériences, le chien. — Les accidents, chez le chien et chez le lapin, débutent vingt-quatre ou quarante-huit heures après l'opération, quelquefois plus tôt, d'autres fois plus tard ; les chiens meurent du deuxième au quinzième jour ; quelques-uns survivent un mois ou un peu plus ; ils meurent en général dans une attaque tétanique. — Chez les

1. De μύξα, mucosité ; cette dénomination fut donnée à la maladie par le médecin anglais W. M. Ord (1878 ; le syndrome avait été déjà décrit en 1873 par un autre médecin anglais, W. Gull [1816-1890]), à cause de l'accumulation de mucine constatée dans le tissu cellulaire.

singes, l'extirpation de la thyroïde reproduit le **myxœdème** de l'homme
(V. Horsley[1], 1885)[2].

Cet ensemble de phénomènes a bien uniquement pour cause la
suppression des glandes thyroïde et parathyroïdes. Voici les preuves
de cette relation causale.

1. Pour que ces effets se produisent, il faut que l'extirpation soit totale[3].
Si elle n'est que partielle, les animaux survivent, la portion restante (la
moitié d'un lobe, par exemple, ou même le tiers supérieur avec une glandule parathyroïde attenante) suffisant à la fonction.

2. Aucune lésion des nerfs de la région thyroïdienne, quelque étendue
et compliquée qu'on la fasse, ne détermine les accidents décrits. Par
contre, si l'on comprend chacun des lobes entre deux fortes ligatures et
qu'on les laisse ensuite en place, les animaux n'en succombent pas moins
dans les délais habituels.

3. On a pu réussir dans quelques cas (expériences de A. von Eiselsberg[4],
1892, sur trois chats) la greffe d'un lobe thyroïdien, le reste de l'appareil
étant enlevé. Si l'on fait ensuite l'ablation de la portion greffée, l'animal
tombe malade, a bientôt des convulsions et meurt. — Dans des cas de
myxœdème chez l'homme, après bien des essais infructueux, on est parvenu, à l'aide d'une nouvelle et ingénieuse méthode de greffe (greffes en
semis avec du tissu provenant d'un individu de même espèce [H. Cris-
tiani[5] 1902-1904]), à guérir cette grave maladie.

4. L'injection intraveineuse ou intrapéritonéale d'extrait de glande thyroïde diminue chez les chiens et chez les lapins thyroïdectomisés les accidents et prolonge la survie (d'après les expériences de Vassale[6] et celles
de Gley, 1890-1891)[7]. On a appliqué cette méthode à l'homme et on guérit
maintenant le **myxœdème** et les *états myxœdémateux* ou *myxœdèmes
frustes* par l'injection de glande thyroïde fraîche ou de divers produits
extraits de la thyroïde[8] (voy. fig. 158).

1. V. Horsley (1857-1916), physiologiste et l'un des plus célèbres chirurgiens
anglais de ce temps.
2. Cependant les singes peuvent aussi mourir de tétanie aiguë (d'après les
expériences d'un chirurgien suisse, O. Lanz [1895]).
3. Même à l'extirpation totale, il y a toujours quelques animaux qui survivent.
Et c'est pourquoi la question d'un organe vicariant reste pendante.
4. Chirurgien allemand contemporain, professeur de clinique chirurgicale à
l'Université de Vienne.
C'est Schiff qui le premier, en 1884, eut l'idée de ces greffes et les pratiqua,
sans succès d'ailleurs, sur des chiens.
5. Médecin italien contemporain, professeur d'hygiène à l'Université de Genève.
6. G. Vassale (1862-1912), pathologiste italien éminent qui, outre ses importants travaux sur la fonction thyroïdienne, a laissé des études fort intéressantes
sur les surrénales, sur le système nerveux, etc.
7. C'est sur ces expériences, venues immédiatement après celles de Brown-
Séquard, alors fort contestées, concernant l'action physiologique de l'extrait
testiculaire, et c'est sur les heureuses applications à la médecine humaine qui
en découlèrent tout de suite, que fut solidement assise la méthode thérapeutique dite *opothérapie* (de ὀπός, suc) ou *organothérapie*.
8. La première application au traitement du myxœdème, suivie de succès, est

Distinction entre la glande thyroïde et les glandes parathyroïdes. — Toutes les parties de l'appareil thyroïdien sont-elles également et au même titre intéressées dans cette fonction dont la suppression amène de tels accidents et la mort? On fut amené à en douter pour les raisons suivantes.

1° L'extirpation de la glande thyroïde seule serait inoffensive chez les animaux adultes ; chez les animaux très jeunes (agneaux, chevreaux, chats et chiens, lapins, porcelets, oiseaux), elle détermine l'arrêt du développement (F. Hofmeister, 1892-1894, A. von Eiselsberg, 1893) (voy. fig. 159) et tout une série de lésions qui constituent le *crétinisme expérimental* (G. Moussu, 1893).

2° L'extirpation des quatre glandules parathyroïdes, chez tous les animaux[1], donne lieu aux accidents aigus, consécutifs à l'extirpation de l'appareil thyroïdien tout entier (d'après les expériences de G. Vassale et Generali, 1896, qui furent confirmées de plusieurs côtés),

3° D'ailleurs la structure des parathyroïdes est absolument différente de celle de la thyroïde.

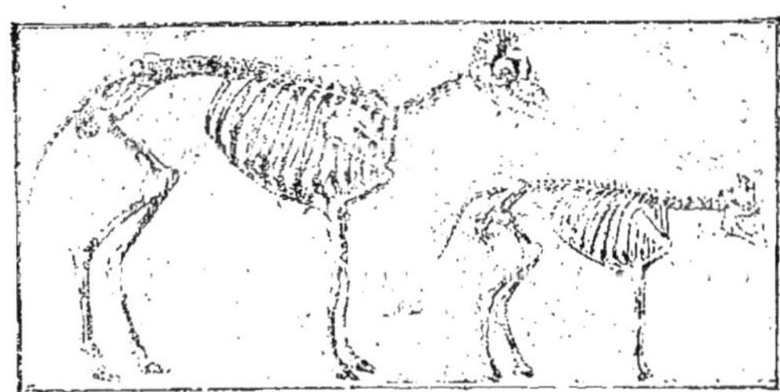

Fig. 159. — Arrêt de développement du squelette après la thyroïdectomie (A. von Eiselsberg). Squelettes d'un mouton de huit mois thyroïdectomisé huit jours après sa naissance et d'un mouton témoin du même âge.

C'est sur ces faits que fut fondée la théorie de la *distinction absolue entre la thyroïde et les parathyroïdes qui auraient des fonctions différentes* (G. Vassale, puis G. Moussu[2]): les troubles trophiques observés à la suite de la thyro-parathyroïdectomie dépendraient uniquement de la suppression de la thyroïde, et les troubles nerveux

due au médecin anglais G. R. Murray (1891). C'est le médecin danois Howitz qui découvrit (1892) que l'ingestion de glande fraîche est aussi efficace que les injections sous-cutanées d'extrait thyroïdien employées sur l'homme depuis le premier essai de Murray.

1. Chez les Oiseaux, la parathyroïdectomie totale détermine souvent les mêmes phénomènes convulsifs que chez les Mammifères et la mort (expériences de M. Doyon et A. Jouty, 1903-1904).

2. Physiologiste et pathologiste français contemporain, professeur à l'Ecole vétérinaire d'Alfort.

(tétanie) de la suppression des parathyroïdes. Dans le myxœdème spontané de l'homme, la thyroïde seule serait lésée. Après l'ablation du goitre, quand surviennent des attaques tétaniques, c'est que les parathyroïdes ont été enlevées en même temps que la thyroïde. Par suite, la fonction de la thyroïde serait d'ordre trophique, cette glande sécrétant une substance nécessaire à la nutrition, peut-être spécialement à la nutrition du système nerveux (ancienne hypothèse de Schiff), ainsi que, chez les jeunes animaux, au développement du tissu osseux et du tissu nerveux (action morphogène); et la fonction des parathyroïdes serait une fonction antitoxique.

Pour que cette conception fût de tout point acceptable, il faudrait que chez tous les animaux, adultes aussi bien que jeunes, l'extirpation de la glande thyroïde amenât la cachexie spéciale constitutive du myxœdème, puisque dans l'espèce humaine le myxœdème se produit parfaitement chez l'adulte et qu'on l'a observé, d'autre part, dans quelques cas, chez le chien adulte et chez le lapin ; or, jusqu'à présent la série méthodique d'expériences nécessaires pour trancher cette question n'a pas été faite. Il faudrait, de plus, que l'extirpation des parathyroïdes fût toujours mortelle ; or, il a été constaté (expériences de Walter Edmunds[1] sur des chiens, 1897 ; expériences de Swale Vincent et W. A. Jolly[2] sur des chats, 1904) que les animaux parathyroïdectomisés survivent en assez grand nombre à l'opération, tandis que la survie est exceptionnelle après la thyro-parathyroïdectomie. Enfin, quelque différentes que paraissent être la structure des parathyroïdes et celle de la thyroïde, il n'en est pas moins vrai que l'on trouve de l'iode dans tous ces organes (voy. plus loin, p. 656) ; que les phénomènes histologiques de la sécrétion sont les mêmes dans les uns et dans les autres et que les produits sécrétés, qui s'éliminent semblablement par la voie lymphatique, paraissent identiques d'après les réactions de coloration (F. Livini[3], 1900) ; que les parathyroïdes s'hypertrophient après la thyroïdectomie simple (Gley, 1892, Gley et A. Nicolas, 1895, et beaucoup d'autres) et, *vice versa*, que la parathyroïdectomie détermine des modifications histologiques et des altérations dans la thyroïde qui s'hypertrophie (Walter Edmunds, 1896 ; Swale Vincent et W. A. Jolly, 1906 ; J. Halpenny et F. D. Thompson, 1909) et dont la sécrétion colloïde disparaît (W. Edmunds, 1896, G. Lusena[4], 1869)[5].

1. Chirurgien anglais contemporain.
2. Physiologistes anglais contemporains.
3. Histologiste italien contemporain.
4. Médecin italien contemporain.
5. Chez les chiens qui succombent à la seule parathyroïdectomie, Vassale et Generali eux-mêmes ont constaté (1896) que les lymphatiques de la thyroïde ne contiennent plus de substance colloïde.

De ces différents faits dont la relation est manifeste on a conclu (GLEY, 1897-1901) à l'existence d'une *association fonctionnelle entre les deux parties de l'appareil thyroïdien*. Encore que la nature de cette association reste à déterminer, la théorie dont il s'agit paraît, dans l'état présent de nos connaissances, au moins aussi plausible que la thèse de la distinction radicale de deux fonctions, thyroïdienne et parathyroïdienne. — Cette dernière est encore battue en brèche par des observations de GLEY (1901, 1911), de A. E. MELNIKOV (1909), de ISELIN (1911), de LOUIS MOREL (1911) qui ont montré que l'on peut, après l'extirpation des parathyroïdes, voir survenir des troubles trophiques avec cachexie lente, comme après l'extirpation de la thyroïde seule.

2° *Mécanisme de la fonction thyroïdienne.*

L'appareil thyroïdien n'ayant point de canaux excréteurs, son fonctionnement est-il celui d'une glande à sécrétion interne ?

Qu'il en soit ainsi, les expériences dont il a été parlé plus haut le prouvent directement, les expériences d'injection d'extrait thyroïdien (ou d'ingestion de glande fraîche chez l'homme myxœdémateux). C'est donc que le ou les principes actifs, sécrétés par les glandes, une fois qu'ils ont passé dans le sang, sont aptes à exercer leur action. Il est possible que celle-ci se produise normalement dans la glande même, mais il est certain qu'elle peut se développer aussi en dehors d'elle, dans le milieu intérieur.

En quoi consiste cette action? C'est d'abord une action antitoxique.

Les accidents aigus de la thyro-parathyroïdectomie ressemblent tout à fait à un empoisonnement. Indépendamment de l'évolution des phénomènes et de l'aspect général des animaux, plusieurs faits expérimentaux le prouvent.

a. Le chien qui vient d'être opéré tombe immédiatement en proie aux accidents caractéristiques, si on lui fait la transfusion du sang d'un autre animal thyroïdectomisé et gravement malade (expériences de ROGOWITSCH[1], 1888). — Si on établit une transfusion sanguine réciproque entre deux chiens, l'un normal et l'autre opéré et dans la phase aiguë des accidents tétaniques, ce dernier, 20 à 30 minutes après la transfusion, cesse de présenter ces accidents qui reparaissent d'ailleurs dans les deux ou trois jours suivants (expériences de COLZI, 1884, dans le laboratoire et sur le conseil de L. LUCIANI). De même, les chiens opérés et malades éprouvent une rémission par le moyen de fortes saignées suivies d'une injection

1. Médecin russe contemporain.

d'eau salée ou bien grâce à une transfusion du sang d'un chien sain, après saignée (expériences de G. Fano et Zanda, 1889). — Le sang des animaux privés de l'appareil thyroïdien contient donc quelque principe toxique. Autre preuve analogue : le sérum sanguin des chiens opérés est convulsivant.

Cette substance toxique, c'est la guanidine et la méthylguanidine ; ces deux corps augmentent en effet dans le sang après la parathyroïdectomie comme dans la tétanie idiopathique (chez les enfants). Noel Paton[1] (expériences avec L. Findlay, 1917) a d'ailleurs montré que l'injection de ces substances provoque des convulsions identiques à celles de la tétanie consécutive à l'ablation de l'appareil thyroïdien.

b. D'autre part, les urines des animaux parathyroïdectomisés sont beaucoup plus toxiques que les urines du chien normal (Gley, Laulanié, 1891, et beaucoup d'autres expérimentateurs ensuite). Cette toxicité tiendrait à l'augmentation de la guanidine et de la méthylguanidine (D. Burns et G. S. Sharpe, 1916)[2].

c. Chez les animaux qui résistent un peu de temps à l'opération, il survient des lésions aiguës du foie et des reins, très analogues à celles des néphrites et des hépatites toxiques. Les lésions rénales sont particulièrement constantes (Coronedi[3], 1907).

d. L'intoxication dont il s'agit porte particulièrement sur le système nerveux central. En effet, les accidents tétaniques ne se produisent pas dans les membres dont les nerfs moteurs ont été préalablement coupés, ni dans le train postérieur d'un animal sur lequel on a préalablement sectionné la moelle dorsale. — D'autre part, les substances qui diminuent l'excitabilité du système nerveux central, bromure de potassium, chloral, antipyrine, chlorure de calcium (voy. p. 137 et 980), atténuent et même suspendent pour un temps les effets de la thyro-parathyroïdectomie.

Mais ce sont surtout les injections d'extrait thyroïdien qui atténuent les accidents aigus (convulsions et dépression nerveuse) consécutifs à l'extirpation de l'appareil thyroïdien. Cet extrait se comporte donc comme un antidote plus ou moins actif.

La fonction thyroïdienne est en outre d'ordre nutritif. En effet, chez les animaux qui résistent assez longtemps à la thyro-parathyroïdectomie pour que les troubles nutritifs aient le temps de se développer, chez ceux qui survivent, grâce à la conservation d'une petite portion de glande, et qui sont atteints de troubles tardifs et chroniques, et enfin chez l'homme myxœdémateux, les échanges nutritifs sont profondément modifiés dans le sens d'un abaissement général.

1. Physiologiste anglais, professeur à l'Université de Glasgow. C'est dans son laboratoire qu'ont été faites toutes ces recherches sur la cause des accidents dus à la parathyroïdectomie. Il en a conclu (1917) que les parathyroïdes règlent le métabolisme de la guanidine, en empêchant son accumulation dans le sang.

2. Déjà W. F. Koch (1912 et 1913) avait signalé la présence de guanidine et de méthyl et diméthylguanidine dans l'urine de chiens parathyroïdectomisés.

3. Médecin italien contemporain, professeur de pharmacologie à l'Université de Parme.

Les échanges azotés sont abaissés ; il y a diminution de l'urée et de l'azote total des urines. Il y a diminution aussi de l'acide phosphorique. D'autre part, il y a diminution de la quantité d'oxygène fixé et d'acide carbonique exhalé. — De cette diminution générale des échanges résulte certainement l'abaissement de la température constaté dans tous ces cas.

Parmi les marques les plus saisissantes de cette influence trophique de la sécrétion thyroïdienne, il faut surtout citer les altérations de la peau dans le myxœdème ou consécutives à la thyroïdectomie, le retard de l'ossification (voy. fig. 159) qui tient au non développement des cartilages épiphysaires, d'où le nanisme, et enfin l'atrophie des organes génitaux, ovaires et testicules. Ce dernier fait est une preuve des relations qui existent entre la fonction thyroïdienne et les fonctions génitales [1].

Or, l'administration d'extrait thyroïdien relève le taux des échanges, de tous les échanges, chez les myxœdémateux aussi bien que chez les animaux qui ont subi une thyroïdectomie totale ou partielle. Par suite, la température se relève aussi.

De tout cela il résulte que les glandes thyroïdes exercent normalement par leur sécrétion une action régulatrice sur la nutrition. Si ces organes, atrophiés ou atteints par quelque dégénérescence, ne sécrètent plus ou si on les a extirpés, il se produit toute une série de troubles tenant uniquement au défaut dans l'organisme d'un principe qui augmente normalement l'intensité des mutations de matières dans les tissus et qui, chez les jeunes animaux, règle le développement, spécialement des os et du cerveau (*harmozone*[2] thyroïdienne).

Reste à déterminer le mécanisme intime et de l'action antitoxique étudiée ci-dessus et de l'action sur le métabolisme.

L'étude chimique de la glande a déjà fourni sur ces points quelques données très intéressantes.

On a retiré de la thyroïde, par un traitement d'ailleurs assez brutal (par l'action sur le tissu de l'acide sulfurique bouillant), une substance protéique, remarquable par sa teneur en iode ; c'est l'*iodothyrine* de E. Baumann[3] (1895-1896) qui contient de l'iode en quantité variable, jusqu'à 10 p. 100.

La substance iodée de la glande normale ne serait pas l'iodothyrine, mais

---

1. A l'appui de cette idée, on peut citer les curieux résultats de quelques expériences de O. Lanz (1895) et surtout de celles du médecin italien C. Ceni (1904), qui ont vu que les poules thyroïdectomisées pondent moins d'œufs et des œufs beaucoup plus petits que des poules témoins de la même couvée.

2. De ἁρμόζω, je règle, je dirige (Gley).

3. E. Baumann (1846-1896), chimiste physiologiste allemand, a laissé de remarquables travaux sur les processus synthétiques dans l'organisme animal.

une globuline, la *thyroglobuline* (A. Oswald [1], 1899-1900). La quantité de cette globuline est en proportion de la quantité de matière colloïde [2] contenue dans la glande. Une thyroïde humaine fraîche fournit de 1 à 3 grammes de thyroglobuline (pesée à l'état sec).

Cependant la nature de la substance iodée thyroïdienne ne peut être encore considérée comme sûrement établie. C'est ainsi que Ed. C. Kendall [3] (1917) a isolé de la thyroïde un groupe de corps, mélange d'acides aminés, qui contient la moitié de l'iode de la glande et un autre groupe d'où il a extrait un composé cristallisé contenant 60 p. 100 d'iode et extrêmement actif; ce composé posséderait les propriétés essentielles de l'extrait thyroïdien.

On a trouvé constamment de l'iode dans la thyroïde de l'homme et d'animaux d'espèces très diverses [4]. La proportion de ce corps est très variable et augmente beaucoup avec une alimentation riche en iode et encore plus quand on fait ingérer des préparations iodées. La thyroïde de l'homme contient en moyenne de 2 à 6 milligrammes d'iode. — On a trouvé aussi de l'iode en quantité variable dans les parathyroïdes, chez quelques animaux (chien et lapin).

Il a paru que le fonctionnement de l'appareil thyroïdien est lié à la production et à l'action de cette substance iodée. Voici pourquoi :

1° Dans les cas d'altération de la thyroïde, dans le goitre, la thyroïde ne contient pas d'iode ou en contient très peu. Cependant les goitres colloïdaux en contiennent (A. Oswald, 1897), mais dans ces cas la cachexie caractéristique n'existe pas. — Ce fait, rapproché de cet autre, à savoir qu'on trouve toujours de l'iode dans la thyroïde normale et qu'on en trouve en quantité notable seulement dans cet organe, ne démontre-t-il pas l'importance de ce corps dans le fonctionnement de la glande?

2° L'action physiologique de l'iodothyrine ou de la thyroglobuline de Oswald serait essentiellement la même que celle de l'extrait thyroïdien. Comme celui-ci, cette substance agit donc parfaitement en dehors de la glande. Son administration fait augmenter la quantité d'urine, la quantité d'azote total, de chlorures et d'acide phosphorique des urines, ainsi que les échanges respiratoires. Aussi a-t-elle dans le traitement du myxœdème les mêmes bons effets. — Cependant, avec l'iodothyrine on n'a pas pu, comme avec l'extrait thyroïdien, diminuer les convulsions des chiens thyro-parathyroïdectomisés [5].

---

1. Chimiste physiologiste suisse contemporain.

2. Toute la matière colloïde n'est pas de la thyroglobuline; il s'y trouve une autre substance protéique, non iodée, mais phosphorée, un nucléo-protéide (A. Oswald).

3. Chimiste physiologiste américain.

4. Dans divers autres organes, on n'en a trouvé que des traces, qui proviennent d'ailleurs peut-être du sang (voy. p. 306). Seule, la glande thyroïde a la propriété d'en fixer une quantité relativement considérable.

5. Il est fort possible que l'iodothyrine ne soit pas le seul principe actif sécrété par les glandes de l'appareil thyroïdien. E. Drechsel (1896) y trouvait trois substances actives, y compris l'iodothyrine. Et on a vu que A. Oswald en a isolé deux matières protéiques définies. Enfin A. Gautier (1900) y a trouvé de l'arsenic engagé dans une nucléine. — La glycosurie produite par injection d'iodothyrine a déjà été mentionnée précédemment (p. 620).

3° L'iodothyrine, de même que la thyroglobuline de A. Oswald, augmente l'excitabilité des nerfs vagues et des nerfs dépresseurs et diminue celle des accélérateurs cardiaques (E. de Cyon, 1897-1899)[1]. Or, on a constaté que, chez les animaux goitreux (nombreux dans quelques parties de la Suisse) et chez les animaux thyroïdectomisés, les pneumogastriques et les dépresseurs sont moins excitables et que les accélérateurs cardiaques le sont davantage (E. de Cyon). De là le rapport étroit établi par E. de Cyon entre la sécrétion iodée de la thyroïde et le fonctionnement des nerfs régulateurs du cœur.

Quelle que soit l'importance de tous ces faits, bien des problèmes restent en suspens : on ne sait pas encore si la substance iodée de la thyroïde est la seule substance spécifique de cette glande, comment elle s'y forme et comment elle est excrétée et quelle est la part respective de la glande thyroïde et des parathyroïdes dans son élaboration ; et on ne sait pas non plus le mécanisme de son action sur la nutrition et si elle ne possède pas quelque action antitoxique.

8. — Fonctions des capsules surrénales.

Le médecin anglais Addison découvrit en 1855 qu'un syndrome morbide, auquel on donna son nom par la suite, caractérisé par une forte pigmentation de la peau et une grande faiblesse générale (asthénie), est lié à des lésions des capsules surrénales; les malades se cachectisent et meurent. Dès l'année suivante, les expériences de Brown-Séquard sur les effets de l'extirpation totale de ces organes chez divers animaux paraissent rendre incontestable cette relation. Celle-ci pourtant ne s'imposa qu'à partir des recherches de E. Abelous et J.-P. Langlois (1892-1893).

1° *Effets de l'extirpation des capsules surrénales.*

Ces effets sont des plus nets chez tous les animaux sur lesquels cette opération a été pratiquée.

1. On savait, depuis les expériences de Th. Oliver et Sh. Schafer et celles de Haškovec (1895), que les injections d'extrait thyroïdien abaissent la pression artérielle et, par celles de Haškovec (1896), que ces extraits possèdent une action excitante sur le système accélérateur cardiaque, contrairement à ce qu'a soutenu E. de Cyon. Il est vrai que rien ne prouve que ces actions de l'extrait thyroïdien appartiennent au produit réellement sécrété par la glande. On a démontré en effet que, d'une façon générale, on n'est pas en droit d'identifier les extraits d'organes et les sécrétions internes (voy. surtout E. Gley, *Les sécrétions internes*, 1914, p. 42-54).

Ed. A. Sh. Schafer, physiologiste anglais contemporain, professeur de physiologie à l'Université d'Edimbourg.

E. Haškovec, médecin tchèque contemporain.

Dès les premières heures qui suivent l'extirpation totale des deux capsules, les animaux présentent de l'apathie et de la faiblesse musculaire ; ces phénomènes s'aggravent progressivement, la température s'abaisse (à cause sans doute de l'immobilité), la parésie devient de la paralysie, et celle-ci gagne les muscles de la respiration. La mort survient dans cet état, en une soixantaine d'heures chez le chat (E. O. Hultgren et O. A. Anderson[1], 1899), en une trentaine d'heures chez le chien (Langlois, 1897), en dix heures et quelquefois moins chez le cobaye, (Abelous et Langlois), en cinq jours environ chez le lapin (Hultgren et Anderson), etc. Pour les grenouilles, en été, la survie ne dépasse pas quarante-huit heures ; en hiver, elle dure une douzaine de jours (d'après les expériences de Abelous et Langlois, 1892).

Ces accidents mortels paraissent dépendre uniquement de la suppression des surrénales.

En effet, 1° pour qu'ils se produisent, il faut que l'extirpation soit totale. La conservation de 1/10 des glandes suffit pour assurer la survie chez le chien (d'après les observations de J.-P. Langlois)[2] : — 2° le traumatisme ou les lésions nerveuses (plaies du péritoine, contusions des reins ou du foie, irritation ou déchirures des splanchniques ou du plexus solaire, etc.) qu'amène l'opération sont inefficaces pour provoquer le syndrome décrit ci-dessus : — 3° en insérant sous la peau de grenouilles opérées des fragments de surrénales pris à d'autres grenouilles, on prolonge la survie des premières. Cependant les essais de greffe sur les Mammifères ont toujours échoué, sauf entre les mains de deux expérimentateurs américains, B. Buscu et Van Bergen (1906) qui ont réussi, une fois sur trente opérations, à transplanter une capsule dans le rein d'un lapin, préalablement privé de l'une de ses capsules ; cent deux jours après, l'extirpation de la seconde n'entraîna pas la mort ; mais, soixante-deux jours plus tard, l'extirpation du rein avec la surrénale greffée fut suivie, en trois jours, de la mort avec tous les symptômes que présentent les animaux acapsulés.

Distinction entre la corticale et la médullaire surrénales. — Embryologiquement et histologiquement, ces deux parties de l'appareil surrénal des mammifères sont bien distinctes.

L'une, la corticale, dérive directement du mésoderme, l'autre de l'ectoderme et de la même ébauche que le système sympathique. La corticale correspond aux *corps interrénaux* des Poissons, chez lesquels les deux parties de l'appareil sont dissociées, et la médullaire aux *corps supraré-*

---

1. Physiologistes suédois.
2. Il serait nécessaire, paraît-il, que dans la petite portion restante il se trouvât quelque peu de la substance médullaire des capsules ; s'il n'y a que de la substance corticale, la mort survient à coup sûr.

naux, qu'il serait préférable de dénommer avec A. Kohn[1], pour éviter toute confusion, *corps chromaffines* ou *paraganglions*. Chez les Mammifères, bien que les deux systèmes se soient réunis en un organe unique, on retrouve des formations chromaffines indépendantes, éparses le long du système sympathique, à la bifurcation de la carotide (*glandule carotidienne*) et de l'aorte abdominale (*organes parasympathiques* de Zuckerkandl[2]).

Il s'agit de savoir si on a pu expérimentalement, dans la fonction surrénale, telle que la manifestent les phénomènes causés par la suppression de tout l'appareil en bloc, déterminer la part respective de la corticale et de la médullaire. Pour les uns, c'est la disparition de cette dernière qui est cause de la mort. Pour d'autres, c'est la corticale qui représente l'organe nécessaire à la vie. Si cette opinion ne peut être encore tenue pour sûrement établie, elle prend du moins plus de force depuis les recherches qui ont montré que l'adrénaline, produit de la médullaire, ne paraît pas jouer le rôle physiologique qu'on lui attribuait (voy. ci-dessous).

2o *Mécanisme de la fonction surrénale.*

Les animaux privés de leurs surrénales semblent intoxiqués.

. En effet, 1o l'injection intraveineuse ou sous-cutanée du sang d'une grenouille mourante à une grenouille qui vient d'être opérée entraîne une paralysie rapide et la mort. Le sang de chien acapsulé est semblablement toxique pour le chien; — 2o le sang de grenouilles acapsulées paraît contenir des poisons curarisants (expériences de Abelous et Langlois, 1892); l'excitation électrique du sciatique ne provoque aucune réaction musculaire sur ces animaux, tandis que le muscle a conservé son excitabilité ; il en est de même chez le cobaye; — 3o la courbe de la fatigue (produite par des excitations régulières du sciatique) n'est pas la même chez les grenouilles acapsulées et chez les normales, la fatigue survient chez les premières plus rapidement et ne disparaît pas par le repos même prolongé (expériences de Abelous, 1893) ; 4o la mort survient plus rapidement chez les animaux acapsulés si on tétanise les muscles (expériences de Albanese[3], 1892).

De là la théorie émise, par Abelous et Langlois et que beaucoup de physiologistes ont acceptée, à savoir que les surrénales détruisent normalement ou neutralisent des substances toxiques résultant de la contraction musculaire.

1. Histologiste allemand contemporain.
2. Professeur d'anatomie à l'Université de Vienne.
3. Physiologiste et pharmacologue italien, mort en 1913.

Où s'exerce cette fonction surrénale ? Dans l'organe lui-même ou dans le sang? Cette question n'est point tranchée, car les injections d'extrait surrénal aux animaux acapsulés n'ont donné que des résultats peu précis et inconstants. — Et comment s'exerce cette fonction? On ne le sait pas davantage.

Propriétés physiologiques de l'adrénaline. — On a extrait des surrénales une matière azotée, cristallisable, lévogyre, assez soluble dans l'eau chaude, qui se combine avec les acides pour former des sels, l'*adrénaline* de TAKAMINE et d'ALDRICH[1] qui l'ont isolée à peu près en même temps (1901); sa formule empirique est $C^9H^{13}AzO^3$; sa constitution moléculaire en fait une *orthodioxyphényléthanolméthylamine* [2]. Les glandes en contiennent 0,1 à 0,17 p. 100, surtout dans la partie médullaire; la partie corticale n'en produit et n'en contient pas par elle-même.

Cette substance, injectée dans les vaisseaux, manifeste des propriétés remarquables sur le cœur et sur les vaisseaux [3] ; le cœur se ralentit et ses contractions deviennent plus amples; la pression artérielle s'élève énormément; il suffit de $0^{gr},0000013$ de chlorhydrate d'adrénaline pour produire cet effet chez le chien. Tous les muscles innervés par les nerfs sympathiques éprouvent l'action de l'adrénaline : la pupille se dilate, les muscles des poils se contractent, les mouvements péristaltiques de l'intestin sont inhibés, etc. Aussi a-t-on pensé que l'adrénaline, qui serait normalement sécrétée en petite quantité par les surrénales (voy. plus bas), a pour rôle de maintenir le tonus du sympathique. — En instillation ou en badigeonnage à la surface des muqueuses, elle provoque une anémie locale et une hémostase qui sont utilisées en ophtalmologie et en rhinologie. — Il a été déjà parlé (voy. p. 620) de la glycosurie. Comme action sur le métabolisme, signalons encore l'infiltration calcaire de la tunique moyenne des artères (*artério-sclérose expérimentale*), consécutive aux injections répétées d'adrénaline. — La toxicité générale de l'adrénaline est grande; une dose de $0^{gr},01$ à $0^{gr},02$ en injection sous-cutanée tue le lapin en une heure environ; une dose de $0^{gr},001$ à $0^{gr},002$ par kilogramme en injection intraveineuse suffit pour tuer le chien. Après une période d'agitation, de dyspnée et de convulsions, les animaux meurent d'œdème pulmonaire et quelquefois de trémulations ventriculaires (F. BATTELLI).

1. JOKICHI TAKAMINE, chimiste japonais. — TH. B. ALDRICH, chimiste américain.

2. On a préparé par voie synthétique un corps qui possède les propriétés chimiques et physiologiques de l'adrénaline naturelle, mais optiquement inactif. C'est, en réalité, un composé racémique, formé par parties égales d'adrénaline lévogyre et d'adrénaline dextrogyre.

3. On savait (OLIVER et SCHAFER, 1894) que l'injection d'extrait aqueux de surrénale détermine une élévation considérable de la pression artérielle. Les mêmes auteurs avaient montré que ce phénomène dépend d'une vaso-constriction produite par une action direct de l'extrait sur les fibres lisses des vaisseaux.

La question est de savoir s'il existe une relation entre le fonctionnement des surrénales et l'adrénaline ?

Sans doute il passe dans le tronc veineux lombo-surrénal de petites quantités, d'ailleurs variables, de cette substance. Déjà Vulpian avait en 1856 démontré dans le sang veineux surrénal la présence d'une substance se colorant en brun vert sous l'action du perchlorure de fer, exactement comme le tissu de la médullaire. Fait plus important, ce sang possède une action vaso-constrictrice analogue à celle de l'extrait surrénal (N. Cybulski[1], 1897, J.-P. Langlois, 1897, L. Camus et J.-P. Langlois, 1900); et il en est de même du plasma de ce sang. De plus, des expériences de A. Biedl[2] (1898) et surtout celles d'un élève de Mislavski, de Tscheboksaroff (1910) ont montré que l'excitation prolongée d'un nerf splanchnique détermine par la veine capsulaire correspondante l'écoulement d'un sang beaucoup plus riche en substance active que le sang de la même glande recueilli avant l'excitation du nerf; l'injection de 10 c.c. de ce sang produit, sur un autre animal de la même espèce, une élévation de la pression artérielle deux ou trois fois plus grande que celle causée par la même quantité de sang surrénal témoin. De cette donnée et de quelques autres on a conclu que toutes les excitations des splanchniques, directes ou réflexes, provoquent le passage dans le sang veineux surrénal d'un excès d'adrénaline qui ne saurait manquer de jouer un rôle physiologique.

Ce fait était d'importance, que le nerf sécréteur de l'adrénaline, substance hypertensive, fût justement le principal nerf vaso-constricteur de l'organisme et que les excitations portées sur ce nerf eussent pour effet le passage d'un excès d'adrénaline dans le sang. On comprend qu'on ait été porté à mettre les fonctions des splanchniques au compte de l'adrénaline. Mais on n'avait pas le droit de faire une telle induction avant d'avoir prouvé que cette substance passe des veines surrénales dans la circulation générale et ainsi peut aller exercer son action sur le système sympathique. Or, on a établi, (expériences de Gley et Quinquaud, 1916-1918) que l'adrénaline des veines surrénales ne se retrouve pas dans le sang du cœur droit ni *a fortiori* dans le sang artériel; cette substance est très vite détruite dans le sang général ou s'y dilue à un degré tel qu'elle ne peut plus manifester ses propriétés. Aussi bien la pression artérielle des animaux décapsulés ne s'abaisse-t-elle pas, comme cela devrait arriver tout de suite après l'opération si le tonus vasculaire était dû, comme on l'a admis, au passage constant d'adrénaline dans le sang général et l'excitabilité des nerfs sympathiques, des splanchniques en particulier, reste-t-elle normale chez ces animaux.

Force est d'admettre que l'adrénaline, loin d'être une sécrétion interne, n'est sans doute qu'un produit d'excrétion (Gley et Quinquaud), sans influence physiologique habituelle.

1. Physiologiste polonais contemporain, professeur de physiologie à l'Université de Cracovie.
2. Professeur de pathologie expérimentale à l'Université de Vienne.

Il suit de là que le mécanisme de la fonction surrénale est encore obscur.

9. — Fonctions de l'hypophyse.

L'hypophyse ou glande pituitaire est composée de deux parties, d'ailleurs d'origine différente, le *lobe antérieur* ou *glandulaire*, formé par du tissu épithélial bien différencié, et le *lobe postérieur* ou *nerveux*, constitué par des éléments de la névroglie ; on distingue en outre une *partie intermédiaire* dérivée de l'épithélium buccal comme le lobe antérieur et attenante au lobe postérieur.

Effets de l'extirpation de l'hypophyse.

Nos connaissances sur le rôle de l'hypophyse proviennent presque exclusivement d'expériences d'extirpation et d'observations anatomo-pathologiques.

Les expérience d'extirpation ou de destruction complète, en raison même de la difficulté d'atteindre cet organe et des traumatismes nerveux et des hémorragies presque inévitables au cours de l'opération, n'ont pas encore donné des résultats assez sûrs pour que l'on soit en droit d'affirmer que l'hypophyse est indispensable ou non à la vie.

En ce qui concerne la nature des accidents consécutifs à l'opération, il semble bien que, si les animaux adultes peuvent supporter sans troubles caractérisés l'hypophysectomie, il survient chez les jeunes des altérations graves de la croissance (ossification incomplète, arrêt de développement des organes génitaux et des phanères). C'est la perte du lobe antérieur qui déterminerait ces phénomènes. Cette partie de l'hypophyse exercerait donc une action *morphogène*, comparable à celle de la thyroïde.

De fait, T. Brailsford Robertson [1] a extrait (1916) de ce lobe de l'hypophyse un lipoïde qu'il a appelé *té/héline* [2] et auquel il a reconnu la propriété d'accélérer la croissance (d'après ses expériences sur des souris).

Chez l'homme, on a trouvé dans un certain nombre de cas d'acromégalie (de ἄκρον, extrémité, et μέγας, grand) des lésions ou une tumeur de l'hypophyse (P. Marie [3]). On admet que les principaux troubles de l'acromégalie, le développement exagéré des os des extrémités et de la face [4], l'état de fatigue et de faiblesse, tiendraient soit à la suppression d'une fonction, d'ordre nutritif, de l'hypophyse, soit à l'hypertrophie de la partie

1. Physiologiste américain contemporain.
2. De τίθημι, parfait de θάλλω, pousser, faire pousser.
3. Médecin français contemporain, professeur à la Faculté de Médecine de Paris.
4. Les caractères essentiels de l'acromégalie peuvent être indiqués en ces quelques mots : grosse face, grosses mains, grands pieds et souvent taille elevée.

antérieure de cet organe. Cependant les observations d'ablation de tumeur hypophysaire chez les acromégaliques, que plusieurs chirurgiens ont pu réussir et à la suite de laquelle ils ont vu régresser les altérations osseuses, ne sont pas en faveur de la première hypothèse, celle de l'insuffisance fonctionnelle de la glande comme cause de la maladie.

Chez quelques animaux ayant résisté à la thyroïdectomie et, chez l'homme, dans quelques cas de myxœdème, on a constaté une hypertrophie très nette de l'hypophyse. On ignore complètement quelle sorte de relation pourrait exister entre ces deux organse.

Propriétés physiologiques des extraits d'hypophyse. — L'extrait aqueux d'hypophyse, en injection intraveineuse, détermine un ralentissement des battements du cœur avec augmentation de leur énergie et une élévation marquée de la pression artérielle (OLIVER et SCHAFER, 1895) ; l'extrait alcoolique une baisse de cette pression, comme l'iodothyrine (SCHAFER et SW. VINCENT). — Seuls, les extraits du lobe postérieur (y compris la partie intermédiaire) de l'hypophyse ont la propriété d'élever la pression artérielle (W. H. HOWELL, 1898). Ces mêmes extraits dilatent les vaisseaux du rein et augmentent notablement la sécrétion urinaire (R. MAGNUS et SCHAFER, 1901, et surtout SCHAFER et HERRING, 1906) et la sécrétion lactée (ISAAC OTT[1] et J. C. SCOTT, 1911, et SCHAFER et K. MACKENZIE, 1911) et accroissent l'écoulement du liquide céphalo-rachidien (H. CUSHING[2] et WEED).

Rien ne permet de conclure de ces actions de l'extrait hypophysaire à des actions analogues d'un produit normalement sécrété par la glande.

10. — Fonctions du thymus.

Le thymus est un organe très développé pendant la vie fœtale et qui s'atrophie après la naissance, sauf chez les Batraciens et les Reptiles et chez quelques Rongeurs ; d'ailleurs cette atrophie, chez les autres Mammifères, ne survient pas tout de suite après la naissance et n'est que graduelle.

Les extirpations complètes du thymus n'ont point donné de résultats concordants, à part plusieurs séries d'expériences (sur des petits chats et chiens et sur de jeunes cobayes et lapins) qui montrent qu'après cette opération les os se développent mal et incomplètement (calcification défectueuse). — D'autre part, on a constaté une relation entre cet organe

1. Physiologiste américain, connu surtout par ses recherches sur les sécrétions internes, mort en 1915.
2. Célèbre chirurgien américain contemporain.

et les glandes génitales, en ce sens que, chez les animaux châtrés (mâles
est femelles), le thymus est de beaucoup plus volumineux [1]. Cette relation
est-elle réciproque et, chez les animaux déthymés les glandes génitales
sont-elles plus développées? Sur cette partie de la question les résultats
obtenus sont encore contradictoires.

D'après ces faits, le thymus devrait être considéré, avec la
thyroïde, avec l'hypophyse et avec le testicule (voy. p. 734), comme
produisant une *substance à action morphogène* (voy. p. 655 et 1196).

On a attribué au thymus une autre fonction, une fonction leuco-
cytopoïétique.

Propriétés physiologiques des extraits de thymus. —
L'injection d'extrait aqueux de thymus détermine une accélération
des battements du cœur et un abaissement de la pression artérielle
(K. Švehla [2], 1896), abaissement dû à une paralysie des nerfs vaso-
constricteurs. — Les doses fortes produisent de l'agitation, de la
dyspnée et la mort, probablement par œdème pulmonaire.

On ne connaît pas la substance active de ces extraits ni son mode
de formation et on ne sait nullement si elle est déversée dans le
sang.

II. — Fonctions de l'épiphyse (glande pinéale).

L'épiphyse est un très petit organe qui n'a pas même la moitié
des dimensions du corps pituitaire. Sa situation en rend l'extirpation très difficile, non moins que dangereuse, en raison des
graves hémorragies inévitables.

Quelques séries d'expériences sur le cobaye, le rat, le jeune coq
ont montré cependant que la suppression de cet organe est suivie
d'un développement précoce et exagéré des testicules, ainsi que des
caractères sexuels secondaires; mais, sur le lapin, cette opération est
restée sans effet sur les organes génitaux. De rares observations de
tumeurs épiphysaires chez l'enfant ont permis de constater la même
précocité dans le développement des organes génitaux et une
croissance prématurée des poils dans la région pubienne.

Si ces faits se confirmaient, il en résulterait que la glande
pinéale, par une action directe ou indirecte, s'oppose au développement des testicules. A côté des sécrétions à rôle morphogène, rôle

1. La question paraît avoir été posée pour la première fois par les recherches
d'un élève d'ALBERTONI, A. CALZOLARI (1898).
2. Médecin tchèque contemporain

positif, il y aurait donc des sécrétions jouant un rôle inverse, un rôle négatif, exerçant une influence inhibitrice. C'est là une donnée très intéressante au point de vue de la physiologie générale.

Propriétés physiologiques des extraits d'épiphyse. — On a trouvé que l'injection de ces extraits provoque un abaissement passager de la pression artérielle, de la diurèse et une légère augmentation de la sécrétion lactée.

Mais rien ne montre que la glande pinéale sécrète. une substance douée de ces propriétés.

12. — Autres organes à sécrétion interne, rate, glandes génitales.

D'autres organes que les précédents jouent le rôle de glandes à sécrétion interne, c'est-à-dire cèdent au sang des principes utiles à la nutrition ou qui exercent quelque action antitoxique.

Telle est la *rate*. On ne reviendra pas ici sur la physiologie de la rate puisque les relations de cet organe avec le pancréas digestif (voy. p. 236) et avec la fonction hématopoiétique (voy. p. 329 et 331) ont été déjà exposées. Ajoutons seulement qu'en tant qu'organe lymphoïde la rate paraît jouer un rôle protecteur de l'organisme contre diverses infections.

Telles sont les *glandes génitales, ovaires* et *testicules*. Mais il a paru préférable de ne pas scinder l'étude de ces glandes, d'autant plus que les actions qu'elles exercent sur le système nerveux et sur les échanges nutritifs sont pour partie liées à la fonction de reproduction.

On trouvera donc plus loin, au chapitre consacré à la reproduction, les faits qui auraient pu prendre place ici.

II. — FORMATION DE MATIÈRES DE RÉSERVE.

Presque toutes les cellules contiennent, outre leurs substances constitutives et au milieu de celles-ci, des substances, dites de *réserve*, véritables dépôts, utilisables suivant les besoins de ces cellules elles-mêmes ou suivant les besoins de l'organisme global.

On peut distinguer ces réserves en inorganiques et organiques. On peut aussi, d'un point de vue plus physiologique, les distinguer en *plastiques* et *énergétiques*. Les plus importantes, les mieux connues d'ailleurs, sont ces dernières.

I. — Réserves plastiques.

Les réserves plastiques que nous connaissons le mieux sont de nature minérale.

1° *Réserves de matières minérales.*

Pendant la vie embryonnaire il se forme des amas de *sels calcaires*. On a trouvé, dans les enveloppes de l'œuf des Ruminants, des plaques choriales constituées par des sels calcaires identiques à ceux des os, sauf le carbonate de chaux, qui n'y existe qu'en faible proportion ; ces plaques choriales s'atrophient et disparaissent à mesure que se fait l'ossification des pièces du squelette (A. DASTRE, 1870); elles constituent donc une véritable réserve où s'accumulent les substances phosphatées, en attendant le moment de leur utilisation dans l'organisme fœtal. Le fait de la faible proportion de carbonate de chaux **ne vient** pas à l'encontre de cette manière de voir, si l'on a égard à ce que MILNE-EDWARDS a fait observer à propos de la constitution des os. « Le carbonate de chaux, dit-il, ne paraît remplir qu'un rôle très secondaire dans la constitution des os. Il est en faible proportion chez les jeunes individus, ainsi que dans les parties osseuses de nouvelle formation, et il devient plus abondant avec les progrès de l'âge [1]. »

On s'est demandé, d'autre part, si les lécithines (voy. p. 26) ne peuvent pas être considérées comme une réserve de *phosphore*.

Enfin la question du fer de réserve a été bien étudiée. Les faits qui démontrent la réalité d'une accumulation de fer dans le foie et dans la rate ont été indiqués p. 136, 329-332, et 607.

2° *Réserves de matières protéiques.*

La fixation des matières albuminoïdes par le foie a été mentionnée p. 625, mais nous ignorons la grandeur du phénomène et d'ailleurs aussi sa signification réelle. Ce sont surtout les albuminoïdes du sang et de la lymphe qui peuvent être considérés comme une réserve azotée.

---

[1]. Ce phénomène de réserve des sels calcaires chez l'embryon peut être rapproché de celui qui s'observe chez les écrevisses au moment de la mue. On trouve, à cette époque, d'abord dans les parois, puis dans la cavité de l'estomac de ces animaux, des masses dures improprement appelées *yeux d'écrevisses* ; ces masses sont de nature calcaire (carbonate et phosphate) ; elles disparaissent rapidement à mesure que la nouvelle carapace se consolide et se calcifie.

2. — Réserves energétiques.

Ces réserves sont constituées par des substances qui servent de
matériel énergétique aux cellules dans lesquelles elles se sont accu-
mulées ou à d'autres éléments de l'organisme. Ce sont des substances
tertiaires, hydrates de carbone ou graisses. En outre, il peut y avoir
aussi mise en réserve du gaz comburant nécessaire à l'oxydation de
ces substances, de l'oxygène.

1° *Réserves d'oxygène.*

C'est l'oxygène de l'oxyhémoglobine du sang et des muscles rouges.
Grâce à ce surplus d'oxygène, nous pouvons rester environ deux
minutes sans respirer et pourtant sans danger de mort. D'autres faits
attestent la possibilité d'un emmagasinement de ce gaz.

L'acide carbonique exhalé pendant une période donnée ne correspond
pas toujours à l'oxygène absorbé dans cette même période ou dans celle
qui l'a immédiatement précédée; il y a, dans certains états de l'organisme,
absorption en excès d'oxygène et emmagasinement de ce gaz, et ce dépôt
est ultérieurement employé lorsque l'acide carbonique est exhalé relativement en excès. Regnault et Reiset avaient déjà très nettement indiqué ces
faits lorsque, étudiant les animaux en hibernation, ils avaient observé que
ces animaux augmentent de poids pendant leur engourdissement, et que
cette augmentation de poids provient d'une accumulation d'oxygène sans
exhalation proportionnelle d'acide carbonique (voy. p. 557). On a observé
des phénomènes semblables chez l'homme en comparant les absorptions
et les exhalations gazeuses pendant la période de sommeil et pendant celle
de veille et d'activité. En général, chez l'animal soumis à un violent travail
musculaire, il y a excès d'acide carbonique expiré ; de sorte que, par le
travail et pendant le jour, non seulement l'exhalation d'acide carbonique
est plus abondante, mais encore l'oxygène paraît être emprunté aux
matières animales elles-mêmes, et n'être ensuite activement absorbé que
pendant la nuit suivante. Enfin, chez l'homme soumis au jeûne, on peut
constater des augmentations de poids qui ne sont attribuables qu'à un
excès de l'oxygène absorbé (voy. p. 557).

Chez les animaux à sang froid, les réserves d'oxygène sont plus importantes. Ainsi une grenouille placée dans une atmosphère confinée d'hydrogène y vit plusieurs heures en exhalant de l'acide carbonique (expérience de William Edwards, 1823); pour que celui-ci continue à se former,
il faut évidemment que le sang ou les tissus contiennent de l'oxygène en
réserve. Que de telles réserves existent chez les animaux à sang froid,
c'est un fait qui paraît ressortir des expériences de Max Verworn (1913)
sur la persistance d'excitabilité, durant une heure et demie ou
deux heures, du nerf d'une préparation neuro-musculaire de grenouille
nerf isolé avec un muscle attenant) dans une enceinte bien fermée et

privée d'oxygène ; pendant tout ce temps l'excitabilité en effet se maintient à son niveau primitif, ce qui ne se comprend, semble-t-il, que si le nerf possède une réserve d'oxygène.

2° *Réserves d'hydrates de carbone.*

La forme sous laquelle se font ces réserves est le glycogène. Où et comment elles s'effectuent, on l'a vu dans l'étude consacrée à la fonction glycogénique du foie (voy. p. 608). Mais le foie n'est pas le seul lieu de dépôt de cette substance. Les muscles possèdent une fonction analogue.

En effet, quand on dose la glycose du sang qui arrive à un muscle et du sang qui en sort, on constate que, pendant le repos du muscle, la plus grande partie de ce sucre n'est pas consommée et reste dans le tissu ; d'après les expériences de Chauveau sur le muscle releveur de la lèvre supérieure chez le cheval, on peut évaluer à 1^{gr},7 environ la quantité de glycose retenue par kilogramme de muscle et par heure.

Or, ce sucre reste dans le muscle sous forme de glycogène. Voici les principaux faits qui ont servi à l'établissement de cette importante donnée.

Quand les muscles ne travaillent pas, leur glycogène augmente ; quand ils se contractent, la proportion de cette substance diminue. Dans les muscles peu actifs (comme ceux de l'aile du poulet ou ceux des pattes de la chauve-souris), le glycogène est abondant. Dans les muscles dont on coupe les nerfs moteurs, le glycogène s'accumule, la consommation en étant à peu près nulle. Dans les muscles dont on lie les vaisseaux, il se consomme au contraire pour l'entretien du tonus musculaire et, comme il ne peut se renouveler à cause même de la ligature des vaisseaux, il finit par disparaître totalement.

Même quand on a enlevé le foie (expériences sur des grenouilles), les muscles contiennent du glycogène et, si l'on fait aux animaux ainsi traités des injections de glycose sous la peau, la proportion du glycogène musculaire augmente.

Quelle est l'origine de ce glycogène des muscles ? On vient de voir qu'elle est dans le sucre du sang. Mais ce glycogène peut avoir une autre origine ; il peut provenir de l'oxydation incomplète de la graisse.

Chez des chiens inanitiés, dont les muscles ont perdu environ la moitié de leur glycogène, une alimentation exclusivement grasse élève rapidement ce chiffre (Ch. Bouchard et A. Desgrez, 1900).

De ces faits il résulte que les muscles ont bien la propriété de fixer du glycogène. Ils en contiennent environ 0^{gr},5-0^{gr},9 p. 100 de leur poids frais et quelquefois plus[1]. C'est une réserve qu'ils utilisent eux-mêmes pour leur propre travail.

Là, dans cette spécificité de la destination, se révèle une différence profonde entre la fonction glycogénique du foie et celle des muscles. La première est générale, elle sert à tout l'organisme ; c'est pourquoi la cellule hépatique, en élaborant le glycogène et la glycose qui en provient, se comporte tout à fait comme une cellule glandulaire (voy. p. 594). Au contraire, la seconde est purement locale ; le glycogène élaboré par les cellules musculaires est employé sur place ; ce n'est qu'une réserve *cellulaire* ou *locale*, et non point *somatique*, comme celui du foie. Toujours est-il néanmoins que de ce rapport entre la glycose du foie et le glycogène des muscles résulte une corrélation fonctionnelle évidente entre le foie et les muscles ; suivant le mot de Chauveau, celui-là est le collaborateur indirect de ceux-ci.

La plupart des autres tissus contiennent aussi du glycogène, en moindre quantité, il est vrai, que le tissu musculaire.

Chez l'embryon, les réserves de glycogène sont fort importantes. Dès 1857, Cl. Bernard a signalé cette substance dans les organes placentaires des Mammifères et dans la membrane vitelline des Oiseaux. De là l'idée que le placenta est un organe où se font des réserves qui sont utilisées au cours du développement du fœtus. — Chez les Oiseaux, les cellules à glycogène se trouvent d'abord sur le trajet des veines omphalo-mésentériques, et plus tard aux extrémités des veines vitellines qui forment de véritables villosités glycogéniques flottant dans la substance jaune. Quant à l'œuf lui-même, il contient constamment de la glycose, comme Cl. Bernard l'a montré (pour les œufs de tous les Oiseaux) ; ce sucre, dont la quantité, au début de l'incubation, est en moyenne de 3,7 p. 1000 (œuf de poule), diminue jusqu'au dixième jour de l'incubation (au-dessous de 1 p. 1000), puis augmente de nouveau jusqu'à la fin (2 p. 1000). Ainsi, il y a destruction de glycose, puis reformation de cette substance aux dépens d'autres matières de l'œuf.

3° *Réserves de corps gras.*

Tout le monde sait que la graisse peut s'accumuler dans les cellules adipeuses du tissu conjonctif interstitiel et sous-cutané.

Ces réserves peuvent se former par fixation directe, par simple emmagasinement dans les cellules des corps gras en excès dans le

1. On a calculé que dans la masse musculaire d'un homme de taille moyenne, cette masse pesant environ 3o kilogrammes, il y a de 15o à 25o grammes de glycogène.

sang. La graisse d'un chien dans l'alimentation duquel on introduit beaucoup d'huile de lin, est liquide à 0°; si, au contraire, on fait ingérer à un chien des graisses à point de fusion élevé, du suif de mouton par exemple, sa graisse est très solide et semblable à celle du mouton.

Mais les réserves de graisse se font aussi autrement. L'observation a montré que les féculents sont de toutes les substances les plus propices à l'engraissement ; c'est avec le maïs par exemple que l'on engraisse les oies ; on a engraissé les porcs avec du riz. Or, dans ce cas, la proportion de graisse mise en réserve dépasse tellement la quantité contenue dans les aliments, que force est d'admettre qu'elle provient des hydrates de carbone et sans doute de la glycose fournie par ceux-ci. Avec ces corps l'organisme fait donc de la graisse.

*
* *

Ainsi beaucoup des matériaux nutritifs ne sont pas immédiatement utilisés par l'organisme, mais peuvent y être conservés. Il y a là, dans cette mise en réserve, un mécanisme régulateur de la nutrition et à la fois un procédé d'alimentation. Si, à un moment donné, il passe dans le sang un excès de substances assimilables, celles-ci sont entreposées comme réserves; si, à un autre moment, l'organisme n'en reçoit pas assez, il consomme ses réserves. D'autre part, les ingestions sont intermittentes et cependant la composition du milieu intérieur reste à peu près constante ; c'est que par l'intermédiaire du sang il s'établit des rapports entre les différents départements de l'organisme; en tel lieu diverses substances sont emmagasinées et reparaissent dans le sang au fur et à mesure des besoins des autres tissus. La nutrition n'est donc guère *immédiate*, c'est-à-dire n'utilise guère les principes fournis par l'absorption intestinale ; la plupart de ceux-ci sont entreposés dans divers organes pour repasser plus tard dans le milieu intérieur, en quantité variable suivant les nécessités fonctionnelles.

III. — ASSIMILATION ET DÉSASSIMILATION.

La faculté que possède tout élément anatomique vivant d'être en relation d'échange continu avec le milieu qui le baigne, d'attirer les principes constitutifs de ce milieu, de se les incorporer pour un temps, puis de les rejeter après leur avoir fait subir diverses modifications, cette faculté est la propriété commune et la plus essentielle de toute substance vivante. Grâce à ce double mouvement continu de combinaison et de décombinaison que présentent les éléments anatomiques sans se détruire, il se fait dans ces éléments, et par suite dans l'édifice organique tout entier, une perpétuelle circulation de matière ; c'est ce mouvement d'assimilation et de désassimilation que CUVIER [1] désignait par le nom de *tourbillon vital*. Mais il faut bien remarquer que, contrairement à ce que croyaient les biologistes du temps de CUVIER, ce n'est pas la substance proprement vivante, le protoplasma cellulaire, qui est entraîné dans ce tourbillon ; ce ne sont que les matières élaborées par le protoplasma et entreposées en quelque sorte sous forme de graisse et de glycogène qui sont ainsi incessamment détruites et renouvelées. On reviendra plus loin sur cette distinction fondamentale.

« Le sang est l'agent ou le milieu de tous les phénomènes de nutrition : il fournit les matériaux de réparation que la digestion renouvelle sans cesse ; il reçoit et entraîne vers les organes d'expulsion les matériaux qui ont rempli leur rôle biologique. La nutrition consiste donc en un double échange, entre le sang et les tissus d'une part, entre le sang et l'extérieur d'autre part. D'une manière plus générale, la nutrition est l'ensemble des échanges qui s'opèrent entre l'organisme vivant et le milieu qui l'entoure. Le *Stoffwechsel* (échange de matière) des Allemands l'exprime en un seul mot [2]. »

Les deux actes d'entrée et de sortie des matières qui prennent part, pour un temps plus ou moins long, à la composition des éléments anatomiques vivants, ces deux actes sont entièrement mêlés l'un à l'autre et s'accomplissent le plus souvent simultanément ; cependant il est certaines périodes où les phénomènes d'entrée prédominent, d'autres où les phénomènes de sortie sont plus marqués. Les premiers sont désignés sous le nom d'*assimilation* ou *anabolisme*, parce que, par ces actes, des substances plus ou moins différentes de celles de l'élément vivant deviennent semblables à ces dernières ou tout au moins leur sont incorporées ; et les seconds par le nom de *désassimilation* ou *catabolisme*, parce qu'alors les principes qui faisaient partie de la substance des éléments cessent d'être semblables à celle-ci et s'en séparent, devenant de la matière usée, improductive d'énergie, comme la matière minérale, bref de la matière morte.

L'assimilation et la désassimilation ont été déjà définies (voy. p. 110). Il est à remarquer que ce qui a été dit de l'assimilation s'applique surtout aux matières minérales et protéiques qui font partie constitutive des protoplasmas. Le glycogène déposé dans le foie ou dans les muscles n'est que le matériel d'où l'organisme tire l'énergie nécessaire à sa vie ; ce n'est qu'une matière de réserve. Et

---

1. G. CUVIER (1769-1832), célèbre naturaliste français, un des plus grands maîtres de l'anatomie comparée, le créateur de la paléontologie.

2. J. BÉCLARD, *Traité élémentaire de physiologie*, 7ᵉ édition, t. 1, p. 714, Paris, 1880. — J. BÉCLARD (1817-1887), ancien professeur de physiologie à la Faculté de médecine de Paris.

la graisse, même celle qui est passée à l'état de tissu adipeux et q
l'on qualifie souvent de graisse *fixe,* n'appartient pas réellement n
plus au protoplasma vivant. Exception doit être faite cependant po
les lécithines. C'est donc spécialement aux échanges protéiques q
convient le mot d'assimilation, celle-ci étant « la production p
l'être vivant d'une substance identique à la sienne » (Ch. Robin).

Là, par conséquent, est la caractéristique de la vie et là aussi p
conséquent le secret de l'hérédité. Le renouvellement ou l'accroiss
ment de matière vivante qui résulte de l'ensemble des réactions
des synthèses, en lequel consiste l'assimilation, est absolument sp
cifique et cette spécificité concerne l'individu non moins que l'espèc
Dans les êtres d'une espèce donnée, la matière vivante nouvelleme
formée est spécifiquement distincte par sa composition chimique, p
sa structure et par ses fonctions de celle des êtres vivants de tout
les autres espèces. Dans les êtres de même espèce, les cellul
de chaque tissu ou organe créent semblablement les substanc
spécifiques de leur protoplasma, quoique tous les organes soie
nourris des même plasmas ; ainsi avec les communs matéraux de c
plasmas elles ont la faculté de former, chacune, sa propre et sp
cifique substance [1].

Le mécanisme intime de ce processus essentiel de la vie no
échappe. Mais nous possédons du moins un ensemble de données pr
cises sur le sort des différents principes alimentaires dans l'organism

I. — Assimilation de l'eau et des matières minérales.

L'eau, les sels solubles et l'oxygène sont directement assimilés.

Ce n'est pas à dire pourtant que tous les sels absorbés pénètre
jusqu'aux tissus, tels qu'ils ont été ingérés, sans avoir subi de moc
fications ; le phosphate de chaux des os, par exemple, provient
carbonate de chaux des aliments qui se décompose dans le tu
digestif en présence des phosphates acides ; le phosphate de cha
formé passe dans le sang et de là dans les tissus. *A fortiori,* les su

---

1. Cette spécificité est donc d'ordre chimique. « C'est, a dit fortement Arma
Gautier (*Cours de chimie,* t. III, *Chimie biologique,* p. 7-8, Paris, 1892), dans
structure et l'organisation des molécules chimiques dernières qui composent
protoplasmes, ainsi que dans le mode d'association de ces molécules, qu'il fa
chercher l'origine et la cause de la succession des phénomènes élémentaires
la vie... Dès qu'on fait varier la molécule intégrante, on fait varier le mode
réagir et l'organisme tout entier. Le fonctionnement vital n'est donc que la co
séquence lointaine des fonctions chimiques de la molécule. »

stances minérales combinées à des matières organiques ne peuvent-elles être assimilées sans que les combinaisons dont elles font partie n'aient été plus ou moins profondément désagrégées.

Cette assimilation est éminemment élective. Chaque organe choisit ses matières minérales, les glandes digestives le chlorure de sodium, le foie et la rate le fer, la glande thyroïde l'iode, les glandes génitales le phosphore, le système nerveux le phosphore, le calcium et le magnésium, etc. Nous ignorons comment se fait cette fixation si variable suivant les organes.

Nous avons montré (p. 135 et suiv.) le rôle de l'eau et des substances minérales et la répartition de celles-ci dans l'organisme.

2. — Assimilation et désassimilation des hydrates de carbone.

Nous connaissons le sort des hydrates de carbone ; nous savons que de la glycose qui en provient une partie peut être brûlée immédiatement (voy. p. 551), mais qu'une autre partie se transforme en glycogène et que cette matière, déposée surtout dans le foie et aussi dans les muscles, repasse à l'état de glycose en quantité variable suivant les besoins de l'organisme (voy. p. 613).

La glycose est oxydée, principalement dans les muscles, en donnant finalement de l'acide carbonique et de l'eau. Mais il se forme des produits intermédiaires, acides formique, acétique, lactique, butyrique. La présence d'acide lactique dans les muscles, et surtout dans les muscles qui ont travaillé, donne à penser que ce corps provient en effet de la destruction du sucre. Mais, comme ces acides peuvent se former aussi dans la destruction des albuminoïdes (voy. p. 702), il est difficile d'établir la part de la glycose dans leur production totale. A ces produits intermédiaires appartient aussi l'acide glycuronique :

$$\begin{array}{l} COH \\ | \\ (CH.OH)^4 \\ | \\ COOH \end{array}$$

produit d'oxydation de la glycose (?).

Utilisation des hydrates de carbone. — La quantité de glycose que le foie verse dans le sang en vingt-quatre heures est considérable ; on peut l'évaluer approximativement à 10 grammes par kilogramme de poids vif, soit, pour un homme de taille moyenne, à 600 grammes. Comme l'urine n'en contient point, il faut donc admettre qu'elle est entièrement utilisée.

A quoi est employé tout ce sucre? S'il était intégralement oxydé
il fournirait plus des trois quarts de la chaleur produite dans l'organisme. Mais il y en a une partie qui se transforme en glycogène, soit
dans le foie, soit dans les muscles. Une autre partie peut se transformer en graisse (voy. plus loin, p. 675). Le rôle énergétique du sucre
n'en reste pas moins de première importance, puisque dans la ration
alimentaire ce sont les hydrates de carbone qui fournissent la
majeure partie de l'énergie dépensée par l'organisme (de 54 à 67 p. 100
environ, d'après les chiffres de RUBNER, 1885). Des expériences directes
ont d'ailleurs montré que toute activité musculaire sollicite une
suractivité de la fonction glycémique du foie : expériences de
CHAUVEAU sur l'augmentation de la glycose du sang pendant le travail
des muscles masticateurs (chez le cheval); expériences de KÜLZ[1] sur
la disparition rapide du glycogène restant dans le foie d'un chien inanitié, si l'on fait travailler cet animal. Pour la chaleur et le travail
mécanique qu'il produit, l'organisme utilise donc surtout du sucre.

3. — Assimilation et désassimilation des graisses.

Nous avons vu, en étudiant la digestion des graisses, que celles-ci
sont décomposées en glycérine et acides gras et absorbées à cet état
(voy. p. 289). C'est en partie avec ces éléments que l'organisme
reconstruit les graisses de ses tissus. Ici apparaît bien le travail de
synthèse qui caractérise l'assimilation. Mais l'organisme fait aussi des
graisses avec d'autres substances.

1° *Origines de la graisse.*

Il s'agit de savoir quelle part prennent à la formation de la graisse
les graisses mêmes, les hydrates de carbone et les protéiques de
l'alimentation.

**A. Formation de la graisse aux dépens des graisses ali-
mentaires et des acides gras.** — La graisse des animaux d'une
espèce donnée présente une composition chimique déterminée,
mélange à proportions à peu près fixes de trioléine, de tripalmitine
et de tristéarine, et cette composition, quelles que soient les graisses
de l'alimentation, ne varie guère. Cela est vrai, mais non pas absolument. Et l'organisme possède la faculté de modifier la composition
de sa graisse ; on a vu plus haut (p. 670)[2], en effet, qu'il peut fixer

1. R. ED. KÜLZ (1845-1895), physiologiste allemand, connu surtout par ses
recherches sur le diabète.
2. Aux faits cités, on pourrait en ajouter d'autres. Ainsi les expériences sur le
chien que nous avons relatées ont été réalisées aussi sur le lapin avec le même
résultat; on a même constaté qu'il est possible de modifier les caractères de la
graisse des Poissons en faisant ingérer à ces animaux (Carpes, Dorades) de la
graisse de mouton. D'autre part, on a montré que les graisses alimentaires
peuvent passer dans le lait (huile de lin, huile d'olive, etc.).

des graisses qui lui sont étrangères ; celles-ci, absorbées, sont simplement déposées dans divers organes.

La part des graisses alimentaires dans la production des graisses
de l'organisme peut être importante. On le démontre par des expériences du genre de celle-ci.

On fait jeûner un chien de façon qu'il perde presque toute sa graisse.
Cette réserve est épuisée quand l'élimination de l'azote urinaire subit
une brusque augmentation (voy. p. 161). A l'animal ainsi dégraissé on
donne pendant cinq ou six jours une grande quantité de lard et très
peu de viande. On le sacrifie alors. On constate qu'il a fixé la moitié de la
graisse ingérée. Il est impossible que cette quantité provienne de la
transformation des protéiques alimentaires, donnés parcimonieusement, ou
des protéiques de l'organisme, l'élimination azotée n'ayant à aucun moment
subi un accroissement révélateur d'une destruction exagérée correspondant
à cette production de corps gras.

Il faut donc admettre que les graisses alimentaires fournissent une
partie au moins des graisses de l'organisme.

Les résultats sont les mêmes quand, dans l'alimentation, on remplace telle ou telle graisse neutre par les acides gras correspondants.

Un chien inanitié, nourri avec de la viande dégraissée et avec les acides
gras provenant de la graisse du mouton, forme une graisse qui a les
caractères de celle du mouton.

On a observé le même fait sur l'homme. A un individu atteint d'ascite
chyleuse on a fait prendre une quantité donnée d'*acide érucique*, extrait
de l'huile de navette, et on a constaté une augmentation de la graisse du
liquide chyleux et que cette graisse ne consistait point dans l'acide gras
administré, mais bien dans la graisse neutre correspondante.

Les acides gras sont donc employés à la constitution des graisses
neutres. La formation synthétique de celles-ci a lieu dans les cellules des villosités intestinales (voy. p. 289); la glycérine, nécessaire
à cette synthèse, se trouve dans l'intestin. Pour la formation de
100 parties de graisse, il suffit d'ailleurs de 9 de glycérine.

B. **Formation de la graisse aux dépens des hydrocarbonés.** — La notion de la formation de graisse aux dépens des
hydrates de carbone repose sur cette donnée générale, que les herbivores, qui engraissent si facilement, ont une alimentation surtout
riche en substances hydrocarbonées et que les carnivores engraissent
aussi quand la proportion de ces substances augmente dans leur
nourriture. C'est ainsi que Liebig[1] posa nettement la question. A ce

1. Justus Liebig (1803-1873), un des plus célèbres chimistes allemands du
XIX⁰ siècle.

propos, Hoppe-Seyler rappelle avec quelle facilité les hydrates de carbone se décomposent en acide lactique et comment de celui-ci peut provenir de l'acide palmitique : $8\ C^3H^6O^3 = C^{16}H^{32}O^2 + 8\ CO^2 + 6H^2O + 4H$.

En ce qui concerne ce mécanisme de la transformation des hydrocarbonés en corps gras, on doit aussi noter que ces derniers étant pauvres en oxygène et riches en carbone et hydrogène, tandis que les premiers sont riches en oxygène et relativement pauvres en carbone et hydrogène, la transformation de ceux-ci est sans doute précédée d'un phénomène réducteur, d'une soustraction abondante d'oxygène.

Les expériences directes sont très démonstratives. Le principe en est simple. On donne à un animal (un porc, par exemple, comme dans les expériences de F. Soxhlet[1], 1881) une nourriture riche en hydrates de carbone et pauvre en graisses et en albuminoïdes (du riz, par exemple) dont on fixe d'ailleurs par l'analyse les proportions ; on dose dans les excreta (urines et fèces) l'azote et les graisses ; par différence entre les graisses ingérées et celles qui sont éliminées on connaît la quantité absorbée et par le dosage de l'azote excrété on sait la quantité de matières protéiques décomposées ; au bout d'un temps donné on sacrifie l'animal et on détermine la quantité de graisse qu'il contient ; on constate que cette quantité est beaucoup trop forte pour qu'elle puisse avoir été fournie par les graisses alimentaires et par la décomposition des albuminoïdes. On a trouvé ainsi que 70 à 85 p. 100 de la graisse formée, dans ces conditions, provient des hydrates de carbone.

C. Formation de la graisse aux dépens des matières protéiques. — Ce sont surtout les expériences de Pettenkofer et Voit qui ont servi à établir une relation entre la destruction des protéiques et la production de graisse.

Dans ces expériences les auteurs voyaient la quantité de graisse fixée par un animal augmenter à mesure qu'ils augmentaient la quantité de viande dégraissée donnée à cet animal; d'autre part, en dosant l'azote et le carbone des excreta, ils retrouvaient dans ceux-ci tout l'azote ingéré, mais une partie seulement du carbone, et concluaient que ce carbone ne pouvait s'être fixé dans l'organisme que sous forme de graisse. Pflüger montra que les données numériques utilisées par Pettenkofer et Voit sont erronées et en particulier que ces physiologistes n'avaient pas tenu compte de la graisse et du glycogène contenus dans la viande maigre.

Au vrai, les critiques de Pflüger ont à peu près ruiné la thèse de la formation de la graisse aux dépens des matières protéiques.

1. Chimiste allemand, professeur à l'École supérieure de technologie et à la Station agronomique de Münich.

Il y a cependant une réserve à émettre, c'est au sujet de la fonction adipopoiétique du foie; la cellule hépatique paraît pouvoir faire de la graisse avec les albuminoïdes (voy. p. 624); mais c'est là un cas particulier.

Un autre cas est encore à citer, c'est celui qu'ont révélé les recherches du naturaliste français Ed. Bordage (1915-1917) sur les phénomènes d'histolyse au cours de différents processus (régénération des appendices, métamorphoses) chez un grand nombre d'Insectes [1]; l'auteur a directement observé la dégénérescence graisseuse des muscles par la transformation du tissu musculaire, sous une action diastasique, en tissu adipeux.

2° *Désassimilation de la graisse.*

Une partie de la graisse de l'organisme est éliminée en nature avec la sueur et avec la substance sébacée (et avec le lait, chez la femme qui nourrit), mais la plus grande partie est détruite, oxydée, en donnant comme produits terminaux de l'acide carbonique et de l'eau. Cette combustion se fait-elle d'emblée jusqu'à ses termes ultimes, ou bien se produit-il d'abord des termes intermédiaires, transformés ensuite en CO^2 et H^2O? On tend à admettre que les acides gras des graisses, en se démolissant, passent transitoirement par la série des « corps acétoniques », acide β-oxybutyrique, acide acétylacétique et acétone [2] qui sont ensuite brûlés; seul, un petit reste d'acétone échappe à l'oxydation et se retrouve dans les urines ($0^{gr},01$ à $0^{gr},03$, *acétonurie normale*).

De fait, les « corps acétoniques » ne proviennent pas des hydrocarbonés, puisque l'acétonurie normale augmente par un régime d'albuminoïdes et de graisses, dépourvu d'hydrates de carbonne [3]. Ils ne peuvent provenir en

1. C'est au cours des mêmes recherches que Bordage a constaté que la phagocytose ne joue qu'un rôle insignifiant dans l'histolyse.

2. La série des « corps acétoniques » a pour substance mère l'acide β-oxybutyrique. *In vitro* on a en effet

$$CH^3.CHOH.CH^2.COOH + O = CH^3.CO.CH^2.COOH + H^2O$$
Acide β-oxybutyrique   Acide acétylacétique

$$CH^3.CO.CH^2.COOH = CH^3.CO.CH^3 + CO^2.$$
Acide acétylacétique   Acétone

La même succession de réactions a lieu dans l'organisme.

3. Avec un tel régime on a, chez l'homme, constaté dans un cas la présence de $1^{gr},3$ d'acétone et d'acide acétylacétique dans les urines et de 7 grammes d'acide β-oxybutyrique. Aussitôt qu'on donne des hydrates de carbone, l'acétonurie redevient insignifiante (acétonurie normale). Et ceci expliquerait pourquoi les diabétiques sont acétonuriques ; c'est parce que, incapables de brûler leurs hydrates de carbone, ils sont en état d'inanition hydrocarbonée plus ou moins complète. — On trouve dans les urines des diabétiques des quantités considérables de corps acétoniques, de 50 à 150 grammes et même plus.

totalité des albumidoïdes, car dans beaucoup de cas (dans le coma diabétique) la quantité de ces corps est telle qu'elle ne pourrait être fournie
par l'albumine consommée en même temps, même en supposant que tout
le carbone de cette albumine ait été transformé en acide β-oxybutyrique,
ce qui est inadmissible. Au contraire, l'ingestion de beurre, graisse riche
en butyrine, fait augmenter les corps acétoniques ; mais ceux-ci proviennent aussi des acides gras supérieurs (oléique, stéarique, palmitique) [1].

La réalité de cette origine a été établie par des expériences qui ont montré en même temps où se forment ces corps acétoniques. Si l'on fait circuler du sang à travers un foie de chien isolé, on constate que ce sang,
en une heure environ, se charge de petites quantités d'acide acétylacétique
et d'acétone (12 à 27 milligrammes par litre); mais la quantité de ces corps
s'élève considérablement, jusqu'à 128 milligrammes par litre, si l'on ajoute
de l'acide butyrique normal au sang qui sert à la circulation artificielle
(expériences de EMBDEN et de ses collaborateurs, 1906, 1908). Il ne se produit rien de semblable dans d'autres organes (rein, poumon, muscles)
placés dans les mêmes conditions.

Une partie des corps acétoniques peut avoir une origine protéique. Au
cours de ces mêmes expériences de circulation artificielle, il a été
trouvé que l'addition d'acides aminés (leucine, tyrosine, phénylalanine) au
sang qui passe dans le foie augmente la production d'acide acétylacétique
et d'acétone. D'ailleurs, si l'on fait ingérer ces mêmes acides à des diabétiques, on voit l'excrétion acétonique devenir plus forte. Les autres acides
aminés ne sont pas cétogènes.

Il se forme donc normalement dans le foie des corps acétoniques aux
dépens des acides aminés et surtout des acides gras, transformés préalablement en acide β-oxybutyrique, substance mère des autres corps acétoniques. Mais à l'état normal [2] on ne trouve dans les urines que des traces
de ces corps. Il faut donc que la plus grande partie en soit détruite. *In
vitro*, en effet, les purées de divers organes, rein, rate et surtout foie,
auxquelles on ajoute de l'acide acétylacétique, en détruisent la majeure
partie ; le sang a le même pouvoir. Ici se révèle ce que l'on pourrait appeler une fonction *cétolytique* du foie (et d'autres organes). Le dédoublement de l'acide diacétique par le foie est total en eau et acide
carbonique.

Cette théorie de la décomposition des acides gras et corrélativement du mode de formation des corps acétoniques présente cependant quelques lacunes. Comment expliquer, par exemple, qu'une
partie des graisses, en se décomposant, ne puisse plus dépasser le
stade acétonique, dès qu'on enlève à l'organisme sa ration habituelle
d'hydrocarbonés? Il n'y a sur ce sujet que des suppositions.

1. Le beurre contient 93 p. 100 de glycérides des acides gras supérieurs contre
7 p. 100 de glycérides d'acides inférieurs (butyrine, caproïne).
2. Sur la déviation pathologique de cette production des corps acétoniques et
sur l'acétonurie dans le diabète, voy. une très intéressante étude de LAMBLING,
Arch. des maladies de l'appareil digestif et de la nutrition, avril 1909.

3° *Utilisation de la graisse.*

La plus grande partie de la graisse ingérée est brûlée. Cette combustion serait complète; on peut avec Ch. Bouchard en donner la formule suivante :

$$C^{55}H^{104}O^6 + 156\,O = 55\,CO^2 + 52\,H^2O.$$
Graisse mixte.

Et cette réaction entraîne un dégagement considérable de calories, comme nous le savons (voy. p. 153). La valeur calorifique de l'aliment gras est donc très élevée. De là, sa supériorité sur les hydrates de carbone et sur les albuminoïdes, quand l'organisme a besoin d'un surplus d'énergie, puisque, à masse égale, il représente un apport d'énergie beaucoup plus grand que celui des autres aliments. En effet, d'après les coefficients mentionnés p. 153 :

100 grammes de viande maigre à 21 p. 100 d'albumine fournissent 84 calories;

100 grammes de pain (contenant 8 p. 100 d'albumine et 55 p. 100 d'amidon) fournissent 252 calories ;

100 grammes de beurre (contenant 85 p. 100 de graisse pure) fournissent 765 calories.

La graisse des tissus peut de même être utilisée, en cas de travail musculaire. Si un animal au repos engraisse, un animal gras qui travaille beaucoup perd de sa graisse et en même temps consomme plus d'oxygène et élimine plus d'acide carbonique.

Toute la graisse ingérée n'est pas brûlée. Une petite partie peut être fixée dans les tissus. Une autre partie, par un mécanisme déjà signalé (voy. p. 557, note 1), et qui se déclenche dans le jeûne, au moment où on donne à l'animal inanitié un repas de graisse, peut se transformer en glycogène, conformément à l'équation suivante proposée par Ch. Bouchard :

$$C^{55}H^{104}O^6 + 60\,O = 12\,H^2O + 7\,CO^2 + 8(C^6H^{10}O^5).$$
Graisse mixte.

Le glycogène résultant de ce processus s'accumule dans les muscles, et nullement dans le foie (voy. p. 613). Il est vrai que ce glycogène servira à son tour au travail du muscle. De telle sorte que Bouchard remarque avec raison que « cette propriété qu'a l'organisme d'oxyder incomplètement la graisse pour en faire du glycogène n'intéresse que très indirectement la glycogénie, c'est-à-dire la formation du sucre. Car tout le sucre vient du foie et il ne paraît pas que la graisse fournisse du glycogène au foie. Elle dispenserait seulement les muscles de lui en emprunter. Elle fournirait directement aux muscles la substance spéciale où ils puisent leur énergie et les muscles seraient incapables de restituer cette substance sous forme de sucre »[1].

4. — Assimilation et désassimilation des matières protéiques.

Les matières albuminoïdes de l'organisme proviennent des substances de même nature[2] que contiennent les aliments, d'origine végétale aussi bien qu'animale.

La quantité d'albumine fournie par la ration alimentaire d'un homme adulte dépasse celle dont les tissus ont besoin, car la réparation des protoplasmas cellulaires est normalement peu importante. La quantité en excès qui reste dans le sang a été dénommée *albumine circulante* (Voit), par opposition à l'*albumine des organes* ou *fixée*. Dans les premiers jours du jeûne, la quantité d'albumine détruite, qui est très variable, dépendrait justement de la quantité de cette albumine circulante en rapport avec la richesse en azote de l'alimentation précédente ; une fois que ce surplus d'albumine a été consommé (en deux ou trois jours), l'organisme est obligé de consommer les protéiques des tissus, alors il réduit le plus possible cette consommation et la désassimilation azotée tombe à un niveau qui reste longtemps constant. — Cette distinction de l'albumine circulante et de l'albumine fixée a été fortement contestée. En fait, nulle part dans l'organisme on n'a trouvé ce combustible protéique. La reconstitution protéique, consécutive à l'hydrolyse digestive, n'a lieu que pour la quantité de protéique nécessaire à la réparation des tissus ; le reste de la ration azotée est brûlé à l'état d'acides aminés (désamination et oxydation). Introduites dans le tube digestif, les substances protéiques alimentaires y subissent des modifications profondes (voy. p. 230 et 248); il en résulte de nombreux corps, une masse de débris ; et c'est en réalité avec ces débris que les cellules des différents tissus et organes refont leurs albumines spécifiques.

Avant d'exposer les données relatives à cette question, il convient de présenter quelques remarques importantes.

Deux sortes de métabolisme. — Les études sur le métabolisme des protéines ont conduit à une distinction importante entre la métabolisme *endogène* et l'*exogène* (O. Folin[3], 1905). De la comparaison d'un très grand nombre d'analyses d'urines, sur des sujets

---

1. Ch. Bouchard, *Troubles préalables de la nutrition*, in *Traité de pathologie générale*, t. III, p. 280, Paris, 1890.
2. Seuls, les végétaux sont capables de faire de l'albumine à partir de corps plus simples, tels que l'acétate ou le tartrate d'ammoniaque.
3. Biochimiste américain contemporain.

suivant deux régimes différents, l'un riche, l'autre pauvre en azote,
mais tous deux dépourvus de purines et de créatine ou créatinine, il
est ressorti qu'il existe dans l'urine deux sortes de produits ; les uns
sont à peu près constants quel que soit le régime, les autres sont en
plus grande quantité dans un régime riche en azote ; les premiers
sont principalement représentés par la créatinine et le soufre neutre ;
les produits variables sont surtout l'urée et les sulfates inorganiques. Les premiers sont donc des produits indépendants de l'alimentation, provenant par conséquent de l'usure des tissus, ce sont
des déchets *endogènes*, tandis que l'urée, qui varie suivant l'apport
alimentaire d'albumine, est un déchet *exogène* [1].

Cette question offre un grand intérêt pratique qui tient à ce fait
que la quantité d'azote qu'il est nécessaire d'ingérer est théoriquement mesurée par celle qui suffit à la formation de nouveaux tissus
(chez l'être en voie de croissance) ou à la réparation causée par
l'usure minime des tissus chez l'adulte. De là vient l'importance de
la question du besoin minimum d'albumine (voy. p. 145). — Nous
avons déjà fait observer (p. 147) que le problème du besoin d'albumine apparaît désormais comme étant surtout d'ordre qualitatif.
La valeur des différentes matières protéiques dépend de leur composition en acides aminés. Car c'est d'une série de ces composés,
et en proportion déterminée, que l'organisme a besoin.

**Rapport entre l'absorption des protéiques et la désassi-
milation azotée. Loi de l'équilibre azoté.** — Quelle que soit
la quantité de matières albuminoïdes fournies à l'organisme par
l'alimentation, l'excrétion azotée qui mesure la destruction de ces
matières est égale, entre des limites déterminées, mais très larges,
à l'apport d'azote.

Le besoin d'énergie d'un animal développé étant satisfait par une quantité
suffisante d'hydrates de carbone ou de graisses ou d'un mélange en proportion convenable des unes et des autres, la ration alimentaire n'a qu'à
couvrir le besoin d'albumine. On sait (voy. p. 145) que l'équilibre azoté
est réalisé quand les sorties d'azote sont égales aux entrées. Or, cet
équilibre peut être obtenu avec des apports très variables d'albumine,
compris pour l'homme entre 50 grammes environ et 200 grammes d'albumine par jour. C'est que, des expériences précises l'ont établi, la quantité
d'azote excrété augmente ou diminue, entre ces limites, avec la quantité
d'albuminoïdes ingérées. D'après les chiffres d'albumine qui viennent d'être
cités, elle peut donc varier, en supposant que tout l'azote de cette albumine
est transformé en urée, de 16 à 68 grammes d'urée par jour. — Sur le chien.

---

1. On admet (FOLIN lui-même) que l'urée est probablement aussi en partie un
déchet endogène.

animal carnivore capable de digerer de grandes quantités de viande, on a pu obtenir l'équilibre azoté (sur des chiens de 30 à 35 kilogrammes) avec des doses variant de 500 grammes à 2500 grammes (expériences de Voit). — Il faut plusieurs jours pour que l'équilibre s'établisse, de sorte que durant ces quelques jours un animal peut, en recevant une même ration de viande, perdre ou fixer de l'azote, selon la valeur de la ration des jours précédents ; ainsi, chez un des chiens de Voit, la ration de 1000 grammes, suffisante pour l'équilibre, fut d'abord insuffisante parce que la ration antérieure avait été beaucoup plus forte (1500 grammes). Chez l'homme, des faits identiques ont été observés (expériences de C. von Noorden[1]).

De là est sortie une des lois fondamentales de la nutrition, la loi de l'équilibre azoté : *l'organisme proportionne toujours sa désassimilation azotée à la grandeur de l'apport alimentaire azoté.*

Signalons deux des conséquences les plus importantes qui découlent de cette loi.

1° Dans le cas où, la ration étant suffisante à la fois pour l'équilibre azoté et pour l'équilibre thermique total, on ajoute un surcroit d'albumine, ce surplus ne sera nullement emmagasiné; mais la désassimilation azotée s'élève en proportion de ce nouvel apport qui est tout entier détruit. Par contre, comme de ce chef il y a eu production d'un excédent de calories, il en résulte une épargne des graisses de la ration; une proportion équivalente de ces graisses est emmagasinée. On voit par là que l'apport d'albuminoïdes en surplus ne détermine pas ce qu'on a appelé *consommation de luxe*, puisqu'il se produit corrélativement une économie d'une quantité à peu près correspondante de graisse.

La différence est grande sous ce rapport entre les aliments albuminoïdes et les aliments ternaires. L'organisme détruit tout ce qui des albuminoïdes offerts dépasse la ration minima. Au contraire, tout ce qui des sucres ou des graisses dépasse le besoin total de calories est fixé et retenu comme réserves graisseuses. Sitôt en effet que le besoin de calories est couvert, l'organisme arrête la destruction des aliments ternaires. Mais la destruction des albuminoïdes ne s'arrête que quand les organes digestifs sont impuissants à en décomposer la masse entière qu'ils ont reçue. Aussi est-ce le mangeur de graisses et de féculents, et non pas le mangeur de viande, qui devient obèse. Le mangeur de graisses et surtout de féculents n'est pas arrêté, comme l'autre, par l'intolérance de son tube digestif. L'intestin maîtrise aussi bien 600 grammes que 300 ou 400 grammes

---

1. Médecin allemand contemporain, professeur à l'Université de Francfort.

d'hydrates de carbone, tandis qu'il se refuse à digérer plus de
180 à 200 grammes d'albumine.

2° Dans le cas où, la ration étant suffisante, on y ajoute un surplus
notable d'aliments ternaires, la quantité de l'azote total des urines
diminue. Ce qui prouve que les hydrates de carbone et les graisses
peuvent faire épargner à l'organisme une certaine quantité d'albumine ; c'est ce qui a déjà été indiqué p. 150. Cette action est plus
énergique de la part des hydrates de carbone que des graisses.

Les expériences de Voit sur ce point (1860) ont été décisives[1]. Un
chien recevant 2 kilogrammes de viande élimine, par exemple, une quantité
d'azote correspondant à 1991 grammes de viande détruite ; ajoutons
200 grammes d'amidon à cette ration, la quantité de viande détruite tombe
à 1825 grammes ; il y a eu épargne de 166 grammes de viande. — Mêmes
observations sur l'homme. Dans une expérience faite sous la direction de
C. von Noorden par Deiters (1892) on voit qu'une femme, à la ration d'entretien, recevant 12^{gr},57 d'azote par jour, en perd 10^{gr},37 ; le cinquième jour
de l'expérience, comme elle reçoit un surplus de 200 grammes de sucre,
l'azote urinaire tombe à 9 grammes ; il y a eu par suite un gain de 8^{gr},49
d'albumine.

Il en est de même, quoique dans une moindre mesure, pour les
graisses (expériences de Bischoff[2], 1858, de Bischoff et Voit, 1860,
de Voit, 1869).

On voit, par exemple, dans une des expériences de Voit, qu'avec une
ration de 1500 grammes de viande un chien de 35 kilogrammes a été
obligé de détruire encore 12 grammes de sa propre chair, tandis qu'après
addition de 150 grammes de graisse à la même ration il a fixé 26 grammes
de viande. Mêmes constatations sur l'homme : dans une expérience, Rubner
(1879) observe qu'avec une ration de viande contenant 301^{gr},4 d'albumine
il y a perte de 65 grammes de viande, tandis que l'addition de 195 grammes
de graisse à une ration d'albumine inférieure de plus de moitié (146^{gr},9)
détermine la fixation de 55 grammes de viande.

Ainsi, alors qu'un surcroît d'albumine ne peut donner lieu qu'à un
gain d'azote minime et d'ailleurs de courte durée, en vertu de la loi
de l'équilibre azoté, un surplus de graisses et surtout d'hydrocarbonés
amène des gains d'albumine. Mais jusqu'où peut aller ce bénéfice ?

L'expérience a montré que, sur un individu en équilibre azoté et chez
lequel le besoin total des calories était largement couvert, l'addition à la

1. C'est F. Hoppe (qui par la suite devait s'appeler Hoppe-Seyler), qui, le premier (1856), a montré que, lorsqu'on ajoute du sucre à une ration de viande chez
le chien, l'élimination de l'urée diminue.

2. Th. L. W. Bischoff (1807-1878), anatomiste et physiologiste allemand, connu
par ses recherches sur le développement de l'œuf des Mammifères, sur le poids
du cerveau, etc., et surtout par ses nombreux et importants travaux sur les
échanges de matières et en particulier sur la production de l'urée.

ration de 1 700 calories par jour, sous forme de sucre et de graisse, a fait réaliser en quinze jours un gain de 49,5 grammes d'azote, soit 309 grammes d'albumine, soit 1 455 grammes de chair musculaire (expérience de Krug sur lui-même, 1894, faite sous l'inspiration de C. von Noorden).

Cette fixation assez considérable d'albumine n'alla cependant point sans inconvénient. L'organisme dut en effet s'encombrer en même temps d'une masse de graisse, 5 p. 100 seulement des calories en surplus ayant servi à l'accroissement d'albumine et 95 p. 100 à l'augmentation des réserves graisseuses, qui atteignit 2 606 grammes! Et pour ce résultat l'apport alimentaire total avait dû être élevé jusqu'à 71 calories par kilogramme; ce régime, amenant la répugnance, n'aurait pu être maintenu longtemps.

On n'a donc pas « dans l'alimentation surabondante le moyen d'augmenter les masses et la puissance musculaires d'un homme. En réalité on ne réussit qu'à étouffer l'organisme dans la graisse [1] ».

On va voir dans quelles conditions spéciales il peut y avoir bénéfice réel d'albumine, sans risque d'obésité concomitante.

Conditions dans lesquelles l'organisme est capable de fixer de l'albumine. — Chez l'animal à l'état normal et ayant terminé son développement, comme chez l'homme adulte, les matières protéiques constitutives des protoplasmas cellulaires ne se détruisent qu'en faible quantité et par conséquent se renouvellent peu. On retrouve ici, sous une autre forme, la question du besoin minimum d'albumine (voy. p. 145). Les animaux bien portants, soumis au jeûne absolu, perdent peu d'azote; l'homme en perd environ 10 grammes par jour, du premier au dixième jour de jeûne, ce qui représente une consommation de $0^{gr},90$ environ d'albumine par kilogramme de poids vif [2]. Et il importe d'ajouter que l'homme, de nombreuses

---

1. E. Lambling, *Chimie physiologique,* 2e partie, *Les échanges nutritifs,* p. 155, in *Encyclopédie chimique* de Frémy, Paris, 1897.

2. « Le côté plastique de la nutrition, a écrit Bouchard, se réduit à ceci : une fraction de l'albumine du corps, $\frac{1}{250}$ peut-être chez les vieillards, $\frac{1}{125}$ peut-être chez les jeunes gens, se détruit chaque jour et chaque jour est remplacée par une égale quantité d'albumine alimentaire... La quantité de l'albumine vivante qui se détruit et se renouvelle varie suivant les individus, elle varie surtout avec l'âge ; elle diminue à mesure que l'homme s'éloigne de la jeunesse ; elle diminue dans certains états diathésiques, elle augmente dans beaucoup de maladies et dans presque toutes les fièvres. Elle n'est pas influencée par le travail musculaire, ni par le froid, pourvu que les aliments fournissent... assez de matière organique pour en dégager les calories qu'exigent le travail musculaire et la lutte contre la réfrigération. Elle n'est pas influencée non plus par les variations de l'apport de l'oxygène ou des aliments même azotés, pourvu que ces aliments ne soient pas en quantité insuffisante » (*Troubles préalables de la nutrition,* in *Traité de pathologie générale,* t. III, p. 223).

expériences l'ont établi, peut vivre, à condition qu'on lui fournisse
en même temps des féculents ou des graisses en quantité suffisante,
avec une quantité d'albumine alimentaire inférieure à celle que
donne la destruction des matières protéiques de l'organisme durant
l'inanition ; cette quantité a été abaissée jusqu'à $0^{gr},70$-$0^{gr},50$ par
kilogramme de poids vif, et les recettes couvraient toujours les
dépenses d'azote. Aussi bien, comme il a été noté p. 145, les pertes
nécessaires d'azote sont-elles minimes (déchets des sécrétions digestives, déchets épidermiques, croissance des phanères, poils et ongles,
et, pendant la vie génitale, excrétion ovulaire ou spermatique). Et
les histo-physiologistes n'ont dans aucun organe constaté les signes
d'une décomposition et d'une rénovation cellulaires intenses. Bien
au contraire, n'est-il pas des neurologistes micrographes qui font,
par exemple, de la permanence des cellules cérébrales la condition
physiologique de la mémoire et de la plus haute faculté psychique,
la conscience de soi? Quant aux physiologistes, ils ont, en ce qui
concerne le tissu musculaire, surabondamment prouvé que ce tissu
ne se détruit pas par l'effet du travail des muscles.

Ainsi le mouvement d'assimilation des matières protéiques ne peut
être que restreint, puisque la désassimilation en est limitée.

Dans quelques cas bien déterminés seulement ce mouvement
d'assimilation prend de l'ampleur et de la puissance. Alors la
quantité totale des protéiques de l'organisme augmente ; il y a
enrichissement en albumine. Tel est le cas de la *croissance* ; tout
organisme en voie de développement crée de la matière albuminoïde.
Tel est le cas de l'*exercice soutenu* ; les muscles qui exécutent régulièrement un travail énergique spécial s'hypertrophient ; cet accroissement porte sur le tissu musculaire lui-même ; inutile de citer des
exemples bien connus, tels que ceux du cœur et de divers muscles
des danseuses ou des escrimeurs, etc. Tel est enfin le cas de la *réfec-
tion consécutive au dépérissement* causé par une alimentation plus ou
moins longtemps insuffisante (inanition partielle) ou par la maladie;
l'organisme, après les grandes hémorragies, après les infections
graves, comme la fièvre typhoïde (c'est-à-dire après les états morbides
dans lesquels il y a inanition), dans l'état de *convalescence*, retient
avec énergie tout surplus d'azote que lui fournit la ration alimentaire.
Dans les trois conditions indiquées, la fixation d'albumine est donc
possible ; mais elle ne dépend nullement de la grandeur de l'apport
azoté, pas plus que la consommation d'oxygène, on l'a vu (p. 558),
n'est réglée par l'apport d'oxygène ; elle dépend de l'activité cellulaire ; la formation des tissus chez un être en voie de croissance,
comme la régénération des tissus chez un convalescent, manifeste
la puissance de régénération des cellules.

C'est le cas de rappeler ici un des principes fondamentaux de l'échange de matières chez les êtres vivants. Comme le dit excellemment PFLÜGER[1], « le corps vivant ne peut pas être comparé à un vaste foyer qui brûle d'autant plus qu'on lui fournit plus de matériaux de combustion. Il oxyde, quelle que soit la quantité des matériaux qu'on lui apporte, uniquement la quantité qui lui est nécessaire pour le fonctionnement des organes. Les matériaux de combustion, s'ils lui sont donnés en trop grande quantité, demeurent inutilisés et servent à l'engraissement. Par conséquent, ce qui détermine la quantité du travail de nos organes, ce n'est pas la quantité des matériaux qu'apporte l'alimentation, mais la quantité des matériaux qui sont utilisés ».

1° *Formation des albuminoïdes des tissus aux dépens des produits de la protéolyse digestive.*

On sait que les matières albuminoïdes alimentaires sont décomposées par les sucs digestifs avant d'être absorbées. D'un côté de la paroi intestinale se trouvent donc des albumoses, des peptones, des polypeptides, des acides aminés, bref, un mélange complexe de débris à poids moléculaires variés, et, de l'autre côté, les albuminoïdes de la lymphe et du sang, puis des tissus. La quantité des albuminoïdes du sang, par exemple, varie très peu et, après les grandes saignées, revient rapidement à sa valeur primitive. C'est donc l'assimilation à travers la paroi intestinale qui règle cette teneur du milieu sanguin en matières protéiques et en maintient la fixité. Trois questions au moins se posent : avec lesquels des débris digestifs les édifices protéiques du sang et des tissus sont-ils reconstruits et où et comment le sont-ils?

1. Quels qu'ils soient, tous les débris provenant de la désagrégation des matières protéiques sont employés à la reconstitution des albuminoïdes propres à l'organisme dans lequel s'est effectuée cette désagrégation. La preuve a été successivement fournie pour les albumoses et les peptones et surtout pour les acides aminés.

Il a été dit (p. 291) que les albumoses pures, ainsi que les mélanges d'albumoses et de peptones qui constituent les peptones du commerce, ingérés, peuvent suffire à la ration azotée. Comme ces substances, au cours de la digestion, disparaissent de la cavité intestinale et qu'on ne les retrouvait pas dans le sang (voy. ci-dessous), et comme, d'autre part, introduites dans les vaisseaux, elles sont toxiques (voy. p. 223 et 361), on admettait qu'elles sont arrêtées par l'épithélium intestinal et là transformées

---

1. E. PFLÜGER, *Glycogène,* in *Dictionn. de physiologie* de CH. RICHET, p. 391, Paris, 1905.

en albumine et globuline du plasma sanguin. Par la découverte de l'érepsine (voy. p. 269), cette manière de voir s'est modifiée du tout au tout : ce n'est pas un travail de synthèse qui fait disparaître les albumoses dans leur passage à travers la muqueuse intestinale, c'est un travail inverse; par l'action de ce ferment la désintégration des matières protéiques se poursuit dans la muqueuse au delà du stade propeptone-peptone et aboutit à la formation d'acides aminés. — Ne sont-elles donc nullement utilisées et la reconstruction des protéiques ne se fait-elle qu'à partir des produits plus avancés de la protéolyse?

Or, les injections aseptiques de petites quantités d'albumoses sous la peau ne sont pas suivies de l'élimination de ces corps par les urines et peuvent maintenir pendant quelque temps l'équilibre azoté (chez des chiens). Il est donc possible que, pendant la digestion intestinale, il passe dans le sang de faibles quantités de propeptone ; de fait, on y a trouvé des traces d'un corps présentant les caractères généraux des albumoses.

On voit donc que l'assimilation directe des albumoses est possible, mais on voit aussi que ce processus est sans doute très restreint. Aussi est-on amené à penser que les amino-acides sont utilisés tels quels par l'organisme.

Ce fait important a été démontré avec les mélanges d'acides aminés (polypeptides et peptides de FISCHER [voy. p. 32 et 221]) avec lesquels on a pu maintenir des chiens en équilibre azoté. On doit surtout ces données aux recherches méthodiques de E. ABDERHALDEN avec divers collaborateurs, à partir de 1904, et à celles de quelques autres expérimentateurs. L'expérience a été réalisée en particulier sur le chien recevant, comme unique aliment azoté, de la caséine hydrolysée par un acide fort ou par le suc pancréatique jusqu'à disparition de la réaction du biuret[1]. Puis on a été plus loin et on a constaté qu'un mélange d'acides aminés parfaitement définis et dans une proportion déterminée équivaut à l'ingestion d'une quantité donnée d'albumine.

Il résulte de toutes ces recherches que les amino-acides peuvent remplacer l'albumine véritable dans tous ses effets et constituent par conséquent un groupe d'aliments de même valeur.

1. C'est O. LOEWI (de Vienne) (*Arch. f. exper. Pathol. und Pharmak.*, 1902, XLVIII, p. 303-330) qui le premier a fait une expérience de ce genre. Il soumet du tissu pancréatique à l'auto-digestion (voy. plus loin, p. 703) jusqu'à disparition de la réaction du biuret, puis il ajoute aux produits de cette hydrolyse totale du tissu des quantités convenables d'hydrate de carbone et de graisse et il nourrit avec ce mélange des chiens sur lesquels l'équilibre azoté a été préalablement réalisé. Or, ces animaux trouvèrent, dans les produits azotés « abiurétiques » qui leur furent ainsi donnés, de quoi faire la synthèse des albuminoïdes nécessaires à leur organisme.

C'est donc avec des produits avancés de la protéolyse digestive que l'organisme doit édifier les matières protéiques constitutives de ses organes. Les acides aminés représentent le matériel commun duquel chaque organe extrait les éléments nécessaires à la formation de ses propres albumines. C'est un matériel commun, puisque toutes les substances albuminoïdes contiennent à peu près les mêmes matériaux (voy. p. 34), acides monoaminés monobasiques (glycocolle, leucine) et bibasiques (acides aspartique et glutamique), acides diaminés (arginine, histidine, lysine), corps cycliques (tyrosine, proline), etc., mais en proportions différentes[1].

2. Il s'agit maintenant de chercher où se fait la synthèse des différents acides aminés constitutifs des protéines spécifiques des divers tissus ou organes, c'est-à-dire la reconstruction de la molécule protéique.

Il faut exclure l'intestin. Jamais on n'a pu trouver une augmentation des protéines de la paroi intestinale durant la digestion, pas plus que dans l'intestin isolé on n'a constaté de formation d'albumine en y faisant passer, dans le liquide de circulation artificielle, des amino-acides.

Par contre, du jour où des méthodes nouvelles et précises d'analyse ont rendu possibles la recherche et la détermination exactes des acides aminés, on en a décelé et dosé dans le sang à l'état libre, aussi bien dans le sang post-hépatique que dans celui de la veine porte et on a vu la teneur du sang en ces composés augmenter après un repas de viande (H. Delaunay, 1910 ; voy. p. 291) ; cette augmentation est plus grande dans le sang porte que dans le sang artériel ou veineux général ; c'est ainsi qu'on a trouvé (expérience de D.-D. van Slyke et G.-M. Meyer, 1912) que le contenu en amino-acides du sang d'un chien à jeun (sang d'une veine mésentérique) est, après qu'on a donné à cet animal un kilogramme de viande, plus du

1. On a pensé que la dislocation de la molécule protéique qu'opère la digestion peut favoriser l'assimilation si elle met en liberté les acides aminés mêmes constitutifs des protéines spécifiques de l'organisme dans lequel s'effectue ce travail digestif (voy. sur ce sujet E. Lambling, Sur le rôle de la digestion des protéiques dans la nutrition générale, *Revue scientifique*, 3 novembre 1906, p. 549).
De fait, cette manière de voir s'appuie maintenant sur plusieurs séries d'expériences : celles de H. Busquet (1909) sur l'alimentation des grenouilles avec de la chair de mammifère ou avec de la chair de grenouille ; chez les grenouilles nourries avec cette dernière la ration d'entretien est obtenue avec un apport d'albumine plus faible que chez celles qui reçoivent de la viande de veau ou de mouton. Dans le premier cas, l'assimilation s'effectue donc avec un minimum de déchets ; — celles de L. Michaud (1909) desquelles il résulte que c'est avec les protéines des muscles ou du sérum de chien que, chez cet animal, l'équilibre azoté est le plus aisément obtenu ; il l'est moins bien avec la viande de cheval ou avec la caséine ; il ne l'est pas avec les albuminoïdes végétales ; — enfin celle de G. Billard (1910) par laquelle il a été constaté qu'un accroissement et une augmentation pondérale déterminés s'obtiennent, chez les têtards de grenouilles, avec un apport d'albumine moindre par ingestion de protéiques spécifiques (foie de grenouille) que par ingestion de protéiques étrangères (foie de veau haché).

double du contenu normal. — On a même isolé du sang ces acides aminés ; c'est Abel[1] (1913, 1915) qui a réussi cette extraction grâce à sa méthode de *vivi-diffusion* qui consiste dans la dialyse du sang, rendu préalablement incoagulable, d'un animal vivant ; ce sang passe d'une artère dans un système de tubes de collodion immergés dans du liquide de Ringer et revient à l'organisme par une veine ; tous les corps cristallisables contenus dans le sang peuvent, si l'expérience dure assez longtemps, passer à travers le dialyseur tant que leur taux de concentration, dans le liquide dans lequel plonge celui-ci, n'atteint pas leur concentration dans le sang ; dans ces conditions, Abel a obtenu plusieurs acides aminés, en particulier de l'alanine, en quantité considérable (en même temps que du sucre, de l'urée, de l'acide lactique, de l'acide β-oxybutyrique, etc.). Ce cas excepté, il faut remarquer que les quantités d'acides aminés trouvées dans le sang ont été très faibles, 10 milligrammes par exemple après repas de viande au lieu de 4 chez le chien à jeun (chiffres de van Slyke et Meyer). Mais cette teneur paraît constante.

La raison en est que les acides aminés sont rapidement extraits du sang par les tissus. C'est encore H. Delaunay qui, le premier (1910), a fait cette importante constatation que tous les tissus contiennent de l'azote aminé (4 à 20 p. 100 d'après ses dosages) : la proportion est variable suivant les espèces animales. Aux États-Unis, O. Folin et W. Denis (1912), van Slyke et Meyer (1913) ont, dans des expériences très précises, confirmé ce fait ; la concentration des amino-acides dans les tissus est, d'après ces expériences, de 5 à 10 fois plus forte que dans le sang ; on peut en trouver jusqu'à 80 milligrammes dans 100 grammes de muscles et 150 milligrammes dans 100 grammes de foie (van Slyke et Meyer). Cette avidité des tissus pour les acides aminés est démontrée directement par des expériences du genre de celle-ci : on injecte dans une veine d'un chien en dix minutes 12 grammes d'alanine ; cinq minutes après, on n'en trouve plus que 1gr,5 dans le sang et les reins n'en ont excrété que 1gr,5.

De tout ceci il suit qu'il y a un équilibre entre la concentration des amino-acides dans le sang et celle de ces corps dans les tissus. Comment cet équilibre peut-il se maintenir, étant donné l'apport régulier dans le milieu sanguin des acides aminés normalement produits à chaque digestion ? C'est que les tissus ne retiennent de ces composés que ceux qu'ils utilisent pour la réparation de leur protéine spécifique : et le reste, c'est-à-dire la plus grande partie, — car la désintégration des albumines spécifiques est très minime chez l'adulte, on le sait (voy. p. 680), est démoli et l'azote qui en provient est converti en urée. Dans tous les tissus, en effet, il se forme de l'urée (voy. p. 626, 633 et 634) ; on va voir que cette formation est liée à la désamination des amino-acides.

C'est ici le lieu de rappeler et la fonction désaminante du foie (voy. p. 628 et suiv.) et que c'est le foie qui reçoit en premier lieu les acides aminés résultant de la protéolyse digestive ; ces corps ont traversé la paroi intestinale sans être modifiés et se retrouvent dans le sang de la veine porte. Si les muscles et tous les organes en général ont la propriété de les retenir, ce pouvoir est encore plus marqué dans le foie. De même, ils disparaissent plus rapidement du foie que des muscles, et cette disparition s'accompagne d'un accroissement de l'urée du sang. Des acides aminés que reçoit le foie, celui-ci, comme les autres organes, peut en garder une petite partie pour la reconstitution de son propre tissu; une autre partie le traverse simplement, c'est celle que l'on retrouve dans le sang artériel, qui parvient donc à tous les organes et où chacun de ceux-ci prend les éléments nécessaires à la construction ou à la reconstruction de sa protéine spécifique; et enfin une dernière partie y subit le processus de désamination, processus d'autant plus actif que les acides aminés arrivent en excès, en quantité supérieure aux besoins des tissus. Il a été dit plus haut que la raison de la constance du milieu sanguin en amino-acides et de l'équilibre entre le sang et les tissus, au point de vue de leur teneur respective en ces composés, se trouve dans ce fait que les tissus ont la propriété de retirer du sang les acides aminés. On voit que cette propriété est particulièrement développée dans le foie. Et ainsi le foie réglerait la teneur du sang en acides aminés suivant les besoins des tissus, laissant parvenir aux divers organes ceux qui leur sont nécessaires et démolissant par désamination l'excès de ces corps.

Quant au sang lui-même, il ne diffère pas des autres tissus, ses protéines sont, comme celles des autres tissus, des protéines spécifiques. La composition des albuminoïdes du sérum sanguin, en effet, reste constante, quelle que soit l'alimentation ; l'expérience suivante le prouve : après avoir abondamment saigné un cheval (saignée de 6 litres), on le fait jeûner pendant huit jours et on le saigne de nouveau. On le nourrit alors avec de la gliadine de froment qui contient 36,5 p. 100 d'acide glutamique, tandis que de la sérumalbumine du cheval on n'en obtient que 7,7 p. 100 et de la sérumglobuline 8,5 p. 100. On constate que, durant cette alimentation spéciale, la teneur des albuminoïdes du sang en acide glutamique ne change pas. — Cette expérience est complétée par cette autre, par laquelle on est assurément amené à conclure que c'est le sang lui-même qui maintient la spécificité de ses protéines, comme peuvent le faire les autres tissus : trois chiens à fistule d'Eck, chez lesquels par conséquent le foie ne peut intervenir, sont nourris l'un avec de la viande, l'autre avec de l'ovalbumine et le troisième avec de la gliadine, c'est-à-dire avec des aliments contenant respectivement 10,5, 9 et 36,5 p. 100 d'acide glutamique; or dans le plasma de ces trois animaux les protéiques ont présenté la même teneur en acide glutamique; leur composition n'avait pas subi la moindre modification.

3. Ainsi l'on peut considérer comme déterminé le lieu de reconstruction de la molécule protéique. Reste à savoir comment se fait cette synthèse.

Voyons d'abord si elle est possible, si elle existe.

La démonstration, on le sait, a été fournie pour les plantes, pour les levures, pour les bactéries. Mais en est-il de même chez les

Mammifères? Deux ordres de faits peuvent être invoqués ici.

1° Dans le jeûne il y a des organes dont les matières protéiques se mobilisent en quelque sorte pour que celles d'autres organes, d'une plus grande importance vitale, restent inaltérées le plus longtemps possible. Les expériences de Miescher sur les saumons du Rhin (1880 - 81 - 84) sont célèbres à ce point de vue. Quand les saumons remontent le fleuve pour aller frayer, quoiqu'ils ne prennent aucune nourriture durant cette migration qui est de plusieurs mois, les organes génitaux, ovaires et testicules, se développent beaucoup et deviennent très riches en protéiques (nucléines); l'ovaire augmente de 0,4 à 19-27 p. 100 du poids du corps. C'est aux dépens des albuminoïdes des muscles que ce développement a lieu. En effet, les muscles perdent de leur poids en raison du développement des ovaires. Miescher a montré que le gros muscle du tronc à lui seul perd assez d'albuminoïdes pour couvrir l'accroissement des ovaires. En même temps la proportion des globulines du sang devient plus forte : elle est maxima lorsque les ovaires atteignent le maximum de leur croissance.

Il a été trouvé, d'autre part, que la quantité des acides aminés du sang augmente pendant le jeûne. Ces composés ne peuvent provenir que des tissus dans lesquels joue la fonction désaminante dont l'effet est ainsi de mobiliser les éléments nécessaires à la réparation protéique dans d'autres organes.

2° Le second ordre de faits à citer prend naturellement place ici. Il a été prouvé que l'organisme est capable de former synthétiquement certains acides aminés, tels que la glycine et l'alanine ; celle-ci peut être formée dans le foie par synthèse soit de l'acide lactique (provenant du glycogène) et de l'ammoniaque, soit de l'acide pyruvique et de l'ammoniaque (voy. plus bas, p. 693).

Ces processus sont particulièrement intéressants, parce qu'à leur sujet se pose la question de la réversibilité de la réaction désaminante. Beaucoup d'amino-acides, en fait tous ceux qui ont été étudiés à ce point de vue, peuvent être dissociés en l'aldéhyde cétonique correspondante et en ammoniaque ; la réaction est réversible et de l'hydroxyacide il peut se reformer un amino-acide par l'intermédiaire de l'aldéhyde cétonique ; et ainsi on a le schéma :

$$R.CH.AzH^2.COOH \rightleftarrows R.CO.CHO + AzH^3.$$

D'ailleurs, on a montré que, si on fait passer à travers le foie isolé du sang contenant le sel ammoniacal d'un acide cétonique, il y a formation de l'acide aminé correspondant, par exemple de l'alanine aux dépens de l'acide pyruvique et de l'ammoniaque, et cette démonstration complète celle que résume l'équation ci-dessus, l'acide pyruvique étant le produit d'oxydation de l'aldéhyde cétonique en question. — D'autre part, G. Lusk et Ringer ont vu (1910) que dans le diabète phlorizinique la glycine, l'alanine, les acides aspartique et glutamique et l'histidine donnent lieu à la formation de glycose. Si la réaction est réversible, il peut donc se produire dans l'organisme des amino-acides avec la glycose et l'ammoniaque, corps toujours présents dans le foie, par l'intermédiaire de l'acide lactique $CH^3.CHOH.COOH$, produit normal de la simplification des sucres qui vient du méthylglyoxal $CH^3.CO.COH$ par fixation de H^2O.

Ainsi a été reconnue la possibilité de la formation d'acides aminés par l'organisme.

Mais l'organisme a d'abord à sa disposition tous les amino-acides résultant de la protéolyse digestive qui passent dans le sang et s'y trouvent, nous le savons, en proportions à peu près invariables. Il suit de là que les tissus ont toujours le même matériel disponible pour la synthèse de leurs protéiques. Ce travail doit donc être toujours le même dans chaque tissu. Mais son mécanisme n'est pas encore élucidé. Il se peut que ce soit un mécanisme diastasique.

Ce point réservé, il faudrait aussi être à même de déterminer le mode de formation de chacune des matières protéiques de l'organisme. On ne possède à cet égard qu'un très petit nombre de renseignements.

En ce qui concerne la matière fibrinogène du sang, on a montré que cette globuline se forme dans le foie (voy. p. 335), mais nous avons fait observer (p. 625) qu'on ne sait rien sur les substances qui l'engendrent.

La caséine se forme dans la glande mammaire, on ne sait par quel mécanisme.

La kératine (voy. p. 44), matière albumoïde, proviendrait de l'albumine par déshydratation, mais son mode de formation doit être plus compliqué, étant donnée sa forte teneur en soufre.

L'élastine, matière du même groupe que la précédente (voy. p. 44), dérive peut-être de l'albumine par un processus en partie inverse de celui qui donne naissance à la kératine, puisqu'elle contient beaucoup moins de soufre que les substances albuminoïdes.

On ignore le mode de formation de la principale matière albuminoïde des muscles, la myosine, c'est-à-dire de l'un des protéiques les plus répandus dans l'organisme, de même que celui des histones (voy. p. 38) et celui de tout ce grand groupe de matières protéiques si importantes, constitué par les protéides, glyco et nucléo-protéides (voy. p. 39 et suiv.), de même encore que celui des lécithalbumines.

2° *Désassimilation des matières protéiques.*

Telles sont les démolitions successives que subit la molécule d'albumine dans l'organisme que celle-ci, dont le poids moléculaire est de 5 à 6 000 (voy. p. 30), aboutit à des corps comme l'urée dont le poids moléculaire est égal à 60. L'urée, il est vrai, n'est pas le seul produit final de la décomposition des matières protéiques; ce processus donne lieu aussi à la formation de quelques substances à poids moléculaire plus élevé. On peut dire cependant que la nutrition est d'autant plus parfaite que l'albumine a été plus complètement transformée en urée.

On voit tout de suite que la désassimilation des matières protéiques est beaucoup plus complexe et donne beaucoup plus de produits que celle des hydrocarbonés et des graisses. On pourrait diviser tous ces produits en composés azotés ou sulfurés et en composés non azotés. Les premiers s'éliminent par les reins; les autres (hydrates de carbone, graisse) finissent par donner de l'acide carbonique et de l'eau qui s'éliminent par la voie pulmonaire.

Comment se fait cette désagrégation? D'abord il semble bien que la majeure partie des albuminoïdes se détruit dans les tissus par hydratation, comme *in vitro* sous l'action des acides forts ou des diastases protéolytiques, c'est-à-dire se démolit en fournissant des acides aminés, glycocolle, leucine, alanine, etc., qui ensuite sont oxydés. En effet, les ferments protéolytiques que l'on a trouvés dans les sucs d'expression des tissus dédoublent les protéiques à la manière de la trypsine[1]; il en résulte les mêmes fragments, acides mono et diaminés; d'autre part, la présence de beaucoup de ces acides aminés a été constatée dans les liquides de l'organisme ou dans les organes eux-mêmes[2]. — Que deviennent ensuite ces acides aminés? Ils subissent vraisemblablement la « désamination » (voy. p. 628) sur place. Au cours de l'*autolyse*[3] du foie et d'autres organes, les acides aminés ajoutés au tissu, glycocolle, leucine, tyrosine, etc., perdent en effet leur groupe AzH^2 à l'état de AzH^3. On sait de plus, et nous avons déjà signalé ce fait, comme aussi le précédent (voy. p. 628), que l'alanine ingérée est transformée en acide lactique :

$$\mathrm{CH^3 - CH.AzH^2 - COOH + H^2O = AzH^3 + CH^3 - CHOH - COOH,}$$

Alanine.   Acide lactique.

après séparation de son groupe AzH^2 à l'état de AzH^3. C'est là un processus de simple hydrolyse. Mais la désamination peut être un processus d'oxydation ; reprenons le cas de l'alanine. on aurait :

$$\mathrm{CH^3 - CH.AzH^2 - COOH + O = AzH^3 + CH^8 - CO.COOH}[4].$$

Acide pyruvique.

1. Ces ferments diffèrent cependant des ferments digestifs, puisqu'ils attaquent des polypeptides que ceux-ci n'attaquent pas (ABDERHALDEN).
2. Sur la présence constante des acides aminés dans les organes, voy. p. 689.
3. Il sera parlé un peu plus loin de l'autolyse (p. 703); voy. ce qui en a été dit déjà p. 626.
4. Les deux réactions ci-dessus sont réversibles

De fait, du glycocolle on obtient ainsi l'acide glyoxylique et de l'analine l'acide pyruvique (voy. l'équation ci-dessus), et, en donnant à un chien du phènylglycocolle, on a trouve dans son urine de l'acide phénylglyoxydique. Le processus est donc réalisable dans l'organisme. Il est probable que les deux réactions peuvent se produire. Une troisième est encore possible, conséquence d'un phénomène de réduction :

$$CH^4 — CH.AzH^4 — COOH + H^2 = AzH^3 + CH^3 — CH^2 — COOH.$$
Acide propionique.

Quel est le mécanisme de ces réactions? On a naturellement pensé qu'il s'agit là d'actions diastasiques et l'on a supposé qu'il existe dans le scellules trois sortes de diastases, capables d'effectuer les trois processus qui viennent d'être indiqués, d'oxydation, d'hydrolyse et de réduction. Mais diverses expériences ont montré que les tissus *in vitro* ne manifestent nullement cette propriété. Il se pourrait donc que celle-ci n'appartînt qu'aux cellules des tissus vivants.

Reste à savoir ce que deviennent les produits qui résultent de la dégradation des acides aminés. L'ammoniaque est transformée en urée qui s'élimine rapidement. Quant aux acides gras provenant de la désamination des acides aminés, ils sont brûlés plus lentement (voy. p. 702). Ainsi la désassimilation des albuminoïdes se fait par étapes (Magnus-Levy) :

1re étape : dédoublement en acides aminés ;
2e étape : désamination des acides aminés et transformation de l'ammoniaque produite en urée ;
3e étape : oxydation de l'acide désaminé.

Mais est-ce là le seul mode de dislocation des protéiques? et la désamination précède-t-elle toujours l'oxydation des acides aminés? Il se peut que cette dislocation ne soit pas complète et qu'une fraction de l'albumine y échappe. On l'a pensé, en raison de la présence dans l'urine de quelques grosses molécules azotées, acides oxyprotéique, alloxyprotéique, uroferrique. Ces gros morceaux de la molécule albumine représenteraient des fragments directement oxydés sans avoir été préalablement scindés, tout autres par conséquent que ceux résultant de l'hydrolyse par action diastasique.

A. Composés azotés. — Les produits azotés sont les plus importants de ces fragments.

Urée. — Parmi ces produits l'urée est au premier rang. Nous savons déjà (voy. p. 628 et suiv.) que l'urée se forme par des mécanismes divers, par simple hydrolyse, par synthèse avec déshydratation, par synthèse avec oxydation. Il n'y a pas à revenir sur tous ces points.

AMMONIAQUE. — A côté de l'urée mention doit être faite de l'ammoniaque que l'on trouve toujours dans l'urine en petite quantité (quelques décigrammes). Cette quantité représente surtout la partie de ce corps qui est restée inemployée dans la production physiologique de l'urée.

Dans leurs recherches classiques sur les effets de la fistule d'ECK (voy. p. 627 et 630), NENCKI et PAVLOFF ont vu, avec leur collaborateur ZALESKI, que le foie reçoit par la veine porte environ 6 milligr. 6 d'ammoniaque p. 100 c. c. de sang ; or, le sang des veines sus-hépatiques n'en contient plus que 1 milligr. 4 ; d'où l'on a calculé, d'après la vitesse de la circulation à travers le foie, que cet organe en retient, dans les dix heures qui suivent un repas, chez un chien de 9 kil. 5, environ 5 grammes (ce qui correspond à plus de 8 grammes d'urée).

L'ingestion d'acides minéraux augmente l'élimination de l'ammoniaque des urines et diminue celle de l'urée, l'acide introduit fixant fortement l'ammoniaque (voy. p. 139). — Inversement, l'administration à l'homme d'alcalins réduit beaucoup l'excrétion des sels ammoniacaux, mais ne la supprime cependant pas, même quand on fait ingérer beaucoup d'alcalins. Et ceci a donné à penser que l'ammoniaque urinaire ne représente sans doute pas pour sa totalité le résidu de la production de l'urée, mais qu'il en est une petite portion ayant une autre origine.

CORPS XANTHO-URIQUES. — Les bases xanthiques et l'acide urique ne proviennent pas des matières albuminoïdes proprement dites, mais des nucléines, des nucléo-protéides (voy. p. 39) (théorie de HORBACZEWSKI[1]).

En effet, l'ingestion d'albuminoïdes, qui augmente l'élimination de l'urée, ne modifie pas celle des corps xantho-uriques. Au contraire, l'ingestion d'aliments riches en nucléo-protéides, tels que les parenchymes glandulaires, le foie et surtout le thymus (*ris de veau*) par exemple[2], augmente l'excrétion des xantho-uriques. De même, dans la leucocythémie, maladie dans laquelle le nombre des globules blancs du sang est considérablement accru et où l'on suppose qu'il y a aussi un accroissement de la destruction de ces éléments cellulaires, la quantité d'acide urique excrété subit une forte augmentation, passant de quelques décigrammes à plusieurs grammes (jusqu'à 4 et 5 grammes). C'est que la désagrégation des nucléines, comme nous l'ont appris les recherches de KOSSEL sur l'hydrolyse de ces corps, fournit de l'albumine, de l'acide phosphorique et des bases xanthiques, substances dont nous avons déjà signalé les rapports étroits avec

1. Médecin tchèque contemporain, professeur à l'Université tchèque de Prague.
2. Après ingestion d'une forte ration de thymus de veau, on a vu (WEINTRAUD) la quantité d'acide urique s'élever à 2gr,50 en 24 heures, avec, fait caractéristique, augmentation parallèle de l'acide phosphorique.

l'acide urique (voy. p. 40 et 632)[1]. Celui-ci provient de celles-là par oxydation. Aussi, à côté de l'acide urique des urines, trouve-t-on toujours des bases xanthiques [1] en petite quantité.

En ce qui concerne l'origine de ces corps, on vient de dire que les bases puriques proviennent des substances alimentaires. Mais ce n'est pas là leur unique provenance. Il y a une portion de ces corps qui est issue de la destruction des cellules de l'organisme, c'est-à-dire du métabolisme des protéides. L'acide urique a donc une double origine, *exogène* et *endogène* (R. BURIAN et H. SCHUR[2], 1900; V. O. SIVÉN[3], 1900).

De fait, on trouve toujours dans les urines, même dans le jeûne absolu, une petite quantité d'acide urique ($0^{gr},2$ environ); c'est cette portion qui représente l'acide endogène et c'est une quantité sensiblement égale et, pour un même sujet, sensiblement constante, que l'on trouve dans les cas d'une alimentation exempte de purines (lait, fromage, pommes de terre, riz, pain blanc, etc.). Au contraire, la portion exogène est naturellement très variable ; mais ces variations ne dépendent que des purines contenues dans la ration[4], et nullement de sa teneur en albuminoïdes ; aussi n'y a-t-il pas de rapport constant entre l'élimination des corps xantho-uriques et celle de l'urée ; quand un tel rapport se montre, c'est que la ration contient des aliments à la fois riches en azote et en purines. Le régime lacto-végétarien ou strictement végétarien, à condition que de ce dernier soient exclues les légumineuses riches en purines (haricots, lentilles, pois), est le plus favorable à la diminution des purines urinaires, et par conséquent, à ce qu'il semble, à l'hygiène du goutteux, de l'artérioscléreux. Le régime animal augmente la formation des purines.

Resteraient à connaître le mode et le lieu de formation des bases xanthiques et de l'acide urique.

Les bases xanthiques résultent de l'hydrolyse des nucléines et l'acide urique se forme sans doute par l'oxydation de ces bases. Dans la leucémie (voy. plus haut), on a décelé dans le sérum sanguin des bases xanthiques et nous avons vu que la surproduction de ces corps est accompagnée d'une élimination exagérée d'acide urique. *In vitro*, HORBACZEWSKI, par la putréfaction d'un tissu tel que la pulpe splénique, a obtenu soit de l'acide urique, si la putréfaction se faisait en présence de l'oxygène, soit des bases xanthiques si elle se faisait à l'abri de l'air. Depuis, on a trouvé dans différents

1. Toutes ces bases ne proviennent cependant pas des nucléines. Les xanthines méthylées, par exemple, les plus abondantes relativement, proviennent des alcaloïdes du café et du thé qui entrent dans la ration.
2. Chimistes physiologistes allemands contemporains.
3. Chimiste physiologiste finlandais.
4. L'élimination de l'acide phosphorique varie dans le même sens, ce qui confirme encore cette origine assignée à l'acide urique.

organes des ferments (*nucléases*) qui décomposent les nucléines en mettant
en liberté les purines[1] (voy. p. 40). Cette mise en liberté a lieu grâce à
l'action successive de plusieurs ferments : ferments « désaminants »,
adénase et *guanase*, qui transforment l'adénine en hypoxanthine et la
guanine en xanthine, puis ferments oxydants, qui transforment l'hypoxanthine en xanthine (*xanthinoxydase*) et cette dernière en acide urique
(recherches de A. Schittenhelm, 1905-1907). De cette suite de transformations Lambling donne le schéma suivant :

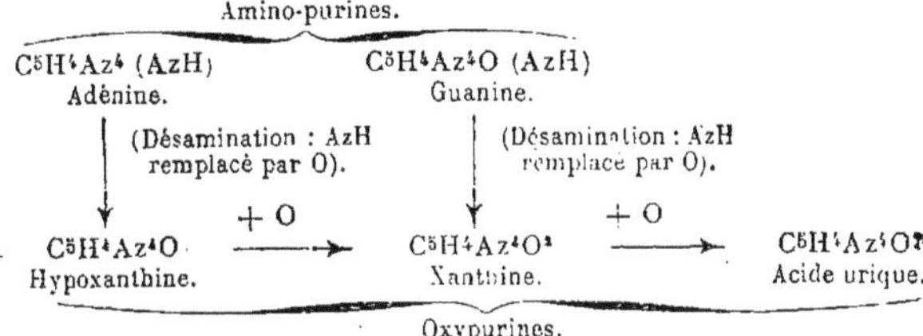

Cette production de l'acide urique à partir des bases puriques se fait
dans divers organes, plus ou moins riches en diastases désaminantes
et oxydantes suivant les espèces animales, le foie, la rate, l'intestin, les
reins, les muscles.

Enfin l'acide urique formé n'est pas éliminé tout entier en nature par
l'urine, mais une partie est décomposée sous l'influence d'un ferment
uricolytique et finit par donner de l'urée (voy. *Fonction uricolytique du
foie*, p. 632) ou seulement, chez le chien, du moins pour une fraction, de
l'allantoïne. La destruction de l'acide urique se fait principalement dans
le foie (voy. p. 632), mais aussi dans quelques autres organes, les reins et
les muscles surtout. — Il paraîtrait cependant que le pouvoir uricolytique
des organes de l'homme serait très restreint (expériences de Wiechowski,
1909, d'où cet auteur a conclu que l'acide urique est, chez l'homme, un
produit de désintégration probablement éliminé tel quel).

Pour conclure sur la signification de l'acide urique, il est bon de
remarquer que ce corps n'est pas, chez les Mammifères, un produit
intermédiaire du métabolisme azoté, puisque, chez ces animaux, il
est normalement détruit par le foie (voy. p. 632). Ce qui apparaît
dans les urines est un reste ayant échappé à la fonction uricolytique et représente le produit final des mutations de ce groupe
particulier des matières protéiques, les nucléo-protéides. Au contraire, chez les Oiseaux, l'acide urique est un produit final de la
désassimilation azotée (voy. p. 634).

Créatinine. — Ce corps, que l'on trouve dans l'urine normale en
petite quantité (1 à 2 grammes par vingt-quatre heures) provient de

1. La trypsine attaque aussi les nucléines.

la créatine du muscles (créatine de la viande ingérée) dont elle est l'anhydride. L'injection intraveineuse ou l'ingestion de créatine provoque une augmentation de l'excrétion de créatinine. — D'après des expériences de circulation artificielle (R. Gottlieb[1] et R. Stangassinger, 1908), le rein et surtout le foie transforment la créatine en créatinine.

Même par l'ingestion d'aliments exempts de créatine préformée, la quantité de créatinine urinaire reste normale. D'autre part, la substitution d'une ration d'entretien pauvre en albumine à une ration assez riche modifie profondément la nature des déchets urinaires des matières protéiques ; tandis que la quantité d'urée et de sulfates minéraux diminue beaucoup, la créatinine et le soufre neutre sont toujours aussi abondants, de sorte que leur quantité relative apparaît notablement augmentée. Ce sont donc là des produits indépendants de l'alimentation, qui proviennent par conséquent de l'usure protéique des tissus, ce sont des déchets *endogènes*, tandis que l'urée, qui varie suivant la grandeur en albumine de l'apport alimentaire, est un déchet *exogène* (voy. p. 680). De fait, l'excrétion de créatinine augmente par la veille, l'ingestion d'alcool, la fièvre, l'agitation chez les aliénés, etc., toutes causes de suractivité et d'usure ; au contraire, le sommeil, la cessation de la fièvre, l'apaisement chez les aliénés la font diminuer (d'après les recherches de Pekelharing et van Hoogenbuyze et de van Hoogenhuyze et. Verploegh).

Dans tous les muscles qui sont mis en état de tonus, si l'excitation dure assez longtemps, on trouve plus de créatine. On en trouve moins, au contraire, dans les muscles privés de tonus, par exemple à la suite de la section de leur nerf.

Le résultat essentiel de toutes ces recherches de Pekelharing et de ses élèves est que l'excrétion de la créatinine est en rapport avec le tonus des muscles. Dans les contractions rapides il y a consommation dans les muscles d'une substance non azotée ; dans le tonus c'est l'albumine qui est consommée, d'où provient la créatinine endogène.

Acide hippurique. — L'urine des vingt-quatre heures de l'homme normal contient environ 1 gramme d'acide hippurique (sous forme d'hippurates). Les hippurates sont beaucoup plus abondants dans l'urine des Herbivores. Chez les Carnivores et chez l'homme, ils augmentent par l'alimentation végétale qui contient de petites quantités d'acide benzoïque et surtout des corps aromatiques plus complexes, transformés par oxydation en acide benzoïque dans l'organisme.

L'acide hippurique résulte de l'union de l'acide benzoïque et du glycocolle. Ce dernier corps se forme dans la décomposition des

1. Professeur de pharmacologie à l'Université de Heidelberg.

matières albuminoïdes. Il doit donc suffire d'introduire de l'acide benzoïque dans l'organisme pour augmenter la production des hippurates. C'est en effet ce que l'on a constaté dès 1841-1842 (Ure, puis Woehler [1]) et c'est la première réaction de synthèse (synthèse par déshydratation) constatée chez des animaux.

Où se fait cette synthèse [2] ?

L'expérience a prouvé qu'elle a lieu dans le rein (expériences de Schmiedeberg et Bunge sur des chiens, 1876). Si l'on fait circuler à travers un rein extrait de l'organisme du sang défibriné contenant du glycocolle et de l'acide benzoïque, on trouve après quelques heures de l'acide hippurique dans le sang, dans le rein et dans le liquide qui s'est écoulé par l'uretère de ce rein fonctionnant ainsi artificiellement. D'autre part, on n'en trouve pas trace dans l'organisme, quand on injecte de l'acide benzoïque et du glycocolle à des animaux sur lesquels on a préalablement lié les deux reins.

Ce pouvoir synthétique ainsi spécialisé dans le rein n'a été démontré jusqu'à présent que chez le chien. Chez le lapin, chez la grenouille, il se forme encore de l'acide hippurique après l'extirpation des deux reins. Cette synthèse a lieu chez le lapin dans le foie et dans les muscles, aussi bien que dans les reins.

Acide oxyprotéique. — Il faut encore mentionner cet acide azoté très complexe, à poids moléculaire élevé, $C^{43}H^{82}Az^{14}O^{31}S$, que l'on a retiré de l'urine normale de l'homme et du chien (l'urine des vingt-quatre heures en contient jusqu'à 3 et 4 grammes, calculé à l'état de sel de baryum). C'est sans contredit un corps qui représente un produit de la dislocation peu avancée des albuminoïdes (voy. p. 691).

B. **Composés sulfurés.** — Les matières albuminoïdes contiennent du soufre. Dans la désassimilation de ces matières le soufre est mis en liberté; il se forme de l'acide sulfurique qui s'unit aux alcalis et, d'autre part, aux phénols résultant aussi de la désintégration des protéiques (voy. p. 636). Ces sulfates et phénylsulfates des métaux alcalins, qui représentent environ 80 p. 100 du soufre total éliminé, constituent ce que l'on appelle le soufre complètement oxydé. Mais le soufre désassimilé entre aussi dans des combinaisons moins oxydées, cystine (à l'état de traces), acide taurocholique, sulfocyanate de potassium (à l'état de traces), etc.

La cystine offre un intérêt particulier. La plus grande partie du soufre des matières albuminoïdes se trouve en effet sous la forme d'un groupe cystéinique (d'après les recherches de K. A. H. Mörner, 1899, 1902), et la cystine est un produit de l'hydrolyse de ces

---

1. Andréw Ure, célèbre chimiste écossais (1778-1857). — Fr. Woehler (1800-1882), chimiste allemand très connu par ses travaux sur l'aluminium qu'il a isolé le premier et sur la synthèse de l'urée.
2. Sur cette question, voy. aussi p. 94.

matières (Morner). Mais à l'état normal le foie a le pouvoir d'arrêter et de détruire cette substance [1], comme on l'a vu dans les expériences qui ont consisté à en injecter de grandes quantités dans une veine mésentérique. Or, la cellule hépatique peut devenir impuissante à détruire ce corps qui se rencontre alors en proportion notable (quelques décigrammes) dans les urines, d'où *cystinurie* [2]. Et ce sont justement ces faits de cystinurie, qui, par le grossissement du phénomène, ont révélé dans la formation de la cystine une phase caractéristique de la destruction des albuminoïdes. Ce qui montre bien que, dans ces cas, il y a insuffisance fonctionnelle du foie, c'est que d'autres produits de la désintégration protéique, qui sont normalement transformés en urée par cet organe, la leucine, la tyrosine et des acides diaminés, accompagnent souvent la cystine dans les urines des cystinuriques.

C. Corps aromatiques. — Parmi les déchets de la décomposition des albuminoïdes se trouvent des composés aromatiques que l'on peut répartir en trois classes (Salkowski[3], 1888). Les albuminoïdes contiennent, en effet, trois groupes aromatiques : 1° le groupe de la tyrosine qui est un corps phénolique; celui de la phénylalanine qui est un corps phénylique et celui du tryptophane qui est un corps indolique. La tyrosine engendre dans l'organisme des phénols (phénol, paracrésol, pyrocatéchine) et des acides divers (paraoxyphénylpropionique ou hydroparacoumarique, paraoxyphénylglycolique et, chez l'alcaptonurique, l'acide homogentisinique ou dioxyphénylacétique [4]). La phénylalanine engendre l'acide phényl-

1. Elle y est employée très probablement à la formation de la taurine (voy. p. 251).
2. On connaît actuellement 120 cas environ de cystinurie. Cette anomalie est souvent familiale et héréditaire. Elle ne détermine aucun trouble, à moins qu'il ne se produise des calculs de cystine, en raison du peu de solubilité de cette substance dans les urines.
3. E. Salkowski, chimiste physiologiste contemporain, professeur à l'Université de Berlin.
4. Ce corps résulterait de la transformation de la tyrosine dans le foie. Il n'est donc qu'un produit intermédiaire des échanges azotés; normalement on ne le trouve pas dans l'organisme. Mais il est des individus qui ne le détruisent plus. Dans ces cas l'acide homogentisinique passe dans les urines; il y a *alcaptonurie*. Pas plus que la cystinurie, dont il était parlé tout à l'heure, l'alcaptonurie ne détermine de troubles morbides ; seulement les urines ont un grand pouvoir réducteur, qui est dû au noyau benzénique de l'hydroquinone contenu dans l'acide homogentisinique ; on les différencie des urines diabétiques en ce qu'elles n'ont point de pouvoir rotatoire et qu'elles ne fermentent pas sous l'influence de la levure de bière. Comme la cystinurie, l'alcaptonurie est une anomalie souvent familiale et héréditaire et, de même que la cystinurie nous a fait voir le mécanisme de la désintégration des composés sulfurés provenant du morcellement de la molécule albumine, de même l'alcaptonurie nous dévoile la désintégration normale des composés aromatiques de même origine.

propionique (qui ne se produit que pendant la putréfaction), l'acide
benzoïque qui s'élimine à l'état d'acide hippurique (voy. plus haut,
p. 698) et elle peut aussi, par oxydation de son noyau benzénique,
donner naissance à des corps du groupe phénolique, par exemple à
l'acide homogentisinique. Le tryptophane engendre l'acide indolpro-
pionique (produit de putréfaction), l'acide indolacétique, l'indol
(produit de putréfaction intestinale) et, par oxydation de celui-ci
dans les tissus, l'indoxyle.

Beaucoup de ces corps naissent dans l'intestin d'actions bactériennes (voy. p. 278). Mais il s'en forme aussi dans les tissus, comme
nous venons de le dire pour l'indoxyle, par exemple.

Les corps des groupes phénol et indol sont résorbés dans le tube
digestif et s'éliminent par les urines à l'état de dérivés sulfo-conjugués (phénylsulfates, indoxylsulfates, etc., de potassium ?). Le phénol C^6H^5OH s'unit a l'acide sulfurique pour former l'acide phénylsulfurique $C^6H^5.O.SO^2(OH)$ avec élimination d'une molécule d'eau ;
l'indol,

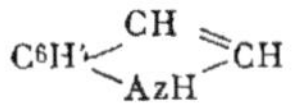

$$C^6H^4\underset{AzH}{\overset{CH}{<>}}CH$$

se transforme en indoxyle,

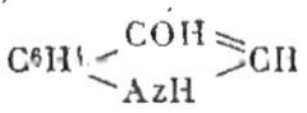

$$C^6H^4\underset{AzH}{\overset{COH}{<>}}CH$$

qui, s'unissant à l'acide sulfurique, donne l'acide indoxylsulfurique
(indican urinaire),

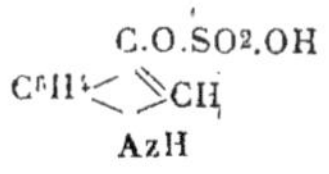

$$C^6H^4\underset{AzH}{\overset{C.O.SO^2.OH}{<>}}CH$$

Nous savons que ces synthèses se font dans divers organes, mais
surtout dans le foie (voy. p. 636). Ces corps sont d'autant plus abondants dans les urines que les décompositions bactériennes intestinales ont été plus actives, de telle sorte que l'on peut, par le dosage
de l'acide sulfurique de ces composés sulfo-conjugués, avoir une
mesure de l'intensité de ces putréfactions post-digestives.

D. **Autres composés organiques.** — La « désamination » des
acides aminés résultant du dédoublement hydrolytique des matières
albuminoïdes aboutit à la formation d'acides gras, c'est-à-dire de
corps ne contenant plus que du carbone, de l'hydrogène et de
l'oxygène. Ainsi l'alanine se transforme en acide lactique (voy.
p. 628 et 693). Quelle est la destinée de tous ces corps ? 1° Le sort de

Alcaptonurie vient de *alcaptone* (de alcali et κάπτω, j'avale), nom donné par
Bödeker en 1857 à un corps jaunâtre, coloré en noir au contact des alcalis et très
réducteur, qu'il avait retiré d'une urine de diabétique. Ce n'est qu'en 1891 que
E. Baumann et M. Wolkow reconnurent que ce corps est un acide de la série
aromatique qui se rattache à l'hydroquinone, l'acide homogentisinique.

ces acides gras se confond en partie avec celui des acides gras des graisses ou des acides provenant de la décomposition des sucres; ils sont oxydés et donnent de l'acide carbonique et de l'eau. Cependant cette combustion n'est pas toujours complète et l'on trouve dans les urines de petites quantités de corps acides [1], acide oxalique et acides gras à petite molécule, acides volatils, tels que les acides formique, acétique, butyrique (environ $0^{gr},02$ à $0^{gr},05$ de ces derniers par vingt-quatre heures chez l'homme [acides volatils exprimés en acide acétique]). Assurément, l'origine de ces corps est assez incertaine, car ils peuvent provenir aussi bien des hydrates de carbone et des graisses que des albuminoïdes. Tel est le cas pour l'acide oxalique, dont on n'a pas encore établi l'origine réelle. Quant aux acides gras volatils, ils viennent, en majeure partie, des hydrates de carbone, mais ils peuvent venir aussi des matières protéiques, puisqu'ils se forment abondamment dans la putréfaction de ces matières et que les bactéries démolissent celles-ci de la même manière essentiellement que les diastases protéolytiques, en acides aminés, puis désaminent ces derniers avec formation d'ammoniaque et d'acide gras. — 2° Quelques-uns au moins d'entre les acides aminés, une fois désaminés, peuvent être employés à la formation des sucres. C'est ce qui a été déjà dit (p. 612). Il est facile de montrer la possibilité chimique de ce processus pour l'alanine; celle-ci peut se transformer en acide lactique qui, par simple déplacement moléculaire, donne son isomère, l'aldéhyde glycérique, et cette dernière, par condensation, peut fournir de la glycose :

$$
\begin{array}{llll}
CH^3 & CH^3 & CH^2.OH & CH^2OH \\
| & | & | & | \\
CH.AzH^2 & CH.OH & CH.OH & (CH.OH)^4 \\
| & | & | & | \\
COOH & COOH & CHO & CHO \\
\text{Alanine.} & \text{Acide lactique.} & \text{Aldéhyde} & \text{Glycose.} \\
 & & \text{glycérique.} &
\end{array}
$$

Du sucre est ainsi formé par séparation du groupement amidogène AzH^2 de divers acides aminés [2], puis par oxydation partielle et synthèse de la portion restante, débarrassée d'azote. On retrouve ici la question de la production des sucres aux dépens des matières albuminoïdes (voy. p. 612).

---

1. On trouve souvent dans les urines des diabétiques de grandes quantités d'acide acétylacétique et d'acide β-oxybutyrique (on a souvent trouvé de 3o à 5o grammes de ce dernier par 24 heures). Il y a donc dans le diabète augmentation de la production d'acides dans l'organisme (*acidose*).

2. On sait que cette « désamination » s'accomplit dans le foie et sans doute aussi dans d'autres organes (voy. p. 628 et 693)

Les phénomènes d'autolyse. — Les organes extraits du corps et conservés aseptiquement à l'étuve à 37° subissent peu à peu l'action de ferments protéolytiques qui y préexistent. Le lavage préalable des organes avec une solution saline, de façon à les débarrasser de tout leur sang et à éliminer ainsi l'action possible des ferments contenus dans le sang, n'a point d'influence sur la courbe du phénomène; la cause de celui-ci est donc bien intracellulaire. Ce processus a été décrit sous le nom d'*autolyse* (Salkowski, 1890). L'autolyse d'un organe n'est autre chose qu'une auto-digestion. C'est le même processus qui commence tout de suite après la mort et que viennent bientôt compliquer les actions bactériennes. Pendant la vie on ne saisit pas les effets de l'autolyse, soit parce que les produits en sont sans cesse éliminés et que le sang remplace, au fur et à mesure de leur destruction, les substances décomposées, soit parce que les antiferments du plasma sanguin (antipepsine, antitrypsine) (**voy.** p. 99) s'opposent à l'action des ferments autolytiques, soit pour ces deux causes à la fois.

Le ferment de chaque organe paraît être spécial à cet organe ; celui, par exemple, qui agit sur l'albumine du foie, n'agit pas sur celle des muscles ou du poumon, et réciproquement. Le ferment du foie est particulièrement actif.

Les produits de l'autolyse ressemblent à ceux de la digestion pepsique ou trypsique. Ainsi dans l'autolyse de la rate on a trouvé des albumoses, des bases hexoniques (lysine, arginine, histidine), des acides aminés (leucine, acide amino-valérianique, acide asparagique), du tryptophane. Dans l'auto-lyse ce ne sont pas seulement les albuminoïdes qui sont transformés en produits azotés, analogues à ceux de la digestion trypsique, mais aussi le glycogène en acides lactique, acétique, butyrique, etc.

On peut se demander s'il n'est pas des cas où l'autolyse se produit chez l'animal vivant. Les destructions organiques profondes que les pathologistes observent quelquefois ne s'expliqueraient-elles pas ainsi? N'a-t-on pas trouvé dans le tissu cancéreux un ferment qui attaque la matière albuminoïde de la tumeur (E. Petry [de Graz], 1902) et n'a-t-on pas montré que ce ferment, contrairement à ce que l'on savait des autres agents d'autolyse, n'agit pas seulement sur l'albumine du tissu cancéreux, mais sur celle aussi d'autres organes (F. Blumenthal [de Berlin], 1905) et n'est-on pas amené à voir là, quand ce ferment protéolytique passe dans la circulation, la cause de la cachexie cancéreuse? — D'autre part, c'est par autolyse que s'effectuerait, à la période de résolution de la pneumonie aiguë, la liquéfaction de l'exsudat solide qui encombre les alvéoles pulmonaires.

4° *Utilisation des matières protéiques.*

Le rôle des matières protéiques assimilées a été déjà indiqué (p. 145). Ces substances servent au renouvellement des matériaux protoplasmiques usés. Mais on sait que la masse totale de ces matériaux est très petite (voy. p. 145 et 685). Nous avons examiné en son temps et lieu la question du besoin minimum d'albumine (voy. p. 145).

Une partie des albuminoïdes de la ration sert à l'entretien de la chaleur. On peut, en effet, calculer en moyenne que, dans l'apport total de calories fournies à l'organisme, sur 100 calories, il y en a :

17 chez l'adulte et	18 chez le nourrisson fournies par			l'*albumine*,
20 —	53	—	—	les *graisses*,
63 —	29	—	—	les *hydrates de carbone*.

Ce rôle calorifique et énergétique de l'albumine n'est donc pas insignifiant, encore qu'accessoire, puisque chez l'adulte ce sont les hydrates de carbone qui fournissent plus des trois cinquièmes de la ration énergétique, et les graisses chez le nourrisson près des trois cinquièmes.

5° *Développement et reproduction des tissus.*

Dans les organismes en voie de croissance, l'assimilation l'emporte sur la désassimilation ; il y a développement des tissus, plus ou moins rapide suivant les espèces.

C'est ce développement qui se fait dans tous les organes que l'on appelle *croissance.*

« A proprement parler, l'accroissement n'est qu'une augmentation de masse[1]. Mais un tissu ou un organe peuvent augmenter de masse de deux façons différentes : 1° par l'augmentation de volume des éléments déjà existants ; 2° par l'adjonction aux éléments préexistants d'éléments nouveaux, autrement dit, par formation ou multiplication cellulaires. Le premier mode... est en général très limité ; les éléments anatomiques ont à peu près le même volume chez les animaux de taille très différente... Mais habituellement l'accroissement s'accompagne de la production d'éléments nouveaux, d'une prolifération cellulaire... Tantôt l'accroissement est central, c'est-à-dire que les cellules nouvellement formées se produisent dans toute la masse et dans tous les sens, de façon que l'organe augmente de volume suivant ses trois dimensions ; tel paraît être le cas des organes massifs, comme le foie, le cerveau, etc. Tantôt l'accroissement se fait en surface, comme dans les membranes épithéliales par exemple ; tantôt enfin, comme dans les tubes nerveux de l'enfant, qui augmentent de longueur à mesure que la taille s'élève, l'accroissement est linéaire et se fait suivant une seule dimension[2]. »

La croissance est très rapide durant la première période de la vie, puis va en diminuant jusqu'à l'âge adulte ; à ce moment, on peut admettre qu'il s'établit un équilibre approximatif entre l'assimilation et la désassimilation. Puis peu à peu celle-ci paraît l'emporter sur celle-là et au développement, à l'évolution succède un mouve-

1. C'est une augmentation de la matière vivante.
2. H. **Beaunis**. *Nouveaux Éléments de physiol. humaine*, 3ᵉ édit., t. I, p. 701, Paris, 1888.

ment de sens inverse, une *involution*, elle aussi plus ou moins
rapide suivant les espèces et suivant les individus, et qui mène
les êtres à leur mort naturelle.

C'est dans les tissus dits « de soutien », comme le tissu osseux,
que les phénomènes de la croissance ont été le mieux étudiés. —
Les os s'accroissent en longueur et en épaisseur.

Cet accroissement se fait par addition de substance nouvelle, comme
le montrent les vieilles expériences de DUHAMEL . 1° On pratique dans
la diaphyse d'un os, sur un jeune animal, plusieurs trous en des points
déterminés. On sacrifie l'animal quand l'os s'est notablement développé et
on voit que les distances entre les points n'ont pas varié. Si, au contraire.
les trous ont été pratiqués dans l'épiphyse et dans la diaphyse, on constate
qu'au bout de quelque temps ils sont séparés par un plus grand intervalle. C'est donc à la jonction de la diaphyse et de l'épiphyse que l'os
s'accroît en longueur. 2° Un fil métallique est introduit sous le périoste et
enserre le corps d'un os long ; quelque temps après, l'animal ayant été
sacrifié, on constate que le fil se trouve dans l'épaisseur de l'os. — C'est par
le périoste que se produit cette addition de couches osseuses à la surface de
l'os : si on évide un os, ne laissant que l'étui de périoste qui l'entoure, on
voit qu'un os nouveau se reforme dans l'étui périostique ; un morceau de
périoste détaché et transplanté sous la peau ou en plein muscle reproduit
un os (expériences de OLLIER[1], 1898). Sur cette propriété du périoste repose
la méthode chirurgicale des *résections osseuses sous-périostées* (L. OLLIER).
Il suffit en effet de conserver le périoste, quand on pratique une résection,
pour que l'os puisse être régénéré.

Tels sont, très résumés, les faits morphogéniques[3]. Ils dissimulent
tout un travail chimique qui les détermine, mais dont nous ne connaissons que le résultat brut. C'est une matière collagène (voy. p. 43),
identique au collagène des autres tissus conjonctifs, l'osséine, qui
constitue la substance fondamentale du tissu osseux. Cette matière
s'inscruste de sels alcalino-terreux en grande quantité ; pour 15 à
30 p. 100 d'osséine, le tissu frais contient de 30 à 60 p. 100 de
matières minérales. Celles-ci consistent surtout en phosphate trical-
cique et un peu de carbonate de chaux, de chlorure et de fluorure
de calcium et de phosphate de magnésie. Ces matières minérales, insolubles dans l'eau, donnent au tissu osseux sa rigidité
connue.

Le mécanisme de la croissance est resté longtemps tout à fait
inconnu. L'étude expérimentale des glandes à sécrétion interne,

---

1. H.-L. DUHAMEL DU MONCEAU (1700-1782), savant agronome et ingénieur français.

2. L. OLLIER (1825-1900), célèbre chirurgien français, fut longtemps professeur
de clinique chirurgicale à l'Université de Lyon.

3. Pour le détail le lecteur doit se reporter aux traités d'histologie.

d'une part, et, d'autre part, les recherches des biochimistes américains sur les facteurs chimiques de la croissance ont apporté dans cette question des données du plus haut intérêt. Nous avons déjà vu l'influence de la thyroïde, de l'hypophyse et du thymus (p. 651-652 et 655, 662, 663) sur le développement des jeunes animaux ; nous n'y reviendrons pas. Nous avons signalé aussi l'action d'un acide aminé, la lysine, sur la croissance (voy. p. 147). A côté de la lysine il faut placer la cystine ; il suffit d'ajouter une petite quantité de cet amino-acide à la ration pour que la croissance soit accélérée (recherches de Th. Osborne et L. Mendel) ; l'arginine et l'histidine, acides diaminés comme la lysine (voy. p. 33), ne seraient pas moins nécessaires [1] (recherches de Gowland Hopkins [2] et H. Ackroyd, 1916), constituant le matériel avec lequel s'opérerait la synthèse des purines et par conséquent s'édifieraient les noyaux cellulaires. — Convient-il de ramener à ces acides aminés ou à d'autres composés de cette nature le rôle de ce que C. Funk [3] (1911-1912) a proposé d'appeler les *vitamines*, de ce que les biochimistes américains appellent les *facteurs accessoires* de la croissance ? C'est d'abord de la cuticule des graines de céréales qu'on a isolé (C. Funk) une vitamine, mais on a reconnu la présence d'une telle substance dans un grand nombre d'aliments, le lait, les légumes verts, les fruits, etc., et dans plusieurs graisses, le beurre, l'huile de foie de morue, etc. On en a distingué deux, l'une soluble dans les graisses, l'autre dans l'eau et dans l'alcool. Physiologiquement et d'après les recherches cliniques, on a distingué les vitamines de croissance des vitamines antiscorbutiques et des vitamines antinévritiques, c'est-à-dire qui s'opposent à la ·polynévrite que l'on observe dans le béri-béri. Quoi qu'il en soit de ces distinctions, sans doute provisoires, ce qui est sûr, c'est que le manque de ces substances dans l'alimentation provoque soit l'arrêt de la croissance, soit des troubles graves (*avitaminoses* ou *maladies par carence*, béri-béri, scorbut, maladie de Barlow, pellagre) ; on guérit ces troubles ou bien on rétablit le cours normal de la croissance par l'administration de vitamines, même en petite quantité.

A l'état adulte, chez les animaux supérieurs, lorsque les tissus et les organes sont arrivés à leur développement complet, il est des tissus qui peuvent encore se reproduire, lorsqu'ils ont subi une perte de substance.

---

1. Ces acides diaminés sont également, d'après les expériences de Hopkins, indispensables à l'équilibre corporel, tout comme le tryptophane (voy. p. 147)
2. Biochimiste anglais contemporain.
3. Biochimiste anglais contemporain, Polonais d'origine.

Tel est, parmi les tissus de revêtement, l'épiderme avec ses phanères,
poils et ongles. On sait que, pendant toute la vie, la partie superficielle de
l'épiderme se détache fréquemment sous forme d'écailles qu'entraînent la
sueur et la sécrétion sébacée ou les simples frottements de la peau. Ces
fragments épidermiques sont remplacés par des parties nouvelles. D'autre
part, l'épiderme enlevé par accident se renouvelle aisément à tout âge. —
Quant aux poils et aux ongles, ils ne cessent de s'accroître, les uns du côté
de leur follicule, les autres aux dépens du derme sous-jacent ; leur coupe
périodique est la preuve certaine de la constance de leur régénération ; et
les ongles arrachés repoussent.

Le tissu osseux aussi répare complètement ses pertes de substance,
comme le montre la consolidation des fractures, même à un âge très
avancé.

L'accroissement du tissu musculaire, chez l'animal adulte, ne se produit
plus que sous l'influence de l'exercice. D'autre part, quand il a été détruit,
ce tissu ne peut se reproduire ; entre les parties divisées il se fait seulement
un tissu de cicatrice. — De même, les portions détruites du système nerveux
central ne se reproduisent pas.

En somme, le pouvoir de reproduction des tissus est assez restreint
chez l'homme ; la plupart des organes ne se réparent qu'incomplètement, à l'aide d'un tissu cicatriciel, le même à peu près dans tous
les organes. — Chez les animaux inférieurs, au contraire, la puissance régénératrice est très grande ; un fragment d'hydre reproduit
un animal entier ; chez le triton un membre, la queue, etc., peuvent
se reproduire. Les exemples de ce genre sont très nombreux. — La
connaissance des faits d'*autotomie* (mutilation spontanée des membres
observée chez les Crustacés, les Insectes, etc.) les a encore multipliés ;
l'autotomie, qui a pour résultat la fuite de l'animal laissant à son
agresseur le membre par lequel celui-ci l'a saisi, est suivie de la
régénération de ce membre. Ainsi le lézard s'ampute la queue pour
échapper à son ennemi, et cette queue repousse ; ainsi les araignées
s'amputent et régénèrent leurs pattes très facilement.

Les phénomènes de *transplantation* se rattachent à ceux de la
régénération. Des portions de tissus divers détachées d'un organisme
et transplantées dans un autre organisme dans des conditions
convenables continuent à vivre. C'est sur ces faits que repose la
pratique des *greffes animales* (greffes cutanées pour la cicatrisation
des plaies étendues, transplantations périostiques, transplantations
de dents, de segments d'artères et de veines, et même d'organes
entiers avec leurs vaisseaux suturés à des vaisseaux d'autres parties
du corps (expériences de AL. CARREL[1], 1906-1908), greffes thyroï-

1. Biologiste français contemporain, chef de la section de chirurgie expérimentale à l'Institut Rockefeller, à New-York.

diennes [voy. p. 650], etc.). La greffe est dite *autoplastique*, quand le greffon est pris sur le sujet lui-même ; on l'appelle aussi *auto-greffe*. Elle est dite *homoplastique*, quand le greffon est emprunté à un autre sujet de même espèce. Et, quand le greffon provient d'un sujet d'espèce différente, c'est la greffe *hétéroplastique*. L'autogreffe réussit presque à coup sûr, l'homogreffe peut réussir, l'hétérogreffe échoue.

CHAPITRE VI

FONCTIONS DE REPRODUCTION

Par tout ce que nous avons vu de la nutrition, celle-ci apparaît bien comme une génération « continue », puisque tout élément anatomique a la propriété de réparer ses pertes de substance, c'est-à-dire de se reconstituer, en d'autres termes, de se reproduire, de « se régénérer ». On arrive donc ainsi tout naturellement à l'étude de la fonction de reproduction proprement dite. L'examen rapide qui vient d'être fait des phénomènes de croissance et de régénération, à la suite de ceux d'assimilation, conduit d'ailleurs à cette étude.

Dans les organismes inférieurs une portion détachée de l'être a la faculté de vivre et de reproduire un nouvel être semblable au premier. A mesure que la division du travail physiologique se produit, le pouvoir générateur se localise dans un organe plastique par excellence qui seul, chez les êtres supérieurs, garde la faculté de former les germes des êtres nouveaux. Cet organe lui-même se spécialise, d'où la sexualité; deux éléments, le mâle et le femelle, se développent séparément. Pour que la génération soit possible, il faut alors un nouvel acte, la conjugaison de ces deux éléments séparés : c'est la *fécondation*. Une fois la fécondation opérée, l'embryon se forme.

Chez les êtres supérieurs, la fonction de reproduction comprend donc quatre séries d'actes successifs : 1° la formation des éléments reproducteurs; 2° l'union de ces deux éléments ou fécondation; 3° les modifications de l'embryon et des organes maternels ; 4° l'expulsion du fœtus. La formation des cellules reproductrices, la *spermatogenèse* et l'*oogenèse*, ressortissent à une autre science qu'à la physiologie, à l'histologie et spécialement à la cytologie. Le développement de l'embryon et celui des organes maternels font l'objet d'une science spéciale, l'*embryologie*. L'étude de l'expulsion du fœtus ou accouchement est du domaine de l'*obstétrique*. Il ne reste guère en propre au physiologiste que l'étude de la fécondation et des conditions dans lesquelles elle s'opère, relatives au fonctionnement des organes génitaux mâles et femelles. Il s'y ajoute l'étude d'une sécrétion annexe de ces derniers, qui sert à la nutrition de l'être nouveau-né, incapable de subvenir à sa subsistance; c'est la *lactation*.

Entendant ainsi l'étude des fonctions de reproduction, nous aurons à examiner la physiologie de tous les organes génitaux, c'est-à-dire successivement, d'une part de l'ovaire, *organe producteur des œufs*, de la trompe, *organe de transport des œufs*, et de l'utérus, *organe de développement* de l'œuf et *d'expulsion* du nouvel être formé à partir de l'œuf, et enfin du vagin, *organe d'accouplement*; et, d'autre part, du testicule, *organe producteur des spermatozoïdes*, des canaux déférents, *organe de transport* des spermatozoïdes, de plusieurs glandes annexes *qui par leur sécrétion aident à ce transport*, et enfin du pénis, *organe d'accouplement*. Nous aurons aussi à exposer les faits qui établissent que les glandes génitales jouent par leurs *sécrétions internes* un rôle important dans le métabolisme général.

I. — FÉCONDATION.

La fécondation résulte de l'union de l'élément femelle, *l'ovule*, avec l'élément mâle, le *spermatozoïde* ou *spermie*. Qu'est-ce que ces éléments et où sont-ils formés?

1. — Physiologie de l'ovaire et des organes annexes.

La substance corticale de l'ovaire est formée par l'agglomération de vésicules, dites *vésicules de R. de Graaf*[1], *ovisacs*, *follicules de l'ovaire*, la plupart très petites, quelques-unes visibles à l'œil nu; deux ou trois seulement (ce nombre est variable suivant l'espèce animale et en rapport avec le nombre de petits que donne la femelle à chaque portée) atteignent le volume d'un pois ou d'une cerise et par suite sont proéminentes à la surface de l'ovaire et empiètent sur la masse centrale ou substance médullaire de l'ovaire. Ces grosses vésicules sont des *ovisacs à maturité*; les plus petites sont les *ovisacs* ou *follicules primordiaux*; les intermédiaires sont des ovisacs qui évoluent lentement vers la maturité.

Un ovisac mûr présente une cavité centrale, pleine d'un liquide albumineux, et circonscrite par une couche épaisse de cellules épithéliales, la *membrane granuleuse*; celle-ci offre en un point un épaississement, c'est le *disque proligère*, au milieu duquel est situé *l'ovule* ou cellule reproductrice.

Comment se forme cette cellule? Les détails de *l'ovogenèse* ou

---

1. GRAAF (REINIER ou REGNIER DE), anatomiste et physiologiste hollandais (1641-1673), fut médecin à Delft; il n'est pas seulement connu par ses recherches sur l'ovaire, mais aussi par celles qu'il fit sur le pancréas; le premier, il pratiqua des fistules pancréatiques.

formation des ovules sont d'ordre histologique ; on ne les décrira pas. Rappelons seulement, car le fait est très important pour la signification réelle de l'ovaire, que les ovules ne se forment pas dans cet organe, à la manière d'un produit de sécrétion dans une glande ; déjà chez le fœtus l'ovaire contient, sous la forme de tout petits follicules de DE GRAAF, la plupart de ses ovules ; ceux-ci, provenant de l'épithélium germinatif, s'emmagasinent seulement dans l'ovaire qui n'est donc que le réceptacle dans lequel ils achèvent leur évolution (maturation de l'ovisac et de l'ovule).

Prenant les ovules comme donnés, nous avons à nous demander ce qu'ils deviennent.

1° *Ovulation et phénomènes connexes.*

Il a été dit tout à l'heure que toutes les vésicules de DE GRAAF d'un ovaire ne sont pas arrivées en même temps au même degré de développement et ne contiennent pas toutes des ovules à l'état de maturité.

A la naissance, il est probable. comme l'a constaté ROUGET, et comme l'indique la sécrétion du lait, qu'on observe quelquefois et qui est en apparence si inexplicable à cette époque de la vie, qu'il se fait une congestion ovarique et une *poussée* incomplète d'œufs à l'ovaire; un phénomène semblable, mais bien plus remarquable, se produit à la puberté.

Ce n'est qu'à partir de l'époque de la puberté que l'on voit chaque mois, ou pour mieux dire à chaque époque menstruelle, *un* ou *deux ovisacs* se développer complètement. Ces vésicules de DE GRAAF, d'ordinaire celles qui sont le plus près de la surface de l'ovaire, se gonflent, s'accroissent; leur contenu augmente, s'épaissit; la partie de la paroi qui avoisine la surface de l'ovaire est pressée contre cette surface. Il en résulte en ce point un arrêt de la nutrition et une usure des parois ; cet état, aidé par la turgescence de la partie centrale de l'ovaire (*bulbe de l'ovaire*), amène facilement une rupture, de sorte que le contenu de l'ovisac s'échappe, entraînant l'ovule au milieu des débris du disque proligère. Ainsi se produit l'*ovulation* ou ponte ovarique.

Après l'expulsion de la plus grande partie de son contenu, la vésicule de DE GRAAF revient sur elle-même et se cicatrise, en laissant une faible trace, colorée en jaune par des granulations pigmentaires ; celles-ci proviennent en partie du pigment sanguin résultant de la petite hémorragie qui accompagne la rupture de l'ovisac. Si l'ovule expulsé est fécondé et, arrivé dans l'utérus, y amène les phénomènes de la gestation, il se fait dans l'ovaire une évolution hypertrophique de l'ovisac déchiré, hypertrophie à laquelle succède très ultérieurement (fin de grossesse) une atrophie provoquant une cicatrice analogue à la précédente, mais beaucoup plus considérable et plus persistante. On donne à ces cicatrices le nom de *corps jaunes*. Il y a donc deux sortes de corps jaunes, que l'on désignait autrefois sous les dénominations inexactes de « faux corps jaune » et « corps jaune vrai » (ne sont-ils pas « vrais » tous deux ?) et qu'il vaut mieux appeler « corps jaune périodique » et « corps jaune gestatif » (P. Ancel et P. Bouin, 1909).

Ce qui prend, du reste, la plus grande part à la formation des corps jaunes, c'est moins le caillot sanguin qu'un épaississement hypertrophique de la membrane propre de la vésicule de de Graaf. Les cellules de cette vésicule se multiplient et s'accroissent énormément, de façon à obliger la membrane à se plisser et à remplir tout l'ovisac dont le contenu présente des espèces de circonvolutions. Ces cellules sont envahies en même temps par une production granuleuse, graisseuse, colorée en jaune et qui est la principale cause de la coloration caractéristique des corps jaunes. — On reviendra plus loin sur la signification physiologique des corps jaunes (voy. p. 738).

Voilà donc l'ovule expulsé de l'ovaire. Il peut tomber dans le péritoine et y disparaître, et même, s'il y a eu fécondation, s'y développer (grossesses péritonéales); mais ce n'est pas là le cas normal. Dans les conditions physiologiques, l'ovulation s'accompagne de phénomènes particuliers qui font tomber l'ovule dans le pavillon de la *trompe de Fallope* ou *oviducte*.

La *trompe*, en effet, est un organe mobile, contractile et érectile. Sa contractilité et celle des fibres musculaires lisses qui se trouvent dans les *ligaments larges* et dans le *ligament tubo-ovarique* doivent favoriser l'*adaptation* de l'orifice des trompes à l'ovaire (Ch. Rouget); son érection ne doit pas être non plus sans influence, car on trouve dans la trompe une abondante trame érectile disposée de telle manière qu'en son état de turgescence elle amène probablement le pavillon de la trompe à embrasser la presque totalité de l'ovaire dans sa cavité[1]. L'ovule y tombe donc; il parcourt l'oviducte, grâce au

---

[1]. Chez nombre d'animaux, et entre autres chez la grenouille, le pavillon de la trompe est fixe, rattaché par des ligaments tout en haut, au niveau du péricarde. Ici, par suite, il ne peut être question d'adaptation du pavillon venant coiffer l'ovaire. Or, en examinant des grenouilles femelles à l'époque du rut, on constate que le péritoine de la paroi abdominale antérieure présente des traînées de cellules à cils vibratiles, et en déposant de la poudre de charbon sur cette surface on voit que cette poudre est entraînée dans la région des orifices tubaires. Mathias Duval a répété plusieurs fois cette expérience sur le mâle à la même époque sans constater rien d'analogue. L'examen microscopique d'un fragment du péritoine, même du mésentère (toujours sur un sujet femelle), permet de voir ces cils et leurs mouvements agitant les particules qui nagent dans le liquide de la préparation.
Il est donc bien évident que ces cils doivent servir au transport des ovules détachés de l'ovaire, et si l'on éprouvait quelque doute à ce sujet, en raison du volume de ces corps, il est facile, en déposant des ovules sous la muqueuse pha-

mouvement des cils de l'épithélium vibratile, mouvement dirigé vers
l'orifice utérin de la trompe, et arrive dans la matrice, où il donne
lieu à des phénomènes tout particuliers s'il a été fécondé, et d'où il est
rejeté, dans le cas contraire, avec les produits de la menstruation.

Menstruation. — On admet communément que la chute de
l'ovule coïncide à peu près exactement avec l'époque de la *menstruation* (tous les vingt-huit jours en moyenne); la chute de l'œuf
est donc périodique. Mais on verra tout à l'heure qu'il peut y avoir
fécondation sans menstruation. Ovulation et menstruation ne sont
donc pas liées d'absolue nécessité.

La menstruation s'accompagne souvent d'autres phénomènes
accessoires, congestion de la moelle épinière, endolorissement de la
région lombaire, troubles de sensibilité, douleurs périphériques qu'il
faut rapporter à la moelle; puis survient le phénomène utérin caractéristique, l'*hémorragie menstruelle*.

L'utérus, organe musculeux, mais dont l'élément musculaire ne joue de
rôle important que pendant et surtout à la fin de la gestation, présente
une cavité tapissée par une muqueuse. L'épithélium de cette muqueuse
serait soumis à une *chute*, à une *mue mensuelle*, coïncidant avec l'ovulation ;
une mue semblable se fait de même chez les femelles des Mammifères à
l'époque du *rut*. Or, comme cet épithélium recouvre le chorion et le muscle
utérin, riches en vaisseaux, il en résulte que la chute épithéliale laisse à
nu un grand nombre de petits canaux vasculaires qui, sous l'influence de
la turgescence générale des organes à ce moment, se rompent et donnent
lieu, surtout chez la femme, à une hémorragie plus ou moins abondante[1].

ryngienne, de se convaincre que des cils vibratiles quelconques effectuent très
facilement ces transports (voy. p. 123, l'*expérience de la limace artificielle*).
On peut se demander si, chez les Mammifères, il n'y aurait pas quelque chose
de semblable, et si l'ovule, sorti en bavant de la vésicule de Graaf, ne serait pas
recueilli par des cils vibratiles tapissant l'ovaire, et dirigé ainsi jusque dans le
pavillon, d'autant que Waldeyer[*] a signalé l'existence de cils vibratiles sur le
ligament tubo-ovarique. Comme les cils vibratiles péritonéaux de la grenouille
femelle n'existent en grande abondance qu'à l'époque du rut, il en serait peut-
être de même chez les femelles des Mammifères.
1. Ch. Rouget, en découvrant les fibres musculaires lisses qui sont contenues
dans l'épaisseur des ligaments larges et qui englobent tous les vaisseaux placés
dans ces organes, a aussi indiqué cette disposition comme cause principale
du mécanisme de l'hémorragie menstruelle ; il est, en effet, incontestable que
ces faisceaux musculaires, en se contractant, compriment les vaisseaux veineux
qu'ils enlacent, et s'opposent ainsi à la circulation de retour, sans nuire à
l'afflux par les artères, qui, grâce à leur petitesse et à leur résistance, ne sont
que peu ou pas modifiées par la compression. De là, augmentation de pression
et déchirures dans les capillaires utérins. La contraction de ces faisceaux
musculaires prend aussi la plus grande part à l'adaptation de la trompe (voy.
p. 712), de sorte qu'une seule et même cause préside aux trois phénomènes
essentiels de l'époque menstruelle, rupture de la vésicule de de Graaf, adaptation du pavillon tubaire, hémorragie cataméniale ; dans ces circonstances
[*] Célèbre anatomiste allemand contemporain, professeur à l'Université de Berlin

Cette mue épithéliale, il est vrai, a été niée par divers observateurs.

Quoiqu'il en soit, dans l'hémorragie menstruelle, les vaisseaux eux-mêmes jouent évidemment un rôle. Il y a, à cette époque, des modifications de l'innervation vaso-motrice telles que, si l'écoulement du sang ne s'effectue pas par la surface utérine, le flux hémorragique se fait jour par d'autres vaisseaux. C'est ainsi qu'on voit des femmes avoir, à l'époque des règles, des hémorragies nasales, pulmonaires, intestinales.

Le sang menstruel évacué est pauvre en matériaux solides ; il n'est pas coagulable ; plus clair et plus mélangé de mucus dans les premiers jours, il offre de nouveau ces mêmes caractères lorsque l'écoulement est près de cesser. Il n'est pas nécessaire de dire ici qu'il ne possède aucune des propriétés nocives dont se sont plu à le doter les superstitions de tous les temps et de tous les pays.

Cet écoulement dure en moyenne quatre jours ; la quantité de sang perdu est en général de 50 grammes par jour, mais peut tomber à 20 grammes ou atteindre 65 grammes et même plus. Il se reproduit en moyenne tous les vingt-huit jours, c'est-à-dire tous les mois lunaires.

La menstruation commence, dans nos climats, vers quatorze-quinze ans, un ou deux ans plus tôt dans le sud de l'Europe. En même temps se produisent les modifications sexuelles profondes qui caractérisent la *puberté* chez la femme, le développement du bassin, des mamelles, des poils, etc., accompagnées, comme on sait, de modifications psychiques. — La menstruation cesse vers quarante-cinq à cinquante ans, en même temps que les fonctions de l'ovaire (*ménopause*). — Elle s'arrête également pendant toute la durée de la grossesse.

L'épithélium pavimenteux du col de la matrice et même du vagin participe au phénomène de la menstruation. Là aussi se produit, mais sur une bien plus petite échelle, une desquamation épithéliale, d'où résulte un produit liquide épais et blanchâtre. Dans certains états pathologiques très fréquents, cette desquamation est permanente et constitue les écoulements connus sous le nom de *flueurs blanches*.

De ce que la menstruation coïncide le plus généralement avec l'ovulation, il ne s'ensuit pas que les deux actes soient en corrélation nécessaire. Les cas sont nombreux de nourrices redevenues enceintes sans que leurs règles aient reparu [1]. La ponte ovulaire peut donc avoir lieu sans menstruation.

---

l'adaptation de la trompe doit se faire la première et précéder fort heureusement la rupture de l'ovisac ; elle doit se produire à l'instant où cette rupture, devenue imminente, par hypertrophie de la vésicule de DE GRAAF, provoque dans tout l'appareil génital interne cet état particulier (contraction des muscles péri-utérins) qui constitue le molimen menstruel (Ch. ROUGET, 1858).

[1] Sur 10 886 multipares qui sont venues accoucher à la clinique Baudelocque en neuf ans, 505 avaient été fécondées sans avoir eu leurs règles ; la plupart étaient nourrices, mais quelques unes n'allaitaient pas (PINARD, *Bull. médical,* 11 décembre 1903).

Quelle serait alors la cause de la menstruation ? On tend à croire qu'elle serait liée à la période d'état du « corps jaune périodique » et dépendrait d'une action hyperémiante de ce corps jaune sur l'utérus.

2º *L'ovule.*

C'est une cellule volumineuse qui mesure de 1/10 à 2/10 de millimètre, presque visible à l'œil nu. Elle représente le type le plus parfait de la cellule, constituée par une enveloppe ou *membrane vitelline* ou *chorion*, un protoplasma, le *vitellus*, et un noyau ou *vésicule germinative* dans lequel se trouve un nucléole ou *tache germinative*. Chez beaucoup d'animaux (œufs des Oiseaux, des Reptiles, des Poissons, etc.), le protoplasma consiste surtout en une masse nutritive qui sert et qui suffit au développement du futur embryon.

La composition chimique de l'œuf humain n'a pu être étudiée.

2. — Physiologie du testicule et des organes annexes.

En 1677, un étudiant de Dantzig, LOUIS HAMM, ayant eu l'idée d'examiner au microscope du sperme, y découvrit de petits filaments doués de mouvements très vifs; il communiqua ce fait à son maître LEEUWENHOECK qui multiplia les observations de ce genre sur différents animaux et constata l'existence générale de *filaments spermatiques*, doués de mouvements, dans la liqueur séminale des différentes espèces. Ces filaments spermatiques, ou *spermatozoïdes*, sont l'élément essentiel du liquide spermatique. Ils se forment dans les canaux séminifères du testicule.

C'est l'épithélium de ces canaux qui produit le sperme. Cette production est temporaire; le testicule est tout à fait inactif chez l'enfant et chez le vieillard décrépit [1]. A l'époque de la puberté, on distingue, parmi les cellules épithéliales des tubes séminifères, des cellules plus volumineuses, *cellules mères*, résultant du développement des cellules primitives.

Ces cellules donnent naissance à un groupe de jeunes cellules dont chacune va se transformer en spermatozoïde, d'où leur nom de *spermatoblastes*.

Nous ne décrirons pas plus la *spermatogenèse* que nous n'avons décrit l'ovogenèse.

Les spermatozoïdes une fois formés restent en faisceaux et attachés

1. Sur un certain nombre d'hommes de 80 à 90 ans, 48 p. 100 furent trouvés encore aptes à la reproduction (HENSEN[*]). Cependant la sécrétion du sperme cesse en général vers 70 ans.

* Physiologiste allemand contemporain, ancien professeur à l'Université de Kiel.

à la paroi du canalicule spermatique par un filament de protoplasma. En se détachant de cette paroi, ils deviennent libres dans la cavité canaliculaire. Poussés par une exsudation de sérosité et par la continuation du processus spermatogénétique, ils progressent vers les canaux excréteurs (réseau du corps d'Highmore[1], cônes séminifères, épididyme) (voy. (fig. 160).

Chez les animaux dont les fonctions sexuelles ne s'exercent qu'à certaines époques de l'année (chez les Batraciens, par exemple, qui ne s'accouplent qu'une fois par an et qui, en hiver, perdent toute activité sexuelle), la sécrétion testiculaire ne se fait qu'à ces époques. Chez l'homme, elle ne commence qu'à la puberté, on ne trouve presque jamais de spermatozoïdes dans le sperme avant l'âge de quinze-seize ans[2]. — Comme chez la femme, la puberté chez l'homme est caractérisée par de profonds changements de l'organisme, développement du pénis qui devient plus érectile, développement des poils, surtout dans la région pubienne, augmentation des dimensions du larynx (d'où la mue de la voix qui s'abaisse d'une octave), etc.

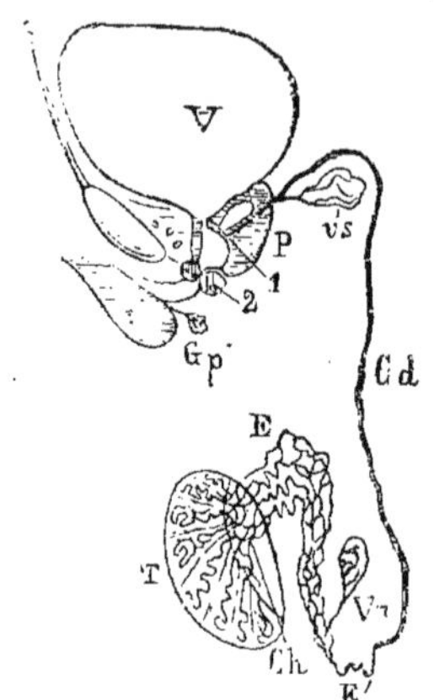

Fig. 160. — Schéma de l'appareil génital de l'homme (Mathias Duval).

T, testicule; — Ch, corps d'Highmore[1] et *rete testis*; — E, tête de l'épididyme formée par la réunion des cônes séminifères; — E', queue de l'épididyme; — Va, *vas aberrans*; — Cd, canal déférent; — vs, vésicule séminale; — P, prostate avec canal éjaculateur, utricule prostatique et verumontanum en érection; — 2, muscle de Wilson contracté et oblitérant le canal (en ce moment le sperme ne peut donc que s'accumuler dans la partie prostatique du canal de l'urètre, entre les points 1 et 2, où il est chassé par les contractions des canaux précédents, depuis E); — Gp, glande de Cowper; — V vessie.

1° Spermatozoïdes et sperme.

C'est seulement dans *l'épididyme* (fig. 165, E) et dans les *canaux* (E', Cd) qui y font suite, que les faisceaux de spermatozoïdes se dissocient et qu'on trouve les spermatozoïdes libres, sous forme de filaments avec renflement céphalique et queue bien distincts.

Ces spermatozoïdes ont alors, chez l'homme, une longueur de 50 μ (5 μ pour la tête et 45 μ pour la queue). Ils sont composés d'un renflement antérieur (*tête*) et d'un appendice filiforme (ou *queue*); à la jonction de

1. N. Highmore, anatomiste anglais (1613-1685).
2. Dans le sud de l'Europe la puberté est plus précoce chez l'homme, elle commence à quatorze ans.

la *tête* et de la queue est une masse de protoplasma dite *segment intermédiaire*. L'étude de la transformation de la cellule spermatoblastique en spermatozoïde montre que la tête du spermatozoïde représente le noyau de la cellule, que le segment intermédiaire est le reste du corps protoplasmique de la cellule et, enfin, que la queue est un long cil vibratile ou, plus exactement, un pinceau de cils vibratiles accolés ou fusionnés. Le spermatozoïde est une cellule vibratile devenue libre et transformée de manière à aller porter et faire pénétrer son noyau dans l'élément femelle, ou ovule. C'est en effet ce *noyau spermatique* (noyau mâle, pronucléus mâle) qui joue le rôle essentiel dans la fécondation.

En cette qualité de cellules vibratiles modifiées, les spermatozoïdes sont caractérisés par leurs mouvements. Ces mouvements sont surtout visibles dans le sperme éjaculé, c'est-à-dire qui a été mêlé aux produits de la sécrétion des diverses glandes que nous étudierons bientôt. Les mouvements se font toujours dans la direction de la tête ; ils reçoivent leur impulsion de la queue. On peut dire que les spermatozoïdes nagent dans le liquide spermatique à peu près comme une anguille dans l'eau. Leurs mouvements sont relativement assez rapides : on constate au microscope qu'un spermatozoïde placé dans un milieu convenable parcourt en une seconde une distance égale à sa propre longueur, c'est-à-dire qu'en une minute il parcourra environ 3 millimètres. Dans le sperme d'un animal qui a succombé à une mort violente, on trouve les spermatozoïdes doués de mouvements pendant assez longtemps (fait de persistance, après la mort de l'individu, des propriétés physiologiques des éléments anatomiques ; c'est ainsi que les cils des épithéliums vibratiles continuent à se mouvoir encore un certain temps sur le cadavre ; pour les spermatozoïdes, cette persistance de vitalité est relativement longue : on en a trouvé encore capables de mouvements, dans le canal déférent d'un taureau, six jours après que cet animal avait été sacrifié). Sortis des voies génitales mâles et reçus dans les liquides alcalins des organes génitaux femelles, les spermatozoïdes conservent très longtemps leur vitalité dans ce dernier milieu qui paraît spécialement apte à exciter leur motilité.

Diverses conditions modifient de différentes manières la motilité, c'est-à-dire la vitalité des spermatozoïdes. Le refroidissement (maintien pendant un certain temps à une température inférieure à 30°) les immobilise ; la chaleur, au contraire, excite leur motilité, de même qu'elle porte au plus haut degré la contractilité de l'élément musculaire et l'excitabilité de l'élément nerveux ; mais, comme pour ces divers éléments anatomiques, si la chaleur produit son maximum d'effet excitant vers 40°, au delà de cette température elle produit une action mortelle sur le spermatozoïde, comme sur le muscle dont elle coagule la substance contractile. — L'action comparée des liquides alcalins ou acides n'est pas moins remarquable. Les solutions acides tuent brusquement le spermatozoïde dont les mouvements s'arrêtent, en même temps que sa queue se replie et s'enroule par son extrémité terminale le long de sa portion initiale. Les solutions alcalines faibles jouissent, au contraire, de la propriété d'exciter et de réveiller au plus haut degré les mouvements des spermatozoïdes ; on peut même constater que, lorsque sur le porte-objet du microscope des spermatozoïdes ont perdu leurs mouvements par l'action d'un liquide très faiblement acide, si cette action a été de courte durée, on peut réveiller les mouvements par l'addition d'un liquide alcalin.

La matière constitutive essentielle des spermatozoïdes est une protamine (voy. p. 33) qui s'y trouve combinée avec un acide nucléinique. Cette protamine est différente suivant les espèces, d'après les recherches de KOSSEL sur le sperme de divers Poissons. On a extrait aussi de la tête des spermatozoïdes une combinaison organique de fer.

Ce sont les spermatozoïdes qui caractérisent le *sperme*. Celui-ci est fécondant tant que ceux-là se meuvent.

On ne peut évidemment évaluer la quantité de sperme formée chez l'homme. D'après quelques recherches, la quantité par éjaculation varierait de 8 à 12 grammes.

Le sperme est le produit de la sécrétion de plusieurs glandes. Les testicules fournissent surtout les spermatozoïdes. Et ce sont les glandes génitales accessoires, *glandes vésiculaires*, improprement appelées *vésicules séminales*, *prostate*, *glandes de Cowper*, *glandes de Littre*, qui fournissent le liquide complexe, véhicule de ces éléments.

Le sperme humain est un liquide épais, filant, blanchâtre, d'une odeur particulière, d'une saveur salée, d'une densité de 1020 à 1040, à réaction neutre ou légèrement alcaline. Comme éléments figurés, on y trouve, outre les spermatozoïdes, des granulations nombreuses et même des cristaux qui seraient formés d'une combinaison de phosphate de chaux et de phosphate de spermine. En dehors de ces éléments, sa composition moyenne est de 90 p. 100 d'eau et de 10 p. 100 de matières solides, dont 7 p. 100 de matières organiques et 1 p. 100 de sels minéraux.

Les matières organiques comprennent des substances albuminoïdes (environ 2 p. 100), des nucléines (0,2 p. 100), des histones, de la lécithine, de la cholestérine, de la *spermine* $C^{10}H^{20}Az^4$, base liquide à odeur spermatique, à laquelle on a attribué, sans que les preuves données aient emporté la conviction générale, une action excitante sur le système nerveux. — Les matières minérales consistent surtout en phosphore, chaux et chlorure de sodium avec un peu de chlorure de potassium et un peu de fer ; la quantité de chaux est telle (plus de 20 p. 100 de la quantité totale des cendres) que l'on doit admettre que, durant la vie sexuelle de l'homme, il y a par chaque éjaculation une perte non négligeable de ce corps.

La part n'est aucunement faite, dans le sperme, de ce qui revient à chacune des glandes génitales annexes, glandes vésiculaires (vésicules séminales), prostate, glandes de COWPER (ou de MÉRY)[1], glandes de LITTRE[2]. Il y a cependant des espèces animales chez lesquelles

---

1. GUILL. COWPER (1666-1709), chirurgien anglais ; c'est en 1702 qu'il a publié le mémoire sur les glandes qui portent son nom. — Ne pas le confondre avec ASTLEY COOPER (1763-1841), autre chirurgien et anatomiste anglais.

J MÉRY (1645-1722), chirurgien et anatomiste français.

2. A. LITTRE (1658-1726), anatomiste français.

on a pu déterminer le rôle de quelques-unes de ces glandes.

2° *Sécrétion des vésicules séminales (glandes vésiculaires)* et *de la prostate.*

Le rôle de réservoir du sperme, longtemps assigné aux vésicules séminales, n'est pas exact; normalement on n'y trouve pas de spermatozoïdes. Et, d'autre part, la muqueuse de ces organes contient de véritables glandes, dont l'étude histologique a d'ailleurs été faite et dont le produit de sécrétion constitue en partie le sperme.

Le contenu des vésicules présente des concrétions, les unes calcaires, les autres de nature organique (azotées); ces dernières se présentent sous l'aspect de petits grains, de volume variable, de consistance cireuse, se brisant en éclats par la pression et formés d'une masse homogène; ce sont les *sympexions*[2] de Ch. Robin. L'acide acétique gonfle ces concrétions, les rend transparentes et les dissout.

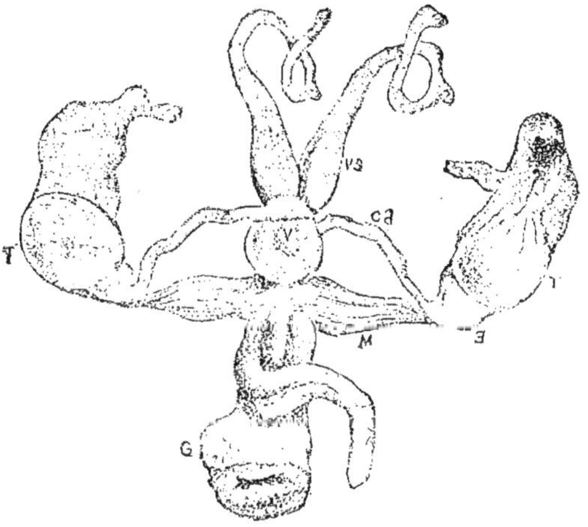

Fig. 161. — Vésicules séminales du cobaye (d'après A. Hénocque[1]).

VS, vésicules séminales; — V, vessie; — TT, testicules; — E, épididyme; — Cd, canal déférent; — M, muscle testis; — G, glande périanale. — La figure dessinée par Hénocque représente les organes génitaux d'un cobaye âgé de plus de huit mois, en grandeur à peu près naturelle. La figure ci-dessus a été réduite d'un peu plus d'un tiers.

Les vésicules séminales sont à peine moyennement remplies. Elles sont souvent très distendues par leur contenu.

Chez les Rongeurs, où ces glandes sont volumineuses et facilement accessibles (voy. fig. 161), le produit de la sécrétion a été mieux étudié. Chez le Cobaye par exemple, il se présente sous la forme d'une masse semi-liquide, claire, transparente, ressemblant à une colle ou à un empois grumeleux, de réaction neutre. Il contient des matières protéiques, environ 30 p. 100, parmi lesquelles une globuline et peut-être une histone, et très peu de matières minérales.

1. A. HÉNOCQUE (1840-1902), médecin et physiologiste français.
2. De σύμπηξις, concrétion.

D'autre part, de la prostate du même animal on retire aisément quelques gouttes d'un liquide clair, limpide, de réaction neutre, tout à fait fluide [1].

Or, une gouttelette de ce dernier liquide, mélangée à une assez grosse portion du contenu vésiculaire, en détermine instantanément la coagulation ; le coagulum devient blanc cireux, analogue à de la bougie, et plus tard de la surface on voit sourdre quelques gouttelettes, sorte de *sérum* extrait de ce *caillot*. Cette coagulation est due à l'action d'un ferment soluble contenu dans le liquide prostatique, la *vésiculase* de L. Camus et E. Gley (1896), qui perd tout son pouvoir par le chauffage à 70°.

Ce phénomène n'est que la reproduction, *in vitro*, de ce qui se passe lors de l'éjaculation normale chez le Cobaye. En effet, le sperme de cet animal se coagule très rapidement à l'air ou dans le vagin de la femelle, formant ce que les zoologistes avaient appelé, sans pouvoir l'expliquer, le *bouchon vaginal*. Par les faits exposés ci-dessus on voit que la formation de ce bouchon résulte de la coagulation du contenu vésiculaire, englobant les spermatozoïdes. Par ce mécanisme la rétention du sperme dans le vagin est assurée.

Le bouchon vaginal s'observe chez beaucoup d'autres Rongeurs, chez la Gerboise, le Rat, la Souris, le Myopotame, etc. Dans le contenu vésiculaire d'autres animaux, comme les Insectivores (le Hérisson par exemple), il se produit, sous l'influence du ferment de la prostate de ces animaux, un phénomène quelque peu différent, mais du même ordre, une sorte de caséification ou de prise en colle. Et l'on peut se demander si chez l'homme il ne survient pas quelque chose d'analogue après l'éjaculation, une sorte de prise en gelée du sperme. En tout cas, Spallanzani a jadis constaté l'agglutination du contenu des vésicules séminales de l'homme.

Par là le rôle des glandes génitales dites accessoires apparaît comme fort important, puisque ces organes, en vertu de l'action réciproque de leurs produits de sécrétion qui assure la fécondation, contribuent efficacement à la fonction de reproduction. Et ce qui prouve bien ce rôle, c'est que l'extirpation de la prostate ou des vésicules séminales chez les Rongeurs (rat, cobaye) diminue ou supprime, suivant qu'elle est ou non complète, le pouvoir reproducteur.

Chez les Mammifères la sécrétion de la prostate, obtenue par excitation des filets du plexus prostatique, augmente beaucoup les mouvements, c'est-à-dire la vitalité, des spermatozoïdes (expériences faites dans le laboratoire de Mislavsky par Vichnevsky, 1909).

L'excrétion du contenu des glandes vésiculaires est sous la dépendance du système nerveux.

---

[1]. Chez beaucoup d'autres animaux, la prostate sécrète un liquide visqueux.

L'excitation d'un filet sympathique, qui se détache d'un petit ganglion situé sur la veine cave inférieure au niveau des veines rénales, et descend tout droit dans le mésocôlon parallèlement à la colonne vertébrale, vers les vésicules, provoque une contraction énergique des vésicules ; cette contraction est suivie de l'émission dans les canaux déférents et dans l'urètre d'une portion du contenu des glandes et aussi de l'émission d'un peu de liquide prostatique, puisque le liquide excrété se coagule de la façon indiquée plus haut. Il n'y a pas érection concomitante. On a appelé à tort ce nerf *éjaculateur* ; la sécrétion constatée n'est pas spermatique, mais vésiculaire ; il s'agit en réalité d'un nerf excréteur des vésicules séminales, que l'on pourrait appeler le nerf *vésiculaire*.

Quant à la prostate, elle reçoit ses filets sécréteurs, par les nerfs hypogastriques, de la branche descendante du ganglion mésentérique inférieur (Mislavsky et Bormann, 1898), et ses filets vaso-dilatateurs des nerfs érecteurs et à la fois de la branche descendante du ganglion mésentérique inférieur (d'après les expériences d'un élève de Fredericq, L. Weekers, sur le chien, 1905) ; la vaso-dilatation pénienne (érection) s'accompagne en effet de la vaso-dilatation prostatique.

3° *Sécrétion des glandes de Cowper et des glandes de Littre.*

Les glandes de Cowper sont de petites glandes, placées au milieu des muscles striés et lisses du périnée (aponévrose moyenne), derrière la saillie du bulbe urétral (fig. 160, p. 710), et dont le canal excréteur vient s'ouvrir dans le canal de l'urètre, vers la jonction du bulbe avec la portion spongieuse proprement dite.

Le produit de ces glandes, exprimé par les contractions des muscles du périnée au moment de l'érection, vient remplir le canal de l'urètre et dilue le sperme. Quand une forte érection n'est pas suivie d'éjaculation, on voit, au moment où l'érection cesse et où le canal revient à ses dimensions primitives, s'écouler par son ouverture antérieure (méat urinaire) un liquide clair et muqueux qui n'est autre chose que le produit des glandes de Cowper et de quelques autres glandes.

Ces autres produits de sécrétion, déversés dans le canal, et s'y mêlant au sperme et le diluant, sont les produits des glandes prostatiques et des glandes de Littre.

Ces dernières sont de très petites glandes en grappe, disséminées dans la muqueuse de la portion spongieuse de l'urètre. Le produit de leur sécrétion, impossible à isoler, paraît analogue à celui des glandes de Cowper.

3. — Mécanisme de la fécondation.

C'est sur le trajet de l'ovaire à la trompe, ou mieux encore au niveau du pavillon de la trompe, que se produit la rencontre des spermatozoïdes avec l'ovule, la *fécondation*, comme le prouvent les grossesses péritonéales et tubaires.

Quant au phénomène même de la fécondation, il résulte de la pénétration du spermatozoïde dans l'épaisseur même de l'ovule, comme l'ont établi les anciennes expériences de Spallanzani, qui sont à la base de toutes nos connaissances sur la question.

Ces expériences (1787) sont aussi simples que démonstratives.

1. Ayant pris deux cupules en forme de verres de montre, Spallanzani plaça dans l'une du sperme de grenouille et dans l'autre des œufs de grenouille fraîchement pondus ; l'albumine qui entoure ces œufs les rend adhérents à la cupule, de sorte qu'il pouvait renverser celle-ci et la superposer dans cette position à celle qui renfermait le sperme. Dans ces conditions, quoiqu'il laissât longtemps les éléments ainsi voisins, mais non en contact, la fécondation n'avait pas lieu. Mais si, prenant ensuite un peu de sperme et quelques-uns de ces œufs, il les mélangeait dans un autre récipient, il voyait la fécondation s'opérer, c'est-à-dire que les œufs se développaient ultérieurement (segmentation et apparition de la gouttière médullaire, etc.).

2. Il recouvrait des grenouilles mâles avec des espèces de caleçons en taffetas ciré ; puis l'accouplement avec des femelles avait lieu ; mais les œufs restaient stériles, aucun n'ayant pu recevoir de sperme.

3. Une autre expérience de Spallanzani, non moins démonstrative que les précédentes, et qui a été bien souvent répétée depuis lors, notamment par Prevost et Dumas, consiste à filtrer du sperme au-dessus d'un vase renfermant des ovules. La partie liquide du sperme traversant seule le filtre à l'exclusion des spermatozoïdes, la fécondation ne se produit pas ; plus le filtre est épais, moins il y a d'ovules fécondés (avec un filtre mince, le microscope montre qu'il passe quelques spermatozoïdes).

Ces faits démontrent surabondamment que le contact direct de l'élément mâle avec l'élément femelle est absolument nécessaire pour que ce dernier soit fécondé.

1o *Phénomènes morphologiques de la fécondation.*

C'est ici que doit commencer l'étude des véritables phénomènes morphologiques de la fécondation, pénétration du spermatozoïde dans l'œuf, ses modifications dans cet œuf, les résultats de la fusion des deux éléments. On les trouve décrits dans tous les traités d'histologie auxquels nous renvoyons.

Des très nombreuses observations faites la conclusion est formelle, d'un haut intérêt biologique. « Chez beaucoup d'Unicellulaires l'amphimixie[1] consiste dans l'union de cellules sexuelles morphologiquement équivalentes qui se fusionnent, protoplasma à protoplasma et noyau à noyau. Chez les Métazoaires plus élevés dans la série, cette homologie morphologique disparaît peu à peu et, chez les Métazoaires supérieurs, le dimorphisme sexuel est complet : les cellules qui se conjuguent sont profondément différentes de formes; la cellule sexuelle issue de l'organisme femelle, ou *œuf*, et la cellule issue de l'organisme mâle ou *spermatozoïde* paraissent *a priori* si dissemblables qu'il semble qu'on ait le droit de leur soupçonner une valeur différente dans la fécondation. Il est de fait que l'œuf mûr se caractérise par la masse considérable de son cytoplasma, par l'accumulation d'un matériel vitellin abondant, par l'absence de corpuscule central ou ovocentre. Le zoosperme, au contraire, se différencie par l'exiguïté de sa taille, sa mobilité extrême, la condensation de sa chromatine, l'absence presque totale de cytoplasme et la présence d'un corpuscule central ou spermocentre, situé en général en arrière de son extrémité céphalique. Mais l'œuf mûr et le zoosperme possèdent chacun une quantité de chromatine rigoureusement égale, déterminée par le mécanisme précis de la maturation et réduite à la moitié de ce que renferme une cellule somatique de l'espèce considérée. Les noyaux sexuels seuls sont donc équivalents. L'union de la chromatine du noyau spermatique et de la chromatine du noyau ovulaire est un fait presque absolument constant et général dans la fécondation; on le constate dans toute la série phylogénétique, et il représente par conséquent une loi biogénique fondamentale. On est donc en droit de conclure que la chromatine représente « la substance propre de la fécondation » (O. HERTWIG[2]). On peut ajouter qu'elle représente la base physique des propriétés héréditaires qui ne peuvent être accordées ni au cytoplasme, propriété presque exclusive de l'élément femelle, ni au corpuscule central, propriété exclusive de l'élément mâle. Ces faits nous autorisent donc à admettre que les *qualités héritées également par le produit de l'œuf fécondé sont supportées en quantité égale par les noyaux des cellules sexuelles mûres*[3]. » Ainsi, morphologiquement, la fécondation consiste en la fusion de deux cellules reproductrices et en l'échange de leurs substances nucléaires.

1. On désigne souvent sous ce nom la copulation de deux cellules sexuelles mâle et femelle, et l'union de leurs substances nucléaires.

2. Anatomiste et embryologiste allemand contemporain, professeur à l'Université de Berlin.

3. A. PRENANT, P. BOUIN et L. MAILLARD, *Traité d'histologie*, t. I, p. 911-914, Paris. 1904.

2° *Phénomènes physiologiques de la fécondation.*

Cette étude comprend essentiellement la détermination de l'*affinité sexuelle* et celle de l'*embryogenèse*.

1. Les cellules mâles et femelles d'une même espèce animale exercent les unes sur les autres une véritable attraction.

Les spermatozoïdes se dirigent vers l'œuf et parcourent souvent, pour l'atteindre, de grandes distances. Il en est un qui réussit à devancer les autres; aussitôt qu'il approche, la couche superficielle du protoplasma ovulaire se soulève en forme de cône plus ou moins effilé et va à sa rencontre; dès qu'il y a contact, un mouvement de retrait succède au mouvement d'extension du protoplasme, si bien qu'à un moment donné cône et spermatozoïde finissent par se trouver englobés dans la masse vitelline. La tête seule du spermatozoïde pénètre dans le vitellus; la queue reste embourbée dans la couche mucilagineuse périphérique; c'est, en effet, un organe de locomotion devenu désormais inutile.

Cette attraction ou *affinité sexuelle* ne se manifeste que quand les cellules sont aptes à être fécondées, c'est-à-dire quand elles sont mûres.

Elle ne se manifeste, d'autre part, qu'entre éléments de même espèce ou d'espèces très voisines. Dans ce dernier cas, il y a *croisement* ou *hybridation*. Chez les plantes le croisement réussit fréquemment. On l'observe aussi entre animaux qui ne sont pas trop dissemblables, entre serin et moineau, par exemple, âne et cheval, chien et renard [1], etc. Cependant l'affinité sexuelle n'est pas toujours en rapport avec les affinités morphologiques; c'est ainsi que les œufs de *Rana esculenta* sont fécondables par le sperme de *Rana fusca*, tandis que le croisement inverse est stérile: et il y a d'autres exemples de ce fait.

Quelle est la cause de l'affinité sexuelle? Ce serait la question fondamentale à résoudre. Il se pourrait que cette cause dût être cherchée dans des phénomènes de chimiotropisme; quelques faits probants à cet égard ont été cités p. 127. Il faut reconnaître cependant que les explications proposées sont encore hypothétiques.

2. Une fois la copulation des cellules sexuelles effectuée, le développement du nouvel être ou embryogenèse va commencer.

L'amphimixie est-elle indispensable à l'embryogenèse? Les nombreux faits de *parthénogenèse* [2] ou développement d'œufs non fécondés (œufs vierges), observés chez les Insectes surtout et chez divers Crustacés, suffisent à montrer l'indépendance des deux processus. D'autres faits corroborent cette donnée, ce sont ceux de *parthénogenèse expérimentale* ou *artificielle* et ceux de *mérogonie*.

---

1. Les produits de ces croisements sont souvent inaptes à la reproduction. On sait que c'est toujours le cas, par exemple, du mulet.
2. Du παρθένος, vierge.

Les premiers consistent en le développement d'œufs de divers Annélides et d'Oursins sous l'action de solutions salines déterminées (sels de potassium, de magnésium, etc.); dans ces conditions la segmentation de l'œuf et la formation d'une larve ont été obtenues, mais le développement s'est arrêté à ce stade. Ces expériences célèbres de J. Loeb ont été vérifiées et étendues; et l'on a obtenu la segmentation d'œufs vierges et mûrs par l'action de beaucoup d'autres excitants chimiques que les sels métalliques, par le sucre, par la strychnine, par l'acide carbonique en solution saturée, etc., et, d'autre part, sous l'influence d'irritations mécaniques ou physiques, l'agitation, l'élévation ou l'abaissement brusques de température, la déshydratation. Quant aux faits de mérogonie, ils forment comme la contre-partie des précédents : des fragments d'œufs mûrs de Mollusques, d'Annélides, dépourvus de noyau, peuvent être fécondés par un spermatozoïde, se segmenter alors et donner des larves identiques aux larves normales, quoique beaucoup plus petites.

Ainsi l'excitation nécessaire à l'ontogenèse paraît être indépendante de l'amphimixie et, d'autre part, peut être provoquée par des agents irritants tout autres que le spermatozoïde. Comme ces agents sont principalement des substances, chlorure de potassium ou de magnésium, sucre, etc., qui, ajoutées à l'eau de mer dans laquelle se trouvent les œufs d'Oursins, en augmentent la pression osmotique, l'idée est venue de là qu'une augmentation de la pression osmotique peut jouer le même rôle que la fécondation. Mais on a vu aussi que la réaction de l'œuf varie suivant la substance chimique qui la provoque et que les ions K, par exemple, ont un rôle spécifique dans le développement parthénogénétique des œufs de Chétoptère et les ions Ca un rôle également spécifique dans celui des œufs d'un autre Annélide (expériences de Loeb et de son élève H. Fischer, 1901-1902). Et si l'on ajoute à cela le rôle des agents mécaniques ou physiques (voy. ci-dessus), on reconnaîtra que la détermination de ces faits est à coup sûr très complexe. D'autant que tous ces agents ne remplacent la fécondation que jusqu'à un certain point, puisque ni la parthénogenèse expérimentale, ni la mérogonie n'ont encore abouti à la formation d'un individu normal.

Il reste donc toujours que le stimulant vrai de l'ontogenèse complète est le spermatozoïde. Mais, malgré le haut intérêt des expériences de Loeb et de ses imitateurs, la nature de ce stimulus nous échappe encore. Telle est cependant la question fondamentale à résoudre : par quel mécanisme le spermatozoïde détermine-t-il le développement de l'œuf?

4. — Conditions de la fécondation.

La fécondation ne s'entend pas seulement de l'union des deux éléments mâle et femelle, mais aussi des conditions dans lesquelles peut se réaliser cette union. L'importance de ces conditions est d'ailleurs telle chez les animaux supérieurs qu'une défectuosité quelconque dans leur application, diverses malformations par exemple des organes copulateurs, met obstacle à la fécondation.

Chez les animaux à fécondation intérieure, c'est-à-dire chez lesquels la fécondation n'a plus lieu après la ponte des œufs, comme chez les Poissons et les Batraciens, mais dans l'intérieur du corps de la femelle, les organes génitaux sont disposés de telle sorte que la partie terminale de l'appareil mâle peut pénétrer plus ou moins profondément dans l'appareil femelle. Et la partie terminale de celui-ci, spécialement adaptée à la réception de l'organe mâle, constitue un canal vestibulaire, le vagin. Ainsi, le rapprochement de deux individus de sexe différent s'étant effectué, le transport des éléments mâles jusque dans les voies génitales femelles, où ces éléments rencontrent un ovule, peut avoir lieu.

De cette adaptation réciproque des organes actifs (mâles) et passifs (femelles) de la copulation résulte aussi la mise en jeu d'un autre facteur de la reproduction. Chez le mâle, le fonctionnement des organes érectiles est la condition nécessaire de l'accouplement ; mais, chez la femelle, le fonctionnement des organes érectiles correspondants, clitoris et bulbe du vagin, ne joue aucunement ce rôle ; d'ailleurs l'émission du sperme et par suite la fécondation sont quelquefois possibles indépendamment de l'érection. Mais l'importance des organes érectiles, dans les deux sexes, tient aussi à ce qu'ils sont en même temps des organes excitateurs (Kobelt[1]), des organes producteurs de sensations voluptueuses ; leur rôle est de provoquer, puis de renforcer progressivement jusqu'au maximum les phénomènes de l'ensemble desquels résulte la sensualité génitale et dont, par suite, l'accomplissement est le plus puissant moyen qui assure la conservation de l'espèce.

Sous le bénéfice de cette observation, nous avons donc maintenant à examiner comment fonctionnent les organes grâce auxquels est réalisé le rapprochement des sexes (accouplement, copulation, coït), cette condition primordiale de la fécondation chez les animaux supérieurs.

1º Physiologie des organes d'intromission. Érection. Éjaculation.

Pour que l'organe mâle, le pénis, qui projette dans les voies géni-

---

1. G.-L. Kobelt (1804-1857), anatomiste allemand, a laissé un travail classique sur les organes érectiles.

tales femelles le liquide reproducteur, puisse pénétrer dans le vagin,
il faut qu'il change de *forme*, de *volume* et de *consistance*. C'est là
le phénomène de l'*érection*.

A. Érection. — De pendante et molle qu'elle est au-devant de
l'arcade pubienne à l'état normal, la verge en érection se redresse,
se raidit, et augmente de volume (devient quatre à cinq fois plus
grosse). Ce changement est dû aux modifications qui se passent
dans les *organes érectiles*, corps caverneux du pénis et corps spongieux de l'urètre (bulbe et gland).

Quelles sont ces modifications? A quoi est due cette ampliation
des organes érectiles avec rigidité et dureté?

Il est d'abord facile de constater qu'au moment de l'érection le pénis est
gorgé de sang.

Sur un chien en érection on lie la verge au niveau de sa base; elle reste
turgide jusqu'au moment où, en l'incisant, on en fait jaillir un jet de sang.
Telle est l'expérience que fit autrefois (1685) REGNIER DE GRAAF. — Depuis cette
époque, aucun physiologiste n'a songé à attribuer l'érection à un mécanisme
autre que l'accumulation du sang dans les mailles du tissu érectile.

Cette réplétion sanguine est due à la dilatation des artères afférentes.

Que l'on incise en effet le corps spongieux sur un chien et que l'on
excite alors un des nerfs érecteurs (*nervi erigentes* de ECKHARD [voy. p. 477]),
on voit tout de suite l'écoulement sanguin par la plaie augmenter rapidement et le sang prendre une teinte rutilante; dès que cesse l'excitation,
l'écoulement diminue. — L'excitation d'un nerf érecteur fait baisser la pression sanguine dans les artères du pénis et l'élève dans les veines (voy. le
tracé de la page 479). — Enfin, si, au moment de la faradisation du nerf,
on recueille du sang de la veine dorsale du pénis, on y trouve une plus
forte proportion d'oxygène que dans le sang veineux normal. C'est là, on
le sait, un phénomène constant dans tous les cas de vaso-dilatation active.

Les nerfs érecteurs sont donc des nerfs vaso-dilatateurs et l'érection
est essentiellement un phénomène de vaso-dilatation.

Faisons d'ailleurs avec ECKHARD une contre-épreuve et lions les veines
qui reviennent des corps caverneux; cette ligature ne produit pas l'érection.

Il est probable cependant que, durant l'érection, le cours du sang se
trouve, au moins par intervalles, ralenti dans les veines, par suite des
contractions des muscles ischio et bulbo-caverneux qui se produisent en
effet à ce moment. Ces muscles entourent, les premiers, la racine des
corps caverneux et, le second, le bulbe de l'urètre; leurs contractions
rythmiques durant l'érection, chassent vers le gland et la pointe des
corps caverneux le sang qui afflue à la racine de ces organes. C'est là un
facteur secondaire de l'érection.

Un autre facteur secondaire consiste dans la contraction des fibres lisses des trabécules des corps caverneux et spongieux de la verge. Cette contraction contribue à déterminer la rigidité de l'organe.

L'érection est un phénomène réflexe. Des excitations très diverses provoquent ce phénomène. On peut les diviser en périphériques (sensorielles) et centrales (cérébrales); parmi les premières l'influence de certaines odeurs, celle de contacts spéciaux tels que les baisers, etc., sont bien connues ; mais ce sont les excitations cutanées de la région génitale et surtout l'excitation de la muqueuse du gland qui provoquent le plus aisément ce réflexe. En effet, le gland est garni de nombreuses papilles nerveuses qui lui donnent une sensibilité très vive dont l'excitation déroule toute la chaîne des actes composant le coït (érection, sécrétion abondante de sperme, excrétion, éjaculation). Le *nerf dorsal de la verge* (branche du honteux commun) est la voie centripète de ces réflexes, qui deviennent impossibles quand ce nerf a été coupé, comme on l'a constaté maintes fois sur le cheval. — Des excitations cérébrales, d'ordre psychique, lectures plus ou moins érotiques, souvenirs, associations d'idées, peuvent agir comme les excitations périphériques [1].

Toutes ces excitations mettent en jeu le *centre de l'érection*, situé dans la moelle lombo-sacrée, région d'origine des nerfs centrifuges qui commandent à la dilatation des vaisseaux péniens (trois premiers nerfs sacrés) et à la contraction des muscles ischio et bulbo-caverneux (troisième et quatrième nerfs sacrés). Des expériences très simples montrent le rôle de ce centre.

Après la section de la moelle, à la hauteur de la première ou de la deuxième vertèbre lombaire (sur le chien), les frottements du pénis déterminent l'érection comme chez l'animal normal ; celle-ci se produit même plus rapidement; si on détruit le segment inférieur de la moelle, les mêmes excitations restent sans effet. Semblablement l'extirpation du ganglion hypogastrique (voy. p. 477) rend l'érection impossible, ainsi que l'éjaculation (chez le chien).

B. **Éjaculation.** — C'est l'émission du sperme, par jets saccadés et rapides, hors du canal de l'urètre; c'est un réflexe résultant de l'excitation plus ou moins prolongée des nerfs sensibles du pénis et qui consiste en des contractions des vésicules séminales et des muscles bulbo-caverneux et de Wilson.

Deux questions sont à résoudre : comment, du fond des éléments testiculaires, le sperme arrive-t-il dans l'urètre; et comment est-il projeté au dehors ?

---

1. Il est des excitations psychiques, des émotions, qui mettent au contraire obstacle au phénomène, la frayeur, la timidité, la crainte de l'impuissance. Ces faits sont bien connus.

1º Dans les intervalles de coït les spermatozoïdes paraissent être formés d'une façon continue. Ils avancent, comme il a été dit p. 717, par *vis a tergo* et par leurs propres mouvements, aidés de ceux des cils vibratiles des épithéliums qui tapissent l'épididyme et les canaux déférents. Dans la paroi de ces derniers, au niveau de leur ampoule, se trouvent de petites glandes, dont la sécrétion opère une première dilution du sperme. C'est d'ailleurs l'ampoule du canal déférent qui est le réservoir du sperme; on sait (voy. p. 719) que les vésicules séminales ne jouent pas ce rôle. — Ce cheminement est très lent, non seulement en raison de ce que le sperme est alors extrêmement épais, mais aussi à cause de la longueur du chemin à parcourir (5 à 7 mètres [1], d'après Sappey [2]).

2º Quand les sensations voluptueuses causées par les frottements du pénis et du gland contre les bords de la vulve et contre les parois rugueuses du vagin ont atteint leur summum, l'éjaculation se produit.

Par les contractions des canaux déférents le sperme arrive au voisinage des vésicules séminales. En même temps celles-ci se contractent, nous savons que leurs mouvements chassent le produit de leur sécrétion qui vient s'ajouter au sperme. Ce sont ces contractions énergiques des canaux déférents et des vésicules qui font arriver le sperme dans la région prostatique de l'urètre.

La liqueur fécondante va se trouver encore diluée ici par la sécrétion de la prostate, puis un peu plus loin par celle des glandes de Cowper et des glandes de Littre.

C'est de cette région prostatique que le sperme va être projeté au dehors avec force et par saccades. La muqueuse est vivement excitée par la présence du sperme à une tension suffisante; cette excitation provoque les actions motrices qui constituent l'éjaculation proprement dite.

On a souvent attribué la force et la forme saccadée de l'éjaculation aux contractions du muscle *bulbo-caverneux*, qu'on a appelé *accelerator seminis et urinæ*; mais si l'on tient compte de ce que ce muscle, en ce moment, est séparé du canal de l'urètre par toute l'épaisseur du bulbe en érection, et que par conséquent il ne peut agir sur le contenu du canal; de ce que, d'autre part, il est situé bien en avant de la prostate, c'est-à-dire du point où est déversé le sperme, et que, par suite, il ne peut qu'ultérieurement agir pour accélérer son cours peut-être, mais non pour le mettre en mouvement, on a peine à comprendre comment ce muscle pourrait produire l'éjaculation.

C'est bien plutôt l'office du *sphincter urétral* (y compris le *muscle de Wilson*). Au moment où le sperme vient se déverser dans la prostate, la région prostatique du canal est isolée de la vessie par l'érection du *veru-montanum* (voy. fig. 160, p. 716), petit tubercule de tissu érectile situé sur la paroi postérieure du canal, et qui à l'état de turgescence s'élève et

---

1. Le canal de l'épididyme mesure environ 6 mètres et la longueur moyenne d'un canalicule séminifère est de 0^m,75. De telle sorte qu'un spermatozoïde venu de l'extrémité distale d'un canalicule séminifère a bien parcouru 5 à 7 mètres.

2. Ph. C. Sappey (1812-1896), anatomiste français, fut professeur d'anatomie à la Faculté de médecine de Paris.

vient en contact avec la paroi antérieure, de façon à oblitérer toute communication entre la vessie et le canal urétral; et tout le monde sait, en effet, que la miction est impossible pendant l'érection. Le sperme, au contraire, par les canaux dits improprement *éjaculateurs*, qui s'ouvrent *en avant et un peu sur les côtés du verumontanum*, peut arriver dans le canal de l'urètre et en envahir toute la portion prostatique, mais il ne peut aller plus loin, parce que le sphincter urétral se contracte alors et oblitère la partie membraneuse (fig. 160, 2). La liqueur séminale s'accumule donc dans l'étroite portion du canal comprise entre le verumontanum et le sphincter (fig. 160, de 1 à 2); elle s'y accumule sous pression, car les contractions des muscles lisses qui l'y chassent (canal déférent et vésicules séminales) sont très énergiques, quoique lentes. Elle ne peut refluer vers la vessie, à moins de destruction du verumontanum, et ce fait, qui s'observe dans quelques cas pathologiques, explique pourquoi dans ces cas le sperme est ultérieurement rendu avec les urines ; elle ne peut non plus s'échapper tout d'abord en avant, vu l'état de contraction du sphincter urétral. Mais ce muscle ne peut rester longtemps dans cet état de contraction ; il se relâche, et aussitôt, sous l'influence de la haute tension qu'il a acquise, le sperme se précipite et se projette avec force; aussitôt le muscle se contracte de nouveau et arrête l'éruption spermatique, pour la laisser bien vite se reproduire en se relâchant encore, et ainsi de suite tant que dure l'éjaculation.

On voit à quoi tiennent et le *rythme* et la *puissance* de l'éjaculation : la puissance du jet spermatique est due à la haute tension qu'ont donnée les muscles lisses des canaux excréteurs au liquide accumulé dans un étroit espace ; le rythme est dû à des relâchements rythmiques du sphincter urétral, qui forme comme une écluse livrant par saccades passage au liquide retenu en arrière d'elle.

Ainsi la *région prostatique* du canal de l'urètre, si importante au point de vue de la miction, comme on le verra, ne l'est pas moins relativement aux fonctions génitales; c'est le contact du sperme avec cette muqueuse qui détermine cette sorte de tétanos intermittent du sphincter urétral. Aussi les altérations de la muqueuse prostatique ont-elles une grande influence sur le fonctionnement de l'appareil génital, et l'on voit ses affections causer tour à tour, et selon leur nature, le satyriasis, ou l'impuissance, ou les pertes séminales.

Les voies centripètes du réflexe de l'éjaculation sont constituées par les nerfs sensibles du pénis et de la muqueuse de l'urètre. Le *centre de l'éjaculation* serait situé dans la moelle lombaire (au niveau de la quatrième vertèbre, chez le lapin). — Les voies centrifuges sont constituées par les filets déférentiels provenant des quatrième et cinquième nerfs lombaires et passant par le sympathique, par les nerfs excréteurs des vésicules séminales (voy. p. 721) et par les nerfs moteurs des muscles bulbo-caverneux (troisième et quatrième nerfs sacrés) et du sphincter urétral (honteux interne).

2º Physiologie des organes de réception, vagin, utérus et organes annexes.

L'organe femelle destiné à recevoir l'organe copulateur mâle est le vagin, auquel sont annexés des appareils érectiles et des glandes. L'autre organe femelle de réception est l'utérus, dans lequel se développe l'ovule fécondé.

A. Vagin et organes annexes. — A la suite de l'introduction du pénis dans le vagin, les rides et les plis transversaux de ce canal excitent au plus haut degré la sensibilité du gland, ce qui amène le réflexe de l'éjaculation. C'est donc au fond du vagin que sont déversés les spermatozoïdes.

Les organes érectiles qui y sont annexés sont les corps caverneux du clitoris et le bulbe du vagin, les premiers correspondant aux corps caverneux de l'homme et le second au bulbe de l'urètre. Pendant le coït, ces organes, comme les homologues du mâle, se gonflent de sang. Le clitoris ne se redresse pas comme la verge ; mais l'extrémité antérieure, normalement infléchie en bas, tend au contraire à se recourber davantage vers la vulve et par conséquent à s'appliquer sur la face dorsale de l'organe mâle. En même temps, le bulbe du vagin, — dont chaque moitié est recouverte par un muscle, le constricteur de la vulve, — comprimé par les contractions, souvent rythmiques de ces muscles, tend à rétrécir l'orifice vulvaire et donc à embrasser étroitement le pénis. Quand se réalise cette exacte adaptation des organes érectiles de l'homme et de la femme, alors naissent aussi chez cette dernière les sensations voluptueuses. — Ces sensations cependant n'accompagnent pas nécessairement le coït chez la femme et du reste ne sont pas nécessaires à la fécondation, ce que prouvent les observations de femmes fécondées pendant le sommeil chloroformique ou durant l'ivresse et celles de *fécondations artificielles*, c'est-à-dire de fécondations produites par la simple introduction du sperme jusque dans la cavité utérine au moyen d'une seringue.

Les nerfs qui commandent à l'érection de ces organes sont, comme les nerfs érecteurs du mâle, des vaso-dilatateurs qui se trouvent dans les trois premiers nerfs sacrés (expériences sur la chienne). L'excitation du bout périphérique de l'un de ces nerfs provoque aussi la turgescence des parois vaginales et la dilatation des artères utérines.

A l'entrée du vagin et de chaque côté s'ouvre le canal excréteur des deux *glandes de Bartholin* [1], glandes analogues aux glandes de

1. THOMAS BARTHOLIN, célèbre anatomiste, né à Copenhague en 1616, mort en 1680.

Cowper. Leur produit paraît destiné à lubrifier l'entrée du vagin et par conséquent à faciliter l'intromission du pénis. C'est une sécrétion qui précède le coït.

De même que les phénomènes érectiles que nous venons de décrire rappellent l'érection de l'organe mâle, de même il se produit aussi chez la femme un acte analogue à l'éjaculation et qui, comme celleci, est le phénomène terminal de la copulation ; le col de l'utérus contient en effet des glandes en grappe, qui sécrètent un liquide clair, visqueux, albumineux, que l'on a comparé au liquide prostatique et qui sort du col d'une façon intermittente. C'est cette hypersécrétion qui constituerait l'éjaculation de la femme.

B. **Utérus**. — La physiologie de l'utérus se divise naturellement en deux parties, physiologie de la muqueuse, physiologie de la couche musculaire, du muscle creux que forme cet organe. Nous avons déjà étudié un des actes fonctionnels qui se passent dans la muqueuse, la menstruation (voy. p. 713) ; quant à l'autre, le développement de l'œuf fécondé au sein de cette muqueuse, il appartient et à l'embryologie et à l'obstétrique. Nous n'avons donc à considérer ici que le muscle utérin.

En raison du peu de développement des fibres musculaires de l'utérus, à l'état de non gravidité, la contractilité de ce muscle est très faible, d'après des expériences sur la femme, la chienne, la chatte au moyen de courants faradiques. Les mêmes excitations déterminent au contraire des réactions très nettes chez la lapine ; les contractions partent en général de l'extrémité abdominale de la trompe pour gagner le col utérin. — La contractilité de l'utérus gravide est beaucoup plus marquée. Les contractions sont, bien entendu, involontaires ; elles sont provoquées par des excitations diverses, d'une façon réflexe ; très lentes (elles durent en général plus d'une minute), elles ont un caractère rythmique, se reproduisant périodiquement, par accès, en partant du fond de l'utérus (chez la femme). Les parois extérieures, en se contractant, se rapprochent ; par suite, la pression augmente à l'intérieur de l'organe. Tel est d'ailleurs l'effet de la contraction de tout muscle creux[1]. Ces contractions ont pour résultat l'expulsion du fœtus. L'expulsion du placenta se fait par le même mécanisme. — La contraction utérine s'accompagne de douleur. Celle-ci dure moitié moins que la contraction qui la provoque, débute un peu après et se termine un peu avant (d'après les expériences de Polaillon[2], 1880, sur la femme enceinte, au terme de la grossesse [voy. fig. 162]). Le tracé suivant montre bien la relation qui existe entre les deux phénomènes (fig. 163).

1. Sur la physiologie des muscles creux, voy. une autre remarque, p. 400.
2. J.-F.-B. Polaillon(1836-1902), anatomiste et chirurgien français.

Les nerfs moteurs du muscle utérin seraient, d'après quelques

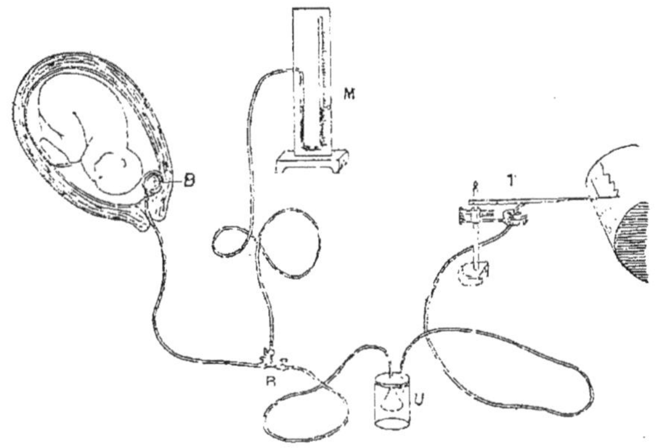

Fig. 162. — Appareil de Polaillon pour l'inscription des contractions utérines chez la femme.

B, petit ballon de caoutchouc pouvant contenir 80 centimètres cubes d'eau sans distension notable de ses parois qui sont très minces. Ce ballon, dit ballon utérin, est fixé sur un tube de caoutchouc à parois épaisses ; — R, robinet à trois voies ; — M, manomètre à mercure qui permet de mesurer la pression intra-utérine ; U, *utéroscope*, récipient en verre hermétiquement clos et contenant un entonnoir en rapport par le robinet à trois voies avec le ballon utérin ; l'orifice évasé de l'entonnoir est fermé par une membrane de caoutchouc tendue ; — T, tambour à levier en communication avec U.

Le ballon B, porté dans la cavité utérine, est rempli d'eau tiède ; en se distendant, il décolle les membranes ; comme, ainsi rempli, il est devenu beaucoup plus large que l'orifice du col, il reste dans la cavité quand on retire la sonde conductrice. — Les tubes qui font communiquer le ballon B avec le manomètre et avec l'entonnoir de l'utéroscope sont pleins d'eau ; l'utéroscope et le tube qui le relie au tambour à levier sont pleins d'air. — Les mouvements de l'utérus se transmettent à la membrane de l'utéroscope par l'intermédiaire de l'eau et à la membrane du tambour à levier par l'intermédiaire de l'air

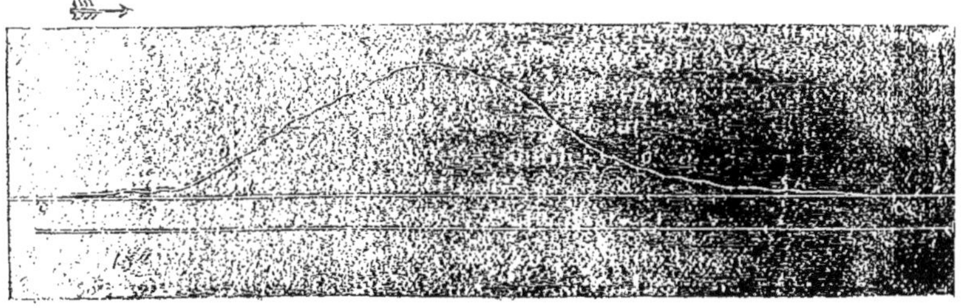

Fig. 163. — Tracé d'une construction utérine et douleur concomitante (Polaillon).
cc', durée de la contraction ; — *dd'*, durée de la douleur ; — *o*, point où commence la douleur, *o'* point où elle finit ; — *a*, sommet de la contraction.

physiologistes, des filets sympathiques venus du plexus mésentérique inférieur ; d'après J.-N. Langley et H.-K. Anderson (expériences sur la chatte et sur la lapine), ils seraient exclusivement fournis par les nerfs lombaires. — Il est peu probable qu'il existe des nerfs dilatateurs du col, puisque celui-ci ne s'entr'ouvre pendant l'accouchement qu'au fur et à mesure qu'il cède à l'action des fibres du corps.

La moelle lombaire contient un centre pour les mouvements utérins.

Après section de la moelle dorsale à sa partie inférieure, une chienne peut entrer en rut, s'accoupler, être fécondée, mettre bas et allaiter (expérience de Fr. Goltz et A. Freusberg, 1874). L'intégrité de la moelle n'est même pas nécessaire à la fonction utérine, puisque celle-ci et tous les actes qui la précèdent (accouplement et fécondation) et qui la suivent (lactation) s'effectuèrent chez une chienne dont l'utérus avait été complètement isolé du système nerveux central par la section de tous ses nerfs (expérience de G. Rein [de Saint-Pétersbourg], 1880); et que, d'autre part, on a vu les mouvements de l'utérus persister sans modifications, après destruction complète du segment inférieur de la moelle à partir de la dixième vertèbre dorsale.

Ainsi l'influence du système nerveux central sur les mouvements de l'utérus n'est que secondaire. A cet égard l'utérus doit être rapproché de l'estomac et de l'intestin grêle (voy. p. 232 et 276) qui conservent en partie leurs fonctions après qu'on a détruit leurs connexions avec le bulbe et la moelle.

II. — LES GLANDES GÉNITALES COMME GLANDES A SÉCRÉTION INTERNE.

La question de savoir si, en dehors de leurs fonctions sexuelles, les glandes génitales, testicules et ovaires, n'ont pas une autre fonction, date des observations de Brown-Séquard (1889) et de la théorie qu'il produisit en même temps. On n'ignorait pas que l'homme et les animaux châtrés subissent, après la castration, des troubles qui consistent en une diminution des forces musculaires et nerveuses, une tendance à l'obésité, un allongement des os, etc.; l'influence du testicule sur le développement du squelette avait été particulièrement étudiée : on savait que les eunuques ont le buste court et les bras et les jambes longs et que, chez les animaux châtrés, l'allongement des membres est aussi la règle [1]. On savait aussi que la castration, chez les femelles jeunes des animaux et chez la petite fille empêche le développement de l'utérus et des trompes, celui des glandes mammaires, celui des poils en certaines régions, etc.

1. On remarquera qu'il y a là une influence sur le développement du tissu osseux inverse, au point de vue du moins des résultats, de celle que la glande thyroïde exerce sur ce même tissu (voy. p. 651).

Mais tous ces faits étaient inexpliqués. Soutenant que les extraits testiculaires ont une influence heureuse dans beaucoup d'états où l'organisme est affaibli, BROWN-SÉQUARD s'efforça par là même d'établir que le testicule joue normalement le rôle d'une glande à sécrétion interne; il attribua aussi ce rôle à l'ovaire. Quelques années plus tard, les histologistes devaient montrer qu'il existe, dans chacun de ces organes, des éléments cellulaires distincts des cellules reproductrices et constituant une véritable glande; on rencontre ces éléments dans le tissu conjonctif interstitiel de l'ovaire aussi bien que du testicule; aussi les a-t-on qualifiés simplement de *cellules interstitielles*. Dans les deux glandes génitales mâle et femelle, au stade embryonnaire, alors que les deux glandes sont à peu près semblables, ces cellules sont identiques.

I. — Glande interstitielle du testicule[1].

Prises dans leur ensemble, les cellules interstitielles, qui se trouvent très nombreuses dans le tissu conjonctif interposé entre tous les tubes séminifères, constituent une véritable glande.

Elles possèdent en effet tous les caractères cytologiques des éléments glandulaires, structure du noyau, présence dans le cytoplasma de nombreux produits de sécrétion, cycle sécrétoire. Elles sont, de plus, orientées le plus souvent autour des vaisseaux sanguins et lymphatiques (glande vasculaire sanguine). Elles sont, enfin, indépendantes des cellules séminales, puisque : 1°, elles fonctionnent dans le testicule jeune, alors que la glande génitale possède encore des caractères embryonnaires et, 2°, dans le testicule vieux, alors que les cellules reproductrices sont en dégénérescence ou ont disparu, ainsi que, 3°, dans les testicules ectopiques, où elles sont normalement développées et où les cellules séminales n'existent pas et, 4°, dans les testicules dont les canaux déférents ont été liés ou réséqués en partie, dans lesquels elles conservent leurs caractères et leur activité, alors que les cellules séminales dégénèrent lentement, puis disparaissent.

Quelle est la fonction de cette glande enchevêtrée dans la glande séminale, mais qui en est bien distincte, comme on vient de le voir? Trois sortes d'expériences permettent de résoudre la question.

1° Quels sont les effets de la suppression de la glande séminale, la glande interstitielle étant conservée?
Considérons les animaux cryptorchides ou ceux sur lesquels on a lié les canaux déférents de façon à détruire les éléments séminaux. La plupart des cryptorchides n'ont plus de glande sexuelle, mais la glande intersti-

1. P. ANCEL et P. BOUIN (de Nancy), aux études de qui nous devons surtout nos connaissances sur cette glande et sur ses fonctions, l'appellent aussi *diastématique* (de διάστημα, interstice).

tielle est bien développée ; or, ils possèdent tous les attributs de la virilité, tous les caractères sexuels du mâle et l'instinct génital, ils sont seulement inféconds [1]. — D'autre part, si on réalise la sténose des voies excrétrices du sperme soit par ligature des canaux déférents, soit par injection dans l'épididyme d'une substance sclérogène (chlorure de zinc), on constate, plusieurs mois après, la dégénérescence de la glande séminale et l'intégrité de la glande interstitielle ; or, les animaux ainsi traités ont conservé tous leurs caractères sexuels et leur activité génitale (expériences de P. ANCEL et P. BOUIN sur le lapin, 1904). Ainsi est obtenue une dissociation fonctionnelle entre la glande reproductrice et la glande interstitielle. — La même dissociation est obtenue par l'exposition des testicules aux rayons X qui détruisent la glande séminale, sans altérer l'interstitielle ; on voit alors que, l'aspermatogenèse devenant définitive, le tractus génital reste cependant intact et que l'activité sexuelle persiste (expériences de A. SCHÖNBERG, 1903, sur le cobaye et le lapin, vérifiées par divers radiographes et complétées et développées par J. BERGONIÉ et L. TRIBONDEAU, 1904-1905, dans de nombreuses recherches méthodiques sur le rat blanc). C'est donc bien sous la dépendance de la glande interstitielle que sont les caractères sexuels et l'instinct reproducteur.

2° Quels sont les effets de la suppression de la glande interstitielle ?

Quand la glande interstitielle est détruite à peu près complètement, les animaux prennent les caractères des castrats. C'est ce que l'on voit chez certains cryptorchides qui ont perdu les apparences de la virilité, dont le pénis n'est pas développé et qui n'ont plus d'activité génitale ; on a pu constater, dans quelques-uns de ces cas, que la glande interstitielle était très réduite. De même, parmi les animaux auxquels on fait subir la sténose des voies spermatiques, il en est, on ne sait encore pour quelles causes, chez lesquels la glande interstitielle dégénère ou, s'ils sont très jeunes, ne se développe pas ; les animaux deviennent alors peu à peu semblables à des castrats ; les jeunes, par exemple, ont un squelette et une musculature peu développés, un train postérieur volumineux, un tractus génital infantile.

3° Faisons maintenant la contre-épreuve décisive. A des animaux castrés jeunes, injectons de l'extrait de glande interstitielle ; d'autres animaux castrés en même temps sont conservés comme témoins. Or, les premiers se développent à peu près comme des animaux normaux, leur squelette est à peu près le même (os moins longs que ceux des castrés témoins) et les dimensions de leurs organes génitaux (pénis et vésicules séminales) sont sensiblement identiques (expériences de P. ANCEL et P. BOUIN sur des cobayes, 1906).

De tous ces faits on peut conclure que, de même que dans le pancréas, il y a dans le testicule deux glandes distinctes, l'une à sécrétion externe, la glande séminale, l'autre à sécrétion interne, la glande interstitielle. Celle-ci tient sous sa dépendance le déter-

---

1. C'est là *l'insuffisance spermatique*, bien distincte, comme on va le voir ci-dessous, de ce que ANCEL et BOUIN ont appelé *l'insuffisance diastématique*.

minisme des caractères sexuels secondaires[1] et l'instinct génital ;
elle commande donc (comme la glande thyroïde) à des actions trophiques importantes, d'ordre morphogénique. L'action générale du
testicule sur l'organisme, chez les Mammifères, doit donc être rapportée à la seule glande interstitielle.

PROPRIÉTÉS PHYSIOLOGIQUES DE L'EXTRAIT TESTICULAIRE. — Depuis les observations de BROWN-SÉQUARD sur les effets thérapeutiques de l'extrait testiculaire, on a étudié l'action physiologique de cet extrait. Quoique aucune
étude méthodique générale n'ait été entreprise, on n'en a pas moins
constaté des faits intéressants : l'augmentation de la force musculaire sous
l'influence de ces injections et la persistance de ce phénomène longtemps
après la cessation des injections (expériences ergographiques de O. ZUTH
et de F. PAEGL [de Graz], 1896); l'augmentation de l'énergie de la contraction cardiaque (expériences de K. HEDBOM [de Stockholm] sur le cœur
isolé, 1898); le ralentissement du pouls et l'abaissement de la pression
sanguine (W. E. DIXON [de Londres], 1901); l'accroissement de la consommation d'oxygène et de l'élimination d'acide carbonique (expériences
de A. LŒWY et RICHTER [de Berlin], 1899), etc. — Il importerait aujourd'hui
de rechercher si ces actions ne sont pas dues en réalité aux produits de
la glande interstitielle présents dans tout extrait testiculaire. — Comme
il a été dit p. 663-665 à propos de l'action d'autres extraits, on n'a pas
prouvé que ces effets sont obtenus avec le sang veineux de l'organe.

2. — Glande interstitielle de l'ovaire et corps jaune.

Les cellules interstitielles de l'ovaire qui se trouvent, comme

1. On entend par là l'évolution du tractus génital et des glandes annexes,
celle du squelette, en partie du moins, et celle de l'instinct sexuel.
Avant toute cette étude de la glande interstitielle on connaissait déjà l'influence du testicule *in globo* sur l'évolution des caractères sexuels secondaires.
C'est ainsi que l'on savait que les vésicules séminales et la prostate sont très
peu développées chez les animaux châtrés. Des recherches nouvelles, celles en
particulier de A. PÉZARD (1911-1917) ont beaucoup augmenté et en même temps
modifié nos connaissances sur cette question. Ainsi, chez les Gallinacés (coq,
faisan, etc.), la castration empêche le développement des organes érectiles ainsi
que de l'instinct sexuel et du chant, mais elle n'a aucune influence, contrairement à ce que l'on admettait généralement, sur le développement du plumage
et des ergots; d'autre part. chez les castrats, la transplantation de tissu testiculaire ou les injections d'extrait de glande interstitielle font apparaître l'instinct sexuel et le chant et provoquent le développement rapide de la crête. Il
est intéressant de noter ici que, chez la poule, l'ovariotomie (expériences de
A. PÉZARD) provoque immédiatement l'apparition des ergots et une métamorphose du plumage qui prend les caractères mâles, tandis qu'elle est sans effet
sur les organes érectiles. L'ovaire exerce donc normalement une action empê-
chante sur le développement du plumage et des ergots : autre preuve que ni
celui-là ni ceux-ci ne constituent des caractères sexuels secondaires.
Voyons ce qui se passe chez d'autres animaux. M. NUSSBAUM[*] (1906) a montré
que la callosité noirâtre et dure (callosité copulatrice) qui se développe chez
les mâles de grenouilles (*Rana fusca*) à la paume des pouces, à l'époque du frai
ne se produit pas, si les testicules ont été préalablement enlevés; mais l'hypertrophie caractéristique survient, quand on a inséré sous la peau du dos de
mâles châtrés des fragments de testicule, au fur et à mesure que se résorbe la
substance testiculaire.

*Histologiste allemand, professeur à l'Université de Bonn.

leurs similaires du testicule, dans le tissu conjonctif interposé entre les follicules ovariques, homologues des tubes séminifères, et qui sont orientées, elles aussi. autour des vaisseaux sanguins, présentent, elles aussi, les caractères des cellules glandulaires. A côté de cette glande interstitielle, il y a encore dans l'ovaire une autre glande, formée par les cellules des *corps jaunes* ; ces cellules paraissent être également des éléments glandulaires, dont la sécrétion se déverse dans les vaisseaux sanguins très nombreux du corps jaune [1].

On ne connaît pas le rôle de la *glande interstitielle*. La question ne se pose d'ailleurs que pour certaines espèces animales, comme les Cheiroptères, les Insectivores, les Rongeurs ; chez la plupart des autres Mammifères et chez la Femme, l'ovaire est dépourvu de cellules interstitielles.

Le *corps jaune* paraît tenir sous sa dépendance les caractères sexuels secondaires de la femelle.

En effet, si l'on empêche la formation du corps jaune par la destruction des ovocytes et des follicules qui les renferment (les corps jaunes se différencient aux dépens des follicules de DE GRAAF même) — et cette destruction est réalisable, sans opération sanglante, au moyen des rayons X dirigés sur chaque ovaire, — on constate, un mois environ après la dernière application des rayons, une atrophie considérable du tractus génital, trompe, utérus, vagin, clitoris, mamelons (expériences de P. BOUIN, P. ANCEL et F. VILLEMIN sur la lapine, 1906). — Quant à la glande interstitielle, elle a conservé son intégrité morphologique.

D'autre part, chez des lapines vierges et en rut et que l'on accouple avec un mâle dont les canaux déférents ont été réséqués en partie entre deux ligatures plusieurs mois auparavant, la formation et l'évolution du corps jaune sont les mêmes que dans le cas de coït fécondant; et semblablement aussi l'utérus s'hypertrophie et les glandes mammaires se développent rapidement (voy. fig. 164 et 165 ; mais cette phase d'hypertrophie et d'accroissement est suivie dès le quatorzième jour d'une phase de régression. Il y a donc un parallélisme étroit entre l'évolution du corps jaune et celui de l'utérus et de la glande mammaire (expériences de P. ANCEL et P. BOUIN, 1909). — Que si, chez les lapines soumises au coït non fécondant, on détruit au thermocautère les corps jaunes dès leur apparition (quelques heures après), ni l'utérus, ni les mamelles ne présentent de modifications; si la cautérisation n'a lieu que quelques jours après le rapprochement, les deux organes en voie de développement régressent aussitôt (expériences des mêmes auteurs, 1909).

1. « Il est singulier de constater, dit avec grande raison P. BOUIN (*Rev. méd. de l'Est*, 1902, XXXIV, p. 465-472), que des formations aussi essentielles aient attiré aussi peu l'attention des histologistes. Les premières recherches suivies réalisées sur l'évolution et la véritable signification morphologique du corps jaune datent en effet des beaux travaux de SOBOTTA, publiés en 1896 et 1897. Cette sorte d'oubli dans lequel les biologistes ont laissé pendant longtemps ces formations s'explique par l'intérêt presque exclusif que l'on portait aux supports des propriétés héréditaires, ovogonies ou ovocytes... »

C'est sans doute à l'absence des corps jaunes qu'il faut rapporter les troubles trophiques connus depuis longtemps, consécutifs à la castration chez la femme, tels qu'asthénie, tendance à l'obésité et peut-être aussi les désordres nerveux observés dans le même cas, céphalées, sueurs,

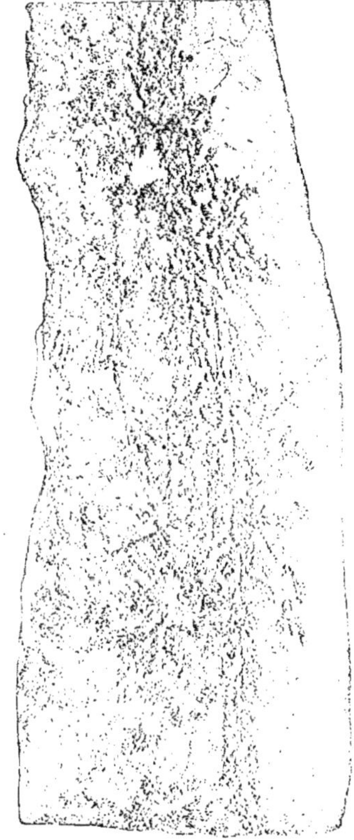

Fig. 164. — Photographie de deux glandes mammaires de lapine vierge en rut (ANCEL et BOUIN).

Fig. 165. — Photographie de deux glandes mammaires de lapine vierge cinq jours après un coït non fécondant (ANCEL et BOUIN).

rougeurs (troubles vaso-moteurs), vertiges, etc. On sait que la suppression lente et naturelle des ovaires (ménopause ou « âge critique ») amène souvent des phénomènes morbides analogues. L'administration d'extrait ovarique à des femmes sur lesquelles on avait pratiqué l'extirpation des ovaires ou pendant les accidents de la ménopause

a eu fréquemment de bons résultats[1], faisant disparaître les troubles
sus-mentionnés.

PROPRIÉTÉS PHYSIOLOGIQUES DES EXTRAITS D'OVAIRES. — Aux effets thérapeutiques de ces extraits ajoutons les données suivantes obtenues à la suite
de l'injection de doses variées : la diminution de la température centrale
(expériences d'un élève du professeur FERRÉ [de Bordeaux], BESTION, 1898);
l'abaissement de la pression artérielle (expériences de LIVON [de Mar-
seille], 1898); l'action vaso-dilatatrice sur la glande thyroïde (expériences
de HALLION, 1907); et surtout l'augmentation des échanges gazeux respiratoires (expériences de A. LŒWY et RICHTER, de Berlin, 1899). — Les
extraits d'ovaires de différents Poissons (en particulier des *Tétrodons* du
Japon) sont très toxiques.

Quant aux extraits de corps jaune, ils déterminent une diminution de la
pression artérielle; mais cette action ne se produit en général qu'avec les
corps jaunes d'animaux gravides; cependant les extraits de corps jaunes
périodiques de truie sont également très hypotenseurs. L'action des extraits de glande interstitielle n'a pas été étudiée.

Des effets obtenus avec ces divers extraits on ne peut naturellement
rien conclure au sujet du rôle de l'ovaire ou des corps jaunes comme
glandes à sécrétion interne. C'est la remarque que nous avons déjà faite à
propos des actions physiologiques d'autres extraits glandulaires.

III. — LA LACTATION.

Les mamelles ont été considérées comme un utérus extérieur. La
relation entre ces organes et l'appareil génital femelle qu'implique
cette expression hardie ne ressort-elle pas nettement des observations
anatomiques faites sur les Marsupiaux? Chez ces Mammifères les
mamelles sont situées au fond d'une poche formée par deux replis de
la peau du ventre et destinée à contenir les petits pendant toute la
période de l'allaitement; cette poche est vraiment une matrice exté-

1. On doit remarquer cependant que ces résultats ne sont pas obtenus à coup
sûr, pas plus que ceux fournis par l'extrait testiculaire. Rien d'étonnant à cela ;
les extraits ovariques doivent différer beaucoup les uns des autres au point
de vue de leur activité, suivant que les ovaires avec lesquels ils ont été préparés
ont une glande interstitielle et des corps jaunes plus ou moins développés. Or,
il est des espèces où la glande interstitielle forme la majeure partie de l'organe
(les 4/5 chez les Rongeurs, par exemple), tandis qu'elle existe à peine chez les
Mammifères supérieurs adultes : d'autre part, les ovaires enlevés sur des femelles en gestation ou quelques jours après la rupture des follicules de DE GRAAF
contiennent des corps jaunes en pleine activité, tandis que, si on les extirpe à
d'autres moments, ils peuvent ne contenir que des corps jaunes en régression.
Il est donc indispensable, pour obtenir des effets constants, de se servir d'extraits préparés, dans des conditions bien déterminées, avec l'une ou l'autre des
deux glandes à sécrétion interne de l'ovaire. Et c'est ce que l'on n'a pas fait
jusqu'ici.

rieure; car les petits, nés extrèmement faibles et imparfaitement développés, y séjournent jusqu'à ce que leur développement soit achevé.
Mais n'est-ce pas aux mamelles elles-mêmes que l'on peut appliquer
cette expression, puisque chez tous les Mammifères les petits, à la
naissance, sont incapables de se nourrir des mêmes aliments que les
parents et ne peuvent subsister et croître que grâce à un aliment spécial, au liquide fourni par les mamelles? Celles-ci constituent donc
bien un organe complémentaire de l'appareil de reproduction.

Sécrétion du lait. Le lait et son rôle.

Les mamelles sont des organes glandulaires, au nombre de deux
chez la femme, qui ne se développent qu'à la puberté, et qui, dans
la seconde moitié de la grossesse, se développent encore plus. Ce
n'est d'ordinaire que le deuxième ou le troisième jour après l'accouchement que la sécrétion s'établit. Il faut étudier, comme pour toute
glande, le mécanisme de cette sécrétion, puis le produit sécrété,
c'est-à-dire le lait.

1º *Mécanisme de la sécrétion.*

A. Phénomènes histologiques. — Au fur et à mesure que la
cellule élabore le produit de sécrétion, elle grossit; la partie du
cytoplasma au-dessus du noyau se remplit de granulations graisseuses; vers la fin de ce travail, la graisse, sous forme de gouttelettes, envahit l'extrémité supérieure de la cellule; en même temps
une portion du noyau paraît se fondre dans la sécrétion. Bientôt
tout le cytoplasma qui constitue le sommet de la cellule tombe dans
la cavité de l'acinus avec la graisse et les débris nucléaires. La base
de la cellule, avec son noyau alors aplati, reste en place. Et cet élément, grossissant et s'élevant peu à peu, recommence le même travail.

**B. Phénomènes chimiques. Formation des principaux
éléments du lait.** — Les éléments principaux du lait sont le sucre
de lait ou lactose, la graisse (beurre) et une matière albuminoïde, la
caséine (voy. p. 41). Que sait-on de l'origine de ces éléments dans
la glande?

a. FORMATION DE LA LACTOSE. — La lactose, $C^{12}H^{22}O^{11}$ (voy. p. 22), fait
partie du groupe des hexobioses. Ce sucre ne se trouve pas dans le
sang, mais seulement dans le lait. De ce seul fait on peut inférer qu'il
est produit par la glande mammaire. Il est facile d'ailleurs de montrer par une série de preuves concordantes qu'il en va bien ainsi.

1º Preuve tout à fait directe : dans le sang qui revient de la mamelle en activité sécrétoire, chez la vache, on a trouvé moins de glycose que dans le sang qui revient, par exemple, de la tête (sang d'une veine jugulaire) ; au contraire, dans la mamelle en repos complet, la consommation du sucre est sensiblement la même que dans les autres tissus.

Voici maintenant des preuves qui, pour être moins directes, ne sont pas moins démonstratives :

2º Si l'on injecte de la glycose dans le sang de chiennes ou de lapines qui allaitent, on trouve ce sucre dans toutes les sécrétions, sauf dans le lait, qui ne contient jamais que de la lactose ; et l'on a constaté aussi, chez des lapines allaitant, que la glycosurie consécutive à ces injections est beaucoup moindre que chez des animaux témoins. D'où l'on suppose qu'une partie de la glycose injectée a passé dans les glandes mammaires à l'état de lactose ;

3º On extirpe les glandes mammaires à des chèvres qui sont ensuite fécondées et qui mettent bas normalement ; la délivrance est accompagnée d'hyperglycémie et de glycosurie. D'où l'on conclut que cette glycosurie, d'ailleurs intense, tient à l'absence des mamelles ;

4º On extirpe les mamelles à des chèvres en pleine lactation ; dans les premières heures qui suivent l'opération, il survient une très forte glycosurie. Ce qui prouve que, la glande mammaire venant à manquer, il n'existe plus de tissu apte à transformer la glycose en lactose ; par suite la glycose en excès passe dans les urines.

Ainsi la lactose se forme dans les glandes mammaires, et elle s'y forme aux dépens de la glycose apportée par le sang. Pendant la gestation il y a accumulation croissante de glycogène dans le foie, de sorte que, dès le moment de la délivrance, le foie peut jeter dans le sang une plus grande quantité de glycose ; et cette glycose, les cellules de la glande mammaire la transforment en lactose. — On saisit donc là un nouveau cas de ces associations fonctionnelles glandulaires dont nous avons déjà cité des exemples ; c'est une association entre le foie et les mamelles.

Nos connaissances sont maigres sur la formation des deux autres éléments principaux du lait.

b. FORMATION DE LA GRAISSE. — L'étude histologique de la sécrétion paraît montrer que la graisse est produite dans les cellules glandulaires elles-mêmes. Avec quels matériaux ?

Une alimentation riche en graisse augmente la quantité de graisse du lait chez une femelle en lactation. Mais il n'est pas sûr que la graisse ingérée soit utilisée telle quelle et ne soit pas modifiée par les cellules de la glande mammaire.

Même avec une nourriture pauvre en graisse, la quantité de matière grasse du lait reste importante. D'où l'on conclut que la glande mammaire peut former de la graisse soit aux dépens des hydrates de carbone, soit aux dépens des graisses en réserve. En faveur de cette dernière opinion, on peut citer le fait que, malgré une nourriture ne contenant pas d'iode,

on trouve dans le lait de la graisse iodée, s'il s'est déposé préalablement
une telle graisse dans l'organisme. Il faut noter cependant qu'il est
impossible que toute la graisse du lait, chez les Herbivores (vache laitière
par exemple), provienne de celle des aliments, cette quantité étant supérieure à celle que contient la nourriture de ces animaux. Une partie
doit donc provenir des hydrates de carbone ou des matières albuminoïdes.

Celles-ci participent-elles à cette formation de la matière grasse ? On l'a
pensé, car une alimentation riche en albumine augmente la quantité de
graisse du lait. Il est vrai que dans ce cas les albuminoïdes peuvent
simplement épargner les hydrates de carbone et les graisses des tissus,
rendus par cela même disponibles en plus grande quantité pour le travail
de la glande mammaire.

c. FORMATION DE LA CASÉINE. — Comme la lactose, la caséine n'existe
pas dans le sang. Elle doit donc être formée par les cellules de la
glande mammaire, soit aux dépens des albuminoïdes du sang, soit
à partir du protoplasma même des cellules. Ce qui tendrait à prouver la première origine, c'est que, dans le colostrum (voy. plus loin),
on trouve très peu de caséine et beaucoup d'albumine et que, au fur
et à mesure que la sécrétion lactée acquiert ses caractères définitifs,
la proportion de caséine augmente, et celle de l'albumine diminue
de plus en plus.

C. **Innervation des glandes mammaires.** — L'influence du
système nerveux sur la sécrétion lactée est prouvée par des faits
d'observation, tels que l'augmentation de la sécrétion par la succion
du mamelon ou, inversement, son arrêt par diverses émotions. Connaît-on les nerfs qui relient le système nerveux central à la glande ?

D'après des expériences faites sur la chèvre, le nerf spermatique externe
fournirait à la glande, indépendamment d'un rameau dont l'excitation
amène l'érection du mamelon, deux autres filets dont l'excitation provoque
à la fois la sécrétion et des modifications circulatoires.
D'après des expériences faites sur la chienne, l'excitation du bout périphérique du nerf mammaire, provenant du cordon d'union entre les 4e et
5e paires lombaires, amène une baisse de la pression sanguine dans l'artère
mammaire et en même temps un jet abondant de lait, si on comprime le
mamelon. La compression du mamelon des autres mamelles, par comparaison, ne fait sourdre que quelques gouttes de lait. Ce nerf serait donc
assimilable à la corde du tympan, à la fois vaso-dilatateur et sécréteur.

La sécrétion lactée n'est toutefois pas sous la dépendance absolue
du système nerveux, comme le démontrent les observations de
GOLTZ et R. EWALD sur une chienne à moelle dorso-lombaire enlevée :
cet animal mit bas cinq petits ; on lui en laissa un qu'elle nourrit et
qui se développa parfaitement ; le lait sécrété était normal.

2° *Causes de la sécrétion lactée.*

Tout le monde sait que la succion du mamelon provoque la sécrétion de la glande mammaire. Mais ce serait une erreur de considérer les excitations mécaniques de ce genre comme étant des causes de sécrétion ; ce sont bien plutôt des agents d'excrétion.

L'excitant spécifique de la sécrétion paraît être de nature humorale. Voici quelques expériences, dues au physiologiste russe M. Mironoff (1893), qui le prouvent.

Sur une chèvre primipare, tous les nerfs de la glande mammaire sont réséqués sur une longueur de 2 centimètres, un mois et demi avant l'époque de la mise bas. Celle-ci venue, les mamelles s'hypertrophient néanmoins, comme sur un animal normal, et sécrètent comme chez celui-ci. — La même opération fut pratiquée sur une autre chèvre avant la fécondation ; les résultats furent identiques.

Ce n'est donc pas par l'intermédiaire du système nerveux central que, pendant la gestation et après l'accouchement, les glandes mammaires se développent, puis se mettent à sécréter, mais sans doute sous l'influence d'agents chimiques produits dans les ovaires (voy. p. 738 ce qui a été dit de l'influence des corps jaunes)[1].

Il est probable d'ailleurs que les influences qui président au développement de la glande (action morphogène d'une sécrétion interne [corps jaune]) ne sont pas les mêmes que celles qui provoquent son activité sécrétoire.

3° *L'excrétion du lait.*

Le mécanisme de l'excrétion du lait est double, extrinsèque et intrinsèque ; le premier est le plus important.

1. Par la succion du mamelon, l'enfant opère le vide dans la cavité buccale, et le lait y est alors précipité par la pression atmosphérique

---

1. Pendant ses longues époques de repos, la glande est comme atrophiée ; c'est son état normal chez la jeune fille, chez la vieille femme et chez l'homme. A l'époque de la puberté, elle se développe chez la femme, mais les culs-de sac mammaires et leur épithélium ne sont bien distincts et bien caractérisés que sous l'influence de la grossesse et de la parturition.

Cette hypertrophie et la fonte glandulaire, qui caractérise-la sécrétion du lait, peuvent cependant se produire aussi dans quelques circonstances particulières. Des jeunes filles ont vu, après avoir donné leur sein à un nourrisson, sous l'influence excitatrice de la succion, cette glande se développer et produire du lait ; des hommes même ont présenté un phénomène analogue. Enfin, à l'époque de la naissance, des enfants mâles ou femelles sécrètent par cette glande rudimentaire un liquide très analogue au lait (*lait de sorcière*). Il semble bien que les sécrétions de ce genre se produisent plutôt par l'intermédiaire du système nerveux que sous l'influence d'excitants chimiques directs.

qui s'exerce sur la mamelle. « La bouche de l'enfant joue donc le rôle d'une pompe aspirante [1]. »

2. Quelque essentiel et prépondérant que soit ce rôle de la succion dans l'excrétion du lait, la mamelle participe cependant aussi au phénomène. En premier lieu, l'érection [2] du mamelon, due à la contraction des fibres musculaires lisses qui se trouvent mêlées à son tissu conjonctif, permet à l'enfant de le saisir plus facilement. D'autre part, il existe dans les acini glandulaires, au-dessous de l'épithélium sécréteur, une couche de cellules, dites *myo-épithéliales*, dont la contraction donne lieu sans doute à l'excrétion hors des cellules sécrétantes de leur produit de sécrétion ; les mêmes éléments myo-épithéliaux se trouvent dans les canaux excréteurs et leur contraction doit faciliter la progression du lait. Quant aux canaux galactophores, au moment où ils traversent le mamelon, ils sont plongés dans un tissu conjonctif sous-cutané, très riche en fibres musculaires lisses, transversalement ou circulairement disposées ; la contraction de ces fibres, par action réflexe, à la suite de l'excitation des nerfs sensibles du mamelon provoquée par la succion, amène la sortie du lait.

4° *Le produit de la sécrétion, le lait.*

Le lait n'est pas un produit de composition constante. On a constaté que deux laits de même âge, provenant de deux femmes différentes, peuvent présenter des différences notables dans leur teneur en sels ou en principes organiques. On a constaté aussi que, chez la même femme, la composition du lait peut varier aux différentes heures de la journée et, d'autre part, au début et à la fin d'une même tétée. Pour établir la composition *moyenne* du lait, il faut donc tenir compte de ces données [3]. Enfin les modifications du régime alimentaire font varier la composition du lait ; un régime riche en hydrates de carbone fait augmenter la lactose et le beurre ; un régime riche en albuminoïdes fait augmenter la caséine.

A. **Quantité et propriétés du lait.** — La quantité sécrétée n'est pas facile à déterminer chez la femme. On a fait cette détermi-

---

1. J. Béclard, *Traité élémentaire de physiol.*, 7ᵉ édit., p. 39, Paris, 1880.
2. Ce terme est impropre, car il ne s'agit pas là d'une véritable érection (avec turgescence, augmentation de volume) ; quand le mamelon s'érige, en réalité il s'allonge et s'amincit par le fait de la contraction de ses fibres musculaires.
3. On peut pour cela recueillir le lait de la façon suivante (procédé de Ch. Michel*, 1898) : on prélève un échantillon au début de la première tétée du matin, un autre échantillon au milieu de la tétée du milieu du jour, et un dernier échantillon à la fin de la tétée du soir. On a ainsi vraiment un *lait moyen*.

* Chimiste et pharmacien français contemporain.

nation d'une manière indirecte en pesant l'enfant avant et après chaque tétée. Le premier jour après l'accouchement, la sécrétion ne se monte guère à plus de 50 grammes en général ; dès le quatrième jour elle atteint 500 grammes. Une bonne nourrice, du poids de 55 à 60 kilogrammes, vers le sixième mois, donne environ 1 litre de lait par vingt-quatre heures. Une vache normande, bonne laitière, en donne, au quatrième mois du vêlage, 25 litres, et des vaches hollandaises en donnent jusqu'à 40 litres.

C'est un liquide opaque, blanc bleuâtre, d'une saveur sucrée, d'une odeur spéciale suivant les espèces animales. — Sa densité est de 1025 à 1036 (lait de femme); son point de congélation, à condition qu'il soit *frais* et non *adultéré*, est de — 0°,55. Microscopiquement c'est une émulsion ; il y a 8 à 900 000 globules par millimètre cube ; cette émulsion est stable. — Sa réaction est toujours légèrement acide chez les Mammifères. Porté à l'ébullition, il ne coagule pas, tout le monde le sait ; la caséine en effet ne coagule pas par la chaleur. Il coagule par les acides ou sous l'influence de la présure. L'action de la présure a été étudiée p. 223. La coagulation spontanée met quelques jours à se faire, elle est l'œuvre indirecte d'un ferment figuré, le *ferment lactique* (Pasteur); celui-ci transforme la lactose en acide lactique, $C^{12}H^{22}O^{11}+H^2O=4C^3H^6O^3$; quand cet acide se trouve en quantité suffisante dans le milieu, alors la coagulation se produit.

B. **Composition du lait.** — Abandonné à lui-même, le lait se sépare en deux couches ; les globules butyreux viennent à la surface et forment la *crème*[1]; le liquide sous-jacent est aqueux et bleuâtre. Le lait est en effet constitué par un liquide, le *plasma* du lait, qui tient en suspension des éléments figurés, parmi lesquels les globules de graisse ; par la coagulation on a le *caséum*, formé par la caséine coagulée qui entraîne les globules graisseux et, d'autre part, le *petit-lait* ou sérum (*lacto-sérum*), qui contient la plus grande partie des sels, la lactose et un peu d'albumine soluble.

Sur 100 parties, le lait de femme contient environ :

	Grammes.
Eau	87
Sels	0,3
Lactose	6
Graisse	4
Caséine	2

Le lait de vache contient moins de sucre (4 grammes seulement), autant de graisse et plus de sels (0^{gr},8) et de caséine (3 grammes). C'est pour cela que, quand on est obligé de donner du lait de

1. Avec la crème on fait le *beurre* par le battage qui agglutine les globules.

vache aux très jeunes enfants, il faut le sucrer et, d'autre part, l'étendre d'eau (pour diminuer la teneur en caséine).

La quantité d'eau varie suivant les laits. C'est le lait de chèvre qui en contient le moins.

Les matières minérales du lait sont très nombreuses. Voici quelle est leur répartition (d'après BUNGE) dans un litre de lait de femme :

	Grammes.
K²O (potasse)	0,782
Na²O (soude)	0,237
CaO (chaux)	0,342
MgO (magnésie)	0,065
P²O⁵ (anhydride phosphorique)	0,468
Fe²O³ (oxyde de fer)	0,005
Cl (chlore)	0,445
Total des cendres	2,344

Il y a en outre des citrates alcalins[1] et des traces de fluor et de silice. — Nous avons montré p. 135 la signification de ces matières minérales du lait par rapport au développement du nouveau-né. Ajoutons que les animaux dont les petits se développent très vite ont un lait particulièrement riche en cendres et notamment en chaux et en acide phosphorique.

La quantité de lactose est très variable suivant les espèces animales.

La quantité de beurre varie encore plus. La graisse du lait de vache est formée d'environ 25 à 30 p. 100 d'oléine, 60 p. 100 de palmitine, 3 p. 100 de butyrine et de quelques grammes de stéarine, caproïne et caprine.

La caséine n'est pas la seule matière albuminoïde du lait.

Si, en effet, on précipite la caséine par l'acide acétique, on obtient avec le filtrat un coagulum par la chaleur. Ce coagulum est formé d'une albumine (*lactalbumine*) et d'une globuline (*lactoglobuline*) que l'on peut séparer très simplement.

On traite le lait par du chlorure de sodium à saturation : la caséine se précipite ; les deux autres albuminoïdes restent en solution ; on précipite par le sulfate de magnésie à saturation : la lactoglobuline se précipite et le liquide filtré contient la lactalbumine.

Les proportions de ces deux substances sont minimes. La caséine reste la matière protéique essentielle du lait.

Le lait contient encore d'autres substances organiques, des traces de lécithine et de cholestérine, une matière colorante jaune et enfin

---

1. Le lait de vache contient souvent 1ᵍʳ,50 d'acide citrique par litre. C'est grâce à cet acide que le phosphate de calcium serait maintenu en solution dans le lait. — L'acide citrique se formerait dans la glande aux dépens de la lactose.

des ferments solubles, une amylase, une lipase, une catalase (ferment décomposant l'eau oxygénée ou *oxydase indirecte* [voy. p. 95]), un ferment dédoublant le salol en acide phénique et acide salicylique, et de la pepsine et de la trypsine. Ces ferments paraissent être simplement excrétés par les glandes mammaires, comme ils le sont aussi par la glande rénale.

Substances étrangères éliminées par le lait. — On a remarqué depuis bien longtemps qu'un grand nombre de médicaments administrés à des nourrices passent dans le lait. Il y a là un moyen indirect d'agir sur le nourrisson. Par contre, il faut craindre, en faisant prendre des médicaments à une nourrice, d'intoxiquer plus ou moins gravement son nourrisson. Bien des substances sont en effet éliminées avec le lait, les sels de potasse et de soude, le sulfate de magnésie, le carbonate d'ammoniaque, le bismuth, le zinc, le plomb, le borax, l'iode et les iodures, l'arsenic, l'alcool, l'éther et le chloral, le salicylate de soude, la quinine, l'atropine, la rhubarbe, le séné, la scammonée, l'huile de ricin, le colchique, le copahu, etc.

C. Colostrum. — Dans les premiers jours qui suivent l'accouchement, la glande mammaire ne sécrète pas le liquide qui a été analysé ci-dessus, le lait proprement dit, mais un liquide qui s'en rapproche, le colostrum.

Le colostrum est épais, jaunâtre, plus dense que le lait (1050), de réaction alcaline. On y trouve des globules de graisse, comme dans le lait, des leucocytes et des éléments mûriformes, sans noyau, de 8 à 40 μ de diamètre (*corpuscules du colostrum*). Il coagule en bouillant et ne coagule pas par la présure ; celle-ci agit cependant si on ajoute au colostrum une petite quantité de chlorure de calcium. — La composition du colostrum est à peu près la même que celle du lait, mais il contient moins de caséine et beaucoup plus d'albumine.

5° *Rôle du lait*.

De ce que le lait contient toutes les substances qu'il faut pour la constitution des tissus et pour la production de chaleur et d'énergie, et cela en proportions différentes de celles qui sont nécessaires à l'adulte, il suit que cet aliment ne peut être remplacé pour le nouveau-né par aucun autre. On doit particulièrement remarquer la grande quantité de graisse et de phosphates terreux que contient le lait. Nous verrons, en étudiant la chaleur animale, combien sont élevés les besoins thermiques du nouveau-né ; la consommation de graisse que son alimentation le met à même de faire répond à ces besoins.

Le lait, pour être utilisé, doit d'abord être coagulé dans l'estomac. On a vu quelle est l'action de la présure, p. 223 et suivantes ; et à ce

propos les différences, si importantes au point de vue de la digesti-
bilité du lait, qui existent entre le caséum du lait de femme et celui
du lait de vache, ont été signalées.

On s'est demandé si les ferments contenus dans le lait n'exerce-
raient pas quelque action favorisante sur son utilisation. Rien d'absolument certain n'a été jusqu'à présent fourni à cet égard.

CHAPITRE VII

FONCTIONS D'EXCRÉTION

Les substances résultant de la désassimilation des diverses matières alimentaires sont rejetées hors de l'organisme. Les voies par lesquelles s'éliminent ces matières usées ou voies d'excrétion sont les reins, le gros intestin, les glandes de la peau et les poumons. Par celles-là ne s'élimine guère que de l'eau, à l'état liquide; par ceux-ci s'éliminent l'eau sous forme de vapeur et l'acide carbonique. Par les deux premières voies, mais surtout par la voie rénale[1], s'éliminent les sels et les matières organiques.

Ainsi les déchets des hydrates de carbone et des graisses suivent particulièrement la voie pulmonaire et les déchets azotés s'en vont avec l'urine.

Nous avons étudié le rôle excréteur des poumons et, d'autre part, en étudiant les fonctions du gros intestin, nous avons vu quelle est la composition des fèces. Il ne nous reste donc à considérer ici que les reins et les glandes de la peau.

I. — FONCTIONS RÉNALES. SÉCRÉTION ET EXCRÉTION DE L'URINE.

C'est une expérience très simple de GALIEN, répétée par MALPIGHI, qui établit la formation de l'urine par les reins.

On vide la vessie d'un animal, puis on lie les uretères et, quelques heures après, on sacrifie l'animal : la vessie ne contient pas d'urine; celle-ci s'est accumulée au-dessus des ligatures. — Sur un autre animal on sectionne les deux uretères ; quelques heures après, on rouvre la cavité abdominale, dans laquelle on trouve de l'urine épandue.

Ainsi l'urine est produite dans les reins. Mais ceux-ci la sécrètent-ils à la manière d'une véritable glande? Ou bien les éléments de

---

[1]. L'excrétion azotée par le tube digestif ne représente guère que 2 p. 100 de l'azote total perdu en un temps donné. Quant aux pertes d'azote qui se font par la peau (débris épidermiques, poils, etc.), elles sont encore plus minimes.

l'urine ne préexisteraient-ils pas dans le sang, d'où le rein les extrairait seulement? Telle est la question préalable à résoudre avant d'essayer de déterminer le mécanisme de la sécrétion urinaire. Il faudra ensuite étudier l'excrétion, puis la composition de l'urine, et enfin voir si le rein ne possède pas quelque fonction autre que la production de l'urine.

Remarquons tout de suite que la fonction rénale, qui se manifeste par la sécrétion urinaire, ne consiste pas seulement en l'élimination de nombreux déchets organiques, mais aussi, comme nous l'avons déjà fait observer (voy. p. 78 et p. 345), dans le maintien de la composition du sang; les urines en effet entraînent des composants normaux du plasma tout ce qui est en excès et, d'autre part, un grand nombre des substances étrangères introduites dans l'organisme.

I. — Sécrétion de l'urine.

Pour savoir comment l'urine est formée par le rein, il importe tout d'abord de la comparer au sang. Si les substances qui existent dans le sang ne se retrouvent pas toutes dans l'urine, ce fait même constituera une preuve de l'activité, quelle qu'en soit la nature, des cellules rénales.

On connaît la composition du sang (voy. p. 305). En réalité c'est au plasma sanguin qu'il faut comparer l'urine, puisque celle-ci ne contient pas d'éléments figurés. On étudiera plus loin la composition de l'urine; il suffit ici d'indiquer les éléments essentiels de ce liquide : eau et sels, dont le chlorure de sodium est le plus abondant, et matières organiques, parmi lesquelles prédominent de beaucoup les composés azotés et surtout l'urée. A tel point qu'on a pu dire que l'urine est une *solution d'urée dans l'eau salée*.

Or, les matières minérales de l'urine sont les mêmes que celles du sang; seulement elles y sont en beaucoup plus grande quantité. De là la différence entre le point de congélation du sang, — 0°,55 ou — 0°,56 et celui de l'urine (voy. p. 78) qui oscille de — 1°,5 à — 2°. Après l'extirpation des deux reins, le point de congélation du sérum sanguin s'abaisse, parce que la concentration moléculaire du sérum augmente, en raison de la rétention des déchets des échanges organiques qui se produit alors dans le sang.

L'urée préexiste aussi dans le sang.

Les expériences de Prevost et Dumas, dont l'importance a déjà été signalée p. 339, montrèrent, dès 1823, que l'extirpation des reins est suivie d'une accumulation d'urée dans le sang. Par la suite, la question fut définitivement résolue par les recherches de N. Gréhant (1870), desquelles il résulte que, à l'état normal, le sang de la veine rénale contient moins d'urée que

celui de l'artère et que le déficit correspond justement à la quantité d'urée
qui est éliminée pendant ce temps avec les urines ; que, après la ligature
des uretères, le sang qui sort du rein contient exactement la même quantité d'urée que celui qui y arrive ; et enfin que, après la néphrectomie
double, l'accumulation de l'urée dans le sang se fait d'une façon continue
et que, dans ce cas, comme après la ligature des uretères, le poids d'urée
qui s'accumule dans le sang est égal à celui que les reins auraient excrété
dans le même temps.

On est donc en droit de conclure, quand bien même on ne saurait
ni où ni comment se forme l'urée (voy. p. 626 et suiv.), que le rein
n'est, pour cette substance, qu'un *organe d'excrétion*.

Même constatation pour l'acide urique.

Après l'extirpation des reins, chez les Oiseaux, on constate que l'acide
urique s'accumule dans les organes.

Seul, l'acide hippurique est formé dans les reins ; c'est un point qui
a été examiné p. 698. Voilà donc au moins un des éléments de l'urine que l'on ne trouve pas dans le sang.

Inversement, l'urine ne contient ni matières protéiques, ni sucre. Les reins à l'état normal ne laissent pas passer ces éléments constituants du plasma sanguin.

En résumé, il existe plusieurs diffé-rences importantes entre la composition du plasma et celle de l'urine. On peut dire que le rein transforme le sang en urine par séparation tout d'abord des éléments figurés, puis par séparation des substances albuminoïdes, du sucre et des corps gras. Il semble donc, à considérer ainsi les choses en bloc, que son action se ramène essentiellement à une filtra-tion, mais à une filtration que l'on pour-rait appeler *élective*. Comment se fait cette opération ?

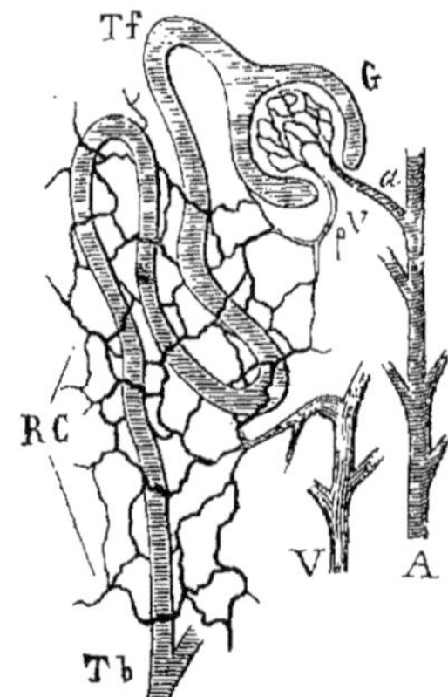

Fig. 166. — Schéma du rein et
de sa circulation (Mathias Duval).

Tb, tube droit ou de Bellini ; —
Tf, tubè contourné ou de Ferrein
(on n'a pas représenté les canaux à
anse de Henle) ; — G, glomérule
avec son peloton vasculaire ; *a*, artériole afférente aux capillaires du
glomérule ; — *p*V, vaisseau efférent
qui se capillarise de nouveau au
milieu des tubes rénaux (en RC)
avant d'aboutir au véritable vaisseau veineux (V).

1° *Mécanisme de la sécrétion urinaire.*

La connaissance des dispositions struc-turales des tubes urinifères fournit d'abord quelques indications sur le fonctionnement du rein.

Les deux grands segments des *canaux* ou *tubes* qui composent le parenchyme rénal (*tubes de Bellini*[1] et *tubes de Ferrein*[2]) sont unis entre eux non pas directement, mais par l'intermédiaire de canaux à forme d'anses, et qu'on nomme *canaux en anse de Henle*[3]. D'autre part, chaque tube se termine par une dilatation ampullaire dans laquelle fait hernie un peloton sanguin (*glomérule de Malpighi*), formé par la capillarisation d'une artériole (*vaisseau afférent*) (fig. 166, *a*). Ces capillaires pelotonnés se réunissent en un petit *tronc efférent* qui sort du glomérule par le même point ou par un point voisin de celui par où est entré l'afférent (fig. 166, *pV*). Ce qu'il y a de remarquable, c'est que le vaisseau efférent ne va pas tout de suite se réunir à ses congénères pour constituer la veine rénale. Presque immédiatement après sa sortie du glomérule, il se divise de nouveau, se capillarise et forme dans le parenchyme rénal un réseau capillaire (RC, fig. 166) dont les mailles s'entrelacent avec les canaux urinifères. Ce tronc efférent

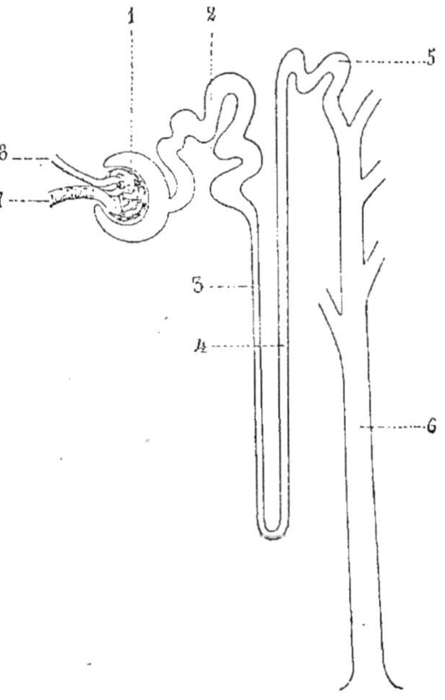

Fig. 167. — Schéma du tube urinifère (d'après Ludwig).

1, glomérule; — 2, tube contourné, — 3, anse descendante; — 4, anse ascendante de Henle; — 5, pièce d'union; — 6, tube collecteur; — 7, artère afférente; — 8, artère efférente du glomérule.

(*pV*) ne mérite donc pas le nom de veine pure et simple; c'est un système à part qu'on peut considérer comme un *vaisseau porte*, puisqu'il est intermédiaire entre deux systèmes capillaires, celui des glomérules et celui du parenchyme rénal; c'est à ces derniers capillaires que succèdent les vraies origines de la veine rénale (fig. 166, V).

Cette disposition du système vasculaire dans le rein doit être prise

1. BELLINI, anatomiste italien (1643-1704); c'est à dix-neuf ans qu'il publia sa découverte.

2. FERREIN (ANTOINE), médecin français (1693-1769), fit ses études à Montpellier et devint professeur à Paris, au Collège de France.

3. Les tubes de Henle constituent des anses, en forme de siphons renversés, entre le tube de Ferrein et le tube de Bellini (fig. 167). Leur épithélium est clair et transparent dans la branche étroite et descendante, foncé, trouble et granuleux dans la partie large et ascendante.

F.-G.-J. HENLE (1809-1885), célèbre anatomiste et histologiste allemand.

en sérieuse considération dans toute explication du mécanisme de la sécrétion urinaire. Il en résulte, en effet, que le sang des capillaires du glomérule est soumis à une pression plus forte que celui des capillaires généraux. Cette pression capillaire spéciale ne réalise-t-elle pas une condition très favorable à une filtration du liquide sanguin dans le glomérule ? On verra tout à l'heure jusqu'à quel point on peut utiliser ces données pour comprendre le passage de l'eau et des sels du sang à travers le rein.

A. Phénomènes histo-physiologiques. — Comme la sécrétion urinaire est une sécrétion constante, il faut recourir à des artifices expérimentaux pour déceler la participation à ce processus des divers éléments cellulaires du rein.

Voici quelques expériences qui montrent le rôle important que jouent les cellules des tubes contournés.

1° Lorsqu'on injecte dans le sang d'un lapin 10 centimètres cubes environ d'une solution saturée de *carmin* d'*indigo* (sulfate de soude et indigo, sulfo-indigotate de soude), on voit que, une heure après l'injection, si on a eu soin de ralentir la sécrétion rénale (en sectionnant, par exemple, la moelle cervicale inférieure), les cellules des tubes contournés de l'anse de Henle sont remplies de granulations bleues, tandis que les glomérules restent incolores. Ainsi l'indigo injecté dans le sang est éliminé par l'épithélium tubulaire.

Depuis cette expérience célèbre de R. HEIDENHAIN (1874), plusieurs autres du même genre ont été faites. Elles conduisent à une conclusion semblable.

2° On a montré, en effet, que beaucoup d'autres matières colorantes (rouge neutre, bleu de toluidine, bleu de méthylène, etc.), injectées dans le sang, s'éliminent par la voie des tubes contournés.

Mais il s'agit là de substances étrangères. A-t-on pu découvrir par où s'éliminent les éléments normaux de l'urine?

3° Quand, sur des Oiseaux, on lie les uretères, on trouve des cristaux d'urates dans les tubes urinifères et jamais dans les glomérules. — Observation analogue sur des Mammifères (expériences de H. ANTEN [de Liége] sur des chiens, 1901) : on fait circuler dans le rein une solution ammoniacale de chlorure d'argent, qui ne précipite ni les chlorures, ni les phosphates, mais précipite les urates à l'état d'urate d'argent. Le rein est fixé, puis par exposition des coupes à la lumière l'urate d'argent est réduit. On trouve les tubes contournés et les branches ascendantes des anses de Henle remplies de grains noirs d'argent réduit. Les glomérules n'en contiennent point. — Par un procédé semblable à celui de ANTEN, J. COURMONT[1] et CH. ANDRÉ ont décelé les bases xanthiques dans les mêmes parties du rein et aussi dans la branche descendante de l'anse de Henle

---

1. Bactériologiste français (1865-1917), connu par de remarquables recherches sur l'action des toxines microbiennes et éminent hygiéniste.

(expériences sur des Batraciens, des Serpents, des Oiseaux et sur le rat et le chien, 1905).

Par analogie, on a pensé que l'urée passe aussi par cette voie.

4° On a pu, d'ailleurs, le démontrer sur la grenouille. Chez cet animal (chez les Amphibies en général [voy. fig. 168]) les tubes contournés

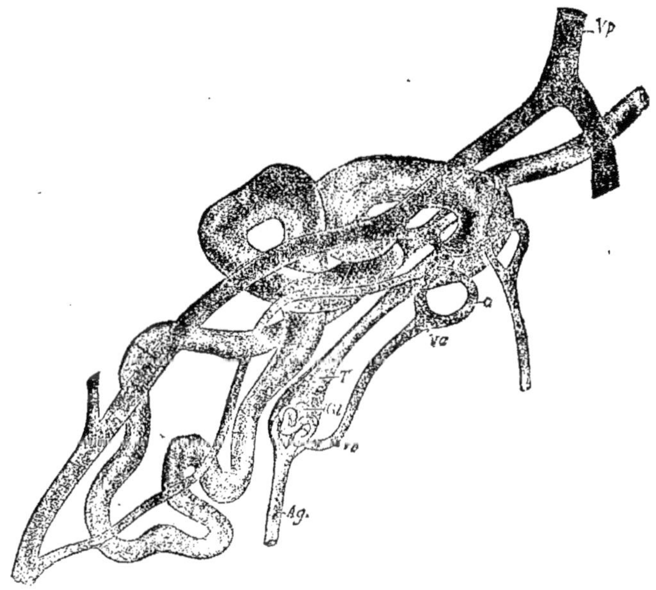

Fig. 168. — La circulation rénale du Triton (d'après M. Nussbaum).
Ag, artère glomérulaire ; — Gl, glomérule ; — ve, vaisseau efférent du glomérule ; — va, vaisseau anastomotique avec les ramifications de la veine porte rénale ; — c, capillaires du tube urinifère ; — Vp, veine porte rénale ; — T, tube urinifère.

reçoivent le sang d'une veine spéciale, la *veine porte rénale*, et les glomérules le reçoivent de l'artère rénale ; il y a donc indépendance entre la vascularisation de ces deux parties du rein[1]. Or, si on lie l'artère rénale, les glomérules, ne recevant plus de sang, cessent de fonctionner; et la sécrétion urinaire s'arrête. Si alors on injecte dans une veine de l'animal une solution d'urée, la sécrétion se rétablit et l'urine contient de l'urée. Celle-ci n'a pu être excrétée que par les tubes contournés, puisque les glomérules ne fonctionnent plus ou du moins fonctionnent mal.

1. Cette indépendance n'est que relative, car il existe des anastomoses, comme on le voit sur la figure 168, entre ces deux systèmes vasculaires. C'est là un fait qui diminue quelque peu la valeur de l'expérience rapportée dans le texte.

Restent l'eau et les sels. Très généralement pendant longtemps on a considéré que leur élimination se fait par le glomérule.

5° D'après une série de recherches, dues à H. Lamy, André Mayer et Rathery[1], les cristalloïdes (y compris l'urée) et l'eau elle-même passeraient aussi par les tubes contournés. En faisant ingérer à des chiens une grande quantité d'eau de façon à provoquer de la polyurie, ces auteurs ont constaté que l'épithélium des tubes contournés diminue de hauteur et que la lumière des tubes est très élargie. Dans le cas de polyurie produite par injection intraveineuse massive de cristalloïdes, on trouve dans les cellules des tubes contournés des vacuoles analogues à celles que l'on trouve dans les cellules glandulaires en activité.

Tout intéressants que sont ces faits, s'ensuit-il cependant que le glomérule ne soit à aucun degré perméable à l'eau et aux cristalloïdes du plasma? La conclusion irait à l'encontre de diverses expériences. Tout à l'heure déjà a été citée une expérience sur la grenouille qui montre l'importance de l'excrétion aqueuse par le glomérule.

Nous allons en trouver d'autres.

B. Phénomènes physico-chimiques. — Plusieurs facteurs sont à considérer ici, l'influence de la pression sanguine et plus généralement de la circulation du sang, les qualités des parois perméables (endothélium capillaire, membrane de Bowmann, épithélium des tubuli), l'activité chimique des éléments cellulaires.

a. Influence de la viscosité du sang sur la sécrétion urinaire. — De nombreuses observations cliniques du médecin français Alf. Martinet (1912) ont montré qu'en général le débit urinaire et la viscosité du sang varient en sens inverse.

b. Influence de la circulation du sang sur la formation de l'urine. — La pression élevée du sang dans l'aorte abdominale se transmet par l'artère rénale jusque dans le glomérule; on sait, de plus, que l'étroitesse du vaisseau glomérulaire efférent et du réseau capillaire qui suit doit faire obstacle à l'écoulement facile et rapide du sang arrivé dans le glomérule. Ce sont là des conditions favorables à une filtration. La rapidité de la filtration doit donc dépendre des pressions qui s'exercent de part et d'autre du filtre.

En fait, il y a augmentation de la quantité d'urine (donc de l'eau urinaire), toutes les fois qu'il se produit une élévation de la pression aortique, par accroissement de la masse du sang (par exemple, à la suite de boissons abondantes), par augmentation de l'énergie des contractions cardiaques, par la ligature de l'aorte au-dessous des artères rénales. Dans le cas où l'élévation de pression s'accompagne d'un resserrement des vaisseaux du rein, c'est-à-dire est liée à des phénomènes de vaso-constriction rénale, elle ne détermine pas une augmentation de la sécrétion urinaire; ainsi l'excitation

1. *J. de physiol. et de pathol. générale*, 1906, t. VIII, p. 624-634.

électrique de la moelle dorsale supérieure élève la pression artérielle (voy.
p. 482) et supprime du même coup la sécrétion urinaire. Au contraire, si
l'urée est un excellent diurétique, c'est que, en même temps qu'elle excite
les centres vaso-constricteurs et par suite élève la pression aortique, elle
dilate les vaisseaux du rein (voy. p. 480). — Inversement, toutes les fois
que la pression aortique s'abaisse, par saignée abondante, par ralentissement du cœur (sous l'influence, par exemple, de l'excitation du bout périphérique d'un pneumogastrique), par section de la moelle cervicale (d'où
paralysie vasculaire généralisée), par injection de peptone, etc., la sécrétion
urinaire diminue. Une expérience entre autres, qui n'est qu'une application
de la méthode de l'élimination des matières colorantes (voy. plus haut,
p. 754), montre bien le rôle respectif des glomérules et des tubes contournés
dans la formation de l'urine; après section de la moelle dorsale à la partie
supérieure, sur un lapin, on injecte dans une veine de cet animal du sulfo-
indigotate de soude : le lapin étant sacrifié au bout d'une dizaine de minutes, l'épithélium seul des tubes contournés apparaît coloré en bleu ; c'est
que l'indigo est nécessairement resté là où il a été sécrété, la section de
la moelle ayant supprimé la sécrétion de l'eau qui aurait pu entraîner la
matière colorante en d'autres points du rein.

Les variations de pression qui se passent de l'autre côté du filtre
glomérulaire ne sont pas moins importantes.

Si on pose une ligature sur l'uretère, on constate que, quand la pression
à l'intérieur de ce conduit s'est élevée à 4-6 centimètres de mercure, la
sécrétion urinaire s'arrête. Ou suppose par suite que la pression sanguine,
dans les capillaires glomérulaires, ne dépasse pas cette valeur.

Quant à la ligature de la veine rénale, bien qu'elle ait pour effet d'augmenter la pression du sang dans les vaisseaux de l'organe, loin d'augmenter la sécrétion urinaire, elle la diminue ou l'arrête. C'est que, dans ce
cas, le sang ne se renouvelle plus guère et que, par suite, la paroi glomérulaire doit être dans de mauvaises conditions de fonctionnement ; d'autre
part, en raison même de la dilatation de tout le réseau veineux, les canaux
urinifères peuvent se trouver comprimés, et alors la pression de l'urine
s'élèverait, deviendrait égale à celle du sang, et par cela même la filtration
s'arrêterait.

Tous ces faits établissent la réalité d'une relation entre les variations de la pression artérielle et la quantité d'urine émise. Sans
doute cette relation n'est point parfaite ; et même on a cru qu'il
n'y a pas de rapport exact entre la hauteur de la pression et le
volume de l'urine; pour de faibles modifications de l'une (ne dépassant pas 1 ou 2 centimètres de mercure), on aurait constaté de
grandes variations de l'autre. Mais, pour apprécier l'influence de la
pression du sang sur la sécrétion urinaire, on considérait la pression artérielle maxima; c'est la pression différentielle qu'il faut
considérer, c'est-à-dire la différence entre les tensions minima et

maxima ; seule, elle peut régler la diurèse, pour autant que celle-ci dépend de la pression artérielle, car c'est elle qui exprime la pression que le sang exerce réellement sur le glomérule (voy. p. 417). Les observations cliniques d'ALF. MARTINET (1912) démontrent qu'il y a un rapport étroit entre cette pression différentielle et le débit urinaire.

Le facteur circulatoire le plus important, c'est d'ailleurs la vitesse du sang. En effet, la perméabilité du rein paraît toujours être d'autant plus grande que l'organe est traversé par une quantité de sang plus considérable. Et c'est là, en vérité, le facteur qui règle la sécrétion aqueuse beaucoup plus que la pression sanguine même ; si, avec une pression aortique forte, la vitesse du sang à travers le rein diminue (par forte augmentation, par exemple, de la viscosité sanguine), la sécrétion se ralentit ; si la vitesse et, par conséquent, le débit augmentent, la sécrétion devient plus abondante. Bien des expériences le prouvent.

Il en a été déjà cité p. 756. Rappelons, en particulier, l'action diurétique de l'urée, si remarquable. De même l'excitation électrique de la moelle cervicale, jointe à la section d'un nerf splanchnique ou à celle des nerfs d'un rein, provoque une augmentation de la sécrétion de ce rein ; la sécrétion de l'autre, dont les nerfs sont intacts, est au contraire diminuée à la suite de la même excitation. Le mécanisme de ces actions est le même que celui de l'action de l'urée : la section des nerfs du rein ou du splanchnique (nerfs vaso-constricteurs) amène la vaso-dilatation paralytique de l'organe, et l'excitation de la moelle élève la pression générale ; l'organe est mis ainsi dans les meilleures conditions circulatoires de son fonctionnement ; sous une pression sanguine forte, il reçoit, par suite de la dilatation préalable de son réseau artériel, une plus grande quantité de sang. A cet égard, le rein ne diffère pas des autres glandes qui fonctionnent d'autant mieux qu'elles reçoivent plus de sang (voy, p. 600 [vaso-dilatation liée à la sécrétion]) ; mais encore faut-il que ce sang leur arrive sous une pression suffisante ; avec une pression aortique basse, toute sécrétion se ralentit et même se suspend, malgré la vaso-dilatation locale. Quant à l'excitation seule de la moelle dorsale, on sait (voy. la page précédente) qu'elle ralentit ou supprime la sécrétion urinaire, parce qu'elle amène le resserrement des vaisseaux du rein et par conséquent diminue la vitesse du sang dans les capillaires de l'organe (voy. p. 425).

Quand on considère les relations entre la circulation du sang et la sécrétion urinaire, il importe donc de tenir compte également et de la pression artérielle et du débit sanguin à travers le rein.

Un tableau très simple de Waller montre bien l'effet de toutes ces actions.

	Pression sanguine dans le rein.	Débit de l'artère rénale.	Sécrétion de l'urine.	Volume du rein [2].
Destruction du bulbe.......	Diminuée	Diminué	Diminuée	
Excitation du bulbe........	Augmentée	Diminué	Diminuée	
Section des nerfs rénaux...		Augmenté	Augmentée	Augmenté
Excitation des nerfs rénaux.		Diminué	Diminuée	Diminué
Excitation du bulbe après section des nerfs rénaux.	Augmentée	Augmenté	Augmentée	Augmenté
Compression de l'artère rénale....................	Diminuée	Diminué	Diminuée	Diminué
Compression de la veine rénale...................	Augmentée	Diminué	Diminuée	Augmenté
Affaiblissement du cœur....	Diminuée	Diminué	Diminuée	

Normalement, d'ailleurs, la quantité de sang qui passe par le rein en état de sécrétion active (dans une phase de diurèse) est considérable; dans cet état, le rein reçoit par minute environ son poids de sang (expériences de R. Tigerstedt sur le chien, 1892). D'après cette donnée, on peut calculer que, chez l'homme, il passe en vingt-quatre heures près de 500 litres de sang par les deux reins.

c. Influence de la perméabilité des divers éléments rénaux. — Les échanges qui s'effectuent à travers les épithéliums rénaux dépendent des propriétés de ces parois, évidemment perméables, et *électivement* ou, si l'on veut, *activement* perméables, puisqu'elles extraient du sang diverses substances dissoutes et non point toutes les substances dissoutes.

En premier lieu, on le sait déjà (voy. p. 751), elles extraient les sels du sang avec une telle activité que le sang et l'urine sont deux solutions de concentration très inégale, puisque le point cryoscopique de l'une est de — $0°,56$ et celui de l'autre souvent de — $2°$. La perméabilité des cellules rénales aux différents sels du plasma et particulièrement au chlorure de sodium est donc très grande[1]

1. A. Waller, *Éléments de physiologie humaine*, trad. de l'anglais par A. Herzen, Paris, 1898, p. 269.
2. On sait que les changements de volume s'inscrivent au moyen d'oncographes (voy. p. 437).
3. Dans quelques cas seulement, l'urine est moins concentrée que le sérum sanguin. Dans un cas de néphrite grave, J. Winter* (1896) a trouvé un point de congélation — $0°,45$, supérieur à celui du sérum sanguin. Après des libations copieuses (1 à 2 litres de bière), H. Dreser ** (1892) a trouvé de même des points de congélation de l'urine supérieurs à celui du sérum, — $0°,32$, — $0°,02$ et même — $0°,18$; l'élimination de l'excès d'eau ingérée est alors si rapide que l'urine se dilue extrêmement. Dans le cas de Winter, au contraire, et dans les observations analogues, le rein est devenu presque imperméable aux substances dissoutes du plasma.

* Chimiste français contemporain.
** Médecin allemand contemporain.

D'autre part, le sang contient très peu d'urée (environ 0gr,5 p. 1 000), et l'urine en contient beaucoup (environ 20 grammes p. 1 000). Au contraire, la teneur du sang en sucre est au moins double de celle en urée, et le sucre n'est pas une substance moins diffusible que celle-ci ; le rein normal cependant n'en laisse pour ainsi dire pas passer. Cette différence de perméabilité pour l'urée et pour la glycose est saisissante. C'est seulement quand la teneur du sang en sucre s'élève ou quand les parois cellulaires rénales ont subi quelque action modificatrice qu'il y a glycosurie.

A ce dernier point de vue il convient de rappeler ici ce qui a été dit page 621 de l'action de la phlorizine, de ce glycoside qui paraît rendre le parenchyme rénal plus perméable au sucre du sang. Il est possible d'ailleurs que l'élévation de la proportion de la glycose dans le sang ait une action du même genre.

Quant aux matières albuminoïdes du plasma, elles ne traversent les éléments du rein que quand ceux-ci sont altérés.

La perméabilité des cellules rénales n'est pas dans le même temps la même pour toutes les substances dissoutes.

On a montré que, sous diverses influences, la concentration d'un corps peut augmenter dans l'urine, sans qu'elle varie dans le sang et sans que celle des autres substances dissoutes change. Ainsi la caféine fait augmenter la quantité de chlorure de sodium de l'urine, tandis que la teneur du sang en ce sel n'éprouve aucun changement (expériences sur le chien). Inversement, l'élimination d'un ou plusieurs des composants de l'urine peut être arrêtée, celle des autres corps restant à peu près la même ; c'est ce qui arrive à la suite des injections intraveineuses massives de sucre ; on trouve alors dans les urines beaucoup d'eau et de sucre, mais on n'y trouve presque plus de sels et d'urée.

Un des faits qui mettent le mieux et le plus simplement en évidence ces différences de perméabilité, c'est la différence de composition de l'urine des deux reins.

Aux deux reins le même sang est offert ; il est très rare que la quantité[1] et la composition des urines qui proviennent de l'un ou de l'autre, quand on les recueille séparément, soient identiques dans le même laps de temps (expériences de HERMANN sur des chiens en parfaite santé). Sans doute on a objecté à ces expériences que l'opération nécessaire pour isoler les deux uretères pouvait amener un trouble dans la sécrétion et que ce trouble peut être d'inégale gravité dans l'un et l'autre rein. Mais des observations semblables ont été faites sur l'homme, dans un cas d'exstrophie de la vessie, par le médecin berlinois ZÜLZER (1887). Dans ce cas, l'urine de chaque uretère put être recueillie ; presque jamais la quantité fournie par les deux reins ne fut la même ; la quantité d'acide sulfurique, d'acide phosphorique et d'azote se montra différente 31 fois et la même seulement 28 fois ; après ingestion d'iodure de potassium ou d'acide salicylique par le

---

1. Dans des expériences méthodiques sur un grand nombre de chiens, E. BARDIER et H. FRENKEL (de Toulouse) (1900), cependant, ont presque toujours vu que le débit des deux reins est uniforme.

sujet, jamais la réaction de l'iode ou celle de l'acide salicylique n'apparut
en même temps dans l'urine des deux côtés.

Il est clair que, si l'on connaissait les causes qui règlent cette perméabilité du parenchyme rénal, dont on vient de voir l'importance,
le problème de la sécrétion urinaire serait à peu près résolu.

d. INFLUENCE DE L'ACTIVITÉ ÉPITHÉLIALE. — A cette connaissance des
conditions physiques du fonctionnement du rein, il faudrait aussi
cependant ajouter la connaissance des réactions chimiques intracellulaires.

Le rein manifeste, en effet, à certains égards, l'activité chimique d'une
glande, mais on ne possède guère de documents sur ce point. La
manifestation la mieux connue de cette énergie chimique est la formation
synthétique de l'acide hippurique aux dépens du glycocolle et de l'acide
benzoïque (voy. p. 94 et 699). On a vu d'autre part (p. 697) que, parmi
les organes où se produit et où se détruit l'acide urique, il faut compter
les reins.

Voici deux autres faits du même ordre, mais qui ne sont pas encore
aussi solidement établis que les précédents :

1° La formation de la créatinine, que l'on trouve dans les urines et qui
est l'anhydride de la créatine, aurait lieu dans les reins (voy. p. 698), sous
l'influence d'une diastase spéciale (E. GÉRARD[1], 1902) ;

2° L'urobiline, qui se trouve en petite quantité dans les urines normales
(voy. p. 773) et qui augmente beaucoup dans les cas dits d'*urobilinurie*, aurait aussi une origine rénale (A. GILBERT et M. HERSCHER, 1902) ; en ajoutant
à une solution de bilirubine de la pulpe de rein, on obtient, en effet, de
l'urobiline ; ainsi la bilirubine, sous une action à la fois hydratante et ré-
ductrice du tissu rénal, action de nature probablement diastasique, donnerait de l'urobiline : $C^{32}H^{36}Az^4O^6 + H^2O + H^2 = C^{32}H^{40}Az^4O^7$.

Travail du rein. — Pour faire sortir du sang un liquide ayant une
concentration moléculaire aussi élevée que celle de l'urine, les
cellules rénales ont un travail à effectuer (voy. p. 599).

La quantité d'énergie dépensée ainsi par le rein a été calculée. On a
trouvé, par exemple, que, pour sécréter en douze heures 200 centimètres
cubes d'une urine dont le point de congélation était — 2°,3, celui du sang
étant — 0°,56, le rein avait effectué un travail égal à 37 kilogrammètres
(H. DRESER, 1892). — Ce chiffre d'ailleurs serait trop faible.

Ce travail s'accompagne d'une grande consommation d'oxygène
par le rein. C'est donc un travail d'ordre chimique.

On a pu, en effet, déterminer simultanément la proportion d'oxygène et
d'acide carbonique dans le sang de l'artère et de la veine rénales (expé-

[1]. Professeur de pharmacologie à l'Université de Lille

riences de J. Barcroft et T.-G. Brodie sur des chiens, 1904). Quand, sous l'influence d'un diurétique, à la suite, par exemple, d'une injection intra-veineuse d'urée, la sécrétion et par conséquent le travail du rein augmente, la consommation d'oxygène s'accroît; elle passe de 0cc,5-1 centimètre cube par minute à 3 centimètres cubes[1]. Quant à l'élimination de l'acide carbonique, elle n'est pas en rapport avec l'absorption d'oyxgène.

e. INNERVATION DES REINS. — On ne connaît pas de nerfs sécréteurs du rein[2]. La sécrétion urinaire n'en est pas moins influencée par le système nerveux, par l'intermédiaire des vaso-moteurs rénaux.

La section du plexus rénal ou celle d'un splanchnique amène de la polyurie, en même temps qu'elle détermine le gonflement congestif de l'organe. Au contraire, l'excitation du bout périphérique du splanchnique arrête la sécrétion, en même temps qu'elle fait pâlir l'organe et en diminue le volume. Dans ce cas, le débit du sang à travers le rein est réduit, ce qui suffit, on le sait (voy. p. 757), pour diminuer la sécrétion. Dans le premier cas (section du splanchnique), le débit du sang est augmenté, ce qui accroît la sécrétion.

Les pneumogastriques contiendraient aussi des filets vaso-constricteurs pour le rein.

D'autres expériences ont été citées (p. 758), qui montrent l'in-fluence des centres vaso-moteurs médullaires sur la sécrétion rénale.

Le bulbe exerce la même influence, plus marquée encore.

La piqûre du quatrième ventricule (voy. p. 617) produit de la polyurie (expérience de CLAUDE BERNARD); il est probable que l'on excite ainsi les filets vaso-dilatateurs du rein à leur origine ou que l'on paralyse ses vaso-constricteurs.

Quelle que soit l'influence de toutes ces actions nerveuses, il reste que le rein peut fonctionner indépendamment du système nerveux, comme le montrent des expériences du physiologiste américain W.-C. QUINBY[3] : un rein extirpé, puis réimplanté *in situ*, se comporte vis-à-vis des diurétiques comme un rein normal; il n'a pas besoin de nerfs pour sécréter.

1. On n'a d'ailleurs pas constaté de proportionnalité directe entre l'augmenta-tion de la sécrétion et la consommation d'oxygène.
2. Des expériences de L. ASHER et R.-G. PEARCE (*Centralbl. für Physiol.*, 1913, XXVII, 584-590) ont cependant montré que l'excitation du bout périphérique du pneumogastrique sur le chat augmente la sécrétion urinaire.
3. *Journ. of exp. Med.*, 1916, XXIII, 535-548, et *Amer. Journ. of Physiol.*, 1917, XLII, 593-594.

2° *Causes de la sécrétion urinaire.*

La sécrétion urinaire étant continue, la cause n'en peut être que permanente.

On a vu cette cause dans la composition du sang. Aussitôt que l'eau ou l'un des éléments normaux de l'urine se trouve en léger excès dans le sang, — et de telles variations de la composition de ce dernier sont incessantes, suivant l'activité des échanges, suivant les phases de la digestion, suivant l'intensité de l'assimilation et de la désassimilation, etc., — l'élimination par le rein augmente plus ou moins. C'est ce qui se passe, par exemple, pour le chlorure de sodium, pour l'urée et aussi pour le sucre, substances dont on a le mieux étudié à ce point de vue l'élimination rénale. De telle sorte que les meilleurs diurétiques sont des composés normaux de l'urine contenus dans le sang. Cette cause agit d'une façon directe non moins que constante; on ne connaît pas en effet de nerfs excito-sécréteurs rénaux (voy-ci-dessus).

Jointe aux variations, qui sont également fréquentes, du débit du sang à travers le rein dont nous avons vu le rôle dans le mécanisme de la sécrétion, elle constitue l'excitant normal de l'activité des cellules rénales. Remarquons du reste qu'il y a parfois corrélation entre la teneur du sang en substances à éliminer et une action de ces substances sur la circulation rénale, en ce sens que tel de ces corps, comme l'urée, manifeste une influence vaso-motrice qui en favorise la sécrétion (voy. p. 757).

Ce n'est pas à dire pour cela que le rôle respectif des facteurs de la sécrétion urinaire soit sûrement établi. Nous avons vu, en étudiant le mécanisme de la sécrétion, combien ces facteurs sont complexes; nous ne savons pas comment agissent les variations de la composition du sang pour modifier la perméabilité des épithéliums rénaux, ni quelle est exactement la part de cette perméabilité et de l'activité chimique des cellules des tubes contournés ou celle de la filtration glomérulaire dans la sécrétion. Et la solution de ces problèmes apparaît comme étant encore très difficile.

Les reins n'éliminent pas seulement la plupart des éléments du sang, mais aussi un grand nombre des substances qui pénètrent accidentellement dans le sang. Plusieurs de ces dernières ont d'ailleurs la propriété d'augmenter la sécrétion urinaire, ce sont les *diurétiques* qui produisent leur effet soit par action sur la circulation, soit par *pléthore hydrémique* (passage de l'eau des tissus dans le sang, — ainsi agissent les solutions salées ou sucrées hypertoniques), soit par action sur l'épithélium rénal.

3° *L'excrétion de l'urine.*

L'urine formée est incessamment poussée en avant par le liquide qui se forme de nouveau ; c'est cette espèce de *vis a tergo* qui l'amène jusqu'au sommet des papilles rénales, d'où elle suinte par un grand nombre de petites fossettes (*lacunes papillaires*) dans le calice et dans le bassinet. De là, sous l'influence de la même pression, elle passe dans les uretères, et ceux-ci la conduisent dans un réservoir extensible, la vessie, d'où elle est expulsée au dehors.

A. Rôle des uretères. — L'urine progresse dans les uretères par la *vis a tergo*, mais aussi par les contractions des fibres musculaires lisses, longitudinales et circulaires, situées dans les parois de ces canaux.

Ces contractions s'observent sur les uretères mis à nu ; ce sont des mouvements péristaltiques qui, partant de la région du bassinet, vont jusqu'à la vessie avec une vitesse de 2 à 3 centimètres par seconde ; ils sont rythmiques, se succédant à quelques secondes d'intervalle. Quand la sécrétion urinaire s'accroît, ils deviennent plus fréquents ; c'est ainsi que l'action de quelques diurétiques (caféine par exemple) se manifesterait aussi par l'accélération des contractions des uretères.

Chez l'homme, dans des cas d'exstrophie vésicale, on a pu observer aussi ces mouvements. On en a vu se produire 1 à 4 par minute et déterminer l'expulsion de 2 à 20 gouttes d'urine environ. Les contractions des deux uretères ne sont pas synchrones.

La cause de ces contractions est peut-être dans la distension que l'urine venue du rein exerce sur l'uretère. Mais cette cause n'est pas indispensable, puisque des fragments d'uretère, isolés, conservent assez longtemps leurs mouvements rythmiques (voy. fig. 169). On peut donc parler de l'automatisme des uretères, comme de l'automatisme du cœur. On n'en ignore pas moins de quelle manière se propage le mouvement péristaltique le long du canal.

Des actions nerveuses peuvent modifier les contractions urétérales. L'excitation du rameau d'union entre le ganglion mésentérique inférieur et le plexus hypogastrique les accélère, l'excitation d'un splanchnique les arrête. Bien entendu, après la section de ces nerfs, les mouvements persistent.

B. Rôle de la vessie. — Miction. — La vessie est un réservoir tapissé à sa face interne d'un épithélium et formé de couches musculaires plus ou moins régulières.

On sait que l'épithélium vésical sain est imperméable (voy. p. 295).

Aussi l'urine ne subit-elle aucune modification durant son séjour dans la vessie.

a. RÉPLÉTION DE LA VESSIE. — Les parois vésicales sont très élastiques, ce qui fait que, dans la vessie aisément dilatable, une grande quantité d'urine peut s'accumuler.

Comment l'urine, lorsque la vessie est à l'état de repos, est-elle

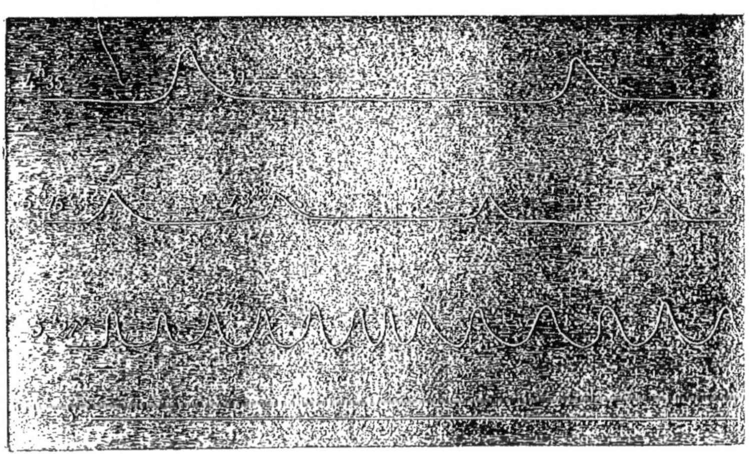

Fig. 169. — Contractions rythmiques d'un uretère isolé (uretère de cobaye, immergé dans l'eau salée à 8 p. 1 000 [tracé de Mᴸᴸᵉ Lina Sterx, laboratoire de Prevost, à Genève, 1903]).

Influence de la chaleur sur la fréquence des contractions.

S, chaque division correspond à dix secondes.

retenue dans ce réservoir et ne s'échappe-t-elle ni par les orifices des uretères, ni par l'orifice du col ?

Elle ne peut remonter dans les uretères ; ceux-ci s'ouvrent en effet dans la vessie en traversant très obliquement ses parois ; il s'ensuit que, au fur et à mesure que la vessie se distend, la pression exercée sur les orifices urétéraux devient plus forte : c'est à ce moment que la contractilité des uretères est particulièrement utile pour faire encore pénétrer l'urine à travers les parois vésicales.

L'urine ne peut non plus franchir le col de la vessie. Autour du col existe un sphincter, formé de faisceaux musculaires lisses, d'ailleurs peu volumineux. Ce n'est pas la contraction de ce muscle (un muscle ne peut être continuellement contracté et, en fait, il n'y a pas de contraction normale permanente) qui ferme l'orifice vésical, c'est sa tonicité. Le col est fermé en vertu même de sa disposition naturelle ; c'est l'état naturel de son sphincter, comme de tous les anneaux musculaires semblables ; les sphincters à l'état de repos, et en vertu de leur élasticité et de leur tonicité, oblitèrent l'orifice qu'ils circonscrivent. Mais, pour peu qu'une cause quelconque tende à violenter ce sphincter, il devient impuissant à empêcher le passage de l'urine. La femme ne possède guère que cet appareil de contention, et c'est pourquoi les efforts, un violent éclat de rire, lui font facilement perdre quelques gouttes d'urine. Néanmoins des dispositions générales se rencontrent, surtout chez l'homme, telles qu'il n'y a pas, en réalité, d'orifice à la vessie, celle-ci étant à l'état de repos. — En premier lieu, l'axe de la vessie (fig. 170), loin d'être vertical, est bien plutôt horizontal (cet organe étant couché sur la symphyse pubienne elle-même presque horizontale) ; le conduit excréteur, le canal de l'urètre, est d'abord dirigé verticalement en bas, puis se redresse et va directement en avant ; il en résulte pour ce conduit une grande tendance à être comprimé quand la vessie vient à se remplir beaucoup. — Il faut ensuite tenir compte de la prostate (P, fig. 171), organe dur, composé de tissu fibreux, d'éléments musculaires et de glandes ; la prostate est traversée par l'orifice du canal de l'urètre, qu'elle entoure de façon à l'oblitérer complètement et à mettre ses parois opposées en contact. C'est là la principale cause de la rétention de l'urine dans la vessie à l'état de repos chez l'homme. Que la prostate s'hypertrophie, elle constituera alors une barrière de plus en plus efficace, trop efficace même, et c'est ainsi qu'elle devient, chez les vieillards, la cause du plus grand nombre des rétentions pathologiques, c'est-à-dire des rétentions que ne peuvent vaincre les efforts expulsifs de la vessie. — De tout cela il résulte que, lorsque l'urine n'est pas poussée vers le canal de l'urètre avec quelque force, elle n'a aucune tendance à s'échapper par l'orifice vésical, qui n'existe pas en réalité. Il n'est pas étonnant que le liquide s'accumule dans la vessie, dont les parois musculaires sont si élastiques et si dilatables. Aucune contraction proprement dite n'intervient pour empêcher la sortie de l'urine : l'obstacle est surtout mécanique ; on sait d'ailleurs qu'il subsiste après la mort, car l'urine continue à être maintenue dans la vessie du cadavre. — Ce n'est pas à dire que jamais la contraction musculaire n'intervienne pour s'opposer au passage de l'urine ; au contraire, un muscle est destiné à cet usage, mais il n'est pas situé au col de la vessie, il est placé plus loin, sur la portion membraneuse de l'urètre ; c'est le *sphincter urétral*, avec le

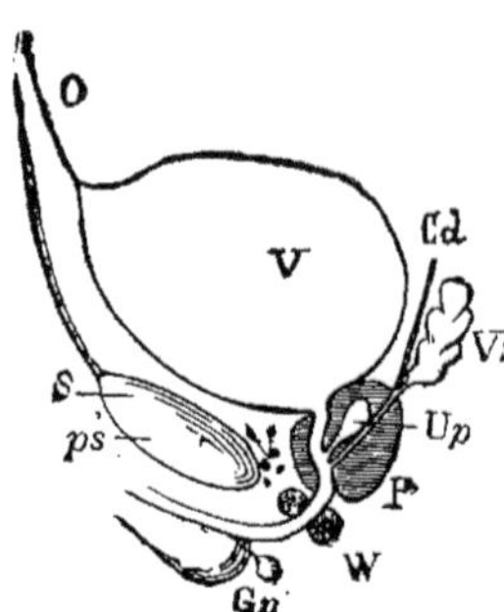

Fig. 170. — Schéma des organes de la miction (Küss[1]).

S, symphyse du pubis ; — *ps*, plexus de Santorini ; — V, vessie ; — O, reste de l'ouraque ; — P, prostate ; — U*p*, utricule prostatique ; — *Cd*, canal déférent ; — V*s*, vésicule séminale dont le col s'unit au canal déférent pour constituer le canal éjaculateur que l'on voit traverser la prostate en arrière de l'utricule prostatique ; — W, muscle de Wilson ; — G*p*, glande de Cowper ; — B, bulbe.

1. ÉMILE KÜSS (1815-1871), physiologiste français, fut professeur à la Faculté de médecine de Strasbourg depuis 1846.

muscle de Wilson (W, fig. 170 et 171), sphincter qui se contracte par action réflexe ou sous l'influence de la volonté; on va voir dans quelles circonstances il agit.

b. MICTION. — L'expulsion de l'urine se fait lorsqu'est ressenti un *besoin particulier*. Ce phénomène de sensibilité ne peut être séparé des actes musculaires qui l'accompagnent.

Le besoin d'uriner a son siège dans toute la vessie. C'est une sensation qui se produit sous l'influence de la tension des parois de l'organe (F. GUYON[1], 1887).

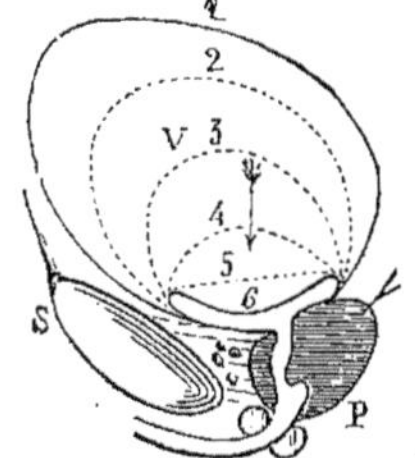

Fig. 171. — Schéma de la miction (Küss).

Ce schéma montre comment la vessie se vide complètement.

1, contour de la vessie distendue de liquide ; par leur propre contraction, ses parois prennent successivement les positions 2, 3, 4, 5 ; mais elles ne peuvent se rapprocher davantage du bas-fond, sinon par la contraction des muscles abdominaux, par l'effort qui les pousse dans le sens indiqué par la flèche et les amène dans la position 6.

Dès que la vessie est distendue par une quantité d'urine assez grande (cette quantité varie beaucoup suivant les individus), qui est en moyenne de 250 à 500 centimètres cubes, les contractions surviennent. Si en effet on provoque la distension de la vessie en y poussant un liquide (de l'eau boriquée par exemple) au moyen d'une seringue, en rapport d'autre part avec un manomètre à eau, on constate l'établissement et l'augmentation progressive de la tension avant que le sujet signale le besoin d'uriner ; la contraction suit immédiatement la mise en tension, et puis le besoin d'uriner s'éveille ; chez les individus normaux, ce besoin est senti lorsque la pression atteint 15 centimètres d'eau en moyenne (expériences sur l'homme d'un élève de GUYON, F.-L. GENOUVILLE, 1894). — Autre preuve : le besoin ne dépend pour ainsi dire pas de la quantité de liquide, mais est lié directement à l'élévation de pression (A. MOSSO et PELLACANI, 1881-1882) ; les contractions des parois du réservoir élèvent en effet la pression à l'intérieur de celui-ci et, si le resserrement est énergique, le besoin est également impérieux, qu'il y ait peu ou beaucoup d'urine dans le réservoir ; et, d'autre part, il y a à peu près parallélisme entre la pression intravésicale et l'envie d'uriner ; et enfin la tension varie, pour une même masse liquide, suivant le degré de sensibilité de la muqueuse vésicale. La valeur de l'effort vésical nécessaire à la miction normale ne paraît pas pouvoir être inférieure à 25 centimètres d'eau (d'après les expériences de GENOUVILLE).

Voilà donc la cause immédiate de la contraction vésicale. Celle-ci est le résultat d'une excitation de la sensibilité spéciale de la vessie à la tension ; et ces deux propriétés de l'organe, sensibilité et contractilité, nous apparaissent comme intimement liées.

Mais les contractions vésicales ne sont pas suffisantes pour expulser l'urine ; il faut que la résistance opposée par le sphincter urétral à la sortie du liquide soit simultanément vaincue.

1. Célèbre chirurgien français, professeur honoraire à la Faculté de Médecine de Paris.

Sous l'influence du resserrement des parois de la vessie, quelques gouttes d'urine ont franchi le col, le sphincter interne (lisse) étant impuissant à les arrêter[1] ; tout de suite l'urine est en contact avec une muqueuse très sensible, la muqueuse prostatique[2]. Il se produit alors un réflexe qui a pour résultat la contraction du sphincter urétral ; l'urine non seulement ne peut aller plus loin, mais est obligée de rétrograder, et elle rentre dans la vessie, dont les contractions ont cessé. Quelques instants après, les parois du réservoir, qui ont continué à se distendre, réagissent de nouveau : l'urine pénètre de nouveau dans la région prostatique, où elle provoque de nouveau le même réflexe, et ainsi de suite. On a là l'explication de la forme intermittente que présente le besoin d'uriner. Si ces phénomènes se répètent souvent, le réflexe diminue d'énergie, et il faut alors l'intervention de la volonté pour que se contracte le sphincter urétral et pour arrêter l'urine qui tend de plus en plus à pénétrer dans le canal ; de là le caractère douloureux des efforts de résistance prolongée au besoin d'uriner. Ainsi, toutes les fois que l'obstacle au passage de l'urine est vraiment actif, ce n'est pas dans le sphincter vésical, mais bien dans le *muscle urétral*[3], le seul volontaire, que siège la puissance antagoniste de la contraction de la vessie.

Comment cette puissance va-t-elle céder ? Est-elle vaincue par l'énergie croissante des contractions vésicales, ou bien une influence nerveuse intervient-elle pour suspendre l'action du sphincter, pour l'*inhiber* ? Ce dernier phénomène est vraisemblable, bien qu'on n'ait pu jusqu'à présent en constater la réalité par des expériences directes. — La miction serait donc le résultat d'une association fonctionnelle entre la contractilité vésicale et le relâchement du sphincter urétral.

Une fois le sphincter relâché, le muscle vésical suffit à lui seul pour vider la vessie. Mais, vers la fin de la miction, pour expulser les dernières gouttes d'urine, un effort des muscles abdominaux est nécessaire.

Le bas-fond de la vessie étant fixe et concave, ce réservoir ne pourrait se vider complètement, si les viscères abdominaux ne venaient presser sur la partie supérieure de la vessie et la forcer à descendre contre le bas-fond, de manière à oblitérer complètement sa cavité (fig. 171) ; aussi la vessie complètement vide a-t-elle, du moins chez l'homme (mais non chez tous

---

1. Chez le Chien, la contraction des fibres circulaires lisses du col de la vessie ne peut faire équilibre qu'à une pression de 15 centimètres d'eau, tandis que le sphincter à fibres striées de la portion membraneuse de l'urètre résiste à des pressions de 70 centimètres à 1 mètre (expériences de D. Courtade et J.-F. Guyon, 1895). La résistance efficace aux contractions vésicales qui correspondent au besoin d'uriner s'exerce donc bien au niveau de la région membraneuse de l'urètre.

2. Ce qui prouve encore l'importance de la sensibilité de la muqueuse prostatique, c'est que la perte de cette propriété est suivie de l'incontinence nocturne d'urine ; l'émission involontaire des urines, de même que celle des fèces, est le signe de l'insensibilité des muqueuses au contact des produits excrémentitiels.

3. On a vu déjà le rôle important de ce muscle dans l'éjaculation (p. 729).

les animaux), la forme concave que l'on a l'occasion de constater sur le cadavre (fig. 171).

c. Innervation de la vessie. — D'après tout ce qui vient d'être dit de la miction, on voit que ce phénomène est entièrement sous la dépendance du système nerveux : né d'une sensation, il met en jeu plusieurs actions musculaires synergiques.

Les *nerfs sensibles* des parois vésicales sont contenus dans les quatre premiers nerfs sacrés et en partie aussi dans les filets sympathiques, qui vont des plexus vésicaux aux ganglions mésentériques. L'excitation du bout central de l'un quelconque de ces filets provoque une contraction de la vessie. D'après J.-F. Guyon[1] (1901), les nerfs érecteurs sacrés seuls transmettent les impressions spéciales (sensibilité à la distension) de la vessie. — Les excitations de beaucoup d'autres nerfs sensibles, on peut dire de tous les nerfs sensibles, et des nerfs sensoriels, beaucoup d'excitations cérébrales[2], comme diverses émotions, provoquent la contractilité de la vessie ; et telle est la finesse et la sûreté de cette réaction que l'on a pu comparer la vessie à un *esthésiomètre* aussi sensible que l'iris (A. Mosso et Pellacani).

Les excitations sensitives aboutissent à la *région lombaire de la moelle*. Après la section de la moelle, au-dessus de la quatrième vertèbre lombaire chez le lapin, de la cinquième chez le chien, l'excrétion réflexe de l'urine est encore possible. Si on détruit ce *centre vésico-spinal*, ou bien la miction est supprimée et la vessie ne se vide plus que quand elle est énormément distendue par l'accumulation de l'urine, ou bien il y a incontinence d'urine, à cause de la paralysie du sphincter urétral. — D'après le physiologiste russe Sokownin (1874), le ganglion mésentérique inférieur pourrait être aussi considéré comme un centre vésical ; l'excitation des filets sympathiques sensitifs qui y aboutissent serait susceptible de se transformer dans ce ganglion, soigneusement isolé de ses connexions avec la moelle, en incitations vésico-motrices. On verra ce qu'il faut penser de ce fait quand nous étudierons le système nerveux sympathique.

Les *nerfs moteurs* de la vessie viennent directement de la moelle ou bien passent par le système sympathique. Les premiers sont fournis par les premiers nerfs sacrés ; les seconds, par le plexus mésentérique inférieur ; c'est de la moelle lombaire qu'émanent ces derniers, qui, des racines antérieures des 2e, 3e, 4e et 5e paires lombaires, gagnent la chaîne sympathique abdominale, puis le plexus mésentérique inférieur et enfin le plexus hypogastrique, où ils s'unissent aux rameaux d'origine sacrée. L'excitation du bout périphérique de l'un quelconque de ces filets produit une contraction de la vessie. Sur le trajet des filets d'origine sympathique sont intercalées les cellules du ganglion mésentérique inférieur. — Les filets du sphincter urétral proviennent des 3e et 4e nerfs sacrés ;

---

1. Physiologiste français (1864-1907).
2. Sur l'influence des excitations directes du névraxe sur la vessie, voy. l'article : *Influence du cerveau sur les fonctions organiques*.

quand on coupe les racines antérieures correspondant à ces nerfs, il y a incontinence d'urine, dès que la distension de la vessie a dilaté l'orifice vésical. — D'après d'autres physiologistes (recherches de D. COURTADE et J.-F. GUYON, 1895-1896), l'innervation des deux couches musculaires de la vessie serait différente ; les nerfs sacrés seuls feraient contracter la couche longitudinale, et c'est d'eux conséquemment que dépendrait la miction, tandis que les contractions de la couche circulaire, fortes surtout au niveau du col et qui par suite déterminent plutôt l'occlusion que l'évacuation de la vessie, seraient provoquées par le grand sympathique (nerfs hypogastriques).

4° *Le produit de la sécrétion, l'urine.*

L'urine est un liquide excrémentitiel dont la haute signification physiologique et l'importance au point de vue médical ressortent du simple fait qu'elle représente à elle seule la majeure partie des déchets de l'organisme. Sans doute, comme l'a dit ingénieusement CARL VOGT [1], « on a fait remarquer qu'on ne pourrait déterminer les travaux faits dans un laboratoire de chimie, si l'on se borne à examiner combien d'eau, d'acide sulfurique, de potasse et de chaux y ont été introduits, et combien d'acide carbonique et d'eau s'en vont par la cheminée ou sont emmenés par les canaux. Cela est parfaitement vrai, mais il est vrai aussi que des observations de ce genre ont cependant une certaine valeur quand elles se rapportent à un laboratoire, qui, comme le corps animal, ne produit et n'absorbe que certaines substances. Un chimiste qui serait préposé à une fabrique d'acide sulfurique peut parfaitement se rendre compte de sa fabrication quand il sait combien on a employé de soufre, de salpêtre et de combustible ».

A. Quantité et propriétés de l'urine. — L'urine est sécrétée dans les vingt-quatre heures en quantités variables, qui oscillent à l'état normal entre 1 200 et 1 500 grammes. En moyenne, et par rapport à l'unité de poids, on peut dire que chaque kilogramme d'être humain excrète environ 20 grammes d'urine par vingt-quatre heures, d'où pour un homme de 60 kilogrammes une quantité de 1 200 gr. Il est presque superflu d'indiquer l'influence qu'exerce sur la quantité d'urine l'ingestion des boissons ; c'est pour cela qu'après les repas l'urine est abondante et très diluée (*urinæ potus et cibi*). A noter aussi l'influence de l'activité nerveuse et particulièrement de

1. C. VOGT (1817-1895), célèbre naturaliste allemand, fut l'un des principaux promoteurs du darwinisme ; obligé de quitter l'Allemagne après la Révolution de 1848, où il joua un grand rôle, il devint professeur de zoologie à l'Université de Genève ; il mourut dans cette ville, citoyen suisse.

diverses excitations cérébrales, les émotions, le travail intellectuel; aussi dans la journée observe-t-on une polyurie relative; le matin, au contraire, après le repos de la nuit, l'urine est plus concentrée et plus rare.

La couleur normale de l'urine est jaune ambré ou rougeâtre. Son odeur spéciale, dite urineuse, paraît due à des acides volatils; sa saveur est amère et légèrement salée.

Sa densité (urine des vingt-quatre heures) est de 1 015 à 1 020. Son point de congélation, qui mesure, comme nous le savons, sa concentration moléculaire (voy. p. 65), varie normalement de — 1°,3 à — 2°,2.

Cette mesure donne le nombre total des molécules que contient une urine. Il y aurait grand intérêt physiologique et pathologique à connaître le nombre des molécules organiques (voy. p. 80), puisque, comme la presque totalité de celles-ci est de nature azotée, on pourrait apprécier par là, au moins indirectement, la valeur de la désassimilation des albuminoïdes et, par suite, l'état de la nutrition [1].

La réaction de l'urine est acide (au tournesol), ce qui tient à la présence du phosphate acide de soude (ou phosphate monosodique). On évalue cette acidité à celle d'une solution d'acide chlorhydrique $\dfrac{20}{n}$

---

[1]. Dans ce but, Ch. Bouchard a proposé (1899) une méthode simple, mais qui ne peut encore conduire qu'à des résultats approximatifs. On détermine le poids des matières solides de l'urine et on dose les chlorures ; en retranchant du premier poids celui des chlorures, on a le poids des « matières élaborées » (déchets de la nutrition) ; on détermine, d'autre part, le point de congélation de l'urine totale, puis on en retranche la température de congélation dépendant du chlorure de sodium ; le nombre trouvé représente la concentration moléculaire moyenne des matières organiques contenues dans l'urine. « l'ensemble des molécules urinaires qui ont pour origine l'albumine », ce que Bouchard appelle « la molécule urinaire élaborée moyenne ». Du poids des matières élaborées et de l'abaissement du point de congélation attribuable à ces matières, on déduit le poids moléculaire M d'après la formule $M = \dfrac{KP}{\delta}$, P étant la quantité des matières élaborées contenues dans 100 centimètres cubes, δ l'abaissement du point de congélation dû à ces matières et K une constante = 18,5. Comme l'urée est de tous les composés organiques de l'urine celui dont le poids moléculaire (60) est le plus léger et que la désassimilation azotée est d'autant plus complète que la quantité d'urée par rapport aux autres corps azotés de l'urine est plus grande, — plus il y aura d'urée, plus le poids moléculaire moyen des substances organiques sera faible et plus la nutrition pourra être considérée comme parfaite. D'après les recherches de Bouchard, chez les individus normaux, le poids de la molécule élaborée moyenne est d'environ 76 ; dans les états pathologiques, il augmente, surtout dans les troubles de la fonction respiratoire et dans les maladies du foie. « Ce qui me semble vraiment important dans cette étude, conclut Bouchard (Traité de pathologie génér., t. III, p. 249, Paris, 1899), c'est la détermination du poids de la molécule élaborée moyenne, non pour faire le diagnostic peut-être, mais pour savoir quel degré de perturbation la maladie a apporté dans la nutrition, pour savoir surtout à quel point l'homme qui paraît sain, qui assurément n'est pas encore malade ou n'est plus malade, s'éloigne de l'état de santé parfaite... »

1. Physiologiste italien contemporain.

environ. — Un temps variable après son émission, elle tend à devenir alcaline, par décomposition de l'urée, qui donne naissance à de l'ammoniaque.

L'acidité de l'urine diminue pendant la digestion, tout le temps que l'estomac sécrète un liquide fortement acide ; le minimum d'acidité de l'urine (quatre à cinq heures après le repas) correspond au maximum de la sécrétion gastrique et ne persiste que durant une heure environ, si la digestion se fait normalement ; mais, chez les hyperchlorhydriques, il est à présumer que le minimum de l'acidité urinaire doit persister pendant un temps beaucoup plus long.

L'urine des herbivores est alcaline ; mais, dans l'état d'abstinence, réduits à brûler leur propre substance, c'est-à-dire devenus carnivores, ils produisent également une urine acide. Inversement, l'urine de l'homme peut devenir alcaline sous l'influence d'une nourriture végétale.

Tout ce qui vient d'être dit concerne la réaction de l'urine étudiée par les méthodes titrimétriques ordinaires. Si on l'étudie par la méthode électrométrique (voy. p. 304), on constate que l'urine se comporte comme un liquide intermédiaire entre une solution d'acide chlorhydrique millionième normale et une solution de potasse millionième normale ; c'est donc un liquide sensiblement neutre (C. Foà[1], 1905). Mais cette acidité ionique ne varie pas nécessairement dans le même sens que l'acidité de titration.

B. Composition de l'urine. — Nous avons vu, en parlant de la quantité des urines, quelle est leur teneur en eau (voy. aussi p. 133). De ces chiffres il suit que le rein est la principale voie d'élimination de l'eau en excès dans l'organisme, et cela d'une façon purement mécanique. Il nous faut maintenant passer en revue les matières solides de l'urine.

Alors que la quantité d'eau est très variable, celle des substances dissoutes dans cette eau est beaucoup plus fixe. Cette quantité pour vingt-quatre heures et *pour un même régime alimentaire* est à peu près constante. Si bien qu'on a pu établir une véritable proportion entre le poids de l'organisme et la masse du résidu solide de l'urine d'un jour. Chaque kilogramme d'animal sécrète un peu moins de 1 gramme d'urine anhydre ; l'urine d'un homme d'un poids moyen de 65 kilogrammes contiendra donc en moyenne 60 grammes de matériaux solides. Bien entendu, cette quantité peut varier énormément suivant l'alimentation.

Comment se répartissent ces matériaux solides ? Pour 1 litre d'urine, pris dans le mélange des urines de vingt-quatre heures, on trouve en moyenne 950 grammes d'eau et 50 grammes de matières

1 : Physiologiste italien contemporain.

solides, dont 20 de matières inorganiques et 30 de matières organiques.

a. Matières inorganiques de l'urine. — Leur quantité varie beaucoup; le tableau ci-dessous n'en donne que la teneur générale (pour vingt-quatre heures) :

	Grammes.
Acide sulfurique (SO^4H^2)	2,5
Acide phosphorique (compté en P^2O^5)	2,5
Chlore	7
Ammoniaque	0,7
Potassium	3
Sodium	11
Calcium	0,3
Magnésium	0,25
Fer et silice	traces.

Les sels des urines sont des chlorures, des sulfates et phénylsulfates, des phosphates et des carbonates et bicarbonates.

Presque tout le chlore des urines est combiné au sodium (12 gr. de chlorure de sodium environ par vingt-quatre heures) ; une petite partie cependant se trouve unie au potassium, au calcium et au magnésium. Le chlorure de sodium urinaire provient des aliments. Nous avons eu l'occasion à plusieurs reprises (voy. p. 79, 140 et 345) de signaler le rôle physiologique important de ce sel.

On a vu quelle est l'origine des sulfates et phénylsulfates urinaires (p. 138, 635, 699 et 701). Il suffira de rappeler ici qu'une partie seulement de ces sulfates provient de ceux que contiennent les aliments et que l'autre partie provient de l'oxydation du soufre des albuminoïdes des aliments et des albuminoïdes des tissus. C'est pour cela que l'élimination du soufre est parallèle à celle de l'urée. — La quantité totale des sels d'acides sulfo-conjugués de l'urine (phénylsulfate, paracrésylsulfate, indoxylsulfate)[1] pour vingt-quatre heures est en moyenne de $0^{gr},3$. — Il existe encore dans les urines un peu de soufre sous une troisième forme, c'est le soufre dit *difficilement oxydable*, qui provient de la cystine et de la taurine (voy. p. 699).

Les phosphates proviennent des aliments et, pour une part, des combinaisons phosphorées de l'organisme, lécithines (voy. p. 26) et nucléo-protéides (voy. p. 39). Il y en a de deux sortes, ceux dans lesquels le phosphore est lié à des bases inorganiques et ceux où le phosphore est uni à des bases organiques. Les premiers sont à base alcaline (potassium et sodium) ou terreuse (calcium et magnésium); mais il n'est pas possible de séparer avec exactitude les phosphates dits alcalins des phosphates terreux. — Quant au phosphore en

---

1. Toutes les causes qui augmentent la production de l'indol dans l'intestin (voy. p. 279), telles que séjour prolongé des matières dans cette partie du tube digestif, obstruction de l'intestin grêle, etc., augmentent l'excrétion de l'indican.

combinaison organique, il constitue l'acide phospho-glycérique ou phosphore *incomplètement oxydé* ; la quantité est très faible et ne dépasse pas en vingt-quatre heures 0^{gr},02.

Les carbonates proviennent des carbonates des aliments et, pour une partie plus ou moins importante, des sels et acides organiques de divers aliments, comme les fruits, riches en malates, tartrates, etc., qui sont oxydés et donnent des carbonates et bicarbonates.

Quant à l'ammoniaque, elle est un résidu de la destruction des albuminoïdes alimentaires et des tissus, et on a vu (p. 139 et 694) quelle est sa signification.

D'autre part, la soude, nous l'avons dit plus haut, suit la même voie que le chlore. La potasse, au contraire, s'élimine surtout par les fèces. Il en est de même de la chaux, aussi bien de celle qu'apportent les aliments que de celle qui provient de la destruction des tissus. La magnésie aussi est excrétée de préférence par l'intestin.

b. Matières organiques de l'urine. — Ce sont les matériaux les plus nombreux de l'urine, et le nombre s'en accroît avec les progrès de l'analyse. En voici la liste sommaire :

	En 24 heures (avec une alimentation mixte). Grammes.
Urée	25 à 3o
Acide urique	0,7
Bases xanthiques	0,c3
Acide hippurique	1,0
Créatinine	1,0
Acides aminés	
Matières colorantes	
Autres matières azotées (diastases, ptomaïnes et leucomaïnes comprises)	
Acide oxalique	0,02
Acides gras volatils (formique, acétique, butyrique)	0,o5
Hydrates de carbone et corps réducteurs (acide glycuronique compris [1]) (évalués en glycose, d'après le pouvoir réducteur de l'urine)	1,5 à 5

Le plus important de ces corps est de beaucoup l'urée (diamide de l'acide carbonique ou carbamide). Nous en connaissons l'origine (voy. p. 625 et suiv.). Plus l'alimentation est riche en matières albuminoïdes, plus la teneur des urines en urée augmente (voy. p. 681). Dans le jeûne complet, l'urée diminue peu à peu, mais sans disparaître complètement ; elle tombe à un chiffre minimum de 5 à 6 grammes par jour. — Le travail musculaire n'augmente pas l'élimination de l'urée.

Il a été parlé (p. 695) des bases xanthiques et de l'acide urique.

Il a été également parlé déjà de l'acide hippurique (voy. p. 94 et 698).

---

1. Cet acide glycuronique est conjugué : on le trouve en très petite quantité à l'état d'acides phényl, indoxyl et scatoxyl-glycuroniques.

L'origine de la créatinine a été indiquée page 697.

Les matières colorantes de l'urine sont constituées surtout par l'*urochrome* (pigment jaune), matière azotée, amorphe, très soluble dans l'eau, par une petite quantité d'hémato porphyrine, par de l'urobiline et peut-être aussi par quelques autres corps, plus ou moins analogues à l'urobiline. Cette dernière provient de la bilirubine (voy. p. 276 ; voy. aussi p. 761).

On trouve dans les urines quelques ferments digestifs, en petite quantité : amylase, pepsine, présure.

Nous n'avons pas à revenir sur les principaux composés aromatiques de l'urine (éthers sulfuriques des phénols), dont il a été parlé plus haut, à propos des sulfates. A ces corps s'ajoutent quelques acides aromatiques en très petite quantité (voy. p. 700).

Teneur de l'urine en azote total. — L'azote de l'urée ne représente que 70 à 85 p. 100 environ de l'azote total que l'on trouve dans les urines. Aussi importe-t-il de doser[1] tout cet azote urinaire, quand on veut connaître la grandeur de la désassimilation des matières protéiques.

Du rapport qui existe entre l'azote de l'urée et l'azote total des urines de vingt-quatre heures, ou *coefficient azoturique*, on aurait tort, suivant que ce rapport se rapproche ou s'éloigne de l'unité, de tirer des conclusions fermes sur l'utilisation plus ou moins parfaite des matières albuminoïdes. Il convient en effet de ne pas oublier que, dans le dosage de l'azote total, l'azote de l'acide urique et des bases xanthiques est compris ; et on sait que cet azote ne provient pas de la désassimilation de l'albumine (voy. p. 695).

La quantité d'azote total excrété par jour varie de 12 à 15 grammes. Le rapport azoturique varie de 85 (84 p. 100, d'après GLEY et RICHET, 1887) à 90 p. 100.

Le « non-dosé » organique de l'urine. — Quand on détermine le poids des matières organiques d'une urine et qu'on dose les principaux des composés azotés qui s'y trouvent, urée et ammoniaque, acide urique, corps xanthiques, créatinine, en faisant simultanément le dosage de l'azote total, on s'aperçoit qu'il y a une différence beaucoup plus considérable qu'on ne pourrait le croire entre le poids total des matières organiques et le poids des matières dosées ; et une différence analogue entre la quantité d'azote total et la quantité de l'azote contenu dans les matières organiques dosées.

Ce « non dosé » organique (E. LAMBLING) représente ce que l'on

---

1. On le dose au moyen du procédé du chimiste danois KJELDAHL, transformation des corps azotés en ammoniaque par l'action de l'acide sulfurique concentré et bouillant et dosage de l'ammoniaque ainsi produite ; de la quantité d'ammoniaque on déduit celle de l'azote .

appelait, ce que l'on appelle encore assez souvent les « matières extractives » de l'urine, ensemble complexe dans lequel Lambling a introduit de l'ordre en y distinguant : les *corps non azotés* (acides gras volatils, acide oxalique, acide glycuronique, acides oxy-aromatiques, hydrates de carbone, etc.), les *corps azotés* (acide hippurique, indoxyle, acides aminés, allantoïne, urobiline, etc.), les *corps azotés et sulfurés*, tels que ces acides protéiques signalés p. 694 ; les *corps adialysables* (A. Gautier et Mme Eliacheff, 1891), d'une toxicité marquée (Mme Eliacheff); les *bases organiques*, de nature alcaloïdique, telles que celles étudiées par G. Pouchet dès 1880 et dont la signification physiologique s'est beaucoup accrue du fait de la présence dans l'urine humaine normale (Kutscher et Lohmann 1906), de petites quantités de guanidine (voy. p. 654).

Le « non dosé » varie de 6^{gr},9 à 16^{gr}2, suivant les individus (moyenne 12 grammes) (d'après les analyses de E Lambling et G. Donzé, 1903) ; c'est à peu près le quart du poids total des matières organiques, c'en est donc une fraction importante. Quant à la quantité d'azote non dosé, elle varie entre 0^{gr},64 et 1^{gr},33 (moyenne 0^{gr},92) (d'après les mêmes analyses). Cet azote provient très vraisemblablement des acides aminés et de l'acide oxyprotéique. Mais ces corps ne peuvent constituer qu'une portion du « non dosé » organique. En effet, alors que le « non dosé » ne contient que de 3 à 10 p. 100 de l'azote total, il contient de 16 à 50 p. 100, en moyenne 37 p. 100, du carbone urinaire total, c'est-à-dire que le tiers environ de ce carbone total est engagé dans le « non dosé » organique (E. Lambling et G. Donzé). Il est donc à peu près certain qu'une bonne partie des corps constituant ce résidu consiste en hydrates de carbone (glycose [en petite quantité], isomaltose, gomme animale de Landwehr[1]), les autres matériaux non azotés de l'urine, acides oxalique, glycuronique, glycéro-phosphorique, acides gras volatils, étant en quantité négligeable.

Les analyses habituelles d'urine laissent donc de côté une portion importante des déchets qui s'éliminent par les reins. L'étude des variations de cette fraction, acides azotés complexes et hydrates de carbone, ne saurait manquer d'être intéressante. Déjà des recherches de A. Bouchez, sous la direction de E. Lambling (1911), ont montré que le « non dosé » organique est surtout d'origine exogène (alimentaire).

C. Signification physiologique des urines. — Non seulement les reins, par la sécrétion urinaire, débarrassent l'organisme

---

1. A. Landwehr, chimiste physiologiste allemand contemporain.

des déchets inutiles ou même, comme on va le voir, nuisibles, mais encore ils maintiennent la constance du milieu intérieur (voy. p. 345).

Le rôle dépurateur et antitoxique des reins et par suite la signification physiologique des urines ressortent de deux importantes séries de faits.

a. Toxicité des urines.— L'urine normale injectée dans le sang (ces expériences se font habituellement sur le lapin) manifeste un pouvoir toxique plus ou moins grand.

Il faut en général injecter 50 centimètres cubes d'urine par kilogramme pour tuer l'animal sur lequel on expérimente. On a appelé *urotoxie* (Ch. Bouchard) cette quantité d'urine nécessaire pour tuer un kilogramme d'animal. Les accidents produits sont complexes ; voici les principaux, dans l'ordre à peu près où ils se succèdent d'ordinaire : myosis, diminution d'amplitude des mouvements respiratoires, accélération du cœur, sécrétion urinaire, hypothermie, affaiblissement graduel du système nerveux allant jusqu'au coma, convulsions ; la mort arrive dans le coma ou après une attaque convulsive. — Cette toxicité n'est pas la même pour toutes les portions de l'urine des vingt-quatre heures ; les urines du sommeil sont moins toxiques que celles de la veille.

Dans diverses maladies, la cirrhose atrophique et le cancer du foie, etc., la toxicité des urines augmente.

On ne peut attribuer la toxicité des urines à l'urée, qui, injectée dans les veines, se montre extrêmement peu toxique. Elle dépend de plusieurs substances, en partie des sels de potasse [1] (V. Feltz et E. Ritter [2]), en partie des matières colorantes [3] (A. Mairet et F.-J. Bosc [4]), en partie de composés azotés encore indéterminés (de nature alcaloïdique [Ch. Bouchard, 1883], peut-être des leucomaïnes de A. Gautier).

De plusieurs litres d'urine humaine on a extrait un substance (soluble dans l'alcool) qui augmente la pression artérielle et une autre substance (précipitée par l'alcool) qui a la propriété inverse (*urohypertensine* et *urohypotensine* de J.-E. Abelous et E. Bardier, 1908-1909, d'après leurs expériences sur le chien).

1. Les urines du lapin, très riches en sels de potassium, sont plus toxiques que les urines de l'homme. On a calculé que la toxicité de ces urines doit être rapportée à la potasse pour 75 à 80 p. 100, tandis que celle des urines humaines ne serait attribuable à ces mêmes sels que pour 45 p. 100. Ces sels provoquent les convulsions et l'arrêt du cœur, mais ne déterminent ni myosis, ni diurèse, ni hypothermie.

2. V. Feltz (1836-1893), médecin français, fut professeur d'anatomie et de physiologie pathologique à la Faculté de médecine de Nancy. — E. Ritter (1837-1884), chimiste français, fut professeur de chimie à la Faculté de médecine de Nancy. — Feltz et Ritter ont publié en commun un ouvrage important sur l'*urémie expérimentale* (Paris, 1881).

3. La toxicité des urines, après décoloration, diminue du tiers environ. Il est vrai que le charbon retient aussi presque tous les corps alcaloïdiques.

4. Médecins français contemporains, professeurs à la Faculté de médecine de Montpellier.

b. Effets de la suppression de la sécrétion urinaire. — La suppression de la sécrétion urinaire, qu'elle soit le résultat de la néphrectomie double ou de la ligature des deux uretères, ou, chez l'homme, d'altérations graves des reins (dégénérescence graisseuse ou amyloïde, néphrite interstitielle), amène rapidement la mort. Les animaux succombent aux accidents de l'urémie.

L'extirpation totale des reins est rapidement mortelle (expériences de Prevost et Dumas sur le chien, 1823, répétées bien souvent soit sur le chien, soit sur d'autres animaux). En général, les chiens meurent en deux, trois ou quatre jours, les lapins et les cobayes en un ou deux jours. — La succession des accidents est à peu près la suivante : hébétude et somnolence survenant progressivement, perte de connaissance et coma, dyspnée, de temps en temps contractions musculaires, plus ou moins généralisées et même convulsions cloniques, arrêt de la respiration. On observe parfois de l'agitation et du délire, la respiration de Cheyne-Stokes, de la cécité passagère, un affaiblissement de l'ouïe, des vomissements et de la diarrhée.
La ligature des deux uretères donne lieu aux mêmes accidents.

Entre ces troubles et ceux que causent les injections intra-veineuses d'urine, il n'y a pas identité, il n'y a qu'une ressemblance. En fait, on ne produit pas le syndrome urémique par injection des différents corps toxiques que contient l'urine. Remarquons cependant que L. Landois dit avoir déterminé tous les symptômes de l'urémie par application locale sur le cerveau de quelques-uns des sels de l'urine, phosphate acide de potassium, urates, et de créatinine et de créatine. Remarquons aussi que, suivant une réflexion judicieuse de Ch. Bouchard, l'urémie est « une intoxication, non par l'urine, mais par ce qui devrait devenir de l'urine ».

La néphrectomie unilatérale est bien supportée. Le rein laissé en place suffit à la sécrétion urinaire ; il n'y a pas accumulation dans le sang de matières excrémentitielles, grâce à la suractivité de l'organe restant ; au bout de quelque temps cette suractivité amène une hypertrophie de cet organe, dite à bon droit *compensatrice*. — Les mêmes constatations ont été faites après l'extirpation d'un rein et d'une partie de l'autre ; on peut enlever les deux tiers de l'appareil total sans que la mort s'ensuive ; l'extirpation des trois quarts est mortelle (expériences sur des chiens).

2. — Les reins, glandes à sécrétion interne.

Les reins, outre leur fonction d'excrétion, rempliraient encore une autre fonction, très différente ; ils céderaient au sang une ou plusieurs substances douées d'une action sur l'organisme et, pour cette raison, devraient être considérés comme des glandes à sécrétion interne.

La question a été posée par Brown-Séquard (1892). On a vu plus haut
que l'urémie ne s'explique pas aisément par la suppression seule de la
sécrétion urinaire. D'ailleurs Brown-Séquard a rapporté des faits d'anurie
sans urémie. D'autre part, chez les animaux néphrectomisés, un extrait
aqueux de rein retarderait la mort (Brown-Séquard); chez ces animaux
aussi, à la phase où ils présentent une respiration périodique, le même
extrait rétablirait le rythme normal de la respiration (Ed. Meyer [1], 1893).
— Il est vrai que d'autres expérimentateurs n'ont pas pu vérifier ces faits [2].

Quoi qu'il en soit, voilà comment l'opinion a été soutenue que
l'urémie n'est pas due seulement à la rétention des substances
toxiques que le rein, extirpé ou devenu imperméable, n'élimine
plus, mais aussi à la perte d'une « sécrétion interne » spéciale.

Propriétés physiologiques de l'extrait de rein. — L'extrait
aqueux de rein, injecté dans les veines d'un animal, provoque une
élévation considérable de la pression artérielle, même quand la
moelle a été préalablement détruite (R. Tigerstedt, 1897). — Il n'a
pas été prouvé que la substance qui produit cet effet se trouve dans
le sang des veines rénales.

II. — LES SÉCRÉTIONS CUTANÉES.

Les glandes de la peau, glandes sudoripares et glandes sébacées,
excrètent différentes substances. Mais elles ne sont point comparables
aux reins comme organes d'excrétion, car leurs sécrétions constituent
beaucoup moins des liquides excrémentitiels que des liquides doués
d'un rôle physique important. L'élimination de l'eau par les glandes
sudoripares n'est cependant pas négligeable. Quant à la sécrétion
sébacée, elle n'est aucunement une excrétion. Nous en ferons toutefois l'étude ici, pour ne pas être obligé de scinder les fonctions
sécrétoires de la peau.

1. — Sécrétion de la sueur.

Les glandes sudoripares sont très nombreuses ; il n'y en aurait pas

1. Physiologiste français contemporain, professeur à la Faculté de médecine
de Nancy.
2. De ces faits on a proposé une autre interprétation ; le rein ne serait pas une véritable glande à sécrétion interne, mais une glande à fonction antitoxique, comme
le foie ; cette fonction s'exercerait principalement sur le sang des urémiques.
Ainsi le sérum de ce sang ralentit la sécrétion urinaire d'un animal normal ;
mais l'injection simultanée d'un extrait de rein met obstacle à cette action et
provoque au contraire la diurèse (Voy. A. Ph Susen, *Journ. de physiol. et de pathol.
générale*, 1905, t. VII, p. 935-948).

moins de deux à trois millions répandues à la surface du corps[1] ; elles y sont irrégulièrement disséminées, s'accumulant surtout vers les plis de la peau ; à la région de l'aisselle, par exemple, elles forment comme une couche rougeâtre continue ; dans le conduit auditif externe elles constituent un anneau de glandes grosses et serrées (*glandes cérumineuses*).

Le tube qui constitue ces glandes a le diamètre à peu près d'un très fin cheveu. En moyenne, la longueur totale d'un de ces tubes est de 2 millimètres, ce qui donne pour l'ensemble de tous les tubes sudoripares supposés mis bout à bout une longueur totale de 4 kilomètres. On a évalué ainsi que la masse totale de l'appareil sudoripare équivaut à un demi-rein ou au quart de la masse de l'appareil rénal. Ces nombres ne sont pas inutiles, car ils font concevoir l'importance relative de ces deux organes sécréteurs.

1° *Mécanisme de la sécrétion sudorale.*

Les phénomènes chimiques de la sécrétion n'étant pas connus, toute une partie essentielle du mécanisme nous échappe.

A. Phénomènes histologiques. — La sécrétion des glandes sudoripares a été considérée comme un type de sécrétion mérocrine (voy. **p. 597**).

Les cellules du glomérule sudoripare sont hautes, avec un noyau à la base, tandis que la partie du protoplasma voisine de l'extrémité libre, c'est-à-dire de la lumière du canal, est remplie d'un liquide transparent. Après une abondante sudation, on trouve ces cellules très basses et leur protoplasma granuleux, parce qu'il s'est vidé du liquide qu'il contenait.

B. Phénomènes circulatoires. — En général, quand la circulation cutanée est active, la sudation s'établit ; c'est ce qui arrive lorsque la température de la peau s'élève, dans le cas d'exercice musculaire. A la vérité, cette relation entre les deux phénomènes n'est pas nécessaire, comme le prouvent les faits suivants :

1° Vingt minutes environ après la ligature de l'aorte abdominale, les filets sécréteurs contenus dans le nerf sciatique conservent encore leur excitabilité ; — 2° même constatation sur une patte amputée depuis quelques minutes ; — 3° ajoutons à cela les observations bien connues et très anciennes de production de sueur malgré un resserrement vasculaire concomitant, sous l'influence de diverses émotions (*sueurs froides*).

1. Sur les parties recouvertes par un épiderme mince, Sappey a compté près de cent vingt orifices de glandes sudoripares par centimètre carré ; aux régions plantaires et palmaires (épiderme épais), elles sont encore plus nombreuses (près de 300 par centimètre carré).

Mais cette indépendance entre la sécrétion et la circulation, ainsi d'ailleurs que nous l'avons vu déjà pour la sécrétion salivaire (voy. p. 175), n'est pas absolue.

Il est très vrai que, un assez long temps après la compression de la ligature de l'aorte abdominale, l'excitation des nerfs sciatiques agit sur les glandes sudoripares de la patte (expériences sur le chat), mais l'excitabilité de ces nerfs disparaît ensuite ; or, si à ce moment on rétablit la circulation, très vite les glandes récupèrent leur activité. D'autre part, dans un membre dont la circulation est suspendue ou seulement réduite, la sécrétion provoquée par excitation des nerfs sudoraux est beaucoup plus lente à se produire que dans un membre convenablement irrigué par le sang.

L'explication de ces rapports entre la sécrétion et la circulation est très simple ; elle a été présentée p. 176.

C. Innervation des glandes sudoripares. — La sécrétion de la sueur est sous la dépendance du système nerveux.

Expériences fondamentales : 1° A la suite de l'excitation du bout périphérique du nerf sciatique, on voit apparaître quelques gouttelettes de sueur sur la pulpe digitale du membre postérieur (expérience de F. Goltz, 1875, sur le jeune chat dont la pulpe est dépourvue de pigment ; l'expérience est moins nette sur le jeune chien, dont la pulpe digitale est souvent plus ou moins pigmentée, mais elle réussit aussi) ; — 2° même effet sur le membre antérieur par l'excitation du nerf médian surtout et du nerf cubital ; — 3° par l'excitation du bout céphalique du sympathique cervical on provoque la sudation de la face (expérience de Luchsinger[1] sur le cheval chloroformé ou chloralisé, 1880) ; les fibres sécrétoires sympathiques se rendent aux glandes de la face par la voie du trijumeau ; on les retrouve en effet dans le nerf sous-orbitaire, dont l'excitation produit le même effet que celle du sympathique cervical ; — 4° on sectionne sur un jeune chat un des nerfs sciatiques, puis on injecte sous la peau une solution de pilocarpine ; au bout de quelques minutes, une sudation abondante apparaît sur la pulpe des quatre pattes indistinctement ; le membre énervé se comporte donc comme ceux qui ont conservé leurs connexions avec la moelle épinière, ce qui prouve que l'action de la pilocarpine s'exerce à la périphérie, soit sur les filets terminaux des nerfs sudoraux, soit sur les éléments glandulaires eux-mêmes ; mais si on répète l'expérience sur un chat dont le sciatique est sectionné depuis cinq ou six jours, on constate que la patte énervée ne sue pas ; et on peut s'assurer que les effets excito-sudoraux de la pilocarpine diminuent progressivement à partir du lendemain du jour de la section ; comme les cellules glandulaires ne sont nullement altérées, les éléments anatomiques conservant leurs propriétés physiologiques pendant un long temps après

---

1. B. Luchsinger (1849-1886), physiologiste suisse, fut professeur à l'Université de Berne ; c'est à ses travaux que nous devons une grande partie de nos connaissances sur l'innervation des glandes sudorales.

que leurs filets nerveux ont été coupés, tandis que ces filets nerveux dégénèrent et perdent très rapidement leur excitabilité, c'est donc bien sur les nerfs glandulaires que la pilocarpine 'agit ; — 5° une injection préalable d'atropine supprime l'action du sciatique et des autres nerfs sudoraux ; cette substance paralyse donc ces nerfs comme les autres nerfs excito-sécréteurs.

Quelle est la provenance de ces filets sudoraux que l'on trouve dans les nerfs mixtes, tels que sciatiques et nerfs brachiaux ?

On a vu plus haut que les filets pour la face proviennent du sympathique cervical ; ils sortent de la moelle par les racines antérieures dorsales, de la deuxième à la quatrième. De même la chaîne sympathique contient la majeure partie des filets du membre supérieur et du membre inférieur. Ainsi l'excitation du bout inférieur du sympathique abdominal détermine la sudation de la pulpe digitale du membre postérieur, exactement comme l'excitation du sciatique (expérience du physiologiste russe A. Ostroumov, 1876).

On a montré que les fibres sudorales naissent, pour le membre antérieur, de la région de la moelle située entre les première et cinquième paires dorsales et, pour le membre postérieur, de la région comprise entre la dixième paire dorsale et la quatrième paire lombaire, et s'engagent dans les rameaux communicants correspondants. Cependant il résulte des expériences de Vulpian (1878) que les racines mêmes des membres contiennent aussi des filets sudoraux. On peut donc dire « qu'on *trouve ces filets dans toutes les racines médullaires*, car chez l'homme et les animaux qui suent de toute la surface du corps il est bien évident que les premières cervicales et les racines de la région dorsale moyenne en contiennent aussi [1] ».

Nerfs fréno-sudoraux. — L'existence de nerfs modérateurs de la sécrétion sudorale a été supposée à la suite de plusieurs expériences dont nous ne citons que les principales.

1° L'excitation simultanée du bout périphérique du sympathique abdominal et du sciatique du même côté produit une sudation moins abondante que l'excitation du sciatique seul ; — 2° l'excitation du bout périphérique du sciatique arrête la sécrétion provoquée par une injection sous-cutanée de pilocarpine ; — 3° après la section du sympathique cervical, chez l'âne, une injection de pilocarpine donne lieu à une sudation plus abondante à la base de l'oreille, du côté du nerf coupé que de l'autre côté, ce qui s'expliquerait par la suppression de filets nerveux exerçant normalement une influence modératrice sur les glandes sudoripares.

A l'hypothèse des nerfs fréno-sudoraux, on a objecté que le résultat de l'expérience n° 2 peut tenir à ce que l'excitation du sciatique détermine un resserrement vasculaire suffisant pour diminuer et même arrêter la sécrétion des glandes sudoripares ; à quoi il est aisé de répondre par les faits desquels il ressort que l'arrêt de la circulation ne modifie la sécrétion sudorale qu'après un assez long temps, une quinzaine de minutes (voy. p. 780). On a dit aussi que la sécrétion plus abondante dans l'expé-

1. François-Franck, *Sueur*, in *Diction. encycl. des sc. médicales*, 1882, 3ᵉ série, t. XIII, p. 142.

rience n° 3 pourrait être la conséquence de la vaso-dilatation cutanée
résultant de la section des vaso-constricteurs; mais, loin qu'il soit prouvé
que les phénomènes de vaso-dilatation s'accompagnent nécessairement
de sudation, bien des observations sont contraires à cette conception.

Ainsi se présente la théorie des influences nerveuses modératrices
de la sécrétion sudorale, posée par VULPIAN (1878), reprise, développée
et plus fortement démontrée par le physiologiste américain ISAAC
OTT (1879). Existe-t-il pour ces influences des conducteurs spéciaux,
anatomiquement distincts? C'est une question que nous avons examinée au point de vue général p. 602.

D. Centres sudoraux. — Toute la région médullaire d'où les
nerfs excito-sudoraux tirent leur origine (voy. plus haut) peut être
considérée comme un centre sudoral.

En effet, si on sectionne la moelle à la hauteur de la neuvième vertèbre
dorsale, les excitations, qui normalement provoquent la sudation des
pattes postérieures en agissant sur les centres nerveux, telles que l'asphyxie
ou l'élévation de la température du sang, continuent à se montrer
efficaces. Il en est de même pour les membres antérieurs, si la section est
faite au-dessous de la première vertèbre dorsale.

A côté de ces centres médullaires, beaucoup de physiologistes
admettent l'existence d'un centre sudoral bulbaire qui commanderait
aux actions sécrétoires généralisées.

2° *Causes de la sécrétion sudorale.*

Ces causes sont de deux ordres, réflexes et directes.

1. Comme les sécrétions salivaire et gastrique, la sécrétion sudorale
se fait sous des influences réflexes.

Les plus importantes de ces influences, quasi spécifiques en raison
de la sûreté de leur effet, sont les irritations des nerfs sensibles de
la peau par la chaleur. Mais il en est d'autres de même nature, telles
que les excitations des nerfs gustatifs (on a observé chez l'homme des
sueurs de la face par l'action d'une substance fortement sapide),
celles des terminaisons gastriques du sympathique (observations sur
l'homme [d'ailleurs l'excitation du bout central du splanchnique chez
le chat produit la sudation des quatre pattes]), etc.

2. La sécrétion sudorale a aussi des causes directes. Le principal
excitant est l'excitant thermique, qui agit sur les centres sudoraux.

C'est à la suite de l'élévation de la température du sang que se produit
la réaction sécrétoire, comme le montrent les expériences de LUCHSIN-
GER (1877) : 1° si on place dans une étuve chauffée un chat sur lequel on
a sectionné un nerf sciatique, la sudation se produit sur tous les membres,

sauf sur celui dont le nerf a été coupé ; — 2° si on place dans une étuve chauffée un chat dont la moelle, quelques heures auparavant, a été coupée au niveau de la huitième vertèbre dorsale et sur lequel, de plus, les racines postérieures de la moelle ont été coupées dans la région lombo-sacrée jusqu'au niveau de la section médullaire, on voit que la sudation ne s'en établit pas moins sur les membres postérieurs.

L'action excito-sudorale du sang asphyxique s'exerce semblablement sur les centres médullaires.

Diverses substances, la pilocarpine, la nicotine, la physostigmine ou ésérine, excitent directement les terminaisons périphériques des nerfs glandulaires. — En application à la surface du corps, quelques acides organiques, l'acide citrique, mais surtout l'acide tartrique, provoquent, au point d'application, la sécrétion de la sueur.

3° *L'excrétion de la sueur.*

La sueur, sécrétée par le peloton sudoripare, suit le canal excréteur et arrive jusqu'au niveau de l'épiderme, dont elle traverse les différentes couches par le canal sans parois propres creusé au milieu d'elles. Les anciens physiologistes croyaient que la couche cornée pulvérulente, furfuracée, poreuse, en absorbe une grande quantité dans ses interstices et c'est à cette imbibition qu'ils donnaient le nom de *perspiration insensible*. Mais la perspiration cutanée est identique à la sudation ; la preuve en résulte des *empreintes* obtenues par le

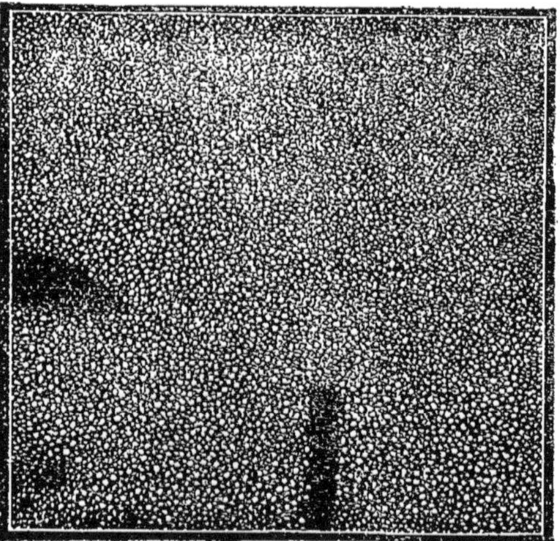

Fig. 172. — Empreinte sudorale, obtenue sur le dos de la main, sans qu'il y ait de sudation apparente (d'après P. Aubert).

médecin lyonnais P. Aubert (1874) : on applique à la surface de la peau lavée et séchée ensuite un papier imprégné de nitrate d'argent ; comme il suinte constamment par chaque orifice sudoripare une petite quantité de sueur, il se forme, au niveau de chacun de ces orifices, du chlorure d'argent par l'action du chlorure de sodium de la sueur sur le nitrate d'argent; et en exposant le papier à la lumière l'image de ces empreintes apparaît comme un fin pointillé qui représente les embouchures des glandes (fig. 172). C'est cette exhalation continue par les orifices des glandes sudoripares qui produit la *moiteur* de la peau.

La sueur progresse ainsi, les parties antérieurement sécrétées étant poussées sans cesse par le liquide qui continue à se former d'une façon ininterrompue. Cette poussée liquide ou *vis a tergo* est donc la cause de l'excrétion sudorale.

La contraction des cellules myo-épithéliales, situées dans l'assise externe du glomérule glandulaire, contraction qui diminue le calibre du glomérule, doit aider à l'excrétion. De fait, on a pu voir sous le microscope ces cellules se contracter.

4o *Le produit de la sécrétion, la sueur.*

A. Quantité, propriétés et composition de la sueur. — La sueur, recueillie directement de la peau nue dans des étuves spéciales ou dans des manchons de caoutchouc ou de verre disposés autour des membres, ou indirectement sur des flanelles que l'on exprime ensuite[1], est sécrétée en quantité très variable, suivant des conditions diverses, température extérieure, travail musculaire, volume des boissons ingérées, activité rénale, etc.

On évalue en moyenne la sueur de vingt-quatre heures à 600-900 centimètres cubes, soit 30 à 40 centimètres cubes environ de sueur par heure; mais ce volume peut s'élever à 400 centimètres cubes par heure sous l'influence d'un exercice violent. Dans ce cas, la proportion des matières solides s'élève aussi; l'on s'explique par là l'affaiblissement qui résulte de sueurs prolongées. — Les substances solides de la sueur (10 à 20 grammes par litre) représentent à peu près un quart du produit solide de l'urine (60 à 70 grammes). Ce rapport est justement celui même que nous avons indiqué entre les masses totales des deux appareils, sudoripare et rénal (p. 780).

La sueur est un liquide clair, incolore, d'une saveur salée, d'une odeur désagréable (due sans doute à des acides gras), variable d'ailleurs suivant les régions de la peau. Sa densité est de 1003 à 1008; son point de congélation est de — 0°,24. Sa réaction est normalement acide ou neutre; la sueur de l'aisselle est en général alcaline.

Sa composition moyenne est de 98 à 99 p. 100 d'eau, 0,6 à 1 p. 100

---

[1]. Tous ces procédés offrent des causes d'inexactitude.

de matières inorganiques (0,5 p. 100 de chlorure de sodium, traces de sulfates alcalins et de phosphates terreux) et 0,3 à 1 p. 100 de matières organiques (0,1 d'urée, traces d'albumine, d'acides gras volatils et de graisse neutre). — Il y a des sueurs morbides (dans le choléra, par exemple, dans diverses anuries) dans lesquelles l'urée est très abondante. C'est un cas de suppléance de la fonction rénale par les glandes sudoripares.

Toxicité de la sueur. — La sueur est très peu toxique. On a pu en injecter de 60 à 100 centimètres cubes (injection intraveineuse) à des lapins de 2 kilogrammes environ, sans rien produire que des accidents insignifiants. Cependant des doses de 15 centimètres cubes par kilogramme amèneraient la mort, chez le chien, en un à trois jours; les troubles les plus importants seraient l'accélération du cœur, les vomissements, la congestion gastro-intestinale, l'hypoglobulie, etc. — La sueur, sécrétée pendant un travail musculaire pénible, serait plus toxique[1]. La toxicité de la sueur augmenterait aussi dans les cas d'albuminurie et d'éclampsie (d'après des observations du médecin italien A. Noto sur des femmes enceintes, 1903), ce qui prouve que, en cas d'insuffisance rénale, des substances nocives peuvent s'éliminer par la peau et que celle-ci joue alors un rôle défensif.

B. Rôle de la sueur. — La sueur, en tant que liquide d'excrétion, joue un rôle peu important; elle est seulement une des voies d'élimination de l'eau. Ce n'est que dans des cas pathologiques, nous l'avons indiqué tout à l'heure, qu'elle contient des substances qui s'éliminent normalement avec les urines.

Le véritable rôle de la sueur est un rôle physique qui tient à l'effet de l'évaporation de l'eau à la surface du corps. Pour passer de l'état liquide (à 37°) à l'état gazeux, 1 kilogramme d'eau absorbe 582 caloriès; un animal, qui évapore un litre d'eau, se refroidit donc de 582 calories. Comme un homme adulte produit environ 100 calories par heure (2400 en vingt-quatre heures), l'évaporation de 1 litre peut compenser toute la chaleur produite durant six heures. De cette évaporation résulte donc une réfrigération souvent intense. Aussi la sudation joue-t-elle un rôle prépondérant dans la régulation de la chaleur animale[2]. C'est un point que nous retrouverons en traitant de cette dernière question.

La sécrétion sudorale (perspiration cutanée) a enfin pour rôle de

---

1. La connaissance de ces faits sur la toxicité de la sueur est due à S. Arloing (*Soc. de Biologie*, 26 décembre 1896, p. 1107 et 29 mai 1897, p. 533).

2. Lavoisier (*Œuvres*, t. II, p. 700) écrivait en 1789 : « La machine animale est gouvernée par trois facteurs principaux : la respiration qui consomme de l'hydrogène et du carbone et qui fournit du calorique ; *la transpiration qui augmente ou qui diminue, suivant qu'il est nécessaire d'emporter plus ou moins de calorique*, enfin la digestion qui rend au sang ce qu'il perd par la respiration et la transpiration. »

favoriser l'exercice de la sensibilité cutanée. Elle contribue à
maintenir la souplesse de l'épiderme, et c'est là une qualité de la peau
grâce à laquelle les moindres contacts extérieurs sont transmis
exactement aux organes nerveux qui se trouvent disséminés dans
cette membrane sensible. Aussi voit-on un très grand nombre de
glandes sudoripares dans les parties les plus sensibles, telles que la
paume de la main et la plante des pieds.

2. — Sécrétion sébacée.

Les glandes sébacées se trouvent sur presque tout le tégument;
elle sont particulièrement nombreuses en divers points de la face, le
front et le nez; elles sont en général annexées aux poils; mais, en
quelques régions où il n'y a pas de poils, elles peuvent se trouver
isolées, comme sur le gland et la face interne du prépuce, sur le
mamelon, à l'entrée du vagin; quelques points du tégument, comme
la paume de la main, n'offrent ni poils ni glandes sébacées (mais
seulement des glandes sudoripares).

Ces glandes sont des glandes en grappes du type le plus simple.
Les cellules de l'acinus s'infiltrent de graisse, les granulations graisseuses augmentent peu à peu de volume, les cellules s'hypertrophient
et finalement se dissocient et laissent échapper leur contenu, espèce
d'émulsion de matières grasses et albumineuses, qui remplit la cavité
de la glande et est expulsée au dehors.

Quelques expériences montrent que cette sécrétion serait sous la
dépendance du système nerveux sympathique. L'excitation du
cordon cervical du sympathique produit la sécrétion des glandes
sébacées de la conque de l'oreille, sur l'âne (S. ARLOING, 1891). —
Le même physiologiste a vu que la section de ce nerf est suivie
d'une abondante sécrétion sébacée; d'où il a conclu que le sympathique cervical contient aussi des fibres fréno-sécrétoires.

Le produit de la sécrétion. — Il est très difficile d'en évaluer
la quantité. Sur un homme de taille moyenne on aurait pu en recueillir environ 100 grammes en huit jours.

Le *sébum* présente à l'examen microscopique un grand nombre de
gouttes huileuses et des cellules épithéliales. Il est formé de deux
tiers d'eau et le reste se compose de matières grasses (oléine, palmitine, oléates et palmitates alcalins), d'une matière albuminoïde analogue à la caséine, d'un peu de cholestérine et de quelques sels (les
mêmes à peu près que ceux que l'on trouve dans la sueur).

Le *cérumen* est le mélange de la sécrétion des glandes sébacées et des
glandes sudoripares du conduit auditif externe. — Le *smegma* est le pro-

duit les **glandes sébacées** du gland et du prépuce. — Souvent les cellules des glandes sébacées n'atteignent pas régulièrement leur maturité ; leur fonte se fait mal : la matière sébacée n'arrive pas à l'état de graisse semi-liquide ; elle ne s'écoule **plus** que difficilement au dehors et son accumulation, dans le cæcum glandulaire qu'elle dilate, produit les *kystes sébacés*. On trouve dans ces cavités de grandes quantités de substances grasses et une très forte proportion de cholestérine.

Au point de vue du rôle physiologique de la sécrétion, les matières grasses sont les constituants les plus importants du sébum. C'est grâce à elles en effet que celui-ci, huilant en quelque sorte toute la surface de l'épiderme, le rend imperméable à l'eau ; ainsi, les glandes de Meibomius, glandes sébacées très allongées, placées dans l'épaisseur des paupières, ont pour usage de graisser le bord libre de ces voiles et d'empêcher par là le produit de la glande lacrymale de se répandre sur les joues à l'état normal ; à la paume des mains et à la plante des pieds, où il n'y a pas de glandes sébacées, le séjour prolongé dans un bain a pour effet d'imbiber et de gonfler la surface de la peau. Le sébum empêche aussi la peau de devenir trop sèche et enfin conserve aux poils toute leur souplesse ; par cela même la sensibilité des poils se maintient excellemment. Tout ceci montre que la matière sébacée, étalée à la surface de l'épiderme, constitue **pour la peau et** ses phanères une véritable protection.

CHAPITRE VIII

CHALEUR ANIMALE

Ce chapitre forme en quelque sorte la transition entre les deux
grandes divisions de la physiologie que nous avons adoptées (voy.
p. 130). Nous avons en effet réparti (voy. p. 108) les phénomènes qui
se passent dans les êtres vivants en deux classes, les échanges ou
transformations de matières et les transformations d'énergie. La
production de chaleur est une de ces dernières (voy. p. 121 et 127).
Mais cette production de chaleur est due à des réactions chimiques
exothermiques, à l'ensemble des processus chimiques et particulièrement aux oxydations qui se développent dans tous les organes, et
surtout dans les glandes et dans les muscles; elle est donc liée de
la façon la plus étroite aux échanges de matières. Et c'est pour cela
que son étude vient naturellement à la suite de celle qui a été faite
de ces échanges.

Tous les êtres vivants possèdent une chaleur propre, c'est-à-dire plus
ou moins indépendante de la température du milieu extérieur. Ceci
constaté au moyen du *thermomètre*, on est amené à essayer de mesurer
la quantité de chaleur produite ; on a vu, par exemple, qu'un animal,
dans un milieu dont la température est plus basse que la sienne
propre, ne se refroidit pourtant pas; sa température reste à peu près
invariable; c'est donc qu'il produit de la chaleur. On mesure celle-ci
au moyen de *calorimètres*. Mais cette production de chaleur est soumise
à un mécanisme régulateur, puisque beaucoup d'animaux, vivant
dans un milieu à température incessamment variable, gardent une
température à peu près constante. Nous aurons conséquemment à
étudier, après la production de la chaleur, la régulation de la chaleur.

I. — PRODUCTION DE CHALEUR.

Au point de vue thermogénétique, les animaux se divisent naturellement en deux grandes classes, celle des animaux à température
constante ou *homéothermes* et celle des animaux à température
variable ou *poikilothermes*[1]. Ceux-ci (Vertébrés inférieurs, Poissons,

---

1. Les expressions souvent usitées d'*animaux à sang chaud* et *animaux à sang
froid* sont défectueuses, puisqu'il n'y a pas d'animaux privés de chaleur.

Batraciens, Reptiles et tous les Invertébrés), chez lesquels les réactions chimiques sont peu intenses, sont à peu près obligés de subir la température du milieu extérieur; aussi leur température varie-t-elle sans cesse. Les autres (Mammifères et Oiseaux) sont à même de maintenir leur température indépendante de celle du milieu; dans un milieu froid ils peuvent diminuer la déperdition de leur chaleur et en augmenter la production, dans un milieu chaud ils peuvent en augmenter la déperdition, et ainsi leur température reste constamment à peu près la même.

Cette faculté de résistance au chaud ou au froid a toutefois des limites qui seront déterminées plus loin (voy. pp. 811 et 814).

1. — La température des animaux et de l'homme.

La température se mesure au moyen de *thermomètres*, divisés d'ordinaire en dixièmes de degré; les plus précis sont divisés en vingtièmes et même en cinquantièmes de degré.

L'instrument doit être enfoncé dans une cavité naturelle, bouche [1], rectum ou vagin. Chez l'homme on prend communément la température rectale, que l'on appelle quelquefois à tort température *centrale*. La température sous l'aisselle, qui est loin de former une cavité close, est moins exacte. On peut aussi prendre la température de l'urine, qui sort de la vessie à la température même du corps. — La température réellement *interne* ou *centrale* est celle du sang du cœur ou celle des viscères abdominaux, protégés contre toute déperdition de chaleur. Ainsi la température dans le duodénum a été trouvée (chez le lapin) supérieure de 0°,7 à celle du rectum, et la température au voisinage du foie (chez le chien) plus élevée que celle du rectum de plus de 1°.

Chez l'homme, la température rectale est supérieure à la température buccale, suivant les moments de la journée, de 0°,4 à 0°,7 et à la température axillaire de 0°,5 à 0°,9; et la température buccale est supérieure à l'axillaire de 0°,3 en moyenne. C'est donc cette dernière qui est la moins centrale de toutes les températures que l'on prend sur l'homme.

1° *Topographie thermique.*

Comme on le voit déjà par ce qui précède, la température diffère suivant le point de l'organisme où est appliqué le thermomètre. Il faut distinguer les températures superficielles, les températures dans les orifices naturels, les températures profondes et enfin celles du sang.

La température périphérique se prend en général dans la paume de la main ; elle est de 32° à 34°. A 30° on a une sensation de froid.

---

1. La température buccale est moins sûre que celle du rectum ; la rapidité du courant d'air inspiré, l'abondance de la salivation peuvent refroidir plus ou moins le thermomètre.

Les températures superficielles varient beaucoup avec la temperature extérieure. — La température axillaire participe à la fois des températures périphériques et des températures des orifices naturels, se rapprochant plutôt de ces dernières.

De celles-ci nous avons parlé tout à l'heure et nous allons reparler, puisque presque toutes les données thermomètriques, utilisées dans les pages suivantes, sont relatives à des températures rectales.

Les températures profondes ont été, en général, prises sur des animaux, immédiatement après la mort, les thermomètres étant enfoncés dans divers organes. On a indiqué plus haut quelques chiffres intéressants recueillis sur des animaux vivants. — Chez l'homme, dans plusieurs cas de perte de substance osseuse crânienne, on a pu enfoncer dans le cerveau des thermomètres très sensibles, gradués en cinquantièmes de degré (observations de A. Mosso, 1894); la température du cerveau au repos est, en général, inférieure à celle du rectum de quelques dixièmes. Le cerveau n'est donc pas, à proprement parler, un organe profond.

La température du sang a été explorée dans tout l'arbre artério-veineux (Claude Bernard).

Pour cette recherche on emploie des aiguilles thermo-électriques placées dans une bougie de gomme élastique. L'artère et la veine crurales étant découvertes sur un chien, dans la région inguinale, on introduit dans chaque vaisseau une bougie munie de l'aiguille thermo-électrique. A quelque profondeur que l'on pousse la sonde artérielle, on trouve que la température est constante dans ce vaisseau, aussi bien que dans l'iliaque, dans l'aorte abdominale, dans la thoracique, jusqu'au ventricule gauche. Au contraire, quand on enfonce la sonde veineuse, on voit la température s'élever peu à peu, à mesure que l'extrémité de la sonde arrive dans les parties de la veine cave les plus rapprochées du diaphragme, et c'est au niveau du diaphragme que l'on constate la température la plus élevée. Or, en ce point, les veines sus-hépatiques viennent se jeter dans la veine cave inférieure. La température du sang du foie surpasse de 1°,5 celle du sang aortique, au même niveau. C'est là le point le plus chaud du corps. Ce sang plus chaud arrive tout de suite au cœur droit et pour cette raison le sang du cœur droit a toujours été trouvé plus chaud (de 0°,2 environ) que celui du cœur gauche.

2° *Température des animaux homéothermes.*

La température de ces animaux oscille entre 35°,6 et 43°. On peut dire d'après d'innombrables mesures, que la température *moyenne*[1] de l'homme est de 37°.5, celle des autres Mammifères, à peu d'excep-

---

1. Si on prend ce chiffre comme moyenne de la température rectale, on peut admettre pour l'axillaire le chiffre de 37°.

tions près, de 39° et celle des Oiseaux de 42°. Mais ces moyennes ne donnent pas la connaissance exacte de la température normale, car cette température subit, au cours de la journée, des oscillations assez amples. C'est chez l'homme que ces variations physiologiques ont été le mieux étudiées. La connaissance en est très importante pour le médecin.

En premier lieu la température présente un maximum vers cinq heures du soir et un minimum vers quatre ou cinq heures du matin (voy. fig. 173).

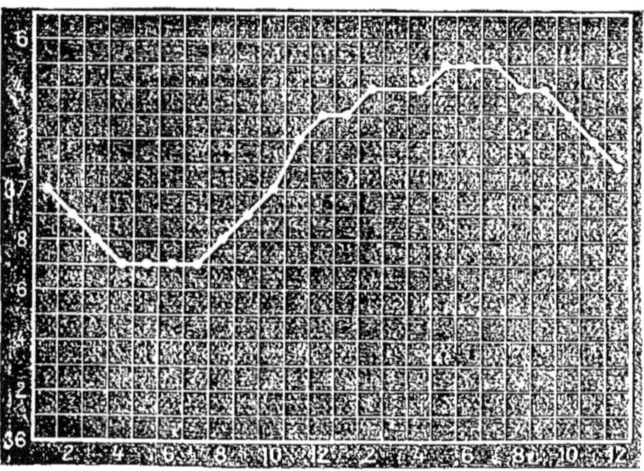

Fig. 173. — Courbe quotidien e de la température reciale chez l'homme
(d'après Th. Jürgensen [1]).

Sur la ligne des abscisses sont indiquées les heures à partir de 1 heure du matin, sur les ordonnées les températures. Les points indiquent les températures prises.
Maximum : 37°,5 à 5, 6 et 7 heures du soir.
Minimum : 36°,7 à 4, 5 et 6 heures du matin.
Écart maximum entre les deux températures : 0°,8.

Cet écart est environ de 1°. On l'a trouvé plus grand encore en ayant soin de prendre la température à la fin de la nuit, vers trois heures du matin ; c'est, par exemple, ce qu'a constaté E. Gley sur lui-même (1884) (avec un thermomètre gradué en vingt-cinquièmes de degré), relevant des minima de 36°, 35°,8, et même 35°,65, tandis que dans l'après-midi les maxima étaient 37°,2, 37°,3, 37°,4. Si donc on tient le compte qu'il faut des températures nocturnes, on voit que les variations quotidiennes de la température sont plus importantes qu'on ne le dit d'habitude.

Le rythme de cette oscillation quotidienne est très constant, quelles que soient les températures extérieures. les latitudes, l'alimentation, etc. Il dépend de l'activité musculaire et nerveuse. Dans le milieu de la journée toutes les activités sont portées à leur maximum, et c'est alors que la production de chaleur atteint aussi son maximum. Aussi a-t-on

1. Médecin allemand contemporain, professeur à l'Université de Tübingen

constaté une remarquable concordance entre les oscillations thermiques et celle de l'élimination de l'acide carbonique, cette élimination étant considérée comme l'expression au moins approximative de la grandeur des échanges de matières.

Ce qui le prouve encore, c'est l'inversion que l'on remarque souvent

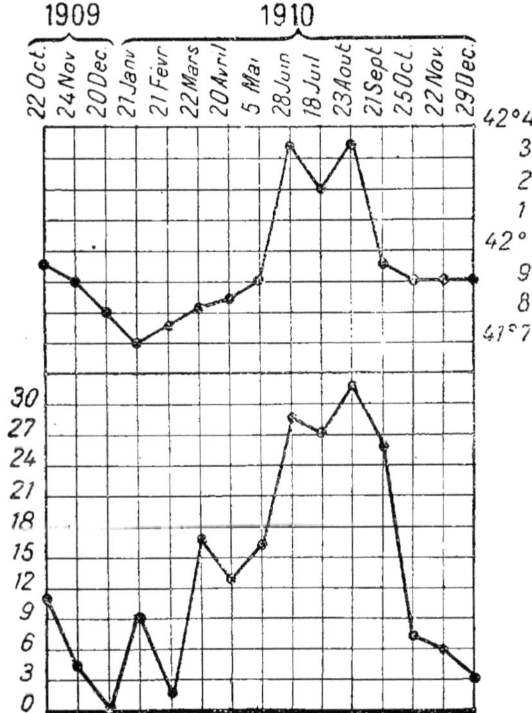

Fig. 174. — Relation saisonnière entre la température du corps et la température extérieure (d'après une courbe de Sutherland Simpson (1912). Ces recherches ont porté sur 114 poules).

Courbe supérieure : moyenne de la température de 25 poules de deux ans. Courbe inférieure : température de l'air.

dans cette courbe nycthémérale chez les ouvriers qui travaillent régulièrement la nuit, boulangers, mineurs, veilleuses d'hôpital, etc. Chez ces ouvriers, les maxima et les minima de la température sont intervertis, comme sont intervertis les périodes d'activité et de repos des vingt-quatre heures. — Il est curieux de noter que la même inversion de la courbe thermique a été relevée chez les Oiseaux nocturnes (observations faites sur des hiboux, chez lesquels le maximum se produisait vers minuit et le minimum vers midi ou un peu plus tard). La périodicité de cette courbe est donc bien déterminée par la périodicité de l'activité.

Indépendamment des variations de la courbe thermique des vingt-quatre heures, il y a des variations de la température causées par diverses influences.

La *chaleur extérieure* augmente légèrement la température. Ainsi dans les pays chauds elle serait supérieure de 6 à 8 dixièmes de degré à celle que l'on constate dans les pays tempérés. Dans nos pays, elle est un peu plus élevée dans les mois d'été qu'en hiver ; la différence, il est vrai, est minime. Chez les Oiseaux domestiques, elle a été trouvée plus basse en décembre, janvier et février et plus élevée durant les mois de juin, juillet et août (voy. fig. 174).

L'influence du *sexe* serait nulle chez l'Homme et chez les Mammifères (Ch. Richet). Au contraire, chez les Oiseaux, d'après de nombreuses observations de Ch. Martins[1] sur les Canards (1858) et surtout d'après celles de Sutherland Simpson (1913) sur des Oiseaux de mer de plusieurs espèces, la température rectale des mâles est un peu inférieure à celle des femelles.

Avec l'*âge* varie la température. Les nouveau-nés ont une température qui dépasse de 3 dixièmes environ celle de l'utérus; c'est que le fœtus n'est exposé à aucune cause de refroidissement; mais, immédiatement après la naissance, la température s'abaisse très vite; en quelques minutes, elle descend à 36°-35°, ce qui tient non seulement au refroidissement périphérique, mais aussi à ce que le système nerveux n'a pas encore acquis tout son pouvoir de commander aux échanges chimiques (Ch. Richet). Dès le lendemain de la naissance ou même, d'après d'autres recherches, au bout de quelques heures, la température remonte à 37°. — La température des enfants est à peu près la même que celle des adultes. Celle des vieillards serait un peu plus élevée, en raison d'une moindre déperdition de la chaleur par la peau où la circulation est très ralentie.

L'*exercice musculaire* est la cause la plus importante de l'augmentation de température. En moins d'une heure, sous l'influence d'une marche rapide, la température axillaire peut s'élever de 1°. Quand on provoque la contraction du système musculaire général par un courant électrique traversant tout le corps (*tétanos électrique* [Ch. Richet]), chez un chien, très rapidement la température s'élève de plusieurs degrés, jusqu'à 44 et 45°, température mortelle. L'immobilité, au contraire, fait baisser la température; c'est ce qu'il est facile de constater sur les animaux attachés; sur un lapin immobilisé la température rectale s'abaisse aisément de 1° en une dizaine de minutes.

Le *travail intellectuel* augmente légèrement la température, de 0°,1 environ en une heure.

(1) Célèbre naturaliste français (1806-1889).

La température des Mammifères autres que l'homme est supérieure à celle de ce dernier. On le verra sur le tableau suivant (Ch. Richet) :

	Température rectale.
Porc	39,7
Mouton	39,6
Bœuf	39,5 [1]
Lapin	39,5
Cobaye	39,2
Chien	39,2
Renard	39,2
Chat	38,8
Singe	38,3
Cheval	37,7

La température des Oiseaux est encore plus élevée. Voici quelques chiffres qui le montrent :

Canards et autres Palmipèdes lamellirostres	42,2
Gallinacés et Pigeons	42,5

Sur des Oiseaux appartenant à beaucoup d'autres espèces on a trouvé des températures analogues, de 40°,5 à 43°.

On admet que cette température élevée tient à l'activité des combustions respiratoires chez les Oiseaux (voy. p. 553).

3° *Température des animaux poikilothermes.*

Tous les êtres dits à sang froid, Vertébrés inférieurs, Batraciens, Reptiles, Poissons et Invertébrés ont une température qui varie avec celle du milieu extérieur, et pour laquelle on ne peut, par conséquent, donner de moyenne ; cette température cependant dépasse toujours de quelques dixièmes de degré et même, dans quelques conditions, de plusieurs degrés la température du milieu extérieur.

Ce sont les Reptiles qui, parmi les animaux à sang froid, paraissent produire le plus de chaleur ; ils ont communément une température de 1 à 3° au-dessus de la température extérieure, à condition que celle-ci ne soit pas trop élevée. Puis viennent les Batraciens et les Poissons.

Les Insectes aériens ont souvent une température élevée, les combustions respiratoires étant chez eux très actives (voy. p. 553) ; mais ils perdent rapidement la chaleur qu'ils produisent, en raison de leur petite taille et, par conséquent, de la surface de rayonnement qu'ils présentent (voy. p. 553).

En somme, les animaux à température variable, comme ceux à température constante, produisent de la chaleur, mais ils diffèrent de ces derniers en ce qu'ils n'en produisent pas assez pour maintenir leur température au-dessus de celle du milieu extérieur, sauf de

---

1. Ce chiffre serait un peu trop élevé ; d'après des chiffres recueillis par des vétérinaires, la moyenne ne dépasserait pas 39°.

quelques dixièmes de degré, et en ce que leur température propre peut être très basse, voisine de 0, sans que pour cela leur vie cesse (Ch. Richet). En hiver cependant ces animaux s'engourdissent ; ils n'ont toute leur activité que durant la saison chaude.

4° *Température des animaux hibernants et des nouveau-nés.*

Entre les animaux à sang chaud et ceux à sang froid il y a des intermédiaires. Au point de vue de la thermogenèse il existe en effet, parmi les animaux à sang chaud, des êtres qui font exception ; il en est qui peuvent, dans des conditions déterminées, présenter des températures variables : ce sont les Mammifères hibernants et ce sont aussi les nouveau-nés des Mammifères et des Oiseaux.

Les premiers Hérissons, Marmottes, Chauves-souris, etc.) se refroidissent facilement, ce qui amène chez eux un ralentissement de toutes les fonctions, mais sans que la mort s'ensuive.

Quant aux nouveau-nés, il ne peuvent produire assez de chaleur pour résister à des causes de refroidissement même médiocres. Ainsi la température de petits lapins nouveau-nés, séparés de leur mère, baisse en une heure de plus de 15° ; celle de jeunes oiseaux, retirés de leur nid, baisse dans le même laps de temps de plus de 20°. Sans doute les nouveau-nés, en raison de la petitesse de leur volume et de la nudité de leur tégument, perdent beaucoup de chaleur ; mais ces causes ne suffisent pas à expliquer la facilité avec laquelle ils se refroidissent, puisque des animaux très petits, comme beaucoup d'oiseaux, ont une température de 40° aussi bien en hiver qu'en été et que, d'autre part, il est des animaux à peau nue qui conservent aussi une température élevée (chiens à poil ras, homme nu, etc.). La véritable cause du refroidissement rapide des nouveau-nés doit être cherchée dans le peu de développement de leur système nerveux, encore incapable de régler convenablement les actions dont dépendent la production et le maintien de la chaleur. Aussi importe-t-il de couvrir très chaudement les enfants nouveaunés. D'ailleurs, les nouveau-nés ne résistent pas mieux aux élévations de température, et c'est pour la même raison, parce que leur appareil nerveux thermo-régulateur n'est pas encore suffisamment développé ; ainsi chez des animaux nouveau-nés placés dans une étuve à 47°, la température rectale s'élève en une heure ou une heure et demie à 46°, ce qui amène leur mort.

.·.

Pour résumer tout ce qui précède, on peut, avec Ch. Richet,

classer très simplement les animaux « d'après leurs fonctions thermophysiologiques ». Voici cette intéressante classification :

Animaux qui ont une température invariable.

Mammifères et Oiseaux adultes
{ à 42° environ............... Oiseaux.
à 39° — .... Mammifères.
à 37° — .... Hommes.

Animaux qui ont une température variable.

a. Qui meurent quand leur température est inférieure à 20°............ } Mammifères et Oiseaux nouveau-nés.

b. Qui s'engourdissent quand leur température est inférieure à 20°........ } Hibernants.

c. Qui sont encore actifs quand leur température est inférieure à 20°........ } Reptiles, Batraciens, Poissons, Mollusques, Insectes, etc.

2. — La thermogenèse et ses variations.

Le thermomètre donne la température de la partie du corps dans laquelle on l'introduit ou sur laquelle on l'applique. Pour savoir la quantité de chaleur produite par un animal, il faut recourir à d'autres instruments. Ce sont les *calorimètres*.

1° *Méthodes calorimétriques.*

La calorimétrie est la mesure directe de la quantité de chaleur que produit un animal pendant un temps donné. Elle n'a guère été appliquée qu'aux animaux à sang chaud.

La calorimétrie est soit directe ou physique, soit indirecte ou chimique.

A. Calorimétrie directe. — On peut distinguer (J.-P. LANGLOIS) deux sortes de calorimètres, parmi les appareils employés en physiologie, les calorimètres *totalisateurs* et ceux *à rayonnement*. Les premiers sont les appareils protégés contre la radiation extérieure et qui recueillent toute la chaleur émise par l'animal. Les seconds sont ceux dans lesquels une partie de la chaleur produite par l'animal est transmise à l'appareil et rayonnée au dehors.

a. CALORIMÈTRES TOTALISATEURS — C'est LAVOISIER qui, le premier, détermina la quantité de chaleur dégagée par un animal vivant, dans une expérience à juste titre fameuse, car elle est à la base de toutes nos connaissances sur la chaleur animale et à la base même de la physiologie moderne.

Calorimètre à glace. — LAVOISIER et LAPLACE (1780) mettent un cobaye dans une boîte entourée de glace. Ils recueillent l'eau qui résulte de la

fusion de la glace durant un temps donné; connaissant la chaleur de
fusion de la glace et, par le poids de l'eau recueillie, la quantité de glace
fondue, ils en déduisent la quantité de chaleur cédée par l'animal pour
opérer la fusion de cette glace. — Dans une expérience connéxe LAVOISIER
et LAPLACE évaluent la quantité d'acide carbonique produite par un animal
de même espèce et de poids égal dans le même laps de temps, et consta-
tent qu'il y a une remarquable proportionnalité entre cette quantité et la
quantité de chaleur dégagée d'autre part.

C'est de ces expériences que LAVOISIER, comparant la chaleur émise
par l'animal à celle que produit la combustion directe du carbone
pour former de l'acide carbonique, a tiré la théorie de la combustion
respiratoire, source principale de la chaleur animale. « La conservation de la chaleur animale, écrit-il, est due, au moins en grande
partie, à la chaleur que produit la combinaison de l'air pur (c'est
l'oxygène) respiré par les animaux, avec la base (c'est le carbone)
de l'air fixe que le sang lui fournit. » Et pour voir à quel point ces
recherches et les idées qui en sortirent sont fondamentales en physiologie, que l'on se reporte au passage cité précédemment (p. 786).
Le fond même de la doctrine de LAVOISIER subsiste toujours; on
verra plus loin ce que les recherches ultérieures y ont ajouté.

L'emploi du calorimètre à glace comportait de graves causes d'erreur,
dont la principale est que l'animal, dans un tel appareil, se trouve dans un
milieu à 0°, c'est-à-dire dans des conditions anormales qui modifient sûrement la thermogenèse.

Calorimètres à eau. — La glace peut être remplacée par une masse d'eau
froide ou tiède. La chaleur rayonnée par l'animal échauffe cette masse;
connaissant le poids de l'eau du calorimètre et son échauffement, on peut
calculer la quantité de chaleur émise.

b. CALORIMÈTRES A RAYONNEMENT. — On utilise surtout comme appareils de ce genre des calorimètres à air.

L'animal étant enfermé dans une enceinte à double paroi, la chaleur qu'il
rayonne échauffe l'air contenu entre les deux parois; par conséquent cet
air se dilate. On en mesure la dilatation par un procédé quelconque, manométrique ou volumétrique.

C'est sur ce principe qu'ont été construits les calorimètres de A.
D'ARSONVAL et de CH. RICHET.

De quelque appareil calorimétrique que l'on se serve, la méthode
n'a toute sa valeur que sous des conditions précises. Pour qu'un
calorimètre mesure la quantité de chaleur dégagée par un animal,
il faut qu'il mesure toute la chaleur émise par la surface cutanée de
cet animal. Supposons qu'il en soit ainsi. La chaleur ainsi débitée
à la périphérie représente-t-elle exactement toute la chaleur produite

dans l'organisme ? Or, les deux grands facteurs de la déperdition
calorique, le pouvoir émissif de la peau et l'état de resserrement et
de dilatation des vaisseaux sanguins, sont soumis à des influences
multiples qui n'agissent pas sur la production de chaleur. On ne
peut admettre l'égalité entre la production et l'émission de chaleur
que si la température centrale de l'animal ne change pas au cours
de l'expérience. Les deux mesures, celle de la chaleur rayonnée par
l'organisme et celle des variations concomitantes de la température
centrale, sont donc complémentaires. C'est que, suivant une expression très juste d'un physiologiste français contemporain, J. LEFÈVRE,
la puissance thermogénétique est fonction du débit calorique à la
périphérie et de la variation thermométrique interne.

B. Calorimétrie indirecte. — On peut calculer le nombre de
calories produites par un animal soit d'après les matériaux qu'il
consomme (d'après la quantité de combustible qu'il brûle) (*calorimétrie indirecte alimentaire*) soit d'après la quantité d'oxygène absorbé
ou d'acide carbonique produit (*calorimétrie indirecte respiratoire*). Nous
avons déjà indiqué (pp. 156 et 157) le principe de ces deux méthodes[1].

La méthode du *bilan nutritif* (calorimétrie indirecte de BOUSSINGAULT)
a pris une particulière importance. De son application et de l'application simultanée de la méthode directe, il est résulté qu'il y a quasi
égalité entre la chaleur réellement produite par un animal en un
temps donné, et la chaleur calculée d'après les *ingesta* et les *excreta*
de cet animal, dans le même temps (expériences de M. RUBNER, expériences de ATWATER). Ainsi la combustion des aliments représente
l'unique source de la chaleur animale ; nous avons déjà attiré
l'attention sur la haute portée de ce fait (voy. p. 151). Il en résulte
que, lorsque l'organisme a besoin d'augmenter sa production de
chaleur, il est obligé d'élever sa consommation alimentaire ou la
dépense des réserves de ses propres tissus. Comme l'a fait remarquer C. VON NOORDEN, ce n'est donc pas parce qu'il dispose, de par ses
combustions, d'un excès de chaleur qu'il en abandonne à sa surface,
mais c'est, au contraire, en proportion des pertes de chaleur qu'il
subit qu'il règle ses décompositions chimiques [2], source de son calorique. C'est là une loi tout à fait analogue à celle qui a été constatée
pour la consommation de l'oxygène (voy. p. 558).

1. Les dénominations de calorimétrie indirecte alimentaire et calorimétrie
indirecte respiratoire sont dues à CH. RICHET.
2. On verra plus loin (p. 815) que cette régulation se fait par l'intermédiaire du
système musculaire.

2° *Résultats des recherches calorimétriques.*

Ces résultats sont très importants. Le premier de tous, c'est le fait de l'égalité entre la production et l'émission de chaleur (voy. ci-dessus).

On peut citer à ce sujet une des expériences de *bilan calorique* d'Atwater et Benedict (1904) : sur un jeune homme au repos, de vingt-deux ans et du poids de 76 kilogrammes, la recette était de 2 602 calories et la dépense s'élevait à 2642. La différence ne dépasse pas les causes d'erreur.

On a vu ailleurs (p. 159) le nombre de calories produites par l'homme au repos et par l'homme au travail ; de 2 200-2 400 calories ce chiffre s'élève, suivant l'intensité du travail, à 2 600, 2 800, 3 300, etc. Mais ce n'est pas seulement l'activité musculaire qui modifie la thermogenèse. Il nous faut indiquer les principales conditions qui la font varier. Nous distinguerons les conditions relatives à la production et celles relatives à la déperdition de la chaleur.

A. Influence du travail. — Parmi les premières, l'influence du travail est prépondérante. Sous cette influence, l'intensité de la thermogenèse augmente progressivement.

Les expériences à ce sujet sont très nombreuses. Les constatations thermométriques (élévation de la température axillaire ou rectale pendant l'exercice musculaire) nous renseignent déjà à cet égard; nous en avons cité quelques exemples p. 794. On pourrait multiplier ces exemples. On pourrait aussi ajouter à ces faits les observations de Becquerel et Breschet (1835)[1], de J. Béclard (1860), de Chauveau, sur l'échauffement du biceps de l'homme, dès que ce muscle se contracte, et celles de Cl. Bernard, si intéressantes, sur l'influence du travail spontané des muscles : un thermomètre étant introduit dans la veine faciale d'un cheval, on fait manger l'animal : la température du sang de la veine s'élève aussitôt.

Sans doute les indications du thermomètre n'apportent que des renseignements indirects sur les variations de la thermogenèse. Mais on va voir que ces indications concordent avec les données fournies par la calorimétrie.

Sous l'influence des contractions musculaires provoquées par des irritations électriques, on voit que les courbes de l'oxygène consommé et de la chaleur produite s'élèvent parallèlement (expériences de Laulanié sur le lapin, 1892). Sur l'homme il a été constaté, dans le grand calorimètre d'Atwater, qu'un exercice vélocipédique quotidien élève de 60 à 70 p. 100 la thermogenèse de l'état de repos ; dans six expériences, d'une durée de

---

1. Antoine-César Becquerel (1788-1878), célèbre physicien français. — Gilbert Breschet (1785-1845), anatomiste et médecin français.

vingt jours, la chaleur, calculée d'après les aliments consommés, atteignit
3 669 calories les jours de travail, la chaleur réellement produite étant de
3 656 calories; on voit combien l'écart entre ces deux chiffres, 13 calories,
soit 0,4 p. 100, est faible, ce qui justifie encore l'importante remarque
précédemment faite (p. 151 et p. 799).

La production de chaleur dépendant de l'activité musculaire est si grande
que, en déterminant la proportion des muscles dans l'organisme par
rapport aux autres tissus et leur puissance respiratoire comparativement
aussi à celle des autres tissus, on a calculé (Ch. Richet) que leur part dans
la thermogenèse totale peut être évaluée à 75 p. 100 environ, à l'état de
repos, et à 90 p. 100 pendant leur contraction.

Les autres tissus contribuent dans des proportions variées, non encore
déterminées, sauf peut-être pour quelques glandes, à la production de
chaleur. On peut juger de celle-ci par les faits que nous avons cités, à
propos du fonctionnement des glandes digestives (voy. p. 174, 235, 585 et
599) ; de ces faits il résulte que le travail de ces organes s'accompagne d'une
augmentation des combustions intra-glandulaires, donc d'une augmentation de la thermogenèse. Dans le foie, qui est le lieu de tant de réactions
chimiques, la production de chaleur, que l'on n'a pu évaluer directement,
doit être particulièrement importante, comme l'indique l'échauffement du
sang qui traverse cette glande ; cet échauffement est de 1° à 1°,5.

Les conditions relatives à la déperdition de la chaleur sont plus
nombreuses. Ce sont les suivantes :

B. Influence de la température extérieure. — Les expériences de calorimétrie directe ont donné sur ce point important des
résultats contradictoires, pour des causes d'ordre technique, en raison
des imperfections inhérentes encore aux appareils calorimétriques, et
notamment parce qu'il est très difficile avec ces appareils que l'enceinte
dans laquelle se trouve enfermé l'animal ne s'échauffe pas ; de là résultent
bien des erreurs possibles et en tout cas des incertitudes dans l'interprétation des expériences. La calorimétrie indirecte a fourni des résultats
plus concordants sur cette question des rapports entre la température
et le taux des dépenses calorifiques chez l'animal homéotherme.

Il y a deux cas à considérer :
1° L'animal se trouve dans un milieu dont la température est
inférieure à la sienne. Il doit donc émettre constamment de la chaleur. Mais la quantité de chaleur rayonnée est-elle proportionnelle
à la différence entre la température de l'animal et celle du milieu ?
En d'autres termes, l'émission de chaleur suit-elle la loi de Newton ?

En fait les combustions sont d'autant plus intenses que la température extérieure est plus basse. Cette relation a été constatée sur
différentes espèces de Mammifères, l'homme compris, et sur des
Oiseaux. S'ensuit-il que la radiation calorique croisse régulièrement

avec l'abaissement de la température [1] ? Il importe de remarquer que, quand il y a refroidissement du milieu, la surface cutanée se refroidit beaucoup par vaso-contriction ; conséquemment, ce n'est plus un animal à 37°-38° qui rayonne, mais un animal à 30° ou à 25°. Ce n'est donc pas la température centrale, restée invariable, qui détermine l'intensité du rayonnement, c'est la température superficielle.

2° L'animal se trouve dans un milieu dont la température est égale ou supérieure à la sienne.

Les températures élevées ne font diminuer que dans une faible mesure les dépenses alimentaires et ne réduisent pas la thermogenèse. C'est la déperdition qui augmente pour compenser cette production de chaleur [2], devenue excessive en raison même de la température du milieu ; de là l'importance de la sudation.

C. Influence de la taille et de la surface. — On retrouve ici une loi dont nous avons vu l'application aux échanges gazeux respiratoires (p. 553). La radiation calorique, pour des animaux de même espèce, est proportionnelle, non au volume, c'est-à-dire au poids du corps, mais à la surface cutanée (M. RUBNER, 1883, CH. RICHET, 1884) [3]. C'est pour cela que les petits animaux dégagent plus de chaleur que les gros, les volumes (c'est-à-dire approximativement les poids) croissant comme les cubes et les surfaces comme

1. Dans l'eau, l'Homme, les Mammifères et les Oiseaux se refroidissent conformément à la loi de Newton (expériences de J. LEFÈVRE. 1896-1901, d'après la méthode de LIEBERMEISTER* ou méthode du bain-calorimètre [détermination de la quantité de chaleur cédée par un animal à l'eau d'un bain dans lequel il est plongé]) : la quantité de chaleur perdue est d'autant plus grande que la température du bain est plus basse. Voici des chiffres obtenus par LEFÈVRE sur lui-même :

Température du bain	30°	26°	22°	17°	12°	5°
Calories par kilogr. et par heure	1,1	3	6	10	15	23

Mais il est clair que, dans des expériences de ce genre, par suite de la conductibilité du liquide, le réflexe vaso-constricteur cutané doit être inefficace pour atténuer le rayonnement calorifique. D'ailleurs, il n'est point du tout certain que la thermogenèse se modifie semblablement dans l'eau et dans l'air calme, sous l'influence des basses températures.

2. Ainsi, quoiqu'ils n'aient plus, à vrai dire, de besoins thermiques, les animaux, dans cette condition, continuent à produire de la chaleur. Sans doute, ils en produisent parce qu'ils ont toujours les besoins énergétiques auxquels est liée l'activité de tous les tissus (*travail physiologique* de CHAUVEAU) et que l'énergie chimique qu'ils consomment pour cela en engendre nécessairement. Mais nous savons que cette fraction de la dépense énergétique est relativement faible. Il se pourrait que cette constance de la thermogenèse manifestât seulement un retard dans l'adaptation des homéothermes à une condition nouvelle. Il y a en effet plusieurs exemples d'adaptation lente de l'organisme au milieu thermique ; l'organisme n'est pas capable de modifier instantanément sa production de chaleur.

3. Voy. p. 554 ce qui a été déjà dit de cette *loi des surfaces*.

* K. VON LIEBERMEISTER (1833-1901), médecin allemand, connu surtout par ses travaux sur la fièvre.

les carrés seulement : un petit animal a donc une surface relativement plus grande qu'un gros animal.

Pour des lapins, CH. RICHET a trouvé les chiffres suivants :

Poids des lapins.	Calories par heure et par kilogr.	Calories par heure et déc. carré.
320 grammes	7,53	0,440
1300 —	5,27	0,479
2300 —	3,98	0,437
2500 —	3.82	0,432
2700 —	3,65	0.421
2900 —	3,57	0,424
3600 —	2,97	0,399

Constatations analogues par RUBNER sur des chiens. La loi s'applique aussi à l'homme, comme le montre le tableau ci-dessous (RUBNER) :

Poids des sujets.	Calories des 24 heures.	Calories par kilogr. et par jour.	Surface en centim. carrés.	Calories par mètre carré et par jour.
Enfants de $4^{ks},03$	368	91,3	3013	1 221 [1]
— $11^{ks},08$	966	81,5	7151	1 343
— $16^{ks},40$	1213	73.9	7681	1 579
— $23^{ks},70$	1411	59,5	10156	1 389
Jeune homme de $40^{ks},40$.	2106	52,1	14491	1 452
Homme de 67^{ks}	2843	42,4	20305	1 399

En réunissant à quelques-unes de ces observations de RUBNER d'autres observations prises par différents expérimentateurs, ARMAND GAUTIER a dressé le tableau suivant des dépenses moyennes de calories rapportées au kilogramme du poids des sujets et à leur surface :

	Poids des sujets.	Calories par kilogr. et par 24 heures.	Calories par décim. carré de surface.
Enfant (RUBNER)	$11^{ks},8$	81,5	13,43
— —	$23^{ks}.7$	59,5	13,89
Jeune homme (RUBNER)	$40^{ks},4$	52.1	14,52
Homme (RUBNER)	$67^{ks},0$	42.4	13,99
Ouvrier (VOIT et PETTENKOFER)	$70^{ks},0$	43.2	14.70
Étudiant japonais	$46^{ks},0$	51.2	14.30
Soldat japonais	$59^{ks},0$	43,6	13,80
Sujet observé par LAPICQUE et MARETTE	$73^{ks},0$	41,5	14,20

On voit que le besoin en calories varie chez l'homme du simple au double par kilogramme du poids corporel et que, rapporté à la surface, il est, au contraire, quasi constant. A noter que la plupart de ces nombres sont trop élevés, mais cette remarque ne change rien au sens de la loi.

Ainsi, pour une espèce donnée, l'unité de surface dégage toujours

1. Si la dépense par mètre carré paraît plus faible chez le petit enfant, c'est sans doute parce que chez lui le refroidissement périphérique est évité avec le plus grand soin (M. RUBNER).

à peu près la même quantité de calories. C'est donc la surface qui détermine la quantité de chaleur rayonnée[1].

D. Influence du tégument. — Toutes les modifications du pouvoir émissif de la peau agissent sur le rayonnement cutané et, par conséquent, sur la thermogenèse.

Les animaux pourvus d'une fourrure ou d'un plumage épais rayonnent moins que les animaux à poils ras. Expérimentalement on a montré que des lapins rasés dégagent près de moitié plus de chaleur que des lapins normaux. Sur l'homme voici quelques chiffres obtenus par A. d'Arsonval (1894) (sur lui-même) :

Calories totales
en 1 heure.

A jeun, debout et nu...	124,4
A jeun, debout et habillé..	79.2

D'autre part, les lapins blancs dégagent moins de chaleur que les lapins gris ou noirs (un quart en moins, d'après des expériences de Ch. Richet). On sait d'ailleurs que, dans les pays froids, le pelage des animaux est en général blanc ou tout au moins très clair et que, dans les pays chauds, il est coloré.

Ces faits suffisent sans doute pour montrer « que la production de chaleur n'est pas seulement fonction de la *surface*, mais encore de la *nature de la surface...*, et que, pour comparer la calorimétrie de l'homme à celle des animaux, il faut prendre l'homme avec ses vêtements qui remplacent la fourrure dont sont pourvus sans exception tous les animaux »[2]. Aussi a-t-on pu dire qu'un vêtement chaud, qui s'oppose à la déperdition calorifique, équivaut à une quantité donnée de nourriture.

Chez quelques animaux et surtout chez le lapin le vernissage de la peau (au moyen d'un vernis quelconque ou de collodion) amène un refroidissement excessif et entraîne rapidement la mort. — Chez l'homme le vernissage ne paraît pas être mortel.

E. Utilisation et signification de la chaleur produite. — Nous connaissons les quantités de chaleur produites dans les principales conditions de la vie normale.

1. De là l'importance de la mesure de la surface du corps. On a proposé pour cela plusieurs méthodes dont les unes sont peu exactes et les autres trop laborieuses pour être d'un emploi pratique en médecine. Cependant les formules établies par Ch. Bouchard (*C. R. de l'Acad. des sc.*, 1897, t. CXXIV, p. 844) permettent actuellement des évaluations précises. Connaissant la surface à peu près exacte d'un individu donné, on calcule aisément la quantité de calories dont il a besoin et, par suite, on peut déterminer avec sûreté sa ration alimentaire et d'abord savoir si sa ration spontanée n'excède pas, et de combien, ses besoins ou si elle ne reste pas en deçà.

2. Ch. Richet, art. *Chaleur*, in *Dict. de physiol.*, t. III, p. 136. L'homme, couvert de vêtements chauds, résiste aisément à une température de — 40°, — 50°, mais se refroidit s'il est exposé nu à une température inférieure à + 17°.

Un homme adulte au repos produit environ 2 000-2 400 calories en vingt-quatre heures (voy. p. 159). Comme sa température, malgré cette production constante de chaleur, n'augmente pas, il s'ensuit qu'il perd une quantité de chaleur égale à celle qu'il produit. Quelle est la nature de ces pertes ou, en d'autres termes, à quoi est employée toute cette chaleur? La plus grande partie (soit environ 1 700 calories) est perdue par la peau, par rayonnement et par conductibilité; une partie (un peu moins de 100 calories) sert à l'échauffement des aliments et des boissons ingérés et de l'air inspiré; une autre partie (500 calories environ) est absorbée par l'évaporation de l'eau à la surface des poumons; le reste sert à l'accomplissement des *travaux intérieurs* (travail du cœur et des muscles respiratoires [voy. p. 152], travail du tonus des muscles et en particulier des sphincters, travail des glandes, travail nerveux).

Par ces chiffres on voit que c'est la grandeur de la surface de refroidissement qui commande presque tout le besoin de calories. On sait d'autre part (voy. p. 151 et 799), que la grandeur de la ration alimentaire est commandée par les besoins de la calorification générale, puisque la chaleur calculée d'après les dépenses de l'organisme a été trouvée égale à la chaleur recueillie par le calorimètre pendant des journées entières (M. RUBNER, 1893, ATWATER, 1903). Presque toute l'énergie chimique des aliments est donc employée à la thermogenèse, dans l'état de repos.

Nous disons que presque toute, mais non pas que toute l'énergie chimique des aliments est destinée à la production de chaleur. Quand l'organisme est mis au repos absolu, on constate que les combustions respiratoires tombent à un minimum, qui d'ailleurs s'abaisse encore, si le sujet en expérience est placé *dans un milieu à température moyenne*[1]. Les décompositions chimiques ne peuvent pas descendre au-dessous de ce minimum. La dépense énergétique, correspondant à ces échanges nutritifs, représente donc la dépense indispensable au maintien de la vie, à cette activité de tous les tissus qui est la vie même (*travail physiologique* de CHAUVEAU). La vie de chaque cellule a ainsi pour nécessaire condition des actions chimiques. Or, celles-ci produisent une quantité déterminée de chaleur. Mais l'émission de chaleur, due à ces décompositions chimiques, n'est qu'un phénomène *secondaire*, et non plus *primaire*, comme dans le cas où elle dépend de la déperdition par la périphérie. Car les phénomènes chimiques qui ont engendré cette quantité de chaleur ne se sont pas développés pour la produire, ils résultent de la vie même de chaque cellule, ils sont liés à cette vie, ils la cons-

---

1. Au-dessus et au-dessous de cette température, les combustions sont augmentées.

tituent et la maintiennent. Aussi la chaleur qui en dépend peut-elle être considérée avec raison comme un *résidu*. D'autant que la quantité produite par un groupe de cellules ne peut être utilisée par un autre groupe qui ferait ainsi l'économie d'une fraction de ses décompositions chimiques ; mais **to**utes les parties de l'organisme, de par l'entretien de leur vie, produisent un minimum de chaleur. Cette portion de la chaleur animale apparaît donc bien comme un résidu dont l'organisme n'a qu'à se débarrasser. En ce sens, elle est un *excretum* (CHAUVEAU). — Mais il semble bien que ce soit seulement cette portion de la chaleur qui prenne ces caractères. Que l'on place en effet l'organisme de tout à l'heure dans une enceinte froide, la déperdition calorifique cutanée augmente ; le refroidissement, par l'intermédiaire du système nerveux, a amené des contractions musculaires volontaires ou involontaires, d'où augmentation des décompositions chimiques, d'où augmentation de la thermogenèse. Dans ce cas, c'est la perte de chaleur qui est le phénomène primaire, ayant pour conséquence l'accroissement des décompositions chimiques dans le muscle. Sans doute, une partie de l'énergie chimique ainsi mise en œuvre est employée au travail de la contraction, mais les 75 et 80 centièmes sont éliminés sous la forme chaleur. Dira-t-on avec CHAUVEAU que cette chaleur est aussi un résidu des opérations accomplies dans le muscle ? Toujours est-il que ces opérations ont été provoquées par la perte de chaleur subie à la périphérie. Comme nous l'avons déjà fait remarquer avec C. VON NOORDEN (voy. p. 799), ce n'est pas parce que l'organisme, dans ces conditions, a un excès de chaleur à excréter qu'il l'émet à sa surface, c'est au contraire parce qu'il a perdu de la chaleur que ses cellules sont excitées à en produire davantage en accroissant leurs décompositions chimiques.

3° *Sources de la chaleur animale.*

La source de chaleur qui maintient constante la température des animaux à sang chaud n'est autre chose que l'ensemble des réactions chimiques exothermiques qui se passent dans les tissus.

Le problème n'a été posé dans ses termes exacts que depuis et par BERTHELOT (1864). LAVOISIER et ses successeurs immédiats avaient assimilé la production de la chaleur animale à celle qui résulte de la combustion directe du carbone et de l'hydrogène. En réalité, les animaux ne brûlent pas du carbone et de l'hydrogène libres, mais des principes organiques complexes, dont la destruction fournit d'ailleurs, outre l'acide carbonique et l'eau, de l'urée et divers autres produits plus ou moins complexes. Il est donc nécessaire de tenir compte de l'état réel des corps introduits dans l'organisme et des corps rejetés par celui-ci, car la quantité de chaleur produite est déterminée par la relation chimique qui existe entre ces deux ordres de principes (en supposant d'ailleurs identiques l'état initial et l'état final de l'être vivant). De là le théorème suivant, énoncé par Berthelot, et qui est à la base de la thermochimie animale : *La chaleur développée par un être vivant pendant une période de son existence, sans le secours d'aucune énergie étrangère à celle de ses aliments, est égale à la chaleur produite par les métamorphoses chimiques des principes immédiats de ses tissus et de ses aliments, diminuée de la chaleur absorbée par les travaux extérieurs effectués par l'être vivant.*

Ces métamorphoses chimiques comprennent, outre les oxydations, des hydratations, des dédoublements, etc., qui sont des sources de chaleur, comme Berthelot l'a montré, et qui, d'après lui, fourniraient la huitième partie environ[1] de la chaleur des animaux.

Les oxydations cependant n'en restent pas moins la source la plus importante de chaleur.

D'abord l'expérience du bilan nutritif faite sur lui-même par Vierordt établit que le volume d'oxygène (532 litres, 644), théoriquement nécessaire à la combustion des principes immédiats désassimilés par l'expérimentateur en vingt-quatre heures, est à peu près égal à celui qui a été réellement consommé (520 litres, 556). Dans des recherches analogues, Laulanié s'est attaché à montrer que la chaleur produite par un animal soumis à un régime alimentaire déterminé serait égale à la chaleur calculée à partir de l'oxygène consommé par cet animal pendant le même temps; d'où la conception soutenue par ce physiologiste, à savoir qu'il existe un rapport invariable entre la chaleur produite par la combustion des différents principes immédiats et l'oxygène employé dans cette combustion. — En second lieu, on sait que la glycose alimentaire est presque tout entière brûlée (voy. p. 551 et 673) d'après l'équation : $C^6H^{12}O^6 + 6\,O^2 = 6\,CO^2 + 6\,H^2O$; or, d'une part, les expériences de Chauveau ont montré que le combustible des muscles est la glycose et, d'autre part, il est établi (voy. pp. 794, 800 et 810) que la plus grande partie de la chaleur est produite dans le système musculaire[2]. De même, la graisse est brûlée (voy. p. 677 et 679) d'après l'équation : $C^{55}H^{104}O^6 + 156\,O = 55\,CO^2 + 52\,H^2O$. Quant à la destruction de l'albumine, on sait (voy. p. 693) qu'elle se fait par divers processus, parmi lesquels il y a aussi des oxydations.

1. Ce chiffre est d'ailleurs trop élevé. C'est tout au plus la neuvième partie de la chaleur produite qui aurait sa source dans les phénomènes chimiques autres que les oxydations.

2. Il importe d'ajouter ici ces deux autres constatations, dues aussi à Chauveau : 1° les variations de la thermogenèse, dans chaque organe, suivent celles de la consommation de la glycose ; — 2° chez un animal soumis au jeûne, la température ne baisse pas, malgré la privation d'aliments, sauf vers sa fin : elle subit alors une chute brusque qui coïncide avec le moment où la glycose disparaît du sang. Enfin, il n'est pas inutile de remarquer que les Oiseaux, dont on connaît la température élevée, ont dans le sang artériel plus de sucre libre que les Mammifères.

On a estimé que les phénomènes d'oxydation produisent 85 à 86 p. 100 de l'énergie totale disponible (A. GAUTIER).

4° *Influence du système nerveux sur la production de chaleur.*

Le rôle du système nerveux dans la thermogenèse est indirect: il n'en est pas pour cela moins important. Il ressort de deux grands ordres de faits.

1. Nous avons vu que la plus grande partie de la chaleur est produite dans le tissu musculaire. Or, l'activité des muscles dépend directement du système nerveux. En commandant à la tonicité et à la contraction des muscles, le système nerveux commande indirectement la thermogenèse. Aussi après section de la moelle (d'où diminution de la tonicité musculaire) la production de chaleur est-elle diminuée. — Même observation sur l'activité des glandes, productrices de chaleur, et que les nerfs sécréteurs déterminent. — En ce sens, nerfs moteurs et nerfs glandulaires sont des *nerfs calorifiques.*

2. Nous avons vu que la radiation calorique est proportionnelle à la surface. Ce phénomène est sous la dépendance du système nerveux central.

En effet, si on abolit l'activité du système nerveux par le chloral, les chiens, gros et petits, produisent sensiblement par kilogramme la même quantité d'acide carbonique. Il s'ensuit qu'un petit chien chloralisé diminue sa combustion chimique de 70 p. 100, tandis que cette diminution n'est que de 30 p. 100 chez un gros chien. En chloralisant par la même dose de chloral (relativement au poids) un gros et un petit chien, on trouve que le gros chien se refroidit à peine, tandis que le petit perd 5 ou 6° en une heure.

On va voir que le rôle du système nerveux est plus important encore dans la régulation thermique.

II. — RÉGULATION DE LA CHALEUR.

La température des animaux homéothermes reste constante, quelle que soit la température extérieure, quelle que soit aussi la production de chaleur. Il faut donc qu'il existe un mécanisme régulateur de la chaleur. Ce mécanisme doit entrer en jeu de façons différentes, suivant que l'organisme lutte contre le froid ou contre le chaud.

I. — Résistance au froid.

Quand la température du milieu s'abaisse, en vertu de la loi de NEWTON la radiation calorique augmente; cependant l'animal ne se refroidit pas. C'est que l'organisme a deux grands moyens de lutter contre le froid. La déperdition de chaleur devient moindre et, d'autre part, les phénomènes de combustion s'exagèrent, d'où augmentation dans la thermogenèse.

A. Diminution de la déperdition de chaleur. — L'expérience montre que, lorsque la température extérieure s'abaisse, la peau pâlit, ses vaisseaux se resserrent. Les veines ne ramènent donc alors de la surface cutanée qu'une faible proportion de sang refroidi, et ainsi la contraction vasculaire a pour conséquence un moindre refroidissement de la masse du sang. Du même coup, la peau recevant moins de sang, la quantité de chaleur que lui cède le sang diminue et la radiation calorique qui se fait par la surface diminue aussi.

C'est par action réflexe que ce phénomène se produit. Les nerfs sensibles de la peau sont excités par le froid ; l'excitation est transmise aux centres vaso-constricteurs dont la réaction provoque le resserrement des vaisseaux des régions exposées au froid.

En plongeant une main dans l'eau glacée, non seulement cette main s'anémie, mais l'autre main s'anémie aussi et se refroidit, comme on peut le constater en y plaçant un thermomètre (réflexe vaso-constricteur observé par Brown-Séquard et Tholozan, 1851). On a démontré directe-

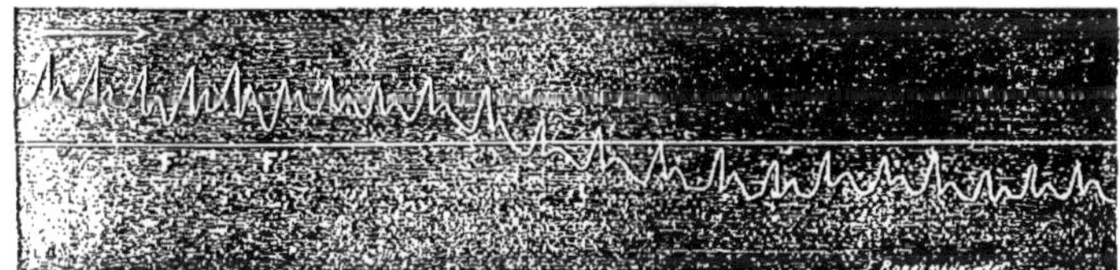

Fig. 175. — Resserrement réflexe des vaisseaux de l'avant-bras et de la main sous l'influence du froid (François-Franck).

Une main est placée dans un appareil pléthysmographique. L'autre main, à l'instant FF', saisit un morceau de glace.

ment le resserrement réflexe des vaisseaux qui se produit dans ce cas, en disposant la main non exposée au froid dans un appareil inscripteur des changements de volume (voy. p. 437); cette main subit une diminution de volume notable, comme on le voit sur la figure 175.

Ce mécanisme est assez important pour que les combustions respiratoires ne se modifient nullement sous l'influence de refroidissements modérés, même prolongés pendant plusieurs heures (expériences de Loewy, 1889 et de Rubner, 1891, sur l'homme).

Quand le refroidissement augmente, un autre mécanisme compensateur intervient, que nous allons examiner.

B. Augmentation de la production de chaleur. — Avec l'abaissement de la température extérieure les combustions augmentent.

Soit un nomme à jeun qui, à une température de $+ 15°$ à $+ 20°$, consomme 4 lit.,5 d'oxygène en quinze minutes ; exposé nu à une température de $+ 10°$, il en consomme dans le même temps 5 lit., 5 et même 6 litres (expérience de L. Fredericq sur lui-même). Des observations semblables ont été faites sur divers animaux, chiens, lapins, cobayes.

Où se produisent ces combustions ? surtout, sinon exclusivement, dans le système musculaire.

On sait par des observations journalières que le froid, qu'il soit causé par l'air ou par l'eau d'un bain ou d'une douche, détermine des séries de secousses musculaires plus ou moins fortes, des *frissons*. Au fur et à mesure que le frisson devient plus fort, la quantité d'acide carbonique exhalé augmente (voy. p. 558) et la température se relève. Nous connaissons d'ailleurs l'influence de l'activité musculaire sur la thermogenèse (voy. p. 794).

Ch. Richet a distingué deux espèces de frisson thermique, le frisson *réflexe* et celui de *cause centrale*. Le premier survient quand la température de l'organisme n'a pas encore changé ; c'est ainsi qu'une douche froide fait frissonner, sans modification aucune de la température centrale. Normalement, les tout petits chiens maigres, à poils ras, tremblent sans cesse ; ils frissonnent pour ne pas se refroidir. L'excitation des nerfs sensibles de la peau par le froid stimule les centres moteurs bulbo-médullaires qui commandent les secousses musculaires du frisson. — La seconde forme du frisson s'observe aisément chez les chiens chloralisés ; pendant le sommeil la température tombe aux environs de 30° ; mais, à mesure que s'atténue l'anesthésie et que se fait le réveil, il survient un tremblement général ou frisson et en même temps la température cesse de s'abaisser ; quand le frisson devient plus fort, elle commence à remonter. C'est donc l'abaissement de la température centrale (refroidissement du sang) qui a amené cette réaction.

D'autre part, dans des expériences faites sur des personnes ayant l'habitude de s'observer, on a montré (A. Lœvy, 1889, J. E. Johansson[1], 1897 et 1904) que, lorsque l'on s'abstient rigoureusement de tout mouvement volontaire et de tout frissonnement sous l'influence du froid, le refroidissement périphérique n'élève plus le taux des combustions respiratoires.

Ainsi ce n'est pas par action directe sur les phénomènes chimiques intracellulaires, en provoquant directement l'accroissement des décompositions chimiques, que l'organisme lutte contre l'excès de la déperdition cutanée. Cette élévation subite des combustions respiratoires, qui atteint 100 p. 100 et plus et qui survient à la suite de l'exposition brusque au froid, est due à des mouvements, soit volontaires, soit involontaires (frissons), c'est-à-dire au travail des

---

1. Physiologiste suédois contemporain, professeur à l'Université de Stockholm.

muscles. En d'autres termes, il n'y a pas de régulation chimique directe de la thermogenèse. Cette régulation se fait par l'intermédiaire du système musculaire.

Cependant il y a des cas dans lesquels il se produirait aussi une augmentation des combustions dans le foie ; on a constaté, dans cet organe, au moyen d'aiguilles thermo-électriques, des élévations de température sur des animaux préalablement refroidis.

C. Limites de la résistance au froid. — L'homme, chaudement vêtu et bien nourri, peut lutter indéfiniment contre de très grands froids ; c'est ce qui est arrivé par exemple à nombre d'explorateurs dans les régions polaires. Quant aux animaux, ils sont protégés par l'épaisseur de leur pelage hivernal. Mais l'organisme ne résiste pas très longtemps au refroidissement continu. C'est pour cela que les animaux à peau nue résistent difficilement aux basses températures ; un lapin rasé meurt de froid deux fois plus vite qu'un lapin normal. De même, les homéothermes de beaucoup d'espèces résistent mal aux bains froids d'une durée un peu longue ; la mort survient quand la température centrale est tombée à 20° environ.

2. — Résistance au chaud.

La lutte de l'organisme contre l'excès de chaleur ne se fait que par un seul moyen, l'augmentation de la déperdition calorifique. L'organisme n'a pas la faculté de réduire ses combustions (voy. p. 802 et 805). Comment donc s'accroît cette déperdition ?

A. Augmentation de la radiation calorifique. — Un premier procédé consiste dans la *suractivité de la circulation cutanée.*

Quand la température extérieure s'élève, tout en restant au-dessous de la température du corps, ou si le milieu intérieur s'échauffe (par suite d'une marche rapide, de mouvements violents, etc.), la peau rougit par dilatation de ses vaisseaux ; elle reçoit donc une grande masse de sang ; et celui-ci, refroidi au contact du milieu extérieur et retournant se mélanger au sang des organes internes, fait baisser la température. Selon une expression de FREDERICQ, l'organisme est alors comparable à un appartement chauffé dont on ouvre les fenêtres ; l'air chaud de l'intérieur est remplacé par l'air froid venu du dehors ; l'intérieur de l'appartement se refroidit.

Cette dilatation vasculaire est active, due à l'irritation des nerfs vasodilatateurs et non à la paralysie des vaso-constricteurs. En effet, prenons un lapin ayant subi la section du sympathique cervical d'un côté, alors que l'oreille présente la dilatation vasculaire habituelle, et plaçons-le dans une étuve chauffée ; l'oreille du côté non opéré ne tarde pas à présenter une vascularisation plus considérable et une température plus élevée que l'oreille paralysée.

Mais cette vaso-dilatation cutanée est-elle d'origine réflexe ou centrale ? Elle est à la fois réflexe et automatique, c'est-à-dire résultant de l'action directe de la chaleur (action du sang échauffé) sur les centres nerveux. En effet, 1° l'immersion de la patte postérieure d'un animal (expériences sur des chiens et sur des lapins) dans l'eau chaude est suivie d'une dilatation vasculaire qui se montre aussi sur la patte non immergée; chez l'homme, l'application d'un vase métallique, rempli d'eau chaude, sur la peau de la cuisse provoque une hyperémie des membres inférieurs (accompagnée d'une transpiration plus ou moins abondante); et voilà des preuves du mécanisme réflexe; — 2° si l'on sectionne la moelle dorsale d'un jeune chat et, de plus, toutes les racines postérieures de l'arrière-train, il ne s'en produit pas moins dans les pattes postérieures une vaso-dilatation très marquée, chaque fois que l'on échauffe fortement le sang de l'animal: sur l'homme, on a souvent constaté que l'exercice musculaire, le travail d'une digestion chargée, etc., amènent de la congestion cutanée, sans qu'il y ait dans ces cas la moindre excitation des nerfs sensibles de la peau ; et voilà des preuves du mécanisme automatique. — L'importance de ce dernier est très grande, du fait que la température centrale tend souvent à s'élever par exagération de la thermogénèse; c'est ce qui arrive dans les cas, si fréquents, de suractivité musculaire.

B. Augmentation de l'évaporation d'eau. Sécrétion sudorale. Polypnée thermique. — Le moyen de défense contre le chaud que l'on vient de voir est efficace tant que la température extérieure n'arrive pas à égaler ou à dépasser [1] la température de l'animal. Dans le cas contraire, rare d'ailleurs dans les pays tempérés, la congestion cutanée, loin de refroidir le corps, contribue à l'échauffer, puisque, par la suppression de toute différence entre la température du milieu et la température du corps, elle empêche la radiation calorifique. Il faut donc que, dans ce cas, entre en jeu un autre mécanisme qui permette à l'organisme de lutter contre l'échauffement de son milieu intérieur. Ce mécanisme, c'est *l'augmentation de l'évaporation d'eau*, soit à la surface de la peau, soit par la surface pulmonaire.

Dès que la température extérieure s'élève aux environs de 30°, ou bien quand la température centrale dépasse la normale, il survient une sudation plus ou moins abondante.

On a vu (p. 783) que celle-ci est d'origine réflexe ou (p. 784, expérience de Luchsinger) d'origine centrale.

C'est Benjamin Franklin qui, le premier (1758), a établi le rôle

1. En fait, dès que la température de l'air atteint + 25° ou + 30°, la température du corps tend à s'élever et s'élève effectivement de quelques dixièmes de degré (J. Davy).

réfrigérant de l'évaporation de la sueur ; les moissonneurs, disait-il, supportent sans souffrir les ardeurs du soleil, à condition de suer abondamment, de boire beaucoup et de s'éventer pour activer l'évaporation. Ce que l'on peut exprimer d'une façon plus scientifique en remarquant (GAVARRET) « que l'évaporation est d'autant plus considérable que *l'air ambiant est plus sec, plus agité et plus chaud et que la pression extérieure est plus faible* ». Aussi dans un air sec supporte-t-on des températures très élevées, qui seraient intolérables dans un air humide. Par les journées chaudes cependant ou dans le cas de travail musculaire prolongé on est obligé de boire beaucoup plus que d'habitude et presque toute l'eau des boissons s'élimine par la peau.

Dans ces conditions le rôle réfrigérant de la sueur devient très important, comme nous l'avons montré p. 786.

Ce rôle de la sueur n'existe que chez l'homme et chez quelques animaux, cheval, âne, mulet, probablement aussi chez le singe. Chez les animaux qui ne suent pas, comme le chien, l'évaporation de l'eau se fait par la surface pulmonaire, en raison d'une *accélération des mouvements respiratoires*, dite *polypnée thermique* (CH. RICHET) (voy. pp. 535 et 542).

Cette polypnée est d'origine réflexe ou centrale. Le chien dont il a été parlé p. 535 et qui, exposé au soleil, se met peu à peu à respirer de 150 à 300 fois par minute, ne s'échauffe pas. Il est très vraisemblable que c'est l'excitation de ses nerfs cutanés qui agit sur les centres respiratoires. — Mais on peut aussi provoquer la polypnée, indépendamment de toute variation de la température extérieure, par élévation de la température du sang, et conséquemment par action directe du sang surchauffé, c'est-à-dire de la chaleur, sur les centres nerveux. C'est ce que l'on a vu dans des expériences sur le chien, simplement en échauffant le sang des carotides, ou bien en déterminant de violentes convulsions par électrisation de tout le corps (tétanos électrique) ou au moyen d'un poison convulsivant, tel que la cocaïne ; dans ces deux derniers cas, quand la température rectale atteint 41°,5-42°, le nombre des respirations s'élève subitement et à peu près sûrement de 80 à 400 par minute.

La polypnée constitue un mécanisme réfrigérant très efficace. Il est facile de le prouver.

On laisse pendant quatorze heures, dans une étuve à 43°, un chien dont la température était de 38°,5 ; à sa sortie de l'étuve, sa température était de 38°,8. Le même animal, après avoir été muselé (pour que la polypnée s'établisse, il faut que la respiration puisse se faire librement), est replacé dans la même étuve, sa température étant de 38°,9 ; à sa sortie, au bout de trois quarts d'heure seulement, il a une température de 43°,5. — Prenons deux chiens et exposons-les au soleil, mais en maintenant la respiration de l'un d'eux à un rythme invariable; la température de ce dernier s'élèvera rapidement; celle du premier ne s'élèvera pas (voy. fig. 176). Rien d'étonnant qu'il en soit ainsi. Mesurons la perte d'eau qui se fait par cette évaporation pulmonaire très active. Pour un chien de petite taille exposé au soleil et en polypnée, on a trouvé une perte, par heure et

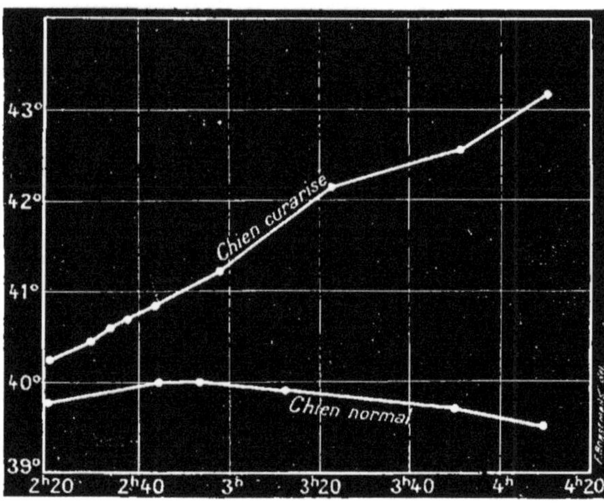

Fig. 176. — Effet de la chaleur sur la courbe thermique d'un chien normal et d'un chien curarisé (Ch. RICHET).

Les deux chiens sont exposés au soleil. Le chien curarisé, ayant par conséquent une respiration artificielle à rythme invariable, s'échauffe, tandis que le chien normal ne s'échauffe pas, et même se refroidit un peu, par suite de l'action réfrigérante de la polypnée.

par kilogramme, de 11 grammes. Or, la vaporisation de ces 11 grammes exige, à 38° (température de l'animal), environ 6 calories. Comme un chien de taille moyenne produit, par heure et par kilogramme, 3 calories environ, il peut donc perdre, grâce à la polypnée, en un temps donné, le double de la chaleur qu'il produit dans le même temps.

Ainsi « l'appareil de réfrigération diffère chez les animaux qui ont de la sueur et les animaux qui n'en ont pas... Ceux qui n'ont pas de sueur perdent de l'eau par les poumons. Mais le principe physique de ce refroidissement est toujours le même : c'est le passage à l'état gazeux d'une certaine quantité d'eau liquide, changement d'état qui absorbe de la chaleur »[1].

C. **Limites de la résistance au chaud.** — Ces limites dépendent de nombreuses conditions, non pas seulement de la température du milieu, mais aussi de l'état de sécheresse ou d'humidité de ce milieu,

1 Ch. RICHET, art. Chaleur, in Dict. de physiol., t. III, p. 185.

du plus ou moins d'agitation de l'atmosphère, etc., et, d'autre part,
du plus ou moins d'intensité de la réaction sudorale, condition qui
peut varier beaucoup elle-même suivant divers facteurs. Tout ce
que l'on peut dire, c'est que, chez l'homme et un assez grand nombre
d'homéothermes, quand la température du corps atteint 43°, c'est-à
dire dépasse de 5 à 6° environ la température dite normale, la mort
est en général fatale [1]. Cette faible résistance au chaud « fait
contraste, comme l'a remarqué CHAUVEAU, avec la merveilleuse
aptitude de l'organisme à résister au froid » Les Oiseaux aussi
meurent quand leur température s'élève pendant assez longtemps
de 5° environ au-dessus de leur température normale. — La
mort résulte probablement d'une paralysie des muscles et notamment du muscle cardiaque, par coagulation de leurs matières
albuminoïdes.

3. — Le système nerveux et la régulation thermique.

Dans la plupart des faits qui viennent d'être rapportés on voit en
jeu un appareil nerveux régulateur de la production et de la déperdition de chaleur.

Cet appareil est réglé pour la température normale. Dès qu'une
impression de froid ou de chaud se produit, il commande aux
moyens de régulation par lesquels l'organisme est à même de lutter contre le froid ou le chaud. Son activité est sollicitée soit par
l'abaissement ou l'élévation de la température du sang, soit par
des excitations spécifiques de la peau (excitations de froid ou de
chaud), surface sensible. Dans ce dernier cas, qui est le plus habituel, les voies centripètes du réflexe sont bien connues, ce sont les
nerfs sensibles de la peau. Les nerfs moteurs, vaso-moteurs et
sécréteurs (sudoraux) entrent alors en action ; nous avons déterminé
les réactions auxquelles ils commandent. Mais où se trouve le
centre qui provoque et règle la mise en jeu simultanée ou successive de tous ces nerfs ?

On connaît des lésions du système nerveux central qui troublent
ce mécanisme.

Quand on sectionne la moelle à la partie tout à fait inférieure de la
région cervicale (expérience classique de CLAUDE BERNARD), la température
s'abaisse ; la température extérieure étant de 15°, elle tombe en deux ou
trois heures à 30° (sur le chien ou le lapin). La paralysie des muscles et
celle des vaisseaux, consécutives à cette opération, ont pour conséquence

1. Les animaux à sang froid meurent à des températures moins élevées. Les
poissons de mer, par exemple, meurent en général à +24°, la grenouille à +35°.

une diminution de la thermogenèse et une augmentation de la déperdition de chaleur qui concourent à amener cette forte hypothermie.

D'autres lésions, plaies ou traumatismes de la moelle cervicale supérieure ou de la moelle allongée, déterminent de l'hyperthermie (d'après quelques observations sur l'homme et des expériences sur le chien). — La piqûre du cerveau, dans la région antérieure (expériences de Ch. Richet, 1884) sur le lapin) ou dans celle des corps striés ou des couches optiques (expériences de I. Ott[1], 1884, sur le lapin) a le même effet ; l'augmentation de température peut être de 1° ou 2° en une heure ou deux. Voici une expérience de Ch. Richet qui est très démonstrative :

Température.

3 heures..............	39,5	Piqûre du cerveau droit.
5 h. 45...............	40,4	
Le lendemain :		
2 heures..............	39,2	L'animal est tout à fait remis. Piqûre au même point.
3 h. 15...............	42,8	
4 h. 15...............	42,2	
5 h. 50...............	42,5	L'animal mange, marche, ne présente aucun trouble appréciable. Il meurt dans la nuit.

L'animal ne présente aucun autre trouble que cette hyperthermie, sinon quelque excitabilité cérébrale. Chez les lapins piqués la thermogenèse est accrue, mais elle ne l'est pas assez pour qu'on puisse expliquer par là l'hyperthermie constatée ; il faut en outre admettre un trouble de la régulation thermique[2]. Aussi a-t-on pensé que ces piqûres du cerveau excitent des centres thermiques.

Ces centres seraient situés dans le mésocéphale, car, si on enlève les hémisphères cérébraux (expériences sur des pigeons), la thermogenèse et la régulation thermique restent normales chez les animaux opérés. Les excitations du cerveau retentiraient donc sur les centres thermiques régulateurs de la moelle allongée (corps striés probablement).

1. I. Ott admet aussi l'existence de centres thermo-inhibiteurs dont l'extirpation est suivie d'une élévation de la température ; ces centres seraient situés près du sillon crucial et à la jonction des scissures supra-sylvienne et post-sylvienne (expériences sur le chat).

2. Il n'est pas sans intérêt de noter que cette hyperthermie d'origine nerveuse est considérablement diminuée par l'antipyrine.

LIVRE SECOND

FONCTIONS DE RELATION

Dans le milieu dans lequel ils vivent, les animaux exécutent de
nombreux mouvements coordonnés, consécutifs aux excitations
qu'ils reçoivent de ce milieu. La figure 177 montre la voie suivie
par ces excitations jusqu'aux cellules nerveuses qui commandent

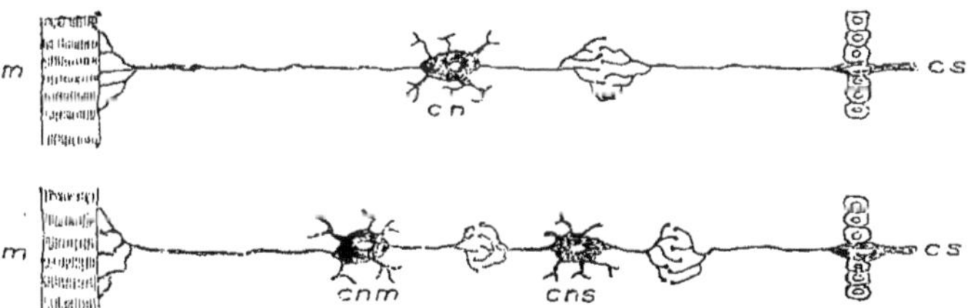

Fig. 177. — Schéma du système nerveux (d'après Prenant).

cs, cs, cellules sensibles ; — *cn,* cellule nerveuse ; — *cns,* cellule nerveuse sensible ; —
cnm, cellule nerveuse motrice ; — *m. m,* muscles.

les mouvements de réaction. Du milieu intérieur, sous l'influence
de modifications diverses produites dans les organes, naissent aussi
des excitations à la suite desquelles surviennent également des
réactions motrices. L'étude de tous ces mouvements et des actions
nerveuses qui les régissent constitue l'étude des fonctions de
relation.

Puisque la mise en jeu de ces fonctions résulte de la réception par
l'organisme de différentes impressions extérieures ou dépend d'excitations internes, il semble logique de déterminer d'abord quelles
sont et ces impressions et ces excitations. Et comme, d'autre part,
les phénomènes de mouvement sont commandés par le système
nerveux, il convient d'étudier ce dernier avant d'analyser les mouvements eux-mêmes.

CHAPITRE PREMIER

FONCTIONS SENSORIELLES

L'antique notion des cinq sens, toucher, ouïe, goût, odorat, vue, s'est agrandie. Partout où se trouvent des appareils nerveux qui reçoivent des excitations et desquels ces impressions sont transmises à une région du cerveau, à un *centre cérébral*, peuvent naître les conditions productrices de *sensations*.

Celles-ci résultent de la transformation dans le cerveau des impressions subies par divers organes spéciaux. Ce sont des états de conscience qui ne se laissent pas décomposer en éléments plus simples.

Quand on les rapporte à la cause qui leur a donné naissance, on les appelle *perceptions*. Et on appelle *représentations* les formations plus ou moins complexes que constituent les sensations en se combinant incessamment dans la conscience. L'étude des perceptions et des représentations est du domaine de la psychologie ; celle des sensations y confine, mais appartient aussi et d'abord à la physiologie.

Les sensations fournies par les excitations des cinq sens énumérés plus haut sont dites *externes*, parce qu'elles nous font connaître les corps extérieurs à nous et leurs propriétés. Mais il en est d'autres qui nous font connaître divers états de nos propres organes, tels que les besoins, les malaises, la douleur, la fatigue, ou qui nous renseignent sur des modifications de notre propre corps, frissons, mouvements actifs et passifs, efforts, situations des membres, situations du corps, etc. Elles sont dites *internes* ou *organiques*. On pourrait aussi les réunir toutes sous l'appellation ancienne de *sensibilité générale*, puisqu'elles sont très répandues, puisqu'elles se manifestent dans des organes très variés, muqueuses, muscles, articulations, etc., et aussi dans la peau (sensations douloureuses), tandis que la *sensibilité spéciale* naît dans des organes particuliers, nettement différenciés. Mais cette expression de sensibilité générale manque de précision. Mieux vaut grouper toutes les sensations dans une même étude des *fonctions sensorielles*.

Considérons d'abord les sensations externes.

Les sensations qui nous révèlent les corps extérieurs et nous font apprécier leurs qualités nous sont fournies par les organes des sens dont chacun comprend : 1° un *organe récepteur* de l'impression ou organe *sensible*; 2° un *nerf* qui transmet l'excitation née dans l'organe sensible à la suite de l'impression ; 3° une *partie* du système nerveux

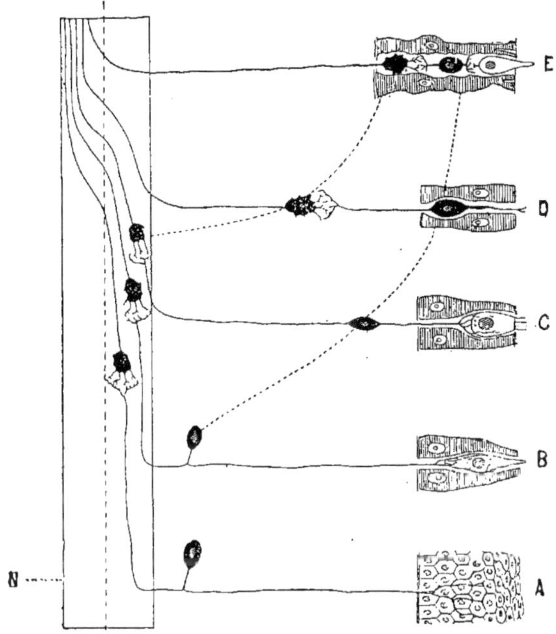

Fig. 178. — Schéma de la série des organes sensoriels (d'après MATHIAS DUVAL).

A, organe du tact ; — B, du goût ; — C, de l'ouïe et de l'équilibration ; — D, de l'odorat, — E, de la vue ; — N, névraxe.

Les cellules sensorielles sont dessinées en clair ; les cellules de soutien sont figurées avec des hachures ; les neurones sensitifs périphériques sont noirs avec un noyau ; sur le neurone central on n'a pas figuré de noyau et le neurone est dessiné tel qu'il apparaît avec la méthode de GOLGI.

La ligne pointillée inférieure marque le déplacement vers la périphérie des neurones sensitifs périphériques, à partir de celui de l'audition. La ligne pointillée supérieure marque ce même déplacement pour les neurones sensitifs centraux, à partir de celui de l'olfaction.

A la partie supérieure du névraxe est représentée la décussation des cylindre-axes des neurones sensitifs centraux.

central (du cerveau), second organe récepteur, qui reçoit et apprécie cette excitation en la transformant.

Le schéma des dispositions structurales essentielles que présentent les divers organes des sens (voy. fig. 178) montre bien que telle est la constitution de tous ces organes.

Ainsi, de par leur disposition générale, tous les organes des sens dits

spéciaux se révèlent comme étant foncièrement analogues. Ils le sont
aussi de par leur origine, qui est commune, car la partie, apparemment la plus caractéristique, de chacun d'eux, l'organe périphérique
qui reçoit l'impression, la cellule sensorielle, est toujours un appareil
provenant d'une partie plus ou moins modifiée de l'ectoderme de
l'embryon. Les organes du tact, de l'audition et de la vision se
rattachent en effet à la peau et, d'autre part, les muqueuses buccale
et olfactive (organes du goût et de l'odorat) ne sont aussi que des
portions modifiées de l'ectoderme et qui revêtent les cavités circonscrites chez l'embryon par les bourgeons de la face (bourgeon frontal,
bourgeons maxillaires supérieurs). Par là, par cette unité d'origine,
nous est déjà révélée la nature essentielle des organes des sens;
ceux-ci dérivant tous du même feuillet embryonnaire, du feuillet
externe, on peut penser que leurs fonctions dérivent toutes d'une
fonction tactile primitive.

En quoi consiste cette fonction primordiale ? L'être vivant est
en relation incessante avec le milieu extérieur, parce qu'il reçoit
à sa surface l'action d'irritants divers, dont les plus simples sont
les irritants mécaniques, contacts, pressions, etc. Mais, quels qu'ils
soient, tous les excitants des surfaces sensibles se ramènent à des
mouvements; seulement ceux-ci sont d'intensité ou amplitude et
de forme différentes. Là est sans doute la cause de la différenciation
des organes qui subissent l'action de tous ces mouvements. Nous
percevons, par exemple, comme tons, les vibrations de 20 à 40 000 à
la seconde et, comme lumière ou couleurs, celles de 450 à 785 billions;
entre ces deux extrêmes s'intercalent les sensations thermiques. On
peut supposer que progressivement des appareils de structure spéciale se sont développés, s'adaptant à ces formes diverses du mouvement. De chaque irritant physique naît donc une irritation physiologique particulière. Ici apparaît une importante distinction. Il
semble que les irritants mécaniques agissent directement sur la
matière organisée vivante et qu'aussitôt se produisent les mouvements protoplasmiques qui déterminent la sensation. Par contre, on
n'aperçoit aucune correspondance entre la forme physique et la
forme physiologique de l'irritant thermique, par exemple. Aussi
est-il permis de penser que l'impression de température est liée à
une modification plus profonde de la substance organisée, à une modification chimique. Et ainsi dans cette double irritabilité du protoplasma, mécanique et chimique, se découvrirait l'origine de toutes
les fonctions sensorielles.

Classification des organes des sens. — On peut donc appeler
sens mécaniques ceux dans lesquels l'appareil sensoriel terminal trans-

met aux nerfs et aux centres nerveux le mouvement qu'il a reçu,
sans en modifier apparemment beaucoup la forme, — et *sens chimiques*
ceux dans lesquels l'épithélium sensoriel éprouve une transformation
chimique [1]. Dans les premiers l'organe sensoriel périphérique accomplit un travail mécanique, dans les autres, un travail chimique
(W. Wundt)[2]. Les premiers sont le sens du tact et le sens auditif.
Les ébranlements mécaniques des extrémités nerveuses, dans l'organe auditif, paraissent, en effet, comme les pressions sur la peau,
susceptibles de produire la sensation. Les sens thermique, olfactif,
gustatif et visuel sont les sens chimiques ; le processus d'irritation y
paraît différer essentiellement de sa cause extérieure. A ce point de
vue le sens visuel ressemble plus aux sens de l'odorat et du goût
qu'aux sens du tact et de l'ouïe; on verra, le moment venu, que
les excitations rétiniennes s'expliquent plutôt par des actions photo-
chimiques que par des actions mécaniques. Autre argument en faveur
de cette division des sens spéciaux en deux grandes classes : la transmission des excitations, de l'appareil périphérique au centre nerveux,
ne se fait pas avec la même vitesse pour toutes les excitations; elle
est plus lente pour celles qui ont subi une transformation dans
l'appareil sensoriel. Or, sous ce rapport, les impressions sensorielles
se rangent encore dans les deux classes qui viennent d'être distinguées. — Pour ne pas disjoindre l'étude à faire des fonctions sensorielles de la peau, on ne séparera cependant pas le sens thermique
du sens du tact.

Quant aux sensations internes, elles paraissent bien être toutes
déterminées par des excitations d'ordre mécanique. C'est à de telles
excitations que répondent les organes qui servent au sens de l'équilibre ; ce sont des pressions qui agissent sur les appareils nerveux

1. Cette distinction paraît avoir été faite pour la première fois par Jacobson.
« En envisageant le mode d'action des organes des sens, dit D. de Blainville*,
M. Jacobson... établit que les organes des sens peuvent agir de deux manières
différentes, chimiquement ou mécaniquement. » De nos jours, plusieurs physiologistes allemands, proposant de classer les cellules sensorielles, c'est-à-dire les
organes des sens, suivant le même principe de la nature propre des excitants,
les ont divisés en organes *tango-récepteurs*, *stato* et *rotato-récepteurs*, *phono-
récepteurs*, organes qui sont excités par les contacts (sens du tact) ou par des
mouvements (sens de l'équilibre, sens des mouvements) ou par les ondes sonores,
et en organes *thermo-récepteurs*, *chemorécepteurs* (*stibo* et *gusto-récepteurs* [sens
de l'odorat et sens du goût]) et *photo-récepteurs*. Au fond, c'est, plus détaillée,
notre division en sens mécaniques et chimiques.

2. Célèbre physiologiste et psychologue allemand contemporain, un des fondateurs de la psychologie physiologique. Ses *Éléments de psychologie physiologique*
(2 vol. in-8) ont été traduits en français (Paris, 1886) ; c'est un de ses principaux
ouvrages.

* H. M. Ducrotay de Blainville, *De l'organisation des animaux ou principes d'anatomie comparée*, t. 1, p. 44, Paris, 1822. — D. de Blainville (1777-1850), célèbre naturaliste
français, fut professeur de zoologie à la Faculté des sciences et d'anatomie comparée au
Muséum d'histoire naturelle, où il succéda à Cuvier.

sensitifs des muscles et y développent les réactions d'où naissent les diverses sensations de mouvement; et beaucoup de besoins eux-mêmes résultent de la sensation d'une distension (voy. pp. 280 et 767), c'est-à-dire d'une action mécanique. Aussi pourrait-on diviser toutes les fonctions sensorielles en deux grands groupes, suivant qu'elles sont mises en jeu par des excitants mécaniques ou par des excitants chimiques.

Toutes les sensations présentent des caractères communs.

Elles sont d'abord de *qualité* différente, ce qui signifie qu'elles sont absolument distinctes les unes des autres. Ces différences dépendent des qualités différentes des excitants caractérisées par les divers ordres de mouvements vibratoires qui constituent ces excitants (voy. p. 820), c'est-à-dire de la nature physique de chacun de ceux-ci, et, d'autre part, du point d'application de l'excitation à la surface du corps, c'est-à-dire de l'organe périphérique.

Les sensations de même espèce sont fortes ou faibles ; elles ont une *intensité* variable.

La plupart sont accompagnées d'un *sentiment* de plaisir ou de déplaisir ; c'est leur *ton affectif* ; on peut se demander s'il y en a d'indifférentes.

Nous n'insisterons pas pour le moment sur les caractères et les propriétés des sensations. Quand nous les aurons étudiées toutes en particulier, cette analyse de leurs caractères généraux sera plus facile.

I. — SENSIBILITÉ CUTANÉE.

La peau est avant tout une surface sensible. C'est par cette surface que l'être vivant est en rapport constant avec le milieu extérieur. Des impressions que reçoit la surface cutanée résultent trois grandes sortes de sensations, tactiles, thermiques (chaud et froid) et douloureuses, ou plutôt quatre, car la sensation de chaud et celle de froid sont, comme on le verra, absolument distinctes l'une de l'autre.

Ces sensations sont radicalement différentes les unes des autres ; ce ne sont pas les mêmes points de la peau qui reçoivent les impressions correspondantes, et celles-ci sont peut-être même transmises aux centres nerveux par des voies distinctes. C'est donc qu'elles sont d'abord reçues par des appareils nerveux distincts.

Les terminaisons nerveuses sensibles sont nombreuses dans la peau. On distingue les corpuscules du tact ou de Meissner (dans les papilles dermiques), ceux de Krause (dans la conjonctive, dans la muqueuse buccale, etc.), ceux de Vater-Pacini [1] (dans le tissu conjonctif sous-dermique [2]) et les terminaisons libres épidermiques (en boutons). D'après le développement de chacune des formes de la sensibilité cutanée en des points divers de la peau et, comparativement, d'après la répartition des différents appareils nerveux terminaux en ces mêmes points, on a essayé de déterminer le rôle de ces appareils. Ainsi les corpuscules de Meissner serviraient à la réception des impressions tactiles, parce qu'ils sont répandus en grand nombre là où la sensibilité tactile est très développée (face palmaire des doigts, langue, etc.); les corpuscules de Krause recevraient les impressions de froid parce qu'on les trouve dans la conjonctive et dans la muqueuse du gland, c'est-à-dire en des endroits où l'on sent le froid, mais point les contacts (on y sent aussi la douleur); et les terminaisons libres seraient les appareils récepteurs des impressions douloureuses, puisqu'on ne trouve que ces appareils dans la cornée, qui ressent exclusivement la douleur. Telle est du moins la conclusion à laquelle est arrivé, après de nombreuses recherches, Max von Frey [3], un des physiologistes qui a le plus contribué à étendre nos connaissances sur les formes de la sensibilité cutanée.

La question des voies nerveuses par lesquelles les différentes impressions cutanées sont conduites aux centres est plus compliquée que la précédente. Il faut remarquer en effet que les filets sensibles des racines postérieures et ceux des nerfs crâniens ne transmettent pas seulement les impressions reçues par la peau, mais celles qui viennent des muscles, des articulations, des organes internes et d'où naissent les sensations de mouvement actif et passif, d'effort, de résistance, etc., et ces sensations plus ou moins bien définies que l'on dénomme besoins et les sensations générales de fatigue, de malaise, de bien-être, de volupté, etc. Comment distinguer les voies suivies par toutes ces impressions? On verra que cette détermination, encore imparfaite d'ailleurs, n'a pu être poursuivie que pour les impressions tactiles, thermiques, douloureuses, et, à un moindre degré, pour les impressions kinésiques [4].

Il faut pour le moment faire l'étude de chacune des formes de la sensibilité cutanée.

1. Vater (1684-1751), anatomiste allemand. — Pacini (1812-1883), anatomiste italien.
2. On les trouve aussi dans diverses parties du péritoine, au voisinage des articulations, etc.
3. Physiologiste autrichien contemporain, professeur à l'Université de Würzburg.
4. On dit souvent *kinesthésiques* (de χίνησις, mouvement, et αἴσθησις, sensation), mais ce terme, accouplé au mot sensation, comme on le fait, est évidemment un pléonasme. Nous proposons de dire simplement *kinésiques*, qui se comprend de reste.

I. — Sens du tact.

Par sens du tact, on n'entend pas seulement les sensations de *contact* et de *pression*, mais encore diverses autres sensations dont l'analyse est jusqu'à présent beaucoup moins précise. Ainsi, d'après la manière plus ou moins régulière dont un corps presse sur la peau et particulièrement sur les doigts, nous jugeons si sa surface est lisse ou rugueuse, s'il présente des anfractuosités, s'il est dur ou mou, aigu ou mousse; par des effets semblables, nous jugeons aussi s'il est en gros fragments ou en poussière, s'il est solide ou liquide ; en promenant les doigts sur sa surface, nous jugeons de sa forme; bref, nous acquérons des notions sur l'état, la forme et l'étendue des corps. A la sensation de contact se rattache aussi celle de *chatouillement*.

Comme, dans des cas pathologiques, on a constaté que la sensibilité à la pression peut être fortement diminuée alors que la sensibilité tactile est intacte ou à peu près, et inversement que celle-ci peut disparaître, dans les cicatrices par exemple, la première étant conservée, quelques physiologistes admettent que la sensibilité à la pression (*baresthésie*) s'exerce par un appareil nerveux spécial, distinct de celui propre à la sensibilité au contact. Mais on considère encore très généralement que le contact et la pression ne sont que deux degrés d'une même excitation ; de fait, la sensation de pression succède toujours à une sensation de contact. Quant au chatouillement, il est produit par la succession plus ou moins rapide de légers contacts sur une étendue plus ou moins grande de la peau.

1° *Excitants des sensations tactiles.*

Quoi qu'il en soit, ce sont des actions mécaniques qui donnent lieu à ces sensations, à la suite des excitations qu'elles produisent dans les terminaisons des nerfs sensitifs de la peau et des muqueuses.

Ces actions mécaniques peuvent être indifféremment produites par des corps solides, des liquides ou des gaz.

Les corps solides agissent par pression ou par traction. Les corps rugueux donnent des sensations plus vives que les corps lisses.

Les liquides exerçant la même pression sur tous les points de la portion avec laquelle ils se trouvent en contact, c'est seulement au niveau de la partie en contact avec la surface du liquide qu'il y a inégalité de pression et par suite production d'une sensation tactile.

Les mouvements des gaz déterminent aussi des sensations tactiles. L'effet d'un coup de vent, par exemple, est bien différent de la légère

impression ressentie quand on marche dans l'obscurité et qui est due à la
réflexion de l'air contre les objets fixes, tels que la paroi d'un mur, dont
on s'approche. On sait que ce sont des impressions de ce genre qui révèlent
aux aveugles les obstacles qu'ils trouvent sur leur chemin.

Nature de l'impression produite par les excitants.— C'est
une impression mécanique qui donne lieu à la sensation. L'excitation
des points dits de pression (voy. ci-dessous) paraît en effet résulter
de la déformation de la peau produite par la charge qui pèse sur ces
points. Quand une même pression s'exerce sur toute une surface
cutanée, il ne naît aucune sensation ; c'est ce qui arrive pour la main
plongée dans l'eau ou dans le mercure à la température de la peau,
comme nous l'avons déjà fait remarquer ci-dessus.

2° *Analyse de la sensation tactile.*

La sensation ne se produit pas indifféremment sur toute la surface
cutanée, mais elle naît en des points spéciaux, dits *points de pression*.
Par l'excitation de ces points aucune autre sensation n'est provoquée.
D'autre part, appliqué ailleurs, l'excitant spécifique ne détermine
plus la sensation ; appliqué par exemple à un filet nerveux, il ne
donne lieu qu'à une sensation de fourmille-
ment ou de douleur. C'est donc que dans les
points susdits seulement se trouvent des cellules sensorielles adaptées aux excitants.

On a déterminé ces points, soit au moyen de très
légères excitations mécaniques (produites par une
pointe fine ou par un cheveu ajusté à un petit bâton
perpendiculairement à ce bâton [méthode de MAX
VON FREY, 1895], soit au moyen d'excitations électriques par la méthode unipolaire. On remarque alors
que, suivant les points excités, il y a sensation de
contact, de froid ou de chaud ; il y a aussi des points
qui ne sentent rien, et d'autres qui sentent, non
plus une pression, mais une douleur; et l'on peut
déterminer la position exacte de tous ces points.

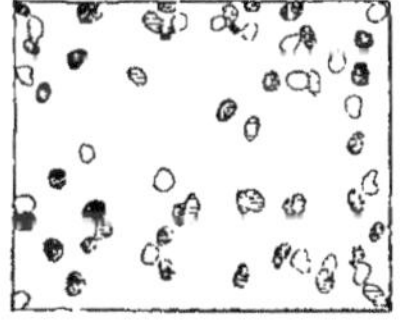

Fig. 179. — Répartition des
points de pression, de chaud
et de froid dans une petite
portion de la région dor-
sale de la main (d'après
Blix[1]).

Les points de pression sont
figurés en noir, les points de
froid en blanc et les points de
chaud sont représentés par
les petits espaces rayés.

Voici par exemple (fig. 179) la topographie des points de pression et
comparativement celle des points de chaud et de froid sur un fragment de la
partie dorsale de la main gauche. Ces points sont en général placés auprès
des poils, sans cependant que leur nombre coïncide exactement avec celui

---

1. MAGNUS BLIX (1849-1904), physiologiste suédois, très connu par ses travaux
sur le muscle, en particulier sur l'électricité musculaire, et plus encore par ses
recherches si précises sur les différentes formes de la sensibilité cutanée. C'est
à lui que l'on doit la découverte de la distinction des points thermiques et des
points de pression (1882-1883). Le médecin allemand GOLDSCHEIDER fit indépendamment, mais plus tard (1884), la même découverte.

des poils. Leur nombre varie suivant les régions de la peau ; on en trouve, par exemple, 28 par centimètre carré sur le poignet, et 5 seulement sur la partie antérieure de la jambe. D'après M. von Frey, il y aurait pour toute la surface du corps humain, la tête exceptée, environ 500 000 points de pression.

A. Conditions de la sensation. — Ces conditions sont relatives et aux excitants et aux organes sur lesquels ceux-ci agissent.
Examinons d'abord les premières.

On voit tout de suite qu'il y a entre les sensations des différences d'*intensité*, dépendant de l'intensité de l'excitation. Une pointe simplement posée sur l'épiderme donne lieu à une sensation de contact léger ; en appuyant un peu plus fortement la pointe, on transforme la sensation de simple contact en sensation de pression. On a imaginé des dispositifs qui permettent de charger cette pointe de poids variés, de telle sorte qu'il est facile, en augmentant la pression, de provoquer une sensation plus ou moins forte. Ainsi, la sensation, quoique restant qualitativement identique, varie d'intensité. La recherche fondamentale ici est celle de la plus faible intensité sentie ; on verra dans un instant que cette sensibilité *discriminative* à la pression est très variable suivant les régions de la peau. Le degré au-dessous duquel il n'y a plus de sensation s'appelle le *seuil de la sensation*. — La question se pose alors de savoir quel est le rapport entre l'intensité de l'excitation et l'intensité de la sensation. Ce rapport est réglé par une *loi*, dite de *Weber-Fechner* [1]. Mais l'étude en sera plus instructive quand elle pourra être générale; aussi sera-t-elle reportée à la fin de ce chapitre des fonctions sensorielles.

En second lieu, la *sensation de contact est différente suivant la nature des corps;* si, au lieu d'une pointe, on applique sur la peau, avec la même pression, des objets durs ou mous, lisses ou rugueux, ou de bois ou de métal, ou des corps gras ou des liquides, on distingue toutes ces différences. Sont-ce là des excitations *qualitativement* différentes, comme le sont les diverses saveurs? la chose n'est pas vraisemblable, mais il est sûr que les sensations produites paraissent spécifiquement distinctes, « d'une manière analogue, dit Wundt, à deux sensations diverses de ton ou de saveur ».

Voyons maintenant les conditions relatives aux organes.

Le fait le plus important est la *variation de la sensibilité suivant les régions.* On le démontre en fixant la pression minima qui provoque une sensation de contact. Voici quelques chiffres dus à Aubert [2] (dans tous les cas les poids agissent sur 9 millimètres carrés de surface) :

---

1. G.-Th. Fechner (1801-1887), célèbre philosophe allemand, créateur de la psycho-physique.
2. Hermann Aubert (1826-1892), physiologiste allemand, a laissé d'excellents travaux sur les organes des sens, en particulier sur le fonctionnement de la rétine, sur l'accommodation, etc.

Front, tempes, nez, joues..........................	2 milligrammes.	
Paume de la main.................................	3	—
Paupières, lèvres, ventre...........................	5	—
Face palmaire de l'index...........................	15	—

Par une méthode analogue à celle de M. von Frey, mentionnée plus haut, A.-M. Bloch [1] (1891) a trouvé des chiffres beaucoup plus faibles, c'est-à-dire que la sensibilité à la pression est beaucoup plus grande qu'on ne l'admettait généralement. Pratiquement, tout le monde sait que le toucher est particulièrement exquis à la pointe de la langue et au bout des doigts.

La *présence des poils* augmente la sensibilité. Pour déterminer la même sensation, il faut exercer une pression plus forte sur tel endroit de la peau rasée que sur la même partie non rasée.

L'*état de la circulation* peut modifier la sensibilité; ainsi l'hyperémie et l'anémie la diminuent.

L'*exercice* l'augmente. L'exemple le plus frappant de la perfection que peut atteindre le sens du tact est celui des aveugles.

B. Caractères de la sensation. — La sensation de pression présente divers caractères, dans la détermination desquels le système nerveux central joue un rôle manifeste.

1° Les sensations ont plus ou moins d'intensité. Nous avons déjà indiqué ce point et dit que l'examen en serait fait ultérieurement.

2° Aucune impression n'est sentie aussitôt qu'elle se produit; il y a un intervalle de temps qui sépare le moment de l'excitation du moment de la sensation. Ce temps peut se mesurer, on l'appelle le *temps de réaction*. Cette durée varie suivant les sensations. Mais, comme les méthodes pour la déterminer s'appliquent à toutes les sensations et comme les résultats de ces expériences, si on les réunit, gagnent en intérêt, on remettra l'exposé de cette question à la fin de l'étude des fonctions sensorielles.

3° La durée de la sensation dépasse celle de l'application de l'excitant. C'est pour cela que des contacts se succédant trop rapidement cessent d'être sentis isolément et déterminent une sensation continue (voy. plus loin, p. 831). Tout le monde sait que les personnes qui portent des lunettes les sentent encore sur leur nez pendant quelques instants, après qu'elles les ont enlevées. Il y a donc une persistance des impressions tactiles analogue à la persistance des impressions rétiniennes qui produit les *images consécutives.*

4° Quand on touche la peau d'un sujet, non seulement celui-ci distingue la nature du contact, fort ou faible, dur ou mou, etc., mais encore il peut désigner, même les yeux fermés, le point de la peau touché.

---

1. Médecin et physiologiste français contemporain.

Ces expériences de *localisation* de la sensation peuvent se faire suivant plusieurs méthodes.

Une méthode assez usitée consiste à toucher la peau d'un sujet, dont les yeux sont fermés, avec une pointe noircie; le sujet doit ensuite indiquer avec une autre pointe l'endroit touché. La distance entre les deux points mesure la sensibilité.

Suivant les endroits de la peau, le point du corps auquel le contact est rapporté correspond plus ou moins exactement au point touché. La finesse de localisation des sensations tactiles est donc plus ou moins grande. Et le pouvoir ou faculté de localisation (*Ortsinn* des Allemands) varie donc avec les différentes parties de la peau.

C'est cette habitude de localisation qui rend compte de certaines illusions tactiles, telles celle que l'on observe dans l'*expérience* bien connue *d'Aristote* (fig. 180). Si on croise l'index et le médius et qu'on roule entre ces

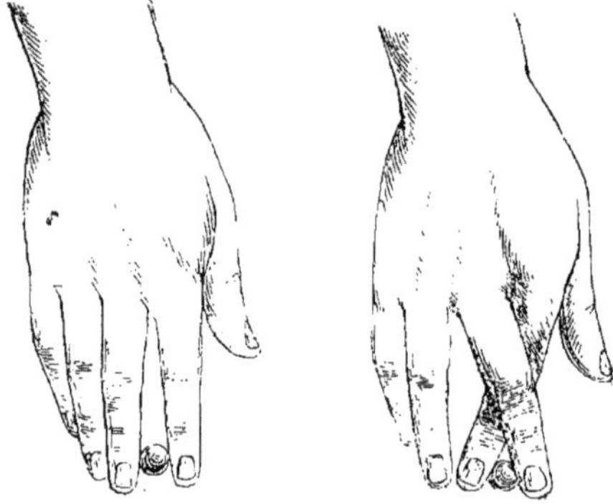

deux doigts ainsi placés une petite boule, un pois par exemple, on éprouve la sensation de deux boules, l'une en dehors de l'index, l'autre en dedans du médius. C'est que l'expérience nous a appris à sentir deux corps différents, dans la position normale des doigts, lorsque l'impression se fait sur les bords radial de l'index et cubital du médius.

Fig. 180. — Expérience d'Aristote.

A la faculté de localisation se rattache l'ancienne expérience de E. H. WEBER (1834) sur la perception de deux excitations tactiles simultanées. Elle consiste en la détermination de la distance minima au-dessous de laquelle les deux contacts simultanés ne sont plus sentis comme tels; c'est donc aussi un seuil de sensation (voy. plus haut, p. 826) et, comme cette faculté de discernement s'exerce sur une étendue de peau, c'est un seuil que l'on dit *extensif*, par opposition au seuil de la sensation de pression, dit *intensif*. Comment se fait l'expérience ?

On recherche si, en appliquant simultanément deux pointes sur la peau, on sent également ces deux pointes comme distinctes. Pour cela on se sert d'un compas *(compas de Weber)* [1] et on recherche quel écartement il faut don-

1. C'est un compas ordinaire, à pointes émoussées ou *sèches*.

ner aux deux pointes du compas pour que, appliquées en même temps sur
la peau, elles soient senties séparément ; plus cet écartement est petit,
plus la sensibilité est grande. Ainsi, à la pointe de la langue, il suffit de
1 millimètre d'écartement, de 2 millimètres sur la paume et de 15 millimètres sur le dos de la main ; sur la peau du tronc, particulièrement vers la
partie dorsale, on ne sent les deux pointes que quand elles sont écartées
de 5 ou 6 centimètres et de 7 centimètres sur la cuisse [1].

E. H. WEBER a appelé *cercle de sensation* l'étendue de la surface de
la peau où l'impression des deux pointes du compas se confond en une
seule. Il est facile de constater que l'étendue de ces cercles est très variable
selon les parties du corps considérées : très petite à la pointe de la langue,
elle devient très considérable vers les parties dorsales du tronc ; il est facile
de voir aussi, par les données anatomiques, que cette étendue est dans
un rapport inverse avec la richesse de la peau en corpuscules tactiles.
Cependant il ne faudrait pas en conclure absolument qu'un cercle de
sensation est une grandeur anatomique, comme, par exemple, le champ
embrassé par les ramifications d'une fibre nerveuse ; il suffira, pour
démontrer le contraire, de rappeler que l'étendue d'un cercle de sensation
peut varier par suite de l'attention, de l'exercice, de l'habitude et d'autres
influences. Comme en certaines régions la distance des pointes du compas
embrasse plus de 12 corpuscules du tact (corpuscules de Meissner) et que
cependant, en ces régions, deux cercles de sensation se touchent ou
même se recouvrent en partie, de façon à ne pouvoir être séparés l'un de
l'autre dans la perception, on doit admettre qu'il y a là des phénomènes
d'*irradiation*, c'est-à-dire qu'il y a transmission de l'excitation d'une fibre
nerveuse sensitive à d'autres fibres voisines ; et comme l'attention, l'habitude, l'exercice peuvent diminuer cette irradiation, il en faut conclure
qu'elle est un fait, non uniquement d'impression périphérique, mais aussi
de perception, c'est-à-dire d'action centrale.

C'est cette propriété d'apprécier l'étendue cutanée que WEBER avait
originellement (1834) appelée tout simplement, appellation qui se
comprend d'elle-même d'après la description de son expérience,
gradus distinctionis et que l'on dénomme quelquefois *sens du lieu*
(*Raumsinn* des Allemands). Mais on risque ainsi de confondre cette
propriété avec le pouvoir de localisation dont il a été parlé plus
haut. Sans doute les deux phénomènes ne sont pas sans rapport ; en
effet, puisque nous pouvons distinguer deux points de la peau simultanément excités, c'est que la sensation a une qualité particulière
qui nous permet de discerner les points touchés ; cette qualité, c'est
ce que le psychologue allemand LOTZE a appelé le « signe local » (1852).
De même, c'est grâce au signe local que nous situons les endroits
de la peau sur lesquels s'est produit un contact (pouvoir de localisation). Il s'agit pourtant de deux propriétés différentes, car la

1. Tous ces chiffres ne sont, bien entendu, que des moyennes.

faculté de localisation ne varie pas toujours comme la finesse du
« sens du lieu » ; il y a des parties de la peau pour lesquelles elle est
inférieure à la limite de la distance des pointes, déterminée par le
compas de WEBER, et d'autres pour lesquelles elle est supérieure à cette
limite. D'autre part, on a observé des cas pathologiques dans lesquels
l'une de ces propriétés est très diminuée, tandis que l'autre reste
normale ou à peu près. Ainsi la précision de la localisation et la
finesse du « sens du lieu » peuvent être dans une large mesure indépendantes l'une de l'autre. — Pour cette raison, ne faut-il pas éviter,
dans les dénominations qui les désignent, toute cause de confusion ?
L'expression *sens du lieu* rappelle trop l'idée de localisation et, d'un
autre côté, ne contient pas assez explicitement l'idée d'étendue cutanée. Mieux vaudrait la remplacer par celle de *sens de l'espace cutané.*

Cette propriété présente de grandes différences suivant les individus,
mais varie peu chez un individu donné. — La question de savoir si elle est
égale dans les deux sexes est encore douteuse.

Le sens de l'espace cutané, pour une partie de la peau, est d'autant plus
développé que la partie est plus mobile (*loi de Vierordt*) ; aussi l'immobilisation prolongée d'un membre entraîne-t-elle la diminution de ce sens ;
c'est une notion que les médecins, et notamment les neuropathologistes,
ne doivent pas oublier.

Nous avons indiqué déjà que l'exercice affine beaucoup cette sensibilité, mais il est remarquable que le perfectionnement acquis sous cette
influence n'est pas durable ; au bout de quelques jours il disparaît. L'exercice ne produit pas son action seulement sur la partie du corps exercée,
mais aussi, fait très intéressant, sur la partie symétrique, sur la main
droite par exemple, si la partie exercée était la main gauche.

Le sens de l'espace cutané est plus développé chez les enfants que chez
les adultes. Il en est de même chez les aveugles.

Il s'affaiblit sous l'influence de la fatigue intellectuelle et on a découvert
qu'il y a même là, dans cette mesure du *seuil extensif,* un bon moyen
d'apprécier chez les écoliers la fatigue produite par les divers exercices
qui leur sont imposés (recherches du médecin allemand GRIESBACH et
surtout d'ALFRED BINET [1]).

Quand, au lieu d'appliquer les deux pointes du compas de WEBER
simultanément sur un endroit de la peau, on les applique successivement,
on constate que la limite minima de la distance à partir de laquelle on
perçoit les deux pointes est plus petite ; en d'autres termes, par cette méthode (J. N. CZERMAK [2], 1855) l'acuité du sens de l'espace cutané est augmentée. — Mais, pour que des impressions tactiles successives soient senties
isolément, il faut qu'elles soient séparées par des intervalles de temps suffisants ; trop rapides, elles se fusionnent ; ainsi, quand la main reçoit
640 petits chocs par seconde au moyen d'une roue dentée, les dents de la

---

1. Psychologue français très connu (1857-1911).
2. J. N. CZERMAK (1828-1873), physiologiste tchèque, a fait de très intéressantes
recherches sur la sensibilité cutanée, sur l'accommodation, etc.

roue ne sont plus perçues comme distinctes ; pour les autres parties de la peau, il suffit de 52 à 64 chocs par seconde pour que la sensation devienne continue.

On distingue toujours deux contacts semblables de deux contacts différents l'un de l'autre, mais, dans ce dernier cas, dans le cas où, par exemple, l'une des branches du compas de Weber se termine par une petite boule et l'autre par une pointe ou par un petit cylindre, la sensibilité est plus fine : la limite à laquelle on perçoit les deux contacts différents devient inférieure à ce qu'elle est quand les deux contacts sont semblables (expériences de L. MARILLIER [1] et J. PHILIPPE [2], 1903).

2. — Sensibilité thermique.

Les sensations thermiques se distinguent qualitativement en sensations de chaud et sensations de froid. C'est surtout la peau qui ressent les impressions de chaud et de froid ; les muqueuses des orifices naturels, la muqueuse buccale, celle particulièrement de la pointe de la langue y sont sensibles aussi ; les autres muqueuses, y compris la cornée, et les organes viscéraux ne les éprouvent pas.

1° *Excitation du sens thermique.*

Tous les corps solides, liquides ou gazeux peuvent provoquer des impressions thermiques. On a admis longtemps que la peau éprouve la sensation de chaud ou de froid quand elle entre en contact avec un corps dont la température est supérieure ou inférieure à la sienne propre. De là, la conception de HERING, que la température de la peau représente en quelque sorte le zéro des sensations thermiques ; chaque fois que la température cutanée est portée au-dessus de ce point, il y a sensation de chaud et, chaque fois qu'elle tombe au-dessous de cette limite, il y a sensation de froid. On ajoutait que ce zéro peut correspondre à des températures réelles très variables, suivant qu'on a séjourné quelque temps dans un milieu plus ou moins chaud ; ainsi la main, plongée dans de l'eau à 25°, ressent une sensation de chaud, si elle était d'abord dans de l'eau à 20° et, au contraire, une sensation de froid, si elle était d'abord dans de l'eau à 30°.

Depuis les recherches, dont les résultats vont être exposés, qui ont démontré dans la peau l'existence de points spéciaux pour le froid et pour le chaud, il paraît bien difficile d'admettre la réalité d'un tel zéro. Mais des excitants divers déterminent l'élévation ou

---

1. LÉON MARILLIER (1863-1901), psychologue français très estimé, connu aussi par de remarquables études sur l'histoire des religions.
2. JEAN PHILIPPE, médecin et psychologue français contemporain.

l'abaissement de la température propre d'un appareil nerveux spécial, produisant dans cet appareil un changement d'état, peut-être une modification de l'équilibre chimique du protoplasma, à la suite de laquelle naît et se développe l'excitation physiologique qui, dans le cerveau, donne lieu à la sensation; par exemple, l'élévation thermique (un corps chaud) excite les appareils pour le chaud et l'abaissement thermique excite les appareils pour le froid. Mais des excitations électriques localisées ont le même effet. On comprend par là qu'une même température réelle puisse exciter ici un appareil thermique et là un autre appareil, c'est-à-dire que la même excitation puisse provoquer deux sensations différentes. On comprend aussi qu'il existe un rapport étroit entre la production des sensations thermiques et l'état de la circulation cutanée; la température propre des appareils nerveux dont il s'agit et, par conséquent, leur irritabilité doivent en effet varier beaucoup suivant le sens des phénomènes vaso-moteurs qui se passent incessamment dans les diverses couches de la peau. Et réciproquement l'excitation des appareils nerveux thermiques commande à d'importantes réactions vaso-motrices et sécrétoires (sudorales) qui jouent le plus grand rôle dans la régulation de la température, chez les animaux à sang chaud (voy. pp. 809, 812, 815).

2° Analyse des sensations thermiques.

Avant d'étudier les caractères propres de ces sensations, il est nécessaire d'indiquer les faits qui ont servi à séparer la sensibilité à la température des autres formes de la sensibilité cutanée et à l'ériger en sens spécial.

A. Distinction de la sensibilité thermique et des autres modes de la sensibilité cutanée. — La sensation est qualitativement différente suivant que les excitants agissent sur des points de chaud ou sur des points de froid. Plusieurs séries d'expériences le démontrent.

1° Quand on touche la peau avec une pointe fine, on provoque, suivant les points, soit une sensation de contact, soit une sensation de froid, soit une sensation de chaud (voy. fig. 179, p. 825). Même résultat quand on promène à la surface de la main ou dans une autre région cutanée une électrode en forme de pointe, l'autre électrode plus large étant placée sur une autre partie de la peau.

Ainsi un même excitant, mécanique ou électrique, provoque des sensations très différentes, suivant qu'il agit sur telle ou telle catégorie d'appareils cutanés, et, appliqué au même point de la peau, il donne toujours lieu à la même sensation. Ce sont là des effets identiques à ceux de l'excitant électrique sur le nerf auditif ou sur le nerf optique, bref, sur tous les appareils sensoriels. C'est sur des expériences de ce genre qu'on a fondé la loi de l'énergie spécifique des nerfs.

Avec les excitants thermiques proprement dits, le résultat est le même. Une pointe froide (tige de cuivre pointue, par exemple) promenée à la sur-

Os   Espace   Os   Espace   Os   Espace   Os   Espace
métac. V inter. IV métac. IV inter. III métac. III inter. II métac. II inter. I

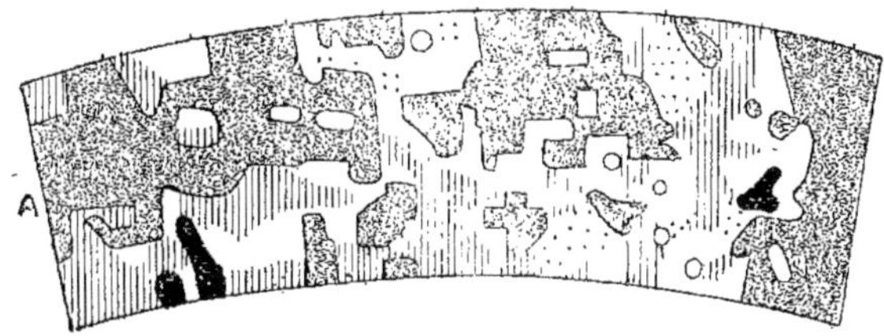

Os   Espace   Os   Espace   Os   Espace   Os   Espace
métac. V inter. IV métac. IV inter. III métac. III inter. II métac. II inter. I

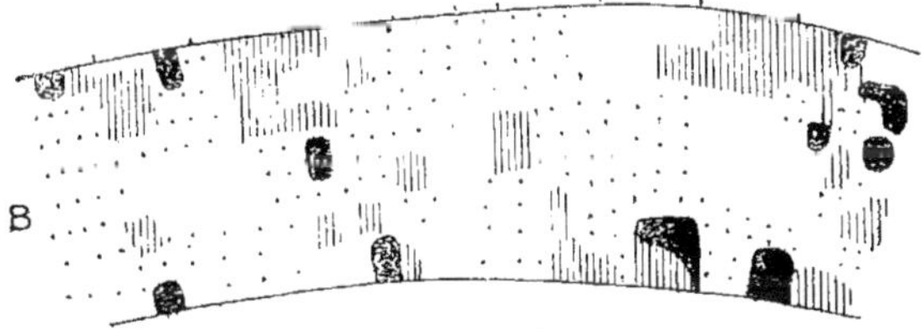

Fig. 181. — Répartition de la sensibilité thermique dans la région moyenne du dos de la main (GOLDSCHEIDER).

A, sensibilité au froid ; — B, sensibilité au chaud.
Les parties noires sont celles où la sensibilité est la plus vive ; les parties rayées, celles à sensibilité moyenne ; les parties pointillées celles à sensibilité faible et les endroits laissés en blanc sont insensibles au froid comme au chaud.

face de la peau ne donne une sensation de froid que quand elle arrive sur des points déterminés et une pointe chaude (même tige de cuivre que ci-dessus chauffée légèrement) ne donne une sensation de chaud que quand elle rencontre d'autres points distincts des premiers ; et, en d'autres points encore ou sur les points dits de pression, ni l'une ni l'autre ne provoque de sensation thermique. Il y a plus, un point de froid touché par un objet au-dessus de 45° donne une sensation de froid.

C'est par ces méthodes d'exploration de la peau que l'on est parvenu à dresser (GOLDSCHEIDER en particulier) pour ainsi dire la carte des diverses régions cutanées, par rapport aux points de froid et aux points de chaud. Voici (fig. 181) un exemple de ces sortes de cartes. On verra plus loin

quelle est la sensibilité thermique des principales parties de la surf[...]
corporelle.

2° Il y a des excitants chimiques qui ne provoquent jamais qu'une [...]
deux sortes de sensation thermique suivant l'endroit excité. Ainsi, qua[...]
on frotte la peau de la tempe avec un crayon de menthol, il se produit u[...]
vive sensation de froid ; celle-ci n'est pas due à un refroidissement r[...]
de la peau, comme on peut s'en assurer en plaçant un thermomètre s[...]
cette partie de la peau (expérience de GOLDSCHEIDER). On a pensé que [...]
menthol hyperesthésie les appareils nerveux pour le froid. Au contrai[...]
l'excitation de la peau par l'acide carbonique donne lieu à une sensati[...]
de chaleur; c'est ce que l'on éprouve par exemple en plongeant la ma[...]
dans un récipient contenant de l'anhydride carbonique, et, par com[...]
raison, l'autre main dans un récipient plein d'air.

3° La sensibilité thermique peut persister, tandis que les autres form[...]
de sensibilité cutanée sont abolies. Ainsi on a remarqué que, sur l'o[...]
humain, insensibilisé par l'instillation de quelques gouttes d'une soluti[...]
de cocaïne à 1 p. 100, les sensations de contact et de douleur ont dispar[...]
alors que les sensations thermiques se produisent encore (expériences [...]
H. DONALDSON[1], 1885). Sur l'œil du lapin anesthésié par l'ouabaïne ou p[...]
la strophantine[2], GLEY a constaté (1890) que la sensibilité au froid repar[...]
une ou deux heures avant que la sensibilité tactile soit redevenue norma[...]

4° Sous l'influence de lésions nerveuses diverses, on observe des diss[...]
ciations de la sensibilité cutanée telles qu'il en faut bien conclure l'ind[...]
pendance des diverses formes de cette sensibilité.

Lorsqu'un membre est engourdi par compression nerveuse, il devie[...]
insensible au froid, restant encore pendant quelque temps sensible à [...]
chaleur, aux contacts et à la douleur (observations de A. HERZEN, 188[...]
ceci s'observe aisément sur l'homme, assis de telle façon que le nerf sc[...]
tique se trouve comprimé, ou bien dont on comprime un nerf cubital ; [...]
l'engourdissement du membre étant ainsi réalisé, on fait sur le sujet [...]
expérience des applications d'objets froids et chauds, le sujet ne sent q[...]
ces derniers ; en même temps il sent encore les contacts et les excitatio[...]
douloureuses ; plus tard, la sensibilité thermique disparaît complètemer[...]
— Ces observations ne peuvent guère se comprendre que dans l'hypothè[...]
de fibres nerveuses différentes pour la conduction des diverses sor[...]
d'impressions cutanées ; la propriété conductrice de ces fibres ne serait p[...]
simultanément abolie par la compression du nerf mixte.

Comme conséquence de sections ou de lésions de différents nerfs pé[...]
phériques, chez l'homme, on a observé aussi des dissociations très nett[...]
de la sensibilité cutanée et qu'on ne peut expliquer qu'en admettant enco[...]
que les diverses sortes d'impressions reçues par la peau ne se transmette[...]
pas aux centres par les mêmes conducteurs. Il y a là aussi une preu[...]
de la spécificité des sensations. On voit sur la figure 182 un exemple [...]
ces dissociations de la sensibilité par lésion nerveuse.

1. Médecin et physiologiste américain contemporain.
2. L'ouabaïne est un glycoside très vénéneux, extrait du bois d'*Ouabaïo*, A[...]
cynée de l'Afrique. — La strophantine est un autre glycoside très vénéneux, [...]
peu moins toxique cependant que le précédent et extrait des graines d'u[...]
Apocynée africaine, le *Strophantus* (variété *Kombé*).

Dans une affection médullaire bien connue, la *syringomyélie* (moelle

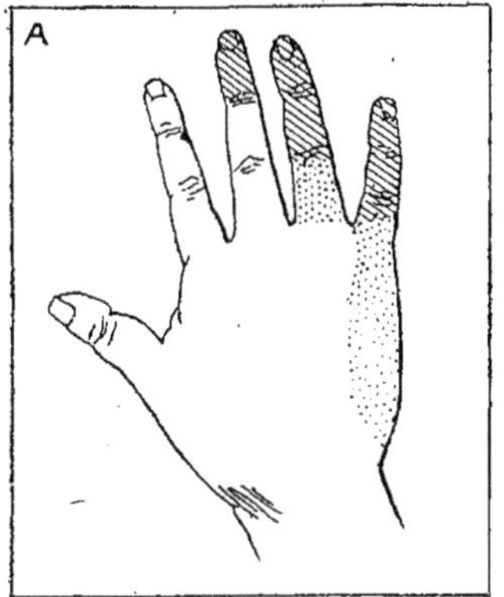
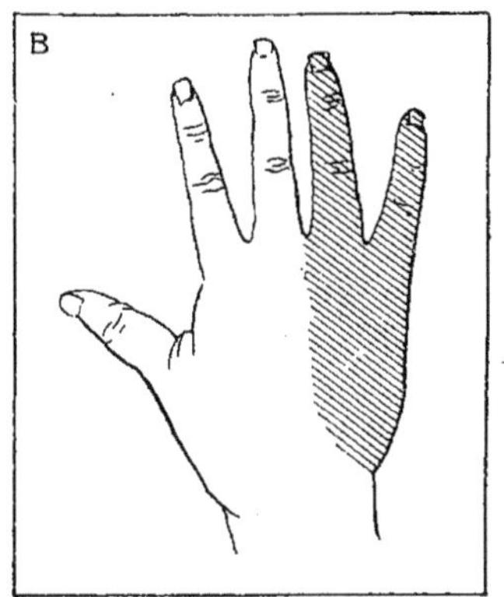
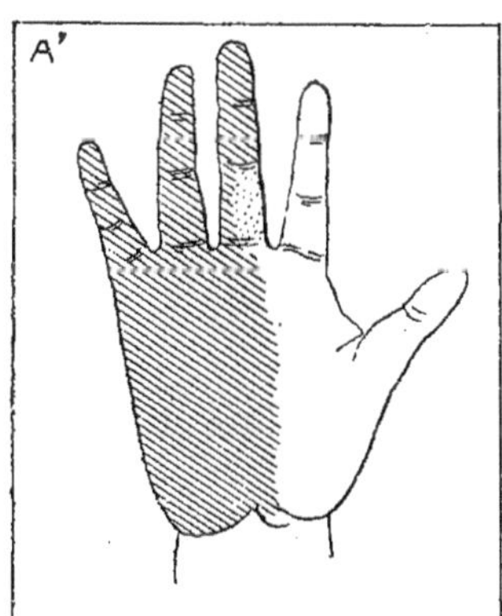
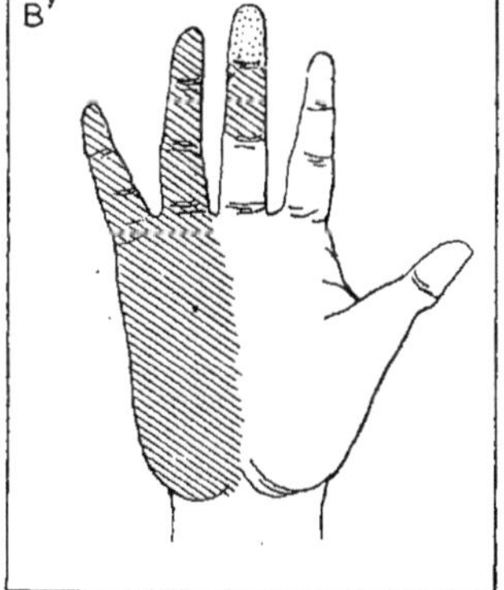

Fig. 182. — Anesthésie tactile et anesthésie thermique consécutives à une blessure des nerfs médian et cubital au milieu du bras (observation de E. CAVAZZANI, 1893).

Les nerfs ont été suturés neuf mois après l'accident. La figure représente les faces dorsale et palmaire de la main, un mois et demi après la suture des nerfs.

A et A', champs de l'anesthésie tactile (zone rayée); — B et B', champs de l'anesthésie thermique (zone rayée).

L'anesthésie est absolue, sauf dans les parties où il y a un pointillé, sur lesquelles on observait encore des traces de sensibilité.

Un an plus tard, la sensibilité thermique avait complètement reparu à la face dorsale de la main, tandis que les deux derniers doigts étaient encore insensibles aux contacts et aux pressions.

creusée en forme de tuyau, de σύριγξ, tuyau et μυελός, moelle [1]), il y a

1. L'affection est causée par un néoplasme, un gliome, qui siège au centre de la moelle et, en se développant excentriquement, comprime la moelle.

outre de l'atrophie musculaire et des troubles trophiques, perte des sensibilités thermique et douloureuse avec conservation intégrale de la sensibilité tactile; les malades ressentent comme de simples contacts les impressions de froid ou de chaud [1], à tel point qu'il leur arrive maintes fois de se brûler sans en avoir conscience; ils ne s'en aperçoivent que quand se produisent des phlyctènes. Ces phénomènes sont si nets qu'ils portent le nom maintenant classique, de *dissociation syringomyélique*. Or, ce sont justement ces troubles dissociés de la sensibilité qui permettent de faire le diagnostic exact de la syringomyélie, cette maladie pouvant être aisément confondue, si ces signes caractéristiques échappent à l'attention, avec diverses affections médullaires, avec l'atrophie musculaire progressive qui présente les mêmes désordres moteurs et la même conservation de la sensibilité tactile, avec la *maladie de Morvan* [2], dans laquelle l'atrophie musculaire suit la même marche, mais où la sensibilité tactile est altérée en même temps que les sensibilités thermique et douloureuse. Au début de l'affection, la thermo-anesthésie peut être abolie de longues années avant l'apparition de l'analgésie.

B. **Conditions de la sensation.** — Suivant l'intensité de l'excitation (corps plus froid ou plus chaud), la sensation est plus ou moins intense.

Elle varie beaucoup suivant les diverses régions. (On a déjà vu (p. 825, fig. 179) qu'il y a plus de points de froid que de points de chaud; il y en a environ de 6 à 23 par centimètre carré de peau, tandis qu'il y a beaucoup moins de points de chaud (0 à 3); sur toute la surface du corps il y aurait des premiers 250000 et des seconds seulement 30000 environ. Les parties les plus sensibles à la température sont le mamelon, la poitrine, les ailes du nez, puis la face antérieure du bras, le ventre, etc. Sur la conjonctive, il n'y a que des points de froid, pas un seul point de chaud; au contraire, la surface du gland, chez l'homme, est absolument insensible au froid. — La sensibilité au chaud est assez variable pour que, suivant les régions de la peau, la température de l'excitant doive varier entre 25 et 35° pour provoquer la sensation [3].

L'intensité de la sensation varie avec l'étendue de la surface excitée; en plongeant dans de l'eau froide ou chaude la main entière, on éprouve une sensation plus vive que si on plonge dans la même eau un ou deux doigts seulement.

L'exercice augmente la sensibilité thermique.

1. Il y a des cas, très rares, il est vrai, de syringomyélie où la sensibilité thermique est elle-même dissociée; la sensibilité au froid est conservée, la sensibilité au chaud seule est abolie.
2. Médecin français, mort en 1897, qui exerçait dans le Finistère, à Lannilis, et que d'importantes études neuropathologiques ont fait connaître.
3 La sensation douloureuse pour le chaud naît avec des températures variant, suivant les endroits de la peau, entre 44 et 52°.

C. Caractères de la sensation. — Outre l'intensité, la sensation présente quelques autres caractères.

Elle ne se produit qu'un certain temps après l'excitation. Ce retard est même notablement plus long que celui qui s'observe pour les sensations tactiles entre l'excitation et la sensation. On a trouvé, par exemple (moyenne très générale), que le temps de réaction est pour les sensations de froid de 191 millièmes de seconde, et pour celles de chaud de 467 millièmes; sur le visage les chiffres oscillent entre 150 à 170 millièmes de seconde pour le froid et, pour le chaud, entre 155 et 185 millièmes. C'est là encore un fait sur lequel on s'est fondé pour séparer la sensibilité thermique des autres sens qui ont leurs organes dans la peau.

La sensation persiste après que l'excitation a pris fin. Il suffit de rappeler à ce sujet une observation connue. Si on applique sur la peau du front un objet froid, comme une pièce de métal, qu'on laisse en place environ une demi-minute, quand on l'enlève, la sensation de froid persiste.

Nous localisons les sensations thermiques comme les sensations tactiles. De même il y a un sens de l'espace cutané qui se manifeste par les premières comme par les secondes. L'expérience a montré que, pour un certain écartement entre deux pointes refroidies ou chauffées, on sent un double contact. Cet écartement est variable suivant les régions du corps, étant environ de 0,8 à 3 millimètres pour les impressions de froid et de 2 à 5 millimètres pour les impressions de chaud (d'après les expériences de GOLDSCHEIDER). Il varie aussi suivant les individus. Les sensations thermiques sont donc, comme les tactiles, *extensives*, c'est-à-dire peuvent nous donner la notion d'étendue.

3. — Sensibilité douloureuse.

Beaucoup d'autres organes que la peau éprouvent des sensations douloureuses, les articulations, les dents, la tête, l'oreille, les organes internes (on connaît la violence des douleurs utérines, celle aussi des douleurs dites d'estomac). C'est donc une forme de sensibilité très répandue. C'est pourquoi, ainsi que la sensibilité tactile également très répandue, on la qualifiait de *sensibilité générale*, pour distinguer celle-ci, à tort, nous le savons, des *sensibilités spéciales*. On va voir que la sensibilité douloureuse, elle aussi, est spécifique. Si nous l'étudions avec les autres modes de la sensibilité cutanée, c'est que seules les douleurs qui ont leur siège dans la peau ont été soumises à une analyse exacte.

1° *Les excitations douloureuses.*

Quand il **y a,** sur une région cutanée, excitation de pression ou thermique forte, ou qui dure longtemps ou qui est souvent répétée, une sensation désagréable se produit alors, c'est la douleur. C'est le propre des excitations fortes, quelles qu'elles soient, de faire naître cette sensation. Ainsi le seuil de la douleur (par pression, par exemple) est très élevé.

De quelle nature est cette impression, d'où provient, quel qu'ait été l'excitant, mécanique, thermique, électrique, la modification nerveuse qui éveille dans les centres la douleur? On remarque que les excitations fortes ont pour effet de désorganiser les éléments sur lesquels elles agissent. Et, par exemple, la forte pression qui s'exerce sur les cellules épidermiques déterminerait un changement de la concentration du liquide qui entoure les extrémités nerveuses ; et des cellules pourraient sortir des substances susceptibles d'exciter ces extrémités (hypothèse de MAX VON FREY). Semblablement, on a supposé la production de *substances algogènes*, sous l'influence de l'excitation forte et prolongée nécessaire pour provoquer la douleur, substances qui intoxiqueraient les terminaisons nerveuses (hypothèse de Mlle J. JOTEYKO[1], 1905). Ainsi, comme l'excitation thermique, l'excitation dolorifique serait d'origine chimique.

2° *Analyse des sensations de douleur.*

On est donc conduit à admettre pour la douleur, comme pour les autres sensations cutanées, des organes récepteurs spéciaux et vraisemblablement aussi des conducteurs et des organes de perception spéciaux. La démonstration de l'existence d'un appareil spécial de réception est faite aujourd'hui.

A. Distinction de la sensibilité à la douleur et des autres sens cutanés. — Cette distinction est surtout due aux expériences délicates et précises de MAX VON FREY. Aux résultats de ces expériences quelques autres preuves sont à ajouter.

1° Grâce aux excitants punctiformes qu'il a imaginés, M. VON FREY a trouvé dans les diverses régions de la peau des points qui ne répondent que par une impression douloureuse à toute excitation, et ces points, comme les points thermiques et comme les points de pression, sont

---

1. Physiologiste et psychologue polonaise.

constants. Inversement, ceux-ci et ceux-là ne sont pas sensibles à la douleur.

Les points de douleur sont beaucoup plus nombreux que les points de pression. Sur une surface de 12,5 millimètres carrés, sur le dos de la main, M. von Frey a trouvé 2 seulement de ces derniers pour 16 des premiers, soit par millimètre carré plus de un point de douleur.

Il y a des régions insensibles au contact et très sensibles à la douleur, telles sont la cornée et la muqueuse du gland. On a, au contraire, trouvé une région absolument analgésique, tandis que la sensibilité tactile y est parfaitement développée, c'est la partie de la muqueuse de la joue située en face de la deuxième molaire inférieure.

Les points de douleur sont plus superficiels que les points thermiques.

2º Dans l'insensibilisation centrale ou périphérique, on voit la sensibilité à la douleur disparaître avant la sensibilité tactile. Cette dissociation est très nette dans l'anesthésie par le chloroforme, l'éther, la cocaïne. — Le menthol, dont on a vu plus haut (p. 834) l'action hyperesthésiante sur les appareils de froid, diminue au contraire la sensibilité à la douleur.

3º Dans bon nombre d'affections du système nerveux, on trouve de l'analgésie sans anesthésie; cette analgésie est plus ou moins étendue. On a déjà parlé plus haut de la dissociation syringomyélique. Les analgésies des hystériques sont bien connues.

B. Conditions de la sensation. — La douleur dépend de l'intensité de l'excitation et aussi de la durée de celle-ci.

Il y a *asymétrie dolorifique*; la sensibilité à la douleur est plus vive du côté gauche que du côté droit et cela aussi bien chez les gauchers que chez les droitiers. De ce fait, qu'elles ont découvert et étudié, Joteyko et Stefanovska (1903) concluent que la perception de la douleur se fait dans des centres cérébraux différents des autres centres percepteurs sensoriels.

L'attention augmente la douleur. C'est sans doute pour cela que, durant la nuit, où l'attention n'est point distraite, beaucoup de douleurs s'exagèrent. On sait aussi que la représentation préalable d'une douleur donne à celle-ci, quand elle survient, plus d'acuité.

La fatigue intellectuelle augmente la sensibilité à la douleur.

C. Caractères de la sensation. — La douleur présente les mêmes caractères généraux que les autres sensations.

Elle est plus ou moins *intense*.

Le *temps de réaction* est beaucoup plus long que pour toutes les autres sensations. Il a été trouvé de 900 millièmes de seconde environ, c'est-à-dire de près d'une seconde.

Elle n'est pas toujours de même *qualité*; en d'autres termes, elle a des modes divers, elle est aiguë, lancinante, térébrante, etc. On ne sait pas à quelles modifications organiques correspondent ces formes de la sensation.

Une distinction. due à T. Thunberg[1] (1902), est cependant à mentionner à ce sujet. D'après Thunberg, il y a deux sortes de points de douleurs, deux sortes de terminaisons nerveuses adaptées à cette excitation ; les unes, superficielles, ne donnent jamais pour toute excitation, mécanique, thermique, électrique, qu'une sensation de piqûre; les autres, situées dans les couches profondes de la peau, sont plus sensibles à la pression que les premières, et manifestent leur excitation par une douleur sourde. — Un autre physiologiste suédois, Sydney Alrutz, distingue (1905) des sensations douloureuses instantanées et d'autres, plus tardives ; les premières ont le caractère de piqûres punctiformes et les secondes celui de démangeaisons qui s'irradient ; les points où l'on éprouve la sensation de piqûre ne paraissent pas être les mêmes que ceux qui donnent la sensation de démangeaison.

Cette dernière est bien une sensation douloureuse. On a observé en effet des cas où les sensations de pression et de température étaient conservées, mais celles de douleur supprimées (plusieurs cas de lèpre), et alors il n'était plus possible, sur les régions de la peau où s'était faite cette dissociation, de provoquer la sensation de démangeaison ; celle-ci, au contraire, sur les autres régions cutanées où la sensation de douleur subsistait, pouvait être parfaitement provoquée.

Le *ton* de la sensation de douleur offre ceci de spécial qu'il est toujours le même, toujours *désagréable* pour l'être sentant.

La *localisation* des sensations de douleur est peu précise. Ceci, vrai déjà des douleurs cutanées, l'est encore plus de celles des organes profonds.

Ce défaut de localisation tient sans doute, en grande partie au moins, à ce que toute douleur ne reste pas au même point, mais subit une *irradiation* plus ou moins étendue.

Les douleurs ne sont point continues. Quand elles ne sont pas franchement intermittentes, elles présentent des renforcements ou des ralentissements.

Les sensations douloureuses donnent lieu à un grand nombre de réactions, dans les organes les plus divers.

Mantegazza a groupé toutes ces réactions dans le tableau suivant :

Contractions musculaires.	de la face.	
	du tronc.	
	des membres.	
	des élévateurs des poils.	
	convulsions	partielles.
		générales.
		toniques.
		cloniques.
	tremblement.	
Paralysies..................	de quelques muscles de la face.	
	des membres.	
	de tous les muscles volontaires.	

1. Physiologiste suédois contemporain, professeur à l'Université de Lund

Troubles respiratoires et vocaux..................
- suspension de la respiration.
- expiration prolongée.
- expiration interrompue.
- soupir.
- bâillement.
- plaintes.
- sanglots.
- lamentations.
- cris.

Troubles sécréteurs.......
- larmes.
- pertes involontaires de la salive.
- évacuation involontaire de l'urine.
- vomissements.
- diarrhée.
- sueurs.

Phénomènes vaso-moteurs périphériques...........
- pâleur du visage.
- pâleur de tout le corps.
- rougeur du visage.
- urticaire.
- érythème.

Troubles psychiques......
- bienveillance insolite.
- accès de colère et de haine
- accès de sentiment religieux.
- mutité.
- faconde ou éloquence insolite.
- délire.

Il faut ajouter à ce tableau les troubles cardiaques, augmentation ou diminution des contractions du cœur ou même arrêt dans les fortes douleurs, arrêt plus ou moins long (*syncope cardiaque*).

3° *Rôle de la douleur.*

Les physiologistes, les médecins et les philosophes ont souvent dit le rôle utile de la douleur, grâce à laquelle l'organisme est averti de nombreuses causes d'altération ou de destruction de ses tissus. La crainte de la douleur nous met en garde contre le danger des traumatismes, morsures, brûlures, des poisons, etc. Les nerfs dolorifiques, dit BUNGE, sont comme des sentinelles qui nous préviennent de tous les périls. Pour le médecin, dit-il encore, la douleur est, en un sens, l'amie, l'aide et l'alliée, car c'est à ses commandements que le patient se soumet à toutes les prescriptions.

*
* *

Les diverses impressions cutanées qui viennent d'être étudiées sont conduites au cerveau à travers la moelle par des voies spéciales ; et dans des régions spéciales du cerveau se produisent les sensations correspondantes. L'étude des sensations n'est complète que quand on a déterminé ce chemin des impressions centripètes à travers le système nerveux central. Plutôt que de morceler cette question, nous croyons préférable de l'exposer quand nous aurons examiné toutes les fonctions sensorielles. Alors l'étude du système nerveux central s'ouvrira sur cette importante question des voies conductrices de la sensibilité.

II. — SENS DE L'OUIE.

L'organe de l'audition comprend chez l'Homme comme chez les autres Mammifères trois parties, l'oreille externe, l'oreille moyenne

Fig. 183. — Schéma du labyrinthe membraneux chez diverses espèces de Vertébrés (d'après WALDEYER).

A, chez les Poissons ; B, chez les Reptiles et les Oiseaux; C, chez les Mammifères.

On remarque en A avec le vestibule les canaux semi-circulaires, mais pas de limaçon ; en B, le vestibule, les trois canaux semi-circulaires et un limaçon très rudimentaire ; et en C le vestibule, trois canaux et un limaçon développé.

a représente l'aqueduc du vestibule.

et l'oreille interne. Mais la partie essentielle est représentée par cette dernière, où s'étalent les éléments récepteurs des impressions sonores. Avant même la physiologie, l'étude du développement de l'oreille et celle des formes que présente cet organe dans la série animale, au cours de la phylogénie, le montrent clairement.

La forme essentielle de l'organe auditif est celle d'un petit sac, d'une vésicule pleine de liquide, dans laquelle des fibres nerveuses viennent se terminer en se mettant en rapport avec un épithélium spécial : les éléments de cet épithélium (*cellules auditives* ou *acoustiques*) sont munis de prolongements analogues à de grands cils ou à de petites verges suscep-

tibles de vibrer de par le mouvement du liquide contenu dans le sac.
Comme tous les corps conduisent les vibrations sonores, celles-ci sont
amenées à la vésicule dont il s'agit, soit par les parties dures de la tête,
soit par une membrane tendue au-devant de la vésicule. On retrouve cette

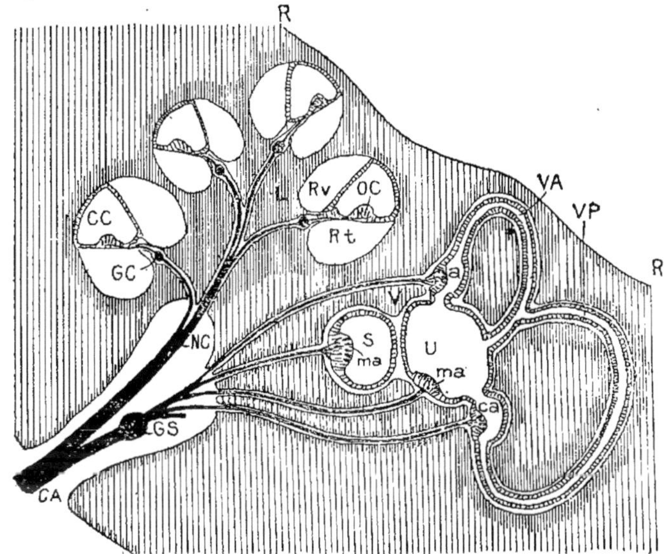

Fig. 184. — Schéma des diverses parties de l'oreille interne et des deux branches du nerf
auditif avec ses ganglions périphériques (d'après MATHIAS DUVAL).

La substance osseuse, dans laquelle sont creusées les cavités de l'oreille interne, est
ombrée en traits verticaux, plus serrés au niveau de la substance compacte qui limite immédiatement ces cavités.

RR, bord antérieur (antéro-externe) du rocher ; — CA, orifice du conduit auditif interne,
sur la face postérieure (postéro-interne) du rocher.

L, coupe du limaçon : Rt, rampe tympanique; — Rv, rampe vestibulaire ; — GC, canal ou
rampe cochléaire ; — OC, organe de Corti, placé sur la lame basilaire qui sépare la rampe
tympanique du canal cochléaire.

V, coupe du vestibule : S, saccule ; — U, utricule ; — VA et VP, deux canaux semi-
circulaires, le vertical antérieur et le vertical postérieur ; l'horizontal n'a pas été figuré ; — ca, ca,
crêtes auditives des ampoules des canaux semi-circulaires ; — ma, ma, taches ou macules
auditives du saccule et de l'utricule.

GS, ganglion de Scarpa, sur la branche vestibulaire du nerf auditif ; — NC, nerf cochléaire ;
— GC, ganglion de Corti, dans la lame spirale osseuse du limaçon ou canal de Rosenthal.

forme dans l'organe de l'ouïe chez les Crustacés, chez les Mollusques.
L'organe auditif d'un Mollusque, par exemple, est constitué par des cellules
à cils vibratiles, disposées dans une capsule située profondément sous le
tégument externe et à l'intérieur de laquelle est une concrétion calcaire,
l'*otolithe*, que les vibrations des cils mettent en mouvement.

Chez les Vertébrés, la vésicule auditive primitive, formée par un épaississement de l'ectoderme qui s'invagine peu a peu, ressemble à cet organe des Mollusques. Mais par son développement successif elle se transforme en un appareil constitué par plusieurs parties communiquant entre elles. Ainsi une moitié de la vésicule se divise, grâce à un étranglement, et forme le *vestibule* avec les *canaux semi-circulaires*, qui ont même configuration chez presque tous les Vertébrés ; l'autre moitié donne le *limaçon* qui n'acquiert sa forme définitive que chez les Mammifères. La figure 183 schématise les différentes dispositions, de plus en plus compliquées et perfectionnées, de l'organe auditif chez les Vertébrés.

Considérons celui-ci chez un animal supérieur. Le sac primitif, c'est le

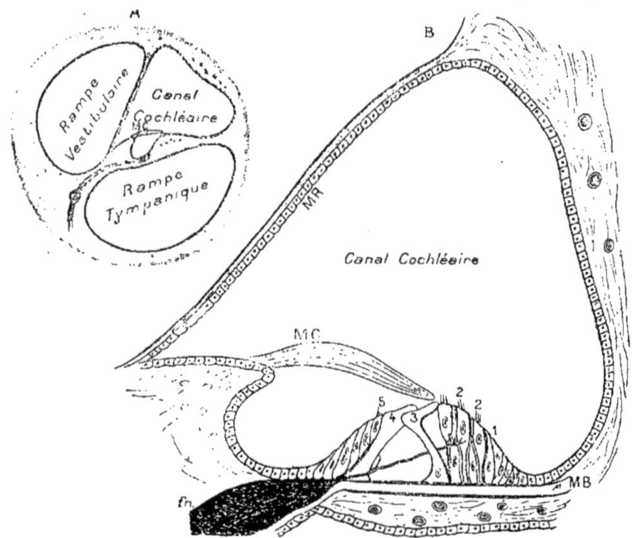

Fig. 183. — Schéma du canal cochléaire.

A, coupe schématique d'un tour du limaçon.

B, schéma des dispositions épithéliales du canal cochléaire. — MR, membrane de Reissner ; — MC, membrane de Corti ; — MB, membrane basilaire ; — *fn*, fibres nerveuses ; — 1, cellule de soutien ; — 2, 2, cellules auditives ; — 3, pilier externe de l'organe de Corti et 4, pilier interne ; — 5, cellule auditive interne.

vestibule, qui s'est divisé en deux parties, *utricule* et *saccule* ; au vestibule s'ajoutent les *canaux semi-circulaires*. D'un autre côté, se développe un canal circulaire, long et compliqué, qui se contourne sur lui-même en s'enroulant comme un escalier en spirale, le *limaçon*. Le tube de ce limaçon est divisé par une cloison, la *lame spirale*, en trois rampes : la rampe moyenne, dite *rampe auditive* ou *cochléaire*, communique avec le saccule et contient les organes nerveux terminaux essentiels ; elle est comprise entre les deux autres rampes (espaces périlymphatiques) qui communiquent l'une avec l'autre vers le sommet de l'organe, mais qui vers la base, communiquent l'une avec le reste de *l'oreille interne* ou *vestibule (rampe vestibulaire)*, l'autre avec l'oreille *moyenne* ou *tympan* par la fenêtre ronde *(rampe tympanique)*. — Cet ensemble des *sacs membraneux* (utricule et saccule), des *canaux semi-circulaires* et du *limaçon* constitue l'*oreille interne* des Vertébrés supérieurs.

Disons tout de suite qu'il y a là, réunis dans l'oreille interne, deux organes distincts (voy. fig. 184) ; le limaçon seul est le véritable

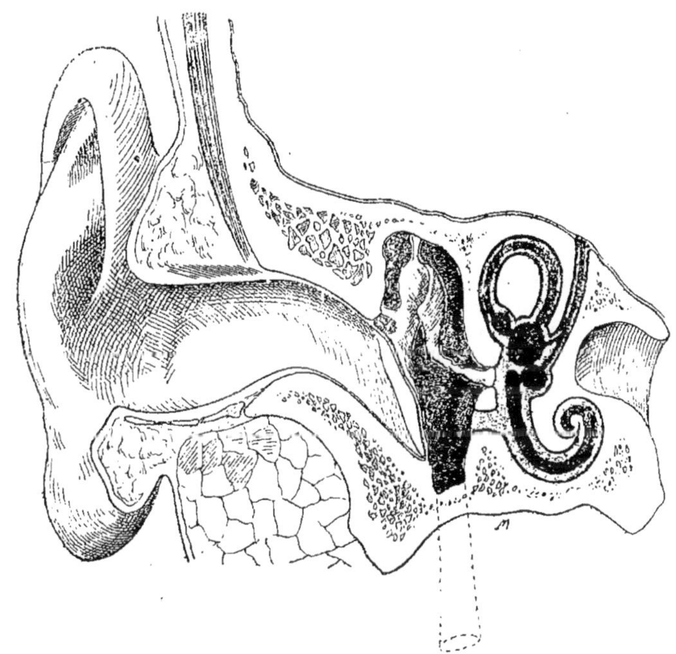

Fig. 186. — Schéma des cavités auditives.

organe auditif, en rapport avec la branche auditive du nerf acoustique, *branche cochléaire*; le reste, vestibule et surtout canaux semi-circulaires, en rapport avec la *branche vestibulaire* du nerf acoustique, est un *organe stato-récepteur* ou *de l'équilibre*. Cet organe nous fournit des sensations spéciales qui doivent être comprises parmi les sensations internes et qui seront étudiées avec celles-ci.

En somme, l'oreille interne ou labyrinthe membraneux est un sac membraneux enfoncé dans une cavité osseuse (dans le rocher), cette cavité est remplie d'un liquide clair, la *périlymphe*, dans lequel flotte pour ainsi dire le sac auditif; celui-ci contient aussi un liquide aqueux, l'*endolymphe*. Le nerf auditif vient se terminer à la face interne du sac auditif par des organes de formes diverses en apparence, mais qui se ramènent tous au même type, celui d'appareils susceptibles d'être ébranlés par les vibrations du liquide dans lequel ils baignent. Ce sont, au niveau des *sacs membraneux* (utricule et saccule), des cellules épithéliales (*cellules auditives*) en contact avec des cristaux de carbonate de chaux (*otolithes*), qui viennent frapper contre ces cellules à chaque oscillation du liquide. Ce sont, dans les canaux semi-circulaires (*ampoules* de ces canaux), des cellules épithéliales munies de *cils* longs et raides et directement ébranlables. Au niveau du limaçon, la disposition est plus compliquée (voy. fig. 185) : la branche cochléenne du nerf auditif s'étale sur la membrane spirale dans 3 000 ou 4 000 petits organes articulés (*organes de Corti*[1]) dont la description se lit dans les traités d'histologie, et qui, en définitive, se ramènent à une série de *cellules auditives* et de cellules de soutien disposées sur une membrane très mince, de nature conjonctive (*membrane basilaire*), formée de fibres (fibres de NUEL) dont l'élasticité a d'ailleurs été singulièrement exagérée. Puisque toute l'oreille interne provient d'une végétation profonde des téguments de la partie latérale de la tête de l'embryon, végétation qui s'isole ensuite plus ou moins de la surface d'où elle est issue, l'organe de Corti lui-même est une production épidermique. Ajoutons que partout, au niveau des *cellules acoustiques* (soit de l'utricule, soit du saccule, soit de l'organe de Corti), les terminaisons nerveuses se font par de fines ramifications entourant ces cellules et ayant avec elles des rapports de pure contiguïté et non de continuité. Les cellules auditives sont donc homologues des cellules gustatives, et non des cellules olfactives. Les terminaisons nerveuses des diverses parties de l'oreille interne rentrent dans la classe des terminaisons nerveuses intra-épithéliales.

A l'oreille interne est joint, chez les animaux à vie aérienne, un appareil de perfectionnement, l'*oreille moyenne* ou *caisse du tympan*. Cette nouvelle partie, inutile chez les animaux aquatiques où les ondes sonores se transmettent facilement du liquide ambiant au liquide labyrinthique, est nécessaire pour faciliter le passage des ondes d'un milieu gazeux dans le milieu liquide de l'organe; on sait, en effet, que le son éprouve une grande difficulté à passer de l'air dans l'eau. L'*oreille moyenne* est une caisse creusée dans le rocher et contenant un appareil de conduction destiné à faciliter cette transmission (fig. 186 et p. 849, fig. 187); c'est une tige osseuse plus ou moins régulière qui va de la membrane du tympan à l'oreille interne (fenêtre ovale).

La membrane du tympan est en contact direct avec l'air extérieur, quoique placée au fond d'un appareil collecteur des sons, nouvel appareil surajouté. C'est l'*oreille externe*, composée du pavillon de l'oreille et du conduit auditif externe.

---

1. CORTI (A.), histologiste italien du milieu du xix° siècle.

Tel est sommairement l'appareil auditif. Sous quelles influences entre-t-il en fonctionnement et quel est le mécanisme de ce fonctionnement?

I. — Les excitations auditives et leur transmission jusqu'à l'oreille interne.

Quelles sont les excitations à la suite desquelles naissent les sensations auditives et quel est le chemin que suivent ces excitations pour aller ébranler les terminaisons nerveuses qui s'étalent à la face interne du vestibule membraneux et surtout du limaçon?

La partie essentielle de l'organe de l'audition, comme le montre l'étude du développement et comme le prouve aussi l'anatomie comparée, c'est l'*appareil de réception*, l'oreille interne. L'*appareil de transmission*, oreille externe et oreille moyenne, est un appareil surajouté; son développement, lié à celui de la face, est en effet indépendant de celui de la vésicule auditive; d'autre part, il n'existe pas chez tous les animaux.

1° *Vibrations sonores.*

Les mouvements vibratoires qui se produisent et se propagent dans les corps solides, liquides et gazeux, engendrent les sons, c'est-à-dire les impressions particulières causées par ces vibrations sur l'organe de l'ouïe. Les vibrations sonores ont été très bien étudiées physiquement.

On distingue les sons et les bruits; les premiers correspondent à des vibrations régulièrement périodiques ; les seconds à des mouvements de l'air, irrégulièrement périodiques.

On se rappelle les qualités fondamentales des sons : l'*intensité*, la *hauteur* et le *timbre*. L'intensité dépend de l'amplitude du mouvement vibratoire. Nous l'apprécions par rapport à d'autres sons et déclarons que tel son est fort ou faible. La délicatesse de cette appréciation constitue l'*acuité auditive*. Pour mesurer exactement celle-ci, il faudrait de bons *acoumètres*; on n'en possède pas encore. — La hauteur dépend du nombre des vibrations de l'air par seconde au voisinage de l'oreille. Un son est d'autant plus aigu que le nombre de vibrations par seconde est plus élevé, et d'autant plus grave que ce nombre est plus petit. La limite de l'audition pour les sons graves est de 33 par seconde et pour les sons aigus de 30 000. Mais en général notre sensibilité auditive se joue entre des sons de 41 et de 4 800 vibrations par seconde. On dit que deux sons de même hauteur sont à l'*unisson*. ◄

Ordinairement un son n'est pas causé par un unique mouvement de l'air régulièrement périodique, mais bien par plusieurs tons qui résonnent simultanément; le plus grave est le ton fondamental; à côté il y a des tons supérieurs ou *harmoniques*. Ce sont ces harmoniques qui constituent le timbre (HELMHOLTZ[1]). Le nombre et la valeur des harmoniques varient suivant la source sonore: ainsi le tambour est un instrument très pauvre en notes secondaires, et le violon très riche en ces notes. Une oreille exercée arrive à percevoir les divers sons qui composent un son complexe. La sensation de bruit se rattache au timbre des sons musicaux, car elle résulte de plusieurs sons musicaux irrégulièrement mélangés.

Ajoutons encore, pour caractériser les sons, que deux sons produisent un effet d'autant plus agréable à l'oreille que le rapport des nombres de leurs vibrations est plus simple. La constitution d'une échelle de sons agréable, c'est une *gamme*.

Les vibrations sonores, avec tous leurs caractères, se transmettent dans tous les milieux, mais avec une vitesse différente; dans l'air celle-ci est de 340 mètres par seconde, dans l'eau de 1 200 et dans les solides de 2000. Ce dernier fait donne la raison de l'audition par les parois du crâne.

Les vibrations sonores, en agissant sur l'appareil nerveux étalé dans l'oreille interne, donnent lieu aux sensations auditives. Celles-ci ont bien pour condition première l'excitation des terminaisons acoustiques; le nerf auditif est insensible à ces excitations. Il faut ensuite que l'excitation soit portée jusque dans une région déterminée de l'écorce cérébrale où aboutissent les fibres du nerf acoustique. — Avant de déterminer le mode d'action de l'excitant sonore sur les organes nerveux spéciaux, nous devons voir comment cet excitant arrive à ceux-ci. En d'autres termes, avant d'étudier le fonctionnement de *l'appareil de réception*, il y a un *appareil de transmission* à connaître.

2° *Physiologie de l'oreille externe.*

Quel est le rôle des différentes parties de l'oreille externe, pavillon et conduit auditif externe?

A. Rôle du pavillon. — Le pavillon est essentiellement formé d'un cartilage à renversements et contournements particuliers qui en font, semble-t-il, un organe *collecteur*. Chez les animaux, en effet, sa direction et sa forme peuvent être changées par l'action de muscles extrinsèques ou intrinsèques [2], de sorte qu'il se tourne du côté d'où vient tel ou tel bruit.

1. H. L. F. von HELMHOLTZ (1821-1894), célèbre physiologiste allemand et l'un des plus éminents physiciens du XIXᵉ siècle.
2. Trois muscles extrinsèques : auriculaire supérieur, auriculaire postérieur, auriculaire antérieur, et cinq muscles intrinsèques, peu importants : grand et petit muscle de l'hélix, muscle du tragus, muscle de l'antitragus et muscle transverse.

Chez l'homme, ces muscles sont rudimentaires. Aussi le pavillon
ne sert-il guère à renforcer les sons, car ceux qui en sont privés ne
présentent pas de modification sensible dans la finesse de l'ouïe.
Mais il paraît être utile pour juger de la *direction des sons*; la perte du
pavillon ou sa suppression momentanée, qu'on réalise soit en l'apla-
tissant fortement contre la tête, soit en remplissant ses circonvolutions de cire, amène une désorientation relative, quant à la
direction de laquelle viennent les sons; c'est sans doute par de
légères modifications de l'intensité du son, produites par la manière
dont les ondes sonores viennent frapper et se réfléchir sur le pavillon,
que nous jugeons de leur direction. Nous en jugeons aussi grâce à
la *perception inégale* par les deux oreilles; aussi ne pouvons-nous que
rarement distinguer si un son arrive droit devant nous ou droit
derrière nous, à moins que nous ne tournions légèrement la tête et
n'inclinions l'une des oreilles dans la direction de l'origine présumée
du son [1]. D'ailleurs, chez les sujets qui deviennent brusquement
sourds d'une oreille, ou bien la notion de la direction des sons se
perd, ou bien cette notion devient difficile ou incomplète.

B. Rôle du conduit auditif externe. — Ce conduit succède au
pavillon, sans démarcation bien nette, et aboutit à la membrane du
tympan.

Il sert à la transmission du son. Le son s'y propage soit par la
colonne d'air qui le remplit, soit par les parois cartilagineuses et
osseuses qui le forment; ces parois, entrant en vibration, peuvent
transmettre directement leurs ondes aux os de la tête et par là au
liquide labyrinthique. Cependant, la transmission par l'air est sans
doute la plus importante à l'état normal; car l'audition est diminuée,
quand le conduit est obstrué.

[1]. C'est ce que l'otologiste français bien connu, GELLÉ, a montré dans ses
expériences avec son *tube interauriculaire* (1877); cet appareil se compose d'un
tube en caoutchouc, d'un calibre moyen, dont les deux extrémités sont armées
d'embouts garnis de cire pour faciliter leur fixation dans les méats. Quand le tube
est fixé dans les deux méats, les deux oreilles ne reçoivent plus d'autres sons
que ceux que leur transmet le tube avec une intensité que ne modifient pas les
mouvements de la tête et sans vibrations possibles du pavillon. Or, dans ces
circonstances, l'*orientation auditive* est entièrement supprimée, comme le prouve
l'expérience suivante : l'anse du tube passant en face du sujet, une montre est
mise en contact avec la partie moyenne de cette anse ; le sujet voit la montre
devant lui, et annonce qu'il entend un son unique (fusion des impressions bi-
auriculaires) qui vient d'en avant. On lui ordonne alors de fermer les yeux, on
passe légèrement et rapidement par-dessus sa tête l'anse de caoutchouc jusque
derrière lui, et, la montre étant de nouveau mise en contact avec la partie
moyenne du tube, le sujet, interrogé sur le lieu d'origine du tic-tac, croit encore
que la montre est en avant de lui.

Le conduit sert aussi de voie d'écoulement aux ondes sonores qui ont pénétré dans l'oreille; quand il est bouché, il se produit des bourdonnements d'oreille par arrêt des sons.

Accessoirement, la sensibilité du conduit auditif externe joue un rôle protecteur du sens de l'ouïe. A l'entrée du conduit se trouvent

Fig. 187. — Transmission des vibrations sonores par la membrane du tympan et les osselets de la caisse.

aa. membrane du tympan ; — *b*, le marteau ; — *c*, l'enclume ; — *d*, l'étrier.

des poils dont l'excitation forte peut provoquer des réflexes singuliers, sentiment de malaise ou de trouble, envie de vomir, qui nous avertissent des atteintes possibles à l'intégrité de l'appareil auditif. Ces poils peuvent aussi arrêter les poussières et les insectes.

Les sécrétions du conduit ont un rôle protecteur analogue. Les *glandes cérumineuses* sécrètent un liquide épais, gras, alcalin ; le *cérumen*[1] peut fixer les corps étrangers qui s'introduisent dans le conduit auditif externe et qui nuiraient aux fonctions de la membrane du tympan.

3° *Physiologie de l'oreille moyenne.*

L'oreille moyenne ou *caisse du tympan* contient l'appareil de con-

---

1. Sur le cérumen, voy. p. 787. C'est une matière jaune, amère, très soluble dans l'eau, composée d'oléine, de stéarine, d'une matière albuminoïde insoluble et d'un savon potassique en quantité notable

duction qui facilite la transmission des vibrations sonores. Cet appareil est constitué par la tige osseuse que forme la chaîne des osselets et qui va de la *membrane du tympan* à l'oreille interne (*fenêtre ovale*) (voy. fig. 186 et 187); la membrane du tympan, quoique placée tout au fond de l'oreille externe, est en contact direct avec l'air extérieur. Enfin l'oreille moyenne comprend des dépendances, les *cellules mastoïdiennes* et la *trompe d'Eustache*. La caisse du tympan, cavité irrégulière, est donc intermédiaire au conduit auditif externe, à la trompe d'Eustache et au labyrinthe. Quel est, dans l'audition, le rôle de toutes ces parties ?

A. Rôle de la membrane du tympan. — C'est essentiellement un appareil collecteur recevant les vibrations sonores soit de l'air, soit des parois du conduit. Elle vibre en effet sous l'influence de ces vibrations, et cela pour tous les sons compris dans l'intervalle des sons perceptibles [1], tandis que les membranes ordinaires n'entrent en vibration que pour un son déterminé d'accord avec leur son propre ou un multiple de ce son. C'est que la tension de la membrane du tympan peut varier sous deux influences; celle des différences de pression de l'air de la caisse et de l'air extérieur et celle de la contraction du muscle du marteau, qui est son muscle tenseur.

La membrane du tympan, d'une extrême minceur, formée de fibres conjonctives et élastiques, n'est pas plane, mais convexe vers l'intérieur de la caisse; cette convexité est maintenue par la chaîne des osselets, dont une partie (*manche* du marteau) est comprise dans l'épaisseur de la membrane et la tend vers l'intérieur (fig. 187). Si, par une cause quelconque, l'air de la caisse se raréfie, l'air extérieur presse sur la membrane, l'enfonce davantage dans la cavité tympanique, et, par suite, la tend en augmentant sa convexité dans le sens indiqué par les flèches de la figure 187.

Le *muscle interne du marteau* agit de même; s'insérant, d'un côté, sur la portion cartilagineuse de la trompe d'Eustache, et, de l'autre, sur le manche du marteau, en se contractant il tire en dedans le manche du dit os, et, par suite, la membrane, dont il augmente la convexité et la tension [2].

1. La membrane du tympan offre des dimensions très différentes selon les animaux. C'est chez le Murin qu'elle est la plus petite. Or, on sait que ce Chéiroptère insectivore perçoit les sons les plus aigus. Au contraire, le Mouton a une membrane relativement énorme, et on a montré qu'il est particulièrement sensible aux sons graves. Les dimensions de cette membrane ont donc une grande influence sur la faculté que possèdent les animaux de recueillir des sons graves ou aigus.

2. Il est des personnes qui jouissent de la faculté de contracter volontairement le muscle interne du marteau, et de tendre ainsi la membrane du tympan. Cette tension se manifeste par un léger claquement qui se produit dans l'oreille à chaque contraction du muscle ; du reste, on peut très bien, à l'aide du spéculum, constater tous les mouvements qu'exécute la membrane sous l'influence de ces contractions volontaires. Beaucoup de physiologistes qui ont porté leur attention sur ce fait, et qui se sont efforcés de produire cette contraction, y sont facilement parvenus ; on cite surtout Bérard, Müller, Wollaston.

— L'étendue de ce déplacement de la membrane vers l'intérieur, causé par l'action du muscle tenseur, est limitée par le déplacement même de l'étrier. Or, celui-ci ne peut pas subir des oscillations de plus de 1/18 à 1/14 de millimètre (mesures de HELMHOLTZ) ou au maximum (d'après des mesures de GELLÉ) de 1/10 de millimètre[1].Mais, malgré son peu d'importance apparente, cette action musculaire n'en a pas moins des effets réels; lorsqu'elle a lieu, le tympan se rétracte assez pour que l'air de la caisse soit comprimé et que cette compression élève le liquide d'un tube manométrique très fin préalablement fixé dans la paroi de l'oreille moyenne (expérience de l'otologiste italien SECCHI sur le chien, 1895).

C'est là le seul muscle dont l'action soit bien démontrée; les autres prétendus muscles de l'oreille moyenne ou bien n'existent pas (muscle antérieur ou externe du marteau), ou bien ont une action encore peu connue (muscle de l'étrier), et qui, en tout cas, ne consiste pas à relâcher la membrane, car celle-ci, vu son élasticité, revient d'elle-même à sa position de repos dès que son muscle tenseur cesse de se contracter.

Le but de ces tensions temporaires de la membrane est facile à comprendre. Si la membrane se tend, c'est pour diminuer l'effet du son sur elle-même (plus une membrane est tendue, moins ses vibrations sont *amples*) et amoindrir des impressions auditives désagréables. D'autre part, cette tension rend la membrane plus apte à vibrer avec les sons qui demandent le plus d'attention pour être perçus (plus une membrane est tendue, plus ses vibrations sont *nombreuses*).

L'innervation des deux muscles de l'oreille moyenne qui agissent sur la membrane du tympan est une question intéressante. Pour le muscle de l'étrier, il n'est pas douteux qu'il soit innervé par le nerf facial ; l'anatomie suffit à le démontrer sans expériences. Mais il n'en est plus de même pour le muscle du marteau. L'anatomie montre bien que ce muscle est innervé par un filet venu du ganglion otique; mais ce ganglion a deux racines motrices, l'une provenant du nerf facial (nerf petit pétreux superficiel) et l'autre provenant du nerf masticateur, c'est-à-dire du trijumeau. C'est ce dernier qui innerve le muscle du marteau. En effet, toute contraction un peu énergique des muscles masticateurs s'accompagne d'une contraction du muscle interne du marteau. D'autre part, preuve plus directe, l'excitation intra-crânienne du trijumeau provoque des contractions de ce muscle; enfin, après la section intra-crânienne du facial, les rameaux du muscle ne sont pas dégénérés, tandis qu'ils le sont toutes les fois que la racine motrice du trijumeau a été coupée.

Les contractions du muscle du marteau sont d'origine réflexe. Chez un

1. D'après l'otologiste français MARAGE, l'amplitude des vibrations de l'étrier serait seulement de l'ordre des millièmes de millimètre. C'est pourquoi, dans la pratique du massage du tympan, il ne faudrait pas recourir à des forces exagérées qui peuvent être dangereuses.

chien dont on a ouvert la cavité tympanique, on voit des secousses de ce muscle si l'on produit des sons près de l'animal; chaque syllabe prononcée provoque même une secousse (expériences de V. Hensen, 1878). L'expérience de Secchi indiquée plus haut réussit très bien quand on fait entendre à l'animal sur lequel elle est préparée un bruit tel qu'un fort claquement des mains et surtout l'aboiement d'un chien.

On entend encore quand la membrane du tympan est crevée; mais, si le manche du marteau ne se trouve plus maintenu, l'ouïe est très diminuée.

B. Rôle des osselets de l'ouïe. — A la membrane du tympan fait suite la *chaîne des osselets*, qui la met en rapport avec la membrane de la fenêtre ovale (base de l'étrier).

Chez les animaux inférieurs, cette chaine est simplement représentée par une *tige* droite et rigide (chez certains Batraciens anoures, les *pipa* par exemple); chez les grenouilles, elle a la forme d'une ligne brisée, d'un osselet unique long et recourbé, nommé *columelle*; chez l'homme, elle est formée par la réunion de trois petits os (marteau, enclume et étrier) articulés entre eux, mais que, pour la transmission du son, on peut considérer comme ankylosés, car ces articulations ne jouent aucun rôle dans la transmission des sons.

Les vibrations de la membrane du tympan se transmettent à la chaîne des osselets qui, à cause de la petitesse de ses parties, vibre comme un tout. Voici comment se fait cette transmission (voy. fig. 187) :

Le manche du marteau se portant en dedans, sa tête va en dehors et la branche de l'enclume suit ce mouvement et par conséquent repousse la tige de cet os contre l'étrier qui est lui-même poussé dans la fenêtre ovale. Or, quand l'étrier s'enfonce ainsi dans la fenêtre ovale, la pression augmente dans le labyrinthe. Et, comme il n'y a pas d'autre partie mobile dans la paroi du labyrinthe que la membrane de la fenêtre ronde, cette membrane se bombe du côté de la caisse du tympan. On le constate sur le cadavre. Par là, le liquide labyrinthique subit des oscillations isochrones à celles de l'étrier et qui se transmettent aux terminaisons du nerf auditif. — On a soutenu qu'il se pourrait que le muscle de l'étrier servît à modérer l'amplitude des mouvements d'excursion de l'étrier dans la fenêtre ovale.

La destruction de la chaîne des osselets, à l'exception de l'étrier, pas plus que celle de la membrane du tympan, n'entraîne la surdité complète; l'audition n'est que plus ou moins altérée. Mais la perte de l'étrier est plus grave; elle entraînerait toujours la surdité, d'après plusieurs otologistes. Ce qui s'expliquerait de la façon suivante : l'étrier adhère par sa base à la fenêtre ovale qu'il ferme complètement ; comme ses adhérences y sont très intimes, il ne saurait être enlevé sans déchirer la membrane de la fenêtre ovale et sans donner issue au liquide de l'oreille interne ; ce n'est donc pas, à proprement parler, la perte de l'os qui occasionne la surdité, mais bien la fuite du liquide qui s'échappe par l'ouverture résultant de cette ablation.

Les vibrations de la caisse du tympan pourraient aussi se transmettre à l'air même de la caisse et par là à la fenêtre ronde et par celle-ci au limaçon. De fait, dans des lésions de l'oreille moyenne qui amènent l'immobilisation de la platine de l'étrier, par ankylose par exemple, la fenêtre ronde paraît bien être la seule voie d'accès des ondes sonores au labyrinthe. Il se fera ainsi une suppléance de la tige osseuse qui relie la membrane du tympan à la fenêtre ovale. Mais cette suppléance est tout à fait insuffisante et, dans ce cas, l'ouïe est extrêmement affaiblie. — Le vrai rôle de la fenêtre ronde est tout différent, assurant, comme il a été indiqué plus haut, un libre jeu aux ondes liquides qui parcourent le limaçon.

C. **Les dépendances de l'oreille moyenne.** — A l'oreille moyenne sont annexées, en avant, la *trompe d'Eustache* qui va de la caisse du tympan à la partie nasale du pharynx; en arrière, les *cellules mastoïdiennes*, cavités irrégulières, espèces de sinus creusés dans l'apophyse mastoïde du temporal.

1° La *trompe d'Eustache* ne laisse pas d'avoir une fonction importante à remplir, encore qu'accessoire.

Fermée normalement par la juxtaposition de ses parois, elle s'ouvre à chaque mouvement de déglutition, par l'action d'un muscle qui écarte ces parois l'une de l'autre ; la contraction du *péristaphylin externe* (innervé par le trijumeau), muscle du voile du palais, écarte en effet la paroi externe, membraneuse et mobile, de la paroi interne, cartilagineuse et fixe. L'ouverture ainsi établie met en communication l'air de la caisse avec celui des fosses nasales, c'est-à-dire avec l'air extérieur ; il y a donc par ce mécanisme équilibre de pression entre l'un et l'autre. Or, c'est là une condition nécessaire à une audition normale, car la vibration d'une membrane se fait pour le mieux dans cette condition. Par suite, la tension de la membrane du tympan est ainsi à l'abri des variations de la pression atmosphérique, à moins que celles-ci ne soient trop brusques ou trop fortes, comme il arrive dans les cloches à plongeurs, dans les ascensions en ballon ; et dans ces cas justement il peut se produire de la surdité temporaire. De même, quand la trompe s'obstrue, il survient de l'affaiblissement de l'ouïe. Mais les muscles du voile du palais ne se contractent

que pendant les mouvements de déglutition et la déglutition elle-même
ne peut se faire à vide; il y faut quelques gouttes de salive. — Nous avons,
en étudiant la déglutition, tiré parti de ce fonctionnement particulier et
intermittent de la trompe d'Eustache, pour démontrer combien est exacte
l'occlusion de l'isthme naso-pharyngien, en constatant la dureté de l'ouïe

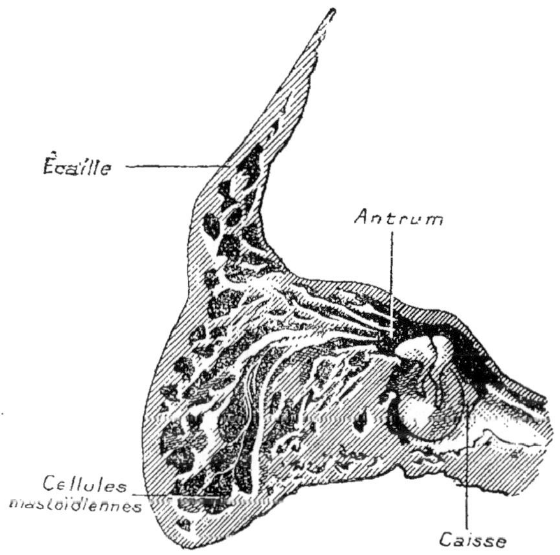

Fig. 188. — Coupe des cellules mastoïdiennes (d'après Pierre Bonnier[1]).
Coupe suivant le plan moyen de la caisse.

(par raréfaction de l'air de la caisse) après une ou plusieurs déglutitions accomplies avec les narines fermées, et la nécessité d'une déglutition avec les
narines ouvertes, pour rétablir l'audition dans son état normal (voy. p. 194).
C'est ici le lieu de rappeler que la caisse du tympan est traversée par la
corde du tympan, nerf excito-sécréteur des glandes sous-maxillaire et sublinguale. Il se peut que les vibrations de la caisse du tympan excitent
légèrement ce nerf, et ainsi, par intervalles, provoquent une sécrétion salivaire suffisante pour amener une déglutition. Du reste, les sons très aigus
peuvent amener une sécrétion abondante de salive. En tout cas, on ne
peut s'empêcher de rapprocher ce fait anatomique (passage du nerf sécréteur dans la cavité tympanique) de ce fait physiologique, c'est-à-dire

1. Médecin otologiste français, mort en 1918.

du rapport essentiel de la sécrétion salivaire et de la déglutition avec
l'ouverture de la trompe d'Eustache, et, par suite, avec le maintien de la
pression normale dans la cavité tympanique, et conséquemment avec le
bon fonctionnement de l'oreille moyenne. Si ce n'est pas là un exemple
très important, c'est du moins un exemple saisissant de ces rapports
harmoniques qui relient entre eux bien des phénomènes physiologiques.
Les deux fonctions salivaire et auditive paraissent fort distinctes; par
l'intermédiaire d'un troisième état fonctionnel, la déglutition, il y a
cependant entre elles une étroite relation.

Ces rapports entre l'oreille moyenne et le pharynx sont expliqués par
l'embryologie; chez le fœtus, ces parties sont confondues dans la première
fente pharyngienne, et la trompe d'Eustache est le reste de cette communication fœtale.

2° Les *cellules mastoïdiennes* (voy. fig. 188) communiquent avec la
caisse du tympan par un large orifice. Comme elles sont pleines d'air,
on les a souvent regardées comme un appareil de résonance. Cette
hypothèse s'appuie uniquement sur l'idée que l'air de la caisse vibre ;
et on a vu tout à l'heure que ces vibrations, quand elles se produisent, sont insignifiantes. — Les cellules mastoïdiennes serviraient
plutôt à agrandir la cavité tympanique. Le tympan étant une cavité
fort petite, les changements trop brusques dans la tension de la
mince couche d'air qu'il contient et qui est appliquée à la face interne
de la membrane du tympan pourraient avoir une influence fâcheuse
sur cette membrane. Cet inconvénient ne serait-il pas pallié par la
présence d'une cavité dont la capacité s'ajoute à celle de la caisse
proprement dite ? Aussi bien, on a constaté que, chez les animaux
exposés à de brusques et considérables changements de pression
atmosphérique, comme les oiseaux qui s'élèvent très haut dans les
airs, les cellules mastoïdiennes sont très développées et même en
communication avec d'autres cavités osseuses surnuméraires.

2. — La réception des excitations auditives. Physiologie de l'oreille interne.

Les vibrations sonores arrivent aux liquides du labyrinthe par
l'étrier et la fenêtre ovale, c'est la voie normale, ou par l'air de la
caisse et la fenêtre ronde, c'est une voie exceptionnelle et de très peu
d'importance (voy. p. 854). Ce sont les vibrations des corps étrangers
et plus ou moins distants qui se transmettent ainsi. Les vibrations
des corps placés au contact du crâne, le bruit d'une montre par

exemple, se transmettent au labyrinthe par les parois osseuses du crâne. Ou a même montré que les sujets, dont la chaîne des osselets ne fonctionne plus, peuvent arriver à entendre des sons émis à quelque distance, en tenant entre ou contre leurs dents une feuille de carton qui recueille les ondes sonores et les transmet aux parois craniennes ; on a donné le nom d'*audiphones* aux appareils de ce genre.

1° *Transmission des excitations dans l'oreille interne.*

Voici un son conduit jusqu'à la fenêtre ovale. Les diverses cavités du labyrinthe, utricule et saccule, limaçon, sont entourées de liquide, la périlymphe, et remplies elles-mêmes de liquide, l'endolymphe.

L'ensemble de ces sacs et canaux représente « une petite capsule rigide remplie d'un liquide aqueux, dont le volume est beaucoup trop petit pour admettre une seule onde sonore dans toute sa longueur, même en supposant le limaçon déroulé. Il se présente donc ici le même phénomène que pour les osselets de l'ouïe : à un moment donné, toutes les molécules liquides recevront à peu près simultanément la même impulsion ; la masse liquide incompressible (y compris les formations membraneuses qui y plongent) tend à se déplacer dans son ensemble, comme un corps solide, mais elle ne le pourra guère, enfermée qu'elle est dans une capsule rigide. En fait, les déplacements sont très petits, virtuels en quelque sorte : et ils doivent être tels pour ne pas froisser les organes délicats qui y flottent et qui ne pourraient, sans se déchirer, exécuter des mouvements excursifs [1] ». Cependant la masse liquide peut céder un peu en trois endroits, la fenêtre ronde, le canal endolymphatique, ou aqueduc du vestibule, et surtout le canal périlymphatique ou aqueduc du limaçon, qui, ouvert dans la rampe tympanique, près de la fenêtre ronde, aboutit, d'autre part, aux espaces sous-arachnoïdiens du cerveau, près de la fosse jugulaire ; la périlymphe comprimée peut donc se déverser en partie dans le crâne.

Ce sont donc, en fin de compte, les oscillations d'un liquide qui agissent sur les terminaisons du nerf auditif dans les organes spéciaux du labyrinthe.

1. L. FREDERICQ et J.-P. NUEL, *Eléments de physiologie humaine*, 6ᵉ édition, Gand et Paris, 1910, p. 709.

2º *Mode d'action des vibrations sonores sur les éléments nerveux excitables du labyrinthe membraneux.*

Ces vibrations ébranlent vraisemblablement ce que l'on peut appeler les appareils otolithiques, otolithes de l'utricule et du saccule, cupule terminale des ampoules des canaux semi-circulaires, organe de Corti du limaçon, et les déplacements de ces appareils irritent les poils des cellules sensorielles et par suite les ramifications nerveuses qui partent de ces cellules.

A. Rôle des taches auditives du vestibule. — Au niveau de la tache de l'utricule et du saccule, comme au niveau de la crête de chacune des ampoules des canaux semi-circulaires, les filets de la branche vestibulaire du nerf auditif viennent se terminer par des ramifications libres disposées au contact de *cellules* dites *auditives*, lesquelles sont munies de bâtonnets en forme de cils (*cils auditifs*) ; ces cils proéminent dans les cavités utriculaire et sacculaire en passant entre d'autres éléments cellulaires dits *cellules de soutien* (fig. 189). Au niveau de ces éléments se trouvent des corpuscules cristallins de formes variables, les otolithes ou otoconies, qui atteignent, chez les Reptiles et les Poissons osseux, un volume considérable, tandis que, chez les Oiseaux, les Mammifères et l'Homme en particulier, ils ne forment que de petits cristaux microscopiques ; par leur abondance au milieu des taches acoustiques, ils donnent à ces parties une couleur blanche caractéristique. Ces formations cristallines ne sont pas libres au milieu de l'endolymphe ; elles sont adhérentes aux parois, au niveau des macules et des crêtes.

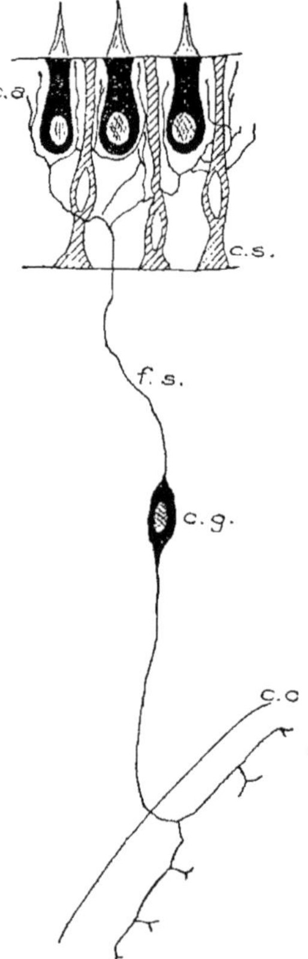

Fig. 189. — Schéma de l'organe nerveux de l'audition.

ca, cellule auditive ; — *cs*, cellule de soutien ; — *cg*, cellule ganglionnaire ; — *fs*, fibre du nerf auditif (fibre sensorielle), prolongement périphérique d'une cellule ganglionnaire qui se ramifie autour des cellules sensorielles ; — *cc*, couche corticale du cerveau.

Ces otolithes, de même que les longs crins des cellules auditives reçoivent la vibration communiquée par la périlymphe. Mais en résulte-t-il des excitations auditives ?

Nous avons déjà fait remarquer que les canaux semi-circulaires ne sont point des organes auditifs. On peut les détruire d'ailleurs sur différents animaux sans que l'ouïe soit altérée.

En est-il de même du vestibule membraneux? Rappelons encore une fois que c'est la même branche vestibulaire du nerf auditif qui fournit au vestibule et aux canaux semi-circulaires; et puisque, de ces derniers, elle ne transmet pas des impressions auditives, il est vraisemblable qu'elle n'en transmet pas non plus du vestibule. Mais ce n'est là qu'un raisonnement. Voici un fait. Il semble bien, d'après de nombreuses expériences, que les Poissons n'entendent pas ; or, ils n'ont que le vestibule; ils n'ont point de limaçon. A la vérité, on a constaté que la destruction du limaçon, chez le cobaye, n'entraîne pas la surdité, du moins immédiatement ; la surdité n'est que tardive, consécutive, dit-on, à l'otite qui résulte de l'opération et à la cicatrisation des plaies. Il y a évidemment dans ces expériences une part d'interprétation.

En somme, le rôle du vestibule, dans la réception des excitations auditives, n'est nullement démontré, il est au contraire fort douteux.

B. **Rôle du limaçon**. — Le limaçon ou, plus exactement, dans le limaçon le canal cochléaire est l'organe auditif par excellence. Sur sa crête acoustique s'étalent les nombreuses cellules auditives et leurs filets nerveux, offrant une surface relativement considérable, éminemment apte à recueillir les moindres ondulations du liquide labyrinthique. Mais le mécanisme par lequel se fait cette réception n'est pas encore exactement déterminé. Ce n'est pas que les explications aient fait défaut. Mais elles sont hypothétiques. Et on ne sait pas encore comment les éléments sensoriels de la cochlée analysent les propriétés de l'excitation auditive. Quand l'étrier s'enfonce dans la membrane de la fenêtre ovale, cette poussée fait osciller le liquide labyrinthique; mais les liquides étant incompressibles, il faut que celui-ci trouve une voie d'échappement; on sait qu'il y en a deux, la fenêtre ronde (voy. pp. 842 et 857) et l'aqueduc du limaçon. On conçoit que cette oscillation du liquide labyrinthique excite les poils des cellules auditives et que celles-ci, suivant l'amplitude de l'oscillation excitante et suivant le mouvement plus ou moins étendu des poils excités, *enregistrent*, pour ainsi dire et pour employer un mot de Pierre Bonnier, l'intensité du son. Mais de quelle manière se produisent les irritations correspondant aux autres propriétés du son, hauteur et surtout timbre, et quel est leur mode d'action sur les organes de Corti, — dans lesquels, en raison de leurs dispositions structurales si particulières, on est invinciblement porté à voir les éléments adaptés à la réception de ces

impressions ? Nous ne le savons pas, encore que l'on puisse supposer que la hauteur soit en rapport avec le nombre des tiraillements
exercés sur les cils terminaux des cellules de Corti. L'explication
du timbre resterait plus hypothétique.

C. **Le liquide labyrinthique**. — Depuis les expériences de
Flourens, on sait que l'ouverture de la fenêtre ovale amène la surdité par suite de l'écoulement du liquide et du défaut de tension intralabyrinthique en résultant. Cette surdité diminue et finit même par
disparaître à la suite de la réparation de la lésion (formation d'une
membrane nouvelle).

La composition de ces liquides paraît identique. Limpides, alcalins, ils contiennent un peu d'albumine (la périlymphe en contiendrait plus que l'endolymphe) et des sels, chlorure de sodium, carbonates de potasse, de soude et de chaux et phosphate d'ammoniaque.

Il est possible que l'endolymphe soit sécrétée par les éléments de
la strie vasculaire.

3. — Les sensations auditives.

A la suite des irritations des éléments sensoriels dont nous connaissons plus ou moins bien le fonctionnement naissent les sensations auditives. Il y a des conditions nécessaires à leur production.

1° *Conditions des sensations.*

Il faut, pour qu'une sensation se produise, que les vibrations
sonores aient une certaine amplitude et une certaine hauteur
(voy. p. 847). Ce sont ici les conditions relatives aux excitants.

Par rapport à l'organe auditif, il faut remarquer tout d'abord que
rien n'est plus variable que l'ouïe suivant les individus ; des sons
très faibles qui échappent à telles personnes sont perçus par d'autres ;
il en est de même des sons de hauteurs différentes. L'*acuité auditive*
se rapporte donc à la fois à l'intensité et à la hauteur des sons ; elle
caractérise ce que l'on appelle communément la *finesse* ou la *dureté*
de l'ouïe. Quant à l'appréciation du timbre, elle ne présente pas de
moindres variations individuelles ; c'est le timbre d'un son qui nous
fait connaître l'instrument d'où provient ce son, c'est le timbre de
la voix qui nous fait reconnaître une personne donnée. Et l'on sait
combien est variable la faculté de distinguer cette qualité du son
avec plus ou moins de netteté et de rapidité. Cette faculté dépend de
la *justesse* de l'oreille.

L'*exercice* développe beaucoup l'acuité auditive et encore plus la
justesse de l'oreille.

En ce qui concerne l'influence de la *fatigue*, signalons ce fait, qu'il suffit de quelques secondes de repos pour qu'une oreille fatiguée redevienne sensible ; et celui-ci, non moins intéressant, qu'une oreille fatiguée pour un son de hauteur donnée entend bien un son plus grave ou plus aigu.

2° *Caractères des sensations.*

La sensation est plus ou moins intense, suivant l'intensité de l'excitation, nous verrons plus tard dans quel rapport.

Le temps de réaction ne diffère pas beaucoup de celui des sensations tactiles ; il est de 146 millièmes de seconde (d'après de nombreuses moyennes).

La durée dépasse légèrement celle de l'excitation ; cette persistance de l'impression est de beaucoup inférieure à celle de l'excitation rétinienne.

Un caractère essentiel des sensations auditives est leur *extériorité*. Nous localisons un son en dehors de nous, et nous jugeons de la *distance* de la source sonore d'après son intensité et de sa *direction* suivant que la sensation est plus ou moins forte dans une orientation donnée d'une oreille ou de la tête.

Pour juger de la direction d'un son, nous tournons la tête vers le corps sonore, de sorte que les vibrations arrivent directement à une oreille. Dans cette recherche la sensibilité de la membrane du tympan joue un rôle qui ressort bien des expériences dans lesquelles on l'anesthésie : on constate, en effet, dans ce cas, que la notion de direction du son est abolie.

L'audition bi-auriculaire facilite la reconnaissance de la direction du son. L'intensité relative de la sensation fournie par chaque oreille servirait en effet grandement à cette appréciation. Cependant on peut juger de la direction avec une seule oreille.

Par la sensation auditive nous apprécions aussi de très faibles intervalles de *temps*. Cette sensation nous donne donc une notion précise du temps.

Le *ton* de la sensation auditive est souvent très net, tantôt agréable, tantôt désagréable : il y a aussi un très grand nombre de sons qui nous sont indifférents, ne s'accompagnant d'aucun sentiment.

Ces caractères s'appliquent aux sensations simultanées comme aux sensations successives. L'oreille peut recevoir à la fois de multiples impressions, comme le prouve l'audition d'un orchestre. Et dans un mélange sonore elle a la faculté de distinguer et de suivre un son spécial. C'est sur ces deux propriétés de l'appareil auditif qu'est fondée la partie harmonique de la musique.

III. — SENS DU GOUT.

Avec le goût commence l'étude des sens manifestement *chimiques* (voy. p. 821). Rappelons cependant que nous avons fait remarquer que les sensations thermiques et douloureuses sont probablement le résultat d'excitations d'ordre chimique.

La gustation est l'acte par lequel nous apprécions les propriétés sapides des substances introduites dans la bouche. La langue est l'organe du goût ; plus exactement, ce sens est localisé en des parties spéciales de la langue.

On trouve en effet à la pointe, sur les bords et surtout à la base de la langue deux sortes de papilles, dites *fongiformes* et *caliciformes*[1]. De nombreux filets nerveux aboutissent à ces papilles et s'y terminent dans de petits organes microscopiques, les *bourgeons gustatifs* ; ceux-ci sont particulièrement nombreux sur les parois du sillon circulaire qui entoure et circonscrit les papilles caliciformes.

Ces bourgeons gustatifs (voy. fig. 190), placés dans l'épithélium de la muqueuse, sont formés de cellules allongées disposées perpendiculairement à la surface épithéliale ; de ces cellules, les unes, dites de *soutien*, forment comme la charpente du corpuscule et sont notamment disposées à la périphérie ; les autres, dites *cellules gustatives*, placées dans le centre du corpuscule, sont en rapport par leur extrémité profonde avec les nerfs qui arrivent au corpuscule, tandis que, par leur extrémité superficielle, elles se terminent par un prolongement en forme de bâtonnet,

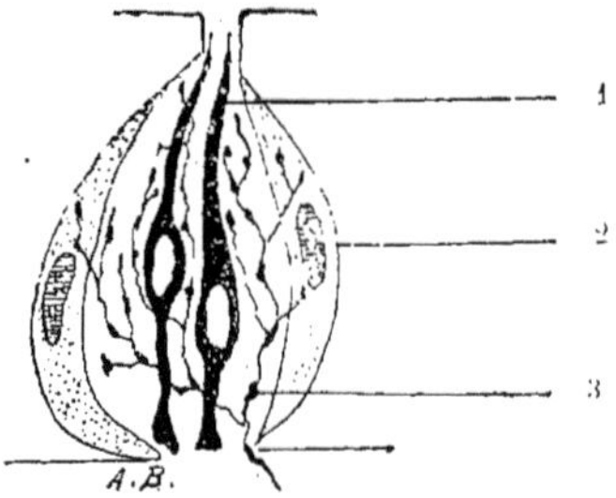

Fig. 190. — Schéma du bourgeon du goût (d'après A. BRANCA[2]).

1, cellule sensorielle ; 2, cellule de soutien ; 3, origine du nerf glosso-pharyngien.

lequel proémine en dehors du corpuscule et, plongeant dans le liquide sapide, est sans doute le lieu même de l'impression, de l'excitation produite par les saveurs. Mais il ne faudrait pas croire que ces *cellules gustatives* se continuassent, par leur extrémité profonde, avec une fibre nerveuse ; la fibre nerveuse, arrivée au niveau de la base de la cellule gustative, se divise en de nombreuses et fines ramifications de cylindre-axe qui s'appliquent sur cette cellule et l'enveloppent ; il n'y a donc que contiguïté et non continuité entre la cellule gustative et les fibrilles nerveuses qu'elle reçoit.

1. Cette dénomination de *papilles caliciformes* est malheureuse, puisque ces papilles ne sont pas configurées en calice, mais placées dans une cavité en forme de calice. Pour conformer ce nom à la réalité, et puisque chacune de ces papilles habite un calice, MATHIAS DUVAL avait proposé de substituer le mot *calicicoles* à celui de *caliciformes*.

2. Histologiste français contemporain.

Donc les terminaisons nerveuses gustatives rentrent dans la classe des terminaisons intra-épithéliales. La cellule gustative est une cellule épithéliale modifiée, adaptée au rôle d'élément intermédiaire entre les excitations gustatives et les fibres nerveuses gustatives.

Ces papilles sont rangées sur le dos de la langue. Les *fongiformes* sont plantées comme en quinconce sur les côtés de l'organe; elles sont plus ou moins abondantes selon les individus. Les *caliciformes* (ou *calicicoles*) sont plus régulières et constituent à la base de la langue la figure bien connue sous le nom de V lingual.

Les bourgeons gustatifs sont les organes du goût. — Le sens du goût ne siège que dans les points où sont ces papilles, et particulièrement les *caliciformes*, c'est-à-dire surtout à la base de la langue. Les bourgeons gustatifs sont en effet en petit nombre dans les papilles fongiformes, en grand nombre, on l'a déjà dit, dans les caliciformes. On en trouve encore quelques-uns sur le voile du palais et à la partie supérieure de la luette. Or, les impressions sapides ne se produisent que là où l'on constate la présence de ces organes. D'autre part, la section du nerf glosso-pharyngien, nerf que l'on sait par ailleurs conducteur des impressions gustatives, entraîne la dégénération des cellules sensorielles et la disparition des bourgeons gustatifs.

Signalons encore une disposition anatomique fort utile à la gustation.

Au fond des sillons qui limitent les papilles caliciformes débouche le canal excréteur des glandes en grappe situées dans le derme de la muqueuse. Ces glandes sécrètent un liquide séreux qui peut contribuer avec la salive à diluer les substance sapides; celles-ci n'agissent en effet qu'à la condition d'être en solution. Mais, d'autre part, déversant leur sécrétion dans les sillons gustatifs, elles en chassent rapidement les particules sapides qui y ont pénétré et par ce moyen les impressions nouvelles peuvent se produire avec la pureté nécessaire.

1. — Les excitants du goût. Les saveurs.

On appelle saveurs les excitants spécifiques du sens du goût. On distingue en général quatre saveurs : l'amer, le doux ou sucré, le salé et l'acide ; les deux premières sont les plus nettes.

On a quelquefois considéré les deux autres comme des impressions tactiles. Il est vrai que la sensibilité tactile est très développée sur la langue. Mais il faut remarquer que les acides dilués ne provoquent la sensation d'acide que sur la langue; c'est seulement en solution concentrée qu'ils excitent les nerfs du tact. De plus, la saveur acide n'est, en général, reconnue comme telle qu'à la pointe de la langue ; à la face inférieure un acide donne une sensation brûlante. De même, les sels ne donnent lieu à des sensations tactiles qu'en solution concentrée; dilués, ils agissent seulement sur les organes du goût.

On a donc rangé l'acide et le salé parmi les saveurs, à côté de l'amer et du sucré.

A quoi tiennent ces qualités que l'organe gustatif nous fait reconnaître dans certains corps ? On sait de quelle cause matérielle dépendent le son, la lumière, la couleur, mais nous ignorons la cause du goût des substances sapides.

L'état des corps n'explique pas leur sapidité ; des liquides, des gaz, l'électricité peuvent donner lieu à la même sensation. Leur nature ne l'explique pas davantage ; des plantes, par exemple, qui appartiennent à la même famille fournissent des produits de saveurs très différentes. Pas davantage, en apparence du moins, la composition chimique ; des corps chimiquement différents possèdent la même saveur; la saveur sucrée appartient au sucre, aux sels de plomb, au chloroforme ; la quinine et le sulfate de magnésie sont amers.

Il y a cependant une relation entre la composition chimique et la saveur. Ainsi les substances sucrées et amères appartiennent à des groupes de combinaisons chimiques inorganiques et organiques déterminées : pour les premières, alcools ou acides aminés ou sels solubles du groupe du bore, de l'aluminium et du plomb; pour les secondes, glycosides ou alcaloïdes ou sels du groupe du magnésium (magnésium, calcium, zinc, cadmium, baryum) et du groupe du fluor, du brome et de l'iode (W. Sternberg[1], 1898). Le goût acide dépend de la concentration des solutions en ions hydrogène. Et le goût salé dépendrait de la proportion des anions libres dans les solutions, apparaissant pour une concentration déterminée en anions, la même, quel que soit le sel. — Quoi qu'il en soit, la nature des processus produits par les ions dans les organes gustatifs reste d'ailleurs inconnue.

Nature de l'impression gustative. — Les substances sapides, dissoutes dans le liquide buccal, pénètrent par imbibition dans les papilles et jusque sur les cellules sensorielles. Leur action consiste sans doute en un phénomène chimique. La sensation n'a lieu qu'après un temps plus ou moins long, suivant l'imbibition plus ou moins rapide des papilles. Ce retard serait certes beaucoup moins long si l'action des saveurs se ramenait à un ébranlement mécanique, par exemple. D'ailleurs, on a pu, dans quelques cas, montrer qu'il y a un rapport entre la sensation et l'action chimique. Ainsi les sels de métaux alcalins, lithium, sodium, potassium et rubidium, dont les poids atomiques sont très différents (7, 23, 30, 85), mais dont les propriétés chimiques sont voisines, ont une action gustative sensiblement égale et proportionnelle, non à leur poids absolu, mais à leur poids moléculaire; par exemple, une molécule de chlorure de lithium (42^{gr},5) et une molécule d'iodure de rubidium (212 grammes) ont à peu près la même sapidité; on peut donc dire que tous ces sels ont pour une même molécule même action. D'où l'on infère que

1. Médecin allemand contemporain.

l'action sapide est une action chimique, puisqu'elle s'exerce d'après
les mêmes lois que les actions chimiques (expériences de E. Gley
et Ch. Richet, 1885).

2. — Les sensations gustatives.

Avant d'étudier les sensations gustatives en elles-mêmes, il convient de déterminer exactement les régions de la bouche où se
produisent les impressions sapides.

1° *Siège du goût.*

Il n'est pas facile de localiser exactement le sens du goût, en
raison des diverses causes d'erreur, tenant surtout et à l'extrême
mobilité de la langue, qui fait qu'une substance appliquée en un
point peut aisément être transportée sur un autre point, — et à la
rapide diffusion de la substance sapide
par la salive, qui fait que le corps appliqué en un point se répand rapidement
sur les points voisins. Grâce à l'application de procédés ingénieux (emploi de pin-
ceaux très fins, de tubes de verre capillaires, de petits roseaux, portant le corps
sapide uniquement sur l'endroit à explorer), on est parvenu à déterminer ce que
l'on appelle le siège du goût.

La langue est l'*organe essentiel* de la
gustation. Mais il y a des parties de la
langue où les corps sapides ne sont pas
sentis, comme la face inférieure et le
tiers antérieur au moins de la face supérieure (la pointe étant exceptée qui est
très sensible).

La face supérieure de la pointe sent très
bien l'acide, moins bien le doux et le salé, pas
du tout l'amer ; les bords sentent l'acide, le
doux et le salé ; et la base l'amer. Dans des
expériences faites sur les papilles isolées,
Fr. Kiesow[1] a reconnu que les papilles caliciformes ne sont sensibles qu'à l'amer ; sur
les bords et la pointe les trois autres saveurs
sont senties. Pour donner une idée de cette
délimitation de diverses parties de la langue, on a reproduit ici une figure

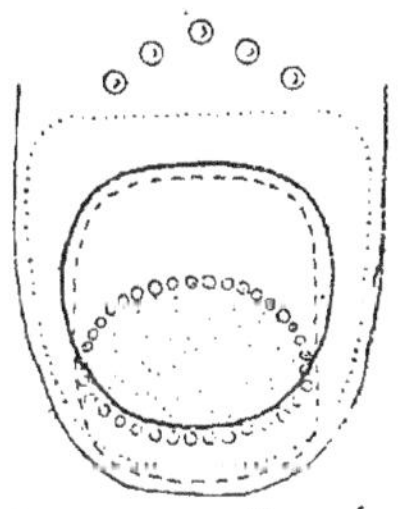

Fig. 191. — Territoires de la
langue insensibles aux diverses
saveurs (d'après Schirmer (de
Moscou), 1893).

On voit que la zone insensible
à l'amer est la plus étendue. La
zone insensible au salé est à peu
près superposable à la zone insensible au sucré, à cela près qu'elle
la dépasse en avant et arrive jusqu'à la pointe de la langue.

La zone insensible à toutes les
saveurs et représentée par un
pointillé sur cette figure doit être
considérée comme trop étroite ;
elle s'étend en réalité, d'après
les recherches d'autres physiologistes, plus loin en arrière.

1. Psycho-physiologiste allemand contemporain, très connu par de nombreuses
recherches sur les sensations.

(fig. 191) due à l'un des expérimentateurs qui se sont occupés de cette question, mais il n'est pas inutile d'avertir le lecteur que **les résultats** exprimés par ce schéma ne sont pas admis par tous les chercheurs compétents ; **les** différences cependant entre ces recherches et celles de plusieurs autres physiologistes ne sont pas importantes ; de sorte que cette figure ne laisse pas d'être significative.

A côté de l'organe essentiel du goût, il y a des organes qui peuvent être dits *accessoires*.

Les lèvres, les gencives sentiraient l'acide. La face inférieure du voile du palais serait sensible à toutes les saveurs, y compris l'amer. Il en est de même de la face postérieure de l'épiglotte. Il y a donc des bourgeons gustatifs en ces régions, disséminés d'ailleurs, beaucoup moins nombreux que sur la langue. Aussi la sensibilité y est-elle beaucoup moins vive. Un seul exemple : le voile du palais est excité par une solution de dibromhydrate de quinine à 1 p. 10 000, tandis que les papilles caliciformes le sont par une solution à 1 p. 100 000 (expériences de Toulouse[1] et Vaschide[2], 1901).

2° *Spécificité des sensations.*

On a déjà distingué (voy. p. 863) les sensations gustatives des sensations tactiles qui se produisent aussi sur la langue. Elles se séparent de même des sensations olfactives. La confusion peut d'ailleurs être fréquente entre les unes et les autres.

Pour les différencier, il suffit de fermer les narines pendant l'acte de goûter. On s'aperçoit alors qu'on ne reconnaît plus le thé, le café, le chocolat, les diverses sortes d'huile, de beurre ; on ne sait si l'on boit du bon ou du mauvais vin. D'ailleurs l'influence du coryza est bien connue à cet égard : presque toutes les saveurs de nos aliments disparaissent alors. Les seules saveurs subsistantes sont l'amer, le doux, l'acide et le salé.

Reste à savoir si les sensations produites par les quatre saveurs représentent quatre modalités d'un même sens, s'il y a là, en d'autres termes, quatre énergies spécifiques. Voici les arguments qui paraissent en faveur de cette thèse.

1. Nous avons vu, en déterminant le siège du goût, que toutes les papilles ne reçoivent pas indistinctement toutes les excitations sapides, puisqu'il y a des régions insensibles à telle ou telle saveur.

Parmi les expériences très précises qui ont été faites à ce sujet, les plus instructives sont celles qui ont été réalisées avec la *méthode de l'excitation punctiforme* (ou méthode de Magnus Blix pour l'étude des sensations de pression et des sensations thermiques de la peau) : la papille est mise en contact avec l'extrémité d'un tube capillaire rempli de la solution sapide. Voici, par exemple, les résultats de l'examen pratiqué sur 125 papilles

1. Psychiâtre français contemporain.
2. N. Vaschide (1874-1907), psychologue roumain.

fongiformes : 27 ne fournissent que des sensations tactiles ou thermiques
au contact de solutions d'acide tartrique, de sucre ou de quinine ; sur les
98 restantes, il y en a qui sont sensibles à l'acide, non au sucré ou à l'amer ;
d'autres au sucré, non à l'acide ou à l'amer ; d'autres enfin à l'amer, non à
l'acide ou au sucré ; et il y en a qui contiennent deux sortes de bourgeons
gustatifs, puisqu'elles répondent à deux excitants et enfin il en est, et c'est
le plus grand nombre (60 sur 98), qui répondent aux trois excitations
mises en jeu.

2. De cette spécificité on a une autre preuve dans les effets des
excitations électriques localisées sur les différentes papilles.

L'excitation électrique isolée, par exemple, des mêmes papilles que dans
l'expérience rapportée plus haut, fournit des résultats analogues sur la
détermination de la fonction spécifique de telle ou telle papille. Mais il peut
arriver que les résultats soient moins nets, car les expériences sont plus
difficiles à interpréter, les sensations tactiles et thermiques concomitantes
masquant plus ou moins les sensations gustatives.

3. On peut enfin abolir expérimentalement la sensibilité à l'amer
et au sucré, les deux autres formes de la sensibilité gustative persistant. Cet effet est obtenu en mâchant des feuilles de *Gymnema syl-
vestre* (plante des Indes, de la famille des Asclépiadées) ou en appliquant sur la langue une solution du principe actif contenu dans ces
feuilles, l'*acide gymnémique* [1] dont la formule brute est $C^{32}H^{55}O^{12}$.
L'appréciation de la saveur sucrée est perdue pour plusieurs heures
(la durée du phénomène varie suivant les individus) ; il en est de
même pour l'amer ; ainsi le sulfate de quinine, goûté après mastication de feuilles de *Gymnema*, n'est plus senti que comme du sable
ou de la craie, comme un corps non sapide.

Un extrait, préparé avec des feuilles d'une autre plante, l'*Erio-
dictyon glutinosum* du Mexique (de la famille des Hydroléacées), ne
supprime pas, mais réduit considérablement la sensibilité à l'amer,
et à l'amer seulement.

Enfin la cocaïne diminue toutes les sensations sapides, mais non
simultanément ; c'est d'abord la sensibilité à l'amer qui est réduite,
puis au sucré, à l'acide et en dernier lieu et très peu au salé (d'après
des expériences de Fr. Kiesow, 1893).

3° *Spécificité des conducteurs des impressions gustatives.*
Les nerfs du goût.

Les impressions spéciales que nous connaissons maintenant sont-

---

1. On le livre commercialemut sous la forme d'une poudre vert blanchâtre, de
saveur acide, âcre, très peu soluble dans l'eau, soluble dans l'alcool dilué. Il
suffit de se rincer la bouche avec une solution à 12 p. 100 dans l'eau alcoolisée
pour ne pas sentir le goût de la quinine.

elles conduites jusqu'aux centres nerveux par des conducteurs spéciaux ? Ici se pose l'importante question des nerfs du goût.

La transmission gustative se fait par deux voies, celle du *glosso-pharyngien* et celle du *lingual-corde du tympan* ou *lingual mixte*.

A. Glosso-pharyngien. — Les expériences qui établissent le rôle des glosso-pharyngiens sont très simples et très démonstratives.

La section des deux hypoglosses paralyse la langue ; la section des deux linguaux amène l'anesthésie tactile, tandis que le mouvement et la sensibilité gustative sont conservés ; la section des deux glosso-pharyngiens fait disparaître la sensibilité gustative à la base de la langue. Enfin ce fait a déjà été cité (voy. p. 863), que les bourgeons gustatifs des papilles caliciformes dégénèrent et disparaissent après la section de ce nerf (expériences sur le lapin).

C'est surtout la sensibilité pour l'amer qui est abolie à la suite de la section des glosso-pharyngiens.

B. Lingual. — L'expérience essentielle qui prouve le rôle gustatif de ce nerf est la suivante :

On sectionne sur des chiens les deux glosso-pharyngiens et les deux cordes du tympan ; la sensibilité gustative est affaiblie, mais non abolie ; si l'on sectionne alors les deux linguaux, elle est complètement supprimée.

C. Corde du tympan. — Le lingual contient des filets qui lui viennent de la corde du tympan. Il a d'ailleurs été reconnu que ce dernier nerf envoie des rameaux jusqu'à la langue. Or, la corde du tympan est une branche du facial, qui naît du ganglion géniculé et qui provient du nerf de Wrisberg, racine sensitive du facial. On doit rechercher : 1° si la corde du tympan contient bien des fibres gustatives et 2° quelle est la provenance réelle de ces fibres, si elles existent.

1. *Expériences qui démontrent la présence de fibres gustatives dans la corde du tympan :*

La section de la corde dans la caisse du tympan, sur des chiens, entraîne une diminution du goût du côté correspondant de la langue, en même temps qu'elle supprime la sécrétion de la glande sous-maxillaire.

La section des deux cordes, les deux nerfs linguaux étant respectés, diminue la sensibilité dans la partie antérieure de la langue. Même résultat, si l'on a préalablement sectionné les deux glosso-pharyngiens. Nous avons cité déjà cette expérience à propos du rôle du lingual.

2. *D'où viennent ces filets sensoriels qui passent par la corde du tympan ?* La question a été très discutée.

On a remarqué que dans les paralysies du facial il n'y a altération du goût que quand la paralysie atteint le facial, après que le nerf de Wrisberg s'y est joint et avant que la corde du tympan s'en détache. — C'est même sur ce fait que repose la distinction établie par CLAUDE BERNARD entre les paralysies dites *externes* ou *extérieures* du facial, c'est-à-dire dépendant d'une altération du facial proprement dit et ne s'accompagnant pas de troubles gustatif, et les paralysies qu'il qualifia d'*intérieures* et qui s'accompagnent d'une diminution considérable de la sensibilité gustative. Plus tard, le médecin allemand ERB devait indiquer l'altération du goût comme un signe à peu près infaillible de la localisation intra-pétreuse de la paralysie

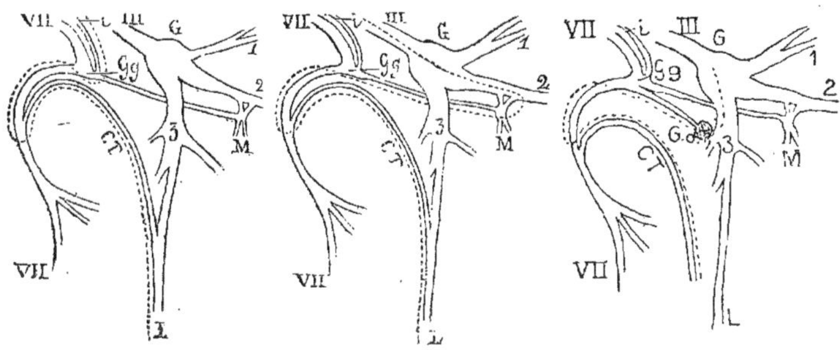

Fig. 192, 193 et 194. — Divers schémas du trajet des fibres gustatives de la corde du tympan.

III, nerf de la 3ᵉ paire ; — G, ganglion de Gasser ; — M, ganglion de Meckel ou sphéno-palatin ; — 4, nerf ophtalmique ; — 2, maxillaire supérieur ; — 3, maxillaire inférieur ; — L, lingual ; — VII, nerf facial ; — i, intermédiaire de Wrisberg ; — Gg, ganglion géniculé ; — CT, corde du tympan ; — Go (dans la figure 194), ganglion otique.

faciale. — D'autre part, la section du nerf de Wrisberg derrière le ganglion géniculé amènerait la perte du goût dans les deux tiers antérieurs de la langue (d'après des expériences de l'américain H. BIGELOW [1880] sur le chien).

D'après ces faits, le trajet suivi par les filets gustatifs de la corde serait le suivant : ils remontent par la corde jusqu'au tronc du facial, traversent le ganglion géniculé et se rendent au bulbe par le nerf de Wrisberg (voy. fig. 192).

Rien de plus simple. La difficulté est que l'on a observé des lésions du trijumeau[1] avec abolition de la sensibilité gustative dans les deux tiers antérieurs de la langue, et que, d'autre part, la section intra-cranienne du trijumeau d'un côté causerait la perte des sensations gustatives dans cette même région, du même côté (anciennes expériences de SCHIFF sur le chien, expériences de SHERRINGTON[2] sur le singe, 1898). — On se fonde sur ces

1. Cas de paralysie parfaitement limitée du trijumeau chez l'homme avec anesthésie gustative du même côté.
2. Physiologiste anglais contemporain, très connu par ses nombreux travaux sur les fonctions du système nerveux, professeur à l'Université d'Oxford.

données pour attribuer aux fibres gustatives de la corde un trajet compliqué, par le facial et le ganglion géniculé et de là, soit par le grand nerf pétreux superficiel, au ganglion sphéno-palatin, au maxillaire supérieur et au tronc du trijumeau (voy. fig. 193), soit par le petit nerf pétreux superficiel au ganglion otique, au maxillaire inférieur et au tronc du trijumeau (fig. 194). Mais il a été démontré que l'ablation du ganglion sphénopalatin n'entraîne aucune altération du goût. La même expérience, il est vrai, n'a pas été faite sur le ganglion otique.

Il semble que les difficultés seraient levées si l'on tenait plus de compte des faits dans lesquels les lésions du trijumeau (cas de résection du nerf dans son trajet intra-cranien chez l'homme) ont entraîné, non pas l'abolition, mais seulement une diminution du goût dans la partie antérieure de la langue. Qu'on rapproche ces faits bien observés sur l'homme des expériences mentionnées plus haut et desquelles il résulte qu'il y a des fibres gustatives dans la corde comme dans le lingual, et l'on sera amené à conclure qu'il n'y a rien d'étonnant à ce que la section intra-cranienne du trijumeau entraîne une diminution du goût, tout de même que les lésions du ganglion géniculé du facial ou la section du nerf de Wrisberg.

Quoi qu'il en soit, les fibres gustatives du lingual et celles de la corde du tympan transmettent surtout les impressions de doux, de salé et d'acide.

D. Nerfs accessoires du goût. — A côté des nerfs essentiels du goût ci-dessus étudiés, on peut considérer comme jouant un rôle accessoire dans la gustation les nerfs moteurs de la langue, hypoglosse et facial (qui innerve le stylo-glosse et le glosso-staphylin). Ces nerfs en effet, en commandant aux mouvements des muscles de la langue et aussi des lèvres et des joues (facial), assurent un contact à la fois plus intime et plus prolongé des substances sapides avec les cellules sensorielles.

4° *Conditions des sensations gustatives.*

Ces conditions sont nombreuses.

1. Parmi celles qui sont relatives aux excitants, on remarque d'abord la *solubilité*; les corps insolubles n'ont pas de saveur. — A noter ensuite l'influence de la *quantité* de substance excitante; plus une solution est concentrée, plus la sensation est forte. *Vice versa*, quelle est la limite de la sensation, ou, en d'autres termes, quelle

est la quantité minima de substance sapide nécessaire pour provoquer une sensation?

Ces quantités sont très variables suivant les corps éprouvés. Quelques
exemples : on a trouvé les proportions moyennes de 1 : 997 pour le sucre,
1 : 2240 pour le sel, 1 : 2080 pour l'acide sulfurique ; les quantités sont encore
plus faibles pour un grand nombre d'alcaloïdes : 0^{gr},000004 de strychnine,
0^{gr},00002 de quinine, 0,0001 de vératrine, etc., suffisent pour obtenir une
sensation. Mais on voit que l'action des divers alcaloïdes varie beaucoup.
Celle des acides, au contraire, ne varie que dans de faibles limites.

2. Examinons maintenant les conditions relatives aux organes.

L'influence des *mouvements*, surtout des mouvements de la langue,
sur le développement des sensations gustatives est très grande.
Après avoir déposé du sucre pulvérisé sur la langue, on ne perçoit
aucune saveur, si l'organe reste immobile et si l'on s'abstient de
tout mouvement de déglutition.

L'intégrité de la *circulation* et de la *sécrétion de la muqueuse linguale*
n'est guère moins importante pour le bon exercice du goût. Quand
la muqueuse est desséchée, quand la langue est recouverte d'un
mucus plus ou moins épais, la gustation se fait mal ou même ne se
fait plus, exactement comme l'olfaction, quand la muqueuse nasale
est dans le même état.

La sensation dépend beaucoup de l'*étendue de la surface excitée*.
Ainsi, pour des excitations d'égale intensité (mêmes concentrations
des liquides sapides), l'intensité de la sensation croît avec l'étendue
de la surface.

Enfin l'*exercice* perfectionne beaucoup et affine les sensations gustatives. Mais là, comme ailleurs, l'habitude a un double effet ; au
lieu de perfectionner le sens du goût, elle peut l'émousser. C'est ce
qui arrive à la suite de l'impression trop souvent répétée de corps
fortement sapides (épices, aliments de haut goût, etc.).

L'*âge* modifie le goût. Ce sens, peu développé chez l'enfant, devient
souvent très fin dans l'âge mûr. Il n'y a pas de gastronomes jeunes.

5° *Caractères des sensations gustatives.*

Le *temps de réaction* de ces sensations est relativement long, sans
doute en raison de la nature chimique de la modification qui se produit dans l'appareil sensoriel périphérique au moment de l'impression.

Il y a des sensations qui *persistent* après que l'excitation a cessé.
Tout le monde connaît les *arrière-goûts*. Mais l'arrière-goût est
souvent différent de la sensation primitive.

Les impressions gustatives peuvent être modifiées les unes par les autres, d'où des phénomènes de *contraste* et de *compensation*. A la vérité, il n'existe pas sur ce sujet d'expériences scientifiques, on ne possède que les renseignements assez vagues de l'expérience vulgaire. On sait que telle saveur en exalte ou en émousse une autre (phénomène de contraste); une saveur amère ou acide empêche de goûter des vins. — Des saveurs peuvent se compenser l'une l'autre; c'est ainsi qu'on se sert du sucre pour masquer une saveur acide. Cependant le sucre ne neutralise pas l'acide. On admet que la compensation se produit dans les centres nerveux; en corrigeant l'acide par le doux, on ne modifie pas la sensation sapide, mais celle-ci devient moins désagréable. — C'est sur ces phénomènes de contraste et de compensation et, d'une façon plus générale, sur les combinaisons des saveurs, qu'est fondé en partie l'art culinaire.

3. — Rôle du goût.

Indépendamment de son rôle propre, qui est de nous renseigner sur les qualités des substances introduites dans la bouche, le goût est l'auxiliaire de la digestion. Puisqu'il est démontré que l'appétit est le meilleur excitant des sécrétions digestives, quelle n'est pas l'importance, pour le bon fonctionnement des organes digestifs, des mets qui plaisent au goût (voy. pp. 147, 167 et 209-210)! On verra cependant plus loin (p. 883) que la part de l'odorat est ici, en réalité, plus grande que celle du goût; car la *gamme* des saveurs est beaucoup moins étendue que celle des odeurs [1].

IV. — SENS DE L'ODORAT.

Le sens de l'odorat nous permet d'apprécier les qualités et surtout la pureté de l'air que nous respirons; la plupart des sublances qui pourraient corrompre cet air, étant odorantes, sont naturellement soumises à son contrôle. D'autre part, il nous permet de discerner certains caractères de nos aliments et peut, par conséquent, nous guider dans le choix que nous en faisons; de là sans doute la définition du philosophe KANT que l'odorat est un *goût à distance*. Chez les animaux telle est la finesse de l'odorat que ce sens leur donne le moyen de reconnaître à distance une proie ou un ennemi. Mais chez l'homme civilisé son importance est moindre. En étudiant **son** rôle nous reviendrons sur ces divers points.

Sensations olfactives et gustatives sont souvent associées et si bien

---

1. L'art culinaire n'exploite en effet pas moins les odeurs que les saveurs.

qu'on les confond aisément les unes avec les autres; on attribue fréquemment au goût ce qui revient en réalité à l'odorat. — Il y a également une relation étroite entre l'olfaction et l'innervation génitale.

I. — Les excitants de l'odorat, les odeurs.

Les excitants spécifiques de l'odorat sont les *odeurs*.

Nous ne savons pas à quoi est due la propriété d'un corps d'être odorant. Des substances de constitution chimique différente ont la même odeur et des corps chimiquement très voisins ont des odeurs tout à fait dissemblables. Cette simple remarque suffit à montrer combien il est actuellement difficile d'établir une relation entre la constitution chimique et l'odeur des corps. Aussi ne possède-t-on pas une classification naturelle des odeurs, fondée sur les caractères physiques ou chimiques auxquels est liée la sensation olfactive. Force est de classer les odeurs d'après les caractères mêmes de la sensation.

Sur ce point les recherches de BEAUNIS (1884) et celle de JACQUES PASSY[1] (1892) ont fourni des indications intéressantes.

Il faut remarquer d'abord que beaucoup de substances ont un très grand *pouvoir odorant*, qui se définit par ceci, qu'il suffit d'une quantité infinitésimale de ces corps pour provoquer une sensation; ainsi, un millionième de milligramme de musc et même moins donne la sensation caractéristique. D'autre part, il est des odeurs plus ou moins fortes ou intenses; l'*intensité*, que J. PASSY a définie en disant que de deux odeurs en présence la plus intense est celle qui masque l'autre, n'est pas en rapport avec la puissance; la benzine, dont l'odeur est vive et nettement perçue, est une odeur intense, tandis que la vanille est une odeur faible, mais à très grande puissance. BEAUNIS a proposé de ranger les odeurs en deux grandes classes : 1° les *parfums* ou *senteurs*, qui ont une puissance considérable et dont le type serait le musc; 2° les *odeurs*, ou substances odorantes à action intense, dont le type serait la menthe. Ce sont là les corps qui n'agissent que sur les nerfs olfactifs. Secondairement, BEAUNIS distingue : 3° *des corps qui agissent à la fois sur les nerfs olfactifs et sur les nerfs tactiles de la muqueuse pituitaire*, tels que l'acide acétique, et enfin : 4° *des corps qui n'agissent que sur les nerfs tactiles*, tels que l'acide carbonique.

Ce n'est pas seulement par le pouvoir odorant et par l'intensité que les odeurs se distinguent les unes des autres, c'est aussi par la *qualité*. Cette propriété est, pour l'odorat, ce qu'est le timbre pour l'oreille, la couleur pour l'œil; c'est elle qui nous fait reconnaître la rose de la vanille ou du citron. Or, il est très intéressant de constater que dans une même série chimique la qualité est intimement liée à la structure moléculaire, parce

1. Psychologue et physiologiste français, né en 1864, mort en 1898.

que les corps homologues ont, à doses atténuées, des odeurs extrêmement voisines, témoins l'acide butyrique et l'acide valérique normaux, l'alcool isobutylique et l'alcool isoamylique, etc. (J. Passy).

Encore que le nombre des odeurs apparaisse presque comme illimité, il est cependant des corps inodores. Mais il est possible que beaucoup de ces derniers ne soient pas tels pour un appareil olfactif différent de celui de l'homme civilisé, pour celui du chien par exemple. Jacques Passy remarque avec raison à ce sujet que la grande différence entre l'odorat du chien et celui de l'homme ne consiste pas seulement en ce que le chien sent des quantités d'odeurs beaucoup plus faibles, mais aussi et surtout en ce qu'il sent des odeurs que nous ne sentons pas ; « si le gibier était imprégné de musc, il ne nous serait pas absolument impossible de le suivre à la trace ».

En dehors des odeurs, il n'y a, comme excitants connus du sens de l'odorat, que l'électricité. Si l'on fait passer un courant à travers une solution salée isotonique à 38° remplissant le nez, il se produit une sensation olfactive à l'anode, à l'ouverture du courant, à la cathode, à la fermeture.

Nature de l'impression olfactive. — Une propriété essentielle des corps odorants est d'être volatils, comme le prouve une ancienne expérience de Berthollet[1].

Si, à l'exemple de ce savant, l'on place un morceau de camphre dans le vide barométrique, on observe après quelque temps une dépression de la colonne mercurielle. Les particules qui se sont dégagées du camphre, se rassemblant dans la chambre barométrique, ont fini par y acquérir une tension suffisante pour faire baisser le mercure.

Ce fait a été confirmé par des expériences de J. Tyndall[2] (1874), fondées sur ce principe, que la chaleur rayonnante traverse les espaces vides sans perdre de son intensité, mais que, si un gaz est placé sur le trajet des rayons émanant de la source calorifique, une partie de la chaleur rayonnante est absorbée. Ainsi, un tube rempli d'air desséché et privé d'acide carbonique absorbe une quantité déterminée de chaleur rayonnante, que l'on peut prendre comme unité ; or, que l'on introduise dans ce tube une très petite quantité d'une substance odorante, on constate que ces molécules odorantes

de patchouli, par ex., interceptent	30	fois	
d'essence de roses	—	37	—
de thym	—	68	—
de grande lavande	—	355	—
d'anisette	—	372	—

la quantité de chal. rayonnante que l'air intercepte.

---

1. Claude-Louis Berthollet (1748-1822), très célèbre chimiste français, à qui sont dues les lois qui portent son nom, relatives aux doubles décompositions.
2. John Tyndall (1820-1893), célèbre physicien anglais.

Étant donnés ces faits, il est difficile de penser que l'excitation olfactive soit analogue à celle que le son produit sur l'oreille et due à l'action sur les nerfs olfactifs de vibrations émanant des corps odorants. Il est beaucoup plus probable que les particules dégagées par ces corps, comme nous venons de le voir, se dissolvant dans le mucus qui recouvre la région olfactive de la pituitaire, agissent chimiquement sur les cellules olfactives.

2. — Les sensations olfactives.

Avant d'étudier les conditions dans lesquelles se produisent ces sensations et de déterminer leurs caractères, nous avons à fixer le siège de l'odorat.

1° *Siège de l'odorat*.

Il ne se trouve que dans la partie supérieure des fosses nasales, dans les zones où se distribue le nerf olfactif, nerf de la sensibilité spéciale, tandis que les parties inférieures ne reçoivent que des rameaux du nerf trijumeau, c'est-à-dire des nerfs de sensibilité générale.

Au niveau de cette région (voy. fig. 195), dite région *olfactive* ou *région jaune* (*locus luteus*) (elle présente cette couleur chez les animaux), et qui offre à peu près la grandeur d'une pièce de cinquante centimes, la muqueuse change de nature ; en ces points (partie supérieure de la cloison en dedans, le cornet supérieur en dehors), cette membrane est beaucoup moins vasculaire, moins riche en glandes, et enfin elle ne possède plus de cils vibratiles, mais un simple épithélium cylindrique ; son élément caractéristique est représenté par les rameaux terminaux des nerfs olfactifs, rameaux si fins et si nombreux que leur présence suffit pour faire reconnaître à un histologiste exercé un lambeau isolé de cette *muqueuse olfactive*. Ces rameaux nerveux viennent se terminer vers la surface en se mettant en connexion avec l'extrémité profonde, effilée, de certaines cellules cylindriques épithéliales ; c'est-à-dire qu'entre les cellules épithéliales de cette région se trouvent des cellules spéciales (*cellules olfactives*) qui se prolongent en fibrille à chacune de leurs extrémités. Le prolongement externe, plus épais, passe entre les cellules épithéliales, jusqu'à la surface libre ; le prolongement interne paraît se continuer avec les fibres du nerf olfactif. Ce sont donc ici des dispositions bien différentes de celles décrites précédemment pour les cellules gustatives. En effet, *les cellules olfactives représentent de véritables cellules nerveuses placées dans un épithélium*, cellules nerveuses bipolaires, c'est-à-dire ayant un prolongement interne (voy. fig. 196). Les études d'embryologie (histogenèse) et d'histologie comparée montrent même que ces cellules olfactives sont des éléments homologues des cellules nerveuses des ganglions rachidiens. Nous

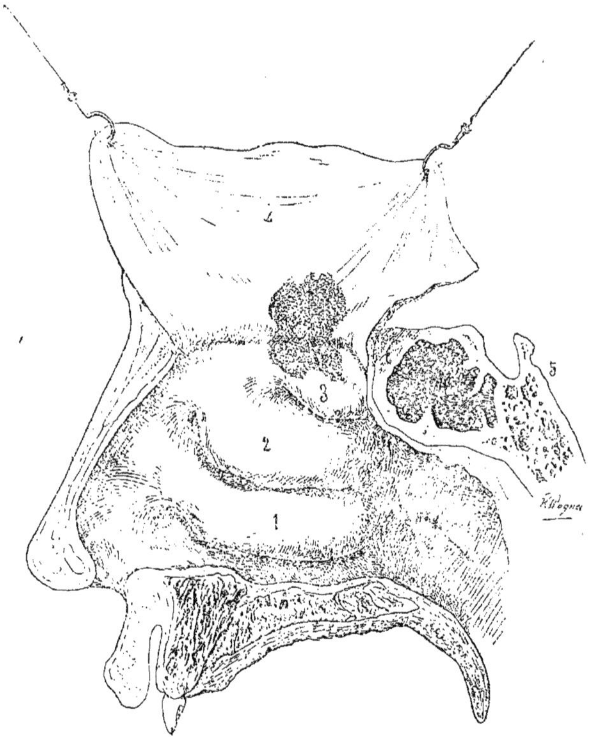

Fig. 195. — Région olfactive de la muqueuse nasale (d'après A. von Brunn[1]). Elle est située sur le cornet supérieur et en face de ce cornet et représentée plus teintée que le reste de la muqueuse.

1, cornet inférieur ; 2, cornet moyen ; 3, cornet supérieur ; 4, muqueuse de la cloison nasale relevée ; 5, sphénoïde.

renvoyons aux traités d'histologie pour ce qui regarde cette intéressante question.

2° Spécificité des sensations. Nerfs olfactifs

Les nerfs qui innervent la région supérieure des fosses nasales, ou nerfs olfactifs, ne servent qu'à l'olfaction.

1. Histologiste allemand (1849-1895).

Après la section de ces nerfs, les chiens ne perçoivent plus l'odeur d'un morceau de viande placé à côté d'eux à leur insu, ni aucune autre odeur. Chez l'homme, l'absence congénitale des nerfs olfactifs, dont on a constaté d'assez nombreux cas, ou leur destruction détermine l'*anosmie* totale.

Comme nous ne savons point distinguer les odeurs d'après des caractères objectifs tenant à la nature des corps odorants, il est difficile de déterminer expérimentalement s'il y a des récepteurs ou

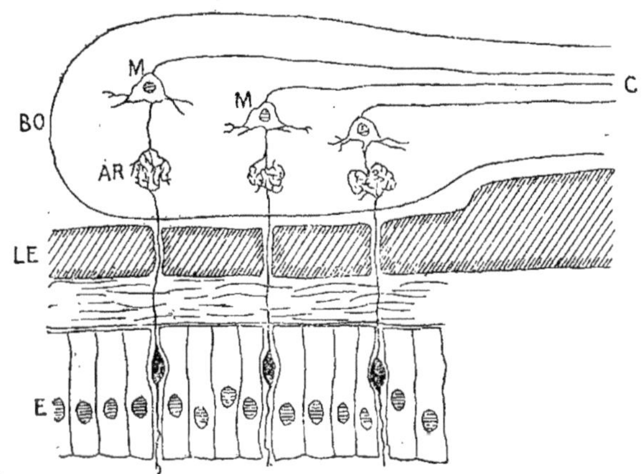

Fig. 196. — Schéma des neurones olfactifs central et périphérique (d'après Ramón y Cajal).

E, épithélium olfactif ; entre les cellules épithéliales de soutien, sont les cellules olfactives bipolaires (neurones olfactifs périphériques) ; — LE, lame criblée de l'ethmoïde qui livre passage aux prolongements cylindre-axes des neurones olfactifs périphériques ; — BO, bulbe olfactif renfermant le corps cellulaire des neurones olfactifs centraux (*cellules mitrales* M) ; — AR, articulations des prolongements cylindre-axes des neurones olfactifs périphériques avec les prolongements protoplasmiques des neurones olfactifs centraux (*glomérules olfactifs*) ; — C, prolongements cylindre-axes des cellules mitrales.

des conducteurs spéciaux pour les différentes et principales classes d'impressions olfactives. Quelques faits cependant paraissent bien indiquer la spécificité de ces sensations, tout comme celle des sensations gustatives.

Ce sont d'abord ceux qui montrent qu'il peut y avoir abolition d'une sensation olfactive avec persistance de toutes les autres (*anosmie partielle*) ; ainsi on rencontre quelques individus qui, percevant toutes les autres odeurs, ne sentent pas l'odeur de violette ou de vanille. C'est là quelque chose de tout à fait analogue à la cécité partielle pour les couleurs. — Les observations faites sur la fatigue partielle de l'odorat sont également conformes à cette thèse ; l'odorat, fatigué par une odeur déterminée, reste sensible aux autres excitants (expériences de E. Aronsohn[1]) ; fatigué par

1. Médecin et physiologiste allemand contemporain.

exemple pour la teinture d'iode, il reste absolument intact pour quelques *nuiles* éthérées, tandis qu'il diminue pour d'autres et qu'il est supprimé pour l'alcool. Cette anosmie partielle dure un nombre variable de minutes suivant les substances. Des expériences analogues, dues en particulier à ZWAARDEMAKER[1], ont fourni des résultats semblables. — Enfin, après cocaïnisation incomplète de la muqueuse olfactive, l'insensibilité pour les diverses odeurs est très inégale.

On peut donc penser qu'il y a différentes sortes de récepteurs ou de conducteurs olfactifs, ainsi qu'il en est pour les impressions gustatives. Mais nous ne savons actuellement rien de plus à ce sujet.

3º *Conditions des sensations.*

1. La première de toutes, c'est le mouvement de l'air chargé de particules odorantes.

Il faut pour cela que le courant d'air qui doit passer par les fosses nasales, le courant d'air inspiré, soit assez fort. De là le rôle de l'appareil respiratoire moteur dans l'olfaction. La bouche est fermée pour que tout l'air inspiré passe par les fosses nasales. Et, quand il s'agit seulement de *flairer*, on exécute une série de petites inspirations plus ou moins rapides ou bien, au contraire, une inspiration lente et profonde. Si la respiration est très superficielle ou quand on cesse de respirer, la sensation olfactive s'atténue ou disparaît.

Le courant d'air et sa direction ne sont pas tout dans l'acte de flairer. Le rôle des muscles du nez n'est nullement négligeable : l'orifice inférieur des narines se dilate par l'action des deux élévateurs, superficiel et profond, de l'aile du nez et de la lèvre supérieure et par celle du muscle dilatateur de la narine ; en même temps, l'orifice supérieur se rétrécit, par la contraction du transverse et du myrtiforme ; ce rétrécissement a pour résultat un renforcement de la vitesse du courant d'air. D'ailleurs, quand on empêche ce resserrement de l'orifice supérieur, par l'introduction par exemple d'un tube de verre assez long pour l'obstruer, l'impression olfactive devient presque nulle.

Puisque la condition première de l'olfaction consiste dans le passage sur la muqueuse pituitaire d'un courant d'air chargé de particules odorantes, les impressions olfactives doivent se produire aussi quand le passage de l'air se fait d'arrière en avant, par l'orifice postérieur des fosses nasales, c'est-à-dire pendant l'expiration. Il en va bien ainsi : seulement, comme le courant d'air qui arrive à la muqueuse olfactive, dans ce cas, est beaucoup moins intense, les impressions sont alors en général moins nettes.

La transmission des particules odorantes ne se fait pas seulement par l'air. Elle peut se faire par l'eau, à condition que celle-ci soit

1. Physiologiste hollandais contemporain, professeur à l'Université d'Utrecht. Il a publié en 1895 une étude sur l'olfaction extrêmement complète.

indifférente pour la muqueuse nasale, que l'on verse par exemple la
substance odorante à essayer dans de l'eau salée isotonique à 40°
environ. Il est utile de remarquer ici que les Poissons ont une
sensibilité olfactive développée.

2. Une deuxième condition, c'est que l'air soit suffisamment chargé
de particules odorantes. Il suffit d'ailleurs, pour qu'il y ait sensation, du moins pour un très grand nombre de corps, d'une quantité
extrêmement faible de molécules odorantes. En d'autres termes, le
minimum perceptible, c'est-à-dire la plus petite quantité nécessaire
pour provoquer la sensation d'odeur, est très bas. Nous reviendrons
tout à l'heure sur ce point.

3. Il faut aussi que la substance odorante agisse pendant un certain
temps, d'ailleurs très variable suivant les odeurs. Mais ce temps est
toujours court. Par l'action un peu prolongée d'une odeur, l'appareil
olfactif en effet se fatigue. C'est pour des impressions brèves et
répétées (acte de flairer) que la sensation se produit le plus nettement.
Du reste, si l'appareil olfactif se fatigue vite, il se répare vite également, dès que l'odeur qui s'est imposée a cessé d'agir.

4. Pour que l'olfaction s'exerce normalement, la muqueuse nasale
doit être en un état d'humidité modéré. Sur cette surface humide
les particules odorantes sont fixées et sans doute dissoutes et arrivent
aisément aux cellules olfactives. Au début du coryza, quand il n'y a
plus de sécrétion nasale, l'olfaction est troublée ; il en est de même
pendant la période d'état du mal, alors que les sécrétions sont très
abondantes et d'ailleurs altérées. — La circulation et la sécrétion
de la muqueuse olfactive sont sous la dépendance du trijumeau
(filet du nerf nasal interne ou ethmoïdal [rameau de la branche
ophtalmique de Willis] et filet du naso-palatin et sphéno-palatin
[branches venues du maxillaire supérieur par le ganglion de
Meckel]). Pour cette raison, et puisque l'intégrité de la muqueuse
et sa sécrétion normale sont nécessaires à l'olfaction, le trijumeau
peut être considéré comme un nerf servant accessoirement à cette
fonction [1].

5. L'exercice accroît beaucoup la finesse de l'odorat. On a cité des
individus qui peuvent reconnaître l'acide cyanhydrique en dilution
dans deux millions de fois son poids d'eau. La finesse de l'odorat
dépasse donc encore celle du goût. Il y a lieu de remarquer de
nouveau ici (voy. p. 871) que l'habitude ne développe pas toujours

1. MAGENDIE avait fait du trijumeau le nerf de l'olfaction, parce qu'ayant
coupé à un chien les nerfs olfactifs, puis ayant approché du nez de l'animal de
l'ammoniaque, il le vit reculer en secouant la tête. Mais c'était prendre un phénomène de sensibilité générale pour une manifestation de sensibilité spéciale ;
l'ammoniaque, par ses vapeurs caustiques, agit non sur l'odorat, mais sur la
sensibilité de la muqueuse nasale en général, qui est innervée par le trijumeau.

la sensation, mais peut l'émousser. Les ouvriers, occupés à des besognes mal odorantes, finissent heureusement par ne plus rien sentir.

6. La sensibilité olfactive varie beaucoup suivant les espèces animales; elle paraît être d'autant plus développée que la muqueuse olfactive est plus étendue ; c'est, par exemple, ce que l'on remarque chez le chien, si bien doué à cet égard. — L'influence du sexe est contestable. Des physiologistes ont soutenu que l'odorat est plus faible chez la femme, mais cette opinion a été contredite par d'autres expérimentateurs.

4° Caractères des sensations.

1. La sensation est plus ou moins intense, suivant la quantité de substance odorante qui agit. Mais tout le monde sait, on l'a déjà rappelé plus haut, que ces quantités sont, pour beaucoup d'odeurs, tellement petites qu'il est impossible de songer à les peser directement. Comment donc apprécier le *minimum perceptible* de chaque odeur ?

La méthode employée à cet effet sur l'homme par J. Passy (1892) a donné des résultats précis. On prépare une série de solutions titrées en dissolvant 1 gramme de matière odorante dans 9 grammes d'alcool, puis mélangeant 1 gramme de cette première solution avec 9 grammes d'alcool et ainsi de suite. On fait tomber 1 goutte de la dernière dilution à laquelle on s'arrête sur un petit godet légèrement chauffé et placé dans le fond d'un flacon de capacité connue. On attend quelques instants pour que l'odeur se diffuse dans le récipient. Le flacon est alors ouvert sous le nez du sujet. Si celui-ci ne sent rien, on répète l'expérience avec une solution plus concentrée et l'on recommence ainsi jusqu'à ce que la perception se produise. Voici quelques-uns des chiffres obtenus au moyen de cette méthode par J. Passy. L'unité est le millième de milligramme (ou millionième de gramme) par litre d'air :

	Minima perceptibles. (millièmes de millig. par litre d'air).
Camphre	5
Éther	1
Citral (de l'essence de verveine)	0,5 à 0,1
Héliotropine cristallisée	0,1 à 0,05
Coumarine	0.05 à 0,01
Vanilline	0,005 à 0,0005 [1]

1. On voit quelles traces absolument impondérables de substance suffisent pour provoquer la sensation olfactive. A ce propos Bunge (*Lehrbuch der Physiol. des Menschen*, 2ᵉ édit., 1905, t. I, p. 44) remarque ingénieusement le rôle capital que jouent en physiologie les « traces » de matières ; alors que pour le chimiste une trace de matière est chose inexistante, dans les phénomènes de la vie c'est souvent chose essentielle. Nous l'avons vu pour certaines saveurs; nous le voyons pour les odeurs : guidés par quelques particules odorantes, les animaux trouvent leur nourriture et les mâles trouvent leur femelle ; ainsi les plus importantes fonctions vitales s'accomplissent à l'aide de parcelles infinité-

OLFACTOMÉTRIE. — La méthode de J. Passy peut servir à mesurer l'acuité olfactive. L'*olfactométrie*, méthode quantitative, est donc très différente de l'examen qualitatif de l'odorat, qui consiste simplement à placer sous le nez diverses odeurs, chacune des fosses nasales étant explorée tour à tour, pendant que la narine du côté opposé est bouchée avec un tampon d'ouate. L'olfactométrie est une méthode beaucoup plus scientifique et, par suite, dont l'emploi méthodique est susceptible de fournir des indications beaucoup plus nombreuses et précises sur la sensibilité olfactive des individus sains et malades.

L'*olfactométrie* se pratique surtout au moyen de l'*olfactomètre* de ZWAARDEMAKER (1888-1889.) Cet instrument (voy. fig. 197) consiste essen-

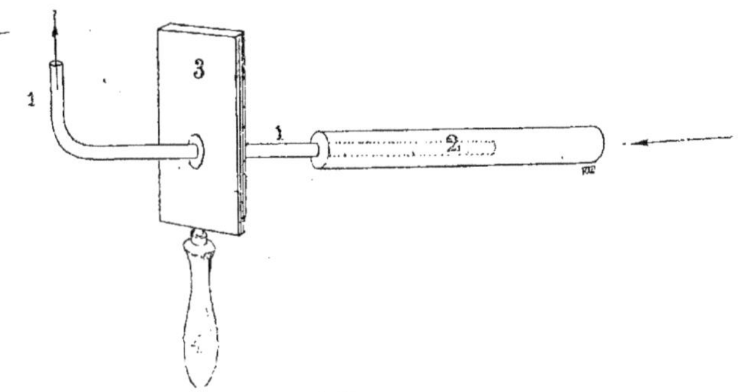

Fig. 197. — Schéma de l'olfactomètre de ZWAARDEMAKER.

1, tube de verre gradué en centimètres le long duquel se déplace le tube odorifère 2 ; — 3, écran ; — 4, manche de l'écran. — Les flèches indiquent le sens du courant d'air inspiré.

tiellement en un tube cylindrique, construit soit en une substance naturellement odorante, telle que le caoutchouc, soit en porcelaine poreuse, imbibée d'une solution odorante. Un tube de verre, plus long que le premier et concentrique à celui-ci, glisse à son intérieur à frottement exact, de façon à en découvrir des longueurs variables. L'air qui traverse ce second tube se chargera donc de quantités d'odeur variables avec les longueurs découvertes du cylindre odorant; plus long sera le segment de ce dernier parcouru par l'air, plus l'air sera imprégné d'odeur et plus

simales de matière, témoins encore le rôle des ferments digestifs et celui des produits déversés dans le sang par les glandes à sécrétion interne (thyroïde, par exemple), témoin aussi le rôle des toxines et des antitoxines. Et, revenant à l'olfaction, BUNGE se demande quelle peut bien être la trace laissée par le perdreau dans les herbes où le chien de race décèle pourtant sa présence, longtemps après qu'il y a passé! Et quelles traces laisse de son passage dans une voie fréquentée le maître de ce chien, qui suffisent cependant à celui-ci pour l'y retrouver! De telle sorte que l'on peut penser que non seulement chaque espèce animale, mais peut-être même chaque individu, du moins dans certaines espèces, a son odeur spécifique.

forte sera l'impression olfactive. Le tube interne, de verre, a une extrémité recourbée à angle droit, de sorte qu'elle peut s'introduire dans la narine à explorer. Ce tube, de 10 centimètres de long, est gradué en millimètres. Un écran, percé d'un orifice pour laisser passer l'extrémité recourbée du tube de verre, complète l'instrument ; cet écran, se plaçant devant le nez, limite le champ olfactif. — Ainsi l'on peut mesurer, non pas des quantités absolues de matière déterminant la sensation, mais les intensités relatives des excitations, et, par conséquent, explorer et comparer la sensibilité des divers sujets.

Avec cet instrument, la sensibilité s'évalue en *olfacties* (ZWAARDEMAKER). Une olfactie est représentée par la longueur du tube odorifère nécessaire pour provoquer une sensation ; c'est donc l'excitation qui correspond au minimum perceptible de chaque odeur pour un organe normal. Ainsi l'étendue odorante qui fournit l'odeur de caoutchouc est de 1 centimètre du tube de caoutchouc par lequel est constitué le tube odorifère ; c'est 1 olfactie, exprimant une acuité olfactive normale. Si, pour produire cette même sensation chez un individu dont on **veut** apprécier l'odorat, il faut 7 centimètres du tube de caoutchouc, soit 7 olfacties, nous dirons que l'acuité olfactive de cet individu n'est que 1/7 de la normale. — Il est clair que tout ceci ne vaut que pour les odeurs de la classe du caoutchouc. Pour les autres odeurs, il faut semblablement déterminer le minimum perceptible normal de chacune d'elles.

L'unité choisie par ZWAARDEMAKER est évidemment arbitraire. L'olfactomètre que ce physiologiste a imaginé n'en a pas moins rendu de précieux services, en permettant de déterminer l'acuité olfactive moyenne d'un grand nombre d'individus sains ou malades.

2. Le temps de réaction pour les sensations olfactives est très long, il a la même durée à peu près que le temps de réaction des sensations gustatives. Par là encore, celles-ci se rapprochent de celles-là.

3. La persistance de diverses impressions olfactives est bien connue. Elle peut tenir simplement à ce que, pour des odeurs très puissantes (voy. p. 873), il suffit de quelques particules odorantes, qui restent aisément fixées dans les vêtements ou sur la peau et surtout dans les poils, pour que la sensation continue à se manifester. Et c'est ce qui arrive sans doute avec le musc, avec l'odeur cadavérique, etc. Il n'y a donc pas là, à proprement parler, persistance d'une sensation, puisque l'excitant serait toujours présent.

A la persistance de la sensation est liée la mémoire des odeurs. C'est ce phénomène, peu important, rare d'ailleurs, chez l'homme civilisé, qui chez beaucoup d'animaux acquiert un grand développement et offre une telle utilité que l'existence même de ces animaux en dépend étroitement. Il suffit de citer à cet égard le chien de chasse, le renard, etc.

3. — Rôle de l'odorat.

Le rôle de l'odorat est relatif aux fonctions de nutrition et de reproduction. C'est grâce aux impressions olfactives que les animaux sont capables de trouver à distance leur nourriture et, une fois qu'ils s'en sont emparés, d'en discerner les qualités. De même le mâle est attiré de loin vers la femelle par des odeurs qui excitent son appétit génésique.

Chez l'homme civilisé, l'odorat joue le même rôle, mais beaucoup plus réduit. Cependant l'influence des impressions olfactives sur la digestion est encore grande. Ce qui a été dit du goût à ce sujet (voy. p. 872) s'applique en réalité à l'odorat, car les impressions gustatives sont en définitive très restreintes ; elles se bornent, nous le savons, à l'amer, au sucré, au salé et à l'acide. Un individu qui n'éprouve plus que ces seules sensations voit se restreindre singulièrement le champ de ce sens considéré à tort comme à la fois gustatif et olfactif[1], qui n'est qu'olfactif, mais qui, s'exerçant immédiatement avant et durant la phase buccale de la digestion, est rapporté à tort pour partie à la gustation. De fait, c'est cette diminution des sensations qui accompagnent l'acte de manger que l'on observe dans tous les cas où la muqueuse nasale est altérée, ou bien quand des obstacles mécaniques empêchent le passage du courant d'air inspiré dans les cavités nasales (déviation de la cloison, polypes, etc), ou bien encore quand la transmission des impressions olfactives au cerveau est supprimée par des tumeurs intra-cérébrales ou à la suite de troubles nerveux fonctionnels. Et que se passe-t-il alors? Dans tous ces cas survient la perte de l'appétit, qui a pour conséquence des troubles digestifs plus ou moins graves et mène souvent à la mélancolie. Remarquons donc avec Bunge[2] qu'il ne suffit pas que l'homme reçoive la quantité de matières alimentaires nécessaire à la nutrition ; il faut encore que les aliments soient pris avec plaisir ; l'odeur agréable des mets, par l'excitation des sécrétions digestives qu'elle provoque (voy. p. 147 et 209), active la digestion et, par suite, nous met en bonne humeur ; toutes les fonctions organiques, tout le système nerveux s'en trouvent mieux. Aussi est-il conforme aux prescriptions de la physiologie et donc naturel que l'homme recherche les aliments qui lui plaisent ; c'est qu'il est utile que chaque repas soit une jouissance ; alors l'acte de manger remplit son office.

1. Tel est le rapport entre les sensations gustatives et olfactives qu'on les confond souvent ; c'est ainsi que dans plusieurs régions de la France, notamment en Lorraine, on dit très improprement d'un mets qui sent bon qu'il a « bon goût ».

2. G. von Bunge, *Lehrbuch der Physiol. des Menschen*, 2ᵉ édit., 1905, t. I, p. 46.

Si, au point de vue des fonctions de reproduction, l'odorat a perdu aussi chez l'homme l'importance qu'il a chez les animaux, toujours est-il que nombre de faits attestent qu'il y a encore bien des individus chez lesquels les désirs vénériens sont provoqués par des excitations odorantes.

V. — SENS DE LA VUE.

Le sens de la vue nous fait connaître les propriétés lumineuses des objets qui nous environnent, c'est-à-dire leur degré d'éclairement, leur couleur, leur forme et leur position.

L'œil ou organe de la vue (fig. 198) se compose de trois parties essentielles :

1° D'une membrane sensible, la *rétine*, en rapport avec des ter-

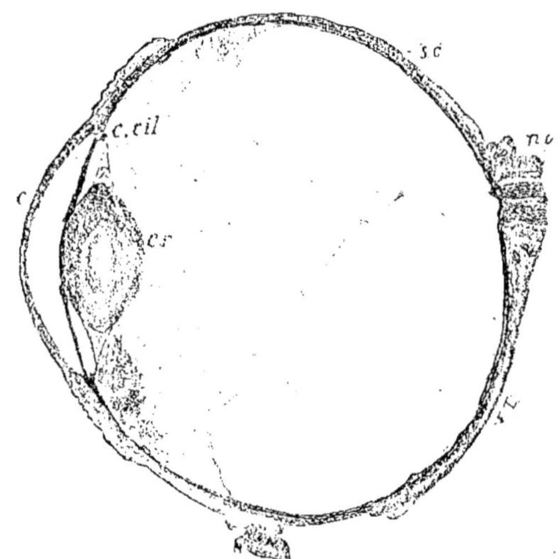

Fig. 198. — Œil d'enfant (d'après F. Tharien [1]). Coupe méridienne. Grossissement, 3 diamètres.

c, cornée et *sc*, sclérotique, formant l'enveloppe externe de l'œil, doublée en dedans de la choroïde, épaissie en ayant au niveau du corps ciliaire, *c. cil.*, et se continuant avec l'iris, *i* ; — *cr*, cristallin, maintenu en place par les fibres de la zonule *z* ; — *v*, corps vitré ; — *no*, nerf optique.

minaisons nerveuses et sur laquelle doivent se faire les impressions des rayons lumineux ; cette membrane comprend une couche de cellules pigmentées ;

2° D'un *appareil de dioptrique* (organes de réfraction) qui amène

1. Ophtalmologiste français contemporain.

et condense les rayons lumineux sur la rétine, appareil constitué par les milieux réfringents de l'œil et par un muscle, le *muscle ciliaire*, par lequel le système dioptrique peut s'adapter aux diverses distances auxquelles il doit fonctionner; ce muscle est une dépendance de la choroïde ;

3° D'un organe d'accommodation qui sert à régler la quantité de lumière qui arrive dans le fond de l'œil; c'est l'iris, partie de la choroïde. — Au globe oculaire, ainsi constitué, sont annexés des appareils accessoires servant soit à le mouvoir (*muscles de l'œil*, ou plus exactement du globe oculaire), soit à le protéger contre les injures extérieures (*sclérotique* et *cornée, paupières* et *appareil lacrymal*).

Avant d'examiner le fonctionnement de la partie essentielle de cet appareil compliqué, c'est-à-dire de la membrane sensible, la rétine, il faut voir comment les rayons lumineux arrivent jusque sur cette membrane; on étudiera donc en premier lieu l'appareil dioptrique et les membranes destinées à en maintenir et à en modifier le fonctionnement, c'est-à-dire les organes d'accommodation; puis viendra l'étude de la rétine et enfin celle des annexes de l'œil.

1. — Transmission des rayons lumineux dans l'œil. Appareil de dioptrique oculaire. Diaphragme irien.

Les rayons lumineux arrivent jusqu'à la rétine après avoir traversé un diaphragme, l'iris, et plusieurs milieux réfringents.

1° *Milieux réfringents de l'œil.*

Ce sont tous les milieux transparents que les rayons lumineux ont à traverser pour arriver jusqu'à la membrane sensible placée au fond de l'œil; ce sont donc, en allant d'avant en arrière : la *cornée*, l'*humeur aqueuse*, le *cristallin* et l'*humeur vitrée* ; la cornée qui, anatomiquement, constitue une des enveloppes de l'œil, fait donc partie des milieux au point de vue physiologique.

La *cornée transparente*, qui occupe le sixième antérieur du globe oculaire, est formée de lamelles de tissu conjonctif, disposées parallèlement entre deux couches épithéliales ; l'épithélium de la face postérieure est simple (*membrane de Demours* ou *de Descemet*); celui de la face antérieure est identique à l'épithélium de la muqueuse conjonctivale, qui elle-même est en continuité avec la peau et l'épiderme.

L'*humeur aqueuse* est comprise entre la face postérieure de la cornée et la face antérieure du cristallin, en un mot dans la *chambre antérieure* (où nous étudierons plus tard une dépendance de la choroïde, l'iris). Sa quantité est minime ; il n'y en a guère que 40 à 45 centigrammes ; c'est un liquide très analogue à l'eau (il contient 98 p. 100 d'eau), tenant en dissolution une quantité très faible d'albumine et de chlorure de sodium, et qui est sécrété par la *membrane de Demours* (*membrane de l'humeur aqueuse*).

Le *cristallin*, dont la forme est celle d'une lentille biconvexe et qui est le plus réfringent des milieux de l'œil, se compose d'une membrane enveloppante, *capsule du cristallin*, et d'un contenu ou *corps du cristallin*. La *capsule* est un tissu amorphe, très élastique, qui, incisé, tend à se rétracter en expulsant son contenu (comme dans l'opération de la cataracte) ; sa face interne est revêtue de cellules qui peuvent reproduire son contenu, ou corps du cristallin. En effet, ce corps est formé d'éléments prismatiques en couches concentriques et à disposition très régulière (fig. 199), provenant de la métamorphose de cellules ; et l'embryologie nous montre que le bourgeon primitif, qui a donné naissance au cristallin, est un bourgeon épidermique, d'abord en connexion avec l'épiderme, et qui finit par rester isolé au milieu du globe oculaire. La couche de cellules tapissant la face interne de la capsule est donc l'analogue de la couche de Malpighi de la peau ; c'est par elle que se fait la régénération du cristallin, lorsqu'on l'extirpe ; mais cette régénération ne peut se faire que si les cellules de la cristalloïde antérieure n'ont pas été enlevées.

Fig. 199. — Disposition des fibres du cristallin.

Cette figure montre la disposition régulière des prismes du cristallin, qui, sur chaque face, viennent se rejoindre par leurs extrémités, de façon à constituer par l'ensemble de ces points de soudure une sorte d'étoile à trois branches ; aussi un cristallin que l'on fait durcir soit par la cuisson, soit par des réactifs chimiques, éclate-t-il en général selon des lignes en étoile, correspondant aux lignes indiquées.

L'*humeur vitrée* ou *hyaloïde* occupe les deux tiers postérieurs de la cavité oculaire ; elle est formée de tissu conjonctif à l'état embryonnaire, d'autant plus analogue à la gélatine de Wharton qu'on l'examine sur un sujet plus jeune ; c'est donc une substance gélatiniforme, homogène, filante ; sa transparence est complète. Sa composition est tout à fait analogue à celle de l'humeur aqueuse. Elle est contenue dans un sac très mince, anhiste et transparent, la *membrane hyaloïde*.

Comment les rayons lumineux traversent-ils ces différents milieux de façon à arriver sur la rétine et à former une image des objets extérieurs ? Il y a là deux questions principales à résoudre, une question de fait à examiner et l'explication de ce fait à fournir.

A. Marche des rayons lumineux dans l'œil. — Les rayons lumineux n'atteignent pas la rétine sur le prolongement de la direction suivant laquelle ils frappent la surface du globe oculaire. Pour le comprendre, il n'y a qu'à se rappeler les phénomènes essentiels de la réfraction.

La lumière ne se propage en ligne droite que dans un milieu homogène. Des rayons passant d'un milieu dans un autre ne poursuivent leur marche suivant la ligne droite que s'ils tombent perpendiculairement sur la surface du milieu transparent, ou lorsque le milieu présente une réfrangibilité semblable à celle du milieu d'où vient le rayon. Hormis ces deux cas, ils sont déviés de leur direction primitive ; ils se rapprochent de la perpendiculaire élevée à leur point d'incidence sur le nouveau milieu, quand celui-ci est plus réfrangible que celui d'où ils viennent ; ils s'en éloignent si le milieu est moins réfrangible.

Or, en traversant les milieux réfringents de l'œil, les rayons lumineux y sont déviés : 1° en passant du milieu aérien à travers la cornée et l'humeur aqueuse, la substance cornéenne étant plus réfringente que l'air et l'humeur aqueuse ayant à peu près le même indice de réfraction que la cornée ; — 2° en passant ensuite à travers le cristallin qui est plus réfringent que la cornée ; — 3° en traversant enfin le corps vitré dont l'indice de réfraction est inférieur à celui du cristallin. — Voyons les conséquences de ces déviations successives. Tout rayon tombant sur la cornée, étant réfracté, se rapproche de l'axe antéro-postérieur de l'œil. On peut admettre que ce rayon ne change pas de direction dans l'humeur aqueuse. Remarquons ici que tous les rayons qui traversent l'humeur aqueuse ne servent pas à la vision ; il y en a beaucoup qui sont réfléchis vers le dehors (qui retournent dans le milieu aérien) à la face antérieure de l'iris ; l'iris ne laisse pénétrer dans l'œil que les rayons qui tombent dans son ouverture centrale. Le cristallin joue le même rôle convergent que la cornée et l'humeur aqueuse, mais plus marqué encore ; les rayons lumineux en le traversant se rapprochent donc encore davantage de l'axe antéro-postérieur de l'œil. Enfin les rayons passent dans le corps vitré, c'est-à-dire, au sortir du cristallin, d'un milieu plus réfrangible dans un milieu moins réfrangible ; ils deviennent donc encore plus convergents. Et l'effet total, la résultante, de cette triple réfraction est de faire converger les rayons lumineux qui, partis d'un point extérieur, viennent tomber en divergeant sur la cornée, en un point situé à l'état normal sur la rétine. Rien de plus facile à constater, au moyen d'une ancienne expérience de Magendie.

Un œil de lapin albinos étant énucléé, on l'enchâsse dans l'ouverture d'une chambre noire et on place au-devant de lui une bougie allumée ; à travers la sclérotique, on voit par transparence, au pôle postérieur de l'œil, une image renversée de la bougie et plus petite que cet objet. On peut réussir la même expérience avec un œil humain, en enlevant sur la partie postérieure du globe les membranes opaques, sans léser la rétine.

Ainsi les rayons lumineux, traversant les milieux transparents de l'œil et réfractés, donnent sur la rétine des images réelles et renversées des objets extérieurs (comme l'objectif d'un appareil photographique sur la plaque sensible). Notre vision des objets est due à la formation de ces images.

B. Conditions essentielles de la réfraction statique. — Tel est le fait : c'est exactement sur la rétine que viennent converger les rayons lumineux. Mais pourquoi en est-il ainsi ?

Étant donnés les indices de réfraction des divers milieux de l'œil, les rayons de courbure des surfaces réfringentes [1] et les distances qui séparent ces surfaces, on démontre que les rayons lumineux qui traversent les milieux de l'œil et en particulier le cristallin dans sa position de repos, à l'état statique pour ainsi dire, vont frapper la rétine. D'après différentes moyennes, HELMHOLTZ a dressé le tableau suivant des indices de réfraction des milieux de l'œil.

Cornée	1,330—1.357
Humeur aqueuse	1,335—1,356
Cristallin [2], face antérieure	1,338—1,474
— couche moyenne	1,352—1,478
— noyau	1,390—1,481
Corps vitré	1,336—1,357

Quant aux centres de courbure des surfaces réfringentes, ils se trouvent sur une même ligne droite, l'axe optique, et le foyer principal du système est à une distance de 15 millimètres environ de la face postérieure du cristallin, c'est-à-dire qu'il est situé justement sur la rétine. Bien entendu, les rayons de courbure des surfaces réfringentes et les distances qui séparent celles-ci les unes des autres ont été mesurés exactement. — Grâce à ces données, on peut déterminer non seulement la position des images rétiniennes, mais aussi leur grandeur.

Si on prend les moyennes de toutes ces mesures des indices de réfraction, des rayons de courbure des surfaces réfringentes et des distances qui séparent celles-ci, on a un système dioptrique constituant ce que l'on appelle l'œil *théorique* ou *schématique de Listing* [3]. Cet œil est considéré comme disposé pour la vue des objets éloignés ; c'est donc un œil dans lequel les courbures du cristallin sont supposées fixes ; en d'autres termes, c'est un œil non *accommodé*. La réfraction envisagée dans ce cas s'appelle la réfraction *statique*.

1. On sait que le pouvoir réfringent d'une lentille, c'est-à-dire l'intensité avec laquelle les rayons lumineux sont réfractés par cette lentille, est fonction directe de la courbure des surfaces sphériques et à la fois de l'indice de réfraction de la substance dont est faite la lentille.
2. Le cristallin n'est pas une lentille homogène, et les couches qui le constituent ont des indices de réfraction différents : ceux-ci augmentent jusqu'au noyau central. Cette disposition assure au cristallin un pouvoir réfringent plus élevé.
3. Médecin allemand du milieu du XIXe siècle.

Pour faciliter les constructions d'images et les calculs, on sim-
plifie encore cet œil et on suppose tous les milieux réfringents
remplacés par un seul indice de réfraction identique à celui de
la cornée 1,33, dont le rayon de courbure est de 5 millimètres et
dont la distance focale postérieure est de 15 millimètres. C'est là
l'*œil réduit de Listing*, dont la force réfringente est d'environ
65 dioptries [1]. La construction de l'image rétinienne dans l'œil
réduit est très simple. Soit AB un objet placé devant l'œil, dont
le centre optique [2] est en O (fig. 200); l'image du point A se-

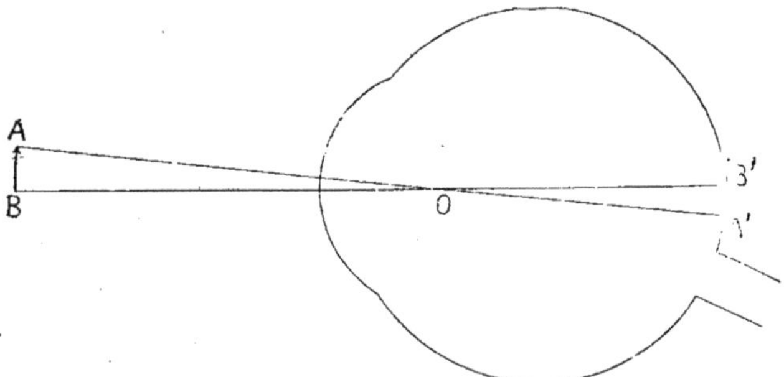

Fig. 200. — Construction de l'image rétinienne dans l'œil réduit.

rait en A' et l'image du point B en B', les rayons AA' et BB', qui
passent par le centre optique, n'étant point réfractés. La grandeur
de l'image renversée sera à celle de l'objet comme A'O est à AO,
puisque les deux triangles AOB et A'OB' sont semblables. On voit
par là que l'image d'un objet sur la rétine est d'autant plus petite
que l'objet est plus éloigné. C'est que la grandeur de l'image est
déterminée par la valeur de l'angle AOB, sous lequel nous voyons
l'objet, ou *angle visuel*; elle dépend donc à la fois de la grandeur
de l'objet et de la distance de cet objet à l'œil.

2° *L'accommodation.*

Nous n'avons considéré jusqu'ici que la marche des rayons lumineux venant de l'infini (de très loin). Mais, en fait, on voit à des
distances très différentes. C'est que la partie la plus importante de

1. La *dioptrie* est l'unité de force réfringente. C'est la force réfringente d'une
lentille de verre ordinaire, ayant une distance focale de 1 mètre.
2. Le centre optique d'une lentille est le point situé au milieu de la partie
intra-lenticulaire de l'axe principal. Tout rayon lumineux qui passe par ce point
traverse la lentille sans subir de déviation, exactement comme celui qui tombe
sur la lentille suivant son axe principal.

l'appareil de réfraction oculaire, le cristallin, a la propriété de changer son rayon de courbure de telle sorte que les rayons tombent toujours sur la rétine.

Si la convergence des rayons lumineux ne se fait pas exactement sur la rétine, mais en avant ou en arrière, chaque point de l'objet placé devant l'œil donnera sur cette membrane l'image non pas d'*un point*, mais d'*un petit cercle* correspondant au plan de section par la rétine du cône convergent que forment ces rayons avant leur réunion, ou du cône divergent qu'ils constituent après leur réunion (voy. fig. 201). Appelons *cône objectif* le cône des rayons lumineux partant du point lumineux et venant tomber en divergeant sur la cornée, et *cône oculaire* celui que représentent ces rayons après avoir subi l'action convergente de la lentille oculaire (fig. 201); si le

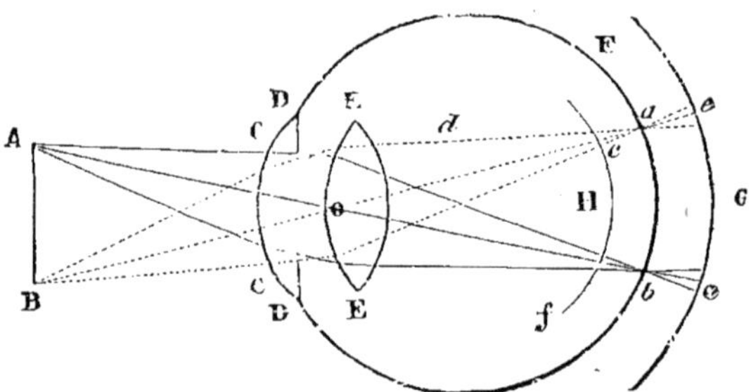

Fig. 201. Cônes *oculaires* et *cônes objectifs*.

A, B, points lumineux considérés ; CC, cornée ; DD, iris ; EE, cristallin.

Les rayons lumineux, partis des points A et B, sont brisés par la cornée CC et par l'humeur aqueuse comprise entre cette membrane et le cristallin, c'est-à-dire rapprochés du rayon médian qui marche parrallèlement à l'axe. Une seconde réfraction s'opère à travers la lentille du cristallin, et il en résulte finalement les cônes oculaires, qui ont leurs sommets en *a* et en *b*, c'est-à-dire exactement sur la rétine ; mais on voit que, si la rétine, au lieu de correspondre exactement au sommet des cônes oculaires, venait les occuper soit plus en avant (en H), soit plus en arrière (en G), l'image qui se peindrait sur cette membrane ne serait plus un point, mais un petit cercle (*cercle de diffusion*).

point lumineux est situé très loin, si les rayons lumineux viennent, par exemple, de l'infini, d'une étoile, le *cône objectif* a sa longueur maxima, tandis que le *cône oculaire* est le plus court possible. Si, au contraire, les rayons lumineux viennent d'un objet très rapproché de l'œil, le **cône objectif** est très court, mais produit dans l'œil un *cône oculaire* beaucoup plus long que précédemment. Dans ces conditions, ce ne serait que pour une seule distance de l'objet lumineux que le cône oculaire présenterait exactement la longueur nécessaire pour que son sommet vînt tomber sur la rétine ; dans tous les autres cas, que le point lumineux fût plus loin ou plus près de l'œil, il donnerait un cône oculaire ou trop court ou trop long et dont le sommet se trouverait par conséquent en avant ou en arrière de la rétine ; le point lumineux, en un mot, se peindrait sur la rétine, non par un point, mais par un petit cercle, dit *cercle de diffusion*, et les images obtenues dans ces conditions seraient confuses.

Ce qui se passerait ainsi dans un appareil de physique, comme celui
de la figure 201, n'a pas lieu dans un œil normal. Quelle que soit
(dans de certaines limites) la distance du point lumineux, nous
pouvons toujours faire en sorte que le sommet du cône oculaire,
produit par ses rayons, vienne tomber précisément sur la rétine ;
nous pouvons regarder alternativement, et voir presque avec une
égale netteté, une étoile et le bout de notre nez. En un mot, nous
pouvons *adapter, accommoder* notre œil aux distances.

La preuve de l'existence de cette fonction peut être donnée par
plusieurs expériences.

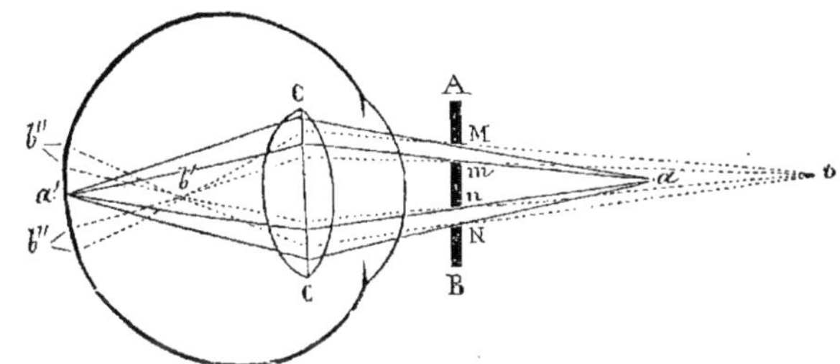

Fig. 202. — Expérience de Scheiner.

AB, diaphragme avec deux ouvertures, M*m* et N*n*.
a, point pour lequel l'œil est adapté et dont l'image vient de se faire en *a'* (sur la rétine) ;
— *b*, point pour lequel l'œil n'est pas adapté ; les rayons lumineux qui en partent, après s'être
rencontrés en *b'* (en avant de la rétine), divergent de nouveau et rencontrent la rétine en
b",b", de sorte que le point *b* est vu double.

Si l'on place, par exemple, en face de soi deux doigts l'un derrière l'autre
à une certaine distance et qu'on fixe son attention sur l'un d'eux, on
s'aperçoit que l'on ne voit distinctement que celui-ci, c'est-à-dire que
l'œil n'est *adapté* que pour voir l'un des doigts, et ne l'est point pour
l'autre, qui paraît vaguement dessiné ; c'est qu'en ce moment l'un des
deux doigts se peint régulièrement sur la rétine, et les divers points de
l'autre n'y produisent que des *cercles de diffusion*.

Le fait est encore bien mieux démontré par une expérience célèbre, due
à Scheiner[1], et qui consiste à placer devant l'œil une carte percée de deux
petits trous rapprochés l'un de l'autre, M*m*, N*n* (fig. 202) et à regarder deux
points lumineux (deux têtes d'épingle, par exemple) placés l'un devant
l'autre à une certaine distance (comme les deux doigts dans l'expérience
précédente). *Si l'on fixe attentivement l'un de ces points, on voit l'autre
double.* Voici la raison de ce fait. Si par les deux ouvertures M*m* et
N*n* (fig. 202) on fixe le point lumineux *a*, il se passe dans l'œil un phéno-

1. K. Scheiner (1575-1650), jésuite et physicien allemand. L'ouvrage dans
lequel est décrite son expérience est intitulé : *Oculus seu fondamentum opticum,
in quo radius visualis eruitur*, ouvrage publié en 1619.

mène d'adaptation, à la suite duquel le cône oculaire est tel, que son sommet tombe sur la rétine; donc les sommets des deux cônes partiels passant par les deux ouvertures se confondent en un seul (en *a'*), puisque ces deux cônes font partie du cône total qui se produirait si l'on examinait le point lumineux avec l'œil découvert; mais cette disposition est uniquement relative au point *o*; et quant au point *b*, son cône objectif étant plus long, il a un cône oculaire plus court, dont le sommet sera en avant de la rétine, et qui n'ira frapper cette membrane qu'en divergeant, après qu'aura eu lieu l'intersection de ses rayons; si donc, comme dans l'expérience, on divise le cône en deux en regardant par deux trous, l'objet qui n'est pas fixé, l'objet *b*, viendra se peindre par *deux cônes distincts* (et sera vu *double*), puisque la rétine ne rencontre pas ces deux cônes au niveau de leur sommet commun (*b'*), mais plus en arrière, lorsqu'ils se sont de nouveau séparés (*b"*, *b"*). Il est donc évident que l'œil était adapté pour voir *a* et non pour voir *b*; l'inverse arriverait si l'on fixait attentivement *b*; ce serait alors *a* qui paraîtrait double.

Ces faits suffisent pour prouver que nous avons la faculté d'adapter notre vue aux différentes distances. L'expérience de tous les jours nous montre, du reste, que nous pouvons distinguer des objets placés pour ainsi dire à une distance infinie, et que nous apercevons de la façon la plus nette les objets placés à 12 centimètres. C'est, en effet, à cette distance que nous recevons la plus grande quantité de lumière, et en général la faculté d'adaptation oscille entre l'infini et 12 centimètres. C'est-à-dire qu'un œil normal, à l'état de repos, sans effort d'accommodation, est en état de distinguer *nettement* les objets situés à 65 mètres, distance telle que les rayons qui en partent peuvent être considérés comme parallèles, comme s'ils venaient de l'infini; on appelle cette distance le *punctum remotum*; puis, par un effort d'adaptation, nous pouvons arriver à voir *distinctement* des objets de plus en plus rapprochés jusqu'à une distance qui pour un œil normal est à 12 centimètres de l'œil; on appelle cette distance le *punctum proximum*. Le champ de l'adaptation ou accommodation, c'est-à-dire l'intervalle entre le point le plus rapproché de l'œil pour lequel celui-ci peut encore s'adapter, et le point le plus éloigné pour lequel il y a encore vision distincte, est donc mesuré par la distance du *punctum remotum* au *punctum proximum*. On peut l'exprimer en valeur linéaire. Il ne faut donc pas confondre ce champ de l'accommodation avec le pouvoir ou amplitude de l'accommodation, qui est représenté par une lentille convexe d'une force réfringente déterminée et s'exprime conséquemment par une valeur dioptrique. La situation du *punctum remotum* ne dépend que de conditions purement physiques, des propriétés des milieux transparents; dans la vision du *punctum remotum* il y a repos de l'accommodation; la situation du *punctum proximum* dépend, comme on va le voir tout à l'heure, des propriétés d'éléments anatomiques vivants, elle est fonction de la contraction du muscle ciliaire ; dans la vision du *punctum proximum*, l'accommodation et le pouvoir réfringent de l'œil sont à leur maximum. Dans cette distinction se trouve toute la différence entre la réfraction statique, que nous avons étudiée, et la réfraction dynamique, dont nous nous occupons en ce moment.

A. Mécanisme de l'accommodation. — Nous savons que, à mesure qu'un point lumineux se rapproche de l'œil, son foyer se fait en arrière de la rétine ; la vision cesserait alors d'être nette ; mais l'action d'un appareil intervient, qui augmente le pouvoir de réfraction oculaire, de manière que le foyer tombe sur la rétine. Ainsi, lorsque l'œil regarde de près, il n'est pas dans le même état que lorsqu'il regarde de loin.

L'expérience a montré que cette adaptation consiste dans un changement de courbure, et, par suite, dans un changement de force convergente d'un seul des milieux de l'œil, du cristallin [1] (Cramer [2], Helmholtz). C'est donc à un fait physique très simple qu'a pu être ramené l'un des phénomènes essentiels de la vision. Il y a là une des plus belles découvertes physiologiques du xixe siècle.

1° Quand le cristallin est enlevé (*aphakie*), on constate que l'œil n'accommode plus.

2° La preuve du changement de courbure du cristallin est due surtout à l'étude des images fournies par les diverses surfaces des milieux réfringents. C'est l'expérience dite des images de Purkinje (images *catoptriques* ou images par réflexion). Si on place une lumière, une bougie par exemple, devant un œil dans une pièce obscure, on voit, en regardant cet œil latéralement, trois images de la bougie. C'est que les rayons lumineux venus de cette lumière sont en partie réfléchis sur chacune des surfaces réfringentes de l'œil qui agit comme un miroir. Ainsi se produit à la surface de la cornée, miroir convexe, une image droite et brillante de la bougie ; à la face antérieure du cristallin, autre miroir convexe, une deuxième image, droite également, plus grande que l'image cornéennne, mais beaucoup moins bien éclairée ; et enfin, à la face postérieure du cristallin, miroir concave, une troisième image, renversée, plus petite que la première et moins brillante, mais plus brillante que la deuxième [3]. Il y a donc autant

---

1. L'explication de l'accommodation par une augmentation de courbure du cristallin fut proposée pour la première fois par Descartes.

2. A. Cramer, médecin hollandais (1822-1855).

3. Il y a une quatrième image, droite et à éclat plus faible que celui des images de la cornée et de la cristalloïde postérieure, égal à peu près à celui de l'image fournie par la cristalloïde antérieure. Purkinje avait dessiné cette image et l'avait attribuee à la surface postérieure de la cornée. Mais Helmholtz n'avait

d'images formées qu'il y a de surfaces réfléchissantes[1]. Or, si l'on commande à la personne, sur laquelle on observe ce phénomène, de fixer l'objet lumineux placé à des distances différentes, on voit que le seul changement qui s'opère dans les trois images se fait dans l'image fournie par la face antérieure du cristallin; cette image devient plus petite quand on accommode pour voir de plus près, tandis que l'image cornéenne ne change pas et que l'image de la face postérieure du cristallin, l'image renversée, devient un peu plus petite, cette variation étant d'ailleurs tout à fait minime (voy. fig. 203). La conclusion s'impose : c'est surtout *la face antérieure du cristallin qui, dans la vision de près, devient plus convexe*; et, dans la vision de loin, le cristallin s'aplatit.

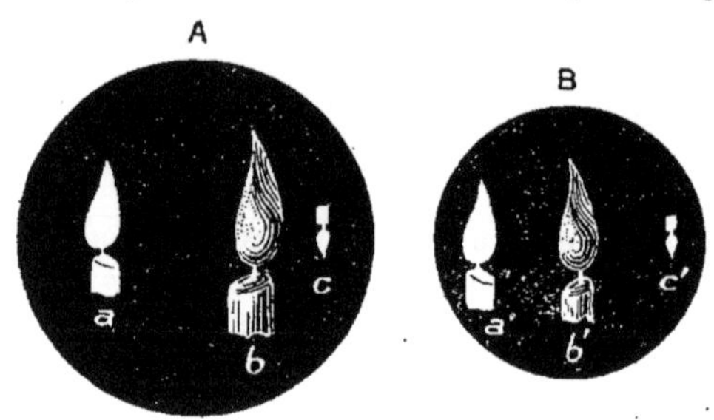

Fig. 203. — Images catoptriques dans l'œil non accommodé A et accommodé B.

a et *a'*, images cornéennes; *b* et *b'*, images sur la face antérieure du cristallin; *c* et *c'*, images sur la face postérieure du cristallin.

On peut mesurer la grandeur des images de PURKINJE et, étant données la grandeur de l'objet et sa distance à l'œil, calculer de là les variations de courbure des surfaces réfringentes. C'est ce que HELMHOLTZ a fait. Voici les moyennes qu'il a obtenues ;

	Repos.	Maximum d'accommodation.
Rayon de courbure de la cornée	8 millim.	8 millim.
— de la face antérieure du cristallin.	10 —	6 —
— de la face postérieure	6 —	5^{mm},5

MUSCLES ET NERFS DE L'ACCOMMODATION. — Comment la courbure du cristallin se modifie-t-elle? Quel est l'agent de cette modification ? C'est le muscle ciliaire qui détermine l'adaptation de l'œil à la vision des objets rapprochés.

Ce muscle, développé dans la partie antérieure de la choroïde et annexé à des prolongements érectiles (*procès ciliaires*), se compose de fibres longitudinales et de fibres circulaires. Les premières (*muscle de Brücke*), qui forment un plan superficiel et externe, paraissent avoir leur point d'insertion fixe à l'union de la sclérotique et de la cornée (au niveau du canal de

pu la retrouver ; il en avait conclu que les deux surfaces cornéennes sont à peu près partout parallèles. TSCHERNING[*] (1891) a retrouvé cette image sur tous les yeux qu'il a examinés à ce point de vue.

1. Dans l'*aphakie* (absence du cristallin) la première image persiste seule.

[*] Ophtalmologiste contemporain, professeur à l'Université de Copenhague.

Schlemm [1]) et, de là, vont en arrière sur la face externe et à la base des procès ciliaires. Les autres (*muscle de Rouget*) constituent un plan profond, antéro-interne, sorte d'anneau situé au lieu de réunion de l'iris et des procès ciliaires.

La choroïde, dans son ensemble, est tirée en avant lors de la contraction du muscle ciliaire. Ce fait est établi par les expériences déjà anciennes de Hensen et Vœlckers (sur le chien, le chat, le singe) : si l'on excite les nerfs ciliaires, après que l'on a préalablement enfoncé des aiguilles fines dans

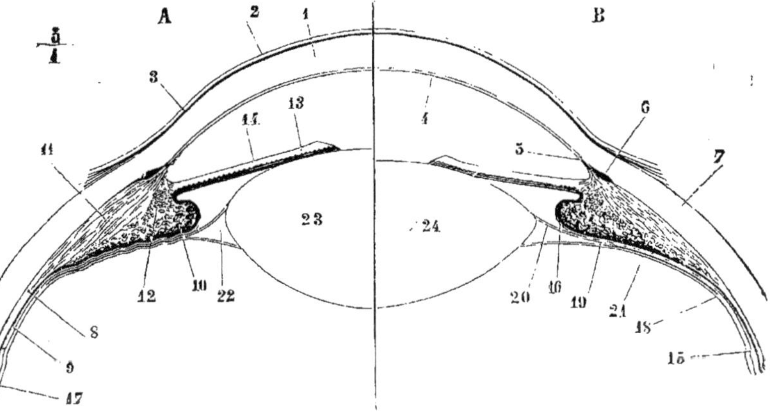

Fig. 204. — Mécanisme de l'accommodation (Beaunis, d'après Helmholtz).

A, œil accommodé pour la vision des objets rapprochés ; — B, œil dans la vision des objets éloignés ; — 1, substance propre de la cornée ; — 2, 3, épithélium antérieur de la cornée ; — 4, membrane de Demours ; — 5. ligament pectiné ; — 6, canal de Fontana ; — 7, sclérotique ; — 8, choroïde ; — 9, rétine ; — 10, procès ciliaires ; — 11, muscle ciliaire ; — 12, ses fibres orbiculaires ; — 13, 14, iris ; — 23, cristallin accommodé pour la vue des objets rapprochés (convexité de la face antérieure augmentée) ; — 24, cristallin accommodé pour la vue des objets éloignés ; — 15, *ora serrata* ; — 16, procès ciliaires ; — 17, membrane hyaloïde ; — 18, zone de Zinn ; — 22, canal godronné, formé par le dédoublement de cette zone (19 et 20).

l'œil, un peu en arrière de l'*ora serrata*, on voit que l'extrémité libre de ces aiguilles se porte en arrière; c'est donc que la choroïde a été tirée en avant. — D'autre part, on a pu constater que la choroïde se porte effectivement en avant, à chaque contraction des muscles ciliaires, en l'observant par une fenêtre taillée à la périphérie de la cornée et de la sclérotique.

Il s'agit de savoir comment ce mouvement amène l'augmentation de courbure de la face antérieure du cristallin.

On a admis longtemps que les fibres longitudinales du muscle ciliaire, en se contractant et tirant en avant tout le sac choroïdien, comme il

1. Anatomiste allemand (1795-1858).

Gley. — Physiologie.   57

vient d'être dit, tirent par suite la zone de Zinn[1] . Or, celle-ci, qui s'insère
sur tout le pourtour du cristallin, serait tendue, à l'état de repos, de
façon à aplatir d'avant en arrière le cristallin ; tirée en avant, elle se
relâche (voy. fig. 204) ; par suite de ce relâchement, le cristallin deviendrait
plus bombé par sa face antérieure, la seule libre ; c'est en vertu de son
élasticité qu'il reviendrait ainsi, dès que son ligament suspenseur est
relâché, à sa forme naturelle, à sa forme de repos, qui serait à peu près
sphérique (*théorie de Helmholtz*). — Quant aux fibres circulaires du muscle
ciliaire, elles seraient antagonistes des précédentes ; par leur contraction
le cristallin s'aplatirait davantage ; la vision des objets éloignés serait
ainsi facilitée. On assure que, chez les myopes, qui font des efforts pour
voir au loin, les fibres circulaires sont très développées.

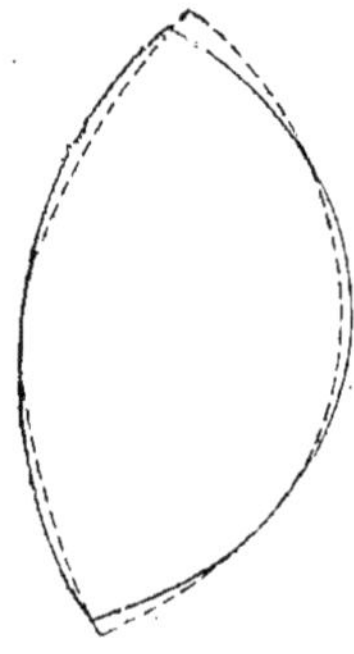

Fig. 205. — Forme du
cristallin de l'œil énu-
cléé (Tscherning).

Cette théorie doit être abandonnée. On a d'abord
remarqué que le cristallin énucléé, contrairement
aux observations de Helmholtz, ne prend pas une
forme proprement sphérique ; il se courbe en son
centre, tandis que sa courbure diminue sur les bords
(observations de Tscherning), comme l'indique la
figure 205.

D'autre part, Tscherning a pu constater directement
que, lors de l'accommodation pour la vision de près, la
courbure du cristallin augmente bien en son centre,
mais que les parties périphériques s'aplatissent. Et
c'est même parce qu'elles s'aplatissent que la partie
centrale se courbe et que par là augmente la réfraction de l'œil. — Cet aplatissement de la périphérie pourrait être le résultat d'une traction exercée par la zone
de Zinn sur tout le pourtour du cristallin, cette traction ayant pour effet d'aplatir les régions périphé-
riques, relativement molles et par suite aisément déformables, de la lentille et de faire saillir le noyau central, plus dur, et dont la courbure
est plus grande que celle de la face antérieure. Ainsi, ce n'est pas pendant
le repos, c'est au contraire pendant l'accommodation que la zone de Zinn
serait tendue[2] (Tscherning). Et cette tension serait amenée par la contraction du muscle ciliaire dont toutes les fibres, les circulaires comme
les longitudinales, attireraient alors le ligament suspenseur vers la périphérie, vers la sclérotique.

Une preuve de ces idées se trouve dans les belles photographies que
l'ophtalmologiste allemand von Pflück a réussi à obtenir (1908) avec des
yeux de singe, à l'état de repos ou en état d'accommodation sous l'influence
de l'ésérine (voy. fig. 206) ; ainsi a pu être fixée pour la première fois la
forme accommodative du cristallin. D'où une confirmation éclatante de la
théorie de Tscherning.

1. J.-G. Zinn (1727-1759), médecin, anatomiste et botaniste allemand.
2. Dans la théorie de Helmholtz, on conçoit difficilement en effet que la zone
de Zinn soit tiraillée d'une façon quasi constante ; s'il en était ainsi, ne finirait-
elle pas par s'allonger :

Le muscle ciliaire est innervé par les nerfs ciliaires courts qui sortent du ganglion ophtalmique. Mais les filets qui vont à ce muscle sont fournis en réalité par le nerf moteur oculaire commun (3e paire). Plusieurs expériences le montrent clairement.

1° L'expérience citée plus haut de Hensen et Vœlckers peut être faite tout aussi bien en excitant le moteur oculaire commun que les nerfs ciliaires eux-mêmes.

2° En excitant chez les Oiseaux (poules, pigeons) le tronc de la 3e paire dans le crâne, on a constaté que l'image cristallinienne antérieure donnée par une lumière dans une chambre obscure (image de Purkinje, voy. p. 893)

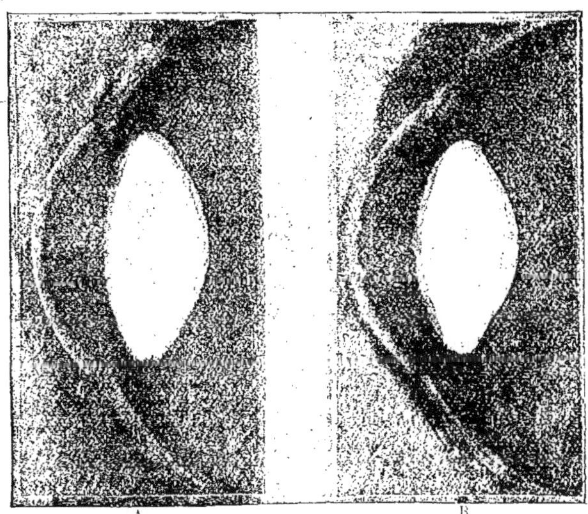

Fig. 206. — Œil à l'état d'accommodation.

Œil du singe, A, à l'état naturel ; B, sous l'action de l'ésérine [1] (d'après von Pflück).

devient plus petite et se rapproche de l'image cornéenne. — Chez quelques Mammifères (chiens, chats, lapins), les résultats ont été moins nets. On en a conclu justement, ce semble, que chez eux le pouvoir d'accommodation est moindre que chez les Oiseaux. Chez ces derniers d'ailleurs le muscle ciliaire est composé de fibres striées.

3° Les paralysies du moteur oculaire commun, chez l'homme, s'accompagnent en général de paralysies de l'accommodation. Il y a quelques exceptions ; il semble que celles-ci soient liées à l'intégrité de la partie du nerf qui commande aux mouvements du releveur de la paupière supérieure ; quand ce muscle est paralysé, l'accommodation est abolie.

1. Voy. sur l'ésérine p. 188, note 2.

Les fibres innervant le muscle ciliaire viennent de la partie antérieure médiane du noyau du moteur oculaire commun. Elles se terminent dans le ganglion ophtalmique, d'où elles se dégagent par les nerfs ciliaires courts.

Cette participation du ganglion à l'innervation du muscle ciliaire a été établie par une expérience de Langley et Anderson (1892) ; l'excitation du tronc du moteur oculaire commun n'amène pas la contraction du muscle ciliaire chez des chats et des lapins préalablement nicotinisés (Langley a montré que la nicotine paralyse les cellules ganglionnaires, mais non les îlets nerveux) ; au contraire, l'excitation des nerfs ciliaires courts continue à produire la contraction du muscle.

B. Caractères du phénomène d'accommodation. — L'accommodation est d'ordinaire involontaire et toute spontanée ; elle peut être aussi volontaire, et l'on voit dans ce cas un exemple de muscle lisse soumis à l'action de la volonté. Lorsqu'elle est involontaire, elle résulte d'un réflexe qui a son origine dans la rétine et ses voies de transmission dans le nerf optique, centripète, et dans le moteur oculaire commun, centrifuge (*réflexe rétino-pupillaire*). Par conséquent, l'intégrité de ces cordons nerveux et celle de leurs centres, c'est-à-dire des noyaux d'origine du moteur oculaire commun et sans doute aussi des tubercules quadrijumeaux antérieurs[1], un des relais des fibres optiques, sont nécessaires à l'accommodation.

L'accommodation est simultanée dans les deux yeux ; quand un œil s'accommode pour une distance donnée, l'autre s'accommode semblablement, même s'il ne reçoit pas de rayons lumineux de l'objet regardé par le premier. En même temps il se produit un mouvement de convergence des deux yeux et un rétrécissement des pupilles (*réflexe de convergence et d'accommodation*). Il existe donc des associations centrales entre les mouvements des muscles ciliaires, des sphincters pupillaires et des muscles droits internes. Le centre de coordination pour les mouvements de convergence et pour l'accommodation des deux côtés, qui peut entrer en activité indépendamment de la volonté, est cependant aussi sous l'influence de la volonté ; il a donc des relations avec le cerveau.

Les fibres musculaires de la choroïde sont des fibres lisses ; de là une certaine lenteur dans l'accomplissement de l'adaptation cristallinienne. Le temps de l'adaptation croît avec le rapprochement de l'objet.

Le pouvoir accommodateur diminue progressivement avec l'âge, à partir de dix ans déjà, pour devenir nul vers soixante-dix ou

1. Les lésions des tubercules quadrijumeaux suppriment le réflexe pupillaire et ne nuisent en rien à la vision.

soixante-quinze ans. Le *punctum proximum* s'éloigne donc peu à peu
de l'œil ; à quarante ou quarante-cinq ans un œil normal ne peut plus
voir nettement en deçà de 25 à 30 centimètres ; c'est cet éloignement
du *punctum proximum* que l'on appelle *presbytie* ou *presbyopie*. — La
presbytie consiste donc dans une diminution de la faculté d'adaptation qui ne peut plus se produire pour les objets très rapprochés.
C'est un état physiologique, qui tient à ce que, avec le progrès de
l'âge, le cristallin, à partir des couches profondes jusqu'à la périphérie, devient plus dur, moins élastique, et par conséquent ne se
prête plus aux changements de courbure dont dépend l'accommodation aux courtes distances ; les contractions du muscle ciliaire
restent sans effet sur cet organe durci. Alors le *punctum proximum*
se rapproche du *punctum remotum* et le champ de l'accommodation
en est diminué d'autant. — Le remède de la presbytie se trouve
dans l'emploi, pour la vision de près, d'un verre convexe qui, rac-
courcissant le cône oculaire, supplée à l'insuffisance d'accommodation.

3° *Défauts de l'appareil de réfraction.*

La vision est souvent gênée en raison de diverses imperfections de
l'appareil dioptrique. On peut diviser celle-ci en imperfections de
structure ou anatomiques et imperfections physiques.

A. Imperfections anatomiques. — a. AMETROPIES. — Tout ce
que nous avons dit jusqu'ici de la réfraction concerne l'œil normal,
dit *emmétrope* (de εὖ, bien, et μέτρον, mesure), l'œil adapté, en vertu
de sa réfraction statique, pour voir de très loin ; sans accommoder,
cet œil réunit en un foyer situé sur la rétine des rayons homocen-
triques parallèles, venus de très loin (fig. 207, E). Mais il y a des
yeux anormalement construits, autrement dit *amétropes*.

Le globe oculaire peut être constitué de telle manière que, quelle que
soit la longueur du cône objectif, le cône oculaire n'est jamais assez court
pour que son sommet tombe sur la rétine ; même quand l'objet lumineux
est à l'infini, son image vient se faire au delà de la rétine (voy. fig. 207) ;
le *punctum remotum* dans ce cas est donc au delà de l'infini ; ce défaut
de convergence (de brièveté relative du cône oculaire) constitue l'*hypermétropie* et les yeux qui en sont atteints sont dits *hypermétropes*. — Au
contraire, le globe oculaire peut être tel que le cône oculaire est toujours
trop court, son sommet se faisant toujours en avant de la rétine ; les
personnes dont l'œil a ce défaut doivent approcher beaucoup les objets,
regarder de très près, pour que, ce cône s'allongeant, son sommet vienne
tomber sur la rétine ; le *punctum remotum* est dans ce cas plus près de
l'œil que chez les sujets normaux ; cette trop grande brièveté du cône oculaire
constitue la *myopie* (fig. 207) (de μύειν, cligner, les myopes clignotent pour

regarder). — On voit donc que l'hypermétropie et la myopie sont deux états opposés dans le premier desquels l'œil, à l'état de repos, sans aucun effort d'adaptation, ne peut voir que des objets très éloignés, tandis que, dans le second, il ne peut, dans les mêmes conditions, voir que des objets très rapprochés. En d'autres termes, hypermétropie et myopie consistent en un déplacement du *punctum proximum*, soit au delà (hypermétropie), soit en deçà (myopie) de sa place normale.

Une autre défectuosité de la vision, bien différente des précédentes, quoiqu'on l'ait confondue parfois avec l'hypermétropie, consiste en un déplacement du *punctum proximum*, qui s'éloigne de l'œil; c'est la presbytie; nous en avons parlé plus haut (p. 887). L'hypermétrope a un cône oculaire toujours *trop long*, le myope un cône toujours *trop court*; mais l'un et l'autre peuvent modifier ce cône par l'adaptation et notamment le raccourcir, comme nous l'avons vu. Le *presbyte*, au contraire, ne peut presque plus modifier ce cône pour la vision des objets rapprochés; on voit donc que, si un œil normal peut devenir *presbyte*, il en est de même d'un œil *hypermétrope* ou *myope*, et que la myopie et la presbytie peuvent se trouver combinées. Chez le myope devenu presbyte le champ de l'accommodation est très court, puisque, dans son œil presbyte, le *punctum proximum* s'est éloigné et que, en vertu de la myopie, le *punctum remotum* est rapproché; il y a par conséquent peu de distance entre ces deux points.

On a trouvé, pour remédier à ces vices de la vue, des moyens empruntés à l'optique. Il s'agit de modifier les cônes oculaires trop longs ou trop courts; pour cela, on place devant l'œil un verre concave ou convexe. Les plus simples notions de physique permettent de comprendre qu'un verre concave ou divergent allongera le cône oculaire, puisqu'il diminuera le pouvoir convergent de l'œil; les *myopes* feront donc usage de *verres concaves*. Au contraire, un verre convexe ou convergent raccourcira le cône oculaire, puisqu'il augmentera le pouvoir convergent de l'œil; ce sera d'un *verre convexe* que feront usage les *hypermétropes* pour raccourcir le cône oculaire, de même que les presbytes, lorsqu'ils veulent voir de près et qu'alors leur adaptation est devenue impuissante à produire cet effet.

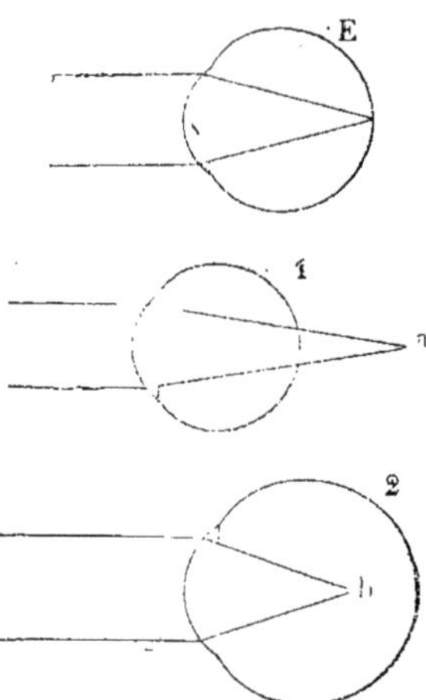

Fig. 207. — Œil *emmétrope*, œil *hypermétrope* et œil *myope*.

E, œil *emmétrope*.

1, œil *hypermétrope*. Les rayons lumineux, venus même de l'infini (parallèles), donnent un cône oculaire dont le sommet tombe en arrière de la rétine, en *a*, soit que le cône soit trop long (défaut de pouvoir convergent dans les milieux de l'œil); soit que la rétine soit trop en avant (œil trop court).

2, œil *myope*. Les rayons lumineux, venus de l'infini (parallèles), donnent un cône oculaire dont le sommet tombe en avant de la rétine, en *b*, parce que la rétine se trouve placée trop en arrière (œil trop long). Les *recherches* de Donders ont prouvé que c'était là en effet la cause de la myopie; on voit sur la figure que le globe de l'œil myope est très allongé d'arrière en avant.

Il arrive souvent que les deux yeux ont des valeurs de réfraction différentes. C'est l'*anisométropie*. Il faut alors corriger les deux yeux.

h. ASTIGMATISMES. — Tous les rayons qui traversent les lentilles ne
concourent pas rigoureusement au même foyer ; pour que l'image
soit nette, il faut qu'elle se fasse en un point focal et ceci n'a lieu
que si les surfaces réfringentes ont la même courbure dans les
différents méridiens et, d'autre part, si les milieux sont parfaitement
homogènes. Que ces deux conditions ne soient pas réalisées, le foyer
des rayons lumineux n'est pas unique. C'est là ce qui constitue
l'*aberration de sphéricité* d'une lentille. Quand les courbures des surfaces réfringentes ne sont pas régulières, il y a *astigmatisme* (de ά,
privatif, et στιγμα, point) dit *régulier*. Quand les milieux réfringents ne sont pas homogènes, il y a *astigmatisme* dit *irrégulier*.

L'astigmatisme régulier est un défaut de la réfraction si fréquent qu'on
peut regarder ses faibles degrés comme existant chez la majorité des individus ; mais d'ordinaire, il ne trouble pas la vision au point d'attirer
l'attention du sujet. Il consiste en ce que la courbure des surfaces de séparation des milieux de l'œil (et surtout la courbure de la surface antérieure
de la cornée) varie plus ou moins sensiblement d'un méridien à l'autre.
Supposons par la pensée une cornée parfaitement normale, séparée en
deux moitiés suivant son axe vertical, les fragments conservant leur position primitive, la surface de section présentera une courbure d'un rayon
déterminé ; supposons cette même cornée divisée suivant son axe transversal : alors la surface de section présentera une courbure identique
(œil normal, non astigmatique), c'est-à-dire que ces deux sections appar-
tiendront à une même circonférence du même rayon. Au contraire, dans un
œil astigmatique (et presque tous les yeux le sont), le rayon de l'une sera
plus court que le rayon de l'autre ; en un mot, les deux courbures seront
inégales. Il est aisé de comprendre que cet écart, s'il vient à être suffisamment marqué, troublera la marche des rayons lumineux au moment
où ils pénètrent dans l'œil. En effet, si nous admettons que l'une des cir-
conférences a un rayon notablement plus court que l'autre, nous con-
cluons implicitement que l'œil est myope dans le premier sens, tandis qu'il
peut l'être beaucoup moins ou pas du tout et qu'il peut même être hypermétrope dans l'autre sens. Il suffit, pour remédier à ce défaut dans la réfraction de l'œil, de faire traverser aux rayons lumineux une lentille taillée
de manière à rétablir l'équilibre entre les méridiens inégaux, de sorte que
les rayons lumineux, après avoir subi l'action de cette lentille et celle du
milieu cornéen, prennent une direction semblable à celle que présentent
les rayons qui auraient traversé une cornée normale. On se sert pour
cela de verres empruntés non plus à des surfaces sphériques, mais à des
surfaces cylindriques, et on les dispose de manière que la convergence
qu'ils produisent selon un seul plan coïncide justement avec le plan du
méridien suivant lequel la surface cornéenne de l'œil est moins convexe ;
c'est ainsi que se trouve corrigé ce défaut dans la convexité.

L'astigmatisme irrégulier tient à un manque d'homogénéité de la lentille cristallinienne. Le cristallin se divise en plusieurs segments ou secteurs dont chacun a son foyer propre. Par suite un point lumineux, placé à une distance de l'œil pour laquelle il n'y a pas accommodation, est vu multiple. Ces points ainsi multipliés se touchent souvent, formant étoile. C'est pour cela que nous voyons les astres qui sont des points lumineux, sous forme d'étoiles. Cet astigmatisme est extrêmement fréquent, mais il atteint rarement une valeur gênante.

Ainsi l'*œil n'est pas une lentille aplanétique*, c'est-à-dire telle que tous les rayons qui le traversent se rendent au même foyer.

B. Imperfections physiques. — On peut constater dans l'œil les diverses imperfections qui se trouvent dans les appareils physiques analogues et qui sont connues sous le nom d'*aberrations*, soit de *sphéricité*, soit de *réfrangibilité*.

Nous avons parlé tout à l'heure de l'aberration de sphéricité, à propos de l'astigmatisme, nous n'avons pas à y revenir. Nous verrons cependant plus loin que l'iris, comme les diaphragmes des instruments d'optique, remédie en partie à cet inconvénient.

L'*aberration de réfrangibilité* consiste en une inégale réfraction des divers rayons colorés qui composent la lumière blanche, de sorte que l'œil décompose la lumière ordinaire des objets incolore qui la lui projettent et nous les fait voir plus ou moins colorés; en un mot, l'*œil n'est pas un appareil achromatique parfait*. Ce défaut ne nous est pas sensible d'ordinaire, par l'effet de l'habitude, mais plusieurs expériences le rendent évident. Nous n'en citerons qu'une : si on regarde le cheveu d'une lunette astronomique, en l'éclairant avec de la lumière rouge, on s'aperçoit que, pour le voir avec un autre rayon du spectre (avec une autre couleur), il faut changer la place de l'oculaire ; donc l'œil adapté pour voir avec la lumière rouge ne l'est plus exactement pour voir avec les autres rayons du spectre.

Outre les défauts physiques que nous venons de passer en revue, il y aurait lieu d'indiquer encore, parmi les imperfections de l'œil humain, que cet organe n'est sensible ni aux radiations infra-rouges, ni aux radiations ultra-violettes. Mais il s'agit ici d'une imperfection rétinienne.

4° Accommodation de l'œil à la lumière. Physiologie de l'iris.

La choroïde tapisse exactement en dedans la sclérotique, mais, au niveau de la ligne de jonction de la sclérotique et de la cornée, elle se sépare de ces membranes pour entrer dans la chambre antérieure de l'œil et former au-devant du cristallin un diaphragme appelé *iris*.

La face antérieure de l'iris est en contact avec l'humeur aqueuse et tapissée par un prolongement de la *membrane de Descemet* (de la face

postérieure de la cornée; voy. fig. 204, en 4 et 13); sa face postérieure est
immédiatement en contact avec la partie périphérique de la convexité
antérieure du cristallin, de sorte que la prétendue *chambre postérieure*
n'existe pas; sa périphérie se continue avec la choroïde, dont elle est une
dépendance. *Son ouverture centrale correspond au centre du cristallin et
constitue la pupille;* sur le cadavre, la pupille mesure de 3 à 6 millimètres.
— L'iris a la structure de la choroïde; on y voit de nombreux vaisseaux,
des cellules pigmentaires qui forment une couche épaisse à sa face profonde ou postérieure *(uvée)* et des fibres musculaires. C'est ce dernier élément qui est le plus important; il y a deux muscles iriens, l'un se compose de fibres disposées circulairement *(sphincter de la pupille)* et l'autre
de fibres radiées *(dilatateur de la pupille)*; ces fibres sont innervées par
deux nerfs différents, les circulaires par le *moteur oculaire commun* (racine
motrice du ganglion ophtalmique, d'où vient une partie des nerfs ciliaires),
les radiées par le *grand sympathique* (racine sympathique du ganglion
ophtalmique, d'où vient un autre groupe des nerfs ciliaires).

Au point de vue fonctionnel, l'iris, écran membraneux, circulaire
et contractile, est un véritable diaphragme, placé dans la *chambre
obscure* que forme le globe oculaire, et qui laisse pénétrer plus ou
moins de lumière, suivant qu'il se dilate ou se rétrécit.

A. Mécanisme des mouvements de l'iris. — Le resserrement
de l'iris est causé par la contraction de ses fibres circulaires; en se
contractant, ce sphincter rétrécit évidemment l'orifice pupillaire,
autour duquel il est disposé.

Quant à la dilatation de la pupille, elle est due à la contraction des fibres radiées qui s'insèrent au lieu de réunion de l'iris
et des procès ciliaires; ces fibres, qui convergent du bord adhérent
de l'iris vers son rebord pupillaire, en se contractant, doivent attirer
excentriquement tous les points de ce rebord et par conséquent
élargir l'orifice pupillaire et, ce faisant, découvrir plus ou moins le
cristallin.

INNERVATION DE L'IRIS. — Ces mouvements sont commandés, ainsi
qu'il a été indiqué tout à l'heure, les uns par le moteur oculaire
commun et les autres par le sympathique cervical (voy. fig. 208).

1° L'excitation du nerf de la troisième paire, surtout à son émergence,
amène la constriction de la pupille. Sa section en détermine une dilatation
persistante (ce qui prouve la nature tonique de son action); dans ce cas,
sous l'influence de la lumière, la pupille ne se rétrécit plus; mais cette
dilatation n'est pas maxima, elle augmente encore si l'on vient chez l'animal opéré à exciter le grand sympathique ou à injecter de l'atropine
(l'atropine est un puissant mydriatique).

L'excitation ou la section des filets constricteurs (nerfs ciliaires courts)
qui sortent du ganglion ophtalmique (il y en a 6 ou 7 chez le chien) a un
effet plus marqué que celui de l'expérimentation similaire sur le tronc de

la troisième paire, ce qui prouve l'influence du ganglion ophtalmique sur
la constriction pupillaire (influence permanente ou *tonique*). D'ailleurs,
Langley et Anderson ont montré, par des expériences analogues à
celles qui ont été citées plus haut à propos de l'innervation du muscle
ciliaire (voy. p. 898), la participation du ganglion ophtalmique à l'inner-

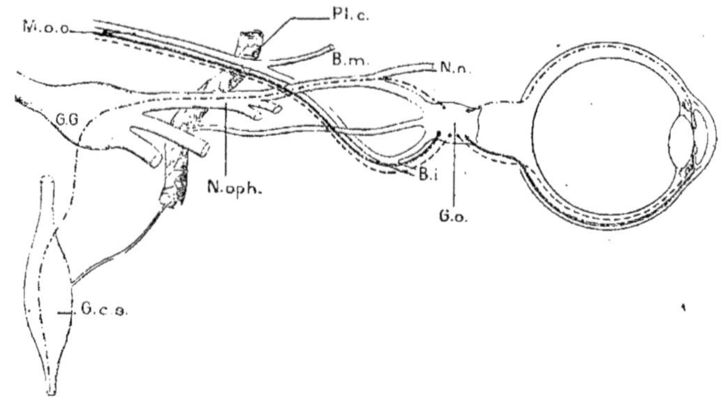

Fig. 208. — Schéma de l'innervation de l'iris (d'après B. Cunéo[1]).

Gcs, ganglion cervical supérieur ; — Plc, plexus carotidien ; — GG, ganglion de Gasser,
— Noph, nerf ophtalmique de Willis ; — Nn, nerf nasal ; — MoC, nerf moteur oculaire
commun ; — Bm, branche motrice supérieure et Bi, branche motrice inférieure de ce nerf ;
— Go, ganglion ophtalmique, d'où partent les nerfs ciliaires.
Le large trait noir continu dans le tronc du moteur oculaire commun représente les fibres
motrices du muscle ciliaire, le trait — — — — —, le trajet des nerfs constricteurs de la
pupille, et le trait —·—·—·—·—, le trajet des nerfs dilatateurs de la pupille.

vation du sphincter irien. Il faut donc admettre que les fibres du moteur
oculaire commun, destinées au sphincter de l'iris, comme celles qui se
rendent au muscle ciliaire, se terminent autour des cellules ganglionnaires
où prennent leur origine les nerfs ciliaires courts. — L'excitation d'un seul
de ces nerfs provoque une constriction partielle du sphincter, ce qui donne
alors à la pupille une forme irrégulière.

**Les mouvements de constriction de la pupille ont leur centre dans
la protubérance.**

C'est de la partie antérieure du noyau de la troisième paire que viennent
les filets destinés à l'innervation du sphincter irien. Ce centre serait situé
(chez le chien) plus profondément que celui du muscle accommodateur et
en arrière; quand on le détruit, la pupille se dilate et ne réagit plus à la
lumière (ne se resserre plus). Il entre normalement en action sous l'influence
des excitations de la rétine dues à l'éclairement de cette membrane.
Aussi le resserrement de la pupille à la lumière ne se produit plus quand
le nerf optique a été sectionné. Comme il se produit encore après l'extirpation des hémisphères cérébraux, force est de supposer que la relation entre

[1] Anatomiste et chirurgien français contemporain.

les fibres du nerf optique qui conduisent les impressions lumineuses et le
noyau du moteur oculaire commun s'établissent en arrière de l'écorce
cérébrale. Cette relation se ferait par l'intermédiaire des tubercules quadrijumeaux antérieurs, d'après des expériences montrant qu'à la suite de la
destruction desdits tubercules la constriction de la pupille à la lumière ne
s'observe plus. Mais les voies d'union entre les fibres optiques réflexes,
les tubercules quadrijumeaux et le noyau du moteur oculaire commun
n'ont pas été déterminées. — Il suffit qu'un seul œil soit éclairé pour que
les deux pupilles se resserrent. Il y a donc un rapport anatomique et
fonctionnel étroit entre les centres réflexes de l'accommodation à la lumière
des deux côtés. Cette association entre les mouvements pupillaires, de
même que celle des mouvements d'accommodation, n'existe que chez les
animaux chez lesquels la décussation des nerfs optiques est partielle
(homme, chien, chat, etc.); chez les oiseaux, le cheval, le lapin, bref,
chez les animaux à décussation complète, le mouvement d'une pupille est
indépendant de celui de la pupille opposée.

Le ganglion ophtalmique exerce une influence tonique sur le
sphincter irien, puisque la section des nerfs ciliaires courts (pupillo-
constricteurs) amène une paralysie plus marquée du muscle ciliaire
que la section du tronc même du moteur oculaire commun. Ce fait
ressort aussi des expériences d'excitation de ces mêmes nerfs,
puisque cette excitation a pour effet un resserrement plus marqué
que celui que détermine l'excitation du bout périphérique du moteur
oculaire commun.

2° L'excitation du bout céphalique du cordon sympathique cervical
amène une rapide et considérable dilatation de la pupille. Sa section produit une légère constriction pupillaire.

L'excitation des nerfs ciliaires longs, groupe de nerfs issus du ganglion
ophtalmique, produit de même la dilatation de la pupille.

Quelle est l'origine de ces filets pupillo-dilatateurs et par où, étant
parvenus dans le tronc du sympathique cervical, gagnent-ils le ganglion ophtalmique ?

Nous avons fait remarquer, en parlant des nerfs accélérateurs cardiaques
(voy. p. 460), que ceux-ci et les pupillo-dilatateurs ont à peu près les
mêmes origines médullaires. Il importe maintenant de déterminer exactement les régions d'où proviennent ces derniers et leur trajet.

Les fibres pupillo-dilatatrices sortent de la moelle par les racines antérieures des deux dernières paires cervicales (C, fig. 209) et des trois premières paires dorsales (D, même fig.) ; les premières descendent vers le
ganglion premier thoracique et les secondes, s'engageant dans les rameaux
communicants et de là dans le cordon thoracique sympathique, remontent
vers le même ganglion, à l'exception de celles qui, issues des premières et deuxièmes paires dorsales, y vont directement et transversa-

lement par les rameaux communicants correspondants. Toutes, ainsi groupées dans le ganglion étoilé, passent par la branche antérieure de l'anneau de Vieussens et, par le sympathique cervical, arrivent au ganglion cervical supérieur (voy. fig. 209). Là elles se séparent des fibres vasomotrices qui suivent la carotide (voy. fig. 208, p. 904), et par le filet spécial qui réunit le ganglion cervical supérieur au ganglion de Gasser, *anastomose cervico-gassérienne*, gagnent ce ganglion. De là, elles passent dans la branche ophtalmique de Willis et parviennent au ganglion ophtalmique, d'où elles sortent par les nerfs ciliaires longs (fig. 208). — L'excitation de l'une des racines antérieures ou de l'un des rameaux communicants que nous venons d'énumérer, de même que celle du bord supérieur du sympathique thoracique ou de la branche antérieure de l'anneau de Vieussens, de même enfin que celle de l'anastomose cervico-gassérienne produit la dilatation de la pupille, exactement comme l'excitation du sympathique cervical ou des nerfs ciliaires longs. Ce qui prouve bien que tous les filets pupillo-dilatateurs passent par le filet d'union entre les ganglions de Gasser et cervical supérieur, c'est que, après la section de ce filet, l'excitation du cordon cervical sympathique reste sans effet sur la pupille. D'autre part, l'extirpation de l'un quelconque des ganglions situés sur ce trajet, premier thoracique, cervical supérieur, de Gasser, ophtalmique, donne lieu à une légère constriction pupillaire ; ces centres ganglionnaires ont donc une influence tonique sur les mouvements de l'iris.

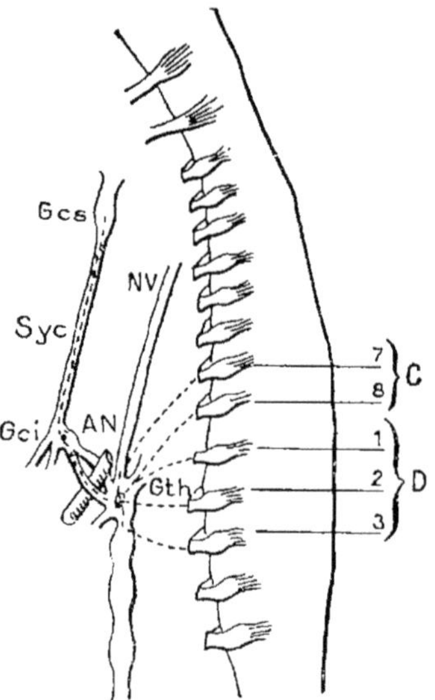

Fig. 209. — Schéma des origines médullaires des nerfs pupillo-dilatateurs (d'après François-Franck).

Le trajet des pupillo-dilatateurs est représenté par des lignes pointillées.

C, moelle cervicale ; — D, moelle dorsale ; — Gth, ganglion premier thoracique ; — Nv, nerf vertébral ; — AN, anneau de Vieussens ; — Gci, ganglion cervical inférieur ; — Syc, sympathique cervical ; — Gcs, ganglion cervical supérieur.

On a admis longtemps qu'à côté de ces nerfs pupillo-dilatateurs médullaires il en est d'autres, d'origine bulbaire. Plusieurs physiologistes avaient en effet constaté que, après l'ablation du ganglion cervical supérieur, l'excitation d'un nerf sensible donne encore lieu à la dilatation pupillaire réflexe. Et comme la section du tronc du trijumeau, entre son point d'origine apparente et le ganglion de Gasser, détermine, entre autres effets, une constriction de la pupille du même côté, on en avait généralement conclu que ces fibres pupillo-dilatatrices bulbaires passent par le triju-

meau et, dans le ganglion de Gasser, se joignent à celles qui viennent de
la moelle. Mais on a montré, d'une part, que la section simultanée du
sympathique cervical et du tronc du trijumeau ne supprime pas la dilatation réflexe de la pupille, et, d'autre part, que celle-ci est complètement
abolie à la suite de la section combinée du sympathique et du moteur
oculaire commun. On en conclut à la fois qu'il n'y a point de fibres irido-
motrices dans le trijumeau et que la dilatation réflexe qui s'observe après
la section du sympathique cervical est le résultat d'une inhibition du moteur oculaire commun [1].

· On vient de voir quelle est la région de la moelle qui donne origine
aux fibres pupillo-dilatatrices. C'est cette région, depuis longtemps
déjà connue sous le nom de *centre cilio-spinal* (BUDGE), qui représente
le centre des mouvements de dilatation de la pupille.

L'excitation de toute cette partie de la moelle cervico-dorsale amène la
dilatation de la pupille. La mise en activité de ce centre dilatateur se fait
habituellement suivant le mode réflexe ou suivant le mode automatique
(excitations chimiques).

L'excitation d'un nerf sensitif quelconque, et particulièrement du sciatique, du pneumogastrique ou du trijumeau, provoque une dilatation plus
ou moins considérable de la pupille; ce ne sont pas seulement les excitations douloureuses qui ont cet effet, mais même des excitations assez
légères, de telle sorte qu'on a pu considérer à ce point de vue l'iris
comme un véritable *esthésiomètre*. L'excitation de diverses parties du cerveau, zone dite motrice, circonvolutions temporales, corps strié, couches
optiques, tubercules quadrijumeaux, détermine semblablement la dilatation de la pupille, probablement aussi par le mécanisme réflexe. Cette
dilatation réflexe, consécutive soit à l'excitation d'un nerf sensible, soit à
celle de l'une des parties sus-mentionnées du cerveau, n'est pas toujours
empêchée par la section préalable des deux sympathiques cervicaux;
mais, dans nombre de cas, elle persiste dans cette condition ; il faut donc
alors la rapporter à une action inhibitoire s'exerçant sur le centre des
nerfs constricteurs pupillaires.

Le centre dilatateur est excité par le sang asphyxique. Cet effet de
l'asphyxie persiste après la section sous-bulbaire de la moelle; il est empêché par la section préalable du sympathique cervical.

La volonté n'agit pas sur le centre dilatateur de la pupille.

Plusieurs des ganglions par lesquels passent les fibres pupillo-dilatatrices paraissent jouer le rôle de centres.

Ainsi le ganglion cervical supérieur et le ganglion premier thoracique
exercent une influence tonique sur le muscle radié; la dilatation pupillaire est en effet plus marquée, après la section des fibres sympathiques
au delà des ganglions qu'après la même section en deçà. — D'autre part,

1. Voy. un bon exposé de cette question dans un travail de CH. DUBOIS et
F. CASTELAIN (de Lille) : *Contribution à l'étude de l'innervation motrice de l'iris
(Arch. d'ophtalmologie*, 1907, t. XXVII, p. 310-321).

le ganglion ophtalmique serait susceptible de transformer des excitation
sensibles en incitations motrices; l'excitation d'un nerf ciliaire supérieur,
nerf sensible, provoque en effet la dilatation de la pupille, après que le
ganglion a été soigneusement séparé de toutes ses relations avec les centres
bulbo-médullaires (expérience de François-Franck sur le chien, 1884). C'est
là un fait qui sera examiné plus loin, avec les faits similaires concernant
le pouvoir réflexe des ganglions sympathiques.

B. Caractères des mouvements de l'iris. — La pupille se
dilate quand l'objet fixé est très éloigné ou peu éclairé ; dans les cas
inverses de lumière vive ou d'objet proche, elle se rétrécit. Le rôle de
l'iris consiste donc à ne laisser entrer dans l'œil que la quantité de
lumière proportionnelle à la sensibilité de la rétine ou nécessaire
pour la vision distincte des objets. Aussi l'iris peut-il être qualifié
de diaphragme dont le diamètre d'ouverture est réglé par action
réflexe.

Ces mouvements sont lents, parce que les fibres musculaires qui
les exécutent sont des fibres lisses, comme celles du muscle ciliaire.

Nous avons déjà, à propos de l'innervation de l'iris, cité plusieurs
faits qui établissent la nature réflexe de ces mouvements. Nous avons
dit, en particulier, que la volonté est impuissante à provoquer l'un
d'eux ; cependant par une voie indirecte on peut agir sur sa propre
pupille ; on peut, par exemple, la dilater en regardant un objet très
éloigné, en regardant à l'infini, dans le vide ; inversement, on en
amène le resserrement en fixant un objet très proche. — La dilatation
ou la constriction sont bilatérales, même quand l'accommodation
est unilatérale : c'est qu'en réalité celle-ci, comme nous l'avons vu
(p. 898), est toujours bilatérale, dans les cas même où un seul œil est
éclairé. Il existe donc des relations entre les centres des mouvements
iriens et le centre de l'accommodation ; il y a relation aussi entre
ces centres et celui des mouvements de convergence des yeux, car
le resserrement de la pupille est associé au mouvement de rotation
en dedans du globe oculaire (mouvement des muscles droits
internes).

L'iris d'un œil énucléé d'anguille ou de grenouille reste contractile à la lumière pendant plusieurs jours (Brown-Séquard, 1847, 1850).
C'est là un fait qui prouve remarquablement l'action directe de la
lumière sur le tissu musculaire. On a montré par la suite que l'iris
de beaucoup de Poissons et d'Oiseaux et de quelques Mammifères
présente la même propriété.

Il est un bon nombre de substances qui ont la propriété de resserrer ou
d'élargir la pupille. Les premières sont des *myotiques* et les secondes des
mydriatiques: l'ésérine ou physostigmine (voy. p. 188, note 2) est le type
de celles-là; l'atropine, le type de celles-ci. L'ésérine agit en excitant les

terminaisons des nerfs ciliaires courts; c'est donc une substance antagoniste de l'atropine, qui agit en paralysant les mêmes terminaisons [1]. Chez
les Oiseaux, dont le sphincter irien est formé de fibres striées, l'atropine
ne dilate pas la pupille. Après la section du moteur oculaire commun, ces
deux poisons, instillés dans l'œil, conservent leur action excitante ou
paralysante.

2. — Physiologie de la choroïde.

La choroïde tapisse exactement la sclérotique, mais, au niveau de
la ligne de jonction de la sclérotique et de la cornée, elle se sépare
de ces membranes pour entrer dans la chambre antérieure de l'œil
et former au-devant du cristallin un diaphragme appelé *iris*. Nous
avons déjà étudié l'iris.

La choroïde proprement dite est essentiellement une membrane
vasculaire; de plus, elle renferme, surtout en avant, des éléments
musculaires; enfin elle présente à sa face interne une couche de
cellules pigmentaires, mais cette couche appartient en réalité, par son
origine et par sa configuration, à la rétine [2].

1° Comme *organe vasculaire* (nombreuses *artères ciliaires* ou *choroïdiennes*, et réseaux veineux formant les *vasa vorticosa*), la choroïde
est destinée à servir d'appareil de caléfaction à la membrane nerveuse (rétine) sous-jacente (voy. p. 9?0). La richesse en réseaux
sanguins est en effet la règle générale pour tous les organes qui
contiennent de nombreuses terminaisons nerveuses et surtout des
appareils des sens spéciaux, comme pour les papilles de la pulpe
des doigts, pour la membrane olfactive, pour la langue, etc.

2° Les *éléments musculaires* de la choroïde (muscles ciliaires), développés surtout dans sa partie antérieure et annexés à des prolongements érectiles (*procès ciliaires*), sont destinés à agir sur le cristallin.
Nous en avons étudié l'action à propos de l'accommodation.

3. — Réception des rayons lumineux dans l'œil.
Physiologie de la rétine.

La membrane sensible de l'œil est la *rétine*, qui tapisse exactement
la face interne de la choroïde.

Elle est formée essentiellement par l'*épanouissement des fibres du nerf
optique*, à l'extrémité desquelles se trouvent annexés des organes terminaux particuliers (voy. fig. 210). De par l'embryologie et l'histologie comparée des autres organes des sens et du système nerveux, on a été amené

1. L'atropine paralyse aussi les terminaisons des nerfs du muscle accommodateur. Inversement, l'ésérine fait contracter au maximum le muscle ciliaire.
2. Nous en verrons le rôle un peu plus loin (p. 914).

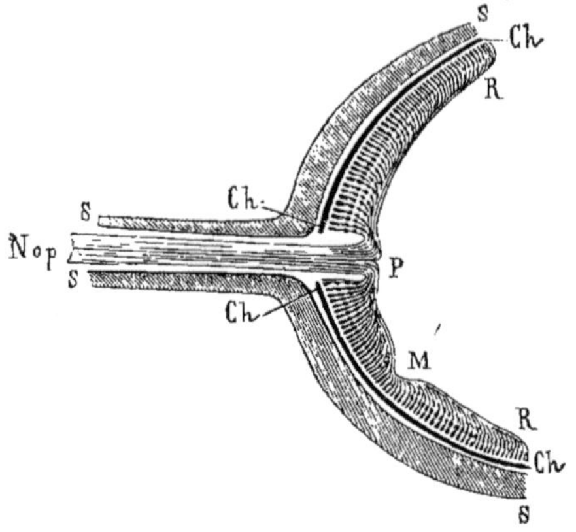

Fig. 210. — Schéma de l'épanouissement rétinien du nerf optique (Mathias Duval).

S, S, sclérotique : — Ch, choroïde ; — Nop, nerf optique ; — H, sa papille d'où les fibres rayonnent et vont former la rétine R, R ; — M, fossette centrale de la rétine.

à reconnaître qu'elle a à la fois la signification d'une formation nerveuse et celle d'un épithélium sensoriel et que les éléments de ce dernier, comparables aux cellules auditives ou aux cellules gustatives, sont des *cellules visuelles*, formées d'un corps cellulaire qui se prolonge par une formation cuticulaire. De là notre conception schématique actuelle de la rétine: celle-ci comprend trois étages de cellules superposées, chacune de ces cellules étant un neurone, c'est-à-dire une cellule indépendante, n'ayant

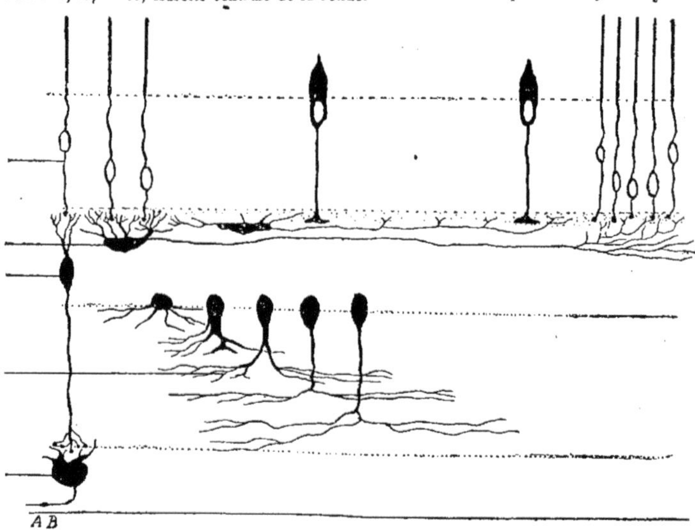

Fig. 211. — Schéma des éléments de la rétine (d'après Ramon y Cajal).

1, cellule visuelle ; — 2, cellule horizontale (cellule d'association entre les cellules de bâtonnet ou de cône) ; — 3, cellule bipolaire ; — 4, spongioblastes (éléments d'association) ; — 5, cellule multipolaire.

que des rapports de contiguïté avec les cellules voisines (voy. fig. 211).

1º Le premier de ces neurones est la *cellule visuelle*, avec un appendice sensoriel, cône ou bâtonnet (voy. fig. 212), appendice constitué par le prolongement externe de la cellule, l'autre prolongement, l'interne, *fibre de bâtonnet* ou *de cône*, se mettant en rapport avec un des prolongements de la cellule bipolaire. — 2º La *cellule rétinienne* ou *bipolaire* est formée d'un corps cellulaire nucléé et de deux prolongements, l'un externe, dont nous venons de parler, et l'autre interne, qui est en relation avec les prolongements du troisième neurone. — 3º La *cellule ganglionnaire optique* ou *multipolaire* offre les caractères d'une cellule nerveuse ordinaire ; son corps cellulaire est volumineux, son noyau est muni d'un nucléole, ses prolongements dendritiques ou protoplasmatiques se mettent en rapport avec le prolongement profond de la cellule rétinienne et son prolongement interne ou descendant forme l'une des fibres constitutives du nerf optique. — Ainsi la première de ces cellules, seule, est sensorielle ; on l'appelle souvent *neuro-épithéliale* ; les deux autres sont cérébrales, la cellule bipolaire représentant un neurone sensitif périphérique (assimilable à une cellule de ganglion spinal), la cellule multipolaire représentant un neurone sensitif central. De ces données histologiques on conclut que la rétine est un organe à la fois de réception et de transmission. — Ajoutons que, en outre de ces éléments sensoriels et nerveux, cette membrane comprend aussi, en dehors, une couche de cellules pigmentaires dont le noyau se trouve dans la face externe (face choroïdienne de la cellule) et dont la partie profonde envoie de fines expansions entre les segments externes des cônes et des bâtonnets. Nous verrons, en étudiant le fonctionnement de la rétine, quel est le rôle de ce pigment rétinien.

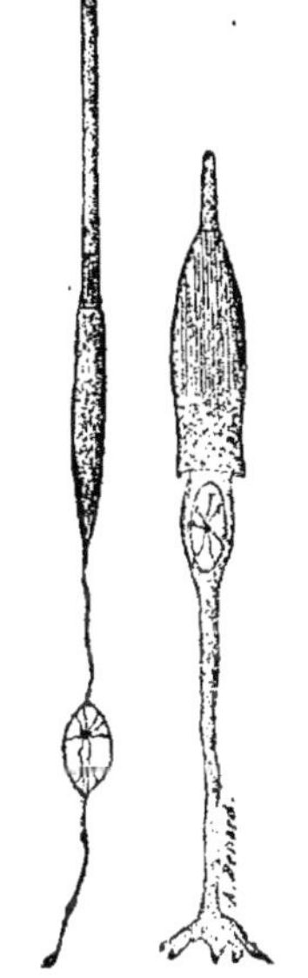

Fig. 212. — Cellules visuelles de l'homme (d'après Gaule).

A, cellule à bâtonnet ; — C, cellule à cône.

Il est un point où la rétine est beaucoup plus mince qu'en toutes ses autres parties ; les fibres nerveuses y ont un trajet de dedans en dehors beaucoup plus court : c'est la *fovea centralis* ou *tache jaune* (M, fig. 210), dépression de 2 millimètres de diamètre, située un peu en dehors de la papille du nerf optique. En ce point, les organes terminaux ne sont représentés que par des cônes, tandis que dans les autres points les cônes et les bâtonnets sont entremêlés, les premiers devenant d'autant plus rares que l'on considère une partie plus antérieure de la rétine, c'est-à-dire une partie plus éloignée de la tache jaune.

Une autre région spéciale de la rétine est celle qui porte le nom de *papille du nerf optique* (voy. fig. 210) et qui mesure environ 1^{mm},5 chez l'adulte. C'est là que le nerf optique pénètre dans la rétine. Comme il n'y a là que des fibres nerveuses, sans éléments spécialisés, la lumière n'y

GLEY. — **Physiologie.**   58

provoque point l'excitation nécessaire à la sensation ; d'où le nom donné à cette région de *tache aveugle* (*punctum cæcum*) (voy. p. 918). L'artère centrale de la rétine (branche de l'ophtalmique, qui est, comme on sait, la seule collatérale de la carotide interne [1]), émerge aussi en ce point, et ses ramifications viennent entourer la tache jaune. Les capillaires issus de cette artère ne vont pas au delà de la couche des cellules bipolaires. La partie neuro-épithéliale est donc privée de vaisseaux.

Ce sont les éléments sensibles de la membrane rétinienne que la lumière vient exciter.

1° *Excitants de la rétine.*

Quelle que soit l'excitation portée sur la rétine, cette excitation provoque le phénomène subjectif que tout le monde connaît très bien sous le nom de *sensation lumineuse*. La piqûre de la rétine [2]. sa compression [3], son tiraillement lors des brusques mouvements de l'œil, une excitation électrique, bref, toutes les excitations de cette membrane donnent lieu à des impressions de lumière. Il n'existe donc point de relation exclusive entre la lumière et la sensation lumineuse. Seulement, la lumière est l'excitant habituel, normal, physiologique de la rétine.

La lumière est considérée comme une forme de mouvement, une vibration, d'un milieu hypothétique, l'éther. Les vibrations de l'éther, comprises entre 450 billions et 790 billions par seconde, produisent des sensations lumineuses. Plus rapides ou moins rapides, elles ne sont plus perçues ; tels sont les rayons ultra-violets (rayons chimiques) ou infra-rouges (rayons calorifiques). Chaque couleur est caractérisée par la longueur d'onde dans le vide de la radiation qui la produit ; à la couleur rouge correspondent les ondes de plus grande longueur, $0^{mm},0007617$ et à la couleur violette les ondes les moins longues, $0^{mm},0003929$.

La lumière blanche est une lumière composée ; en traversant un prisme, elle se décompose en une série de radiations qui se suivent toujours, de la moins réfrangible à la plus réfrangible, dans le même ordre : rouge, orangé, jaune, vert, bleu, indigo, violet (spectre lumi-

---

1. Ce fait montre les relations qui existent entre la circulation cérébrale et la circulation de l'œil.

2. **MAGENDIE**, opérant une femme de la cataracte, piqua à plusieurs reprises avec son aiguille la rétine en divers points ; la patiente ne manifesta aucune douleur ; la seule sensation éprouvée était celle d'une lumière fulgurante, d'un éclair. Cette expérience, qu'il répéta sur d'autres opérés, lui donna toujours le même résultat.

3. Une pression limitée (compression de l'œil près du rebord orbitaire au moyen d'une pointe mousse) donne lieu aux phénomènes lumineux connus sous le nom de *phosphènes* (cercle lumineux aperçu du côté opposé au côté comprimé de l'œil).

neux) ; le rouge correspond à 450 billions de vibrations par seconde, le violet à 790.

Ce n'est pas seulement le mélange de toutes les couleurs du spectre qui donne de la lumière blanche ; deux couleurs mélangées en proportions convenables produisent aussi du blanc, elles sont dites dans ce cas *complémentaires* : ainsi le rouge et le vert ou le bleu-indigo et le jaune sont des couleurs complémentaires.

2° *Mode d'action de la lumière sur la rétine.* — *Rôle des divers éléments rétiniens.*

Le problème qui se pose est de savoir comment la lumière agit sur la rétine.

Avant de l'examiner, il importe de rechercher quels sont, dans cette membrane, les éléments sur lesquels agit la lumière. L'expérience connue sous le nom d'*arbre vasculaire de Purkinje* et qui consiste dans la perception des vaisseaux ou plutôt de l'ombre des vaisseaux de la rétine elle-même, permet de répondre à cette question.

Ces vaisseaux, situés dans les couches antérieures de la rétine, projettent continuellement leur ombre sur les couches postérieures de cette membrane, et il est à supposer *a priori* que, si nous ne percevons pas normalement cette ombre, c'est par le fait de l'habitude ; il s'agissait donc de savoir si elle ne peut pas être visible par quelque artifice, qui consisterait à la projeter sur des points autres que les points habituels. C'est à quoi l'on arrive de la manière suivante (Helmholtz) ; si, dirigeant le regard vers un fond obscur, on place une bougie allumée, soit au-dessous, soit à côté de l'œil (fig. 213), les rayons partis de cette source lumineuse (B) sont concentrés par le cristallin sur une partie très latérale de la rétine, puisque la source lumineuse (la bougie) est très en dehors du centre visuel. Cette image rétinienne de la bougie constitue alors elle-même une source lumineuse intérieure (B') assez forte pour envoyer dans le corps vitré une quantité de lumière relativement considérable. Sous l'influence de cette lumière, les vaisseaux rétiniens (C et D) projetteront leur ombre sur les couches postérieures de la rétine, mais en des points autres que les points habituels (C' et D'). Cette

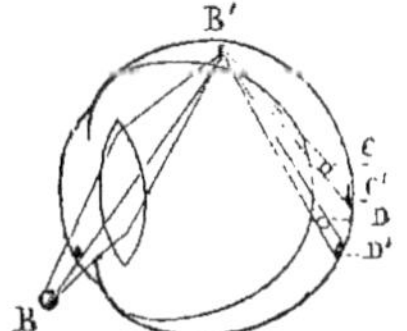

Fig. 213. — Expérience de l'arbre vasculaire de Purkinje (è Mathias Duval).

B, bougie placée à côté de l'œil, c'est-à-dire aussi latéralement que possible par rapport au centre de la cornée ; — B', source lumineuse intérieure, formée par les rayons lumineux que le cristallin concentre sur une partie très latérale de la rétine ; — C, D, deux vaisseaux de la rétine (l'épaisseur de la rétine a été extrêmement exagérée ici, pour donner de la clarté à ce dessin schématique). On voit que l'ombre de ces deux vaisseaux est projetée en D' et C'.

ombre sera déplacée et portée du côté opposé à celui de **la source lumi-neuse** rétinienne, c'est-à-dire du même côté que la bougie (source lumineuse primitive). On voit alors apparaître dans le champ visuel, éclairé d'un rouge jaunâtre, un réseau de vaisseaux sombres qui représentent exactement les vaisseaux rétiniens, tels qu'on les dessine d'après une préparation anatomique (*arbre vasculaire de Purkinje*).

Les *couches postérieures* de la rétine sont donc sensibles à la lumière. Mais cette même expérience nous permet d'indiquer avec plus de précision quelle est, parmi les couches postérieures, la couche sensible.

Des mouvements que manifestent les ombres des vaisseaux, quand on déplace la source lumineuse, c'est-à-dire de la grandeur apparente du mouvement qu'effectue, dans le champ visuel, l'arbre vasculaire, HELM-HOLTZ a pu déduire mathématiquement que la couche qui perçoit ces ombres est éloignée de ces vaisseaux d'une distance exactement égale à celle que les mensurations microscopiques (sur les coupes de rétine) décèlent entre la couche où se trouvent les vaisseaux et la membrane de Jacob; *la couche sensible de la rétine est donc représentée par la couche des cônes et des bâtonnets.*

Du moment que l'on arrive à localiser la sensibilité dans la couche la plus postérieure de la rétine, force est d'admettre que les rayons lumineux traversent sans les impressionner toutes les couches précédentes; ils atteignent la surface des bâtonnets et de la choroïde; là ils sont réfléchis, et, le centre optique coïncidant sensiblement avec le centre de courbure de la rétine, la réflexion a lieu sensiblement dans la direction de l'axe des bâtonnets et des cônes.

A ce niveau, au moment où la lumière **reflétée** par le *miroir choroïdien* revient à travers la rétine, il se produit sans doute une transformation particulière qui est comme l'intermédiaire obligé entre le phénomène physique de la lumière et le phénomène physiologique de l'excitation nerveuse. Le mouvement lumineux (vibration de l'éther) se transforme en mouvement nerveux (vibration nerveuse). Les portions externes des cônes et des bâtonnets constituent des appareils de transformation des ondulations lumineuses; elles sont les agents spéciaux de transmission du mouvement de la lumière au nerf optique.

A. **Modifications morphologiques**. — Une preuve en est que, dans ces éléments, il se produit, sous l'influence de la lumière, des modifications morphologiques.

1° Dans un œil exposé à la lumière (observation faite surtout sur la grenouille), les cellules pigmentées de la couche externe de la rétine envoient des prolongements entre les cônes et les bâtonnets, de telle sorte que ceux-ci sont comme entourés de granulations pigmentaires ; dans l'obscurité, ces prolongements se rétractent.

2° Sous l'influence de la lumière, l'article externe des cônes se raccourcit, tandis qu'il s'allonge à l'obscurité. Ces mouvements des cônes se produisent dans les deux yeux, même quand un seul œil est éclairé, d'où il suit qu'il doit exister dans le nerf optique des fibres centrifuges ; celles-ci viendraient des tubercules quadrijumeaux antérieurs.

Ces modifications peuvent d'ailleurs être produites par des agents physiques autres que la lumière, par la chaleur, par un courant électrique. La modification chimique que nous allons examiner ne paraît se produire que sous l'influence de la lumière, d'où le caractère spécifique de son rôle.

B. Modifications physico-chimiques. — La rétine est le siège d'un courant électrique, la couche des cônes et bâtonnets étant négative par rapport à la couche interne ; les excitations lumineuses déterminent des variations d'intensité de ce courant.

Mais la modification chimique que l'on observe dans les bâtonnets, quand la rétine est éclairée, est d'un plus grand intérêt. On a cru, en effet, découvrir un acte chimique corrélatif de la transformation du mouvement lumineux en mouvement nerveux, lorsque fut découvert le *rouge* ou *pourpre rétinien* (BOLL[1], 1876) et que furent établies les conditions de production et de destruction de cette substance.

Dans l'obscurité, les segments externes des bâtonnets sont chargés, chez l'animal vivant, d'une matière rouge (pourpre rétinien, sécrété par les *cellules pigmentaires* adjacentes), qui, lorsque l'animal est exposé à la lumière, disparaît seulement dans les parties frappées par les rayons lumineux (parties claire de l'image rétinienne). Ainsi, dans la vision, il y a destruction du pourpre rétinien. De là une très curieuse expérience : comme l'immersion dans une solution d'alun rend le pourpre rétinien inaltérable à la lumière, le fixe, en un mot, on peut, après avoir placé un animal (grenouille ou lapin) devant une fenêtre vivement éclairée, en sacrifiant aussitôt après cet animal et immergeant le globe oculaire dans l'alun (solution à 4 p. 100), obtenir des rétines qui donnent une véritable épreuve photographique de l'image de la fenêtre (avec ses barres transversales, c'est-à-dire les parties non transparentes, en rouge et ses ouvertures, c'est-à-dire les parties transparentes, en blanc) ; on a appelé ces images des *optogrammes.*

La substance rouge des bâtonnets, *érythropsine* ou *rhodopsine*[2], que l'on

---

1. F.-CHR. BOLL (1849-1879), d'origine allemande, fut professeur de physiologie à l'Université de Rome, de 1873 jusqu'à sa mort.

2. De ἐρυθρός, rouge, ou de ῥοδῶπις, couleur de rose.

peut extraire de la rétine en traitant celle-ci par une solution aqueuse de sels biliaires à 2,5 p. 100, blanchit à la lumière et ne se régénère pas à l'obscurité. Elle ne se régénère que dans l'œil, tant que la rétine est appliquée contre le pigment improprement appelé « choroïden ». C'est donc de cette couche de cellules pigmentaires que proviennent les matériaux nécessaires à la formation de l'érythropsine.

De ce qu'il y a là une substance sensible à la lumière, il ne s'ensuit pas que l'acte visuel dépende uniquement de la transformation du pourpre rétinien. On a fait remarquer que l'on peut voir avec une rétine « blanchie » par la lumière. D'ailleurs, les cônes ne contiennent point de pourpre, alors que dans la *fovea centralis*, c'est-à-dire dans la partie la plus sensible de la rétine, il n'y a que des cônes; mais l'impression de ceux-ci, en donnant la sensation de couleur, donne en même temps une sensation de lumière. Il existe donc, comme l'a dit Parinaud [1], *deux modes de sensibilité à la lumière.* Enfin, chez beaucoup d'Oiseaux, on ne trouve pas de pourpre ; on n'en trouve pas davantage chez les Chauves-Souris, et cependant tous ces animaux voient.

C. Rôle des bâtonnets et des cônes. — On voit par ce qui précède que des différences de fonction doivent correspondre aux différences de forme et de composition chimique que l'on constate entre les bâtonnets et les cônes. En effet, les premiers réagissent aux différences d'intensité que peut présenter la lumière, tandis que les cônes sont surtout excités par les différences *qualitatives* de la lumière, c'est-à-dire par les couleurs.

Il a été noté plus haut que, dans la *fovea centralis*, il n'y a que des cônes et point de bâtonnets. Or, dans la *fovea*, une lumière simple suffisamment pure est perçue primitivement comme couleur, qu'elle qu'en soit l'intensité et que la rétine soit ou non adaptée (Parinaud). Au contraire, dans les régions périphériques de la rétine, les bâtonnets sont en nombre plus grand que les cônes. Or la sensibilité lumineuse (voy. plus loin, p. 920) est très peu développée au centre de la rétine, et, inversement, un spectre faiblement éclairé paraît incolore lorsqu'on l'examine avec les parties périphériques de la rétine [2]. D'autre part, la couche des bâtonnets est à peu près partout la même; n'est-ce pas pour cela que la sensibilité lumineuse est à peu près uniforme sur toute la rétine ? On sait aussi que l'érythropsine s'accumule dans l'obscurité et se détruit à la lumière; n'est-ce pas

1. H. Parinaud (1844-1905), ophtalmologiste français. Ses principales recherches sur la physiologie de l'œil ont été réunies dans un remarquable ouvrage : *La vision...*, 1898.

2. Sous une faible intensité, les couleurs spectrales sont toujours vues incolores (Parinaud), sauf par la fovea.

pour cette raison que l'obscurité augmente la sensibilité lumineuse et que le grand jour l'affaiblit ?

Enfin nous avons déjà fait remarquer que les cônes manquent complètement chez les animaux nocturnes (chauve-souris, hérisson, taupe); or, on ne peut dans l'obscurité distinguer les couleurs. De même, les Oiseaux de nuit n'ont point de cônes, mais seulement des bâtonnets qui doivent leur suffire pour distinguer des différences quantitatives et non qualitatives de lumière; au contraire, les Oiseaux diurnes, surtout ceux qui font leur proie de petits insectes aux couleurs brillantes, possèdent un nombre relativement beaucoup plus grand de cônes que l'homme et les autres Mammifères.

Cette distinction entre la fonction des bâtonnets, qui servent à percevoir la lumière, et celle des cônes servant à la vision des couleurs, avait déjà été admise par Max Schultze (1886)[1], à la suite de ses recherches histologiques résumées ci-dessus; elle a été expérimentalement établie par H. Parinaud (1881-1894), puis par H. von Kries [2] (1894-1897). Récemment, cependant, on s'est efforcé de montrer que les bâtonnets ne sont pas complètement insensibles aux excitations des couleurs; ils percevraient les radiations colorées de faible longueur d'onde[3].

Dans l'*héméralopie* [4] (ou *cécité nocturne*), affection qui consiste en ce que la vision, bonne à la lumière du jour, est mauvaise au coucher du soleil ou dans un endroit peu éclairé, et qui tient à la suppression plus ou moins complète de la fonction des bâtonnets et du pourpre rétinien, c'est la vision des radiations de faible longueur d'onde qui est à peu près exclusivement abolie; le bleu n'est plus reconnu, le vert et le rouge le sont encore. — Dans l'intoxication par la santonine[5], qui porte sur les bâtonnets[6], il y a aussi cécité pour les radiations de faible longueur d'onde, pour le violet; aussi les objets blancs paraissent-ils jaune verdâtre. Normalement donc les bâtonnets serviraient à la perception du violet. — Enfin, en étudiant l'excitabilité des cônes pour les diverses radiations, on a vu que la *fovea* perçoit plus facilement le rouge que le bleu et est insensible au violet.

1. Max Schultze (1825-1874), un des plus célèbres histologistes allemands du dernier siècle.

2. Physiologiste allemand contemporain, professeur à l'Université de Fribourg-en-Brisgau.

3. D'après V. O. Sivén, Studien über die Stäbchen und Zapfen der Netzhauts als Vermittler von Farbenempfindungen (*Skand. Archiv für Physiol*, 1905, t. XVII, p. 306-388).

4. De ἡμέρα, jour, et ὤψ, œil, vue au jour.

5. La santonine est le principe actif cristallisable du *semen-contra*, qui est constitué par les capitules floraux non épanouis de plusieurs plantes du genre *Artemisia*, de la famille des Composées.

6. Dans cette intoxication, au niveau de la *macula lutea*, les objets blancs sont toujours vus sous leur couleur naturelle; les cônes ne sont donc pas atteints dans ce trouble de la vision.

4. — Les sensations dues à l'organe de la vue.

Les sensations nées des impressions rétiniennes sont multiples.

1° L'action de la lumière donne lieu à la sensation lumineuse brute;

2° L'œil apprécie les différences d'intensité de la lumière ;

3° L'œil perçoit les différences de nature de la lumière, sous forme de couleurs ;

4° L'œil, recevant simultanément plusieurs impressions lumineuses, les distingue les unes des autres. Recevant successivement plusieurs impressions, il les distingue dans le temps, moins bien, il est vrai. C'est là ce que l'on a appelé la sensibilité différentielle simultanée et successive.

Il nous faut étudier les conditions sous lesquelles se produisent ces diverses sensations, puis leurs caractères.

1° *Conditions des sensations.*

A. Conditions dépendant des excitants. — Ces conditions sont au nombre de trois.

1° Il faut que les rayons lumineux aient une certaine longueur d'onde (voy. p. 912). Seules, les radiations comprises entre le rouge et le violet excitent la rétine.

2° Il faut que l'excitant agisse sur la rétine pendant un certain temps. Si cette durée de l'excitation est trop courte, il n'y a pas de sensation, à moins que l'excitant ne soit très intense, comme est une étincelle électrique ou un éclair. Cependant une excitation lumineuse faible, répétée un grand nombre de fois, finit par être perçue ; c'est le phénomène de l'*addition latente*, qui se produit dans la rétine comme dans d'autres appareils nerveux.

3° L'excitant doit avoir une certaine intensité.

B. Conditions propres à la rétine. — a. Excitabilité des diverses parties de la rétine. — La rétine n'est pas également sensible à la lumière dans toute son étendue. D'abord il est un point complètement insensible, c'est le lieu d'émergence du nerf optique, la *papille*, nommée pour cela *punctum cæcum* (voy. p. 912).

On démontre aisément ce fait au moyen de l'expérience suivante : si l'on regarde deux petits objets, l'un blanc, par exemple, et l'autre rouge, placés sur un même plan à une certaine distance l'un de l'autre, on peut, en fixant l'un d'eux avec un seul œil, continuer à percevoir l'autre; mais, si l'on fait mouvoir ce dernier, de manière à faire parcourir à son image tout le fond de la rétine, il arrive un moment où cette image vient se

fermer exactement sur la papille du nerf optique ; à ce moment l'objet
en question cesse d'être vu, parce qu'il se peint sur le *punctum cæcum*.

A   B
●   ●

Ou bien encore (expérience de Mariotte), si l'on trace sur le papier deux
points noirs distants de 5 centimètres, qu'on ferme l'œil gauche, qu'on se
place à une distance de 15 centimètres du papier, et qu'avec l'œil droit on
fixe le point du côté gauche (A), on n'apercevra pas le point droit (B) dans
cette position, tandis que dans toutes les autres positions, plus rapprochées ou plus éloignées, il devient visible ; le calcul démontre que, dans
la position indiquée, les conditions sont telles que le point du côté droit
a son image sur le *punctum cæcum* et, par suite, ne peut être aperçu.

Pour les autres parties de la rétine, la sensibilité est très différente ; elle est à son maximum sur la *tache jaune* (qui est précisément
au *pôle postérieur* de l'œil) et va en diminuant vers la partie antérieure ; ainsi, au niveau de l'équateur de l'œil, elle est 150 fois moins
considérable que vers la *macula lutea*.

En effet, en regardant deux fils très rapprochés, mais que l'on distingue
cependant l'un de l'autre, si l'on dispose l'œil de manière que leur image
vienne se produire successivement sur la tache jaune et puis vers l'équateur de l'œil, on constatera que, dans ce dernier cas, pour que les deux fils
restent distincts, il faut qu'ils soient 150 fois plus écartés l'un de l'autre
que lorsqu'ils se peignent sur la tache jaune. Cette expérience est analogue à celle des pointes de compas (compas de Weber), dont l'écartement
nous a servi à mesurer le degré de sensibilité de la peau (voy. p. 828).

C'est donc par la tache jaune que doit se faire essentiellement la
vision directe. Aussi n'est-ce guère que d'elle que nous nous servons
pour voir nettement, et les mouvements du globe oculaire sont
destinés à amener toujours l'image des objets examinés sur ce
point extrêmement sensible. La surface entière de la rétine est à peu
près égale à 15 centimètres carrés ; la surface de la tache jaune n'est
que de 1 à 2 millimètres ; nous ne nous servons peut-être, pour la
vue distincte, que de la 1 500ᵉ partie de la surface rétinienne. C'est
pour cela qu'en lisant nous ne voyons distinctement à la fois que deux
ou trois mots, dont l'image se fait justement sur la tache jaune ; et,
pour lire toute la ligne, il faut que l'œil la parcoure successivement,
c'est-à-dire amène l'image de tous les mots sur le point sensible.
Pour déterminer exactement le nombre de lettres, c'est-à-dire la
longueur, la surface qui peut venir se peindre distinctement sur la
rétine, on fixe, dans l'obscurité, les yeux sur la page d'un livre,
puis, à la lueur d'un éclair ou d'une étincelle électrique, on distingue
un certain nombre de lettres ; les dimensions calculées en partant

de cette donnée correspondent aux dimensions connues de la tache jaune.

Ainsi, il y a lieu de distinguer, à côté de la papille, partie insensible, la tache jaune, partie la plus sensible, puis les parties périphériques de la rétine, beaucoup moins sensibles.

b. DIFFÉRENTES FORMES DE LA SENSIBILITÉ RÉTINIENNE. — La rétine se comporte de façon différente vis-à-vis de la lumière blanche et vis-à-vis des couleurs ; de là, au point de vue de ses fonctions, une première distinction, fondamentale, entre la *sensibilité lumineuse* et la *sensibilité aux couleurs* ou *chromatique*. Nous serons amenés ensuite à distinguer de ces deux modes de sensibilité un troisième mode, qui est la *sensibilité visuelle*.

1° *Sensibilité lumineuse.* — Toutes les parties de la rétine, sauf le centre, qui est moins sensible, sont également excitables par une source lumineuse, la lumière du jour, par exemple ; en d'autres termes, il faut, sur une partie quelconque de la rétine, sauf le centre, la même quantité de lumière pour que se produise une sensation lumineuse. On verra tout à l'heure que la vision des couleurs n'est point soumise à cette condition. — La sensibilité lumineuse d'un œil tenu à la lumière devient très supérieure à celle d'un œil tenu à l'obscurité ; à mesure que se prolonge le séjour dans l'obscurité ou repos de l'œil, le *minimum lumineux perceptible* (c'est la plus faible valeur qu'il faut donner à la source lumineuse pour qu'une sensation lumineuse se produise) diminue progressivement. Nous verrons que cette condition, l'influence du repos, ne joue aucun rôle relativement à la sensibilité chromatique. — On a observé des cas d'*achromatopsie* totale, dans lesquels les sujets avaient cependant conservé la vision de l'éclairement des objets et de leurs formes.

Voilà donc trois preuves qui établissent la réalité de ce mode de sensibilité rétinienne.

2° *Sensibilité chromatique.* — Quand on présente à l'œil une couleur spectrale en augmentant l'intensité de celle-ci à partir de zéro, on éprouve d'abord une impression lumineuse simple, incolore et qui est identique d'ailleurs pour toutes les régions du spectre ; ce n'est que pour une intensité lumineuse plus forte que la couleur est reconnue comme telle (expérience de A. CHARPENTIER[1], 1880). Ainsi toutes les couleurs sont d'abord perçues comme des objets blanchâtres avant d'être reconnues ; puis elles produisent l'impression d'une couleur qu'il est impossible de définir ; enfin on les reconnaît plus ou moins bien. C'est là un fait fondamental. D'autres viennent s'y ajouter pour achever de différencier la sensibilité chromatique.

1. Physiologiste français (1852-1916). — Ultérieurement PARINAUD a montré que cette sensation de lumière incolore, pour les couleurs de faible intensité, résulte de l'adaptation de la rétine ; elle ne se produit que dans l'obscurité ; elle ne se produit pas à la lumière du jour, c'est-à-dire dans les conditions de la vue normale.

En deuxième lieu, cette sensibilité diminue graduellement du centre de la rétine à la périphérie, contrairement à ce qui se passe pour la sensibilité lumineuse, égale partout.

En troisième lieu, la sensibilité chromatique n'est pas soumise à l'adaptation ; elle n'est pas modifiée d'une manière appréciable par l'exercice ou par le repos de l'œil ; que l'organe ait été maintenu ou non à l'obscurité, il faut une même quantité de lumière pour provoquer la sensation de couleur spéciale.

Enfin, il existe des cas de cécité complète pour les couleurs (*achromatopsie*), la sensibilité lumineuse (perception de la lumière blanche, distinction des degrés de clair et de sombre) étant intacte.

Voilà donc deux modes de sensibilité de l'appareil rétinien, deux modes de réaction des terminaisons du nerf optique sous l'influence d'excitations lumineuses simples ou composées. Toute lumière colorée simple (monochromatique) ou composée détermine dans l'appareil rétinien deux processus différents, qui donnent lieu, l'un à une sensation lumineuse blanche ou plutôt incolore, l'autre à une sensation de couleur spéciale pour chaque espèce de lumière. C'est le mélange de ces deux sensations que nous percevons, et on ne peut les dissocier que par un artifice expérimental.

Nous savons ce qu'est le minimum lumineux perceptible ; appelons *minimum chromatique* l'éclairement minimum nécessaire pour provoquer la sensation de couleur. Quand la vision se fait par le centre de la rétine, les deux minima sont à peu près les mêmes pour les couleurs simples ; si l'on regarde par la périphérie du champ visuel, le minimum lumineux reste le même, tandis que le minimum chromatique augmente progressivement ; il s'ensuit que, l'excitabilité chromatique diminuant, tandis que la lumineuse reste la même, les couleurs spectrales, vues par des parties excentriques de la rétine, paraissent de plus en plus blanchâtres, à mesure que l'on regarde par des parties plus périphériques.

Vision des couleurs. — Nous avons déjà rappelé (p. 912) l'expérience classique de la décomposition de la lumière blanche par le prisme en plusieurs rayons, chacun de couleur différente, en un *spectre* où les couleurs font une *gamme* continue, du rouge (premier rayon visible) au violet (dernier rayon visible).

Considérons d'abord le rouge ; on remarque que la sensation du rouge, à mesure qu'on descend dans le spectre, devient moins intense : il y a, pour cette partie du spectre, une excitation rétinienne élémentaire qui décroît à mesure que les ondes deviennent plus courtes et plus rapides. Mais il naît alors une nouvelle excitation élémentaire ; s'il n'y avait que celle du rouge, à mesure qu'on avancerait vers l'autre extrémité du spectre (vers le violet), elle diminuerait avec le raccourcissement et l'accélération croissante des ondes, et le spectre tout entier ne présenterait que des degrés décroissants d'intensité du rouge, tandis que, en réalité, au minimum apparent du rouge, il se produit une nouvelle excitation distincte, celle du *jaune* (ou du *vert*). Considérons alors semblablement cette excitation; nous remarquons encore que cette couleur, après avoir présenté un maximum, au lieu de s'affaiblir indéfiniment jusqu'au bout du spectre, est bientôt remplacée, au moment où elle atteint son minimum, par une nouvelle excitation élémentaire, celle du *bleu* (ou du *violet*, comme nous aurons à le discuter plus loin). En étudiant cette dernière excitation, comme nous avons fait pour les deux précédentes, nous voyons, cette fois, le violet s'affaiblir indéfiniment jusqu'au bout du spectre sans subir aucun autre changement, sans être remplacé par aucune nouvelle excitation.

Aussi a-t-on pensé qu'il y a dans le spectre *trois excitations élémentaires* qui paraissent suffire, en se combinant, pour produire toute la série des couleurs. De là la notion des *trois couleurs élémentaires*. En d'autres termes, toutes les sensations colorées que produit le spectre se groupent autour de trois couleurs principales, rouge, jaune (ou vert), bleu (ou violet), auxquelles nous rapportons toutes les autres, ces dernières nous paraissant n'être que des formes de transition résultant du mélange des couleurs principales.

Le spectre solaire se prolonge au delà du rouge en rayons dits calorifiques obscurs et qui n'impressionnent pas la rétine ; au delà du violet sont de même les rayons dits ultra-violets ou rayons chimiques (remarquables par leurs actions chimiques), qui agissent encore sur la rétine, mais si faiblement que cette excitation n'est pas perçue à côté de celle produite par les autres parties du spectre; si cependant, par un artifice, on supprime les autres couleurs du spectre, une certaine étendue de rayons ultra-violets devient visible en offrant une couleur gris bleuâtre ou gris-lavande.

Revenons à la détermination des trois couleurs fondamentales. Tous les expérimentateurs sont d'accord pour le *rouge* ; on admet le *vert*; il y a eu pour le *violet* plus de discussions; nous nous contenterons à ce sujet de rapporter une observation empruntée à PREYER[1] et qui a trait à un individu atteint de dyschromatopsie. Une femme remarqua qu'elle voyait autrement les couleurs avec l'œil droit qu'avec l'œil gauche ; l'essai fait avec les différents rayons du spectre montra que l'œil gauche voyait toutes les couleurs, tandis que le droit était complètement privé de la perception du *vert*. On rechercha aussitôt si cet œil droit distinguait le bleu et le violet du spectre comme bleu et comme violet. Si le bleu est une couleur fondamentale, l'œil, privé de la perception du vert, n'en devra pas moins reconnaître le bleu spectral comme tel. Si, au contraire, le bleu n'est produit, comme on tend à le croire généralement, que par l'excitation simultanée des organes terminaux de la rétine aptes à percevoir le vert et

---

1. T.-W. PREYER (1841-1897), physiologiste allemand, connu par ses travaux sur l'hémoglobine et la méthémoglobine, sur l'hypnose, etc. Deux de ses principaux ouvrages : *Éléments de physiologie générale* et *L'âme de l'enfant*, ont été traduits en français.

le violet, le bleu devra naturellement être perçu comme du violet et non comme du bleu. C'est ce qui arriva en effet ; tandis que l'œil gauche distingua bien le bleu et le violet, l'œil droit, privé de la perception du vert, confondit le bleu et le violet; le sujet distinguait une couleur *lilas avec une pointe rose*. D'autre part, on a observé que, quand on diminue progressivement l'éclairage du spectre solaire, il arrive un moment où l'on ne distingue plus que le rouge, le vert et le violet, les autres couleurs intermédiaires ayant disparu, ce qui prouve bien que ces trois couleurs ont une valeur toute spéciale dans le spectre solaire (expériences de von Bezold). De ces observations, on a conclu que le *violet est bien l'une des trois couleurs fondamentales*.

Le mélange des couleurs fondamentales produit de la lumière blanche; c'est pourquoi le mélange de rouge avec du vert violet donne du blanc (il va sans dire que nous parlons toujours du mélange de *couleurs spectrales*). On donne le nom de *couleurs complémentaires* (voy. p. 913) à deux couleurs dont le mélange produit ainsi la sensation du blanc, et on dit, par exemple, que le vert-violet est complémentaire du rouge, et réciproquement[1].

La théorie de l'excitabilité distincte de la rétine par les trois couleurs élémentaires est un des points les plus délicats de la physiologie de cette membrane; c'est ce qu'on a appelé la *théorie des couleurs*.

Cette théorie a été imaginée au commencement du XIX⁰ siècle. « Elle est, dit Helmholtz[2], de ce même Thomas Young[3] qui fit le premier pas dans la lecture des hiéroglyphes égyptiens. C'était un des génies les plus profonds qui aient jamais existé, mais il eut le malheur d'être trop avancé pour son siècle. » La théorie de Th. Young, reprise et développée par Helmholtz, peut se résumer ainsi : chaque élément excitable de la rétine, et, par suite, chaque fibre nerveuse du nerf optique sont composés de trois fibres élémentaires, différemment excitables par chacune des trois couleurs élémentaires.

---

1. « Les objets nous paraissent blancs lorsqu'ils nous envoient seulement de la lumière contenant les divers rayons colorés du spectre en proportion telle que ceux-ci se neutralisent en quelque sorte, ou bien des rayons de deux couleurs complémentaires réunissant les mêmes conditions et constituant, par conséquent, la lumière incolore.

« Au contraire, les objets sont colorés à nos yeux lorsqu'ils décomposent la lumière blanche et absorbent ou éteignent certains rayons du spectre, tandis qu'ils nous en envoient d'autres qui ne sont pas complémentaires réciproquement ; lorsqu'ils sont vus par réflexion, leur couleur propre est celle du faisceau lumineux qu'ils nous renvoient de la sorte, et lorsqu'ils sont vus par transparence, leur couleur est celle du faisceau qu'ils laissent passer, tandis qu'ils interceptent les autres rayons du spectre, soit en les réfléchissant, soit en les éteignant.

« Enfin les objets nous paraissent noirs lorsqu'ils éliminent la presque totalité de la lumière qui les frappe et, lorsque cette extinction est moindre, ils paraissent gris ou de couleur rebattue, c'est-à-dire assombrie » (H. Milne-Edwards, *Leçons sur la physiol. et l'anat. comparée*, t. XII, p. 357, Paris, 1876).

2. Helmholtz, *Revue des cours scientifiques*, 1868, p. 322.

3. Th. Young (1773-1829), médecin anglais, philologue, et surtout physicien de génie.

L'une répond vivement à l'excitation du rouge et peu à celle du vert et du
violet; la seconde répond très vivement à l'excitation du vert et peu à celle
du rouge et du violet; enfin la troisième entre vivement en jeu sous l'influence des rayons violets et très faiblement sous celle des rouges et des
verts. Le mélange de ces trois excitations dans des proportions différentes
fait naître la sensation de toutes les autres couleurs du spectre. La figure 214
traduit, sous une forme graphique, l'hypothèse de YOUNG-HELMOLTZ : les

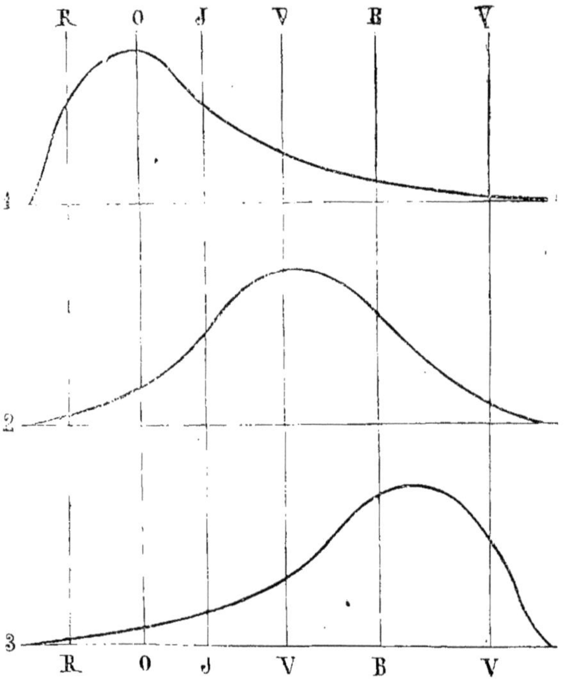

Fig. 214. — Courbe représentant l'irritabilité des trois espèces de fibres rétiniennes
(Hypothèse de TH. YOUNG).

couleurs spectrales y sont disposées par ordre, depuis le rouge R jusqu'au
violet V ; les trois courbes superposées représentent l'irritabilité des trois
ordres de fibres, la courbe 1 pour les fibres du rouge, la courbe 2 pour celles
du vert, et la courbe 3 pour celles du violet.

Cette théorie paraît bien rendre compte de plusieurs des particularités
qu'on observe dans l'excitabilité de la rétine par les couleurs. Elle explique
ce qu'on appelle l'impression d'une *couleur saturée*[1], c'est-à-dire aussi *pure*

____

1. La *saturation* ou *pureté* d'une couleur, qualité très différente de son intensité
ou luminosité, dépend de la quantité plus ou moins grande de lumière blanche
avec laquelle elle est mélangée.

que possible, *sans mélange* d'aucun des autres éléments de la lumière
colorée. Dans l'hypothèse de Th. Young, nous dirions que, par exemple,
nous avons la sensation du *rouge saturé* lorsque la fibre élémentaire, l'organe
terminal élémentaire qui correspond à l'excitation du rouge, entre absolument seul en activité. Or, si la théorie est vraie, nous ne devrions jamais
avoir la sensation d'une couleur saturée, puisque, d'après cette hypothèse,
si la lumière rouge excite énergiquement l'élément qui correspond au rouge,
elle excite aussi, quoique à un bien plus faible degré, ceux qui correspondent au vert et au violet. Toute lumière rouge, produisant l'excitation du
rouge, devra donc être mêlée toujours d'une quantité, infiniment petite,
il est vrai, de vert et de violet. — C'est ce qui a lieu en effet. Un artifice
expérimental ingénieux permet d'isoler le rouge maximum, que nous avons
pris pour exemple, de toute trace des deux autres couleurs ; il suffit pour
cela d'émousser la sensibilité de l'œil pour ces deux dernières, c'est-à-dire de
fatiguer, de rendre inexcitables les éléments rétiniens du vert et du violet ;
alors la lumière rouge ne mettra en action que le seul élément rétinien du
rouge, et nous aurons la perception du *rouge saturé*. Si donc nous fatiguons
une *partie* de la rétine par une longue contemplation du vert bleuâtre du
spectre, et que nous rendions ainsi cette partie de l'œil aveugle à la fois
pour le vert et pour le violet, lorsque nous porterons immédiatement
ensuite le regard sur un rouge spectral aussi pur que possible, la portion
de ce rouge qui viendra impressionner la partie précédemment fatiguée de
la rétine nous paraîtra d'un *rouge saturé intense*, d'un rouge plus pur que
le reste du rouge spectral qui l'environne, et qui est pourtant le rouge le
plus pur que le monde extérieur puisse nous offrir.

Les expériences de ce genre mettent en jeu la fatigue, l'épuisement de
l'excitabilité de la rétine pour certaines parties du spectre. Indiquons ici
ce fait que, si une partie de la rétine est fatiguée pour une couleur, pour
le rouge, par exemple, lorsque sur cette partie viendra se peindre une
image blanche, la rétine ne donnera pas lieu à une impression de lumière
blanche, mais bien à une impression de lumière d'un vert violet, puisque
dans le blanc, composé de rouge, de vert et de violet, elle ne sera plus
excitée par le rouge, mais seulement par le vert et le violet ; en un mot,
dans le cas de vision de la lumière blanche, la rétine ne sera excitée que
par la *couleur complémentaire* de celle pour laquelle elle est fatiguée.

La théorie de Th. Young a paru propre également à expliquer les anomalies connues sous le nom d'*achromatopsies* [1]. Chez quelques personnes,
la rétine n'est sensible qu'à deux ou qu'à une des trois couleurs élémentaires (*achromatopsie partielle*). Parmi les nombreuses formes de cécité
des couleurs étudiées par les ophtalmologistes, le cas le plus fréquent est
celui d'achromatopsie pour le rouge ou *anérythroblepsie* [2]. Chez ces sujets,

1. On confond trop souvent l'achromatopsie avec un autre trouble de la perception des couleurs, la *dyschromatopsie*, qui consiste proprement en ce qu'une ou
plusieurs ou toutes les couleurs ne sont point distinguées avec un éclairage
médiocre et ne sont reconnues qu'à une lumière très vive.

2. L'achromatopsie pour le rouge est dite encore *daltonisme*, du nom de Dal-
ton, physicien et chimiste anglais (1769-1844), célèbre par ses découvertes dans
les sciences physiques, et par l'étude qu'il fut le premier à faire de cette singu-
lière infirmité de la vision dont il était atteint.

la lumière rouge est comme si elle n'existait pas ; par suite, toutes les différences de couleurs paraissent, pour les couleurs de peinture, les différences de jaune et de bleu ; pour les couleurs du spectre, les différences de vert et de violet : « Les fleurs rouge écarlate du géranium leur paraissent du même ton que les feuilles de cette plante ; ils ne peuvent distinguer entre elles les lanternes rouges et vertes qui servent de signaux sur les chemins de fer ; le rouge écarlate très saturé leur paraît presque noir, à tel point qu'un prêtre écossais, affecté d'anérythroblepsie, se choisit un jour par mégarde du drap rouge écarlate pour une soutane » (Helmholtz). On explique ces phénomènes dans la théorie de Th. Young, en admettant que, puisqu'il y a dans le nerf optique, ou dans ses éléments terminaux, des fibres sensibles au violet, d'autres au rouge, d'autres au vert, il suffit que l'une de ces espèces de fibres manque pour que le sujet soit condamné fatalement à ignorer la couleur correspondante.

Tout intéressantes que sont ces explications, elles ne doivent pas faire oublier la nature hypothétique de la théorie à laquelle elles se réfèrent. Cette théorie, en effet, n'a aucun fondement anatomique. D'autre part, au point de vue physiologique, elle est en contradiction avec ce fait que l'œil, sensible à toutes les couleurs dans sa partie centrale, y devient insensible dans ses parties périphériques. Enfin l'*achromatopsie* est incompréhensible dans cette hypothèse ; sans doute les sujets atteints de cécité totale des couleurs, et qui ne distinguent que les degrés de clair et d'obscur, voyant les objets tels que les représente la photographie, sont extrêmement rares, mais enfin il en a été observé ; dès lors, comment serait-il possible de considérer le blanc, que voit une rétine absolument insensible aux couleurs, comme le résultat de trois sensations chromatiques fondamentales ?

Une autre théorie a été proposée pour expliquer les sensations de couleurs, c'est celle de Hering (1872-1874). Il y aurait dans la rétine trois substances différentes, de la formation ou de la décomposition desquelles résulteraient les sensations chromatiques. L'une de ces substances se détruit sous l'action de la lumière blanche ; à ce processus chimique de décomposition correspond donc la sensation de blanc, et au processus inverse, c'est-à-dire à la formation de cette substance, correspond la sensation de noir. La formation des deux autres substances donnerait le vert ou le bleu, et leur destruction le rouge ou le jaune. Parinaud a fait remarquer que cette théorie ne tient pas compte de la distinction qu'il faut faire entre la sensation de lumière incolore, fonction des bâtonnets, et celle du blanc et du noir, qui est une fonction des cônes, au même titre que les autres sensations de couleur. — La théorie de Hering n'est d'ailleurs pas moins hypothétique que celle de Young-Helmholtz.

3º *Sensibilité visuelle.* — Outre les sensibilités lumineuse et chromatique, il existe une troisième fonction rétinienne élémentaire.

Quand on éclaire un point avec le minimum de lumière qui puisse assurer la vision, on aperçoit ce point sous la forme d'une tache diffuse, plus large que l'objet, à bords indistincts, confusément éclairés; c'est seulement avec un éclairement plus intense qu'on perçoit l'objet avec netteté et avec sa forme (expérience de A. CHARPENTIER, 1880).

Il résulte de là que, dans la vision d'un objet, il y a deux phases distinctes, celle de la perception brute et celle de la perception nette ou perception visuelle proprement dite. A ce dernier mode de sensibilité, A. CHARPENTIER a donné le nom de *sensibilité visuelle*. Et l'on pourrait qualifier de *minimum visuel* la plus petite quantité de lumière qui doit éclairer deux points lumineux pour les rendre distincts l'un de l'autre.

Outre l'expérience fondamentale qui vient d'être indiquée et qui permet de différencier cette forme de sensibilité, voici d'autres faits par lesquels se complète cette différenciation : le repos de l'œil (maintien de l'œil à l'obscurité) exalte la sensibilité lumineuse, mais ne modifie pas la visuelle, pas plus d'ailleurs que la chromatique; — la sensibilité lumineuse ne varie pas avec les couleurs, tandis qu'il faut d'autant plus de lumière, pour l'exercice de la sensibilité visuelle, que l'on opère avec des couleurs plus éloignées du rouge, plus rapprochées du bleu violet; — la sensibilité chromatique décroît régulièrement du centre à la périphérie de la rétine, la visuelle aussi, mais beaucoup plus vite.

Ainsi la sensibilité visuelle varie indépendamment des deux autres formes de la sensibilité rétinienne; elle en est distincte.

Faut-il, de tous ces faits, conclure qu'il existe trois ordres d'éléments rétiniens, différemment excitables, ou trois processus visuels distincts? Comment rendre compte de ces trois opérations physiologiques ? Il ne paraît pas y avoir à ce sujet de théorie satisfaisante. On a vu en particulier, en ce qui concerne la vision des couleurs, quelle part d'hypothèse comprennent les théories émises pour en rendre compte.

c. ACUITÉ VISUELLE. — CHAMP VISUEL. — L'acuité visuelle est le pouvoir de la rétine de distinguer deux points lumineux et, d'une façon plus générale, de distinguer les objets. Elle peut se mesurer par la distance la plus grande à laquelle on distingue nettement les objets. Comme on ne voit nettement qu'avec la macula, l'acuité visuelle est l'expression de la vision *centrale* ou *directe*.

Mais nous voyons aussi les objets qui nous entourent avec les autres parties de la rétine. C'est la vision *périphérique* ou *indirecte*, et celle-ci nous donne donc l'ensemble des points de l'espace qui font impression sur la rétine, l'œil étant immobile. Tout cet espace embrassé par l'œil, c'est le champ visuel.

d. ADAPTATION RÉTINIENNE. — C'est un phénomène qui s'applique surtout à la sensibilité lumineuse.

Quand on passe du grand jour à une obscurité relative, on ne voit d'abord rien, c'est un fait d'observation vulgaire ; au bout de quelques minutes, l'œil recouvre peu à peu sa sensibilité, et on finit par distinguer les objets. Inversement, lorsque, au sortir d'un endroit obscur, on passe dans un endroit éclairé, l'éblouissement que l'on éprouve montre bien que la sensibilité de l'œil est d'abord exaltée ; puis cette exaltation diminue, et on arrive à regarder sans fatigue les mêmes objets dont le vif éclairement était intolérable.

Ainsi l'excitabilité de la rétine s'accroît ou s'émousse sous l'influence de l'obscurité ou de la lumière. L'influence du repos de l'œil, dans l'obscurité, sur la sensibilité lumineuse, pour l'augmenter, peut s'expliquer par le fait de la présence, dans cet œil, d'un excès d'érythropsine ; on sait, en effet, que la lumière décolore cette substance qui se régénère dans l'obscurité. Quoi qu'il en soit, l'appareil rétinien a la faculté de s'adapter à l'éclairage ambiant. C'est là ce que l'on appelle l'*adaptation lumineuse*, bien décrite d'abord par H. AUBERT, puis par A. CHARPENTIER, et qui est tout à fait distincte de l'adaptation dioptrique ou accommodation du système réfringent de l'œil aux distances des objets. En dehors de son intérêt propre, ce phénomène constitue un exemple remarquable d'un fait bien connu de physiologie générale, la capacité du système nerveux à s'adapter aux conditions extérieures, c'est-à-dire à se protéger et à maintenir la possibilité de son fonctionnement par une variation de son activité, inverse de la variation du milieu.

e. INERTIE RÉTINIENNE. — Tout appareil organique présente un degré d'inertie que l'excitation appliquée à cet appareil doit vaincre pour que se produise la réaction. C'est ce que l'on observe lors de l'excitation d'un nerf quelconque. Du reste, la lumière blanche ou colorée n'agit pas immédiatement sur la rétine.

Si on présente à l'œil une très faible lumière dont on augmente graduellement l'intensité, il vient un moment où, pour un minimum donné, la sensation lumineuse se produit. Mais, si on affaiblit alors lentement la lumière pour laquelle cette sensation avait pris naissance, on constate qu'elle est encore perçue, quoiqu'elle ait perdu beaucoup de son intensité. On en conclut qu'il y a eu dans la production de la sensation lumineuse perte de lumière et que la quantité perdue a été employée à l'ébranlement de l'appareil visuel ; l'inertie de ce dernier a ainsi été vaincue.

Cette inertie varie suivant la couleur de la lumière employée
comme excitant; elle est plus grande pour les rayons plus réfran-
gibles. Sa valeur augmente donc dans le même sens que la réfrangibilité de la couleur excitatrice.

Ces observations ont montré que la rétine ne se comporte pas
autrement que les autres appareils nerveux. On sait que l'on entend
un son qui s'éloigne de l'oreille à une plus grande distance qu'un
son qui s'en rapproche; en d'autres termes, qu'il faut, pour provoquer la sensation auditive, une excitation plus intense que celle
qui suffit à l'entretenir, une fois qu'elle a pris naissance. De même,
l'excitation électrique sentie par la peau peut être graduellement
diminuée, sans cesser d'être sentie.

La perte d'énergie employée à vaincre l'inertie rétinienne correspond à une perte de temps que l'on détermine ; c'est le retard de
la sensation sur l'excitation qui l'a provoquée.

2° *Caractères des sensations.*

Il est souvent difficile de faire ici la part de ce qui revient à la
rétine et de ce qui revient au fonctionnement de l'appareil central,
c'est-à-dire des centres nerveux visuels.

Intensité de la sensation. — La sensation lumineuse ou chromatique est plus ou moins intense suivant l'intensité de l'éclairement.
Nous verrons plus tard quel est le rapport que l'on peut établir entre
l'intensité de l'excitation et celle de la sensation.

Temps perdu de la sensation. — La sensation se produit presque
tout de suite après l'excitation ; la période d'*excitation latente*, c'est-à-
dire l'intervalle de temps entre le moment de l'excitation et celui
de la réaction, est extrêmement courte.

Persistance des impressions rétiniennes. — Quand la rétine a été
excitée, l'impression ne disparaît pas immédiatement; elle persiste
quelque temps après que l'objet lumineux a cessé d'agir. Cette durée
a été évaluée à 1/30-1/50 de seconde. Il suit de là que, si des
impressions lumineuses très courtes se succèdent rapidement, elles
finissent par se confondre en une impression continue.

Tout le monde sait qu'un charbon ardent agité vivement devant les
yeux produit l'effet d'un ruban ou d'un cercle de feu, parce que l'impression
qu'il a produite en passant devant un point de la rétine persiste encore
lorsqu'il y revient après une révolution, et qu'ainsi ces impressions
successives se continuent les unes avec les autres de manière à paraître
ininterrompues. De même, lorsqu'une fusée est lancée dans les airs, elle
paraît conduire à sa suite une longue traînée de feu ; lorsqu'une voiture
se meut avec une grande rapidité, les rais qui réunissent la circonférence
des roues avec les moyeux disparaissent ; lorsque les cordes vibrantes

résonnent, elles paraissent amplifiées à leur partie moyenne et si, sur une telle corde on marque un point en blanc, ce point ressemble à une ligne.

C'est sur ce fait de la persistance des images rétiniennes qu'est fondé l'emploi des disques rotatifs pour l'étude du mélange des couleurs. Supposons d'abord un disque divisé en secteurs blancs et noirs alternativement disposés; si l'on fait tourner le disque pendant qu'on le regarde, les parties rétiniennes qui, un instant auparavant, se couvraient avec les secteurs noirs et qui par conséquent n'étaient pas excitées, sont bientôt, par le fait de la rotation, excitées par les secteurs blancs, et *vice versa*. Si la vitesse de rotation est assez grande pour que deux excitations successives produites par deux secteurs blancs (séparés par un noir) soient telles que la seconde ait lieu alors que la première persiste encore, on aura l'impression d'une excitation continue, mais plus faible que s'il n'y

Fig. 215 — Disque rotatif de Newton pour le mélange des couleurs.

avait pas eu interposition d'un secteur noir, c'est-à-dire que le disque ne paraîtra plus divisé en parties blanches et noires, mais bien uniformément teinté d'un mélange de blanc et de noir; il sera vu uniformément gris. De même, quand on fait tourner des disques qui portent des secteurs différemment colorés, si la vitesse de la rotation est suffisante, les impressions produites par les différentes couleurs sur la rétine éveillent une impression unique, celle de la couleur mixte. Ainsi, quand on dispose sur le disque des secteurs colorés correspondant aux principales couleurs du spectre, comme dans la figure 215, la sensation résultante est celle de la lumière blanche.

C'est également sur le fait de la persistance des images rétiniennes qu'est fondée la construction de divers appareils, tels que le *phénakisticope* de Plateau; cet appareil consiste essentiellement en un disque sur la périphérie duquel on a peint un animal quelconque aux différents moments de la course ou du saut; on fait tourner le disque avec une vitesse suffisante, et l'animal paraît courir ou sauter. — Sur ce principe aussi a été construit le cinématographe, appareil qui permet de faire passer rapidement sous les yeux une série de photographies prises à de très courts intervalles.

Images consécutives, positives et négatives. — Cette persistance des images se constate alors même qu'on ferme les yeux ou qu'on porte le regard sur un fond obscur : l'excitation continuant un certain temps dans la rétine, nous voyons encore l'objet éclairé qui a produit cette excitation. C'est là ce qu'on a appelé les *images consécutives*; le type le plus frappant en est donné par l'expérience suivante :

Après avoir regardé un instant le soleil ou une flamme très brillante, **on** ferme les yeux qu'on recouvre des deux mains, et alors on continue à voir pendant un court espace de temps une *image. brillante* du soleil. On obtient le même résultat avec des objets moins lumineux, à condition de laisser d'abord l'œil quelque temps dans l'obscurité, et de regarder ensuite momentanément l'objet lumineux. L'image persistante présente encore très nettement les divers détails de l'objet; bien plus, elle permet parfois de reconnaître, par le fait de sa longue persistance, certains détails qu'on n'avait pas eu le temps de remarquer lors de l'impression très courte faite par l'objet lui-même.

Ces images consécutives, qui se produisent après l'impression et qui se peignent par des parties lumineuses correspondant aux parties lumineuses de l'objet, sont dites *images positives*. Mais bientôt cette image positive pâlit peu à peu, puis est remplacée par une image *consécutive* dite *négative*, c'est-à-dire dans laquelle les parties précédemment lumineuses sont vues en noir, tandis que les parties noires sont vues en blanc; en d'autres termes, cette nouvelle image est à la première ce qu'un cliché négatif de photographie est à une épreuve photographique.

Les images consécutives négatives peuvent s'expliquer par la fatigue des éléments cérébro-rétiniens, c'est-à-dire par ce fait que, après l'action de la lumière sur ces éléments, il y a d'abord en eux persistance de l'excitation (image consécutive positive), puis diminution de l'excitabilité. On sait que cette diminution d'excitabilité après les excitations peut se constater pour tous les appareils nerveux.

Les images consécutives ont été localisées dans la rétine. Elles sont en réalité d'origine cérébrale (Parinaud).

En effet, une image consécutive, produite par l'impression d'un seul œil, peut être extériorisée par l'autre œil, qui n'a pas reçu l'impression; d'autre part, ces images ne se déplacent pas quand on fait subir au globe oculaire des mouvements artificiels (en déplaçant un œil par exemple à l'aide du doigt), ce qui arriverait si elles étaient purement d'origine périphérique.

Images consécutives colorées et contrastes des couleurs. — Ce qui vient d'être dit pour les images consécutives des corps simplement lumineux s'applique aux objets colorés. Dans ce cas, l'image consécutive positive présente la même teinte que celle de l'objet, mais plus ou moins atténuée, et l'image négative la teinte complémentaire.

Si, par exemple, l'on regarde un objet rouge, puis qu'on ferme les yeux, on continue, par le fait de la persistance de l'excitation, à voir l'objet avec sa couleur rouge : c'est ici l'image consécutive positive, dite *homo-chroïque* (de même couleur que l'objet) ; mais, dès que cette image disparaît et est remplacée par une négative, cette dernière prend la couleur complémentaire, c'est-à-dire que, dans l'exemple choisi, elle est vue verte ou d'un bleu verdâtre. Le phénomène s'observe très bien dans la condition expérimentale suivante : après avoir regardé un objet coloré, on porte le regard sur un papier blanc ou gris clair : si on a regardé du papier rouge, l'image consécutive négative obtenue en fixant du papier gris sera d'un bleu verdâtre ; du papier rose donnera une image négative complètement verte ; du vert en donnera une rosée, du bleu une jaune, et du jaune une bleue.

Les faits relatifs aux images consécutives colorées et négatives (non homochroïques) constituent ce que Chevreul a appelé des *contrastes successifs* ; ce sont des phénomènes grâce auxquels une partie de la rétine, selon qu'elle vient d'être fatiguée par l'impression d'une couleur, est par elle-même plus ou moins apte à être excitée par une autre couleur.

Si l'on a regardé une surface rouge, puis qu'on regarde une surface bleu vert, la rétine étant fatiguée par la première impression, le bleu vert est alors vu avec une netteté, une saturation toute particulière ; on dit alors que ce bleu vert est vu plus fortement par un *effet de contraste*, ce qui revient à dire que l'impression du bleu vert objectif est comme renforcée par l'image accidentelle négative du rouge, puisque cette image négative est justement complémentaire du rouge, c'est-à-dire formée de vert et de violet.

A côté des contrastes successifs, se placent les *contrastes simultanés*. Ce sont ceux qui résultent de l'influence réciproque qu'exercent l'une sur l'autre des couleurs différentes vues simultanément dans le champ visuel.

Les expériences très simples de Chevreul ont montré que, en plaçant successivement sur des champs de couleur différente une étroite bande de papier gris, on voit changer la teinte de ce papier suivant la couleur du fond. C'est ainsi que sur fond rouge le gris paraît verdâtre ; sur fond jaune, violet ; sur fond vert, rouge ; sur fond bleu, orangé ; sur fond violet jaunâtre.

Puisque les phénomènes de contraste sont liés à la production des images consécutives, ils doivent être, comme celles-ci, d'origine cérébrale (voy. p. 931).

C'est ce que Parinaud a montré. Voici une de ses expériences sur le contraste simultané, qui le prouve directement (1882) : un carton carré

mi-partie blanc et rouge est éclairé par la lumière solaire et l'on a appliqué
au devant de chaque œil un tube noirci à l'intérieur, de sorte que l'œil
droit ne voit que la surface rouge et l'œil gauche la surface blanche; les
deux yeux fixent très brièvement, il se développe des images consécutives,
et celle de l'œil gauche est verte, de couleur complémentaire de celle de
l'œil droit. Ainsi la couleur inductrice agissant sur un œil, la couleur
induite se développe dans l'autre qui n'a pas reçu d'impression directe ;
l'impression produite ne peut donc pas résulter d'une réaction dans l'appareil périphérique, elle ne peut tenir qu'à une réaction cérébrale.

Phénomènes d'irradiation. — Un objet très lumineux, placé sur un
fond noir, nous paraît toujours plus grand qu'il n'est en réalité ; au
contraire, un objet noir ou peu éclairé, placé sur un fond très lumineux, nous paraît plus petit qu'il n'est. On admet, pour expliquer ce
fait, que les parties très lumineuses ébranlent non seulement les points
de la rétine où elles viennent se peindre, mais encore les points les
plus voisins, de façon à empiéter sur les images des parties moins éclai-
rées : aussi a-t-on désigné ce phénomène sous le nom d'*irradiation*.

C'est ainsi qu'un triangle blanc, placé sur un fond noir, nous paraît plus
grand qu'il n'est, et de plus ne se présente pas avec des bords rectilignes,
mais comme limité par des lignes courbes, avec des bords convexes, en un
mot ; un triangle noir, sur un fond blanc, nous paraîtra, au contraire,
plus petit et avec des bords concaves. Dans la figure 216, le carré blanc

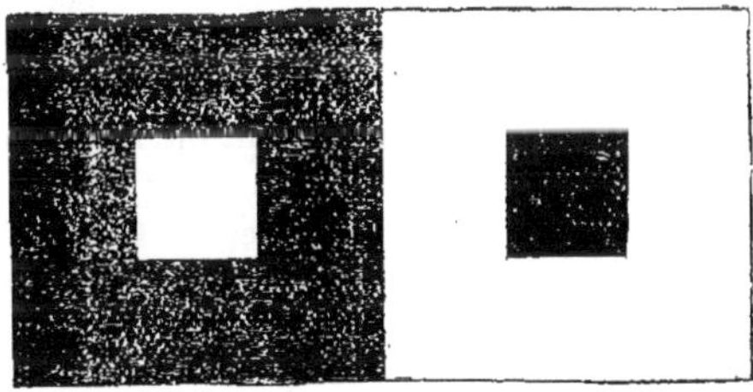

Fig. 216. — Expérience d'irradiation rétinienne.

sur fond noir paraît plus grand que le noir sur blanc, quoique les deux
carrés aient exactement les mêmes dimensions. Une surface partagée en
lignes également épaisses et alternativement blanches et noires nous
paraîtra cependant contenir plus de blanc que de noir, les lignes blanches
paraissant plus larges que les autres ; c'est pour cela que les monuments gothiques, noircis par le temps, se projetant sur un ciel brillant,
nous paraissent plus légers, plus élancés que les monuments récents de
pierres blanches.

Extériorité et localisation des sensations. — Nous situons les
impressions rétiniennes en dehors de nous, dans la direction du

rayon visuel. L'image ainsi extériorisée se localise dans le point de l'espace déterminé par les lignes de direction des deux yeux.

Ce sentiment d'extériorité est acquis par l'exercice et par l'habitude. On en a une preuve dans les observations faites sur les enfants. Dans les premiers temps que ceux-ci commencent à regarder, ils croient que tous les objets qu'ils aperçoivent sont à leur portée et cherchent à les saisir avec la main. L'aveugle-né, opéré par Cheselden [1], s'imaginait de même, dans les premiers temps qui suivirent l'opération, que les objets qu'il voyait touchaient ses yeux. On a constaté d'ailleurs sur d'autres aveugles-nés que ce n'est qu'après avoir tâté à plusieurs reprises tel ou tel objet usuel, couteau, cuillère, dé à coudre, etc., qu'ils le reconnaissent à la vue ; il leur faut pour cela une éducation de plusieurs jours. L'exercice apprend donc peu à peu à extérioriser et à localiser les impressions rétiniennes.

Vision droite. — Nous voyons les objets droits et dans leur position normale, quoique sur la rétine les images soient renversées. Nous voyons les objets droits et non renversés, parce que notre esprit transporte à l'extérieur toutes les impressions qui se font sur la rétine, et en transporte tous les points dans la direction que les rayons lumineux ont suivie, en venant agir sur telle ou telle partie de la membrane sensible ; en d'autres termes, à chaque partie du champ rétinien correspond une partie du champ visuel extérieur, et ces deux champs sont liés si nécessairement l'un à l'autre que tout ce qui se passe dans le premier est reporté au second dans la place qu'il doit y occuper. Ainsi, quand nous regardons un objet au point de fatiguer la rétine et d'y faire persister l'image, alors même que nous fermons les yeux, cette image continue à être vue droite et non renversée. On ne saurait dire s'il y a là un effet de l'*habitude* et de l'*éducation* des sens, car on rapporte des cas d'aveugles de naissance qui, au moment où la vue leur fut rendue, virent aussitôt les objets droits et non renversés. Il importe d'ailleurs de remarquer que « nous ne connaissons pas plus l'image rétinienne que nous ne connaissons les muscles qui entrent dans un mouvement donné ; nous connaissons uniquement des sensations qui sont en relation de coexistence et de succession avec d'autres sensations soit de même nature, soit de nature différente, et, à ce point de vue, on pourrait dire avec Helmholtz qu'il n'y a pas lieu de poser la question de la vue droite avec les images renversées. Nos perceptions en effet ne sont pas des images des objets, mais des actions des objets sur nos organes ; elles ne sont pas objectives, mais subjectives [2] ».

1. L'histoire de l'aveugle de Cheselden a été très bien exposée par H. Taine, *De l'intelligence*, t. II, ch. II. — W. Cheselden (1688-1752), un des chirurgiens et anatomistes anglais les plus célèbres du xviiie siècle.
2. H. Beaunis, *Nouveaux éléments de physiologie*, t. II, p. 564, 3e édition, Paris, 1888.

Vision avec les deux yeux. — Nous regardons non pas avec un seul œil, mais avec les deux yeux. Il faut donc se demander comment il se fait qu'un point qui, produisant son image dans les deux yeux, donne lieu à deux impressions rétiniennes, ne détermine qu'une seule impression dans les organes nerveux centraux, sur le cerveau. C'est qu'en réalité ce point vient se peindre sur *deux points similaires* des deux rétines. On appelle *horoptre* ou *horoptère* l'ensemble des points du champ visuel qui forment leur image sur des points correspondants de la rétine [1].

Chaque fois que les deux images se font en des points non identiques, qu'il y a défaut de symétrie entre les points ébranlés dans chaque rétine, on observe de la *diplopie* [2]. Celle-ci est *homonyme* ou *croisée*, suivant que les deux images vues, à droite et à gauche, correspondent chacune à l'œil du même côté ou au contraire à l'œil du côté opposé. Les objets qui ne se trouvent pas dans l'horoptère sont vus doubles. La formation des images doubles doit donc être fréquente, car l'horoptère est limité; seulement nous ne remarquons pas cette diplopie, parce que nous avons acquis l'habitude de ne regarder attentivement que le point fixé et aussi en raison des mouvements continuels des yeux. On remarque la diplopie, quand l'image d'un objet se fait sur la tache jaune dans un œil et dans l'autre œil en dehors de la tache jaune ; c'est ce qui arrive dans les cas de paralysie ou de contracture d'un muscle de l'œil (*strabisme*).

La perception du *relief* est due surtout à la vision binoculaire. C'est une question que nous allons retrouver tout à l'heure.

Notions principales fournies par les sensations visuelles. — Ces sensations constituent les éléments des jugements par lesquels nous apprécions la distance des objets que nous voyons, ainsi que leurs dimensions et leurs déplacements. Ce sont là les principales notions fournies par la vision.

On distingue la *vision directe*, qui se fait avec la *fovea centralis*, de la *vision indirecte*, qui se fait avec le reste de la rétine. Celle-ci est très défectueuse. Si on fixe une lettre d'imprimerie de grandeur moyenne, on distingue à peine cinq à six lettres dans les diverses directions. « Et cependant la vision indirecte est de la plus haute importance; elle sert à l'*orientation*, tandis que la vision directe sert à voir. A l'aide de la vision indirecte, nous remarquons la présence de quelque chose, surtout d'un mouvement insolite, et vite nous y

1. On a justement remarqué que le fait que nous voyons simples les objets, bien que chaque point lumineux donne lieu à deux impressions (une sur chaque rétine), n'est pas plus extraordinaire que cet autre, à savoir que nous n'avons pas la sensation de deux objets similaires, quand nous en tâtons un des deux mains.
2. De διπλόος, double, et ὤψ, œil.

dirigeons le regard pour *voir*. Sans la vision indirecte... on serait
comme un individu qui voudrait se conduire dans la rue à travers
un tube étroit. — L'état inverse, c'est-à-dire l'absence de la vision
directe, s'observe assez fréquemment ; un tel individu s'oriente normalement dans la rue, mais ne distingue rien, pas même les traits de
son interlocuteur [1]. »

a. APPRÉCIATION DE LA DISTANCE DES OBJETS. — Nous jugeons la distance des objets à l'œil d'après la grandeur apparente de l'objet
(voy. p. 889) et en établissant des comparaisons entre cette grandeur
et celle d'objets voisins déjà connus ; à cette appréciation servent
aussi les caractères de l'image, c'est-à-dire sa netteté et la perception de détails plus ou moins nombreux. L'exercice et l'habitude
développent beaucoup ce jugement.

La vision monoculaire suffit à l'appréciation de la distance.

b. APPRÉCIATION DE LA GRANDEUR DES OBJETS. — Nous jugeons de la
grandeur des objets (appréciation de la surface ou des deux dimensions, hauteur et largeur) d'après les dimensions de l'image rétinienne et d'après l'estimation de la distance à laquelle ils se trouvent de notre œil.

L'appréciation ne serait pas exacte si on ne tenait compte que de
la valeur de l'angle visuel (angle formé par les deux lignes visuelles
qui passent par les deux extrémités de l'objet) ; en effet, des objets de
grandeur différente peuvent donner des images rétiniennes égales
(étant vus sous le même angle visuel), s'ils sont placés à des distances directement proportionnelles à leurs grandeurs. Il n'en va
pas ainsi, et en réalité nous jugeons de leurs différences de taille,
parce que nous apprécions leurs distances respectives. Nous pouvons
alors conclure que, de deux objets placés à des distances différentes
et qui paraissent de taille égale, le plus éloigné est le plus grand.

Et ceci montre bien que nous ne *voyons* pas les objets dans leur
grandeur réelle, puisque nous ne les voyons pas linéairement, mais
sous une grandeur angulaire ; nous *jugeons* de leur grandeur réelle,
d'après des indications qui ne sont nullement contenues dans l'image
rétinienne.

L'exercice joue un grand rôle dans ce jugement.

c. APPRÉCIATION DU RELIEF DES CORPS. — L'appréciation de la troisième
dimension ou perception de la profondeur nous fournit la notion de
la solidité des corps. Elle est due surtout à la vision binoculaire [2].

La vue des reliefs tient essentiellement en effet à ce que chacun des

1. L. FREDERICQ et J.-P. NUEL, *Éléments de physiol. humaine,* 6e édit., Gand et
Paris, 1910, p. 552.
2. C'est grâce à la convergence des axes oculaires (voy. plus loin, p. 941) que
les deux yeux fonctionnent comme un seul œil, recevant l'image du même objet.
Chez les Vertébrés inférieurs et même chez la plupart des Mammifères, chaque
œil a un champ visuel distinct,

deux yeux voit le même objet sous un angle différent (fig. 217); les centres cérébraux fusionnent ces deux impressions *a* et *b* en une seule, laquelle donne la notion du relief. C'est ce que démontre l'emploi du *stéréoscope*, instrument dans lequel chaque œil regarde à travers un prisme l'image d'un objet prise pour chacun des yeux à un point de vue différent; la fusion de ces deux images donne la sensation du relief de l'objet. En un mot (HELMHOLTZ), dans la stéréoscopie, deux sensations, reconnaissables l'une de l'autre, arrivent simultanément à notre conscience; leur fusion en une notion

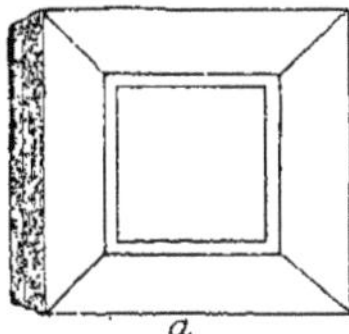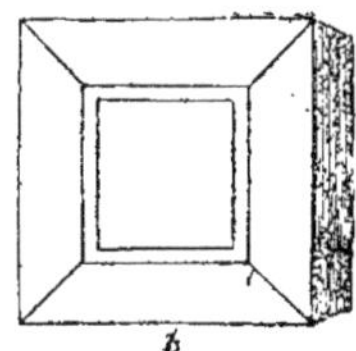

Fig. 217. — Objets solides (relief) (d'après MATHIAS DUVAL).

unique de l'objet extérieur ne se fait pas par un mécanisme préétabli de l'excitation de l'organe sensoriel, mais par un acte psychique.

Sur toutes les questions de ce genre, l'histoire des aveugles-nés qu'on vient d'opérer est décisive. Au moment où ils recouvrent la vue, ils éprouvent les mêmes *impressions* visuelles que nous ; mais leurs centres des *perceptions* visuelles n'ont pas fait, dans leurs rapports avec les autres centres, la même éducation que les nôtres : ce qui leur manque, c'est ce que nous avons acquis. Le plus souvent, nous l'avons déjà dit (voy. p. 934), au moment où, pour la première fois, ils voient le monde extérieur, ils croient que tous les objets qu'ils aperçoivent touchent leurs yeux ; ils ne savent ni situer, ni interpréter leurs impressions rétiniennes.

Dans la vision monoculaire, on peut avoir aussi la sensation du relief. Celle-ci est alors due à l'appréciation de la perspective, c'est-à-dire des différences d'éclairement des objets, et surtout aux mouvements de la tête (en raison des relations établies entre les impressions rétiniennes et les sensations musculaires ou articulaires produites par ces mouvements [modifications de l'image perçue, déplacement de l'image, quand nous inclinons diversement la tête]). Quand la tête est maintenue immobile, la perception monoculaire de la profondeur existe à peine; elle ne peut, dans ce cas, résulter que des sensations d'accommodation et des changements de position relative des images rétiniennes qui sont causés par le mouvement de l'œil et associés aux sensations musculaires produites par ce mouvement (B. BOURDON [1], 1898).

d. APPRÉCIATION DES DÉPLACEMENTS DES OBJETS. — Nous jugeons du mouvement des corps par des moyens différents, suivant que l'œil est immobile ou qu'il se meut. Dans le premier cas, le jugement de mouvement résulte de ce que l'image du corps se produit successivement en des points différents de la rétine, sans que les muscles de l'œil se soient contractés. Dans le second cas, ce jugement pro-

1. Psychologue français contemporain, professeur à l'Université de Rennes.

vient de la sensation des contractions musculaires effectuées pour déplacer l'œil, afin que le regard puisse suivre l'objet qui se déplace et dont l'image alors se fait sur le même point de la rétine [1].

5. — Physiologie des organes annexes de l'œil.

Le plus important de ces appareils annexes est celui qui sert à

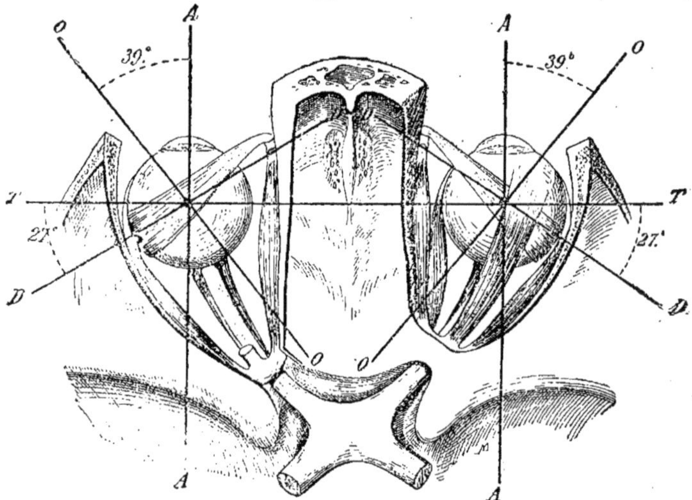

Fig. 215 — Muscles de l'œil et leurs axes de rotation.

AA, axe antéro-postérieur du globe oculaire ; — TT, axe transversal du globe oculaire ; — DD, axe de rotation des muscles droits supérieur et inférieur ; — OO, axe de rotation des muscles obliques.

mouvoir le globe oculaire. On étudiera ensuite les organes de protection de l'œil.

1° *Muscles du globe oculaire. — Leur rôle.*

Si l'on réfléchit à la minime étendue de la partie vraiment sensible de la rétine, on conçoit tout de suite de quelle utilité sont les mouvements du globe oculaire. L'œil peut en effet se tourner dans tous les sens, sans que la tête remue, et les deux yeux peuvent se diriger à chaque instant sur un même point, puis sur un autre. Grâce à ces déplacements incessants du globe oculaire, le champ de la vision distincte, qui est si limité (on se rappelle que les images formées sur la tache jaune sont seules vues nettement), est en fait suffisamment étendu.

1. H. BEAUNIS, *loc. cit.*, p. 569.

Ce sont les muscles du globe oculaire qui exécutent tous ces mouvements. Ceux-ci sont très aisés en raison de la mobilité très grande que sa forme sphérique permet au globe. Comme toutes les sphères, en effet, le globe pourrait tourner autour d'une infinité d'axes de rotation. Pour simplifier l'analyse des mouvements, on limite ces axes à trois principaux, correspondant aux trois dimensions de l'espace et représentés par trois diamètres du globe oculaire qui se coupent à angle droit au centre de rotation; on a ainsi un axe antéro-postérieur, un vertical et un transversal ou horizontal.

A. Disposition générale et action des muscles du globe oculaire. — Les muscles extrinsèques de l'œil sont au nombre de six, les quatre droits et les deux obliques.

Pour analyser les actions de ces muscles, il faut se les représenter, la tête étant supposée droite et les deux yeux parallèles regardant à l'horizon. Dans cette position, les muscles du globe oculaire sont au repos. Mettons-les en action. L'œil va tourner autour d'un centre de rotation à peu près invariable, situé à 2 millimètres environ en arrière du centre géométrique, sur l'axe antéro-postérieur (voy. fig. 218); et, selon les muscles qui entrent en jeu, il tournera dans des directions différentes, suivant des axes de rotation déterminés. Chaque axe est perpendiculaire à la direction du muscle considéré, et sa position est déterminée par les angles qu'il fait avec les trois axes principaux du globe oculaire.

Les deux droits interne et externe, en se contractant, font mouvoir l'œil autour d'un axe vertical. Comme cet axe de rotation coïncide à peu près avec l'axe vertical de l'œil, ils portent l'œil à peu près directement, l'interne en dedans (adducteur), l'externe en dehors (abducteur). — Le premier est beaucoup plus puissant que son antagoniste. Ce qui se comprend, l'adduction étant le mouvement le plus important, déterminé constamment pour les besoins de la convergence.

Les deux autres droits, supérieur et inférieur, sont, l'un élévateur et l'autre abaisseur de l'œil, qu'ils font mouvoir autour d'un axe horizontal. Mais cet axe est un peu oblique en avant et en dedans, puisqu'il forme un angle de 27° avec l'axe transversal du globe oculaire (fig. 218). Aussi l'action de ces muscles est-elle plus complexe que celle des précédents. Ils sont en effet légèrement adducteurs. Par conséquent, le droit supérieur, agissant isolément, porte le regard en haut et en dedans, et le droit inférieur le porte en bas et en dedans. — Remarquons tout de suite que cette action adductrice ne peut suppléer celle du droit interne, en cas de paralysie de ce dernier; dans ce cas, tout mouvement d'adduction est impossible, comme le montre l'observation clinique; ce qui se conçoit du reste, puisque le droit supérieur et le droit inférieur, étant antagonistes, ne peuvent fonctionner synergiquement.

Les deux muscles obliques, le grand et le petit, sont l'un abaisseur et l'autre élévateur du globe oculaire, qu'ils font tourner autour d'un axe antéro-postérieur. Mais cet axe est oblique en avant et en dehors, formant avec l'axe antéro-postérieur un angle de 39° (fig. 218). Aussi le grand oblique, en se contractant, porte-t-il le regard en dehors en même temps qu'en bas et le petit oblique en dehors en même temps qu'en haut. — Il faut faire ici une remarque analogue à celle que nous avons faite au sujet de l'action des droits supérieur et inférieur : cette action abductrice accessoire ne peut suppléer celle du droit externe; quand celui-ci est paralysé, il n'y a plus d'abduction possible : les deux obliques, en effet, foncièrement antagonistes, ne peuvent s'associer dans un mouvement commun.

On peut représenter toutes ces actions musculaires par un très simple schéma (fig. 219). Et l'on voit que les six muscles du globe oculaire sont disposés par paires et respectivement antagonistes. La première paire est formée par l'abducteur et l'adducteur (droit externe et droit interne) (fig. 220); la deuxième paire par les deux élévateurs, droit supérieur et petit oblique, qui, agissant isolément, sont antagonistes, le droit supérieur étant adducteur et le petit oblique abducteur, et qui, agissant ensemble, attirent l'œil en haut sans que s'incline le méridien vertical (fig. 221);

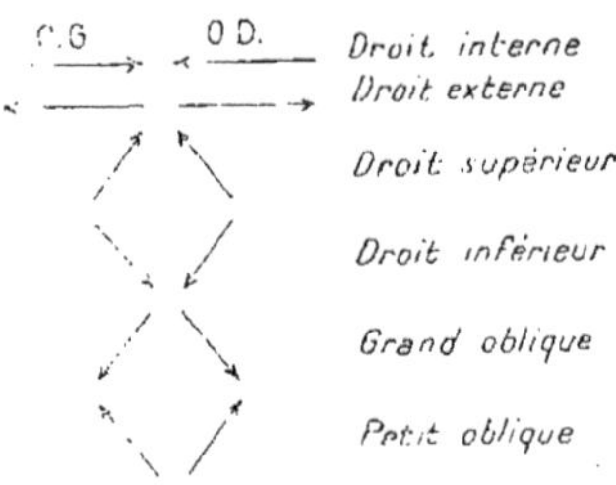

Fig. 219. — Représentation schématique des mouvements produits par la contraction des muscles du globe oculaire.

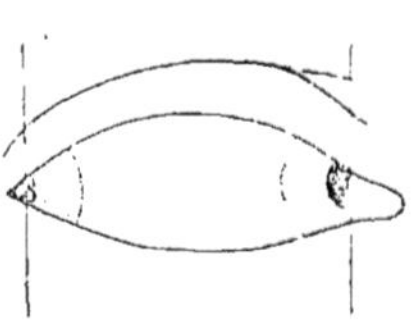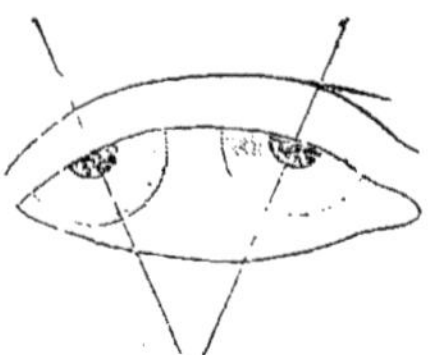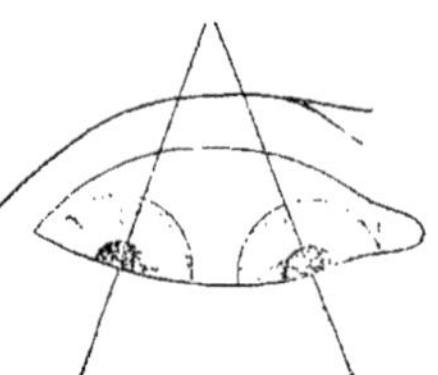

Fig. 220. — Action des muscles droit interne et droit externe (F. Terrien). Le méridien vertical reste vertical.

Fig. 221. — Action des muscles droit supérieur et petit oblique (F. Terrien). Le droit supérieur incline en dedans l'extrémité supérieure du méridien vertical, le petit oblique l'incline en dehors.

Fig. 222. — Action des muscles droit inférieur et grand oblique (F. Terrien). Le droit inférieur incline en dehors l'extrémité supérieure du méridien vertical et le grand oblique l'incline en dedans.

et la troisième paire est constituée par les deux abaisseurs, droit inférieur et grand oblique, qui, dans leur action isolée, sont antagonistes, le premier étant adducteur et le second abducteur et qui, agissant ensemble, abaissent l'œil directement en bas sans que s'incline le méridien (fig. 222).

B. Innervation des muscles du globe oculaire. — Les divers mouvements de l'œil exigent l'intervention de deux ou trois des muscles du globe, à l'exception des mouvements d'adduction et

d'abduction qui se font par l'action des muscles droits internes ou
des muscles droits externes. Mais l'élévation et l'abaissement nécessitent la participation des obliques ; le droit supérieur seul élèverait
bien la pupille, mais en même temps il tournerait l'œil en dedans ;
le petit oblique, par sa contraction simultanée, corrige ce dernier
mouvement (voy. le schéma de la figure 219) et aide à l'élévation ;
de même, le droit inférieur seul suffirait à abaisser la pupille ; mais
en même temps il tournerait l'œil en dedans ; le grand oblique, par
sa contraction simultanée, compense ce mouvement (voy. fig. 219)
et aide à l'abaissement. Une telle synergie ne s'explique que par un
mécanisme nerveux approprié.

D'autre part, la vision se fait par les deux yeux. Ceux-ci, pour
regarder ensemble, doivent donc se mouvoir synergiquement. Ainsi
les deux droits internes se contractent simultanément pour faire
converger les deux axes visuels vers un objet que l'on regarde avec
les deux yeux. De même, quand un œil s'élève ou s'abaisse, l'autre
s'élève ou s'abaisse aussi ; tout le monde sait qu'on ne peut à la fois
élever un œil et abaisser l'autre. Prenons le cas de la vision latérale :
quand nous regardons à droite, le droit interne de l'œil gauche agit
en même temps que le droit externe de l'autre œil ; quand nous
regardons à gauche, c'est le droit interne de l'œil droit qui agit avec
le droit externe de l'œil gauche ; mais on ne peut regarder à droite
avec l'œil droit et en même temps à gauche avec l'œil gauche. Enfin,
quand on regarde à la fois soit en dedans et en haut ou en bas, soit
en dehors et en haut ou en bas, trois muscles interviennent : dans
le premier cas, droit interne, droit supérieur et petit oblique ou,
avec le même droit interne, droit inférieur et grand oblique et,
dans le second cas, droit externe, droit supérieur et petit oblique
ou, avec le même droit externe, droit inférieur et grand oblique. —
Pour toutes ces actions synergiques il faut des innervations communes. On ne peut mieux comparer, avec HERING, le mécanisme
des mouvements des yeux qu'à celui d'un attelage de deux chevaux
que conduit un seul cocher.

C'est grâce à cette coordination des mouvements des deux yeux
que les images se font toujours en des points correspondants des
deux rétines [1].

1. Cette coordination est en défaut, soit par paralysie de l'un des muscles de
l'œil (nous reviendrons tout à l'heure sur ces paralysies), soit parce qu'il y a
strabisme. Le strabisme est une déviation plus ou moins apparente d'un œil de
sa direction ; lorsque le sujet atteint de strabisme fixe un objet, les deux axes
visuels ne convergent plus vers cet objet ; il fixe avec un seul œil, l'autre est
dévié, soit en dedans (strabisme convergent), soit en dehors (strabisme divergent).
Grâce à l'amblyopie causée par le défaut d'usage (l'œil dévié s'abstient progressivement de voir et devient amblyope), la vision binoculaire est supprimée, et il
n'y a pas de diplopie dans le strabisme. Au contraire, dans les paralysies mus-

Quels sont les nerfs qui commandent à tous ces mouvements et quel est le centre de coordination des mouvements des yeux ?

NERFS OCULO-MOTEURS. — Trois nerfs innervent tous les muscles du globe oculaire : le moteur oculaire commun (troisième paire crânienne), le pathétique (quatrième paire) et le moteur oculaire externe (sixième paire), qui naissent tous trois de noyaux étagés au-dessous de l'aqueduc de Sylvius, dans le plancher du quatrième ventricule.

Le *nerf moteur oculaire commun* donne le mouvement aux muscles auxquels il se distribue, c'est-à-dire au releveur de la paupière, à quatre des muscles du globe oculaire, le droit supérieur, le droit interne, le droit inférieur, le petit oblique et, par la racine motrice qu'il fournit au ganglion ophtalmique, il innerve encore les muscles de la choroïde (nerf de l'accommodation) et de la pupille (constricteur). Quand ce nerf est coupé ou quand, chez l'homme, il est comprimé par une tumeur, on remarque, outre les symptômes dont nous n'avons pas à nous occuper ici (chute de la paupière supérieure, paralysie de l'accommodation et dilatation de la pupille), la déviation du globe oculaire en dehors et en bas. Cet effet est le résultat inéluctable de l'impotence fonctionnelle des muscles paralysés : ceux-ci ayant perdu leur tonicité, leurs antagonistes, droit externe et grand oblique, sont prédominants, et le globe oculaire est dévié dans le sens opposé à la paralysie.

Le *nerf pathétique* innerve le grand oblique. Quand il est coupé ou pathologiquement détruit, l'œil est légèrement dévié en haut et en dehors, par suite de l'action prédominante du petit oblique.

Le *nerf moteur oculaire externe* innerve le droit externe. Sa paralysie amène une déviation du globe oculaire en dedans.

CENTRES OCULO-MOTEURS. — Or, ces nerfs n'agissent pas isolément. Dans la vision binoculaire, les deux yeux se meuvent toujours synergiquement. C'est donc que leurs mouvements sont associés en des mécanismes nerveux centraux préétablis.

Ainsi on a vu que les deux muscles droits internes sont associés pour la convergence ; il y a donc relation entre les deux nerfs moteurs oculaires communs. De même, on a vu que le droit interne d'un côté est associé avec le droit externe de l'autre côté pour la vision latérale ; il y a donc relation réciproque entre le moteur oculaire commun et le moteur oculaire externe de chaque côté. De fait, on a constaté que le noyau moteur oculaire externe d'un côté (de gauche, par exemple) donne quelques fibres qui, par un trajet dans l'épaisseur de la protubérance, arrivent au nerf moteur

culaires, il y a diplopie : le sujet frappé voit double toutes les fois que l'objet fixé est dans la sphère d'action du muscle paralysé ; c'est que l'image de l'objet ne se produit plus sur les deux *macula* à la fois, et les deux images ne peuvent plus se fusionner dans les centres nerveux.

oculaire commun du côté opposé (de droite, dans l'exemple choisi) ; par ces filets, qui vont dans le muscle droit interne de l'œil droit, la contraction de ce muscle se trouve associée à celle du droit externe de l'œil gauche, et ainsi se trouve assurée l'association du mouvement des deux yeux dans la direction latérale du regard (MATHIAS DUVAL et LABORDE, 1880).

Ces associations nerveuses existent donc dans le bulbe, dans la région où se trouvent les noyaux d'origine des nerfs moteurs du globe oculaire. Mais les excitations qui mettent en jeu ces fonctionnements nerveux partent de centres situés plus haut, des tubercules quadrijumeaux et de l'écorce cérébrale.

Chez beaucoup d'animaux, l'excitation des tubercules quadrijumeaux antérieurs détermine un mouvement des deux yeux, l'excitation du tubercule droit un mouvement à gauche, l'excitation du gauche un mouvement à droite, et enfin celle de la partie moyenne le mouvement des deux yeux en haut. D'autre part, les lésions destructives amènent la paralysie des mouvements volontaires conjugués, les mouvements isolés de chaque œil étant conservés.

En vertu de ces observations, on admet donc souvent que les tubercules quadrijumeaux antérieurs sont des centres réflexes pour les mouvements conjugués des yeux. Mais le rôle de l'écorce cérébrale est encore mieux établi.

L'excitation électrique de la partie de l'écorce cérébrale dite *visuelle* (écorce occipitale), chez le singe et chez le chien (expériences de E. SH. SCHAFER, 1888 et ultérieurement), provoque des mouvements associés des deux yeux (et des pupilles). Chez l'homme, les observations bien étudiées d'hémianopsie coexistant avec la déviation conjuguée des yeux suffisent à montrer la relation étroite qui existe entre la fonction visuelle et la fonction oculo-motrice. Et ceci est conforme à cette donnée générale, que toutes les excitations sensorielles, une fois perçues, tendent à provoquer une stimulation corticale (réflexe cortical) d'où résulte une orientation de l'appareil périphérique récepteur dans la direction de l'excitant. Un bruit ou une odeur, aussi bien qu'une impression lumineuse, provoquent une rotation de la tête du côté d'où provient cette excitation. — La section horizontale des fibres de la couronne rayonnante des sphères visuelles supprime l'effet moteur de l'excitation de ces centres. L'influence de ces derniers sur les mouvements du globe oculaire est donc en rapport avec les ganglions de la base du cerveau.

Les lobes frontaux contiennent aussi des centres moteurs pour les mouvements des yeux (expériences de C. S. SHERRINGTON, 1893-1894 et de J.-A. RISIEN RUSSELL[1], 1894-1895, sur le singe) : l'excitation de la zone rolandique détermine des mouvements de l'œil du côté opposé, mais les réactions sont limitées à ce seul œil ; il y a là une différence capitale avec ce

---

1. Médecin et physiologiste anglais contemporain.

GLEY. — Physiologie.   60

qui se passe quand on excite la région occipitale. — Ces expériences de
Sherrington ont encore montré un fait très important, à savoir que les excitations du lobe frontal, celles aussi d'ailleurs du lobe occipital, peuvent provoquer dans les muscles striés oculaires un phénomène d'arrêt ; voici la
donnée expérimentale d'où découle cette notion : si l'on sectionne les troisième et quatrième nerfs craniens à gauche, le moteur oculaire externe
(nerf du muscle droit externe) restant seul intact, et que l'on excite, par
exemple, l'écorce occipitale du côté gauche, cette excitation donne lieu à
une déviation conjuguée des deux yeux à droite, comme avant la section
des nerfs. Ce qui ne peut s'expliquer (Sherrington) que par l'inhibition du
droit externe. — Cette action d'arrêt peut s'obtenir encore par des excitations sous-corticales, portant sur la couronne rayonnante correspondant
aux régions de l'écorce sus-indiquées, ou sur la capsule interne, en deux
points situés en arrière du genou de la capsule, ou sur le corps calleux à
quelques millimètres en arrière du genou. Elle doit donc être sous la
dépendance de centres sous-corticaux.

Ces fonctions oculo-motrices de la zone cérébrale dite *visuelle* (zone
occipitale) sont tout à fait indépendantes de celles de la zone dite *motrice*
(frontale), pour la raison que nous avons déjà dite et aussi parce
qu'elles persistent après l'ablation de tout le lobe frontal (expériences
de Schäfer, déjà citées, et expériences de H. Munk faites avec son élève Al.
Obregia[1], 1890).

Une hypothèse, due à Grasset[2], explique ingénieusement le fonctionnement de ces centres d'association des mouvements de l'œil, du moins des
mouvements de latéralité. Ces mouvements dépendraient de deux nerfs, un
dextrogyre, qui, ayant son origine dans l'écorce cérébrale gauche, fait
tourner les yeux à droite, et un *lévogyre*, qui, ayant son origine dans
l'écorce droite, fait tourner les yeux à gauche. Ces deux nerfs sont formés
par la réunion de deux neurones : un neurone cortical qui envoie ses prolongements à travers le centre ovale et dans le mésocéphale et un neurone
périphérique dont le corps cellulaire se trouve dans les cellules grises de
la protubérance et du bulbe, et dont les prolongements périphériques
constituent les nerfs oculo-moteurs. Les neurones corticaux viendraient
de deux régions distinctes, du pied de la deuxième circonvolution frontale
et de la zone occipitale visuelle. Les fibres provenant de ces deux centres
cheminent dans la capsule interne. Dans la région protubérantielle supérieure les oculogyres s'entre-croisent, chacun se rendant dans le noyau
mésocéphalique du côté opposé. Ces deux noyaux mésocéphaliques de
l'oculo-dextrogyre et de l'oculo-lévogyre se fournissent réciproquement des
fibres dont l'action s'exerce à la fois sur les deux yeux et produit ainsi les
mouvements de latéralité. — Ainsi, de même que chaque hémisphère
reçoit les impressions des deux hémi-rétines correspondantes, de même
il fait mouvoir les deux yeux vers le côté où il voit ; « il voit et regarde du

1. Hermann Munk, physiologiste allemand, mort en 1912, a fait de nombreuses
et remarquables recherches sur le système nerveux central. — Obregia, pathologiste roumain, actuellement professeur à l'Université de Bucarest.
2. J. Grasset (1849-1918), célèbre médecin français, connu surtout par ses
nombreux travaux sur le système nerveux et par d'intéressantes et originales
études de psychologie.

côté opposé avec les deux yeux » (Grasset). C'est qu'il existe un chiasma
des nerfs oculogyres, comme il existe un chiasma des nerfs optiques, et les
nerfs hémi-oculo-moteurs sont les correspondants des nerfs hémi-optiques.

Les excitations qui agissent sur les centres oculo-moteurs pour
déterminer les mouvements des yeux sont ou bien volontaires
(nous pouvons diriger volontairement le regard dans toutes les
directions), ou surtout réflexes ; toute impression rétinienne (même
sur une seule rétine), les excitations auditives, les olfactives, etc.,
provoquent les mouvements coordonnés des globes oculaires.

Les mouvements de convergence s'accompagnent, on l'a déjà vu
(p. 898 et 908), d'un réflexe accommodateur et d'un réflexe pupillaire.

2° *Organes protecteurs de l'œil.*

Ces organes sont très divers, comprenant deux des enveloppes
de l'œil, la sclérotique et la cornée, les paupières et une glande, la
glande lacrymale.

A. Sclérotique et cornée. — La sclérotique est comme le
squelette de l'œil. C'est la membrane destinée à maintenir la forme
du globe oculaire et à donner insertion aux muscles qui le meuvent.
Fibreuse chez l'homme, elle devient cartilagineuse et même osseuse
chez les Oiseaux et les Reptiles.

En avant, la sclérotique se modifie. De blanche et opaque, elle
devient transparente et incolore et constitue la cornée, que nous
avons étudiée en tant que milieu réfringent (p. 887).

B. Paupières. — Les paupières protègent le globe oculaire beaucoup mieux que les deux membranes précédentes.

L'*occlusion des paupières*, qui est volontaire, ou involontaire
comme dans le sommeil, ou réflexe comme dans le clignement, non
seulement protège l'œil contre une lumière trop vive ou contre
l'action des corps étrangers, mais aussi repose la vue. Le clignement
est provoqué par toutes les causes qui amènent l'occlusion des paupières en général ; il l'est encore par la sécheresse plus ou moins
grande de la sclérotique et de la cornée ; il a pour résultat de
lubrifier la cornée au moyen des larmes et de la sécrétion des glandes
de Meibomius ; il est causé par le *besoin de cligner*, sensation spéciale consécutive à une excitation des rameaux sensitifs du trijumeau (terminaisons sensitives de la conjonctive, de la cornée, de
la muqueuse nasale, etc.), qui est transmise au bulbe. — L'occlusion des paupières est produite par la contraction du *sphincter palpébral* ou *orbiculaire*, qui est innervé par le facial.

L'ouverture des paupières est volontaire et sous la dépendance d'un muscle antagoniste du précédent, le releveur de la paupière supérieure, qu'innerve le moteur oculaire commun. C'est donc le même nerf qui assure à la fois les mouvements du globe oculaire et ceux d'accommodation et le relèvement de la paupière. Il est clair que, si la paupière n'était pas relevée, les mouvements de l'œil ne serviraient de rien. L'ouverture des paupières est la condition même du fonctionnement de l'œil.

Les *sourcils* et les *cils* facilitent le rôle de protection des paupières soit contre les lumières trop vives, soit contre les corps étrangers. Les sourcils en particulier empêchent la sueur du front de couler dans les yeux qu'elle irriterait.

Aux paupières sont annexées diverses *glandes* dont la sécrétion, qui en lubrifie le bord libre, en facilite le glissement. Ce sont les *glandes de Meibomius*[1], glandes sébacées, qui occupent l'épaisseur des cartilages tarses et dont les orifices s'ouvrent sur la lèvre postérieure du bord libre des paupières ; les *glandes ciliaires*, annexées aux follicules des cils, qui sécrètent une matière sébacée ; l'excès de cette matière donne lieu à la blépharite ciliaire ; les *glandes de Moll*, petites glandes analogues aux glandes sudoripares, qui s'ouvrent entre les cils ou dans les follicules des cils ; et enfin la *caroncule lacrymale*, petit corps glanduleux, situé dans le grand angle de l'œil et formé par la réunion de dix à douze glandes sébacées.

C. Appareil lacrymal. — Cet appareil se compose d'une *glande* qui sécrète le liquide lacrymal, les *larmes*, et d'une série de canaux qui font passer ce liquide dans les fosses nasales.

La glande lacrymale. formée de lobules analogues à ceux des glandes salivaires, est située à la partie supérieure de l'angle externe de l'œil.

a. Mécanisme de la sécrétion lacrymale. — On n'a pu étudier les phénomènes chimiques et circulatoires intraglandulaires liés à la formation des larmes ; on ne connaît guère que les phénomènes histologiques ; de plus, il a été fait de nombreuses recherches sur les nerfs excito-sécréteurs.

Les cellules de la glande, transparentes, volumineuses, sont nettement distinctes les unes des autres ; après la sécrétion, elles se montrent diminuées de volume, et leurs contours sont beaucoup moins nets. Les granulations protoplasmiques passent dans le produit de sécrétion, qui, sous forme de gouttelettes, remplit souvent toute la cellule.

Les fibres sécrétoires (excrétoires) sont contenues dans le nerf

---

1. Meibomius, anatomiste allemand (1638-1700) ; son vrai nom est Meybaum.

lacrymal, dans la branche fournie à ce nerf par le rameau orbitaire
du nerf maxillaire supérieur.

L'excitation du bout périphérique de ce nerf détermine une sécrétion
abondante (expériences sur le chien, le chat, le lapin, etc.). Sa section
empêche la sécrétion réflexe provoquée par l'excitation du nerf frontal,
nasal, lingual, etc.

Ces fibres proviennent-elles du trijumeau ? L'excitation intracranienne
de ce tronc nerveux n'a pas toujours donné un résultat positif; d'autre
part, l'extirpation du ganglion de Gasser chez l'homme ne supprime pas
la sécrétion lacrymale.

Les fibres sécrétoires proviendraient du facial qu'elles quitteraient au
niveau du ganglion géniculé pour s'engager dans le grand nerf pétreux superficiel; elles arriveraient par cette voie au ganglion sphéno-
palatin, traverseraient le nerf maxillaire supérieur et suivraient le rameau
orbitaire qui en émane et aboutit au nerf lacrymal. De fait, après la section
intracranienne du facial, on n'observerait plus de sécrétion; et, chez
l'homme, dans les cas de paralysie complète du facial, il en est de même.

L'excitation du bout céphalique du sympathique cervical donne lieu
aussi à une sécrétion lacrymale; mais les larmes présentent, dans ce cas,
des caractères particuliers, semblables à ceux de la *salive sympathique*
(voy. p. 181); elles sont troubles et épaisses, tandis que celles qui résultent
de l'excitation du nerf lacrymal sont limpides et transparentes, plus abondantes d'ailleurs.

D'après des expériences de S. Arloing (1890-1891), le sympathique cervical contiendrait aussi des fibres fréno-sécrétoires pour la glande lacrymale; après la section de ce nerf, en effet (expériences sur le bœuf et sur
la chèvre), il y aurait hypersécrétion lacrymale du même côté.

Le centre de la sécrétion lacrymale réflexe se trouverait dans la
couche optique. Mais on sait l'influence des causes psychiques sur
cette sécrétion ; il n'est donc pas douteux que celle-ci ne soit commandée souvent par l'écorce cérébrale. Les excitations parties de
l'écorce gagneraient toujours aussi la couche optique.

b. Causes de la sécrétion. — La sécrétion des larmes est continue,
mais peu abondante.

Cette sécrétion est sûrement d'origine réflexe. L'excitation des
filets conjonctivaux la détermine, et ainsi est maintenue l'humidité
constante de la conjonctive. Si un corps étranger vient irriter la cornée, il y a aussitôt hypersécrétion de larmes qui le dissolvent ou qui
l'entraînent. — Les excitations d'autres filets du trijumeau ont le
même effet, celles par exemple des fosses nasales. Celles du nerf
optique (excitation de la rétine par une lumière éclatante) provoquent également la sécrétion. Mais, dans ce cas, celle-ci est bilatérale, tandis que, dans le cas d'excitation des branches du trijumeau,
la glande seule du côté correspondant sécrète. Nous avons rappelé
plus haut l'influence des excitations psychiques, causes des pleurs.

c. Excrétion des larmes. — De l'angle externe de l'œil, les larmes sont étalées jusqu'à l'angle interne par les seuls mouvements de l'orbiculaire, qui, en produisant le clignement, les répand dans le sac conjonctival. Ainsi le clignement des paupières assure la transparence de la cornée, car il y étale un liquide qui en prévient le desséchement, tout en restant en couche assez mince et assez égale pour ne pas troubler la vision. On peut donc dire que le *clignement* est à l'œil ce que la *déglutition* est à l'oreille (voy. p. 835), et les deux mouvements se produisent d'une façon intermittente et très fréquente. L'un des premiers effets de la paralysie des paupières est l'inflammation de la cornée, qui, par défaut de circulation et d'étalement des larmes, se trouve soumise aux injures de l'air et des poussières ambiantes.

Les larmes s'évaporent en grande partie, mais il en reste toujours un excès qui, ne pouvant s'écouler normalement sur les joues par le bord libre des paupières, vu la présence sur ces bords de la sécrétion grasse des *glandes de Meibomius*, s'accumule dans l'angle interne de l'œil, au niveau de cette excavation que l'on nomme le *lac lacrymal*. De là les larmes pénètrent par les *points lacrymaux* et suivent les *canaux lacrymaux*, le *sac lacrymal* et le *canal nasal*, pour arriver dans les fosses nasales, au niveau de la partie antérieure du méat inférieur.

Pour expliquer la progression du liquide lacrymal, on a invoqué bien des raisons qui n'ont pas toutes une égale valeur. On admet généralement que, dans les mouvements d'inspiration, la raréfaction de l'air des fosses nasales produit une *aspiration* sur le canal nasal et, par suite, sur toute la série des canaux et sur le sac qui le précèdent, et que cette légère aspiration suffit pour déterminer le cours des larmes à l'état normal. Aussi, lorsque les larmes sont plus abondantes, faisons-nous, pour faciliter leur passage, de brusques inspirations, comme dans le *sanglot*[1]. Les voies lacrymales sont garnies de valvules dont le nombre est variable, mais qui sont toutes disposées de manière à ne permettre le cours des larmes que dans un seul sens et à s'opposer à tout reflux.

d. Le produit de la sécrétion, les larmes. — C'est un liquide limpide, incolore, alcalin, de saveur salée, contenant 98-99 p. 100 d'eau et seulement 1 ou 2 de parties solides. Celles-ci consistent en un peu d'albumine et des matières minérales dont la plus grande partie, 1 gramme au moins, est du chlorure de sodium.

Le liquide lacrymal a une pression osmotique supérieure à celle du sérum sanguin : il est en effet isotonique à une solution de chlorure de sodium à 1,4 p. 100 (voy. p. 75).

---

1. On sait que, quand la sécrétion est trop abondante, elle déborde les paupières et coule le long des joues.

e. Rôle des larmes. — Les larmes empêchent la dessiccation de **la**
cornée par l'évaporation; elles maintiennent donc l'humidité et le
poli de cette membrane et par suite sa transparence. Leur pression
osmotique élevée paraît être en rapport avec ce rôle en prévenant
leur trop facile évaporation.

Les larmes ont encore un rôle, mais qui ne se rapporte plus
à l'appareil visuel. Elles contribuent en effet à lubrifier les voies
respiratoires; par là elles s'opposent à l'action desséchante du courant
d'air de la respiration ; nous savons que les fosses nasales forment
un appareil qui s'échauffe et devient humide par l'air inspiré (voy.
p. 540); les larmes, humectant l'entrée des voies aériennes, cèdent
à l'air inspiré de la vapeur d'eau. Les Mammifères qui respirent
un air saturé d'humidité, comme les Cétacés, n'ont pas de glandes
lacrymales.

6. — Circulation et nutrition intra-oculaires. Tension intra-oculaire.

Les milieux réfringents de l'œil, humeur aqueuse, cristallin et
corps vitré, dont l'absolue transparence est nécessaire à la marche
normale des rayons lumineux, sont dépourvus de vaisseaux. Il faut
donc qu'ils puisent leurs matériaux nutritifs dans les parties voisines, choroïde, procès ciliaires et iris. Ces parties sont très vasculaires. Les vaisseaux des procès ciliaires (artères ciliaires longues
postérieures et courtes antérieures) fournissent à la nutrition,
d'ailleurs peu active, du cristallin et du corps vitré.

La choroïde reçoit son sang des artères ciliaires courtes postérieures; ses capillaires, très abondants, se trouvent dans la couche
interne, en contact avec la rétine; cette vascularisation si riche est en
rapport avec l'intensité des échanges dans les cônes et les bâtonnets.

La rétine reçoit son sang de l'artère centrale, mais les vaisseaux
ne dépassent pas ses couches internes.

Les humeurs de l'œil et, par conséquent, les organes intra-oculaires
se trouvent sous une pression que l'on peut mesurer en mettant en
rapport un petit manomètre avec la chambre antérieure. Cette pression est assez élevée ; elle est en moyenne de 20 à 30 millimètres de
mercure. Elle varie avec le volume de l'humeur aqueuse, de l'humeur
vitrée et aussi des vaisseaux. Ces variations sont minimes à l'état normal, car l'humeur aqueuse se reproduit avec la plus grande facilité ;
quelques minutes après la paracentèse, la chambre antérieure est en
effet reformée. Cependant le corps vitré ne contribue pas moins à la
régulation de cette pression, puisqu'il est très hygrométrique et qu'il
y a hypertonie ou hypotonie, suivant que son volume augmente ou
diminue. — L'excitation du sympathique cervical augmente la tension

intra-oculaire, sa section la diminue, l'extirpation du ganglion cervical supérieur la diminue aussi, mais cette hypotonie n'est que temporaire et, d'après les expériences de F. Lagrange et Pachon sur le chien (1900), ne dure pas plus de quatre à six semaines.

Le maintien de la tension intra-oculaire est un facteur important de la fonction visuelle ; par là en effet sont assurées la courbure normale des milieux réfringents et la position normale du cristallin.

Il est remarquable que l'humeur aqueuse et l'humeur vitrée aient une pression osmotique, 0°,59-0°,61, supérieure à celle du sérum sanguin. On peut penser que cette grande concentration sert à maintenir élevée la pression intra-oculaire et assure ainsi la turgescence de l'œil.

VI. —SENSATIONS INTERNES.

Des sensations, il nous reste à étudier tout le groupe des sensations dites *internes* ou *organiques* (voy. p. 818).

Toutes sont caractérisées d'abord par ceci, qu'elles ne résultent pa d'excitations externes, mais d'excitations provenant de processus qui se passent dans divers organes ; aussi ne nous renseignent-elles pas sur des objets du monde extérieur, mais sur des états de notre corps, sur des modifications fonctionnelles de nos organes. De là leur nature si hautement subjective. Elles présentent un autre caractère remarquable, c'est qu'elles n'atteignent pas l'écorce cérébrale et par suite la conscience sous forme de perceptions des états fonctionnels de certains appareils nerveux périphériques ; mais elles consistent en des impressions desquelles résultent directement, dans les centres, les incitations qui provoquent des mouvements adaptés ; ainsi les « sensations » d'équilibration règlent sans cesse les mouvements nécessaires au maintien de l'équilibre, si bien que cette régulation nous apparaît comme une véritable action réflexe. C'est pour cela que, par un assemblage de mots que d'aucuns ont trouvé fâcheux, on a qualifié ces sensations d'*inconscientes* ou *subconscientes* (sensations *insensibles* de Leibnitz).

Quoi qu'il en soit de leur nature essentielle, on peut se servir de leur premier caractère fondamental pour les classer. Et, de ce point de vue, on peut, avec Beaunis, les diviser en deux grands groupes, celui des sensations correspondant à des suspensions de fonctions et celui des sensations correspondant à l'exercice de fonctions.

Au premier groupe appartiennent les *besoins*, tels que ceux qui sont en rapport avec les fonctions digestives (la faim, la soif, la défécation, la miction), ou avec la fonction respiratoire (gêne résultant de l'interruption des mouvements respiratoires), ou avec la fonction de reproduction (besoin sexuel). Nous avons eu l'occasion d'étudier quelques-uns de ces besoins (voy. p. 167, 281, 767).

Dans le second groupe, les sensations fonctionnelles les mieux connues sont, outre les sensations de douleur dont nous nous sommes déjà occupés (p. 837), celles qui nous donnent la notion de l'orientation de notre corps par rapport au monde extérieur (*sensations d'équilibration, sens de l'équilibre*) et celles qui nous donnent la notion de la position de notre corps et de ses parties et des mouvements que nous accomplissons, de leur énergie, de leur durée, de leur direction (*sens des positions et des mouvements du corps ou sens des mouvements passifs et actifs, sens musculaire, sensations musculaires*). Nous étudierons successivement ces deux ordres de sensations.

De l'ensemble des impressions qui sont produites par le fonctionnement de divers organes, articulations, muscles, viscères, résulte cette sorte de sensation générale, ou de sentiment de l'état physiologique général, que l'on a appelé la *cénesthésie* et qui est accompagné d'un certain bienêtre.

1. — Sens de l'équilibre. — Physiologie des canaux semi-circulaires.

Le maintien de l'équilibre est une fonction du mésocéphale. Celle-ci n'est que le résultat de l'association de mouvements réflexes déterminés par des impressions diverses, impressions tactiles, kinésiques, visuelles et labyrinthiques; à la suite de ces impressions que l'analyse dissocie, mais qui dans la réalité sont étroitement unies, se produisent en effet dans les centres nerveux les incitations motrices qui mettent en jeu

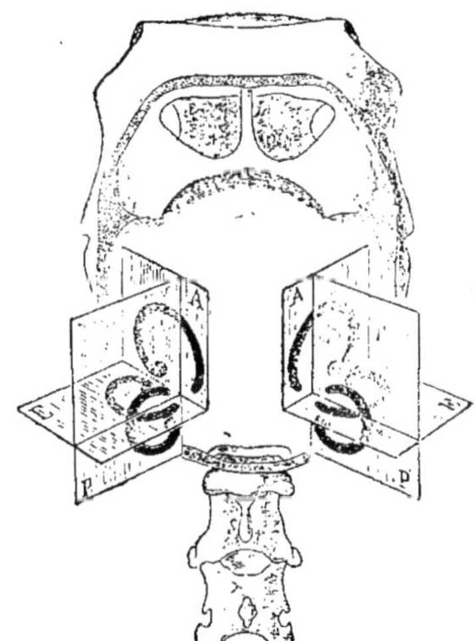

Fig. 223. — Plans des canaux semi-circulaires (d'après R. Ewald).

A, plan du canal vertical antérieur ; — E, plan du canal horizontal ; — P, plan du canal vertical postérieur.

les contractions musculaires nécessaires au maintien ou au rétablissement de l'équilibre, dans toutes les positions et dans tous les mouvements, marche, course, saut, natation, etc.

Parmi ces impressions, celles qui viennent du labyrinthe ont une signification toute particulière. D'où la place spéciale qui leur est en général accordée.

Toute une partie de l'oreille interne a une fonction non acoustique (voy. p. 845) ; organes distincts de l'oreille auditive, les canaux semi-circulaires jouent un rôle important dans l'équilibration. Ce rôle est révélé par les effets des lésions de ces organes.

Comme les effets varient suivant le canal, il nous faut d'abord rappeler la disposition respective des canaux.

Les canaux, qui ont chacun la forme d'une demi-circonférence (voy. p. 842 et 850, fig. 183 et 187), sont situés dans trois plans perpendiculaires l'un aux autres (voy. fig. 223). Deux sont verticaux et un horizontal, de telle sorte qu'ils se trouvent dans les directions verticale (haut et bas) (canal vertical postérieur), sagittale ou longitudinale (avant et arrière) (canal vertical supérieur ou antérieur) et transversale (droite et gauche) (canal horizontal), c'est-à-dire à peu près orientés suivant les trois dimensions de l'espace.

4° *Phénomènes consécutifs aux lésions des canaux semi-circulaires.*

Les phénomènes essentiels sont connus depuis FLOURENS qui les a décrits le premier (1828). Beaucoup d'expérimentateurs ont vérifié l'exactitude de la description du physiologiste français à qui l'on doit la découverte d'une importante fonction organique. On verra les principaux faits que les recherches ultérieures ont ajoutés au « phénomène de FLOURENS ».

Les expériences ont été faites surtout sur le pigeon, chez qui les canaux sont le plus aisément accessibles.

Le phénomène de FLOURENS consiste essentiellement dans des mouvements incoercibles qui se produisent après la section ou mieux la destruction des différents canaux. On peut les résumer ainsi :

Section des canaux horizontaux. — L'animal exécute des mouvements oscillatoires de la tête dans un plan horizontal et autour de l'axe vertical de la tête ; l'intensité des oscillations va en croissant, si bien que tout le corps finit par être entraîné dans le mouvement et que l'animal perd l'équilibre, tourne autour d'un axe vertical, tombe en avant ; le vol est devenu très difficile, sinon impossible ;

Section des canaux verticaux postérieurs. — Les phénomènes consécutifs sont les mêmes que les précédents, seulement la direction des mouvements est autre : les mouvements de la tête se font de bas en haut et de haut en bas, c'est-à-dire dans un plan vertical et autour d'un axe horizontal ; pour le corps on n'observe plus de mouvements de manège, mais des culbutes autour de son axe transversal ; en raison des mouvements de la tête de bas en haut, le corps est entraîné en arrière et souvent l'animal tombe sur le dos, la tête par-dessus les pieds ;

Section des canaux verticaux supérieurs. — La tête exécute des mouvements d'arrière en avant et *vice versa* ; le corps tend à tomber en avant et, entraîné par les oscillations de la tête, il culbute autour de la tête, les pieds par-dessus la tête.

En résumé, on peut dire avec un des physiologistes qui ont le mieux étudié la fonction des canaux semi-circulaires. E. DE CYON, *« que la section des deux canaux symétriques provoque des oscillations de la tête dans le plan des canaux opérés.* Cette loi est absolue et n'admet aucune exception[1] ».

GOLTZ a montré en outre (1870) que l'équilibre des animaux opérés est très incertain dans la marche. Et ce fait est un de ceux qui ont le plus servi à rapprocher les effets de la destruction du labyrinthe de ceux de l'extirpation du cervelet.

La section d'un seul canal produit des troubles beaucoup moindres.

La section de tous les canaux des deux côtés (extirpation complète du labyrinthe) produit la déséquilibration de l'animal. L'effet de cette opération, dit E. DE CYON, « est foudroyant » ; le pigeon « ne peut ni se tenir debout, ni rester couché, ni voler, ni, en général, exécuter un mouvement combiné quelconque, ni garder, même pendant un instant, l'attitude qu'on lui donne[2] ». Ainsi la marche, le vol, la préhension des aliments sont tout à fait impossibles chez cet animal.

Tous ces troubles s'amendent peu à peu avec le temps et finissent même par disparaître au bout d'une vingtaine de jours en général. Dans le cas d'extirpation complète des canaux, ils durent plus longtemps (ils peuvent même durer quelques mois, d'après E. DE CYON) ; et même le pigeon ainsi opéré ne recouvrerait jamais la faculté de voler. On est en droit de penser que cette atténuation progressive et cette disparition des désordres de l'équilibration sont dues à des phénomènes de suppléance (voy. plus loin, p. 9:9).

Chez les Mammifères, les phénomènes consécutifs aux lésions des canaux sont essentiellement les mêmes que ceux que nous venons de décrire d'après les expériences faites sur le pigeon. Outre les oscillations de la tête, on observe chez eux, chez le lapin particulièrement, des oscillations des globes oculaires (*nystagmus*), qui sont aussi en rapport avec la direction des canaux lésés. La production de ces mouvements oscillatoires s'explique par les relations qui existent entre le noyau de Deiters du nerf labyrinthique et les noyaux oculo-moteurs[3]. Et ces relations elles-mêmes s'expliquent par l'association établie entre les mouvements de rotation de la tête et ceux des globes oculaires qui peuvent se combiner ou se suppléer réciproque-

1. E. DE CYON, *Recherches expérimentales sur les fonctions des canaux semi-circulaires et sur leur rôle dans la formation de la notion de l'espace.* Thèse pour le doctorat en médecine, Paris, 1878, p. 50.
2. E. DE CYON, *loc. cit.*, p. 51.
3. Par ces mêmes relations, on rend compte de la fréquence de l'association des phénomènes vertigineux avec les troubles oculo-moteurs.

ment (voy. p. 938). — La durée des accidents causés par la destruction des canaux est plus longue chez les Mammifères que chez les Oiseaux.

Nous venons de signaler le caractère transitoire des troubles dus à cette opération. Parmi ces troubles, il en est cependant qui paraissent persistants.

Fig. 224. — Relâchement des muscles fléchisseurs de la tête chez un pigeon sur lequel on a enlevé les canaux semi-circulaires (R. EWALD).

Ce sont ceux que R. EWALD a distingués et étudiés (1887-89, 1892-97) et qui consistent en un relâchement considérable des muscles à l'état de repos, une diminution de leur force de contraction et une moindre précision de leurs mouvements (*atonie, asthénie* et *astasie musculaires*). L'expérience suivante de R. EWALD est très démonstrative à cet égard : une balle en plomb, du poids de 20 grammes, est suspendue au moyen d'un fil et d'un peu de cire au bec d'un pigeon opéré depuis quelques mois ; si on imprime des mouvements pendulaires à cette balle, la tête du pigeon suit ces oscillations, et il arrive que la balle soit portée en arrière par son poids jusque sur le dos de l'animal ; la tête prend alors la position représentée dans la figure 224 ; les muscles fléchisseurs affaiblis ne peuvent plus déplacer un poids, d'ailleurs très léger pour un animal normal.

De ces faits R. EWALD a conclu que l'excitation normale de l'appareil semi-circulaire détermine par voie réflexe le tonus des muscles striés (*tonus labyrinthique*). Ce n'est cependant pas de cet appareil seul que partent les voies centripètes du fonctionnement desquelles, par un mécanisme réflexe, dépend le tonus normal des muscles.

Nous venons de voir, en effet, que les troubles moteurs consécutifs à la destruction du labyrinthe se dissipent assez rapidement ; de plus, chez les sourds-muets qui ne sont point sujets au vertige rotatoire (voy. plus loin, p. 957-958), les muscles se comportent d'une façon parfaitement régulière dans tous les mouvements. En étudiant les fonctions du cervelet, nous aurons à montrer la grande influence de cet organe sur le tonus musculaire ; le *tonus cérébelleux* est en partie indépendant du tonus labyrinthique, et ses voies afférentes sont multiples, échelonnées le long de l'axe cérébro-spinal.

Les animaux aquatiques et les grenouilles, après la destruction des deux labyrinthes, ne peuvent plus nager en ligne droite ; les grenouilles ne peuvent plus sauter en ligne droite.

Chez beaucoup d'Invertébrés (Crustacés, Céphalopodes, etc.), les *otocystes*, organes formés d'une vésicule membraneuse dont les parois sont riches en terminaisons nerveuses et dont la cavité est remplie d'un liquide tenant en suspension des particules solides (otolithes), ont des fonctions analogues à celles des ampoules des canaux semi-circulaires (YVES DELAGE[1], 1886). Un poulpe, par exemple, qui nage encore régulièrement quand on l'a aveuglé, ne peut plus, les yeux intacts, mais les otocystes ayant été détruits, conserver son orientation normale ; il tourne tantôt autour de son axe longitudinal, tantôt dans son plan de symétrie.

On voit donc que, dans toutes les espèces animales, les canaux semi-circulaires et les organes similaires ont des fonctions analogues, servant à l'équilibration du corps.

De cette description il résulte aussi que jamais, après la destruction d'un ou plusieurs ou de tous ces organes, on n'a constaté de troubles de l'audition ; l'ouïe reste normale. Les canaux semi-circulaires n'ont donc aucune fonction auditive. C'est ce que FLOURENS déjà avait vu et ce que tous les expérimentateurs ont vérifié. Aussi a-t-il fallu distinguer dans la huitième paire cranienne deux nerfs à fonctions spéciales : le nerf cochléaire ou acoustique et le nerf ampullaire (nerf de l'équilibre, *nerf stato-récepteur*, *nerf de l'espace* de E. DE CYON). En effet, on a montré que les origines de la huitième paire se font par deux racines, provenant l'une de noyaux de petites cellules ganglionnaires du plancher du quatrième ventricule, l'autre de noyaux de grandes cellules placées dans les pédoncules cérébelleux ; c'est de cette dernière région que naîtrait le nerf ampullaire. Notons que cette racine va se perdre en grande partie vers le centre du cervelet. C'est donc une voie centripète des impressions d'équilibre vers le cervelet, qui est, comme nous le verrons, l'organe central de l'équilibration et de la coordination des mouvements. — Une preuve directe d'ailleurs de ces relations entre les canaux et le cervelet ressort des observations dans lesquelles on a constaté, après l'extirpation des canaux, des altérations du cervelet, un processus d'atrophie ascendante, à partir du nerf ampullaire, dans la région centrale du bulbe tout le long du quatrième ventricule et dans le cervelet jusqu'aux ganglions du toit.

Il est important d'ajouter que, chez les animaux privés des hémisphères cérébraux, les lésions des canaux semi-circulaires ont les mêmes effets que chez ceux dont l'écorce est intacte. Le cerveau n'intervient donc pas dans la transformation des impressions labyrinthiques en les réactions motrices adaptées à l'équilibration ; les centres du mésocéphale suffisent à cette besogne.

---

1. Biologiste français contemporain, professeur de zoologie à la Sorbonne.

Tels sont les principaux effets des lésions des canaux semi-circulaires. La nature exacte n'en est pas encore parfaitement déterminée,
car l'interprétation de beaucoup de ces phénomènes est délicate.

2° *Interprétation des effets que déterminent les lésions des
canaux semi-circulaires. Sens statique, sens de l'espace,
tonus labyrinthique.*

Puisque la suppression des canaux semi-circulaires détermine les
troubles que nous avons vus, il est permis de penser qu'à l'état
normal ces organes transmettent aux centres nerveux des impressions qui servent à la régulation des mouvements par lesquels est
maintenu l'équilibre de la tête et du corps.

La preuve directe en est que la section du nerf vestibulaire qui supprime
la transmission de ces impressions aux centres nerveux amène des
troubles de l'équilibre (rotation de la tête du côté lésé, chute du corps de
ce même côté, roulement autour de l'axe, strabisme, nystagmus [expé-
riences sur le lapin]).

Une autre preuve se voit dans les résultats de l'anesthésie des terminaisons nerveuses ampullaires, au moyen de la cocaïne ; les animaux
ainsi opérés (pigeons) présentent les mêmes désordres que ceux sur lesquels on a détruit les canaux.

Les impressions labyrinthiques seraient de nature mécanique.
Chaque déplacement de la tête, soit actif, soit passif, produirait un
ébranlement des otolithes susceptible d'exciter les terminaisons nerveuses des ampoules. Ces mouvements des otolithes exciteraient les
fibres nerveuses tantôt d'un canal membraneux, tantôt d'un autre,
suivant la position que prend ce canal par suite du déplacement de
la tête. Il est possible aussi que les déplacements communiquent à
l'endolymphe, dans un au moins ou dans deux des canaux membraneux, par suite de l'inertie du liquide, un mouvement en sens
inverse de celui qui l'a provoqué et qu'il y ait là, dans ce passage du
liquide chargé de particules solides (otolithes) sur les terminaisons
nerveuses, une cause d'irritation pour celles-ci. Mais il faut supposer
que les terminaisons nerveuses reçoivent et transmettent, de ces
mouvements, des impressions par lesquelles, dans les centres nerveux, seront données leur direction, leur amplitude et leur vitesse et,
d'après ces indications, seront perçus les mouvements effectifs de
la tête. A-t-on des raisons d'imaginer un processus de ce genre ?

Il n'est pas douteux qu'il existe des sensations particulières grâce
auxquelles nous prenons conscience de la situation, de l'état de mouvement ou de repos de notre corps dans l'espace. Pour en juger, que l'on se sou-

vienne que couchés, dans une obscurité complète, dans un silence absolu,
bref en l'absence de toute sensation apparente, nous sentons très nettement
si, par exemple, nous sommes placés horizontalement, ou bien si notre
tête est plus élevée que nos pieds, si elle est inclinée d'un côté, ou en
avant, etc.

Considérons, d'autre part, ce qu'on a appelé le *vertige* [1] *de Purkinje* :
quand une personne a tourné pendant quelques instants sur son axe longitudinal, au moment où elle s'arrête, il lui semble voir les objets environnants
se déplacer en sens inverse du mouvement qu'elle vient d'accomplir ; si
elle ferme les yeux, il lui semble qu'elle continue de tourner dans le même
sens que celui où elle avait tourné dans l'instant précédent. Il y a donc des
parties excitées d'une manière particulière par le déplacement du corps,
parties dans lesquelles, après cessation de ce déplacement, subsiste pendant quelques instants l'excitation, c'est-à-dire la sensation de déplacement.
A ce moment, la marche est mal assurée, parce que l'équilibre est mis en
défaut par suite de cette sensation *subjective* d'un déplacement qui n'a pas
réellement lieu. — De même, quand on attache un animal (lapin) sur une
planche et qu'on lui fait subir un rapide mouvement de rotation, l'animal,
détaché aussitôt après, présente une marche incertaine, parce que sans
doute il a des sensations subjectives persistantes de rotation. A la vérité,
l'état des impressions visuelles n'est pas étranger à ces sensations subjectives ; mais comme le vertige de Purkinje se produit également quand on
tourne très vite avec les yeux fermés, il faut en conclure que l'impression
a lieu encore dans un autre organe des sens. — Or, comme les lésions des
canaux semi-circulaires amènent chez l'animal des troubles d'équilibre
semblables à ceux du vertige de Purkinje, il paraît rationnel d'admettre
que ce sont ces organes qui reçoivent les excitations dans le vertige
de Purkinje. Quand un canal semi-circulaire est blessé, l'animal éprouve
une sensation subjective de rotation, qui l'amène à tourner ou culbuter en
sens inverse, pour rétablir son équilibre.

Cette interprétation est corroborée par l'étude des faits pathologiques
connus sous le nom de *maladie de P. Ménière* (du nom du médecin
français qui a décrit ce syndrome [1861]) ; les sujets atteints de cette affection éprouvent du vertige, c'est-à-dire une sensation subjective de déplacement; ils souffrent en même temps de bourdonnements d'oreille. Or, dans
les cas d'autopsie, on a toujours trouvé des lésions des canaux semi-circulaires.

Ce qui vient encore à l'appui de cette interprétation, ce sont les observations faites sur les animaux qui n'ont que deux paires ou une paire de
canaux. Les Lamproies n'ont que deux paires de canaux, et elles ne peuvent se mouvoir que dans deux directions de l'espace (E. DE CYON, 1878).
Les souris japonaises, de la variété dite *dansante*, n'ont que les canaux
verticaux supérieurs ; les deux autres paires sont rudimentaires. Or, ces
souris ne se meuvent que dans une seule direction, à droite ou à gauche ;

---

1. « Le vertige est le sentiment que nous éprouvons de notre instabilité dans
l'espace relativement aux objets environnants ou, plus brièvement, la perte de
notre sentiment d'équilibre » (BEAUNIS, *Les sensations internes*, Paris, 1889, p. 75).

quand elles persistent dans un de ces mouvements, elles tournent en
cercle ; elles ne peuvent marcher droit (en avant ou en arrière) ou se
mouvoir dans le sens vertical. Il semble, suivant l'expression de E. de Cyon,
à qui on doit toutes ces observations, qu' « elles ne connaissent qu'un
espace à une dimension ». Si on les prive subitement de la vue, elles présentent à l'instant tous les phénomènes de Flourens consécutifs à la destruction simultanée des six canaux. La *danse* à laquelle elles se livrent
n'est pas un mouvement forcé, elles peuvent la suspendre et la reprendre
à volonté. D'ailleurs l'extrême rapidité avec laquelle elles tournent ne provoque chez elles aucun vertige ; ce que E. de Cyon explique en disant que
le vertige visuel est dû à un désaccord entre l'espace idéal (subjectif),
notion résultant des impressions labyrinthiques, et l'espace visuel (objectif). Les sourds-muets, auxquels manquent les canaux, ne connaissent pas
non plus le vertige visuel.

De tous ces faits et des explications, en partie d'ailleurs hypothétiques, qu'on en a fournies, on a conclu que les sensations provoquées
par l'excitation des terminaisons nerveuses dans les ampoules des
canaux, orientés suivant les trois dimensions de l'espace, serviraient
à la formation des notions que nous avons sur les trois dimensions
de l'espace (théorie de E. de Cyon, 1878, conception du *sens de
l'espace* de cet auteur), à la formation de la représentation (inconsciente) d'un espace idéal auquel sont rapportées toutes les perceptions résultant des autres sensations et concernant la disposition des
objets qui nous entourent et la position de notre propre corps parmi
ces objets. Les troubles moteurs après la lésion des canaux proviendraient du vertige causé par le désaccord entre l'espace vu et la
représentation de l'espace dont les éléments premiers se trouvent
dans les impressions produites sur les terminaisons nerveuses des
canaux ; ces troubles sont dus encore aux fausses notions que
l'animal a dès lors de la position de sa tête et de son corps dans
l'espace et par suite aux désordres dans la distribution des incitations
motrices nécessaires au maintien de l'équilibre.

Quelques remarques doivent être présentées ici. En premier lieu,
nous ne connaissons ni la nature exacte de l'excitant des terminaisons
nerveuses ampullaires, ni le mécanisme des excitations ; on n'a pu
que supposer l'une et l'autre. D'autre part, il n'y a pas, à proprement
parler, de sensations de l'équilibre et encore moins de l'espace ;
l'excitation des terminaisons du nerf vestibulaire ne provoque rien
de semblable aux sensations tactiles, auditives, lumineuses, etc.,
mais donne lieu à des impressions à la suite desquelles se produisent
des réactions motrices déterminées ; or, c'est bien plutôt de celles-ci
que de celles-là que nous avons conscience ; les impressions labyrinthiques, qui sont à coup sûr ce que l'on a appelé des *stato-réceptions*,
restent inconscientes : « Notre sens intime ne nous dit rien de sen-

sations d'équilibre. On ne pourrait pas donner comme telle le malaise du vertige, puisque cette sensation né surgit que lorsque le jeu régulier des réactions de l'équilibre est troublé. En tout état de cause, cette vague sensation ne pourrait être la cause des stato-réactions, puisqu'elle n'existe pas dans le jeu régulier des fonctions[1]. » Enfin, pour ne pas exagérer l'importance des impressions labyrinthiques, il faut bien retenir qu'elles contribuent seulement à la formation des notions spéciales qui en dérivent ; dans cette formation, il entre en effet d'autres éléments, impressions tactiles et impressions visuelles, impressions kinésiques (voy. plus loin, p. 964).

Et voici qui le prouve :

Nous avons déjà vu que les troubles produits par la destruction des canaux semi-circulaires ne sont point persistants ; l'animal opéré réapprend à se tenir et à marcher en équilibre ; mais, si on prive cet animal de la vue et de ses sensations tactiles et musculaires, la déséquilibration reparaît et reste définitive. Un chien auquel on enlève les deux labyrinthes et les deux zones corticales tactiles reste couché sur le flanc, incapable de se tenir debout et de marcher, à plus forte raison de courir et de sauter ; la vue seule va lui permettre une rééducation relative des mouvements de loco-motion ; mais, si on le met dans l'obscurité ou si on l'aveugle, tous les troubles éclatent de nouveau pour ne plus s'amender.

Une autre explication du rôle des canaux semi-circulaires paraît résulter des expériences de R. Ewald sur la régulation réflexe du tonus musculaire.

Quand le corps s'incline d'un côté, ce mouvement donne lieu à une excitation des terminaisons ampullaires ; il se produit en conséquence un renforcement de l'activité tonique des muscles dont l'action est de sens opposé à celui où penchait le corps. — Quant aux mouvements des yeux qui accompagnent ces mouvements compensateurs, ils doivent être considérés, d'après Ewald, comme un cas particulier des réflexes correcteurs qui s'étendent à une grande partie du système musculaire.

Il faut toujours admettre, dans cette théorie, que le labyrinthe est le point de départ d'impressions statiques qui déterminent les réflexes nécessaires au maintien de l'équilibre. Mais ces impressions ne seraient point spécifiques, car elles se produisent en même temps que des impressions analogues, venues des muscles, des articulations, des tendons, bref, des organes du *sens musculaire*. Comme l'a fait observer Nagel[2], une modification quelconque de l'équilibre actuel modifie en effet considérablement la tension des muscles, des tendons, de la peau, des ligaments articulaires ; il en résulte une excitation des nerfs centripètes de tous ces tissus, par laquelle, avec

1. L. Fredericq et J.-P. Nuel, *Éléments de physiologie humaine*, Gand et Paris, 1904, 5ᵉ édit., p. 673.
2. Physiologiste allemand, mort en 1911.

le concours du labyrinthe, est déterminé un mouvement en sens
opposé.

On voit combien est encore difficile une adaptation adéquate des
faits connus sur la physiologie des canaux semi-circulaires à une
théorie sensorielle. Mais de toutes les discussions sur ce sujet, la partie
positive, expérimentale, de la question est toujours sortie intacte.

2. — Sens des attitudes et des mouvements.
Sens musculaire.

L'expression de *sens* ou *sensations musculaires* est à la fois moins
claire et moins compréhensive que celle de *sens des attitudes* ; mais,
plus ancienne, plus simple peut-être, elle est restée plus employée.
On n'a d'ailleurs jamais entendu dire par là que toutes les sensations
qui accompagnent l'activité fonctionnelle des appareils moteurs sont
fournies par des éléments sensoriels spécifiques situés uniquement
dans les muscles. On sait très bien, au contraire, qu'on désigne ainsi
un complexe d'impressions qui ne sont nullement toutes d'origine
musculaire, un complexe, comme l'a dit SHERRINGTON, d'actions
sensitives qui ont leur point de départ dans les appareils moteurs,
c'est-à-dire dans les muscles et dans les organes accessoires du mouvement.

1° *Analyse de la notion de sens musculaire.*

A quels faits correspond cette notion ?

Ces faits peuvent être groupés sous trois grands chefs :

1. Nous avons le sentiment de la position de nos membres dans
l'espace. Même les yeux fermés et dans l'immobilité complète, nous
nous rendons compte de la position occupée par tel de nos membres
ou par notre corps. C'est là ce que PIERRE BONNIER a appelé avec
raison la notion des *attitudes segmentaires*.

2. Nous avons la sensation des mouvements passifs imprimés soit
à un ou plusieurs de nos membres, soit au corps entier, même quand
les yeux sont fermés. Cette notion est distincte de la précédente ;
voici des preuves de cette distinction :

On faradise un doigt assez fortement pour que le sujet perde la sensation
de la position du doigt ; néanmoins celle des mouvements communiqués
persiste. D'autre part, on a assez souvent observé des malades (tabétiques,
hémiplégiques) qui, les yeux fermés, prennent conscience des mouvements
communiqués à leurs membres pour les amener dans une position déter-

minée, mais n'ont pas la perception de cette position même (perte de la perception des positions avec conservation de la perception des mouvements passifs).

3. Nous avons la sensation des mouvements produits par la contraction des muscles volontaires[1] et celle des résistances que ces mouvements peuvent rencontrer (sensation d'effort). Par là nous pouvons, lors de l'exécution d'un mouvement, régler à chaque instant les contractions à effectuer. C'est encore une sensation qu'il faut séparer des précédentes.

Il suffit pour cela de remarquer qu'il est des malades qui ont perdu la perception des mouvements actifs et conservé celle des positions et celle des mouvements passifs.

D'où proviennent ces diverses sensations ?

A. Impressions statiques. Les sensations d'attitude. — La notion de position des membres serait due aux mêmes sensations que celles auxquelles nous devons la perception des mouvements. « Un mouvement n'est pas autre chose, en effet, qu'un changement de position » (B. Bourdon). De fait, dans l'immobilité, et au fur et à mesure que celle-ci se prolonge, le sentiment de la position va s'affaiblissant. En quoi consistent ces sensations de mouvement ? On va voir qu'elles sont réductibles à un complexe de sensations cutanées, articulaires et enfin musculaires proprement dites. Il n'y aurait donc point de sensations *spécifiques* de position des membres. Rappelons cependant une remarque déjà faite tout à l'heure, à savoir que l'on a observé des malades qui ont perdu la notion des attitudes tout en conservant la perception des mouvements. Si la première dépendait entièrement de la seconde, pareille dissociation ne serait pas possible. C'est qu'il y a autre chose dans la perception des positions que la perception des déplacements de la peau et des articulations et des mouvements musculaires qui ont dû se produire pour amener tel segment corporel dans une attitude donnée et qui persistent plus ou moins affaiblis pour l'y maintenir. Cette autre chose, c'est la notion de *localisation*.

Avec Ed. Claparède[2], supposons la statue de Condillac ou un enfant nouveau-né dont la conscience s'éveille et supposons le bras replié à angle droit.

[1] C'est Charles Bell[*] qui semble avoir constaté le premier (1833) que nous avons conscience de l'activité de nos muscles lorsqu'il se produit un mouvement.
[2] Ed. Claparède. *Avons-nous des sensations spécifiques de position des membres?* (in *L'année psychologique*, 1900, t. VI, p. 249-263).

[*] Ch Bell (1774-1842), chirurgien et physiologiste anglais, célèbre par ses recherches sur le système nerveux.

Une sensation A s'est produite, due «aux impressions causées par le contact des surfaces articulaires du coude et par la traction exercée sur les ligaments, etc., l'avant-bras étant soumis à la pesanteur. Et c'est tout. » Modifions l'attitude du bras, relevons l'avant-bras de façon qu'il ne forme plus qu'un angle aigu. « L'état de conscience se modifiera aussi ; les organes musculo-articulaires, en effet, ayant été déplacés, se trouveront dans des conditions nouvelles de traction, de pression mutuelles ; l'excitation résultant de ces conditions physiques nouvelles sera donc différente de celle qui agissait précédemment : la sensation A cédera la place à la sensation B. Même raisonnement pour une nouvelle position..., et ainsi de suite pour toutes les positions intermédiaires, qui feront naître chacune une sensation qualitativement différente. » Mais de ces impressions diverses naît-il une perception de position ? « Il n'y a aucune raison pour que la sensation A informe la conscience que, lorsqu'elle prend naissance, la main se trouve plus éloignée de l'épaule que dans le cas où c'est B et C qui franchissent son seuil. La connaissance des *positions* respectives de l'avant-bras par rapport au bras ne pourra se réaliser que lorsque, à la suite d'un grand nombre d'expériences, chacun des termes sensitifs aura acquis une place déterminée dans la série ABC... et que les termes extrêmes de la série ainsi formée se trouveront eux-mêmes termes moyens de la série infinie de tous les signes sensitifs dont notre corps est le point de départ. »

Et ainsi la détermination de la position ne serait qu'un cas particulier, comme le dit encore Claparède (*loc. cit.*), « de cette opération psychique qu'est la *localisation* des parties du corps ». A propos des sensations tactiles, nous avons déjà parlé du *signe local* (voy. p. 828-830). Dans l'appréciation de la position, nous localisons les parties mobiles les unes par rapport aux autres ; ici, par conséquent, outre les signes locaux cutanés, qui peuvent jouer un rôle, en proportion même des sensations cutanées éveillées par les déplacements des membres, comme il a été dit ci-dessus, doivent intervenir d'autres signes locaux, ceux des parties profondes. On voit donc que la « sensation » de position est quelque chose de complexe, et par suite moins une sensation nous renseignant immédiatement sur un objet qu'une perception acquise à la suite d'une opération psychique, rapide sans doute et subconsciente, sur des données sensorielles de plusieurs provenances.

Cette notion de la situation de notre corps et de ses divers segments par rapport les uns aux autres et par rapport à tout ce qui nous entoure constitue le « sens de l'équilibre ». Nous avons vu le très grand rôle des impressions labyrinthiques dans l'équilibration ; nous devons insister sur celui des impressions cutanées et musculaires et accessoirement sur celui des impressions visuelles. Beaunis, dans son livre : *Les sensations internes* (Paris, 1889), a donné de ce rôle un exposé très précis en prenant comme exemple ce qui se passe dans la station.

« ... Le corps, dit-il (p. 72 et suiv.), même dans la station la plus fixe, n'est jamais immobile ; il subit constamment, comme l'a démontré Vierordt, des oscillations dont l'amplitude varie suivant diverses conditions... Ces oscillations sont dues évidemment à des contractions des muscles de l'articulation du cou-de-pied. Ce sont en effet ces muscles qui rétablissent à chaque instant l'équilibre et ramènent dans la base de sustentation la ligne de gravité du corps...

« Ces contractions presque inconscientes de la station ont pour point de départ trois ordres de sensations...

« Pour ce qui concerne les sensations tactiles, le corps repose tout entier sur la voûte plantaire et par conséquent sur la peau qui recouvre le talon et sur celle qui recouvre les métatarsiens. Il y a donc là des sensations de pression qui se produisent à chaque instant et avec une intensité variable, suivant les déplacements du centre de gravité. Si, par exemple, le centre de gravité se déplace en avant, la ligne de gravité tombera sur la tête des métatarsiens, et la sensation de pression sera plus forte à ce niveau qu'au niveau du talon ; les sensations tactiles de la plante du pied nous avertissent ainsi des déplacements du centre de gravité et excitent par conséquent les mouvements nécessaires pour son équilibre ; aussi voit-on, quand la sensibilité de la plante du pied est émoussée..., les oscillations du corps augmenter d'amplitude et la stabilité de l'ensemble diminuer.

« Les sensations visuelles ont un effet analogue ; la fixation des objets qui nous entourent rend la station plus stable et facilite l'équilibre ; les oscillations augmentent d'amplitude dans l'obscurité ou quand nous fermons les yeux, et cette amplitude acquiert un degré considérable quand, comme dans certaines maladies, l'ataxie locomotrice par exemple, la sensibilité musculaire est abolie.

« Enfin les sensations musculaires interviennent aussi par la tension plus ou moins grande des muscles de la jambe, suivant le sens de l'inclinaison du corps et de sa déviation de la verticale. »

B. Impressions kinésiques. La sensation de mouvement passif. — La perception des mouvements passifs dépendrait essentiellement de la sensibilité articulaire (GOLDSCHEIDER).

On trouve des filets nerveux sensitifs dans le tissu conjonctif périarticulaire, dans les fibro-cartilages des bourrelets marginaux et des ménisques interarticulaires, dans les ligaments périphériques ; on a décrit des terminaisons spéciales ressemblant aux corpuscules de Pacini (*corpuscules de Pacini modifiés*) dans les capsules articulaires. Lorsque des surfaces articulaires se déplacent, ces éléments doivent subir des phénomènes de compression variable.

En fait, l'anesthésie profonde des articulations (au moyen de la galvanisation) diminue beaucoup le degré de précision avec lequel nous apprécions les petits mouvements passifs des doigts (expériences de GOLDSCHEIDER) ; dans ce cas, les mouvements, pour être sentis, doivent être plus amples. D'autre part, on a vu dans des cas pathologiques persister la perception des mouvements passifs, la sensibilité de la peau et celle des muscles étant abolies.

Cependant il est difficile d'admettre que les sensations articulaires déterminent seules la perception des mouvements passifs.

En effet, on a constaté que la suppression de la sensibilité cutanée (au moyen de pulvérisations de chlorure d'éthyle) entraîne la disparition de la perception des mouvements délicats des doigts (expériences de B. Bourdon, 1907). Quant aux renseignements de la pathologie, s'il est vrai que l'on a pu observer, rarement d'ailleurs, des cas de disparition de la perception des mouvements avec l'intégrité de la sensibilité tactile, beaucoup plus nombreuses sont les observations où l'on constate à la fois l'altération de la sensibilité cutanée et celle de la perception des mouvements.

C. Impressions kinésiques. La sensation de mouvement actif. Nerfs sensibles des muscles. — La perception des mouvements actifs est sûrement un phénomène complexe, résultant d'impressions tactiles (sensations de pression), articulaires et musculaires, se mélangeant plus ou moins intimement, mais que l'analyse peut dissocier.

La part des *sensations cutanées* est manifeste.

Quand un muscle se contracte, il se produit au niveau des articulations des plissements de la peau qui, ailleurs, se trouve tiraillée. Ces relâchements et ces tensions de la peau varient naturellement avec la vitesse, l'énergie et la durée de la contraction, de telle sorte que les sensations qui en résultent peuvent fournir des renseignements sur ces divers caractères de l'action du muscle.

Il faut faire aussi leur part aux *sensations articulaires*.

Nous avons déjà vu que l'anesthésie des articulations entraîne une diminution de la perception des mouvements passifs. Il en est de même pour les mouvements actifs.

Enfin le rôle des *sensations musculaires* proprement dites n'est pas moins important.

Au niveau des tendons et dans les muscles mêmes, il existe des terminaisons nerveuses spéciales, les *organes musculo-tendineux* de Golgi et les *fuseaux neuro-musculaires*. La contraction des fibres musculaires graciles qui font partie du fuseau doit exciter mécaniquement la terminaison sensible y annexée. Quant aux organes de Golgi, ils réagissent sans doute à cet autre excitant mécanique qui est la tension qu'ils subissent quand les muscles entrent en activité.

Les fuseaux neuro-musculaires représentent les terminaisons des nerfs sensitifs des muscles que l'on connaît depuis les belles recherches de l'histologiste allemand C. Sachs (1874).

Sachs, ayant pratiqué la section des racines antérieures sur la grenouille, ne trouva plus dans le muscle couturier, six à huit semaines après, que

deux grosses fibres à myéline dont la distribution était très différente de
celle des fibres motrices; ces fibres non dégénérées devaient donc être
considérées comme centripètes. — Ces fibres nerveuses centripètes ont été
mises en évidence chez les Mammifères (chat et singe) par SHERRINGTON (1894),
qui constata que la section des racines médullaires motrices, correspondant
aux nerfs de muscles déterminés, est suivie de la dégénérescence d'une
partie seulement des fibres de ces nerfs; les fibres inaltérées ne sont ni
des fibres récurrentes provenant d'une racine non sectionnée, ni des fibres
sympathiques; si on extirpe les ganglions spinaux correspondants, aucune
fibre à myéline ne reste intacte dans les nerfs musculaires. — L'excitation de ces filets sensitifs des muscles provoque des contractions réflexes
(excitation du bout central). Il en est de même de la compression des tendons. L'excitation directe des muscles peut même déterminer des réflexes
organiques, élévation de la pression sanguine, dilatation de la pupille.
Enfin, l'on sait de reste que les muscles sont souvent le siège de douleurs
aiguës.

La réalité des nerfs sensitifs des muscles (*nerfs myesthésiques*) est
donc bien établie. Reste à savoir quelle est la part de cette sensibilité
musculaire dans la perception des mouvements.

Des expériences déjà anciennes de CLAUDE BERNARD (1858) permettent de
dissocier la sensibilité cutanée et le « sens musculaire ». En coupant tous
les nerfs cutanés d'un membre, sur une grenouille, on rend la peau insensible, et l'animal marche encore assez bien; mais si, au lieu de couper les
rameaux cutanés, on coupe les racines postérieures (c'est-à-dire tous les
nerfs sensitifs, musculaires et autres), on s'aperçoit que les mouvements
(mouvements quelconques de défense, natation, etc.) ont cessé d'être
assurés; ils manquent alors tout à fait de précision.
Citons maintenant quelques expériences réalisées chez l'homme. On a
pu dissocier les sensations de contact et celles de mouvement en insensibi-
lisant le doigt par un fort courant électrique et y imprimant ensuite un
mouvement; la perception de ce mouvement ne s'en est pas moins produite, nullement diminuée. Par le même procédé, on a dissocié les sensations de contact et celles de résistance; le doigt insensibilisé, s'appuyant
contre un corps solide, a parfaitement la perception de résistance. — Les
expériences de BEAUNIS (1887) sur le fonctionnement des muscles du larynx
conduisent aux mêmes conclusions. Malgré l'anesthésie de la muqueuse de
la glotte au moyen de la cocaïne, l'émission juste des sons (justesse de la
voix), qui dépend des degrés de tension des cordes vocales, ne fut nullement altérée chez un ténor. C'est donc la sensibilité musculaire et non
celle de la muqueuse qui règle la tension des muscles vocaux.
Enfin la pathologie nous a appris qu'il peut y avoir anesthésie cutanée
sans perte du « sens musculaire » (perception des mouvements actifs et
passifs). Au contraire, la perte de la sensibilité superficielle et profonde
(articulaire et musculaire) entraîne la perte de la perception des positions
des membres et des mouvements passifs et du sentiment de l'effort ou de
la résistance.

D. Le sentiment d'innervation centrale. — A ces diverses sensations d'où prennent naissance les données du « sens musculaire » s'ajouterait, d'après quelques physiologistes et un certain nombre de psychologues[1], un élément d'une autre nature, non plus afférent, impression arrivant aux centres nerveux, mais efférent, c'est-à-dire provenant du cerveau lui-même et précédant la contraction; ce serait le *sentiment de l'effort* à déployer, de la force dépensée dans le cerveau pour amener l'acte musculaire; nous saurions ainsi apprécier l'intensité de l'excitation qui part de l'encéphale pour aller provoquer le mouvement voulu; la sensation de mouvement serait liée à l'innervation motrice; de là le nom de *sentiment de l'innervation centrale* donné souvent à cet élément. Mais on a montré, — c'est surtout l'illustre psychologue américain W. James (1880) qui a fait cette analyse de la façon la plus pénétrante, — que le sentiment de l'effort n'est que le résultat d'impressions périphériques, fournies par les muscles respiratoires, par la glotte qui se ferme, par les contractions de divers muscles de la face, etc. Un hémiplégique, par exemple, qui veut mouvoir son bras et qui n'y peut parvenir et qui a le sentiment de la force déployée, contracte pendant un temps ses muscles non paralysés, ceux de son autre bras, ceux de la poitrine, ceux du front et des mâchoires, etc. En dehors des sensations qui accompagnent ces phénomènes musculaires, il y a bien encore des phénomènes centraux, mais ce sont des phénomènes psychiques, le désir du mouvement et la représentation de celui-ci, acte tout intellectuel.

2° *Caractères et rôle des sensations musculaires.*

Toutes ces sensations, quelle que soit leur origine, sont plus ou moins obtuses; il en est même qui ne franchissent pas le seuil de la conscience (*sensations inconscientes*); telles les impressions du *tonus musculaire* qui parviennent aux centres nerveux, c'est-à-dire de cet état de faible tension auquel se trouvent les muscles inactifs. Mais toutes nous renseignent soit sur la position de nos membres, soit sur l'état de nos muscles et sur les divers modes et degrés de leur activité, ou encore, si l'on veut, sur les *changements en général que subissent les organes actifs et passifs des appareils moteurs* (L. Luciani). Ces diverses sensations, nous avons dû, pour en montrer le rôle, les faire jouer en quelque sorte séparément. Dans la réalité, elles sont associées; il y a entre elles des relations constantes de dépendance réciproque et, comme l'a dit Claparède,

---

1. Pour quelques-uns même, le sens musculaire se ramenait entièrement à ce sentiment efférent de l'effort. Cette théorie ne paraît plus avoir aujourd'hui de défenseurs.

d'inextricables liaisons. C'est ce que l'on voit bien dans la perception des mouvements passifs pour laquelle sensations cutanées et articulaires s'entr'aident étroitement. C'est ce que l'on voit aussi dans la perception des mouvements actifs, à laquelle sensations tactiles, articulaires et musculaires s'emploient en intime collaboration.

Ce sont les dernières d'ailleurs qui nous fournissent les renseignements les plus précieux, car c'est par elles que nous connaissons les divers caractères de la contraction musculaire, son *énergie*, sa *vitesse* (d'où notre appréciation de la rapidité des mouvements), sa *durée* (appréciée par le début et la fin du phénomène), sa *direction*. L'*étendue* du mouvement paraît donnée par la sensibilité articulaire ; celle-ci joue sans doute aussi un rôle dans l'appréciation de la *direction*.

VII. — CARACTERES GÉNÉRAUX DES SENSATIONS.

L'étude faites des diverses sensations nous permet de revenir maintenant avec plus de détails sur leurs caractères généraux, que nous avons seulement signalés (voy. page. 822).

A. Qualité de la sensation. Principe des énergies spécifiques. — Chaque sensation a sa *qualité* propre qui la distingue de toutes les autres. Ce fait essentiel a été indiqué p. 822.

Les physiologistes attribuent en général ces caractères différentiels, non pas à la différence des excitants, mais à l'appareil récepteur cérébral. Cette théorie est fondée sur le *principe des énergies spécifiques des organes des sens*, posé par J. MÜLLER (1826), et qui s'exprime ainsi : 1° le même excitant physique, appliqué à des organes différents, provoque des sensations différentes ; 2° des excitants différents, appliqués au même organe sensoriel, provoquent la même sensation. De fait, une excitation électrique portée sur le nerf acoustique éveille une sensation auditive, sur la rétine ou sur le nerf optique une sensation lumineuse, sur la langue une sensation gustative ; tandis qu'un rayon de lumière, une stimulation mécanique ou électrique portée sur la rétine donne lieu à une sensation lumineuse. A la vérité, cependant, on a fait remarquer que jamais des ondes sonores n'ont déterminé dans l'œil une impression de lumière ou des vibrations lumineuses fait entendre un son à l'oreille.

Suivant cette remarque, la distinction des diverses sensations correspondrait à des différences réelles dans les excitants, causes de ces sensations. Dans la doctrine contraire, la doctrine des énergies spécifiques, à quel élément fonctionnel attribuer la spécificité?

Les nerfs sont tous de simples conducteurs dans lesquels l'état d'excitation paraît identique. Les terminaisons périphériques paraissent être seulement adaptées à la réception de l'excitant propre de chaque sens. Il faut donc reporter la spécificité à l'organe central, à la partie des centres nerveux où se termine le nerf sensoriel.

On a voulu voir la preuve de la spécificité fonctionnelle des éléments centraux dans deux faits : 1° après la destruction de cette partie de l'écorce cérébrale qualifiée de *sphères visuelles*, les sensations auditives, gustatives, olfactives, etc., persistent, les sensations lumineuses étant définitivement abolies ; 2° la destruction des sphères visuelles chez les animaux nouveau-nés rend ces animaux aveugles pour jamais (expériences de H. Munk).

Le caractère spécifique de chaque sensation serait donc dû à la spécificité des éléments centraux de l'écorce, substratum de cette sensation. Et les éléments centraux ne sont point confondus dans l'écorce, mais y sont répartis en des aires anatomiquement et fonctionnellement distinctes. A dire vrai, l'histo-physiologie est dans l'impossibilité de supposer même comment l'excitation de tel groupe de cellules nerveuses centrales donne toujours naissance à la même sensation.

B. **Intensité des sensations. Loi psycho-physique.** — Chaque sensation se présente avec une *intensité* qui permet de la comparer à d'autres, et surtout à celles de même espèce. C'est d'après l'intensité de nos sensations que nous apprécions l'énergie des irritants extérieurs. Le sens commun est porté à admettre qu'il y a proportionnalité entre l'excitation et la sensation, que deux bougies, par exemple, éclairent deux fois plus qu'une seule. Il n'en est rien. La relation entre l'intensité de l'excitation et l'intensité de la sensation est donnée par une loi en réalité compliquée, loi de Weber-Fechner (voy. p. 826).

De ses recherches sur les accroissements d'excitations nécessaires pour que croissent les sensations, Weber avait déduit la loi suivante : *Pour que la sensation croisse d'une façon appréciable, il faut que l'excitant augmente toujours d'une même portion de son intensité totale.* Mais cette loi n'est pas précise ; elle indique seulement le sens général de la relation qui unit les deux éléments considérés. Ce fut l'œuvre de Fechner de déterminer la grandeur de cette relation. « Nous avons deux séries en présence : celle des excitations, celle des sensations. Il s'agit de mesurer la seconde au moyen de la première. La valeur quantitative de l'excitation et de ses accroissements peut être déterminée. Qu'il s'agisse de poids, de lumière ou de son, nous pouvons, par des procédés expérimentaux plus ou moins compliqués, établir que l'excitation initiale a augmenté d'un tiers, d'un quart, du double, du triple, etc. Pour la sensation, il n'en est pas de même. La conscience est incapable de nous dire si la sensation initiale a augmenté d'un tiers, d'un quart, du double, du triple. On a donc recours à un procédé indirect, qui consiste à déterminer les plus petites différences perceptibles de sensation [1], puis à déterminer le rapport existant entre les différences d'excitation qui croissent *progressivement* et les différences de sensation qui croissent *uniformément*, et à exprimer ainsi la sensation en fonction de l'excitation [2]. » Des chiffres qu'il a obtenus, FECHNER a tiré la loi *psycho-physique : La sensation croît comme le logarithme de l'excitation* ; ce que l'on exprime aussi en disant : *Quand l'excitation croît suivant une progression géométrique, 1, 2, 4, 8, la sensation croît suivant une progression arithmétique, 1, 2, 3, 4.* En effet, les logarithmes des nombres qui forment une progression géométrique sont en progression arithmétique.

Ainsi l'intensité de la sensation dépend de l'intensité de l'excitation. Mais elle dépend aussi, — et ce facteur avait échappé à FECHNER, — du degré d'irritabilité des appareils sensoriels au moment de l'excitation. C'est pour cela que deux excitations égales peuvent déterminer deux sensations d'inégale intensité, suivant l'excitabilité de l'appareil nerveux au moment de la seconde excitation.

C. Temps de réactions des sensations. — Toutes les sensations ont une certaine *durée* (voy. p. 827, 837, 839, 861). Cette durée ne mesure en mesurant le *temps de réaction*, c'est-à-dire le temps qui s'écoule entre le moment de l'application d'un irritant à un organe sensoriel et le moment de la réaction volontaire par laquelle le sujet en expérience doit indiquer qu'il a perçu l'excitant.

S. EXNER [3], qui a très bien analysé ces phénomènes, montre que cette durée totale se décompose en les actes suivants, qui ont tous une durée:

1° Excitation de l'appareil terminal périphérique [4];

2° Transmission de l'excitation par le nerf à un centre nerveux :

3° Transmission de l'excitation à travers la moelle (ce temps est nul pour les nerfs crâniens);

4° Réception de l'impression dans les centres et sa transformation en excitation motrice ;

1. Une partie importante de l'œuvre de FECHNER a consisté à déterminer, pour chaque espèce de sensations, ce que l'on appelle le *seuil de l'excitation*, le minimum d'excitant nécessaire pour que se produise la plus petite sensation dont nous ayons conscience.

2. TH. RIBOT, *La psychologie allemande contemporaine*, 2ᵉ édit., Paris, 1885, p. 184.

3. Physiologiste autrichien contemporain, professeur à l'Université de Vienne, très connu par ses travaux sur le système nerveux.

4. Cette première phase n'a pas été assez étudiée; elle est en réalité assez compliquée (H. BEAUNIS). Les terminaisons périphériques des divers organes des sens ont une structure très différente; les excitants adéquats ont d'abord à traverser les appareils de protection ou de soutien annexés à l'organe sensoriel et différents pour chacun d'eux, puis ils agissent sur l'appareil terminal spécial. Il est à supposer que chacune de ces périodes n'a pas la même durée pour tous les organes des sens. Pour la vue, la première période « peut être considérée comme instantanée, eu égard à la vitesse de la lumière. Pour l'ouïe, elle doit être déjà beaucoup plus lente, si on se rappelle la vitesse de transmission du son

5° Transmission de l'excitation motrice dans la moelle ;

6° Transmission de la moelle aux muscles par le nerf moteur;

7° Excitation latente du muscle.

Or, on connaît la vitesse du courant nerveux dans les nerfs sensitifs **et** moteurs et dans la moelle, c'est-à-dire le temps de la transmission sensitive et de la transmission motrice ; on connaît aussi la durée de l'excitation latente du muscle. Il suffit donc de retrancher les durées partielles, 1, 2, 3, 5, 6 et 7 de la durée totale du processus pour connaître la durée de la fraction restante 4. Mais celle-ci comprend deux actes, la durée de la perception et celle de la réaction (volition). On les dissocie au moyen de dispositifs qui compliquent ou facilitent soit la perception, soit la réaction et permettent d'attribuer les variations de temps à l'une ou à l'autre.

Voici, d'après différents observateurs, quelques moyennes des temps de réaction (en millièmes de seconde) pour la plupart des excitations sensorielles :

Pour les excitations tactiles et auditives		0,120 à 150
—	lumineuses	0.200
—	thermiques (froid)	0,150 à 170
—	— (chaud)	0,155 à 185
—	sapides	0.400 à 600
—	odorantes	—
—	douloureuses (voy. p. 839)	0.900

On voit que, pour toutes les excitations qui paraissent agir chimiquement sur les appareils sensoriels, le temps de réaction est plus long (voy. ce qui a été déjà dit à ce sujet, p. 820).

Le temps de réaction varie suivant diverses conditions ; il diminue par l'attention, l'exercice, sous l'influence des excitations plus intenses ; il augmente par la fatigue, avec l'âge, sous l'action des boissons alcooliques et de quelques autres substances, comme le haschisch.

D. Ton de la sensation. — En traitant des sensations douloureuses et des auditives, nous avons dit quelques mots du *ton* de la sensation (voy. p. 840 et 861). C'est encore là un caractère général des sensations, à peu d'exceptions près qui concernent des sensations internes, comme celles d'équilibre. Encore ne savons-nous pas si et dans quelle mesure le ton de ces sensations internes ne contribue pas à la cénesthésie (voy. p. 951).

dans les différents milieux. Pour le toucher, il faut encore un certain temps pour que l'ébranlement mécanique produit par un corps qui arrive au contact de l'épiderme se transmette jusqu'aux corpuscules du tact... Restent les deux sensations du goût et de l'odorat. Là, nous trouvons des conditions toutes différentes... Il s'agit du transport de molécules à travers une couche plus ou moins complexe d'éléments organiques, et l'on conçoit facilement quelles causes de retard cette nécessité doit apporter à l'action de la substance sur l'élément sensitif terminal » (H. BEAUNIS, *Nouveaux Éléments de physiol. humaine*, 3ᵉ édit., Paris, 1888, t. II, p. 803). En ce qui concerne la seconde période, modification de l'appareil terminal, nous n'avons que des données insuffisantes ; on a vu, à propos de chacune des sensations, ce que l'on en peut dire de moins hypothétique (voy. p. 825, 831, 838, 858, 859, 864, 875, 915) ; il est sûr, en tout cas, que la durée de cette période est variable pour les diverses sensations.

Le ton de la sensation oscille entre le plaisir et le déplaisir et va jusqu'à la douleur. Cette émotion, qui accompagne la sensation, dépend de l'intensité de celle-ci ; les sensations très intenses s'accompagnent d'un sentiment de douleur. Elle dépend aussi de la qualité de la sensation ; c'est aux sensations fournies par la vue et par l'ouïe que ces sentiments concomitants sont le plus étroitement attachés, à ce point qu'ils ont été considérés comme étant les facteurs élémentaires de l'impression esthétique.

E. Sensations objectives et subjectives. Localisation et projection des sensations. Sensations intensives et extensives. — A côté des caractères communs à toutes les sensations, il en est qui ne sont propres qu'à quelques espèces de sensations. Ainsi l'on distingue entre les sensations *représentatives* (celles de la vue et de l'ouïe surtout) des objets extérieurs ou *objectives* et celles qui ne nous renseignent que sur des états de notre corps ou *subjectives* [1] (sensations internes); entre ces deux classes se placeraient les sensations tactiles, thermiques, gustatives et olfactives, qui, en même temps qu'elles nous renseignent sur diverses qualités des corps, nous font connaître une modification de notre propre corps. C'est par les sensations représentatives que nous prenons connaissance des objets qui nous entourent; c'est en elles que se réfléchit en quelque sorte le monde extérieur.

Entre les sensations représentatives elles-mêmes il y a des différences. Les unes sont *localisées* en quelque point de la périphérie du corps, les autres sont *projetées* en dehors de nous. Les sensations tactiles, thermiques, douloureuses, sapides, sont localisées sur la partie excitée. Les excitants des impressions auditives et visuelles sont projetés en dehors de nous ; nous ne sentons rien ni dans l'oreille, ni dans l'œil. Ici nous avons à signaler un caractère commun à toutes les sensations.

Le pouvoir de localisation des sensations est tel que, si une irritation vient agir sur un nerf sensoriel, nous reportons la sensation qui en résulte au point de la périphérie d'où vient ce nerf. Si l'on comprime brusquement le nerf cubital vers la partie postéro-interne du coude (gouttière épitrochleo-olécranienne), c'est vers l'extrémité cutanée de ce nerf, c'est-à-dire vers la partie interne de la main, et surtout vers le petit doigt, que nous localisons l'impression douloureuse ainsi produite. Ce phénomène, c'est l'*excentricité des sensations*. Quel que soit le point où le nerf est atteint, la sensation est toujours excentrique. De là les *illusions des amputés*, qui, par exemple, rapportent au pied, après l'amputation de la jambe, les douleurs éprouvées dans le moignon. Même quand le centre nerveux est atteint, c'est à l'extrémité périphérique d'un nerf sensible en

1. Ce mot est d'ailleurs mauvais, puisque toute sensation est un phénomène subjectif, au sens philosophique de cette épithète.

rapport avec ce centre que nous localisons la sensation. Les malades
atteints de diverses lésions de la moelle ou de l'encéphale se plaignent de
douleurs périphériques dont la cause est uniquement centrale. Ainsi les
excitations du centre cérébral correspondant à un appareil sensoriel ont le
caractère spécifique des sensations que provoque dans cet appareil son
excitant propre; là est la cause des *hallucinations*; on entend des sons
ou on voit des objets qui n'existent pas.

La même explication paraît convenir pour les *sensations associées*. Une
sensation parvenant aux centres nerveux peut y produire une excitation
assez forte pour s'irradier vers des centres voisins; ceux-ci nous donneront
alors des sensations identiques à celles que nous éprouverions s'ils avaient
été mis en action par les nerfs qui les relient à la périphérie. Ainsi un
corps introduit dans le conduit auditif externe peut amener, comme sensation associée, une sensation de chatouillement dans l'arrière-gorge, par
suite la toux et même le vomissement. Associations qui s'expliquent par le
voisinage du noyau gris central du trijumeau et du noyau du glosso-
pharyngien et du pneumogastrique, d'où irradiation des excitations reçues
par le premier jusque sur les seconds. Assez rares à l'état normal, ces sensations associées ou *sympathiques* sont très communes dans les maladies :
tels sont le point de côté, la névralgie brachiale, dans la pleurésie ; la douleur de l'épaule droite dans les maladies du foie; les névralgies si diverses
qui accompagnent souvent les maux d'estomac, etc.

Une différence importante est encore à indiquer entre les sensations tactiles, thermiques, visuelles et kinésiques, d'une part, et les
sensations auditives, gustatives et olfactives, d'autre part. Celles-ci
sont dites *intensives* ; entre elles, en dehors de leur caractère spécifique, de leur qualité propre, il n'y a que des différences d'intensité. Les premières sont dites *extensives*; elles impliquent la notion
d'étendue (voy. p. 829, 837, 933 et 962); chaque impression, produite
sur la peau ou sur la rétine, garde son individualité, pour ainsi dire;
il semble que chaque point de la peau ou de la rétine sente à sa
manière ; une marque spéciale paraît différencier les impressions les
unes des autres et à chacune de ces impressions périphériques distinctes correspond une impression cérébrale distincte : c'est ce qu'on
a appelé le *signe local* de la sensation (voy. p. 829). Mais, s'il en est
ainsi, quand il y a plusieurs points de la peau ou de la rétine excités
simultanément, ce qui est le cas le plus fréquent, ces impressions
ne se fusionnent pas; elles s'associent seulement entre elles et nous
donnent ainsi la sensation de ce continu que nous dénommons
l'étendue.

**F. Effets généraux des sensations. Rôle régulateur de
la sensibilité dans l'ensemble des fonctions organiques.**
— Les sensations n'ont pas seulement des relations entre elles et
n'agissent pas seulement les unes sur les autres (voy. ce qui a été

dit tout à l'heure des sensations associées), elles jouent un rôle des
plus important dans le déterminisme des fonctions organiques.

Ne considérons en effet que celles-ci et laissons de côté tout ce qui
concerne les fonctions des muscles du squelette. On sait de reste que
tous les mouvements réflexes de ces muscles sont commandés par
des excitations sensorielles, d'origine cutanée surtout ou auditive
ou visuelle, et que les mouvements volontaires eux-mêmes sont
commandés par des images ou sensations fixées, ou par des idées,
résidus de sensations, et nous avons vu que l'équilibration dans
toutes les positions et dans la locomotion est régie par des sensations
spéciales. — En premier lieu, parmi les causes des sécrétions digestives, se trouvent des excitants sensoriels (sécrétion salivaire psychique [voy. p. 186], sécrétion gastrique psychique [voy. p. 207]).
D'autres sécrétions, et particulièrement celle de la sueur (voy. p. 783,
et celle des larmes (voy. p. 947), et l'excrétion du lait (voy. p. 745)
sont commandées aussi par des phénomènes de sensibilité. — D'autre
part, les actions motrices liées aux phénomènes digestifs ou aux
fonctions d'excrétion dépendent d'excitations sensitives, telle est la
déglutition (voy. p. 197), ou de sensations internes comme le *besoin*
dû à la *distension*, par lequel sont commandés, du moins particelle-
ment, les mouvements de l'estomac (voy. p 228), ceux du gros intestin qui amènent la défécation (p. 281), ceux de la vessie (p. 767). —
En troisième lieu, l'exercice de plusieurs autres grandes fonctions,
circulation, respiration, reproduction, est souvent conditionné par
des phénomènes sensitifs. Ainsi nombre d'excitations tactiles ou
thermiques, auditives, gustatives, visuelles, déterminent des modifications cardio-vasculaires et peuvent même déterminer des troubles
circulatoires (voy. p. 467-468 et 484). Les mouvements respiratoires
sont commandés en partie par des excitations des nerfs sensibles ordinaires (voy. p. 572-573) et des nerfs sensibles spéciaux ou pulmonaires
(p. 573 et suiv.). Parmi les actes importants de la reproduction, l'érection est un phénomène réflexe que provoquent des excitations des
divers sens (voy. p. 728). Enfin la régulation de la chaleur est également sous la dépendance d'actions sensitives (voy. p. 809 et 812).

Il est encore d'autres exemples de cette importance de la sensibilité
dans la régulation des fonctions organiques; on pourrait rappeler
quelles sont les causes de l'accommodation (voy. p. 898) ou des mouvements de l'iris, véritable *esthésiomètre* (voy. p. 907). Les faits que
nous venons de grouper sont suffisants pour montrer les rapports étroits qui existent entre les fonctions sensorielles, en général,
et les autres fonctions de l'organisme. C'est d'ailleurs dans ces faits
que se trouve la preuve éclatante des corrélations fonctionnelles de
nature nerveuse.

CHAPITRE II

FONCTIONS DU SYSTÈME NERVEUX CENTRAL

La conception générale, actuellement encore classique, des fonctions du système nerveux peut se ramener à deux idées maîtresses. La première n'est que la systématisation de très nombreuses observations et expériences; toutes établissent que les diverses parties du corps sont reliées au système nerveux encéphalo-médullaire par des nerfs qui transmettent audit système les excitations diverses qu'elles reçoivent et par d'autres nerfs qui leur envoient des mêmes régions de l'encéphale et de la moelle des impulsions sous l'action desquelles elles réagissent chacune à leur manière; ces deux sortes de fibres nerveuses sont d'ailleurs souvent réunies dans un commun cordon; de plus, les différents départements du système nerveux central sont reliés entre eux par des fibres nerveuses analogues aux précédentes. De là, la définition que donnait déjà D. DE BLAINVILLE, à savoir que le système nerveux est un appareil d'*harmonisation* et de *régulation* des fonctions de l'organisme; en recevant toutes les impressions subies par les organes et transmettant à ceux-ci des impulsions qui commandent leurs réactions, il institue en effet entre eux et avec lui-même des relations harmoniques. — L'autre idée que nous avons du fonctionnement du système nerveux est due à HELMHOLTZ; elle est bien aussi l'expression des faits, mais elle en implique immédiatement une interprétation théorique. Le système nerveux est considéré comme jouant vis-à-vis des autres tissus le rôle d'une force de dégagement. Ici on argue d'abord et principalement de l'action du nerf moteur sur le muscle, celle-ci paraissant susceptible de transformer en force vive les tensions chimiques incluses dans les éléments musculaires. En réalité, nous ignorons le mécanisme intime de cette action nerveuse et ne pouvons par conséquent rien inférer légitimement sur sa nature. Et il en est de même des autres actions nerveuses. Il est très vrai que du système nerveux central partent des stimulations qui libèrent de l'énergie sous des formes diverses, mécanique, chimique. Mais qu'est-ce que cette excitation, sorte d'ébranlement qui, brusquement issu d'un groupe de cellules nerveuses, provoque ici ou là, mais toujours dans une direction déterminée, une libération d'énergie? Reconnaissons que tout ce qu'on en peut dire est hypothétique.

Sous ces réserves, nous avons à exposer maintenant les fonctions
du système nerveux central. Physiologiquement, celui-ci se divise
d'une façon assez rationnelle, c'est-à-dire correspondant suffisamment
à l'état actuel de nos connaissances, en hémisphères cérébraux, ou
plus exactement écorce cérébrale, mésocéphale, dans lequel le cervelet occupe une place à part, moelle allongée et moelle épinière. Il
importe cependant de remarquer que, si chacune de ces parties a des
fonctions propres que nous devrons déterminer, presque toutes aussi
ont des fonctions communes. C'est en cette partie de la physiologie,
plus encore qu'en médecine, qu' « il est suranné, comme a dit R. Lé-
PINE, de penser anatomiquement ». Une même fonction nerveuse
s'exerce par un appareil dont les divers rouages se trouvent placés
aux différents étages de l'axe cérébro-spinal. Sa fonction n'est donc
pas, dans la plupart des cas, attachée à un organe défini. Ainsi il y
a une fonction sensitivo-motrice dont nous trouvons les éléments en
différents organes; il y a de même un appareil de l'audition, de la
vision, de l'équilibration, etc., « chacun d'eux étant formé d'éléments qui peuvent être disséminés à travers les anciennes divisions
anatomiques du système nerveux (cerveau, moelle, nerfs...)[1] ».

Cette organisation du système nerveux en appareils plus ou moins
compliqués dont les parties diverses, quelle que soit leur distribution
anatomique, fonctionnent comme un seul et même organe, s'explique
par une simple raison; le système nerveux tout entier est composé
d'éléments identiques[2] qui parcourent des étendues plus ou moins
considérables de l'axe cérébro-spinal et qui ne paraissent se différencier que par leurs relations avec les organes périphériques et
avec l'écorce cérébrale. Ces éléments, ce sont les *neurones*. Aussi
convient-il, avant d'étudier les fonctions du système nerveux, de
déterminer les propriétés générales des neurones.

I. — LE NEURONE, SES PROPRIÉTÉS ET SES FONCTIONS.

On a longtemps décrit dans le système nerveux deux éléments
essentiels, la *cellule nerveuse* et la *fibre nerveuse*. On a démontré que
ces deux éléments n'en font qu'un, la fibre nerveuse n'ayant jamais
une existence indépendante, mais se présentant toujours comme un
prolongement émané d'une cellule nerveuse. On a donné (WALDEYER)
le nom de *neurone* à l'ensemble formé par une cellule nerveuse et
ses divers prolongements, cellulipètes et cellulifuges, protoplasmatiques ou *dendrites* et cylindre-axile ou *axone*. Les neurones ne sont
pas anastomosés. ils ne se réunissent pas les uns avec les autres

1. J. GRASSET, *Revue scientifique*, 4 août 1903, p. 1337.
2. Voir plus loin (p. 994) quelques réserves sur ce point.

par leurs extrémités. Il s'ensuit que la transmission des excitations
d'un neurone à un autre ne se fait pas parce qu'il y a entre eux
continuité de substance, mais parce que les extrémités libres des
prolongements protoplasmatiques de l'un se mettent en contact avec
les extrémités libres de l'axone de l'autre, parce qu'il y a ainsi *contiguïté* des deux sortes de prolongements. Le système nerveux est
ainsi constitué par des neurones qui « s'articulent » (Cajal); et ces
articulations n'établissent qu'une continuité physiologique et non
point anatomique entre les neurones. On verra plus loin (p. 979)
quel rôle on a entendu faire jouer à ces articulations. Dans les
dendrites, la conduction des excitations se ferait dans le sens *cellulipète* et dans l'axone dans le sens *cellulifuge* ; les dendrites seraient
donc des récepteurs, ils recueillent les ébranlements produits dans
les éléments voisins et les transmettent à la cellule dont ils dépendent ; tandis que le prolongement cylindre-axile reçoit l'ébranlement
nerveux de la cellule d'où il prend naissance et le transmet aux
éléments avec lesquels il entre en contact (hypothèse émise par
Van Gehuchten en 1891 ; *théorie de la polarisation dynamique des éléments nerveux* de Ramon y Cajal, 1891).

Nous n'avons pas à entrer dans les détails de la théorie du neurone qui sont d'ordre histologique, ni dans les discussions qui se sont
élevées sur le bien fondé de cette théorie depuis les travaux de
l'histologiste hongrois Apathy (1897) et ceux, à peu près simultanés,
de l'histologiste allemand Bethe (1897-1903), d'après lesquels les
fibrilles qui constituent les axones se prolongeraient dans l'intérieur
des cellules et passeraient d'une cellule à une autre.

I. — Constitution du neurone.

La constitution de la cellule nerveuse est très compliquée.

Ces cellules présenteraient, d'après Prenant, trois éléments principaux
de structure : une structure cellulaire banale (protoplasma et noyau), une
structure fibrillaire (fibrilles ou substance nerveuse conductrice) et une
structure glandulaire (corps chromatiques de Nissl, granulations pigmentaires et autres corpuscules, bref des formations révélant une activité sécrétoire dont la signification est d'ailleurs inconnue).

Le cytoplasma comprend deux parties essentielles : l'une, dite *chromophile*, formée de bâtonnets et blocs composés eux-mêmes de granulations
agglomérées, et qui se colorent fortement par les couleurs basiques d'aniline, en particulier par le bleu de méthylène, et l'autre, *achromophile*, de
structure réticulée[1]. Sur la nature et sur les relations de ces fibrilles entre
elles et avec les prolongements de la cellule, les histologistes discutent.

---

1. Le principe de la méthode de Nissl (1894), à laquelle on doit la connaissance de cette structure de la cellule nerveuse, est la fixation du **tissu nerveux**
par l'alcool et sa coloration par le bleu de méthylène.

Ce qui paraît plausible, c'est qu'à cette partie non chromophile serait dévolue la fonction de conduction ; en effet, l'axone, c'est-à-dire cette partie du neurone qui sert exclusivement à la transmission de l' « influx nerveux » d'un élément à un autre élément et qui es composée de fibrilles, n'est formé que de substance achromophile ; les prolongements protoplasmatiques ne sont aussi formés qu de cette substance. Peut-être faut-il distinguer avec MARINESCO, outre cette substance achromatique fibrillaire, une autre substance amorphe : toutes deux d'ailleurs entreraient dans la constitution du prolongement nerveux. Quant à la substance chromophile, elle se trouve à la fois et dans le noyau et dans le protoplasma dans un grand nombre de cellules (cellules *somatochromes* de NISSL) (cellules des cornes antérieures de la moelle, cellules radiculaires de tous les nerfs moteurs craniens, cellules pyramidales du cerveau et un grand nombre d'autres); mais il y a des cellules dont le noyau seul fixe le bleu de méthylène, tout leur corps cellulaire restant invisible (cellules *caryochromes* de NISSL) (cellules du cervelet, du bulbe olfactif, de la rétine, etc.).

Le noyau des cellules nerveuses est entouré par une membrane ; son nucléole fixe énergiquement les matières colorantes d'aniline.

De quelle nature sont ces matériaux constitutifs du neurone ?

A côté de substances albuminoïdes (nucléo-protéine et globuline), on a trouvé dans le tissu nerveux de l'acide phosphocarnique (voy. p. 41), de la neurokératine (voy. p. 45) et des lipoïdes. Ceux-ci comprennent, outre la cholestérine (voy. p. 46), des *galactosides*, corps azotés, mais non phosphorés et qui, par hydrolyse, donnent de la galactose et des *phosphatides*, composés contenant à la fois azote et phosphore, dont le plus connu est la lécithino (voy. p. 27). Les matières minérales sont le sodium, le potassium, le calcium, le magnésium et le fer sous forme de chlorures, de phosphates et de sulfates.

La substance grise (surtout composée de sorps cellulaires) contient plus d'eau, de sels, de lécithine et de substances albuminoïdes que la substance blanche; celle-ci et les nerfs sont plus riches en cholestérine. La quantité de sel, d'après quelques analyses, serait plus du double dans la substance grise (1gr,5 pour 100 parties de matière sèche au lieu de 0gr,5-0gr,6 dans la substance blanche); en particulier elle contiendrait beaucoup plus de calcium; dans la substance blanche, au contraire, la quantité de magnésium l'emporterait sur celle du calcium. On verra (p. 969) que le calcium joue un rôle important dans le fonctionnement du cerveau. — On a trouvé du zinc dans le cerveau, jusqu'à 0gr,10 par kilogramme de matière cérébrale fraîche (DELEZENNE, 1919).

2. — Fonctionnement du neurone.

Nous avons à déterminer les manifestations d'activité du neurone et pour cela les phénomènes qui paraissent liés à cette activité, qui en sont ou paraissent en être les signes caractéristiques.

Dans cet exposé, nous laisserons à peu près de côté ce qui concerne le nerf, dans le vieux sens du mot, réservant cette étude pour le chapitre où il sera traité du système nerveux périphérique. Nous considérons donc ici spécialement les cellules nerveuses, à quelque région du système nerveux qu'elles appartiennent.

Leur caractéristique, c'est la sensibilité. Nous connaissons déjà les cellules *sensorielles*, celles qui reçoivent les impressions extérieures. Les autres cellules sensibles se trouvent interposées entre ces cellules réceptrices et les organes de réaction, muscles et glandes. Ce sont les cellules proprement *nerveuses*. Leur rôle, d'après une conception très répandue, est de recueillir les excitations périphériques, de les additionner et de les transformer en excitations nerveuses qu'elles distribuent par des fibres conductrices aux organes de réaction. Ce mouvement en retour, comme l'appelle Prenant[1], est de deux sortes : ou bien *réflexe*, la cellule nerveuse ne l'ayant en rien modifié sur tout son trajet, ou bien *conscient* et *volontaire*, et ce sont dans ces cas des réactions modifiées.

1° *Conditions d'activité des neurones*.

A. Excitants des neurones.—Les cellules nerveuses répondent aux excitations *mécaniques*. On l'a constaté par exemple pour les cellules motrices de la moelle, dont l'excitation mécanique provoque un tétanos.

Parmi les excitants *physiques*, l'électricité est au premier rang. Nous verrons, quand nous étudierons les fonctions du cerveau, de quelle manière réagit l'écorce cérébrale aux excitations électriques. De même, nous verrons les effets de ces excitations sur le nerf périphérique, quand nous parlerons de celui-ci.

Les excitants *chimiques* sont beaucoup plus importants, puisque c'est leur action qui détermine en grande partie le fonctionnement du système nerveux. Les variations de la composition du sang qui arrive aux cellules nerveuses sont une première cause de modifications de l'activité de ces éléments; qu'il se trouve dans le sang un peu plus d'acide carbonique, et l'excitabilité d'un grand nombre de centres nerveux se trouve augmentée (voy. p. 469, 485, 571, 589). Chose remarquable, tous n'éprouvent pas en même temps le maximum de cet effet, c'est l'excitabilité du centre vaso-constricteur bulbaire qui s'accroît d'abord, puis celle du centre cardio-inhibiteur et du centre respiratoire, et en dernier lieu celle des centres vasculaires spinaux[2]. Combien d'autres substances, produits du métabo-

1. A. Prenant et Bouin, *Traité d'histologie*, t. II, Paris, 1911, p. 332.
2. De même, l'asphyxie excite les centres médullaires pilo-moteurs (centres des nerfs érecteurs des poils [Langley]), tandis qu'elle n'agit aucunement sur les cellules qui se trouvent situées sur le trajet périphérique de ces nerfs pilo-moteurs.

lisme normal ou de ce métabolisme (sécrétions internes) plus ou moins faussé et dont par suite la quantité peut varier beaucoup dans le sang, donnent lieu à des effets analogues ou inverses (voy. p. 222, 485 et 657 et suiv.)[1] !

Non moins importantes que les précédentes sont les innombrables excitations *sensibles* que conduisent aux centres nerveux les nerfs sensoriels et à la suite desquelles l'activité de ces centres s'éveille ou se modifie de multiples manières. D'autres stimulations peuvent être dues à l'action qu'un centre nerveux exerce sur un ou plusieurs autres centres et qui se transmet à ceux-ci par des communications intercentrales, soit pour en accroître (*dynamogénie*), soit pour en diminuer l'excitabilité (inhibition); nous connaissons déjà de telles associations (voy. p. 198, 487 et 856). Il y a donc deux grandes sortes d'excitations physiologiques, les *externes*, c'est-à-dire les excitations qu'ont reçues les terminaisons périphériques des nerfs centripètes et que ceux-ci conduisent jusque dans la moelle et le cerveau, et les *internes*, c'est-à-dire celles qui proviennent d'autres cellules nerveuses. Dans ce second groupe on peut, du point de vue physiologique, ranger les excitations dites *volontaires*.

Ainsi s'entretient normalement la vie du système nerveux, soit par un *mécanisme automatique* (excitations chimiques), soit par un *mécanisme réflexe* (excitations sensorielles).

ß. **Influence de la circulation.** — Les variations de la quantité du sang qui irrigue les cellules nerveuses en modifient le fonctionnement (voy. p. 347); on a vu en effet que la privation de sang supprime rapidement, après une très courte phase d'excitation, les fonctions des centres médullaires (*expérience de Stenon*). Il est intéressant de noter que l'on constate, au cours de cette expérience, que les diverses cellules nerveuses n'offrent pas à l'anémie ainsi réalisée une égale résistance; les neurones moteurs sont moins résistants que les neurones sensitifs; car la sensibilité est encore intacte quand la motricité est déjà abolie et, lorsqu'on rétablit la circulation, celle-ci reparaît plus tardivement que celle-là. A l'état normal il ne se produit pas de telles anémies, mais nul doute que de simples diminutions dans l'afflux sanguin ne suffisent pour amener des variations de l'excitabilité nerveuse.

D'autre part, les augmentations de la pression artérielle provoquent un accroissement de l'excitabilité des centres nerveux.

Les diverses solutions salées employées en physiologie expérimentale ne peuvent entretenir le fonctionnement du système ner-

1. Nous n'avons pas à parler des si nombreux poisons qui augmentent, tels que les convulsivants (essence d'absinthe, strychnine, picrotoxine, etc.), ou qui diminuent, comme les bromures ou les anesthésiques, l'excitabilité des cellules nerveuses.

veux central, même chez la grenouille[1]; le plasma sanguin au contraire le peut.

C. Influence de l'oxygène. — Par ce qui a été dit de l'influence des variations de composition du sang, on peut supposer que cette influence doit revenir en grande partie aux variations de la teneur du sang en oxygène. De fait, la cellule nerveuse est essentiellement aérobie; sa vie paraît étroitement liée à son oxygénation.

En voici une preuve certaine : une préparation sur la grenouille, comprenant une patte, un sciatique et la moelle, si on la place dans une atmosphère d'oxygène, présente des mouvements réflexes pendant plus de vingt heures, tandis que dans l'air elle perd son excitabilité en deux heures.

D'autre part, les expériences de Max Verworn (1900-1901) ont montré qu'il faut distinguer l'*épuisement* des cellules nerveuses qui résulte du défaut d'apport des matières nutritives nouvelles et en première ligne d'oxygène, de la *fatigue* de ces éléments, effet, comme la fatigue des éléments musculaires, de l'accumulation de leurs produits de désintégration.

D. Influence des sels de calcium. — Le calcium paraît être un agent modérateur de l'excitabilité cérébrale.

En effet, une diminution dans la quantité des sels de calcium du cerveau (au moyen, par exemple, d'injections de substances décalcifiantes) peut être la cause d'accès d'épilepsie. Un déficit en calcium agit donc comme un véritable irritant. Inversement, les sels de calcium, appliqués directement (il suffit d'une petite quantité) sur l'écorce cérébrale, en diminuent l'excitabilité. Chez les aliénés agités (excitation maniaque, par exemple), on trouve une augmentation de la chaux urinaire.

2° Phénomènes liés à l'activité des neurones.

A. Phénomènes histologiques. — Il suffit de les signaler; on les trouve détaillés dans les traités d'histologie récents.

1. Sous l'influence des excitations brèves, le volume de la cellule augmente ; sous l'influence des excitations répétées (fatigue), il diminue.

2. Dans diverses conditions (excitations prolongées par la faradisation de nerfs sensitifs ou par des accès convulsifs ou en forçant l'animal à se fatiguer), on a constaté que la substance chromatique est en moindre quantité et plus diffuse dans le cytoplasma (ganglions spinaux, cornes antérieures de la moelle, écorce cérébrale). Des excitations répétées de la zone dite motrice de l'écorce cérébrale font disparaître la substance chromophile des cellules motrices de la moelle. Chez les amphibies en état

---

1. Cependant on a pu rétablir et entretenir l'activité du système nerveux par circulation artificielle de liquide de Ringer-Locke dans la tête isolée de divers poissons (expériences de Kuliabko, 1907). Il n'est pas surprenant qu'il y ait à ce point de vue de grandes différences entre les espèces animales.

d'hibernation, les cellules nerveuses sont pauvres en substance chromatique. — On a cependant contesté que les variations quantitatives des corpuscules de Nissl fussent en relation avec l'activité du neurone d'après les expériences suivantes : chez des lapins soumis à un échauffement (42° à 44°), la substance chromatique des cellules des cornes antérieures de la moelle est en grande partie dissoute ; si on retire les animaux de l'étuve, cet état persiste quelque temps après la disparition de tous les accidents dus à l'hyperthermie. Même dissolution de la substance chromatique dans les cellules de la moelle à la suite de la ligature de l'aorte abdominale (expérience de STENON, p. 347 et 979) et qui persiste aussi après que la paralysie résultant de l'anémie de la moelle a disparu. Autre observation du même genre : chez les lapins intoxiqués par le nitrile malonique, les cellules des cornes antérieures de la moelle sont profondément altérées par la décomposition des corpuscules de Nissl; or l'hyposulfite de soude est l'antidote spécifique du nitrite malonique (expériences de HEYMANS, 1896); après une injection d'hyposulfite de soude, un lapin intoxiqué par le nitrile malonique se rétablit rapidement, et cependant les altérations des cellules nerveuses ne disparaissent pas complètement avant deux ou trois jours.

Quelle que soit l'importance de ces faits, ceux-ci toutefois ne prouvent-ils pas seulement que la fonction de la cellule nerveuse n'est pas absolument liée à la disposition structurale de la chromatine? Et ne dépendrait-elle pas plutôt de la constitution chimique que des dispositions morphologiques de son protoplasma?

En somme, les faits connus jusqu'à présent montrent que la substance chromatique paraît s'accumuler au repos et qu'elle se désintègre durant l'accomplissement de ses fonctions.

3. Le noyau de la cellule nerveuse, sous l'influence des excitations prolongées, présente une augmentation considérable de volume; par la fatigue il diminue. D'autres fois, on a observé un déplacement du noyau vers la périphérie de la cellule ; c'est ce que l'on voit pour le noyau des cellules des ganglions sympathiques, quand on excite électriquement un nerf afférent.

4. Les prolongements protoplasmiques des neurones sont munis de petits appendices de formes différentes

On a vu dans des préparations faites sur des portions du système nerveux d'animaux tués dans des conditions diverses (anesthésiés par le chloroforme ou l'éther, morphinisés, asphyxiés, etc.), que ces prolongements sont remplacés par de petites nodosités (état perlé ou *moniliforme* des neurones). On a conclu que lesdits prolongements peuvent se rétracter ou, d'autres fois, s'allonger et que par cela même les courants nerveux peuvent être empêchés ou facilités.

L'interprétation des aspects que présentent les appendices dendritiques est très délicate. Elle n'est, en tout cas, pas assez sûre pour servir à l'édification des théories physiologiques.

B. Phénomènes physiques. — Le processus d'excitation des fibres musculaires, des fibres nerveuses, etc., donne lieu, à l'endroit excité, à une tension électrique négative qui engendre un *courant d'action*. Il paraît en être de même des cellules nerveuses. Leur excitation s'accompagne d'un développement d'électricité ; l'endroit excité devient électro-négatif, et il y naît un courant d'action qui, dans un conducteur métallique reliant la partie excitée aux parties voisines, va des cellules au repos aux cellules en activité.

Le fonctionnement des cellules nerveuses s'accompagne aussi d'une production de chaleur qui peut élever leur température ; c'est du moins ce que nous verrons en parlant de l'activité cérébrale et spécialement de l'activité psychique. Or, nous allons noter tout à l'heure qu'il se passe, lors de l'activité des cellules cérébrales, des phénomènes d'oxydation. Le dégagement de chaleur signalé s'explique aisément par ces oxydations.

C. Phénomènes chimiques. — Voici d'abord quelques faits concernant les nerfs.

Dans la dégénérescence wallérienne du nerf (voy. plus loin, p. 986), à partir du troisième jour il y a augmentation progressive de la quantité d'eau et diminution correspondante du phosphore ; trois semaines après la section du nerf, cet élément a totalement disparu. Quand la régénération du nerf se fait, celui-ci récupère à peu près sa composition primitive.

Voici maintenant des faits relatifs aux centres nerveux.

Dans la moelle, dans le cas de dégénération du faisceau pyramidal d'un côté à la suite de lésion de l'hémisphère cérébral du côté opposé, on trouve aussi un accroissement de l'eau et une diminution du phosphore dans la partie dégénérée.

Dans le cerveau, on a constaté que la réaction de la substance grise devient acide lors de son fonctionnement, ce qui serait dû à la formation d'acide sarcolatique.

La quantité totale des matières phosphorées diminue dans les formes dégénératives des maladies cérébrales, tandis que la quantité d'eau augmente. — Dans des cerveaux d'aliénés, on a trouvé une grande diminution de la cholestérine.

A ces constatations un peu sommaires s'ajoutent des résultats d'expériences qui nous font entrevoir quelques-uns des processus chimiques de l'activité nerveuse.

1° En premier lieu le fonctionnement des cellules nerveuses est lié à une augmentation de la consommation d'oxygène (expériences très démonstratives de Leonard Hill [1900][1] ci-dessous résumées).

1. Physiologiste anglais contemporain.

Le principe de la méthode de coloration vitale d'EHRLICH a été indiqué, précédemment (p. 81) ; les corps réducteurs (corps avides d'oxygène) décolorent le bleu de méthylène. — Injectons cette substance dans le sang d'un animal vivant, les éléments avides d'oxygène décolorent le bleu qui leur parvient, tandis que ceux où les oxydations sont arrêtées ou diminuées peuvent prendre une coloration bleue. Or. les centres nerveux restent absolument incolores. Mais anesthésions l'animal sur lequel nous expérimentons (chien ou lapin) ; le cerveau prend une teinte bleue, car il a cessé de fonctionner. Sur l'animal légèrement anesthésié, excitons électriquement une des zones de l'écorce cérébrale dites psychomotrices ; cette partie se décolore, pendant que se produisent des mouvements dans les muscles qui sont sous sa dépendance. Mais quand on prolonge l'anesthésie jusqu'à ce que l'écorce cesse d'être excitable, alors la décoloration locale fait défaut.

2° Les matériaux que consomment les cellules nerveuses pour leur fonctionnement commencent à être connus.

On a vu plus haut (p. 980) que la désintégration des corpuscules de Nissl ou *chromatolyse* correspond au fonctionnement des cellules nerveuses ; à l'épuisement de celles-ci correspond la disparition complète des granulations chromophiles. C'est ce que l'on constate, par exemple, après une série d'attaques épileptiformes, dans les cellules de l'écorce cérébrale, ou. sur la grenouille strychnisée, dans les cellules des cornes postérieures de la moelle. On comprend donc le nom de *kinétoplasma* donné par MARINESCO à la substance chromophile[1], considérée comme étant le matériel énergétique du neurone.

Un des produits du travail des cellules nerveuses paraît être la choline (voy. p. 27), dont on a constaté la présence dans le liquide céphalo-rachidien (qui peut être considéré comme la lymphe des centres nerveux), particulièrement dans les cas d'excitation cérébrale, tels que les accès d'épilepsie. La choline proviendrait de la décomposition des lécithines, très abondantes, on le sait, dans le tissu nerveux.

3° *Réactions des neurones ou manifestations de leur activité.*

On pourrait résumer toutes les manifestations d'activité des neurones en disant (*loi de His*, 1886) que chaque cellule nerveuse constitue, pour l'ensemble des parties qui en dépendent, le centre génétique, nutritif et fonctionnel. Ce qui permet aussi de distinguer les réactions des cellules nerveuses, comme celles de toutes autres (voy. p. 108), en échanges de matières et transformations d'énergie.

A. Échanges de matières. — a. PHÉNOMÈNES DE DÉVELOPPEMENT ET DE RÉGÉNÉRATION. — La cellule nerveuse joue un rôle important

1. Cette substance serait surtout formée de nucléo-protéides.

dans la genèse des autres parties du neurone. Ce qui est prouvé par deux ordres de faits, les uns embryologiques, les autres histo-physiologiques.

1. La cellule du système nerveux embryonnaire, le *neuroblaste*, donne naissance à un neurone ; sa partie effilée s'allonge de plus en plus et se transforme en prolongement cylindre-axile qui s'allonge lui-même jusqu'à ce qu'il ait atteint l'endroit où il se termine, partie quelconque du système nerveux, muscle, etc. ; quant aux prolongements protoplasmatiques, ils proviennent du corps cellulaire même du neuroblaste, dont les contours sont peu à peu devenus irréguliers, et ont poussé des sortes d'épines, qui, en s'allongeant et se divisant, forment les dendrites.

Ainsi une cellule nerveuse engendre tous ses prolongements. Elle constitue bien (W. His) un *centre génétique*.

2. Les phénomènes de *régénération* des nerfs fournissent de cette faculté une preuve éclatante.

On verra tout à l'heure que le bout périphérique d'un nerf sectionné dégénère. Or, deux ou trois jours après la section, le bout central du nerf se gonfle ; les cylindre-axes des fibres de ce bout s'allongent peu à peu, arrivent au contact du bout périphérique, s'engagent dans les gaines de Schwann vides de ce segment et, dès lors, s'accroissent beaucoup plus vite, de 1 millimètre environ par jour (d'après les observations faites sur plusieurs nerfs du chien). La régénération du nerf sectionné se fait plus ou moins rapidement suivant les espèces animales ; chez le lapin, elle est complète en cinq à six mois. Quand le nerf a été réséqué, même sur une longueur de 1 à 3 centimètres, la régénération se fait encore. Quand les deux bouts du nerf ont été préalablement suturés, la régénération est facilitée, mais jamais il n'y a de réunion immédiate ; la suture ne peut empêcher la dégénérescence du segment séparé du corps du neurone, et la régénération n'a lieu qu'en raison de la végétation du segment resté en connexion avec un corps cellulaire. Cependant, comme la réunion des deux bouts du nerf facilite le travail de régénération, il y a là une des raisons de l'utilité, au point de vue chirurgical, des sutures nerveuses.

Non seulement la suture est utile quand il s'agit des deux bouts d'un même nerf, mais elle l'est aussi quand il s'agit de joindre le bout central d'un nerf au bout périphérique d'un nerf de même nature. On peut même suturer avec succès le bout central d'un nerf moteur au bout périphérique d'un nerf inhibiteur (hypoglosse et pneumogastrique, par exemple) ; ce sont là toujours des nerfs centrifuges. Dans cet ordre de faits, on a observé des inversions curieuses de fonctions, comme l'a montré une élégante expérience de E. WERTHEIMER et CH. DUBOIS (1906), qui, après avoir suturé le bout central du lingual au bout périphérique de l'hypoglosse e quatre-vingt-seize jours après cette opération, ont vu la faradisation du bout périphérique du nerf hypoglosse régénéré provoquer la dilatation des vaisseaux de la muqueuse linguale, du côté opéré ; ainsi, de vaso-constricteur qu'il est à l'état normal, l'hypoglosse était devenu vaso-dilatateur ; mais

la raison en était dans le bourgeonnement des fibres vaso-dilatatrices de
la corde du tympan contenues dans le lingual; en réalité, par conséquent,
l'inversion de fonction n'est qu'apparente. Mais peut-on suturer efficacement deux nerfs de nature différente, comme nerf sensible et nerf moteur?
Les résultats obtenus jusqu'à présent montrent que la réunion ne se fait
pas entre fibres motrices et fibres sensibles.

La faculté de régénération du bout central, qui est une marque
de ce rôle trophique de la cellule nerveuse étudié un peu plus loin,
atteste en même temps le rôle génétique de cette cellule, puisque
la régénération nerveuse, tendant à la jonction du bout central
avec le bout périphérique, se fait dans une direction déterminée.

La valeur de cette conclusion cependant paraît être diminuée par
toute une série d'expériences, dues surtout à A. Bethe (1901 et 1903)
et qui reproduisent d'ailleurs, comme l'a fait remarquer A. van Gehuchten, d'anciennes recherches de Philippeaux et Vulpian (1859).

D'après ces expériences, chez les animaux jeunes, un nerf séparé de
toute connexion avec la moelle, après avoir dégénéré, peut se reconstituer
complètement, sans être entré en rapport avec aucune cellule nerveuse,
et recouvrer sa fonction physiologique. C'est ce que l'on a appelé l'*auto-
régénération* ou la *régénération autogène* du bout périphérique. Cette
phase régénérative, succédant à la phase dégénérative, aurait son point
de départ dans la multiplication des noyaux de la gaine de Schwann et
une augmentation consécutive du protoplasma qui se différencierait peu
à peu en fibrilles. Chez les animaux adultes, cette auto-régénération s'arrête au stade de l'augmentation du protoplasma; elle ne s'achève que si
le bout périphérique peut entrer en connexion avec le bout central. Et
d'ailleurs, même chez les animaux jeunes, le bout périphérique régénéré,
s'il ne parvient pas à rejoindre le bout central, s'atrophie de nouveau en
même temps qu'il perd son excitabilité, qu'il avait récupérée. Cette constatation infirme donc la signification de l'auto-régénération. Quant à ce
fait même, il s'expliquerait peut-être par la persistance, chez les jeunes
animaux, du pouvoir trophique et génétique des neuroblastes périphériques.

Tout ce que nous avons dit de la régénération ne concerne que
les prolongements des neurones. Quant aux corps cellulaires eux-
mêmes, ils ne se régénèrent pas; il n'y a, par exemple, ni réparation organique, ni réparation fonctionnelle d'un centre nerveux
détruit; et il en est de même des cellules des ganglions spinaux et
des ganglions sympathiques. Comme l'a dit Bizzozero, le tissu nerveux est un tissu « à éléments perpétuels »; le protoplasma de ces
éléments est soumis aux mutations chimiques qui conditionnent et
à la fois qui nécessitent son fonctionnement; mais c'est peut-être
bien dans cette sorte de permanence des mêmes éléments qu'il faut

voir une des conditions essentielles de la vie psychique et de ses caractéristiques, la mémoire et la personnalité.

b. ACTIVITÉ TROPHIQUE. — La cellule nerveuse est aussi un *centre trophique.*

Après la section d'un nerf moteur, le bout périphérique de ce nerf a perdu son excitabilité électrique en trois ou quatre jours (chez les animaux à sang chaud) (expériences de LONGET, 1841). La cause de ce fait est que le nerf, séparé des cellules nerveuses d'où proviennent les cylindres-axes, *dégénère* [1].

Cette dégénérescence, qui commence cinq à six jours après la section du nerf, est une désorganisation de la fibre nerveuse à partir du point sectionné jusqu'à ses dernières ramifications et consiste en la désagrégation granuleuse des neuro-fibrilles constituant le cylindre-axe et en la résorption des granulations de plus en plus petites ainsi produites et, d'autre part, en la fragmentation en boules de la myéline, qui disparaît peu à peu. De là la teinte gris-pâle du bout périphérique d'un faisceau de fibres séparé de ses cellules d'origine, il a perdu avec sa myéline sa couleur blanche spéciale. Cette double destruction du cylindre-axe et de la myéline laisse des gaines de Schwann vides. Au contraire, les fibres du bout central du nerf restent normales (on va voir dans un instant quelle restriction il convient d'apporter à ce dernier fait).

C'est à cette destruction du cylindre-axe dans toutes les fibres nerveuses qui ne sont plus en continuité avec leurs cellules d'origine que l'on donne le nom de *dégénérescence wallérienne*, du nom du savant anglais A. WALLER qui, en 1852, l'a le premier décrite.

A. WALLER a mis particulièrement en évidence le rôle trophique des cellules des ganglions spinaux. Les nerfs rachidiens sortent de la moelle par deux ordres de racines, les antérieures qui contiennent les fibres centrifuges, et les postérieures par lesquelles passent les fibres centripètes. Or, 1° lorsqu'on coupe une racine antérieure, le bout périphérique se désorganise, tandis que le bout central reste intact, parce qu'il est encore en connexion avec son centre trophique, la moelle, c'est-à-dire avec le neurone moteur; 2° lorsqu'on coupe la racine postérieure, il faut distinguer deux cas : *a.* quand on coupe la racine postérieure au delà du ganglion (entre le ganglion et la périphérie), c'est le bout périphérique qui dégénère, tandis qu'il ne se produit pas d'altération dans le bout central, lequel est encore en connexion avec le ganglion; *b.* quand on coupe la racine postérieure entre la moelle et le ganglion, c'est le bout resté en connexion avec le ganglion qui demeure intact, pendant que le bout adhérent à la moelle se

1. Cependant on ne constate pas encore les lésions histologiques du nerf, alors que son excitabilité a disparu. C'est pour cela que l'on a dit que la dégénérescence physiologique précède la dégénérescence morphologique. Le vrai, c'est que très vite après la section des nerfs il s'y produit des altérations chimiques qui précèdent les modifications structurales et qui même, vraisemblablement, les déterminent (voy. p. 982) et qui ont échappé jusqu'ici aux investigations d'ordre histologique.

désorganise (voy. fig. 225, 1 et 3). Les ganglions intervertébraux jouent donc le rôle de centres trophiques vis-à-vis des nerfs sensitifs, tandis que le centre trophique des nerfs moteurs est dans le névraxe.

La loi est générale : la cellule nerveuse, avec ses prolongements, quelque longs qu'ils soient, est une unité. Dans toute unité cellulaire à laquelle on fait subir un traumatisme qui en sépare une partie, c'est seulement la partie où est demeuré le noyau qui continue à vivre, tandis que l'autre se désorganise. Le fait de la dégénérescence du nerf sectionné rentre donc dans les faits connus maintenant sous le nom de *mérotomie* (voy. p. 118 et 120). « Séparé de la cellule qui lui a donné naissance, ce bout de cylindre-axe meurt comme une branche d'arbre sectionnée de son tronc » (A. VAN GEHUCHTEN [1]). Sur la loi de WALLER s'est fondée la *méthode des dégénérescences secondaires* [2], grâce à laquelle on peut poursuivre le trajet d'un faisceau de fibres nerveuses partout où le scalpel est impuis-

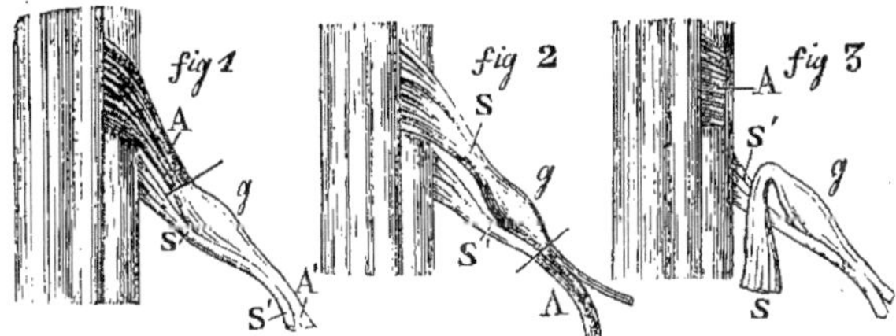

Fig. 225. — Schéma des altérations consécutives à la section des racines rachidiennes
(CL. BERNARD).

1. — La section a porté sur la racine postérieure avant le ganglion. La portion A, comprise entre la moelle et la section, est seule altérée ; la portion A′ attenant au ganglion *g* n'a pas subi d'altération.

2. — La section a porté sur le nerf mixte immédiatement après la réunion des deux racines. La portion A du nerf mixte est altérée, tandis que les deux racines (dont la postérieure S et son ganglion *g*) n'ont subi aucune altération.

3. — La racine postérieure a été arrachée de la moelle en A ; son bout périphérique S, rabattu, n'offre pas d'altération.

sant à les délimiter ; il n'y a pour cela qu'à déterminer comment se distribuent les fibres dégénérées. C'est à cette méthode que l'on

1. *Anat. du système nerveux de l'homme*, 4ᵉ édition, p. 238, Louvain, 1906.
2. Un des enseignements les plus précieux fournis par cette méthode concerne « la théorie du neurone ». Comme l'a dit DEJERINE * (*Soc. de neurologie*, 3 mars 1904, in *Revue neurologique*, 1904, p. 205), les idées d'APATHY et de BETHE ne pouvaient prévaloir contre ce que nous enseignait l'étude des dégénérescences secondaires, à savoir que la dégénérescence d'un neurone ne se transmet pas à celui auquel il vient aboutir »

* J. DEJERINE (1849-1917), un des maîtres de la neurologie au XIXᵉ siècle, aussi connu par ses travaux de neuropathologie que par ses études anatomiques ; son grand *Traité d'anatomie des centres nerveux*, en collaboration avec sa femme, est un ouvrage fondamental.

doit une grande partie des progrès faits dans l'étude des voies
nerveuses de l'axe cérébro-spinal.

Il importe pourtant de remarquer avec A. Van Gehuchten que la loi de
Waller enferme deux faits, « l'un positif et l'autre négatif ». Le fait
positif, la dégénérescence des fibres du bout périphérique d'un nerf interrompu en un point de son trajet, reste vrai. Le fait négatif, la non-dégé-
nérescence des fibres du bout central d'un nerf interrompu, comporte
des restrictions. Il survient en effet dans le bout central d'un nerf sectionné, et surtout arraché, une dégénérescence identique à celle que
l'on connaît dans le bout périphérique, qui commence cependant plus tard
que celle-ci, environ vingt jours après l'opération[1]. Mais ce n'est pas,
comme on l'a soutenu, une dégénérescence *ascendante* ou *rétrograde*,
c'est-à-dire remontant du prolongement du neurone au corps cellulaire ;
elle débute au contraire au voisinage immédiat de la cellule pour gagner
rapidement tout le bout central ; elle est donc *cellulifuge* ou *descendante*,
tout comme celle du bout périphérique. — Cette dégénérescence est consécutive à l'atrophie des cellules d'origine des fibres intéressées. L'arrachement d'un nerf ou même, dans quelques cas, sa simple section détermine
dans les cellules d'origine des réactions (il y a d'abord chromatolyse[2]) qui
aboutissent à leur atrophie, et cette atrophie cellulaire entraîne à son tour
la dégénérescence des fibres du bout central. De là, le retard de cette
dégénérescence sur celle qui suit la section du nerf dans les fibres du bout
périphérique ; ces dernières sont immédiatement soustraites à l'influence
trophique de leurs cellules d'origine ; les fibres du bout central ne commencent à dégénérer que lorsque le corps des neurones auxquels elles
appartiennent s'atrophie. Pour cette raison aussi cette dégénérescence,
qui est bien, nous avons dit pourquoi, wallérienne, peut être appelée *indirecte* (Van Gehuchten) (*indirectement* consécutive à la rupture d'un nerf),
la dégénérescence du bout périphérique étant la *dégénérescence wallé-*

1. Il ne faut confondre ces faits ni avec les observations faites sur la moelle
d'anciens amputés concernant la diminution de volume de la substance grise et
blanche du côté lésé, ni avec les observations du médecin allemand Gudden et
de ses élèves sur les altérations consécutives à l'arrachement d'un nerf crânien
chez les animaux nouveau-nés (*méthode de Gudden*) (atrophie de toutes les fibres
du bout central et des cellules du noyau d'origine). Dans le premier cas, il s'agit
d'atrophies dues à une inactivité fonctionnelle persistante et, dans le second cas,
d'arrêts de développement.

2. La dissolution des éléments chromophiles paraît donc être un mode de réagir
très général des cellules nerveuses à toutes les excitations. Nous avons déjà
indiqué (p. 980 et 983 plusieurs cas dans lesquels on l'observe. Voici que nous la
voyons se produire à la suite de la section ou de l'arrachement du prolongement
cellulifuge s'il s'agit d'un neurone moteur, du prolongement cellulipète s'il s'agit
d'un neurone sensible (la section des fibres des racines postérieures, prolongements cellulifuges des cellules des ganglions spinaux, n'est suivie d'aucune réaction cellulaire). On l'a constatée encore dans un grand nombre d'intoxications
(par l'arsenic, par le phosphore, par le plomb, etc., par l'alcool, par divers alcaloïdes, par diverses toxines microbiennes), et dans différents états pathologiques
(inanition, ligature temporaire de l'aorte abdominale, hyperthermie expérimentale, urémie, etc.).

vienne directe, c'est-à-dire *directement* consécutive à l'interruption des ubres nerveuses (Van Gehuchten.)

De tous ces faits il résulte bien que la lésion d'une portion du neurone retentit sur tout le neurone, mais que les altérations de celui-ci, la dégénérescence secondaire », ne dépassent pas le neurone lésé (voy. ci-dessus la note 1 de la page précédente).

L'influence trophique des cellules nerveuses paraît s'étendre jusqu'aux organes périphériques avec lesquels elles sont en relation.

On sait depuis longtemps qu'un muscle, séparé de son nerf moteur, dégénère. Il en est de même quand les cellules des cornes antérieures correspondantes à ce nerf ont été détruites par un processus pathologique. Et cette dégénération du muscle ne tient pas à l'inactivité dans laquelle il tombe de par la section de son nerf moteur ; ce n'est nullement une atrophie par défaut d'exercice ; l'inaction n'entraîne que l'atrophie dans la substance du muscle, mais non sa dégénérescence. Les muscles blancs dégénèrent plus facilement que les muscles rouges (Sherrington). D'autre part, c'est seulement par le travail (voy. p. 685) que les muscles peuvent augmenter de volume, que leur substance peut s'accroître, et ce fonctionnement est commandé par l'activité nerveuse. — La glande sous-maxillaire, séparée de ses nerfs sécréteurs, dégénère aussi. — Les nerfs centripètes exercent sur les organes périphériques qu'ils innervent une semblable action trophique. On a vu (p. 863 et 868) que les bourgeons gustatifs de la langue dégénèrent après la section des glosso-pharyngiens

Existe-t-il des nerfs et des centres trophiques spéciaux? Les faits que nous venons de rapporter ne sont pas favorables à cette hypothèse. On voit en particulier que les mêmes nerfs qui, en provoquant la contraction musculaire, déterminent dans le muscle les processus de désassimilation liés à son activité, maintiennent sa nutrition normale. « Trois conditions, dit justement Morat, sont essentielles à la vie cellulaire : apport de la substance de remplacement, apport de l'énergie (qui est du reste liée à cette substance), apport de l'excitation qui utilise cette énergie et cette substance; il suffit qu'une seule de ces conditions fasse défaut pour que la cellule soit en péril[1]. »

Les faits le plus souvent cités en faveur de l'existence de nerfs trophiques sont les altérations de la cornée (opacité, ulcérations) consécutives à la section du trijumeau et l'inflammation des poumons qui suit la section des deux vagues au cou. Mais les premières résultent de la perte de sensibilité de la cornée : le clignement ne se fait plus, la membrane se dessèche, elle s'enflamme et s'infecte; si on suture le pavillon de l'oreille au-devant de l'œil, les troubles trophiques ne se produisent plus. Quant à la vagotomie double, elle amène la paralysie des muscles du larynx, du pharynx

1. J.-P. Morat et M. Doyon, *Traité de physiologie; Fonctions d'innervation*, p. 258.

et de l'œsophage et supprimé le réflexe de la toux ; dans ces conditions, les parcelles alimentaires et la salive pénètrent aisément dans les voies respiratoires ; en quelques jours, une pneumonie mortelle se déclare ; celle-ci est empêchée si, avant de couper les vagues, on pratique au cou une fistule œsophagienne.

6. Transformations d'énergie. — La cellule est un *centre fonctionnel*.

Une question préalable se pose ici. Les cellules nerveuses sont situées sur le trajet des excitations venant de l'extérieur et elles y répondent de façons diverses. On les considérait donc comme douées de la capacité de recevoir ces excitations, de les modifier et de les *réfléchir* vers les voies centrifuges. L'acte essentiel de leur fonctionnement, c'est le phénomène appelé depuis longtemps *réflexe*.

Voici comment on se le représentait : lorsqu'une excitation est portée au niveau des terminaisons d'un nerf sur une surface sensible, cette irritation se transmet par une fibre centripète à une cellule nerveuse centrale, qui la *réfléchit*, par une fibre centrifuge, sur un autre organe plus ou moins périphérique, par exemple sur un muscle, dont elle va ainsi provoquer la contraction, ou sur une glande dont elle amène la sécrétion (fig. 226).

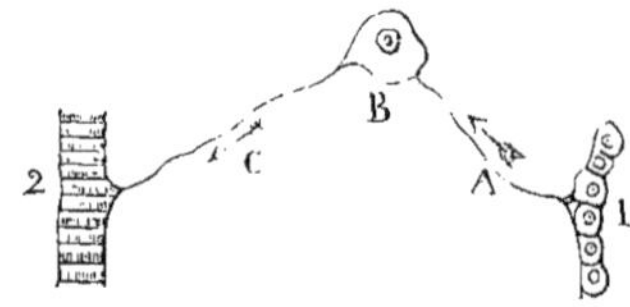

Fig. 226. — Schéma d'un réflexe simple, suivant la théorie ancienne des réflexes.

1, surface épithéliale ; — 2, muscle ; — A, fibre centripète ; — B, cellule nerveuse centrale ; — C, fibre centrifuge ; — A, B et C forment l'*arc nerveux* par lequel est conduit le réflexe.

Que l'on compare à cette figure 226 les deux schémas de la figure 177 (p. 817), et l'on verra ce qu'est devenue la conception primitive du réflexe. L'acte réflexe n'est jamais confiné dans une seule cellule nerveuse ; deux neurones au moins y prennent part, un neurone sensitif et un neurone moteur qui communiquent entre eux ; mais ces communications se font par simple contiguïté. Le *lieu de réflexion* paraît donc être, non dans la cellule, mais à l'union des deux neurones, aux points d'« articulation ». Faut-il donc transporter à cette articulation les propriétés attribuées à la cellule nerveuse ? C'est la question qui a été posée.

On connaît plusieurs expériences dont les résultats sont contraires a cette opinion.

1. Si l'on excite sur le lapin le pneumogastrique dans son segment pré- ou post-ganglionnaire (ganglion jugulaire), dans le premier cas le temps perdu de l'excitation est beaucoup plus long. C'est donc qu'en traversant les cellules ganglionnaires l'excitation a subi un ralentissement. — Quand nous étudierons l'excitabilité de l'écorce cérébrale, nous retrouverons un

fait du même genre, et nous verrons que ce temps perdu de l'excitation à travers l'écorce est vraisemblablement employé à faire subir à cette excitation des modifications importantes, d'où résultent les différences que l'on constate entre les effets du même irritant appliqué à l'écorce ou à la substance blanche sous-jacente.

2. L'excitation d'une racine antérieure a un effet plus marqué que celle du bout périphérique de la même racine sectionnée. En rétrogradant, l'excitation a donc atteint les cellules motrices, qui, subissant ainsi son influence, ont renforcé l'effet.

3. L'excitation d'une racine postérieure en deçà ou au delà du ganglion sur un animal légèrement chloroformé (chien) provoque des mouvements réflexes dans tout le corps et des gémissements. Si on laisse tomber sur ce ganglion quelques gouttes de nicotine (la nicotine paralyse les cellules nerveuses, voy. p. 465, 898 et 904), l'excitation du nerf sensitif au delà du ganglion produit les mêmes effets qu'auparavant, tandis que, si on l'excite en deçà du ganglion, même avec un courant plus fort, on n'observe que quelques secousses musculaires dans la partie correspondante. Et ce résultat est bien dû à la suspension de l'activité des cellules ganglionnaires par la nicotine, puisque l'application directe de cette substance sur une racine postérieure ne modifie nullement la conductibilité de ces fibres.

4. On isole un ganglion spinal de toutes les parties voisines (expériences sur la grenouille et sur le chien) afin de le priver à peu près complètement d'afflux sanguin. On constate alors que l'excitation de la racine postérieure en deçà du ganglion n'est plus suivie d'effet, soixante heures environ après l'opération chez la grenouille et une vingtaine d'heures après chez le chien.

Il se peut donc bien que le lieu de réflexion soit à l'articulation de deux neurones, mais il n'en reste pas moins que la cellule nerveuse intervient dans la transmission des excitations recueillies par le prolongement périphérique et que, pour passer de ce dernier au prolongement cellulifuge, ces excitations traversent le corps cellulaire. Toujours est-il aussi que de ces faits l'activité de la cellule ressort manifestement.

Peut-on déterminer la nature de ces réactions ? Nous avons déjà fait remarquer que nous ignorons le mécanisme intime de l'action nerveuse; nous ne pouvons donc étudier celle-ci en elle-même; nous ne pouvons l'étudier que dans et par ses effets.

a. LES ACTIONS RÉFLEXES. — Toute réaction organique, quelle qu'elle soit, contraction musculaire, sécrétion, etc., qui se produit à la suite d'une impression sur un appareil nerveux sensible, peut être qualifiée d'action réflexe. Un réflexe, c'est, suivant la définition de ROUGET, une *impression transformée en action*, ajoutons sans l'intervention de la volonté et de la conscience, et cette transformation s'opère dans un centre nerveux[1].

1. H. BEAUNIS a très bien résumé le développement de nos connaissances sur

Considérons l'action réflexe la plus simple. L'*arc nerveux simple* peut être représenté par un schéma qui montre le trajet d'une excitation cutanée à la moelle et de la réaction de celle-ci sur un muscle (fig. 227).

L'impression sensible arrive aux cellules du ganglion spinal par les

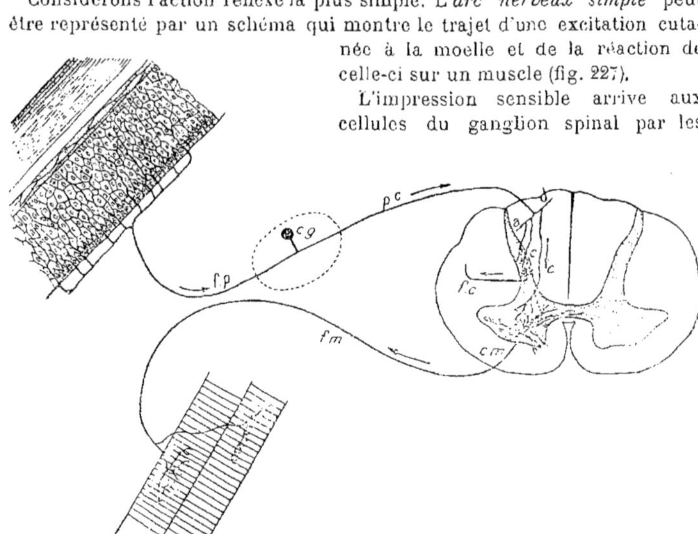

Fig. 227. — Schéma d'un arc réflexe simple dans la moelle (d'après van Gehuchten). Les flèches indiquent le sens du courant nerveux : *f. p* , prolongement périphérique de la cellule ganglionnaire *c. g* ; *p. c.*, prolongement central de cette cellule, avec ses branches *a* et *d* ; *c c*, collatérales émises par ces branches ; *c. m.*, cellule radiculaire motrice ; *f. m*, fibre motrice allant au muscle ; *f. c.*, fibre cordonale issue d'une cellule de cordon.

fibres périphériques *fp* cellulipètes (fig. 227); puis elle passe, suivant une direction cellulifuge, dans le prolongement central *pc* des cellules gan-

cette importante question, à cela près qu'il a négligé de mentionner Descartes, qui semble bien avoir eu le premier la conception du mécanisme du mouvement réflexe (1640), et Astruc [*], qui, dès 1743, a donné son nom au phénomène en comparant la transformation d'une impression en mouvement à un rayon lumineux qui se réfléchit sur une surface. « Hales établit le principe fondamental de l'action réflexe en démontrant que les réflexes cessaient par la destruction de la moelle. Mais c'est Prochaska [**] (1784) qui soumit le premier ces phénomènes à une étude véritablement scientifique. Plus tard, Marshall-Hall montra que les phénomènes réflexes n'étaient point exclusifs à la moelle et que sur une tête séparée du corps l'attouchement du globe oculaire déterminait l'occlusion des paupières, occlusion qui ne se faisait plus après la destruction du cerveau. Bientôt enfin on constata que les sécrétions et beaucoup d'actions nerveuses se produisaient aussi par le même mécanisme que les mouvements réflexes, et peu à peu on arriva à y faire entrer toutes les actions nerveuses, aussi bien celles qui se passent dans le cerveau que celles dont le siège se trouve dans la moelle épinière et la moelle allongée » (*Nouveaux Éléments de physiol. humaine*, 3ᵉ édit., Paris, 1888, t. 1, p. 608).

[*] Médecin français qui fut successivement professeur à Montpellier, à Toulouse et à Paris (1684-1766).

[**] Anatomiste et physiologiste autrichien (1749-1820), professeur à l'Université de Vienne pendant de longues années.

glionnaires *cg* (prolongement qui forme la fibre constitutive des racines sensibles des nerfs spinaux et des nerfs cérébraux) ; par cette fibre, elle pénètre dans la moelle, elle y suit les branches de division ascendante et descendante *a* et *d* par lesquelles sont constitués les faisceaux postérieurs de la moelle. Jusque-là, elle n'est pas sortie du neurone sensitif. C'est dans la substance grise de la moelle que va se faire entre neurone centripète et neurone centrifuge la connexion ou articulation, (*synapsis*[1] de Sherrington). En effet, l'excitation s'engage alors dans les dendrites de la cellule radiculaire motrice *cm*, traverse le corps de cette cellule et la quitte, dans une direction centrifuge, par l'axone ou fibre motrice *f m*, par lequel elle arrive jusqu'au muscle où se termine cet axone. Elle a ainsi parcouru un second neurone, moteur. Et l'impression *réfléchie* dans la moelle, s'est transformée (?) en mouvement.

Pour ces réflexes simples, l'arc nerveux n'est formé que de deux neurones : de tels réflexes se produisent sur toute la hauteur de la moelle et aussi dans les parties supérieures du névraxe, par exemple dans la protubérance, où, par connexion entre les fibres sensibles du trijumeau et les cellules d'origine du facial, l'arc nerveux du *réflexe palpébral* est réalisé.

L'arc réflexe est rarement aussi simple. D'ordinaire, entre ces deux neurones s'intercalent des neurones centraux, des groupes de cellules nerveuses (fig. 228) [cellules cordonales de la moelle ou du bulbe avec leurs axones et les collatérales qui en sont issues), neurones d'association qui relient divers points de la moelle du même côté, mais à des niveaux différents, ou des deux côtés. De là la diffusion des impressions sensibles qui vont agir sur un plus ou moins grand nombre de neurones moteurs superposés et provoquer des mouvements plus ou moins étendus.

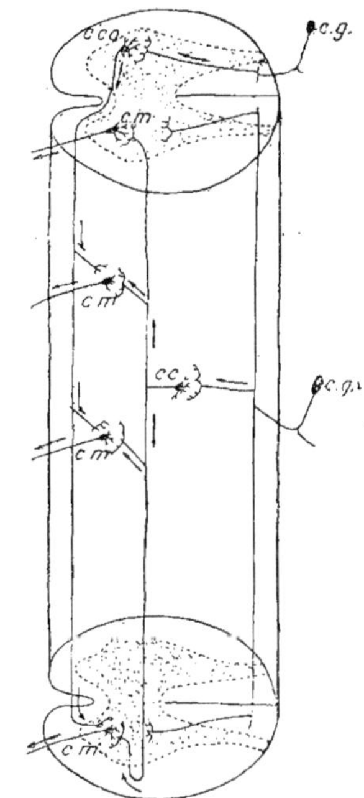

Fig. 228. — Schéma d'un arc réflexe compliqué (d'après van Gehuchten et d'après Prenant).

Les flèches indiquent le sens du courant nerveux ; de la cellule ganglionnaire *c g*, le courant passe soit du même côté de la moelle par la cellule cordonale *cc* et par ses fibres ascendante et descendante, soit du côté opposé par la cellule cordonale commissurale *cco*, et arrive aux cellules motrices *cm*.

Dans les groupes de cellules que nous appelons des centres peuvent donc se passer des phénomènes compliqués, par lesquels

<hr>

1. De συναψις, qui signifie simplement connexion, liaison, jonction.

s'opèrent la diffusion et la coordination des mouvements consécutifs aux impressions périphériques.

Pour étudier les phénomènes réflexes, il faut se placer dans des conditions qui suppriment, de la part de l'animal en expérience, tous les mouvements spontanés ou voulus, et ne laissent possibles que ceux qui sont le résultat direct des excitations que l'on porte sur des surfaces sensibles. A cet effet, il faut supprimer les fonctions du cerveau en interrompant toute communication entre cet organe et la moelle épinière, lieu de production des réflexes les plus simples et par suite les plus faciles à analyser. On décapite donc l'animal, s'il s'agit d'un animal à sang froid, comme la grenouille; s'il s'agit d'un animal à sang chaud, on coupe l'axe nerveux entre l'occipital et la première vertèbre cervicale (section du bulbe) et, comme cette opération abolit les mouvements respiratoires, on pratique la respiration artificielle pour maintenir l'hématose. — On peut aussi pratiquer simplement une section transversale complète de la moelle, à différents niveaux, en général à la partie inférieure de la moelle cervicale. On peut même isoler entre deux sections un tronçon de moelle, comprenant une paire nerveuse : l'excitation des fibres sensitives provoque une contraction des muscles innervés par le nerf moteur correspondant.

Si, sur un animal ainsi préparé (grenouille par exemple), on excite la peau d'une patte postérieure en un point, soit mécaniquement (par pincement), soit par un courant induit, soit par une goutte d'une solution d'acide acétique à 1, 2, ou 3, ou n grammes par litre, on constate que, pour un léger pincement ou pour une intensité déterminée du courant ou pour une concentration donnée de la solution acide, souvent variable selon les animaux, il se produit un mouvement dans la patte excitée. Si le pincement ou le courant est plus fort ou la solution employée plus acide, le mouvement peut s'étendre au membre symétrique. Si l'intensité de l'excitation augmente encore, les mouvements s'étendent aux muscles antérieurs, puis aux autres muscles du corps en relation avec la moelle. — Mêmes phénomènes, si, au lieu d'exciter la peau, on excite le bout central du nerf sensible ou la racine postérieure correspondante. — Mêmes phénomènes aussi chez les Mammifères, mais il faut attendre quelques jours pour les voir se produire avec netteté, parce que la section de la moelle détermine en général, chez ces animaux, des réactions inhibitoires qui durent plusieurs jours. Chez les nouveau-nés cependant (chat ou chien), chez lesquels ces réactions ne sont pas encore développées, on peut faire les expériences immédiatement après la section de la moelle ou la décapitation.

Conditions et caractères des actions réflexes. — Une action réflexe comprend trois phases : l'excitation d'un appareil sensible, celle d'un centre nerveux (*centre réflexe*) et celle du nerf centrifuge avec l'effet qui en résulte. L'action réflexe varie suivant des conditions relatives à ces trois facteurs.

1. Toute excitation d'un nerf sensible quelconque donne lieu à des réflexes. D'une façon générale cependant, à l'excitation d'un nerf centripète déterminé correspond la mise en activité d'un nerf centrifuge déterminé : l'excitation des nerfs du goût amène la sécrétion salivaire, celle des terminaisons nerveuses pour le chaud la sécrétion sudorale, celle des nerfs sensibles du poumon les mouvements respiratoires, etc. De là le caractère *défensif* ou *protecteur* de beaucoup de réflexes. — D'autre part, il y a des irritants qui paraissent déterminer spécifiquement des réflexes : ainsi le chatouillement du conduit auditif provoque la toux, le simple contact étant sans effet; sur un chien à moelle sectionnée, on observe à la suite d'une compression de la peau des espaces interdigitaux une extension de la jambe, tandis qu'une piqûre de la plante du pied provoque un brusque retrait de la patte. On pourrait citer d'autres faits semblables. Nous savons d'ailleurs que les extrémités périphériques des nerfs des organes sensoriels présentent des dispositions qui les re dent aptes à être excités par les agents spéciaux, tels que les sons, la lumière, etc., et que ces excitations, outre la sensation qu'elles déterminent, donnent souvent lieu à des réactions réflexes.

2. L'excitabilité d'un centre réflexe augmente quand ce centre est séparé des centres qui sont situés au-dessus de lui ; c'est ainsi que, après la décapitation ou la section du bulbe, les mouvements réflexes dépendant de la moelle deviennent plus énergiques pour des excitations qui, avant l'opération, ne provoquaient qu'une réaction très faible; on voit même le plus léger attouchement sur la partie du corps innervée par le segment postérieur de la moelle suffire à causer des secousses dans les membres correspondants. Ce fait est dû à l'interruption de toute communication entre les centres médullaires et d'autres centres dits modérateurs (SETSCHENOV, 1863) ; les centres supérieurs (surtout le cerveau; les lobes optiques chez la grenouille) exercent une action d'arrêt sur le *pouvoir réflexe* de la moelle [1] : sur un animal intact, on produit la diminution de l'activité réflexe de la moelle par l'excitation des centres supérieurs, dont on exagère par là

---

1. Chez l'homme, dans le cas de lésion transversale complète de la moelle, on n'observe l'exagération des réflexes, plus ou moins longtemps après la lésion, que pour les réflexes cutanés *médullaires* ou *réflexes de défense* (analogues à ceux que présente la grenouille décapitée), c'est-à-dire ceux qui dépendent de la moelle, ceux dont le centre est dans la substance grise de la moelle. Les autres réflexes, au contraire, sont abolis, les réflexes tendineux (contraction réflexe d'un ou de plusieurs muscles à la suite de la percussion d'un tendon) et les *corticaux* contraction localisée de certains muscles, consécutive à une excitation cutanée parfaitement localisée). Les réflexes *tendineux* sont d'origine mésencéphalique; pour qu'ils se produisent, il ne suffit pas que l'arc réflexe périphérique soit intact, il faut aussi que toutes les voies ascendantes et descendantes qui relient la moelle au mésencéphale soient intactes. Même remarque au sujet des réflexes corticaux; il faut aussi que toutes les voies nerveuses qui relient la substance grise de la moelle à l'écorce cérébrale soient intactes. Grâce à cette distinction des réflexes en trois groupes (VAN GEHUCHTEN), il n'y a nulle contradiction entre les observations cliniques et les résultats de l'expérimentation physiologique. Dans les cas de lésions étendues du cerveau, on observe, outre l'exagération des réflexes médullaires, celle des réflexes tendineux, parce que l'écorce exerce aussi son action modératrice sur le mésencéphale comme sur la moelle. — L'ancienne idée de l'arc réflexe élémentaire ne s'applique donc pas à l'homme; elle ne reste vraie que pour les animaux inférieurs.

l'action modératrice. — Les conditions d'ordre chimique dans lesquelles se trouve le centre réflexe modifient son excitabilité ; nous avons cité p. 980, à propos de l'influence de l'oxygène, un exemple remarquable de ce fait. — Parmi les conditions chimiques, il faut peut-être placer aussi l'épuisement résultant de nombreuses excitations antérieures, par lequel est diminuée l'excitabilité des centres. — Beaucoup de substances augmentent ou diminu nt cette propriété ; la strychnine, l'acide phénique sont au rang des premières, les bromures au rang des autres. Sur une grenouille strychnisée, la plus légère excitation, un attouchement, un souffle, provoque des convulsions généralisées.

Il y a en outre des conditions intrinsèques de la vie des centres dont les causes nous échappent et qui paraissent avoir une grande influence sur leur excitabilité. Ainsi l'on peut observer des modifications périodiques de cette propriété qui par exemple se manifestent, pour des excitations de même intensité, par des réactions réflexes (contractions musculaires), alternativement plus fortes et plus faibles.

3. L'activité de tous les nerfs centrifuges peut être mise en jeu par le mécanisme réflexe ; la réaction est donc aussi bien celle d'un nerf sécréteur ou vaso-moteur que celle d'un nerf moteur proprement dit, nerf de muscle strié ou de muscle lisse ; on en a vu déjà d'assez nombreux exemples réflexes sécréteurs, p. 184, 207, 783 ; réflexes cardiaques et vasculaires, p. 467 et 484 ; contraction de muscles lisses, p. 283 [intestin] et 769 [vessie : mouvements respiratoires, p. 572].

Toutes ces réactions ont pour caractère d'être *nécessaires* ; elles succèdent plus ou moins rapidement, en général immédiatement, à l'excitation provocatrice, et elles ne peuvent pas ne pas se produire. Étant nécessaires, elles sont donc *involontaires*. On n'empêche pas la toux qui résulte de la pénétration d'un corps étranger à l'entrée du larynx, ni l'éternuement qui suit certaines excitations de la muqueuse nasale, ni le mouvement respiratoire consécutif à une affusion froide sur la peau, etc. La volonté peut cependant mettre obstacle à quelques mouvements réflexes ; tout le monde sait que l'on peut commander aux réactions motrices ou sécrétoires qui accompagnent d'habitude les émotions, mais on sait aussi combien est variable ce pouvoir suivant les individus et les conditions dans lesquelles ils se trouvent (âge, sexe, santé ou maladie, etc.). — La plupart des réflexes sont *inconscients*, mais il y en a dont nous prenons conscience, sans toutefois que nous puissions les arrêter ; tels sont les réflexes d'origine sensorielle et beaucoup de réflexes d'origine organique. — La plupart des réflexes sont *coordonnés*, à ce point qu'ils paraissent adaptés à un but. On reviendra tout à l'heure sur cette question.

Lois des réflexes. — La production des phénomènes réflexes est soumise à des règles précises que PFLÜGER a d'abord établies par l'expérimentation sur des grenouilles (*lois de Pflüger*) et que CHAUVEAU a confirmées par ses recherches sur de grands Mammifères.

1. Une irritation faible, portée sur la peau d'un membre inférieur, détermine un mouvement réflexe dans les muscles de ce même membre, c'est-à-dire dans les muscles dont les nerfs moteurs sortent de la moelle du

même côté et au même niveau qu'y arrivent les fibres sensibles excitées (*loi de l'unilatéralité*).

2. Si l'excitation devient plus intense, la réaction motrice se manifeste aussi du côté opposé, dans le membre correspondant, c'est-à-dire par les nerfs moteurs symétriques (*loi de la symétrie*).

3. Si l'intensité de l'excitation augmente encore, la réaction motrice s'étendra à des fibres centrifuges d'un niveau différent, se rendant aux autres membres, mais toujours en s'avançant vers la partie supérieure (ou antérieure) de la moelle, c'est-à-dire que l'irradiation se fait de bas en haut, de la moelle épinière vers la moelle allongée (*loi de l'irradiation*).

4. Si l'excitation, et, par suite, la réaction motrice sont assez énergiques pour se propager de bas en haut jusqu'au bulbe et à la protubérance, la réaction devient générale, se propage en tous sens, même de haut en bas, de sorte que tous les muscles du corps y prennent part, la moelle allongée formant comme un foyer général d'où s'irradient tous les réflexes (*loi de la généralisation*).

Aux lois de PFLÜGER on peut en ajouter deux autres encore. L'une a été appelée par CH. RICHET la *loi de la localisation* des réflexes

Lorsque, sous l'influence d'excitations faibles ou spécialement localisées, les réactions nerveuses ne s'irradient pas, lorsqu'elles restent circonscrites dans un domaine particulier de la sphère motrice, ce domaine est toujours dans un rapport constant avec la partie de la sphère sensitive sur laquelle a été portée l'excitation. Ainsi, selon que telle partie de la peau aura été excitée, on verra toujours tel ou tel muscle, tel ou tel groupe de muscles qui entrera en action. En d'autres termes, il y a un groupement, un rapport anatomique préétabli entre certains groupes de cellules nerveuses de l'axe gris d'une part, et certaines fibres centripètes et centrifuges, d'autre part; et tant que le phénomène réflexe reste circonscrit, il est toujours, par l'excitation des mêmes fibres sensitives, localisé dans les mêmes fibres motrices. Aussi a-t-on pu expérimentalement distinguer dans la moelle des centres circonscrits, c'est-à-dire des localisations fonctionnelles que nous aurons à déterminer.

L'autre loi peut être dite *loi de coordination*.

Les réflexes se produisent en effet avec une régularité telle qu'ils paraissent être les manifestations d'un mécanisme préétabli dans les dispositions structurales et fonctionnelles de la moelle. Ainsi, une grenouille à laquelle on a enlevé le cerveau réagit, quand on pince une de ses pattes, comme pour se défendre ; si on dépose sur sa peau, à la racine de la cuisse ou sur le bassin, une goutte d'acide, elle l'essuie immédiatement avec la patte correspondante; bien plus, si on ampute le membre qui se fléchit ainsi vers la cuisse, on voit l'animal, après de vains efforts du moignon pour atteindre la partie irritée (*loi de l'unilatéralité*), si l'irritation persiste et surtout si elle augmente, se servir du membre opposé (*loi de symétrie*) pour frotter et essuyer la place. L'irritation persistant, il peut se produire des mouvements dans tous les membres de l'animal, un saut en avant, la

fuite en un mot. Les faits *d'autotomie* (voy. p. 707) fournissent un autre
et saisissant exemple de cette appropriation, de cette sorte de finalité des
réflexes. Le caractère purement mécanique de l'autotomie ne ressort-il pas
cependant de cette observation que le phénomène se produit aussi bien
chez les animaux décapités? Sur des Mammifères adultes, on peut constater
que les actes réflexes, la moelle ayant été séparée de l'encéphale, sont
souvent aussi bien coordonnés que les mouvements volontaires ; un cheval,
par exemple, détache une ruade quand on le saisit par le paturon ; sur un
chien dont la moelle supérieure a été coupée depuis au moins huit jours, si
on chatouille la région sacrée, la patte du même côté vient gratter la place,
et ce mouvement s'exécute tout à fait comme chez un chien normal ; sur
le même animal, les réflexes de la défécation, de la miction, de l'érection
se produisent régulièrement. Des mouvements de ce genre se voient aussi
chez l'homme pendant le sommeil, quand les organes cérébraux sont
inactifs : l'action de chatouiller la plante du pied, quoique non perçue, n'en
amène pas moins le retrait brusque du membre correspondant ou des
deux membres.

Il est bon de remarquer que les lois de PFLÜGER offrent de nombreuses
exceptions. Ainsi l'excitation périphérique provoque parfois une réaction
dans les muscles du côté opposé seulement (contradiction à la *loi de l'unilatéralité*) ; ces réflexes *croisés* s'observent particulièrement chez les
animaux qui ont une allure diagonale (triton, chat, chien), mais non chez
ceux qui meuvent simultanément les deux membres, soit antérieurs, soit
postérieurs (grenouille, lapin). De même, l'irradiation réflexe ne s'étend
pas toujours de bas en haut, mais, quelquefois, elle est plus facile du segment spinal situé plus haut au segment spinal situé plus bas (expériences
de SHERRINGTON, 1899) (contradiction à la *loi de l'irradiation*). Il est manifeste aussi que des mouvements compliqués, comme la marche, le saut, la
natation, etc., qui se font souvent et surtout se continuent sans que l'on
en prenne conscience et sans l'intervention de la volonté, et qui nécessitent
des associations diverses de mouvements combinés, sont soustraits à des
lois somme toute assez simples.

Classification des actes réflexes. — On divise généralement les
réflexes d'après les voies que suivent et l'action centripète et l'action
centrifuge (classification de LONGET) ; à chacune de ces actions se
présentent deux chemins : ou les nerfs du système cérébro-rachidien
ou ceux du système sympathique.

Les réflexes les plus nombreux suivent comme voie centripète et comme
voie centrifuge les filets nerveux crânio-rachidiens : tels sont la déglutition (voy. p. 197), le clignement des paupières (voy. p. 945), l'éternuement, la toux, etc. L'éternuement est provoqué soit par une excitation de
la muqueuse nasale, soit par l'arrivée brusque des rayons lumineux sur
les membranes de l'œil ; cette irritation se transmet par le nerf trijumeau
vers le ganglion de Gasser, d'où elle arrive aux centres de la moelle
allongée et de la protubérance ; de là, par une série de réflexes nombreux,

elle se transforme dans la moelle en une excitation centrifuge qui s'irradie par le nerf rachidien jusque dans les muscles expirateurs. La toux est aussi un phénomène expiratoire qui résulte de l'irritation des extrémités des nerfs laryngés supérieurs.

Une deuxième classe, presque aussi nombreuse, se compose de réflexes dont la voie centripète est un nerf sensitif du système cérébro-rachidien et la voie centrifuge un nerf moteur sympathique, le plus souvent un vasomoteur ; tels sont les réflexes qui donnent lieu à la pâleur ou à la rougeur de la peau, à l'érection, à l'accélération du cœur, à des sécrétions et, en pathologie, à un grand nombre de troubles circulatoires.

Une troisième classe comprend les réflexes dont l'action centripète suit les nerfs du système sympathique (sensibilité obtuse, dite organique, des viscères), et l'action centrifuge passe par les nerfs moteurs céphalo-rachidiens. La plupart de ces phénomènes appartiennent à la pathologie : telles sont les convulsions que peut amener l'irritation viscérale causée par les vers intestinaux. Comme phénomène physiologique de ce genre, on pourrait citer le réflexe respiratoire, car les impressions qui se produisent à la surface pulmonaire sont transmises au bulbe par le pneumogastrique, nerf du système parasympathique.

Dans une quatrième et dernière classe se placent les réflexes dont les voies conductrices, centripète et centrifuge, sont dans les filets sympathiques. Tels sont les mouvements de l'estomac et de l'intestin (voy. p. 232 et 276) qui se produisent pendant la digestion, la dilatation de la pupille provoquée par la présence de vers intestinaux dans le canal digestif, de nombreux réflexes pathologiques comme la pâleur et le refroidissement de la peau causés par la douleur stomacale.

b. LES ACTIONS D'ARRÊT. — On peut en distinguer trois grands types. Les unes consistent en des suspensions d'action produites par l'excitation de nerfs qui paraissent bien se comporter comme des nerfs centrifuges (*inhibition directe*); c'est le type en apparence le plus simple; de là est venue la conception de neurones directement inhibiteurs, comme il y a des neurones moteurs.

On connaît de nombreux exemples de ce genre de phénomènes (voy. p. 232, nerfs inhibiteurs des mouvements gastriques; p. 276, arrêt des mouvements intestinaux; p. 283, arrêt des mouvements du gros intestin; p. 462 et 465, inhibition cardiaque ; p. 768, relâchement du sphincter urétral; p. 602, 782 et 787, nerfs fréno-sécréteurs).

Du deuxième type d'action d'arrêt il ressort que l'excitation des parties supérieures du système nerveux peut suspendre l'activité des centres nerveux sous-jacents.

On a déjà cité plus haut (voy. p. 995) des cas appartenant à ce groupe. Voici une expérience simple, qui illustre bien cette donnée générale : on enlève le cerveau (hémisphères) d'une grenouille; on excite les lobes optiques par l'application directe à leur surface d'un cristal de chlorure de sodium ; si alors on excite la peau, les mouvements, d'origine médullaire, consécutifs à cette excitation, sont retardés ou même supprimés. Ce n'est donc pas seulement le cerveau qui exerce sur les réflexes une influence modératrice. Néanmoins son rôle, comme centre d'arrêt, surtout chez les animaux supérieurs, est prépondérant, ainsi que l'établissent des expériences de G. Fano (1896) fondées sur une ingénieuse méthode : étant donné que l'action du cerveau doit augmenter le temps de réflexion dans la moelle, on observera, si on enlève le cerveau, un raccourcissement de ce temps ; c'est ce que l'on constate, et principalement quand on enlève le lobe frontal ; l'effet est moindre après l'extirpation du lobe occipital et presque nul après celle du lobe temporo-pariétal. — Chez l'homme, la volonté peut réprimer des réflexes liés aux émotions, tels que les cris et les larmes : il est toute une série d'expressions du visage et de gestes plus ou moins conscients que par l'éducation de la volonté on arrive à maîtriser, j'entends que l'on empêche de se produire ; de même on peut volontairement, du moins pendant une ou deux minutes, arrêter les mouvements de la respiration. Ce sont là des exemples remarquables d'*arrêt des réflexes*.

Le troisième type d'action d'arrêt est le suivant : l'excitation d'un nerf sensible inhibe l'activité d'un centre nerveux antérieurement mise en jeu par un autre excitant (*inhibition réflexe*).

Ainsi l'injection d'une solution concentrée de chlorure de sodium sous la peau du dos d'une grenouille empêche les mouvements réflexes des membres, même ceux que produit un fort pincement. On sait (voy. p. 468) que l'excitation mécanique des intestins amène l'arrêt du cœur ; or, ce réflexe est supprimé par l'excitation forte simultanée d'un nerf sensible des membres. Faits analogues chez l'homme : l'éternuement peut être empêché par le frottement du nez, et les mouvements et le rire consécutifs au chatouillement le sont par la morsure de la langue.

Qu'y a-t-il de commun entre tous ces phénomènes au point de vue de leurs mécanismes ? Existe-t-il des centres et des nerfs inhibiteurs spéciaux ? L'existence de nerfs d'arrêt, si elle est évidente dans quelques cas (pneumogastrique, splanchnique), n'est pas un fait général. Et cette remarque est encore plus juste en ce qui concerne les centres d'arrêt ; s'il fallait expliquer par là tous les phénomènes d'arrêt des réflexes, on serait amené à multiplier ces centres jusqu'à l'absurde. — Pour qu'il y eût inhibition, deux conditions paraissaient nécessaires : l'activité d'un groupe de cellules nerveuses, que ce centre fît partie du système nerveux central ou fût situé à la périphérie (ganglions sympathiques, tels que les ganglions cardiaques ou les plexus ganglionnaires des parois intestinales ou vasculaires), et une excitation arrivant à ces centres et en suspendant l'activité. Dans les deux derniers types d'actions d'arrêt que nous avons distingués, cette excitation est centripète. Dans les cas (correspondant à notre premier type d'actes inhibitoires) où elle se transmet

par des conducteurs spéciaux (nerfs inhibiteurs proprement dits),
cette excitation paraît être de sens centrifuge (voy. p. 465 l'explication donnée du mode d'action du nerf pneumogastrique sur le cœur),
mais il semble bien qu'elle agisse non pas sur l'organe périphérique, mais sur des cellules nerveuses interposées entre cet organe
et les nerfs qu'il reçoit. Il n'en est pas toujours ainsi cependant, et
l'on a reconnu que l'excitation de fibres post-ganglionnaires peut
donner lieu à des phénomènes d'inhibition ; ceux-ci peuvent donc
se produire sans intervention de la cellule ganglionnaire, par action
sur une « substance réceptrice » spéciale (LANGLEY) des cellules
propres du tissu périphérique.

Connaît-on quelques-unes des conditions qui amènent, au lieu
d'une stimulation de fonction, l'arrêt de la fonction ? Il en est une
d'abord qui se trouve dans l'état préalable de l'organe excité.
De nombreux faits tendent à montrer qu'une loi, énoncée d'abord
par E. DE CYON (1870), puis par BUBNOFF et HEIDENHAIN (1881), et
d'après laquelle toute excitation d'un centre nerveux donne lieu à
un processus de sens contraire à celui du processus en acte, au
moment précis de l'excitation, n'est qu'un cas particulier. La loi
plus générale serait qu'une excitation peut provoquer un phénomène d'arrêt ou une réaction positive, suivant l'état dans lequel se
trouve le tissu ou l'organe excité, état d'activité ou état de repos.

Voici plusieurs faits qui paraissent établir cette loi.

La plupart concernent des nerfs : 1° l'excitation du vague et celle du
splanchnique produiraient des effets inverses suivant l'état de repos ou
d'activité de l'estomac ; 2° l'excitation du sciatique détermine la dilatation
des vaisseaux de la patte, si ceux-ci étaient préalablement resserrés ;
3° l'excitation des nerfs sécréteurs de la glande sous-maxillaire reste
inefficace si la glande a été préalablement mise en activité (voy. p. 602) ;
4° une excitation peut provoquer le relâchement d'un muscle contracté et
la contraction d'un muscle relâché ; etc.

Quelques faits concernent des muscles[1] : 1° le froid et le chaud produisent
soit la contraction, soit le relâchement des muscles lisses, suivant que
ceux-ci sont en état de relâchement ou déjà contractés ; 2° mêmes effets de
la galvanisation sur le muscle rétracteur du pénis (sur le chien), selon
l'état de relâchement ou de contraction tonique de ce muscle ; 3° l'excitation d'une préparation d'œsophage embryonnaire, en état de tonicité, en
amène le relâchement.

Une autre condition est relative à l'excitation elle-même. Le phénomène d'inhibition résulterait de l'action simultanée ou immédiate-

[1]. Ces derniers faits sont très importants, car, joints à d'autres, ils donnent
à penser que l'inhibition n'est pas une fonction propre au tissu nerveux, mais
commune peut-être à divers tissus, et qui s'exerce conjointement avec la
fonction motrice. Telle est la doctrine du physiologiste russe WEDENSKY (1901).

ment successive de deux excitants. Et ainsi une excitation quelconque peut en inhiber une autre. Beaucoup de physiologistes ont pensé que l'entre-croisement ou l'interférence de deux excitations est une condition essentielle de toute action d'arrêt dans beaucoup de cas.

L'expérience suivante est un exemple de cette loi. Une patte galvanoscopique étant préparée, on en fait plonger le nerf dans une capsule pleine d'une dissolution concentrée de chlorure de sodium ; sous l'influence de cette excitation chimique, le nerf entre en activité et provoque dans les muscles une série continue de petites convulsions; si alors on excite électriquement le nerf, les convulsions cessent chaque fois que le courant est ouvert ou fermé; en d'autres termes, chaque excitation électrique, au moment où elle se produit, remet le nerf en repos.

Maintenant savons-nous quelque chose de la nature du phénomène inhibiteur? En quoi consiste cette suspension de l'activité nerveuse? Nous l'ignorons, mais nous ne connaissons pas davantage la nature de l'action nerveuse excito-motrice ou excito-sécrétoire.

c. Phénomènes de dynamogénie. — L'entrecroisement de deux excitations dans un groupe de cellules nerveuses, à l'intersection de deux neurones, ne détermine pas à coup sûr des actions d'arrêt, mais peut donner lieu au contraire à un renforcement de l'excitation. C'est ce que Brown-Séquard avait appelé la *dynamogénie*, et c'est à des phénomènes en partie du même genre que S. Exner a appliqué le nom de *Bahnung* (1882), qui désigne l'opération par laquelle les réactions nerveuses sont à la fois facilitées et renforcées[1]. Par cette opération il semble que les voies nerveuses s'ouvrent plus largement, s'aplanissent devant l'excitation, deviennent plus faciles à suivre.

Le type de ces actions de renforcement est le suivant (expériences de Exner sur le lapin) : une excitation cutanée, trop faible pour provoquer des contractions réflexes dans un groupe donné de muscles, devient efficace si, quelques instants avant, on porte une légère excitation sur l'écorce cérébrale, dans la zone correspondant à ces muscles.

Ce ne sont pas seulement, comme on le voit dans l'expérience précédente, des excitations provenant des centres supérieurs qui peuvent exercer cette influence dynamogène, ce sont aussi les excitations des appareils sensoriels périphériques.

1. Les Italiens ont traduit le mot *Bahnung* par *avviamento* ou *agevolazione* (Luciani). Ce serait, dit Morat, « si l'on pouvait créer le mot, la « viatilité », c'est-à-dire la facilitation de la transmission » (*Traité de physiol.*, *Fonctions d'innervation*, p. 244). — Le mot « Bahnung », « facilitation » de quelques physiologistes anglais, paraît désigner deux processus un peu différents, l'un qui est celui défini et décrit ci-dessus, (dans ce sens il n'y a pas lieu de le préférer au mot *dynamogénie* qui est antérieur et d'ailleurs beaucoup plus clair), l'autre qui consiste simplement dans ce fait, à savoir que la répétition de légères excitations dans le système nerveux rend la réaction plus aisée. Ce qui a permis de prétendre que la « loi de facilitation n'est autre chose que la « loi de l'habitude ». On pourrait renverser la proposition et dire que la loi psychologique a son fondement dans la donnée physiologique.

En voici deux exemples : 1° le réflexe provoqué par l'excitation d'une racine postérieure dorsale est plus facile à obtenir si on excite en même temps quelque racine voisine; 2° le mouvement réflexe consécutif à une excitation cutanée est plus énergique si celle-ci est immédiatement suivie d'une excitation lumineuse.

Beaucoup d'autres expériences du même genre ont été faites[1].

Mais la dynamogénie est bien près, pour ainsi dire, de l'inhibition.

On le voit par des expériences grâce auxquelles on a étudié l'action réciproque des excitations externes et des excitations internes (impulsions volontaires) : la même excitation auditive, par exemple, qui renforce le mouvement, si elle précède de 1 ou 2 dixièmes de seconde l'impulsion volontaire, l'inhibe si elle suit cette impulsion. On peut rapprocher ce fait et d'autres analogues de ceux qui ont été classés à la page 1001.

Les résultats des expériences faites jusqu'à présent révèlent deux des conditions qui paraissent déterminer le phénomène de dynamogénie (V. Aducco[2]) : l'une consiste en le rapport de temps qu'il y a entre les deux excitations qui s'entre-croisent; ainsi l'action dynamogène réciproque de deux excitants cesse pour se transformer en une action inhibitoire quand l'intervalle de temps qui les sépare s'accroît. L'autre condition est relative au lieu des excitations; si celles-ci atteignent le même groupe de cellules motrices, elles se renforcent mutuellement, tandis qu'elles s'inhibent si elles atteignent des centres différents (théorie de SHERRINGTON, 1903).

Que savons-nous de plus sur les causes et sur la nature du processus de dynamogénie? En somme, les conditons sont complexes suivant lesquelles cheminent les excitations dans les centres nerveux, les excitants sont multiples, les voies dans lesquelles ils s'engagent sont diverses, l'excitabilité des centres est variable. On conçoit que le sens des réactions puisse être différent. Nous commençons seulement à ranger les phénomènes dans des catégories déterminées. Les explications viendront plus tard, si possible.

d. CARACTÈRES GÉNÉRAUX DE L'ACTIVITÉ NERVEUSE, LOIS PRINCIPALES QUI LA RÉGISSENT. — Les lois des réflexes dont il a été parlé (voy. p. 996) pourraient prendre place ici; on n'y reviendra pas. Les réactions nerveuses paraissent en outre soumises à quelques autres lois.

1° La plupart des influences qui mettent en jeu l'activité des cellules nerveuses suivent la *loi de la sommation* ou de l'*addition*. On entend par là qu'une excitation faible, mais répétée, agit plus efficacement qu'une seule excitation forte ; il semble que les excitations

---

1. On a considéré comme un cas de processus de « facilitation » le « phénomène de l'escalier » observé dans le myocarde (voy. p. 400) et qui peut s'observer aussi dans les muscles lisses. C'est un phénomène qui dépend, lui aussi, non pas de changements dans l'excitation, mais de l'état de l'organe périphérique.

2. *Elementi di fisiologia umana*, Torino, 1905, p. 545.

faibles *s'additionnent* dans la substance nerveuse[1]. Le fait a été démontré avec les excitants thermiques, électriques et chimiques. La figure 229 en donne un exemple.

2° Les excitations épuisent rapidement la cellule. Nous avons vu de ce fait divers exemples en étudiant les fonctions sensorielles. L'expérience représentée sur la figure 229 en offre un cas facile à constater. Le prolongement cylindre-axile de la cellule, au

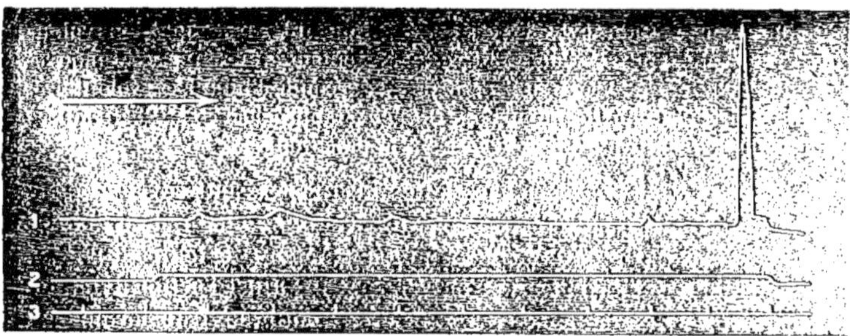

Fig. 229. — Réflexe par sommation d'excitations électriques (d'après W. Stirling[2]).

Expérience sur une grenouille. — 1, mouvements de la jambe ; — 2, durée de l'excitation — 3, secondes.

On voit que, après le début de l'excitation, il se produit quelques petites secousses, puis, après un temps perdu de plusieurs secondes, une forte contraction. — Si on continue les excitations, la préparation reste néanmoins au repos durant quelques secondes : c'est que le mécanisme réflexe se trouve momentanément épuisé ; puis de nouveau survient une forte contraction.

contraire, est extrêmement résistant ; et, à ce sujet, nous aurons à examiner plus loin la question de l'*infatigabilité des nerfs*.

3° L'activité des cellules nerveuses présente une *phase réfractaire*. Il s'agit ici d'un phénomène tout à fait analogue à celui que nous connaissons pour le cœur (voy. p. 463).

Une excitation électrique de la zone dite motrice de l'écorce cérébrale reste inefficace si elle n'est séparée de la précédente par un temps de un dixième de seconde. Telle est donc la durée de la période réfractaire cérébrale (d'après les expériences d'André Broca et Ch. Richet sur le chien, 1897). Il est d'un haut intérêt de rapprocher de ce fait ce que nous connaissons sur la vitesse des mouvements volontaires et sur la fusion de certaines excitations sensorielles : ainsi on sait qu'on ne peut guère répondre à plus de 9, 10, 11, ou peut-être 12 excitations motrices par seconde (les muscles pourtant peuvent donner 30 ou 40 secousses dissociées par seconde) ; et on sait aussi que la fusion des impressions rétiniennes

1. La loi de la sommation s'applique aussi au muscle (voy. ce qui est dit à la page précédente du phénomène de l'escalier).

2. Physiologiste anglais contemporain, professeur à l'Université de Manchester.

commence à se faire quand les excitations discontinues se succèdent à
des intervalles de moins de un dixième de seconde.

On est alors amené à penser avec A. Broca et Ch. Richet que
la période de vibration des cellules cérébrales est d'environ un
dixième de seconde, puisque ces cellules ne peuvent recevoir plus
de dix impressions ou donner plus de dix excitations motrices par
seconde ; c'est donc qu'après chaque excitation il y a une période
d'inertie durant laquelle elles sont inexcitables.

Dans les éléments sensibles de la moelle épinière, la période réfractaire (expériences sur la grenouille, varie de 0ˢ,25 à 0ˢ,5.

4° Les cellules nerveuses ont la propriété de modifier le rythme
des excitations qu'elles reçoivent, de telle sorte que les excitations
qu'elles envoient aux organes périphériques se produisent suivant
un rythme qui leur est propre. Ceci se déduirait déjà de l'existence
de la période réfractaire que nous venons de démontrer. Mais on en
a des preuves directes ; en voici une :

Des excitations de la moelle (expériences sur le lapin) d'une fréquence de
43 par seconde déterminent des réactions motrices d'une fréquence de 20
par seconde seulement. Au contraire, si ce sont les nerfs périphériques
que l'on excite, au nombre de ces excitations (43 par seconde) correspond
exactement le nombre des contractions musculaires.

Tous ces faits montrent que les cellules nerveuses ont des propriétés communes et des modes communs de réagir. Mais il existe
aussi entre elles et entre leurs fonctionnements des différences.
Une donnée fondamentale et qui domine la physiologie du système
nerveux suffit à dévoiler toute l'étendue de ces différences, c'est
l'hétérogénéité des fonctions des divers groupes de cellules nerveuses. Par cela même qu'il s'est établi dans ces groupes des
spécificités fonctionnelles, c'est que les conditions de leur fonctionnement, processus physiques et phénomènes chimiques, sont dissemblables ; il est même possible qu'il se soit produit des différences
plus ou moins importantes dans la constitution chimique des cellules appartenant à des groupes divers. En dehors de cette donnée
générale et première, on peut citer quelques faits qui contribuent à
mettre en lumière les dissemblances entre neurones.
Ce sont d'abord des différences d'excitabilité.

L'excitation d'une racine postérieure médullaire détermine dans la
moelle elle-même un courant d'action; l'excitation d'une racine antérieure
n'a point cet effet, elle ne se propage donc pas au delà des cellules motrices.
— Il semble donc que l'excitation suit toujours le sens de la conduction
radiculaire.

Ce sont aussi des différences dans la sensibilité à un même excitant.

On a déjà cité (p. 978 et 979) des expériences desquelles ressort cette donnée. Rappelons de nouveau que, sous l'influence de l'asphyxie, le centre vaso-constricteur bulbaire est d'abord excité et le plus fortement, puis le centre inhibiteur cardiaque et que les centres vaso-constricteurs spinaux le sont en dernier lieu et restent encore actifs, alors que les autres centres ont cessé de l'être.

Dans le même ordre d'idées, on pourrait citer de nombreux faits relatifs à la spécificité d'action de substances toxiques agissant sur le système nerveux.

La strychnine augmente l'excitabilité des cornes postérieures de la moelle et n'agit pas sur les cellules des cornes antérieures. Les solutions faibles d'acide phénique ont une action exactement inverse de celle de la strychnine. La nicotine, au début de son application, excite les cellules motrices du bulbe et de la moelle et les cellules des ganglions sympathiques ; elle est sans effet sur les cellules des ganglions spinaux.

II. — LA TRANSMISSION DES IMPRESSIONS SENSIBLES DANS LE SYSTÈME NERVEUX CENTRAL.

On sait que toutes les impressions reçues par les appareils sensoriels aboutissent au cerveau (voy. p. 818), où elles se transforment en sensations. Là seulement, en effet, c'est-à-dire dans les cellules de l'écorce, elles sont *senties*. Il n'y a pas *sensibilité consciente* en dehors de l'écorce grise des hémisphères cérébraux. Mais, pour arriver à l'écorce cérébrale, quel chemin suivent les impressions sensibles à travers le système nerveux central ? C'est la question que nous devons nous poser pour compléter l'étude que nous avons faite de la physiologie des organes des sens (voy. p. 841).

Les voies de la sensibilité à travers le système nerveux sont constituées par l'ensemble des fibres nerveuses qui relient les diverses surfaces sensibles du corps aux centres nerveux. Elles se divisent en deux grands groupes, les *voies nerveuses périphériques* qui relient les surfaces sensibles aux centres nerveux inférieurs, moelle, moelle allongée et mésencéphale, et les *voies nerveuses centrales*, qui relient les noyaux de terminaison de tous les nerfs sensibles périphériques, situés dans les centres nerveux primaires et secondaires, à des groupes de cellules nerveuses situés dans l'écorce cérébrale.

Il est important de remarquer tout de suite que le nombre des voies centripètes est bien supérieur à celui des voies centrifuges. On a calculé que, pour la moelle épinière seulement, le nombre des fibres sensitives est trois fois plus considérable que celui des fibres motrices. « Si l'on ajoute à cela les fibres centripètes... des nerfs crâniens : les fibres olfactives, les fibres optiques, les fibres acoustiques, les fibres vestibulaires, les fibres du trijumeau, du facial, du glosso-pharyngien et du pneumogastrique, on arrive à admettre, avec SHERRINGTON, que les voies centripètes périphériques sont, pour le moins, cinq fois aussi nombreuses que les voies centrifuges, preuve indubitable que notre système nerveux central est essentiellement et avant tout un organe de réception, un organe créé et admirablement organisé pour la défense de notre organisme tout entier qu'il renseigne, à chaque moment de la vie, sur tout ce qui se passe soit en dedans, soit en dehors de lui, en même temps qu'il tient à sa disposition, prêts pour la défense, les organes contractiles capables de mettre en mouvement les différentes parties de son appareil de locomotion [1]. »

I. — La transmission des impressions cutanées (tactiles, thermiques et douloureuses).

Les nerfs centripètes arrivent, les uns, *nerfs rachidiens*, à la moelle par les racines rachidiennes postérieures, après avoir traversé les ganglions spinaux ou intervertébraux, les autres, *nerfs crâniens*, au bulbe, après avoir traversé des ganglions analogues aux précédents, ganglions des nerfs crâniens.

Ces nerfs ont leurs cellules d'origine situées en dehors de l'axe cérébro-spinal, dans ces ganglions placés sur leur trajet; ils en forment donc les prolongements cellulipètes. Quant aux prolongements cellulifuges de ces cellules ganglionnaires, ils se mettent en rapport avec les cellules des cornes postérieures de la moelle ou avec celles de divers amas gris du bulbe ou de la protubérance. La substance grise de la moelle, contenue dans les deux cornes, antérieure et postérieure, et dans la commissure qui relie ces deux cornes, se prolonge en avant dans le bulbe; ces prolongements se ramifient jusque dans la protubérance et les parties postérieures des pédoncules cérébraux. C'est à diverses parties de cette substance grise bulbo-protubérantielle qu'aboutissent ceux des nerfs sensibles crâniens, nerf de Wrisberg du facial, glosso-pharyngien[2], trijumeau et pneumogastrique, que l'on n'a pas à séparer des nerfs rachidiens, puisqu'ils transmettent aux centres nerveux les mêmes impressions que ceux-ci.

1. A. VAN GEHUCHTEN, *Anatomie du syst. nerveux de l'homme*, 4ᵉ édit., Louvain, 1906, p. 957.
2. Nous aurons à reparler du glosso-pharyngien comme conducteur des impressions gustatives.

1° *Les voies sensibles médullaires.*

Pour établir les voies centripètes aussi bien que centrifuges de la moelle, on expérimente successivement sur les divers faisceaux qui la composent en les excitant ou en les sectionnant, en observant les troubles produits par les diverses lésions expérimentales [1] ou morbides. Mais ces expériences et ces observations ne résolvent pas toujours le problème des voies de conduction.

On peut alors recourir à une autre méthode, la méthode anatomo-pathologique, qui consiste en l'examen des dégénérescences consécutives à la section d'un cordon séparé ainsi de ses cellules d'origine, c'est-à-dire de son centre trophique.

Cette étude des dégénérescences ascendantes ou descendantes qui succèdent à la section de divers cordons de la moelle, et aussi l'étude de leur développement (époques de l'apparition de la myéline autour de leurs fibres [méthode embryologique de Flechsig[2], 1876]; ces époques ne sont pas les mêmes pour les différents faisceaux suivant l'âge de l'embryon) et celle de leurs maladies systématiques ont permis d'y distinguer divers faisceaux, dont la figure 230 donne une représentation schématique, représentation qui nous servira tant pour la description des voies centripètes médullaires que, plus tard, pour celle des voies centrifuges.

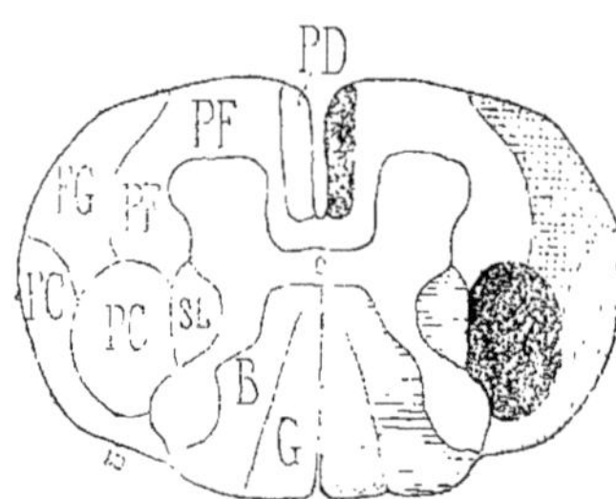

Fig. 230. — Schéma de l'ensemble des faisceaux qui composent les cordons blancs de la moelle (Mathias Duval).

Dans la partie droite de la figure, ces faisceaux sont ombrés de traits, diversement dirigés pour les rendre bien distincts ; à gauche, dans le champ de chaque faisceau, est la lettre indicatrice.

PD, faisceau pyramidal direct ; — PC, faisceau pyramidal croisé ; — SL, faisceau sensitif latéral ; — FC, faisceau cérébelleux direct ; — FG, faisceau de Gowers ; — PF, PF, partie fondamentale du cordon antéro-latéral ; — B, faisceau de Burdach ; — G, cordon de Goll.

En réunissant et coordonnant les résultats obtenus par l'emploi de ces diverses méthodes, on peut présenter une systématisation des voies de la sensibilité qui paraît adéquate aux principaux faits actuellement connus : les cordons postérieurs et une partie des cordons latéraux constituent la voie de la sensibilité tactile [3]; quant aux impressions douloureuses et thermiques, elles passent par la substance grise. Les fibres des cordons postérieurs sont pour une

---

1. Il faut avoir soin de garder les animaux longtemps en vie pour observer le véritable déficit fonctionnel, le déficit persistant.

2. P. E. Flechsig, professeur de psychiatrie à l'Université de Leipzig.

3. On verra plus loin que les conducteurs de la sensibilité musculaire se trouvent aussi dans les cordons postérieurs (faisceau de Goll et en partie aussi faisceau de Burdach).

grande partie les fibres radiculaires des racines postérieures, fibres longues, ascendantes, qui remontent par les faisceaux de Goll et de Burdach (fig. 230, B et G) jusque dans le bulbe. Le reste du cordon postérieur (partie du faisceau de Burdach) est constitué par des fibres radiculaires courtes qui se jettent à diverses hauteurs dans les cornes postérieures et par des prolongements, également plus ou moins courts, de neurones centraux, prolongements anastomotiques qui unissent entre elles des régions voisines. C'est surtout par ce faisceau que passeraient les impressions tactiles. Quant aux deux faisceaux de fibres longues, ascendantes, contenues dans le cordon latéral (faisceau cérébelleux direct ou médullo-cérébelleux dorsal et faisceau de Gowers [fig. 230, FC et FG]) et qui tous deux relient les cellules de la moelle à celles du cervelet, on verra plus loin leur trajet, à propos de la transmission des impressions kinésiques (p. 1028). Peut-être cependant les impressions thermiques et douloureuses ressortent-elles de la substance grise postérieure pour partie par le faisceau de Gowers dont un segment, après relais bulbaire dans le noyau du cordon latéral (ou noyau latéral), s'engagerait dans le ruban de Reil et, par la couche optique, aboutirait à l'écorce cérébrale[1].

Toutes ces fibres représentent donc deux grandes voies de transmission. La première va de la moelle au cerveau, soit par des fibres directes (*fibres homolatérales*) servant à la conduction des impressions tactiles et dont le trajet, on le verra, est encore mal connu, soit par des fibres croisées dans la moelle : partie du faisceau de Burdach, servant à la transmission des impressions tactiles, et partie du faisceau de Gowers servant à la conduction des impressions thermiques et douloureuses, — ou croisées dans le bulbe (faisceaux de Goll et de Burdach), servant à la conduction des impressions kinésiques. La seconde voie de transmission va de la moelle au cervelet par le faisceau cérébelleux et par la plus grande partie du faisceau de Gowers et y conduit les impressions kinésiques, et est en partie directe et en partie croisée, soit dans la moelle (faisceau de Gowers), soit dans le bulbe.

On peut avoir une idée de l'importance respective de la voie sensible médullo-cérébrale et de la voie médullo-cérébelleuse en évaluant le nombre des fibres passant par l'une et par l'autre, c'est-à-dire conduisant les impressions cutanées ou les impressions kinésiques. On a calculé que le nombre de fibres contenues dans

<hr>

1. On verra un peu plus loin (p. 1012) un fait physiologique, contraire à cette manière de voir. De plus, des recherches anatomiques et anatomo-pathologiques récentes ont permis de soutenir que le faisceau de Gowers reste indépendant du ruban de Reil et aboutit tout entier au cervelet.

les 31 racines postérieures d'un côté du corps est de 653 000 ; sur ce nombre il n'y a que 136 000 fibres environ de sensibilité profonde et plus de 500 000 de sensibilité cutanée.

Voyons maintenant quelles sont les preuves de cette systématisation.

Pour montrer de la manière la plus simple que la moelle conduit vers le cerveau les nombreuses impressions cutanées et musculaires qui donnent lieu aux sensations correspondantes, il suffit de la sectionner complètement dans le sens transversal, à la région thoracique, sur un animal quelconque ; on peut alors porter sur le train postérieur toutes les excitations possibles, tactiles, thermiques et douloureuses, sans que l'animal manifeste la moindre sensation ; les régions du corps sous-jacentes à la section sont *anesthésiées*.

Ceci posé, il s'agit de déterminer quelles sont les parties de la moelle qui conduisent les diverses impressions sensibles.

Tous les physiologistes, depuis MAGENDIE, ont reconnu que les faisceaux blancs postérieurs sont directement excitables par les irritations les plus légères et que ces excitations donnent alors lieu à des réactions générales indiquant la douleur, en même temps que se produisent des mouvements réflexes énergiques. Rien d'étonnant à cela, puisque ces faisceaux représentent la continuation des fibres radiculaires postérieures.

Mais toutes les voies de la sensibilité, nous l'avons dit, ne sont pas formées par les cordons postérieurs. Que se passe-t-il en effet dans les expériences qui consistent soit à couper transversalement[1] toute la moelle à l'exception des faisceaux postérieurs, soit à couper ces derniers en respectant le reste de la moelle ? Dans la première expérience, on constate l'abolition complète de la sensibilité à la douleur et de la sensibilité thermique et la conservation de la sensibilité tactile et musculaire. Dans la seconde expérience, ces deux dernières sont émoussées et même abolies, d'après SCHIFF et HERZEN, ainsi que la sensibilité au froid, d'après HERZEN, et la sensibilité au chaud et la douloureuse sont conservées.

Peut-on réaliser la contre-épreuve de ces expériences et détruire la substance grise seulement en laissant intactes les parties blanches qui l'enveloppent ? Si l'on a présente aux yeux la forme de l'axe gris médullaire, on comprendra qu'une semblable opération peut être regardée comme impossible et que l'on ne doit accorder que peu de confiance aux expériences dans lesquelles on suppose l'avoir à peu près correctement réalisée. Il y a deux façons de la tenter. La première constitue la vieille expérience de GALIEN (répétée par BROWN-SÉQUARD), qui consiste à diviser la moelle longitudinalement sur une certaine hauteur au moyen d'une incision portant en son milieu. La sensibilité à la douleur est émoussée dans la portion du corps au-dessous de la lésion. Mais par ce procédé la destruction de la substance grise ne peut être complète. Quant à l'autre façon d'opérer, dans laquelle on essaie de détruire transversalement toute la substance grise en traver-

---

1. En général, ces sections sont faites au niveau de la moelle dorsale, c'est-à-dire dans la région de la moelle où ses différentes parties constitutives sont groupées de façon parfaitement définie.

.sant rapidement la substance blanche sur le côté de la moelle, Schiff, qui l'a employée le premier, en a reconnu lui-même toutes les difficultés, et d'abord qu'on ne peut l'effectuer sans léser en même temps les cordons latéraux. Quoi qu'il en soit, après la destruction aussi complète que possible de la substance grise, on a constaté la suppression de toute sensibilité dans les régions du corps sous-jacentes au niveau de la mutilation, sauf de la sensibilité tactile, partiellement conservée.

Laissons de côté cette expérience dont les résultats sont discutables en raison des conditions dans lesquelles elle peut être faite. On peut invoquer, à l'appui de cette répartition des voies sensibles qui vient d'être indiquée, les résultats des observations faites sur l'homme dans les cas d'ataxie locomotrice et dans la syringomyélie. Chez les ataxiques, chez lesquels les cordons postérieurs sont dégénérés, on observe des anesthésies, et surtout l'anesthésie *profonde*, c'est-à-dire la perte de la sensibilité musculaire, et, chez les syringomyéliques (voy. p. 835), la sensibilité à la douleur et la sensibilité thermique sont abolies, sans que soient altérées ni la transmission des impressions tactiles, ni celle des impressions kinésiques.

La substance grise paraît donc bien jouer un rôle dans la conduction des impressions douloureuses et des impressions thermiques. Ne se pourrait-il pas cependant qu'elle ne jouât ce rôle que parce qu'elle relie les fibres des racines postérieures aux faisceaux latéraux de la moelle? De fait, on a rapporté des cas de syringomyélie avec dégénérescence des cordons latéraux; et, par contre, des cas de destruction complète de la substance grise sur une certaine étendue dans la région cervicale, sans analgésie dans les membres postérieurs. D'autre part, nous avons déjà dit que, dans les expériences de destruction de la substance grise (expériences de Schiff, de Vulpian), il était impossible de ne pas léser en même temps les cordons latéraux. Par un autre procédé, on est arrivé à supprimer la substance grise; pour cela on sectionne la moelle sur les trois quarts de sa surface transversale, de telle sorte qu'il ne reste qu'un cordon latéral, sans trace de substance grise; l'animal étant rétabli, on constate la persistance de la sensibilité à la douleur [1]. Que si, au contraire, on pratique deux hémisections transversales de la moelle, à 8 ou 10 centimètres de distance, cette opération, qui interrompt la continuité des cordons latéraux sans interrompre celle de la substance grise, supprime la sensibilité douloureuse.

On est ainsi amené à conclure que, dans la transmission des impressions thermiques et douloureuses, la substance grise ne se comporte pas comme un véritable conducteur; elle n'y prend part qu'en qualité de relais, parce que, par l'intermédiaire de ses éléments cellulaires, les fibres des racines postérieures entrent en rapport avec les cordons latéraux. « Elle jouerait le rôle d'un pont reliant les deux rives d'un fleuve [2] ».

1. Ed. Bertholet, *Les voies de la sensibilité dolorique et calorifique dans la moelle*. Thèse de la Faculté de médecine de Lausanne, 1906, et *Le Névraxe*, VII, 285-326.

2. Ed. Bertholet, *loc. cit.*, p. 323.

Autre preuve en faveur du rôle des faisceaux latéraux : pour abolir avec
la sensibilité tactile la sensibilité douloureuse (et thermique), il faut
sectionner et les cordons postérieurs et les cordons latéraux. Or, ceux-ci
sont représentés par le faisceau sensitif latéral et le faisceau de Gowers [1]
(voy. fig. 230). Les études histologiques ont montré comment se forment
ces faisceaux ; les fibres radiculaires de sensibilité, à leur entrée dans la
moelle, s'épanouissent en partie en fascicules ascendants et descendants
pour se terminer bientôt dans la substance grise. C'est de celle-ci que
naissent les fibres qui, passant dans les cordons latéraux, portent les

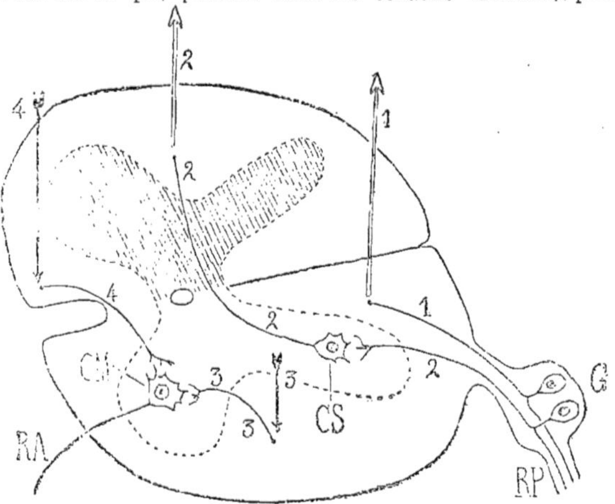

Fig. 231. — Schéma des voies conductrices de la sensibilité (et de la motricité volontaire)
dans la moelle épinière (Mathias Duval).

RP, racine postérieure ; — RA, racine antérieure ; — G, ganglion spinal ; — CS, cellule de
la corne postérieure ; — CM, cellule de la corne antérieure ; — 1, 1 et 2, 2, voies conductrices de la sensibilité ; — 3, 4, voies de la motricité volontaire.

impressions vers le cerveau. Les fibres de sensibilité thermique et douloureuse subissent donc dans la substance grise une interruption, par interposition de cellules nerveuses (voy. fig. 231), et présentent de plus une
décussation, c'est-à-dire passent dans la moitié de la moelle opposée à
celle où se fait l'implantation de la racine postérieure correspondante
(fig. 231).

Toute vraisemblable que paraît cette systématisation des voies
conductrices des diverses formes de la sensibilité cutanée et des

---

1. Chez certains animaux, l'hémisection *antérieure* de la moelle ne supprime ni
la sensibilité tactile, ni la sensibilité douloureuse ; c'est donc que le faisceau de
Gowers, situé dans la moitié antérieure du cordon latéral, ne servirait pas à la
transmission de ces deux formes de sensibilité (expériences de SCHIFF, confirmées
par HERZEN).

voies de la sensibilité profonde (sens musculaire), il convient de rappeler ici les résultats d'expériences intéressantes de Vulpian.

D'après Vulpian, la moelle peut transmettre à l'encéphale les impressions reçues à la périphérie, même lorsqu'elle a subi des mutilations considérables. S'il s'agit seulement de sections transversales, ces sections peuvent diviser la moelle dans une grande partie de son épaisseur et dans un sens quelconque, sans interrompre la transmission des impressions sensibles, à la condition qu'une petite partie de la substance grise (une sorte de pont) ait été respectée par l'incision. Quel que soit le sens de l'incision transversale incomplète, l'animal conserve la possibilité de reconnaître le point de son corps que l'on irrite, c'est-à-dire qu'il continue à percevoir des impressions, par lesquelles il garde des notions sur la position respective des diverses régions de son corps, en relation, par leurs nerfs, avec la partie de la moelle épinière située en arrière du siège de la lésion. Chez l'homme même la continuité physiologique de la moelle peut être rétablie par le fait d'une continuité anatomique très restreinte. Charcot a eu l'occasion d'examiner la moelle d'un sujet dont la paraplégie, suite d'un mal de Pott, avait disparu depuis deux ans. Au niveau du point de compression, la moelle n'avait que le volume d'un tuyau de plume d'oie, et la coupe correspondait au tiers de la surface de section d'une moelle normale; on y voyait, au milieu de tractus fibreux durs et épais, une grande quantité de tubes nerveux munis de myéline et de cylindre-axes; la substance grise n'y était plus représentée que par une seule corne, où on ne trouvait qu'un petit nombre de cellules intactes.

Il est impossible d'accepter, pour expliquer ces faits, l'hypothèse selon laquelle chaque parcelle d'une tranche transversale, passant par un point quelconque de la substance grise médullaire, contiendrait des éléments conducteurs en rapport avec toutes les fibres sensibles des nerfs naissant en arrière de ce point. On est conduit à se demander si les impressions, arrivant dans la substance grise médullaire, n'y prennent pas des voies diverses, quand leurs voies habituelles sont interrompues. La méthode des dégénérescences secondaires montre que les fibres ascendantes des cordons postérieurs et d'une partie des cordons latéraux, fibres appartenant aux neurones des ganglions spinaux, servent d'ordinaire à la conduction de la sensibilité profonde. Mais à son tour l'expérimentation physiologique montre que, ces voies faisant défaut, la conduction des impressions sensibles peut avoir lieu à travers la substance grise, par des chemins encore mal définis, et par ces chemins arriver au bulbe

Entre-croisement des voies de sensibilité dans la moelle. — Une des questions les plus importantes concernant la transmission des impressions sensibles est celle de savoir si cette transmission est *directe* ou *croisée*. Des expériences systématiques d'hémisection transversale de la moelle devraient résoudre la question. Déjà nous avons eu l'occasion de noter que les faisceaux sensitif latéral et de Gowers s'entre-croisent dans la moelle et que les cordons postérieurs s'entre-croisent au niveau du bulbe. Tous les conducteurs de la sensibilité s'entre-croisent donc avant d'arriver à l'encéphale. On comprend ainsi pourquoi une lésion de l'hémisphère gauche produit une anesthésie à droite, c'est-à-dire une anesthésie croisée. Quelles sont les preuves de ces faits.

Ce sont surtout les expériences de Brown-Séquard (1849) qui ont posé la question. Après la section d'une moitié de la moelle, le célèbre physiologiste constata l'abolition du mouvement et la conservation de la sensibilité et même l'hyperesthésie du même côté, et l'anesthésie du côté opposé. On reproduit aisément ce syndrome chez le cobaye. Chez l'homme, depuis les observations recueillies par Brown-Séquard (1863), on en a réuni un grand nombre d'autres qui établissent la réalité du *syndrome de Brown-Séquard*, paralysie motrice directe et anesthésie croisée.

Il est très vrai cependant que les expériences faites sur le singe, sur le chien et sur le chat ont montré que l'hémisection de la moelle est suivie d'une diminution de la sensibilité (dans tous ses modes), non pas du côté opposé à la lésion, mais du même côté. Et, à la suite de ces hémisections, on a constaté, quand celles-ci ne dépassaient pas la ligne médiane, une dégénérescence ascendante de la partie dorso-médiane du faisceau de Goll, du faisceau de Burdach, du faisceau cérébelleux direct et du faisceau de Gowers et enfin de la zone centrale du faisceau antéro-latéral (voy. fig. 230, SL), toutes ces dégénérescences se produisant du côté sectionné.

Il y aurait donc, chez ces animaux, deux voies pour la transmission des impressions sensibles; l'une de ces voies est *directe*, passant par les cordons postérieurs (et, pour les impressions kinésiques, par les faisceaux médullo-cérébelleux et de Gowers [1]), et l'autre voie est *croisée* (puisque, après la section de la voie directe, il y a, non pas abolition, mais seulement diminution de la sensibilité), constituée par des fibres qui sont interrompues dans les cornes postérieures et par des prolongements partis des cellules desdites cornes et s'engageant dans le cordon latéral du côté opposé.

Faut-il pour cela rejeter les résultats des expériences de Brown-Séquard [2] et surtout les observations cliniques, appuyées sur les examens anatomo-pathologiques? Ne se pourrait-il pas que les voies

1. Cette partie ne serait pas une voie directe dans toutes les espèces animales.

2. On les a critiquées en faisant remarquer que les animaux qu'il avait opérés avaient été examinés pendant trop peu de temps, que très souvent la perte de la sensibilité fut constatée tout de suite après le grave traumatisme opératoire et enfin que le contrôle microscopique a manqué à ses observations.

directes et croisées de la sensibilité fussent d'importance variable
suivant les espèces animales ? S'il en était ainsi, on aurait à déterminer, dans les différentes espèces, l'une et l'autre voie et leur
prédominance respective. Or, il y a trop d'observations qui prouvent
que, chez l'homme, l'hémisection de la moelle a pour conséquence la
paralysie du même côté et l'anesthésie du côté opposé pour qu'on
les puisse récuser. Il faut donc admettre l'entre-croisement médullaire des voies conductrices de la sensibilité chez l'homme [1], du moins
en général, car il y a des différences individuelles. Cet entre-croisement serait presque total, tandis que chez les animaux il n'est
que partiel ; et, nous le savons, c'est, suivant les espèces animales,
tantôt la voie directe, tantôt la voie croisée qui est la plus importante.

Quant à l'hyperesthésie observée du même côté que la lésion,
dans le syndrome de Brown-Séquard, elle est due à des phénomènes d'irritation développés dans les points des voies sensibles
situés au voisinage de la lésion.

2° Les voies sensibles bulbaires et mésocéphaliques.

Comme font beaucoup de physiologistes, nous entendrons par mésocéphale la protubérance, les pédoncules cérébraux, les tubercules
quadrijumeaux, la capsule interne, la couche optique. Le cervelet,
qui y est compris aussi, et les voies cérébelleuses feront l'objet d'un
chapitre spécial.

Les voies qui conduisent les impressions sensibles à travers le
bulbe et le mésencéphale sont représentées par les fibres nerveuses
venues de la moelle, auxquelles s'ajoutent celles des nerfs crâniens
de sensibilité cutanée et profonde, pneumogastrique, glosso-pharyngien, facial (nerf de Wrisberg) et trijumeau (voy. fig. 232). Les
fibres médullaires que nous savons nées des ganglions spinaux (neurone sensitif périphérique) subissent une interruption dans les noyaux
des cordons grêles et restiforme ou noyaux de Goll et de Burdach
(prolongements bulbaires de la corne postérieure). Les fibres sensitives contenues dans le tronc du pneumogastrique se terminent

1. Cependant on a rapporté des cas de syringomyélie avec analgésie et thermo-
anesthésie du même côté que la lésion. Dans ces cas, les voies conductrices des
impressions thermiques et douloureuses sont interrompues dès leur entrée dans
la moelle, en un point limité, où les fibres radiculaires d'un côté entrent en
rapport avec les cellules des cornes postérieures du même côté. Ce qui tend à
le prouver d'ailleurs, c'est que la thermo-anesthésie et l'analgésie, dans ces
cas, sont *segmentaires*, chaque segment de membre ayant dans la moelle son
centre sensitif spécial, constitué par le groupe cellulaire où aboutissent les
fibres de sensibilité de ce segment. Lorsque l'analgésie est croisée (syndrome
de Brown-Séquard), la lésion de la moelle est située plus haut, au-dessus du
neurone de relais, et alors que les prolongements issus du neurone se sont entre-
croisés.

dans une masse grise bulbaire connue sous le nom de *noyau du faisceau solitaire*. Il en est de même pour les fibres sensibles du glosso-
pharyngien et pour celles du nerf de Wrisberg, racine sensitive
du facial (Van Gehuchten, 1900). Enfin les fibres de la racine sensitive du trijumeau se mettent en rapport avec un noyau bulbo-protu-
bérantiel très étendu en hauteur, puisqu'il descend jusqu'à la moelle
au niveau du premier nerf cervical.

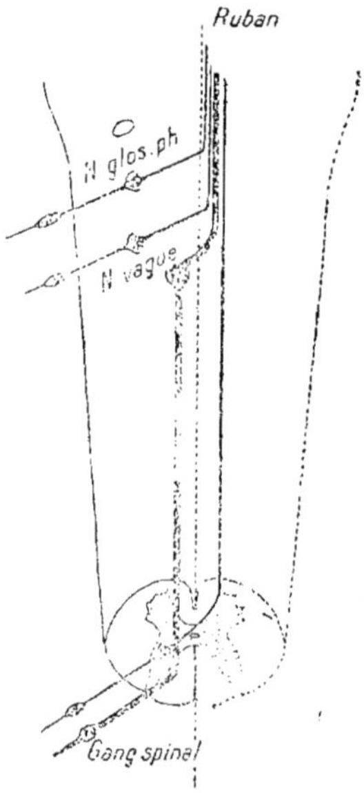

Toutes ces fibres sensitives s'entre-
croisent dans le bulbe. Les prolongements des noyaux de Goll et de Burdach
s'entre-croisent dans la partie supérieure
du bulbe et se trouvent alors situés en
arrière de la portion motrice des pyramides bulbaires (S, fig. 233, en B) (ils
en forment la *portion sensitive*). Ainsi
se constitue d'abord la grande voie
mésocéphalique des impressions sensibles vers le cerveau, le ruban de Reil.
Celui-ci s'engage dans la protubérance
(fig. 233, C) en s'augmentant des fibres
croisées venues des nerfs crâniens de
sensibilité, glosso-pharyngien, trijumeau, pneumogastrique, y compris
aussi celles de l'acoustique, dont nous
parlerons bientôt. On voit donc que,
au-dessus du bulbe, tous les conducteurs sensitifs se sont entre-croisés ; et
c'est pour cela, nous l'avons déjà dit
(p. 1014), que toutes les lésions encéphaliques unilatérales abolissent la sensibilité dans le côté opposé du corps. La
figure 233 donne un schéma, par une
série de coupes, de la situation occupée par les conducteurs sensibles dans la moelle, le bulbe, la protubérance et les pédoncules
cérébraux. — Au delà de la protubérance, le ruban de Reil forme la
calotte du pédoncule cérébral (S, fig. 233, en D), qui prend part à la
constitution du segment le plus postérieur de la capsule interne et
pénètre dans la couche optique, où une très grande partie au moins,
sinon la totalité, des conducteurs sensitifs se termine. De la couche
optique part un nouveau neurone, *thalamo-cortical*, par lequel
aboutissent enfin à l'écorce cérébrale les impressions cutanées.

Fig. 232. — Schéma des voies sensitives médullo-bulbaires (d'après
Edinger [1]).

---

1. L. Edinger, célèbre anatomiste et médecin allemand contemporain.

En résumé, les voies sensibles se font par étapes : 1 une de la périphérie à un ganglion spinal ou crânien ; la deuxième de ce ganglion à la substance grise médullo-bulbaire ; la troisième **de celle-ci** à la couche optique, et la dernière de la couche optique à l'écorce. Dans cette conduction, quatre corps de neurones sont donc intéressés : les cellules des ganglions, celles de la substance grise médullo-bulbaire, celles du thalamus et enfin celles de l'écorce.

Il importe de remarquer avec VAN GEHUCHTEN que dans ce long trajet la voie de transmission de la sensibilité cutanée subit une forte réduction. « Formée de plus de 500 000 fibres nerveuses dans la partie périphérique, elle aboutit à la couche optique, réduite à un nombre excessivement minime de fibres constituantes » (VAN GEHUCHTEN, *loc. cit.*, p. 848). Cette réduction s'opère dans les masses grises que traversent les fibres sensitives avant d'arriver à l'écorce. Et ceci prouve que les excitations sensitives peuvent s'arrêter dans ces masses grises médullaires ou mésocéphaliques et ainsi provoquer des mouvements réflexes (mouvements variés de défense) avant toute intervention de l'écorce cérébrale, avant toute action volontaire.

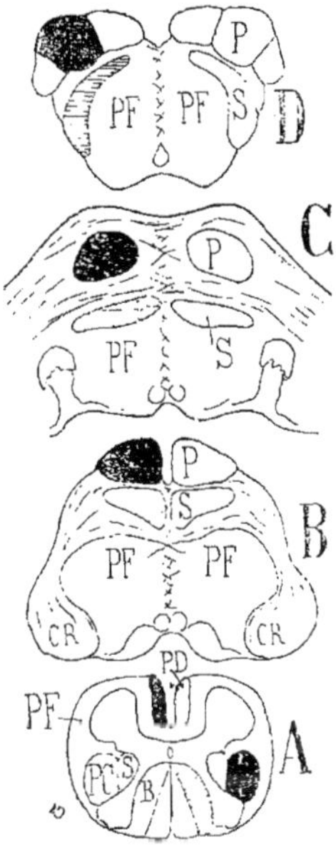

Quelles sont les preuves connues de cette conduction sensitive ?

1° La section transversale d'une moitié du bulbe rachidien (expériences sur le cobaye, le lapin, le chien) amène une grande diminution de la sensibilité dans les membres et le tronc du côté opposé. Cependant l'anesthésie n'est pas totale. C'est donc qu'il y a dans la moelle allongée des conducteurs sensitifs non entre-croisés. De plus, on constate une semblable diminution de la sensibilité dans la face du même côté.

Chez l'homme la destruction ou l'interruption dans le bulbe du ruban de Reil amène une hémianesthésie du côté opposé (en raison de l'entre-croisement sensitif). De plus, dans des cas d'altération des noyaux de Goll et

Fig. 233. — Schéma du trajet des fibres sensibles et des fibres pyramidales (motrices volontaires) dans la moelle A, le bulbe B, la protubérance C et les pédoncules cérébraux D (MATHIAS DUVAL).

Les faisceaux pyramidaux sont en noir et les faisceaux sensitifs ombrés de traits horizontaux ; de l'autre côté, le champ de ces faisceaux porte les lettres indicatrices : PD, faisceau pyramidal direct ; — PC, faisceau pyramidal croisé ; — P, ensemble des faisceaux pyramidaux ; — S, conducteurs sensibles ; — PF, partie fondamentale des cordons antérieurs ; — CR, corps restiforme.

de Burdach, on a trouvé le ruban de Reil dégénéré : la dégénération est ascendante et a pu être suivie jusqu'à la partie inférieure de la couche optique.

2° La destruction du ruban de Reil dans la protubérance a les mêmes conséquences que celles décrites ci-dessus.

3° Les lésions de la partie externe de la calotte du pédoncule cérébral déterminent de même une hémianesthésie du côté opposé. C'est en effet toujours le ruban de Reil qui se retrouve là.

4° Les faits cliniques avec autopsie démontrent que des lésions diverses du faisceau sensitif de la capsule interne (tiers postérieur de la capsule ou région lenticulo-optique ou post-lenticulaire [voy. fig. 234])[1], entraînent la perte de la sensibilité dans toute une moitié du corps, la moitié opposée à la lésion. — Chez les animaux, on a réussi à sectionner (expériences du médecin français Veyssière) les fibres de la partie postérieure de la capsule ; cette opération a été suivie d'une hémianesthésie croisée.

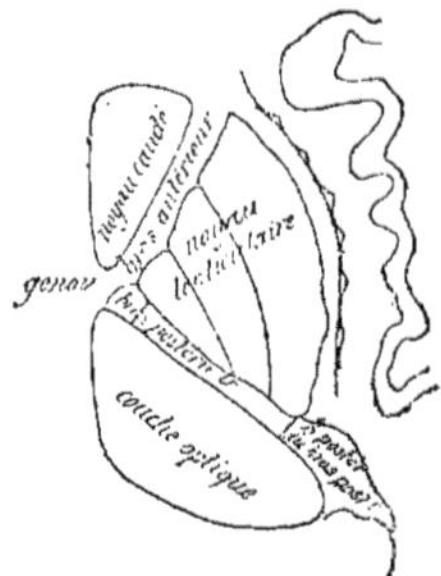

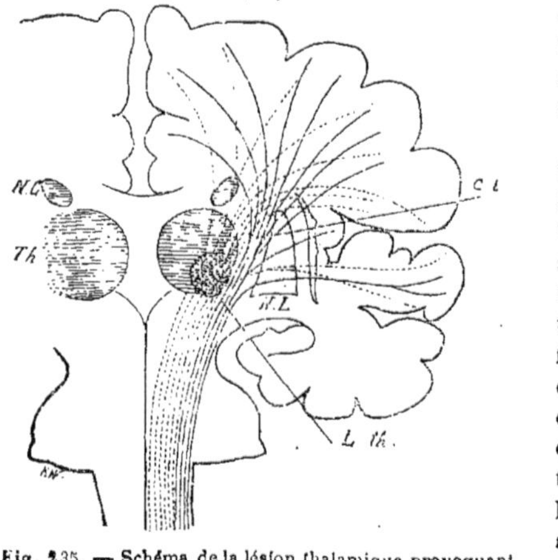

Fig. 234. — Schéma de la capsule interne (d'après Van Gehuchten).

5° Le ruban de Reil se termine dans la couche optique ; il n'y a pas de ruban de Reil cortical. On observe l'hémianesthésie toutes les fois qu'une lésion thalamique a détruit les fibres terminales des conducteurs sensitifs du pédoncule ou les fibres d'origine des neurones thalamo-corticaux. Il faut que cette lésion, d'après Dejerine et ses élèves, G. Roussy[2] en

Fig. 235. — Schéma de la lésion thalamique provoquant l'hémianesthésie (imité de Roussy).
Les fibres sensitives sont représentées par des lignes interrompues ; les fibres motrices par des lignes pleines.
NC, noyau caudé ; — NL, noyau lenticulaire ; — TH, couche optique ou thalamus ; — Ci, capsule interne ; — Lth, lésion du thalamus donnant lieu au « syndrome thalamique » de Dejerine.

1. Toutes les impressions sensorielles, à l'exception des olfactives, suivraient ce segment de la capsule interne. De là le nom de *carrefour sensitif* que lui avait donné Charcot. Sa destruction chez l'homme, à la suite d'une hémorragie, par exemple, passait pour amener, outre l'anesthésie de la moitié opposée du corps, la perte de l'audition et du goût et une hémianopsie du côté opposé (par anesthésie de la moitié homonyme des deux rétines). D'après Pierre Marie, l'hémianesthésie observée à la suite des lésions destructives de cette zone sensitive de la capsule interne ne serait pas persistante ; il n'y aurait donc pas de voies de conduction isolées pour la sensibilité dans la capsule.

2. G. Roussy, *La couche optique (étude anatomique physiologique et clinique). Le syndrome thalamique.* Thèse pour le doctorat en médecine, Paris, 1907.

particulier, porte sur le tiers postérieur du noyau interne et du pulvinar,
sur une plus ou moins grande hauteur (voy. fig. 233). Dans ces cas, la sensibilité cutanée n'est que diminuée, mais la sensibilité profonde (tendi-
neuse, articulaire, musculaire) est abolie; on ignore d'ailleurs encore
pourquoi l'hémianesthésie cutanée n'est pas aussi complète que cette dernière; il y a en même temps hémiataxie, ce qui s'explique par la perte de
la sensibilité musculaire, dont le rôle dans le fonctionnement régulier des
muscles est de la plus grande importance. — La couche optique peut donc
bien être considérée comme relais des voies qui conduisent les impressions
sensibles de la périphérie aux centres corticaux d'élaboration. Le rôle
sensitif de cet organe, — exception faite pour le pulvinar, dont le rôle de
centre ganglionnaire de la vision est indiscutable, — paraît donc bien
établi.

Resterait la question de savoir s'il existe, soit dans le bulbe, soit dans
les parties sus-jacentes de la voie sensible, des conducteurs distincts pour
les différentes sortes d'impressions cutanées; faute de documents sûrs,
cette question doit être laissée de côté.

3° *La terminaison dans l'écorce cérébrale des voies de la sensibilité cutanée.*

La couche optique est reliée à l'écorce cérébrale par des fibres centripètes qui font partie de la couronne rayonnante. Les lésions destructives de cette dernière amènent l'hémianesthésie croisée. Dans

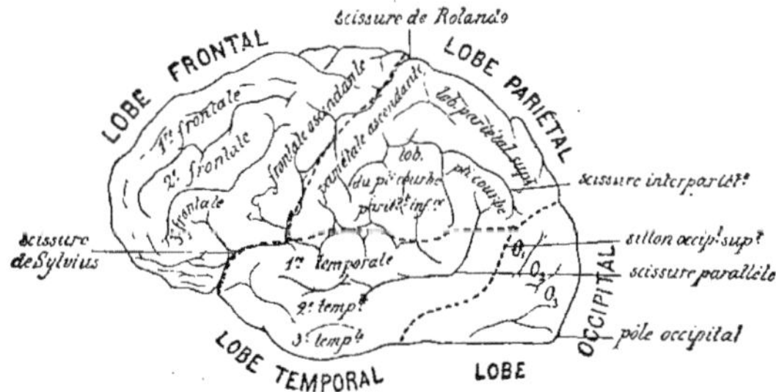

Fig. 236. — Schéma des circonvolutions de la face externe de l'hémisphère gauche (J. GRASSET).

quels territoires de l'écorce aboutissent ces fibres, terminaisons des
voies sensitives ?

Elles se terminent au contact des cellules de l'écorce de la région
périrolandique, et surtout dans la circonvolution pariétale ascendante qui borde en arrière la scissure de Rolando et dans son pro-
long ment à la face interne de l'hémisphère, une partie du lobule

paracentral (voy. fig. 236 et 237), de telle sorte que l'on peut considérer le quart supérieur de cette circonvolution comme recevant les impressions sensibles du membre inférieur du côté opposé, les deux quarts moyens celles du membre supérieur du

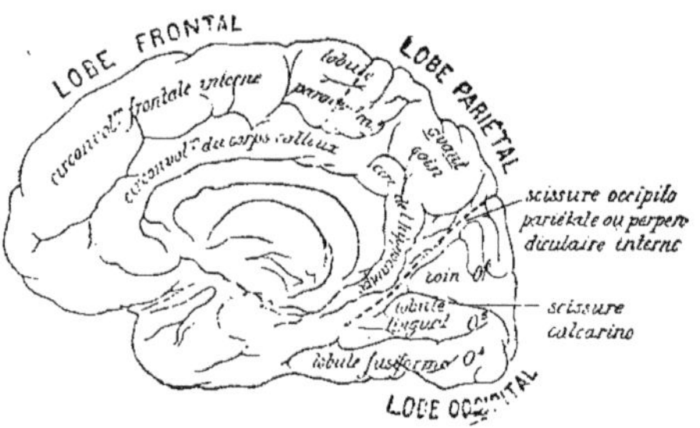

Fig. 237. — Schéma des circonvolutions de la face interne de l'hémisphère droit (J. GRASSET).

côté opposé et le quart inférieur celles de la tête et de la langue (voy. fig. 236-37).

Chez les animaux sur lesquels on extirpe les circonvolutions homologues

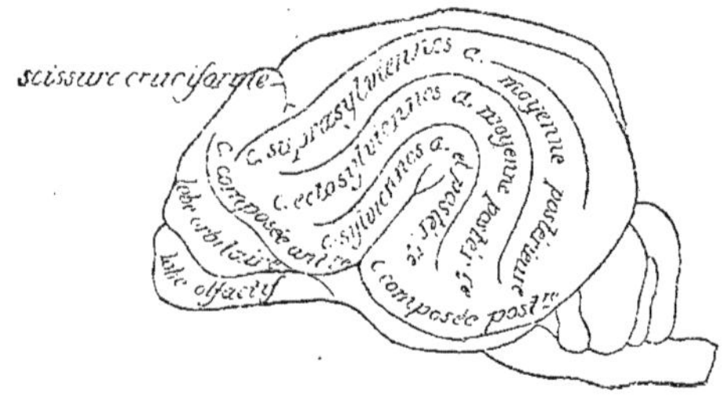

Fig. 238. — Circonvolutions de la face externe du cerveau du chien (d'après ELLENBERGER et BAUM).

Les centres moteurs et de la sensibilité cutanée et profonde sont situés de part et d'autre de la scissure cruciforme ou sillon crucial et en bas.

de la zone rolandique en partie ou en totalité (voy. fig. 238), on constate, en même temps que des troubles de la motilité plus ou moins étendus, la perte de la sensibilité tactile, douloureuse et musculaire dans les mêmes régions du corps. D'après des expériences faites sur des singes et particulièrement sur des anthropoïdes, tels que le Chimpanzé, la zone sensible (tactile et musculaire) de l'écorce ne se confond pas avec la zone

dont les lésions entraînent la paralysie ; on peut enlever cette dernière,
voir alors survenir les troubles de motilité qui seront décrits plus loin
et cependant constater que la sensibilité des membres du côté opposé n'est
que diminuée. — Chez l'homme, les observations anatomo-cliniques ont
montré que les impressions sensibles arriveraient exclusivement à la circonvolution pariétale ascendante et aux régions voisines du lobe pariétal.
On n'a d'ailleurs pas pu délimiter plus exactement l'aire sensitive de
l'écorce.

2. — La transmission des impressions auditives.

Le nerf de la huitième paire, le nerf auditif, se compose en réalité de deux nerfs différents (voy. p. 845 et 859), provenant de deux
appareils périphériques à fonction différente. Le *nerf vestibulaire*
qui vient du vestibule et des ampoules des canaux semi-circulaires
est un nerf kinesthésique ; on en déterminera plus loin le trajet
jusque dans les centres nerveux. Le véritable nerf auditif, celui
qui conduit au cerveau les impressions auditives, est le *nerf
cochléaire.*

1° *Les voies auditives bulbaires et mésocéphaliques.*

Les cellules d'origine des fibres du nerf cochléaire (*protoneurone
auditif*) sont situées dans le ganglion spiral ou de Corti et dans le
ganglion de Bœtscher, qui sont à l'oreille ce que sont à la peau les
ganglions spinaux. Ces fibres se terminent dans deux noyaux gris
du pédoncule cérébelleux inférieur, le *tubercule latéral* et le *noyau
accessoire.* De ces noyaux partent des fibres auditives bulbo-mésocé-
phaliques qui se rendent à travers l'olive supérieure au ruban de
Reil du côté opposé (dans le segment externe ou inférieur du ruban
de Reil) et aboutissent aux tubercules quadrijumeaux postérieurs
(voy. fig. 239). De là le faisceau acoustique gagne l'écorce temporale, soit par le corps genouillé interne[1], soit par le segment
postérieur de la capsule interne et la couche optique.

Les preuves de ce trajet des fibres acoustiques sont d'ordre anatomique
et clinique.
Toutes les lésions du nerf auditif et celles qui, dans le bulbe, détruisent
le noyau de la huitième paire amènent la surdité du même côté. Dans
les lésions du ruban de Reil, la surdité est bilatérale. Dans celles des tubercules quadrijumeaux, la surdité est croisée ; c'est donc qu'en ce point

1. Dans ce corps genouillé se trouvent donc et le lieu de terminaison du
deuxième neurone de la chaîne acoustique et le noyau d'origine du neurone
mésocéphalo-cortical. Le corps genouillé interne serait ainsi aux impressions
auditives ce que le corps genouillé externe est aux impressions rétiniennes.

la décussation des fibres acoustiques est complète. Enfin il existe quelques
observations où la perte de l'audition du côté opposé a été la conséquence

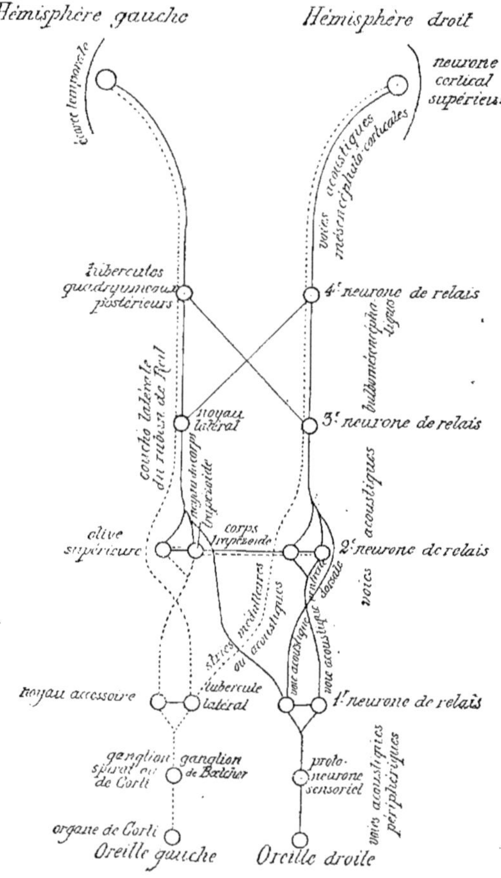

Fig. 239. — Schéma du trajet intra-encéphalique des fibres acoustiques et semi-décussation
de ces fibres (d'après Van Gehuchten).

d'une lésion destructive du segment postérieur de la capsule interne d'un
côté.

A côté de ces preuves, il faut donner celle qui résulte de l'emploi de la
méthode de Gudden (voy. p. 988). L'ablation de l'oreille, chez les animaux
nouveau-nés, entraîne la dégénération de toutes les voies acoustiques
intra-encéphaliques que nous avons indiquées. Inversement il a été constaté que la destruction du lobe temporal (expériences sur le chat, le chien,

le lapin) amène la dégénération du corps genouillé interne et une légère atrophie simple dans le bras du tubercule quadrijumeau postérieur et peut-être aussi dans ce dernier.

2º La terminaison dans l'écorce cérébrale des voies auditives.

Les voies auditives se terminent-elles dans le lobe temporal?

On a admis que la large destruction de l'écorce de cette région (expériences sur le chien, sur le singe, etc.; voy. fig. 238) entraîne la surdité du côté opposé, surdité temporaire, mais définitive si on enlève les deux lobes temporaux. — L'ablation de l'oreille chez l'animal nouveau-né (expériences sur le chien, sur le lapin) paraît suivie de l'atrophie de la région temporale. Et l'on aurait trouvé quelquefois sur des cerveaux de sourds-muets une atrophie de la circonvolution temporale supérieure, surtout à gauche. — Tous ces faits ont perdu de leur valeur depuis les expériences de O. KALISCHER ([de Berlin] 1907-1909) qui ont montré qu'une large extirpation des lobes temporaux n'empêche pas des chiens d'être sensibles à l'audition des sons auxquels ils avaient été préalablement dressés.

Chez l'homme, quand la lésion porte exclusivement sur l'écorce temporale, le sujet continue à recevoir des impressions sonores et à y réagir par des mouvements appropriés ; mais il est sourd psychiquement. En quoi consiste cette distinction entre la *surdité cérébrale* et la *surdité psychique* (H. MUNK)? La première consiste dans la perte des impressions auditives ; une interruption sur leur trajet en supprime l'arrivée à l'écorce ; par suite la sensation ne peut plus se produire. Au contraire, les sujets atteints de surdité psychique entendent encore les sons et les bruits, mais ils ne savent plus rapporter tous ceux-ci à leur cause productrice ; ils ne comprennent plus le sens des sons ; entendant une cloche, ils sont incapables de reconnaître ce son spécial.

On a poussé plus loin la dissociation pathologique. Il y a des cas où c'est seulement la reconnaissance des mots parlés qui serait supprimée, Dans ces cas les sujets peuvent parler, lire et écrire; mais l'audition des mots n'éveille plus en eux les idées correspondantes aux mots ; ceux-ci sont pour eux comme s'ils les entendaient pour la première fois [1] ; leur cerveau ne possède plus aucune *image auditive des mots*. C'est là la *surdité verbale*.

Il y aurait donc trois sortes de surdité : la cérébrale, la psychique et la verbale, correspondant à la perte de l'audition proprement dite, à la perte de l'audition des choses ou des objets et enfin à la perte de l'audition des mots. Chacune de ces formes de l'audition peut en effet être troublée isolément. C'est que les opérations cérébrales succédant aux impressions de

---

1. «Le malade, dont l'acuité auditive est normale..., ressemble à un individu transporté dans un pays étranger, dont il ne comprend pas la langue. Les mots frappent son oreille comme sons différenciés, nuancés, mais non comme représentant des idées » (J. DEJERINE, *Sémiologie du système nerveux*, in *Traité de pathologie générale*, par CH. BOUCHARD, Paris, 1901, t. V, p. 405).

l'ouïe sont de trois ordres, consistant : 1° en la sensation auditive qui nous donne les caractères généraux du son ; 2° en la perception du son en tant que son spécial, éveillant l'idée d'un objet donné (c'est là l'audition dite des objets ou des choses) ; et 3° en la perception de ces sons spéciaux, les mots, que nous avons appris à associer aux idées des objets et qui les éveillent immédiatement dans notre esprit. Prenons l'exemple de la cloche qui résonne : nous entendons des vibrations, nous distinguons des sons ; c'est l'*audition brute*. Mais nous percevons aussi ces sons comme spéciaux, produits, non pas par un corps quelconque, mais par un objet que nous avons appris à reconnaître comme étant une cloche, et même souvent telle ou telle cloche ; c'est là l'*audition de choses ou d'objets*. Enfin cette idée de cloche peut être éveillée dans notre esprit non plus par le son de l'objet, mais par celui du mot conventionnel que nous avons appris à associer à l'idée de l'objet ; et c'est là l'*audition des mots* ou *verbale*.

Dans la surdité verbale, la lésion a été située à la partie postérieure des première et deuxième circonvolutions temporales gauches. Là serait localisé le centre des images auditives des mots ou *centre de Wernicke*. Chez le gaucher, ce centre est situé à droite.

La surdité verbale est une des formes de l'*aphasie*, ou perte du langage ou, plus exactement, perte de la mémoire des signes au moyen desquels les hommes communiquent les uns avec les autres. « Comme la faculté d'échanger nos idées avec nos semblables suppose deux actes : l'acte de comprendre ces idées et celui de les exprimer, on peut d'emblée diviser les aphasies en deux grandes classes : les *aphasies de compréhension* ou *aphasies sensorielles* et les *aphasies d'expression* ou *aphasies motrices* » (J. Dejerine, *loc. cit.*, p. 391). C'est au célèbre neuropathologiste allemand Wernicke (1874) que l'on doit cette distinction ; et l'on voit que la surdité verbale est une aphasie sensorielle. C'est Kussmaul[1] qui, en 1876, l'a séparée de la *cécité verbale* que nous décrirons plus loin et lui a donné son nom.

La zone auditive contiendrait aussi des centres de motricité spéciale.

L'excitation électrique de l'écorce temporale, chez les animaux, donne lieu à des mouvements associés des oreilles, des yeux et de la tête, tels que redressement du pavillon, ouverture des yeux, dilatation de la pupille, rotation de la tête. Ce sont exactement les mouvements qui se produisent quand l'animal se dispose à écouter (mouvements d'attention), mouvements adaptés et liés à la fonction sensorielle[2] (voy. p. 849 et 861).

---

1. A. Kussmaul (1822-1902), médecin allemand très connu.

2. Il serait intéressant de savoir si l'excitation de la sphère auditive provoque aussi des mouvements des muscles de l'oreille moyenne, muscle interne du

Ainsi il existe des relations entre la zone dite auditive et les noyaux des nerfs moteurs des muscles servant à ces mouvements. Ces relations sont établies, en effet, grâce à des fibres qui, parties de l'écorce temporale, passent au-dessous du noyau lenticulaire, gagnent la capsule interne dans la région sous-optique, se continuent dans le segment externe du pied du pédoncule cérébral et aboutissent aux tubercules quadrijumeaux ou à des noyaux protubérantiels. Ces noyaux sont eux-mêmes en rapport avec les noyaux bulbaires[1] et médullaires supérieurs où prennent naissance les nerfs de l'oreille externe et moyenne (facial et trijumeau) et les nerfs rotateurs de la tête et du cou.

3. — La transmission des impressions gustatives.

Les cellules d'origine des nerfs gustatifs (*protoneurones gustatifs*) appartiennent au ganglion géniculé et au ganglion d'Andersch. Les prolongements cellulifuges de ces ganglions aboutissent à deux noyaux bulbaires, le noyau dorsal ou de l'aile grise et le noyau du faisceau solitaire (voy. fig. 240). De-là partent des fibres constituant ce que l'on pourrait appeler le nerf gustatif intra-encéphalique (fig. 240), fibres qui se joignent au ruban de Reil et gagnent l'écorce cérébrale.

C'est la partie antérieure ou moyenne de la circonvolution de l'hippocampe qui représenterait le centre gustatif.

Il y a quelques observations de lésions bulbaires ou protubérantielles avec perte du goût.

La destruction, chez les animaux, des fibres les plus postérieures de la couronne rayonnante amènerait l'abolition des sensations gustatives.

Quant à la localisation du centre gustatif dans la circonvolution de l'hippocampe, elle n'est pas établie d'une façon certaine, en raison de la pauvreté des documents.

4. — La transmission des impressions olfactives.

Les fibres du nerf olfactif ont leurs cellules d'origine dans les cellules bipolaires olfactives situées dans la pituitaire (voy. p. 819 [fig. 178], p. 875 et p. 877 [fig. 196]). Les prolongements cylindre-axiles de ces cellules se terminent dans un premier neurone de relais, con-

---

marteau, muscle de l'étrier (voy. p. 851), dont le rôle est important dans l'accommodation auditive.

1. Parmi ceux-ci, il ne faut pas oublier les oculo-moteurs, car aux mouvements de rotation de la tête sont associés des mouvements du globe oculaires (voy. p. 945).

stitué par les cellules mitrales du bulbe olfactif. De là part la bandelette olfactive, à l'extrémité de laquelle se trouve le tubercule
olfactif, deuxième neurone de relais. Par les prolongements cylindre-
axiles de ce deuxième neurone sont formés les faisceaux qui relient
le bulbe et le tubercule olfactif (lobe olfactif) aux centres hémisphé-

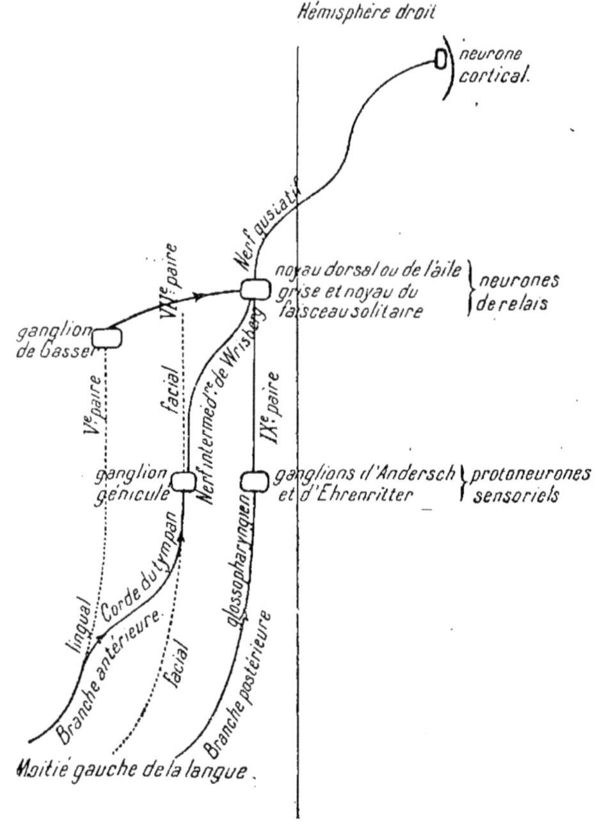

Fig. 240. — Schéma des voies gustatives (d'après J. GRASSET).

riques, c'est-à-dire la racine blanche externe qui aboutit à la circonvolution de l'hippocampe (dans sa partie antéro-externe), la racine
blanche interne qui aboutit à la circonvolution du corps calleux, la
racine moyenne qui se perd dans la tête du corps strié et dans la
commissure blanche antérieure du cerveau et enfin la racine grise
qui se rend à la partie postérieure des deux circonvolutions orbitaires.

Il y aurait ainsi quatre centres olfactifs (voy. fig. 237, p. 1020) : un externe, dans la circonvolution de l'hippocampe, auquel on rattache la corne d'Ammon ; un interne, dans la circonvolution du corps calleux ; un antérieur dans le lobule orbitaire et un postérieur dans une partie non encore déterminée du lobe occipital, où se termineraient les fibres de cette racine moyenne qui, après avoir pénétré dans la commissure blanche antérieure, passeraient du côté opposé et suivraient avec les autres voies sensorielles le segment postérieur de la capsule interne, d'où elles gagneraient l'écorce du cerveau postérieur. Une partie de la voie olfactive s'entre-croise donc dans la commissure antérieure [1].

Les lésions de la muqueuse pituitaire intéressant le protoneurone olfactif déterminent, chez l'homme, l'anosmie. Cette perte de l'odorat a été également constatée dans quelques cas connus d'absence congénitale des bandelettes et des bulbes olfactifs.

Chez des animaux osmatiques (chat, chien, cobaye, lapin), la destruction du lobe olfactif amène la dégénérescence secondaire de la racine blanche externe.

Dans diverses lésions cérébrales qui atteignaient la corne d'Ammon et la circonvolution hippocampique, on a constaté l'anosmie durant la vie des sujets. Mais ces faits ne sont ni assez nombreux, ni assez nets pour que les limites de la sphère olfactive puissent être considérées comme bien établies.

5. — La transmission des impressions rétiniennes.

La question du trajet des fibres optiques depuis la rétine jusqu'à l'écorce cérébrale a été surtout élucidée par des recherches physiologiques et anatomo-cliniques.

1° Les voies optiques de la rétine à l'écorce cérébrale.

Le protoneurone optique est représenté par les cellules ganglionnaires de la couche profonde de la rétine. Les nerfs optiques formés par les prolongements cylindre-axiles de ces neurones s'entre-croisent

1. Le cerveau olfactif ou rhinencéphale présente cette particularité, à savoir que son développement varie considérablement suivant les espèces animales ; il est très développé chez les Carnassiers, chez les Rongeurs ; il fait défaut chez beaucoup de Cétacés ; il est très réduit chez l'homme. Aussi BROCA avait-il, non sans raison, divisé les Mammifères en deux grandes classes, les *osmatiques*, à rhinencéphale volumineux, et les *anosmatiques*, chez lesquels la partie olfactive du cerveau est très peu développée ou même est absente. En étudiant les sensations olfactives, nous avons eu d'ailleurs l'occasion de signaler leur importance dans la vie d'un grand nombre d'animaux (voy. p 880 et 883).

incomplètement dans le chiasma [1] (fig. 241). Cet entre-croisement
incomplet est en rapport avec la vision simple au moyen des deux
yeux; en effet, cette disposition est telle que la bandelette optique
gauche par exemple (on sait que des angles postérieurs du chiasma
partent les deux faisceaux plats qu'on appelle bandelettes optiques)

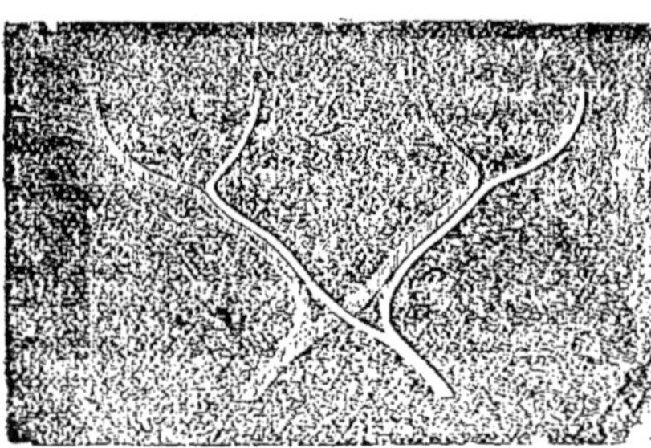

Fig. 241. — Chiasma des nerfs optiques
(à MATHIAS DUVAL).

(B, fig. 241) contient des
fibres venues du nerf op-
tique droit et du nerf optique gauche, de telle sorte
qu'elle reçoit les fibres des
moitiés gauches des deux
rétines (la moitié externe
de la rétine gauche et
la moitié interne de la
rétine droite). Ainsi se
forme ce que GRASSET a
appelé le *nerf hémioptique*,
c'est-à-dire un nerf qui
contient les fibres de la moitié homonyme des deux rétines.

Ce nerf hémioptique constitue la branche externe [2] de la bandelette optique qui aboutit au tubercule quadrijumeau antérieur, au
corps genouillé externe et à l'extrémité postérieure de la couche
optique ou pulvinar (voy. fig. 242), toutes parties qui forment les
centres optiques primaires.

Les fibres émanant de ces neurones de relais, à l'exception des
tubercules quadrijumeaux (voy. p. 1031), et auxquelles peut-être sont
jointes des fibres longues qui viennent directement des bandelettes
optiques sans passer par ces noyaux intermédiaires, se réunissent
au ruban de Reil et vont se terminer dans l'écorce du lobe occipital.
Ce centre visuel comprend le territoire de la scissure calcarine
(voy. fig. 237 et 244).

Voyons les preuves qui établissent la réalité de tout ce parcours :

1. Les fibres optiques sont partiellement entre-croisées dans le chiasma.
L'expérience suivante en est la démonstration certaine : sur de jeunes

1. L'entre-croisement est complet chez les Poissons, les Oiseaux et en général
chez les animaux dont les yeux sont placés latéralement et qui, par suite, ne
paraissent pas avoir la vision binoculaire (vision d'un même objet simultanément
avec les deux yeux); mais chez l'Homme et quelques Mammifères, tels que le
singe, le chat, dont les deux yeux sont dirigés en avant et qui ont par suite la
vision binoculaire, il n'y a que les parties internes des bandelettes optiques qui
sont entre-croisées.

2. La branche interne, qui est la continuation de la partie postérieure du
chiasma (*commissure postérieure de Guddlen*), va au tubercule quadrijumeau postérieur et ne contient pas de fibres optiques.

chats, on fait une section sagittale du chiasma sur la ligne médiane et on constate que par la suite ces animaux continuent à se conduire sûrement et donnent les preuves les plus diverses de la persistance de la vision. Ce qui serait inexplicable si l'entre-croisement dans le chiasma était total

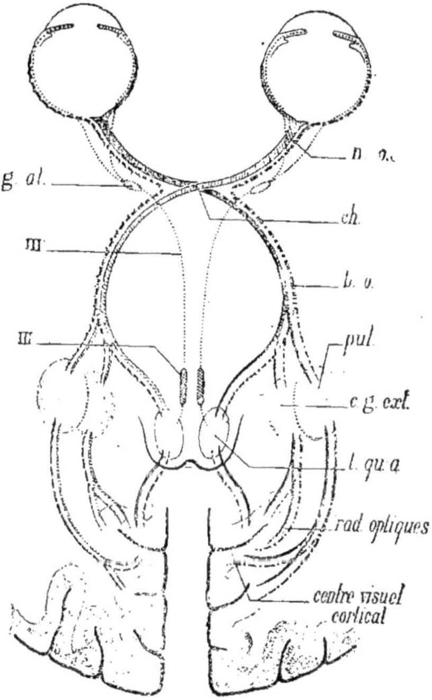

Fig. 242. — Schéma du trajet des voies optiques (F. Terrien).

n. o., nerf optique avec ses deux faisceaux, direct et croisé, qui s'entre-croisent au niveau du chiasma *ch.*, puis passent dans la bandelette optique *b. o.* et vont se terminer dans les centres optiques primaires (tuberc. quadrij. antérieurs, *t. qu. a.*, corps genouillé externe, *c. g. ext.* et pulvinar, *pul.*) ; — III, noyau du moteur oculaire commun avec les fibres motrices qui en émanent et dont une partie va au ganglion ciliaire, *g. cil.*, d'où partent les nerfs ciliaires, nerfs du muscle ciliaire et du sphincter pupillaire.

Les fibres représentées sur cette figure et unissant les tuberc. quadrij. antérieurs à l'écorce cérébrale n'existent probablement pas (voy. ci-dessous p. 1031).

Autre expérience, non moins convaincante. Si on enlève un œil à un chat ou à un chien nouveau-né (méthode de Gudden, voy. p. 988), les fibres optiques correspondant à cet œil ne se développent pas; or, l'atrophie ne porte que sur une partie des deux bandelettes optiques. — Chez l'homme même, à la suite de la perte d'un œil, on a pu constater, après des années, et surtout si l'œil avait été perdu dans le bas âge, l'atrophie des nerfs optiques et que le volume des deux bandelettes était diminué.

Chez l'homme, on a observé plusieurs cas d'hémiopie[1] ou hémianopsie[1] à la suite de destruction d'une seule bandelette optique. Dans ces hémianopsies, les deux moitiés homonymes (les deux droites ou les deux gauches) des deux rétines ne fonctionnent plus (fig. 243) ; la vision est perdue pour la moitié externe de la rétine du même côté et la moitié interne de l'autre rétine. La lésion d'une bandelette intéresse donc des fibres des deux nerfs optiques ; par conséquent l'entre-croisement n'est que partiel dans le chiasma.

Il y a donc dans le chiasma un faisceau croisé qui va d'un nerf optique à la bandelette opposée et un faisceau direct qui suit la

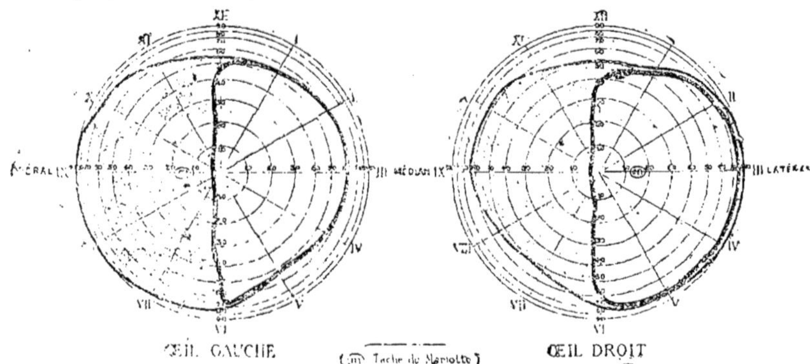

Fig. 243. — Hémianopsie homonyme (D. CHARPIN).

La vision est perdue dans la moitié du champ visuel (partie entourée d'un gros trait noir).

bandelette du même côté (bandelette homonyme). Chez l'homme, le volume de ce dernier est évalué au tiers du volume du faisceau croisé. Celui-ci vient de la portion interne ou nasale de la rétine, et le faisceau direct vient de la portion externe ou temporale de la rétine.

2. Les fibres optiques passent bien par les centres primaires que nous avons indiqués.

Soit un lapin adulte auquel on a enlevé dès la naissance un œil ou les deux yeux ; on le sacrifie et l'on trouve que l'atrophie des voies optiques ne se borne pas aux nerfs, au chiasma et aux bandelettes optiques ; elle s'étend aux corps genouillés externes, aux tubercules quadrijumeaux antérieurs et au pulvinar. — Inversement, l'extirpation de la sphère visuelle de MUNK, lieu de terminaison des prolongements des neurones optiques de relais, amène l'atrophie du corps genouillé externe et de la partie postérieure de la couche optique. Chez l'homme aussi, le ramollissement

[1]. De ἥμισυς, à moitié, et ὤψ, ὠπός, regard.
[1]. De ἥμισυς, à moitié, ἀ privatif, et ὄψις, vue.

de l'écorce du lobe occipital est suivi de l'atrophie des voies optiques.

La destruction d'un corps genouillé externe donne lieu à de l'hémianopsie, exactement comme la destruction d'une bandelette optique.

Chez l'homme les lésions destructives du pulvinar ont aussi l'hémianopsie pour conséquence.

3. Les fibres qui relient les masses grises du mésocéphale à la sphère visuelle ne viennent que du corps genouillé externe et de la couche optique. Le tubercule quadrijumeau ne donne, en effet, origine à aucune fibre ascendante à terminaison corticale ; nous reviendrons tout à l'heure sur la signification de ce fait.

Les fibres qui aboutissent au centre visuel supérieur font partie du segment postérieur de la capsule interne. Les troubles oculaires résultant des lésions capsulaires n'ont pas encore reçu une explication entièrement satisfaisante, j'entends qui ne soit pas entachée de quelque hypothèse.

2° *Rôle des tubercules quadrijumeaux comme centre optique réflexe (neurones optiques de relais).*

Du fait que des fibres optiques se terminent dans les tubercules quadrijumeaux antérieurs et qu'il n'en sort point de fibres centripètes se rendant à l'écorce visuelle, on peut inférer que celles qui y aboutissent représentent des voies courtes servant aux mouvements réflexes en rapport avec la vision. Et c'est ce qui explique, remarque avec raison VAN GEHUCHTEN, la persistance du réflexe pupillaire à la lumière chez des malades atteints de cécité corticale complète par lésion des deux sphères visuelles. Du reste, après la destruction des tubercules quadrijumeaux antérieurs, on voit dégénérer deux faisceaux de fibres descendantes que l'on a pu suivre jusqu'aux noyaux moteurs de plusieurs nerfs crâniens, en particulier celui du nerf moteur oculaire commun.

Quelques expériences paraissent établir le rôle des tubercules quadrijumeaux comme centres réflexes.

On a réussi à maintenir en vie pendant quelque temps des lapins auxquels on avait enlevé les hémisphères cérébraux au delà des tubercules quadrijumeaux ; ces animaux présentaient encore les réflexes pupillaires (resserrement de la pupille à la lumière). Au contraire, ces réflexes sont supprimés après la destruction des tubercules quadrijumeaux antérieurs (voy. ce qui a été déjà dit à ce sujet, p. 905).

Quant aux troubles de la vision même, signalés à la suite des lésions des tubercules, ils sont dus à coup sûr aux lésions, si difficiles à éviter, des parties voisines, de la couche optique, de la capsule interne, c'est-à-dire des radiations optiques qui du corps genouillé externe se rendent à l'écorce occipitale.

3° *La terminaison des voies optiques dans l'écorce cérébrale.*

Nous avons dit que les fibres optiques aboutissent aux cellules de l'écorce occipitale.

Déjà Flourens avait remarqué, en 1842, que l'ablation des parties supérieures d'un hémisphère rend un pigeon aveugle. Mais cette expérience passa inaperçue. C'est surtout aux recherches de H. Munk, à partir de 1877, que l'on doit la détermination de la *sphère visuelle*, mais Munk avait trop étendu celle-ci en y comprenant le cunéus et le lobe lingual.

L'ablation de l'écorce occipitale chez les Mammifères à décussation partielle des nerfs optiques (singe, chien) abolit la vision dans la moitié des deux rétines correspondant au côté lésé (hémianopsie bilatérale homonyme). C'est le même trouble que nous avons noté à la suite de l'interruption, en un point quelconque, du trajet mésocéphalique des voies optiques.

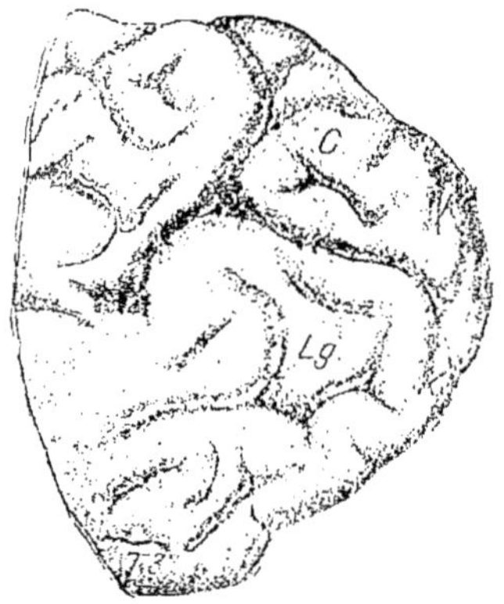

Fig. 244. — Face interne de l'extrémité occipitale de l'hémisphère droit (d'après Dejerine). — Scissure calcarine ou zone visuelle.

K, scissure calcarine; K′, son éperon supérieur; K″, son éperon inférieur; — C, cunéus; — Lg, lobule lingual.

L'ablation de parties limitées et diverses de l'écorce visuelle produit des lacunes dans le champ visuel de l'œil du côté opposé, lacunes d'autant plus étendues que l'opération a été plus large, et ce sont toujours les mêmes régions qui présentent ces lacunes quand les régions occipitales enlevées sont les mêmes. De sorte qu'il semble que chaque rétine se projette géométriquement sur l'écorce cérébrale du même côté (pour ses fibres directes) et du côté opposé (pour ses fibres croisées), chaque fibre optique aboutissant à un point cortical déterminé. Aussi a-t-on dit qu'il existe deux rétines, l'une *oculaire* et l'autre *cérébrale*, produit de la projection de la première sur l'écorce occipitale.

L'ablation de l'écorce occipitale des deux côtés produit la cécité complète, et, si l'opération a été assez large, la perte de la vue est définitive. Il n'y a de restauration fonctionnelle que si l'ablation a été incomplète; encore faut-il que l'animal apprenne à utiliser la portion du champ visuel qui lui reste.

Chez l'homme, les observations anatomo-cliniques du médecin suédois S. E. Henschen, très bien étudiées, ont prouvé, d'une part, que toute la surface latérale des lobes occipitaux et du pli courbe peut être détruite sans qu'il y ait d'hémianopsie et, d'autre part, que seules les lésions de la corticalité calcarine (voy. fig. 244) donnent lieu à l'hémianopsie. Ces lésions siègent dans le lobe occipital du côté opposé à la moitié perdue du champ visuel. On a décrit aussi des cas de destruction partielle de l'écorce avec perte de la vision dans une partie seulement du champ visuel ; d'après les recherches de HENSCHEN, les fibres de la lèvre calcarine supérieure proviennent de la moitié supérieure de la rétine et la lèvre calcarine inférieure correspond à la moitié inférieure de la rétine ; quant au fond de la scissure calcarine, il est en rapport avec la zone horizontale de la rétine ; une lésion de cette région provoque un scotome horizontal constant.

Ici se pose une question importante : de quelle nature sont les troubles visuels résultant de la destruction des deux sphères visuelles? L'animal paraît être aveugle. Mais cette cécité est-elle la même que celle qui résulte de la perte des organes périphériques de la vision, de la perte des deux yeux?

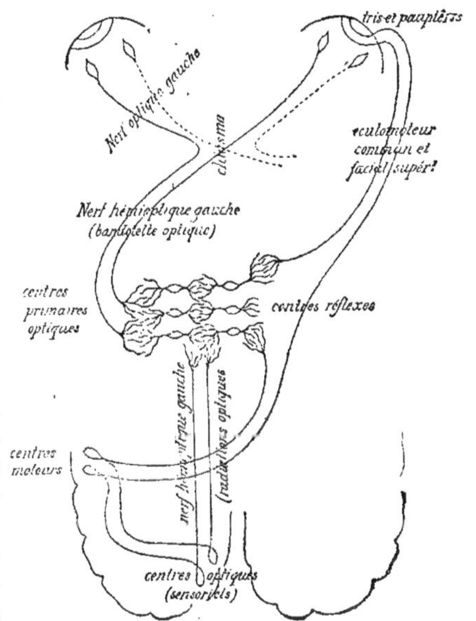

Fig. 245. — Schéma du trajet du nerf hémioptique. Réflexes iridiens et palpébraux (J. GRASSET).

De l'analyse à laquelle H. MUNK a soumis les animaux en expérience, il a conclu que ceux-ci voient encore, mais ne reconnaissent plus les objets ; ils se meuvent sans se heurter aux obstacles placés sur leur chemin, mais ils ne remarquent rien ; ils sont devenus insensibles aux êtres et aux choses qui, avant l'opération, les émouvaient ; la nourriture même placée devant eux, ils ne la distinguent pas et ne la prennent que s'ils la sentent. Ce sont, dit MUNK, comme des nouveau-nés qui doivent apprendre à reconnaître toutes choses à la vue. En somme, ces animaux auraient perdu les images visuelles des objets, les représentations optiques. Ils sont frappés de *cécité psychique*.

Chez l'homme, on a retrouvé pour les troubles de la fonction visuelle les distinctions établies dans ceux de la fonction auditive. En outre de la *cécité corticale*, ou perte de la perception des impressions rétiniennes, on a distingué la *cécité psychique*, perte des images des objets ou représentations optiques, avec conservation, au moins partielle, des impressions lumineuses (le malade, dans ces cas, voit les objets, mais sans les reconnaître), et la *cécité verbale*, perte de la vision des mots; c'est par suite l'impossibilité de la lecture; le malade est comme un individu ne sachant pas lire; il a perdu la mémoire des signes écrits; dans les cas purs, les autres formes du langage sont conservées (voy. p. 1024).

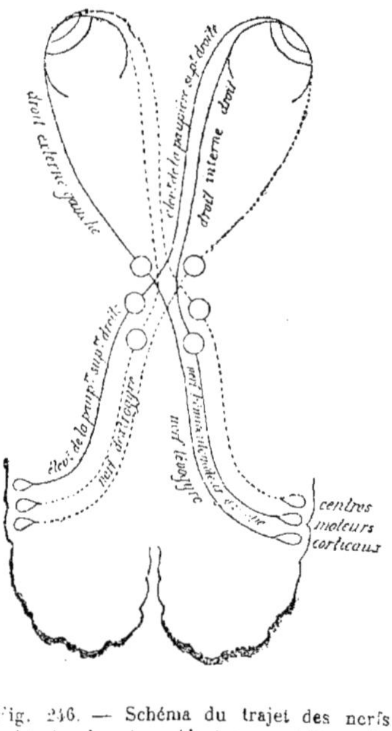

La cécité verbale serait causée par une lésion du lobule pariétal supérieur avec ou sans participation du pli courbe.

Comme la zone auditive, qui contient des centres moteurs (voy. p. 1024), l'écorce visuelle est motrice aussi (voy. p. 943).

L'excitation électrique, chez les animaux, de l'écorce visuelle provoque des mouvements associés des paupières, des deux yeux et des deux pupilles; ces mouvements diffèrent suivant les points excités : l'excitation de la partie antérieure de cette région de l'écorce amène un mouvement des deux yeux en bas et du côté opposé à l'hémisphère excité, et la dilatation des deux pupilles; celle de la partie postérieure, un mouvement des deux yeux en haut et du côté opposé, la dilatation des deux pupilles et le soulèvement des deux paupières. Ce sont là des mouvements identiques à ceux que fait l'animal normal quand

Fig. 246. — Schéma du trajet des nerfs hémioculomoteurs (dextrogyre et lévogyre) et de l'élévateur de la paupière (J. Grasset).

il fixe un objet dont l'image se produit sur le point rétinien correspondant au point de l'écorce excité (voy. ce qui a été dit plus haut de la projection de la rétine sur l'écorce occipitale). Ces excitations corticales sont donc équivalentes aux excitations rétiniennes elles-mêmes; l'animal y réagit de la même façon.

Il existe dans la zone périrolandique (voy. p. 1040) des centres pour les muscles des yeux et des paupières (voy. fig. 249, p. 1040). Ce n'est pas sur ces centres qu'agissent les excitations de l'écorce

occipitale qui provoquent les mouvements dont nous venons de
parler (nous l'avons déjà fait remarquer. p. 943-44).

En effet, l'excitation de la région oculo-motrice ne détermine de mouvements que dans l'œil opposé ; celle de l'écorce occipitale détermine, nous
l'avons remarqué, des mouvements associés des deux yeux. D'autre part,
si l'on isole complètement par des sections appropriées la zone occipitale
de la zone rolandique (section des fibres d'association), l'excitation de la

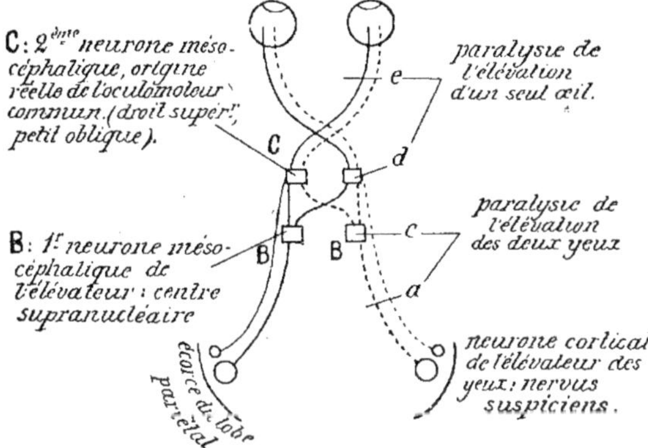

Fig. 247. — Schéma du trajet des élévateurs et des abaisseurs des deux yeux
(J. GRASSET).

première n'en amène pas moins les réactions motrices habituelles. Enfin,
alors que la région occipitale a cessé d'être excitable à la suite d'excitations trop répétées, l'excitation de la région rolandique peut encore provoquer des mouvements de l'œil opposé.

La zone occipitale est donc à la fois sensorielle et motrice. C'est
qu'une fonction sensorielle ne peut s'exercer sans mouvements adaptés des organes moteurs annexés à l'organe récepteur des impressions spéciales. Et l'on voit ici, ce que nous avions déjà constaté
dans les zones rolandique et auditive, que la région de l'écorce où
aboutissent ces impressions est, sinon la même que celle d'où
partent les incitations qui mettent en mouvement l'appareil moteur
annexe, du moins très proche de celle-ci.
Il doit conséquemment y avoir des relations plus ou moins directes entre le centre visuel et les noyaux des nerfs moteurs des muscles oculaires et des paupières. On peut se les représenter avec le
schéma de la figure 245 (p. 1033) relations de l'écorce visuelle avec les
noyaux des nerfs iriens et palpébraux) et avec les schémas des

figures 246 et 247 (relations entre l'écorce visuelle et les noyaux des oculo-moteurs). Mais la détermination de ces fibres descendantes à partir de l'écorce occipitale n'a pas encore été faite. La connexion motrice entre cette région corticale et les nerfs oculaires n'en est pas moins physiologiquement certaine. Du reste, quelques observations anatomo-pathologiques montrent que la destruction de l'écorce occipitale est suivie de la dégénérescence secondaire des fibres les plus externes du pied du pédoncule cérébral. On a vu (p. 1025) que par là aussi passent les fibres descendantes de la sphère auditive.

G. — La transmission des impressions kinésiques.

Les impressions qui servent à l'équilibration sont transmises aux centres par les voies tactiles, auditives et visuelles qui ont été étudiées précédemment et, en outre, par des voies spéciales, voies de la sensibilité musculaire ou plus brièvement *voies kinesthésiques*.

1° *Les voies kinesthésiques médullo-bulbo-cérébelleuses et cérébrales.*

Quelles sont ces voies spéciales?

Du protoneurone sensitif (ganglion spinal), les fibres kinesthésiques arrivent à la moelle par les racines postérieures ; les unes cheminant dans les cordons postérieurs (faisceaux de Goll et de Burdach), gagnent le corps du neurone de relais, les noyaux de Goll et de Burdach, puis s'entre-croisent dans le bulbe, mêlées aux fibres de sensibilité cutanée dont elles suivent ensuite le trajet dans le mésocéphale (pédoncule cérébral, capsule interne, etc.) ; les autres, après s'être mises en rapport avec les cellules de la colonne de Clarke du même côté, constituent le faisceau cérébelleux direct, puis vont par le pédoncule cérébelleux inférieur au cervelet; elles se terminent dans l'écorce de la partie supérieure du vermis supérieur, soit du même côté, soit surtout du côté opposé.

Mais l'écorce du cervelet a des relations avec l'écorce cérébrale par le pédoncule cérébelleux supérieur; les fibres par lesquelles s'établissent ces relations sont interrompues dans le noyau rouge (amas de cellules situées dans la calotte du pédoncule cérébral) ; une partie gagne l'écorce cérébrale par le faisceau rubro-cortical, une autre partie passe par la couche optique, autre neurone de relais, et ne parvient à l'écorce que par le faisceau thalamo-cortical.

La figure 248 représente cet appareil nerveux de l'équilibration avec ses voies multiples et ses connexions compliquées.

Voici les principales preuves que l'on peut donner de cette systématisation.

La section des cordons postérieurs diminue la sensibilité profonde; la marche de l'animal devient chancelante en raison même de l'affaiblissement du sens musculaire. Dans le tabes (lésion des cordons postérieurs),

HÉMISPHÈRE GAUCHE   HÉMISPHÈRE DROIT

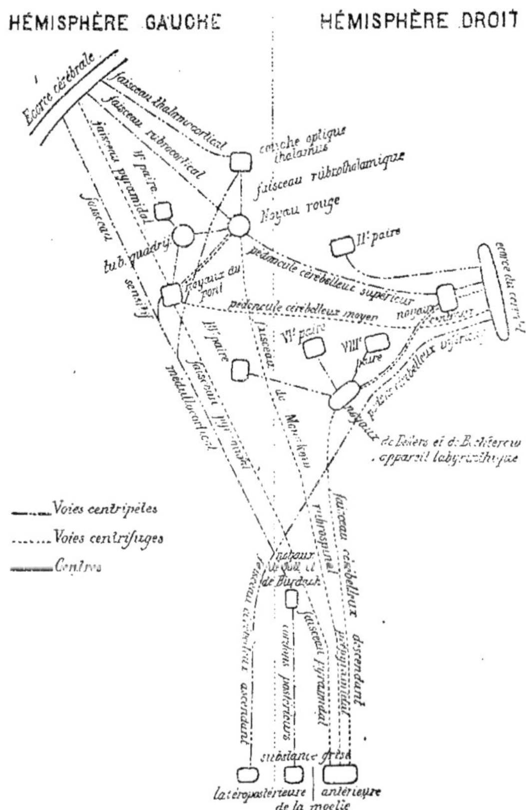

Fig. 218. — Schéma de l'appareil nerveux de l'orientation et de l'équilibre (J. Grasset).

cette sensibilité musculaire est profondément altérée; et les troubles de la marche résultant de l'incoordination des mouvements s'observent même chez les tabétiques, chez lesquels on a pu voir la sensibilité cutanée conservée. Chez les malades qui présentent le syndrome de Brown-Séquard, la sensibilité musculaire est abolie du côté de la lésion, c'est-à-dire du côté paralysé, alors que l'anesthésie cutanée est croisée. — D'autre part, nous avons déjà eu l'occasion de dire qu'une hémisection de la moelle amène la dégénérescence ascendante des faisceaux cérébelleux direct et de Gowers (expériences sur le singe et sur le chien, voy. p. 1014).

Les preuves physiologiques du trajet des impressions kinésiques à partir du bulbe font défaut; ce trajet a été établi par la méthode anatomique (étude des dégénérescences secondaires).

En ce qui concerne l'appareil central de la sensibilité kinésique, on verra plus loin le rôle du cervelet. Le rôle de l'écorce cérébrale ressort d'observations de lésions, chez l'homme, de la première et de la deuxième circonvolutions pariétales, contre la pariétale ascendante, dans lesquelles on a constaté des troubles de la sensibilité kinésique, alors que la sensibilité cutanée restait normale.

2° Les voies kinesthésiques labyrinthiques.

On sait (voy. p. 1021) que le nerf vestibulaire ou ampullaire représente une portion du huitième nerf qui ne transmet pas des impressions auditives, mais des impressions kinésiques.

Le nerf vestibulaire appartient à un protoneurone sensitif qui est l'analogue des ganglions spinaux, c'est le ganglion de Scarpa. Au sortir de ce ganglion, il s'unit au nerf cochléaire pour former le tronc de la huitième paire, puis s'en détache et en devient la racine interne ou antérieure. Les fibres de cette racine font partie de neurones de relais dont les corps se trouvent dans le noyau de Deiters, le noyau dorsal interne et le noyau de Bechterew (continuation bulbaire de la substance grise postérieure de la moelle). Ces neurones sont en rapport avec le cervelet par le faisceau acoustico-cérébelleux (dans le pédoncule cérébelleux inférieur) et avec l'écorce cérébrale par des fibres qui se joignent au faisceau central du ruban de Reil.

Par ce que nous avons dit tout à l'heure du passage dans les pédoncules cérébelleux inférieurs des impressions kinésiques venues de la moelle et puisque les impressions labyrinthiques suivent aussi cette voie, on remarquera que la plupart des impressions servant à l'équilibration qui se rendent au cervelet y arrivent par ces pédoncules.

La section du nerf ampullaire détermine des troubles de l'équilibre analogues à ceux qu'amène la lésion des canaux semi-circulaires (voy. p. 952). Quant au trajet des fibres kinésthésiques labyrinthiques, il a été déterminé par la méthode des dégénérescences secondaires.

En étudiant le cervelet, nous aurons à reparler du pédoncule cérébelleux inférieur.

3° Les voies kinesthésiques oculaires.

Ces voies suivent sans doute les voies oculo-motrices. Il y a, en effet, des relations directes entre le nerf moteur oculaire externe et

les noyaux de Deiters et de Bechterew (qui font partie de l'appareil
nerveux labyrinthique) et des relations croisées entre le moteur
oculaire commun et les mêmes noyaux (voy. p. 942 et voy. aussi la
fig. 248, p. 1037).

D'autre part, il existe aussi des relations entre les centres de l'équilibration et les voies optiques. Ces communications ont lieu par
l'intermédiaire des tubercules quadrijumeaux antérieurs ; ceux-ci
reçoivent, comme on le sait, des fibres de la bandelette optique et
sont en rapport avec les noyaux protubérantiels ou noyaux du pont
(noyaux gris disséminés dans l'étage inférieur de la protubérance),
unis eux-mêmes au cervelet par les pédoncules cérébelleux moyens.
— Nous avons déjà signalé le rôle des sensations visuelles dans le
maintien de l'équilibre (voy. p. 962-63).

III. — LA CONDUCTION DES STIMULATIONS CORTICALES DANS LE SYSTÈME NERVEUX CENTRAL.

A toutes les impressions arrivant des différentes surfaces sensibles
au cerveau répondent des réactions qui provoquent soit des mouvements des muscles du squelette, soit des mouvements du cœur
ou des muscles lisses des vaisseaux ou des viscères, soit encore des
phénomènes sécrétoires. Les plus connues de ces réactions sont
celles des muscles striés ; ce n'est guère que pour celles-ci que
le rôle de l'écorce cérébrale a été élucidé, et c'est le trajet des incitations, dites motrices, de l'écorce jusqu'aux nerfs moteurs qui est
seul nettement déterminé.

Pour ces raisons, l'étude de la conduction des incitations motrices,
autrement dit, de la question des voies motrices volontaires, doit être
regardée, à juste titre, comme la plus importante. Nous exposerons
ensuite ce que l'on sait de plus sûr relativement à l'influence du cerveau sur les fonctions organiques (stimulations corticales organiques).

I. — Action du cerveau sur la fonction motrice volontaire. La conduction des incitations motrices.

L'écorce cérébrale agit sur les mouvements volontaires. Nous avons
d'abord à déterminer cette action, puis, si possible, sa nature ; nous
verrons ensuite quelles sont les voies qui conduisent ces stimulations corticales jusqu'aux nerfs moteurs.

1° *L'origine des voies motrices cérébro-médullaires. Fonction motrice de l'écorce cérébrale.*

Les neurones moteurs ont leurs corps cellulaires et par conséquent leur origine dans la substance grise de la région périrolandique (voy. fig. 237, p. 1019). C'est de la circonvolution frontale
ascendante ainsi que de son prolongement à la face interne du cerveau, le lobule paracentral (dans sa plus grande partie), que partent
les incitations motrices.

Ce fait du rôle moteur de la circonvolution frontale ascendante a été

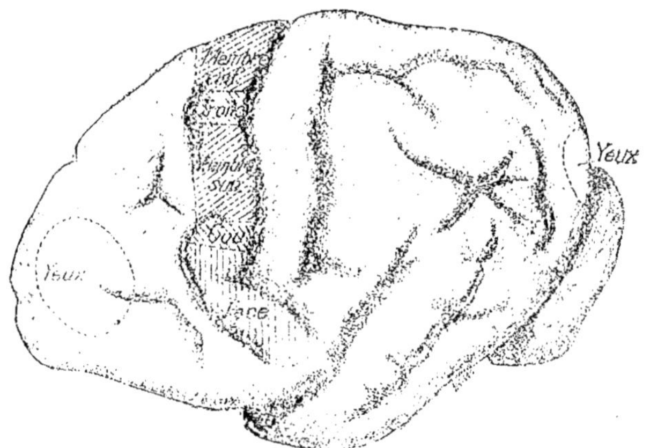

Fig. 249. — Schéma des centres moteurs sur la face externe du cerveau du Chimpanzé
(d'après GRÜNBAUM et SHERRINGTON).

établi par les expériences de SHERRINGTON et GRÜNBAUM sur les singes
anthropoïdes (voy. fig. 249) et par celles de l'allemand F. KRAUSE sur
l'homme (voy. ci-dessous. fig. 250) et, d'autre part, grâce à des observations anatomo-pathologiques dans lesquelles on a suivi la dégénération
du faisceau pyramidal depuis la moelle jusqu'au cortex et constaté que
toutes les fibres dégénérées se perdent dans l'écorce de la frontale
ascendante (dans plusieurs cas de sclérose latérale myotrophique).

Nous devons maintenant nous demander quelle est exactement la
fonction motrice de l'écorce cérébrale.

**A. Effets des excitations et des destructions de l'écorce
rolandique.** — Nous examinerons d'abord les effets des excitations
de l'écorce, puis ceux des destructions expérimentales, et enfin ceux
des destructions que provoquent chez l'homme des processus pathologiques.

1. Les recherches sur l'excitation expérimentale des diverses circonscriptions corticales des hémisphères ont eu pour point de départ les expériences de Fritsch[1] et Hitzig[2] (1870).

Ceux-ci, mettant à nu sur quelque étendue un hémisphère d'un chien, portèrent des excitations électriques, sous forme de courant induit, sur l'écorce cérébrale et virent alors se produire des mouvements des membres et de la face. D. Ferrier institua à Londres des expériences semblables et observa les mêmes phénomènes. On multiplia alors les recherches sur un grand nombre de Mammifères et en particulier sur le singe. Les résultats obtenus, en tenant compte des différences de la topographie cérébrale, si variable suivant les espèces animales, furent concordants.

Voici parmi ces résultats quels sont les plus saillants : l'excitation portée en des points déterminés autour du sillon crucial, chez le chien (voy. fig. 248, p. 1020), amène des mouvements isolés des paupières, des mâchoires, de la langue, du membre antérieur ou postérieur du côté opposé, de la patte, de la queue. — Une observation plus attentive permet de reconnaître que l'on provoque ainsi soit des mouvements des muscles extenseurs d'un membre, soit des mouvements des muscles fléchisseurs ou des adducteurs. — Chez le singe on retrouve le sillon de Rolando[3], comme dans le cerveau humain, et c'est autour de ce sillon que se groupent les « centres moteurs ». On a même pu chez cet animal dissocier la zone motrice en centres pour les mouvements dépendant des diverses articulations, tels que centres des doigts, du poignet, du coude, de l'épaule, etc.[4]. — Chez l'homme, dans quelques cas d'ouverture du crâne dans un but chirurgical, on a excité l'écorce rolandique et observé des mouvements localisés; le chirurgien anglais V. Horsley a même plusieurs fois pratiqué systématiquement la recherche des points moteurs pour savoir quelle région de l'écorce il fallait enlever dans des cas d'épilepsie jacksonienne[5]. On peut, d'après les résultats obtenus sur l'homme, établir la topographie des centres moteurs (fig. 250).

Chez les animaux nouveau-nés, l'excitation de l'écorce ne provoque pas de réactions motrices. Le fait a été constaté pour la première fois sur le chien, dont l'écorce ne devient excitable que du dixième au seizième jour après la naissance. Mais il est des animaux qui naissent avec un système nerveux bien développé, qui ont tout de suite les yeux ouverts et une locomotion assurée, les cobayes par exemple. Or, sur les cobayes nouveau-nés, l'excitation de l'écorce, en certains points, donne lieu à des mouvements localisés des membres antérieurs ou postérieurs ou des mâchoires.

1. G. Th. Fritsch (1838-1891), physiologiste allemand.
2. J. Ed. Hitzig (1838-1907), neuropathologiste allemand.
3. L. Rolando (1773-1831), célèbre anatomiste et physiologiste italien.
4. C'est là une des raisons pour lesquelles J. Grasset a pu dire que « *les aires périphériques musculaires correspondant aux aires corticales motrices sont les régions articulaires : les nerfs corticaux des membres sont des nerfs articulo moteurs en même temps que segmento-sensitifs.*
5. L'épilepsie ainsi appelée, du nom du médecin anglais Hughlings Jackson qui l'a étudiée, est l'épilepsie limitée à un membre.

Sur ces effets des excitations corticales, deux remarques importantes sont à présenter. La première concerne l'unilatéralité des mouvements consécutifs à l'excitation.

En même temps qu'on voit se produire des mouvements du côté opposé

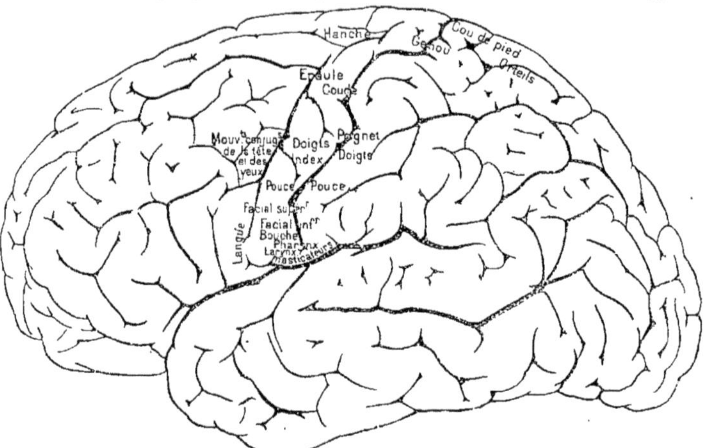

Fig. 250. — Localisations motrices du cerveau de l'homme. Figure construite par Dejerine, d'après les résultats expérimentaux obtenus par l'excitation directe de l'écorce par plusieurs chirurgiens. — D'après les recherches de F. Krause sur la détermination des centres moteurs corticaux chez l'homme par l'électrisation localisée, il n'y a aucun de ces centres dans la pariétale ascendante ; ils sont tous situés dans le lobule paracentral et dans la frontale ascendante. Sur cette figure, par conséquent, les points moteurs du pied et des orteils doivent être reportés à gauche de la scissure de Rolando.

à l'hémisphère excité, on voit quelquefois des mouvements du même côté. Ces effets bilatéraux paraissent toujours dus à une augmentation de l'intensité de l'excitation ou à une diffusion de celle-ci, pour quelque raison, dans les airs motrices de l'hémisphère opposé ou dans les ganglions de la base du cerveau (Fr. Gotch[1] et Horsley, 1891). Exception doit être faite pour les organes impairs comme la bouche, le larynx, le pharynx et pour les organes pairs qui se meuvent toujours ensemble, comme les yeux, comme les muscles de la face servant à la mimique ; l'action de l'écorce céré brale sur tous ces organes est bilatérale ; par suite les lésions destructives de l'écorce d'un seul côté ne peuvent pas en déterminer la paralysie[2].

1. Physiologiste anglais (1853-1913) très connu par de remarquables recherches d'électro-physiologie et par ses travaux sur le système nerveux.
2. Dans l'hémiplégie complète cependant, le facial supérieur (innervation des muscles orbiculaires des paupières, des sourciliers, des frontaux) est légèrement paralysé (J. Dejerine, *Sémiologie du système nerveux*, in *Traité de pathologie générale* de Ch. Bouchard, t. V, p. 474) : son intégrité relative tiendrait justement à la synergie d'action des nerfs faciaux supérieurs des deux côtés. J. Grasset, à la suite de Landouzy (1876), admet un centre cortical distinct pour le facial supérieur et pour le facial inférieur (voy. J. Grasset, *Les centres nerveux*. Paris, 1905, p. 84 et suiv.).

L'autre remarque concerne le mécanisme des mouvements observés.

En général une excitation provoque, en même temps que la contraction du groupe de muscles qui amène un mouvement de flexion ou d'extension ou tel autre mouvement, le relâchement des muscles antagonistes, c'est-à-dire en même temps qu'une action motrice, une action inhibitoire[1] ; exemples : contraction du tenseur du coude et relâchement du biceps, contraction des fléchisseurs de la jambe et relâchement simultané des muscles tenseurs et adducteurs, etc. (expériences de H.-E. Hering et Sherrington, 1897 et de Sherrington, 1894,1897). Cette relation cependant n'est pas absolue, et la contraction et le relâchement des muscles antagonistes se combinent souvent de façons variées (S. A. Pari[2]. 1904-1905).

2. Le contrôle nécessaire de ces expériences d'excitation se trouve dans les expériences dans lesquelles on pratique la destruction des parties qui paraissent être douées d'une action sur un groupe de muscles déterminé et où l'on étudie les troubles fonctionnels causés par cette suppression.

De l'emploi de cette méthode des destructions partielles (l'ablation de l'écorce se fait au moyen d'une curette ou plus simplement encore du bistouri), sur des animaux divers, chat, chien, singe, etc., il est résulté que la suppression de parties déterminées de l'écorce d'un hémisphère, — et ce sont celles même dont l'excitation provoque des mouvements localisés, — amène des paralysies limitées à des groupes de muscles du côté opposé à l'hémisphère lésé.

On a dit que ces paralysies sont incomplètes et transitoires. Dans quel sens convient-il d'entendre ces mots ?

Elles sont incomplètes. Supposons enlevé le centre pour une patte antérieure ou postérieure chez le chien. Une fois remis du traumatisme, l'animal peut marcher, courir, exécuter tous les mouvements combinés qui s'accomplissent par les muscles des deux côtés du corps ; la paralysie proprement dite disparaît ainsi en quatre à cinq jours. Mais, en dehors de ces mouvements d'ensemble et automatiques, les mouvements propres du membre considéré restent maladroits : la patte, par exemple, glisse sur le sol, elle fléchit souvent; si on la place dans une position anormale, l'animal ne la déplace pas (perte des sensations musculaires); s'il savait la donner au commandement, il ne peut plus le faire; il ne sait plus tenir un os pour le ronger.

D'autre part, ces paralysies seraient transitoires. Nous venons de voir que la paralysie vraie ne dure que quelques jours chez le chien. Aussi l'a-t-on attribuée à des actions inhibitoires résultant du traumatisme. Les

---

1. Il est clair que la contraction d'un groupe déterminé de muscles est singulièrement facilitée par le relâchement simultané des muscles antagonistes (par exemple, relâchement des extenseurs d'un segment de membre au moment même où se produit la contraction des fléchisseurs).

2. Physiologiste italien contemporain.

phénomènes d'inhabileté motrice (avec l'anesthésie cutanée et musculaire qui les accompagnent [voy. p. 1020], sont plus durables; ils persistent souvent cinq à six mois. Ils finissent aussi par s'amender, du moins en apparence, chez le chien et le chat. — Par là s'est posée la question des *suppléances cérébrales* : puisque les troubles observés disparaissent à la longue, n'est-ce pas parce que les parties enlevées peuvent être fonctionnellement remplacées par des parties voisines? En réalité, la restitution fonctionnelle n'est qu'apparente. Aux impressions qui lui font défaut pour déterminer ses réactions motrices, l'animal supplée au moyen d'autres impressions sensorielles, celles de la vue par exemple; et, si on fait marcher l'animal opéré, les yeux bandés, les troubles moteurs reparaissent. La restitution n'est d'ailleurs complète que dans le cas d'extirpations corticales très limitées. Dans les cas d'extirpations assez étendues, il persiste toujours des altérations de la sensibilité superficielle et profonde. — Chez les singes, les troubles de la motricité volontaire sont définitifs.

On verra plus loin le trajet de la dégénérescence descendante consécutive à la destruction de la zone rolandique (p. 1048).

3. La comparaison de tous ces faits avec ceux que fournissent les observations anatomo-cliniques chez l'homme est très instructive.

Ces observations ne sont vraiment probantes que si elles concernent des cas dans lesquels, à l'autopsie, on a constaté une lésion destructive unique, ancienne et bien limitée.

Dans ces cas on a vu que les phénomènes paralytiques sont en rapport avec l'étendue de la lésion. Aussi a-t-on observé des *hémiplégies totales* (paralysie des membres et de la face) du côté opposé à l'hémisphère malade[1], ou des *monoplégies* (paralysie d'un membre ou d'un côté de la face); dans nombre de cas de ce genre on a trouvé à l'autopsie une lésion corticale bien localisée.

Ces paralysies ne sont pas plus complètes chez l'homme que chez le singe; d'abord totales, elles s'amendent peu à peu, en ce sens que les mouvements associés et en partie, au moins, automatiques, comme la marche, se rétablissent; cependant il subsiste toujours de la parésie. Quant aux mouvements volontaires plus délicats, ils sont définitivement abolis.

Comme les destructions expérimentales chez les animaux, les destructions pathologiques ont pour conséquence une dégénérescence descendante qui montre d'une façon caractéristique le trajet des voies motrices (voy. plus loin, p. 1048).

Remarquons que ce sont des segments de membres qui sont ainsi frappés de paralysie et d'anesthésie. Il n'y a pas dans l'écorce cérébrale de centre spécial pour un nerf déterminé, radial ou sciatique. La volonté est en effet impuissante à provoquer la contraction du groupe des muscles innervés par le sciatique ou par tel autre nerf. La volonté fait exécuter des mouvements, tels que la flexion d'un

1. C'est ce qui distingue l'hémiplégie d'origine cérébrale de l'hémiplégie *spinale*, celle-ci étant homonyme (du même côté que la lésion).

segment de membre sur un autre, dans lesquels agissent des muscles innervés par différents nerfs [1] et même seulement des parties de muscles, d'autres parties des mêmes muscles pouvant par leur extension produire des mouvements inverses [2]. Aussi l'hémiplégie ne frappe-t-elle pas des muscles isolés, mais des groupes de muscles associés dans un même mouvement, supination, flexion, rotation, etc.

B. **Interprétation des effets que déterminent les excitations et les destructions de l'écorce rolandique.** — On a d'abord considéré la zone rolandique comme étant une réunion de centres moteurs, au sens propre de ce mot, c'est-à-dire de groupes cellulaires dont l'excitation expérimentale ou l'irritation pathologique détermine directement des réactions motrices de la face, des membres ou du tronc. D. FERRIER surtout, puis CHARCOT et son école ont soutenu cette théorie. Mais on constate que les destructions de cette région entraînent des pertes de sensibilité ; tel fut le résultat particulièrement des expériences de SCHIFF (1873-1877), de celles de R. TRIPIER[3] et de ses observations cliniques (1880), de celles de H. MUNK (1881-1890), de celles des physiologistes et pathologistes italiens LUCIANI, SEPPILLI, TAMBURINI (1878-1885). Depuis, la distinction de régions motrices et sensitives a de nouveau été mise en lumière. La question est de savoir comment fonctionnent ces centres moteurs.

J. SOURY a posé la question avec un sens critique très sûr : « Rien de plus net, dit-il, que les paralysies motrices qui succèdent à l'ablation et aux lésions destructives des mêmes aires corticales, mais de quelle nature sont ces phénomènes de parésie ou de paralysie des mouvements ? Le chien auquel on a enlevé les deux gyrus sigmoïdes ne présente point pour cela de paralysie motrice proprement dite, si l'on entend par ces mots un défaut absolu de motilité... De ce qu'un chien, après l'ablation des zones motrices, peut marcher, éviter les obstacles, broyer et déglutir ses aliments, bref, exécuter tous les mouvements automatiques et réflexes, tous les mouvements associés et profondément organisés, dont l'intégrité des centres bulbo-médullaires est la condition suffisante, il ne suit pas qu'il puisse présenter volontairement la patte, la retirer devant une aiguille menaçante ou s'en servir avec adresse pour saisir un os.

« Ces troubles de la motilité volontaire, en entendant par cette expression tout mouvement précédé d'une représentation mentale de l'action à effectuer, ni Hitzig, ni Munk, ni Goltz, ne les ont jamais vus s'amender et disparaître quand les régions motrices avaient été exactement enlevées sur

1. Voy. à ce sujet la note 1 de la page 1043.

2. Exemple : le bord supérieur du trapèze soulève l'omoplate, le bord inférieur du même muscle l'abaisse. Ainsi, comme l'a très bien dit RENÉ DU BOIS-REYMOND *, les muscles isolés ne sont que des unités anatomiques, mais non des unités mécanico-physiologiques.

3. Médecin et anatomo-pathologiste français (1838-1916).

* Physiologiste allemand contemporain, professeur à l'Université de Berlin.

les deux hémisphères; dans le cas contraire, une portion de ces centres avait sûrement été épargnée... [1] »

On a pensé que ces troubles de la motricité volontaire seraient liés à des altérations de la sensibilité. On l'a pensé pour les raisons suivantes :

De nombreux faits démontrent que la précision et la coordination des mouvements ne sont assurées que grâce aux impressions cutanées et kinésiques.

Depuis les expériences de **Ch. Bell** et celles de Magendie, on sait que la section du nerf maxillaire supérieur (branche du trijumeau, nerf sensible), sur l'âne ou sur le cheval, empêche ces animaux de saisir leur nourriture avec leurs lèvres, à ce point que la section du trijumeau, en ce qui concerne la préhension des aliments, équivaut à celle du nerf moteur des muscles des lèvres, le facial. Plus tard (1858), Claude Bernard vit que l'anesthésie qui résulte de la section des racines postérieures correspondant aux membres intérieurs, sur la grenouille, amène l'incoordination motrice et même la perte des mouvements volontaires (voy. p. 865). Ces expériences ont été reprises sur le singe par Mott et Sherrington (1895), et de l'analyse soignée à laquelle ces auteurs ont soumis les animaux opérés il ressort que, après la section de toutes les racines sensitives d'un membre, les mouvements de la main et ceux du pied sont perdus définitivement; ceux du coude et de l'épaule, du genou et de la hanche sont moins troublés; l'acte de grimper, la préhension des aliments, etc., à l'aide du membre dont la sensibilité est abolie, ne sont plus possibles; le bras, par exemple, pend inerte le long du corps; de temps en temps seulement il participe à des mouvements automatiques associés à ceux du bras normal. Bref, Mott et Sherrington concluent que cette impotence motrice ressemble de très près aux troubles de la motricité consécutifs à l'ablation du territoire cortical qui commande les mouvements du membre considéré.

Il y a donc des relations très étroites entre la sensibilité et la motricité volontaire? C'est sur ces rapports que S. Exner a fondé sa doctrine de la *Senso-Mobilität* (sensitivo-motricité) (1891) qui n'en est que l'expression systématique; par sensitivo-motricité il désigne la faculté de se mouvoir, en tant qu'elle dépend d'impressions sensibles arrivées aux régions du système nerveux central d'où partent les incitations au mouvement volontaire.

On saisit alors les phénomènes qui paraissent concourir à la production d'un mouvement volontaire. C'est d'abord la perception d'impressions cutanées et kinésiques; et c'est la représentation du mouvement à accomplir, localisée dans les centres rolandiques, d'où sort le courant nerveux efférent. Évoquées, les sensations cutanées et surtout kinésiques (articulaires, musculaires) déterminent l'activité de ces régions qui sont, comme on va le voir tout à

1, J. Soury, *Le système nerveux central*, Paris, 1899, p. 1018.

l'heure, en rapport direct avec les centres proprement moteurs, bulbo-médullaires. On comprend que, si la perception de ces impressions tactiles et musculaires est abolie, l'exécution des mouvements devient impossible. Ce n'est pas que l'animal soit devenu incapable de se mouvoir ; mais, par suite du défaut d'impressions périphériques, les stimulations corticales cessent de se produire qui mettent en jeu les centres moteurs vrais (bulbo-médullaires). Toute motilité dépend en ce sens d'impressions sensibles. A ce point de vue, le mouvement volontaire, l'action motrice corticale, se rapproche singulièrement de l'action réflexe.

2º *Les voies motrices cérébro-médullaires.*

Les prolongements cylindre-axiles des cellules de la zone rolandique, après avoir traversé le centre ovale, se trouvent réunis dans les deux tiers antérieurs du bras postérieur de la capsule interne (voy. fig. 234, p. 1018), entre le noyau lenticulaire du corps strié et la couche optique. L'extrémité antérieure de ce segment de la capsule interne forme le faisceau géniculé, dont les fibres se rendent aux

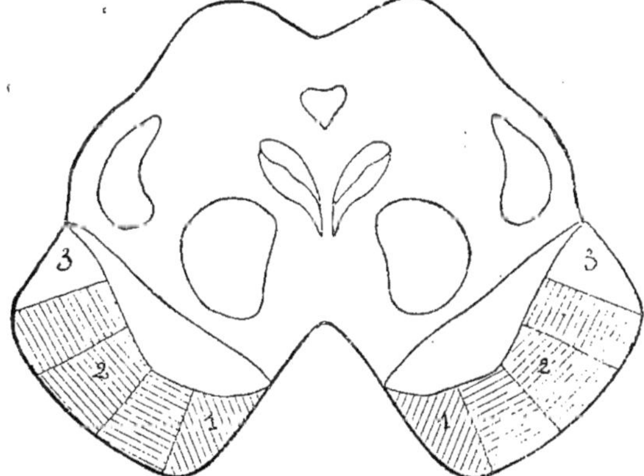

Fig. 251. — Constitution du pied du pédoncule (d'après Van Gehuchten).

1, voies motrices pour les nerfs craniens ; — 2 (avec les deux segments adjacents), fibres pyramidales ; — 3, voies cortico-ponto-cérébelleuses.

noyaux de l'hypoglosse et du facial inférieur ; le reste du segment constitue le faisceau pyramidal (fibres des autres nerfs moteurs de la moelle allongée et de la moelle). Ces faisceaux se retrouvent dans le pied du pédoncule cérébral correspondant (voy. fig. 251). Dans le bulbe, le faisceau pyramidal forme la pyramide antérieure ; là, ses fibres s'entre-croisent pour la plus grande partie avec celles de la pyramide du côté opposé et, dans la moelle, constituent le faisceau pyramidal croisé du cordon latéral (voy. fig. 230, p. 1008) qui contient au moins 90 p. 100 des fibres. La partie non entre-croisée des fibres de la pyramide forme le faisceau pyramidal direct. Ce premier neurone (cérébro-spinal) se termine dans les cellules des noyaux des nerfs craniens ou dans celles des cornes antérieures de la moelle. Les prolongements cylindre-axiles de ces cellules (second neurone, neurone médullaire) deviennent les fibres radiculaires et enfin les fibres des nerfs périphériques. Il suffit donc de deux neurones articulés entre eux pour transmettre jusqu'aux muscles les incitations volontaires.

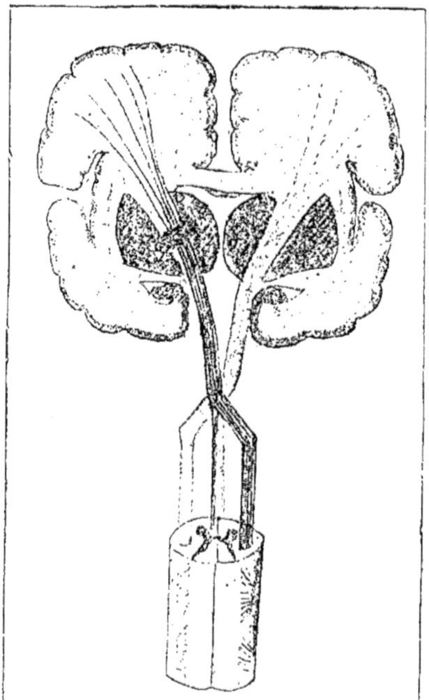

Telles sont les voies motrices directes. Il y a en outre des voies motrices indirectes. Ce sont celles qui relient l'écorce cérébrale à la moelle par l'intermédiaire du cervelet (*voies cortico-ponto-cérébello-spinales*). Nous les indiquerons lorsque nous étudierons les fonctions du cervelet.

Que le trajet des voies motrices soit bien celui que nous venons de résumer, une preuve générale le montre d'abord. Les destructions, soit expérimentales, soit pathologiques, de l'écorce périrolandique sont suivies d'une dégénérescence descendante de tous les faisceaux blancs intra-encéphaliques que nous avons énumérés jusqu'aux fibres pyramidales. Il en est de même à la suite des lésions de la capsule interne (voy. fig. 252).

Fig. 252. — Schéma de la dégénérescence descendante dans la pyramide à la suite d'une lésion de la capsule interne gauche (d'après EDINGER).

On peut en outre établir successivement la présence des conducteurs pour les stimulations corticales motrices dans le centre ovale, dans la capsule interne, dans le pied du pédoncule cérébral, dans la pyramide antérieure bulbaire et dans le faisceau pyramidal médullaire.

1. Après extirpation de la zone rolandique, l'excitation des faisceaux blancs sous-corticaux (couronne rayonnante) provoque des mouvements du côté opposé du corps. — La section de ces faisceaux blancs d'un côté amène une paralysie, transitoire chez le chien, persistante chez le singe,

des muscles du côté opposé. — Les lésions destructives de cette région frontale, chez l'homme, ont pour conséquence la paralysie persistante du côté opposé (*hémiplégie cérébrale totale*) ; les lésions limitées donnent lieu à des monoplégies.

2. Les excitations de la capsule interne, dans sa partie motrice, d'avant en arrière, donnent lieu à des mouvements des paupières, des yeux, de la tête, de la bouche et de la langue, puis des divers segments des membres du côté opposé. — Les destructions de cette portion de la capsule interne chez les animaux (expériences de VEYSSIÈRE [voy. p. 1018] et de quelques autres) et celles qui se produisent chez l'homme à la suite d'hémorragies des artères lenticulo-optiques et lenticulo-striées, souvent athéromateuses, entraînent une paralysie complète de la moitié opposée du corps, sans anesthésie (séparation dans la capsule des conducteurs moteurs et des conducteurs sensitifs). A noter que l'on constate dans les membres du même côté de la faiblesse musculaire et de l'exagération des réflexes, preuve manifeste qu'il y a des fibres directes unissant chaque hémisphère avec les muscles des membres du côté correspondant. L'hémiplégie est partielle, si la destruction de la capsule interne est incomplète.

3. La section transversale complète du pied du pédoncule cérébral paralyse toute la moitié opposée du corps.

4. Descendues du pied pédonculaire, les fibres des pyramides s'entre-croisent pour former le faisceau pyramidal en se séparant d'autres fibres qui, continuant leur route directe, constituent le faisceau pyramidal homolatéral. L'excitation faradique d'une pyramide produit en effet des mouvements dans les membres du côté opposé (expériences de WERTHEI-MER et LEPAGE sur le chien, 1896). — Cependant la section transversale complète des pyramides ne met pas obstacle à la transmission motrice. En effet, cette opération ne paralyse pas les animaux (SCHIFF, 1873). Ce que confirment les expériences dans lesquelles BROWN-SÉQUARD (1889), puis WERTHEIMER et LEPAGE (1896) ont vu que la faradisation de la zone rolandique continue à provoquer des mouvements des membres après la section transversale des deux pyramidales. — Ces faits donnent à penser que la voie pyramidale ne constitue pas la seule voie par laquelle les incitations volontaires parviennent aux muscles. La capsule interne et le pied pédonculaire contiennent certainement d'autres **voies descendantes** (voy. fig. 251). Seulement celles-ci ne sont pas encore connues (voy. plus bas l'analyse des expériences de WERTHEIMER et LEPAGE).

5. Les expériences d'excitation des cordons antéro-latéraux de la moelle sont à peu près impossibles, parce qu'on ne peut pas ne pas exciter en même temps les fibres radiculaires antérieures. Mais les expériences de section suffisent à démontrer les voies conductrices de la motricité dans la moelle. Or, la section des cordons postérieurs et de la substance grise n'est suivie d'aucune paralysie ; seule, la section des cordons latéraux entraîne une paralysie des muscles dans les régions situées au-dessous de l'endroit sectionné et du même côté ; la paralysie est plus complète si les cordons antérieurs sont coupés en même temps. D'autre part, après destruction de l'écorce dite motrice ou d'une pyramide bulbaire, on trouve dans la moelle

deux faisceaux dégénérés, l'un du côté opposé à la lésion effectuée, le faisceau pyramidal croisé du cordon latéral (fig. 253 A, p. 1017) et l'autre du même côté que la lésion, le faisceau pyramidal direct ou faisceau de Türck (fig. 23 A, p. 1017).

Cependant l'expérimentation physiologique et les observations cliniques ont montré qu'une lésion de l'hémisphère gauche produit une hémiplégie droite ; les conducteurs des mouvements volontaires subissent donc une décussation complète avant d'arriver aux cornes antérieures. Ainsi le faisceau pyramidal direct ne serait pas direct jusqu'au bout, mais irait finalement se terminer dans les cornes antérieures du côté opposé ; à cet effet ses fibres, en approchant de leur terminaison inférieure, se jettent dans la commissure antérieure et passent de cette manière dans l'autre moitié de la moelle, pour y atteindre les cornes antérieures. La décussation des fibres pyramidales se ferait donc en plusieurs temps : d'abord, et pour le plus grand nombre des fibres, d'un seul coup, au niveau de la continuité du bulbe et de la moelle (au collet du bulbe [en 3, fig. 253 j), puis successivement dans toute la longueur de la moelle, au niveau de la commissure antérieure (en PD, fig. 253).

Les conducteurs moteurs volontaires se rendent en définitive dans la moitié de la moelle opposée à l'hémisphère cérébral d'où ils partent. En d'autres termes, à l'état normal, c'est l'hémisphère cérébral gauche qui commande les mouvements de la moitié droite du corps et l'hémisphère droit ceux de la moitié gauche. La figure 253 donne un schéma de l'ensemble de ces dispositions.

Telle est du moins l'opinion encore adoptée généralement. Cependant, de par divers faits d'ordre anatomique et physiologique, la question s'est posée de savoir si les fibres du faisceau de Türck

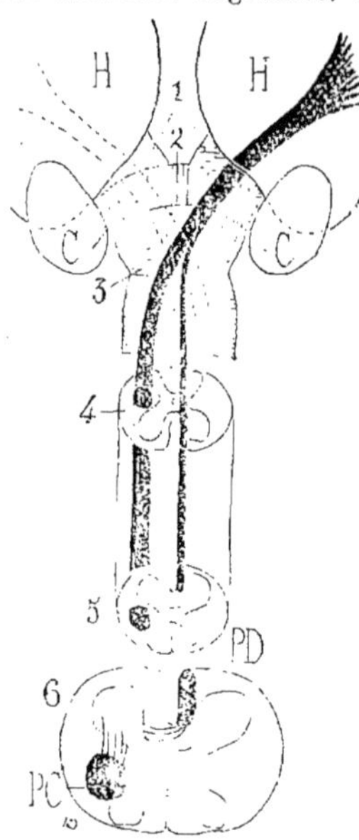

Fig. 253. — Schéma du trajet des faisceaux pyramidaux (MATHIAS DUVAL).

HH, hémisphères cérébraux (le cerveau est vu par sa face antéro-inférieure ; donc l'hémisphère gauche est sur le côté droit de la figure, il en est de même pour la moelle) ; — CC, hémisphères cérébelleux ; — 1, pédoncules cérébraux ; — 2, protubérance annulaire ; — 3, collet du bulbe où se fait la décussation incomplète des pyramides (leur faisceau le plus externe ne se décusse pas) ; — de 4 à 5, tronçon de moelle où on voit le trajet des faisceaux pyramidaux venant de l'hémisphère gauche ; ils sont en noir ; les faisceaux pyramidaux venus de l'hémisphère droit et figurés en blanc ne sont pas indiqués dans ce tronçon ; — en 6, coupe de la moelle (surface de section de l'extrémité inférieure du tronçon précédent), pour montrer la décussation, dans la moelle, des faisceaux de Türck.

s'entre-croisent encore dans la moelle avant de se terminer dans la corne antérieure et si, à côté des fibres croisées, il n'existe pas, dans le faisceau pyramidal du cordon latéral, des fibres réellement directes.

Les expériences de WERTHEIMER et LEPAGE sur le chien (1897) forcent à admettre, du moins pour cet animal, l'existence de fibres homolatérales. Voici de ces expériences l'une des plus démonstratives : on pratique l'hémisection du bulbe à gauche par exemple, au-dessus de l'entre-croisement des pyramides ; cette opération n'empêche naturellement pas l'effet moteur de l'excitation du gyrus sigmoïde à droite, c'est-à-dire des mouvements dans la patte postérieure gauche ; si on fait alors une seconde hémisection à gauche, et plus bas, au niveau de la première racine rachidienne, au-dessous par conséquent de l'entre-croisement des pyramides, l'excitation du gyrus droit ne provoque plus de mouvements de la patte gauche, mais de la patte droite. Bien mieux, si l'on réunit par une incision longitudinale les deux incisions transversales déjà pratiquées, l'excitation du gyrus sigmoïde à droite est encore suivie de mouvements dans la patte droite. De ce dernier résultat (effet de la section longitudinale médiane du bulbe réunissant deux incisions transversales aux endroits indiqués), il faut bien conclure que l'excitation corticale, après avoir passé par la voie croisée, n'emprunte pas une voie commissurale médullaire.

En somme, le faisceau pyramidal n'est probablement pas la seule voie de transmission des impulsions motrices volontaires ; il n'en est peut-être que la voie *habituelle*.

2. — Influence du cerveau sur les fonctions organiques.

Ce ne sont pas seulement des incitations motrices qui partent de l'écorce cérébrale, mais aussi des stimulations qui mettent en jeu presque toutes les fonctions organiques. On ne peut que passer une revue rapide de ces faits, car la systématisation en est à peine commencée et le trajet des voies qui conduisent les stimulations corticales aux divers centres spéciaux du mésocéphale, de la moelle allongée et de la moelle, est encore indéterminé.

On peut provisoirement classer ces actions cérébrales suivant la nature des organes qu'elles influencent, muscles striés (autres que les muscles des mouvements volontaires), muscles lisses viscéraux et autres et glandes [1].

Presque toutes les expériences dont nous allons résumer les résultats ont été faites sur le chien.

1. Nous avons indiqué déjà l'influence de l'écorce cérébrale sur les mouvements respiratoires (voy. p. 567) et la nature de cette influence (p. 578).

L'écorce n'agit pas moins sur les mouvements du larynx. Quand nous étudierons les fonctions de cet organe, nous reviendrons sur cette question.

On a vu (p. 194) que la formation du bol alimentaire est sous la

1. On pourrait aussi les classer suivant les fonctions qu'elles mettent en jeu, fonctions digestives, circulation, respiration, sécrétions, etc.

dépendance du cerveau. Nous avons appris depuis (p. 1011) que l'excitation d'un des territoires de la zone rolandique provoque des mouvements de la bouche, des mâchoires et de la langue, toutes parties dont le fonctionnement synergique concourt à préparer les aliments pour la déglutition.

On a voulu trouver dans les centres de ces muscles des mâchoires et de la langue ou à côté un centre cortical de la déglutition.

L'influence du cerveau sur le sphincter anal a été signalée p. 283. L'excitation directe de l'écorce, en arrière du sillon crucial (sur le chien), détermine la contraction de ce sphincter. Chez le singe, SHERRINGTON a localisé un centre ano-cortical sur la partie postérieure du lobule paracentral.

2. L'excitation du gyrus sigmoïde[1] détermine des contractions du pylore; elle provoque aussi des contractions péristaltiques de l'intestin grêle et des mouvements du gros intestin.

La faradisation du gyrus, à l'extrémité externe, fait contracter les trompes utérines.

Les mêmes excitations, portées sur la partie interne des segments antérieur et postérieur du gyrus, donnent lieu à des contractions de la vessie, avec expulsion de l'urine. Inversement, on pourrait, par des excitations de la partie externe du segment postérieur de la même circonvolution, provoquer la contraction du sphincter vésical.

Nous avons vu (p. 468) l'influence de l'écorce cérébrale sur les mouvements du cœur, et nous avons signalé (p. 484) celle des irritations sensorielles et de quelques phénomènes psychiques sur les vaisseaux. Par la faradisation de la partie postérieure du gyrus, on détermine d'ailleurs des phénomènes de vaso-constriction et, par celle de quelques points voisins, des phénomènes de vaso-dilatation.

A l'action vaso-motrice de l'écorce cérébrale on pourrait sans doute rattacher l'influence thermo-régulatrice du cerveau (voy. ce que nous en avons dit p. 816). Les phénomènes de vaso-constriction ou de vaso-dilatation que peuvent déterminer les excitations de l'écorce contribuent à régler la production de chaleur. Que l'on se rappelle d'ailleurs que les impressions thermiques aboutissent à l'écorce de cette zone sensitivo-motrice. Et l'on sait le rôle de ces impressions (voy. p. 808, 809 et 812) dans la régulation thermique. D'autre part, l'écorce peut exercer une action thermogénétique, encore qu'indirecte. En effet, les excitations de la zone rolandique, en tant que motrice, donnent lieu à une production de chaleur, liée au travail des muscles.

Nous avons indiqué (p. 907) l'action de l'écorce sur les mouvements d'élargissement de la pupille. Mais les excitations de la zone rolandique peuvent aussi déterminer la constriction pupillaire.

3. L'excitation du gyrus et des régions voisines fait sécréter toutes les glandes salivaires des deux côtés.

Par l'excitation de la circonvolution située en avant du gyrus, on obtiendrait la sécrétion sudorale. L'influence du cerveau sur cette sécrétion ressort d'ailleurs des observations connues de sudations locales d'origine émotive et quelquefois même par l'effet du travail intellectuel.

1. Le gyrus et les parties voisines du sillon crucial correspondent aux circonvolutions rolandiques et à la scissure de Rolando.

Nous avons vu (p. 947) que la sécrétion lacrymale est souvent dépendante d'excitations cérébrales. La faradisation de la partie interne des circonvolutions antérieure et postérieure du gyrus provoque directement cette sécrétion.

4. On peut aussi par l'excitation de divers points de l'écorce voir se produire, au lieu de réactions positives comme celles que nous venons de signaler, des réactions de sens inverse, c'est-à-dire des arrêts de fonctions, des actions inhibitoires.

C'est ainsi que l'excitation d'une région très voisine du gyrus détermine la dilatation du cardia. On a semblablement obtenu le relâchement des parois intestinales (l'arrêt des contractions péristaltiques). On a vu aussi survenir le relâchement du sphincter de la vessie. Quant aux faits de ralentissement du cœur par influence cérébrale, ils sont d'observation courante.

Des actions d'arrêt sécrétoire ont été également observées à la suite d'excitations faradiques de l'écorce, telles que l'arrêt des sécrétions biliaire et pancréatique. Bien des observations, d'autre part, montrent que sous l'influence d'émotions, comme la peur, la sécrétion salivaire peut être complètement tarie (*xérostomie* [1]) et que la volonté peut inhiber la sécrétion lacrymale.

Quelle est la nature et quel est le mécanisme de cette influence du cerveau sur les fonctions organiques? De ce que la suppression des régions cérébrales, dont l'excitation provoque les réactions que nous avons vues, n'entraîne nullement des pertes de fonctions, on a conclu qu'il n'y a point là d'appareils réellement *centraux*, dans le sens d'appareils producteurs d'actions motrices ou sécrétoires. Mais nous savons que la zone dite motrice n'est pas davantage productrice de mouvements ; les excitations qui partent de cette zone mettent en jeu les véritables centres moteurs. Son rôle, dans la fonction motrice volontaire, n'en est pas pour cela moins important. De même, les excitations corticales mettent en jeu les centres respiratoires, cardiaques, vaso-moteurs, sécrétoires, etc. Et il est probable que nous ne voyons pas encore toute l'étendue de leur rôle. « En somme, dit Morat, aucun organe n'échappe à l'influence cérébrale [2]. » Et il ajoute avec raison que cette donnée, relative à l'action du cerveau sur les mouvements de la nutrition, avait été accueillie d'abord avec défiance, « parce qu'elle était en désaccord avec l'idée par trop simple qu'on s'est faite longtemps sur le partage des fonctions entre les deux grandes divisions du système nerveux [3] », système cérébro-spinal et système grand sympathique. Aujourd'hui

1. De ξηρός, sec, et στόμα, bouche.
2. *Traité de physiol.*, t. II : *Fonctions d'innervation*, p. 495.
3. J.-P. Morat, *Ibid.*, même page.

nous savons que les origines de ce dernier se prolongent dans le premier et, d'autre part, qu'il y a des actes cérébraux qui échappent au contrôle et de la conscience et de la volonté et par là se rapprochent des actes de la vie organique ; bref, qu'il existe de nombreux points de passage et comme des transitions entre les deux systèmes de la vie animale et de la vie végétative.

Le trajet de toutes ces excitations, de l'écorce aux nerfs périphériques, est encore presque complètement indéterminé. On sait qu'il existe sur ce trajet des neurones de relais ; nous verrons en effet, en étudiant les divers centres mésocéphaliques, le rôle de plusieurs d'entres eux : couches optiques, corps striés, tubercules quadrijumeaux, sur les fonctions organiques. Dans la moelle, on retrouve les conducteurs respiratoires, cardio-accélérateurs, vaso-moteurs, groupés dans les cordons latéraux. Mais, sur ce point aussi, il est besoin de plus d'informations.

IV. — FONCTIONS SPÉCIALES DES DIVERSES PARTIES DU SYSTÈME NERVEUX CENTRAL.

Dans le chapitre consacré à la physiologie du neurone, nous avons examiné les propriétés essentielles du système nerveux central et dans les deux chapitres suivants nous avons étudié les deux grands processus par lesquels se manifeste son activité, le processus de réception des impressions sensorielles et celui de réaction à ces impressions, et nous avons vu d'ailleurs que ces réactions peuvent être très diverses. Nous n'avons pas épuisé par là les questions relatives au fonctionnement des centres nerveux. Il y a en effet des réactions et des modes de réagir qui sont plus particulièrement propres à telle ou telle partie du système nerveux. Telles sont certaines réactions du cerveau, tel est le mode d'activité du cervelet. C'est ce rôle spécial des divers centres nerveux que nous avons maintenant à déterminer.

I. — Physiologie de la moelle.

A travers la moelle passent les fibres qui conduisent au cerveau de nombreuses impressions sensibles et celles qui transmettent du cerveau aux organes périphériques les stimulations par lesquelles ceux-ci entrent en activité. Nous avons étudié ce rôle conducteur de la moelle, dévolu aux faisceaux de fibres longues que l'on connaît sous les noms de faisceaux de Goll, cérébelleux directs et de Gowers, ou faisceaux ascendants, et de faisceaux pyramidaux, au nombre de deux, ou faisceaux descendants ; et nous avons pu voir que la fonction conductrice de toutes ces fibres n'appartient pas en propre à la moelle ; ces faisceaux ont un trajet médullaire, mais on les suit dans les autres segments du système nerveux central jusqu'à l'écorce grise du télencéphale (cerveau terminal). Nous n'avons pas à revenir sur cette question.

A un moment donné du développement, les fibres longues ne sont pas encore myélinisées et par conséquent ne sont pas aptes à fonctionner (voy. p. 1081) ; seules sont déjà myélinisées les fibres centripètes des racines postérieures, qui constituent les voies courtes médullaires et les fibres centrifuges des racines antérieures ou motrices. Ainsi presque dès la naissance les terminaisons des fibres centripètes entrent en connexion avec les cellules d'origine des fibres centrifuges et de cette façon se forme un appareil médullaire autonome. Comme à la naissance, cet appareil recommence à fonctionner d'une manière autonome à la suite d'une section transversale complète de la moelle cervicale ou dorsale, chez les animaux, ou, chez l'homme adulte, dans les cas de lésion (compression médullaire par exemple) qui supprime toute connexion entre la moelle et les centres nerveux supérieurs. La moelle est alors réduite à ses fibres propres ou *spino-spinales*. Et sa nature essentielle se révèle clairement, elle redevient ce qu'elle est chez les Vertébrés inférieurs ou chez les Mammifères nouveau-nés, un simple organe de réaction, un appareil *réflexe*.

1° *La moelle, appareil réflexe.*

La moelle est constituée de telle sorte que, « si on pouvait la sectionner en autant de tronçons qu'il y a de nerfs périphériques qui en dépendent, tout en conservant intacte la circulation de chacun de ces segments médullaires, chacun de ces tronçons serait capable de fonctionnement, chacun de ces tronçons permettrait à la partie correspondante de l'organisme de répondre par une contraction musculaire à une excitation portée sur sa surface sensible [1] ». Nous avons vu, en étudiant les actions réflexes et leurs lois, comment fonctionne ce mécanisme (p. 991-999).

Nous n'avons à indiquer ici que la *durée de la transmission réflexe* dans la moelle ou *temps de réflexion*. C'est le temps que met l'excitation à

---

1. A. Van Gehuchten, *Anat. du système nerveux de l'homme*, 4ᵉ édit., Louvain, 1906, p. 945.

passer du nerf centripète au nerf centrifuge à travers la moelle. On l'évalue en retranchant de la durée totale du phénomène (temps perdu compris entre le moment de l'excitation sensitive et le début de la contraction musculaire réflexe) la durée de la transmission nerveuse dans le nerf moteur et celle de la transmission dans le nerf centripète. Ce temps de réflexion est de 0″008 à 0″015 (chez la grenouille). Il augmente quand diminue l'excitabilité de la moelle (par l'abaissement de la température, par la fatigue, etc.).

Il nous reste maintenant à déterminer les centres de réflexion spéciaux que l'on peut distinguer dans la moelle.

A. Centres pour les mouvements des muscles de la vie de relation. — Le mouvement réflexe le plus simple n'exige que la connexion d'un neurone centripète avec un neurone centrifuge (voy. p. 992, fig. 227). Ainsi se produisent, par l'excitation d'une région sensible, des mouvements simples ou limités; par exemple, l'attouchement de la conjonctive détermine l'occlusion des paupières. Mais l'excitation peut se propager à des neurones intercalaires et de là se répartir sur plusieurs neurones centrifuges. soit du même côté, soit du côté opposé de la moelle (voy. fig. 228, p. 993); alors se produiront des mouvements coordonnés et plus ou moins étendus, tels que flexion de la jambe sur la cuisse, flexion de la cuisse sur le bassin. Les plus saisissants de ces mouvements sont ceux que l'on observe sur la grenouille décapitée (il en a été parlé p. 997), sur le canard décapité (qui peut marcher ou nager pendant quelques instants), sur le chien dont la moelle cervicale a été coupée à la partie inférieure et chez lequel, par exemple, l'exitation d'un point de la peau de la région cervico-dorsale amène la flexion du membre inférieur du côté correspondant (réflexe du grattement). On a vu la raison de cette sorte de suractivité de la moelle dans le fait que, dans ces conditions, elle est soustraite à l'influence modératrice du cerveau (voy. p. 995).

On se représente maintenant la moelle comme divisée en une série de segments correspondant à des parties déterminées du corps innervées chacune par l'un de ces segments. On a même distingué dans les cornes antérieures des groupements cellulaires dont chacun représenterait le noyau d'origine des fibres nerveuses destinées aux muscles d'un segment de membre, comme le noyau d'origine des muscles du pied. celui des muscles de la jambe ou de la cuisse, celui des muscles de la ceinture pelvienne, des muscles de l'épaule ou du bras, etc. Les excitations sensitives, arrivant à la moelle, mettent en action les cellules de l'un de ces groupes et provoquent les mouvements partiels de flexion, d'extension, de rotation d'une articulation donnée ou, s'il s'agit de la moelle dorsale, de la deuxième à la douzième racine dorsale, les mouvements des muscles du tronc.

Parmi ces réflexes, quelques-uns ont une grande importance clinique. Tel
est le réflexe tendineux, dit *réflexe rotulien*, qui consiste dans l'extension
plus ou moins brusque de la jambe sur la cuisse par la percussion du
tendon rotulien du triceps crural. Tel le *réflexe plantaire*, flexion des
orteils à la suite de l'excitation légère de la peau de la plante du pied,
particulièrement dans sa moitié interne. Tel aussi le *réflexe crémastérien*,
contraction du crémaster qui élève brusquement le testicule, par excitation légère de la peau à la partie supéro-interne de la cuisse. Etc.

B. Le tonus musculaire. Centres toniques médullaires.
— Tous les muscles se trouvent normalement dans un état de demi-
contraction que l'on appelle tonus et qui est d'origine réflexe.

Le fait sur lequel s'est établie la théorie de l'origine spinale du tonus
musculaire est le suivant (expérience de BRONDGEEST[1]) : on sectionne sur
une grenouille la moelle au-dessous du bulbe, et l'on suspend ensuite l'animal par la colonne vertébrale ; sur cette préparation (*grenouille spinale*), on
coupe le nerf sciatique d'un côté ; toutes les articulations de ce côté sont
relâchées et l'extrémité pend tout à fait flasque, tandis que la jambe et la
patte de l'autre côté restent légèrement fléchies.

Les muscles reçoivent donc de la moelle une stimulation permanente qui les maintient en un état de légère contraction. Mais cette
stimulation même est-elle le résultat d'une activité automatique de
la moelle ou d'une action réflexe dépendant d'impressions afférentes?

Or, l'expérience rapportée ci-dessus réussit tout de même, quand, au lieu
de couper le nerf sciatique d'un côté, on sectionne les racines postérieures
correspondantes.

Ainsi le tonus musculaire doit être regardé comme un phénomène réflexe. Il est la preuve de l'existence d'un « tonus spinal »,
d'un tonus des cellules nerveuses motrices, maintenu par les impressions périphériques de toutes sortes qui affluent à la moelle.

En faveur de cette interprétation, on peut encore citer les expériences
qui ont montré que l'excitabilité des racines antérieures est diminuée par
la section des racines postérieures.

Chez l'homme, ce ne sont pas seulement les excitations des nerfs
centripètes qui entretiennent ce tonus des cellules motrices, mais
aussi celles qui viennent du mésocéphale à la moelle par les voies
descendantes qui relient l'une à l'autre ces deux parties du système
nerveux. Cette influence du cerveau sur le tonus musculaire est
grande, puisque, dans le cas de section transversale de la moelle cervicale, les muscles du tronc et des extrémités perdent leur tonicité

---

1. P.-Q. BRONDGEEST, physiologiste et pharmacologue hollandais de la seconde
moitié du XIXe siècle.

et qu'il se produit ce qu'on appelle la paralysie flasque. — Il résulte de là que, chez l'homme, la moelle, en tant que centre réflexe, a perdu de l'importance qu'elle a chez les animaux moins élevés.

Le tonus musculaire est une des sources principales de la chaleur animale (voy. p. 808).

Un cas particulier du tonus musculaire est le tonus des sphincters, à fibres lisses ou striées, cardia, pylore, anus, col de la vessie, etc. (voy. p. 229, 231, 281, 765-766).

Un sphincter au repos est légèrement fermé, même après section de tous les nerfs qui le mettent en communication avec la moelle. Et on verra un peu plus loin (p. 1059) que, après la destruction de toute la moelle lombaire, sur le chien, les sphincters de l'anus et de la vessie recouvrent au bout de quelque temps leur tonicité.

De ces faits il ne faudrait pourtant pas conclure que la moelle n'a aucune influence sur les sphincters. Le contraire résulte de plusieurs expériences et observations. Ainsi la pression qu'il faut exercer dans l'uretère d'un animal anesthésié, pour que l'urètre laisse s'écouler l'urine, est moindre après la mort que pendant la vie; or toute tonicité musculaire est supprimée par la mort. On sait, d'autre part, que les contractions volontaires du sphincter externe de l'anus peuvent empêcher l'expulsion des fèces ou des gaz chassés par les contractions du gros intestin. Cette action du cerveau ne peut évidemment s'exercer que par l'intermédiaire de centres médullaires. D'ailleurs, chez l'homme, les lésions destructives de la moelle amènent l'incontinence des fèces et de l'urine par suppression de la tonicité des sphincters (voy. p. 283).

On est donc amené à admettre l'existence de centres toniques médullaires et aussi de centres toniques périphériques, ces derniers beaucoup plus importante chez les animaux que chez l'homme. Les centres médullaires seraient surajoutés à ces derniers; ils entrent en jeu soit sous l'influence d'excitations sensitives, soit sous l'action de la volonté.

C. Centres médullaires pour les fonctions de la vie végétative. — Nous savons qu'il existe un rapport anatomique entre des groupements de cellules nerveuses de l'axe gris médullaire et certaines fibres centripètes et centrifuges et que, tant que le phénomène réflexe reste circonscrit, la réaction, déterminée par l'excitation des mêmes fibres sensitives, suit toujours les mêmes fibres centrifuges. Aussi l'expérimentation permet-elle de distinguer dans la moelle des centres circonscrits, autrement dit des localisations fonctionnelles.

Il suffira d'énumérer ici tous ces centres, parce que nous en avons déterminé la position et le rôle, en étudiant les diverses fonctions auxquelles ils commandent :

Centre ano-spinal. — Nous l'avons étudié p. 281.

Centre vésico-spinal. — Ce centre est situé au-dessus du précédent, au niveau de la quatrième vertèbre lombaire (chez le lapin), de la cinquième (chez le chien) (voy. p. 769).

Centre génito-spinal. — Nous en avons vu le rôle p. 730 et 734. Chez l'homme, il se trouve probablement vers le milieu de la moelle dorsale.

Centre accélérateur cardiaque. — Nous en avons établi l'existence p. 467.

Centres respiratoires médullaires. — Nous avons examiné cette question p. 568.

Centre cilio-spinal. — C'est le centre dont nous avons étudié le rôle p. 905-907.

Centres vaso-moteurs. — Nous avons montré p. 482-484 qu'il y a des centres vaso-constricteurs et vaso-dilatateurs disséminés dans la moelle, moins importants d'ailleurs que le centre bulbaire (voy. p. 484).

Centres sudoraux. — Il existe de même des centres sudoraux disséminés le long de l'axe gris médullaire (voy. p. 782).

Centres pilo-moteurs. — On peut donner ce nom aux régions de la moelle d'où sortent les fibres, qui, après avoir passé par les ganglions de la chaîne sympathique, innervent les muscles érecteurs des poils. Ces régions sont comprises entre la quatrième vertèbre dorsale et la troisième lombaire (surtout d'après les expériences faites sur le chat). — En traitant du système nerveux sympathique, nous verrons la distribution des *nerfs pilo-moteurs.*

2° *Effets de la destruction de la moelle.*

Les effets immédiats de la destruction d'une grande partie de la moelle épinière, de presque toute la partie dorsale et de la partie lombaire, — perte de la sensibilité et de la motilité, chute de la pression artérielle par suite de la dilatation des vaisseaux résultant de la suppression de leur tonus, abaissement de la température, incontinence des fèces et des urines, — sont si graves que cette opération paraît d'abord incompatible avec la vie. Mais on est parvenu à conserver longtemps des chiens ainsi mutilés [1].

Or, on voit chez ces animaux le tonus des vaisseaux se rétablir au bout de quelques jours, la température se relever, les sphincters de l'anus et vésicaux recouvrer leur tonicité, de telle sorte que les excrétions se font régulièrement. Des fonctions plus complexes, comme celle de la reproduction, s'accomplissent parfaitement (voy. p. 734). Et ces animaux vécurent très longtemps. Les seuls accidents persistants, outre l'anesthésie et la paralysie des mouvements volontaires, consistèrent en des troubles trophiques, altérations osseuses, atrophie profonde des muscles, chute des poils.

1. Il faut au début les maintenir au chaud et prendre de grands soins de propreté pour éviter les escarres.

La vie végétative est donc possible sans l'intervention du système nerveux central et particulièrement des centres médullaires. Le système sympathique suffit à l'entretenir, même chez des animaux supérieurs.

2. — Physiologie du bulbe rachidien et de la protubérance.

Pour le physiologiste, la moelle dépasse en haut les limites du rachis et s'étend dans la boîte cranienne jusque vers la selle turcique. C'est ce que prouve l'étude des actes réflexes qui ont leurs centres dans cette région. Que ces réflexes se fassent par les nerfs craniens et le bulbe ou la protubérance, ou par les nerfs rachidiens et la moelle, il n'importe, car les processus physiologiques sont de même nature.

Ces centres bulbo-protubérantiels ne fonctionnent pas seulement sous l'influence des excitations transmises par les nerfs centripètes, mais aussi, et non moins activement, d'une façon automatique.

Nous connaissons par exemple l'importance des excitations chimiques sur le centre respiratoire bulbaire (p. 569 et 571). Les centres de la moelle allongée et de la protubérance constituent des appareils nerveux dont le fonctionnement prédominant est tantôt automatique, tantôt réflexe.

Mais à ce rôle des noyaux gris bulbo-protubérantiels comme centres de phénomènes spéciaux aux nerfs correspondants ne se bornent pas les fonctions de cette partie du système nerveux. C'est que celle-ci, outre le système de substance grise qui n'est dans la moelle allongée que la continuation de celui de la moelle épinière, contient de nouveaux systèmes de substance grise qui lui sont propres. Et tous ces noyaux gris, par leur groupement et par leurs connexions, président à l'association des divers actes de sensibilité et de mouvement destinés à assurer l'accomplissement de fonctions importantes, telles que la respiration, la station, la locomotion, la phonation, etc. Dans la plupart des cas, d'ailleurs, il semble bien qu'un centre spécial reçoive toutes les excitations qui provoquent les mouvements nécessaires à ces fonctions complexes et en même temps coordonne les activités nécessaires à leur mise en jeu.

1° *Centres spéciaux du bulbe et de la protubérance.*

Dans cette région, l'axe gris se trouve anatomiquement divisé en noyaux distincts. Ces noyaux sont des centres réflexes présidant au fonctionnement des nerfs qui en partent.

Ainsi les masses grises désignées sous le nom de *noyau du facial* sont le véritable centre des actions réflexes du nerf facial. Il suffit que ce centre soit intact et que le nerf reste en relation avec lui pour que les mouvements réflexes des muscles faciaux puissent être mis en jeu. C'est ainsi que l'on voit, dans ces conditions, persister le clignement réflexe des paupières. De plus, ces expériences ont montré que le noyau d'origine du facial du côté droit et le noyau d'origine du facial du côté gauche sont en communication l'un avec l'autre par des fibres commissurales, qui permettent et assurent le synchronisme du clignement bilatéral. En effet, une incison antéro-postérieure faite au milieu du sillon médian du quatrième ventricule abolit ce synchronisme. — De même, le centre des mouvements réflexes involontaires, qui succèdent à une impression brusque de l'ouïe, est dans la région bulbo-protubérantielle, ainsi que devaient le faire prévoir les rapports anatomiques des noyaux de l'acoustique avec les noyaux moteurs voisins. Les expériences de Vulpian sont très explicites à ce sujet. Si, après avoir enlevé à un rat, par exemple, le cerveau proprement dit, les corps striés et les couches optiques, on vient à produire près de lui un bruit qui a habituellement la propriété de faire tressaillir l'animal, on voit aussitôt celui-ci, très tranquille depuis l'opération par laquelle a été supprimé tout mouvement spontané, faire un brusque soubresaut ; et, chaque fois que le même bruit se renouvelle, le même soubresaut a lieu. *Le centre de la sensibilité auditive excito-réflexe simple* (sans participation de la mémoire et de l'intelligence) est donc dans la protubérance, d'après ces expériences.

La physiologie pathologique, à son tour, nous a donné l'analyse d'affections bien déterminées qui ont leurs origines dans des lésions plus ou moins circonscrites des noyaux gris bulbaires. Rappelons cette maladie à symptomatologie si curieuse, découverte par Duchenne (de Boulogne), et caractérisée par une paralysie des muscles de la langue, du voile du palais et des lèvres (*paralysie glosso-labio-laryngée*). Les troubles liés à la paralysie de la langue constituent le principal symptôme en même temps que le début de la maladie ; l'orbiculaire des lèvres ne tarde pas à se paralyser à son tour ; et enfin, dans les phases ultimes de la maladie, des symptômes plus graves se développent : accès d'étouffement, syncopes : à l'autopsie, on constate que les noyaux bulbaires de l'hypoglosse, du facial (noyau inférieur) et des autres nerfs mixtes, sont atteints d'une dégénérescence de leurs cellules qui peuvent avoir subi une atrophie si complète qu'elles ont parfois complètement disparu. Les noyaux des hypoglosses sont ceux que l'on trouve constamment le plus profondément altérés ; ceux du spinal, du facial inférieur et du masticateur sont pris plus ou moins profondément.

La connaissance des noyaux des nerfs bulbaires et de leur situation au contact des fibres blanches médullaires entre-croisées permet de se rendre compte de certaines formes de paralysies intéressant la face ou quelques muscles de la face d'un côté, et les membres du côté opposé (*paralysies alternes* de Gubler[1]). Si l'on se rappelle le mode de groupement des noyaux d'origine des nerfs bulbaires, voici les déductions que l'on peut

1. A. Gubler (1821-1879), médecin français, fut professeur de thérapeutique à la Faculté de médecine de Paris.

tirer *a priori* et que les faits cliniques viennent confirmer entièrement : supposons une tumeur ou une lésion quelconque désorganisant une des moitiés latérales de la région de la protubérance, ou de la partie supérieure du bulbe, ou de la partie postérieure des pédoncules cérébraux. A ces divers niveaux existent, soit le noyau du facial et du moteur oculaire externe, soit le noyau masticateur, soit enfin le noyau du moteur oculaire commun et du pathétique. Tandis que la lésion des faisceaux blancs circonvoisins produira, en raison de l'entre-croisement de ces faisceaux au niveau du collet du bulbe, une hémiplégie du côté opposé à la lésion centrale, cette même lésion, atteignant les noyaux sus-indiqués, produira une paralysie directe dans le domaine du facial et du moteur oculaire externe, une anesthésie directe dans le domaine du trijumeau, avec une paralysie également directe du nerf masticateur, ou bien encore et selon le niveau, une paralysie directe du moteur oculaire commun; et toutes ces paralysies directes, c'est-à-dire du même côté que la lésion centrale, présenteront, parce qu'elles atteignent le noyau même des nerfs, les caractères des paralysies d'origine périphérique, c'est-à-dire qu'elles s'accompagneront de l'atrophie rapide des muscles et de la perte précoce de l'excitabilité électrique.

Les principaux centres bulbaires sont les suivants : *centre de l'éternuement* : les irritations nasales, transmises par le trijumeau, sont réfléchies sur les nerfs des muscles expirateurs ; *centre du clignement des yeux* : les excitations de la cornée et de la conjonctive suivent le trijumeau et se réfléchissent sur le facial ; *centre pour les mouvements de latéralité des yeux* (voy. p. 943) ; *centre de la phonation,* puisque les nerfs du larynx ont leur origine dans le bulbe : après l'extirpation du cerveau, y compris la protubérance, sur un jeune animal on provoque encore des cris par des excitations douloureuses, mais la destruction du bulbe rend ces cris impossibles.

D'autres centres président à des actes de la vie végétative ; nous les avons déjà presque tous étudiés. Ce sont: le *centre de la mastication* (voy. p. 171); le *centre de la succion* : la voie centripète du réflexe est le trijumeau, et la voie centrifuge est la même que pour la mastication, c'est-à-dire qu'elle est représentée par les nerfs maxillaire inférieur, facial et hypoglosse ; le *centre du vomissement* (voy. p. 233); les *centres sécréteurs salivaire* (voy. p. 184), *gastrique* (p. 208), *glycosique* (p. 617), *sudoral* (p. 783); les *centres accélérateur et modérateur cardiaques* (voy. p. 459 et 467); les *centres vaso-moteurs* (voy. p. 481 et 483) ; le *centre de la toux* : les excitations de la muqueuse laryngo-bronchique sont transmises au bulbe par le pneumogastrique et réfléchies sur les nerfs des muscles expirateurs.

2° *Centres coordinateurs et régulateurs bulbo-protubérantiels.*

Ce n'est pas que, parmi les centres précédents, il n'y en ait, comme celui des nerfs laryngés ou nerfs de la phonation, celui de la

mastication et comme les centres vaso-moteurs, qui n'exercent une
action coordinatrice sur les organes auxquels ils commandent. Mais
ce rôle spécial du bulbe se manifeste surtout par les centres de la
locomotion, de la déglutition et de la respiration.

Chez les Batraciens et les Reptiles, la coordination des mouvements de
locomotion se fait dans le bulbe. Ces mouvements persistent en effet dans
leur intégrité après l'extirpation du cerveau, du cervelet, des lobes optiques [1]. De plus, les animaux ainsi mutilés ont conservé le sens de l'équilibre : placés sur le dos, ils peuvent se relever. Cette possibilité, ainsi que
la faculté de locomotion, disparaît si l'on vient alors à détruire le bulbe.
— Chez les Mammifères, le bulbe, étant donnée son influence régulatrice
générale sur les réflexes (généralisation des réflexes, voy. p. 997), doit parti-
ciper en quelque mesure à la coordination des mouvements de locomotion.
Chez ces animaux cependant et chez les Oiseaux, c'est le cervelet qui joue
dans cette fonction le rôle capital ; chez les Batraciens, le cervelet est fort
peu développé.
  Les centres de la déglutition et de la respiration ont été étudiés précédemment (voy. p. 198 et 563 et suiv.).

La protubérance paraît être le centre des mouvements liés aux
émotions, comme le montre déjà ce qui a été dit plus haut (p. 1061)
sur la sensibilité auditive excito-réflexe. Elle joue un rôle important
dans les grandes expressions émotionnelles, le rire et les pleurs, les
cris de douleur, bref dans l'expression involontaire.

Lorsque, comme l'a fait Vulpian, on enlève successivement à un animal
les corps striés, les couches optiques, les tubercules quadrijumeaux et le
cervelet, on constate que, malgré ces mutilations, l'animal manifeste encore,
par une agitation caractéristique et par des cris plaintifs, la douleur qu'il
ressent lorsqu'on le soumet à de fortes excitations (écrasement d'une patte
entre les mors d'une pince, excitation d'un nerf). Si alors on détruit la protubérance et la partie supérieure du bulbe, aussitôt l'animal cesse de
répondre aux mêmes excitations par les mêmes cris et la même agitation.
C'est seulement un cri bref qui se produit, toujours le même, dépourvu
de toute expression.

Ainsi les impressions sensitives reçues par la protubérance peuvent
provoquer des mouvements complexes sans la participation du cerveau supérieur et par conséquent de la volonté. Chez l'animal privé
de protubérance, ces réactions émotives ne se produisent plus, alors
que se maintiennent la circulation, la respiration et les autres fonc-

1. Les lobes optiques exercent sur ce centre bulbaire une remarquable action
inhibitrice (d'après les expériences de G. Fano sur la tortue, le crapaud, etc., 1883,
1885). Après l'ablation des lobes optiques en effet, ces animaux se mettent à
déambuler, d'une façon très régulière (le bulbe exerçant son influence coordinatrice), mais continue ou par accès (périodiquement) et dans des directions
indéterminées, sans but.

tions dont les centres coordinateurs sont en partie dans la moelle et, en partie dans les deux tiers inférieurs du bulbe.

3° *Associations fonctionnelles entre les centres bulbaires.*

Les centres bulbaires agissent les uns sur les autres. « L'activité de l'un d'entre eux retentit sur celle du centre voisin, et souvent le phénomène ainsi provoqué par irradiation ne paraît être d'aucune utilité pour l'organisme ; dans certains cas cependant il s'agit d'un mécanisme protecteur. Toujours est-il que ces faits doivent être connus, parce qu'ils nous donnent la clef de quelques modifications fonctionnelles qui sans eux resteraient inexpliquées[1]. » Les principales associations de ce genre sont celles qui existent entre le centre de la déglutition et les centres respiratoires d'une part, et, d'autre part, modérateur cardiaque et celles qui existent entre le centre respiratoire et les centres modérateur cardiaque et vaso-constricteur. Nous avons étudié la première p. 198 et la seconde p. 418 et 469.

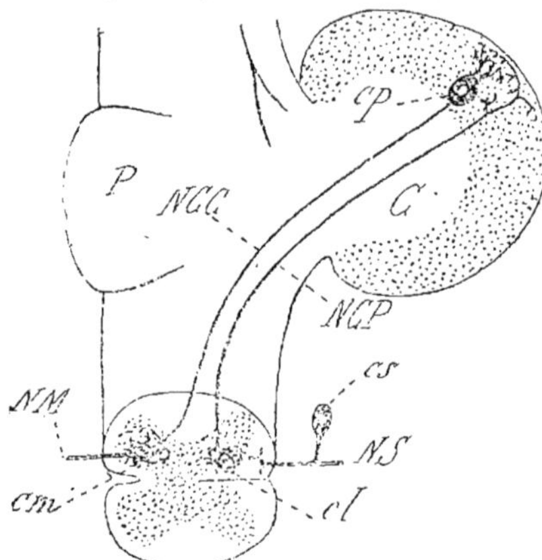

Fig. 254. — Schéma des neurones cérébelleux (d'après Mathias Duval).

P, protubérance ; — C, écorce du cervelet; — NS, nerf sensitif ; — cs, corps du neurone sensitif périphérique ; — cl, NCP, neurone cérébelleux périphérique (dont le corps cl est dans la colonne de Clarke) ; NCC, neurone cérébelleux central (dont le corps cp est une cellule de Purkinje ; NCC est le cylindre-axe de cette cellule) ; — NM, nerf moteur ; — cm, corps du neurone moteur périphérique.

Ces deux neurones s'articulent dans l'écorce du cervelet; ils s'articulent, d'autre part, le premier avec le neurone sensitif périphérique NS et le second avec le neurone moteur périphérique NM.

3. — Le cervelet.

Le cervelet se compose de deux hémisphères et du vermis ; de plus, trois paires de pédoncules (*fibres de projection*), les inférieurs, les moyens et les supérieurs, l'unissent à la moelle, à la protubérance et aux hémisphères cérébraux.

Les pédoncules contiennent à la fois des fibres ascendantes (afférentes au cervelet) et descendantes (efférentes). Nous avons vu (p. 1036 et 1038

1. E. WERTHEIMER, art. BULBE du *Dict. de physiol.* de CH. RICHET, p. 361.

et fig. 248, p. 1037) par quelles voies arrivent au cervelet diverses impressions sensibles ; ce sont là les voies *indirectes* ou *secondaires* de la sensibilité, par opposition aux voies directes ou *principales*, qui unissent la périphérie à l'écorce cérébrale par la moelle, le bulbe et le mésocéphale, sans passer par le cervelet. Une des plus importantes de ces voies est constituée par la partie du nerf acoustique qui vient des canaux semi-circulaires. Étant donné le rôle de ces canaux dans l'équilibration, le cervelet, auquel sont conduites les impressions nées dans ces organes, doit vraisemblablement être un des centres de l'équilibration. — Des fibres efférentes cérébelleuses, les unes, venant des noyaux centraux du cervelet, suivent le pédoncule cérébelleux inférieur dans son segment interne et vont aux noyaux de Deiters et de Bechterew, puis, par le faisceau cérébelleux descendant, à la substance grise antérieure de la moelle du même côté (voy. fig. 248 ; voy. aussi le schéma de la fig. 254) ; les autres, venant également des noyaux centraux du cervelet, suivent le pédoncule cérébelleux supérieur, s'entre-croisent complétement dans la calotte du pédoncule cérébral avec les fibres du côté opposé et gagnent le noyau rouge et la couche optique (voy. p. 1036 et la fig. 248, p. 1037) ; du noyau rouge part le faisceau rubro-spinal (fig. 248) qui traverse la ligne médiane et descend dans la moelle en se réunissant au faisceau pyramidal croisé. La voie cérébello-médullaire n'est donc pas directe, mais entre le cervelet et la moelle se trouvent interposées les cellules des noyaux rouges et celles des noyaux vestibulaires. Par ceux-ci (noyaux de Deiters et de Bechterew) (voy. p. 1038) les excitations cérébelleuses peuvent agir sur tous les noyaux moteurs bulbaires et médullaires.

D'après ces connexions, le cervelet apparaît comme un organe à l'écorce grise duquel parviennent toutes les excitations amenées par les fibres médullaires et bulbaires qui se trouvent dans le corps restiforme et par les fibres ponto-cérébelleuses des pédoncules cérébelleux moyens.

« Ces deux pédoncules et les deux corps restiformes sont les véritables *voies afférentes du cervelet* ou *voies nerveuses cérébellipètes* [1]. » De l'écorce cérébelleuse partent des fibres qui se terminent dans les olives du cervelet et dans les noyaux du toit. C'est de là que partent les véritables voies efférentes du cervelet, ou *voies nerveuses cérébellifuges* (VAN GEHUCHTEN), qui, toutes, sont croisées. « Ces connexions anatomiques nous montrent donc le cervelet comme un véritable centre nerveux où se réunissent les excitations provenant de toutes les régions du névraxe : excitations de l'écorce cérébrale amenées par les fibres de la voie descendante cortico-ponto-cérébelleuse ; excitations du métencéphale [2] (trijumeau ?)

---

1. VAN GEHUCHTEN, *Anat. du syst. nerveux de l'homme*, 4ᵉ édit., Louvain, 1906, p. 662.
2. On donne souvent ce nom à la partie moyenne du cerveau postérieur ou rhombencéphale, protubérance et cervelet. Ici métencéphale signifie protubérance.

par les fibres réticulo-cérébelleuses renfermées dans le pédoncule cérébelleux moyen et par les fibres radiculaires ascendantes du nerf vestibulaire allant se terminer dans le noyau du toit; excitations du myélencéphale et de toute la moelle épinière par les nombreuses fibres qui constituent le corps restiforme. A toutes ces excitations le cervelet peut répondre par des réactions centrifuges, se concentrant dans les noyaux du toit et les olives cérébelleuses, pour s'irradier de là vers toutes les masses motrices du névraxe, soit par l'intermédiaire du pédoncule cérébelleux supérieur et le faisceau rubro-spinal, soit par l'intermédiaire du faisceau cérébello-bulbaire, le faisceau vestibulo-spinal, le faisceau longitudinal supérieur et peut-être les fibres réticulo-spinales.

« Ces connexions anatomiques expliquent donc parfaitement la haute fonction de coordination de nos mouvements que les expériences physiologiques sont unanimes à attribuer au cervelet[1]. »

Que nous apprennent ces expériences?

1° *Effets des excitations du cervelet.*

Les excitations électriques du cervelet provoquent des mouvements forcés des yeux, de la tête et même de tout le corps dont il est encore difficile de donner une explication satisfaisante.

Les expériences d'ablation de l'organe sont beaucoup plus instructives.

2° *Effets de l'extirpation du cervelet.*

Cette opération ne détermine aucun déficit sensoriel, nulle paralysie des mouvements volontaires et aucun trouble de nature psychique. Ce ne sont là sans doute que des résultats négatifs, mais importants à noter.

Les effets positifs, découverts par ROLANDO (1809) et surtout par FLOURENS (1824, 1842), dans des expériences sur les pigeons et sur beaucoup d'autres animaux, ont été vérifiés par de nombreux expérimentateurs.

Après l'ablation d'une grande partie du cervelet, les mouvements coordonnés, comme la marche, le saut, le vol, etc., deviennent désordonnés. Si l'extirpation est complète, l'animal ne peut même plus les exécuter; placé sur le dos, il ne peut plus se relever; pour rester dans la station debout, un pigeon, par exemple, doit s'appuyer sur sa queue et sur ses ailes; la marche est chancelante.

FLOURENS avait conclu que le cervelet sert à la coordination des mouvements volontaires. Une grave objection à faire à cette inter-

---

1. VAN GEHUCHTEN, *loc. cit.*, p. 662.

prétation était que, les animaux opérés n'ayant pu être conservés au delà de quelques jours, l'on ne pouvait savoir conséquemment si les désordres observés tenaient bien à une perte de fonction et non à des phénomènes d'excitation.

Les expériences de LUCIANI (1884-1894), dans lesquelles les animaux (chiens et singes) ont pu être conservés plusieurs mois et presque un an après l'opération, ont permis une analyse plus précise et sûre de ces troubles.

Parmi les accidents consécutifs à l'extirpation complète (voy. fig. 255)

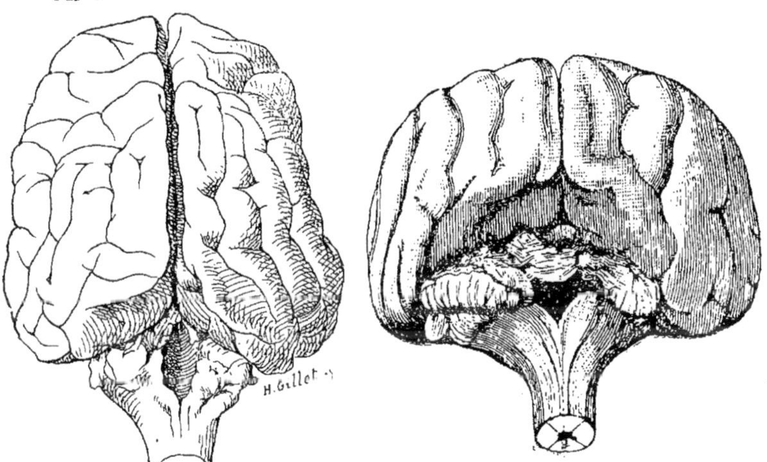

Fig. 255. — Ablation totale du cervelet chez le chien (d'après ANDRÉ THOMAS[1]).

Fig. 256. — Ablation presque totale du cervelet chez le chien (d'après LUCIANI).

ou à peu près complète (voy. fig. 256), il y en a, tremblements, irrégularité des mouvements, contractures, convulsions cloniques, qui passent très vite. Ce sont là des phénomènes accessoires dus à l'irritation causée par le traumatisme. — Les phénomènes essentiels, caractéristiques, de l'absence du cervelet sont les suivants : tous les mouvements volontaires manquent à la fois de mesure et d'énergie; chaque fois que l'animal, dans un mouvement volontaire, soulève sa tête, celle-ci se met à osciller; s'il veut se tenir debout, aux oscillations de la tête s'ajoutent celles du tronc, et il s'affaisse sur ses pattes; s'il veut marcher, les oscillations susdites s'exagèrent, il va en zigzags et tombe bientôt d'un côté ou d'un autre, bref titube (démarche de l'ivresse) (voy. fig. 257), ou ne se déplace qu'en se traînant sur le sol; s'il veut manger, il ne parvient qu'avec la plus grande difficulté à prendre sa nourriture à cause des mouvements oscillatoires de la tête.

1. Neuropathologiste français contemporain.

Par l'occlusion des yeux, cette *ataxie* cérébelleuse ne s'exagère pas, contrairement à ce qui se passe dans l'ataxie d'origine médullaire (par lésion des racines postérieures rachidiennes et des cornes postérieures de la moelle — *tabes dorsalis*).

Les mouvements de mastication, de déglutition, des organes digestif, de la respiration, continuent à s'accomplir normalement, ainsi même que l'acte du grattement et la natation[1].

Quand une moitié seulement du cervelet a été enlevée, les troubles sont limités aux muscles du côté correspondant du corps.

Les phénomènes consécutifs à l'extirpation totale ou partielle du cervelet s'amendent avec le temps. Les animaux réussissent d'abord à se tenir debout, puis, finisent même, après de nombreux et vains essais, par marcher sans tomber. La restitution cependant n'est point complète et les mouvements manquent toujours de force et de mesure; il persiste de l'ataxie. — Cette restitution fonctionnelle est due à une suppléance par la zone sensitivomotrice de l'écorce cérébrale, car, si on a enlevé cette zone, elle ne se produit pas (LUCIANI).

Chez l'homme, dans les cas de lésions étendues et graves du cervelet (atrophie, sclérose), on observe le *syndrome cérébelleux* qui ressemble singulièrement aux phénomènes consécutifs à la destruction expérimentale de l'organe; ce syndrome est caractérisé par la difficulté ou l'impossibilité de la station droite et les oscillations du corps dans cette même position, la titubation pendant la marche, le soulèvement brusque des jambes, la fatigue rapide; le vertige est aussi un des symptômes les plus constants des affections cérébelleuses, et ce fait est intéressant à rapprocher de ce que nous avons dit pp. 937 et 1038. — Sans doute on a constaté des altérations assez étendues du

Fig. 257. — Tracé de la marche d'un chien décérébellé (ANDRÉ THOMAS.

1. C'est parce que les animaux privés de cervelet peuvent encore nager que LUCIANI ne considère pas les troubles moteurs qu'ils présentent comme dus à un défaut de coordination.

Tracé pris deux mois après l'opération (extirpation totale).

Les pattes antérieures sont indiquées en gris, les postérieures en noir. A droite et en bas, écartement des pattes, ramenées dans leur position normale. Échelle de 1/12.

cervelet sans troubles de ce genre. La contradiction entre ces cas cliniques et les résultats des expériences physiologiques n'est qu'apparente, car l'amélioration des animaux auxquels on a enlevé une grande partie du cervelet est souvent rapide, en raison de l'activité vicariante d'autres organes nerveux.

3° *Interprétation des phénomènes consécutifs à la perte du cervelet.*

On s'accorde à dire que, après l'ablation de parties assez étendues du cervelet, tous les mouvements sont devenus incertains, alors cependant que l'action de la volonté sur chaque muscle en particulier paraît être restée normale. On en conclut que le cervelet régularise et coordonne les mouvements.

Cette conclusion paraît d'autant plus légitime que l'on sait, par l'anatomie comparée, que le développement du cervelet est en raison directe des exigences de l'équilibre et de la motricité ; ainsi le cervelet est énorme chez les animaux grands nageurs, tels que le Requin et beaucoup de Téléostéens ; il est plus petit chez les Pleuronectidés (poissons plats) ; il est réduit à une simple lame chez les Reptiles nageurs, tels que le Crocodile et la Tortue d'eau ; la plupart des Reptiles ont un minimum de cervelet. D'autre part, on sait par l'embryologie que l'écorce cérébelleuse n'acquiert sa structure définitive que quand l'animal commence à marcher ; il en est ainsi chez le Pigeon, qui ne marche qu'un certain temps après la naissance, tandis que, chez les Oiseaux, tels que le poulet, qui marchent à peine nés, l'écorce du cervelet a la même structure que chez les adultes. Mêmes observations ont été faites sur les Mammifères ; l'écorce du cervelet a la structure de celle du mouton adulte, chez l'agneau dès la naissance ; tandis que, chez le chat et le chien, elle est incomplètement développée ; chez l'homme elle n'a sa structure définitive qu'à la fin de la première année.

Les données morphologiques concordent donc avec les expériences physiologiques pour montrer le rôle du cervelet comme centre régulateur des mouvements nécessaires à la station et à la locomotion. Mais par quel mécanisme s'exercerait l'action cérébelleuse ?

Cette action serait triple (LUCIANI) : le cervelet augmente l'énergie des appareils neuro-musculaires ; il renforce le tonus musculaire pendant les pauses fonctionnelles ; il produit, durant les phases d'activité musculaire, la fusion des contractions ; en d'autres termes, il a une action *sthénique*, *tonique* et *statique*. D'où il suit que, chez les animaux sans cervelet, les contractions sont moins énergiques, les muscles sont plus flasques et les mouvements incomplètement ou non fusionnés ; en d'autres termes, ces animaux présentent de l'*asthénie*, de l'*atonie* et de l'*astasie*. De cette dernière, c'est-à-dire de la perte de l'action statique du cervelet, de cette action qui assure la continuité des contractions dans les muscles en mouvement, résulte la titubation avec incoordination cérébelleuse. « Flourens et Bouillaud avaient bien décrit la fonction du cervelet, en disant qu'il maintient l'équilibre dans les déplacements du corps et dans la station debout...; mais il leur manquait les données anatomiques suffisantes pour définir le mécanisme de cette fonction. Le maintien de l'équilibre dans toute attitude ou dans tout mouvement se règle par des variations de tonicité musculaire; Luciani a le premier démontré d'une façon nette et précise l'action du cervelet sur le tonus musculaire[1]. » Aussi Luciani explique-t-il l'astasie par l'asthénie. Cette diminution d'énergie des mouvements volontaires et du tonus, c'est le phénomène essentiel en lequel consiste le déficit cérébelleux.

Le cervelet n'est donc pas, à proprement parler, l'organe coordinateur des mouvements musculaires. Sans doute « on peut conclure que l'activité du cervelet est utilisée principalement pour le maintien de l'équilibre; mais ce serait une erreur de dire qu'il est l'organe de l'équilibre, ou l'organe de la coordination musculaire, puisqu'il ne leur est pas indispensable, et qu'après sa destruction d'autres organes peuvent le suppléer en grande partie[2] ». Nous avons vu d'ailleurs qu'un chien décérébellé qui ne peut ni se tenir debout ni marcher peut encore nager; c'est que, s'il n'a plus sur terre la force musculaire nécessaire pour soutenir son corps, il en a encore assez pour faire progresser dans l'eau son corps qui flotte dans cet élément. Il suffit donc que les muscles aient un moindre effort à donner pour que la coordination des mouvements redevienne possible.

Tout ceci étant admis, resterait à se demander dans quelles conditions se développe cette fonction sthénique et tonique du cervelet. L'écorce cérébelleuse reçoit des impressions ou des excitations qui lui viennent de la moelle et de l'écorce cérébrale. Comment ses cellules modifient-elles ces impressions et ces excitations et y réagissent-elles? On toucherait ici aux causes mêmes du fonctionnement de l'organe. Le cervelet, dit André Thomas, n'est pas le siège d'un sens particulier, mais d'une réaction particulière, que mettent en jeu diverses excitations; « cette réaction s'applique au maintien de l'équilibre, dans les diverses formes d'attitudes ou de mouvements, réflexes, automatiques, volontaires : c'est un centre réflexe de l'équilibration[3]. » Comment se produit cette réaction

---

1. André Thomas, *Le cervelet*, Paris, 1897, p. 341. — Nous avons montré (p. 954 que le *tonus cérébelleux* est distinct du *tonus labyrinthique.*
2. André Thomas, *loc. cit.*, p. 340.
3. André Thomas, *loc. cit.*, p. 353.

particulière, voilà justement ce qu'il faudrait expliquer et que nous ignorons.

4º *Localisations cérébelleuses.*

Le cervelet a été très longtemps considéré à tort comme un organe homogène, n'offrant aucune localisation fonctionnelle.

L'anatomie comparée a cependant établi que le développement plus ou moins grand d'un lobe cérébelleux correspond à un développement parallèle d'un groupe de muscles. D'autre part, on a pu par l'expérimentation physiologique démontrer que des parties dé-

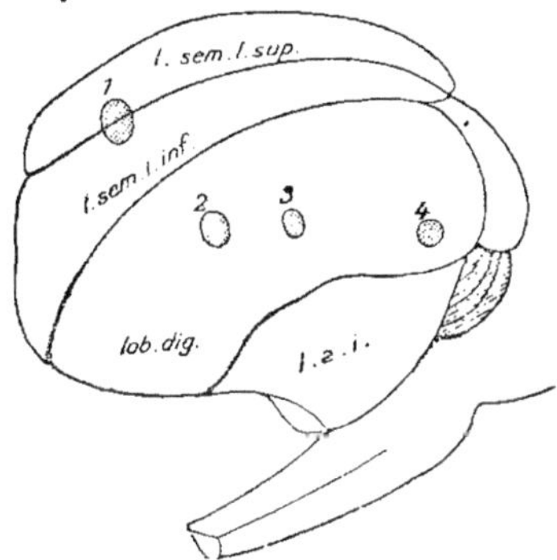

Fig. 258. — Localisations cérébelleuses chez l'homme (d'après Barany). — Face latérale et inférieure du cervelet.

l. sem. l. sup., lobe semi-lunaire supérieur; — *l. sem. l. inf.*, lobe semi-lunaire inférieur; — *lob. dig.*, lobule digastrique (lobe médian inférieur) ; — *l. a. i.*, lobe antéro-inférieur.
1, centre pour « le tonus en dehors » de l'articulation du bras ;
2, centre pour le tonus en dedans de l'articulation de la hanche;
3, centre pour le tonus en dedans de l'articulation du bras ;
4, centre pour le tonus en dedans de l'articulation de la main.

terminées de l'écorce cérébelleuse régissent des groupes déterminés de muscles.

Des expériences de destruction partielle de l'écorce cérébelleuse au niveau des différents lobes, chez le chien et chez le singe, ont fait voir qu'il existe dans le cervelet des centres distincts pour les mouvements des membres antérieur et postérieur, décomposables eux-mêmes en centres secondaires correspondant à des segments de membres ou à des articulations : dans le lobe quadrilatère un centre pour le membre antérieur, dans le lobe semi-lunaire supérieur un centre pour le membre postérieur, dans le lobe semi-lunaire inférieur un centre pour les muscles du tronc,

dans le vermis supérieur un centre pour la musculature de la tête. Telles
sont du moins les principales localisations et celles qui paraissent le
mieux établies.

Ce ne sont point là des centres moteurs, mais des centres de direction
des mouvements d'abduction ou d'adduction, d'élévation ou d'abaissement
des muscles homolatéraux, en ce sens qu'ils paraissent exercer une fonction
sthénique par rapport à ces divers mouvements. Leur destruction, en
effet, qui ne donne lieu à aucune paralysie, amène une perturbation dans
l'équilibre des muscles préposés à ces diverses directions, perturbation due
à la production simultanée d'un état hyposthénique des muscles agissant
dans telle ou telle direction et d'un état hypersthénique des muscles an-

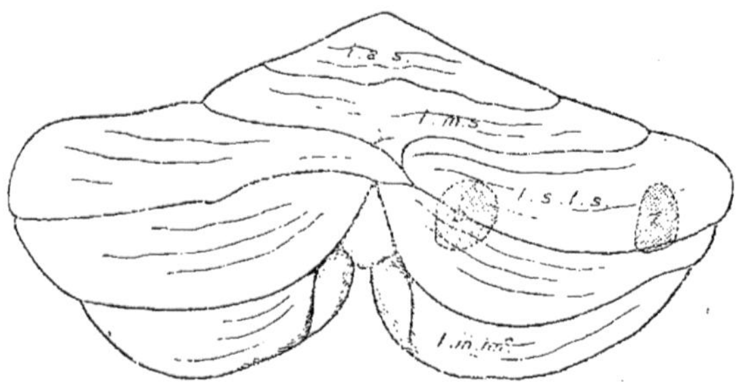

Fig. 250. — Localisations cérébelleuses chez l'homme (d'après BARANY).
Face postérieure du cervelet.

l. a. s. lobe antéro-supérieur ; — l. m. s., lobe médian supérieur ; — l. s. l. s., lobe
semi-lunaire supérieur ; — l. m. inf., lobe médian inférieur.

1, centre pour le tonus en dehors de l articulation du bras, dont la suppression donne
lieu à une déviation en dedans de cette articulation ;

2, centre pour le tonus des muscles qui abaissent le bras ; la perte de ce centre donne lieu
à une déviation en haut.

tagonistes ; c'est ce qu'ANDRÉ THOMAS a désigné sous le nom d'*aniso-
sthénie*[1] des antagonistes. Il y aurait donc dans l'écorce cérébelleuse des
centres dont le fonctionnement normal règle l'action simultanée, l'*in-
teraction* des muscles agonistes et antagonistes.

Les résultats des expériences de localisation cérébelleuse prennent encore plus d'intérêt si on remarque leur concordance générale avec les résultats des investigations cliniques de R. BARANY[2]
(1190-1913).

<hr>

1 De ἄνισος, inégal, et σθένος, force.
2. Médecin autrichien contemporain.

Grâce à une méthode spéciale, exploration méthodique de diverses réactions motrices volontaires pendant le nystagmus provoqué et d'autre part, exploration de ces mêmes réactions chez plusieurs malades ayant subi des opérations sur le cervelet, R. Barany a distingué quatre centres de direction, en haut, en bas, en dedans et en dehors, situés dans les lobes semi-lunaires supérieur et inférieur et dans le lobule digastrique (voy. fig. 258 et 259). La destruction de ces centres amène la suppression du tonus des muscles qui produisent le mouvement d'une articulation dans une direction donnée et, en même temps, l'exagération du tonus des muscles antagonistes. D'où un déséquilibre dans l'action de ces muscles.

De tous ces faits il résulte que l'écorce cérébelleuse contient des centres de tonus musculaire; ces centres distribuent aux groupes musculaires des différentes articulations l'innervation tonique qui assure l'équilibre des antagonistes et par suite le maintien des différentes attitudes des membres. Barany a démontré que cette influence tonique du cervelet sur la musculature est en grande partie d'origine vestibulaire; l'innervation cérébelleuse est sous la dépendance d'excitations provenant du vestibule.

5° *Effets des lésions des pédoncules cérébelleux.*

Les lésions des pédoncules cérébelleux déterminent des troubles du mouvement, consistant en des *mouvements forcés* ou irrésistibles, dont l'interprétation est difficile.

La lésion (piqûre ou section) d'un pédoncule cérébelleux inférieur provoque l'incurvation du corps en arc, du côté lésé.

La lésion d'un pédoncule cérébelleux moyen détermine la rotation du corps autour de son axe longitudinal (*roulement sur l'axe*), rotation qui se fait du côté sain vers le côté lésé.

La lésion d'un pédoncule cérébelleux supérieur détermine un mouvement de manège qui se fait habituellement du côté de la lésion [1]; l'animal décrit irrésistiblement un cercle de rayon plus ou moins grand. il tourne comme en un manège; il peut même tourner autour de son train postérieur comme point fixe.

La lésion d'un pédoncule cérébral donne lieu au même mouvement de manège.

4. — Les tubercules quadrijumeaux.

Nous avons indiqué pages 905, 943 et 1031, ce que l'on sait du rôle

[1]. Exemple : si c'est le pédoncule droit qui a été lésé, le mouvement s'exécute de droite à gauche.

des tubercules quadrijumeaux antérieurs, et pages 1021-1023 ce que l'on sait de celui des tubercules quadrijumeaux postérieurs.

Chez les Mammifères, ces organes sont à peu près réduits à ces fonctions; leur importance est donc secondaire. Chez les Vertébrés inférieurs, surtout chez les Poissons dépourvus d'écorce cérébrale, chez les Reptiles et même chez les Oiseaux, les lobes optiques, qui sont les homologues anatomiques des tubercules quadrijumeaux, en ont une bien plus grande.

Outre leur fonction dans la vision, ils servent à l'équilibration et à la coordination dés mouvements. Les Reptiles et les Batraciens auxquels on enlève les lobes optiques ont les mouvements lents et maladroits; d'autre part, on peut placer leurs membres dans des positions anormales sans qu'ils réagissent; le « sens des attitudes » paraît profondément troublé chez eux. Il est vrai que ces animaux ont un cervelet rudimentaire dont la fonction sans doute est dévolue aux lobes optiques.

5. — Les couches optiques.

En raison de leur situation profonde, ces organes sont difficilement accessibles à l'expérimentation. Aussi leur rôle a-t-il été longtemps discuté. En suivant d'aussi près que possible les faits positifs, qu'en savons-nous exactement?

Nous savons d'abord que ces deux gros ganglions constituent un grand relais anatomique des impressions sensibles (voy. p. 1019, 1021, 1028 et 1030); c'est par l'intermédiaire des thalami que ces excitations parviennent à l'écorce cérébrale.

Les destructions chez les animaux, surtout celles qui ont pu être réalisées sans délabrements dans le cerveau, au moyen de l'électrolyse bipolaire (expériences de J. SELLIER et H. VERGER, 1898, sur le chien), et les lésions chez l'homme ont été suivies d'anesthésie du côté opposé du corps; la destruction du pulvinar (partie postérieure du thalamus) entraîne l'hémianopsie.

Toutes les fibres centripètes provenant des centres nerveux inférieurs, fibres médullo-thalamiques, bulbo-thalamiques, olivo-thalamiques (fibres du pédoncule cérébelleux supérieur), se terminent donc dans les couches optiques (voy. p. 1016). Celles-ci constituent un volumineux amas cellulaire placé sur le trajet des voies sensitives, avant leur arrivée dans l'écorce cérébrale. Il semblerait par suite que de ces cellules dussent partir des voies centrifuges, de sorte qu'elles représenteraient un centre réflexe sous-cortical important. De fait, on a pensé que les couches optiques jouent un grand rôle dans la régulation d'un nombre considérable de mouvements

de toutes sortes, et cette opinion paraît pouvoir s'appuyer sur les
phénomènes que l'on observe après l'extirpation des hémisphères
cérébraux (voy. p. 1090). Il faut cependant bien remarquer que l'on
ne connaît guère les voies centrifuges issues des couches optiques;
les lésions diverses de ces centres n'entraînent pas de dégénérescence descendante qui ait été suivie avec certitude jusque dans la
moelle.

Il est toute une catégorie de mouvements dont la couche optique
a été plus spécialement considérée comme le centre ; ce sont les
mouvements involontaires d'expression et aussi les fonctions organiques dont l'exercice accompagne d'ordinaire les émotions.

Après l'ablation des hémisphères cérébraux, l'excitation mécanique ou
électrique du thalamus provoque les réactions propres à chaque espèce
animale et qui servent à l'expression des émotions, le cri de la grenouille,
le roucoulement du pigeon, l'aboiement du chien, etc., et les contractions
concomitantes des muscles de la face et des oreilles. Si les couches
optiques sont détruites, les cris émotionnels ne se produisent plus ;
seules, les excitations douloureuses intenses déterminent de l'agitation et
des cris, que les hémisphères d'ailleurs aient été préalablement enlevés
ou non.

Ainsi les couches optiques apparaissent comme des centres d'innervation réflexe des groupes musculaires qui servent à l'expression
des émotions (théorie de Bechterew, 1882, 1884-1885, 1887). De son
côté, Nothnagel[1] « résumait dans les termes suivants la doctrine qui
se dégageait de ses observations » cliniques et de celles jusqu'alors
connues : « Lorsque, dans une lésion en foyer avec hémiplégie et paralysie du facial, la motilité volontaire des muscles de la face est perdue
quoique les deux moitiés de la face continuent à prendre également
part aux émotions psychiques (*rire*, *pleurer*, *douleur*, etc.), on peut
admettre que la couche optique, ainsi que la couronne rayonnante,
réalisant ses connexions avec l'écorce cérébrale, sont intactes[2]. »
Nothnagel est donc arrivé à la même conception que Bechterew du
rôle de la couche optique.

L'expression des émotions s'accompagne habituellement de réactions organiques, phénomènes cardio-vasculaires, sécrétoires, mouvements intestinaux, etc., qui ont également leurs centres dans les
couches optiques, d'après les expériences de Bechterew et de Bechterew et Mislavsky.

L'excitation du thalamus provoque en effet, chez tous les animaux sur
lesquels ces expérimentateurs ont opéré, l'accélération de la respiration,

1. Médecin et thérapeute allemand très connu (1841-1905).
2. J. Soury, *Le système nerveux central*, Paris. 1899 v 1344.

des mouvements de déglutition, des mouvements de l'estomac et des intestins, ainsi que de la vessie, des phénomènes sécrétoires, en particulier la sécrétion des larmes, d'autres fois l'arrêt des contractions du pylore ou le relâchement des parois intestinales.

6. — Les corps striés.

L'ensemble des masses grises qui se trouvent à la base du cerveau terminal, noyau caudé, noyau lenticulaire et avant-mur, constituent les corps striés. Ceux-ci ne sont pas autre chose qu'un îlot de substance grise corticale du cerveau, îlot qui s'est détaché du manteau cortical pour se développer dans la profondeur. On ignore l'origine des fibres nerveuses qui se terminent au niveau des cellules de ces organes et on ignore de même où se rendent les prolongements cylindre-axiles de ces cellules.

Nos connaissances physiologiques ne sont guère plus sûres. De ce que le corps strié provient d'une région de l'écorce reconnue comme ayant des fonctions motrices, on a conclu que ses fonctions doivent être du même ordre. Mais la signification des résultats obtenus soit par l'excitation (convulsions du côté opposé du corps), soit par la destruction (parésie et quelquefois anesthésie du côté opposé du corps) des diverses parties du corps strié, est rendue très incertaine en raison des désordres que l'on produit en même temps dans les régions voisines. — Des observations anatomo-cliniques soignées ont cependant montré que la destruction plus ou moins complète du corps strié (avec intégrité de la couche optique) a pour conséquence un état hypertonique ou spasmodique de tous les muscles.

Le rôle attribué au corps strié dans la régulation thermique a été indiqué page 810.

7. — Les hémisphères cérébraux. Fonctions de l'écorce du cerveau.

Les hémisphères cérébraux sont constitués par l'écorce, ou manteau, formée de substance grise et une masse blanche sous-jacente formée de fibres nerveuses.

Celles-ci se divisent en trois systèmes, celui des fibres de la couronne rayonnante, celui des fibres commissurales interhémisphériques et celui des fibres d'association (fibres connectives). Les fibres de la couronne rayonnante sont ascendantes ou sensibles et descendantes ou motrices ; elles se retrouvent toutes, nous le savons, dans la branche postérieure de la capsule interne [1]; les premières sont dites *fibres de projection* (MEYNERT[2],

1. La branche antérieure serait constituée par les fibres qui relient le lobe frontal à la couche optique (DEJERINE).
2. TH. MEYNERT (1833-1892), anatomiste allemand, célèbre surtout par ses belles recherches sur les rapports entre l'anatomie et la physiologie du cerveau.

Flechsig) parce qu'elles projettent, pour ainsi dire, sur l'écorce les diverses parties du corps. Par le système des fibres commissurales, qui comprend le corps calleux, la commissure antérieure et la postérieure, sont réunies les parties homologues des deux hémisphères. Quant aux fibres d'association, elles unissent entre elles les circonvolutions voisines ou éloignées d'un même hémisphère.

Ce n'est qu'à partir de 1870, lorsque le fait de l'excitabilité de l'écorce cérébrale eut été découvert, que la physiologie du cerveau a réalisé de réels progrès. Le grand développement que prit de 1875 à 1885 la doctrine des localisations corticales sensorielles et motrices servit beaucoup à l'extension de nos connaissances sur les fonctions du télencéphale. Et, en somme, c'est à cette doctrine que se rattachent les conceptions actuelles des centres de projection et des centres d'association de l'écorce. Le cerveau terminal ne peut plus être considéré que comme un complexe de parties fonctionnellement différentes et en relation les unes avec les autres. Les données physiologiques ont d'ailleurs été singulièrement confirmées par les études d'embryologie.

L'étude du développement de l'écorce grise ou manteau cérébral (Edinger, 1905) montre bien en effet quelle est la fonction fondamentale de ce pallium, sur laquelle se sont greffées pour ainsi dire toutes les autres fonctions cérébrales. Le cerveau antérieur ou terminal, le *télencéphale*, n'existe pas chez les Poissons osseux. Il n'apparaît que chez les Amphibiens et les Reptiles, en rapport exclusivement avec le seul nerf qui en dépend, le nerf olfactif; chez ces êtres donc, seules, les impressions olfactives arrivent à l'écorce; ce sont des animaux « olfactifs » [1]. Chez les Oiseaux, les connexions deviennent très importantes entre le manteau et l'appareil visuel, à ce point qu'elles agissent jusque sur la masse cérébrale; chez les Oiseaux, en effet, le développement quantitatif de l'encéphale est surtout en rapport avec l'étendue de la surface rétinienne [2]. Chez les Mammifères, l'accroissement de l'écorce est dû à l'addition d'un pallium tactile et d'un pallium auditif [3]. C'est dire que toutes les impressions sensorielles arrivent chez

1. « Il n'y a point de doute que la plus grande partie de l'écorce du cerveau des Reptiles ne soit une « écorce olfactive » (*Riechrinde*). Que l'écorce cérébrale, là où elle se montre pour la première fois dans la série des vertébrés, ne soit que le centre d'un seul sens, celui de l'olfaction ; que toutes les associations psychiques que cette écorce réalise, tous ses souvenirs, toutes ses images mentales appartiennent à ce sens unique. c'est là, au sentiment d'Edinger comme au nôtre, un des résultats les plus considérables que l'anatomie comparée ait livrés à l'étude des fonctions du cerveau, à celle de la psychologie comparée » J. Soury, *Le système nerveux central*, Paris, 1899, p. 759).

2. Fait établi par les recherches de Lapicque (1908). Les recherches de Lapicque ont d'ailleurs montré que ce rapport entre la masse cérébrale et la masse oculaire existe aussi chez les Mammifères.

3. Ainsi, par l'effet de l'adaptation, de différenciations organiques de la division du travail physiologique, l'encéphale « tantôt a conçu le monde sous la catégorie des images mentales de l'olfaction plus tard, sous celle de la vision, puis de l'audition, ou sous toutes ces catégories à la fois, mais toujours à des degrés divers,

les animaux supérieurs jusqu'à l'écorce. En même temps entre toutes ces *zones de projection* se sont établies des *zones d'association* et des fibres d'association. Cet accroissement du pallium n'a été possible que grâce aux plissements qu'il a subis (formation et développement des circonvolutions à travers la série des Vertébrés); zones d'association et circonvolutions atteignent leur développement maximum dans le cerveau humain.

On verra plus loin quelle distinction profonde on a établi entre les centres de projection et les centres d'association et de quelle importance psychologique non moins que physiologique serait cette distinction.

1° *Effets des excitations de l'écorce cérébrale.*

L'excitation de l'écorce, dans toute la région rolandique, donne lieu à des réactions caractéristiques. L'étude de l'excitabilité corticale consiste en l'analyse de ces réactions.

Nous savons déjà que les excitations électriques en des points déterminés provoquent des mouvements dans des groupes déterminés de muscles (voy. p. 1041); nous savons aussi (voy. p. 1044) que, chez les animaux nouveau-nés qui ne marchent pas tout de suite après la naissance, ces excitations restent sans effet.

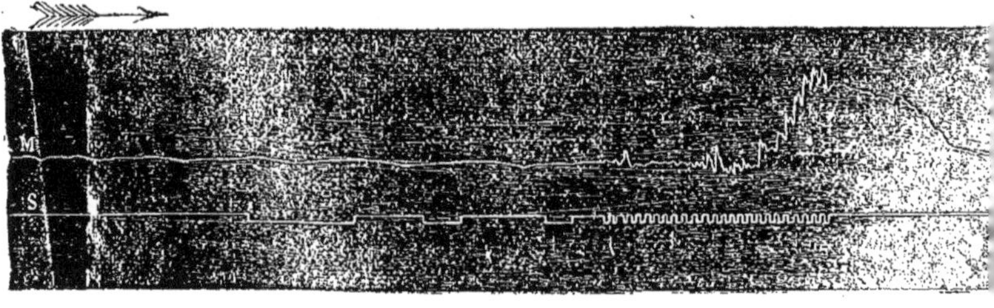

Fig. 260 — **Excitabilité cérébrale.** Phénomène de l'addition latente (tracé de Ch. Richet . Expérience sur un chien chloralisé.

S, ligne des signaux électriques. A la gauche de la figure, les excitations sont isolées et partant, inefficaces; à droite, elles sont plus fréquentes. — M, mouvements du membre antérieur, provoqués par l'excitation électrique S du cerveau. — La partie gauche du tracé M est sinueuse, par suite des mouvements respiratoires communiqués.

Le temps qui s'écoule entre l'excitation électrique et la réaction motrice, ou *période d'excitation latente*, varie beaucoup suivant que l'on excite la substance grise ou la substance blanche sous-jacente; dans le premier cas ce temps est deux ou trois fois plus considérable, il est environ de 11/100 de seconde (pour la réaction des muscles de la jambe à l'excitation corti-

selon que telle ou telle espèce de sensations, de perceptions et d'images, et partant d'organes correspondants du système nerveux a tour à tour prédominé »
(J. Soury, *loc. cit.*, p. 762).

cale [expériences sur le chien !) si l'on enlève alors la substance grise, ce temps diminue d'un tiers.

Des excitations électriques, inefficaces quand elles sont isolées, provoquent, répétées un certain nombre de fois par seconde, des mouvement

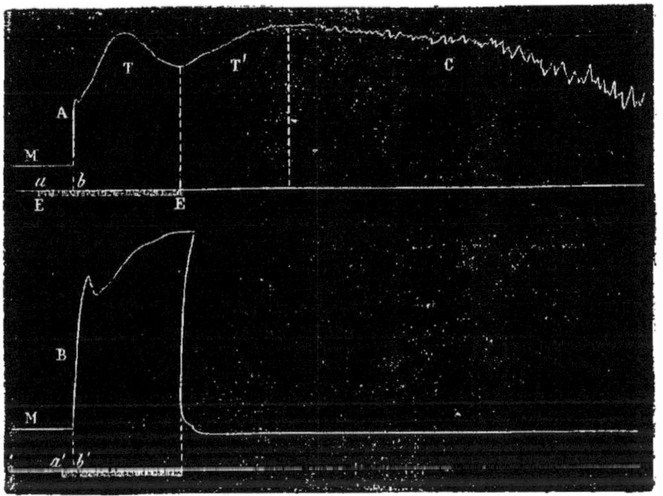

Fig. 261. — Tracé demi-schématique (d'après des tracés de FRANÇOIS-FRANCK et de CH. RICHET), montrant la différence des effets produits par l'irritation de la substance grise ou de la substance blanche du cerveau (expérience sur le chien

En A, excitation de la substance grise. En B, excitation de la substance blanche. — MM, Muscles extenseurs du poignet gauche ; — ab et $a'b'$, période d'excitation latente ; — T, tétanos pendant l'excitation EE de l'écorce ; — T', tétanos spontané consécutif ; — C, période clonique avec diminution graduelle des secousses.

On voit, en B, que la période $a'b'$ est beaucoup plus courte que ab et que le tétanos T, provoqué par l'excitation de la substance blanche sous-jacente, n'est pas suivi d'une attaque épileptiforme

(voy. fig. 260). Ce fait, dénommé *addition latente* ou *sommation des excitations*, est plus marqué par l'excitation de la substance grise que par celle de la substance blanche.

Les mouvements localisés produits par une excitation donnée de l'écorce sont suivis, si cette excitation est forte, d'accès convulsifs, véritable *épilepsie*. Si, après avoir enlevé l'écorce, on excite la substance blanche, on ne voit plus se produire ces attaques épileptiformes. C'est que, comme l'a très bien dit CH. RICHET, « la réponse des centres nerveux à l'excitation est prolongée et dure près de deux ou trois secondes, alors que la réponse du muscle ou du nerf ne dure que deux ou trois dixièmes de seconde [1] ».

CH. RICHET, *Physiologie des muscles et des nerfs*, Paris, 1882. p. 864.

Ces phénomènes si spéciaux de l'excitation latente, de l'addition latente et de l'épilepsie secondaire sont les signes propres des réactions d'origine corticale. De sorte qu'on peut représenter de la façon schématique ci-dessus (fig. 261) ces réactions comparativement à celles de la substance blanche de l'hémisphère.

Enfin les anesthésiques, l'éther, le chloroforme, le chloral, les bromures diminuent ou suppriment, suivant la dose, l'excitabilité de l'écorce. C'est la raison physiologique du traitement de l'épilepsie par les bromures.

Les réactions épileptiformes produites par l'excitation des diverses parties de l'écorce ne se bornent pas aux muscles striés ; elles peuvent s'étendre aux organes de la vie végétative; ces manifestations organiques de l'attaque d'épilepsie, réactions respiratoires, cardiaques, vaso-motrices, iriennes, sécrétoires, constituent ce que l'on a appelé l'*épilepsie interne*.

2° *Les localisations cérébrales. Les centres de projection.*

Les diverses parties de l'écorce ont des fonctions différentes. Ces fonctions ont été bien déterminées pour les centres de projection (voy. p. 1019, 1023, 1025, 1026, 1032, 1038). De même on a exactement déterminé les régions qui ont une influence sur la motricité (voy. p. 1046).

Ceci reconnu, il est aisé de constater qu'il reste de larges territoires dont l'excitation ne provoque point d'effets moteurs, dont l'ablation ne produit pas d'anesthésies. Ce sont les *centres d'associations*.

3° *Centres corticaux d'association.*

Nous avons vu que les zones sensorielles, les centres de projection, sont en rapport avec les divers organes périphériques par un double système de fibres nerveuses, les unes ascendantes ou centripètes, les autres descendantes ou centrifuges. Ainsi sont disposées les quatre grandes sphères sensorielles, tactile et kinesthésique, auditive, olfactive, visuelle. La zone des centres d'association comprendrait le reste de l'écorce, c'est-à-dire la majeure partie du lobe frontal (centre d'association antérieur), tout l'insula de Reil (circonvolutions situées au fond de la scissure de Sylvius) (centre d'association médian) et une grande partie de l'écorce pariétale et occipitale (centre d'association postérieur).

Les Vertébrés inférieurs qui n'ont pas encore les centres de projection, *a fortiori*, n'ont point de centres d'association. Ceux-ci font encore défaut chez les Rongeurs et sont très peu développés chez les Carnassiers. Chez les Singes, leur développement est égal à celui des centres de projection ; chez l'homme, ils se sont encore étendus et occupent les deux tiers du manteau.

Les zones d'association sont presque dépourvues de fibres de projection, centripètes et centrifuges. C'est le fait que FLECHSIG a reconnu au moyen de sa méthode, étude de la myélinisation successive des différents faisceaux de fibres nerveuses ; ce n'est que quand la fibre nerveuse a revêtu sa gaine de myéline qu'elle acquiert sa propriété de conductibilité. Or, les fibres du manteau qui se myélinisent les premières sont des fibres centripètes provenant de masses grises profondes en rapport avec les organes sensoriels périphériques (*territoires primordiaux* de FLECHSIG); plus tard, après la naissance, se myélinisent des zones (*territoires tardifs*) qui bordent et entourent les premières; elles reçoivent de celles-ci leurs fibres, qui sont donc bien des fibres d'association.

Aussi FLECHSIG pense-t-il que les zones d'association ne reçoivent pas (ou à peu près pas) d'excitations directes et n'envoient pas de stimulations directes ; mais, étant en connexion par des fibres d'association centripètes et centrifuges avec les sphères sensorielles ou zones sensitivo-motrices, elles doivent être douées du pouvoir d'agir sur les sensations qui se sont produites en ces dernières et, d'autre part, au moyen de leurs fibres centrifuges, de régir le fonctionnement de ces centres, de le contrôler, de le suspendre au besoin (actions d'arrêt). Ce seraient « les centres intellectuels et les véritables organes de la pensée » (FLECHSIG)[1]. Il y a là une réelle exagération, car il est quasi sûr que l'on pense avec tout son cerveau; la suppression d'un ou plusieurs centres de projection entrave plus ou moins l'exercice de la pensée[2]. Il se peut pourtant que le pouvoir de contrôle qui caractérise particulièrement l'intelligence et la volonté réside en des parties du manteau différentes des centres sensoriels (lobes frontal, temporal et pariétal, centres d'association antérieur, moyen et postérieur), mais on doit reconnaître que la doctrine des centres d'association n'est encore

---

1. Cependant FLECHSIG déclare lui-même que « tout ce qui existe dans nos sphères intellectuelles nous vient de nos sphères sensorielles et tout ce qui existe dans nos sphères sensorielles nous arrive par nos fibres centripètes du dedans et du dehors ».

2. L'intelligence, a remarqué avec raison H. MUNK, a son siège partout dans l'écorce cérébrale et nulle part en particulier; elle est la somme et la résultante de toutes les images ou représentations, issues des perceptions des sens. Toute lésion de l'écorce du cerveau altère l'intelligence d'autant plus profondément que la lésion est plus étendue, et cela toujours par la perte de ces groupes d'images ou représentations simples ou complexes qui avaient pour fondement les perceptions du territoire localisé. — C'est aussi ce que pensait GOLTZ, qui considérait comme le résultat le plus important de ses recherches « la démonstration que l'écorce du cerveau est dans toutes ses parties l'organe des fonctions psychiques supérieures, de celles en particulier qui, pour nous, constituent l'intelligence, la faculté d'élaborer avec réflexion les perceptions des sens en vue d'actions appropriées à une fin ».

qu'une conception théorique. D'après FLECHSIG, les premières régions de l'écorce qui peuvent fonctionner (territoires primordiaux) correspondent aux sphères sensorielles. L'écorce tout d'abord reçoit simplement les excitations venues du dehors. Puis, quand les fibres centrifuges se sont développées à leur tour, elle a le pouvoir d'y répondre. Mais c'est seulement quand sont myélinisés les territoires tardifs correspondant aux sphères intellectuelles que l'intelligence et la volonté entrent en jeu. Ainsi se trouverait justifié l'antique aphorisme : *Nihil est in intellectu quod non prius fuerit in sensu*[1]. Primitivement, le cerveau de l'enfant est bien « une page blanche », sur laquelle s'inscrivent peu à peu les impressions sensorielles, qui pourront seulement plus tard former la matière des diverses opérations intellectuelles.

A. Fonctions des lobes frontaux. — Nous possédons actuellement quelques données sur le rôle des lobes frontaux.

On a montré que l'excitation électrique de l'écorce préfrontale diminue l'activité des racines antérieures rachidiennes.

Cette influence inhibitrice ne se manifeste pas moins dans les expériences de G. FANO, dont il a été déjà parlé p. 1000; à ce qui en a été dit, il convient d'ajouter que ces expériences ont établi que les actes réflexes provoqués dans un membre ont une durée plus courte quand on excite en même temps l'écorce de la région préfrontale du côté opposé et que cette excitation amène une dépression dans l'activité réflexe, dépression qui persiste environ trois minutes. — Pour le membre du même côté, les faits sont analogues, mais moins marqués. L'action inhibitrice des lobes frontaux est donc à la fois directe et croisée.

Ainsi l'écorce des lobes frontaux exerce une action tonique inhibitrice sur la moelle épinière. Ce n'est pas une raison pour faire de cette région un centre général d'inhibition, et particulièrement d'inhibition psychique. L'inhibition, nous le savons (voy. p. 1001), est une propriété générale des cellules nerveuses.

Après l'ablation bilatérale des régions antérieures du cerveau (expériences de GOLTZ sur le chien), on observe des phénomènes d'excitation et des mouvements réflexes beaucoup plus violents; il semble que les animaux opérés aient perdu le pouvoir de commander à leurs réflexes bulbo-médullaires; des animaux doux deviennent hargneux et batailleurs; leur caractère est devenu *irritable*[2].

Chez l'homme, dans quelques cas de lésions du lobe frontal, on a

---

1. On pourrait dire qu'en ce sens la physiologie cérébra'e est aristotélienne.
2. Après la même opération pratiquée sur cinq singes *(Macacus cynomolgus)*, O. POLIMANTI (1906) n'a observé aucune modification psychique.

signalé la même agitation, la même violence de caractère, la même impossibilité à se maîtriser.

B. Le lobe pariétal et le développement de l'intelligence. — On a trouvé le lobe pariétal extraordinairement développé chez beaucoup d'hommes de génie dont le cerveau ou le crâne ont été étudiés d'une manière scientifique. C'est ce que l'on a constaté chez les plus grands musiciens, tels que BEETHOVEN et S. BACH, chez des philosophes comme KANT, des mathématiciens comme GAUSS, des chimistes comme J. VON LIEBIG, etc. Chez tous, les circonvolutions pariétales présentaient un volume considérable.

Nous reviendrons un peu plus loin sur la question du rapport entre le poids du cerveau en général et le développement de l'intelligence.

C. Centres du langage. — Il est aisé de reconnaître que les centres du langage sont d'abord formés de centres de projection situés dans les sphères auditive et visuelle ; mais ceux-ci sont reliés à des centres d'association sans le bon fonctionnement desquels le langage est plus ou moins troublé.

La réception des signes phonétiques ou graphiques est autre chose que la simple perception auditive ou visuelle ; ces perceptions éveillent celles de même nature antérieurement acquises et entrent alors dans un système commun d'images ou de représentations en relations réciproques, d'où la compréhension de tous ces signes. Si l'association qui s'est faite dans l'esprit (quelque part donc dans le cerveau) entre les signes phonétiques ou visuels et les idées qu'ils représentent vient à se rompre, alors il y a surdité verbale voy. p. 1023) ou cécité verbale (voy. p. 1034). Ces deux formes d'aphasie (aphasies sensorielles, voy. p. 1024) résultent par conséquent de la lésion d'un centre acoustique ou optique d'association, l'un et l'autre d'ailleurs situés sans doute au niveau des centres de projection.

Reste l'*aphasie motrice* (voy. p. 1024), c'est-à-dire l'abolition ou l'altération profonde du langage articulé, sans paralysie des muscles phonateurs. Dans l'émission des signes vocaux ou dans l'expression graphique du langage, c'est à l'aide des images auditives ou visuelles des mots (souvenirs des mots) que se fait le langage intérieur, qui commandera à la parole ou à l'écriture ; si on a oublié un mot ou sa forme écrite, il est clair qu'on ne peut le prononcer ou l'écrire. — Le centre d'association dont la lésion donne lieu à l'aphasie motrice se trouve au voisinage des centres de projection pour les organes phonateurs (lèvres, langue, larynx), c'est le pied de la troisième

circonvolution frontale du côté gauche, ou *circonvolution de Broca*
(1861). Quand cette région est détruite, ni l'intelligence des mots
n'est altérée, ni les muscles phonateurs ne sont paralysés ; mais
de cette destruction résulterait la perte des images motrices verbales dont l'évocation détermine la parole articulée (par stimulation des centres propres des organes phonateurs). La troisième frontale contiendrait donc un centre pour la mémoire des mouvements
d'articulation des mots. Cette conception devint classique. Cependant, comme on a remarqué que nous n'avons aucune conscience
des mouvements nécessaires pour articuler, on s'est demandé s'il
existe réellement des images motrices verbales. Quoi qu'il en soit,
des observations anatomo-cliniques les plus précises il résulte qu'il
existe dans le lobe frontal gauche[1] une zone qu'on peut continuer
à dénommer *zone de Broca* dont la lésion détermine l'aphasie
motrice, et cela indépendamment de toute altération du lobe temporal, des capsules interne et externe, des noyaux gris centraux et
des circonvolutions motrices. — Quant au centre des images
motrices graphiques, dont la destruction amènerait l'*agraphie*, il
semble bien qu'il n'existe pas. C'est que, comme l'a très bien dit
Dejerine, l'écriture n'est qu'une des formes de motilité de la main.
« On peut écrire (Wernicke) avec le coude, le pied, en patinant, en
un mot avec un point quelconque du corps, pourvu qu'il soit suffisamment mobile…. Si l'écriture avec la main est plus facile, question d'habitude et d'éducation[1]. » L'agraphie apparaît chaque fois
qu'un centre d'images de langage est détruit.

D. **La coordination motrice cérébrale. L'ataxie.** — Le
rôle du cerveau dans la coordination des mouvements, de toute la
catégorie des mouvements expressifs, se manifeste dans les phénomènes pathologiques qui ont été décrits sous le nom d'*apraxie*[2]
(Liepmann [de Berlin], 1900.

On a désigné sous ce nom l'impossibilité d'exécuter les mouvements
appropriés à un acte déterminé. Le malade n'est ni paralysé, ni ataxique,
ni, d'autre part, imbécile, dément ou délirant ; il reconnaît, à l'aide de ses
différents sens, tous les objets qu'on lui fait manipuler ; il comprend les
ordres qu'on lui donne ; il sait que, pour réaliser tel acte qu'on lui
demande, il a une série de gestes à faire, mais il ne peut les exécuter ou
il les exécute de travers et très maladroitement. C'est donc d'un trouble

---

[1] Chez des gauchers-aphasiques, c'est la même région à *droite* qui a été
trouvée lésée.

2. J. Dejerine, *Sémiologie du système nerveux*, in *Traité de pathologie générale*,
par Ch. Bouchard, t. V, p. 453, Paris, 1901.

3. De ἀ privatif et πράσσειν, agir.

psycho-moteur seulement qu'il est atteint (apraxie type ou *idéo-motrice*);
ce trouble porte sur tous les mouvements (*akinésie* absolue, le cas est
rare) ou sur ceux d'un seul côté du corps ou même exceptionnellement sur
ceux d'un groupe de muscles. Les mouvements du côté malade sont sans
aucune signification, *amorphes*, comme on a dit; ces mouvements que le
malade ne peut plus exécuter sont les mouvements expressifs et les gestes,
c'est-à-dire des actes plus ou moins compliqués qui ne s'accomplissent
que grâce à un contrôle constant des sens; aussi les mouvements
spontanés sont-ils très réduits. Les réflexes, les réflexes de défense, les
mouvements coordonnés devenus automatiques ou quasi et qui sont
souvent involontaires, comme la déglutition, la respiration, la marche, etc.,
restent normaux.

La cause de ce trouble est l'effacement ou la perte des images kinesthésiques, en d'autres termes du souvenir des combinaisons musculaires successives nécessaires à l'accomplissement des mouvements expressifs.

Comme lésion on a trouvé plusieurs fois un isolement des circonvolutions rolandiques; on a admis qu'il n'y a pas destruction d'un « centre »
d'images motrices, mais lésion sous-corticale produisant l'interruption
des fibres dont les connexions conditionnent les souvenirs d'actes. —
Dans d'autres cas on aurait trouvé des lésions du lobe pariétal gauche
(pariétale inférieure et gyrus supramarginalis). Il faut remarquer que
l'apraxie est ordinairement bilatérale, quoique le cerveau gauche seul
soit lésé.

4° Rapports entre la masse cérébrale, les hémisphères céré-braux et le développement de l'intelligence.

Le cerveau est considéré comme l'organe des fonctions psychiques.

D'une façon générale, il existe des rapports entre le degré de
développement des hémisphères cérébraux et le degré d'intelligence.
Ces rapports ressortent aussi bien des recherches d'anatomie comparée que des recherches d'anatomie normale ou pathologique.

1. La masse cérébrale est d'autant plus grande que les facultés psychiques
de l'animal paraissent plus développées. C'est ce que montre, par exemple,
le tableau suivant, dû à Leuret [1]: en faisant égal à 1 le poids du cerveau,
le poids du corps est :

Chez les Poissons	5 668
— les Reptiles	1 321
— les Oiseaux	212
— les Mammifères	106
— l'Homme	35

2. L'encéphale de l'Européen pèse en moyenne de 1 300 à 1 360 grammes;
dans ce chiffre, le cerveau proprement dit représente environ 1 200 gr.
L'encéphale des hommes appartenant aux races noires africaines et

1. Fr. Leuret (1797-1851), aliéniste français.

océaniennes pèse en moyenne environ 70 à 80 grammes de moins. — De
plus, la plupart des hommes d'une intelligence supérieure ont eu un gros
cerveau. On cite communément celui de Broca (1484 gr.), de Gauss
(1492 gr.), d'Agassiz (1512 gr.), de Schiller (1785 gr.), de Cuvier (1830 gr.),
de Tourguénieff (2012 gr.), du lord Byron (2230 gr. [1]), etc. Il y a, il est vrai,
des exceptions; des hommes incontestablement éminents avaient un poids
cérébral un peu inférieur à la moyenne; dans ces cas, on a trouvé d'ordinaire des circonvolutions très riches en méandres.

Il importe d'ailleurs de remarquer qu'il n'y a pas de relation nécessaire
entre le poids du cerveau et le degré d'intelligence. « Il ne peut venir à la
pensée d'un homme éclairé, a dit Broca lui-même, de mesurer l'intelligence
en mesurant le cerveau. » On entend seulement établir un rapport général
et sans oublier que, s'il y a une partie de la masse cérébrale en relation
avec les fonctions psychiques, il y en a une autre, et dont nous ignorons
la grandeur, en relation avec la masse corporelle.

3. Toutes les fois que, chez un homme blanc, le cerveau pèse moins
de 1 000 grammes, le sujet peut être classé parmi les idiots. De nombreuses
observations cliniques avec autopsie ont établi que la réduction de la
masse cérébrale, la microencéphalie, coïncide toujours avec une perte plus
ou moins complète des facultés intellectuelles. — D'autre part, les lésions
seules des hémisphères cérébraux entraînent des troubles mentaux. Les
lésions de la moelle allongée, du cervelet, des couches optiques n'altèrent
aucune faculté psychique.

Pour tous ces faits, on admet que les hémisphères cérébraux sont
les organes des fonctions psychiques. Cette donnée ressortira encore
de ce que nous dirons plus loin des phénomènes consécutifs à l'ablation du cerveau.

5° *Conditions et résultats de l'activité cérébrale.*

L'activité cérébrale par excellence, c'est l'activité psychique. On
peut fixer quelques-unes de ses conditions.

1. Comme tout phénomène physiologique, le phénomène psychique
a une durée.

On a mesuré celle-ci en faisant varier le temps de réaction. Nous savons
comment on mesure ce dernier (voy. p. 969). Supposons que le sujet en
expérience doive réagir à une excitation tactile, mais qu'il ne sache pas à
l'avance sur quelle main sera portée l'excitation ; dans ce cas le temps de
réaction augmente un peu. Il augmente davantage si le sujet doit discerner
entre deux excitations laquelle est la plus forte ou la plus faible. Le fait
d'avoir à distinguer, par exemple, entre deux lumières colorées allonge le
temps de 0",02 à 0",04. La durée du discernement, c'est-à-dire d'un acte
proprement intellectuel, est donc appréciable.

1. Ce chiffre est douteux.

2. Comme tout organe qui fonctionne, le cerveau reçoit une plus grande quantité de sang durant l'activité mentale. On doit la connaissance de ce fait aux expériences de A. Mosso.

A chaque contraction du cœur, le cerveau, ainsi qu'un autre organe, reçoit par ses artères une ondée sanguine. Cet afflux de sang distend les parois élastiques des artères et se manifeste par une augmentation de volume (voy. p. 436). Si la boîte osseuse cranienne est intacte, ces phénomènes ne se voient pas ; mais ils deviennent visibles, si les parois du crâne sont incomplètement ossifiées ou si elles présentent une ouverture accidentelle (par suite d'un traumatisme, par nécrose, ou bien encore par trépanation) ; sur le cerveau mis ainsi à nu, en effet, les variations de volume se totalisent à l'endroit de la brèche osseuse, sous forme de mouvements d'expansion et de retrait, faciles à inscrire par un dispositif approprié.

Sur plusieurs sujets qui présentaient des pertes de substance des os craniens, il a été constaté que les excitations sensorielles, les émotions, le calcul mental, les rêves pendant le sommeil, bref, toute manifestation psychique augmente le volume du cerveau, c'est-à-dire fait affluer le sang à cet organe (voy. la fig. 119, p. 485).

On a également déterminé quelques-uns des résultats de l'activité cérébrale.

1. Le fonctionnement de tout organe amène la formation de produits de désassimilation dont beaucoup sont éliminés par les reins.

On a trouvé que, sous l'influence d'un travail intellectuel prolongé, la quantité des urines augmente, ainsi que la quantité d'acide phosphorique éliminé, celle de la chaux et celle de la magnésie.

Est-on en droit de rapporter ces variations dans les échanges matériels à l'activité seule du cerveau ? La proportion de l'un quelconque des éléments de l'urine ne dépend pas sûrement du fonctionnement de tel ou tel organe, elle peut n'être que le résultat indirect de son activité. C'est que la composition des urines ne nous apprend rien sur l'origine des composants. Ainsi nous ne savons pas quelle est la provenance de la chaux urinaire, la proportion qui dépend de l'alimentation, celle qui résulte des échanges dans le tissu osseux et celle qui résulte des processus chimiques dans le système nerveux. Aussi pouvons-nous dire seulement que l'augmentation de l'acide phosphorique et de la chaux est liée à l'activité cérébrale.

2. Si les échanges, dans le cerveau qui travaille, sont plus actifs, la température de cet organe doit s'élever.

Dans une longue série d'observations thermométriques faites sur l'homme [1], avec des thermomètres extrêmement sensibles, A. Mosso (1894)

---

1. Le sujet de ces observations fut une fillette de douze ans dont la région fronto-pariétale droite présentait, à la suite d'un traumatisme, un trou profond par lequel on pouvait enfoncer le thermomètre jusqu'à 5 centimètres, jusque dans la scissure de Sylvius.

GLEY. — Physiologie.   69

a constaté que la température du cerveau est fréquemment plus élevée que celle du rectum et qu'un faible développement de chaleur résulte de l'activité psychique (0°,10 en quinze minutes ou 0°,20 en trente-cinq minutes).

Chez les animaux, observations analogues. L'appel d'un chien par son nom élève légèrement la température du cerveau.

Ces faits permettent-ils de conclure qu'il y a réellement augmentation des échanges intracérébraux de par l'activité cérébrale prolongée? Il se pourrait que les élévations thermiques constatées fussent seulement secondaires, dépendant d'excitations des centres nerveux inférieurs, mésocéphaliques et bulbaires, consécutives à l'excitation cérébrale elle-même. La seule assertion légitime, c'est que l'activité psychique s'accompagne d'une légère élévation de la température du cerveau et aussi de la température centrale (voy. p. 794).

Le sommeil. — Il n'est pas un organe dans lequel l'état d'activité prolongée n'amène un épuisement qui doit être réparé par un temps de repos fonctionnel. Pour les organes qui, comme le cœur, paraissent incessamment en fonction, il n'est pas difficile de voir que cette fonction même n'est qu'une succession rapide d'alternatives de relâchement et de contraction, c'est-à-dire de repos et d'activité. La loi s'applique donc aussi bien aux organes de la vie de nutrition qu'à ceux de la vie de relation; mais, pour ces derniers, le repos se produit d'une manière plus prolongée, et selon une forme qui résulte de la cessation ou de la diminution d'activité à la fois dans les organes périphériques sensitifs ou moteurs et dans les organes centraux. Comme, dans l'état d'activité, les fonctions de relation résultent de l'association nécessaire des organes des sens, du cerveau qui reçoit et apprécie les impressions et commande les mouvements et enfin des muscles qui exécutent ces mouvements, de même dans l'état de repos de ces fonctions, ce sont à la fois les organes des sens, le cerveau et les muscles qui deviennent inactifs. On donne le nom de *sommeil* à cette *cessation réparatrice*, totale ou partielle, des fonctions de relation. La nécessité du sommeil est telle que sa privation entraîne la mort, plus vite même que la privation d'aliments.

Le sommeil est donc caractérisé d'abord par une suspension des impressions extérieures, puis par un arrêt de l'élaboration cérébrale, et simultanément par une cessation de ces réactions motrices encéphaliques qui sont les mouvements volontaires. Remarquons cependant que, si les organes des sens, les nerfs sensibles, le cerveau, les nerfs moteurs et les muscles sont en repos, ils restent, les uns comme les autres, parfaitement excitables; mais leur excitabilité, partiellement mise en jeu par telle circonstance particulière, ne sollicitera pas, dans l'ensemble de l'appareil de relation, les réactions coordonnées et régulières qui sont caractéristiques de l'état de veille. Une impression périphérique provoquera de simples phénomènes réflexes médullaires, mais non des actes voulus, ou bien réveillera dans le cerveau des élaborations sensorielles incohérentes, mal associées, et non des mouvements volontaires; le cerveau lui-même pourra être le siège du retour spontané d'images antérieurement perçues et qui reparaissent d'une manière désordonnée. Ce qui est donc essentiellement aboli pendant le sommeil, c'est la fonction régulière qui lie les impressions extérieures au travail cérébral et celui-ci aux réactions volontaires, c'est la coordination normale des fonctions de relation.

Quand le sommeil est complètement et profondément établi, le sujet est comparable à l'animal auquel le physiologiste vient d'enlever les hémisphères cérébraux; chez l'un et chez l'autre, tout mouvement volontaire a disparu; mais les mouvements réflexes, à centres médullaires, subsistent et sont même devenus plus faciles; on sait que chez l'homme, chez qui à l'état de veille les centres cérébraux commandent complètement aux centres médullaires, ce n'est guère qu'en surprenant un sujet dans le sommeil qu'on peut constater des mouvements purement réflexes, et, par exemple, amener, en chatouillant la peau de la plante du pied, le retrait du membre inférieur par flexion de la jambe sur la cuisse et flexion de la cuisse sur le bassin, mouvement identique à celui de la grenouille décapitée sur la patte de laquelle on dépose une goutte d'eau acidulée. Et si, sur la grenouille décapitée, une irritation un peu plus forte (acide moins dilué) produit une réaction réflexe plus générale, un mouvement de fuite coordonné (par les centres médullo-bulbaires), de même, chez l'homme endormi, une cause de gêne quelconque (attitude douloureuse pour un membre, piqûres d'insectes, etc.) amène des mouvements de déplacement complet, des changements d'attitude dans le lit, mouvements bien connus, incessamment renouvelés parfois pendant toute la durée du sommeil et qui sont de l'ordre des phénomènes purement réflexes. — Durant le sommeil, le cerveau reçoit moins de sang et il diminue de volume. Les mouvements du cœur et ceux de la respiration sont moins fréquents. La pupille est resserrée. Les échanges matériels sont ralentis, et en particulier l'excrétion d'acide carbonique, phénomène qui dépend surtout de la cessation des mouvements volontaires. — Quant à l'activité psychique, elle peut être complètement suspendue, mais souvent elle se manifeste encore par les rêves.

L'insomnie prolongée détermine, avec le besoin impérieux de sommeil, des modifications cellulaires dans le lobe frontal du cerveau; de plus, l'injection sous-arachnoïdienne, sur un animal normal, de liquide céphalo-rachidien ou de sérum sanguin d'un animal insomnique provoque chez le premier un besoin invincible de sommeil (expériences de H. Piéron, 1907, de H. Legendre et Piéron, 1907-1912 sur des chiens); certaines humeurs des animaux insomniques contiennent donc une substance qui peut provoquer le sommeil. A la vérité, R. Dubois, qui depuis longtemps explique le sommeil par l'accumulation d'acide carbonique (surtout d'après ses expériences sur le sommeil hivernal des Marmottes), soutient que le sommeil est un phénomène général, constatable même chez les végétaux et, en tous cas, s'observant encore chez les animaux privés des hémisphères cérébraux [1].

En somme, malgré l'intérêt de ces recherches, la cause du sommeil et de la périodicité de cet état n'est pas encore sûrement déterminée.

6° *Effets de l'extirpation ou de la destruction du cerveau et particulièrement des hémisphères cérébraux.*

Ces effets varient suivant les espèces animales, tout en présentant des ressemblances fondamentales. Moins un animal est élevé en organisation, moins sont graves les conséquences de la décérébration.

Les Poissons osseux, après l'opération, paraissent tout à fait identiques aux Poissons normaux.

La Grenouille sans cerveau a l'habitus d'une grenouille normale et, soumise à des excitations diverses, y réagit comme celle-ci ; placée sur le dos, elle se retourne ; mise dans l'eau, elle nage ; elle sait garder ou reprendre son équilibre ; etc. Mais, si elle ne reçoit aucune excitation, elle reste constamment immobile, incapable même de prendre spontanément sa nourriture. Une grenouille à laquelle les deux hémisphères cérébraux avaient été enlevés a pu être conservée pendant cinq ans et n'a jamais donné aucun signe d'initiative ; chaque jour elle a dû être nourrie par introduction dans la cavité buccale de viande hachée.

Le Pigeon sans cerveau reste dans l'immobilité, les yeux clos ; il ne marche ni ne vole plus de lui-même ; il ne peut ni chercher ni prendre sa nourriture ; il ne s'accouple plus. Cependant, si on l'excite, les mouvements qu'il exécute alors sont parfaitement coordonnés : poussé, il marche ; jeté en l'air, il vole ; si on introduit des grains dans son bec, il déglutit.

Chez le Chien, l'extirpation des hémisphères cérébraux a pu être réussie par Goltz (1889-1891), qui est même parvenu à conserver en vie un animal pendant dix-huit mois (voy. fig. 262) et par Rothmann (de Berlin) qui en a conservé un plus de trois ans (1909-1912). Le « chien sans cerveau » de Goltz avait perdu toute spontanéité, insensible à toutes les excitations psychiques, appels, caresses, vue d'un chat, etc. Cependant il marchait, quoique maladroitement, si on venait à le pousser ; si on le pinçait, il se mettait à grogner ou à aboyer ou cherchait à mordre ; il entendait les bruits intenses ; ses deux pupilles se contractaient à la lumière, mais son regard restait toujours fixe, comme perdu ; placé sur un plan incliné, il pouvait se retenir de façon à ne pas glisser ; il prenait difficilement sa nourriture,

---

1. H. Piéron fait remarquer toutefois que ni le prétendu sommeil des végétaux ni le sommeil hivernal ne sont semblables au sommeil quotidien.

sans du reste la rechercher, et, laissé en liberté, il serait mort. Le chien
de Rothmann était sourd et aveugle, l'odorat aussi lui faisait défaut, d'où
abolition de toute vie sexuelle; il avait son équilibre et marchait; il ne
s'occupait ni des autres chiens ni des hommes ; il ressentait la faim et la
satiété.

En somme, les animaux décérébrés conservent, outre les fonctions organiques, celles de la coor-
dination des mouvements et de
l'équilibration ; ils ont aussi l'expression émotionnelle. A part cela,
ils se comportent comme des au-
tomates. Ce qu'on enlève avec
l'écorce cérébrale, c'est l'organe des
fonctions psychiques supérieures,
de la mémoire, de l'association des
perceptions et des idées, de la réflexion sur les sensations et les
représentations, bref l'organe de
l'intelligence ou mieux des intelli-
gences, c'est-à-dire des synthèses des
divers processus psychiques et des
adaptations de tous ceux-ci aux
multiples conditions de la vie.

Chez l'homme, la maladie réalise
quelquefois la suppression de l'écorce
cérébrale. On sait que la paralysie générale des aliénés résulte d'une altération destructive des cellules corticales.
Or, au fur et à mesure que, chez l'individu atteint, les lésions s'aggravent
et s'étendent, la déchéance intellectuelle devient de plus en profonde.

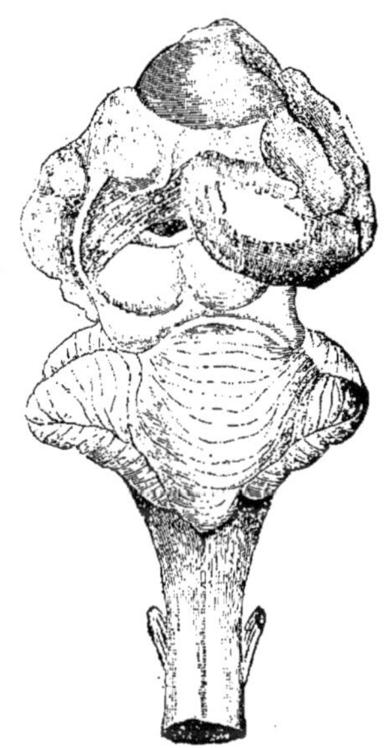

Fig. 262. — Restes du cerveau d'un
chien après l'extirpation des deux
hémisphères (d'après Goltz).

De même dans l'idiotie, ce qui détermine directement le déficit psychique, ce sont les altérations des cellules de l'écorce cérébrale, par arrêt de
développement; chez les grands idiots, chez lesquels il est impossible
d'éveiller la conscience et l'intelligence, la plus grande partie de l'écorce n'a
pas atteint un développement plus élevé que celui de l'écorce fœtale. Si le
processus d'arrêt ne s'est produit qu'à la fin de la vie fœtale ou dans les
premières années, les fonctions psychiques, très inférieures à leur état
normal, se développent cependant plus ou moins, selon qu'un territoire
cortical plus ou moins étendu a été frappé ; et les sujets sont ou des
imbéciles ou des arriérés.

8. — Circulation cérébrale.

La vie du cerveau est étroitement dépendante de la circulation du sang dans cet organe; si l'afflux du sang y diminue, toute son activité s'affaiblit et peut même cesser temporairement. Il est d'ailleurs peu d'organes par lesquels passe en un temps donné une aussi grande quantité de sang; le cerveau en reçoit en moyenne par 100 grammes d'organe et en une minute plus de 130 centimètres cubes.

La circulation du sang dans l'encéphale est soumise à des conditions spéciales qui tiennent surtout à ce que l'organe est enfermé dans une boîte inextensible.

Que se passe-t-il à chaque systole ventriculaire, quand l'ondée sanguine parvient dans les artères du cerveau ? Cette masse liquide ne peut se loger dans la cavité close du crâne qu'en déplaçant une égale quantité d'un autre liquide, soit du sang veineux, soit du liquide céphalo-rachidien, ou des deux à la fois, comme on va le voir.

On a démontré en effet que chaque systole produit une expulsion saccadée du sang des veines du cerveau; ces pulsations veineuses ont pu être enregistrées dans les sinus (*pouls des sinus*), et l'on a vu, par exemple, que les pulsations du sinus sagittal d'un chien sont synchrones aux oscillations de la pression du sang dans une carotide, inscrites simultanément. Cette projection du sang veineux n'est pas due seulement à l'expulsion communiquée directement par la poussée du sang artériel; elle est aussi le résultat de la compression latérale exercée sur les grosses veines, aux parois très souples, de la surface cérébrale à chaque augmentation de pression intracranienne que provoque l'effet totalisé des expansions rythmiques, d'origine artérielle, de la masse encéphalique.

D'autre part, à chaque systole ventriculaire, le liquide céphalo-rachidien subit un léger déplacement du crâne vers le rachis. — On sait que ce liquide, situé entre la pie-mère et le feuillet viscéral de l'arachnoïde, entoure toute la masse cérébro-spinale. Il peut s'écouler du crâne vers le rachis par le trou occipital, dont le diamètre est beaucoup plus large que celui de la moelle, et se répandre dans le canal rachidien. Celui-ci, en effet, est sur toute sa longueur constitué par des parois en partie osseuses et en partie membraneuses, par conséquent susceptibles d'extensibilité; de plus, entre la dure-mère, très lâche, et les parois osseuses existent des plexus veineux multiples et une graisse semi-fluide qui peut, de même que le sang, au besoin, refluer au dehors de la cavité rachidienne. Supposons que la pression augmente dans la cavité cranienne au delà des limites compatibles avec le peu de compressibilité des parties y contenues, le liquide céphalo-rachidien fuit devant cette pression et s'échappe dans le canal rachidien, dont les parois sont moins inextensibles, et dans lequel il remplace le sang veineux qu'il expulse. La pression vient-elle à cesser dans le crâne, le liquide y va reprendre sa place, ce mouvement de reflux étant facilité par l'élasticité en retour de toutes les parties antérieurement déplacées. Telles sont les conditions, bien déterminées par A. Richet[1] dès 1846, grâce auxquelles les déplacements du liquide céphalo-rachien sont possibles. — Or, si l'on fixe à travers la membrane occipito-atloïdienne une aiguille à palette, analogue à l'aiguille hémodromométrique de Chauveau (voy. p. 423), et que l'on fait plonger dans le liquide céphalo-rachidien, on constate des petites secousses brèves de la partie extérieure de l'aiguille, secousses rythmées avec les contractions cardiaques. A la vérité, ces déplacements du liquide vers le rachis sont peu importants. Cependant leur étendue augmente, ce qui signifie que la colonne du liquide mis en mouvement s'accroît, si l'on met obstacle à l'écoulement du sang veineux encéphalique, par exemple en comprimant les veines jugulaires externes et les veines vertébrales.

Mouvements du cerveau. — Lorsque les parois rigides du cerveau présentent une partie membraneuse (*fontanelles* de l'enfant) ou, en un point, une perte de substance osseuse laissant le cerveau à nu, on voit, au niveau de cette partie molle ou de cette ouverture, se produire des expansions de la masse cérébrale que l'on peut inscrire très simplement à l'aide d'un tube communiquant, d'une part, avec la cavité crânienne, et, d'autre part, avec un tambour à levier. Ce sont là les *mouvements du cerveau.*

Ces mouvements sont de trois ordres : les uns sont rythmés avec les contractions cardiaques, les autres, plus lents, mais plus amples, avec les mouvements respiratoires, et enfin ceux de troisième ordre, plus lents encore, sont des ondulations vaso-motrices.

Au sujet des mouvements d'origine cardiaque, rien à ajouter à ce qui vient d'être dit plus haut.

Les mouvements d'origine respiratoire consistent en un affaissement de la masse cérébrale pendant l'inspiration et une distension pendant l'expiration. La diminution respiratoire de volume est due à l'influence de l'aspiration thoracique (voy. p. 444); sur un animal dont un sinus crânien a été mis en rapport avec un manomètre, on voit à chaque inspiration se produire une chute de pression, signe d'un écoulement sanguin rapide. Ce départ du sang veineux de l'encéphale est compensé par un afflux plus abondant de sang artériel. Quant au gonflement du cerveau pendant l'expiration, il tient au ralentissement du cours du sang veineux qui se produit à ce moment; ce gonflement s'exagère dès qu'il y a effort, c'est-à-dire lorsqu'un obstacle s'oppose à la rentrée du sang veineux dans le thorax.

Quand on enregistre les mouvements du cerveau, on remarque maintes fois sur la courbe, outre les oscillations cardiaques et les oscillations respiratoires, des ondulations d'un rythme plus lent. Comme elles ne peuvent dépendre que de resserrements soutenus et de distensions prolongées des

1. A.-D. Richet (1816-1891), anatomiste et chirurgien français, fut longtemps professeur de clinique chirurgicale à la Faculté de médecine de Paris.

vaisseaux contractiles, ces ondulations sont à coup sûr d'origine vaso-
motrice. Telles sont celles qui se produisent sous l'influence du travail
cérébral (voy. p. 485).

9. — Liquide céphalo-rachidien.

C'est le liquide dans lequel est plongée la masse cérébro-spinale.
De plus, il est répandu jusque dans les ventricules cérébraux; la
continuité de la nappe péricérébrale et intracérébrale est facile à
comprendre, puisque l'espace arachnoïdien, au niveau du point où
l'arachnoïde passe du cervelet dans le bulbe, communique avec le
quatrième ventricule et que celui-ci communique par l'aqueduc de
Sylvius avec le ventricule moyen, qui lui-même, par le trou de Monro,
se continue avec les ventricules latéraux. Ainsi la masse cérébro-
spinale flotte, pour ainsi dire, dans ce liquide, comme le fœtus dans
le liquide amniotique, ce qui la protège contre les chocs et les compressions.

Le liquide céphalo-rachidien n'est pas un transsudat; il ne contient pas de fibrinogène. C'est une véritable sécrétion.

A. Sécrétion du liquide céphalo-rachidien. — L'épithélium
des plexus choroïdes a une véritable fonction sécrétoire dont le résultat est la production du liquide céphalo-rachidien.

Les cellules qui recouvrent les touffes vasculaires, plus ou moins rami-
fiées, par lesquelles sont constituées les villosités choroïdiennes, cellules
de revêtement des plexus des ventricules latéraux, se divisent nettement
en deux zones : une portion basale, granuleuse, qui contient le noyau, et
une portion distale, hyaline, plus ou moins turgescente. Sous l'influence
de substances dont l'action excito-sécrétoire est bien connue (expériences
sur le chien, le cobaye, le lapin, etc.), pilocarpine, muscarine, la hauteur de
ces éléments s'accroît, la portion distale se développe considérablement et
se remplit de globules hyalins. D'après quelques auteurs, c'est dans le noyau
qu'apparaîtraient d'abord les granulations qui sont ensuite versées dans le
protoplasma. — Expérimentalement, on a montré qu'un chien qui, par une
fistule pratiquée à la membrane occipito-atloïdienne, donne environ 3 centimètres cubes de liquide cérébro-spinal en une heure, en fournit 4 centimètres cubes après une injection de pilocarpine ; si on lui injecte de l'atropine,
il n'en donne plus que 0cc,9. Sur cette glande par conséquent, comme sur
tant d'autres, l'atropine se comporte en antagoniste de la pilocarpine.

Il est intéressant de remarquer que la cellule glandulaire des plexus
est en rapport immédiat avec le sang, dans lequel elle baigne par sa
portion basale. Ce qui rapproche les plexus de certaines glandes vasculaires sanguines (A. Petit[1], 1902) ; mais, comme le fait remarquer

1. Histologiste français contemporain.

Petrit, ils diffèrent de celles-ci en ce que leur produit de sécrétion n'est pas directement versé dans le milieu sanguin, mais dans une cavité intermédiaire.

B. Excrétion ou résorption du liquide céphalo-rachidien. — Ce liquide, séparé du sang par les plexus choroïdes, revient au sang[1] par les gaines périvasculaires (gaines des vais- seaux de la substance nerveuse) et par les gaines neurales (gaines des nerfs crâniens et des racines nerveuses spinales) ; on sait que les gaines périvasculaires sont des communications lymphatiques ouvertes dans le liquide céphalo-rachidien. Ce dernier retournerait donc au sang par une voie lymphatique. Il y retournerait aussi par une voie veineuse (par l'intermédiaire des granulations de Pacchioni, lacs sanguins de la dure-mère dans chacun desquels fait saillie une excroissance arachnoïdienne pleine de liquide céphalo-rachidien). De fait, des substances diverses, injectées dans les espaces sous-arachnoïdiens, passent dans le sang plus ou moins rapidement (en des temps variant de vingt minutes à deux heures, d'après des expériences de E. Cavazzani et de L. Hill) ; et d'autres peuvent être décelées dans les ganglions lymphatiques. Le liquide céphalo-rachidien a donc deux voies d'excrétion, lymphatique et veineuse ; et par là il se rapproche encore des sécrétions internes.

C. Le liquide céphalo-rachidien. — La quantité, chez l'homme, serait d'environ 50 à 150 grammes. On a trouvé, chez les animaux, qu'il se reproduit assez rapidement (en moins d'une heure). Il est incolore, transparent[2].

Sa densité est de 1007-1008. Le liquide du chien est d'une densité de 1009 à 1012. — Le point de congélation oscille en général entre 0°,60 et 0°,65.

Sa réaction est légèrement alcaline.

Il est pauvre en matières solides ; il ne contient en effet que 8 à 9 grammes environ de sels p. 1 000, dont 5 à 7 grammes de chlorure de sodium et 1 à 2 grammes de matières organiques. Chauffé, il ne se coagule pas ; mais il s'y trouve un peu de globuline, précipitable à saturation par le sulfate de magnésie. Il s'y trouve aussi des traces de glycose et de choline.

1. C'est en ce sens qu'on a pu parler de la circulation de ce liquide (F. Cathelin[*], 1903).
2. Lorsque les méninges sont enflammées ou irritées, on trouve dans le liquide céphalo-rachidien des éléments figurés, lymphocytes et polynucléaires, ces derniers d'autant plus nombreux que l'inflammation est plus aiguë (méningite aiguë); dans la méningite tuberculeuse, les lymphocytes prédominent. C'est sur ces faits et d'autres du même genre qu'a été fondé le *cyto-diagnostic* par l'examen microscopique du liquide céphalo-rachidien, après centrifugation.

[*] Chirurgien français contemporain.

La pression du liquide céphalo-rachidien (mesurée au moyen d'un manomètre à eau mis en rapport avec la membrane occipito-atloïdienne) est de 90 millimètres environ et s'élève à l'expiration à 110 et plus.

D. Rôle du liquide céphalo-rachidien. — Nous avons montré, en étudiant la circulation cérébrale, les rapports des mouvements du liquide céphalo-rachidien avec la circulation artérielle et veineuse intracranienne. Son rôle paraît donc être essentiellement mécanique ; par son intermédiaire, l'encéphale est protégé contre les compressions qui peuvent se produire par le fait de l'afflux exagéré du sang dans le crâne.

Nous avons vu aussi la signification chimique de ce liquide ; c'est une sécrétion, et il se pourrait bien que celle-ci remplît un rôle non négligeable dans la nutrition du système nerveux central, en recevant la lymphe interstitielle de ce système nerveux et en entraînant des produits de désassimilation cérébrale, tels, par exemple, que la choline.

CHAPITRE III

FONCTIONS DU SYSTÈME NERVEUX PÉRIPHÉRIQUE

Les nerfs relient les diverses parties du corps au système nerveux central (voy. p. 974) ; avant d'étudier les différents nerfs, nous avons à déterminer leurs propriétés et leurs fonctions en général.

I. — PROPRIÉTÉS DES NERFS.

A l'état physiologique, un nerf conduit soit vers le système nerveux central les excitations reçues par ses terminaisons sensibles, soit vers les organes périphériques les excitations provenant des cellules des centres nerveux d'où il tire son origine. Il ne reçoit donc d'excitations qu'à sa terminaison ou à son origine. Expérimentalement il réagit à des excitations variées, qu'il conduit dans un sens déterminé vers les centres nerveux ou vers la périphérie. Excitabilité et conductibilité, ce sont les deux propriétés essentielles des nerfs.

I. — Excitabilité des nerfs.

Les nerfs sont excitables, ce qui signifie qu'ils entrent en activité sous l'influence d'excitants divers.

Comme on n'est pas maître de provoquer et de régler à son gré les excitations physiologiques des nerfs, on recourt, pour étudier l'excitabilité de ceux-ci, aux excitants artificiels.

La mesure de l'intensité de la stimulation et de l'intensité de l'effet produit peut se faire quand on emploie l'électricité comme stimulant et grâce à l'inscription de la contraction musculaire dont les variations traduisent les variations de l'activité du nerf dit moteur. On peut aussi apprécier l'effet des excitations portées sur un nerf sécréteur en enregistrant les variations de l'écoulement d'un liquide glandulaire. Mais presque toutes nos connaissances sur l'excitabilité nerveuse résultent de l'étude des contractions musculaires provoquées par les excitations du nerf moteur.

1° *Les excitants des nerfs.*

Les nerfs réagissent à des excitants variés, mécaniques, physiques et chimiques. En d'autres termes, l'énergie mécanique, électrique ou chimique, appliquée à un nerf, le met en action.

A. **Excitants mécaniques.** — Les excitations mécaniques, quelles qu'elles soient, pincement, piqûre, tiraillement, compression, section, provoquent la mise en activité des nerfs, à condition qu'elles ne soient pas lentement et progressivement appliquées, mais brusquement.

On a même pu déterminer le tétanos d'un muscle au moyen d'un petit marteau d'ivoire frappant le nerf du muscle à intervalles réguliers et assez fréquents (*tétano-moteur* de HEIDENHAIN).

B. **Excitants physiques.** — L'étude de la chaleur comme excitant nerveux est très délicate.

GRÜTZNER a montré que les nerfs moteurs, vaso-moteurs (à l'exception des vaso-moteurs cutanés), sécréteurs, inhibiteurs (pneumogastriques), ne sont pas excités par les variations de température, tandis que les nerfs sensitifs le sont ; ils le seraient par les températures comprises entre + 45° et + 51°.

L'excitant physique le mieux étudié est l'électricité. On emprunte cette énergie électrique à des appareils statiques (décharges de condensateur[1]) ou galvaniques (courants de pile ou continus) ou faradiques (courant induit). Les courants alternatifs à haute fréquence ne servent que dans des cas particuliers, spécialement en électrothérapie.

ɑ. ACTION DU COURANT CONTINU. — Quand on applique un courant de pile

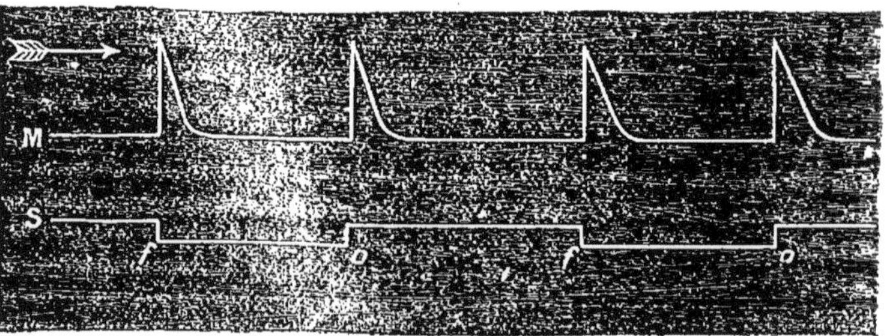

Fig. 263. — Action du courant de pile sur le nerf moteur.

M, muscle gastrocnémien de grenouille ; — S, signal électrique indiquant le passage du courant dans le nerf moteur ; — *f*, moment où le courant commence à passer (fermeture) ; — o, moment où le courant cesse de passer (ouverture ou rupture).

sur un nerf moteur, les électrodes impolarisables qui relient ce nerf aux pôles positif et négatif de la pile étant placées à quelque distance l'une de

1. Les décharges de condensateur ont les mêmes effets physiologiques que les courants brusques de pile, que nous étudions ci-dessous.

l'autre le long du cordon nerveux, suivant son axe [1], on voit se produire
une secousse musculaire à la fermeture et à la rupture (ou ouverture) du
courant (voy. fig. 263). Pendant tout le temps que passe le courant, si
celui-ci conserve la même intensité, en général le muscle reste en repos.
C'est là un des faits sur lesquels avait été fondée la loi que l'excitation
d'un organe et particulièrement d'un nerf dépend d'une variation brusque
de l'intensité de l'excitant (voy. plus loin, p. 1101).

Quand, pendant la durée du passage du courant, il y a tétanos du
muscle, c'est qu'il s'est produit dans le nerf des phénomènes d'électrolyse.
Ceci s'observe avec un courant fort.

Ces faits ont été obtenus avec des courants modérés agissant sur
le nerf moteur de la grenouille.

Avec des courants plus faibles ou plus forts, les réactions ne sont pas
tout à fait les mêmes ; elles dépendent de la force et de la direction
du courant [2], suivant les *lois des secousses* (PFLÜGER), comme l'indique le
tableau suivant :

INTENSITÉ DU COURANT.	COURANT ASCENDANT.		COURANT DESCENDANT.	
	Fermeture.	Ouverture.	Fermeture.	Ouverture.
Faible	Contraction.	Repos.	Contraction.	Repos.
Moyenne	Contraction.	Contraction.	Contraction.	Contraction.
Forte	Repos.	Contraction.	Contraction.	Repos.

Sur d'autres nerfs que les nerfs moteurs, l'action du courant
continu présente des différences.

Si, par exemple, on excite sur l'homme un nerf sensitif par un courant
d'intensité assez forte, il se produit une sensation à chaque fermeture et
à chaque ouverture du courant et de plus une sensation plus faible, tant
que passe ce courant. — Les nerfs vaso-dilatateurs sont excités aussi d'une
façon constante, pendant le passage du courant continu.

Les lois de PFLÜGER ont été démontrées aussi pour les nerfs inhibiteurs
(pneumogastrique) et pour les nerfs sans myéline.

b. ACTION DU COURANT INDUIT. — Les courants d'induction, usuels
en physiologie, sont fournis par la bobine de Ruhmkorff ; l'appareil
communément employé est le chariot de Du Bois-Reymond.

Le courant induit de rupture, c'est-à-dire celui qui est produit par la
rupture du courant inducteur, excite plus fortement les nerfs sensitifs et

1. Si les électrodes sont placées en face l'une de l'autre, c'est-à-dire perpendiculairement à l'axe du nerf, il ne se produit pas d'excitation. En d'autres termes,
le nerf n'est pas excitable par un courant transversal.

2. On distingue le courant *descendant*, dans lequel le pôle positif est plus près
des centres nerveux et le pôle négatif plus près du muscle, du courant *descendant*
dans lequel la disposition des électrodes sur le nerf moteur est inverse.

moteurs que l'induit de fermeture. Un courant de faible intensité, appliqué à un nerf moteur, détermine une secousse musculaire à la rupture ; à mesure que l'intensité du courant augmente, cette secousse devient plus forte ; et il arrive un moment où il se produit aussi une secousse, plus petite d'ailleurs, à l'induit de fermeture. Si la fréquence des excitations augmente, les secousses se fusionnent, il y a *tétanos*.

Les nerfs sensitifs répondent, comme les nerfs moteurs, aux excitations induites. Les nerfs vaso-dilatateurs sont excités de préférence par les courants peu fréquents (voy. p. 480).

C. **Excitants chimiques.** — Beaucoup de substances, les sels neutres (NaCl de 4 à 30 p. 100), les acides faibles, les alcalis, l'alcool, la glycérine, l'urée, la bile, etc., excitent les nerfs. Plusieurs de ces corps paraissent agir comme déshydratants ; en effet, le desséchement d'un nerf moteur provoque des secousses musculaires.

Au contraire, les sels, les acides, les alcalis en solution concentrée abolissent l'excitabilité nerveuse, probablement en désorganisant le nerf.

Le chloral, le chloralose, l'aconitine diminuent l'excitabilité des nerfs, la cocaïne la supprime temporairement.

2° *Conditions de l'excitabilité.*

Que l'on explore l'excitabilité sur un nerf encore uni à l'organisme ou isolé, la première et essentielle condition, c'est l'intégrité du nerf.

La désorganisation, par une forte compression par exemple, la dessiccation, etc., rendent les nerfs inexcitables. — Par contre, le nerf résiste longtemps à l'interruption de la circulation. A ce propos, notons le fait, depuis longtemps connu, de la persistance de l'excitabilité après la mort ; les nerfs moteurs des animaux à sang chaud restent excitables plusieurs heures (2 à 4) et ceux des animaux à sang froid quelques jours. La mort du nerf paraît se faire des parties voisines des centres aux parties périphériques.

L'excitabilité varie avec l'intensité de l'excitation.

Le fait est surtout facile à constater quand on se sert de l'électricité comme excitant. Si l'énergie électrique employée est trop faible, le nerf n'est pas excité ; il ne commence à répondre que quand l'énergie atteint une valeur déterminée ; c'est le *seuil* de l'excitation. Si l'intensité s'accroît, l'intensité d'un courant induit par exemple, l'intensité de la réaction (secousse musculaire) provoquée par l'excitation du nerf augmente ; mais au delà d'une valeur donnée (*excitation maxima*), ce rapport ne se maintient pas, et on peut augmenter l'intensité du courant, sans que la réaction augmente d'amplitude.

A cette condition relative à l'intensité de l'excitant on peut rattacher le phénomène de l'*addition latente*, dont nous avons déjà parlé (voy. p. 1003).

Il en va pour le nerf moteur comme pour la cellule nerveuse : des excitations électriques, qui, isolées, ne provoquent aucune réaction. peuvent déterminer une contraction musculaire, quand elles se suivent à des intervalles assez rapprochés. — Le phénomène de l'addition latente a été observé aussi dans les nerfs sensitifs.

Une autre condition concerne la durée de l'excitation.

On a admis longtemps comme générale la loi établie· par Em. Du Bois-Reymond d'après ses recherches sur le nerf sciatique de la grenouille. le muscle gastrocnémien étant pris comme réactif de l'excitation du nerf. En vertu de cette loi sur l'excitation électrique des nerfs, la condition essentielle de l'efficacité d'une excitation serait la brusquerie des variations du flux électrique qui passe par le nerf; un courant continu n'a pas d'effet excitant ; c'est seulement quand il augmente ou diminue d'intensité, au moment ou il naît ou prend fin, que le nerf entre en activité. Ce n'est donc pas, disait E. Du Bois-Reymond, la valeur absolue de la densité du courant qui détermine la grandeur de l'excitation, c'est la variation de cette densité d'un moment à un autre.

Or, G. Weiss (1901) a commencé par montrer qu'en excitant un sciatique de grenouille par des courants électriques d'une durée tres courte, ne dépassant pas quelques millièmes de seconde, si l'on détermine, pour chacune de ces durées, l'intensité minima nécessaire pour provoquer une contraction du gastrocnémien, on constate qu'il faut employer un courant d'autant plus fort que la durée de l'excitation est plus courte. Puis les recherches de L. Lapicque et celles en particulier que ce physiologiste a faites avec Mme Lapicque (1903-1903) sur les muscles de divers Invertébrés marins ont bien établi que la durée du passage du courant est un élément important dans l'efficacité de l'excitation électrique. Mais on ne peut pas abaisser indéfiniment l'intensité du courant constant par accroissement de la durée du passage; pour un muscle déterminé, il y a une durée à partir de laquelle une prolongation de l'excitation est sans effet ; à cette durée se trouve donc atteinte l'intensité minima efficace (*seuil fondamental* de Lapicque); c'est en deçà de cette durée que l'intensité nécessaire varie avec le temps de passage et augmente à mesure que le passage devient plus court. La rapidité de cette augmentation et la limite pour l'influence de la durée sont liées à un coefficient chronologique que Lapicque a défini sous le nom de *chronaxie* (1909). La chronaxie, qui est caractéristique de chaque excitabilité, varie largement quand on passe d'un muscle ou d'un nerf à un autre. — Pour le nerf moteur du gastrocnémien de la grenouille et pour les nerfs moteurs des animaux à sang chaud en général, la limite est atteinte à trois millièmes de seconde. Du Bois-Reymond, cherchant l'influence de la durée. avait réduit le temps de passage jusqu'à un demi-centième de seconde seulement. C'est ce qui explique que cette influence lui ait échappé.

Sous l'influence du courant continu, l'excitabilité du nerf subit des modifications remarquables.

Quand ce courant est appliqué à un nerf, nous avons vu qu'il n'y a excitation qu'au moment de la fermeture et de la rupture (sauf quand le courant est très intense). Néanmoins, pendant toute la durée du courant, l'excitabilité du nerf est modifiée dans le voisinage des pôles, c'est l'*électrotonus physiologique* [1]; il y a diminution de l'excitabilité à l'anode (pôle positif) ou *anélectrotonus* et augmentation à la cathode (pôle négatif) ou *catélectrotonus*. On représente souvent ces variations d'excitabilité par un schéma comme celui de la figure 264. Dans la région sise entre les

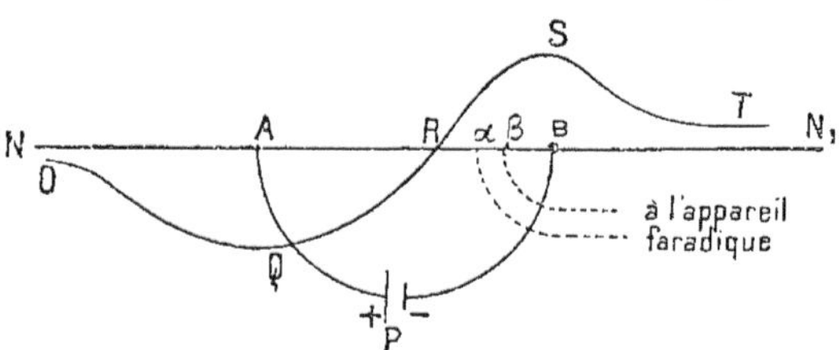

Fig. 264. — Schéma de l'électrotonus physiologique (d'après ANDRÉ BROCA).

NN₁, nerf moteur; — A et B, pôles positif et négatif de la pile P ; — αβ, pôles d'un appareil d'induction servant à explorer l'excitabilité du nerf.

La courbe OQRST montre les valeurs de l'excitabilité, qui est diminuée en Q, conservée en R, augmentée en S.

deux pôles, il existe un *point indifférent*, c'est-à-dire dépourvu d'électrotonus. Quand le courant est faible, ce point est rapproché de l'anode et, au contraire, plus près de la cathode quand le courant est fort.

L'autre propriété du nerf, la conductibilité, est également modifiée par l'électrotonus. Elle est diminuée à l'anode; on verra plus loin (p. 1104) l'utilisation de ce fait pour l'étude de la fatigue du nerf.

3° *Effets de l'excitation*.

Les effets de l'excitation des nerfs sont à considérer dans les organes auxquels aboutissent ces nerfs et dans ceux-ci mêmes.

A. Réactions des organes. — Le changement que détermine toute excitation dans un nerf ne se révèle par aucune modification morphologique, mais seulement par les phénomènes qui se produisent dans les organes auxquels se rend ce nerf, sensation

1. On donne le nom d'*électrotonus physique* à un phénomène découvert par Du Bois-Reymond en 1843; c'est un courant électrique qui se manifeste dans le nerf pendant le passage du courant continu (courant polarisant) et qui est de même sens que le courant polarisant. Pour qu'il n'y eût pas de confusion entre ce phénomène et l'électrotonus physiologique, il serait préférable de dénommer ce dernier *modifications électrotoniques de l'excitabilité* (A. WALLER).

spéciale, contraction musculaire, sécrétion, action d'arrêt. Aussi le résultat de l'excitation, quel que soit l'excitant, est-il toujours ıe même.

A l'état physiologique, un nerf n'est excité qu'à l'une de ses extrémités et par un seul excitant. qui est *spécifique*. Ainsi les impressions de son, de lumière agissent exclusivement sur les appareils terminaux des nerfs auditif, optique, etc. De même, les nerfs centrifuges sont mis en activité à leur origine dans les centres nerveux par des excitations produites dans les cellules constitutives de ces centres.

B. Modifications du nerf. — Dans le nerf excité se passe-t-il des phénomènes par lesquels se révélerait cet état particulier du nerf et qui seraient en même temps la preuve de son activité propre ? Dans tout tissu qui fonctionne, il peut se produire des modifications physiques et des modifications chimiques.

a. Modifications physiques. — Il a été impossible jusqu'à présent de déceler, sous l'influence d'une excitation, aucun changement appréciable de la température d'un nerf sensitif ou moteur, et cela avec les dispositifs les plus sensibles (certains appareils permettant de déceler $0^o, 0006$). Avec une méthode thermo-électrique très sensible on a trouvé que pour une simple excitation la variation thermique d'un nerf ne peut pas dépasser un cent millionième de degré ($0^o000\ 000\ 01$) (expériences de A. V. Hill). Ce qui donne à penser que la propagation de l'impulsion nerveuse n'est pas un phénomène chimique, mais un processus de nature physique.

Par contre, une modification électrique permet de reconnaître l'état d'excitation d'un nerf ; c'est le meilleur signe, sinon le seul, de l'activité de ce nerf.

Si l'on sectionne un nerf et qu'on applique une électrode sur la surface de section et une autre sur la surface naturelle, et qu'on introduise dans ce circuit un galvanomètre, on constate, grâce à cet instrument, qu'il y a dans le circuit un courant qui va de la surface naturelle du nerf (positive) à la surface de section (négative) ; c'est là le *courant de repos* (*courant de démarcation* de HERMANN). Or, si l'on vient à exciter ce nerf par quelque excitant que ce soit, mécanique, électrique ou chimique, on voit la déviation du galvanomètre diminuer; l'aiguille revient vers le zéro; le courant primitif a donc perdu de son intensité; c'est ce que E. Du Bois-REYMOND (1843) a appelé l'*oscillation* ou la *variation négative*, c'est le *courant d'action*.

La force électromotrice du nerf en repos est de 0,03 volt ou 0,04 et celle de la variation négative est naturellement beaucoup moindre, le dixième environ.

La variation négative ne présente pas de temps perdu ; elle apparaît dans le nerf dès qu'on l'excite. Elle se propage dans les deux sens avec

GLEY. — Physiologie.

une vitesse d'environ 27 mètres par seconde, ce qui est la vitesse du courant nerveux (voy. plus loin, p. 1107).

Conformément aux idées soutenues par HERMANN, on admet généralement que ces courants ne préexistent pas dans les nerfs normaux (pas plus que dans les muscles normaux, où nous les retrouverons); ils résulteraient de phénomènes physico-chimiques accompagnant une lésion quelconque des tissus ou l'activité fonctionnelle de ceux-ci. De fait, le nerf normal (comme le muscle) est *isoélectrique*; si l'on réunit, par des électrodes impolarisables, deux points quelconques de sa surface naturelle, il ne se produit aucun courant.

b. MODIFICATIONS CHIMIQUES. — Contrairement à ce que l'on a cru pendant longtemps, les nerfs périphériques ne fonctionnent pas sans phénomènes de combustion et d'usure.

Au moyen d'un appareil spécial très délicat, appelé *microspiromètre*, on a trouvé que des nerfs de lapins consomment par gramme et par heure 22 millimètres cubes d'oxygène et produisent proportionnellement de l'acide carbonique (expériences de T. THUNBERG, 1904). D'ailleurs un nerf de grenouille placé dans une atmosphère inerte (ne contenant point d'oxygène), perd, lentement il est vrai, son excitabilité et sa conductibilité ; si l'asphyxie n'a pas duré trop longtemps, ses propriétés reparaissent dès que l'air ou l'oxygène peut y arriver de nouveau. Le nerf a donc besoin d'oxygène pour conserver son activité.

Il faut remarquer cependant que le métabolisme des nerfs doit être très restreint, étant donné qu'ils peuvent supporter longtemps la privation de sang et que néanmoins leur fonctionnement reste normal.

c. INFATIGABILITÉ DES NERFS. — Tout organe qui reçoit pendant un temps plus ou moins long des excitations constantes présente des réactions décroissantes et finit même, après un temps variable, par ne plus réagir. C'est cette impossibilité de réaction que l'on appelle la fatigue.

Les nerfs ne paraissent pas exposés à la fatigue. Plusieurs expériences tendent à le montrer.

Expérience sur un nerf anélectrotonisé. — On prépare les deux nerfs sciatiques S et S' d'une grenouille et on les excite par un courant induit tétanisant. Mais, par application d'un courant continu ascendant, on met l'un de ces nerfs S', dans la partie voisine du muscle, en état anélectrotonique; l'excitation induite ne peut par suite franchir cette région anélectrotonisée, et le muscle gastrocnémien ne se contracte pas. Quand le muscle correspondant au nerf S cesse de réagir, si on supprime le courant polarisant, le muscle correspondant au nerf S' entre immédiatement en contraction. On peut faire durer cette expérience plusieurs heures.

Excitation prolongée d'un nerf moteur sur un animal curarisé. — On injecte du curare[1] à un animal (chien ou chat) et, après avoir établi la respiration artificielle, on tétanise un de ses nerfs sciatiques pendant plusieurs heures ; les muscles curarisés ne peuvent se contracter. Peu à peu l'animal élimine le poison, et à ce moment, malgré que le nerf ait été longtemps excité sans interruption, les contractions se produisent.

Excitation prolongée de la corde du tympan. — On peut exciter pendant des heures la corde du tympan sans que l'écoulement de la glande sous-maxillaire cesse de se produire.

L'importance de ces expériences est sans contredit diminuée par les faits que nous avons signalés plus haut concernant l'usure respiratoire des nerfs. D'ailleurs, on a constaté que les nerfs moteurs des Mollusques céphalopodes ne sont nullement infatigables. Il semble donc difficile aujourd'hui d'assimiler, comme on le faisait, le nerf à un fil télégraphique qui ne dépense aucune énergie propre. On doit admettre cependant que la fatigue de cet élément ne se manifeste qu'avec une grande lenteur.

2. — Conductibilité des nerfs

L'excitation, appliquée en un point du nerf, se transmet jusqu'à l'organe périphérique et en provoque l'action. Cette transmission de l'excitation, c'est la conductibilité. Suivant les nerfs, elle se fait dans le sens centripète ou centrifuge. Mais nous verrons que, quand le nerf est excité artificiellement, la transmission a lieu dans les deux sens.

1° *Distinction de la conductibilité et de l'excitabilité.*

Ces deux propriétés se confondent-elles ou au contraire sont-elles distinctes ?

Voici quelques faits sur lesquels on s'est fondé pour admettre que ces deux propriétés sont différentes l'une de l'autre.

On dispose le nerf d'une patte galvanoscopique[1] dans un tube de verre formant chambre à gaz, de façon qu'il y soit soumis à l'action d'un courant d'acide carbonique allant de A en B (fig. 265) ; dans cette condition, l'excitation du nerf sciatique en S' n'est suivie d'aucun effet, tandis que l'exci-

1. Le curare, avec quoi les Indiens de l'Amérique méridionale empoisonnaient leurs flèches, est un extrait de diverses plantes du genre *Strychnos*. CLAUDE BERNARD a fait de cette substance un précieux moyen d'analyse physiologique ; elle supprime en effet les mouvements des muscles striés sans agir, à doses modérées, sur le cœur, ni sur la circulation, ni sur les sécrétions.
2. Voy. p. 396.

tation au point S, c'est-à-dire en amont de la région qui reçoit l'action de l'anhydride carbonique, provoque une contraction musculaire. La conductibilité du nerf paraît donc conservée, alors que son excitabilité a été supprimée.

L'oxyde de carbone a le même effet.

D'ailleurs, Duchenne (de Boulogne) a autrefois démontré (1849) que, chez l'homme, les nerfs des organes paralysés (dans les cas de paralysie saturnine ou par lésions traumatiques des nerfs) ne sont plus sensibles aux excitations électriques directes, tandis qu'ils transmettent encore les impulsions venues des centres nerveux. Et Schiff a constaté (1858) le

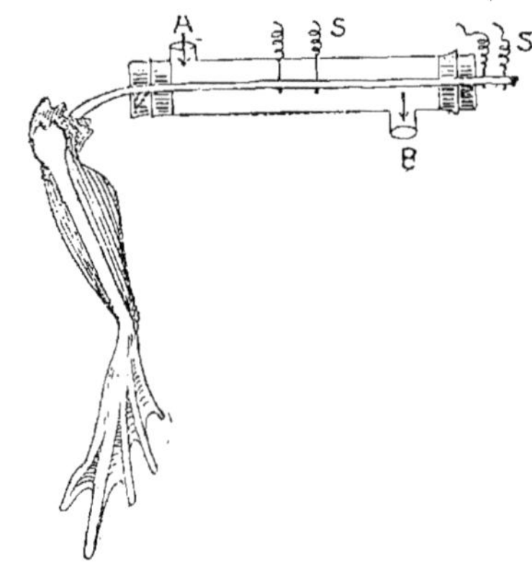

Fig. 265. — Schéma de l'expérience de Grünhagen [1] sur la dissociation de la conductibilité et de l'excitabilité du nerf.

même fait sur des nerfs comprimés : les excitations volontaires et les excitations artificielles appliquées au-dessus du point lésé sont transmises aux muscles, mais, si ces excitations sont appliquées au-dessous dudit point, on constate que l'excitabilité est très diminuée.

Inversement, la conductibilité peut disparaître avant l'excitabilité. C'est ce qui arrive quand on fait agir sur le nerf de la patte galvanoscopique, disposé comme tout à l'heure (fig. 265), des vapeurs d'alcool ou d'éther.

Enfin, sur un nerf dégénéré et qui se régénère, on peut voir disparaître la conductibilité avant l'excitabilité.

Il semble donc que par l'expérience on puisse dissocier les deux propriétés du nerf. Mais s'ensuit-il que ce soient deux manifestations liées à des causes différentes ? Rien jusqu'à présent ne le prouve.

2º Conditions et caractères de la conductibilité.

La condition essentielle de la conductibilité, c'est que le cylindre-axe soit continu et intact.

Si on sectionne un nerf et qu'on mette immédiatement en contact les deux surfaces de section aussi intimement que possible, la transmission des excitations n'est plus possible.

1. W. A. Grünhagen, physiologiste allemand contemporain, ancien professeur à l'Université de Königsberg.

Les caractères du phénomène de conduction sont les suivants :
la conductibilité n'a lieu que dans les fibres excitées ; elle se fait
dans les **deux sens** ; elle se fait avec une vitesse déterminée, mesu-
rable.

1. Quand on **excite** l'une des branches d'origine du nerf sciatique
(l'expérience se fait aisément sur la grenouille), tous les muscles innervés
par ce nerf ne se contractent pas ; l'excitation ne se transmet qu'aux muscles
auxquels se rendent les fibres de la branche excitée. Il en est de même
quand on excite un nerf d'un plexus nerveux quelconque ; l'excitation ne
se communique pas aux fibres voisines. C'est là ce que J. MÜLLER a appelé
la *loi de la transmission isolée*.

2. Quand on excite un nerf artificiellement, l'excitation se transmet dans
les deux sens. Trois expériences principales démontrent ce fait de la
conductibilité indifférente.

Quand on excite en son milieu un segment de nerf réséqué, on constate
que le courant d'action se manifeste aux deux extrémités de ce nerf.

On divise en deux chefs le muscle couturier de la grenouille à son extrémité inférieure ; on excite mécaniquement l'un de ces chefs, et l'on voit se
contracter l'autre aussi. Ce que l'on explique par l'existence dans les deux
bandelettes musculaires de fibrilles nerveuses provenant d'une même fibre,
de telle sorte que l'excitation d'une de ces fibrilles se transmet dans le sens
centripète jusqu'à la fibre-mère et de celle-ci aux autres fibrilles dans le
sens centrifuge.

Sur le Malaptérure (voy. p. 128), dont chaque moitié de l'organe électrique est innervée par un seul cylindre-axe très gros qui fournit de
nombreuses subdivisions, on sectionne une de ces subdivisions périphériques et on excite son bout central ; on provoque ainsi une décharge de
tout l'organe. Pour cela il a fallu que l'excitation se propage d'abord dans
le sens centripète jusqu'à la fibre-mère et de celle-ci aux autres branches
dans la direction centrifuge.

La conductibilité indifférente est donc réelle dans les conditions
expérimentales. Mais dans les conditions physiologiques l'excitation
d'un nerf part toujours de son extrémité, périphérique pour les nerfs
centripètes, centrale pour les nerfs centrifuges ; et conséquemment
les nerfs ne conduisent que dans un sens.

3. La vitesse de la transmission dans le nerf a d'abord été mesurée par
HELMHOLTZ en 1850, pour les nerfs moteurs de la grenouille. Le principe de
cette belle expérience, qui fut ensuite appliquée aux nerfs sensitifs, est le
suivant : on porte une excitation sur un nerf successivement en deux
points irrégulièrement distants de son organe terminal (muscle pour le
nerf moteur, cerveau pour le nerf de sensibilité), et on apprécie la différence de temps après lequel a lieu la réaction (contraction ou sensation)
(voy. fig. 266). Par cette méthode la vitesse de conduction a été trouvée,
pour les nerfs moteurs de la grenouille, de 28 mètres par seconde. Chez les

grands Mammifères (âne, cheval, expériences de CHAUVEAU, 1878), elle est
en moyenne de 65 mètres. Chez l'homme elle est, pour les nerfs sensitifs
aussi bien que moteurs, de 30 à 40 mètres. Chez les Vertébrés inférieurs
et les Invertébrés, les chiffres obtenus sont différents: on a trouvé des
vitesses de 2 à 4 ou 5 mètres seulement dans des nerfs de Poissons, une
vitesse de 6 à 12 mètres dans le nerf de la pince du Homard et, chez six
espèces de Mollusques de Californie (recherches du physiologiste améri-

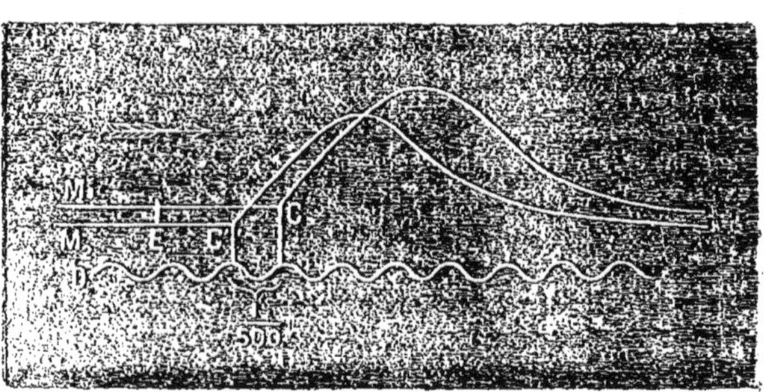

Fig. 266. — Mesure de la vitesse de la transmission nerveuse motrice.

Deux excitations successives du sciatique sur une grande grenouille ; ces excitations se font
en E. Contractions du muscle gastrocnémien, M_1 et M_2. L'excitation se fait d'abord en un
point du nerf très éloigné du muscle (ligne M_1), puis en un point plus rapproché du
muscle (ligne M_2) ; dans ce dernier cas la contraction C' suit de plus près l'excitation E. La
différence de temps entre C et C' mesure la durée de la transmission nerveuse sur une longueur connue du nerf et par conséquent exprime la vitesse de cette transmission.

Supposons que la distance entre les deux points du nerf excité soit de 5 centimètres et que
le retard de M_1 sur M_2 soit de 1/500 de seconde (le diapason enregistreur D vibrant 500 fois
par seconde, on voit que le temps compris entre les deux contractions C et C' est de un 500ᵉ
de seconde), la vitesse de la conduction est de 25 mètres par seconde.

cain A. J. CARLSON, 1901), des vitesses variant de $0^m,44$ à plus de 4 mètres
par seconde. A mesure que se sont multipliés les objets d'étude, on voit
donc que l'on a constaté des vitesses de conduction différentes.

La vitesse est moindre si on fait baisser la température; elle devient
plus grande si l'on augmente celle-ci ; sur une grenouille chauffée par
exemple (placée dans de l'eau dont on fait monter progressivement la température jusqu'à 35°), la vitesse dans le nerf sciatique s'élève à 45 mètres
par seconde. Rien d'étonnant donc à ce que, d'une façon générale, la
vitesse de la transmission nerveuse soit moindre chez les animaux à sang
froid. Chez les Mammifères hibernants, elle peut tomber à 1 mètre.

II. — FONCTIONS DES NERFS.

L'effet de l'excitation d'un nerf, quelle que soit cette excitation, est
toujours le même ; il ne dépend que de l'organe auquel l'excitation
est transmise. Par conséquent la fonction d'un nerf paraît être

uniquement déterminée par ses connexions périphériques ou centrales. Que le nerf soit en rapport avec telles ou telles cellules nerveuses sensibles ou qu'il se termine au contact d'éléments musculaires ou de cellules glandulaires, ce sera un nerf de sensibilité acoustique ou lumineuse, etc., ou moteur ou sécréteur. La *loi de l'énergie spécifique* s'appliquerait donc aux nerfs périphériques (voy. p. 967). En apparence seulement, car la spécificité est dans les organes auxquels ils aboutissent: le nerf n'est qu'un conducteur d'excitations. « La fibre nerveuse n'est pas motrice, a dit Meynert; il n'y a de moteur que le muscle. »

L'usage subsiste toujours de dénommer les nerfs d'après la nature des activités qu'ils suscitent. De là d'abord une division fondamentale : il y a des *nerfs centripètes* et des *nerfs centrifuges*. Les premiers transmettent tous aux centres nerveux des excitations spéciales qui donnent lieu à des sensations spéciales. Les seconds se subdivisent suivant la nature des activités qu'ils mettent en jeu.

I. — Classification des nerfs.

D'après ce qui précède, le principe de cette classification s'impose.

Expérimentalement la distinction entre nerfs centripètes et nerfs centrifuges est facile à faire : 1° on sectionne le nerf dont on recherche la fonction : cette section est suivie de la paralysie du mouvement dans la région innervée, s'il s'agit d'un nerf moteur, de la paralysie de la sensibilité dans cette région, s'il s'agit d'un nerf sensible; 2° on excite successivement le bout périphérique et le bout central du nerf sectionné ; dans le premier cas, on constate des phénomènes de mouvement, si le nerf interrogé est moteur, dans le second, des manifestations douloureuses et des mouvements réflexes, si le nerf interrogé est sensible. Dans le premier cas on peut en outre observer des resserrements vasculaires (ou des dilatations, si les fibres vaso-dilatatrices prédominent sur les vaso-constrictives) et la sécrétion d'une glande. — La section d'un nerf mixte, c'est-à-dire contenant à la fois des fibres sensitives et motrices, ce qui est le cas ordinaire, amène en même temps de la paralysie du mouvement et de la sensibilité; et l'excitation de l'un et de l'autre bout de ce nerf est efficace.

On peut encore distinguer dans un même tronc nerveux les fibres sensitives des fibres motrices au moyen de l'élongation de ce tronc; le résultat habituel de cette opération est en effet de diminuer et même de supprimer la conductibilité sensitive sans altérer la conductibilité motrice. C'est en particulier ce que l'on a observé dans l'élongation du sciatique.

Au moyen de ces simples épreuves, on reconnaît donc dans un tronc nerveux la présence de fibres centripètes et de fibres centrifuges.

Les nerfs centripètes transmettent jusqu'au cerveau des excitations spéciales. Pour chaque sorte d'impressions donnant lieu à des sensations spéciales, il y a des conducteurs nerveux (voy. FONCTIONS SENSORIELLES, p. 818 et suiv.).

Les nerfs centrifuges sont *moteurs* ou *sécréteurs* ou *inhibiteurs* (ou *d'arrêt*). Plus exactement on peut distinguer dans les troncs nerveux des fibres motrices, sécrétoires et inhibitrices. Les fibres motrices se subdivisent à leur tour en *motrices de muscles striés* et *motrices de muscles lisses* (dans lesquelles il faut comprendre les *vaso-motrices*). — On a souvent admis en outre l'existence de *nerfs trophiques*. Les preuves que l'on a apportées jusqu'ici en faveur de cette existence sont discutables. Nous en avons examiné quelques-unes (p. 989).

Cette classification physiologique étant posée, le plus simple, pour l'étude des fonctions des nerfs, est de diviser ceux-ci en nerfs rachidiens et nerfs crâniens.

Parmi ces derniers, plusieurs ne contiennent qu'une seule sorte de fibres nerveuses; les nerfs spinaux contiennent tous des fibres centripètes et des fibres centrifuges.

2. — Des différences entre les nerfs.

La question est de savoir si toutes les fibres nerveuses sont identiques les unes aux autres, ne se distinguant que par leur origine ou leur terminaison, ou bien s'il n'existe pas entre elles quelques différences.

On peut d'abord déceler des différences dans l'action de divers excitants sur les nerfs centripètes et les nerfs centrifuges ou dans certaines réactions de ces deux espèces de nerfs.

Nous avons indiqué déjà (p. 1098) l'action spéciale de la chaleur sur le nerf sensitif.

Nous avons signalé aussi (p. 1099) l'action différente du courant constant sur ce nerf et sur le nerf moteur.

Quand on comprime un nerf mixte, la conductibilité centripète disparaîtrait plus vite que la conductibilité en sens centrifuge. De cet effet de la compression peut-être est-il bon de rapprocher l'observation bien connue qu'un coup sur le nerf cubital, chez l'homme, détermine seulement de la douleur.

A la suite de l'application de cocaïne sur un tronc nerveux, les fibres sensitives contenues dans ce tronc sont paralysées avant les fibres motrices. De même, la cocaïne agit plus rapidement sur les fibres centripètes du pneumogastrique que sur les fibres centrifuges.

Rappelons encore ici qu'il ne se fait pas de réunion quand on suture un nerf sensible à un nerf moteur (voy. p. 985).

On peut, d'autre part, déceler de semblables différences entre les fibres centrifuges de fonctions diverses contenues dans un même nerf.

C'est ainsi que l'excitabilité des fibres motrices des muscles extenseurs est moindre que celle des fibres qui se rendent aux fléchisseurs; ces dernières, sous l'influence des courants induits faibles, se contractent d'abord. L'excitabilité des fibres vaso-constrictives et vaso-dilatatrices n'est pas non plus identique (voy. p. 480); les premières répondent plus facilement aux courants induits.

L'application sur le pneumogastrique de la grenouille d'une solution de nitrate de potassium à 0gr,25 p. 100 rend les fibres inhibitrices cardiaques inexcitables; au contraire, l'excitabilité des fibres accélératrices n'est pas altérée. L'application de la cocaïne sur un tronc nerveux paralyse les fibres vaso-constrictives avant les fibres vaso-dilatatrices.

Chez l'homme on a observé des cas de dissociation de la sensibilité tactile et de la sensibilité thermique dans des conditions telles qu'ils ne peuvent guère s'expliquer que par l'existence de fibres conductrices différentes (voy. p. 334). t 824).

De ces faits faut-il conclure qu'il doit y avoir de réelles différences entre les fibres nerveuses? Quelques-uns d'entre eux ne peuvent-ils s'expliquer par des différences entre les organes terminaux qui ne répondraient pas, les uns et les autres, aux mêmes rythmes d'excitation? Mais tous peuvent-ils recevoir cette explication? La question est difficile à trancher.

3. — Les nerfs rachidiens.

Trente et une paires nerveuses qui se détachent de la moelle forment les nerfs mixtes rachidiens ou spinaux. Ces nerfs constituent un mélange inextricable de fibres centripètes et centrifuges ; mais ces deux sortes d'éléments, si distincts, sont un instant parfaitement séparés, au niveau des *racines rachidiennes*.

1° *Physiologie des racines rachidiennes.*

Les racines rachidiennes se divisent en antérieures et postérieures.

Leur fonctionnement se résume en une proposition très simple, qualifiée souvent de *loi de Magendie* et que voici : *par les racines antérieures passent toutes les fibres centrifuges* [1] (motrices, motrices de muscles lisses, sécrétoires); *par les racines postérieures passent toutes les fibres centripètes.* Les expériences de MAGENDIE ont été le

1. Exception faite pour les vaso-dilatateurs du membre inférieur (chez le chien) qui passent par les racines postérieures (voy. p. 476).

point de départ de beaucoup des acquisitions modernes sur la physiologie du système nerveux.

Ces expériences, qui datent de 1822, sont les suivantes : ayant coupé une racine rachidienne antérieure et porté une excitation sur le bout central, Magendie constata que cette excitation ne provoque aucune réaction ; au contraire, en excitant le bout périphérique, il vit se produire des contractions dans le membre à l'innervation duquel cette racine prend part. Donc les racines antérieures ne manifestent leurs propriétés conductrices que du centre vers la périphérie ; elles sont centrifuges ou motrices. En opérant d'une manière analogue sur une racine postérieure, c'est-à-dire en coupant tout d'abord cette racine et en portant l'excitation sur son bout périphérique, Magendie ne vit se produire aucune réaction, tandis qu'en agissant sur le bout central il provoquait une réaction générale de l'animal, qui s'agitait, criait, cherchait à se soustraire à la douleur, qui sentait, en un mot. Donc les racines postérieures ne manifestent leur conductibilité que de la périphérie vers les centres ; elles sont à fonctions centripètes ou sensitives. D'autre part, la simple section d'une racine antérieure paralyse les mouvements dans la région innervée par cette racine. Et la section d'une racine postérieure abolit la sensibilité dans la région cutanée correspondante.

Sensibilité récurrente. — Chez les Mammifères, les racines antérieures contiennent quelques fibres sensibles. Ce sont des fibres spéciales, dites *récurrentes*.

L'expérience par laquelle on démontre l'existence de ces fibres se fait surtout sur le chien, quelques heures après l'opération nécessaire pour la préparation des racines, quand l'anesthésie s'est dissipée. Dans ce cas l'excitation du bout périphérique d'une racine antérieure sectionnée provoque des réactions douloureuses, celle du bout central est sans effet (preuve de la sensibilité récurrente, Magendie, Cl. Bernard). Ces fibres ne proviennent donc point de la moelle ; elles proviennent de la racine postérieure attenante, car, si on coupe celle-ci, les manifestations de sensibilité observées d'abord à la suite de l'excitation de la racine antérieure ne se produisent plus.

Il faut donc que quelques fibres des racines postérieures, au lieu de suivre leur trajet vers la périphérie, retournent vers le canal rachidien, sans arriver d'ailleurs à la moelle (elles donnent leur sensibilité aux enveloppes médullaires), en s'engageant dans les racines antérieures. Cette récurrence se fait souvent à la jonction des deux racines, mais souvent aussi beaucoup plus loin, dans les nerfs périphériques.

Ce dernier fait explique sans doute bien des phénomènes cliniques en apparence énigmatiques.

Plusieurs fois, chez l'homme, les deux bouts d'un nerf, du médian, par exemple, accidentellement divisé, furent réunis par un ou deux points de suture et, bientôt après l'opération, la sensibilité avait en partie reparu dans les régions auxquelles ce nerf se distribue. Plusieurs auteurs crurent dans ces cas à une restauration de sensibilité qu'ils expliquèrent par l'hypothèse d'une réunion immédiate [1]. Plus vraisemblable était l'hypothèse de fibres nerveuses venant, par un trajet récurrent, ramener la sensibilité dans les parties et même dans le tronçon de nerf situé au-dessous de la section. C'est ce qui a été démontré par les expériences de S. Arloing et Tripier (1869). Ceux-ci ont divisé trois nerfs collatéraux sur le doigt d'un chien, et ils ont constaté que la sensibilité à la douleur avait cependant persisté sur tous les points du doigt; ils sectionnèrent alors le quatrième nerf collatéral, et aussitôt l'analgésie devint absolue. Ils ont de plus constaté que, lorsqu'on coupe un des nerfs cutanés de la main, les deux bouts restent sensibles, et que la sensibilité du bout périphérique consiste en une sorte de sensibilité d'emprunt due à la présence de fibres récurrentes venues des autres nerfs cutanés. — Dans un travail ultérieur (1874), en tout confirmatif du précédent, Arloing et Tripier ont de même constaté la sensibilité récurrente sur les nerfs de la face; sur le cheval, quand la section du facial est faite près de ses branches terminales, on constate dans le bout périphérique de ce nerf une sensibilité qui est due à des fibres récurrentes empruntées au trijumeau. Le nerf trijumeau présente lui-même une sensibilité récurrente provenant en partie d'un entrecroisement ou d'une récurrence du nerf du côté opposé.

Ganglions rachidiens. — Chaque racine postérieure présente sur son trajet un petit ganglion, un peu avant le point où elle se réunit à la racine antérieure (*g*, fig. 225, p. 987) : ce ganglion (*ganglion rachidien* ou *spinal*) offre une agglomération de cellules ayant avec les fibres nerveuses qui le traversent des rapports intimes.

Les fonctions de ce ganglion consistent essentiellement en un rôle génétique et trophique, découvert par A. Waller et vérifié par Claude Bernard et par un grand nombre de physiologistes. Ce rôle a été étudié page 986.

<h3 align="center">2° Physiologie des nerfs rachidiens.</h3>

Tous les nerfs spinaux sont mixtes. Leurs fonctions résultent de leur distribution anatomique. Quelques particularités cependant sont à mentionner.

La section d'une seule racine postérieure ne détermine point l'anesthésie d'un territoire cutané; il faut en sectionner deux et même trois, voisines l'une de l'autre. Ainsi chaque région de la peau reçoit des fibres de plus d'une racine postérieure.

De même, la section d'une seule racine antérieure ne détermine pas de paralysie complète et persistante du mouvement dans les muscles qui en reçoivent leur innervation ; il faut sectionner au moins deux racines.

1. Nous savons que cette réunion n'existe pas (voy. p. 984).

D'après les cas cliniques, il en serait de même chez l'homme. — Les racines antérieures desquelles viennent les fibres motrices d'un muscle donné se trouvent au même niveau que les racines postérieures par lesquelles est innervée la peau qui recouvre ce muscle. — Il a été dit page 1056 quelques mots des centres des nerfs moteurs médullaires.

4. — Les nerfs crâniens.

La physiologie des nerfs crâniens, comme celle des nerfs rachidiens, s'appuie étroitement sur leur anatomie.

Les douze nerfs qui se détachent de la partie encéphalique des centres nerveux (base du cerveau, protubérance, bulbe) président soit à la sensibilité, soit au mouvement des parties auxquelles ils se distribuent. Ils peuvent présider à l'une de ces fonctions d'une manière exclusive ou bien se composer de diverses fibres (nerfs mixtes), dont les unes sont sensitives, les autres motrices, d'autres encore sécrétoires. Quelques-uns enfin portent vers les parties périphériques (centres nerveux ganglionnaires du sympathique, ganglions viscéraux) une influence dite *modératrice* (influence du pneumogastrique, par exemple, sur le cœur).

1° *Nerf olfactif.*

L'étude des fonctions de la première paire a été faite avec le sens de l'odorat (voy. p. 876 et suiv.).

2° *Nerf optique.*

Le nerf optique est le nerf de la vue ; ses fonctions ont été décrites p. 909 et 1027.

3° *Nerf moteur oculaire commun.*

C'est le nerf de la plupart des muscles du globe oculaire, c'est-à-dire des trois droits interne, supérieur et inférieur, du petit oblique et du releveur de la paupière supérieure (voy. 942 et suiv.); il innerve en outre deux muscles intrinsèques de l'œil, le constricteur de la pupille (p. 903 et fig. 208, p. 904) et le muscle ciliaire (p. 897); à ce dernier titre, il est, nous le savons, le nerf de l'accommodation. Il s'anastomose avec le trijumeau dans le sinus caverneux. De là la sensibilité de ses branches.

4° *Nerf pathétique.*

C'est aussi un des nerfs moteurs du globe oculaire, par sa distribution au muscle grand oblique (voy. p. 942); il n'innerve que ce seul muscle.

Il doit une sensibilité d'emprunt à des fibres venues du trijumeau dans le sinus caverneux.

5° *Nerf trijumeau.*

. Ce nerf est mixte dès son origine, puisqu'il est constitué par deux racines, l'une sensible, l'autre motrice. Les fibres centripètes et centrifuges du trijumeau se distribuent de la façon suivante dans les trois branches de ce nerf.

L'ophtalmique de Willis donne la *sensibilité* à toute la peau du front, de la racine et du dos du nez, de la paupière supérieure, à la conjonctive, la cornée, l'iris et même à la rétine (sensibilité générale) par le *nerf central de la rétine.* — Il donne les filets *vaso-moteurs* des membranes de l'œil et enfin des fibres *sécrétoires* à la glande lacrymale, fibres empruntées au nerf facial (voy. p. 947).

Le *maxillaire supérieur* préside à la *sensibilité* de la paupière inférieure, de la joue, de l'aile du nez, de la lèvre supérieure, de la muqueuse nasale (sensibilité générale), des dents de la mâchoire supérieure, etc. — Il donne des filets *vaso-dilatateurs* à la muqueuse de cette région (voy. p. 476) et des filets *sécréteurs* aux glandules de ces diverses régions et particulièrement aux glandes de la muqueuse olfactive.

Le *maxillaire inférieur* préside à la *sensibilité* des dents de la mâchoire inférieure, de la peau du menton, de la lèvre inférieure, de la région auriculo-temporale, de la muqueuse buccale et linguale; Il préside de plus à la *sensibilité spéciale* de la moitié antérieure de la langue (sens du goût) par son rameau *lingual* (voy. p. 868). — C'est, d'autre part, du *maxillaire inférieur* (voy. p. 171) que se détachent les fibres motrices (venues de la petite racine ou *nerf masticateur*) qui innervent tous les muscles masticateurs, dont les uns élèvent la mâchoire (masséter, temporal, ptérygoïdiens) et dont les autres l'abaissent[1] (mylo-hyoïdien et ventre antérieur du digastrique) Ce nerf fournit aussi un filet au muscle interne du marteau, car la contraction de ce petit muscle se produit quand on excite la racine motrice (nerf masticateur) du trijumeau[2] (voy. p. 852). L'anatomie montre que le ganglion otique, annexé au maxillaire inférieur, donne un filet moteur au muscle péristaphylin externe.

On voit, en somme, que le trijumeau préside essentiellement à la sensibilité des trois grandes régions de la face (front, joues, menton), d'où son nom ou celui de *trifacial.* De plus, il joue un rôle capital dans plusieurs actes fonctionnels, tels que la mastication (voy. p. 169), la déglutition (voy. p. 197), l'éternuement (p. 1062), la succion (p. 1062), la sécrétion des larmes (p. 947).

1. Sauf le génio-hyoïdien qui est innervé par l'hypoglosse.
2. Le muscle interne du marteau est une portion du segment musculaire embryonnaire de l'arc maxillaire. On conçoit donc que ce muscle doive tirer son innervation de la racine motrice du trijumeau, comme tous les autres muscles de cet arc, c'est-à-dire qu'il partage l'innervation des muscles masticateurs (MATHIAS DUVAL, 1882).

La section intracranienne du trijumeau trouble tous ces actes et amène l'anesthésie de la face. De plus, les muscles de la face restent sans mouvement : ils ne sont point paralysés pourtant, puisque leur nerf moteur est le facial ; mais ce trouble de la motricité résulte de la perte de la sensibilité de la région (voy. p. 1046). Enfin il se produit des troubles trophiques de l'œil (voy. p. 989).

6° *Nerf moteur oculaire externe.*

C'est le troisième des muscles moteurs du globe oculaire. Il innerve le seul muscle droit externe. De là son nom de *nervus abducens*.

7° *Nerf facial.*

Le facial est un nerf mixte.

Par ses rameaux terminaux, il préside aux mouvements de tous les muscles peauciers de la tête, depuis le frontal et l'occipital, y compris le buccinateur, jusqu'au muscle peaucier du cou. Il innerve aussi les muscles qui agissent dans le premier temps de la déglutition (voile du palais, muscles styliens, ventre postérieur du digastrique) et, dans l'oreille, le muscle de l'étrier (voy. p. 852). Par suite, les paralysies du facial de causes superficielles ne sont caractérisées que par la déviation des traits de la peau (la moitié de la peau paralysée est immobile et les traits sont déviés du côté sain), tandis que les paralysies de cause profonde amènent de plus de la gêne dans la déglutition (déviation de la luette, etc.) et dans l'audition. — Parce qu'il commande aux mouvements de la face, le facial est le *nerf de l'expression*. Dans la paralysie du facial, l'œil ne peut se fermer, par défaut de contraction de l'orbiculaire des paupières ; les lèvres et les joues sont flasques et se soulèvent à chaque expiration (on dit que le malade « fume la pipe ») ; le visage est sans expression.

Le facial contient d'autres fibres centrifuges : les fibres *vaso-dilatatrices* de la partie antérieure de la langue (voy. p. 476) et de la glande sous-maxillaire (voy. p. 483) et les fibres *sécrétoires* de la même glande (voy. p. 481) et de la glande sublinguale (voy. p. 483) et enfin celles de la glande lacrymale (voy. p. 947).

Dès sa sortie du tronc stylo-mastoïdien, le nerf facial devient sensible en raison des fibres qu'il reçoit du trijumeau et du pneumogastrique.

Le nerf de Wrisberg, qui accompagne le facial à son origine, est un nerf centripète. C'est la racine sensible du facial de laquelle proviennent les fibres gustatives de la corde du tympan (voy. p. 869).

8° *Nerf acoustique.*

Le nerf de la VIIIe paire, exclusivement centripète, est composé de deux branches à fonctions absolument distinctes, la branche auditive ou cochléaire (voy. p. 845, 858 et 1021) et la branche vestibulaire ou ampullaire (voy. p. 845, 955 et 1038).

9° *Nerf glosso-pharyngien.*

La IX° paire est mixte dès son origine.

Ce nerf commande aux mouvements du pharynx (avec le facial, le pneumogastrique et le spinal [voy. p. 198]). En tant que nerf centrifuge, il fournit encore les fibres *vaso-dilatatrices* de la glande parotide (voy. p. 178) et celles de la partie postérieure de la langue (voy. p. 476) et les fibres *sécrétoires* des glandes des joues et des lèvres (voy. p. 183).

La glosso-pharyngien donne, d'autre part, la *sensibilité* à la base de la langue et à l'isthme du gosier et aussi à la trompe d'Eustache et à la caisse du tympan (par le rameau de Jacobson). Les excitations des filets de l'isthme du gosier provoquent, suivant leur nature, soit la déglutition, soit des nausées et le vomissement. Les filets *gustatifs* de la base de la langue sont fournis par le glosso-pharyngien (voy. p. 863 et 868), qui est le nerf du goût le plus important; il est aussi le nerf du dégoût (nerf *nauséeux*).

10° *Nerf pneumogastrique.*

Le nerf de la **X°** paire est un nerf mixte, dit *trisplanchnique*, parce qu'il donne la sensibilité et le mouvement aux trois grands organes splanchniques, cœur, poumons et estomac (avec l'intestin) et à leurs dépendances. Il faut remarquer que les impressions sensibles qu'il transmet sont obtuses, nullement ou rarement localisées et n'engendrent que des sensations vagues; elles ne donnent lieu d'ailleurs qu'à des réflexes le plus souvent inconscients. De même, les mouvements auxquels commande ce nerf sont presque tous réflexes.

A l'appareil digestif le pneumogastrique donne des fibres *sensibles*: au pharynx (voy. p. 198), à l'œsophage (p. 199), à l'estomac, à l'intestin grêle (voy. p. 276). Il innerve aussi les muscles du pharynx (p. 199), de l'œsophage (p. 199), de l'estomac (p. 232), de l'intestin grêle (p. 276) et de la partie supérieure du gros intestin (p. 283). Mais il n'est pas seulement moteur, il contient aussi des fibres *inhibitrices* pour l'estomac (voy. p. 232). Enfin il fournit les nerfs *sécréteurs* de l'estomac (voy. p. 207) et du pancréas (p. 238).

Au cœur il donne ses nerfs *sensibles* (nerf dépresseur, voy. p. 465) et ses nerfs *modérateurs* ou inhibiteurs, nerfs centrifuges (voy. p. 462), et quelques filets *accélérateurs* (p. 459 et fig. 107, p. 459).

A l'appareil de la respiration le pneumogastrique donne la *sensibilité* à la glotte, à la trachée, aux poumons (voy. p. 573 et suiv.) et le mouvement aux muscles du larynx (par les récurrents, voy. p. 529 et 577). Il innerve aussi les fibres musculaires lisses des bronches (voy. p. 530) et il fournit à la muqueuse du larynx (par le laryngé supérieur) ses fibres *vaso-dilatatrices* (voy. 477). Enfin il est le nerf *sécréteur* des glandes de la trachée.

Encore que la sensibilité des organes que les pneumogastriques innervent soit obtuse, les fonctions centripètes de ces nerfs sont importantes, en raison particulièrement des actions réflexes que déterminent les excitations qu'ils transmettent : déglutition (voy. p. 197), vomissement (p. 232), hoquet (par excitation de la muqueuse gastrique), variations de la pression artérielle (excitations du nerf dépresseur, voy. p. 465), toux (voy. p. 573), variations du rythme respiratoire (voy. p. 573), etc.

En tant que nerf centrifuge, on peut dire que le pneumogastrique est un nerf type, en ce sens qu'il contient toutes les espèces possibles de fibres centrifuges : motrices, motrices de muscles lisses, inhibitrices, sécrétoires.

La question a été très discutée de savoir si les fibres centrifuges du pneumogastrique appartiennent bien à ce nerf ou si elles ne viennent pas de la branche interne du spinal. Celle-ci se jette tout entière dans le nerf vague. Elle n'est constituée que par les fibres bulbaires du spinal. Or, ces fibres, après la section intracranienne du nerf, peuvent être suivies par la dégénérescence secondaire dans le tronc du pneumogastrique et dans ses branches ; il a été reconnu qu'elles pénètrent toutes dans le nerf laryngé inférieur et vont innerver uniquement le muscle thyro-aryténoïdien (Van Gehuchten et Bochenek, 1900-1901), tous les autres muscles du larynx étant innervés par le pneumogastrique ; elles ne se rendent donc ni à l'appareil digestif ni au cœur ; en ce qui concerne ce dernier organe, nous avons en effet montré déjà (voy. p. 463) que ses nerfs d'arrêt proviennent du nerf vague. Aussi a-t-on pensé que les fibres bulbaires du spinal, dont l'origine se trouve dans une longue colonne grise qui appartient sûrement au pneumogastrique, doivent être rattachées à celui-ci ; indépendantes du spinal, elles ne s'y accoleraient que momentanément, en passant à travers le trou déchiré postérieur, pour revenir ensuite dans leur tronc originel.

Des expériences faites sur le porc paraissent d'abord contraires à cette manière de voir. Sur cet animal, la branche interne du spinal, au lieu de se jeter tout de suite dans le pneumogastrique, dès la sortie du trou déchiré postérieur, ne se réunit à ce nerf que derrière le larynx, où se trouve le ganglion plexiforme. C'est là une disposition très favorable à l'excitation et à la section isolée de cette branche interne (Lesbre et Maignon). Or, des recherches de ces deux physiologistes, il résulte que la branche interne du spinal est, chez le porc, le nerf moteur essentiel de tout le tube digestif, depuis le pharynx jusqu'au rectum, qu'il est également le nerf moteur du larynx et des bronches, le nerf sécréteur de l'estomac et du pancréas et enfin le nerf modérateur du cœur. Par suite, le nerf pneumogastrique est, chez cet animal, purement sensitif[1].

Malgré ces résultats, le fond de la question n'a pas changé. On peut en

---

1. F.-X. Lesbre et F. Maignon, *Journ. de physiol. et de pathol. générale*, 1908, X. p. 377-891, 415-429, 828-843.

effet toujours considérer cette branche interne du spinal du porc, dont l'individualité anatomique est seulement plus grande chez cet animal, comme étant la racine motrice de la Xe paire.

11° *Nerf spinal.*

C'est un nerf exclusivement moteur, par sa branche externe, comme par sa branche interne, dont nous venons de parler à propos de la physiologie du pneumogastrique.

La branche externe innerve les muscles sterno-cléido-mastoïdien et trapèze, lesquels reçoivent en outre des nerfs du plexus cervical ; ces derniers sont purement sensitifs, toute l'innervation motrice dépendant du spinal.

12° *Nerf grand hypoglosse.*

Le nerf de la XIIe paire est exclusivement moteur, pour la langue, pour un muscle sus-hyoïdien, le génio-hyoïdien, et pour tous les muscles sous-hyoïdiens. Quand le grand hypoglosse a été coupé, chez un chien par exemple, l'animal ne peut plus mouvoir sa langue qui pend entre les dents ; il la mord dans les mouvements des mâchoires ; il sent douloureusement ces morsures, puisque les nerfs sensibles (lingual, glosso-pharyngien) sont intacts, mais il est impuissant à retirer sa langue derrière les arcades dentaires, à cause de la paralysie des muscles.

L'hypoglosse contient aussi les nerfs *vaso-constricteurs* de la langue (voy. p. 472).

CHAPITRE IV

FONCTIONS DU SYSTÈME NERVEUX SYMPATHIQUE
LE SYSTÈME NERVEUX AUTONOME.

Le grand sympathique se compose : 1° d'une série de ganglions disposés le long de la colonne vertébrale, un pour chaque vertèbre (excepté à la région cervicale, où il y a fusion en deux gros ganglions) et reliés entre eux par des cordons connectifs ; 2° des rameaux communicants qui relient ces ganglions à la moelle (rameaux afférents aux ganglions); 3° et enfin des nerfs issus des ganglions et qui se rendent aux viscères et aux vaisseaux.

A diverses distances de la chaîne du grand sympathique, sur le trajet des rameaux qui en partent pour aller à ces viscères, au-devant de l'aorte et à l'origine des grosses artères du tube digestif, se trouvent de nouvelles masses ganglionnaires : le *ganglion semi-lunaire*, que BICHAT appelait le *cerveau abdominal*, et les ganglions *mésentérique supérieur* et *mésentérique inférieur*; enfin, encore plus loin sur le trajet des nerfs viscéraux, au moment où ceux-ci se distribuent dans les organes, on trouve une nouvelle série de ganglions disséminés dans l'épaisseur des parois de ces organes, et d'ordinaire de dimensions microscopiques; tels sont ceux que l'on trouve dans l'épaisseur des parois intestinales, dans la charpente musculaire du cœur, sur les bronches, etc. (*ganglions viscéraux* ou *parenchymateux*).

Le système nerveux grand sympathique ainsi constitué représente-t-il un système nerveux indépendant du système céphalo-rachidien? C'est ce que l'on a cru longtemps ; c'est ce que pensait BICHAT, pour qui les rameaux sympathiques prenaient leur origine dans la substance grise des ganglions, exactement comme les nerfs cérébro-spinaux émergent de la moelle ou de l'encéphale.

Cette conception a été abandonnée parce que l'on a reconnu que le grand sympathique n'est nullement un système à part, qu'il a ses origines dans le mésocéphale et dans la moelle, que ses fibres centripètes et centrifuges sont en rapport avec l'axe cérébro-spinal (GASKELL[1]).

Il reste néanmoins que les nerfs sympathiques, qui commandent

---

[1]. W.-H. GASKELL (1847-1914), physiologiste anglais d'une grande originalité, dont les travaux sur le cœur, et principalement sur le système nerveux « involontaire », font autorité.

aux actions de la vie organique, sont tous soustraits à l'action de la volonté ; en ce sens ils forment un système *autonome*, suivant le mot de Langley (1898).

Quelles sont les fonctions des parties constitutives de ce système, ganglions et cordons nerveux ?

I. — LES ORIGINES DU SYSTÈME SYMPATHIQUE.
LES GANGLIONS SYMPATHIQUES.

L'anatomie suffit à montrer qu'il existe des relations entre le système sympathique et le système nerveux central. Il faut établir la signification physiologique de ces relations ; nous verrons ensuite quelle est celle des ganglions sympathiques.

I. — Rapports généraux entre le système sympathique et le système nerveux central.

Les innervations sympathiques prennent leur source dans la moelle, par l'entremise des rameaux communicants blancs.

Si on coupe un de ceux-ci, son bout périphérique dégénère jusqu'au ganglion sympathique correspondant, mais la dégénérescence ne va pas plus loin. Cette section supprime d'ailleurs l'innervation commandée par le segment du système sympathique correspondant : actions vaso-motrices, contractions viscérales, etc. D'autre part, si, sur un animal préalablement nicotinisé [1], on excite tel ou tel rameau communicant, on n'obtient plus les effets ordinaires de cette excitation ; au contraire, l'excitation des filets efférents du ganglion continue à être efficace.

Ainsi les fibres médullifuges des rameaux communicants se terminent dans les ganglions sympathiques ; elles sont *préganglionnaires ;* et des cellules des ganglions partent les fibres constitutives des filets sympathiques proprement dits et que l'on peut dénommer *post-ganglionnaires* (Langley) ; ce sont des filets qui se rendent aux divers organes innervés par le sympathique, muscles lisses (des viscères, des vaisseaux, des poils) et glandes.

Les rameaux communicants reçoivent leurs fibres médullifuges des racines antérieures. Mais ils contiennent aussi des fibres centripètes, venues des ganglions et qui remontent par lesdits rameaux

---

1. Nous savons que la nicotine paralyse les cellules ganglionnaires ou du moins met obstacle à la transmission nerveuse d'un neurone à un autre (voy. p. 465 et 898).

communicants et les racines postérieures; le centre trophique de ces fibres serait dans le ganglion spinal.

Le système sympathique comprend donc des nerfs centripètes et centrifuges, dont nous étudierons tout à l'heure les fonctions.

2. — Les ganglions sympathiques.

La question de savoir ce que représentent en réalité les ganglions sympathiques et comment ils fonctionnent se pose d'autant plus impérieusement que l'on a constaté les origines cérébro-spinales des innervations sympathiques.

Nous avons déjà rencontré cette question lorsque nous avons eu, à propos de l'étude de diverses fonctions organiques, à examiner le rôle réflexe de ces ganglions (voy. p. 184, ganglion sous-maxillaire; p. 769, ganglion mésentérique inférieur; p. 908, ganglion ophtalmique); mais nous n'avons point discuté ces faits.

Or, leur signification réelle a été mise en doute; on nie qu'ils constituent de véritables réflexes.

Reprenons l'expérience de SOKOWNIN (voy. p. 769): le ganglion mésentérique inférieur est séparé de toutes ses connexions avec le système nerveux central, on excite alors le bout central d'un nerf hypogastrique et on observe les faits signalés par le physiologiste russe, c'est-à-dire des contractions de la vessie et du sphincter externe de l'anus ainsi que le

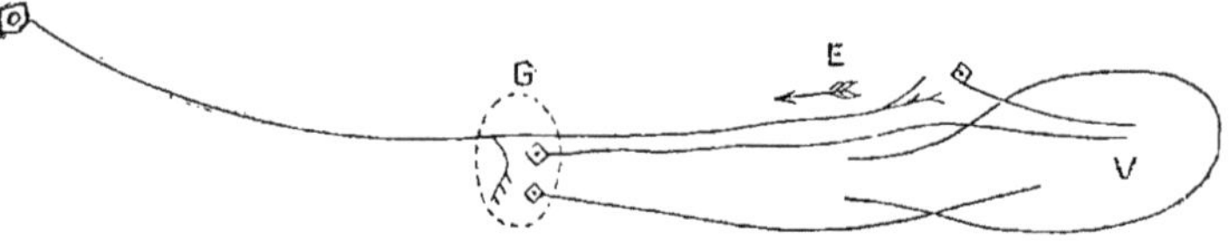

Fig. 267. — Schéma d'un pseudo-réflexe ganglionnaire (ganglion mésentérique inférieur) (d'après LANGLEY).

resserrement des vaisseaux de la muqueuse rectale dans sa partie inférieure. Et ces phénomènes dépendent bien du ganglion mésentérique, puisqu'ils ne se produisent plus après action de la nicotine. Mais par la méthode des dégénérations on a constaté (expériences de LANGLEY et ANDERSON sur le chat, 1894) que les fibres centripètes qui participent au phénomène n'ont leur centre trophique ni dans le ganglion sympathique, ni dans un ganglion spinal. Ces fibres seraient donc en réalité des fibres centrifuges et leur excitation ne donne lieu qu'à un *pseudo-réflexe* (LANGLEY).

Quel serait le mécanisme de ce phénomène ? Une excitation nerveuse se propage dans les deux sens (voy. p. 1107). Si donc on excite un filet centrifuge non loin du ganglion, l'excitation se propagera aussi vers ce dernier où elle rencontre quelque collatérale qui la transmet aux fibres motrices issues des cellules ganglionnaires et se rendant à la vessie. Ainsi l'excitation E du bout central d'un nerf hypogastrique (fig. 267) va au ganglion G et par la collatérale représentée dans le ganglion se porte sur les cellules motrices du nerf symétrique, qui aboutit à la vessie V.

LANGLEY a étendu cette explication aux autres réflexes ganglionnaires connus.

Mais même si l'on dépossède les ganglions sympathiques de leur pouvoir réflexe, il semble bien qu'ils manifestent des fonctions telles que celles qui sont reconnues à la moelle. N'est-ce pas ce que montrent les expériences de GOLTZ et EWALD sur les chiens, dont la plus grande partie de la moelle a été réséquée (voy. p. 1059 ; voy. aussi p. 734)? Des fonctions importantes, contractions cardiaques, régulation vaso-motrice, actes digestifs, reproduction, excrétions, peuvent s'accomplir sans la participation du système nerveux central. A moins que l'on ne suppose, dans les organes qui fonctionnent ainsi, une activité automatique, soustraite à l'influence régulatrice des innervations sympathiques et dépendant seulement, par exemple, d'excitations chimiques.

Une autre preuve de l'autonomie du système sympathique se voit dans l'influence *tonique* des ganglions sur les propriétés contractiles des muscles lisses.

Telle est l'action tonique des ganglions premier thoracique, cervical supérieur et ophtalmique sur l'iris, déjà signalée (p 905-06). La section du sympathique cervical entre le ganglion cervical supérieur et la moelle détermine un rétrécissement de la pupille; si, trente minutes après environ, on enlève le ganglion, ce rétrécissement s'exagère. La nicotinisation locale du ganglion a le même effet.

Des expériences du même genre ont été faites relativement à l'influence des ganglions sur les muscles lisses des vaisseaux et ont donné des résultats analogues (voy. p. 483).

L'influence des ganglions sur les actions d'arrêt pourrait encore être invoquée en faveur de la théorie de l'autonomie sympathique (voy. p. 465 et 1000).

II. — LES NERFS SYMPATHIQUES.

Nous savons que ces nerfs se divisent en centripètes et centrifuges. Étudions-les successivement.

1. — Nerfs sympathiques centripètes.

Des viscères innervés par le sympathique ne proviennent, à l'état normal, que des impressions donnant lieu à des sensations très obtuses. Cependant l'expérience directe, l'excitation des plexus nerveux viscéraux, provoque des sensations douloureuses chez les animaux (irritation mécanique ou chimique des ganglions semi-lunaires, des plexus rénaux, des nerfs splanchniques, etc.). Les sensations douloureuses qui accompagnent les divers états patholo-giques des viscères mettent du reste hors de doute cette sensibilité du sympathique.

Nous avons parlé (p. 999) des réflexes d'origine sympathique.

Seuls, les filets sympathiques des viscères (nerfs splanchniques par exemple) contiennent des fibres centripètes ; ceux de la tête et ceux de la peau du cou et du tronc n'en ont point ; ainsi le sympa-thique cervical n'en contient pas ; les filets sensitifs des organes de ces régions viennent des nerfs crânio-rachidiens avoisinant.

2. — Nerfs sympathiques centrifuges.

Ces nerfs sont moteurs de muscles lisses, inhibiteurs et sécréteurs. Comme nous avons traité de leurs fonctions en étudiant la physio-logie des différents organes, il suffira de rappeler ici ces diverses fonctions.

1° La portion cervicale du sympathique innerve les vaisseaux de la tête (voy. p. 472 et 476); — le muscle dilatateur de la pupille (p. 903); — les muscles érecteurs des poils de la tête, y compris la face ; les fibres pilo-motrices passent par les racines antérieures des deuxième, troisième, qua-trième et cinquième nerfs thoraciques, gagnent la chaîne sympathique et s'engagent dans le sympathique cervical ; l'excitation de ce nerf érige les poils du même côté, sa section empêche à jamais cette érection (expé-riences sur le chat et sur le singe ; — les glandes salivaires (voy. p. 178 et 181); — les glandes sudoripares de la tête et du cou (voy. p. 781-82); — et la glande lacrymale (voy. p. 947.)

Toutes ces voies médullifuges, provenant de la partie supérieure de la moelle dorsale, sont interrompues dans le ganglion cervical supérieur. Si, en effet, après avoir imprégné ce ganglion de nicotine ou bien après avoir injecté cette substance à un animal, on excite le sympathique cervical en dessous du ganglion, on ne voit se produire aucun des effets habituels de l'excitation; l'excitation au-dessus du ganglion, c'est-à-dire celle des fibres post-ganglionnaires, reste efficace.

2° Les fibres de la partie thoraco-abdominale du sympathique viennent

de la moelle dorso-lombaire par les rameaux communicants, depuis le
quatrième nerf dorsal jusqu'au cinquième lombaire et se rendent aux
ganglions de la chaîne sympathique; les fibres post-ganglionnaires se
jettent dans les divers nerfs spinaux par les rameaux communicants gris
et avec les branches cutanées de ces nerfs vont aux fibres musculaires des
vaisseaux et des poils (les fibres pilo-motrices de la cuisse, de la queue, etc.,
sortent de la moelle par les racines du douzième nerf thoracique et par
celles des premier, deuxième et troisième nerfs lombaires, descendent

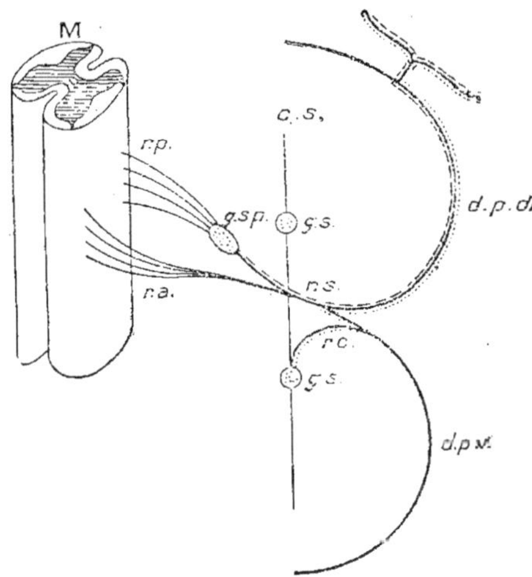

Fig. 268. — Schéma des rapports entre l'innervation pilo-motrice et sensitive de la peau
(d'après G. van Rynberk[1]).

M, moelle épinière ; — CS, chaîne sympathique ; — *rp, ra,* racines spinales postérieure
et antérieure ; — *gsp,* ganglion spinal ; — *gs,* ganglion sympathique ; — *ns,* nerf spinal ; —
dpd, dpv, divisions primaires dorsale (postérieure) et ventrale (antérieure) de ce nerf ; —
rc, rameau communicant.
Les lignes pointillées..... indiquent le trajet des fibres pilo-motrices ; les traits ----- indiquent le trajet des filets sensibles cutanés.

dans la chaîne sympathique lombo-sacrée et cheminent de concert avec les
fibres sensibles des nerfs spinaux [voy. fig. 268] jusqu'à la périphérie, où
elles se distribuent aux mêmes territoires) et aux glandes sudoripares.
D'autre part, les fibres sympathiques de la même provenance médullaire
et destinées aux viscères innervent le cœur [2] (nerfs accélérateurs, voy.

---

1. *Archivio di fisiologia,* 1907, IV, p. 349-355. — G. Van Rynberck, physiologiste
hollandais contemporain.
2. On sait que la moelle cervicale et la partie supérieure de la moelle dorsale
fournissent aussi des fibres accélératrices cardiaques (voy. p. 458).

p. 458), les muscles lisses du tube digestif (p. 232, 276 et 283), des voies biliaires (p. 256), des organes génitaux (p. 721, 728, 731, 738), de l'uretère (p. 764) et de la vessie (p. 769).

Il est à remarquer que les fibres des grands et petits splanchniques ont leurs relais dans les cellules des ganglions des plexus solaire et mésentérique inférieur et ne présentent point d'autre interruption.

III. — LE SYSTÈME NERVEUX AUTONOME.

Le système sympathique est un système autonome, mais le système nerveux autonome est beaucoup plus étendu que le système sympathique.

Conformément aux idées de Langley, on peut désigner sous ce nom l'ensemble des fibres nerveuses centrifuges de caractère analogue à celui des fibres sympathiques, mais qui sont engagées dans des nerfs crâniens (moteur oculaire commun, facial [corde du tympan], pneumogastrique, etc.) ou rachidiens (nerfs sacrés) et qui, par ces voies, se rendent soit à des muscles lisses, soit à des glandes; et toutes, comme celles des nerfs sympathiques, passent par des ganglions. Aussi peut-on avec Langley considérer un vaste système nerveux autonome qui se subdivise en système parasympathique, d'origine bulbaire ou sacrée, et système sympathique, d'origine médullaire.

Le schéma de la figure 269 donne une vue d'ensemble de tout ce système complexe. Dans les articles précédents on a rappelé toutes les fonctions du sympathique proprement dit. L'importance du système parasympathique n'est pas moindre.

Du tronc du moteur oculaire commun sortent les filets oculaires (accommodateurs [voy. p. 897] et pupillo-constricteurs [voy. p. 903]), interrompus dans les cellules du ganglion ophtalmique (voy. p. 898 et 904); du tronc du trijumeau, du facial ou du glosso-pharyngien, les filets vaso-dilatateurs des muqueuses buccale, nasale et linguale (voy. p. 476) et les filets sécréteurs des glandes de la même région et de la glande sous-maxillaire (voy. p. 178, 181 et 183); les uns sont interrompus dans les ganglions sphéno-palatin et otique, véritables ganglions sympathiques[1], et les autres le seraient dans le ganglion sous-maxillaire (voy. p. 184).

Quant au pneumogastrique, nous avons rappelé déjà sa distribution (p. 1117).

Enfin, l'innervation de la dernière portion de l'intestin, de la vessie et des organes génitaux externes est fournie par les deuxième, troisième et

---

1. Il en est de même du ganglion ophtalmique annexé à la première branch du trijumeau, comme le montrent les expériences rapportées p. 898 et 904.

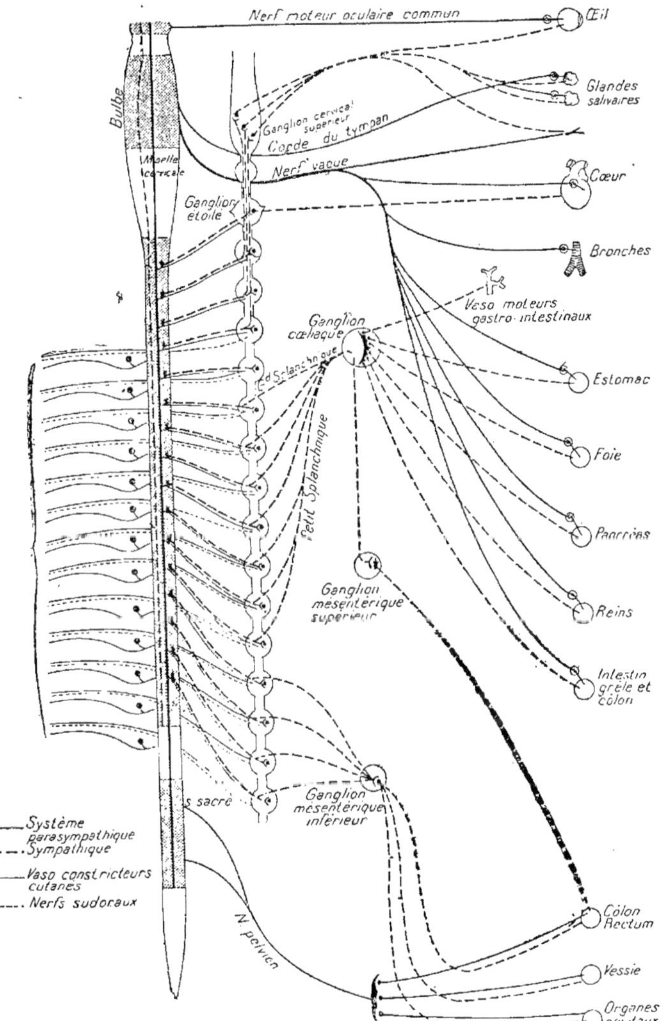

Fig. 269. — Schéma du système nerveux autonome (d'après Langley et d'après Hans Meyer et R. Gottlieb).

quatrième nerfs sacrés, d'où proviennent donc les filets dilatateurs du pénis (nerf érecteur), les filets moteurs du côlon, du rectum et de la vessie, les filets inhibiteurs du sphincter vésical.

Il résulte de ces faits et de ces considérations que l'expression « système nerveux autonome » signifie simplement *système nerveux des glandes et des muscles involontaires* ; c'est le système nerveux qui commande aux fonctions de la vie organique (vie végétative de Bichat) ; c'est la vieille conception de Bichat rajeunie et étendue. Nous savons par ailleurs que le mot *autonome* ne doit pas être pris dans un sens littéral ; le système autonome possède bien quelque indépendance, mais il fonctionne sous le contrôle du pouvoir central.

CHAPITRE V

LES FONCTIONS MOTRICES

Nous savons que les êtres vivants ont la propriété de transformer l'énergie chimique des substances provenant des matières alimentaires en d'autres modalités de l'énergie et particulièrement en travail mécanique. Nous avons étudié déjà les diverses formes de mouvement que l'on observe chez les animaux (voy. p. 121). Nous avons à étudier maintenant le mouvement contractile (voy. p. 124) grâce auquel s'effectuent les fonctions proprement motrices qui, commandées par le système nerveux, mettent l'être vivant en relation avec son milieu et avec les autres êtres et lui donnent la possibilité d'agir de façons très variées et sur celui-là et sur ceux-ci (voy. p. 805).

Les muscles sont les agents des mouvements. Avant d'exposer les principaux faits de la mécanique animale, nous devons donc déterminer le mode de fonctionnement du tissu musculaire, quelle que soit sa structure, lisse ou striée.

On distingue en effet le tissu musculaire à *fibres striées* du tissu à *fibres lisses*, le premier se contractant sous l'influence de la volonté (muscles de la vie animale), le second étant soustrait à l'influence de la volonté (muscles de la vie organique).

Cette expression de BICHAT, *muscles de la vie organique*, n'est d'ailleurs pas exacte, du point de vue de l'anatomie et de la physiologie comparées. Chez les Mollusques, les muscles de la vie animale sont lisses comme ceux de la vie organique. Chez les Articulés, au contraire, ces derniers sont striés comme ceux de la vie animale; chez les Arthropodes, l'Écrevisse par exemple, l'enveloppe contractile du tube digestif est aussi nettement striée que les muscles des pattes. Chez quelques Poissons, il en est de même; ainsi l'intestin de la Tanche commune est revêtu de faisceaux musculaires striés à contraction brusque. « Il suffit, dit RANVIER, d'exciter cet intestin à l'une de ses extrémités pour le voir se contracter brusquement d'une pièce, comme le ferait le biceps ou tout autre muscle à fibres striées sous l'influence de la même excitation[1]. »

L'expression ne doit pas être considérée non plus comme exacte au point de vue physiologique. En réalité, il y a tous les intermédiaires entre les muscles striés et les muscles lisses, même dans l'organisme humain, et surtout dans la série animale; à l'appui de cette notion, il n'est besoin que de citer le cœur, les muscles du périnée, les muscles blancs

---

1. L. RANVIER, *Leçons d'anatomie générale sur le système musculaire*, Paris, 1880, p. 376.

et les muscles rouges, etc. Physiologiquement, les muscles diffèrent principalement par la durée de leur réaction; que l'on compare à ce point de vue les figures 276 et 286, p. 1143 et 1162.

Nous étudierons d'abord le muscle strié, dont les propriétés ont été soumises à une analyse approfondie; l'étude du muscle lisse sera ensuite facilitée par les notions acquises sur les muscles striés.

I. — PHYSIOLOGIE DU TISSU MUSCULAIRE STRIÉ.

La propriété essentielle de tous les éléments musculaires, la *contractilité*, c'est-à-dire la capacité de changer de forme (de se contracter), n'est qu'un cas particulier de la propriété que possède la cellule en général de modifier sa forme par des mouvements actifs.

Le fonctionnement des muscles dépend de leurs propriétés et de leur composition chimique.

I. — Propriétés du muscle.

Le muscle est *élastique* et *contractile*.

1° Rappelons que l'élasticité, c'est la propriété qu'ont les corps de se laisser écarter de leur forme primitive et d'y revenir dès que la cause qui les distendait cesse d'agir.

A ce point de vue, les corps présentent des différences notables, autrement dit des propriétés élastiques diverses, selon que l'écartement se fait avec plus ou moins de facilité et que le retour à la forme primitive est plus ou moins complet. On dit que l'élasticité est *parfaite* lorsque ce retour est parfait; elle est *imparfaite*, lorsque le retour n'est pas complet; elle est *forte*, lorsque l'écartement est difficile et le retour très prompt; elle est *faible*, lorsque l'écartement est faible et la tendance au retour peu énergique.

Le muscle à l'état de repos est faiblement et parfaitement élastique. Il se laisse facilement distendre (*élasticité faible*), et il revient parfaitement ensuite à son état primitif (*élasticité parfaite*). Les sacs musculeux, oreillettes, ventricules, estomac, etc., se laissent si aisément distendre par tout ce qui tend à dilater leur cavité qu'on peut presque comparer cette élasticité à celle d'une bulle de savon.

Cette *élasticité faible* et *parfaite* n'est pas une propriété *purement physique* du muscle, car elle dépend de la nutrition, ou tout au moins de la composition chimique du muscle, composition qui est immédiatement sous l'influence de la vie de cet élément (circulation et innervation). Elle diffère donc de l'élasticité des ligaments, des os, et surtout du tissu élastique, élasticité qui reste toujours la même, parce qu'elle ne tient qu'à l'arrangement mécanique des fibres qui constituent ces tissus ; cette dernière élasticité est purement physique. Celle du muscle paraît tenir surtout à sa nutrition. En effet, en injectant du sang chaud (expérience de Brown-Séquard) ou du sang défibriné, ou du sérum, ou même simplement un liquide alcalin, dans les artères d'un animal récemment tué, on a pu le soustraire un certain temps à la raideur cadavérique (voy. ci-dessous). C'est pour cela aussi que des muscles tenus longtemps au repos, et qui par suite se sont mal nourris, n'ont plus le même degré d'élasticité, et c'est en partie pour cette cause que l'extension devient difficile et douloureuse dans un avant-bras longtemps tenu en écharpe.

Les muscles du cadavre sont d'abord flasques, extensibles, et gardent la forme qu'on leur donne ; ils sont donc alors faiblement, mais *imparfaitement* élastiques ; plus tard, ils entrent dans une période dite de *rigidité cadavérique* ; une fois allongés, ils ne reprennent nullement leur forme première, de sorte qu'ils sont devenus *fortement* et *imparfaitement élastiques* (voy. p. 1147 l'étude de la *rigidité cadavérique*).

La limite de l'élasticité du muscle n'est pas étendue ; un gastrocnémien de grenouille, chargé d'un poids de 50 grammes, ne peut plus revenir à sa longueur primitive.

Toxicité. — Cette élasticité du muscle est toujours sollicitée sur le vivant par les rapports que le muscle présente avec ses points d'attache ; il est toujours tendu au delà de sa longueur naturelle de repos complet. Si, en effet, le bras, par exemple, étant au repos, on coupe le tendon du biceps, on voit immédiatement celui-ci se raccourcir d'une petite quantité : c'est ainsi seulement qu'il réalise sa forme naturelle de repos ; précédemment il était légèrement tendu par suite de l'éloignement de ses points d'insertion, et il exerçait par conséquent sur ceux-ci une petite traction : c'est ce qu'on a désigné sous le nom de *tonicité* des muscles ; mais, si l'on peut dire que ce n'est là que le résultat de l'élasticité du muscle mise en jeu par l'éloignement de ses points d'insertion, il faut cependant remarquer que cette *tonicité*, ou *élasticité parfaite du muscle vivant*, est sous la dépendance du système nerveux (voy. p. 1047).

La tonicité aurait-elle un substratum anatomique spécial, les arcoplasma, tandis que la contractilité serait le propre de la substance fibrillaire anisotrope[1].

1. A la lumière polarisée, les disques sombres des fibrilles musculaires sont biréfringents, *anisotropes*, et les disques clairs sont monoréfringents, *isotropes*.

On a soutenu que, suivant que l'excitation atteint l'un ou l'autre de ces éléments, et aussi suivant le rapport entre la quantité de sarcoplasma et de fibrilles différenciées dans les muscles, donc suivant la structure de ceux-ci, la réponse motrice est différente, contraction brève si c'est l'élément anisotrope qui est surtout atteint, contraction lente dans le cas contraire (théorie de F. Bottazzi, 1897-1901). Ainsi voit-on, par exemple, que les muscles rouges se contractent plus lentement et meurent plus tard que les muscles pâles, parce qu'ils sont plus riches en sarcoplasma. — Si les faits étudiés par Bottazzi sont exacts, ils sont cependant susceptibles d'une autre interprétation. La question est à l'étude.

2° La propriété de passer de la forme de repos à la forme active ou *contractilité* du muscle constitue la propriété essentielle de cet élément; c'est la forme propre de son *irritabilité*.

C'est comme l'avait jadis soutenu Haller, une propriété inhérente au muscle lui-même.

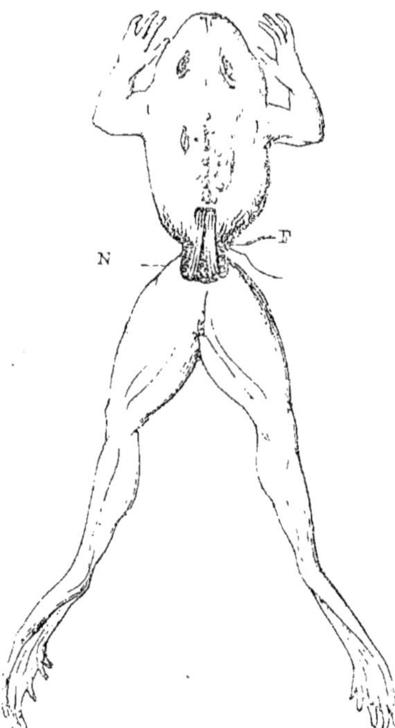

Fig. 270. — Grenouille préparée pour l'étude de l'action du curare (Claude Bernard).

Une ligature F embrasse toutes les parties de l'abdomen, excepté les nerfs lombaires N, de sorte qu'il n'existe plus, entre le train antérieur et le train postérieur, que des communications nerveuses.

En effet, un nerf moteur, séparé de l'axe cérébro-spinal, perd, après quatre jours, toute excitabilité (expériences sur différents nerfs de ch'en) ; le muscle au contraire, innervé précédemment par ce nerf, reste encore directement excitable pendant plus de trois mois (Longet).

D'autre part, on peut, par des excitations mécaniques, provoquer la contraction de portions des muscles dans lesquelles on n'est pas parvenu à découvrir microscopiquement des fibres nerveuses, comme des parties de couturier de la grenouille, le cœur de l'embryon de poulet dans les premières heures de développement, etc.

On peut aussi, à l'aide du curare (voy. p. 1093), mettre les nerfs moteurs dans l'incapacité d'agir, c'est-à-dire de transmettre une irritation aux muscles ; dans cette condition cependant les muscles excités directement peuvent se contracter. L'expérience suivante de CLAUDE BERNARD est classique : sur une grenouille, on sépare par une forte ligature le train antérieur du train postérieur, en ne laissant subsister comme trait d'union entre ces deux moitiés que la masse des nerfs lombaires (voy. fig. 270)[1] ; si alors on injecte quelques gouttes d'une solution de curare à 1 p. 100 sous la peau du train antérieur, on constate bientôt que celui-ci reste inerte, tandis que la moitié postérieure peut présenter des mouvements spontanés et qu'il s'y produit des contractions énergiques quand on pince l'extrémité des pattes de cette partie. Ce fait prouve que les centres nerveux (moelle épinière) d'où partent les nerfs lombaires, bien que se trouvant dans la partie antérieure empoisonnée, n'ont subi aucune intoxication, c'est-à-dire que le curare est sans action sur les centres nerveux. Les nerfs sensitifs ne sont pas non plus atteints par le poison ; car, si l'on pince une patte antérieure du même animal, il n'y a pas de mouvements dans cette patte, mais il s'en produit dans les membres postérieurs ; le curare n'avait donc agi que sur les nerfs moteurs de la partie antérieure et les nerfs sensitifs restaient aptes à conduire vers les centres une impression, et celle-ci pouvait se réfléchir dans les nerfs moteurs du membre postérieur[2].

3° Une autre propriété des muscles est la sensibilité.

C'est une sensibilité particulière, qui nous fait apprécier l'intensité et la rapidité de contraction de chaque muscle, qui nous permet de juger de la lourdeur d'un poids en le soulevant, etc. Nous en avons parlé pages 950, 953-954 et 956.

2. — Composition chimique du muscle.

L'*eau* forme environ les trois quarts du poids du muscle (75 p. 100). Chez l'homme la quantité moyenne d'eau est un peu inférieure, 73,5 p. 100. La proportion d'eau diminue chez les animaux maigres.

Les *constituants minéraux* des muscles, 1 p. 100 environ de la masse totale, sont l'acide phosphorique et le potassium, qui pré-

1. On peut aussi pratiquer l'expérience en isolant l'un des nerfs sciatiques et passant sous ce nerf un fil assez fort au moyen duquel on lie en masse toute la cuisse, sauf le sciatique. Les muscles de cette cuisse, ne recevant plus de sang, échappent à l'empoisonnement. Et l'excitation du bout central du sciatique de l'autre côté provoque des contractions réflexes dans les muscles du côté de la ligature.

2. Nous n'avons pas à discuter ici la théorie de la curarisation. Les expériences de CLAUDE BERNARD avaient démontré que, sous l'action du curare, le nerf moteur et le muscle restent excitables, mais que le muscle cesse de l'être par l'intermédiaire du nerf. De là l'idée que le poison agit à la jonction du nerf et du muscle, c'est-à-dire sur la plaque nerveuse motrice. Une conception tout autre de la curarisation a été apportée par LAPICQUE (voy. son article dans la *Revue générale des sciences*, 15 février 1910, XXI, p. 103-117 : Principe pour une théorie du fonctionnement nerveux élémentaire ; voy. plus bas, p. 1136).

dominent, le chlore, le sodium, le calcium, le magnésium et le fer, qui sont en moindre quantité et en proportions variables suivant les espèces animales. Ces matières se trouvent dans le muscle, surtout sous forme de phosphates acides et de sels de potassium (comme dans les hématies).

Les principales *substances ternaires* des muscles, dont la quantité totale ne forme pas même 1 p. 100, sont le glycogène, la glycose, l'inosite et l'acide lactique. Le muscle contient environ 1-1,5 p. 1000 de glycogène. — La quantité de glycose est très minime et provient vraisemblablement du glycogène par l'action d'une diastase saccharifiante. — Il y a environ 0,2 pour 1000 d'inosite. — La réaction du muscle au repos est neutre, celle du muscle en activité et celle du muscle mort et rigide sont acides. Cette acidité est due à l'acide lactique (*acide sarcolactique*), dont la quantité peut s'élever à 1 p. 1000. — On trouve en outre dans les muscles des graisses, des traces d'alcool et de la cholestérine.

Les *substances protéiques* des muscles constituent environ 21 p. 100 de la masse de ces organes. On a pensé les obtenir, au moyen de divers artifices expérimentaux, telles qu'elles existeraient dans le tissu vivant. Le *plasma musculaire*, que fournissent ces méthodes de préparation [1], se coagule spontanément à la température ordinaire ; le caillot est formé par une substance albuminoïde, la *myosine*, qui est une globuline, coagulable à 47°. On a admis que le myoplasma contient une substance génératrice de la myosine, le *myosinogène*. Du caillot qui s'est formé exsude un liquide, le *sérum musculaire*, duquel on a extrait une globuline et une albumine.

Le muscle contient encore des *matières extractives azotées*, créatine, créatinine[2], corps de la série urique, acide phosphocarnique (voy. p. 41), toutes substances dont la quantité totale atteint un peu plus de 2 p. 100 du tissu.

Les muscles doivent leur coloration rouge à l'hémoglobine du sang, mais aussi à l'hémoglobine qui entre dans la constitution de leur propre tissu et qui colore leurs fibres. Cette hémoglobine sert à la respiration des muscles; elle emmagasine l'oxygène qui, au moment de la contraction, est utilisé. Les muscles blancs du lapin, dont la contraction est courte et brusque, ne contiennent pas d'hémoglobine. Les muscles rouges, à hémoglobine, dont la contraction dure

---

1. La principale est celle de KÜHNE (1859), que ce physiologiste a appliquée sur la grenouille et qui consiste essentiellement dans les opérations suivantes : lavage de tout l'organisme par l'aorte au moyen d'eau salée pour le débarrasser du sang que contiennent les vaisseaux, division des muscles congelés à — 10° dans l'eau salée refroidie, pulvérisation de cette masse ; de cette *neige musculaire*, soumise à l'action de la presse, exsude un liquide sirupeux, le *plasma musculaire*.

2. Sur la créatinine voy. p. 697-698.

longtemps, ont besoin d'une réserve d'oxygène. — On peut observer
des *hémoglobinuries* d'origine purement musculaire.

Le changement important que produit dans la composition du
muscle le fonctionnement de celui-ci concerne sa teneur en hydrates
de carbone.

Des observations anciennes de Du Bois-Reymond le montrent déjà, desquelles il ressort que, par la contraction, l'extrait aqueux du muscle est
diminué, tandis que l'extrait alcoolique augmente. Fait très simple qui
signifie que le glycogène disparaît lors de la contraction, alors qu'apparaît
l'acide lactique (soluble dans l'alcool). On reviendra plus loin (p. 1151) sur
la consommation du glycogène et de la glycose dans l'activité musculaire.

On a plusieurs fois soutenu que l'exercice augmente la quantité de
créatinine du muscle. La question est encore discutée.

Quant aux modifications de la respiration du muscle, si importante pour son fonctionnement (augmentation de l'oxygène consommé et de l'acide carbonique produit), nous n'en parlerons pas
ici, car c'est une question qui ne rentre pas dans l'étude de la composition chimique proprement dite du muscle.

3. — Fonctionnement du muscle.

Connaissant les propriétés du muscle et sa composition, on peut
chercher de quelle manière fonctionne l'élément musculaire, quelles
sont ses conditions d'activité, les phénomènes qu'il présente durant
qu'il est en action et les résultats de celle-ci.

1° *Conditions d'activité du muscle.*

A. **Les excitants du muscle.** — Les agents qui peuvent sol-
liciter l'irritabilité du muscle sont nombreux. On les divise en
mécaniques, physiques, chimiques et physiologiques.

1. Toute excitation mécanique, choc, piqûre, section portée sur un
muscle, provoque une contraction qui peut persister (tétanos), si
elle se répète avec une fréquence suffisante dans l'unité de temps.

2. Les changements brusques de température excitent les muscles,
particulièrement les muscles lisses. La lumière peut être aussi un
excitant des muscles, non seulement des muscles lisses (voy. p. 908),
mais aussi des muscles striés, comme l'a montré d'Arsonval (1891),
dans des conditions spéciales (action d'un rayon lumineux fréquemment interrompu sur un muscle strié de grenouille). Mais le plus
employé des excitants physiques, c'est l'électricité.

On emploie, pour exciter électriquement un muscle, soit le courant constant, soit le courant induit.

Quand on fait passer un courant constant à travers un muscle[1], il ne se produit de contraction qu'à la fermeture et à l'ouverture du courant. Pendant le passage du courant, le muscle reste au repos dans son ensemble, mais il subsiste un gonflement localisé à la cathode. La contraction de fermeture est plus forte que celle d'ouverture. Celle-ci fait défaut, si le courant est faible. Un courant très faible est d'ailleurs inefficace, même à la fermeture. L'intensité du courant augmente l'énergie de la contraction, mais jusqu'à un maximum : à partir de ce maximum, on augmenterait vainement l'intensité du courant, l'énergie de la contraction reste la même. — A la fermeture du courant, l'excitation part de la cathode et, à l'ouverture, de l'anode.

Les courants induits agissent comme les courants continus, mais ils ne provoquent qu'une seule contraction. — Quand on porte sur un muscle des chocs d'induction nombreux, qui se succèdent très rapidement, le muscle n'a pas le temps de se relâcher dans l'intervalle de deux contractions : il reste contracté en permanence ; c'est ce que l'on appelle le *tétanos*.

3. Les excitants chimiques des muscles sont nombreux, les acides minéraux très dilués (à 1 p. 1 000), l'ammoniaque en solution ou à l'état de vapeur, l'eau de chaux, etc. Très diluée, l'ammoniaque n'a aucune action sur les nerfs moteurs, elle excite seulement le tissu musculaire, nouvelle preuve en faveur de l'indépendance de l'irritabilité musculaire.

4. L'excitant physiologique ou naturel est l'influx nerveux que les nerfs moteurs conduisent des centres encéphalo-médullaires aux muscles. C'est un excitant qui agit à l'extrémité du nerf, directement sur la substance musculaire, à la manière plus ou moins des courants électriques que nous appliquons directement aux muscles.

LAPICQUE a démontré que le nerf qui se rend à un muscle donné a la même chronaxie que ce muscle : tous deux sont *isochrones* (LAPICQUE, 1908). Quand cet isochronisme est troublé par l'altération de l'un ou de l'autre, il n'y a plus transmission de l'influx nerveux ; c'est ce qui arrive dans la curarisation (voy. plus haut, p. 1133).

B. Variations de l'irritabilité musculaire. Influence de la circulation. — L'irritabilité propre au muscle peut être modifiée par des conditions diverses, qui toutes influent sur la nutrition du tissu. Ainsi agit un exercice modéré qui entretient les échanges entre le muscle et le sang. Au contraire, le repos trop prolongé, de même que la fatigue, sont nuisibles au fonctionnement des muscles.

1. Le muscle, comme le nerf (voy. p. 1099), n'est pas excitable quand il est traversé transversalement par le courant électrique ; il faut que le courant soit dirigé dans le sens longitudinal pour qu'il agisse efficacement.

Une circulation plus active augmente l'excitabilité musculaire. Et celle-ci s'affaiblit, puis disparaît, dès que cesse la circulation. C'est ainsi que la ligature de l'aorte abdominale fait perdre leur excitabilité aux muscles des membres postérieurs après deux ou trois heures.

L'établissement d'une circulation artificielle dans les muscles avec du sang artériel fait reparaître leur irritabilité ; mais, si l'on emploie à cet effet du sang veineux, on n'obtient pas ce résultat. Ceci prouve le rôle de l'oxygène dans le fonctionnement des muscles.

Quant aux muscles séparés de l'organisme, ils perdent aussi peu à peu leur excitabilité ; ceux des animaux à sang froid la conservent pendant plusieurs jours, surtout si la température extérieure est basse ; ceux des animaux à sang chaud ne la gardent que quelques heures.

C. Innervation des muscles. — Normalement le fonctionnement des muscles dépend de l'intégrité des nerfs moteurs. La section de ceux-ci est immédiatement suivie de la perte de la tonicité musculaire ; les muscles deviennent flasques ; de plus, ils ne présentent plus que des échanges très réduits ; le sang veineux en sort presque à l'état artériel, parce que la nutrition et la combustion y sont très peu actives. Quelques jours après la section, l'excitabilité diminue, puis elle finit par disparaître. En même temps, le muscle subit une atrophie (voy. p. 989), déjà visible au bout d'un mois à l'œil nu.

Ainsi le fonctionnement normal des muscles, dans l'organisme vivant, est sous la dépendance du système nerveux. « Un muscle, a-t-on pu dire (Brissaud[1]), n'existe pas, c'est un assemblage de fibres, la fonction est nerveuse. » Et l'unité de cet appareil neuro-musculaire est dans son centre fonctionnel, c'est-à-dire dans son centre cortical.

2° *Manifestations de l'activité du muscle.*

Nous avons à étudier sous ce titre successivement les phénomènes histologiques, mécaniques, physiques et chimiques de la contraction musculaire, qui l'accompagnent ou la constituent et qui la caractérisent.

A. Phénomènes morphologiques de la contraction musculaire. — Le muscle, sous sa forme active, c'est-à-dire en contraction, paraît ne différer de ce qu'il est à l'état de repos que par un changement de forme (voy. fig. 271) ; il est plus court et plus

---

1. Ed. Brissaud (1852-1909), neuropathologiste français, fut professeur à la Faculté de médecine de Paris.

épais ; un muscle fusiforme devient globulaire. La différence peut
être, en général, évaluée à près de 5/6 ; en d'autres termes, le
muscle en action s'est raccourci des 5/6 de sa longueur primitive
(à l'état de repos). Mais ses dimensions transversales augmentent en raison directe de la diminution de ses dimensions longitudinales, de telle façon que son volume total ne change pas.

En effet, si on met dans un vase gradué et plein d'eau un muscle et que,
par une excitation électrique, on le fasse passer à la forme active, on
n'observe aucun changement dans le niveau du liquide.

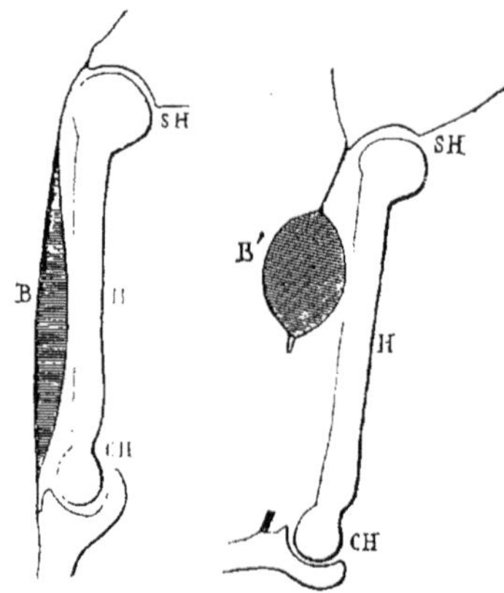

Fig. 271. — Schéma du muscle sous ses deux
formes de repos et d'activité (è MATHIAS DUVAL).

SH. articulation scapulo-humérale; CH, articulation du coude; H, humérus ; B, biceps à l'état de
repos ; B', en état d'activité, grâce à la section de
son tendon (en réalité le tendon du biceps s'insère
au radius, mais, celui-ci faisant corps pendant la
flexion avec le cubitus, on a pu représenter sché-
matiquement l'avant-bras par un seul os, cubitus,
auquel le biceps paraît s'insérer).

On peut faire la même expérience en substituant au muscle
une anguille vivante (CHARLES RI-
CHET); que l'anguille reste immobile ou s'agite, le niveau de l'eau
reste le même.

Dans sa forme active, le
muscle, si rien ne l'empêche
de réaliser complètement cette
forme (voy. fig. 271), est aussi
mou et aussi élastique que
dans son état de repos. Si on le
palpe alors, on le trouve en effet
très mou ; c'est ce que les chirurgiens ont parfois constaté,
lorsque, dans un membre am-
puté, surtout dans la cuisse,
les muscles coupés, pris de
tétanos, se contractent. Rien
ne les empêchant de passer
pleinement à leur état actif,
puisqu'ils n'ont plus d'insertions inférieures, ils se retirent
vers la racine du membre et y
forment une masse globuleuse, molle, fluctuante, qu'on a comparée à
une collection liquide. Il semble même que le muscle, sous la forme
active, est plus mou que sous la forme de repos. Si l'on cherche à
allonger un muscle libre et contracté, on voit qu'il se laisse étendre
facilement, et que, après avoir été étiré, il revient d'une manière
parfaite à la forme dont on l'a écarté ; il est donc, absolument
comme dans la forme du repos, *faiblement* et *parfaitement* élastique.
Ces résultats paraissent être en contradiction avec ce qu'on observe
sur un muscle contracté normalement, c'est-à-dire sur un muscle
tendant à réaliser sa forme active. En effet, tout le monde a pu con-

stater sur soi-même que le biceps contracté, par exemple, est singulièrement dur et paraît fortement élastique, c'est-à-dire très résistant à la traction ; comment alors croire à la mollesse ci-dessus
signalée du muscle dans sa forme active? C'est que, vu leurs dispositions relativement au squelette, les muscles, dans leurs rapports
normaux, ne peuvent presque jamais réaliser cette forme. Quand le
biceps passe de la forme de repos à la forme active, il tend à se raccourcir, nous l'avons dit plus haut, de près des 5/6 de sa longueur ;
mais le déplacement qu'il peut faire subir aux os lui permet tout au
plus de se raccourcir de 1/6 ou 2/6 ; c'est donc un muscle fortement violenté, étiré ; il est comme une bande de caoutchouc violem-
ment tendue ; il est très dur et résistant au toucher. Mais cette dureté
provient non de la contraction du muscle, mais de la tension qu'il
éprouve pendant cette contraction.

Pour qu'un muscle pût réaliser parfaitement la forme qu'il prend
à l'état actif, il faudrait désarticuler les os, ou couper le muscle à
l'une de ses insertions. On le verrait alors se raccourcir considérablement en s'élargissant (voy. ci-dessus, fig. 271). C'est ainsi que
nous avons cité la forme des muscles de la cuisse pris de tétanos
chez des amputés de ce membre. Soumis alors à une traction, le
muscle se durcira, et plus l'allongement forcé augmentera, plus
augmentera la résistance, absolument comme pour une bande de
caoutchouc. Le muscle, raccourci par le passage à la forme dite
active, présente une grande résistance, en vertu même de son élasticité, à toute force qui tend à le ramener à la forme de repos.
C'est cette résistance qui est la source du travail musculaire, et
c'est dans ce sens qu'on a pu dire que la contraction est un changement d'élasticité du muscle, c'est-à-dire le passage de l'état
d'élasticité de la forme de repos à l'état d'élasticité de la forme
active.

L'étude des phénomènes morphologiques de la contraction comprend naturellement l'exposé des modifications histologiques de la
fibre musculaire à cet état. On trouve la description détaillée de ces
phénomènes dans les Traités d'histologie.

Signalons seulement que par l'observation microscopique on a pu déterminer les modifications intimes que présente la fibrille musculaire en passant de l'état de repos à l'état de contraction. Seuls les disques sombres
ou disques épais sont modifiés : ils changent de forme et de volume ; de
cubiques ou cylindriques, ils deviennent sphériques et réduisent leur
volume en exprimant la partie liquide qu'ils renferment (voy. fig. 272). De
là vient le raccourcissement de la masse musculaire ; quant à son
épaississement, il est dû justement à ce que le liquide qui sort du disque
sombre se loge entre les fibrilles et les écarte les unes des autres (théorie
de Ranvier). Ainsi Ranvier a localisé la *propriété contractile* dans les disques

sombres, à l'exclusion des parties claires qui les séparent. Ces dernières parties, disques clairs, sont le siège de l'*élasticité* du muscle. Quand on tend fortement la fibrille musculaire, qu'elle soit au repos ou en contraction, ces disques clairs se laissent étirer, puis reviennent à leur forme primitive quand cesse la tension. L'état de contraction ne les modifie en rien.

Il s'ensuit que les bandes claires, en s'allongeant, emmagasinent une partie de l'énergie développée dans la contraction et restituent cette énergie en revenant sur elles-mêmes. Sans la mise en jeu de cette élasticité la contraction serait brusque et se ferait par à-coups ; grâce à elle, le mouvement, une fois produit, se développe progressivement. — Et la rapidité de la contraction des muscles striés paraît due à la division des fibrilles en segments, le mouvement étant plus bref dans tous ces petits éléments qu'il ne le serait dans une seule et volumineuse masse.

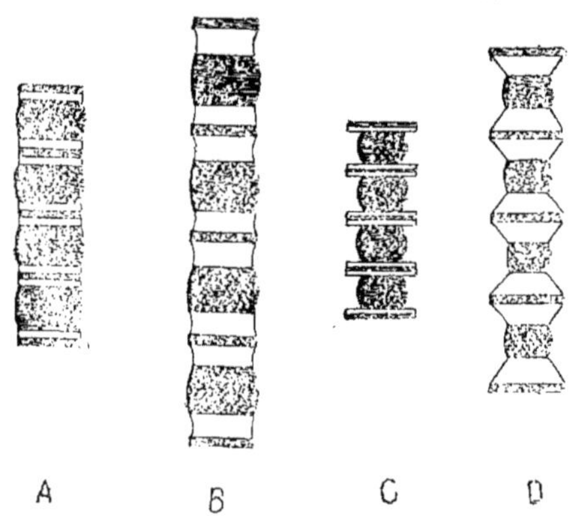

A   B   C   D

Fig. 272. — Phénomènes microscopiques de la contraction musculaire (schéma de Mathias Duval, d'après la théorie de Ranvier).

A, fibrille musculaire au repos relâchée ; — B, fibrille au repos tendue (son raccourcissement est empêché); — C, fibrille contractée non tendue ; — D, fibrille contractée et tendue. Sur ce schéma la fibrille a été réduite à ses parties essentielles, disque épais et bandes claires que sépare le disque mince.

Muscles striés pâles et foncés. —Tous les muscles striés n'ont pas une contraction également rapide. On a reconnu (Ranvier sur le lapin, Arloing sur les Oiseaux et quelques Poissons, etc.) l'existence de deux variétés de muscles striés, l'une pâle ou blanche, l'autre foncée ou rouge.

La fibre pâle se fait remarquer par une striation très nette et très serrée et par la rareté des noyaux et du sarcoplasma (substance semi-liquide qui sépare les faisceaux des myo-fibrilles); la fibre foncée se fait remarquer par une striation transversale un peu grenue, et par l'abondance des noyaux et du sarcoplasma. Physiologiquement, d'autre part, le muscle pâle se distingue du muscle foncé par la rapidité avec laquelle il obéit aux excitations, par la dissociation des secousses qui forment le tétanos et par la brusquerie de son relâchement. De sorte que le muscle rouge serait un organe de contraction lente ou soutenue et le muscle pâle un organe de contraction vive, mais passagère. Ces différences seraient liées à la proportion plus ou moins grande de sarcoplasma.

B. **Phénomènes mécaniques de la contraction.** — Le muscle, en se contractant, tend à devenir plus court et, par conséquent, il rapproche ses points d'attache. Ceux-ci sont en général des os ; les leviers osseux sont ainsi mis en mouvement. De là les effets mécaniques de la contraction des muscles. Nous avons déjà dit que, grâce à l'élasticité musculaire, ces effets ne se produisent pas par saccades, qui pourraient amener des déchirures du tissu même des muscles. De plus, ce mode de transmission de la force (contraction musculaire) dans la masse à mouvoir (leviers osseux) augmente beaucoup le rendement en travail de l'énergie mécanique, comme l'a démontré Marey.

Qu'est-ce donc que la contraction musculaire ? On en distingue plusieurs formes, la secousse, le tétanos, la contraction volontaire.

a. Analyse de la secousse musculaire. — Un muscle, excité par

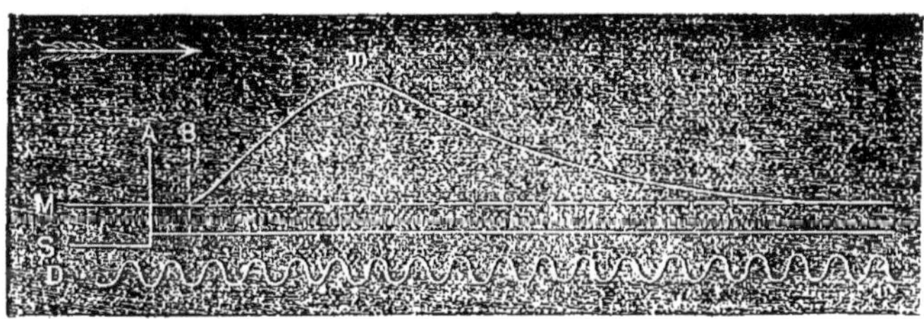

Fig. 273. — Graphique d'une secousse musculaire (gastrocnémien de la grenouille).

M, secousse du muscle ; — AB, période d'excitation latente ; — S, signal indiquant le moment de l'excitation électrique ; — D, diapason inscrivant les centièmes de seconde.
Le cylindre enregistreur tourne avec sa vitesse maxima. En A se produit l'irritation (un choc d'induction). On voit que la période AB, période d'excitation latente, dure un centième de seconde. En B commence le raccourcissement du muscle, qui augmente progressivement pendant 5 centièmes de seconde ; son summum est atteint en *m* ; à ce point commence la période d'énergie décroissante.

une seule excitation de courte durée, fermeture ou ouverture d'un courant continu, choc d'induction, passe rapidement de la forme de repos à la forme active et revient rapidement ensuite à la première ; c'est cet ensemble de changements qu'on a appelé la *secousse musculaire*. Cette contraction se compose donc de plusieurs temps: celui pendant lequel le muscle passe à la seconde forme; celui pendant lequel il s'y maintient, et enfin celui pendant lequel il revient à la première. De plus, on a reconnu que, lorsqu'un excitant agit sur un muscle, celui-ci reste un très court espace de temps avant d'obéir à l'excitation (Helmholtz) ; c'est donc là un premier temps qui précède les trois autres et qu'on a appelé l'*excitation latente*.

Si un muscle, suspendu verticalement par une extrémité, porte à l'autre

un style qui puisse imprimer sa pointe sur un cylindre vertical tournant
avec régularité, tant que le muscle sera sous la forme de repos, il tracera
une ligne horizontale sur le cylindre; lorsqu'une excitation brusque (un
choc) agira sur lui, il continuera un certain temps à tracer cette ligne
droite, et la longueur tracée alors représentera graphiquement l'*excitation
latente* (fig. 273, AB); puis, le muscle passant à la forme active, son extrémité inférieure tracera une ligne ascendante (phase de l'énergie croissante)
(fig. 273 Bm), qui représente le passage d'une forme à l'autre; ensuite
viendra une ligne descendante, à partir du point m, qui sera le graphique
du retour à la forme du repos (phase de l'énergie décroissante).

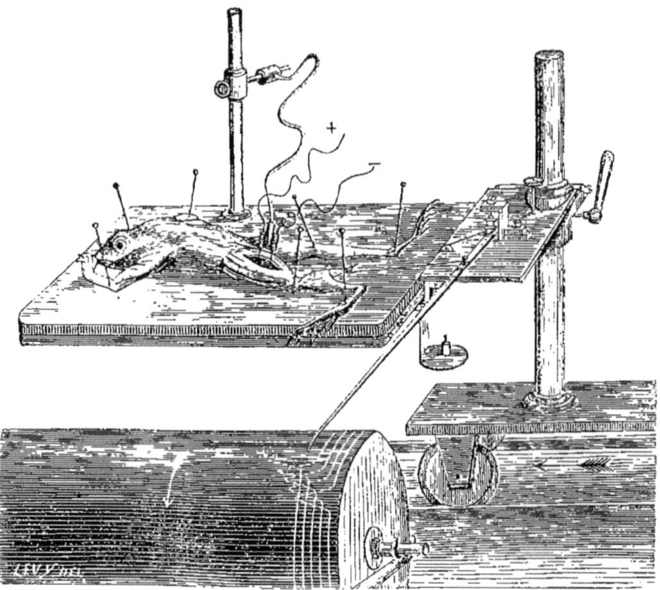

Fig. 274. — Myographe de MAREY.

C'est sur ce principe qu'on a construit les divers appareils appelés
myographes (HELMHOLTZ, MAREY), et c'est grâce à ces appareils qu'on
obtient des *graphiques de la contraction musculaire*, graphiques qui
ont rendu possible l'analyse des différents temps de la contraction.

MAREY a réalisé les dispositions myographiques de manière à pouvoir
opérer sur le muscle sans le détacher de l'animal ; tel est l'appareil représenté par la figure 274. La grenouille en expérience est fixée sur une
planchette de liège au moyen d'épingles. Le cerveau et la moelle épinière
de l'animal ont été préalablement détruits, afin de supprimer tout mouve-

ment volontaire ou réflexe. Le tendon du muscle gastrocnémien a été coupé et relié par un fil à un levier qui peut se mouvoir dans un plan horizontal ; ce levier est attiré vers la grenouille dès que le muscle se raccourcit ; puis, dès que la contraction cesse, il est ramené dans sa position primitive à l'aide d'un ressort. Enfin ce levier se termine, à son extrémité libre, par un style qui trace, sur un cylindre tournant recouvert de noir de fumée, des lignes brisées ou des ondulations correspondant au mouve-

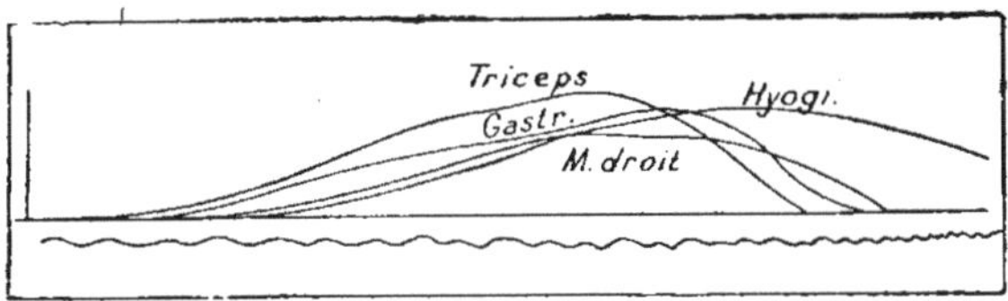

Fig. 275. — Quatre secousses musculaires de différents muscles de grenouille (d'après Cash [physiologiste et pharmacologue anglais contemporain]).

ment de va-et-vient du levier, c'est-à-dire aux alternatives de raccourcissement et de relâchement du muscle.

Les tracés myographiques ainsi obtenus fournissent une analyse détaillée des différentes phases de la secousse musculaire.

La période d'excitation latente est très courte, durant en général un peu plus d'un centième de seconde. Elle diminue quand l'intensité de l'excitation augmente ; elle diminue également quand la température du muscle s'élève, mais seulement jusqu'à une température optima. Elle augmente dans différentes conditions : si le poids qui charge le muscle est plus lourd ; avec la fatigue ; quand la température du muscle s'abaisse.

L'amplitude de la secousse diminue sous toutes les l'influences qui

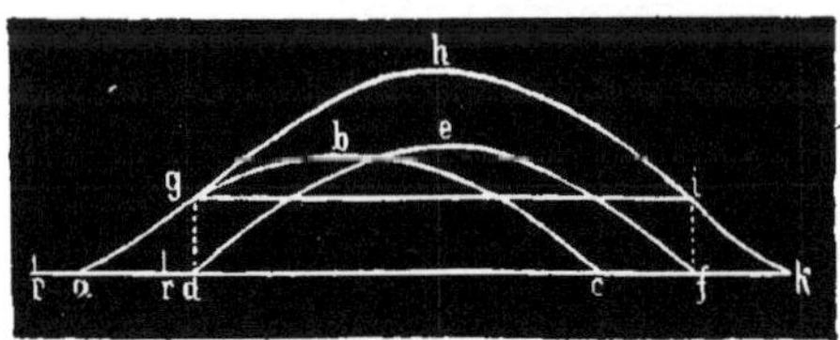

Fig. 276. — Schéma de la superposition de deux secousses musculaires
(d'après Helmholtz).

affaiblissent le muscle, refroidissement, anémie, fatigue. Elle augmente avec l'intensité de l'excitation, jusqu'à un maximum (*contraction maximale*). — Ce raccourcissement du muscle atteint son summum au bout d'environ un sixième de seconde et passe progressivement, au bout d'un temps à peu près égal, à l'état de repos.

La descente succède immédiatement à l'ascension, ce qui montre que la forme active n'a existé à son summum que fort peu de temps, puisqu'elle n'est pas représentée par une ligne, mais par un simple point de passage entre l'ascension et la descente.

Tous les muscles donnent des secousses de même forme (voy. fig. 275), mais de durée variable, différant simplement entre elles par conséquent comme diffèrent des secousses du gastrocnémien de la grenouille qui s'inscrivent sur l'appareil enregistreur tournant à des vitesses différentes ; que l'on compare par exemple la contraction très étalée (de par la vitesse donnée au cylindre enregistreur) du gastrocnémien représentée sur la fig. 273 (p. 1141) et celle d'un muscle d'Holothurie représentée sur la fig. 286 (p. 1162) et on reconnaîtra la similitude des deux secousses ; mais l'une s'accomplit en quelques centièmes de seconde, tandis qu'il faut à l'autre plusieurs secondes.

Lorsqu'une seconde excitation maxima atteint le muscle après la fin de la secousse provoquée par une première excitation, la secousse qui se produit ne diffère en rien de la première. Si la seconde excitation suit de très près la première et tombe au début de la période latente (phase *irresponsive* de KEITH LUCAS [1]) de celle-ci, elle est sans effet. Mais si la seconde excitation se produit durant la contrac-

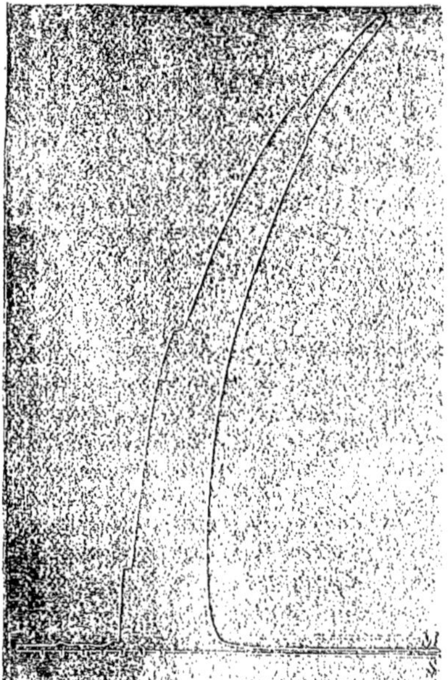

Fig. 277. — Addition latente (CH. RICHET).

M. muscle de la pince de l'écrevisse ; — S, signal indiquant les excitations électriques.

Le muscle ne commence à se raccourcir qu'à la quatrième des sept excitations indiquées sur la ligne S.

tion ou même à la fin de la période latente de la première, il y a renforcement de la contraction. De même, si les deux excitations se succèdent (voy. fig. 276, *r* et *r*) de sorte que la seconde arrive pendant la phase d'énergie croissante de la secousse provoquée par la première, alors leurs effets s'additionnent et la contraction résultante *aghik* (fig. 276) est plus forte que celle qui aurait été déterminée (comparer sur la figure 276 les courbes *abc* et *def* à la courbe *aghik*)

1. Physiologiste anglais d'une grande originalité et qui a laissé de remarquables travaux sur l'excitabilité du nerf et du muscle, mort malheureusement dans un accident d'aviation en 1916, à l'âge de trente-sept ans.

par chacune des excitations séparément; la seconde contraction se superpose à la première. C'est la *sommation des effets*, que l'on doit distinguer de la *sommation des excitations* (voy. plus bas).

Une excitation électrique trop faible ne détermine aucune contraction ; mais, si l'on répète plusieurs fois de suite une telle excitation, il s'en produit une (voy. fig. 277). C'est le phénomène de l'*addition latente des excitations* ou *sommation* des auteurs allemands (voy. p. 1003 et 1101). On l'explique en supposant que des excitations insuffisantes augmentent l'excitabilité du muscle.

La contraction que nous venons d'étudier est dite *isotonique*. On entend par là que la tension du muscle reste la même pendant qu'il se contracte, sa charge ne variant pas (si le poids sur lequel le muscle exerce sa traction ne varie pas, la tension du muscle ne varie guère, puisqu'elle est proportionnelle à la charge) ; ce qui varie, c'est la longueur, c'est l'étendue de son raccourcissement. Dans la myographie isotonique, le muscle est immobilisé par son extrémité supérieure, son extrémité inférieure étant attachée au levier inscripteur du myographe.

Dans la contraction *isométrique*, le muscle ne peut pas se raccourcir, parce qu'on le fixe à ses deux extrémités; c'est sa tension qui varie, elle va en augmentant d'abord et décroît ensuite. On obtient des courbes isométriques en tendant le muscle au moyen d'un fort ressort appliqué au levier inscripteur du myographe ; comme ce levier est très long, il amplifie le minime raccourcissement du muscle dans cette condition.

b. Tétanos physiologique. — Si l'on soumet un muscle à une série de brèves excitations électriques se succédant rapidement, on voit sur le graphique qu'une nouvelle contraction commence avant que le relâchement consécutif à la première ait eu le temps de se faire; le muscle, au moment où il commençait à revenir à la forme de repos, a de nouveau été sollicité à prendre la forme active; ces deux descentes, interrompues par une nouvelle ascension, sont marquées sur le graphique par une série d'ondulations qui se rapprochent d'autant plus du niveau correspondant au summum de la forme active que les excitations se sont succédé plus rapidement. Il est aisé de concevoir que, si les excitations sont de plus en plus rapprochées, les ondulations précédentes seront de plus en petites et finiront par se fusionner en une ligne droite, qui persistera tout le temps que les excitations se succéderont avec la rapidité suffisante ; c'est que pendant tout ce temps le muscle se sera maintenu sous la forme active.

C'est ce maintien de la forme active, considéré comme le résultat d'une série de secousses fusionnées, qu'on a appelé le *tétanos physiologique* (Ed. Weber).

Le tétanos est *incomplet* ou *imparfait* ou bien *complet* ou *parfait*, selon

que les excitations sont assez fréquentes pour que les secousses se fusionnent plus ou moins complètement (voy. fig. 278 et 279). Pour produire le
tétanos parfait, il faut 25 à 30 excitations par seconde pour un muscle de
grenouille; il en faut au moins 40 pour les muscles de l'homme, du
lapin [1], etc., 100 pour les muscles d'oiseaux et près de 400 pour les muscles
d'insectes. Il est des muscles dont la secousse se fait très lentement; leur
courbe de contraction est par conséquent très allongée : tels sont les
muscles de la tortue ; aussi suffit-il de 3 à 4 excitations par seconde pour
en amener le tétanos.

Le muscle parfaitement tétanisé paraît immobile ; d'ailleurs le tracé myo-
graphique, dans cette condition, présente un plateau horizontal (fig. 279).
En réalité, la contraction n'est alors nullement continue. On le démontre,
soit en auscultant le muscle, soit en le mettant en rapport avec le nerf d'une
patte galvanoscopique (voy. p. 39); dans le premier cas, on entend un
bruit sourd (*bruit rotatoire*) dont la hauteur correspond au nombre des excitations appliquées au muscle; dans le second cas, on voit que le muscle

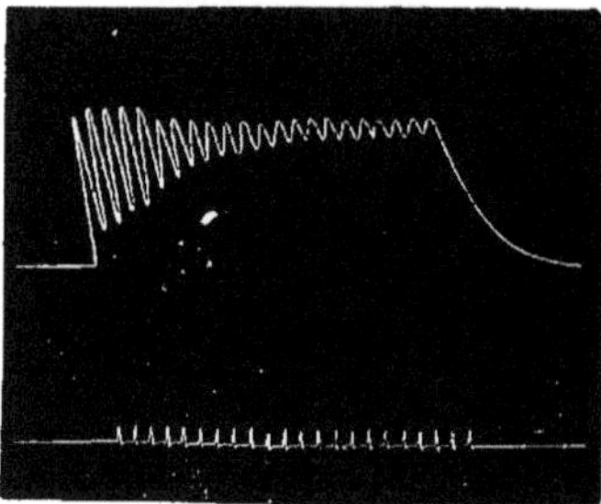

Fig. 278 — Tétanos du gastrocnémien de la grenouille (par excitation du nerf moteur) (H. Beaunis).

Fusion incomplète des secousses.

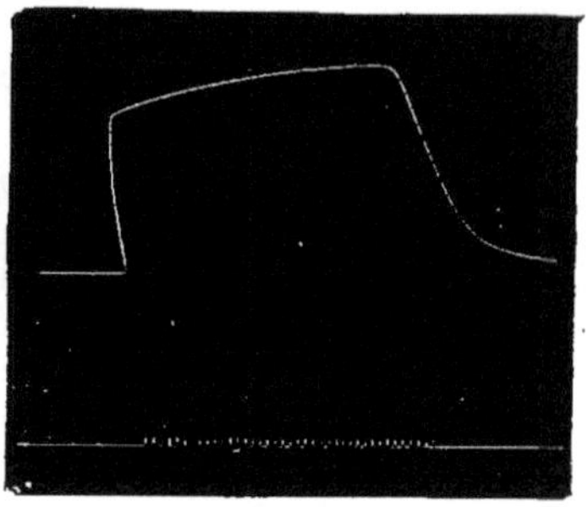

Fig. 279. — **Tétanos parfait du gastrocné-mien de la grenouille (par excitation du nerf moteur)** (H. Beaunis).

Fusion complète des secousses.

tétanisé induit dans la patte galvanoscopique, non pas une secousse, mais
un tétanos.

c. CONTRACTION VOLONTAIRE. — La contraction musculaire, telle
qu'elle se produit sous l'influence des excitations physiologiques,
volontaire ou réflexe, est considérée comme un tétanos. En effet,
sa durée dépasse toujours celle d'une simple secousse; de plus, elle
paraît être discontinue, à en juger par le tremblement que présentent les muscles fortement contractés et plus encore quand ils sont
fatigués. Cependant, la contraction volontaire n'induit pas un tétanos
dans une patte galvanoscopique, mais seulement une secousse simple.

d. CONTRACTION IDIO-MUSCULAIRE. — **On** appelle ainsi la contraction

[1]. Les muscles rouges (à contraction lente) du lapin sont tétanisés presque
complètement avec 10 excitations à la seconde.

localisée que provoque une excitation mécanique portée directement
sur un muscle fatigué (SCHIFF); cette contraction, qui ne s'étend pas
à tout le muscle, comme dans le cas de l'excitation d'un nerf moteur,
mais qui reste limitée à l'endroit irrité, persiste un certain temps.

e. ONDE MUSCULAIRE. — Au lieu de mesurer le raccourcissement
du muscle, comme font les appareils myographiques, on peut mesurer son épaississement.

Dans ce but on emploie les *pinces myographiques* de MAREY; ce sont
des sortes de leviers placés sur le muscle et que soulève le gonflement
de celui-ci; ils inscrivent donc le changement d'épaisseur du muscle, c'est-à-
dire son gonflement.

La fibre musculaire est en effet, pendant que se produit une secousse,
le siège d'une série d'ondes (ÆBY [1]) (*onde musculaire*) qui donneraient lieu
au gonflement transversal du muscle. En plaçant deux pinces myogra
phiques à quelque distance l'une de l'autre sur la longueur d'un muscle,
MAREY a montré que, lorsqu'on excite directement l'une des extrémités du
muscle, les deux pinces ne signalent pas en même temps le gonflement de

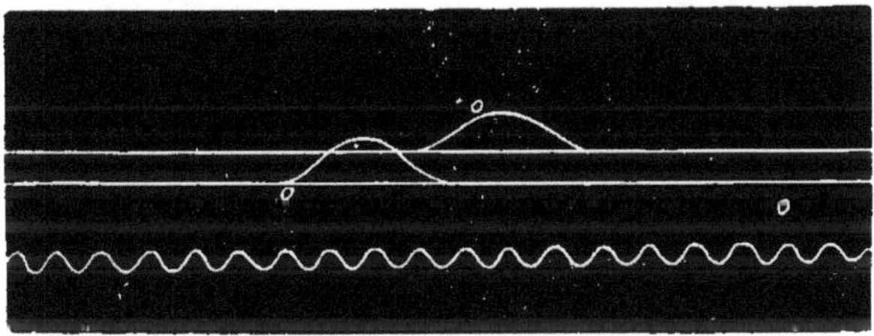

Fig. 280. — Graphique de la propagation de l'onde musculaire (MAREY).

celui-ci; celle qui est la plus proche de l'extrémité excitée indique d'abord le
phénomène, puis le gonflement est inscrit par la seconde pince (voy. fig. 280).
On voit sur cette figure que l'une des courbes commence seulement alors
que l'autre va prendre fin.

Le gonflement du muscle progresse donc comme une onde, dont la
vitesse a été évaluée à 1 mètre par seconde (pour la grenouille). Cett
vitesse est d'ailleurs variable suivant les animaux.

Il importe de remarquer que ces phénomènes ont été observés su
des muscles isolés (séparés de leurs nerfs) et dont l'excitabilité est
diminuée.

D'ailleurs ÆBY a constaté que si, au lieu d'irriter le muscle par l'une de
ses extrémités, on l'excite dans toute sa longueur en mettant chacune de
ses extrémités en rapport avec l'un des fils du courant excitateur, ou bien
si l'on excite le nerf moteur du muscle, les deux réactions données par

1. Chr. Th. Æby (1835-1885), anatomiste et physiologiste allemand.

les deux pinces myographiques sont exactement superposées, c'est-à-dire synchrones. Dans ce cas, la fibre musculaire se raccourcit donc dans tous les points à la fois.

C. Phénomènes physiques liés à la contraction musculaire. — La contraction s'accompagne d'un dégagement de chaleur et d'une modification dans l'état électrique du muscle.

a. PHÉNOMÈNES THERMIQUES. — On a vu (p. 794 et 800) que la principale source de la chaleur animale est dans les muscles. Aux

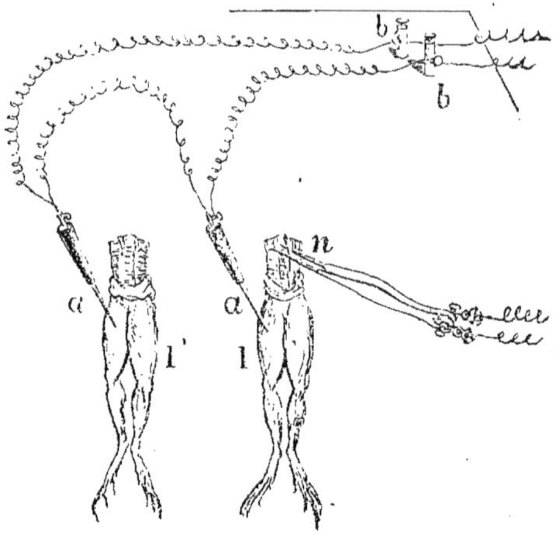

Fig. 281. — Mesure, au moyen d'aiguilles thermo électriques, de la chaleur produite dans les contractions musculaires (d'après CLAUDE BERNARD).

aa, sondes thermo-électriques ; — I, I', deux trains postérieurs de grenouilles, dont l'un (I) est mis en contraction par l'excitation électrique, en *n* ; — *bb*, bornes par lesquelles les aiguilles thermo-électriques sont en rapport avec un galvanomètre.

preuves qui en ont été données, il convient d'ajouter ici quelques expériences, d'autant plus probantes qu'elles ont été faites sur des muscles isolés.

En enfonçant des aiguilles thermo-électriques dans les deux cuisses d'une grenouille et tétanisant le plexus lombaire d'un côté (voy. fig. 281), on constate dans les muscles de ce côté une élévation de température de 0°,14 à 0°,18 (expérience de HELMHOLTZ). Par cette méthode, HEIDENHAIN a même pu mesurer l'échauffement produit par une seule secousse du gastrocnémien, 0°,001 à 0°,005. — Il est important de noter qu'on a observé, en étudiant le dégagement de chaleur causé par une secousse simple, que ce phénomène thermique est postérieur au phénomène mécanique (A. V. HILL [de Cambridge], 1913). — On peut dans ces expériences remplacer les aiguilles thermo-électriques par un thermomètre très sensible, à petite cuvette, maintenue entre les deux cuisses isolées d'une grenouille

par de la ouate qui entoure également les masses musculaires : quand la
colonne du thermomètre est stationnaire, on excite les deux nerfs sciatiques; on constate une élévation thermique de 1 à 2 dixièmes de degré.

La quantité de chaleur dégagée par le muscle varie suivant les
conditions mêmes dans lesquelles se fait la contraction. Si le muscle
se contracte librement, sans exécuter de travail mécanique extérieur,
on trouve que toute l'énergie libérée par les combustions qui conditionnent la contraction (voy. ci-dessous *Phénomènes chimiques de la
contraction*) apparaît sous forme de chaleur. Ce muscle dégage donc
une plus grande quantité de chaleur que celui qui se contracte en
soulevant un poids, en accomplissant un travail extérieur. D'autre
part, dans cette condition, l'échauffement augmente avec l'intensité
de l'excitation. Mais, si les conditions mécaniques de la contraction
changent, si le muscle éprouve une forte résistance à se raccourcir,
pour des excitations identiques la production de chaleur devient plus
grande que lorsqu'il se contracte librement. C'est pour cela aussi que
la contraction isométrique (ou le muscle est empêché de se raccourcir
dégage plus de chaleur que la contraction isotonique. Un muscle
dégage donc d'autant plus de chaleur que croît la résistance opposée
à son raccourcissement. Ainsi « le même excitant, dit très bien
Fredericq, provoque dans le même muscle une somme de travail
chimique différente, selon les circonstances extérieures Ce résultat
est certainement surprenant à première vue; mais on comprend
qu'un tel état de choses fait du muscle une machine très parfaite,
puisque d'elle-même, et sans augmentation de l'excitant, elle gradue
son effort d'après le travail extérieur à exécuter[1] ». — Il y a plus de
chaleur produite pour des contractions successives que pour le tétanos. La chaleur produite diminue quand le muscle est fatigué.

b. Phénomènes électriques. — Le muscle intact, comme le nerf
(voy. p. 1104), est *isoélectrique*; entre deux points de sa surface naturelle, réunis par des électrodes impolarisables, il ne se produit aucun
courant électrique. Mais, si on relie à un galvanomètre deux électrodes appliquées, l'une sur le muscle, à sa surface, l'autre sur une
section transversale (perpendiculaire à l'axe) de ce muscle, on voit
une déviation de l'aiguille du galvanomètre qui indique le passage
du courant (Du Bois-Reymond, 1848). Tous les points de la surface
naturelle ou d'une section longitudinale (section parallèle à l'axe du
muscle) ont une tension électrique positive ; les points d'une section
transversale ont un potentiel négatif; le maximum de tension positive est à la partie moyenne de la surface longitudinale, c'est-à-dire
à l'équateur du muscle, le maximum de tension négative se trouve
également au centre de la section transversale. Le courant le plus

<hr>

1. L. Fredericq et J.-P. Nuel, *Éléments de physiol. humaine*, 6ᵉ édition, p. 385-
385, Gand et Paris, 1910

fort s'obtient donc en plaçant les électrodes qui relient le muscle au galvanomètre, l'une à un point de l'équateur, l'autre au centre d'une section transversale. C'est là le *courant de repos* du muscle (*courant de démarcation* de HERMANN).

La force électro-motrice de ce courant est de 0,05 volt.

Si, sur un muscle à l'état de repos, on met les fils d'un galvanomètre en contact, l'un avec sa surface ou avec une section longitudinale, l'autre avec une section transversale, de façon à constater le courant qui dans ce cas se dirige de la première surface vers la seconde dans le circuit galvanométrique, et si l'on fait passer ce muscle à la forme active, on observe, tant que dure la contraction, que l'aiguille, précédemment déviée par le courant, revient plus ou moins complètement vers le zéro (DU BOIS-REYMOND), c'est-à-dire subit une diminution d'intensité. De là le nom d'*oscillation* ou *variation néga-tive* (voy. ce qui a été dit de la variation négative du nerf, p. 1103) donné à ce phénomène par DU BOIS-REYMOND (*courant d'action* de HERMANN) [1].

La variation négative a un temps perdu, mais beaucoup plus court que la durée de la période latente de la contraction. Sa durée est moindre que celle de la contraction. Dans le tétanos musculaire, chaque excitation donne lieu à une variation négative; mais la fusion de toutes celles-ci reste imparfaite. L'intensité du courant d'action augmente avec l'intensité de l'excitation.

Contraction secondaire. — Le courant d'action qui se produit dans un muscle en contraction, un gastrocnémien de grenouille par exemple, est suffisant pour exciter le nerf d'une patte galvanoscopique et provoquer dans les muscles de cette patte une contraction, dite pour cette raison *seconduire* ou *induite* (voy. p. 393 et 1105). Si le premier muscle est mis en tétanos, les muscles de la patte galvanoscopique entrent aussi en tétanos (*tétanos induit*). Mais ceci n'est vrai que du tétanos produit artificiellement; la contraction volontaire, nous l'avons déjà remarqué (voy. p. 1146), n'induit pas un tétanos. Et il en va de même pour la systole cardiaque (voy. p. 405).

1. D'après d'ARSONVAL (1885), la variation négative s'explique par la variation de tension superficielle qu'entraîne la déformation mécanique *interne* de tout tissu vivant qui se déforme spontanément. Le phénomène rentrerait donc dans cette catégorie de phénomènes physiques qu'a étudiés le physicien français LIPPMANN sous le nom de *modifications de la tension superficielle* et qui consistent en ce que, si l'on considère la surface de séparation de deux fluides quelconques, non miscibles (eau et mercure par exemple), toute déformation de cette surface produit une tension électrique. De même l'oscillation négative est fonction de la déformation du muscle, comme le montre l'expérience suivante : un premier muscle qu'on fait contracter tire sur un second, qui s'allonge sous l'influence de cette traction ; on voit alors le muscle contracté donner une oscillation négative, et le muscle allongé une oscillation positive. D'ARSONVAL a d'ailleurs fait connaître d'autres expériences à l'appui de cette conception.

D. Phénomènes chimiques de la contraction. — On a vu plus haut que les muscles en se contractant produisent de la chaleur.

Celle-ci ne peut avoir sa source que dans les phénomènes chimiques qui se passent dans le tissu musculaire.

a. Phénomènes d'oxydation. — Nous savons déjà que les muscles à l'état de repos consomment de l'oxygène et dégagent de l'acide carbonique et que cette combustion est beaucoup plus intense, quand ils se contractent (voy. p. 556 et 585). Encore faut-il tenir compte non seulement de ce que le sang qui revient des muscles est plus pauvre en oxygène et plus riche en acide carbonique, mais aussi de ce que la circulation est alors beaucoup plus active ; le muscle est traversé, en un même temps, par une bien plus grande quantité de sang (vaso-dilatation des organes en activité) ; il s'ensuit que le muscle qui travaille, recevant une quantité de sang beaucoup plus grande que celui qui est au repos (de quatre à six fois plus en général), reçoit par ce fait plus d'oxygène et transmet au sang veineux beaucoup plus d'acide carbonique [1].

On a calculé (Chauveau) que le muscle qui travaille absorbe environ vingt fois plus d'oxygène que le muscle au repos pendant un temps donné, et brûle environ 30 à 35 fois plus de carbone.

Quant aux échanges respiratoires généraux, ils augmentent aussi dans une forte proportion par l'exercice musculaire, d'autant plus forte que l'exercice est plus violent (voy. p. 556).

Les oxydations paraissent donc être la source de l'énergie nécessaire à la contraction musculaire.

b. Consommation des hydrates de carbone. — Quel est le combustible employé par le muscle ? Les matériaux des combustions intramusculaires sont les hydrates de carbone. Le muscle n'oxyde presque pas de substances azotées.

En voici la preuve directe. Si pendant le travail musculaire il y a des albuminoïdes brûlées en quantité notable, les urines doivent contenir plus d'urée. Fick et Wislicenus [2] résolurent la question (1865) par une expérience restée célèbre. Les deux physiologistes firent à jeun l'ascension du Faulhorn, montagne des Alpes bernoises, après s'être nourris, le jour qui précéda, d'hydrocarbonés seulement et de graisses, et en ayant soin de déterminer la quantité d'urée éliminée par les reins pendant et après l'ascension. Après cet exercice musculaire considérable (1956 mètres à

1. La combustion qui se passe dans le muscle se manifeste immédiatement par l'aspect du sang de retour, prenant d'autant plus les caractères du sang veineux, du *sang noir* (riche en acide carbonique et pauvre en oxygène), que le muscle fonctionne avec plus d'énergie. Par contre, lorsque toute contraction musculaire est supprimée, comme dans une syncope, la veinosité du sang diminue, au point qu'une veine incisée laisse échapper un sang qui a presque les caractères du sang artériel.

2. J. Wislicenus (1835-1902), chimiste allemand.

gravir pour Fick pesant 66 kilogrammes et pour Wislicenus pesant 76 kilogrammes, soit, pour le premier, 129 096 kilogrammètres et, pour le second, 148 656 kilogrammètres, sans tenir compte du travail du cœur et de la respiration), ils ne trouvèrent aucune augmentation d'urée. Les albuminoïdes détruites pendant l'ascension auraient à peine couvert un tiers du travail produit. Il faut donc que l'énergie employée à ce travail ait eu sa source ailleurs que dans les matières protéiques.

Les nombreuses expériences faites depuis ont montré (voy. p. 616, 668 et 673) que. pendant le travail musculaire, la quantité de glycogène diminue dans les muscles et dans le foie ; que le sang qui traverse les muscles perd alors plus de glycose que pendant le repos ; que le quotient respiratoire augmente, se rapprochant de l'unité, ce qui prouve une consommation d'hydrates de carbone (voy. p. 556). C'est ainsi que Chauveau a vu, en analysant le sang artériel et le sang veineux sortant du masséter du cheval au repos, comparativement à celui qui en sort pendant la mastication, que les quantités de glycose disparues du sang qui traverse le muscle sont trois à quatre fois plus grandes pendant le travail que pendant le repos du muscle.

c. Consommation des graisses. — Les graisses peuvent être aussi utilisées pour le travail musculaire (voy. p. 679).

Sur un chien qui jeûne depuis plusieurs jours et qu'on fait travailler, le glycogène du foie et des muscles disparaît rapidement (en quelques heures). On continue, les jours suivants, à faire travailler cet animal. Et on constate que, dans ces conditions, l'azote excrété par les urines augmente, mais que cette augmentation n'est pas assez forte pour couvrir la dépense énergétique. Or, le glycogène faisait défaut. Il faut donc que ce soit la graisse qui ait été employée aux combustions nécessaires au travail accompli.

d. Consommation de matières protéiques. — Enfin, on a constaté qu'en cas d'apport insuffisant de matériaux non azotés ou dans l'exercice prolongé, à la suite duquel ont été consommées les réserves d'hydrates de carbone, le muscle emprunte aux albuminoïdes l'énergie chimique mise en œuvre dans l'exécution de son travail. Alors l'élimination urinaire azotée s'élève, et il apparaît des produits de déchet azotés très toxiques. C'est dans ces cas que l'on observe la fatigue.

En ce qui concerne l'utilisation des graisses et des albuminoïdes dans le travail musculaire, la question se pose de savoir si ces substances sont utilisées telles quelles ou après une transformation préalable en sucre, dans le foie particulièrement (voy. p. 614-613, 627 et 668). Cette question se rattache à celle de l'isodynamie des aliments, qui a été examinée p. 154).

3° *Résultats de l'activité des muscles.*

Le fonctionnement des muscles a des conséquences diverses qu'il faut maintenant passer en revue; la plus importante est la production de travail.

A. **Production de chaleur et d'électricité.** — Nous ne reviendrons pas sur ces questions, que nous avons étudiées avec les phénomènes physiques liés à la contraction.

B. **Production de travail.** — Si on attache un poids à l'extrémité d'un muscle et qu'on provoque la contraction de ce muscle, le poids est soulevé, à moins qu'il ne soit trop lourd. C'est là ce qui constitue le travail du muscle et c'est ainsi qu'on mesure sa force. Ce travail mécanique est égal au poids soulevé multiplié par la hauteur du soulèvement, $T = PH$.

La *hauteur* à laquelle un muscle peut ciever un poids dépend de la longueur de ses fibres. Mais ce qu'on doit entendre par sa *force de contraction* (*force musculaire absolue*) se mesure par le poids nécessaire à la neutralisation du mouvement (charge qui empêche le muscle de se raccourcir) et ne dépend que de l'étendue de la section transversale du muscle, ou du nombre des fibres qui le composent.

En expérimentant sur les muscles de la grenouille, Rosenthal a trouvé que la force de contraction des muscles adducteurs de la cuisse de cet animal varie (pour l'unité de section transversale, c'est-à-dire pour 1 centimètre carré) entre 2 et 3 kilogrammes. Pour les jumeaux et soléaires de l'homme, elle serait de 5 à 8 kilogrammes pour chaque centimètre carré. L'expérience est très simple à faire sur l'homme. La personne en expérience se tenant debout, on charge son corps de poids, jusqu'à ce que ceux-ci soient suffisants pour lui rendre impossible l'action de s'élever sur les orteils, en un mot, jusqu'à ce qu'il soit impossible au talon de quitter le sol. Il est évident qu'en cet instant le poids du corps, plus les poids additionnels, représentent la force, le poids nécessaire à la neutralisation du mouvement que tendent à produire les muscles du mollet quand on s'élève sur les orteils, ou mieux sur les extrémités des métatarsiens. La force absolue des muscles du mollet est donc égale à la valeur de ce poids divisée par la longueur de leur bras de levier; étant donnée ensuite la section transverse moyenne de la masse musculaire du mollet (jumeaux et soléaires), il est facile d'en déduire la force absolue de l'unité de surface de ces muscles.

Le chiffre de 5 à 8 kilogrammes pour les muscles de l'homme nous montre que ces organes constituent, au point de vue mécanique, des machines aussi puissantes que parfaites, et qui, en proportion de leur poids, relativement très faible, développent une force bien plus considérable qu'aucune des machines que nous pouvons construire. De même, une patte de grenouille peut soulever un kilogramme.

Il faut ajouter que la force musculaire présente des différences selon : 1° *l'énergie de l'excitant*; c'est ce qu'on observe en ayant égard même seulement à l'excitant *volonté*. Que notre volonté atteigne momentanément au degré le plus intense, sous l'influence d'une passion forte, et elle pourra communiquer aux muscles une augmentation de force considérable; ce qui paraît dû à ce que le tétanos physiologique résulte de la fusion d'un plus grand nombre de secousses; 2° *l'état du muscle*. Un muscle longtemps en travail se fatigue. La fatigue rend la période d'excitation latente plus longue et les secousses moins hautes. Sur soi-même on peut prendre conscience que, dans cet état, pour produire la même contraction, on est obligé de déployer un effort de volonté plus grand.

Nous savons que ce travail des muscles se produit aux dépens de l'énergie chimique fournie par les aliments. Alors on est invinciblement amené à se demander s'il y a équivalence entre cette énergie et l'énergie dépensée (chaleur et travail).

La question a été expérimentalement étudiée pour la première fois par Hirn[1] (1857). Celui-ci a trouvé que, quand le sujet sur lequel il expérimentait exécutait un travail mécanique extérieur, il y avait un déficit de chaleur, c'est-à-dire qu'une certaine quantité de l'énergie disponible dans les combustions ne se retrouvait pas sous forme de chaleur. Malheureusement les chiffres donnés par Hirn, en raison des défectuosités de son installation, ne sont pas exacts. Néanmoins le problème avait été très bien posé.

Dans des recherches analogues (un homme, placé dans un calorimètre gravit les échelons d'une roue, retenue par un frein extérieur [voy.

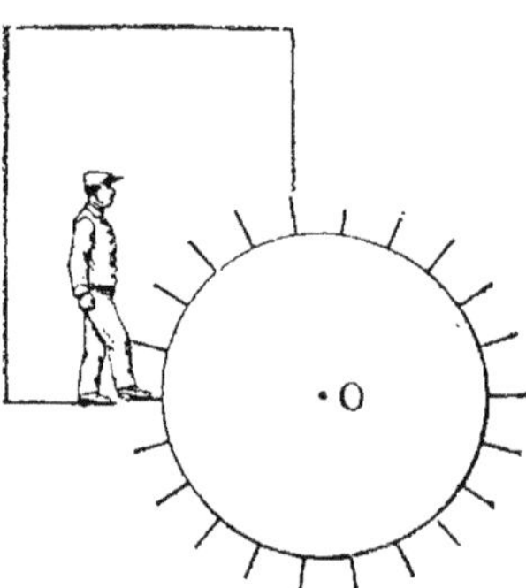

Fig. 282. — Schéma du calorimètre à roue de Hirn

fig. 282]) Chauveau (1899) trouva que, lorsque le sujet en expérience fournissait du travail (en montant à la roue de Hirn), il y avait un déficit sur la chaleur que devaient produire les combustions organiques ; le contraire arrivait quand le sujet descendait les échelons. Comme dans les expériences de Hirn, les combustions intra-organiques étaient calculées d'après la consommation d'oxygène. Les chiffres fournis par Chauveau ne sont pas encore satisfaisants ; entre le nombre de kilogrammètres et le nombre de calories on ne trouve pas le rapport 425 (équivalent mécanique de la chaleur). Mais d'autres expériences, très précises, de Chauveau sur la quantité de chaleur produite par le muscle releveur de la lèvre supérieure du cheval et corrélativement sur la quantité de travail effectué par ce muscle, il résulte

1. G.-A. Hirn (1815-1890), célèbre ingénieur et physicien français, découvrit presque en même temps que R. Mayer et Joule la loi de l'équivalence de la chaleur et du travail.

que le principe de l'équivalence s'applique bien aux moteurs animés.

Même conclusion à tirer des expériences d'ATWATER, et plus formelle encore en raison de leur extrême précision, due à la parfaite installation calorimétrique dont il disposait; ce qui ajoute à la valeur de ces expériences, c'est leur longue durée, l'homme servant de sujet pouvant séjourner plusieurs jours dans la chambre calorimétrique et y travailler des heures entières (huit heures par jour de bicycle fixe) (voy. p. 800).

Il a donc été établi que, les processus chimiques intra-organiques mettant en liberté de l'énergie en quantité déterminée et d'ailleurs mesurée, cette quantité d'énergie se retrouve intégralement et dans la chaleur dégagée et dans le travail produit. Alors surgit une nouvelle question : quelle est la relation entre la chaleur produite et le travail effectué? Celui-ci provient-il de la transformation de celle-là, suivant le rapport connu 425 (une calorie fournissant 425 kilogrammètres)? Ou bien existe-t-il entre l'énergie chimique et l'énergie mécanique quelque autre intermédiaire? C'est l'importante question de la nature du moteur animé.

NATURE DU MOTEUR MUSCULAIRE. — Il ne semble pas que le moteur musculaire puisse être un moteur thermique.

On avait d'abord pensé que l'énergie chimique produit de la chaleur qui se transforme en mouvement (théorie de HIRN, de BÉCLARD, etc.). Et les expériences de Hirn, dont nous venons de parler, paraissaient conformes à cette idée, puisqu'elles décelaient un déficit de chaleur, quand le sujet en expérience exécutait un travail. La chaleur était donc ainsi considérée comme une modalité de l'énergie intermédiaire entre l'énergie chimique et l'énergie mécanique, par analogie avec ce qui se passe dans la machine à vapeur. Mais cette théorie est contraire au principe de CARNOT[1] (1824), à savoir qu'une machine thermique ne peut fonctionner sans chute de chaleur, c'est-à-dire sans qu'il passe de la chaleur d'une partie chaude à une partie froide de la machine. Or, dans le muscle il n'y a aucune partie qui soit assimilable soit au foyer, soit au condenseur (source froide) d'une machine thermique. On a calculé que, en admettant que le travail produit par le muscle provienne d'une transformation de chaleur intramusculaire, il faudrait que la température finale du muscle après le travail fût de 41° au-dessous de zéro; inutile d'insister sur ce qu'il y a là de contraire à toutes les observations. D'ailleurs, l'organisme travaille dans un milieu d'une température égale ou supérieure à la sienne, ce qui ne pourrait être s'il obéissait au principe de CARNOT.

1. SADI CARNOT (1796-1832), fils aîné de l'illustre conventionnel, mathématicien et physicien. C'est dans son opuscule : *Réflexions sur la puissance motrice du feu et sur les machines propres à développer cette puissance* (Paris, 1824), qu'il posa d'une façon générale la question des relations entre la chaleur et le travail. Il y montre que, dans toute machine thermique, il y a chute de température, qu'il n'y a pas transformation de chaleur en travail sans l'emploi de deux sources à des températures différentes. Ainsi, dans les machines à vapeur, la chaudière et le condenseur sont à des températures différentes. Ce principe, qui fut appelé *principe de Carnot*, est une des deux lois fondamentales de la thermodynamique. L'autre, celle de l'équivalence, fut également aperçue par CARNOT, ainsi qu'il ressort de ses notes inédites, publiées en 1871.

Il est plus probable que l'énergie chimique se transforme en travail musculaire par la seule création de force élastique, conformément à une hypothèse fondamentale de Chauveau. Ed. Weber pensait déjà que le muscle contracté est un organe qui a subitement acquis une très grande élasticité. La contraction, dit Chauveau, quel que soit d'ailleurs le mécanisme intime des actions moléculaires qui la constituent, n'est pas autre chose qu'une création d'élasticité ; un muscle qui se contracte, c'est un corps dont l'élasticité, qui était faible, devient forte. Or Chauveau établit que les variations de cette force élastique concordent avec les variations correspondantes de l'activité chimique. L'énergie chimique se transforme donc tout entière en une autre forme d'énergie que nous pouvons appeler *physiologique* (*travail physiologique* de Chauveau) et qui engendre l'élasticité par laquelle est produit le travail extérieur. La série des transformations énergétiques, conduisant des actions chimiques intramusculaires au travail mécanique du muscle, serait par conséquent la suivante :

Énergie chimique = énergie physiologique (création d'élasticité) = travail extérieur.

Toute l'énergie engagée dans la contraction musculaire se retrouve donc dans l'élasticité mise en jeu ; une partie seulement devient du travail et du mouvement. Quant à la chaleur, dont on a constaté la production dans le muscle qui travaille, elle ne serait qu'un résidu, une excrétion, qui apparaît au moment où le muscle revient au repos : elle ne représenterait que la portion non utilisée du travail interne. De sorte que, si on la fait entrer dans le cycle des transformations énergétiques, on devra écrire :

$$\text{Énergie chimique} = \text{énergie physiologique} = \begin{cases} \text{travail extérieur} \\ + \text{chaleur.} \end{cases}$$

Le rendement du moteur musculaire est supérieur à celui des moteurs à vapeur, qui ne transforment pas en travail plus de 10 à 20 p. 100 de leur énergie chimique, le reste se perdant en chaleur, mais il est inférieur à celui des bons moteurs à combustion interne (moteurs à essence) qui réalisent un rendement de 24 à 40 p. 100. Chez l'homme, le rendement pourrait être de 20 à 25 p. 100, c'est-à-dire du quart environ de l'énergie chimique. Mais il importe d'ajouter qu'il est très variable, dépendant des conditions dans lesquelles se fait la contraction, en particulier du degré et de la durée du raccourcissement musculaire. Ainsi le rendement est d'autant meilleur que le muscle fonctionne sous un raccourcissement moindre (Chauveau). Quant au reste de l'énergie qui n'est pas transformée en travail, mais qui apparaît sous forme de chaleur, nous rappellerons (voy. p. 806) qu'on ne saurait, du point de vue de la thermogenèse animale, le considérer comme un excretum ; car cette chaleur n'a nullement la signification d'un déchet, elle est, au contraire, une production utile à l'organisme.

Principes d'énergétique musculaire. — Quand le muscle soutient simplement une charge, la contraction est dite *statique*. Quand la charge est déplacée, la contraction est dite *dynamique*. Le travail accompli dans ce cas par le muscle, est *positif* ou *négatif*.

Dans la contraction statique, l'élasticité du muscle subit des variations proportionnelles au produit de la charge soutenue par le raccourcissement du muscle contracté. Dans la contraction dynamique, l'élasticité subit des variations analogues.

Le muscle qui soutient un poids à la même hauteur effectue un travail *statique*. Au sens proprement mécanique du mot, il n'exécute aucun travail, puisque le travail est le produit d'une force par le chemin que parcourt le point d'application de cette force et que, dans le cas de la contraction statique, il n'y a point de déplacement de la charge; mais physiologiquement le muscle, dans cette condition, se comporte comme dans le cas du travail dynamique, il consomme de l'énergie chimique, son travail interne est de même nature, il peut semblablement se fatiguer. Le travail statique s'évalue en multipliant la charge par le temps.

Quand les muscles produisent du travail positif (comme l'élévation d'un poids), ils s'échauffent plus que s'ils exécutent un travail négatif de même valeur (comme l'abaissement du poids soulevé); c'est que le soulèvement d'une charge par les muscles exige plus de travail intérieur (plus de travail physiologique) que l'acte inverse; les combustions intra-organiques sont plus actives dans ce cas que dans celui du travail négatif. Dans les deux cas d'ailleurs, les variations de dépense énergétique sont causées par les variations de la vitesse de contraction.

Toutes ces notions établies par Chauveau dominent l'énergétique animale.

C. **La fatigue musculaire.** — Quand un muscle s'est contracté trop longtemps, il finit par ne plus répondre aux excitations; il a perdu temporairement son excitabilité[1], il est *fatigué*. Cet état s'accompagne d'une sensation particulière, plus ou moins désagréable, la sensation de fatigue[2].

La secousse du muscle fatigué diminue de hauteur et s'allonge peu à peu, puis la contraction ne se produit même plus. Ce muscle dégage moins de chaleur et d'électricité. Son élasticité est moindre. Il présente le phénomène de la contraction idio-musculaire (voy. p. 1146).

La fatigue dépend surtout de l'accumulation dans le tissu musculaire de déchets de la contraction (acide lactique). En effet, on fait passer dans les vaisseaux de l'eau salée de façon à débarrasser les muscles, par ce

1. « La fatigue, dit très bien J. Joteyko (article *Fatigue*, in *Dictionnaire de physiol.* de Ch. Richet, t. VI, p. 29), est donc équivalente à une paralysie, **mais** c'est une paralysie particulière, car elle est provoquée par un **excès** d'excitation. »

2. Voy. ce que nous avons dit de la fatigue des nerfs, p. 1104.

lavage, des matériaux qui s'y trouvent retenus, l'excitabilité reparaît bientôt. Au contraire, si on injecte à un animal normal du sang d'un animal fatigué, les phénomènes de la fatigue apparaissent. De même, si on injecte dans les vaisseaux d'un muscle normal un extrait aqueux de muscles fatigués, on provoque la fatigue du premier.

Quelles sont les substances dont l'accumulation dans le muscle amène la fatigue?

On a longtemps incriminé l'acide lactique. On a montré qu'il s'agissait

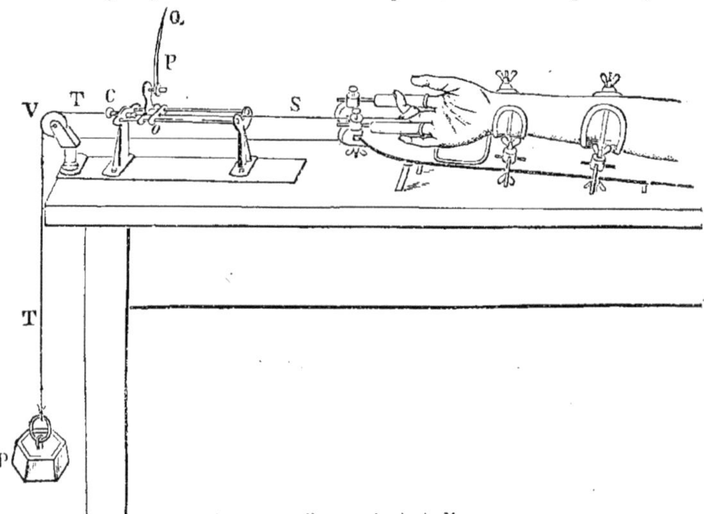

Fig. 283. — Ergographe de A. Mosso.

L'avant-bras est fixé et la main est immobilisée par l'emprisonnement de deux doigts (index et annulaire) dans des étuis métalliques. Le médius, resté libre, soulève par sa flexion un poids qui y est attaché au moyen d'un fil réfléchi sur une poulie. Ce fil entraîne en même temps le mouvement d'un style inscripteur.

vraisemblablement de substances oxydables, car l'oxygène favorise grandement la restauration des muscles fatigués; ainsi, sous l'influence du sang oxygéné, les muscles se réparent plus vite que par les injections d'eau salée; les muscles, d'autre part, se fatiguent plus lentement dans une atmosphère riche en oxygène. Nos connaissances ont fait un nouveau progrès quand il a été constaté que le suc musculaire des animaux fatigués, dialysé (par conséquent débarrassé des sels, de l'urée, de la créatine, de la créatinine, etc.), puis privé par précipitation de ses albuminoïdes, reste toxique; le suc ainsi traité injecté à des animaux normaux produit la fatigue[1].

Chez l'homme on peut étudier aisément la fatigue des mouvements volontaires au moyen de l'*ergographe* de A. Mosso.

1. W. WEICHARDT. *Münch. med. Wochenschr.*, 1904-05-06-07.

Cet appareil permet d'enregistrer la contraction volontaire du muscle fléchisseur du doigt médius (voy. fig. 283). Après des contractions répétées, ce muscle est épuisé, comme on le voit sur la figure 284, mais cette fatigue ne se produit que pour une charge donnée; si le poids que soulève le muscle est trop faible, les contractions peuvent durer indéfiniment sans

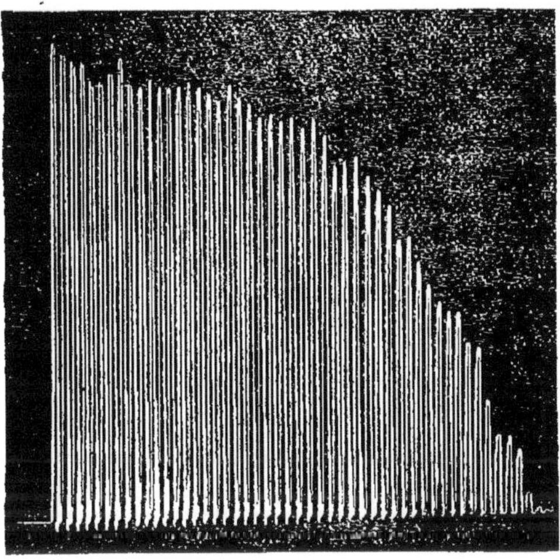

Fig. 284. — Courbe ergographique (V. Aducco).

modification de hauteur. Le choix du poids dépend d'ailleurs de la fréquence des contractions. Il varie avec les individus.

Fait remarquable, le muscle, épuisé par un poids donné, peut encore fournir un travail considérable si on substitue au premier poids un poids plus faible. L'épuisement n'est donc relatif qu'à une charge donnée.

Entre autres résultats importants, les recherches ergographiques ont servi à distinguer la part des centres nerveux et du muscle dans les phénomènes de fatigue.

Après une série de contractions volontaires du médius qui ont presque épuisé le muscle, on excite électriquement le nerf médian : il se produit, sous l'influence de ces excitations, une nouvelle série de contractions; on supprime alors les excitations artificielles, et les contractions volontaires sont redevenues possibles, aussi énergiques qu'auparavant. Il est clair que, dans une expérience ainsi conduite, les centres nerveux seuls ont pu se reposer. Lors de la contraction neuro-musculaire volontaire, ils se fatiguent donc avant l'appareil périphérique.

L'ergographe de Mosso a permis d'étudier un grand nombre de questions concernant non seulement la fatigue, le rôle du système

nerveux dans l'effort volontaire, la réparation de la motricité volontaire, mais aussi l'influence d'une foule d'agents physiques, chimiques, psychiques sur l'aptitude du muscle à produire plus ou
moins de travail utile, suivant les conditions mécaniques dans
lesquelles il se contracte.

4° *Théories de la contraction musculaire.*

Le mécanisme intime de la contraction musculaire n'est pas
encore dévoilé. On considère en général qu'aucune des théories
proposées ne fournit une explication satisfaisante de tous les faits,
pas plus celle qui a tenté de rapporter la contraction à des variations
de la pression osmotique[1] que les théories plus anciennes, aujour-
d'hui plus ou moins délaissées.

4. — Rigidité cadavérique.

Peu de temps après la mort les muscles deviennent d'une dureté
caractéristique, qui empêche de les mouvoir ; c'est cet état que
l'on appelle *rigidité cadavérique.*

Ce phénomène se manifeste en général au plus tôt dix minutes et au
plus tard sept heures après la mort. La rigidité envahit les muscles du corps
dans l'ordre suivant : d'abord les muscles de la mâchoire inférieure, puis
ceux du cou et des membres inférieurs, enfin ceux des membres thoraciques. Elle dure plusieurs heures et quelquefois plus d'un jour et jusqu'au
début de la putréfaction. Les muscles qui se sont raidis les premiers sont
aussi les premiers à se relâcher. Plus tôt un muscle perd son excitabilité,
plus tôt arrive la rigidité cadavérique ; c'est pourquoi elle vient plus tôt
chez les Oiseaux que chez les Mammifères, plus tôt chez les Mammifères
que chez les Vertébrés à sang froid. Les muscles qui ont été fatigués fortement avant la mort perdent rapidement leur excitabilité et deviennent
plus vite rigides. Il est d'expérience vulgaire que les animaux tués, après
avoir été longtemps chassés ou surmenés, sont pris de raideur cadavérique
presque aussitôt après la mort, et qu'alors la rigidité dure peu. On a constaté le même phénomène sur des soldats tués à la fin d'une longue bataille.

Il y a une phase de la rigidité pendant laquelle le muscle répond encore
aux excitations, particulièrement aux excitations mécaniques, et une phase
où il a perdu toute excitabilité.

On attribue la rigidité à la coagulation du myosinogène, à sa
transformation en myosine. De fait, les acides minéraux, la chaleur (50°), toutes les influences qui favorisent la formation de myosine,
hâtent la rigidité. — Lorsque la myosine formée commence à se

1. Le nombre des molécules dissoutes augmenterait dans le muscle par la
contraction. De fait, on a trouvé que la teneur en eau du muscle qui a travaillé
est augmentée ainsi que la pression osmotique. Sous l'influence de cet accroissement d'eau, le muscle tendrait à s'arrondir et diminuerait de longueur.

dissoudre, quand arrive la putréfaction, alors la rigidité disparaît.

Il existe d'autres rigidités, produites par la chaleur et le froid, par l'eau, par les acides, par le chloroforme, par la ligature des artères musculaires.

II. — PHYSIOLOGIE DU TISSU MUSCULAIRE LISSE.

Les *propriétés générales* des muscles lisses sont les mêmes que celles des muscles striés ; ils sont également élastiques et extensibles et ils sont contractiles. L'intestin, la vessie, l'utérus se laissent dilater à un degré extrême ; l'excès de dilatation, il est vrai, peut en amener la paralysie.

La *composition chimique* des muscles lisses a été beaucoup moins étudiée que celle des muscles striés ; elle paraît être cependant à peu près semblable. Les muscles lisses contiennent plus d'eau et plus de sels de sodium.

Les *excitants*, soit qu'ils agissent directement sur le muscle, soit qu'ils agissent par l'intermédiaire des nerfs, sont les mêmes que

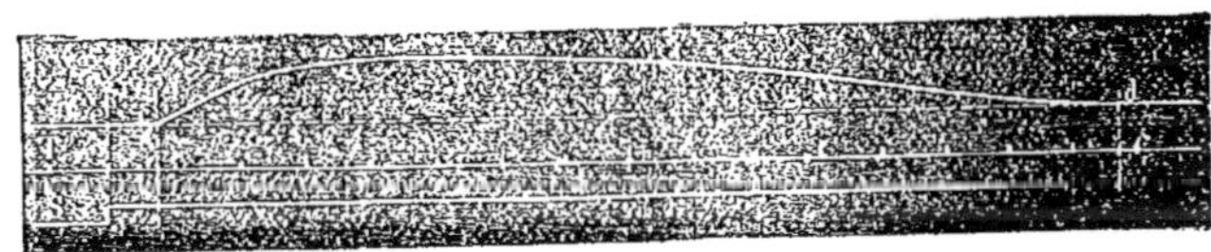

Fig. 285. — Secousse du muscle de Müller du chien (JOLYET et SELLIER).

ec, période d'excitation latente ; — cd, durée de la secousse ; — T", temps en secondes. — S, signal de l'excitation

ceux du muscle strié, mais ils doivent être appliqués plus longtemps (longue chronaxie du muscle lisse).

Les excitations mécaniques sont particulièrement efficaces. Il en est de même des variations de température, même des variations faibles auxquelles le muscle strié ne répond pas. C'est ainsi que les fibres lisses du dartos et en général celles de la peau se contractent par le contact d'un milieu froid, notamment par l'immersion dans l'eau froide ; c'est ainsi que l'on voit les parois intestinales d'un animal sacrifié et ouvert présenter des mouvements péristaltiques énergiques, soit par le contact de l'air froid, soit par celui de l'eau chaude ; il suffit d'eau à 20° sur un animal mort depuis quelques instants et déjà se refroidissant.

La *physiologie du muscle lisse* est dominée par ce fait que le passage de l'état de repos à l'état actif se fait avec une lenteur relativement grande ; la période d'excitation latente dure de 0",4 à 0",8 ; la contraction, une fois établie, dure longtemps aussi, souvent plusieurs secondes ; la phase d'énergie décroissante a une durée plus longue que la phase d'énergie croissante. Ces caractères se voient aisément sur les deux myogrammes ci-joints (fig. 285 et 286). On peut les constater aussi sur la figure 163 (p. 733)[1]. — La

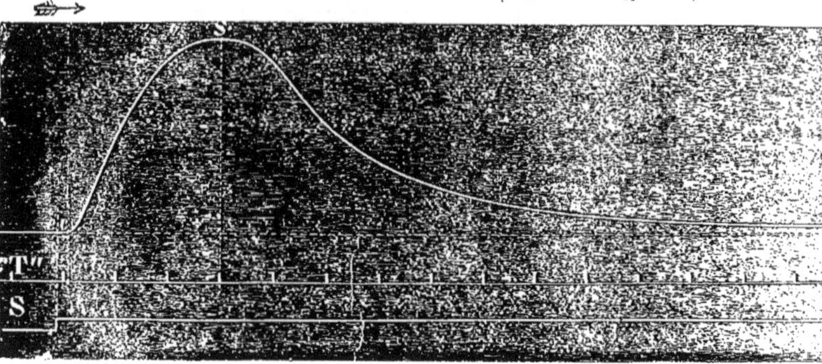

Fig. 286. — Contraction d'une bandelette musculaire d'Holothurie (*Holoturia tubulosa*) (JOLYET et SELLIER).

ec, période d'excitation latente ; — S, sommet de la contraction ; — T'', temps en secondes S, signal de l'excitation.

hauteur des secousses croît avec l'intensité des excitations jusqu'à un point déterminé (contraction maxima). — La contraction des muscles lisses a fréquemment la forme dite *péristaltique*, c'est-à-dire

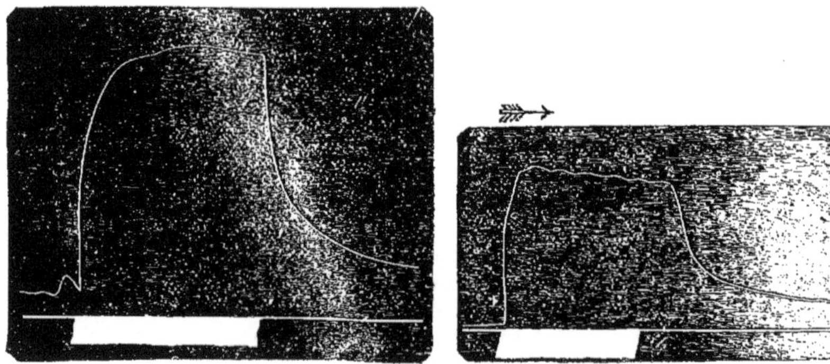

Fig. 287 et 288. — Tétanos complet et presque complet de l'œsophage d'Aplysie (*Aplysia depilans*) (F. BOTTAZZI).

que l'excitation, au lieu de rester localisée à la fibre excitée, se propage directement aux fibres voisines et prend une *forme vermiculaire*

1. Pour les mouvements des principaux organes à fibres lisses, estomac, intestin, vessie, utérus, etc., on se reportera à la physiologie de ces organes.

(rappelant les gonflements successifs d'un ver qui se déplace). — Le tétanos des muscles lisses s'observe quand les excitations appliquées se succèdent avec une fréquence suffisante; on l'a constaté sur un grand nombre de muscles, rétracteur du pénis du chien, estomac de la grenouille, œsophage de divers animaux, etc. (fig. 237 et 288). Le nombre des excitations nécessaires pour produire ce tétanos est très variable suivant les animaux.

Les mouvements spontanés des muscles lisses offrent souvent le caractère rythmique (voy. p. 764 et fig. 169, p. 765).

On possède peu de données sur les *phénomènes physiques et chimiques* de la contraction.

Le courant de repos est faible.

La production de chaleur serait plus faible que dans les muscles striés.

La production de travail, à en juger par exemple par la force des contractions utérines, peut être considérable (voy. aussi ce qui a été dit de la contraction œsophagienne, p. 195). Quelques autres faits montrent quelle peut être la force de la contraction : le sphincter du cholédoque ne s'ouvre que pour une pression supérieure à 50 millimètres de mercure (675 millimètres d'eau); la contraction de la vessie d'un chien peut soulever une colonne d'eau à une hauteur de plus de 1 mètre.

La *fatigue* se produit comme dans les muscles striés. On a observé sur diverses préparations de muscles lisses, sous l'influence de la

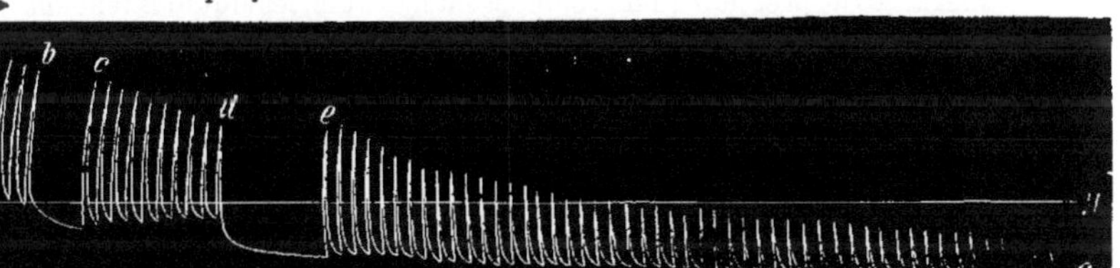

Fig. 289. — Ergogramme du muscle stomacal de grenouille (P. Schultz [1]).

De *b* à *c*, et de *d* à *e*, phase de repos; — xy, ligne des abscisses.
On voit qu'à un moment les contractions se produisent au-dessous de la ligne xy, au-dessous de l'abscisse, ce qui indique la perte de la tonicité du muscle

fatigue, non seulement la diminution de hauteur et l'allongement de la secousse, mais aussi un affaiblissement de la tonicité, comme le montre la figure 289.

La *rigidité cadavérique* se développe dans les muscles lisses.

On peut l'observer chez l'homme sur les muscles de la peau, sur les petits faisceaux annexés aux follicules pileux; elle donne lieu au phénomène de *chair de poule post mortem*; on l'a constatée de trois à sept heures après la mort.

1. Physiologiste allemand contemporain.

III. — MÉCANIQUE ANIMALE.

La mécanique animale est l'étude des principales attitudes et des principaux mouvements coordonnés des êtres vivants et spéciale-ment, du moins dans ce livre, de l'homme.

1. — Mécanique du squelette et des muscles en général.

Les muscles sont en rapport avec d'autres organes pour produire un travail mécanique utile. Ils présentent, sous ce point de vue, deux dispositions différentes; ils opèrent par pression ou par traction.

Dans le premier cas (*pression*), les éléments musculaires sont disposés sous forme d'anses ou d'anneaux, ou même de poches membraneuses, de façon à comprimer dans tous les sens les organes qu'ils circonscrivent. Sur ce type sont construits les sphincters, les canaux musculaires (pharynx, œsophage), le cœur, ainsi que tous les organes creux contractiles. La presque totalité des muscles de la *vie organique* (muscles lisses) présente cette disposition. Ils ont le plus souvent à faire progresser, dans l'intérieur des réservoirs et des canaux dont ils constituent les parois, des matières liquides ou du moins ramollies, et c'est en produisant dans ces réservoirs des inégalités de pression qu'ils remplissent leur rôle, les liquides tendant toujours à se déplacer dans le sens de la plus faible pression (voy. *Mouvements de l'estomac, de l'intestin, de la vessie, de l'utérus,* etc.).

Dans le second cas, la fibre musculaire va s'insérer sur les organes qu'elle doit attirer, sur des leviers qu'elle doit mouvoir (os), par l'intermédiaire de cordes résistantes (tendons). A l'étude des os (et de leurs articulations) se rattache celle des *ligaments* ; à l'étude des *tendons* et des *muscles*, celle des *aponévroses.* Les os, les cartilages articulaires, les ligaments, les tendons, les aponévroses, forment donc l'ensemble des *organes passifs de la locomotion.* Les organes actifs, les muscles, sont formés de fibres striées.

1° *Rôle du tissu conjonctif.*

Les tendons, les aponévroses, les ligaments et la gangue connec-tive des organes forment le *tissu conjonctif.*

Ce tissu a les connexions les plus intimes avec les fibres muscu-laires, puisqu'en les enveloppant il les réunit en faisceaux et en corps charnus, de façon que les éléments contractiles puissent exercer une action d'ensemble.

Les tendons et les ligaments, considérés en eux-mêmes, agissent

grâce à leurs propriétés physiques de flexibilité et d'élasticité. Leur
rôle résulte de leur résistance. Les ligaments, remarquables par leur
élasticité, comme les ligaments jaunes des lames vertébrales, sont
formés de cette variété de tissu conjonctif qu'on appelle le *tissu
élastique*; ces ligaments servent à ramener les pièces du squelette
dans leurs positions primitives, quand elles en ont été écartées par
l'action musculaire, d'où le nom de *muscles passifs* qu'on leur a
parfois donné [1].

L'élasticité des fibres élastiques est une propriété purement
physique, qui ne dépend nullement, comme celle des muscles, des
actes de nutrition; elle n'est due qu'à la disposition physique des
éléments constituants. Aussi, partout où cela est possible, le muscle
se trouve-t-il remplacé par du tissu élastique, car cet élément,
agissant comme un ressort, ne consomme pas comme le muscle;
il en résulte une grande économie pour l'organisme; tel est le cas
du grand *ligament cervical* des quadrupèdes à tête lourde, ligament
qui va des apophyses épineuses du dos aux apophyses épineuses du
cou et à l'occiput, et soutient ainsi la tête dont le poids fatiguerait
trop les muscles (c'est avec ce ligament cervical qu'on fait ce qu'on
appelle le *nerf de bœuf*); tel est le cas des ligaments jaunes des lames
vertébrales; des ligaments jaunes de l'aile des oiseaux, de l'aile de
la chauve-souris, etc.

Les tendons ne sont, au point de vue mécanique, que des *apophyses* molles et flexibles. Par les apophyses osseuses se trouve
agrandie la surface des os, ce qui permet à un plus grand nombre
de fibres musculaires de s'y insérer. Là où une apophyse serait
devenue trop longue et aurait, par sa consistance et sa position, com-
promis le mécanisme d'un membre, elle a été remplacée par un
tendon. On voit certaines apophyses, l'apophyse styloïde par exemple,
être tantôt osseuses et tantôt tendineuses; d'ailleurs ce qui est tendineux chez l'homme est souvent osseux chez certains animaux.
Chez les Reptiles par exemple, la ligne blanche est devenue un os;
les intersections des muscles droits sont représentées par autant
d'os distincts. Chez les Oiseaux, les tendons sont représentés en
certains points par des tiges osseuses placées le long des portions
étendues des os principaux. L'existence et la longueur des tendons
dépendent de la nature et de l'amplitude du mouvement; quand le
mouvement doit être étendu et puissant, le tissu musculaire règne
seul dans toute la longueur de l'appareil moteur et va directement
s'insérer sur l'os. Là où les mouvements des parties osseuses sont
limités, là où il suffit, pour les produire, de légers raccourcissements

1. Ce sont les mêmes fibres élastiques qui, dans les artères, sont toujours en
jeu pour assurer la continuité du cours du sang (voy. p. 406).

du muscle, les fibres de celui-ci sont courtes et viennent aboutir à
un véritable tendon.

2° *Rôle des os.* — *La mécanique des os considérés comme leviers.*

Le rôle des os tient à leur rigidité (voy. p. 705).

Le squelette, en donnant aux autres organes un support rigide,
soutient ces organes. Par ailleurs, les os forment autour de diverses
cavités une charpente plus ou moins complète, destinée à les protéger;
telles sont les côtes, tel est le bassin et telle, au plus haut degré, la
boîte crânienne, dont les pièces sont immobiles les unes sur les
autres et qui, par suite, ne sert qu'à constituer à la masse cérébrale
une enveloppe incompressible.

Un rôle plus important encore des os est de servir de leviers
rigides nécessaires aux mouvements.

Dans le jeu des muscles, des tendons et des os, il y a en effet des appareils mécaniques identiques aux leviers.

Le *levier du premier genre* se rencontre assez souvent dans l'économie.
On pourrait chez l'homme l'appeler le *levier de la station*, car c'est dans
l'équilibre de la station qu'on en rencontre les plus nombreux exemples,
et il est assez rare de le voir employé dans les
mouvements du corps. — Lorsque la tête est en
équilibre sur la colonne vertébrale, dans l'articulation occipito-atloïdienne (fig. 290), elle représente
un levier du premier genre, dont le *point d'appui*
est au niveau de son union avec la colonne vertébrale (en A); la *résistance* (poids de la tête) siège
au centre de gravité de la tête, c'est-à-dire au-
dessus et un peu en avant du centre des mouvements (en R); la *puissance* est représentée par
les muscles de la nuque s'insérant à la moitié
inférieure de l'occipital (en P). En réunissant ces
divers points, on obtient un *levier coudé du premier genre*, qu'on peut facilement transformer en
un levier droit. — Il en est de même pour le
maintien en équilibre du tronc sur les têtes des
deux fémurs; les articulations coxo-fémorales
forment le point d'appui d'un levier du premier
genre dont la résistance (centre de gravité du
tronc) est placée en arrière, et la puissance (muscles

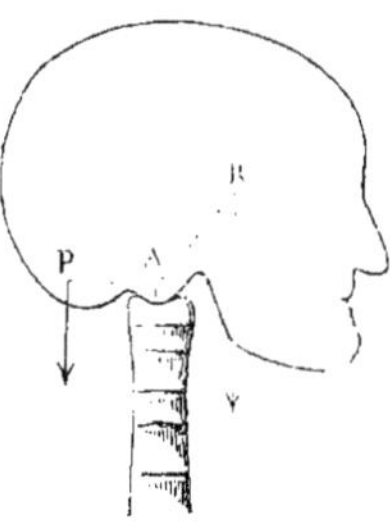

Fig. 290. — Schéma de l'é-
quilibre de la tête sur la colonne vertébrale (Beaunis).
Levier du premier genre :
A, point fixe; — R. résistance
(centre de gravité de la tête);
— P, puissance. — Les flèches indiquent la direction
dans laquelle agissent la
puissance et la résistance.

antérieurs de la cuisse) en avant. Semblable levier se trouve dans l'articulation de la cuisse avec la jambe, et de la jambe avec le pied (dans
les mouvements d'*équilibre de la station verticale*).

Les deux autres genres de leviers se trouvent surtout réalisés non dans
l'équilibre de station, mais dans les mouvements de locomotion.

Le *levier du deuxième genre* ou *interrésistant,* dans lequel, par conséquent, le bras de levier de la puissance est plus long que celui de la résistance, et où dès lors la vitesse est sacrifiée à la force, ne se rencontre guère chez l'homme que lorsqu'on soulève le poids total du corps en

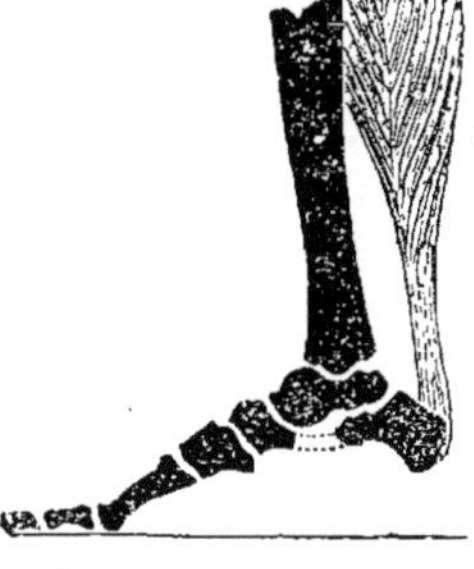

Fig. 291. — Schéma du pied et de la cheville, le talon étant soulevé par le tendon d'Achille (BRAUNE).

Fig. 292. — Type d'un levier du deuxième genre, auquel se ramène la figure 291 à MATHIAS DUVAL).

s'élevant sur la pointe des pieds, ce qui a lieu dans le mouvement de la marche, à chaque pas, dans le pied qui se détache du sol pour osciller et se porter au-devant de l'autre. Dans ce cas (fig. 291, 292), le point d'appui est sur l'axe du cylindre transversal que forme la série des têtes métatarsiennes au niveau de leur jonction avec les phalanges. La puissance est représentée par les muscles du tendon d'Achille, et son point d'application se trouve à l'extrémité postérieure du calcanéum ; la résistance, c'est-à-dire le poids du corps transmis par le tibia, se trouve à la face supérieure du calcanéum et de l'astragale (ne formant qu'un seul et même os dans les mouvements de ce genre), au niveau de l'articulation tibio-tarsienne, et par conséquent entre le point fixe et le point d'application de la puissance. Le bras de levier de la puissance est donc plus long que celui de la résistance, et, par suite, la puissance déployée par les muscles du mollet pour soulever le corps peut être inférieure au poids du corps lui-même, ainsi que nous l'indique la loi des leviers du deuxième genre (fig. 292).

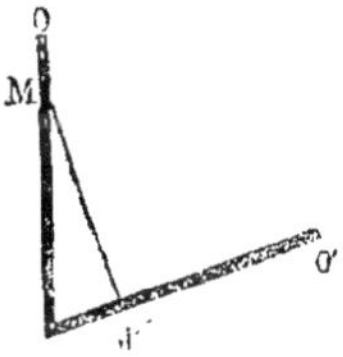

Le *levier du troisième genre* ou *interpuissant* est de beaucoup le plus répandu dans l'économie ; c'est par excellence le *levier de la locomotion* ; on le trouve dans la plupart des mouvements partiels ou d'ensemble, et spécialement dans les mouvements de flexion et d'extension. Inutile d'analyser, par exemple, les articulations de l'épaule ou du coude (fig. 293) dans la préhension, pour y constater le type de ce levier, dans lequel le bras de la puis-

Fig. 293. — Schéma du coude comme levier du troisième genre (BRAUNE).

OA, humérus ; — AO', avant-bras ; — MM, le biceps. — Comme levier : A, point fixe. — O est le point d'application à la résistance (main) et M', le point d'application de la puissance (levier interpuissant).

GLEY. — Physiologie.

rance est plus court que celui de la résistance, de sorte que l'énergie de la contraction musculaire doit toujours être supérieure à la résistance à vaincre. Mais, en compensation, le chemin parcouru par l'extrémité résistante du levier (main par exemple, dans la flexion de l'avant-bras) est plus grand que celui parcouru par le point d'application de la force (insertion du biceps à la partie supérieure de l'avant-bras); ce qui est perdu en force est donc gagné en étendue.

Le jeu de ces divers leviers est facilité par la disposition des os ; ceux-ci sont creusés d'une vaste cavité (médullaire) remplie de matière molle et presque liquide (moelle). Grâce à cette disposition, le poids des leviers osseux est diminué, en même temps que l'os présente une surface suffisante pour donner insertion aux nombreux muscles qui doivent le mouvoir. La substance qui remplit ces cavités est la substance la plus légère de l'économie, la graisse (moelle de l'adulte). Enfin cette disposition de la substance osseuse favorise aussi le rôle des os comme supports, car la mécanique nous apprend que de deux colonnes de même hauteur et *formées d'une même quantité de matière*, si l'une est pleine et l'autre creusée d'un canal central, c'est cette dernière qui sera la plus résistante. Ce principe est applicable aux colonnes creuses que représentent les os des membres, c'est-à-dire qu'à égale quantité de substance osseuse ces organes offrent plus de résistance avec la forme caniculée qu'avec la forme pleine ; ils réunissent donc ainsi la force à la légèreté.

Articulations. — Les parties par lesquelles **les** pièces du squelette s'unissent les unes aux autres constituent les articulations. Les articulations sont donc, la plupart du temps, des centres de mouvements ; aussi sont-elles disposées de manière à éviter autant que possible les frottements.

Les *cartilages* qui revêtent les surfaces articulaires sont compressibles et élastiques et forment ainsi des coussinets protecteurs qui modèrent les chocs, diminuent les frottements et résistent aux pressions, dans les divers mouvements de la locomotion et dans l'équilibre de la station. Ils sont lubrifiés par une substance liquide, filante, onctueuse, la *synovie*.

La *synovie*, qu'on a à tort comparée aux sérosités des plèvres ou du péritoine, s'en distingue par une viscosité caractéristique due à une grande quantité de mucine. Elle est d'ordinaire d'une coloration jaunâtre, ou simplement citrine, ou même parfois tout à fait incolore. Les mouvements et les frottements des surfaces articulaires les unes contre les autres influent beaucoup sur la composition de la synovie; chez un animal au repos, ce liquide est très aqueux, peu gluant et pauvre en débris cellulaires ; à la suite d'un exercice long et énergique, le liquide devient épais, gluant, plus riche en mucine et en débris épithéliaux. La synovie, ainsi

formée, jouit d'une grande force de cohésion et adhère très énergiquement
aux surfaces qu'elle enduit. Il en résulte qu'à la rigueur ce ne sont pas les
cartilages, mais ces couches liquides qui se meuvent les unes sur les
autres, de sorte que le frottement est à peu près nul. Ce n'est que dans
certains cas de maladies que la synovie disparaît et que le frottement,
commençant à se produire, amène rapidement l'usure et la déformation
des couches cartilagineuses et osseuses sous-jacentes.

Autour des articulations se trouvent, outre la capsule articulaire
et son *épithélium synovial*, des pièces formées de tissu fibreux
résistant, appelées *ligaments articulaires*. Plus en dehors de l'articulation et autour des muscles, se trouvent d'autres appareils fibreux
membraniformes, les aponévroses ; l'ensemble de ces appareils sert
à limiter les mouvements et non à maintenir les os en contact.

Les *ligaments* ne servent à maintenir les os en contact que lorsqu'ils sont situés entre les deux os, comme dans les *symphyses*,
réunissant alors deux pièces du squelette peu mobiles l'une sur
l'autre. Mais, dans les articulations mobiles (*diarthroses*), les
ligaments, situés surtout à la périphérie, ne peuvent empêcher la
disjonction des surfaces articulaires, comme il est facile de le
vérifier sur les articulations scapulo-humérales et coxo-fémorales,
où les têtes osseuses peuvent être considérablement écartées des
cavités correspondantes, malgré l'intégrité de l'appareil ligamen-
teux. Dans les articulations de ce genre, c'est simplement la *pression
atmosphérique* (WEBER) qui détermine l'adhérence des surfaces articulaires.

On peut, en effet, sur un cadavre dont on laisse pendre librement le
membre inférieur, enlever toutes les parties molles, peau et muscles, qui
entourent l'articulation coxo-fémorale, on peut couper enfin la capsule
articulaire, sans que le membre cesse d'être suspendu dans la cavité
cotyloïde ; un poids additionnel peut même être surajouté sans que l'adhérence soit détruite ; mais si, par un trou pratiqué dans l'arrière-fond de la
cavité cotyloïde, on laisse pénétrer l'air entre les surfaces articulaires,
l'adhérence cesse aussitôt et la tête fémorale quitte sa cavité. Si alors,
remettant les os en contact, on opère quelques mouvements en différents
sens pour expulser les bulles d'air qui peuvent être interposées, et qu'on
bouche ensuite avec le doigt le trou artificiellement pratiqué, le membre
restera de nouveau suspendu, tant qu'on empêchera ainsi l'accès de l'air
(expériences des frères WEBER).

C'est donc le vide, le contact intime des surfaces, qui permet à la
pression atmosphérique de faire contrepoids aux membres, lesquels
se trouvent ainsi supportés sans que les puissances musculaires
aient besoin d'être mises en jeu.

3° *Rôle des muscles.*

Les muscles ont à remplir des fonctions très diverses. Ils les remplissent grâce aux dispositions variées qu'ils présentent. Ces dispositions sont relatives surtout à leur force et à leur longueur, car c'est de ces deux conditions que dépend particulièrement leur rôle dans les déplacements dont ils sont les agents.

La force d'un muscle dépend du nombre de ses fibres, c'est-à-dire de son épaisseur, de son diamètre. Sa longueur est en rapport avec le degré de déplacement des os.

Les variétés de forme qu'un même muscle présente chez les différents animaux sont toutes motivées par les exigences d'un type particulier de locomotion, l'épaisseur du muscle étant en rapport avec l'énergie de son effort et sa longueur avec l'étendue des déplacements de ses points d'insertion.

L'anatomie humaine fournit un exemple de cette loi. Certains nègres n'ont pas de mollet, leurs muscles gastrocnémiens sont longs et minces ; c'est que ces muscles agissent sur un bras de levier plus long que chez le blanc ; on a trouvé en effet que la longueur moyenne du calcanéum (du centre articulaire à l'attache du tendon d'Achille) est chez le nègre représentée par 7, alors qu'elle l'est seulement par 5 chez le blanc.

Cette adaptation de la longueur des fibres musculaires à l'excursion du squelette a été expérimentalement démontrée par Marey (1887). Sur des lapins Marey résèque le calcanéum, de manière à réduire de moitié sa longueur ; pendant plus d'un an les animaux opérés vécurent avec des témoins en pleine liberté dans les terrains de la Station physiologique du Collège de France, au Bois de Boulogne. Sacrifié après ce temps, l'un d'eux montra déjà un muscle très raccourci, car, tandis que chez le lapin normal le muscle avait la même longueur à peu près que son tendon, sur le lapin à calcanéum réséqué la longueur du muscle n'était plus guère que la moitié de celle du tendon.

En général un muscle n'agit pas seul pour produire tel ou tel mouvement (tel ou tel déplacement d'un os) ; plusieurs muscles agissent à cet effet de concert ; on dit que ces muscles sont *synergiques.* Ce ne sont pas seulement, dans l'exécution de la plupart des mouvements volontaires, les muscles synergiques qui entrent en activité ; les muscles *antagonistes*, c'est-à-dire ceux qui produisent le mouvement opposé à celui que déterminent les premiers, fonctionnent également. Des types de muscles antagonistes sont les abducteurs et les adducteurs, les extenseurs et les fléchisseurs, les pronateurs et les supinateurs. Tout mouvement volontaire n'est exécuté avec précision que si les antagonistes des muscles qui

agissent principalement dans la production de ce mouvement interviennent pour le modérer et en quelque sorte le régler (loi de
l'*harmonie des antagonistes* de DUCHENNE DE BOULOGNE, 1867).

Deux muscles antagonistes, gastrocnémien et tibial antérieur (fléchisseur du tarse), étant reliés chacun à un myographe (expériences de
H. BEAUNIS, 1885-88-89, sur la grenouille, le cobaye, le lapin, le chien), on
constate ou bien que les deux muscles se contractent, c'est le cas le plus
habituel, mais les deux contractions sont inégales pour la durée, la hauteur et la forme; ou bien que l'un seulement se contracte, l'antagoniste se
relâchant; ou bien enfin que l'un se contracte, l'autre restant immobile.
Bref, le mouvement total n'est que le résultat des actions qui se passent à
la fois dans les muscles agonistes et dans les antagonistes.

L'innervation centrale sous l'action de laquelle se produit le mouvement volontaire paraît donc se distribuer à la fois dans les
muscles opposés, extenseurs et fléchisseurs par exemple.

C'est d'ailleurs ce qui a été constaté par des expériences directes (HERING
et SHERRINGTON, 1897) : l'excitation du point de l'écorce cérébrale qui
détermine le mouvement de flexion du coude (expériences sur le singe)
provoque à la fois un relâchement des extenseurs et la mise en jeu des
fléchisseurs. — Ainsi la mise en action, par innervation cérébrale, d'un
groupe de muscles synergiques ne se produit pas sans qu'il y ait simultanément mise en action des muscles antagonistes (innervation frénatrice).
Et toute cette innervation cérébrale est inconsciente.

En somme, les faits acquis présentement montrent que les antagonistes participent au mouvement suivant l'effet à obtenir et
les conditions mécaniques. Que, dans la contraction simultanée
des extenseurs et des fléchisseurs, l'action de ces derniers soit prédominante, celle des extenseurs modérera la durée, l'étendue ou la
rapidité du mouvement de flexion ; c'est ce qui se passe dans les
mouvements qui exigent une grande précision. Au contraire, que
les extenseurs se relâchent, pendant que se contractent les fléchisseurs, et le mouvement de flexion prend instantanément tout ce
qu'il peut acquérir de rapidité et d'amplitude, mais cela aux dépens
à coup sûr de la précision. Dans les mouvements statiques dont
l'effet est de vaincre une résistance qui agit dans le même sens
que les antagonistes, ceux-ci se relâchent toujours; le mouvement
s'en trouve donc singulièrement facilité.

Les mouvements des muscles sont régis par le système nerveux.
Nous avons montré le rôle de la sensibilité dans la régulation motrice (coordination et précision des mouvements) (voy. p. 1046). Mais
en quoi consiste l'acte appelé volontaire qui commande le mouvement lui-même ? Il faut bien remarquer à ce sujet que l'on ne peut

pas vouloir et, d'ailleurs, que l'on ne veut jamais la contraction de
tel ou tel muscle; nous n'avons aucune conscience des muscles qui
entrent en jeu pour produire un mouvement déterminé, et les anatomistes eux-mêmes ne prennent point cette conscience. « La plupart
des gens ignorent qu'ils ont un muscle biceps brachial. Si donc on
dit qu'on innerve « volontairement » ce muscle, cela doit être entendu *cum grano salis*..... Sous le nom de volonté, le physiologiste
doit comprendre les innervations cérébrales qui sont accompagnées de l'état psychique appelé volonté. Ces innervations et non
leurs « épiphénomènes psychiques » sont la cause physiologique
des mouvements volontaires [1]. »

2. — Station et locomotion.

Les notions précédentes permettent de comprendre comment les
muscles, seuls agents de la locomotion, assurent tous les déplacements du corps.

Dans tous ses mouvements, et d'abord dans toutes ses attitudes,
le corps doit être en équilibre. C'est aussi l'office des muscles, prenant leurs points d'appui sur les os.

1° *Station.*

A. Station verticale. — La station debout dépend de conditions
complexes. Nous avons vu quelles
sont essentiellement ces conditions (p. 1166).

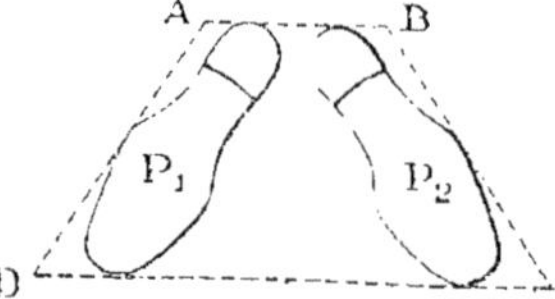

Fig. 291. — Polygone de sustentation
dans la station debout (Axone Broca).

L'équilibre du corps dans cette position est obtenu quand la verticale,
passant par le centre de gravité du
corps qui se trouve au niveau de la
deuxième vertèbre lombaire, tombe
dans le polygone de sustentation
ABCD circonscrit aux deux pieds P¹ et P² (fig. 4). Le maintien de cette
position exige: 1° des contractions des muscles de la nuque, car la tête a une
tendance à tomber en avant, la verticale menée par son centre de gravité
passant au-devant de l'articulation occipito-atloïdienne (voy. fig. 290, p. 1166).
— 2° des contractions des muscles spinaux pour assurer la direction recti-
ligne de la colonne vertébrale; — 3° des contractions des muscles antérieurs
de la cuisse pour empêcher le tronc de tomber en arrière (voy. p. 1155);

Au moyen d'un dispositif spécial, on a d'ailleurs pu enregistrer les
oscillations constantes de la station debout, dues aux contractions musculaires (Bergonié).

1. L. Fredericq et J.-P. Nuel, *Éléments de physiol. humaine.* 6° édit., Gand et
Paris, 1910, p. 433-446.

B. Station assise et station couchée. — Les conditions d'équilibre sont dans ces deux positions beaucoup plus simples.

Dans la station assise, les contractions des muscles dorsaux et de ceux des gouttières vertébrales sont nécessaires si la tête et le dos ne sont pas appuyés; elles deviennent inutiles quand la tête et le dos se trouvent convenablement appuyés.

La station couchée se réalise tout naturellement, sans le concours d'aucun muscle; tous les muscles peuvent être dans cette position en résolution complète.

2° *Locomotion*.

Nous avons étudié les conditions générales des mouvements accomplis par les muscles et des déplacements (locomotion en général) que ces mouvements effectuent (p. 1166 et suiv.).

Parmi ces déplacements, un des plus importants est celui du corps en entier, c'est-à-dire la marche.

A. Marche. — Dans la marche, le corps ne quitte jamais le sol, mais repose tantôt sur un pied (*temps de simple appui*), tantôt sur les deux pieds (*temps de double appui*). Chaque jambe lui communique tour à tour la force vive nécessaire à la progression ; le moteur est le muscle soléaire, le point d'appui est le pied.

Soit le moment où les deux pieds touchent le sol et sort le pied gauche en avant du droit; les muscles de la jambe droite se tendent, de sorte que cette jambe se place plus ou moins dans le prolongement de la cuisse et le pied dans le prolongement de la jambe ; ainsi le corps se trouve poussé en avant, ne portant plus que sur le pied gauche ; cependant il ne tombe pas, parce que la jambe droite, ayant fini de pousser, pivote autour de la tête du fémur et vient appliquer le pied droit sur le sol; le mouvement en avant est donc arrêté, en même temps que s'est accompli le premier pas; un autre y succède, la jambe gauche prenant à son tour le rôle de propulseur. Le pied qui arrive à l'appui touche le sol d'abord par le talon, puis par toute la surface plantaire et se soulève sur la pointe. La pression du pied qui se pose sur le sol est plus forte que cette même pression dans la station verticale, car à la pression due au poids même du corps s'ajoute celle qui tient soit au travail d'impulsion de la masse du corps, soit à la perte de force vive lors du choc du talon sur le sol.

Outre l'action du soléaire pendant l'appui, les principales actions musculaires en jeu dans la marche sont celles qui se passent dans la jambe oscillante (flexion de la cuisse sur le bassin, puis de la jambe sur la cuisse, puis, quand la jambe oscillante a croisé la jambe restée à l'appui, extension de la première et extension du pied).

Toutes ces données résultent principalement d'expériences faites à l'aide des méthodes graphique et surtout chronophotographique (Marey) (voy. fig. 293), grâce auxquelles on a pu fixer les déplacements des divers segments du corps humain pendant la marche.

B. Course. — Dans la course les phénomènes mécaniques sont les mêmes, mais, outre que les mouvements sont plus rapides, il n'y a plus de double appui ; au contraire, il y a un *temps de suspension* pendant lequel, entre deux appuis des pieds, le corps reste en l'air un instant. La durée de ce temps de suspension paraît peu varier d'une manière absolue ; mais si on l'apprécie relativement à la durée d'un pas de course, on voit la valeur relative de cette suspension croître avec la vitesse de la course, car avec cette vitesse diminue la durée de chacun des appuis. Mais ce qu'il y a de plus remarquable, c'est la manière dont se produit, d'après Marey, ce temps de suspension ; on pourrait croire, au premier abord, que c'est l'effet d'une sorte de saut, dans lequel le corps serait projeté en haut, de manière à décrire en l'air une courbe au milieu de laquelle il serait à son maximum d'éloignement du sol. Il n'en est rien ; le temps de suspension correspond au moment où le corps est à son minimum d'élévation ; ce temps de suspension ne tient donc pas à ce que le corps est projeté en l'air, mais à ce que les *jambes se sont retirées du sol par l'effet de leur flexion* (Marey).

Fig. 295. — Coureur de Marey.

Le sujet a un vêtement noir, sur lequel des lignes et des points blancs jalonnent la position des divers articles mobiles. Grâce à cet artifice, les images successives du marcheur ou du coureur restent distinctes les unes des autres, réduites qu'elles sont à des lignes (chronophotographie sur plaque fixe).

3. — Phonation.

Le conduit aérifère de la respiration présente au niveau de la partie supérieure du cou une disposition spéciale, qui constitue le *larynx*. Le larynx est l'un des organes les plus importants servant aux fonctions de relation, car il assure notre principal moyen de communication ou d'expression avec nos semblables; il est l'organe essentiel de la phonation.

1°. *Le larynx et ses muscles.*

Le larynx n'est qu'une portion de la trachée modifiée dans sa forme et un peu dans sa structure.

Sous le rapport de la forme, la trachée présente à ce niveau un rétrécissement, une espèce de *défilé*, dont les dimensions peuvent être diminuées ou, au contraire, agrandies de façon à rendre presque à la trachée son calibre primitif. Ce rétrécissement, ce défilé laryngien n'est pas simple, comme le montre un schéma (fig. 296) de la coupe verticale du larynx. Il y a trois rétrécissements qui sont circonscrits, le premier (en allant de haut en bas) par les *replis aryténo-épiglottiques*, le second par les prétendues *cordes vocales supérieures* (simple repli de la muqueuse), le troisième par les *vraies cordes vocales;* c'est ce dernier seul qui constitue la véritable *glotte*, le *véritable orifice phonateur.*

Sous le rapport de la structure, la glotte présente les mêmes éléments que la trachée, mais modifiés dans un but spécial. Tandis que l'épithélium est cylindrique et vibratile dans toute l'étendue de l'arbre aérien, au niveau de l'éperon formé par la glotte proprement dite le revêtement épithélial prend la forme pavimenteuse, plus appropriée aux fonctions des cordes vocales. Cet épithélium est plus apte à prévenir le desséchement des lèvres d'un orifice où le courant d'air se fait avec le plus de violence. Au-dessous de la muqueuse se trouve le tissu élastique, qui existe tout

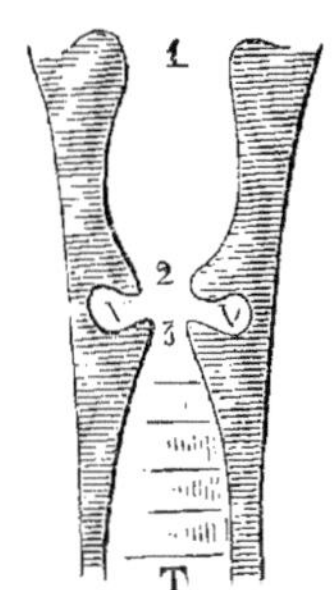

Fig. 296. — Coupe verticale schématique du larynx (è MATHIAS DUVAL).

On voit que la partie laryngienne du conduit aérifère présente trois rétrécissements circonscrits : — 1, par les replis aryténo-épiglottiques ; — 2, par les cordes vocales supérieures ; — 3. par les cordes vocales inférieures ; — V, V, ventricules du larynx ; — T, trachée.

le long de la trachée, mais il forme ici une couche plus épaisse, qu'on a considérée comme un ligament sous-jacent à la muqueuse ; c'est ce qu'en anatomie on appelle la *corde vocale*. Au-dessous de ce tissu élastique, le tissu musculaire, comme dans tout l'arbre aérien ; mais, au niveau du larynx, ce n'est plus le muscle lisse, c'est le muscle strié que l'on rencontre ; il y forme, comme dans tous les appareils de la vie de relation, des corps musculaires nettement délimités et à fonctions bien déterminées (muscles crico-aryténoïdiens postérieurs, crico-aryténoïdiens latéraux, aryténoïdiens, thyro-aryténoïdiens, etc.). Enfin les anneaux cartilagineux de la trachée se modifient également pour former des pièces spéciales et caractéristiques (cartilages thyroïde, cricoïde, aryténoïdes).

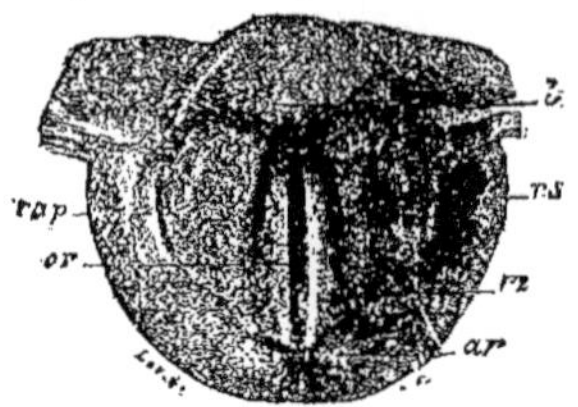

Fig. 297. — Orifice glottique observé sur le vivant au moyen du laryngoscope (Mandl[1]).

or, orifice glottique ; — *ri*, cordes vocales inférieures ; — *rs*, cordes vocales supérieures ; — *ar*, cartilage aryténoïde ; — *rap*, replis aryténo-épiglottiques ; — *b*, bourrelet de l'épiglotte.

A. Orifice glottique. Action des muscles laryngés. — Le rétrécissement laryngien inférieur ou glotte proprement dite présente, quand on le regarde par en haut, la forme d'une fente triangulaire ou d'un fer de lance dont le sommet est en avant et la base en arrière. Cette base est formée par les muscles aryténoïdiens. Les bords du triangle sont constitués dans les 3/5 antérieurs par les cordes vocales, et dans les 2/5 postérieurs par les bords des cartilages aryténoïdes (fig. 297).

Si l'angle antérieur du cartilage aryténoïde se porte en dehors, la glotte se dilate et prend une forme *losangique* (fig. 298). Cet effet est produit par la contraction du muscle *crico-aryténoïdien postérieur*, qui va s'insérer à l'angle externe de l'aryténoïde et imprime à ce cartilage un mouvement de bascule dit *mouvement de sonnette*.

Si l'angle antérieur du cartilage aryténoïde se porte en dedans, la partie antérieure de la glotte prend la forme d'une fente qui reste ouverte en arrière

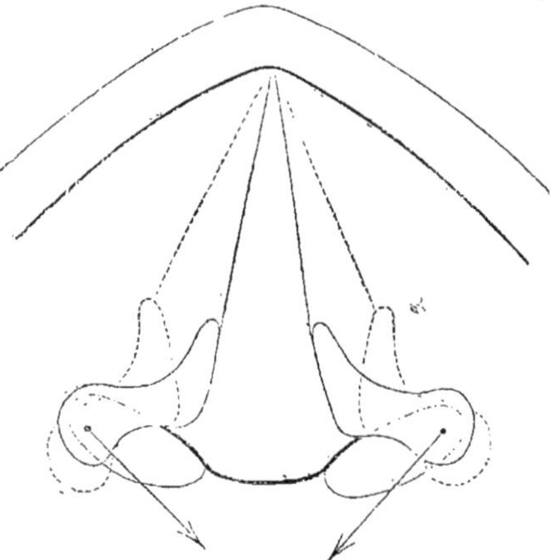

Fig. 298. — Forme losangique de la glotte par l'action des muscles crico-aryténoïdiens postérieurs (d'après J. Béclard).

Coupe horizontale schématique des cartilages du larynx, au niveau de la base des cartilages aryténoïdes. — Les lignes ponctuées indiquent la position nouvelle des cartilages par suite de l'action des muscles agissant dans le sens de la flèche.

en une petite ouverture triangulaire interaryténoïdienne (fig. 929.).

1. L. Mandl (1812-1881), médecin hongrois qui vint à Paris en 1836 et s'y fit connaître par ses travaux d'anatomie pathologique, puis par ses études sur le larynx.

Enfin cette dernière ouverture pourra être elle-même réduite à une fente par un second mouvement qui rapprochera directement les deux aryténoïdes l'un de l'autre (fig. 300). La première action est produite par le

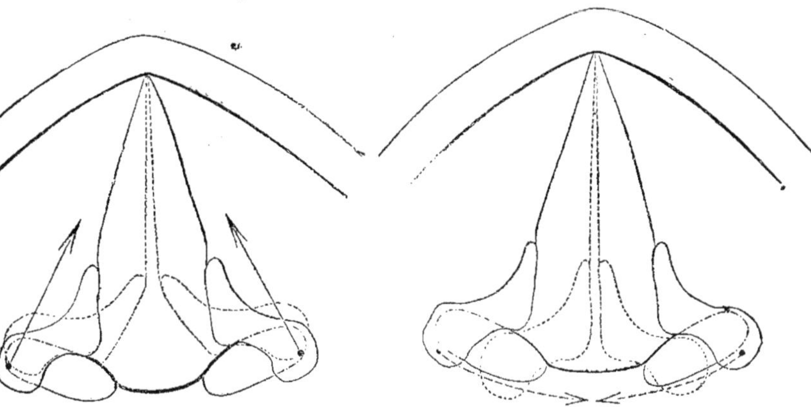

Fig. 299. — Occlusion de la partie inter-ligamenteuse de la glotte (d'après J. Béclard).

Action des muscles crico-aryténoïdiens latéraux, agissant dans le sens indiqué par les flèches, pour mettre les cartilages aryténoïdes et les cordes vocales dans la position indiquée par les lignes ponctuées.

Fig. 300. — Oblitération complète de la fente glottique (d'après J. Béclard).

Action des muscles ary-aryténoïdiens, mouvement médian des cartilages aryténoïdes, dans le sens indiqué par les deux flèches. Les lignes ponctuées indiquent la nouvelle position des aryténoïdes et la nouvelle forme de la glotte.

muscle crico-aryténoïdien latéral, qui fait basculer l'aryténoïde en sens inverse du crico-aryténoïdien postérieur : la seconde action est due à la contraction du muscle qui forme la base du triangle glottique, à l'ary-aryténoïdien, qui déplace les aryténoïdes en totalité et les fait glisser de dehors en dedans (fig. 300).

Toutes les modifications de forme de la glotte sont dues à ces deux ordres de mouvements : *mouvements de bascule* et *mouvements de translation en totalité*; et les deux formes extrêmes de la glotte ainsi obtenues sont la forme losangique, qui se réalise pendant l'inspiration, et la forme linéaire, qui tend à se produire pendant l'expiration, mais qui est plus spéciale à la phonation et à l'effort ; c'est ce qui explique pourquoi l'effort s'accompagne souvent d'un son, d'un cri caractéristique. On voit de plus que, des quatre muscles intérieurs du larynx, un seul sert à dilater la glotte, c'est le crico-aryténoïdien postérieur : le crico-aryténoïdien latéral et l'ary-aryté-

noïdien ont pour effet de l'oblitérer et de la réduire à l'état de fente.
A l'action de ces muscles il faut joindre celle du *thyro-aryténoïdien,*
qui, placé dans l'épaisseur même de la glotte, en complète la fermeture, comme tous les muscles courbes placés autour d'un orifice;
mais on verra bientôt que la contraction de ce muscle a encore à
jouer un rôle bien autrement important.

Nous n'avons pas parlé d'un muscle extérieur du larynx, du *crico-thyroïdien*; ce muscle n'a sur la glotte qu'une action relativement moins importante; cette action amène une tension passive des cordes vocales; mais
l'expérience directe a montré que le rôle de ce muscle est à peu près nul
dans la phonation [1].

B. Innervation du larynx. — Le larynx reçoit du pneumogastrique le *laryngé supérieur* et le *laryngé inférieur* ou *récurrent*.

Le *laryngé supérieur* est le nerf sensible de la muqueuse laryngée.
Cependant par sa branche externe (*laryngé externe*) il innerve le
muscle crico-thyroïdien. Il contient aussi les vaso-dilatateurs de la
muqueuse (voy. p. 477) et les filets excito-sécréteurs des petites
glandes à mucus qui s'y trouvent. Les vaso-constricteurs viennent
du sympathique cervical dont l'excitation détermine une vaso-constriction hémi-laryngée. — La section du laryngé supérieur paralyse
le crico-thyroïdien et anesthésie la muqueuse du larynx; la toux
devient impossible; aussi les corps étrangers peuvent-ils pénétrer
dans le larynx; en même temps la voix devient rauque.

Les *récurrents* innervent tous les autres muscles du larynx. Leur
section est suivie d'une aphonie complète [2]. Si on ne sectionne qu'un
seul récurrent, la voix devient très rauque, mais n'est pas tout à
fait abolie. — Ces fibres motrices proviendraient en réalité, non pas du
pneumogastrique, mais du spinal, la section de ce dernier nerf cau-
sant la perte de la voix. Le spinal serait donc le *nerf vocal* (Claude
Bernard). Cette question a été examinée page 1118.

Centres nerveux laryngés. — D'après tout ceci ce n'est pas dans
la spécialisation de fibres nerveuses motrices du larynx qu'il faut
chercher les raisons de la double fonction de l'organe, respiratoire
et vocale; mais cette double adaptation fonctionnelle s'explique
par la dualité de son innervation centrale. La fonction respiratoire dépend du centre respiratoire situé dans la substance grise

1. La section du nerf de ce muscle, le laryngé externe, et par suite la
paralysie du muscle, modifie à peine la voix, tandis que la section du laryngé
inférieur, qui n'innerve que les muscles intérieurs du larynx, abolit immédiatement la phonation (voy. plus loin .

2. Les cordes vocales sont rapprochées; il y a donc obstacle au passage de
l'air. Cependant la respiration n'est pas troublée, du moins chez les animaux
adultes (voy. p. 577).

de la moelle allongée. De plus, en tant que centre d'origine des nerfs du larynx, le bulbe est nécessaire à la phonation ; d'ailleurs, le bulbe détruit, le cri n'est plus possible, tandis que ce cri réflexe peut encore être provoqué, le cerveau et la protubérance étant enlevés (voy. p. 1063). Il n'en est pas moins vrai que la fonction vocale, acte conscient et volontaire, dépend d'un centre cortical.

L'excitation de la partie antérieure et externe du gyrus précrucial, chez le chien, produit l'adduction des deux cordes vocales. L'excitation du pied de la circonvolution frontale ascendante chez le singe donne le même résultat. Ainsi l'excitation unilatérale a un effet bilatéral. La destruction des deux centres corticaux fait perdre aux animaux la faculté d'émettre des sons (par exemple, l'aboiement volontaire chez le chien), mais ne détermine pas de paralysie des cordes vocales, ces centres ne commandant dans le larynx que les mouvements de phonation, et non les mouvements respiratoires. La destruction d'un seul centre est sans effet.

Chez l'homme, il existe un centre cortical laryngé qui occupe la partie postérieure du pied de la circonvolution frontale ascendante. Les quelques observations anatomo-cliniques que l'on possède actuellement montrent qu'il existe une hémiplégie laryngée croisée par lésion d'un seul centre phonateur, la corde vocale étant paralysée en adduction (position cadavérique). C'est là un fait clinique qui est en désaccord avec les résultats expérimentaux sus-mentionnés. — On admet que les fibres cortico-bulbaires laryngées passent dans la partie externe du genou de la capsule interne.

2° *Mécanisme de la phonation.*

L'expérimentation sur les animaux, les observations accidentelles sur l'homme, les essais de phonation artificielle sur des larynx isolés, tout démontre que c'est au niveau de la glotte que se forme le son de la voix. Quand la voix se produit, nous savons que la glotte se rétrécit.

La cause du son qui se fait entendre ainsi n'est pas seulement, comme on l'a cru d'abord, la vibration de l'air passant par un orifice étroit et produisant un son d'autant plus aigu que l'orifice est de dimensions plus petites, mais elle est aussi et surtout dans les vibrations des bords de la glotte. Aussi le larynx doit-il être comparé non à un *sifflet*, mais à un *tuyau à anche membraneuse*. On trouve du reste dans l'organisme un appareil analogue, fonctionnant également comme une anche, ce sont les lèvres (orifice buccal), qui vibrent elles-mêmes, par exemple quand on joue du cor. L'analogie anatomique est réelle entre l'orifice buccal et l'orifice glottique.

Que l'on considère les trois tissus qui, de la superficie à la profondeur, composent l'épaisseur des lèvres de la glotte, c'est-à-dire la muqueuse, le ligament élastique (corde vocale) et le muscle (voy. fig. 301). Quel est celui de ces trois éléments qui peut constituer le corps vibrant? Il est évident que ce n'est pas la *muqueuse*, revêtement protecteur, mais non appareil susceptible d'être tendu et de vibrer. La *corde vocale*, malgré son nom de ligament, ne présente pas les conditions nécessaires pour constituer une

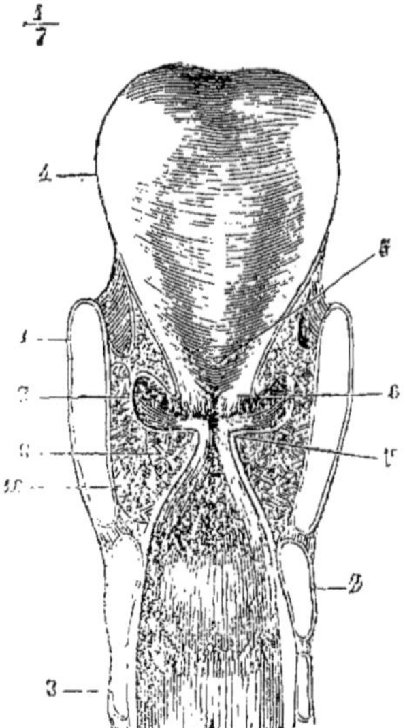

Fig. 301. — Coupe verticale du larynx (Beaunis et Bouchard, *Anatomie descriptive*).

Cette figure montre bien que les lèvres de la glotte sont formées essentiellement par du tissu musculaire. — 1, cartilage thyroïde; — 2, cartilage cricoïde; — 3, premier anneau de la trachée; — 4, épiglotte; — 5, son bourrelet médian; — 6, cordes vocales supérieures; — 7, cordes vocales inférieures; — 8, ventricules de Morgagni; — 9, muscle thyro-aryténoïdien (la *vraie corde vocale* au point de vue physiologique); — 10, muscle crico-aryténoïdien latéral.

corde vibrante; ce ligament est composé de tissu élastique, c'est-à-dire de fibres non rectilignes, mais enchevêtrées en tous sens, de telle sorte que, quelque traction qu'on y applique, il ne prend jamais qu'un degré de tension insignifiant; du reste, à l'état physiologique, cette tension, accompagnée du rétrécissement de la glotte, ne pourrait être opérée que par le muscle crico-thyroïdien, et on a vu (p. 1178) que ce muscle n'a qu'un rôle insignifiant dans la phonation. Reste donc le *tissu musculaire*, le muscle thyro-aryténoïdien; or, le tissu musculaire est très susceptible de tension; quoi de plus tendu, de plus énergiquement élastique, qu'un muscle à l'état de contraction? Il est donc probable que c'est le muscle thyro-aryténoïdien qui, au point de vue physiologique, constitue la *vraie corde vocale*, le véritable élément vibratile parmi les tissus qui composent les lèvres de la glotte. Pour vibrer, cette corde vocale est tendue, mais non par l'effet de puissances étrangères; elle se tend par elle-même; en un mot, le *muscle se contracte*[1].

La glotte forme donc, en définitive, une *anche vibrante*, non par tension, mais *par contraction*. Les lèvres (*muscle orbiculaire* de l'orifice buccal) fonctionnent d'une manière analogue.

A quoi sert alors la corde vocale élastique? On comprendra son rôle si on se figure ce qui serait advenu si l'appareil phonateur ne s'était composé que d'un muscle recouvert seulement d'une muqueuse; à chaque contraction du premier, la seconde se serait irrégulièrement plissée et

1. « C'est la contraction du thyro-aryténoïdien interne qui fait que le repli inférieur (lèvres de la glotte), mou et lâche pendant la respiration, se transforme pendant l'émission de la voix en véritable anche, dont la rigidité est proportionnelle à la tonalité. On pourrait donc dire que ce muscle est le muscle d'accommodation de la voix » (L. Mandl, 1872).

aurait altéré le son, comme cela se produit dès que la moindre particule étrangère, mucus ou autre, se trouve arrêtée sur la glotte. Il fallait donc là un appareil élastique qui rendît le muscle et la muqueuse indépendants l'un de l'autre, en s'interposant entre les deux. C'est le rôle de la corde vocale qui, de par sa structure, est appropriée à ce rôle[1]

Les différents degrés de rétrécissement de la glotte influent aussi sur la production des sons et modifient leur hauteur; plus la glotte est resserrée, plus le son est aigu, et quand le son arrive à son maximum d'acuité, la glotte ne peut plus se resserrer sans s'oblitérer complètement dans la *voix ordinaire*; mais il paraît y avoir une disposition particulière pour ce qu'on appelle *voix de tête* (voy. p. 1183). Il résulte de la disposition anatomique des parties que les *cordes vocales* (anatomiques) se relâchent à mesure que la glotte se ferme. Si donc ces cordes étaient la partie vibrante, les sons devraient être plus graves à mesure que se produit ce rapprochement des lèvres de la glotte; il est vrai que l'étroitesse de l'ouverture augmente l'intensité du courant d'air et pourrait ainsi contribuer à l'acuité du son. Mais les choses s'expliquent parce que c'est le muscle qui vibre; comme c'est sa contraction qui contribue à l'oblitération de la glotte et même qui achève cette fermeture, plus il se contracte, plus il est tendu, plus il est, par conséquent, apte à vibrer.

Ainsi les *cordes élastiques*, dites vocales, n'ont dans la phonation qu'un rôle accessoire, celui de servir d'intermédiaire entre la muqueuse et le muscle; elles n'empêchent pas plus celui-ci de vibrer que les parties molles qui entourent l'orbiculaire des lèvres n'empêchent ce muscle de vibrer quand on joue du cor, par exemple.

Les vibrations du muscle thyro-aryténoïdien sont encore rendues plus faciles par la présence des ventricules du larynx, qui ont à remplir le double rôle de donner plus de liberté à ce muscle (fig. 301) et de jouer le rôle de caisse de renforcement.

PARTIES ANNEXÉES A L'APPAREIL DE LA PHONATION. — Le son produit par la glotte est renforcé par les vibrations de la partie du canal aérien qui précède et suit le larynx. Aussi ces parties présentent-elles des mouvements spéciaux pendant la production des sons. Ainsi, pendant l'émission des sons aigus, le larynx monte; pour cela, les muscles sus-laryngés se contractent et la tête se renverse; pendant les sons graves, le larynx descend et le menton s'abaisse. Ces mouvements sont bien connus, et, lorsqu'on examine un malade au laryngoscope, on lui fait parfois émettre des notes aiguës, parce

---

1. « Les fibres musculaires avancent tellement vers les cordes vocales et sont tellement unies au tissu élastique qu'il est impossible de penser que les fibres élastiques vibrent isolément et que les fibres musculaires se retirent du repli muqueux... *L'utilité du tissu élastique consiste en ce qu'il peut se raccourcir sans former des plis et sans onduler, comme certains ligaments de la colonne vertébrale* » (HENLE, *Handbuch der systematischen Anat. des Menschen*, 1871, t. II, p. 259).

qu'alors l'ascension du larynx vient le présenter plus facilement à l'exploration. Ces faits s'expliquent en considérant que les parois de la trachée agissent comme appareil de résonance et que, par suite, il leur faut, pour renforcer tel ou tel son, un état de tension particulier ; car la même paroi élastique ne vibre pas indifféremment avec tous les sons ; il faut pour cela que sa tension soit modifiée. Plus le son est aigu, plus les parties consonantes doivent être tendues ; ainsi la contraction des muscles sus-laryngiens tend à la fois les parois du porte-voix et du porte-vent.

Il faut rattacher à ces appareils de consonance tout l'ensemble de l'appareil nasal, fosses nasales, sinus frontaux, ethmoïdaux, maxillaires. Ces cavités, vu leurs parois formées de lamelles élastiques assez minces, sont très aptes à entrer en vibration. Aussi l'altération de ces appareils modifie-t-elle considérablement le timbre de la voix. Les cartilages du nez eux-mêmes font partie de ces appareils de résonance, et chacun sait qu'en empêchant leurs vibrations on altère d'une façon particulière le timbre de la voix.

La trachée, les bronches, le poumon et la cage thoracique vibrent aussi pour renforcer les sons laryngiens. La voix se modifie dans les affections trachéales, bronchiques et pulmonaires.

L'*articulation* du langage, qui est très différente du simple son laryngien, résulte presque tout entière du jeu des parties consonantes et principalement des modifications dans les ouvertures des lèvres et de l'arrière-gorge.

La voix et la parole. — Au niveau de la glotte ne peut se produire qu'un *son inarticulé*, le *son glottique*, qui ne présente à considérer que des différences d'*intensité*, de *hauteur* et même de *timbre*. Mais le timbre du son glottique est très diversement modifié par le *renforcement* de ses éléments au niveau des cavités buccale et nasale. Il acquiert ainsi des caractères particuliers qui en font la *voix* et la *parole* proprement dites.

1° L'*intensité* du son glottique dépend de l'amplitude des vibrations des cordes vocales et conséquemment de la force avec laquelle le courant d'air de l'expiration vient frapper les lèvres de la glotte disposées pour émettre un son déterminé ; cette intensité est donc en rapport direct avec le développement et l'élasticité du poumon, l'ampleur de la cage thoracique, la force des muscles expirateurs ;

2° La *hauteur* du son dépend du nombre des vibrations. Les lèvres vocales produisent un son d'autant plus *élevé* qu'elles sont plus *tendues* et plus *courtes* (plus *contractées* en un mot) [1]. Aussi la voix humaine forme-t-elle des gammes, en allant des sons graves aux

1. En effet le nombre des vibrations d'une corde est en raison directe de sa tension et en raison inverse de sa longueur.

sons aigus ; elle forme même deux séries de gammes, dont l'une plus basse est généralement désignée sous le nom de *registre de poitrine* (*voix de poitrine*), et l'autre plus aiguë, plus élevée, sous celui de *registre de tête* (*voix de tête*).

Ces expressions n'ont aucune valeur au point de vue physiologique, **car** dans les deux cas la voix se forme toujours au niveau de la glotte ; ce qui a motivé et ce qui justifie jusqu'à un certain point ces expressions, ce sont les sensations que l'on éprouve pendant l'émission de la voix dite de tête ou de poitrine, et les vibrations concomitantes plus fortes dans les parois thoraciques dans un cas, dans les cavités sus-laryngiennes dans l'autre cas. D'après Mandl, la modification glottique essentielle qui produit l'émission des sons dans l'un ou l'autre registre est celle-ci : dans la voix de poitrine, l'orifice glottique est ouvert et vibre dans toute son étendue, tandis que, dans la voix de tête et de fausset, l'orifice glottique est ouvert et vibrant seulement dans sa portion interligamenteuse, toute la portion intercartilagineuse étant fermée, en même temps que les cordes vocales supérieures s'abaissent, s'appliquent sur les inférieures et en recouvrent une partie considérable, de manière à diminuer l'étendue de la partie vibrante.

Dans ces conditions, la voix humaine peut varier en général dans une étendue de deux octaves. Selon que cette étendue de deux octaves est comprise dans des régions plus ou moins hautes de l'échelle des sons musicaux, on a classé les voix humaines, en allant des plus basses aux plus élevées, en voix de basse (du *fa* au *ré₁*), de baryton (du *la* au *fa₃*), de ténor (de l'*ut₂* au *la₃*), de contralto (du *mi₂* à l'*ut₄*), de mezzo-soprano (du *sol₂* au *mi₄*), de soprano (du *si₄* au *sol₄*) ; ces deux dernières voix sont des voix de femme. Les limites extrêmes de la voix humaine sont du *mi₁* (162 vibrations) à l'*ut₅* (2069 vibrations). Ces différences individuelles sont dues principalement à des différences de longueur des lèvres de la glotte : la longueur de ces lèvres, représentée par 25 chez l'homme, l'est par 20 chez la femme, par 15 chez les castrats, qui possèdent une voix très aiguë. — La voix de l'enfant est très aiguë, et, en effet, les dimensions de la glotte sont chez lui moitié moindres que chez l'adulte. Lors de la puberté se produit la *mue* de la voix, et, à la suite du développement relativement subit du larynx, la voix s'abaisse d'une octave chez les garçons, de deux tons seulement chez les filles. Dans la vieillesse, par suite de l'ossification des cartilages, de l'atrophie des fibres musculaires (?), le diapason normal baisse encore, en même temps qu'il diminue d'intensité ; les ténors deviennent barytons (L. Mandl).

3° Le *timbre* de la voix a une première source dans les lèvres de la glotte elle-même. On sait que Helmholtz a démontré que le *timbre* est dû à ce que les sons, qui nous paraissent simples, sont en réalité composés d'un son *fondamental* et de plusieurs sons *accessoires* nommés *harmoniques*. La combinaison variable de ces harmoniques, selon les divers instruments, en constitue le timbre particulier. Les lèvres vocales peuvent, comme les anches membraneuses, présenter, outre la vibration fondamentale d'un son, des vibrations partielles qui donnent naissance à des harmoniques divers de ce son; de là les *timbres divers du son glottique*. Mais ce qui donne son caractère au timbre de la voix, c'est le mode selon lequel quelques-uns de ces sons harmoniques sont renforcés au niveau des cavités et lames vibrantes sus-glottiques (pharynx, bouche, fosses nasales, etc.), de manière à prédominer et à imprimer leurs caractères particuliers à la voix (voy. plus haut, p. 1181).

L'ensemble des phénomènes par lesquels un *son* est émis par la glotte, modifié par les cavités pharyngienne et buccale de manière à former une *voyelle*, et associé à des bruits qui se produisent dans ces mêmes cavités et constituent les *consonnes*, cet ensemble, c'est la *voix articulée*; par la combinaison intelligente des voyelles et des consonnes en syllabes et des syllabes en mots, c'est la *parole*. Dans la *parole parlée*, les syllabes sont produites avec des variations peu marquées de hauteur; dans la *parole chantée*, les syllabes et surtout les voyelles, leur élément essentiel, sont produites successivement avec des variations de hauteur considérable et harmonieusement réglées.

VOYELLES ET CONSONNES. — Les éléments essentiels de la parole sont les voyelles et les consonnes.

L'étude des sons harmoniques, comme sources du timbre de la voix, a permis de pénétrer le mécanisme par lequel se produisent les *voyelles*.

Les voyelles sont essentiellement des sons produits par le passage de l'air dans les cavités pharyngienne et buccale, qui se disposent d'une manière particulière, et par suite résonnent différemment pour la production de chacun d'eux. Quand on prononce une voyelle à voix basse, la glotte n'y prend aucune part, et le son de la voyelle se forme uniquement par le passage de l'air dans les cavités sus-glottiques disposées en ce moment pour l'émission de la voyelle en question ; lorsqu'on prononce cette voyelle à haute voix, les cavités sus-glottiques disposées comme précédemment ont pour effet de renforcer, dans le son glottique, les harmoniques qui correspondent justement au son de la voyelle que l'on veut émettre. En d'autres termes, les cavités buccale et pharyngienne se comportent comme des *résonateurs*, qui peuvent être diversement accordés.

On a pu parfaitement déterminer la forme que prennent ces cavités pour l'émission de telle ou telle voyelle; lorsque ces cavités sont ainsi disposées, si l'on fait passer le vent d'une soufflerie devant la bouche, on entend alors, même en retenant sa respiration, se produire des sons qui

ressemblent parfaitement aux voyelles que l'on prononcerait à voix basse.
D'une manière générale, on peut dire que le diamètre longitudinal de la
cavité pharyngo-buccale est raccourci et son diamètre transversal agrandi
successivement pour les voyelles *a, e, i*; pour les voyelles *o* et *u*, au contraire, le diamètre longitudinal s'allonge et le diamètre transversal diminue.
Les mouvements des diverses parties de la cavité se conforment à cette
disposition générale. Les lèvres exécutent un mouvement horizontal de
plus en plus prononcé en arrière pour les trois premières voyelles, tandis
que pour les deux dernières le mouvement en avant sera de plus en plus
marqué. Pour l'*o* et l'*u*, il y a retrait de la langue, tandis que pour l'*e* et l'*i*
la langue est plus ou moins jetée en avant. Les mouvements des *joues*,
du *voile du palais*, de la *luette* et des *piliers* concourent à réaliser la disposition générale nécessaire à la production des différentes voyelles.

Les *consonnes* ne sont pas des sons comme les voyelles ; ce sont des
bruits, c'est-à-dire des vibrations irrégulières et trop confusément
mélangées pour être perçues séparément, mais qui se différencient
par la manière dont ils laissent commencer ou finir l'émission d'une
voyelle. Les consonnes ne peuvent donc pas être prononcées sans
l'association d'une voyelle. De là leur nom (*cum sonare*).

Au moment de l'émission d'une voyelle, les cavités buccale et pharyngienne se disposent de manière à présenter à l'air, qui va produire la
voyelle, certains *obstacles* qu'il ébranle, d'où le bruit plus ou moins écla-
tant des consonnes.

Selon que cet obstacle siège au niveau des lèvres, de la langue ou du
voile du palais et du pharynx, on a des consonnes *labiales, linguales* ou
gutturales; et selon que l'obstacle est vaincu par une espèce d'explosion,
par un frottement vibratoire ou par un tremblement, on a des *labiales
explosives* (*b, p*), *résonnantes* (*f, v, m*), *tremblotantes* (*r*), des *linguales
explosives* (*t, d*), *résonnantes* (*s, n, l*), *tremblotantes* (*r* lingual); des *gutturales explosives* (*k, g*), *résonnantes* (*j* et *ch*, surtout chez les Allemands),
tremblotantes (*r* guttural). La langue française ne possède pas de véritables consonnes gutturales, c'est-à-dire se produisant dans le pharynx ; mais
certaines langues, et surtout l'arabe, en possèdent de très nettes, par exemple
pour le bruit que nous désignons par *h*, qui paraît alors se produire par
un obstacle siégeant très profondément, au niveau même de la glotte.

Les consonnes labiales, et surtout les labiales explosives (*b, p*), sont
les plus faciles à prononcer, vu la simplicité des mouvements qu'elles
exigent. Ce sont les premières prononcées par l'enfant (*papa, mama*, etc.),
celles que l'on arrive le plus facilement à faire répéter à certains animaux
et que l'on trouve naturellement produites dans le *bêlement*.

D'autre part, certaines consonnes peuvent être produites par des mécanismes analogues, mais siégeant dans des parties différentes; ainsi on
peut distinguer quatre *r* produits soit par la vibration des lèvres (comme
dans *opprobre*), soit par celle du bout de la langue (*r* normal), soit par
celle du voile du palais (*r* du grasseyement), soit enfin par l'orifice supérieur du larynx.

TROISIÈME PARTIE

PHYSIOLOGIE GÉNÉRALE

La physiologie générale a été définie et ses grandes divisions ont été indiquées au début de cet ouvrage (voy. p. 5). L'étude qui en sera présentée ici, dans un Traité élémentaire de physiologie, ne peut être que sommaire ; pour cette raison, on s'en tiendra aux données principales.

CHAPITRE PREMIER

CONDITIONS GÉNÉRALES DE LA VIE

Les êtres organisés ne peuvent vivre et se développer que dans des conditions déterminées. Les unes dépendent du milieu dans lequel se trouvent tous les êtres, de quelque espèce qu'ils soient. Les autres tiennent aux organismes eux-mêmes, à leur constitution, à leur origine.

Les premières sont dites *externes* ou *extrinsèques* ; on pourrait les appeler aussi *mésologiques* (de μέσος, milieu). Les autres sont *internes* ou *intrinsèques*.

I. — CONDITIONS EXTERNES.

Les conditions extrinsèques de la vie sont d'ordre physique ou chimique.

1. — Conditions physiques.

La plus importante est la chaleur.

La vie n'est possible que si la température n'est ni trop basse ni trop élevée. Ces limites sont d'ailleurs assez larges et variables suivant les espèces animales.

Les manifestations vitales des animaux poikilothermes et des plantes cessent vers 0°, mais ces êtres peuvent être gelés et ensuite ramenés progressivement à la vie. Beaucoup ont même pu être portés à des froids de — 15° (Poissons), de — 20° (Grenouille), etc., sans que fût perdue la faculté de recouvrer la vie.

Inversement, il est des êtres inférieurs, infusoires et diverses plantes, qui vivent dans des eaux (sources thermales) à 70° et même 80°. Et tout le monde sait qu'une température de 100° est nécessaire pour tuer les bactéries et a *fortiori* leurs spores. Mais d'une façon générale la température compatible avec la vie est beaucoup plus basse et ne dépasse pas celle de la coagulation des albuminoïdes protoplasmiques, 40-45°.

Les êtres organisés vivent dans certaines conditions de pression.

On a pu déterminer à quel abaissement de la pression barométrique l'homme reste encore en vie, d'après quelques observations faites dans les ascensions en ballon. Dans une ascension célèbre, dans laquelle le ballon atteignit 8 000 mètres, les aéronautes Crocé-Spinelli et Sivel moururent; seul G. Tissandier survécut (voy. p. 560).

Les sondages exécutés dans la mer ont établi, contrairement à ce que l'on croyait, que la vie existe à des pressions de plusieurs centaines d'atmosphères. Mais les Mammifères supportent très mal l'air comprimé (voy. p. 558).

La lumière ne paraît pas être une condition générale de la vie au même titre que la chaleur, puisque beaucoup d'êtres, même d'une organisation élevée, tels que des Poissons, vivent dans une obscurité absolue (Poissons des grandes profondeurs, où la lumière ne pénètre point). Cependant on ne sait si des Mammifères pourraient supporter longtemps la privation de lumière. Les expériences méthodiques sur ce sujet font défaut.

2. — Conditions chimiques.

On peut ramener toutes les conditions chimiques de la vie à deux, la composition du milieu et l'alimentation.

1° Les êtres organisés vivent dans l'air, l'eau douce ou dans l'eau salée.

Aucun être ne peut vivre dans l'eau distillée (voy. p. 73). La salure de l'eau peut être très variable, et ces variations peuvent déterminer des modifications de forme.

2° L'alimentation, c'est en somme la consommation d'une quantité déterminée de matériaux nécessaires à la construction du protoplasma.

Parmi ces matériaux l'eau occupe une place prééminente.

Nous avons déjà vu pourquoi (p. 16) et où les animaux supérieurs, comme l'homme, trouvent l'eau indispensable à leurs tissus (p. 155).

Sur les organismes monocellulaires, la dessiccation naturelle ou arti-

cielle a pour effet de réduire les phénomènes vitaux, puis de les suspendre
(*vie latente*). Les œufs d'insectes peuvent de même être desséchés et,
longtemps après, se développer néanmoins, quand on les place dans les
conditions d'incubation normale.

L'oxygène n'est pas moins nécessaire (voy. p. 135 et 507).

Tous les êtres vivants consomment de l'oxygène, c'est-à-dire respirent.
Cette consommation est plus ou moins active suivant les espèces. Mais le
fait capital, c'est que la vie devient impossible de par la privation d'oxygène.
Seulement elle s'éteint plus ou moins vite ; pour les animaux supérieurs et,
chez ceux-ci, pour les cellules nerveuses en particulier, l'asphyxie est très
rapidement mortelle ; il est, au contraire, beaucoup de formes cellulaires
qui y résistent longtemps, des tissus, comme le tissu musculaire de tous
les animaux, aussi bien que les animaux à sang froid et les êtres inférieurs.

Il y a même des organismes qui en apparence peuvent se passer d'oxygène, ce sont les êtres dits anaérobies (voy. p. 507; voy. aussi p. 111 ce que
nous avons dit de la respiration des plantes vertes). Les êtres anaérobies
appartiennent surtout au groupe des Bactéries. Les vers intestinaux, tels
que les Ascarides, présentent le même phénomène, explicable sans doute par
la même propriété que possèderaient tous ces organismes de séparer l'oxygène de combinaisons chimiques, comme les sels alcalins, dans lesquelles
il est engagé. Beaucoup de cellules végétales et animales vivent d'une vie
anaérobie (voy. p. 81).

À côté de l'eau et de l'oxygène se placent toutes les autres substances alimentaires.

Nous avons énuméré pages 135 et suivantes les substances qui entrent
dans l'alimentation des êtres supérieurs.

Ces substances peuvent se trouver engagées dans des combinaisons
chimiques très diverses, aptes, les unes ou les autres, à ne nourrir que des
espèces déterminées. Ce qui veut dire qu'il n'y a point d'aliment commun
à tous les organismes (l'eau et l'oxygène étant, comme on l'a vu, exceptés).

Suivant leur genre de nourriture et la façon dont ils utilisent celle-ci pour
former leur propre substance, les êtres vivants peuvent être répartis en trois
grandes classes, les plantes vertes, les plantes dépourvues de chlorophylle et
les animaux. — On a vu comment les premières assimilent le carbone et avec
quels composés azotés elles édifient les protéides de leur protoplasma
(p. 112 et suiv.). — Les plantes sans chlorophylle ont un pouvoir de construction, de synthèse, qui ne le cède pas à celui que manifestent les précédentes. C'est ainsi qu'il est des bactéries qui fixent directement l'azote de
l'air (voy. p. 113). Parmi les Champignons, l'*Aspergillus niger*, le *Penicil-
lium glaucum* ont la même propriété ; mais en général les Champignons
empruntent leur azote à des composés inorganiques aussi bien qu'organiques ; quant au carbone, ils ne peuvent se le procurer qu'en absorbant les
composés carbonés complexes formés par les organismes verts, soit qu'ils
trouvent ces composés dans les débris des animaux et des végétaux

morts (Champignons *saprophytes* [1]), soit qu'ils les puisent dans les tissus des animaux et des végétaux vivants (Champignons *parasites*). — Quant aux animaux, nous savons qu'ils ne se nourrissent que de combinaisons organiques complexes.

II. — CONDITIONS INTERNES.

Les phénomènes de la vie ne se produisent que dans une sub-stance complexe, caractérisée essentiellement par son pouvoir méta-bolique (voy. p. 12-14). Cependant une portion de matière vivante, séparée d'une cellule, ne peut se maintenir longtemps en vie, même placée dans les conditions externes les plus favorables. Ce fait résulte des expériences que nous connaissons (voy. p. 118) sur les relations du protoplasma et du noyau. Sans le noyau le protoplasma cesse peu à peu de manifester ses propriétés.

La substance vivante prend, comme on sait, des formes infini-ment variées, et chacune de ces formes se développe et se reproduit suivant la direction fixée par le développement des êtres antérieu-rement porteurs de la même matière. L'hérédité est donc une des conditions internes auxquelles sont soumis les êtres vivants (voy. p. 117). Mais la raison de cette ressemblance d'un être avec ses générateurs nous échappe.

1. De σαπρός, pourri, et φυτόν, plante.

CHAPITRE II

LES PHÉNOMÈNES D'ADAPTATION

Si les conditions du milieu changent, les êtres vivants se modifient. « La vie, a dit excellemment l'illustre philosophe anglais, HERBERT SPENCER, est l'adaptation continuelle des relations internes aux relations externes. » Vivre, c'est s'adapter. Telle plante qui pousse dans une vallée humide et abritée a des dimensions, une tige, une structure des feuilles différentes de celles de la même plante croissant au vent sur la colline. Le même animal vivant dans les régions polaires diffère de celui qui a son habitat dans un climat tempéré. Les espèces adaptées à la vie souterraine ont acquis des caractères que ne présentent pas les mêmes animaux à la surface du sol. Des Mollusques d'eau saumâtre ne peuvent vivre dans l'eau de mer pure. La question est trop connue pour qu'il soit nécessaire d'insister. L'acclimatation s'explique en grande partie par ce pouvoir d'adaptation au milieu.

Les variations des espèces, leurs adaptations, ne dépendent pas seulement des conditions de milieu, des conditions *cosmiques*. Elles dépendent aussi des conditions *éthologiques* [1] (genre de vie, action des organismes les uns sur les autres, parasitisme, etc.). A. GIARD a montré quelles modifications profondes, amenant la suppression des caractères sexuels secondaires, c'est-à-dire des attributs extérieurs des sexes, détermine dans un organisme la présence d'un parasite qui agit sur la fonction génitale de son hôte (castration parasitaire). « Une femelle d'oiseau, dit GIARD, prendra le plumage du mâle ; un crabe mâle verra ses fortes pinces diminuer et sa queue s'élargir comme celle des femelles pour abriter non des œufs puisqu'il ne pondra pas, mais le parasite lui-même auteur de cette transformation. » Les faits d'autotomie (voy. p. 707) sont également des adaptations d'ordre éthologique. Les relations sont extrêmement nombreuses et variées entre tous les êtres, végétaux et animaux, d'un même milieu. Ainsi se produisent beaucoup de variations dans la forme des organismes.

1. De ἦθος, mœurs.

Il se produit aussi des adaptations fonctionnelles. Telles sont les *hypertrophies* dites *compensatrices*, l'hypertrophie du cœur forcé de s'adapter à une augmentation de travail, ou celle du rein restant après extirpation de l'autre, etc. Telle est l'immunité contre les maladies infectieuses ou contre les venins, le plus remarquable cas qui soit d'adaptation physiologique (voy. p. 100).

Reste toute une catégorie d'adaptations fonctionnelles, sans lesquelles la vie, dans les organismes pluricellulaires, ne serait pas plus possible que sans les adaptations au milieu extérieur. Chez ces êtres en effet, à l'harmonie entre l'organisme et le milieu doit s'ajouter l'harmonie entre les divers organes dont l'association constitue un individu. Cette condition *interne*, nécessaire à la vie, c'est la corrélation mutuelle des fonctions. Nous en parlerons un peu plus loin.

CHAPITRE III

MÉCANISMES GÉNÉRAUX DE LA VIE

Les mécanismes suivant lesquels s'accomplissent les actions vitales sont des mécanismes physico-chimiques qui ont été antérieurement exposés (voy. p. 52-99). On a vu en particulier combien de ces actions sont dues à des processus diastasiques (p. 83 et suiv.).

Le rôle des ferments s'est encore agrandi depuis la découverte d'une nouvelle catégorie de ces agents, les ferments *intracellulaires*. L'étude de ces derniers, qui se poursuit présentement (voy. p. 98), tend à montrer que la plupart des phénomènes chimiques intracellulaires sont attribuables à des diastases.

Il ressort de là que, dans toutes les cellules vivantes, se produisent diverses actions chimiques, dédoublements, oxydations, réductions, synthèses, qui paraissent se faire par des ferments. De l'ensemble de ces actions résultent les désintégrations et intégrations qui constituent les phénomènes de désassimilation et d'assimilation. On est en droit de se demander si le mécanisme de ces deux grands actes en lesquels consiste l'échange de matières caractéristiques de la vie n'est pas un mécanisme diastasique, si le travail de l'assimilation comme celui de la désassimilation ne se ramène pas à l'activité de ferments intracellulaires.

CHAPITRE IV

RÉSULTATS GÉNÉRAUX DE LA VIE

Tout le travail fourni par l'organisme vivant provient de l'énergie chimique des aliments (voy. p. 121 et 152).

Celle-ci se transforme en différentes autres modalités d'énergie, mouvement (voy. p. 121 et 1129), chaleur (p. 127, 789 et 805), électricité (p. 128) et même lumière (p. 128).

Chez presque tous les animaux, c'est le dégagement de chaleur et la production de travail mécanique qui représentent la totalité de la consommation énergétique. On a montré (expériences de RUBNER, 1893-94, voy. p. 805) que toute l'énergie chimique des aliments, en un temps donné, se retrouve dans la quantité de chaleur produite dans le même temps par l'animal au repos. La *loi de la conservation de l'énergie* s'applique donc à la matière vivante.

CHAPITRE V

INTERDÉPENDANCE DES CELLULES. — CORRÉLATIONS FONCTIONNELLES

A mesure que les organismes se compliquent, qu'ils sont formés d'un plus grand nombre de cellules de diverses sortes associées en des organes différents, des relations étroites s'établissent entre tous ces groupes cellulaires (voy. p. 118); la vie commune ne serait pas possible, si les fonctions des espèces cellulaires dont la réunion constitue l'individu n'étaient pas en rapport les unes avec les autres.

MÉCANISME DES CORRÉLATIONS FONCTIONNELLES.

L'adaptation réciproque des fonctionnements organiques n'a été longtemps considérée comme possible que par l'action du système nerveux; on ne concevait pas que la relation entre deux organes pût s'établir autrement que par cet intermédiaire. Tout un ordre de faits nouveaux a été découvert, d'où il ressort que de telles coordinations résultent aussi d'actions purement chimiques.

Il y a lieu par conséquent de distinguer, à côté des corrélations fonctionnelles dues à l'action du système nerveux, celles qui dépendent d'une action chimique.

1. — Corrélations d'origine nerveuse.

Celles-ci sont connues depuis longtemps. Un des principaux types en est dans la régulation de diverses fonctions organiques par des phénomènes de sensibilité : des excitations sensibles provoquent la mise en jeu d'appareils nerveux qui déterminent un acte fonctionnel complexe.

Ainsi s'établissent, par exemple, les rapports entre la circulation artérielle et le cœur, par l'intermédiaire de l'excitation du nerf dépresseur (voy. p. 465); ainsi se règle la thermogénèse (voy. p. 808); ainsi se fait la régulation thermique (voy. p. 809-815).

Les appareils nerveux qui déterminent le fonctionnement des organes peuvent être mis en jeu par d'autres stimulants que par des excitations sensibles, par des substances chimiques produites en quelque partie de l'organisme. Ce mécanisme, grâce auquel s'établissent des relations fonctionnelles, est donc mixte, à la fois nerveux et chimique. On peut appeler *neuro-chimiques* les corrélations qui en dépendent[1].

En voici quelques remarquables exemples : le mode d'évacuation de l'estomac, par lequel on voit qu'un phénomène de sécrétion (sécrétion de l'acide chlorhydrique par les glandes gastriques) règle deux actes moteurs antagonistes, le relâchement ou la contraction du pylore (ouverture ou fermeture du passage gastro-duodénal) (voy. p. 231); c'est par la même sécrétion qu'est encore commandée la fermeture du cardia (p. 231); — le mécanisme réflexe de la sécrétion pancréatique (voy. p. 241); — la régulation des mouvements respiratoires sous l'influence de faibles variations dans la tension de l'acide carbonique du sang artériel, ce corps, produit de l'activité commune à tous les tissus et que ceux-ci doivent éliminer sous peine de déchéance fonctionnelle, étant particulièrement apte à exciter les centres bulbaires qui commandent aux mouvements de l'appareil excréteur de ce corps même (voy. p. 569).

2. — Corrélations d'origine chimique.

Nombre d'organes glandulaires peuvent agir à distance sur d'autres organes, non plus par l'intermédiaire du système nerveux, mais par l'intermédiaire de substances qu'ils sécrètent et qu'ils déversent ensuite dans le sang. On peut penser que ces substances ont des propriétés chimiques telles qu'elles réagissent sur des matières constitutives d'autres éléments anatomiques de façon à provoquer le fonctionnement de ces derniers ; de là un de leurs caractères essentiels, leur spécificité d'action. Elles proviennent des glandes à sécrétion interne[2] (voy. p. 596). On peut les répartir en deux

1. Les précédentes sont d'origine neuro-directe.
2. La notion des substances glandulaires à action chimique élective ou, comme on pourrait dire en deux mots qui expriment et l'idée d'association fonctionnelle et le mécanisme de cette association, la notion des *symbioses humorales*, dépasse la doctrine des sécrétions internes. Celle-ci, comme je l'ai montré ailleurs[*], a été introduite dans la science par CLAUDE BERNARD avec la découverte de la fonction glycogénique du foie ; mais, dans tout ce que BERNARD a écrit à ce sujet on ne trouve pas autre chose que la constatation de ce fait qu'il est des glandes, dont le foie, qui versent leur sécrétion dans le sang et contribuent ainsi à déterminer la composition du « milieu intérieur ». BROWN-SÉQUARD reprit cette conception, mais, sans compter qu'il l'imposa à l'attention générale et qu'il en fit voir les applications thérapeutiques, il la modifia (1889-1892), en y ajoutant la notion de l'action élective des substances glandulaires déversées dans le sang : « Ces produits solubles spéciaux, dit-il (*Arch. de physiol.*, 1891, 5e série, III, p. 446,

[*] Voy. E. GLEY, *L'année biologique*, 1897, t. I, p. 313-330; *Essais de philosophie et d'histoire de la biologie*, Paris, 1900, p. 114 et 254 et suiv ; et *Les sécrétions internes*, Paris, 1914, p. 12-24.

grandes classes, suivant qu'elles manifestent des actions morphogènes, qu'elles se comportent comme des *harmozones* (voy. p. 655), ou qu'elles déterminent des fonctionnements ; dans ce dernier cas, où elles agissent comme des excitants fonctionnels, elles méritent vraiment le nom d'*hormones* (de ὁρμάω, j'excite) que leur a données Starling, mais qu'on a eu le tort d'étendre à tous les produits endocrines.

1° Les glandes génitales proprement dites, testicules et ovaires, tiennent sous leur dépendance le développement des caractères sexuels secondaires, et en particulier des glandes génitales accessoires et du tractus génital. et l'on a montré que cette action morphogène est due à des substances produites par la glande interstitielle du testicule ou par les corps jaunes des ovaires (voy. p. 735-739). D'autre part, chez les animaux mâles castrés, l'allongement des membres, par persistance des cartilages de conjugaison, est de règle ; or cette malformation osseuse est empêchée si à ces animaux on injecte des extraits de glande interstitielle. — Le développement du tissu osseux est soumis à l'influence d'autres produits glandulaires, celui de la thyroïde[1] principalement (voy. p. 654 et 655) et celui du thymus (p. 663). — Il se pourrait enfin que ce développement dépendit aussi de la sécrétion hypophysaire (voy. p. 662).

2° Les substances glandulaires à action fonctionnelle établissent des rapports entre deux glandes plus ou moins distantes l'une de l'autre ou bien exercent une influence régulatrice sur des fonctions organiques.

Comme exemples du premier des deux rôles, on connaît le mécanisme humoral de la sécrétion pancréatique (voy. p. 240) ; les rapports entre le pancréas et le foie dans les fonctions glycogénique et glycémique,

pénètrent dans le sang et viennent influencer, par l'intermédiaire de ce liquide, les autres cellules ou éléments anatomiques de l'organisme. Il en résulte que les diverses cellules de l'économie sont ainsi rendues solidaires les unes des autres et par un mécanisme autre que celui des actions du système nerveux. » Voilà ce qui, dans la doctrine des sécrétions internes me paraît appartenir en propre à Brown-Séquard. Sans l'idée des sécrétions internes, cette notion sans doute n'aurait pu naître, mais elle a apporté quelque chose de nouveau, elle a marqué un pas en avant, un pas dans la connaissance des causes des mécanismes fonctionnels.

1. Cette glande agit aussi sur le développement cérébral. On sait que le *crétinisme* est lié à la perte de la fonction thyroïdienne.

2. Cette étroite association fonctionnelle entre les deux cellules hépatique et pancréatique, si dissemblables morphologiquement, n'est-elle pas comme la marque, chez les animaux supérieurs, de cette disposition que présentent les Invertébrés, par laquelle les deux organes sont fusionnés en un seul, l'*hépatopancréas*, et de cette autre, constatée chez les Poissons osseux, et qui consiste dans la pénétration des cordons pancréatiques jusque dans la masse du foie le long des rameaux de la veine porte ?

(voy. p. 645) ; l'établissement de la sécrétion lactée (voy. p. 744).

Comme exemples d'influence régulatrice, l'action dynamogénique[1] de l'extrait testiculaire est à mentionner (voy. p. 737) ainsi que l'action des substances thyroïdienne (voy. p. 655 et 656) et testiculaire (voy. p. 737) sur les échanges de matières, en particulier sur les échanges gazeux et les échanges azotés. — Remarquons à ce sujet que la régulation des échanges matériels peut donc se faire directement, sans l'intermédiaire du système nerveux, par des substances qui proviennent de ces échanges eux-mêmes ; c'est une auto-régulation. — Relativement à la régulation de la circulation du sang, on a vu quelles graves réserves il convient de faire sur l'action des substances extraites de la thyroïde et de l'hypophyse et de quelques autres glandes (voy. p. 657. 663 et 664).

1. Sur les phénomènes de *dynamogénie*, voy. p. 1062.

CHAPITRE VI

NOTIONS DE PHYSIOGÉNIE

Les êtres vivants, en se reproduisant, ne reproduisent pas seulement les formes de leurs ascendants, mais aussi les modes de réagir et les mécanismes fonctionnels caractéristiques des espèces auxquelles ils appartiennent. Mais, si le développement morphologique a été depuis longtemps étudié avec le plus grand soin dans tous ses détails, on commence à peine de saisir le développement des diverses fonctions. La physiologie cependant n'aura atteint son but dernier, qui est l'explication des processus réactionnels de la matière vivante, en ses multiples formes, que quand elle sera arrivée à déterminer la formation des fonctions dites vitales. Car il n'en va pas autrement pour elle et pour l'anatomie ; la meilleure manière de comprendre un arrangement fonctionnel, comme une disposition morphologique, c'est d'en pénétrer la genèse et d'en suivre l'évolution[1].

I. — FORMATION ET DÉVELOPPEMENT DE LA MATIÈRE ALBUMINOIDE.

C'est une question capitale. La connaissance des matières albuminoïdes des protoplasmas en voie de développement et de leur formation serait à coup sûr du plus haut intérêt. De là est venue l'idée de rechercher la nature et les réactions des substances protéiques, non plus dans les organes qui ont achevé leur évolution embryonnaire, mais dans les organes en développement et, parmi ces derniers, dans ceux dont la vie est la plus active. On aura chance peut-être de trouver là les matériaux avec lesquels se construit l'édifice chimique des protoplasmas. C'est dans cette direction que A. KOSSEL

---

1. C'est ce qu'a déjà soutenu W. PREYER, dans son livre, *Physiologie spéciale de l'embryon* (trad. fr. par WIET, Paris, 1887) : « La connaissance de la chimie biologique et de la physiologie de l'embryon, dit-il (p. 1-2), est nécessaire pour la compréhension des fonctions de l'homme et des animaux après leur naissance.

« De même qu'on ne comprend l'organe, le tissu et la cellule que quand on en a étudié la genèse, de même on ne peut comprendre la fonction que grâce à l'étude de ses phases. »

s'est mis depuis longtemps déjà à travailler ; il s'est attaqué aux laitances de saumon, de hareng, d'esturgeon, etc., et il en a retiré les *protamines* (voy. p. 33), albuminoïdes élémentaires qui, en s'agrégeant à des molécules d'autres protéides, peuvent engendrer des albuminoïdes plus complexes.

II. — APPARITION ET DÉVELOPPEMENT DES ACTIONS DIASTASIQUES.

Des recherches précises, quoique insuffisantes encore pour que l'on en puisse tirer des conclusions générales, ont été faites sur les actions diastasiques chez le fœtus ou chez le nouveau-né.

La muqueuse stomacale des fœtus humains jusqu'à six mois ne contient ni pepsine ni présure, pas plus d'ailleurs que d'acide chlorhydrique ; à partir du sixième mois elle a une réaction acide et dès le septième mois on y trouve des traces de pepsine et de présure. Chez les chiens nouveau-nés on n'a décelé la pepsine et l'acide chlorhydrique qu'à partir du dix-huitième jour après la naissance. Chez l'embryon de porc, dès qu'il dépasse la taille de 50 millimètres, la maltase et la lactase apparaissent dans l'intestin, la lipase également (ainsi que dans le foie), tandis que ni la sucrase ni les ferments protéolytiques ne s'y montrent ; ceux-ci sont les derniers à venir[1].

Le sang des fœtus de bovidés et de truie et celui du nouveau-né humain ne contiennent point d'amylase, alors que le sang de la mère en contient toujours.

La question de savoir si dans les tissus fœtaux peuvent déjà agir les endoenzymes a été également posée[2].

On a trouvé que les œufs de grenouille et de poule, fécondés ou non, contiennent des oxydases ; ces ferments se produisent dans le corps embryonnaire ; il y a coïncidence entre l'apparition de l'hémoglobine dans l'embryon et celle de la peroxydase (au deuxième jour chez l'embryon de poulet, au vingtième jour chez les têtards [embryons de 12 millimètres de long]). — On a constaté, d'autre part, que le foie fœtal possède un pouvoir amylolytique bien moindre que celui du tissu musculaire ; il augmente cependant peu à peu avec l'âge de l'embryon. Ce fait est en rapport avec ce que nous savons, par ailleurs, sur la pauvreté du foie des fœtus en glycogène

---

1. Ces faits ont été observés par Lafayette B. Mendel et Ph.-H. Mitchel qui ont publié dans l'*Americ. Journ. of physiol.*, en 1907 et 1908 (t. XX et XXI), toute une série de recherches de chimie physiologique sur le développement, systématiquement poursuivies. Parmi les travaux antérieurs, il faut se reporter à ceux de Hammarsten (*Beiträge zur Anat. und Physiol. als Festgabe C. Ludwig gewidmet*, Leipzig, 1874, p. 116-129), Sewall (*Journ. of Physiol.*, 1878, I, 320-334) et surtout O. Langendorff (*Arch. f. Physiol.*, 1879, p. 95-112) qui, au début de son travail, expose quelques considérations très justes sur l'importance des recherches physiologiques d'ontogenèse.

2. Lafayette B. Mendel (*loc. cit.*). Voy. aussi A. Herlitzka, *Archives italiennes de Biologie*, 1907, XLVIII, p. 119-145.

et conséquemment sur l'apparition tardive de la fonction glycogénique dans cet organe. — Dans le foie de l'embryon de porc mesurant 150 millimètres de long, on ne trouve encore aucune des diastases des nucléines (adénase, guanase, xanthinoxydase); l'adénase apparaît chez l'embryon de 170 millimètres et, après la naissance seulement, la xanthinoxydase [1]. — On n'a pas pu déceler d'enzyme uricolytique dans les tissus embryonnaires ; ce ferment n'apparaît que très peu de temps avant ou après la naissance.

III. — DÉVELOPPEMENT DES FONCTIONS ORGANIQUES.

Les principaux documents recueillis jusqu'à présent concernent la circulation, la respiration, les fonctions du foie et des reins et la thermogénèse. Avant de les examiner, nous dirons quelques mots de l'évolution des propriétés du sang.

1º Les propriétés chimiques du sang paraissent être les mêmes chez le fœtus et chez l'animal développé. C'est ainsi que l'hémoglobine fœtale ne le cède pas à celle de la mère pour son pouvoir de fixation de l'oxygène.

Au contraire, les propriétés physiologiques apparaissent tardivement. Jusqu'à la naissance le sérum sanguin des fœtus de chiens n'a pas d'action globulicide ni spermatolytique ; sa toxicité pour le lapin est moindre que celle du sang maternel; cette toxicité cependant se manifeste déjà quelques heures après la naissance et augmente progressivement dans les huit premiers jours. Il semble donc que l'organisme fœtal n'élabore pas de poisons. D'autre part, la résistance des hématies du fœtus est plus grande ; les hématies résistent, par exemple, à des doses de sérum d'Anguille qui sont fortement hémolytiques pour les globules de l'adulte. — La coagulation du sang fœtal est lente et incomplète. C'est un fait qui a été constaté pour le sang de tous les Vertébrés dont les hématies sont nucléées. Mais il pourrait tenir à la pauvreté du sang fœtal en fibrinogène. Nous reviendrons tout à l'heure sur ce dernier point.

2º La fonction du cœur est établie de très bonne heure chez l'embryon (voy. p. 453); les premières contractions du tube cardiaque se font à une époque où il est impossible de découvrir dans ce tube traces d'éléments nerveux ni même de fibres musculaires (W. Preyer). L'irritabilité du cœur, c'est-à-dire sa propriété de répondre aux excitations, et l'automatisme (voy. p. 451 et 454) ne se développent pas *pari passu* ; l'automatisme, qui existe primitivement dans tous les segments du cœur, disparaît du tissu ventriculaire, devenu plus excitable ; au contraire, les régions les plus automatiques, oreillettes et sinus, sont moins excitables (d'après les recherches de Fano et Bottazzi); l'automatisme serait indépendant de la fonction des appareils nerveux intrinsèques du cœur.

L'action inhibitrice du pneumogastrique sur le cœur n'a pas lieu pendant toute la vie embryonnaire (recherches de Bottazzi, 1896, sur l'embryon du

---

1. D'après les recherches de W. Jones et G. R. Austrian (*Jour. of biol. Chem.*, 1907, III, p. 227, 232) ; Lafayette B. Mendel et Ph. H. Mitchel ont trouvé l'adénase dans le foie, à un stade plus précoce du développement.

poulet) ; quelques heures après seulement que le poussin est sorti de l'œuf,
on voit les fortes irritations du nerf arrêter le cœur en diastole. De même,
chez le têtard de grenouille, on ne peut ralentir ou arrêter le cœur ni
directement ni par voie réflexe. Chez le chien nouveau-né, par contre, l'excitation du vague est aussi efficace que chez l'adulte ; ce nerf néanmoins
réagit d'une façon générale comme le nerf des animaux hétérothermes
(grenouille) et non comme celui de l'homéotherme adulte [1]. Il est permis
peut-être de voir une autre preuve de ce développement tardif des réactions nerveuses cardiaques dans la résistance du ventricule des chiens et
des chats nouveau-nés aux trémulations produites par les courants induits
tétanisants (voy. p. 401) ; à ce point de vue, le cœur de ces animaux ressemble à celui du lapin ou du cobaye (GLEY, 1892).

Les nerfs vaso-dilatateurs, chez l'animal nouveau-né, seraient peu excitables. D'une façon générale d'ailleurs, les réactions vaso-motrices seraient
faibles ; ainsi le tracé des variations de la pression artérielle ne montre
pas d'oscillations vaso-motrices (voy. p. 418).

3° Des recherches sur l'embryon du poulet [2] ont montré que cet
embryon respire à toutes les périodes de son développement, mais que
l'intensité du phénomène, mesurée par la consommation d'oxygène, est
extrêmement variable ; aux premiers stades du développement, comme
d'ailleurs on le savait déjà par diverses observations, des quantités
d'oxygène presque inappréciables sont suffisantes ; l'hémoglobine, du reste,
n'apparaît que plus tard, mais sa fonction peut être abolie, comme on le
voit par exemple en plaçant l'embryon dans une atmosphère d'oxyde de
carbone et d'air, sans que le cœur cesse de battre ; avec la respiration allantoïdienne, la fonction de l'hémoglobine devient indispensable (S. BAKOUNINE).

Chez les Mammifères, le fœtus est en état d'apnée. Cependant son
sang est relativement pauvre en oxygène, et il est aussi riche en acide
carbonique que le sang maternel. Cette apnée ne peut donc tenir ni à une
augmentation de la quantité d'oxygène, ni à une diminution de la tension
de l'acide carbonique. Ce phénomène dépend sans doute du peu d'excitabilité des centres respiratoires bulbaires. De fait, les excitations des fosses
nasales (excitations du trijumeau, voy. p. 573) donnent lieu à des mouvements réflexes des muscles de la face, mais non à des mouvements respiratoires. L'inscription des mouvements de la respiration, chez le chien nouveau-né, révèle d'ailleurs souvent une discordance entre les mouvements
thoraciques et les abdominaux, qui prouve que le centre bulbaire ne coordonne pas encore parfaitement les divers appareils servant à la fonction
respiratoire. Le pneumogramme du nouveau-né humain est également
remarquable par son irrégularité, tant au point de vue du rythme que de
l'amplitude ; cette irrégularité s'observe non seulement à l'état de veille,
mais même pendant le sommeil le plus calme. Elle n'est explicable que
par le développement imparfait des fonctionnements nerveux qui règlent
le jeu de la respiration.

4° Nous avons déjà remarqué que le foie du fœtus est très pauvre en

1. D'après les expériences de E. MEYER, *Archives de physiol.*, 1893, 5ᵉ série, **V**,
p. 475-487 ; voy. p. 480-81.
2. SOPHIE BAKOUNINE, *Arch. italiennes de Biol.*, 1895, XXIII, p. 420-423.

glycogène. Aussi cet organe forme-t-il peu de glycose. S'il n'y a que peu de sucre formé dans le foie, il doit en passer peu dans le sang. C'est ce que l'on a constaté.

On a trouvé chez des enfants nouveau-nés, âgés de un à sept jours, que la quantité d'ammoniaque augmente progressivement dans les urines, du premier au troisième jour; elle diminue alors et, le sixième jour, la teneur est redevenue la même que le premier jour.

Que l'on rapproche de ce fait ceux que nous connaissons déjà, faible teneur du foie fœtal en glycogène, faible teneur du sang fœtal en glycose, faible pouvoir amylolytique du foie, faible proportion de fibrinogène dans le sang fœtal (nous savons les raisons qu'il y a de considérer le foie comme l'organe formateur du fibrinogène [voy. p. 335]) ; n'est-on pas amené à conclure que beaucoup des fonctions hépatiques s'accomplissent encore imparfaitement chez le fœtus et même chez le nouveau-né ?

Exception doit être faite pour la sécrétion biliaire qui paraît exister longtemps avant la naissance, comme le prouve la teinte foncée du méconium. A partir du cinquième ou sixième mois, la vésicule biliaire, chez le fœtus humain, contient de la bile.

Nous avons parlé pages 136 et 330-331 de la réserve de fer qui se constitue dans le foie, durant la vie intra-utérine.

5° Les fonctions sécrétoires du fœtus ont été peu étudiées, sauf celles du foie, que nous venons de passer rapidement en revue, et celle des reins.

La question de la sécrétion rénale, chez le fœtus, se ramène essentiellement à celle de la formation du liquide amniotique. Ce liquide contient les éléments de l'urine. D'autre part, on a trouvé maintes fois, à la fin de la gestation, de l'urine en plus ou moins grande quantité dans la vessie de fœtus humains ou autres: la plupart du temps, il est vrai, cette quantité est petite, ce qui s'explique par la faible activité rénale.

L'intestin [1] manifeste aussi sa fonction sécrétoire dès la vie intra-utérine, la formation du méconium (voy. p. 277 et 280) en est la preuve.

6° Nous avons montré (p. 796) ce qui différencie, au point de vue de la thermogenèse, le nouveau-né et *a fortiori* le fœtus, de l'animal développé.

IV. — DÉVELOPPEMENT DES FONCTIONS NERVEUSES
ET MOTRICES.

Il suffira de rappeler ici que, chez les animaux supérieurs et plus nettement encore dans l'espèce humaine, le développement des fonctions nerveuses, de la sensibilité en particulier et des réactions cérébrales et même, quoique à un moindre degré, des réactions médullaires, est graduel ; les médecins et les psychologues ont spécialement étudié l'évolution des fonctions sensorielles et des coordinations motrices [2].

1. On a trouvé (recherches de L. CAMUS, 1902) que de la muqueuse duodénale des fœtus de cobaye on peut extraire de la sécrétine.
2. Consulter, outre l'ouvrage déjà cité (p. 1198) de W. PREYER, un autre ouvrage du même auteur : *L'âme de l'enfant*, trad. d'après la 2ᵉ édit. allemande par H. DE VARIGNY, Paris, 1887.

Les centres nerveux d'ailleurs, chez les nouveau-nés des animaux qui naissent les yeux fermés, ne manifestent pas leurs fonctions (voy. p. 1041). C'est sans doute aussi à cause de ce retard dans le développement du système nerveux central que l'anesthésie chloroformique est plus difficile à obtenir chez le fœtus. Cette résistance au chloroforme a vraisemblablement une raison chimique qui est que le cerveau fœtal contient relativement peu de lécithine ; on a montré en effet que l'action du chloroforme dépend de la combinaison de ce corps avec les substances grasses des masses nerveuses.

On pourrait montrer aussi ici que l'apparition des divers mécanismes

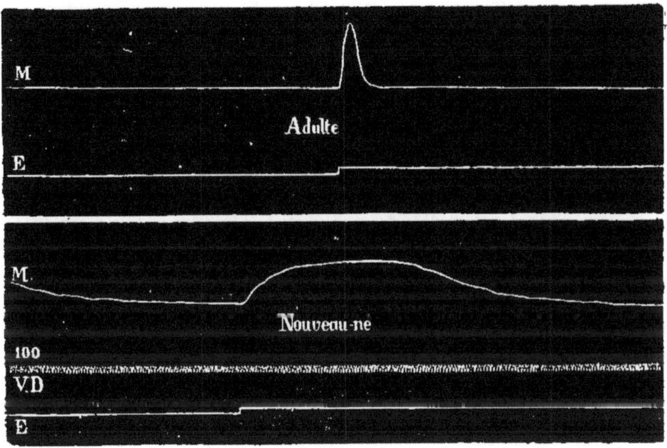

Fig. 302. — Secousse musculaire du chien nouveau-né (E. MEYER, 1894)[1]. Contraction du gastrocnémien par excitation du sciatique, comparée à la contraction du même muscle chez l'animal adulte.

M. muscle ; — E, excitation par un choc d'induction de rupture ; — VD, inscription des vibrations d'un diapason à 100 VD.

nerveux qui président aux mouvements synergiques est plus ou moins tardive. Tous les actes coordinateurs sont acquis assez lentement par l'enfant, à partir de la naissance[2]. N'est-ce pas là encore une preuve de l'étroite dépendance, que nous avons déjà fait remarquer (p. 1137), des mécanismes moteurs vis-à-vis du système nerveux? C'est que les centres nerveux, spinaux, cérébelleux et cérébraux, se développent progressivement. Il faudrait pouvoir distinguer les différentes raisons chimiques, anatomiques et physiologiques des inégalités de ce développement; sans doute l'étude de la myélinisation successive des différentes parties du système nerveux central (théorie de FLECHSIG, voy. p. 1081) nous a montré pourquoi

1. L. PATRIZZI, la même année (*Arch. italiennes de Biol.*, 1894, XXI, p. 43-53) a publié des tracés analogues à ceux de E. MEYER, recueillis sur le nouveau-né humain.

2. Consulter O. FŒRSTER, *Die Physiol. und Pathol. der Coordination*, Iéna, 1902.

des faisceaux sont prêts à fonctionner chez des fœtus de huit mois et pourquoi d'autres ne le sont que plusieurs mois après la naissance ; mais cette méthode ne donne cependant pas la clef de l'évolution de toutes les fonctions nerveuses ; ce que nous avons dit tout à l'heure du mécanisme de l'anesthésie suffit à indiquer l'influence de la composition chimique des cellules nerveuses sur leurs réactions physiologiques.

Les réactions des muscles striés du fœtus et du nouveau-né ne sont pas de tout point identiques à celles des muscles de l'animal développé.

Les principales différences consistent en la plus grande durée de la période d'excitation latente, l'allongement de la courbe de contraction (c'est-à-dire la durée plus longue de la secousse) (voy. fig. 302) et par suite la diminution du nombre des excitations nécessaires pour produire le tétanos. Bref, les caractères de la secousse et ceux du tétanos rapprochent le muscle strié du nouveau-né du muscle lisse et du muscle fatigué. La cause en est sans doute que ce muscle contient encore beaucoup de sarcoplasma. De fait, quand on suit à la fois l'évolution histologique du muscle et celle de ses propriétés physiologiques (recherches sur des muscles d'embryons de grenouille, d'axolotl et de poulet, G. Weiss, 1899), on remarque qu'au début, quand il n'y a pas encore de fibrilles, toute excitation est suivie du même mouvement lent, attribuable au seul sarcoplasme ; quand les fibrilles se sont développées, à chaque excitation le muscle répond par une secousse brève ; l'apparition de la secousse coïncide avec celle de la fibrille striée différenciée ; dans les états intermédiaires, il y a une superposition des deux effets.

Il serait prématuré d'essayer de tirer des lois de tous ces faits ; ce que l'on peut dire néanmoins de plus général, c'est que, dans l'évolution des fonctions, celles qui dépendent de propriétés purement chimiques des cellules apparaissent, ce semble, les premières et que celles dont le mécanisme est plus complexe sont d'une maturité plus tardive.

TABLE ALPHABÉTIQUE

Aberration de réfrangibilité, 902.
— de sphéricité, 901-902.
Abiurétiques (Corps), 221.
Absinthe (Essence d'), 979.
Absorption, 109.
— digestive, 285.
— par la peau, 293.
— par le tissu sous-cutané, 294.
— par les muqueuses et les séreuses, 294 et 295.
Acapnie, 561, 570.
Acclimatation, 1190.
Accommodation, 889.
— mécanisme, 893.
Accroissement, 115.
Acétone, 677.
Acétoniques (Corps), 677-78.
Acétonurie, 677, 678.
Achromatopsie, 920-21, 925-926.
Achroodextrine, 189.
Acide acétylacétique, 677, 702.
Acide aspartique, 691.
Acide β-oxybutyrique, 677, 702.
Acide carbamique, 339.
Acide carbonique, 19, 111, 203, 226, 273.
— du sang, 339.
— action sur les nerfs, 1105.
Acide carnique, 42.
Acide chlorhydrique. Formation, 43.
— Formation dans l'estomac, 202.
— acide du suc gastrique, 217 et s.
Acide cholique, 251.
Acide citrique, 747, 784.
Acide érucique, 675.
Acide glutamique, 690, 691.
Acide glycuronique, 338, 673.
Acide gymnémique, 867.

Acide hippurique, 94, 339, 698, 761.
Acide homogentisinique, 700.
Acide indoxylsulfurique, 701.
Acide lactique dans l'estomac, 218, 227, 239.
— dans les muscles, 673, 1134-35, 1157.
— et formation de l'acide urique, 635.
— et formation des acides aminés, 689, 692.
Acide nucléique, 40, 270.
Acide oxalique, 702.
Acide oxyprotéique, 699, 776.
Acide paranucléique, 41.
Acide phosphocarnique, 42, 977, 1134.
Acide propionique, 695.
Acide pyruvique, 691, 693-94.
Acide sarcolactique, 982, 1134.
Acide sulfhydrique, 19.
Acide tartrique, 784.
Acide urique, 40, 339.
— transformation en urée, 632-33.
— formation dans le foie, 634-35.
— origine, 695-96.
— endogène et exogène, 696.
Acides, 107, 124.
Acides aminés, 32, 221.
— valeur nutritive, 146, 687, 689.
— transformation en urée, 629.
— désamination, 628, 689, 692.
— transformations, 691-92.
— dans l'autolyse, 693.
Acides biliaires, 251, 259.
Acides diaminés, 32, 688.
Acides gras, 26.
Acides monoaminés, 32, 688.
Acidose, 702.
Acoumètre, 847.

Acromégalie, 662.
Actions d'arrêt sur le cœur, 465, 468.
— en général, 999.
Actions endo et exothermiques, 94.
Acuité visuelle, 927.
Adaptation, 1190.
Adaptations glandulaires, 165.
— de la sécrétion salivaire, 157.
— de la sécrétion gastrique, 213.
Adaptation de la sécrétion pancréatique, 243.
Addiment. Voy. *Complément*.
Addition des excitations, 1003, 1079, 1101, 1145.
Adénase, 697.
Adénine, 41.
Adrénaline, 122, 486, 620, 659, 660-61.
Adsorption, 36, 102, 223.
Aérotonométrie, 545.
Agglutinines, 100, 353.
Agraphie, 1054.
Aiguilles thermo-électriques, 791, 1145.
Air. Entrée dans les veines, 445.
Air complémentaire, 537.
Air courant, 536.
Air de réserve, 537.
Air expiré. Toxicité, 543.
Air résiduel, 537.
Akinésie, 1085.
Alanine, 32, 628, 689, 691, 693-94, 702.
Albumine pure, 30.
— circulante, 680.
— fixée, 680.
Albumines, 38.
— besoin minimum, 145, 681.
— fixation, 684.
— spécifiques, 680, 688-89.

TABLE ALPHABÉTIQUE

DES NOMS D'AUTEURS

5476-18. — CORBEIL IMPRIMERIE CRÉTÉ.

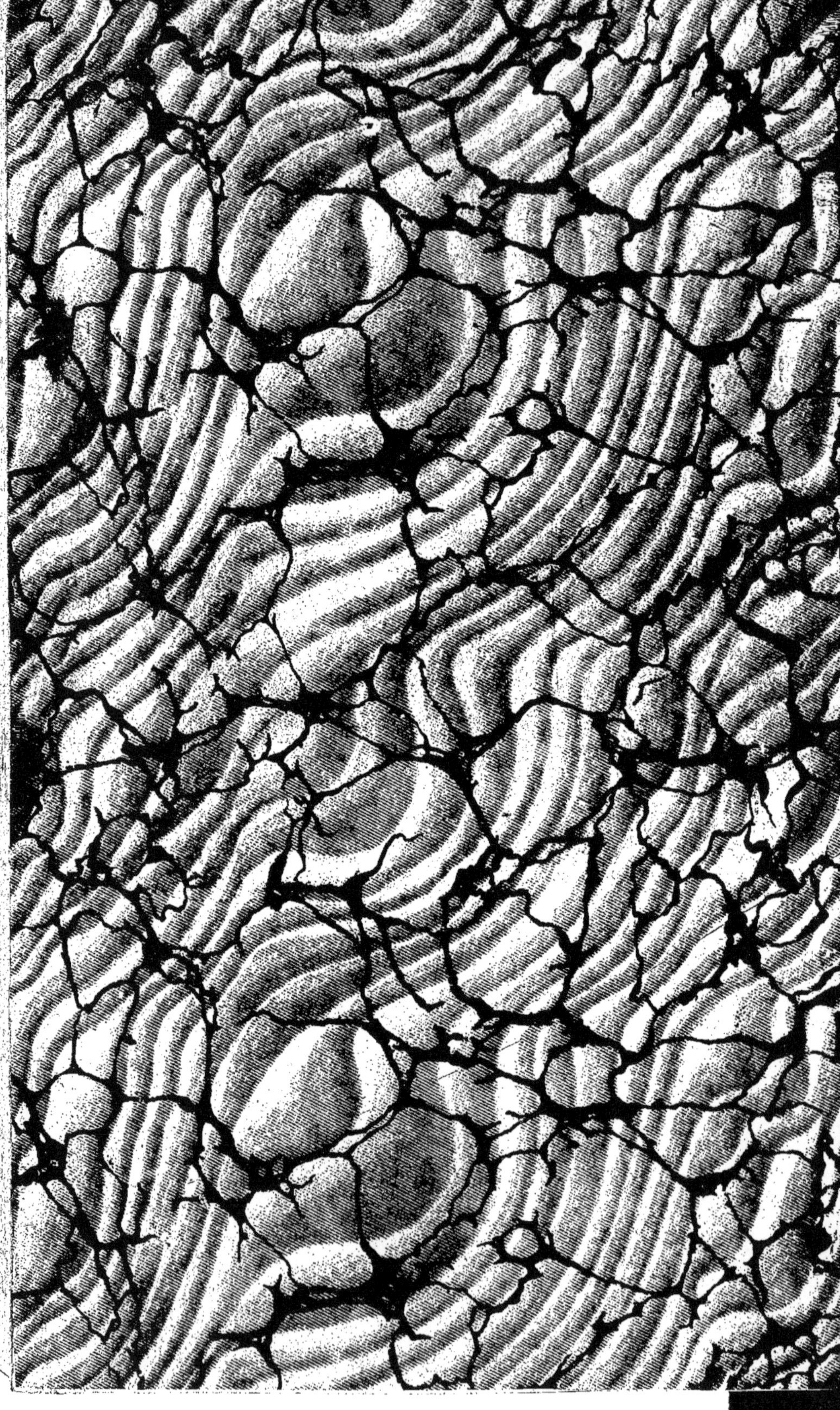

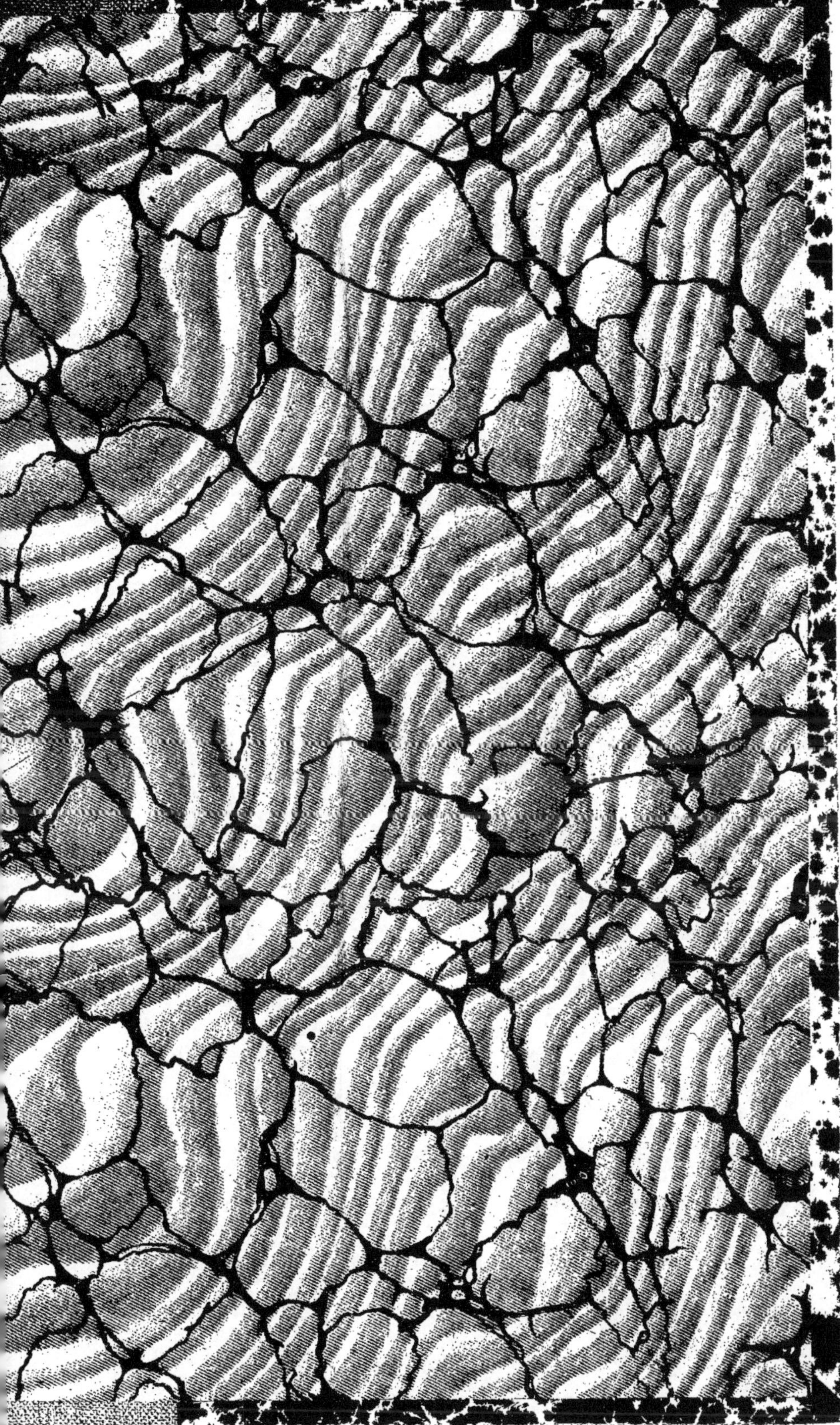

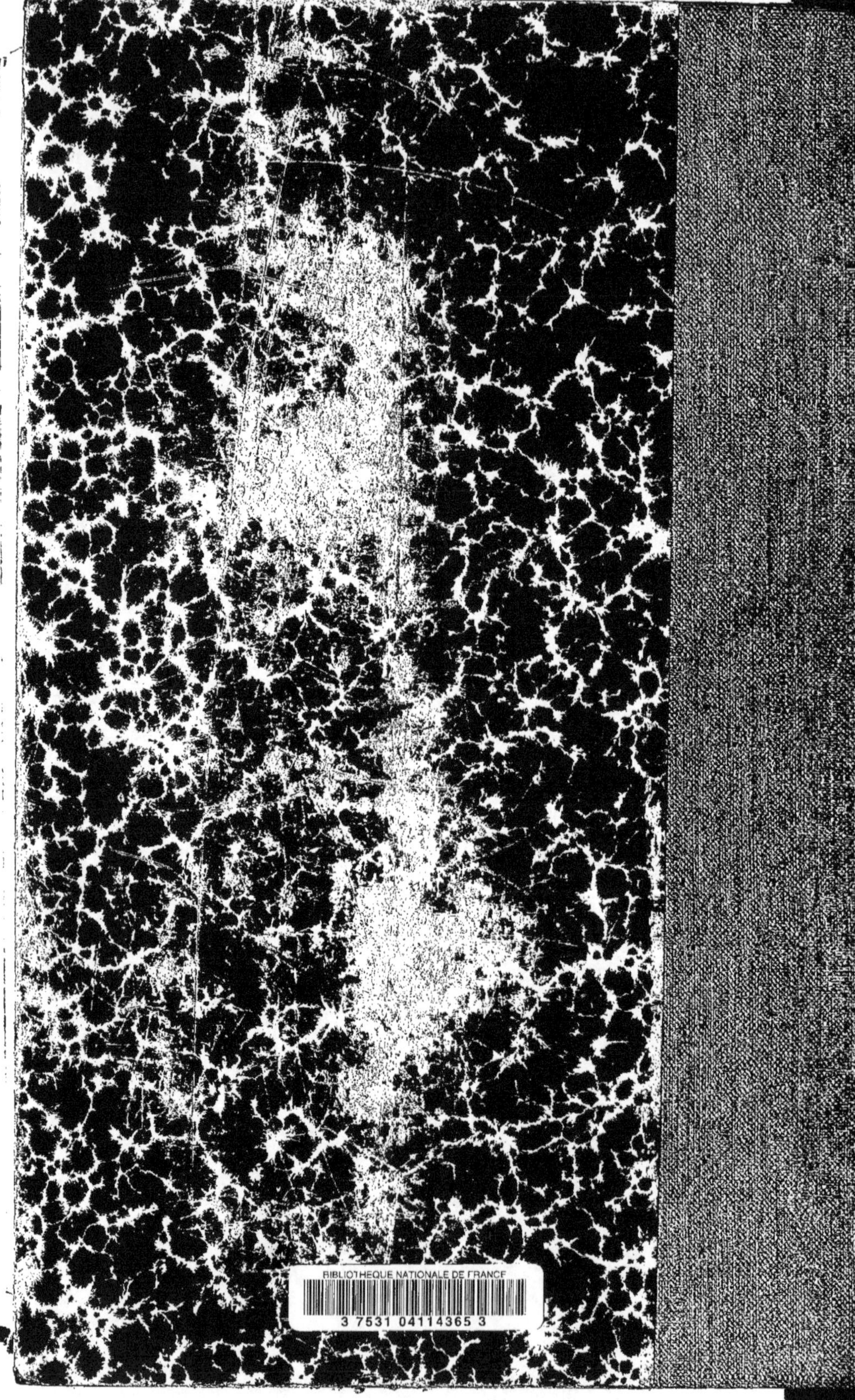

www.ingramcontent.com/pod-product-compliance
Ingram Content Group UK Ltd.
Pitfield, Milton Keynes, MK11 3LW, UK
UKHW022047120726
13694UKWH00001B/25